TRAITÉ
DE BOTANIQUE

5051-96. — CORBEIL. Imprimerie ÉD. CRÉTÉ.

TRAITÉ
DE BOTANIQUE

COMPRENANT

L'ANATOMIE ET LA PHYSIOLOGIE VÉGÉTALES

ET LES FAMILLES NATURELLES

A l'usage

DES CANDIDATS AU CERTIFICAT D'ÉTUDES
PHYSIQUES, CHIMIQUES ET NATURELLES
DES ÉTUDIANTS EN MÉDECINE ET EN PHARMACIE

PAR

L. COURCHET

PROFESSEUR D'HISTOIRE NATURELLE
A L'ÉCOLE SUPÉRIEURE DE PHARMACIE DE MONTPELLIER

Avec 265 figures intercalées dans le texte.

TOME II

PARIS

LIBRAIRIE J.-B. BAILLIÈRE ET FILS
19, rue Hautefeuille, près du boulevard Saint-Germain

1898

TRAITÉ DE BOTANIQUE

ORDRE II. — CENTROSPERMÉES

Cet Ordre, auquel nous laissons les limites que lui assigne Eichler, offre les caractères généraux suivants :

Les fleurs sont pourvues d'un périanthe simple ou double. — Les étamines sont en nombre simple ou double de celui des pièces du périanthe simple, ou de la corolle si le périanthe est double, rarement en nombre moindre ou multiple. — Les carpelles, au nombre de deux ou plusieurs, sont généralement concrescents en un ovaire uniloculaire ou plus ou moins incomplètement cloisonné. — Placentation à peu près toujours basilaire.

Graine ordinairement pourvue d'un albumen farineux ou charnu, avec un embryon périphérique.

L'Ordre des Centrospermées, tel que le comprend Eichler, embrasse un certain nombre de familles naturelles dont quelques-unes s'écartent assez du type normal (principalement caractérisé par la placentation basilaire des ovules) pour légitimer leur place à côté de groupes qui en sont éloignés sous d'autres rapports. C'est ainsi que, grâce à leur périanthe double, à la structure de leur ovaire et à leur mode de placentation, les Caryophyllacées sont rapprochées, dans diverses classifications, des autres familles de Dicotylédones à ovaire supère et à pétales libres, telles que les Linacées, Géraniacées, Oxalydacées, etc. (Classe des Thalamiflores de De Candolle et de Bentham et Hooker, Ordre des Dialypétales supérovariées de M. Van Tieghem, etc.). On ne saurait cependant, sans heurter de front les lois de la classification naturelle, éloigner des Caryophyllacées des Paronychiées dont la fleur est apétale, et dont l'ovule solitaire est souvent basilaire, comme chez les vraies Centrospermées.

La courbure de l'embryon autour d'un albumen farineux constitue un des caractères communs des Centrospermées ; mais c'est à peu près le seul qui permet de placer dans cet Ordre les Ficoïdes qui, à d'autres égards, mériteraient d'être rapprochées des Cactacées dont les affinités sont difficiles à établir.

Enfin l'embryon est droit et axile chez les Polygonacées, dont la placentation est cependant franchement basilaire.

Ces considérations montrent, une fois de plus, combien sont grandes les difficultés que l'on rencontre dans l'établissement d'une classification naturelle.

Nous comprendrons, dans l'Ordre des Centrospermées, les familles suivantes :

Polygonacées, Chénopodiacées, Amarantacées, Nyctaginacées, Caryphyllacées, Basellacées, Phytolaccacées, Tétragoniacées, Cynocrambacées, Portulacacées, Ficoïdes, Batidacées, Salvadoracées.

Les quatre premiers d'entre ces groupes naturels, ainsi que les *Tétragoniacées* et les *Cynocrambacées*, ont un périanthe simple. La corolle est presque toujours développée chez les autres.

FAMILLE I. — POLYGONACÉES.

Fleurs toujours actinomorphes, apétales, à symétrie le plus souvent 3-mère. — Pièces du périanthe verticillées ou disposées en spirale. — Ordinairement 2 verticilles à l'androcée. — En général 3, rarement 2 carpelles, concrescents en un ovaire lenticulaire ou trigone. 1 seul ovule orthotrope et dressé. — Fruit : achaine en général. — Graine avec un embryon axile dans un albumen farineux.

Feuilles simples, généralement accompagnées d'un ochréa.

Ainsi que pour beaucoup d'autres groupes naturels, il existe, chez les Polygonacées, un genre qui en réalise l'organisation florale typique et complète ; c'est le *Pterostegia* Fisch. et Mey., de Californie. C'est donc lui que nous prendrions comme exemple si nous ne nous étions imposé la règle de décrire, autant que possible, des formes indigènes ou, tout au moins, faciles à se procurer.

Nous décrirons tout d'abord le *Rheum officinale* H. Bn. qui est, tout au moins en grande partie, l'origine des Rhubarbes asiatiques, et qui se cultive aisément dans nos régions.

Description du Rheum officinale H. Bn. — Appareil végétatif (fig. 250). — La Rhubarbe officinale (*Rheum officinale* H. Bn.) est une plante vivace par sa tige en partie souterraine. Pendant l'hiver, cette tige fait, au-dessus du sol, une saillie de 20 à 30 centimètres, et porte des bourgeons que protègent des écailles et des débris de feuilles. Au printemps, la plante forme très rapidement un bouquet de larges feuilles très rapprochées, mais manifestement alternes.

Leur pétiole, très convexe en dessous, beaucoup moins en dessus, supporte un large limbe que traversent, suivant le type palmé, 5 à 7 grandes nervures, et dont le bord est découpé lui-même en

Fig. 250. — Rheum officinale.

un nombre égal de lobes, assez irrégulièrement incisés. Le pétiole se dilate fortement à sa base ; là, existe une sorte d'étui membraneux entièrement fermé qui, s'insérant sur le nœud correspondant de l'axe, s'élève au-dessus jusqu'à la hauteur de 2 à 3 centimètres. C'est l'*ochréa* caractéristique des Polygonacées

v. p. 73). Le bord de cette gaine ne tarde pas à se déchirer d'une manière irrégulière.

INFLORESCENCE. — En été, la tige émet un certain nombre de rameaux dressés sur lesquels s'insèrent des feuilles plus petites que celles de la base, mais semblablement construites. A leur aisselle se développent les axes florifères de premier degré dont les ramifications portent de longues grappes serrées et coniques, légèrement recourbées au sommet, composées de fleurs pédonculées, petites et verdâtres. Ces inflorescences partielles forment donc une sorte de vaste panicule terminale. En réalité, les grappes elles-mêmes sont constituées par de petites cymes fasciculées qui naissent chacune, sur l'axe commun, à l'aisselle d'une bractée.

FLEUR (fig. 251, A, et fig. 252, II). — Le *périanthe* est actinomorphe, formé par six pièces verdâtres, entièrement libres, disposées en deux verticilles de trois folioles chacun.

L'*androcée* est placé en dedans, mais à la même hauteur. Il est formé par deux verticilles ternaires ; le verticille externe, dont les membres sont dédoublés, est représenté par trois

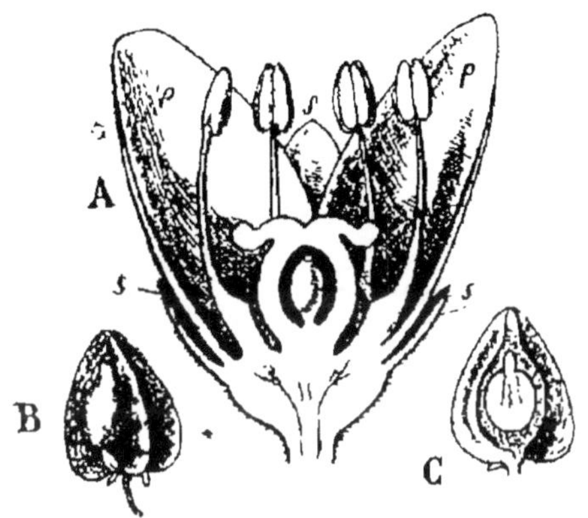

Fig. 251. — A. Fleur d'un *Rheum* en coupe longitudinale : *s, s*, pièces externes ; *p, p*, pièces internes du périanthe. — B. Fruit entier. — C. Fruit en coupe longitudinale, montrant l'embryon au milieu de l'albumen (Courchet).

paires d'étamines, placées chacune en face des trois pièces calicinales externes ; le verticille interne par trois étamines placées en face des trois folioles internes. Les étamines sont formées chacune d'un filet assez long, et d'une anthère introrse, fixée au connectif par sa partie moyenne, biloculaire, à déhiscence longitudinale. Plus à l'intérieur se trouve un *disque* annulaire découpé en neuf lobes.

Le *gynécée* est supère, placé au centre du réceptacle un peu concave ; l'insertion des étamines est donc légèrement périgyne. Trois carpelles, alternes avec les trois étamines internes et soudées bord à bord, forment un ovaire trigone, élargi à la base, atténué au sommet ; ce dernier porte trois styles épais, recourbés en dehors, correspondant aux trois faces de l'ovaire, et terminés chacun par un stigmate globuleux, hérissé de papilles. Des trois carpelles, un seul est fertile et ne produit qu'*un ovule* inséré au fond de la cavité ovarienne. Il est dressé, orthotrope, et par conséquent dirige vers le sommet de l'ovaire son micropyle que constitue un double tégument.

Le *fruit* est un *achaine* à trois côtés (fig. 251, B et C), séparés par trois angles développés en ailes membraneuses.

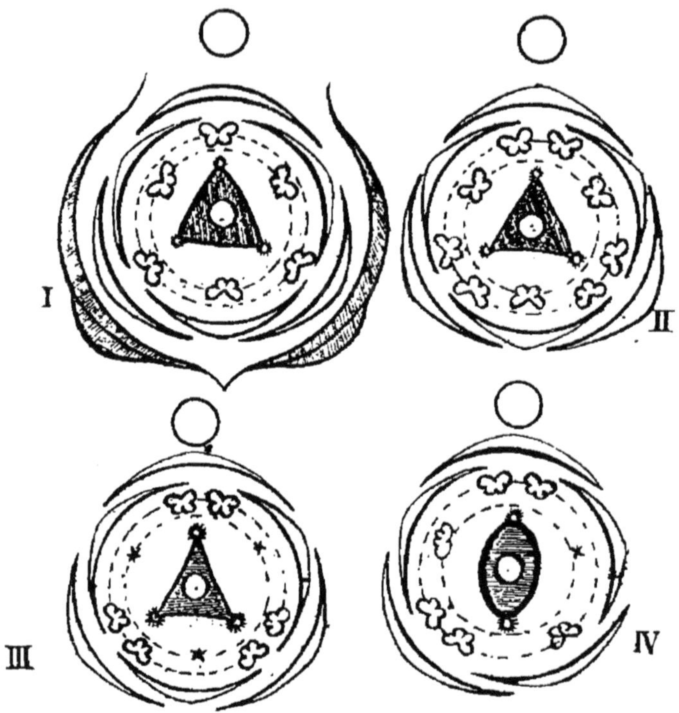

Fig. 252. — Diagramme de diverses Polygonacées. — I, *Pterostegia* (montrant le calicule à l'extérieur du périanthe). — II. *Rheum*. — III. *Rumex*. — IV. *Polygonum lapathi-folium* (Courchet).

L'unique *graine* que contient le fruit renferme, au sein d'un albumen farineux abondant, à surface lisse, un embryon très peu arqué (fig. 251, C).

La présence de 2 verticilles 3-mères au périanthe ; — l'androcée composé lui-même de 2 verticilles 3-mères dont l'extérieur est dédoublé ; — les stigmates globuleux qui terminent les trois styles ; — l'achaine dont les angles sont directement accrus en ailes ; — la présence aux feuilles d'un ochréa bien développé, constituent les caractères distinctifs

par le professeur Baillon. Nous en avons déjà donné les caractères. Ce végétal est considéré comme la principale origine des Rhubarbes asiatiques ; le rhizome renflé formerait surtout le produit commercial.

Rh. palmatum L. Cette espèce est bien caractérisée par ses feuilles palmatinerves, à lobes incisés et laineux sur les bords. Elle croît autour du lac Kukunor, dans la province de Kansu. La variété *tanguticum* contribuerait, dans une certaine mesure, d'après M. H. Baillon, à fournir la Rhubarbe de Chine.

Parmi les espèces auxquelles on attribuait jadis cette dernière drogue, citons encore les *Rh. compactum* L.; *Rh. cruentum* Pall.; *Rh. Emodi* Vallich (*australe* Don.); *Rh. Webianum* Royle; *Rh. tataricum* L., etc.

Enfin le *Rh. Ribes*, de la Perse et de la région du Liban, est remarquable par son périanthe accrescent, et qui devient charnu autour du fruit.

Dans le genre *Rumex* on peut établir deux sections assez nettement tranchées :

1° *Rumex* à feuilles pourvues d'auricules, très riches en suroxalate de potasse et très acides. Ici se rangent les *R. Acetosa* L. et *R. Acetosella* L., vulgairement désignés sous le nom d'*Oseilles*.

2° *Rumex* à feuilles sans auricules, et de saveur simplement amère. Plusieurs de ces plantes contribuent à fournir la racine dite de Patience du commerce. Ce sont particulièrement le *R. Patientia* L., qui est surtout une plante de culture, et principalement le *R. obtusifolius* L., commun en Europe et en Asie.

Dans le genre *Polygonum*, une seule espèce nous intéresse réellement au point de vue de la matière médicale, c'est le *P. Bistorta* L. dont nous avons déjà donné la description, et qui nous fournit son rhizome astringent.

Le *P. Fagopyrum* L., vulgairement nommé *Blé noir*, *Renouée* ou *Blé sarrasin*, est cultivé pour ses fruits riches en fécule.

Signalons encore, à cause de sa saveur âcre et mordicante, la Persicaire brûlante ou Poivre d'eau, le *P. Hydropiper* L., qui fleurit en été dans nos cours d'eau.

Le *P. tinctorium* est cultivé en Chine où il fournit une matière colorante.

Enfin le *Coccoloba uvifera* L., grand arbre des Antilles, fournit le *Kino de la Jamaïque*.

Chez la Bistorte (*P. Bistorta* L.) (fig. 253, X), par exemple, le rhizome rougeâtre, comprimé et contourné en S, émet des tiges
aériennes, hautes de 50 centimètres environ, qui se terminent par
un épi de fleurs purpurines.

Ses feuilles oblongues, régulièrement veinées, sont sessiles et
amplexicaules au sommet des axes; celles de la base sont atténuée

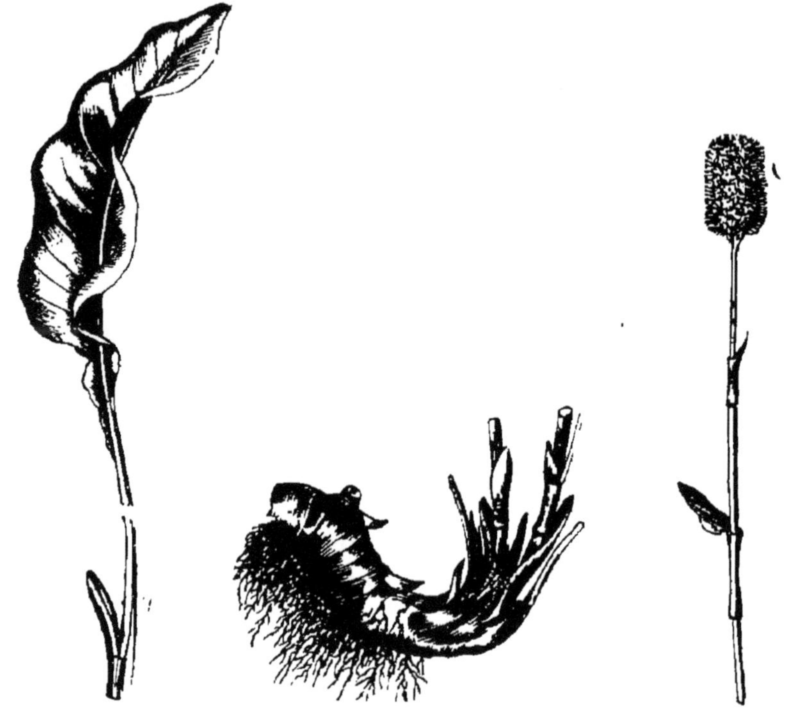

Fig. 253. — Bistorte.

en un long pétiole. Les unes et les autres sont accompagnées d'un
long ochréa.

La fleur offre les caractères suivants :

*Le périanthe coloré est formé de cinq pièces dont deux externes,
deux internes et une à demi recouverte et à demi recouvrante* (préfloraison quiconciale, 2/5). Après ce premier verticille quinaire, nous
retombons au type trimère verticillé normal des Polygonacées.
L'androcée est, en effet, composé d'un verticille interne 3-mère
dont chaque membre demeure simple, et d'un verticille externe
également 3-mère dont deux membres sont dédoublés. *Le nombre*

des étamines est donc de huit. En outre, les trois étamines internes ont leurs anthères extrorses.

Le fruit et la graine ont la même structure que dans les genres précédents ; mais le premier n'est pas ailé, et le périanthe desséché l'accompagne simplement, sans devenir accrescent autour de lui.

Chez presque tous les *Polygonum*, le périanthe (fig. 252, IV) a ses folioles, non plus disposées en deux verticilles, mais bien en spirale. L'androcée est toujours représenté par deux verticilles d'étamines, mais le nombre de ces dernières diffère suivant que certains membres se dédoublent, demeurent simples ou avortent. La fleur est quelquefois construite sur le type 2-mère (comme chez le *R. diospyrifolium*).

Enfin l'ovaire lui-même est quelquefois formé par deux carpelles antéro-postérieurs, et le fruit qui en résulte est alors latéralement comprimé et lenticulaire, et non trigone (*P. lapathifolium, amphibium, diospyrifolium*, etc.).

Pterostegia. — Le *Pterostegia drymarioides* Fischer et Mey., de Californie, mérite enfin d'être signalé parce qu'il réalise le mieux la structure florale typique de la famille. *Toutes les parties de la fleur sont disposées par verticilles ternaires* (fig. 252, 1), *aucun membre de l'androcée n'est dédoublé, et toutes les anthères sont introrses*. Chaque fleur est, en outre, accompagnée par deux préfeuilles concrescentes, dont le centre fortement concave s'accroît plus tard autour du fruit en deux renflements sacciformes, qui servent vraisemblablement à la dissémination.

Cette plante est, d'ailleurs, une herbe grêle et rampante, dont les fleurs sont solitaires à l'aisselle de *feuilles opposées*, spathuliformes et *sans ochréa*.

Les autres particularités intéressantes des divers genres sont indiquées brièvement dans l'exposé général et dans le tableau qui suivent.

Caractères généraux. — *Herbes* annuelles ou vivaces, dressées, rampantes, parfois volubiles (*Pol. Convolvulus* L. par exemple), *arbrisseaux* ou même *arbres* plus ou moins élevés (tels sont les *Coccoloba* ou Raisiniers de l'Amérique tropicale).

Feuilles alternes, plus rarement opposées, toujours simples, ordinairement pourvues d'un *ochréa*.

Fleurs quelquefois solitaires, le plus souvent réunies en petites cymes, en glomérules ou en fascicules. Ces derniers se groupent eux-mêmes sur des axes communs et simulent ainsi des épis, des grappes, des panicules, ou même des capitules involucrés (chez les *Eriogonum* par exemple).

Ordinairement hermaphrodites, plus rarement unisexsuées par avortement, ces fleurs sont, le plus souvent, verticillées et 3-mères, plus rarement 2-mères, ou bien à disposition spiralée, régulières dans tous les cas.

Périanthe simple, vert ou coloré (jamais bleu), souvent marcescent, quelquefois accrescent en partie ou en en totalité, formé de pièces libres, ou plus ou moins concrescentes.

Étamines le plus souvent plus ou moins périgynes, en nombre variable, ordinairement disposées en deux verticilles, dont les membres demeurent simples ou se dédoublent, ou bien avortent quelquefois. Filets staminaux indépendants. Anthères biloculaires, à déhiscence longitudinale, les internes quelquefois extrorses.

Gynécée formé par 3, rarement 2 ou 4 carpelles, concrescents en un ovaire uniloculaire, trigone ou lenticulaire. Styles 3, plus rarement 2, stigmatifères au sommet, libres ou concrescents à la base. — *Un seul ovule orthotrope*, basilaire et dressé, à tégument double.

Fruit : achaine trigone ou lenticulaire, dont les angles sont quelquefois développés en ailes, accompagné ou même entièrement enveloppé par une partie du périanthe, ou par le périanthe tout entier, accrescent et charnu.

Graine à tégument membraneux, renfermant un embryon axile ou latéral, droit ou plus ou moins arqué, placé dans un albumen farineux abondant, à surface lisse ou ruminée.

POLYGONACÉES

Fleur dont les différentes parties sont toujours disposées par cycles successifs. Albumen jamais ruminé.

Feuilles le plus souvent sans ochréa.

Point d'involucre.

- Bractées accrescentes, souvent ailées; androcée à 2 cycles complets, mais simples......
  Pterostegia Fisch. et Mey. (*Pt. drymarioides* Fisch. et Mey., de Californie).

- Bractées non accrescentes; souvent un seul verticille staminal développé, ou même étamines réduites à 4, 2 ou 1 seule.........
  Kœnigia L. (*K. islandica* L.)

Un involucre autour

- d'une seule fleur (3-mère, à 9 étamines)...
  Chorizanthe R. Br. (Environ 34 espèces. Californie; Chili).

- d'un nombre indéfini de fleurs (3-mères, à 9 étamines).....................
  Eriogonum Michx. (Environ 120 espèces. Mexique; sud des Etats-Unis).

Feuilles pourvues d'un ochréa.

Fleurs 3-mères dans tous leurs verticilles, anthères introrses.

- Étamines en 2 verticilles ternaires dont l'externe seul est dédoublé (en tout 7 étamines). — Gynécée 3-mère......
  Rheum L. (Environ 20 espèces. Asie tempérée).

- Étamines 6 (représentant le verticille externe dédoublé, mais seul développé). — Gynécée 3-mère.................
  Rumex L. (Environ 100 espèces. Régions tempérées du monde entier. Rares sous les tropiques).

- Fleur dimère. — 6 étamines en 2 verticilles dont l'extérieur dédoublé. — Gynécée 2-mère......
  Oxyria Hill. (*Oxyria digyna* Campd. Régions arctiques et hautes montagnes).

Fleur à périanthe spiralé. Albumen non ruminé.

Plantes frutescentes.

- Étamines au nombre de 6 à 9. — Gynécée 2-3 mère................
  Atraphaxis L. (Environ 17 espèces. Asie méditer. et occidentale; déserts de l'Egypte.)

- Étamines nombreuses (12 à 20). Gynécée 4-mère ....
  Calligonum L. (Environ 20 espèces. Mêmes régions).

Plantes herbacées, rarement sous-arbrisseaux.

- Périanthe à 4-5 ou 6 folioles. — Étamines en nombre variable, souvent en partie extrorses. — Fruit ordinairement enveloppé par la base persistante du périanthe. Cotylédons non plissés................
  Polygonum L. (Environ 20 espèces. Cosmopolite dans les régions tempérées et froides).

- Périanthe à 5 parties, plus court que le fruit après la fécondation. — Cotylédons larges et plissés.......
  Fagopyrum Gærtn. (2 espèces, probablement asiatiques).

Fleur à périanthe spiralé. Albumen ruminé.

Étamines périgynes, plus ou moins nombreuses. Fruit inclus dans le réceptacle accrescent et charnu

- Herbes ou sous-arbrisseaux. — Fleurs polygames-dioïques..............
  Mühlenbeckia Meiszr. (Environ 15 espèces. Océanie; Amérique).

- Arbrisseaux ou arbres. — Fleurs hermaphrodites ou diclines ....
  Coccoloba L. (120 espèces. Amérique tropicale).

Étamines périgynes, 9, dont 3 opposées aux pièces internes du périanthe. Fruit inclus dans le périanthe dont 3 sépales persistent en forme d'ailes. Plantes arborescentes...........................
Triplaris L. (10 espèces. Amérique du Sud tropicale).

Affinités. — Les Polygonacées possèdent certains caractères qui en font un groupe tout à fait naturel et autonome : entre autres, la présence d'un *ochréa* aux feuilles, *leur ovaire libre, uniloculaire et généralement tricarpellé et trigone, leur ovule orthotrope et basilaire, leur graine pourvue d'un embryon droit ou arqué, dans l'axe d'un albumen charnu.* Ces particularités les distinguent nettement des Chénopodiacées, Amaranthacées, Nyctagynacées, etc., dont elles se rapprochent cependant par leur périanthe simple, leur ovaire uniloculaire et uniovulé, la nature de leur fruit et leur albumen farineux.

Les rapprochements que l'on peut établir entre les Polygonacées d'une part et les Primulacées, Plantaginacées, etc., de l'autre, sont plus éloignés et ne sauraient être saisis qu'après l'étude de ces dernières familles.

Distribution géographique. — D'une manière générale, les Polygonacées sont abondantes dans les zones tempérées de l'hémisphère nord ; celles qui vivent sous les tropiques habitent ordinairement une station élevée. Un nombre relativement faible de ces végétaux sont propres aux régions froides du Nord et à l'hémisphère sud. Les *Polygonum* et les *Rumex* sont à peu près cosmopolites. D'autres genres ont une aire de répartition beaucoup plus restreinte, tels que les Rhubarbes.

C'est dans l'Amérique tropicale que croissent les Polygonacées arborescentes.

Propriétés générales. Plantes importantes. — Les *Rheum*, tous originaires du plateau central de l'Asie, des bords de la mer Noire et de la mer Caspienne, fournissent à la matière médicale leurs racines laxatives et toniques. Les principales espèces sont les suivantes :

R. Rhaponticum L. (*Rhapontic*). Cette espèce croît sur une vaste étendue de pays, depuis l'Altaï jusqu'aux bords de la mer Caspienne. Ses feuilles sont très grandes et cordiformes, ses fleurs blanches, en panicules terminales. Cette espèce fournit, en majeure partie, la Rhubarbe *indigène* ou *Rhapontic*.

R. officinale H. B. Découverte dans le sud-est du Thibet par des missionnaires français, cette plante fut expédiée à Soubeiran par M. Dabry, consul français à Hankow. Elle fut introduite en 1869 au jardin de la Faculté de médecine de Paris, où elle a été décrite par le professeur Baillon. Nous en avons déjà donné les caractères. Ce végétal est considéré comme la principale origine des Rhubarbes asiatiques ; le rhizome renflé formerait surtout le produit commercial.

Rh. palmatum L. Cette espèce est bien caractérisée par ses feuilles palmatinerves, à lobes incisés et laineux sur les bords. Elle croît autour du lac Kukunor, dans la province de Kansu. La variété *tanguticum* contribuerait, dans une certaine mesure, d'après M. H. Baillon, à fournir la Rhubarbe de Chine.

Parmi les espèces auxquelles on attribuait jadis cette dernière drogue, citons encore les *Rh. compactum* L.; *Rh. cruentum* Pall.; *Rh. Emodi* Vallich (*australe* Don.); *Rh. Webianum* Royle ; *Rh. tataricum* L., etc.

Enfin le *Rh. Ribes*, de la Perse et de la région du Liban, est remarquable par son périanthe accrescent, et qui devient charnu autour du fruit.

Dans le genre *Rumex* on peut établir deux sections assez nettement tranchées :

1° *Rumex* à feuilles pourvues d'auricules, très riches en suroxalate de potasse et très acides. Ici se rangent les *R. Acetosa* L. et *R. Acetosella* L., vulgairement désignés sous le nom d'*Oseilles*.

2° *Rumex* à feuilles sans auricules, et de saveur simplement amère. Plusieurs de ces plantes contribuent à fournir la racine dite de Patience du commerce. Ce sont particulièrement le *R. Patientia* L., qui est surtout une plante de culture, et principalement le *R. obtusifolius* L., commun en Europe et en Asie.

Dans le genre *Polygonum*, une seule espèce nous intéresse réellement au point de vue de la matière médicale, c'est le *P. Bistorta* L. dont nous avons déjà donné la description, et qui nous fournit son rhizome astringent.

Le *P. Fagopyrum* L., vulgairement nommé *Blé noir, Renouée* ou *Blé sarrasin*, est cultivé pour ses fruits riches en fécule.

Signalons encore, à cause de sa saveur âcre et mordicante, la Persicaire brûlante ou Poivre d'eau, le *P. Hydropiper* L., qui fleurit en été dans nos cours d'eau.

Le *P. tinctorium* est cultivé en Chine où il fournit une matière colorante.

Enfin le *Coccoloba uvifera* L., grand arbre des Antilles, fournit le *Kino de la Jamaïque*.

FAMILLE II. — CHÉNOPODIACÉES

Fleurs presque toujours actinomorphes et monopérianthées. Périanthe herbacé, 5-mère. — Étamines oppositisépales, en nombre égal à celui des sépales, rarement moindre, hypogynes ou périgynes.

Ovaire uniloculaire (libre ou en partie infère). — Ovule basilaire, campylotrope. — Fruit : achaine accompagné par le périanthe persistant.

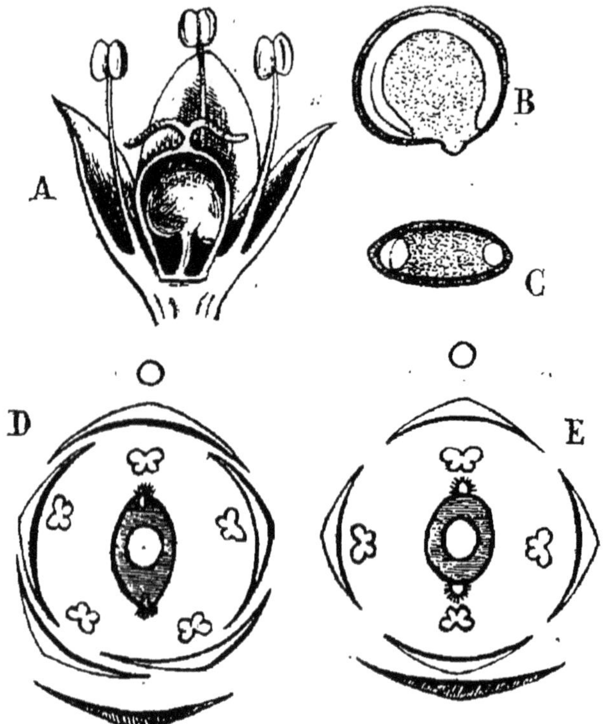

Fig. 254. — A, une fleur de *Chenopodium* en coupe longitudinale. — B et C, une semence de *Chenopodium* en sections longitudinale et transversale. — D, diagramme d'une fleur de *Chenopodium*. — E, diagramme d'une fleur tétramère de Chénopodiacée.

Graine pourvue d'un albumen farineux. Embryon périphérique, arqué, annulaire ou spiralé.

Description du Chenopodium album L. — Le *Chenopodium album* L. ou *Ansérine blanche* est une *herbe* annuelle, à tiges dressées, pourvue de *feuilles alternes*, assez longuement pétiolées, et dont le limbe presque rhomboïdal est denté sur ses deux côtés supérieurs seulement. Ces feuilles, de consistance légèrement charnue, un peu farineuses en dessous (1), sont dépourvues de stipules.

(1) Ce dernier caractère est dû à la présence, fréquente d'ailleurs chez les Chénopodiacées, de poils vésiculeux à la surface.

Les *fleurs* (fig. 254, A et D) petites et verdâtres, actinomorphes, forment des glomérules réunis eux-mêmes, vers le haut de la tige et des ramifications, en une panicule terminale, entremêlée de feuilles plus petites que celles de la base. — Leur réceptacle est très légèrement convexe, plan ou légèrement concave (insertion hypogyne ou périgyne).

Le *périanthe est formé par cinq pièces* de teinte verdâtre, concrescentes par le bas, se recouvrant dans le haut en *préfloraison quinconciale* (2/5).

Les *étamines*, au nombre de *cinq*, sont libres et insérées au fond du périanthe. Leurs anthères sont introrses, biloculaires, à déhiscence longitudinale. *Elles sont opposées aux pièces du périanthe.*

Le *gynécée* est composé par *deux carpelles*, soudés bord à bord, ne formant, par suite, qu'une seule loge ; il est surmonté par deux courts stigmates. Comme chez les Polygonacées, il n'existe *qu'un seul ovule basilaire* et *pourvu d'un double tégument ;* mais il est *campylotrope* et placé transversalement sur son funicule.

Le *fruit* est un *achaine* membraneux caché dans les cinq pièces du périanthe, qui forment autour de lui une enveloppe polygonale.

Enfin la *graine* (B et C), de forme lenticulaire et placée transversalement dans le fruit, renferme, sous un tégument crustacé, un embryon recourbé en anneau autour d'un *albumen farineux abondant*.

Les *Chenopodium*, dont le nombre des espèces atteint 50 ou 60, sont surtout caractérisés par *leur périanthe herbacé, bien développé, à 5 pièces en préfloraison quinconciale, formant plus tard autour du fruit une enveloppe polygonale ; — leurs cinq étamines opposées aux sépales ; — leur embryon enroulé en cercle autour de l'albumen.*

Chez certains d'entre eux apparaît déjà dans la fleur et dans le fruit un dimorphisme qui est beaucoup plus net dans d'autres genres : dans les fleurs terminales des rameaux, l'androcée tend à s'appauvrir ou même avorte, de telle sorte que les fleurs demeurent femelles. En outre, chez ces dernières, l'ovule et la graine sont orientés obliquement ou horizontalement, au lieu d'être verticaux.

Autres genres. — SALSOLA. — On retirait autrefois la soude commerciale d'un certain nombre de Chénopodiacées, entre autres des *Salsola* (Soudes) qui sont très abondantes dans les terrains salés du bord de la mer. Tels sont, entre autres, les S. *Soda* L. et S. *Kali* L.

Ce sont des plantes herbacées ou ligneuses à la base, plus ou moins charnues, pourvues de feuilles ordinairement alternes, charnues elles-mêmes et souvent très petites, terminées parfois en une pointe épineuse.

Les fleurs sont sessiles, isolées ou groupées, mais *toujours axillaires*. Chacune d'elles est accompagnée par deux préfeuilles persistantes.

Les pièces du périanthe (au nombre de 5 ou de 4) sont pourvues chacune extérieurement d'un appendice horizontal aliforme, et plus tard, deviennent scarieuses autour du fruit. L'ovule est presque toujours horizontalement inséré.

Enfin, la *graine, dépourvue d'albumen,* est tout entière occupée par *l'embryon enroulé plusieurs fois sur lui-même dans le même plan.*

Toutes les Chénopodiacées qui présentent ce dernier caractère sont dites *Spirolobées ;* le nom de *Cyclolobées* est réservé pour celles dont l'embryon est recourbé en cercle autour de l'albumen.

Sueda. — C'est à peu près dans les mêmes conditions que croissent les *Sueda,* plantes également charnues, dont les glomérules sont groupés en épis. Mais *le périanthe est dépourvu d'appendices.*

Atriplex. — Les *Atriplex* ou Arroches méritent d'être mentionnés à cause du dimorphisme floral qu'ils offrent généralement.

Ce sont des plantes dont les feuilles sont souvent de forme hastée, et rendues blanchâtres et farineuses par les poils vésiculeux qui les recouvrent.

Les fleurs sont unisexuées, monoïques ou dioïques, en glomérules formant eux-mêmes des épis.

Les fleurs mâles ont un périanthe à cinq pièces et cinq étamines.

Les fleurs femelles sont de deux sortes :

1° Les unes ont un périanthe régulier, et l'ovule est horizontal, direction que conserve plus tard la graine ;

2° Les autres, et ce sont les plus nombreuses, n'ont pas de périanthe ; l'ovaire est seulement accompagné de deux bractées (deux préfeuilles) accrescentes. Dans ces fleurs l'ovule, et plus tard la graine, sont verticaux.

Enfin il existe, en outre, des fleurs hermaphrodites. (Voir plus loin, dans l'exposé des caractères généraux.)

Le fruit des Arroches est membraneux, et la graine y est construite comme chez les *Chenopodium.*

La structure de la graine rattache, d'ailleurs, les Arroches aux Cyclolobées.

La fleur, dans certains genres, offre une réduction intéressante.

Blitum. — Les *Blitum* ont de petites fleurs en épis, et dont *le périanthe est simplement trimère. L'androcée est représenté, le plus souvent, par une seule étamine ;* certaines espèces en offrent pourtant deux ou trois. Enfin le périanthe s'applique sur le fruit et s'y épaissit de façon à lui communiquer l'aspect d'une baie rouge. Le nom d'*Épinard-Fraise,* donné au *Blitum virgatum* L., est dû à ce caractère.

Corispermum. — Chez les *Corispermum* les fleurs, d'ailleurs hermaphrodites, ont un périanthe à cinq divisions dont la grandeur diminue d'arrière en avant, et qui peuvent avorter en partie ou même en totalité. Le nombre des étamines varie lui-même de cinq à une seule.

Salicornia. — Enfin les *Salicornia* ou Salicornes sont des plantes de nos rivages, remarquables par leurs tiges articulées, charnues et sans feuilles. Leurs fleurs hermaphrodites sont cachées dans des sortes d'excavations du rachis ; leur périanthe ventru, tétragone ou trigone, devient plus tard charnu autour du fruit ; leur androcée est réduit à deux étamines, ou même à une seule.

Plantes herbacées ou ligneuses, assez souvent charnues, pourvues de feuilles alternes sans sti-
Fleurs petites et peu apparentes, rarement solitaires, ordinairement en inflorescences diverses, her-
légèrement convexe, plan ou concave. — Symétrie actinomorphe, rarement zygomorphe.
Périanthe rarement nul, herbacé ou scarieux, formé de pièces libres ou concrescentes, quelquefois
Étamines en même nombre ou en nombre moindre que les sépales et opposées à ces derniers. —
En général *2 carpelles* antéro-postérieurs, concrescents en un ovaire supère ou plus ou moins infère, —
ment renflées au sommet. Ovule solitaire, dressé et basilaire, campylotrope, vertical, horizontal, ou
Achaine accompagné par le périanthe persistant, parfois accrescent ou même charnu. Péricarpe
sorte de couvercle.

Graine lenticulaire ou réniforme, diversement orientée. Testa lisse ou granuleux, de consistance
1° Embryon recourbé en fer à cheval ou enroulé en un cercle complet à la périphérie d'un albumen
un même plan et privé d'albumen (*Spirolobées*).

Sous-Famille II. Spirolobées.

Embryon enroulé en une spire conique ou sur un même plan. — Albumen peu abondant ou nul.

Sous-

Graines albuminées. — Embryon

Fleurs généralement en glomérules,

Fleurs dioïques, avec quelques fleurs hermaphrodites isolées. — Fleurs 4 ou 5-mères. — En général 4 styles. — Fleurs femelles accompagnées par 2 préfeuilles. — Ovule vertical. — Fruit inclus dans le périanthe tubuleux, dont deux divisions sont spinescentes.................... *Spinacia* L. (2 espèces. Asie et Europe).

Fruit nu à la maturité.

Fleurs hermaphrodites. — Périanthe zygomorphe, souvent incomplet. — Étamines 1-5. — Fruit très comprimé............ *Corispermum* L. (10 à 12 espèces. Sud de l'Europe; Asie orientale et centrale; Amérique du Nord).

Fleurs insérées isolément dans les alvéoles, sur des tiges charnues et sans feuilles apparentes. — Graine sans albumen. — Cotylédons reployés sur eux-mêmes. Fleurs hermaphrodites. — Périanthe ventru. 4-5 mère. — Souvent 1 à 2 étamines. — Fruit membraneux.................... *Salicornia* L. (2 espèces des bords de la mer, dans les deux continents).

Fleurs souvent polygames. — Périanthe et androcée 5-mères. — Fruit inclus dans le périanthe dépourvu d'appendices. — Ovule souvent horizontal et transversal chez le même individu.................... *Sueda* Forsk. (Environ 40 espèces. Sur les bords de la mer, dans les deux continents).

Fleurs hermaphrodites, sessiles, accompagnées de 2 bractées spinescentes. — Périanthe 5-mère, pourvu de 5 appendices transversaux. — Achaine inclus dans le périanthe appendiculé.................... *Salsola* E. (Environ 40 espèces. Europe; Nord et Sud de l'Afrique; Asie moyenne; 1 espèce en Amérique et en Australie).

DIACÉES.

pules, glabres ou couvertes de poils allongés ou vésiculeux. ...maphrodites ou diclines, monoïques ou polygames, quelquefois dimorphes ou trimorphes. — Réceptacle

appendiculées, persistantes ou même accrescentes, en nombre variable.
Anthères introrses, biloculaires, à déhiscence quelquefois latérale.
uniloculaire. Style terminal, divisé en 2, plus rarement 3-4 branches stigmatifères, linéaires, rare-
oblique ; tégument simple ou double.
membraneux ou plus ou moins dur, indéhiscent ou s'ouvrant, à la maturité de la graine, par une

variable. Deux types principaux de structure :
farineux plus ou moins abondant (*Cyclolobées*) ; — 2° embryon enroulé sur lui-même en spirale dans

Famille I. — Cyclolobées.

recourbé sur lui-même en fer à cheval ou annulaire.

rarement en épis. — Plantes à tiges herbacées. — Graine albuminée.

Fruit s'ouvrant par une sorte de couvercle soit à la maturité, soit au moment de la germination de la graine.

- Fleurs hermaphrodites 4-mères. — Pièces du périanthe concrescentes en godet, munies de cinq appendices aliformes accrescents. — Ovaire demi-infère. — Fruit inclus dans le périanthe dont les appendices deviennent charnus.................. *Beta* L. (5 à 6 espèces offrant de nombreuses variétés).

Fruit demeurant inclus au moins jusqu'à la maturité dans le périanthe persistant, accompagné par les préfeuilles.

- Fleurs hermaphrodites, 5-mères, isostémonées. — Styles 2. — Ovule toujours transversal. — Achaine inclus dans le périanthe accru et devenu pentagonal...... *Chenopodium* L. (50 à 60 espèces. Régions tempérées du globe entier).

- Fleurs hermaphrodites. — Périanthe 3-mère. — Étamines 2-3 ou 1. — Périanthe accrescent et charnu autour du fruit qui figure une fausse drupe.................. *Blitum* L. (2 espèces. Europe méridionale).

- Fleurs hermaphrodites. — Périanthe 5-mère ou 4-mère, sacciforme. — 2 à 3 styles. — Ovule vertical. — Végétaux ligneux à la base ; feuilles petites, aciculaires......... *Camphorosma* L. (7 espèces. Asie ; Europe ; Amérique).

- Fleurs diclines ou polygames. — Mâles pourvues d'un périanthe. — Femelles de deux sortes : 1° avec périanthe, ovule horizontal ; 2° sans périanthe avec 2 bractées (préfeuilles), ovule vertical. — Fruit membraneux.................. *Atriplex* L. (120 espèces environ, de toutes les contrées tempérées et subtropicales du globe).

Les Chénopodiacées sont encore remarquables au point de vue anatomique. Chez beaucoup d'espèces, la racine et souvent aussi la tige, lorsqu'elle s'épaissit, possèdent, en dehors du cercle libéro-ligneux normal, d'autres faisceaux d'origine péricyclique. Ceux d'entre ces végétaux qui sont exposés à des sécheresses longues et intenses, sont généralement munis de cellules destinées à emmagasiner de l'eau. Ce sont tantôt des poils vésiculeux superficiels, tantôt des éléments situés dans l'écorce des tiges, le parenchyme des feuilles, ou tout autour des faisceaux.

Affinités. — Les Chénopodiacées sont étroitement unies aux Phytolaccacées, aux Portulacacées, aux Caryophyllacées, et surtout aux Amarantacées, familles avec lesquelles, très probablement, elles ont une commune origine (v. le tableau général de l'Ordre). Cette parenté est aussi démontrée par la difficulté qu'on éprouve à séparer nettement les uns des autres ces divers groupes naturels.

Distribution géographique.— Les Chénopodiacées habitent, en majeure partie, les bords de la mer et des lacs salés ; elles abondent également dans les steppes qui ont servi de lit à d'anciennes mers. La région méditerranéenne et la Russie asiatique sont très riches en végétaux de ce groupe.

Ces plantes, d'ailleurs, sont presque spéciales aux régions tempérées.

Propriétés générales. Plantes importantes. — Certaines Chénopodiacées sont alimentaires, quelques-unes sont médicinales, d'autres enfin, très riches en soude, étaient autrefois exploitées pour l'extraction de cette substance.

On donne le nom d'*Ansérine vermifuge* au *Chenopodium anthelminticum* L. Cette plante, d'origine mexicaine, est très usitée dans la médecine des États-Unis. Elle est vivace, pourvue de tiges hautes et rameuses. Les feuilles sont ovales-oblongues, dentées.

Les fleurs forment, au sommet des rameaux, de petites grappes verdâtres, dépourvues de feuilles.

Les fruits, très aromatiques comme la plante entière, sont employés comme anthelmintiques en Amérique. On en extrait une essence par distillation.

Le *Chenopodium ambrosioides* L., vulgairement nommé *Thé du Mexique*, est une plante originaire des mêmes contrées que la précédente. Elle est annuelle et s'élève à une hauteur d'environ 65 à 90 centimètres. Les feuilles sont alternes, d'une longueur de 6 à 7 centimètres sur 2 centimètres de largeur ; elles sont glabres, d'un vert pâle, marquées sur les bords de dents espacées, pourvues à la face inférieure de glandes jaunes brillantes, et de quelques poils très courts sur la côte médiane.

Les fleurs sont groupées en petits glomérules, formant eux-mêmes des épis entremêlés de petites feuilles.

L'odeur de cette plante est forte et aromatique, surtout quand on la froisse. Sa saveur, aromatique et agréable, est légèrement âcre et amère.

Le Thé du Mexique, cultivé dans les jardins, a été naturalisé dans les régions méridionales de l'Europe, en Corse, dans le Sud de l'Allemagne et jusque près de la mer du Nord. On le récolte en juin et juillet. On enlève à la plante ses grosses tiges ligneuses, et on en fait sécher les parties vertes, à l'ombre.

Le *Chenopodium Quinoa* W. est une plante annuelle du Chili, propagée par la culture dans toute l'Amérique occidentale ; ses graines sont usitées à cause de leur fécule.

Le *Ch. Vulvaria* L. est une herbe des lieux incultes. Ses tiges, de 20 à 25 centimètres de longueur, sont rameuses et couchées. Elles sont pourvues de feuilles rhomboïdales, entières, glauques ; les fleurs sont groupées en petites grappes à l'aisselle des feuilles supérieures. Ce végétal exhale une odeur infecte qui rappelle celle du poisson pourri. Il est recommandé comme antisyphilitique. D'après Lassaigne et Feneulle, la Vulvaire contient : 1° du sous-carbonate d'ammoniaque ; 2° de l'albumine ; 3° de l'osmazone ; 4° une résine aromatique ; 5° du nitrate de potasse. On y signale en outre la présence de la Propylamine.

On donne le nom d'*Épinard sauvage* au *Chenopodium Bonus Henricus* L. C'est une plante qui croît dans les lieux habités. Sa tige, haute de 30 centimètres, porte des feuilles sagittées, farineuses en dessous, pourvues de quelques dents, et de petites fleurs en grappes. Les feuilles de cette espèce sont potagères et légèrement laxatives.

Sous le nom de *Chouan* on désignait les fruits d'une Chénopodiacée servant à préparer le carmin. Devaux reconnut qu'ils provenaient de l'*Anabasis tamariscifolia*, du Levant.

Le genre *Beta* nous donne deux espèces importantes :

1° La *Poirée* (*B. Cycla* L.), plante à feuilles radicales pétiolées ; celles de la tige sont sessiles. Les fleurs sont ternées sur de longs épis latéraux. On en connaît trois variétés : la *Poirée blanche* ; la *Poirée blonde* ou *Carde Poirée* ; la *Poirée rouge*.

2° La *Betterave* (*B. vulgaris* L.). Cette espèce diffère de la précédente par ses racines volumineuses, ses feuilles inférieures ovées, ses fleurs ramassées. On l'employait, autrefois, seulement comme plante potagère ; la Betterave sert actuellement à l'extraction du sucre, Marcgraf en fit connaître la composition, et c'est Achard, de Berlin, qui a tenté le premier de l'utiliser. Chaptal a montré que le sucre de Betterave pouvait rivaliser avec le sucre de Canne. On connaît plusieurs variétés de Betteraves : 1° la *Betterave blanche* dont la racine et les côtes des feuilles sont blanches ou verdâtres ; 2° la *jaune* ; 3° la *rouge* ; 4° la *veinée*. Cette dernière est nommée par les Allemands *Racine de disette*.

La *Camphrée de Montpellier* (*Camphorosma monspeliaca* L.) possède une saveur âcre, légèrement amère, tout à fait dépourvue de principes aromatiques.

Nous avons dit (p. 621) que les *Salsola* et les *Soda* étaient employés jadis à l'extraction de la soude.

FAMILLE III. — AMARANTACÉES.

Caractères. Affinités. — Les Amarantacées sont extrêmement voisines des Chénopodiacées, dont certains botanistes ne les séparent pas.

Les principales divergences que peuvent présenter les plantes de cette famille sont les suivantes :

Les bractées qui accompagnent les fleurs sont souvent colorées et bien développées. Les pièces du périanthe sont aussi fréquemment colorées, pétaloïdes, carénées et aristées. Leur nombre peut varier de 5 à 3, ou même à une seule.

Les étamines, libres dans les Amarantus, sont concrescentes chez les Gomphrena. Dans les cas de monadelphie, on trouve aussi des appendices alternant avec les étamines. Ce seraient des pétales pour les uns, des staminodes pour les autres ; enfin Payer les considère comme des formations stipulaires comparables à celles des *Anabasis* (1). Ce fait doit être rapproché de celui qui se présente chez les *Allium* et chez les *Ornithogalum* dans la famille des Liliacées (v. p. 465).

Les styles sont réduits parfois au nombre de 2 ou d'un seul.

La situation de l'ovule varie comme chez les Chénopodiacées.

Le fruit, qu'accompagne le périanthe persistant, est de nature variable : caryopse, capsule membraneuse irrégulièrement déhiscente, ou capsule à déhiscence pyxidaire.

La graine est construite comme celle des Chénopodiacées.

Les Amarantacées ne sont pas moins étroitement liées aux Chénopodiacées par leur structure anatomique que par leur morphologie. Ici encore, la tige est souvent construite d'une façon anormale ; les faisceaux libéro-ligneux s'y montrent disséminés sans ordre, ou forment plus d'un cercle. Les formations épidermiques sont très variées : poils unicellulaires ou pluricellulaires, simples ou rameux, quelquefois étoilés, etc. Certains genres sont remarquables par la présence de glandes superficielles, d'apparence cristalline.

Distribution géographique. — Les Amarantacées croissent, pour la plupart, sous les zones tropicales de l'Ancien et du Nouveau Monde ; mais elles ne sont pas rares dans les régions subtropicales. On en trouve un petit nombre dans les climats tempérés ; il n'en existe point dans les pays froids.

Les genres *Amarantus* et *Polycnemum*, ce dernier remarquable par ses trois étamines soudées en cupule à la base et ses deux styles divergents, sont seuls représentés en France.

(1) Les *Anabasis* sont des plantes, ordinairement rangées parmi les Chénopodiacées, chez lesquelles les étamines alternent, en effet, avec des appendices que l'on considère comme les stipules des feuilles staminales.

Propriétés générales. Usages. — Plusieurs espèces d'Amarantacées contiennent des principes mucilagineux et sucrés qui les font ranger parmi les plantes alimentaires et émollientes. Quelques-unes sont légèrement astringentes, d'autres diaphorétiques et diurétiques, d'autres enfin toniques et stimulantes.

L'*Amarantus Blitum* L. est une plante annuelle que l'on mange dans le Midi de l'Europe en guise d'Épinard.

Plusieurs espèces sont encore mangées dans l'Inde et en Chine. On emploie également en Chine, comme herbe résolutive, le *Gomphrena globosa*, les *Celosia argentea* L. et *margaritacea*, l'*Œrva lanata*, etc.

Les fleurs du *Celosia cristata* L. sont astringentes et préconisées en Asie contre la ménorrhagie, l'hématémèse, etc.

La racine tubéreuse du *Gomphrena officinalis* et celle du *G. macrocephala*, du Brésil, possèdent des propriétés stimulantes qui font regarder ces plantes comme des panacées, d'où le nom de *Paratudo* par lequel on les désigne, nom qui est loin de leur être exclusivement appliqué. On les emploie surtout contre les fièvres intermittentes.

Les *Amarantus frumentaceus* et *Anardhana* sont cultivés, dans l'Himalaya, à cause de leurs graines alimentaires.

FAMILLE IV. — BASELLACÉES.

Caractères. — Les Basellacées, plantes de l'Amérique et de l'Asie tropicale, sont des plantes presque toujours herbacées, quelquefois volubiles, pourvues de feuilles souvent charnues. Elles sont très voisines des plantes des deux dernières familles, dont elles se distinguent surtout par les caractères suivants :

Leur périanthe est double et formé par deux sépales antéro-postérieurs, et cinq pétales semblables aux pièces du périanthe des Chénopodiacées et des Amarantacées. Enveloppe florale et androcée sont, d'ailleurs, périgynes. *Le gynécée est formé par 3 carpelles;* le fruit est souvent entouré par le périanthe persistant et charnu.

Usages. — Quelques *Basella* ont été importés de l'Asie tropicale et cultivés dans nos jardins à titre de plantes potagères. Tels sont le *Basella rubra* (Épinard rouge) et le *B. alba* (Épinard blanc). On a préconisé, comme tubercule alimentaire, la racine riche en fécule de l'*Ullucus tuberosus* que l'on mange au Pérou.

FAMILLE V. — PHYTOLACCACÉES.

Caractères généraux. — *La présence d'un calice herbacé ou légèrement pétaloïde, quelquefois accompagné d'une corolle; — des étamines en nombre assez souvent double ou multiple relativement à celui des pièces périgoniales; — la présence de plusieurs carpelles indépendants ou concrescents en un ovaire pluriloculaire, ou d'un seul carpelle excentrique; — les styles latéraux; — la nature variable du fruit* (baie, achaine, capsule, samare); *— l'embryon presque droit dans certains cas* (mais le plus souvent encore recourbé autour de l'albumen farineux), constituent les caractères différentiels les plus importants de ce groupe.

PHYTOLACCACÉES.

Herbes ou *sous-arbrisseaux* à *feuilles* simples et entières, alternes, pourvues ou dépourvues de stipules diversement conformées.

Fleurs actinomorphes ou subirrégulières, hermaphrodites ou diclines, en grappes ou en fausses ombelles, axillaires, terminales ou oppositifoliées.

Périanthe à 4-5 parties, simple (exceptionnellement double).

Étamines hypogynes, en nombre variable (4, 5, 10, 20 ou même en nombre indéfini), à filets libres (ou légèrement cohérents par la base), pourvus d'anthères introrses, biloculaires, à déhiscence longitudinale.

Gynécée sessile ou porté par un court gynophore, rarement unicarpellé, ordinairement formé par un nombre variable de carpelles libres, concrescents entre eux ou soudés à une columelle centrale. Styles et stigmates en même nombre que les carpelles. — *Ovaire* pluriloculaire ou carpelles indépendants ; dans chaque loge, ou dans chaque ovaire distinct, un *ovule* campylotrope ou semi-anatrope, à peu près basilaire.

Fruit variable : charnu, capsulaire, en forme d'achaine ou samaroïde.

Graine ordinairement pourvue d'un albumen farineux ; embryon enroulé autour de l'albumen, plus rarement droit.

Ovaire supère.

  2 carpelles concrescents. — Un seul style.

Fruit baccien, à péricarpe rouge. — Périanthe 4-fide, persistant sans se modifier autour du fruit, légèrement pétaloïde. — Sous-arbrisseaux ou arbustes grimpants avec de petites fleurs en grappes.. — ***Rivina* Plumier.** (4-5 espèces. Amérique tropicale).

Fruit sec (achaine), coriace, muni de 4-6 aiguillons recourbés et appliqués contre l'épicarpe. — Embryon droit, exalbuminé. — Périanthe à 4 parties. — Herbes vivaces ; fleurs en épis lâches et allongés. — Odeur alliacée............ — ***Petiveria* Plum.** (*P. Alliacea* L. Amérique, du Mexique à la République Argentine et au Brésil).

Carpelles plus ou moins nombreux (7 à 10 généralement), libres ou soudés, donnant tout autant de fruits distincts ou une baie pluriloculaire, lobée extérieurement. — Fleurs hermaphrodites ou unisexuées. — Périanthe régulier, herbacé ou coriace, quelquefois légèrement pétaloïde. — Étamines 10-20 en général. — Sous-arbrisseaux, arbrisseaux ou arbres —. — ***Phytolacca*. L.** (11 espèces. Ancien et Nouveau Monde).

Ovaire infère, à 4 loges. — Périanthe pétaloïde, à 4 ou 5 parties. — Fleurs hermaphrodites. — Étamines en nombre indéterminé. — Style divisé en 4 branches. — Fruit formé par un seul achaine. — Végétaux grimpants .... — ***Agdestis* Moçino et Sessé.** (1 espèce. Mexique ; Guatémala).

Affinités. — Les caractères essentiels que nous avons inscrits en tête de la famille indiquent suffisamment les différences qui existent entre les Phytolaccacées et les familles voisines.

Les rapports que l'on a essayé d'établir entre les Phytolaccacées et les Malvacées, à cause de la disposition des carpelles autour du centre de la fleur chez les *Phytolacca*, sont beaucoup moins naturels.

Distribution géographique. — Les régions tropicales et subtropicales du Nouveau Continent constituent la vraie patrie des Phytolaccacées. Elles sont représentées encore, mais d'une façon beaucoup moins riche, dans les régions chaudes de l'Asie. Elles sont rares en Afrique.

Propriétés générales. Espèces importantes. — Les Phytolaccacées doivent généralement leurs propriétés à des principes âcres et drastiques, souvent même vésicants, caractère qui établit un lien de plus entre elles et les Nyctaginacées.

Le *Phytolacca decandra* L. est originaire de l'Amérique du Nord (d'où le nom de *Raisin d'Amérique* qu'on lui donne souvent) ; mais il est actuellement très cultivé en Europe, surtout en France, dans le département des Landes. Ses feuilles, ses racines et ses fruits non mûrs sont éminemment purgatifs. Les baies mûres sont colorées par un suc pourpre foncé dont on se sert souvent pour colorer les confitures et les vins. Cet usage est répréhensible, car ce suc participe aux propriétés des organes du végétal. Cependant, l'âge paraît avoir sur la composition chimique de la plante une grande influence, car les feuilles jeunes de cette espèce et de quelques autres voisines (du *P. esculenta* entre autres) peuvent être mangées sans danger, après cuisson, en guise de légume.

Nous citerons encore, parmi les plantes drastiques de la famille, le *Phytolacca drastica* des contrées rocailleuses du Chili.

Le *Petiveria alliacea*, des prairies de la Jamaïque et des îles voisines, et le *P. tetrandra*, du Brésil, sont remarquables par leur odeur alliacée. Leurs racines sont fortement diurétiques, et on les utilise, dans le Nouveau Continent, contre l'hydropisie, la paralysie, etc.

FAMILLE VI. — CYNOCRAMBACÉES.

Caractères. — Ce groupe n'est représenté que par deux espèces appartenant au même genre, dont une, le *Theligonum Cynocrambe* L., est une plante de l'Europe méridionale et de la région méditerranéenne, annuelle, charnue, dont les feuilles alternes vers le haut, opposées dans le bas, sont accompagnées de stipules larges et incisées.

Les *fleurs*, en petites cymes triflores axillaires des feuilles, sont *unisexuées et monoïques*. — Les *mâles* ont un *périanthe* à 2-3 divisions valvaires, révolutées après l'anthèse. Les étamines, libres et à filets grêles, portant de longues anthères linéaires basifixes, sont en nombre variable suivant les fleurs (10-30 en général). Les bractées font défaut. — Les *fleurs femelles*, accompagnées de bractées, sont composées d'un *ovaire infère unicarpellé, développé d'une façon si excentrique que le périanthe tubuleux, trilobé au sommet, qui entoure seulement le style gynobasique, paraît n'en être qu'un appendice latéral*. — L'ovaire renferme un seul ovule basilaire campylotrope. — Le *fruit, drupacé d'abord, puis nuca-*

menteux, renferme une graine arquée à testa membraneux, dans laquelle l'embryon, recourbé en fer à cheval, est entouré de tous côtés par un albumen cartilagineux fortement arqué lui-même.

Affinités. — Si, par la structure et la direction de l'ovule et de la graine, ces plantes méritent d'être rangées dans le même ordre que les familles précédentes, la structure singulière de la fleur femelle, la nature du fruit, la consistance de l'albumen, dans lequel l'embryon n'est pas périphérique, la présence constante des stipules, donnent à ce groupe un caractère tout à fait particulier, et rendent ses affinités très obscures.

Distribution géographique. Propriétés. — Le *Th. Cynocrambe* L. (*Cynocrambe prostrata* Gaertn.) est une plante des îles Canaries et de la région méditerranéenne ; le *Cynocrambe macrantha* appartient à l'Asie centrale. Cette dernière espèce est dioïque.

Le *C. prostrata* est un peu âcre et légèrement purgatif. On pourrait, après cuisson, le manger comme herbe potagère.

FAMILLE VII. — NYCTAGINACÉES.

Fleurs accompagnées, isolément, deux ou plusieurs ensemble, par un involucre de bractées. — Périanthe tubuleux, pétaloïde. — Étamines alternisépales dans les cas d'isostémonie, concrescentes. — Ovaire supère, unicarpellé. — Achaine inclus dans la base persistante du périanthe et du tube de l'androcée. — Embryon recourbé, rarement droit.

Description du Mirabilis Jalapa L. — Plante vivace, originaire de l'Amérique tropicale, pourvue d'une racine pivotante, parfois fortement renflée. Ses tiges sont noueuses, articulées, pourvues de feuilles opposées, simples, entières, sans stipules. Les fleurs, disposées en cymes à l'extrémité des tiges, offrent la structure suivante (fig. 255) :

1° A l'extérieur, chacune d'elles est pourvue d'une enveloppe verte, à cinq divisions quinconciales dans la préfloraison, ou presque valvaires (*In*).

2° En dedans se trouve une seconde enveloppe (*Pér*), celle-ci colorée en rouge et pétaloïde, longuement tubuleuse à la base, évasée en entonnoir au sommet, et pourvue de cinq lobes tordus dans le bouton.

3° L'androcée se compose de cinq étamines, alternes avec les divisions du verticille précédent : leurs longs filets, unis à la base en un anneau épais, glanduleux (*Andr*), ont une insertion hypogyne. Les anthères sont introrses, biloculaires, à déhiscence longitudinale.

4° L'ovaire est libre, uniloculaire, pourvu d'un style simple, surmonté lui-même d'un stigmate que forment un certain nombre de branches simples ou rameuses, toutes chargées de papilles. Dans la loge ovarienne on ne trouve qu'un seul ovule, presque dressé, anatrope, à micropyle antérieur.

Le fruit est un achaine qui reste enveloppé par la base du périanthe et du tube staminal persistant.

La graine renferme, comme celle des Chénopodiacées, un embryon périphérique, enroulé autour d'un albumen farineux.

L'actinomorphie de la fleur n'est pas parfaite, les étamines étant de longueur inégale.

Un examen superficiel de cette fleur pourrait la faire considérer comme pourvue d'un calice et d'une corolle. Cependant, l'observation de genres voisins conduit à une tout autre manière de voir.

Autres genres. — Chez le *Mirabilis triflora* Bentham, dont on a fait le genre *Quamoclidion* Choisy, l'enveloppe verte embrasse trois fleurs, dont une terminale et deux latérales. L'involucre renferme de deux à cinq fleurs chez les *Oxybaphus* Gray, où l'androcée n'est représenté que par trois étamines.

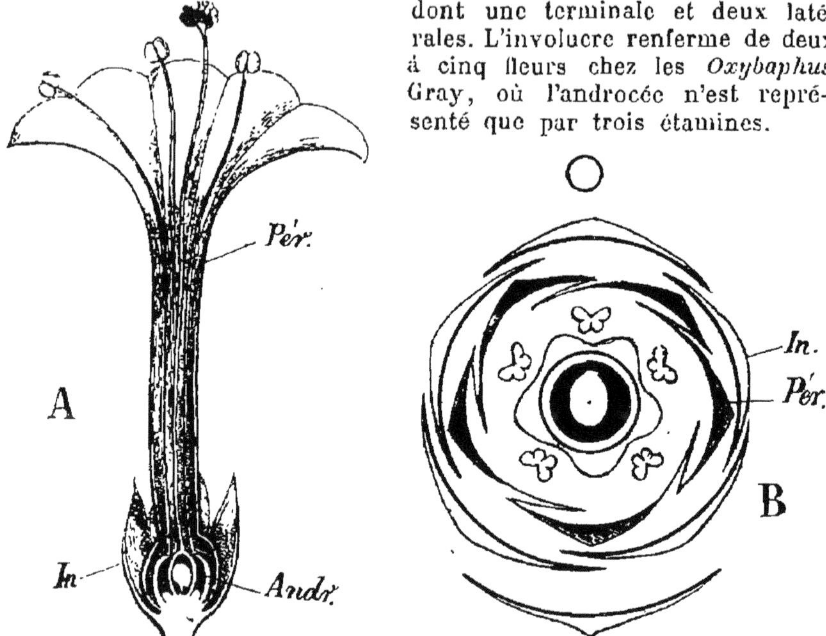

Fig. 255. — Fleur de *Mirabilis*. — A, coupe longitudinale ; B, diagramme ; *In*, involucre *Pér*, périanthe (Courchet).

Chez les *Bougainvillea* Commerson (1), l'ensemble de l'inflorescence est une dichotomie terminale avec de petites bractées, passant vers le haut à des écailles lancéolées. Tous les rameaux se terminent par un involucre triflore. Ce dernier n'est composé que de trois bractées, et la fleur centrale fait défaut ; les trois fleurs ont donc une origine latérale. Les bractées sont libres et se font remarquer par leur couleur rose, bien que leur texture ne diffère pas de celle des feuilles végétatives.

Chez les *Nyctaginia* Choisy, on trouve de dix à vingt fleurs dans un involucre commun, formé d'environ douze à treize bractées linéaires.

On est donc amené à admettre que l'enveloppe verte extérieure des *Mirabilis* est bien un involucre et non un calice, ce dernier étant représenté par le périanthe coloré. La corolle (2) fait défaut.

(1) Les *Bougainvillea* sont des arbrisseaux épineux ou des arbres de l'Amérique du Sud qui se font, en outre. remarquer par l'alternance des feuilles.

(2) L'alternance de l'androcée, qui semblerait appuyer l'opinion consistant à considérer ce périanthe comme une corolle, perd sa valeur par ce fait qu'à ce premier verticille staminal s'en ajoute, dans certains genres, un second opposé aux sépales, ex. les *Pisonia*. Parfois, ex. *Mirabilis Jalapa*, ce verticille épisépale, dont l'avortement peut être ici considéré comme constant, y est exceptionnellement représenté par une étamine.

NYCTAGINACÉES.

Herbes, arbrisseaux ou *arbres*. — *Feuilles* opposées ou plus rarement alternes, sans stipules.

Fleurs hermaphrodites, plus rarement unisexuées, entourées isolément ou plusieurs ensemble par des bractées formant involucre, libres ou concrescentes.

Périanthe 5-mère, gomopétale, infundibuliforme ou campanulé, ordinairement pétaloïde. — *Étamines* 5 en général, alternes avec les sépales, quelquefois moins, rarement davantage; filets concrescents avec le tube du périanthe. Anthères introrses, biloculaires, à déhiscence longitudinale.

Gynécée formé d'un seul carpelle antérieur, fermé, surmonté d'un long style que termine un stigmate capité. Ovaire contenant, attaché en arrière de la base de la suture, un seul ovule anatrope, à deux téguments, dressé, à raphé ventral.

Fruit : achaine enveloppé par la base persistante du calice plus ou moins dure, parfois gélifiable, et par la cupule que forment les filets staminaux concrescents.

Graine pourvue d'un albumen amylacé ou charnu plus ou moins abondant, Embryon à larges cotylédons foliacés, ordinairement recourbé autour de l'albumen qu'il enveloppe, exceptionnellement droit dans les *Pisonia*.

Fleurs presque toujours hermaphrodites. — Embryon recourbé autour de l'albumen.

Plantes inermes. — Feuilles opposées. — Ovaire globuleux ou obovale.— Stigmate en tête. — Base persistante du périanthe formant autour du fruit une enveloppe protectrice qui se gélifie généralement plus ou moins. — Fleurs entourées, isolément ou plusieurs ensemble, par un involucre de bractées.

- Involucre entourant une ou plusieurs fleurs. Stigmate en tête.—Etamines 3-5. — Plantes américaines.
  - Involucre uniflore.—Base persistante du périanthe ne se gélifiant pas. — Périanthe infundibuliforme.................... *Mirabilis* L. (Amér. tropic.).
  - Involucre pluriflore.— Base persistante du périanthe gélifiable.
    - Périanthe à tube plus long et à limbe étroit............. *Quamoclidion* Choisy. (Amér. tropic.).
    - Périanthe campanulé, sans tube................ *Oxybaphus* Gray. (Amér. tropic.).
- Fleurs réunies, au nombre de 10-20, en un capitule entouré par 12 à 13 bractées linéaires formant involucre. — 5 étamines saillantes. — Herbes à feuilles triangulaires.................. *Nyctaginia* Choisy. (*N. capitata* Choisy. Amérique du Sud).
- Fleurs réunies en inflorescences diverses, entourées par des bractées délicates caduques................. *Boerhavia* L. (20 espèces environ. Afrique et Sud de l'Asie; Amérique).

Végétaux armés d'épines, ou arbres. — Feuilles alternes ou fasciculées. — Stigmate linéaire. — Ovaire oblong. — Base persistante du périanthe non gélifiable, mais tombant à la maturité en même temps que la bractée mère. — Inflorescences composées de trois fleurs longuement tubuleuses, peu apparentes, naissant chacune à l'aisselle d'une bractée, large et colorée................. *Bougainvillea* Commerson. (7 espèces environ. Amérique du Sud).

Fleurs le plus souvent unisexuées.—Embryon droit, à cotylédons simplement involutés suivant leur longueur. — Plantes ligneuses à feuilles opposées.... *Pisonia* Plumier. (40 espèces environ. Contrées tropicales).

Affinités. — Parmi les familles de l'ordre des Centrospermées, les Phytolaccacées sont celles qui ont avec les Nyctaginacées les plus grands rapports. Celles-ci s'en distinguent par *leur ovaire uniloculaire, leur périanthe pétaloïde dont la partie supérieure se détruit, tandis que la base persiste autour du pistil, la nature du fruit, les feuilles presque toujours opposées*, etc.

Distribution géographique. — Environ 120 espèces, dont près de 100 appartiennent aux régions chaudes du Nouveau Monde, et croissent depuis le Mexique et les États-Unis du Sud jusqu'au Chili et à la Plata. L'Australie renferme trois *Pisonia* et deux *Boerhavia*. Les régions chaudes de l'Asie possèdent huit ou dix *Pisonia* qui leur sont spéciaux. Il y en a un nombre moindre en Asie et à Madagascar. Les genres *Abronia, Okenia, Nyctaginia*, etc., habitent les régions austro-occidentales de l'Amérique du Nord. Les *Bougainvillea* sont de l'Amérique australe.

Propriétés générales. Espèces importantes. — Peu de plantes dans cette famille, où dominent cependant les propriétés purgatives et émétiques, peuvent être considérées comme médicinales.

Parmi les espèces purgatives, nous mentionnerons plusieurs *Mirabilis*, entre autres les *M. longiflora* L., *Jalapa* L. et *dichotoma*, qui donnent des racines utilisées en Amérique comme le Jalap. On a même attribué au *M. Jalapa* la provenance du vrai Jalap officinal. Le *M. longiflora* est cultivé, dans nos jardins, sous le nom de *Belle de nuit*, parce que ses fleurs s'ouvrent au crépuscule. Le *M. dichotoma*, très voisin du précédent, porte des fleurs plus petites qui s'ouvrent avant la nuit. On l'appelle *Dame de onze heures*. Le *M. suaveolens* est recommandé, au Mexique, contre les diarrhées.

Des principes analogues à ceux des *Mirabilis* se retrouvent dans d'autres genres ; on emploie, en Amérique, les *Boerhavia diffusa* (Guyane) et *tuberosa* (Pérou). Le *B. decumbens* (Guyane) est émétique, etc.

Certaines Nyctaginacées se font remarquer, soit par l'odeur suave qu'exhalent leurs fleurs, soit par l'éclat et la beauté de ces dernières. De ce nombre sont les *Alsonia* et les *Bougainvillea*. Les *Bougainvillea*, que l'on cultive dans nos serres, ont des fleurs placées chacune à l'aisselle d'une grande bractée colorée en rose, et réunies ainsi, trois par trois, en inflorescence que l'on prendrait pour des fleurs à périanthe trimère.

Les *Pisonia* Plumier, plantes ligneuses de diverses régions tropicales, se distinguent des autres Nyctaginacées par la *diclinie* ordinaire de leur fleur, et surtout par leur *embryon droit*, dont les cotylédons sont simplement involutés suivant leur longueur.

FAMILLE VIII. — CARYOPHYLLACÉES.

Fleurs actinomorphes, à double périanthe, 5-mères ou 4-mères. — Sépales libres ou concrescents; pétales toujours libres. — Deux verticilles staminaux, à filets libres ou concrescents par la base. — Ovaire formé par 2-5 carpelles, plus ou moins complètement 2-5-loculaire au début, puis uniloculaire par résorption des cloisons. — Ovules cam-

pylotropes ou anatropes. — *Fruit : capsule à déhiscence denticide, rarement baie.* — *Graine avec albumen farineux ; embryon périphérique, ordinairement courbe ou enroulé.*

SOUS-FAMILLE I. — SILÉNOÏDÉES.

Calice gamosépale. — *Corolle et étamines hypogynes, souvent séparés par un accroissement intercalaire du réceptacle.* — *Styles indépendants.*

Description des Lychnis L. — Les *Lychnis*, dont plusieurs espèces sont indigènes en France (*L. Viscaria* L., *L. Coronaria* DC., *L. Flos Cuculi* L., etc.), représentent le type de structure le plus ordinaire des plantes de la famille.

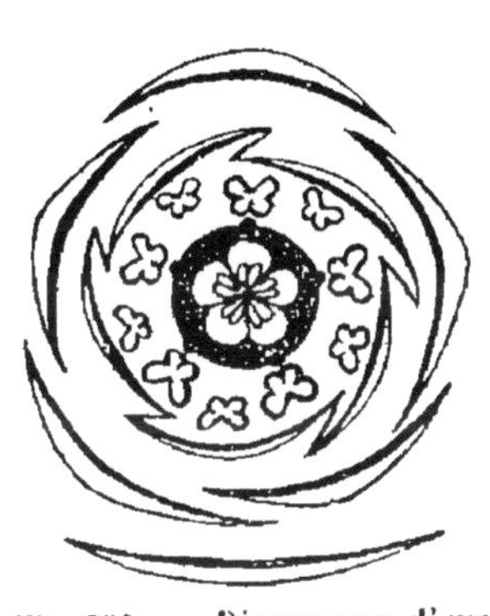

Herbes, vivaces le plus souvent, dont les tiges, articulées et noueuses, glabres ou plus ou moins velues, portent des feuilles opposées, simples et entières, sans stipules.

Les *inflorescences* sont toujours des cymes bipares ou unipares par avortement, réduites parfois à la fleur terminale (chez le *L. Coronaria* p. e.). Ces cymes sont associées de manière à former des grappes.

La *fleur*, considérée en elle-même (fig. 256), est actinomorphe, hermaphro-

Fig. 256. — Diagramme d'une fleur de *Lychnis*.

dite ou, quelquefois, dicline. Le *réceptacle* est en forme de colonne courte et épaisse. Le type pentamère règne ici dans tous les cycles. Le *calice* est gamosépale, plus ou moins tubuleux et renflé, persistant, à préfloraison quinconciale.

La *corolle* est constituée par cinq pétales libres, alternes avec les sépales, composés chacun d'un onglet très long, et d'un limbe élargi, entier ou plus ou moins divisé à son bord supérieur. A la jonction de l'onglet et du limbe existe, à la face interne du pétale, un appendice pétaloïde auquel on donne le nom de *ligule*. La préfloraison de la corolle est presque toujours tordue, rarement imbriquée.

L'*androcée* est plus ou moins surélevé au-dessus de la corolle par la croissance du réceptacle. Il est formé par 10 étamines libres, ou unies par la base des filets en un court anneau. Les cinq opposées aux pétales sont, dans leur région terminale, extérieures aux cinq autres qui sont, en outre, un peu plus courtes qu'elles. Mais à leur point d'insertion, les plus extérieures sont, au contraire, celles qui alternent avec les pétales ; ce sont en même temps les plus précoces. Les anthères sont dorsifixes, introrses, biloculaires, à déhiscence longitudinale.

Le *gynécée*, plus ou moins élevé au-dessus de l'androcée par une croissance intercalaire du réceptacle, est formé par cinq carpelles alternes avec les pétales, concrescents en un ovaire à cinq loges ; mais les cloisons ne sont complètes que dans le bas et se détruisent plus tard, laissant le fruit uniloculaire. L'ovaire est surmonté par cinq styles velus, à stigmates non dilatés.

A l'angle central de chaque loge sont insérés, en double série, des *ovules campylotropes* dont le micropyle est dirigé vers le bas.

Le *fruit*, qu'accompagne le calice persistant, est une capsule qui se divise, dans le haut, en autant de dents qu'il y a de carpelles. La division s'effectuant au niveau des commissures, la déhiscence peut être appelée *septicide*, et chaque valve correspond à l'un des sépales.

Autres genres de Silénoïdées. — Autour de ce genre s'en groupent d'autres formant avec lui la sous-famille des Silénoïdées :

Les *Melandryum* Rœhl., parfois dioïques par avortement (*M. dioicum* Coss. et Germ. (1), par exemple), essentiellement distincts des *Lychnis* par leur capsule qui s'ouvre par un nombre de dents double de celui des carpelles ;

Les *Agrostemma* L. dont une espèce, commune dans nos moissons (*A. Githago* Lam.), est connue sous le nom de *Nielle* et dont les cinq carpelles sont opposés, non plus aux sépales, mais aux pétales ;

Les *Silene* L. dont le gynécée se réduit souvent à 3 carpelles, et dont les dents de la capsule se dédoublent, comme chez les *Melandryum ;*

Le *Cuccubalus baccifer* L., caractérisé par son fruit charnu, indéhiscent ;

Les *Saponaria* L. dont le fruit est à deux carpelles, ainsi que chez les *Dianthus* L. (Œillets) ; mais chez ces derniers, l'embryon est à peine recourbé, et les fleurs sont accompagnées de bractées formant un involucre uniflore ou pluriflore.

SOUS-FAMILLE II. — ALSINOÏDÉES.

Sépales libres. Réceptacle le plus souvent concave. — Pétales petits, courtement onguiculés ou sans onglets. Styles libres ou concrescents.

(1) *Lychnis dioïca* L.

A cette subdivision appartiennent les *Cerastium* dont un grand nombre (*C. vulgatum* L., *viscosum* L., *arvense* L., etc.) sont indigènes, et dont la fleur possède cinq pétales bifides, et généralement cinq carpelles opposés aux pétales; les *Stellaria* (parmi lesquels le *S. media* L. ou *Mouron des Oiseaux*) (1) dont les caractères sont à peu près semblables, mais dont les carpelles alternent avec les pétales; les *Alsine*, les *Arenaria*, etc.

La fleur est tétramère dans certains genres de cette sous-famille (les *Buffonia*, par exemple), et l'ovaire peut se réduire à trois carpelles (*Holosteum*) ou même à deux (*Buffonia*, *Mœhrengia*, etc.).

Chez les *Spergularia*, on trouve des stipules scarieuses.

Le *Polycarpon tetraphyllum* L., qui croît dans nos régions, réalise un type assez spécial, pour qu'on l'ait réuni à quelques autres dans une tribu spéciale, celle des Polycarpées.

C'est une herbe annuelle dont les feuilles larges, obovales, sont *verticillées par 4 et accompagnées par 2 stipules scarieuses.*

Les fleurs, petites et nombreuses, *sont accompagnées par des bractées semblables aux stipules. Le réceptacle floral est creusé en une cupule glanduleuse;* la périgynie de la corolle et de l'androcée est donc très nette. Le calice est formé par 5 sépales, *scarieux sur les bords;* la corolle est représentée par 5 *pétales très petits, nuls parfois. Le cycle staminal oppositisépale* (l'extérieur par conséquent) *est seul représenté; parfois même il est réduit à 3 étamines.*

L'ovaire est ici entièrement uniloculaire, avec un placenta central portant un certain nombre d'ovules anatropes. Il est surmonté par un style divisé en 2 ou 3 branches oppositisépales.

Le fruit est une capsule trivalve, et la graine possède un embryon recourbé autour d'un albumen charnu.

Caractères généraux. — La famille des Caryophyllacées forme un ensemble des plus naturels, caractérisé de la manière suivante :

Herbes annuelles ou vivaces, rarement sous-arbrisseaux ou arbrisseaux. Tiges noueuses-articulées, pourvues de *feuilles toujours simples et entières, jamais alternes, presque toujours opposées,* rarement verticillées, avec ou sans stipules scarieuses.

Inflorescences toujours centrifuges, formant des cymes unipares ou bipares. Quelquefois des bractées formant des involucres uniflores ou pluriflores.

(1) On donne le nom de *Mouron des Champs* à une Primulacée, l'*Anagallis arvensis* L

Fleurs actinomorphes, 5-*mères ou, plus rarement, 4-mères*, complètes ou incomplètes par avortement. Réceptacle ordinairement convexe, plus rarement concave.

Sépales libres ou concrescents en un calice conique ou plus ou moins renflé. Préfloraison quinconciale.

Pétales rarement nuls (certains *Alsine, Stellaria, Polycarpum*, etc.), *toujours indépendants*, soit longuement onguiculés, et alors avec ou sans ligule, soit sans onglet ou brièvement onguiculés, larges et sans ligule. *Préfloraison imbriquée ou tordue.*

Androcée hypogyne ou périgyne, parfois élevé au-dessus de la corolle par un accroissement intercalaire du réceptacle floral, *normalement formé par deux verticilles alternes*. Filets libres ou légèrement concrescents par la base, ceux des étamines opposées aux pétales parfois légèrement soudés avec eux. *Anthères introrses, biloculaires, à déhiscence longitudinale.*

Gynécée formé par 2-5 carpelles concrescents en un ovaire libre, sessile ou stipité (1), rarement uniloculaire dès le début (Polycarpées), *ordinairement divisé en 2 ou plusieurs loges par des cloisons plus ou moins complètes, qui toujours se résorbent à la fin*, laissant le fruit uniloculaire. *Styles* distincts ou plus ou moins concrescents à la base, ou bien encore entièrement soudés jusqu'au sommet qui demeure simplement lobé. *Ovules campylotropes ou anatropes*, rarement solitaires, le plus souvent en nombre variable et bisériés à l'angle central des loges, en général fixés par leur bord, quelquefois aplatis et peltés (chez les *Dianthus*, par exemple). Micropyle infère ou transversal. Chez les Polycarpées, les ovules anatropes sont portés sur un faux placenta central, au centre et à la base de l'unique loge de l'ovaire.

Fruit ordinairement sec et membraneux, déhiscent au sommet par des dents correspondant chacune à l'un des carpelles (*Lychnis, Agrostemma*, etc.), parfois bifides elles-mêmes (*Melandryum, Arenaria, Dianthus*, etc.). Rarement fruit charnu et indéhiscent (*Cuccubalus*).

Graines en nombre variable, lisses ou tuberculeuses, ou muriquées, rarement marginées, réniformes, globuleuses ou déprimées, à hile marginal ou ventral.

Sauf de rares exceptions (les *Verzlia* et quelques *Dianthus*), elles possèdent *un embryon plus ou moins courbe ou enroulé autour d'un albumen farineux*.

____

(1) Porté par un pied.

SOUS-FAMILLE I. — SILÉNOÏDÉES.

Calice gamosépale. — Corolle et étamines hypogynes, souvent séparées par l'accroissement intercalaire du réceptacle. — Styles indépendants.

- Calice sans côtes commissurales. — Corolle tordue dans la préfloraison.
  - Calice pourvu de côtes commissurales. — Corolle à préfloraison imbriquée.
  - Fruit sec, déhiscent.
  - Fruit capsulaire à déhiscence denticide.
    - Gynécée isomère. Carpelles alternes avec les sépales.
      - Stigmate pourvu d'une couronne de poils. — Onglet des pétales dilatés en 2 ailes latérales ... *Agrostemma* L. (2 espèces. Europe; Asie Amérique; Océanie).
    - Capsule pluriloculaire à la base.
      - Dents du fruit déhiscent autant que de stigmates. ... *Viscaria* Roehl. (5 espèces. Ancien et Nouveau Continent.
      - Dents du fruit en nombre double. — 3 carpelles. ... *Silene* L. (Espèces nombreuses. Hémisphère Nord).
    - Gynécée composé de carpelles en nombre inférieur à celui des pétales, ou en même nombre, et alors opposés aux sépales.
      - Capsule uniloculaire.
        - Cinq carpelles. Capsule s'ouvrant par cinq dents au sommet.
          - Corolle à préfloraison tordue. Graine non velue ... *Lychnis* L. (10 espèces. Ancien Continent, surtout en Sibérie).
          - Corolle à préfloraison imbriquée. — Graine avec des filaments serrés près du hile ... *Petrocoptis*.
        - Trois à cinq carpelles. — Dents de la capsule en nombre double ... *Melandryum* Roehl. (50 à 60 espèces. Europe; Asie Amérique).
  - Fruit capsulaire, s'ouvrant irrégulièrement par une sorte de couvercle ... *Drypis* L. (D. spinosa L. Illyrie, Croatie, etc.).
  - Fruit bacciforme indéhiscent. — Pétales pourvus d'une courte ligule. — 3 carpelles... *Cucubalus* L. (C. baccifer L. Europe centrale et méridionale; Asie).
- Pièces calicinales non séparées par des bandes membraneuses.
  - Pièces calicinales séparées par des bandes membraneuses, à 5 ou 15 côtes. — Graines réniformes; embryon recourbé ... *Gypsophila* L. (Plus de 50 espèces, surtout dans l'Est de la région méditerranéenne).
  - Pétales sans ligules.
    - Point de bractées au-dessous des fleurs. — Calice à 15-25 côtes. Embryon recourbé ... *Vaccaria* Médik. (3 espèces. Asie occidentale).
    - Des bractées involucrales au-dessous des fleurs. — Calice à côtes nombreuses. — Embryon presque droit ... *Dianthus* L. (Nombreuses esp. Ancien Contin., surtout région méditerranéenne).
  - Pétales ordinairement pourvus de ligules. — Point de bractées sous les fleurs.
    - Calice à 15-25 côtes. — Embryon recourbé ... *Saponaria* L. (20 espèces; surt. rég. méditerr.).
    - Calice à 15 côtes. — Embryon droit ... *Velezia* L.

SOUS-FAMILLE II. — ALSINOÏDÉES.

Sépales libres. — Calice, corolle et étamines à insertion souvent périgyne. — Pétales courtement onguiculés ou sessiles, toujours sans ligule. — Styles indépendants ou concrescents à la base.

- Styles indépendants dès la base. — Ovaire primitivement bi- ou pluriloculaire. — Feuilles opposées.
  - Point de stipules.
    - Pétales bifides au sommet. — Inflorescence jamais ombelliforme.
      - Styles 3-5, alternes avec les sépales dans les cas d'isomérie. — Pétales parfois très réduits. — Capsule globuleuse ... *Stellaria* L. (80 espèces ou plus. Genre cosmopolite).
      - Styles 3-4-5, opposés aux sépales dans les cas d'isomérie. — Capsule déhiscente par 10 dents, cylindrique ... *Cerastium* L. (Espèces nombreuses. Amérique, Europe).
    - Pétales entiers, dentés ou faiblement échancrés au sommet. — 3 carpelles et 3 styles. — Graines comprimées, peltées. — Inflorescences ombelliformes ... *Holosteum* L. (6 espèces. Hémisphère Nord).
    - Pétales entiers, à peine échancrés au sommet, nuls parfois.
      - Carpelles en nombre inférieur à celui des sépales.
        - Fleurs 4- ou 5-mères. — Sépales plus ou moins libres, 4-5. — Gynécée isomère; carpelles opposés aux sépales. — Dents de la capsule en nombre double de celui des sépales. — Herbes. ... *Mœnchia* Ehr. (Espèces peu nombreuses. Région méditerranéenne).
        - Fleurs 4-mères. — 2 carpelles. — Capsule lenticulaire, bivalve, contenant 2 graines. — Arbrisseaux ... *Buffonia* L. (Environ 15 espèces, des parties sèches de la région méditerranéenne).
      - Fleurs 4-5 mères. — Plus de 2 carpelles. — Graines ordinairement nombreuses.
        - Valves du fruit indivises. — Corolle toujours développée. — Fleurs 5-mères. — 3-4 carpelles ... *Alsine* Wahlenb. (Environ 60 espèces, des régions froides de l'Hémisphère Nord).
        - Valves du fruit bifides au sommet. — Graines sans strophiole ... *Arenaria* L. (70 esp. et plus. Rég. tempérées et froides de l'Hémisphère Nord).
        - Fleurs 4-5 mères. — 2 à 3 carpelles. — Graines strophiolées. ... *Mœhringia* L. (Env. 20 esp. Régions tempérées et froides de l'Hémisphère Nord).
- Feuilles accompagnées de stipules scarieuses. — 3 sépales et 3 styles indépendants. — Fruit capsulaire denticide ... *Spergularia* Pers. (Environ 20 espèces; surtout au voisinage de la mer. Genre presque cosmopolite).
- Style simple à la base, divisé en 2-3 branches au sommet. — Fleurs accompagnées de bractées scarieuses. — Réceptacle floral concave. — Pétales très petits ou nuls. — Cycle staminal externe seul développé. — Ovaire uniloculaire et ovules anatropes. — Embryon recourbé autour de l'albumen charnu ... *Polycarpon* Loefl. (2 espèces. Région méditerranéenne; Arabie).

Affinités. — Les Caryophyllacées sont reliées si naturellement aux Paronychiées qu'on ne peut guère les en séparer que d'une façon conventionnelle (v. le tableau général de l'ordre). — D'autre part, les Caryophyllacées se distinguent des autres familles de l'ordre par *leur port spécial, leurs feuilles toujours opposées ou verticillées, leur périanthe ordinairement double, leur ovaire presque toujours pluriloculaire au début, puis uniloculaire, leur fruit ordinairement capsulaire.*

A certains égards, les Caryophyllacées sont unies à d'autres familles qui, telles que les Linacées, les Géraniacées, etc., s'en éloignent essentiellement par la structure de leur ovaire, de leur fruit et de leur graine.

Distribution géographique. — Les Caryophyllacées habitent, pour la plupart, les régions extratropicales de l'hémisphère Nord, dans lequel on les voit re-

Fig. 257. — Stellaire intermédiaire (*Stellaria media*).

monter très haut, soit en altitude sur les montagnes, soit en latitude. L'hémisphère austral est beaucoup moins riche en plantes de ce groupe qui, sous les tropiques, n'est représenté que dans les régions montagneuses.

Propriétés générales. Plantes importantes. — Bien que le nombre des Caryophyllacées, autrefois ou actuellement encore usitées dans l'art médical, soit considérable, il en est cependant très peu que l'on puisse considérer comme importantes à ce point de vue.

Quelques-unes, telles que les *Stellaria Holostea* L., *Holosteum umbellatum* L., *Cerastium arvense* L., *Stellaria media* Will. (fig. 257), etc., étaient employées jadis comme rafraîchissantes et fondantes.

La Saponaire officinale (*Saponaria officinalis* L.) (fig. 258), grâce à la Saponine qu'elle contient, communique à l'eau la propriété de

mousser fortement quand on l'agite après y avoir écrasé des tiges ou des feuilles de cette plante. De là le nom de *Savonnière* qui lui a été donné. D'abord mucilagineuse au goût, l'écorce des tiges détermine bientôt une impression d'âcreté considérable. La saveur du bois est douceâtre.

La plante entière a été employée comme fondante et dépurative. Elle contient, outre la Saponine, une résine brune, de la gomme, etc.

On désigne sous le nom de Racine de Saponaire

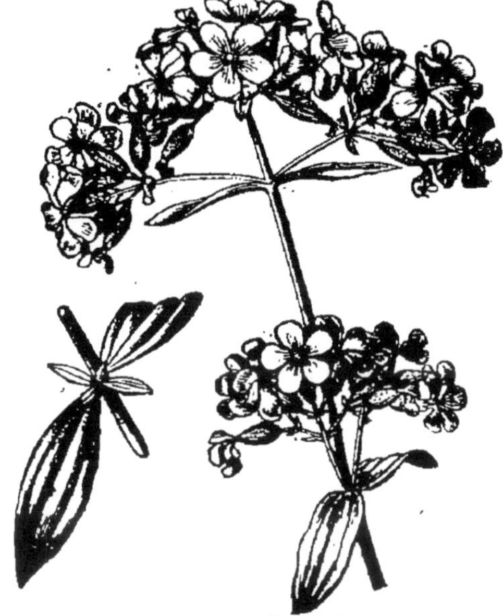

Fig. 258. — Saponaire.

d'Orient les racines de divers *Gypsophila* (les *G. Struthium* L., *paniculata* L., *altissima*, etc.). Ces plantes contiennent également de la saponine.

Le *Melandryum dioicum* et le *Lychnis chalcedonica* sont usités comme fondants.

Le *Silene Otites* est amer et astringent; il passait pour efficace contre l'hydrophobie.

En Amérique, on emploie comme anthelminthique le *Silene virginica*.

Les Œillets servent à préparer un sirop et un hydrolat que l'on emploie comme cordiaux.

La Nielle des Blés (*Agrostemma Githago* L.) peut être considérée comme une plante nuisible. Ses semences, mêlées au Blé dont la maturation a lieu à peu près à la même époque, communiquent à la farine des propriétés délétères, et il a été reconnu que le principe vénéneux réside non dans l'amande, mais dans le tégument séminal dont les fragments sont toujours faciles à reconnaître dans une farine, grâce à leur couleur foncée.

FAMILLE IX. — PARONYCHIÉES.

Étroitement unies aux Caryophyllacées par l'intermédiaire des *Polycarpum*, les Paronychiées s'en distinguent par *l'alternance de leurs feuilles* qu'accompagnent de petites stipules scarieuses, *leurs fleurs petites et peu apparentes, accompagnées de bractées également scarieuses, leurs pétales très réduits ou nuls, leurs étamines périgynes, ordinairement en même nombre que les sépales* auxquels elles sont opposées, *leur ovaire uniloculaire avec un seul ovule dressé ou pendant au sommet,* surmonté d'un style ordinairement bifide, *leur fruit membraneux.*

Dispersées à peu près dans tout l'hémisphère Nord, les Paronychiées offrent peu d'espèces utiles à l'homme.

Les *Herniaria hirsuta* L. et *glabra* L. étaient jadis employées l'une et l'autre comme fondants, diurétiques et vulnéraires sous le nom d'*Herniole* ou *Turquette.* — La Cochenille de Pologne vit sur une autre Paronychiée, le *Scleranthus perennis* L.

FAMILLE X. — SALVADORACÉES.   FAMILLE XI. — BATIDACÉES.

Ces deux petites familles, l'une et l'autre représentées par un seul genre, sont ordinairement rangées dans l'ordre des Centrospermées, à côté des groupes précédemment étudiés (voir leurs caractères principaux au tableau général de l'Ordre).

Les *Batis* sont des arbrisseaux riches en soude, propres aux rivages de l'Amérique tropicale.

Les *Salvadora* sont des plantes également frutescentes, qui croissent sur la côte septentrionale d'Afrique depuis le Benguela jusqu'en Asie ; on les retrouve dans la Palestine, dans la Perse et dans l'Inde.

La racine du *Salvadora persica* est âcre et vésicante, propriétés qui dominent surtout dans l'écorce. Celle de la tige est, dit-on, simplement tonique, et les baies sont comestibles. Les feuilles du *Salvadora indica* sont purgatives à la manière des folioles de Séné ; mais on mange impunément les fruits de la même plante. On lui attribue également des propriétés vermifuges.

FAMILLE XII. — TÉTRAGONIACÉES.

Ce petit groupe naturel n'est représenté que par les *Tetragonia*, qui habitent au delà du Capricorne, dans les îles et sur les rivages de l'hémisphère austral.

Caractères. — Ce sont des *plantes herbacées* ou des *sous-arbrisseaux,* glabres ou velus, à *feuilles épaisses et charnues, alternes* ou *presque opposées,* entières en général, *sans stipules.*

Les *fleurs* sont *actinomorphes, hermaphrodites,* solitaires ou diversement groupées, 3-5 *mères*. Le *calice* est *gamosépale*, charnu, *à 3 ou 5 divisions, valvaires* dans le bouton. — *La corolle manque.*

Les étamines, en nombre variable (1-5 ou beaucoup plus nombreuses) *sont épigynes,* solitaires ou réunies par groupes entre les lobes du calice. Leurs filets subulés portent des *anthères introrses* et biloculaires, déhiscentes par des fentes longitudinales.

L'ovaire est adhérent au réceptacle, sauf par sa face supérieure demeurée libre, ordinairement à 3-5 loges (plus rarement 8-9 ou 1-2, par avortement). Dans chaque loge est *un ovule semi-anatrope, suspendu.* — *Les styles sont distincts,* courts, portant, sur leur bord interne, des papilles stigmatiques.

Le fruit est une drupe coriace, couronnée par les dents accrescentes du calice dilatées en forme d'ailes ou de cornes. Dans chacune des loges est *une graine pendante,* pourvue *d'un testa crustacé,* luisant, et *d'un albumen farineux autour duquel est un embryon enroulé presque en anneau.*

Affinités. — Ce petit groupe est surtout voisin des Portulacacées dont il se distingue *par son ovaire généralement à plusieurs loges et concrescent presque en totalité avec le réceptacle, les ovules solitaires et suspendus, la nature du fruit,* etc.

Propriétés générales. Usages. — La seule espèce que nous pouvons citer, comme ayant une certaine utilité, est le *Tetragonia expansa,* introduit en Europe par J. Banks, et cultivé dans nos jardins sous le nom d'*Épinard d'été* ou *de la Nouvelle-Zélande.* Ses propriétés alimentaires et antiscorbutiques ont été reconnues pour la première fois par le capitaine Cook.

FAMILLE XIII. — PORTULACACÉES.

Caractères. — Les végétaux de ce groupe, représenté dans nos contrées par les deux genres *Portulacca* et *Montia,* possèdent les caractères essentiels suivants :

Ce sont des *plantes herbacées ou suffrutescentes,* pourvues de *feuilles charnues, accompagnées de stipules membraneuses.*

Les *fleurs, petites et peu apparentes,* sont groupées en cymes contractées, *actinomorphes, hermaphrodites. Le calice est formé par deux sépales antéro-postérieurs, la corolle par 5 pétales libres. L'androcée est théoriquement constitué par 5 étamines opposées aux pétales,* ordinairement dédoublées une ou plusieurs fois. *L'ovaire, aux 2/3 infère, formé par 3-5 carpelles concrescents, est plus ou moins complètement uniloculaire. Les ovules sont semi-anatropes,* en nombre variable, *à placentation basilaire. Le fruit est capsulaire,* indéhiscent ou diversement déhiscent (en pyxide chez les *Portulacca*). Les graines sont construites comme chez les Chénopodiacées.

Affinités. — La placentation basilaire des ovules et la structure de la graine légitiment la place des Portulacacées à côté des familles précédentes.

Distribution géographique. — Les Portulacacées sont représentées sous tous les climats ; pourtant l'Amérique septentrionale est plus particulièrement riche en plantes de ce groupe que les pays tempérés de l'Ancien Monde. Les régions subtropicales de l'hémisphère sud en possèdent un grand nombre.

Propriétés générales. Plantes importantes. — Des principes mucilagineux dans beaucoup d'entre elles, des composés astringents ou amers dans certaines autres, paraissent communiquer aux Portulacacées leurs propriétés générales.

Le *Portulacca Oleracea* L. (Pourpier) est usité depuis longtemps comme rafraîchissant, sédatif et antiscorbutique. On le mange également en salade. Enfin ses graines, macérées dans le vin, possèdent, dit-on, des propriétés emménagogues.

D'autres Portulacacées sont également usitées comme plantes potagères en Amérique, de même que, dans l'Asie tropicale, les *Sesuvium portulacastrum* et *repens*. On mange, dans l'est de la Sibérie, la racine du *Claytonia tuberosa*.

Parmi les espèces amères et astringentes usitées en Asie et en Amérique, nous pourrions mentionner certains *Pharnaceum* et certains *Talinum*.

Enfin quelques Portulacacées, les *Aizoon canariense* et *hispanicum*, contiennent une abondante quantité de soude qu'on peut en extraire par incinération.

FAMILLE XIV. — FICOÏDES.

Caractères. — Comprise dans les limites les plus étroites (1) qu'on puisse lui assigner, la famille des Ficoïdes ne comprend que le genre *Mesembryanthemum* L.

Ce sont des *plantes charnues dont les feuilles, toujours sans stipules, sont alternes ou opposées.*

Les *fleurs, actinomorphes* (fig. 259), *hermaphrodites et pentamères*, solitaires ou diversement groupées, ont *un ovaire infère et une insertion épigyne. Le calice est formé généralement par 5 pièces inégales*, imbriquées dans le bouton, et *la corolle par de nombreux pétales en forme de lanières colorées* (blanches, jaunes ou roses), *auxquels succèdent un nombre indéterminé d'étamines disposées par verticilles*, à filets inégaux, libres ou concrescents par la base.

Les carpelles, au nombre de 5 en général (rarement 4-20), *sont concrescents en un ovaire infère pluriloculaire dont les placentas, internes d'abord et obliquement orientés de dedans en dehors, deviennent au cours de leur développement*, d'après Berg et Payer, *successivement horizontaux, puis pariétaux et placés en dehors* (2). *Les ovules sont nombreux, anatropes,*

---

(1) Pour plusieurs botanistes, les *Mesembryanthemum* et les *Tetragonia* formeraient une simple section d'un groupe naturel plus vaste, les *Aizoacées*, que nous ne croyons pas devoir étudier ici d'une manière spéciale.

(2) C'est de la même manière, d'après Berg et Payer, que se constitueraient, chez le Grenadier, les loges de l'étage supérieur du fruit, dont la placentation est également pariétale (voir aux *Myrtacées*).

plurisériés. L'ovaire est couronné par 4-20 stigmates formant des sortes de crêtes.

D'abord charnu, le fruit se change définitivement en une capsule qui s'ouvre, par le haut, le long des bandes stigmatiques.

Les graines, nombreuses et lisses, renferment un embryon périphérique, recourbé en crochet autour de l'albumen farineux.

Affinités. — Les Ficoïdes ont avec les Cactacées, plantes également charnues et pourvues d'un ovaire uniloculaire, à placentation pariétale, des rapports de ressemblance extérieure et d'adaptation à des conditions identiques, bien plutôt qu'une parenté réelle (voir aux *Cactacées*). La vraie place des Ficoïdes est à côté des Tétragoniacées, qui s'en distinguent cependant par leurs étamines en nombre variable et provenant d'un même verticille par dédoublement, par leurs fleurs tétramères, par leurs ovules solitaires et par leur fruit drupacé.

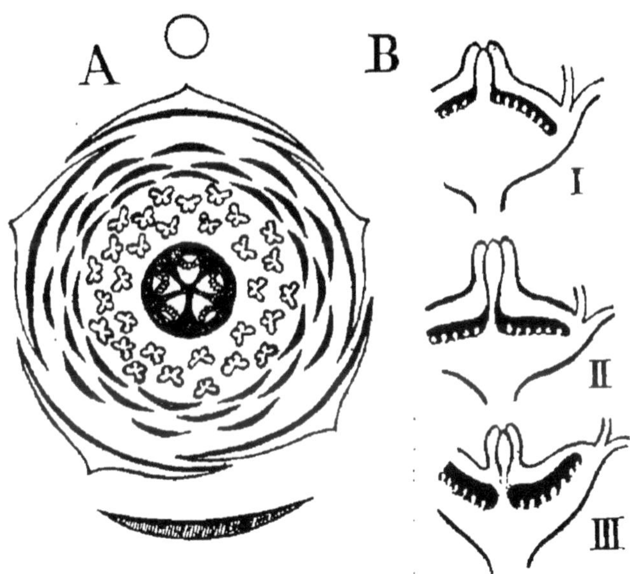

Fig. 259. — A, diagramme d'une fleur de *Mesembryanthemum*. — B, schémas montrant le changement d'orientation des placentas, d'après Payer et Berg.

Distribution géographique. — Au nombre de 300 espèces environ, les *Mesembryanthemum* sont presque tous propres à l'Afrique australe. Ils sont représentés, en Corse, par deux espèces : *M. nodiflorum* L. et *M. cristallinum* L. Cette dernière espèce est remarquable par les vésicules cristallines qui en couvrent la surface.

Usages. — Les fruits de certaines espèces, légèrement âcres, sucrés et très riches en mucilage, sont comestibles (*Mes. edule* par exemple); d'autres Ficoïdes sont mangées en guise de légumes. — Dans les îles Canaries, plusieurs de ces plantes sont usitées comme diurétiques; le suc du *M. acinaciforme* est employé au Cap contre la dysenterie, etc.

DICOTYLÉDONES.

CENTROSPERMÉES.

ORDRE DES CENTROSPERMÉES

Placentation à peu près toujours centrale.

- Ovule orthotrope et dressé. — Fleurs actinomorphes et généralement 3-mères ; insertion verticillée ou spiralée. — En général deux verticilles à l'androcée. — 3-2 carpelles à l'ovaire, ce dernier supère et uniloculaire. — Fruit : achaine ordinairement accompagné par le périanthe ou une partie du périanthe, accrescent ou non, parfois charnu. — Embryon droit dans l'axe d'un albumen farineux. — Feuilles alternes, ordinairement pourvues d'un ochréa.......... **POLYGONACÉES.**
- Ovules campylotropes, semi-anatropes ou anatropes.
  - Graine pourvue d'un albumen farineux ou charnu (sauf exceptions). — Embryon périphérique, à peu près toujours recourbé ou enroulé sur lui-même.
    - Réceptacle floral convexe, plan ou concave. — Ovaire toujours supère, au moins dans sa partie supérieure.
      - Périanthe simple. — Étamines en même nombre que les sépales ou en nombre moindre. — Ovaire 1-loculaire, avec un seul ovule semi-anatrope ou campylotrope.
        - Fruit : achaine, caryopse ou pyxide, rarement fruit charnu. — Feuilles sans stipules.
          - Fleurs petites et peu apparentes. — Ovule campylotrope ou semi-anatrope. — Feuilles alternes.
            - Périanthe herbacé. — Fruit : achaine.......... **CHÉNOPODIACÉES.**
            - Périanthe coloré. — Fruit : caryopse, capsule indéhiscente ou pyxidaire.......... **AMARANTACÉES.**
          - Fleurs grandes, pourvues d'un périanthe pétaloïde tubuleux, accompagnées, isolément ou collectivement par un involucre de bractées. — Fruit : achaine entouré par la base persistante du périanthe. — Feuilles opposées.......... **NYCTAGINACÉES.**
        - Fruit sec, membraneux.
          - Fleurs petites et peu apparentes, quelquefois avec des pétales très réduits. — Réceptacle concave. — 1 ovule semi-anatrope, basilaire ou descendant. — Feuilles alternes, avec stipules scarieuses.......... **PARONYCHIÉES.**
      - Périanthe double. — Étamines en nombre variable, hypogynes ou périgynes. — Ovaire uni ou pluriloculaire.
        - Fruit presque toujours capsulaire, à déhiscence denticide. — Étamines en nombre double des pétales et en deux verticilles, hypogynes ou périgynes. — Carpelles 2-5, concrescents en un ovaire toujours uniloculaire à la fin. — Ovules campylotropes ou semi-anatropes, nombreux. — Feuilles opposées, entières, sans stipules.......... **CARYOPHYLLACÉES.**
        - Fruit indéhiscent, souvent accompagné par le périanthe devenu charnu. — 2 sépales et 5 pétales. — Carpelles 3, concrescents en un ovaire uniloculaire et 1-ovulé. — Plantes dressées ou grimpantes. — Feuilles non stipulées, souvent charnues.......... ***BASELLACÉES.***
        - *Fruit de nature variable (achaines, capsules, baies ou samares). — Fleur pentamère ; étamines en nombre variable. — Carpelles en nombre variable, libres ou plus ou moins concrescents, uniovulés, à style latéral. — Feuilles alternes, avec ou sans stipules*.......... **PHYTOLACCACÉES.**
    - Réceptacle floral toujours concave, et ovaire infère.
      - Périanthe simple.
        - Fleurs hermaphrodites, actinomorphes. — Périanthe 4-mère, charnu. — Androcée à 4 membres, simples ou dédoublés 1 ou plusieurs fois, alternes avec les sépales. — Ovaire pluriloculaire et ovules solitaires. — Fruit drupacé. — Feuilles alternes, sans stipules.......... **TÉTRAGONIACÉES.**
        - Fleurs monoïques ; mâles nues ; femelles pourvues d'un périanthe très excentrique. — Fruit charnu d'abord, puis nucamenteux. — Feuilles opposées, stipulées.......... **CYNOCRAMBACÉES.**
      - Périanthe double. — Fleurs hermaphrodites et actinomorphes.
        - 2 sépales antéro-postérieurs et 5 pétales libres. — Cinq étamines opposées aux pétales, simples ou dédoublées. — Ovaire uniloculaire, avec plusieurs ovules basilaires, semi-anatropes. — Fruit : capsule indéhiscente ou pyxidaire. — Feuilles charnues, stipulées.......... **PORTULACACÉES.**
        - 5 sépales. — Pétales et étamines nombreux, verticillés. — Ovaire pluriloculaire ; ovules nombreux, anatropes, à placentation définitivement pariétale dans les diverses loges. — Fruit déhiscent à sa partie supérieure. — Feuilles charnues, sans stipules.......... **FICOÏDES.**
  - Graine sans albumen. Embryon droit.
    - Fleurs dioïques, en épis. — Mâles avec un calice campanulé, zygomorphe, et 4 pétales concrescents par la base ; étamines 4, alternes avec les pétales ; un gynécée rudimentaire. — Femelles nues, formées d'ovaires 4-loculaires, soudés dans une même inflorescence. Ovules solitaires, dressés, anatropes. — Fruits charnus, soudés en syncarpe. — Plantes riches en soude. Feuilles opposées, charnues, sans stipules.......... **BATIDACÉES.**
    - Fleurs hermaphrodites, actinomorphes, hypogynes, 4-mères. — Périanthe double. — Étamines 4, alternes avec les pétales qu'elles unissent par la base de leurs filets, entourées d'un disque 4-lobé. — Ovaire au sommet du réceptacle convexe, 2-loculaire. Ovules 2 dans chaque loge, collatéraux, ascendants. — Fruit baccien, avec 1-2 graines. — Arbrisseaux à feuilles opposées, stipulées.......... **SALVADORACÉES.**

ORDRE III. — APHANOCYCLICÉES.

Insertion des pièces florales presque toujours en totalité ou en partie suivant une ligne spiralée. Dans le cas où la disposition est verticillée, le nombre des pièces n'est pas le même d'un verticille à l'autre, et les pièces de l'androcée sont plus particulièrement multipliées par dédoublement. Réceptacle généralement convexe.

SOUS-ORDRE I. — POLYCARPÉES.

Insertion à peu près constamment hypogyne. Carpelles plus ou moins nombreux et, le plus souvent, indépendants.

Fig. 260. — Cannelier de Ceylan.

FAMILLE I. — LAURACÉES.

Fleurs actinomorphes, 3-mères en général, rarement 4-mères. Réceptacle rarement convexe, ordinairement plus ou moins concave. — Périanthe formé par des pièces toutes semblables, le plus souvent en deux verticilles. — Étamines libres, verticillées, à déhiscence valvulaire, le plus souvent accompagnées par des staminodes. — Ovaire uniloculaire, libre ou plus ou moins adhérent. Un seul ovule anatrope, pendant. Style et stigmate simples. — Fruit : baie uniloculaire, monosperme. — Graine sans albumen. — Embryon à cotylédons charnus.

Plantes ligneuses, riches en glandes internes. — Feuilles sans stipules, généralement alternes et entières.

Description des Cinnamomum. — Nous prendrons comme premier exemple le Cannelier de Ceylan (fig. 260 et 261), qui représente l'un des types les plus complets de ce groupe naturel.

Le Cannelier de Ceylan (*Cinnamomum Zeylanicum* Breyn.) est un *arbre* dont toutes les parties renferment des glandes à principes aromatiques.

Les *feuilles* sont grandes, coriaces, entières sur les bords, portées par un court pétiole ; leur limbe est marqué d'une forte nervure médiane et de deux à quatre nervures latérales qui, venant rejoindre cette dernière à la base et au sommet, donnent à la feuille un

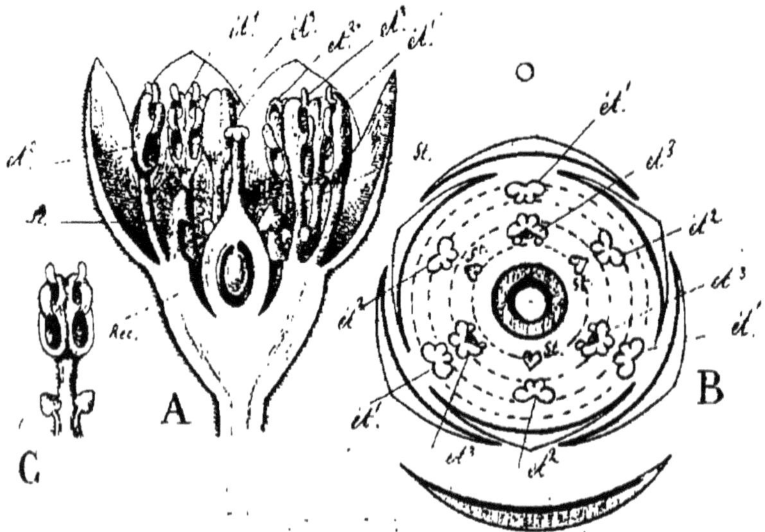

Fig. 261. — A, fleur de Cannelier de Ceylan, en coupe longitudinale. — B, diagramme de la même fleur. — *Réc*, réceptacle floral. — *ét1*, *ét2*, étamines introrses du premier et du second verticille ; *ét3*, étamines extrorses du troisième verticille ; *st*, staminodes. — C, une étamine du troisième rang. D'après les données de H. Baillon, Berg et Schmidt, Eichler, etc. (Courchet).

aspect caractéristique. Leur disposition, presque opposée dans le haut des tiges, est ailleurs manifestement alterne.

Les *inflorescences* sont des cymes bipares, réunies elles-mêmes en grappes ramifiées. Chaque pédicelle est pourvu de deux petites bractées. Les *fleurs* sont petites, jaunâtres, actinomorphes (fig. 261).

Le *périanthe* est formé par six pièces obtuses, concrescentes à la base, disposées en deux verticilles alternes et concentriques. Ces pièces sont insérées sur le bord d'une cupule réceptaculaire (fig. 261, A, *Réc*) épaisse, assez profonde, dont l'androcée occupe le bord interne.

L'*androcée* forme quatre verticilles, chacun d'eux composé de trois pièces alternant avec celles des verticilles voisins.

1° Les trois étamines externes (A et B, *ét* [1]) sont formées d'un filet cylindrique portant une anthère basifixe, introrse, à quatre logettes superposées et s'ouvrant, à la maturité, par autant de valvules qui se soulèvent de bas en haut.

2° Le verticille suivant est constitué de la même manière (*ét* [2]).

3° Le troisième rang est composé d'étamines dont les anthères sont *extrorses*, mais déhiscentes de la même manière (*ét* [3]). Leur filet est pourvu, à sa base, de deux glandes portées par un court pédicule (C).

4° Enfin les trois pièces les plus internes de l'androcée (*st*) sont beaucoup plus courtes, simplement terminées par une anthère rudimentaire stérile (staminodes).

Le *gynécée* est placé au fond de la coupe que forme le réceptacle ; les étamines sont donc ici *périgynes*. Ce gynécée est formé par un ovaire à une loge unique, surmonté d'un style cylindrique un peu plus court que les étamines, terminé par un stigmate en tête. Un seul ovule anatrope se trouve suspendu au sommet de la loge ovarienne, et tourne par conséquent son micropyle vers le sommet.

Le *fruit*, qui reste accompagné par le périanthe persistant, est une baie à une seule *graine* (1) volumineuse, sans albumen ; l'*embryon* est formé de deux gros cotylédons plan-convexes, huileux ; lorsqu'on les sépare l'un de l'autre, on aperçoit, vers l'une de leurs extrémités, la radicule et la gemmule relativement fort petites.

L'espèce que nous venons de décrire est originaire de Ceylan où elle croît jusqu'à une altitude de 900 mètres ; mais la culture l'a répandue actuellement dans un très grand nombre de pays intertropicaux tels que l'Indoustan, les îles de la Sonde, la Guyane et le Brésil. Elle est la source de la meilleure sorte de Cannelle.

Tout à côté du *Cinnamomum Zeylanicum* se place le *C. Cassia* de Blume (*C. aromaticum* Nees, *Laurus Cassia* Ait.). Cette espèce croît spontanément dans le Laos et la Cochinchine ; elle fournit une seconde sorte de vraie Cannelle, moins estimée que la précédente quoique plus aromatique encore, la Cannelle de Chine. La structure florale est la même ; les feuilles sont plus grandes, plus allongées et *triplinerves* (à deux nervures latérales).

(1) Ce fruit ne se distingue essentiellement de la drupe que par l'absence d'un endocarpe ligneux, formant noyau.

C'est également au genre *Cinnamomum* qu'il convient de rattacher l'arbre qui fournit le Camphre ordinaire des pharmacies, le *Camphrier du Japon* ou *Cinnamomum Camphora* Nees et Eberm. C'était le *Laurus Camphora* de Linné ; certains auteurs en ont fait un genre à part sous le nom de *Camphora officinarum* Nees. Cette espèce, spontanée dans le Sud et le centre de la Chine, au Japon, à Formose, ne se distingue guère des autres *Cinnamomum* que *par ses bourgeons écailleux.*

En résumé ce genre de Lauracées se caractérise *par la nervation spéciale de ses feuilles persistantes, ses fleurs hermaphrodites, le périanthe à six parties, l'androcée formé d'un quadruple verticille dont les trois pièces les plus internes sont transformées en staminodes, par la direction introrse des étamines des deux verticilles externes et la direction extrorse de celles du troisième verticille, par la présence de quatre logettes et de quatre valvules aux anthères, enfin par la présence de deux glandes sur le filet des étamines du troisième rang.* Toutes les espèces qui constituent ce genre sont spéciales à l'Asie tropicale.

Autres genres. — Cryptocarya. — Agathophyllum. — Chez les *Cinnamomum*, l'ovaire est entièrement libre, bien que caché dans sa région inférieure et étroitement embrassé par la concavité du réceptacle. Or, dans certaines Lauracées, très analogues, d'ailleurs, aux précédentes par leur appareil végétatif et leur structure florale, *l'ovaire est plus ou moins concrescent avec le réceptacle,* et, par suite, plus ou moins infère.

On a réuni ces genres dans une tribu spéciale, celle des *Cryptocaryées*, dont le type est représenté par le genre *Cryptocarya*, qui ne nous offre aucun intérêt pratique. C'est pourtant une plante de cette section, l'*Agathophyllum aromaticum* Willd., qui produit, à Madagascar, la *Noix de Ravensara*. Ce fruit, qui provient d'un ovaire infère, se distingue par une particularité singulière : des cloisons fausses, émanées du péricarpe, s'avancent plus ou moins vers le centre de l'embryon, dont les cotylédons se trouvent ainsi divisés à la périphérie par des fissures plus ou moins profondes.

En outre, dans toutes les Lauracées de ce groupe, les étamines, dont celles du cycle interne ont, comme chez les *Cinnamomum*, leurs anthères extrorses, s'ouvrent par deux valvules seulement.

Sassafras L. — La Lauracée qui fournit à la matière médicale le bois et l'écorce de Sassafras, le *Sassafras officinale* Nees (*Laurus Sassafras* L.) peut être pris comme type d'une section distincte, très voisine des Cinnamomées, et à laquelle on donne le nom d'*Ocotoées* (fig. 262). C'est un arbre qui croît dans l'Amérique du Nord, du Canada à la Floride et au Missouri. *Ses feuilles sont caduques et polymorphes*, deux caractères spéciaux à cette plante. Le limbe est entier chez certaines feuilles, divisé sur d'autres en deux ou trois lobes inégaux. La nervation est pennée. Les fleurs sont ici *dioïques ou polygames*. Le périanthe est a six divisions, comme dans les genres précédents. Les étamines sont *au nombre de neuf*, en trois séries, *toutes fertiles*, les trois internes accompagnées de deux glandes à la base. Les anthères sont *toutes introrses*, à quatre logettes valvulées. — Les fleurs femelles ont 6 à 9 staminodes ; l'ovaire est embrassé à sa base par la concavité du réceptacle, et la baie reste enveloppée à sa partie inférieure par la base du périanthe.

Fig. 262.— Sassafras.

La diclinie ordinaire des fleurs, l'absence ou le peu de développement des étamines sont à peu près les seuls caractères distinctifs de cette section à l'égard des Cinnamomées.

Laurus. — Nous prendrons enfin comme type d'une nouvelle section notre Laurier commun, le *Laurus nobilis* L., l'unique espèce de Lauracées que l'on puisse considérer comme propre à l'Europe méridionale dans la période actuelle.

Le Laurier commun ou Laurier d'Apollon est un arbuste ou un petit arbre très rameux, pourvu de feuilles alternes, persistantes, coriaces, sans stipules, à limbe entier et penninerve.

Les fleurs sont réunies en glomérules, qui naissent eux-mêmes plusieurs ensemble à l'aisselle des feuilles. Ils sont, à l'état de bourgeons, accompagnés par plusieurs écailles qui ne tardent pas à tomber.

Les fleurs sont elles-mêmes unisexuées ou hermaphrodites, tantôt dioïques, tantôt polygames.

Le périanthe est formé de *quatre folioles* libres, d'un blanc verdâtre, caduques, insérées *en dehors et en dessous des étamines* dans la fleur mâle, des staminodes dans la fleur femelle.

Les étamines, dans la fleur mâle, sont au nombre de *8 ou de 12* (ce dernier nombre est constant dans les fleurs périphériques des glomérules), et insérées par verticilles de quatre. Elles sont tout à fait indépendantes du périanthe, et insérées sur le réceptacle *au-dessous* du sommet de l'axe floral qui, dans la fleur mâle, porte un ovaire rudimentaire. Cette hypogynie complète est à remarquer dans une famille où l'on trouve, d'ailleurs, tous les passages entre le cas présent et l'épigynie complète que nous avons signalée chez le *Ravensara*. Les anthères sont toutes *introrses*, *à deux loges* seulement, s'ouvrant par des valvules; le filet des étamines externes est pourvu de glandes sur le milieu de sa hauteur.

Dans les fleurs femelles, le périanthe est construit comme dans les fleurs mâles, mais on ne rencontre plus que *quatre staminodes* composés chacun d'un filet sans anthère, muni de deux glandes latérales plus grosses que celles des étamines fertiles de la fleur mâle.

L'ovaire, qui occupe le sommet de l'axe floral, est construit comme celui des *Cinnamomum ;* il en est de même de l'ovule, de la graine et du fruit. Ce dernier est une baie, verte d'abord, puis noire, montrant simplement à sa base la trace du pédoncule.

La symétrie quaternaire des fleurs, leur diclinie par avortement des étamines ou du pistil, l'hypogynie parfaite du périanthe et des étamines et, par suite, l'absence d'une cupule réceptaculaire, enfin, à un moindre degré, la présence de deux loges seulement aux anthères, leur direction toujours introrse, l'absence de staminodes dans la fleur mâle, la disposition des fleurs en petits glomérules axillaires, caractérisent le genre *Laurus*.

CASSYTHA. — Certaines Lauracées exotiques, tout en conservant les caractères floraux de la famille, s'écartent singulièrement des types ordinaires par leur port et leur genre de vie.

Ce sont les *Cassytha*, herbes parasites à tige filiforme, sans feuilles et sans chlorophylle, vivant fixées sur d'autres plantes à l'aide de suçoirs, comme le font les Cuscutes et le Gui dans nos régions tempérées.

Tels sont aussi les *Gynocarpus*, plantes souvent volubiles, dont l'embryon présente la particularité d'avoir ses deux cotylédons enroulés en spirale.

LAURACÉES.

Plantes ligneuses, rarement herbacées. — Feuilles presque toujours alternes, simples, exstipules, le plus souvent persistantes et coriaces. — Fleurs actinomorphes, hermaphrodites ou diclines, construites sur le type verticillé. — Réceptacle ordinairement plus ou moins concave. — Périanthe 3-mère ou 2-mère, à 2 verticilles. — Étamines en 3 ou 4 verticilles, le plus interne sous-staminodial. Anthères toutes introrses ou partiellement extrorses, à 2 ou 4 loges, déhiscentes par des valvules. — Ovaire libre, rarement plus ou moins infère. Un ovule anatrope, suspendu. — Style et stigmates simples. — Fruit ordinairement bacciforme, renfermant noix incluse dans le réceptacle. — cotylédons charnus, huileux. Embryon droit, exalbuminé. — Des parasites et sans feuilles.

Anthères à 4 loges et déhiscentes par 4 valvules.

- **Fleurs hermaphrodites ou diclines. Étamines fertiles 9, en trois verticilles, le plus interne avec des anthères extrorses.**
  - Quatrième verticille de l'androcée représenté par des staminodes bien développés. — Périanthe caduc. — Fleurs hermaphrodites. — Feuilles triplinerves ou penninerves.
    - *Bourgeons nus.*
      - Pédoncule non épaissi sous le fruit. — Pièces du périanthe tombant isolément après la floraison. — Feuilles triplinerves. — **Cinnamomum** Bl. (Près de 30 espèces. Asie tropicale et subtropicale).
      - Pédoncule s'épaississant sous le fruit. — Périanthe tombant tout d'une pièce. — Feuilles penninerves .... — **Persea** Gaertn. (Env. 10 esp. Amérique tropicale et subtropicale; Sud de l'Asie).
    - Bourgeons écailleux. — Pédoncule non épaissi sous le fruit .... — **Camphora** Nees. (Quelques espèces au Japon, en Chine, à Formose).
  - Quatrième verticille de l'androcée représenté par des staminodes filiformes, petits, ou même quatrième verticille nul. — Axe floral accrescent.
    - Loges des anthères superposées par paires. — Inflorescence en grappes ordinairement lâches. — Fleurs dioïques, rarement hermaphrodites .... — **Ocotea** Aubl. (200 espèces environ. Afrique et Amér. tropicales et subtropicales).
    - Loges des anthères toutes plus ou moins au même niveau. — Fleurs hermaphrodites ou polygames .... — **Nectandra** Roland. (Env. 70 esp. Amérique du Sud tropicale et subtropicale).
- **Fleurs dioïques.**
  - Périanthe à 6 folioles. — Étamines fertiles 9 chez la fleur mâle; point de staminodes. — 6 à 9 staminodes autour de l'ovaire dans la fleur femelle. — Inflorescence formant une grappe courte. Feuilles membraneuses, polymorphes, caduques... — **Sassafras** Nees. (*S. officinarum* Nees. Amér. du Nord du Canada à la Floride).

Anthères à 2 loges et s'ouvrant par 2 valvules.

- **Arbres ou arbustes feuillés, non parasites.**
  - anthères toutes introrses.
    - 4-6 fleurs, protégées par une enveloppe commune de 4 bractées en général. — Feuilles coriaces, persistantes, toutes semblables .... — **Litsea** Lam. (Plus de 100 espèces. Asie tropicale; Australie tropicale).
  - Réceptacle floral creusé en coupe et renfermant l'ovaire infère. — Fleurs hermaphrodites, avec 9 étamines fertiles dont les trois internes pourvues d'anthères extrorses, et 3 staminodes.
    - Périanthe à 6 folioles, les extérieures ordinairement plus petites. — Cotylédons entiers et fruit complètement uniloculaire .... — **Cryptocarya** B. Br. (40 espèces environ. Asie tropicale; îles de la Sonde; Australie; le Cap; Amérique).
    - Périanthe ormé par 6 folioles toutes égales. — Fruit pourvu de 6 fausses cloisons qui divisent plus ou moins profondément les cotylédons .... — **Agathophyllum** Juss. (ou *Ravensara* Sonner). (4 espèces, Madagascar).
  - Réceptacle floral toujours indépendant de l'ovaire demeuré libre. — Fleurs polygames en général. Périanthe à tube court, 4-mère. — 8 à 12 étamines fertiles chez la fleur mâle, et point de staminodes. — 4 staminodes chez la fleur femelle. Feuilles penninerves, bien développées .... — **Laurus** L. (2 espèces. *L. nobilis* L.; région mediterranéenne. — *L. canariensis* Webb.).
- **Herbes sans feuilles, parasites. — Fleurs hermaphrodites ou polygames ....** — **Cassytha** L. (Plus de 15 espèces. Régions tropicales des deux Hémisphères).

COURCHET. — Traité de Botanique. 42

Affinités. — Les Lauracées, qui forment un groupe très naturel dans l'ensemble des Polycarpées, se distinguent par leur fleur verticillée, leur fruit unicarpellé et leur graine dépourvue d'albumen. Ces caractères tendent à les rapprocher de certaines familles que d'autres considérations conduisent à placer dans des séries différentes. Telles sont les *Thyméléacées* (voir plus loin). Les Lauracées ont encore des analogies avec les *Monimiacées* et les *Calycanthacées*, dont la fleur est cependant spiralée.

Distribution géographique. — Sauf le Laurier commun, que l'on peut affirmer être spontané dans l'Europe méridionale, les Lauracées sont des plantes tropicales ou subtropicales de toutes les parties du monde. Cependant certains genres sont plus spéciaux, parfois même exclusivement propres à certaines contrées; les *Cinnamomum*, par exemple, sont des plantes de l'Asie tropicale et des îles avoisinantes; les *Sassafras* appartiennent au Nouveau Continent, etc.

Propriétés générales. Plantes importantes. — Les Lauracées sont des plantes essentiellement aromatiques, et elles doivent leurs propriétés à des huiles essentielles que sécrètent des glandes internes. Quelques-unes produisent des fruits comestibles, comme l'Avocatier (*Persea gratissima* Gærtn.). Les fruits et les graines, indépendamment des principes aromatiques et excitants, contiennent encore des corps gras composés en grande partie de *Lauro-stéarine*.

Le Cannelier de Ceylan (*Cinnamonum zeylanicum* L.) fournit la *Cannelle de Ceylan* et ses diverses variétés, produites par la culture dans l'Inde, à Java, à la Guyane, etc.

Le *C. Cassia* Nees, arbre des parties les plus méridionales de la Chine et de la Cochinchine, donne la *Cannelle* dite *de Chine*. Ce produit, moins estimé que la Cannelle de Ceylan, s'en distingue par son épaisseur plus considérable et par ses fragments d'écorce roulés isolément. L'écorce, appelée *Cassia lignea*, paraît être fournie par les parties âgées du même arbre, dont les feuilles étaient également employées sous le nom de *Malabathrum*.

Le *C. Camphora* Nees, indigène dans certaines contrées de l'Empire chinois, du Japon, de l'île de Formose où il est particulièrement exploité, fournit le *Camphre ordinaire*, ou *Camphre du Japon*.

Les écorces dites *de Syndoc*, *de Culilawan*, *de Massoy*, etc., beaucoup moins connues, d'ailleurs, que les Cannelles, sont également fournies par des *Cinnamomum*.

Au Brésil, on récolte, sous le nom de *Cannelle Giroflée*, l'écorce aromatique du *Dicypellium caryophyllatum* Nees, Lauracée appartenant à la section des Ocotoées, qui renferme aussi le Sassafras.

Le *Sassafras officinale* Nees, des contrées les plus méridionales des États-Unis, donne à la matière médicale son écorce et son bois sudorifiques.

Le *Nectandra Rodiei* R. Schomb., de la Guyane anglaise, fournit une écorce dite de *Bebééru*, d'où l'on extrait la *Bebéerine*, principe cristallin fébrifuge, beaucoup moins actif que la Quinine.

Le *N. Puchury major* Nees et le *N. Puchury minor* Nees, Lauracées de la province du Rio-Negro, au Brésil, fournissent leurs semences aromatiques, respectivement connues sous les noms de *Fève de Pichurim vraie* et *Fève de Pichurim fausse*.

Enfin, le *Laurus nobilis* L., spontané dans l'Europe méridionale et le nord de l'Afrique, fournit ses feuilles, employées surtout comme aromate, et ses baies d'où l'on extrait le *Beurre de Laurier*.

FAMILLE II. — BERBÉRIDACÉES.

Fleurs actinomorphes, 3-mères ou plus rarement 2-mères. Réceptacle convexe. — Périanthe double ; sépales et pétales souvent semblables, indépendants. — Étamines libres, en nombre égal à celui des pétales ou double ; anthères biloculaires, à déhiscence valvulaire, sans staminodes. — Ovaire unicarpellé, uniloculaire. — Plusieurs ovules anatropes. — Baie ou capsule. — Graine avec ou sans arille. — Embryon droit, axile dans un albumen charnu ou corné.

Herbes ou arbrisseaux. — Feuilles simples ou composées, avec ou sans stipules. — Point de glandes à essence.

La famille des Berbéridacées n'est représentée dans nos contrées que par les Vinettiers (Genre *Berberis*). Celle des deux espèces indigènes qui est la plus commune est le *B. vulgaris* L. ou Épine-inette.

Description du Berberis vulgaris L. (fig. 263). — C'est un arbuste épineux, dont les rameaux sont de deux sortes : les uns, très courts, portent des feuilles à limbe oblong, rapprochées par fascicules, mais en réalité alternes ; les autres, normalement développés, portent seulement des feuilles transformées en épines, simples ou ramifiées, à l'aisselle desquelles naissent les rameaux de la première sorte.

Les fleurs sont jaunes, en grappes simples, pendantes.

Elles sont d'ailleurs réglières, complètes et hermaphrodites, pourvues d'un réceptacle convexe.

Le calice est formé par deux verticilles ternaires de sépales libres, jaunes, caducs, imbriqués dans la préfloraison.

Au calice succèdent *deux verticilles ternaires de pétales libres,* pourvus chacun de deux petites glandes à leur base, imbriqués dans la préfloraison.

Fig. 263. — Berbéris.

L'androcée est formé par *deux verticilles ternaires d'étamines,* continuant l'alternance régulière des parties extérieures de la fleur : trois d'entre elles sont opposées aux pétales externes, les trois autres le sont aux internes. Les filets sont irritables, de telle sorte qu'au moindre contact ils se replient vivement vers le centre de la fleur, entraînant fréquemment après eux les pétales auxquels ils sont opposés, et viennent appliquer leurs anthères sur le stigmate.

Les anthères sont basifixes, et s'ouvrent chacune sur leurs côtés et en arrière par deux valvules qui se soulèvent de bas en haut.

Le *gynécée* est représenté par *un ovaire uniloculaire,* surmonté d'un *stigmate en tête,* déprimé au centre. Le *placenta basilaire* supporte *un petit nombre d'ovules anatropes, ascendants.*

Le *fruit* est une *baie allongée,* d'un rouge vif, contenant *deux à trois graines.* Celles-ci renferment un *embryon assez grand, à radicule infère, entouré d'un albumen charnu.*

On trouve, cultivés dans nos jardins botaniques, les *Mahonia,* genre américain qui ne se distingue guère des *Berberis* que par ses feuilles composées-pennées (voir le tableau).

Autres genres. — LEONTICE. — La même famille renferme les *Leontice, plantes herbacées* d'Europe, d'Asie et d'Amérique, à rhizome tubéreux. Les feuilles sont alternes, comme chez les *Berberis*, mais *pinnatiséquées* ou même *composées-pennées*.

Les fleurs sont en grappes et offrent la même structure que celles des *Berberis*, si ce n'est que *les pétales sont petits et charnus*. En outre, le placenta central, ou à peu près central, supporte deux à quatre ovules dressés et anatropes.

Le fruit est vésiculeux, à peu près sec, indéhiscent ou s'ouvrant dans sa portion supérieure.

Le tégument séminal forme, au point correspondant à l'embryon, un repli interne qui se retrouve chez les *Nandina*.

EPIMEDIUM. — Les *Epimedium* L., plantes des régions tempérées de notre hémisphère, se distinguent *par la dimérie de leurs fleurs* (4-5 verticilles 2-mères pour le calice, 2 pour la corolle), *leurs pétales creusés d'une fossette nectarifère ou d'un éperon, leur placenta ventral portant deux séries d'ovules ascendants, leur fruit capsulaire bivalve, leurs graines pourvues d'un arille charnu.*

PODOPHYLLUM. — Le genre *Podophyllum* L. est représenté, dans l'Amérique du Nord, par le *P. peltatum* L., qui est utilisé en thérapeutique.

Cette plante, indigène aux États-Unis et au Canada, possède un *rhizome vivace*, dont l'extrémité produit une tige aérienne herbacée, pourvue seulement de *deux feuilles peltées et lobées*. Au-dessus de ces deux feuilles, *l'axe se termine par une seule fleur hermaphrodite*.

Le *calice* est formé de *3 sépales*.

La *corolle* comprend : 1° un *verticille externe de 3 pétales* ; 2° un *verticille interne également trimère, mais dont les deux pièces latérales sont dédoublées*, ce qui porte à huit le nombre des pétales.

Les étamines sont au nombre de 9 : 3 externes et 6 internes. Les *anthères sont basifixes* et s'ouvrent simplement par *deux fentes longitudinales* latérales.

Le *gynécée*, uniloculaire et unicarpellé, montre, au-dessus d'un style court, un *stigmate formé d'une lame plusieurs fois repliée sur elle-même*. — Le placenta pariétal et ventral supporte *un grand nombre d'ovules anatropes*.

Le *fruit* est une *baie polysperme*.

JEFFERSONIA. — C'est au voisinage des *Podophyllum* que se place enfin le genre *Jeffersonia*, représenté par deux espèces : l'une propre à l'Amérique du Nord, l'autre à l'Asie boréale.

Ce sont des herbes vivaces, remarquables surtout par *leur fruit en forme d'urne, et s'ouvrant par une sorte de couvercle*.

En outre, *les anthères sont ici à déhiscence valvulaire*, comme chez les *Berberis*, et les graines sont arillées.

Caractères généraux. — *Herbes* ou *arbrisseaux*. — *Feuilles* simples ou composées, parfois digitées ou peltées, ou même transformées en épines, alternes en général. — *Stipules* le plus souvent nulles, ou bien petites et caduques.

Fleurs solitaires, ou en grappes simples ou composées, rarement en épis, actinomorphes, hermaphrodites, rarement nues, 3-mères ou rarement 2-mères. — *Réceptacle* convexe.

Calice souvent pétaloïde, formé par 1, 2 ou 3 verticilles de sépales. — *Pétales* en nombre égal ou double, semblables aux sépales, ou souvent glanduleux ou éperonnés à la base.

Étamines en nombre égal à celui des sépales ou en nombre double; *filets* indépendants, souvent irritables. — *Anthères* biloculaires, primitivement introrses, s'ouvrant par deux fentes longitudinales ou deux valvules, latérales ou un peu extrorses.

Ovaire libre, unicarpellé et uniloculaire. *Placentation :* soit basilaire avec un petit nombre d'ovules dressés, soit pariétale avec *ovules* anatropes plus ou moins nombreux, ascendants ou horizontaux. — *Style* plus ou moins court, nul parfois. *Stigmate* varié.

Fruit : baie ou capsule plus ou moins charnue ou menbraneuse, soit indéhiscente, soit à déhiscence longitudinale ou pyxidaire.

Graines pourvues ou dépourvues d'un arille basilaire. *Embryon* droit, axile dans l'axe d'un albumen charnu ou subcorné.

BERBÉRIDACÉES.

Des nectaires ; plantes herbacées ou ligneuses.

Anthères à déhiscence valvulaire.

Ovules et semences 1 ou un petit nombre, basilaires.

Plante ligneuse. — Calice et corolle 3-mères, doubles. — Étamines 6, irritables. — Baie.

Feuilles composées-pennées ; folioles à bords dentés-épineux, persistantes. — Grappes à l'aisselle des écailles des bourgeons.......................... *Mahonia* Nutt.
(Environ 20 espèces. Asie centrale ; Chine ; Amérique du Nord).

Feuilles des longs rameaux transformées en épines simples, 3-fides ou 5-fides ; à leur aisselle sont insérés de courts rameaux portant des feuilles végétatives simples. — Grappes terminales........ *Berberis* L.
(Environ 80 espèces. Europe ; Asie ; Amérique).

Plantes herbacées. — Calice et corolle 3-mères ; pétales petits et charnus. — Fruit vésiculeux et sec, indéhiscent.......... *Leontice* L.
(10 à 12 espèces. Europe ; Asie ; Amérique du Nord).

Ovules et semences nombreux sur la suture ventrale du carpelle, ascendants. Calice et corolle 2-mères. — 4 étamines. — Capsule bivalve. — Graine arillée ... *Epimedium* L.
(11 espèces. Europe ; Asie ; Amérique du Nord).

Anthères à déhiscence longitudinale. — Fleur 3-mère, à nombreux verticilles de folioles devenant peu à peu pétaloïdes. — 2 ovules ventraux. — Plante ligneuse...................... *Nandina* Thunbg. (*N. domestica* Thunbg. Chine et Japon).

Point de nectaires ; herbes.

Ovule solitaire, basilaire. — Fleur sans corolle ; 9 étamines en général, à déhiscence valvulaire. — Fleurs en épis. — Coque indéhiscente.............. *Achlys* DC.
(2 espèces. Am. du Nord ; Japon).

Anthères à déhiscence valvulaire.

Fleurs en fausses ombelles sur une tige à 2 feuilles. Périanthe à 3 ou 4 verticilles 3-mères, les folioles internes pétaloïdes. — Semences peu nombreuses, sur la suture ventrale. — Baie.......................... *Diphylleia* Michx.
(2 espèces. Amérique du Nord).

Fleur solitaire sur une hampe aphylle, 3 ou 4-mère, à verticilles simples ou doubles. — Étamines 8. — Semences nombreuses sur un fort placenta. — Graines avec un petit arille fendillé. — Capsule à déhiscence transversale .. *Jeffersonia* Barton.
(*J. diphylla* Pers. Amérique ; *J. dubia*. Asie).

longitudinale. — 2 feuilles peltées ; fleur solitaire. — 3 sépales, 8 pétales par dédoublement, 6 étamines avec anthères basifixes. — Ovules anatropes nombreux à l'angle interne. — Baie .... *Podophyllum* L.
(5 espèces. Am. du Nord ; Asie).

Affinités. — Les Berbéridacées sont voisines des Renonculacées qui, ainsi que nous le verrons, s'en écartent par leur fleur plus ou moins spiralée, par la structure de leurs fruits et de leurs graines. — Elles ont également les plus grands rapports avec les Lardizabalacées, qui ne nous offrent aucun intérêt pratique, et qui s'en distinguent essentiellement par leur ovaire pluricarpellé, leurs anthères extrorses, la diclinie des fleurs, etc.

Leurs relations avec les autres familles du Sous-Ordre, les Papavéracées et les Fumariacées entre autres, sont indiquées dans le tableau d'ensemble (V. p. 718).

Distribution géographique. — Les Berbéridacées sont répandues dans les contrées tempérées de notre hémisphère. Le continent africain n'en renferme que dans sa région septentrionale.

Le genre *Berberis* a une aire d'extension très vaste, qui s'étend de l'Asie centrale jusqu'aux montagnes de l'Inde et, sur le Nouveau Continent, de l'Amérique du Nord jusqu'à la Terre de Feu, à travers la chaîne des Andes. Notre *Berberis vulgaris* L. croît encore par 65° de latitude septentrionale.

Propriétés générales. Plantes importantes. — Les baies et les parties charnues de ces plantes contiennent généralement de l'acide malique libre. Leur bois renferme fréquemment un principe amer de couleur jaune, la *Berbérine*, qui d'ailleurs se retrouve dans certaines familles voisines, entre autres les Ménispermacées. Elle est souvent accompagnée d'un autre principe âcre et amer, l'*Oxyacanthine*.

Les feuilles du *Berberis vulgaris* L. sont acidules et usitées, dans certains pays, comme feuilles potagères. Ses baies rafraîchissantes servent à préparer un sirop, une conserve, etc. L'acide malique s'y trouve associé à du sucre. Les graines sont astringentes, et entraient dans la composition de l'*Électuaire Diascordium*. La racine est usitée dans la teinture en jaune ; l'écorce en a été vantée comme tonique et antipériodique.

Sous le nom d'*Extrait de Lycium*, les Anciens employaient une préparation qu'ils faisaient venir de l'Inde, et qui n'était probablement autre chose que l'extrait actuellement connu en Asie sous les noms de *Rusot* ou *Rasot*. Il est préparé à l'aide des *Berberis Lycium* Boyle, *B. aristata* DC., *B. asiatica* Roxb., espèces himalayennes. On l'emploie contre les fièvres intermittentes, divers genres d'inflammation, et surtout les ophtalmies.

Dans l'Amérique du Nord, on emploie le rhizome du *Caulophyllum thalictroides* Michx., dont la saveur est âcre et amère, comme sudorifique, tonique, etc. Il renferme le *Caulophyllin* que l'on suppose être formé d'un alcaloïde mêlé à de la *Saponine*.

C'est à ce dernier principe également que le *Leontice leontopetalum*, de la Syrie, doit la propriété qui le fait employer en guise de savon.

Aux États-Unis, on emploie comme stimulant et diaphorétique le rhizome du *Jeffersonia diphylla* Pers., dont l'écorce est âcre et nauséeuse. On l'utilise surtout dans les affections rhumatismales et syphilitiques.

On emploie, en Angleterre et aux États-Unis, comme purgatifs, la poudre et l'extrait du *Podophyllum peltatum*. Il contient le *Podophyllin*, matière résineuse qui purge à la dose de 15 à 50 milligrammes. Cette propriété lui a valu le nom de *Calomel végétal*.

Les baies acidules de la même plante ne sont nullement âcres.
Le *P. himalayensis* jouit des mêmes propriétés.

FAMILLE III. — MÉNISPERMACÉES.

Fleurs dioïques, actinomorphes, généralement 3-mères. — Réceptacle convexe. — Périanthe généralement double et à pièces libres. — Étamines généralement en nombre double des pièces de la corolle et en deux verticilles indépendants (rarement plus ou moins nombreuses, quelquefois monadelphes). — Carpelles indépendants et uni-ovulés. Styles plus ou moins déjetés sur le côté par accroissement inégal. — Fruit drupacé. — Graine avec ou sans albumen. Embryon courbe. — Végétaux ordinairement ligneux et grimpants. — Feuilles alternes, sans stipules.

Cette famille, complètement étrangère à nos régions, fournit à la matière médicale un certain nombre de produits importants à connaître. L'analogie des propriétés concourt, d'ailleurs, avec l'homogénéité des caractères botaniques, pour former de ces végétaux un ensemble des plus naturels.

Description du genre Cocculus DC. — Le genre *Cocculus* nous offre le type le plus complet et le plus normal. Ce sont presque toujours des *plantes à tiges minces et grimpantes*, ligneuses seulement à la base.

Les feuilles sont alternes, simples, pétiolées, à limbe souvent cordé à la base, parfois pelté. *Les stipules manquent.*

Les fleurs sont petites et réunies en grappes à l'aisselle des feuilles ou *au-dessus*, composées en général elles-mêmes par de petites cymes, où chaque fleur est accompagnée d'une bractée caduque.

La diœcie est la règle absolue.

Le réceptacle floral est convexe dans les deux sexes.

On trouve dans la fleur mâle (fig. 264, II) :

1° *Un calice* formé par *deux verticilles ternaires de sépales libres,* caducs, valvaires dans le bouton ;

2° *Une corolle de six pétales en deux verticilles alternes,* plus courts que les sépales, un peu charnus et reployés de telle sorte que chacun d'eux enveloppe l'étamine située en face de lui ;

3° *Un androcée de six étamines oppositipétales,* dont les filets,

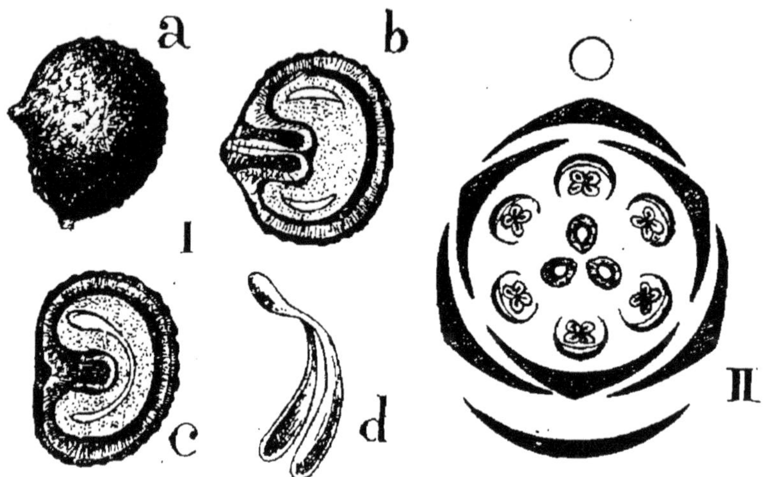

Fig. 264. — I, fruit et graine d'un *Cocculus.* — *a,* fruit entier ; *b,* fruit en section transversale (montrant la coupe des deux cotylédons) ; *c,* en section longitudinale (suivant la longueur d'un des cotylédons); *d,* embryon isolé. — II, diagramme théorique d'une fleur de *Cocculus* (avec les deux sexes supposés réunis, d'après Eichler).

épaissis vers le sommet, portent *des anthères introrses, quadrilobées, mais biloculaires et à déhiscence longitudinale ;*

4° *Trois ou six carpelles rudimentaires* occupent le centre de la fleur.

Dans la *fleur femelle,* on trouve un périanthe semblablement construit, *six staminodes en forme de languettes;* enfin *un gynécée constitué par trois carpelles libres* (1 postérieur, 2 latéro-antérieurs), terminés par des styles atténués et réfléchis au sommet. Dans chaque carpelle on trouve *un seul ovule* bien développé, *anatrope et pendant,* à micropyle supère par conséquent.

Le *fruit* (*a, b* et *c*) est représenté par *1 à 3 drupes, dont le mésocarpe mince recouvre un noyau* d'une structure particulière. Les côtés de ce dernier sont déprimés, et envoient dans la cavité qu'il circonscrit une saillie dont la base est voisine de celle du fruit.

La *graine* (*b,c* et *d*) montre un *embryon axile, arqué, entouré d'un albumen charnu*.

Les *Cocculus* sont répandus dans les régions tropicales des deux mondes; on en trouve même en Océanie.

Autres genres. — Menispermum T. — C'est dans leur voisinage immédiat qu'il convient de placer le genre *Menispermum*, représenté seulement par deux ou trois espèces (1). Le caractère différenciel le plus important des *Menispermum* consiste dans la présence *de 10, 12, 25 ou même 30 étamines chez la fleur mâle*.

Tiliacora Coleb. — Chez les *Tiliacora* de l'Afrique tropicale, c'est au contraire le gynécée qui peut produire jusqu'à *douze drupes*.

Abuta. — Enfin les *Abuta*, de l'Amérique tropicale, par leurs *fleurs sans calice ni corolle* se montrent comme un type réduit des *Cocculus*, dont ils offrent, d'ailleurs, la structure générale.

Chondrodendron R. et P. — *L'albumen manque* chez les *Pachygone* et chez quelques autres genres, que l'on a, pour ce motif, réunis dans une section, celle des *Pachygonées*. C'est parmi ces plantes que se place l'espèce qui fournit à la matière médicale le vrai *Pareira Brava*. Ce produit n'est autre chose, en effet, que la racine d'une Ménispermacée du Pérou et du Brésil, le *Chondrodendron tomentosum* R. et P. (*Cocculus Chondrodendron* DC.).

C'est une Liane, dont le port et les organes végétatifs rappellent ceux de la plupart des Ménispermacées.

Le périanthe est formé par 9, 12, 15 ou parfois même 18 pièces, disposées par verticilles ternaires ; les plus internes d'entre elles sont plus larges et pétaloïdes.

Dans la fleur mâle, *l'androcée est constitué par six étamines*, parfois un peu cohérentes à la base. Le fruit est représenté par 3 à 6 *drupes stipitées*. Sauf l'absence complète d'albumen que présente la graine, les *Chondrodendron* montrent, on le voit, l'organisation normale de la famille.

Chasmanthera Hochst. — La racine dite *de Colombo* nous est fournie par une autre Ménispermacée, le *Chasmanthera Columba* Hochst. (2).

C'est une plante grimpante, qui croît spontanément sur les côtes du Mozambique.

(1) *M. dahuricum* de l'Asie orientale, et *M. canadense* de l'Amérique du Nord.
(2) *Jateorrhiza Columba* Miers; *Cocculus palmatus* DC.; *Menispermum palmatum* Lamk.

Elle est ligneuse et pourvue de *feuilles alternes*, longuement pé-tiolées, velues, palmatilobées et à limbe cordé à la base.

Les fleurs sont dioïques, en grappes composées pendantes, de faibles dimensions.

La structure florale est à peu de chose près la même que chez les *Cocculus*, mais les anthères globuleuses sont creusées de quatre lo-gettes séparées par des cloisons perpendiculaires. — Dans la fleur femelle, les styles sont insérés vers le sommet des carpelles, loin de leur base.

A la fleur femelle succèdent trois drupes, *dont le noyau offre une dépression profonde, allongée dans le sens vertical, à laquelle corres-pond une saillie dans la loge qu'occupe la graine. Cette saillie pénètre, en se bilobant, dans l'albumen qui se moule sur elle. L'embryon est pourvu de deux cotylédons foliacés et divariqués*, c'est-à-dire diver-gents, à partir de leur point d'insertion, comme les deux branches d'une pince, pour pénétrer chacun dans l'un des lobes de l'al-bumen.

Cette structure de la graine constitue le caractère dominant des *Chasmanthera* et des genres voisins, parmi lesquels nous citerons encore les suivants :

Jateorrhiza Miers. — 1° Les *Jateorrhiza*, autrefois confondus avec le genre qui précède, et dont ils se distinguent essentiellement par leurs étamines monadelphes.

Tinospora Miers. — 2° Les *Tinospora*, dont une espèce, le *Tinospora cordifolia* Miers, fournit sa racine qui est connue dans la phar-macopée indienne sous le nom du *Gulancha*. C'est un arbuste grimpant de l'île de Ceylan et de l'Inde, dont les feuilles sont cordées, acuminées au sommet, glabres. Les fleurs sont jaunes, en petites grappes sur les pieds mâles, solitaires en général sur les pieds femelles.

Les étamines sont libres, comme chez les *Chasmanthera*, mais les loges des anthères sont plus latérales.

Anamirta Colebr. — 3° Les *Anamirta*, dont une espèce, l'*A. Cocculus* Wight et Arnott (*Menispermum Cocculus* L.), fournit la *Coque du Levant*. C'est un arbuste vigoureux, grimpant, originaire des par-ties orientales de la Péninsule Indienne; on le rencontre aussi dans l'île de Ceylan et dans la Malaisie.

Les tiges ont des feuilles cordiformes, longuement pétiolées; les fleurs forment de grandes grappes composées, jaunâtres.

Chez les deux sexes, la corolle manque, et le calice est formé par 3 à 4 verticilles trimères, les pièces internes étant les plus grandes.

La structure de l'androcée, chez la fleur mâle, est caractéristique. Au-dessus du périanthe, *le réceptacle se soulève en un appendice capité, qui porte un grand nombre d'étamines formant* 6 *rangées verticales*. Elles sont représentées par des anthères presque sessiles, divisées chacune en quatre lobes plus ou moins distincts, et déhiscentes par une fente horizontale.

Dans la fleur femelle, l'androcée est remplacé par 6 à 9 staminodes libres. Le gynécée, composé par 3 ou 6 carpelles, est construit comme celui des *Cocculus*. Il donne naissance à tout autant de drupes réniformes, dont les graines reproduisent la structure de celles des *Chasmanthera*.

Coscinium Coleb. — Les *Coscinium*, dont une espèce de l'Inde et de Ceylan (*C. fenestratum*) fournit une sorte de faux Colombo, se distinguent des *Anamirta par la monadelphie partielle des 6 étamines* que possède la fleur mâle, monadelphie qui n'atteint que les trois plus internes.

Cissampelos L. — Le vrai *Pareira Brava* de nos droguiers est fourni par le *Chondrodendron tomentosum* R. et Pav., plante qui mérite d'être placée à côté des *Pachygone* par sa graine exalbuminée. Mais le *Pareira Brava* ordinaire du commerce, le *faux Pareira Brava* des pharmacopées, est fourni par le *Cissampelos Pareira* L.

Les *Cissampelos*, d'une manière générale, sont de petits arbustes, grimpants ou dressés, à feuilles entières ou découpées. Les fleurs sont en grappes, axillaires ou terminales. Les inflorescences mâles sont elles-mêmes composées de petites cymes; les fleurs femelles sont portées par des axes simples, naissant à l'aisselle de larges bractées, sur lesquels elles sont insérées en doubles séries.

Les fleurs mâles sont 4-mères: le calice est à 4 pièces valvaires, et la corolle est représentée par une courte cupule. Le réceptacle se prolonge ensuite en une sorte de pyramide renversée, qui se dilate enfin brusquement en un plateau dont les bords portent 4 loges d'anthères, transversalement placées, et déhiscentes par une fente dirigée dans le même sens.

La fleur femelle offre une remarquable réduction de structure. *Le périanthe fait défaut, ou tout au moins n'est représenté que par deux bractées superposées* (1) ; au-dessus de la plus interne est *un carpelle unique articulé, dont la loge ovarienne porte deux ovules.* Un seul devient fertile ; il est descendant, incomplètement anatrope.

Le fruit est une drupe aplatie ; le noyau comprimé, tuberculeux sur le dos, présente une cloison incomplète sur laquelle se moule la graine. L'embryon est linéaire, entouré par un albumen charnu.

Autour de ce genre s'en rangent un certain nombre d'autres, tous caractérisés par une réduction plus ou moins considérable de la structure florale.

Caractères généraux. — *Plantes* rarement herbacées, ordinairement ligneuses et grimpantes. Rhizome ligneux dans tous les cas.

Feuilles presque toujours simples, alternes, sans stipules, palma-tinerviées.

Fleurs toujours dioïques, petites, ordinairement 3-mères et en panicules, en grappes ou en cymes. — Réceptacle convexe.

Périanthe rarement simple, presque toujours double.

Calice ordinairement formé par 6 sépales libres, bisériés. — Ordinairement 6 pétales libres (rarement 4, 5, 2 ou même 1 seul, ou bien enfin corolle nulle).

Étamines ordinairement 6 (rarement 3, 4, 8, 9 ou en nombre indéterminé), indépendantes en général, rarement monadelphes. — Anthères souvent extrorses, uniloculaires ou biloculaires, à déhiscence longitudinale, transversale ou circulaire.

Gynécée formé généralement par 3 carpelles indépendants (rarement 2 ou 4, ou bien 6, 9 ou 12, un seul chez les *Cissampelos*). — *Styles* simples ou lobés, terminaux, latéraux ou basilaires (suivant que le sommet organique de l'ovaire reste à sa place normale ou se trouve plus ou moins déplacé). — *Ovules* solitaires, anatropes ou demi-anatropes.

Fruits : drupes sessiles ou stipitées. Noyau généralement recourbé, formant, à sa face interne, une saillie de forme variée qui porte la graine, et sur laquelle se moule l'amande.

Graine pourvue d'un testa mince et membraneux. *Albumen* charnu, plus ou moins copieux, parfois nul, à surface lisse ou ruminée. *Embryon* recourbé ; cotylédons appliqués l'un contre l'autre ou divariqués, de forme variable.

(1) La plus interne paraît être formée par la concrescence de deux pétales.

MÉNISPERMACÉES.

Graine albuminée.

- **Cotylédons appliqués l'un contre l'autre. — Insertion du style très rapprochée de la base de l'ovaire.**
  - **Fruit réniforme. — Albumen à surface lisse.**
    - **Carpelles 3. — Étamines libres. —Fleurs femelles avec staminodes.**
      - Fruit réniforme, concave latéralement. — Stigmate divisé. — 12 à 24 étamines .... *Ménispermum* Tournef. (3 espèces. Asie et Amérique).
      - Fruit réniforme, convexe latéralement. — Stigmate entier. — 6 étamines .... *Cocculus* DC. (Environ 30 espèces. Asie tropicale ; Afrique ; Amérique).
    - Un seul carpelle. — Étamines concrescentes. — Fleurs femelles sans staminodes, zygomorphes, avec 1 seul sépale et 2 pétales concrescents. — Fleur mâle, avec 4 sépales en général. — Pétales concrescents .... *Cissampelos* L. (Environ 70 espèces. Régions tropicales des deux mondes).
  - **Albumen ruminé. — Fruit obovale, avec un processus interne formant une cloison membraneuse. —Fleurs femelles sans staminodes.**
    - Une corolle formée de 6 pétales. — Anthères allongées................................. *Tiliacora* Colebr. (4 espèces. Indes ; Ceylan ; Java).
    - Corolle nulle. — Anthères courtes............ *Abuta* Aubl. (23 espèces. Amérique du Sud).
- **Cotylédons appliqués l'un contre l'autre à la base, puis divariqués vers le haut.**
  - **Fruit oblong ou arrondi. — Style inséré presque à l'opposé de la base. — 6 étamines et 6 pétales.**
    - **Étamines indépendantes. — Fruit pourvu d'un processus pelté ou hémisphérique, creux.**
      - Anthères oblongues et droites........ *Jatrorrhiza* (ou *Jateorrhiza*) Miers. (2 espèces. Afrique orientale ; Maurice).
      - Anthères globuleuses.............. *Tinospora* Miers. (14 espèces. Asie, Afrique tropicales).
    - Étamines toutes concrescentes jusqu'à mi-hauteur. — Loges des anthères confluentes .... *Chasmanthera* Hochst. (3 espèces. Afrique tropicale).
  - **Fruit réniforme. — Style latéral. — Corolle nulle.**
    - Étamines nombreuses, concrescentes...................... *Anamirta* Colebr. (7 espèces, pouvant se réduire peut-être à une seule. Indes méridionales ; Archipel Malais).
    - Étamines 6, dont les 3 internes concrescentes jusqu'à mi-hauteur..................................... *Coscinium* Colebr. (2 à 3 espèces. Indes, Ceylan).
- **Albumen nul. — Cotylédons appliqués l'un contre l'autre.**
  - Processus du fruit courtement pelté, creusé de deux cavités latérales. — 6 sépales et 6 pétales concrescents à la base......... *Pachygone* Miers. (10 espèces. Indes ; Archipel Malais ; Australie).
  - Processus du fruit en forme de cloison : 12 à 24 sépales. Étamines libres. — Connectif avec une pointe au sommet................ *Chondodendron* Ruiz et Pav. (8 espèces, Brésil et Pérou).

Affinités. — Les Ménispermacées se rapprochent des Berbéridacées dont les feuilles sont également alternes, la fleur ternaire, la graine albuminée, etc. Mais le port des secondes est différent ; les fleurs sont hermaphrodites, le fruit non drupacé, etc.

Distribution géographique. — Les Ménispermacées sont spéciales aux régions tropicales des deux Continents. L'Europe en est totalement dépourvue. Mais on en rencontre dans l'Amérique du Nord, l'Asie occidentale, l'Afrique australe, la Nouvelle-Hollande.

Propriétés générales. Plantes importantes. — Les Ménispermacées doivent aux sucs amers qu'elles contiennent leurs propriétés généralement tonifiantes et stomachiques. Elles sont rarement vénéneuses, ou pourvues d'un latex narcotico-âcre.

La matière médicale leur doit un certain nombre de produits importants. Nous rappelerons les suivants :

Le *Jateorrhiza Columba* Miers (*Chasmanthera Columba* H. Bn.), qui croît à Madagascar, sur la côte orientale d'Afrique, dans l'Inde orientale, fournit la *Racine de Colombo*. Cette dernière contient de la *Berbérine*, une substance cristallisable très amère, la *Colombine*, et de l'*Acide colombique*.

On lui substitue parfois les racines des *Cocculus rufescens* des Moluques, et *C. pellatus* du Malabar.

On emploie de même, dans l'Inde, la racine du *Coscinium fenestratum* Colebr. qui contient également de la Berbérine.

Le Colombo et ses succédanés sont usités comme fébrifuges et contre la dyspepsie.

Le *vrai Pareira Brava* est fourni par le *Chondrodendron tomentosum* Ruiz et Pav., du Brésil et du Pérou. Cette racine, d'une grande amertume, contient un principe, la *Pélosine* de Wiggers, qui devrait être identifié à la *Buxine* du Buis, et à la *Bébéerine* que contient une écorce fébrifuge fournie par une Lauracée.

Le *Pareira Brava* est tonique, diurétique, et utile, dit-on, contre les coliques néphrétiques, les calculs vésicaux, et même contre la morsure des serpents venimeux.

Sous le nom de *Faux Pareira Brava*, on trouve, dans le commerce, divers produits analogues dont l'exacte provenance est difficile à déterminer. Le plus répandu est attribué au *Cissampelos Pareira* L. des Antilles, et sa composition rappelle celle du *Pareira vrai*.

L'*Abuta rufescens* Aublet jouit des mêmes propriétés.

Sous le nom de *Gulancha*, on emploie les tiges amères et fébri-fuges du *Tinospora cordifolia* Miers (*Cocculus cordifolius* DC), qui croît dans l'Inde.

La Coque du Levant est enfin le fruit de l'*Anamirta Cocculus* Wigth et Arnott, qui est originaire également de l'Inde. Ce fruit renferme deux alcalis organiques, la *Ménispermine* et la *Paraméni-spermine*, inoffensifs l'un et l'autre, et un principe cristallisable non basique, la *Picrotoxine*, qui n'est, peut-être, qu'un mélange de deux ou trois autres corps. La Picrotoxine constitue un redoutable poison du système nerveux.

La Coque du Levant est inusitée en médecine; dans l'Inde, et malheureusement parfois en France, on s'en sert pour empoison-ner les rivières.

La tige de la plante est, cependant, usitée dans l'Inde comme antipériodique, et pour la teinture en jaune.

FAMILLE IV. — ANONACÉES.

Fleurs actinomorphes, généralement hermaphrodites, à réceptacle con-vexe; insertion en partie spiralée.—Périanthe généralement formé par trois verticilles 3-mères. — Étamines libres (rarement monadelphes), en nombre indéfini. Anthères généralement cachées par le connectif dilaté. — Carpelles ordinairement nombreux et indépendants.—Ovules anatropes, en nombre va-riable. — Fruits charnus ou secs, formés par les carpelles indépendants ou concrescents. — Graines pourvues d'un albumen charnu, ruminé.

Plantes ligneuses pourvues de glandes à huile essentielle.—Feuilles simples et entières, alternes, sans stipules.

Affinités. — Les Anonacées sont très voisines des Magnoliacées dont un seul caractère les sépare nettement : leur *albumen ruminé*. Elles sont également liées aux Ménispermacées qui s'en distinguent cependant, entre autres caractères, *par leur périanthe à folioles toutes semblables, leur androcée verticillé, l'absence de glandes à essence*.

Distribution géographique. — Les Anonacées sont presque toutes des plantes tropicales. Parmi les espèces qui remontent le plus haut vers le Nord, on doit citer les *Asimina* qui, en Amérique, s'élèvent jusqu'au 33° L'Asie est un peu moins riche que le Nouveau Continent et l'Afrique en plantes de ce genre.

Propriétés générales. Plantes importantes. — Les Anonacées sont presque toutes des plantes aromatiques, et c'est dans l'écorce que réside surtout cette propriété. Quelques espèces sont âcres et même nauséeuses. Chez certains fruits, les principes aromatiques sont si abondants qu'ils en acquièrent une saveur poivrée; d'autres sont simplement comestibles. C'est parmi ces derniers que se rangent ceux qui sont formés par des carpelles soudés, tandis que les principes aromatiques dominent chez ceux où les carpelles demeurent libres.

Nous signalerons plus particulièrement les espèces suivantes :

L'*Uvaria odorata* Link., plante des Moluques, recherchée pour la suavité de ses fleurs. Elles entrent dans la composition d'une huile usitée en frictions, comme préservatif des fièvres.

Le *Cælocline polycarpa* A. DC., dont l'écorce contient de la *Berbérine*. Elle est usitée, dans l'Afrique tropicale, comme tinctoriale et comme médicament.

Les *Anona*, originaires peut-être d'Amérique, donnent, dans toutes les régions tropicales, des fruits comestibles connus sous le nom de *Corossols*. Ils sont formés par de nombreux carpelles indépendants, mais groupés sur un réceptacle commun charnu, comme le sont les achaines de la fraise. L'*A. squamosa* Gærtn. est un des plus connus. Son fruit porte le nom de *Pomme cannelle*, *Guanabane*, etc.

L'*A. muricata* (Anone hérissée), l'*A. reticulata*, etc., fournissent des fruits analogues.

L'*Unona æthiopica* Dunal (*Habzelia æthiopica* A. DC), arbre qui croît dans les contrés tropicales de l'Afrique, depuis Sierra-Leone jusqu'en Abyssinie, fournit un fruit auquel sa saveur poivrée a valu le nom de Poivre d'Éthiopie. Les carpelles indépendants et au nombre de 20 environ au centre de la fleur, y deviennent tout autant de baies grosses comme une plume à écrire, renfermant chacune 4 à 10 semences.

L'*U. aromatica* Dunal, de la Guyane, possède des propriétés analogues.

Les *Xylopia* d'Amérique jouissent de propriétés semblables (*X. grandiflora* du Brésil, *X. frutescens*, *X. longifolia*, etc.).

FAMILLE V. — MYRISTICACÉES.

Fleurs dioïques en général, actinomorphes, 3-mères et pourvues d'un périanthe simple. — Étamines 3-18, monadelphes, avec anthères triloculaires et extrorses. — Un seul carpelle avec un ovule anatrope, presque basilaire. — Fruit charnu, déhiscent en deux valves. — Graine pourvue d'un faux arille charnu; albumen huileux abondant, ruminé; embryon minime.

Végétaux ligneux, glanduleux-aromatiques. Feuilles alternes, entières, sans stipules.

Caractères. — Cette famille ne comprend que le seul genre *Myristica* R. Br., subdivisé en plusieurs sections qui sont assez souvent considérées comme des genres autonomes. L'espèce la plus importante est le *M. frangans* Houttuyn, qui est originaire des Moluques, et que l'on cultive dans plusieurs contrées tropicales (fig. 265).

C'est un *arbre* de forme pyramidale, très rameux, dont le tronc est revêtu d'une écorce d'un gris cendré.

Les feuilles sont alternes, simples et entières, oblongues et amincies en pointe au sommet, ondulées sur les bords, *ponctuées-glanduleuses,* penninerviées, d'un beau vert en dessus, plus pâles en dessous, *persistantes, sans stipules.*

Les fleurs sont dioïques, actinomorphes. Les mâles sont réunies en petit nombre, en grappes ou en ombelles insérées à l'aisselle des

Fig. 265. — Muscadier.

feuilles ; les femelles sont axillaires. Chaque fleur naît, d'ailleurs, à l'aisselle d'une petite bractée ovale.

Le périanthe est simple, urcéolé, *formé par trois pièces* jaunâtres, *concrescentes à la base,* légèrement soyeuses en dehors, *en préfloraison valvaire* dans le bouton.

Dans la fleur mâle, les *étamines,* au nombre de 9 à 18, sont *concrescentes en une colonne épaisse, centrale,* dont la longueur égale celle du périanthe ; *à sa partie supérieure sont appliquées les anthères qui sont linéaires, extrorses, biloculaires, à déhiscence longitudinale.*

Dans la fleur femelle, *l'ovaire est supère, formé par un carpelle unique de forme ovale, dont la suture ventrale est dirigée vers l'axe-mère.* Il contient *un seul ovule anatrope, presque basilaire, pourvu d'un tégument double.* Le style est simple, terminal, rapidement divisé en deux stigmates. Il n'existe, dans la fleur femelle, aucune trace d'étamines.

Le fruit est une baie pyriforme, du volume d'une petite pêche, peu charnue, d'un jaune rougeâtre. Elle s'ouvre, à la maturité, en deux valves, quelquefois bifides elles-mêmes, de consistance coriace.

La graine est entourée d'un faux arille entier à la base, mais *irrégulièrement lacinié sur tout le reste de sa surface*, d'un beau rouge carmin passant au jaune par la dessiccation. C'est cet arille qui constitue le *Macis* des officines (1). Au-dessous se trouve le tégument séminal; celui-ci est dur, de teinte grise, marqué d'impressions irrégulières correspondant aux lobes du Macis. Enfin *l'amande est formée d'un albumen charnu-oléagineux*, fortement aromatique et *profondément ruminé.* Les anfractuosités de sa surface pénètrent dans sa masse, et s'y traduisent, sur des coupes transversales et longitudinales, par des lignes brunes sinueuses, souvent ramifiées. *L'embryon, situé vers la base de l'amande, possède deux grands cotylédons lobés sur les bords, concrescents en une sorte de coupe évasée. La radicule est courte, infère.*

Les *Myristica* proprement dits (*Eumyristica* DC.) sont surtout caractérisés par *le nombre de leurs étamines* (8-18), *leurs fleurs en grappes d'ombelles, les femelles souvent solitaires, leurs feuilles dont les nervures de troisième ordre ne forment pas un réseau apparent.* On en compte une quinzaine d'espèces, de l'Asie tropicale.

Les autres sous-genres diffèrent par le nombre des étamines qui peut se réduire à 3 alternes avec les pièces du périanthe (*Virola* Aub. de l'Amérique du Sud, et *Otoba* DC. de la Colombie), par le mode d'inflorescence, le nombre des nervures foliaires, etc.

Affinités. — C'est avec les Anonacées que les Myristicacées montrent l'affinité la plus étroite. Les Myristicacées se distinguent essentiellement par *leur périanthe formé par un seul verticille ternaire, et leurs étamines concrescentes en une colonne centrale* En outre, chez les Anonacées, les fleurs sont presque toujours hermaphrodites et les carpelles nombreux, disposés en spirale au centre du réceptacle.

Distribution géographique. — Les Myristicacées sont des plantes exclusivement tropicales. Elles sont surtout richement représentées en Asie. Sur 80 espèces environ que renferme ce groupe, une vingtaine sont propres à l'Amérique du Sud, 2 à la Guinée, 1 à l'Australie tropicale, quelques-unes à Madagascar.

Propriétés générales. Plantes importantes. — Les Myristica-

(1) V. p. 141.

cées sont des plantes essentiellement aromatiques. Elles doivent cette propriété aux glandes oléifères que renferme le parenchyme de leurs divers organes ; on constate également, dans leurs tissus, la présence de cellules à tannin.

Le *Myristica fragrans* Houttyn. (*M. officinalis* L., *M. moschata* Thunb. ; *M. aromatica* Lam.) croît spontanément dans la péninsule occidentale de la Nouvelle-Guinée ; la culture l'a introduit au Bengale, à Sumatra, Malacca, à Singapore, au Brésil, à Bourbon et l'Ile de France.

On n'utilise que l'arillode (*Macis*) et l'amande (*Noix de Muscade*) débarrassée de son tégument crustacé. L'amande renferme jusqu'à 25 p. 100 de corps gras (*Beurre de Muscade*), formé par un mélange d'oléine, de butyrine, de myristine, et une assez grande quantité d'huile essentielle.

Le *Macis*, fortement aromatique lui-même, est employé comme condiment.

Le *M. fatua* Houtt. fournit une semence moins aromatique, connue sous le nom de *Muscade longue des Moluques*, *Muscade mâle* ou *Muscade sauvage*.

On retire, au Brésil, un beurre végétal connu sous le nom de *Beurre de Bicuiba* de la semence du *M. Bicuhyba* Schott.

Le *Virola sebifera* Aubl., de la Guyane et du Brésil, fournit un corps gras que l'on utilise pour la fabrication des bougies.

On se sert, pour traiter les maladies du cuir chevelu, de la graisse fournie par la graine du *Myristica Otoba* H. Bn. qui croît au Pérou et dans la Colombie.

FAMILLE VI. — MAGNOLIACÉES.

Plantes ligneuses, pourvues de glandes à essence. — Feuilles alternes, généralement entières, avec ou sans stipules.

Fleurs toujours régulières et à réceptacle convexe ; insertion des pièces florales, au moins en partie, spiralée. — Périanthe à pièces généralement libres (rarement sépales concrescents). — Étamines nombreuses. — Carpelles généralement nombreux et indépendants. — Ovules anatropes. — Fruits : follicules ou samares, rarement fruits charnus. — Graines albuminées et albumen non ruminé. — Embryon minime.

Tribu I. — **Magnoliées.**

Description des Magnolia L. — Ce sont des *arbustes* ou des *arbres* dont *les feuilles, alternes, simples, entières et coriaces, sont accompa-*

ynées de stipules concrescentes, dans l'axe même de ces dernières, en une sorte de cornet renversé qui cache complètement le bourgeon axillaire. Elles tombent, quand celui-ci se développe, laissant autour de lui une cicatrice annulaire (1).

Les *fleurs*, presque toujours terminales, sont *complètes, régulières et hermaphrodites*.

Leur réceptacle forme un cône très allongé qui porte successivement de bas en haut :

1° Un *calice* formé par *trois folioles* verdâtres, imbriquées;

2° Une *corolle formée par deux verticilles de trois pétales* chacun, continuant la spire foliaire commencée par le calice ;

3° Un *nombre indéfini d'étamines libres, en série spiralée*, dont les filets portent des *anthères sessiles, introrses*, biloculaires, à déhiscence longitudinale ;

4° *De nombreux carpelles libres, disposés en une spire qui continue celle que forme l'androcée*, contenant chacun 2 *ovules anatropes, pendants*, à micropyle tourné vers l'intérieur. Le style terminal est creusé, en dedans, d'un sillon dont la partie supérieure porte des papilles stigmatiques.

Le *fruit* consiste en une *réunion de follicules qui s'ouvrent par la nervure dorsale*.

La *graine* est pourvue d'un triple tégument, et renferme un *petit embryon*, logé vers l'extrémité micropylaire d'un *albumen charnu abondant*. Le long funicule de ces graines les maintient encore quelque temps suspendues en dehors des fruits, après la déhiscence de ces derniers.

Parmi les sections qu'on a établies dans ce genre, il en est qui sont considérées par certains botanistes comme formant des genres autonomes. Tels sont les *Michelia* L. qui ne se distinguent des *Magnolia* que par leurs carpelles séparés des étamines par l'intervalle d'un entrenœud. Chaque carpelle renferme, en outre, 2 ou plusieurs ovules.

GENRE LIRIODENDRON. — Le *Tulipier de Virginie* (*Liriodendron tulipiferum* L.) est un arbre également répandu dans nos contrées par la culture, et qui se distingue, à première vue, des *Magnolia* par ses feuilles dont le *limbe, tronqué au sommet*, offre le contour d'une lyre. Ces feuilles sont accompagnées de stipules construites comme celles des *Magnolia*.

(1) Des stipules construites sur le même type s'observent dans des familles assez diverses: chez les *Artocarpées*, par exemple, chez les *Irvingia*, que l'on rattache aux *Rutacées*, etc.

Les *fleurs, solitaires et terminales,* ont également un réceptacle très convexe. Le calice est à 3 pièces, la corolle à 2 verticilles de 3 pétales.

Les *étamines* sont nombreuses, à *anthères nettement extrorses.*

Les *carpelles* nombreux qui occupent le sommet de l'axe ont leur style renflé en stigmate au sommet. Chacun d'eux contient deux ovules, comme chez les *Magnolia.*

Les *fruits ont leur péricarpe prolongé en une aile membraneuse,* comme chez les fruits samaroïdes des Érables.

Les *Magnolia,* les *Liriodendron* et les genres voisins sont réunis dans une première tribu, celle des *Magnoliées,* que caractérisent principalement *le grand nombre et la disposition spiralée des carpelles,* et *la présence de stipules d'une organisation particulière.*

Tribu II. — Iliciées.

Genre ILICIUM. — Nous trouvons le type d'une section tout aussi nettement délimitée dans l'arbre qui nous fournit la *Badiane* ou *Anis étoilé (Ilicium anisatum* L).

Les *Ilicium* sont des arbustes ou de petits arbres de l'Amérique du Nord, des Antilles, de l'Inde, de la Chine et du Japon.

Les feuilles, alternes et persistantes, sont ici *dépourvues de stipules, mais garnies de ponctuations glanduleuses* semblables à celles des feuilles de l'Oranger et du Citronnier.

Les fleurs sont axillaires dès le début, dans les espèces asiatiques; terminales d'abord chez les espèces américaines, puis rejetées latéralement par suite du développement de rameaux secondaires (1).

Le *réceptacle* est *simplement convexe.* Les enveloppes florales sont représentées par un nombre de folioles variant de 15 à 20, rangées en ordre spiralé, semblables ou dissemblables entre elles, mais, dans ce dernier cas, passant les unes aux autres par des transitions graduées.

L'androcée est représenté par un nombre variable d'étamines (6 à 7 par exemple, chez l'*I. parviflorum* d'Amérique, 20 chez les *I. anisatum* et *I. religiosum* d'Asie), mais toujours défini. Les filets,

---

(1) Chez le *D. Winteri,* les fleurs se développent à la base des jeunes rameaux qui s'allongent plus tard. Elles naissent directement sur les rameaux âgés chez le *D. axillaris* (Nouvelle-Zélande). Le calice, très court, y forme une simple cupule. En outre, les fleurs y sont polygames.

plus ou moins épaissis ou charnus, portent des anthères à loges introrses ou latérales.

Les carpelles, également en nombre défini (10 à 15 chez l'*I. parviflorum*, 8 chez l'*I. anisatum*, etc.), sont libres, comme chez les Magnoliées, mais forment, en apparence au moins, *un verticille unique autour du centre de l'axe floral.* Ils se prolongent, en dedans, en un style sillonné, et ne renferment chacun qu'un ovule anatrope ascendant.

Les fruits consistent en follicules rangés en étoile, et s'ouvrant par leur suture ventrale.

Genre Drimys. — La section des Iliciées renferme encore un genre important, celui des *Drimys*, dont une espèce, le *Drymis Winteri Forst.*, qui croît dans l'Amérique du Sud, fournit l'écorce dite *de Winter vrai.*

Ce sont des arbres dont les organes végétatifs sont semblables à ceux des *Ilicium*. Mais *les fleurs sont toujours axillaires.*

Le calice forme une sorte de sac membraneux qui se déchire ensuite irrégulièrement.

La corolle, souvent à 6 pétales, forme une spire dont les tours vont en s'écartant vers le centre.

Les étamines, dont les filets sont aplatis et les *anthères extrorses,* sont ici nombreuses; elles entourent *un nombre très limité de carpelles* (5 le plus souvent), dont le style est plus ou moins latéral et interne. Le placenta, pariétal et à deux lèvres, porte de nombreux ovules en double série.

Le fruit, enfin, est une *baie indéhiscente* et polysperme.

Chez quelques *Drimys*, les fleurs sont polygames, le nombre des ovules peut se réduire à 2, enfin le péricarpe est à peine charnu.

La section des *Iliciées* est assez nettement caractérisée par *ses feuilles sans stipules, et le nombre défini de ses carpelles, rangés en un verticille apparent autour du centre de l'axe floral.*

Les **Schizandrées** forment une troisième tribu beaucoup moins importante, composée des genres *Kadsura* Juss. (Asie tropicale et Japon) et *Schizandra* Michx. (Asie, Japon, Amérique du Nord). *La diclinie générale des fleurs, le connectif élargi des étamines, les fruits charnus de ces plantes, leur port grimpant* constituent les caractères essentiels de cette subdivision.

MAGNOLIACÉES.

Fleurs hermaphrodites ou rarement diclines, régulières. — *Pièces florales* insérées, en totalité ou en partie, suivant une ligne spiralée, sur le réceptacle convexe. — *Sépales et pétales* en nombre variable, nettement distincts ou passant des uns aux autres par des intermédiaires. — *Étamines* généralement nombreuses, indépendantes. — *Carpelles* généralement nombreux, presque toujours indépendants. — *Ovules* anatropes, insérés sur la suture ventrale. — *Fruits* : follicules ou rarement samares. — *Albumen* abondant, non ruminé : *embryon* minime.

Plantes ligneuses. — *Feuilles* alternes, généralement entières, avec ou sans stipules. — Des glandes à essence.

Feuilles accompagnées de stipules soudées en capuchon, et se détachant circulairement de l'axe. — Fleurs hermaphrodites, avec un axe plus ou moins allongé. — Carpelles nombreux, indépendants, spiralés. — Fruits secs.
Tribu I. — **Magnoliées.**

Graines devenant libres par déhiscence ou par destruction du péricarpe, avec couche extérieure charnue. — Anthères latérales ou extrorses. — Feuilles entières.

Carpelles continuant sans interruption la spire formée par les étamines. — 2 ovules par carpelle. — Fruits déhiscents par la ligne dorsale, ou circulairement au-dessus de la base.

Magnolia L.
(21 espèces environ. Asie tropicale ; Asie orientale ; côte Est de l'Amérique du Nord).

Carpelles séparés des étamines par un entre-nœud distinct. — 2 ou plusieurs ovules par carpelle. — Fruits déhiscents par le dos.

Michelia L.
(Environ 13 espèces. Asie tropicale ; Himalaya ; Chine).

Fruits samaroïdes, indéhiscents. — Feuilles lobées...

Liriodendron L.
(*L. tulipifera* L., Amérique du Nord).

Feuilles sans stipules. — Fleurs hermaphrodites ou unisexuées ; axe floral très court. — Carpelles disposés en un verticille. — Fruits secs. — Tige dressée.
Tribu II. — **Iliciées.**

Fleurs terminales. — Périanthe formé de pièces indépendantes, d'autant plus pétaloïdes qu'elles sont plus centrales. — Anthères introrses. — 15 à 20 carpelles libres. — Fruits folliculaires.........

Ilicium L.
(7 espèces. 2 au sud de l'Amérique du Nord, les autres dans les Indes, en Chine, au Japon).

Fleurs axillaires — Calice formant tout d'abord une sorte de sac clos ou de cupule. — Anthères extrorses. — En général cinq carpelles libres ou concrescents....................

Drimys Forst.
(Environ 10 espèces. Amérique du Nord ; Bornéo ; Nouvelle-Zélande ; Nouvelle-Calédonie, etc.).

Feuilles sans stipules. — Fleurs unisexuées, avec un réceptacle convexe, s'allongeant souvent tardivement. — Étamines à connectif élargi. — Fruit baccien. — Plantes grimpantes.
Tribu III. — **Schizandrées.**

Affinités. — Les Magnoliacées sont voisines des Renonculacée, (voir plus loin), dont elles s'éloignent par *leur consistance ligneuse et leurs fruits presque toujours folliculaires, leurs feuilles ordinairement entières et souvent stipulées, leurs glandes à essence.* — Les Dilléniacées servent d'intermédiaire entre les deux familles.

Distribution géographique. — La section des Magnoliées appartient principalement à l'Amérique septentrionale ; mais elle est également représentée dans l'Asie subtropicale, dans le Japon et dans l'Inde.

Les Iliciées sont plus cosmopolites ; on en trouve en Amérique, dans l'Asie Orientale, dans l'Australie, la Nouvelle-Zélande, dans les Moluques.

Propriétés générales. Plantes importantes. — Les affinités qui unissent les Magnoliacées aux Anonacées, au point de vue botanique, se retrouvent dans leurs propriétés. Elles sont souvent, en effet, aromatiques comme elles, mais leurs feuilles et leurs écorces sont douées d'une plus grande amertume et plus riches en principes résineux. Les fruits et les graines contiennent une huile fixe, souvent aromatique et âcre en même temps.

Magnoliées. — Certains *Magnolia* sont cultivés pour la suavité de leurs fleurs ; il en est ainsi du *M. (Michelia) Champaca* dans l'Archipel Malais ; la poudre de son écorce, délayée dans l'eau, passe pour un bon emménagogue ; ses jeunes bourgeons sont administrés dans l'uréthrite, et ses feuilles, pulvérisées, contre la goutte ; on les emploie extérieurement contre les rhumatismes et contre l'arthrite. Ses graines, d'une saveur âcre, sont employées, associées au Gingembre ou au Galanga, en frictions dont la région précordiale, contre les fièvres intermittentes des enfants.

Le *Magnolia Yulan* L. est, depuis très longtemps, cultivé en Chine comme plante ornementale, ainsi que le *M. Campbelli ;* leurs graines sont amères et fébrifuges.

Sous le nom de *Quinquina de Virginie,* on emploie, comme fébrifuge, l'écorce du *Magnolia glauca* L. Les *M. grandiflora, acuminata, auriculata,* servent aux mêmes usages, et on prépare avec leurs fruits une liqueur préservative contre les fièvres paludéennes.

A Java, l'écorce de l'*Aromadendron elegans* est très usitée comme stomachique ; ses feuilles, un peu amères, passent pour être efficaces contre les accidents nerveux.

Le bel arbre de l'Amérique du Nord que nous avons déjà décrit sous le nom de *Tulipier de Virginie (Liriodendron tulipiferum* L.) fournit, à la médecine américaine, son écorce qui est très estimée comme fébrifuge. Elle est très amère, peu aromatique ; elle ne renferme point de tannin, mais on y trouve un principe cristallisé, très amer, non azoté, la *Lirio-dendrine*.

Iliciées. — Tandis que les principes amers dominent chez les Magnoliées, l'amertume est très faible ici, et complètement primée par les principes aromatiques et résineux.

On nomme *Badiane* ou *Anis étoilé* le fruit de l'*Ilicium anisatum* L., arbre à feuilles persistantes, répandu au Japon et en Chine. La saveur de ce fruit est à la fois amère, aromatique et âcre. Le principe le plus intéressant qu'on y rencontre est une huile essentielle abondante, d'une odeur suave, et qui a été trouvée identique à celle du fruit de l'Anis vert (1).

La Badiane est stimulante; on l'emploie comme aromate, et pour la préparation de l'Anisette de Bordeaux.

Les fruits de l'*I. floridanum* L. et de l'*I. parviflorum* Michx., de l'Amérique du Nord, pourraient lui être substitués, bien qu'ils soient moins aromatiques.

Quant à ceux de l'*I. religiosum* Sieb. et Zucc., qui n'est peut-être qu'une variété du Badianier, leur odeur est presque nulle et leur saveur résineuse. On donne à ce fruit le nom de *Skimmi* dans l'extrême Orient. et ses propriétés passent pour délétères.

L'*écorce de Winter vraie* (2) est fournie par le *Drimys Winteri* Forst. Cet arbre croît au voisinage du détroit de Magellan ; mais on le retrouve, ou du moins on retrouve des variétés de cette espèce, sur une étendue très vaste de pays s'étendant du Sud de l'Amérique méridionale jusqu'à la Nouvelle-Grenade, en suivant les côtes du grand Océan.

Cette écorce et celle du *D. granatensis* L., qui n'est probablement qu'une variété du *D. Winteri*, ont une odeur forte et poivrée, une saveur très chaude et très piquante.

Le *Drimys axillaris*, de la Nouvelle-Zélande, fournit un produit analogue.

FAMILLE VII. — CALYCANTHACÉES.

Ce sont des *arbrisseaux* aromatiques, à *feuilles* simples, opposées, sans stipules.

Les *fleurs*, hermaphrodites et actinomorphes, ont un réceptacle en forme d'urne, dont le fond est occupé par le gynécée, et dont le bord porte :

(1) De la famille des Ombellifères. (V. plus loin.)
(2) L'écorce commerciale de Winter est fournie par une *Cannellacée*, le *Cinnamodendron corticosum* (voir plus loin).

1° Un *périanthe* composé d'un nombre variable de folioles spiralées, parmi lesquelles il est impossible de distinguer des sépales et des pétales ;

2° Un *androcée* composé d'un certain nombre d'étamines fertiles, pourvues d'anthères extrorses, biloculaires, à déhiscence longitudinale, et de pièces intermédiaires entre les folioles du périanthe et les étamines, auxquelles elles passent par degrés. L'androcée continue la disposition spiralée du périanthe.

Les *carpelles* sont nombreux, libres dans l'urne réceptaculaire, uniloculaires, avec 2 ovules anatropes ascendants, et un *style* terminal.

Le *fruit* consiste en une réunion d'achaines, enfermés dans le réceptacle floral.

La *graine* est exalbuminée ou à peu près. L'*embryon* a des cotylédons volumineux et enroulés (1).

Les *Calicanthus* L., qui réalisent le type de la famille, ont des bourgeons nus, un périanthe d'un brun rougeâtre, environ 13 étamines fertiles ; leurs fleurs se montrent sur les rameaux feuillés. Le *C. florida* L., originaire de l'Amérique du Nord, est fréquemment cultivé dans les jardins pour ses fleurs odorantes.

Les *Chimonanthus* Lindl. ont des bourgeons écailleux, un périanthe dont les pièces extérieures sont jaunâtres, les internes purpurines, ordinairement 5 étamines fertiles ; les fleurs se montrent en hiver, avant les feuilles. Le *Ch. præcox* L., du Japon, est souvent cultivé.

FAMILLE VIII. — RENONCULACÉES.

Fleurs actinomorphes ou zygomorphes, hermaphrodites, à réceptacle presque toujours convexe. — Pièces florales à insertion partiellement ou totalement spiralée, rarement verticillée partout. — Calice et corolle normalement construits, ou pétales remplacés par des nectaires, ou bien encore corolle nulle, et sépales pétaloïdes dans ces deux derniers cas. — Étamines libres, en nombre indéfini. — Carpelles nombreux et libres, uni-ovulés ou pauci-ovulés, ou peu nombreux et pluri-ovulés, libres ou rarement concrescents. — Ovules anatropes. — Fruits : achaines, follicules, rarement capsule ou fruits charnus. — Embryon minime dans un albumen charnu.

Plantes ordinairement herbacées, à feuilles simples, presque toujours alternes, sans stipules.

La grande famille des Renonculacées est une de celles qui méritent le plus justement le nom de *naturelles par enchaînement*, et

___

(1) Malgré leur ressemblance incontestable avec les autres familles du Sous-Ordre des *Polycarpées*, les *Calycanthacées*, par la forme de leur réceptacle, la forme et la disposition des carpelles et des fruits, ont des rapports avec les *Rosacées* auprès desquelles les rangeait Jussieu.

bien que formant un tout dont la délimitation est assez facile, il est peu de caractères qui soient absolument communs à tous les genres qui la composent.

On divise généralement les Renonculacées en cinq tribus que nous étudierons successivement. Ces tribus sont : les *Ranunculées*, les *Clématidées*, les *Anémonées*, les *Helléborées*, les *Pæoniées*.

Tribu I. — Ranunculées.

Description du Ranunculus acris L. — Le *Ranunculus acris* L. (Bouton d'or) est une plante herbacée, vivace, extrêmement commune dans nos régions.

La *tige* est dressée (fig. 266), fistuleuse, pourvue de *feuilles alternes, simples*, dont le limbe, légèrement pubescent, est palmatilobé, à lobes aigus incisés sur les bords; le limbe des feuilles se réduit à une simple expansion linéaire vers l'extrémité florifère des rameaux.

Les *fleurs* terminales constituent une cyme

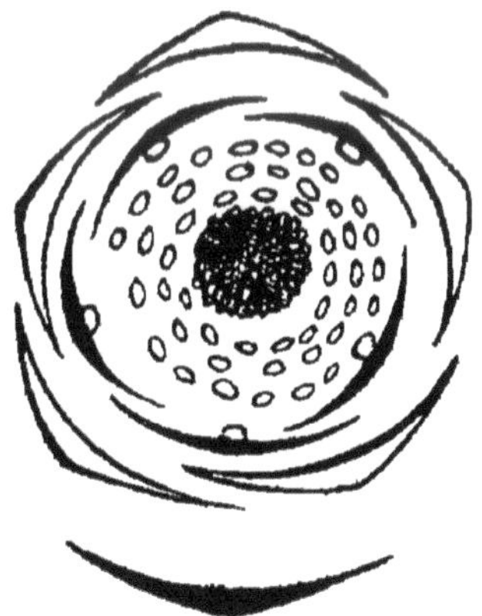

Fig. 267.— Diagramme d'une fleur de *Ranunculus*.

très lâche, bipare d'abord, puis devenant unipare. Elles sont *actinomorphes, hermaphrodites, avec un réceptacle convexe* (fig. 266 et 267).

Le calice est formé par 5 sépales libres et caducs, concaves, à bords membraneux, à préfloraison quinconciale. Les sépales internes sont plus délicats et moins colorés que les autres.

La *corolle* est représentée par 5 *pétales caducs*, égaux entre eux, à préfloraison imbriquée, ou plus rarement quinconciale. *Chacun d'eux est formé d'un court onglet et d'un limbe étalé, à la base duquel se montre, en dedans, une fossette glanduleuse* (fig. 268 et 269).

Aux pétales succèdent *un nombre indéfini d'étamines*, rangées en une spire qui continue celle de la corolle. *Leurs filets, entièrement*

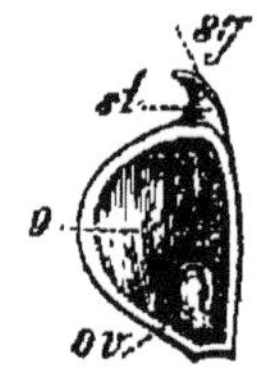

Fig. 268. — Pétale coupé par la moitié et vu de profil.

Fig. 269. — Un pétale vu de face.

Fig. 270. — Un des carpelles grossi, en section longitudinale.

libres, supportent latéralement les deux loges de l'anthère dont *la déhiscence est extrorse.*

La spire, enfin, se continue par *un nombre indéfini de carpelles indépendants* (fig. 270), uniloculaires, terminés chacun par un style creusé, sur son côté interne, d'un sillon garni de papilles stigmatiques, sillon qui se continue jusque sur le sommet de l'ovaire. Ce dernier renferme *un seul ovule* inséré à l'angle interne, *anatrope, ascendant*, à micropyle dirigé en dehors et en bas.

Le fruit consiste en une réunion d'achaines, surmontés chacun d'un bec un peu arqué, formé par le style persistant.

La *graine* renferme *un tout petit embryon, logé vers l'extrémité micropylaire d'un albumen charnu abondant.*

Le genre *Ranunculus* renferme un nombre considérable d'espèces (150 environ). Parmi les divergences les plus remarquables qu'elles peuvent présenter, nous rappellerons la transformation remarquable subie par les feuilles immergées des Renoncules aquatiques chez lesquelles ces organes sont devenus des organes absorbants (v. p. 80). Ordinairement jaunes, les fleurs sont blanches parfois (1). Les sépales sont tantôt dressés (Bouton d'or), tantôt réfléchis (*R. bulbosus* L., *R. Philonotis* DC., etc.). La corolle se réduit beaucoup dans certaines

(1) La coloration jaune métallique des pétales est due à la présence, au-dessous des assises cellulaires supérieures riches en chromatophores jaunes, de cellules gorgées de fécule. Cette dernière agit comme réflecteur.

espèces (1) ; chez d'autres, les pétales montrent une tendance à se multiplier suivant une ligne spiralée, etc.

Autres genres. — FICARIA. — Le *Ficaria ranunculoides* Mœnch (*Ranunculus Ficaria* L.) est une herbe vivace des lieux humides, dont les feuilles ont un limbe un peu charnu, arrondi, cordiforme, à bords sinueux. La fleur possède :

Un calice de 3 sépales seulement.

Une corolle formée : 1° d'un cycle externe de 3 pétales ; 2° d'un cycle interne également ternaire, mais dont le membre antérieur, et quelquefois l'un des deux membres postérieurs, sont dédoublés. Le nombre des pétales est donc de 7 ou de 8. Ces pétales sont, d'ailleurs, construits comme chez les Renoncules.

CALLIANTHEMUM. — On sépare quelquefois génériquement des Renoncules le *Callianthemum rutæfolium* Rchb. (*Ranunculus rutæfolius* L.)

Fig. 271. — *Myosurus minimus :* fleur très grossie.

Fig. 272. — *Myosurus minimus :* fleur coupée en long.

parce que *ses carpelles contiennent chacun deux ovules pendants*, et parce que *la corolle est souvent double.*

MYOSURUS. — A la tribu des *Ranunculées* se rattachent encore les *Myosurus*, représentés chez nous par une petite herbe annuelle, le *M. minimus* L. Ce genre se distingue : 1° *par ses sépales prolongés à*

(1) Ces Renoncules à corolle réduite forment transition au *Trautveteria palmata* Michx., de l'Amérique du Nord et du Japon, chez lequel la corolle avorte. — Le calice et la corolle sont représentés chez les *Casalea* St-Hil., de l'Amérique du Sud, mais l'un et l'autre sont 3-mères ou 4-mères.

leur base en une sorte d'éperon ; 2° ses pétales à onglet très long ; 3° ses étamines peu nombreuses (4-14) ; 4° son réceptacle très allongé, au-dessus de l'androcée, en un cône étroit couvert par les carpelles ; 5° par ses ovules descendants et à micropyle interne (situation inverse de celle qu'on observe chez les Renoncules).

ADONIS. — Par leur périanthe double, les *Adonis* méritent d'être comptés parmi les Ranunculées, bien que leur organisation les rapproche, d'ailleurs, des Anémonées. L'appareil végétatif et le port sont comparables à ceux des Anémones, mais l'involucre manque. Les fleurs offrent un calice de 5 sépales à préfloraison imbriquée, et une corolle composée d'un nombre variable de pétales colorés (5, 9 ou davantage), sans onglet nectarifère. Dans chaque carpelle, en outre, on trouve un seul ovule fertile, pendant, au-dessus duquel se montrent 4 ovules rudimentaires. Comme on le verra bientôt, même disposition s'observe chez les Anémones.

Tribu des Ranunculées.			
Herbes ou sous-arbrisseaux. — Feuilles alternes, simples, sans stipules — Fleurs actinomorphes, presque toujours hermaphrodites ; réceptacle convexe ou conique. — Pièces florales en disposition spiralée. — Périanthe presque toujours double. — Calice herbacé et pétales ordinairement pourvus d'une fossette nectarifère. — Un ovule ascendant ou descendant, ou 2 ovules descendants, et carpelles nombreux, indépendants. — Achaines surmontés d'une pointe (style persistant).	1 seul ovule ascendant.	Cinq sépales ; presque toujours cinq pétales pourvus d'un onglet nectarifère..........	*Ranunculus* L. (Espèces nombreuses. sur presque tout le globe, mais surtout dans les régions extratropicales de l'Hémisphère Nord).
		Quatre sépales ; corolle nulle..	*Trautveteria* Fisch. et Meg. (*T. palmata* Michx. Côte orientale de l'Amérique du Nord et Japon).
		Trois sépales ; 7 à 8 pétales. Plantes un peu charnues....	*Ficaria* Dill. (4 espèces. Europe ; Orient).
	2 ovules descendants.	Cinq sépales ; 5-10 pétales pourvus d'un onglet nectarifère.	*Callianthemum* Rchb. (*C. rutæfolium* Rchb. Europe).
	1 seul ovule fertile descendant. 5 sépales	éperonnés ; 5 pétales longuement onguiculés, pourvus d'un onglet nectarifère. — Étamines peu nombreuses.— Réceptacle longuement conique....................	*Myosurus* L. (5 espèces. Régions tempérées de l'Hémisphère Nord).
		sans éperons. 5 à 9 pétales sans onglet nectarifère..........	*Adonis* L. (Environ 11 espèces. Ancien Continent).

Tribu II. — Anémonées.

Bien que nous séparions les Anémonées des Ranunculées pour la clarté de l'exposition, ces deux groupes n'en sont pas moins si étroitement reliés l'un à l'autre, qu'il est difficile d'établir entre eux une limite naturelle.

Description des Anémones. — Les Anémones (*Anemone* L.), au nombre de 90 espèces environ, constituent le genre le plus important de la tribu.

La Pulsatille (*A. Pulsatilla* L.), par exemple, qui est employée en matière médicale, est une herbe vivace de nos terrains secs. Elle possède un rhizome sympodique, qui produit, à chaque période végétative, *une rosette de feuilles radicales*, dont le limbe est profondément divisé, suivant le mode penninerve, en segments eux-mêmes pinnatiséqués.

La tige aérienne se dresse, du milieu des feuilles, sous la forme d'*une hampe* qui porte tout d'abord (fig. 273), à un certain niveau, *un involucre composé de 3 folioles* assez semblables aux vraies feuilles, mais plus petites et formant un verticille; elle se termine par une fleur actinomorphe,

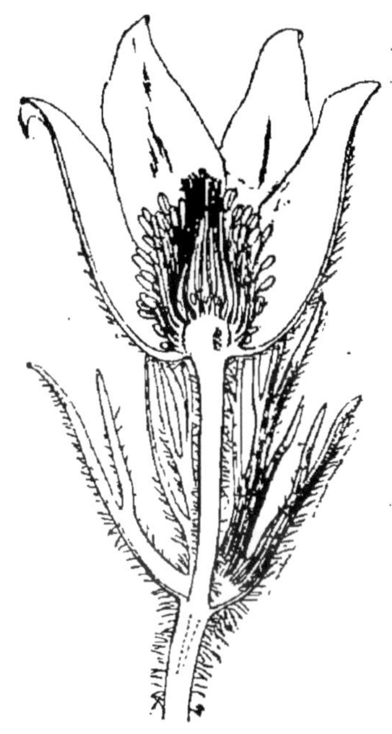

Fig. 273. — Anémone Pulsatille; fleur coupée en long.

hermaphrodite, à réceptacle convexe, comme celle des Renoncules.

La fleur elle-même est formée :

1° D'*un périanthe, composé de 6 pièces pétaloïdes*, violacées, légèrement velues, et disposées en deux verticilles ternaires, dont l'extérieur alterne avec les bractées de l'involucre;

2° D'*un androcée, composé d'étamines en nombre indéfini*, construites comme chez les Renoncules, et disposées en une spire qui paraît continuer celle du périanthe. Chez l'espèce que nous décrivons, les étamines extérieures sont réduites à des staminodes, ce qui constitue une exception;

3º *De carpelles en nombre indéfini, indépendants,* surmontés chacun d'un style, sillonné sur le côté interne comme chez les Renoncules. Dans chacun d'eux se trouvent *un ovule suspendu,* à micropyle supérieur et intérieur et, d'après H. Baillon (1), au-dessus de ce dernier, 4 ovules rudimentaires.

Le *fruit* est représenté, comme chez les Renoncules, par de *nombreux achaines,* et ceux-ci sont surmontés d'*une queue plumeuse,* formée par le style persistant.

La structure fondamentale de la fleur est la même dans tout le genre. Souvent ternaire, comme chez l'*A. Pulsatilla* L., l'*A. nemorosa* L., etc., le périanthe est quelquefois pentamère et imbriqué (*A. alba, coronaria* L., *ranunculoides* L., etc.). Certains sépales se dédoublent parfois (accidentellement chez l'*A. coronaria,* d'une façon constante chez les *A. stellata, japonica,* etc.) (2).

Les bractées de l'involucre, stériles dans les espèces précédemment citées, sont en partie ou toutes fertiles, et la hampe se termine alors par une cyme ombelliforme à 2, 3 ou 4 fleurs (chez l'*A. narcissiflora* L., par exemple).

Autres genres. — HEPATICA. — L'involucre des Anémones est généralement assez distant du périanthe ; *il lui est contigu chez les Hepatica* Spreng., qui paraissent ainsi pourvus d'un double périanthe dont les folioles internes sont pétaloïdes (3).

THALICTRUM. — Les *Thalictrum* L. sont des plantes herbacées, vivaces, des régions froides ou tempérées de notre hémisphère. Leurs feuilles alternes, embrassantes à la base, sont très découpées. *Les inflorescences consistent en grappes ou en corymbes terminaux,* composés eux-mêmes de cymes.
Les fleurs des *Thalictrum* sont hermaphrodites, en général, mais parfois aussi polygames, monoïques ou dioïques.
Leur périanthe simple, pétaloïde et caduc, se compose de 5 pièces en préfloraison imbriquée, ou de 4, dont deux externes et deux internes. Tout le reste est essentiellement construit comme chez les Anémones ; mais l'ovule est ici solitaire, pendant, d'ailleurs, et à micropyle supère.
L'involucre fait ici complètement défaut.

HYDRASTIS. — Aux Anémonées peut se rattacher l'*Hydrastis canadensis* L. C'est une herbe vivace du Canada et des États-Unis, dont le rhizome forme une tige aérienne ; cette dernière, après avoir fourni quel-

(1) H. Baillon, *Histoire des plantes,* t. I, p 44.
(2) Pour certains botanistes, Eichler entre autres, il y aurait, non pas dédoublement, mais bien adjonction de pièces nouvelles au périanthe.
(3) Le nombre des pièces du périanthe est, d'ailleurs, variable dans ce genre (6 en deux verticilles, 7, 8 ou 9).

ques feuilles, se termine par une *fleur à périanthe simple, très caduc.* Ses nombreuses étamines ont *des anthères basifixes ;* dans chaque carpelle se trouvent *deux ovules, l'un ascendant, l'autre descendant.* Enfin *les fruits sont charnus* et réunis en tête.

Tribu des Anémonées.

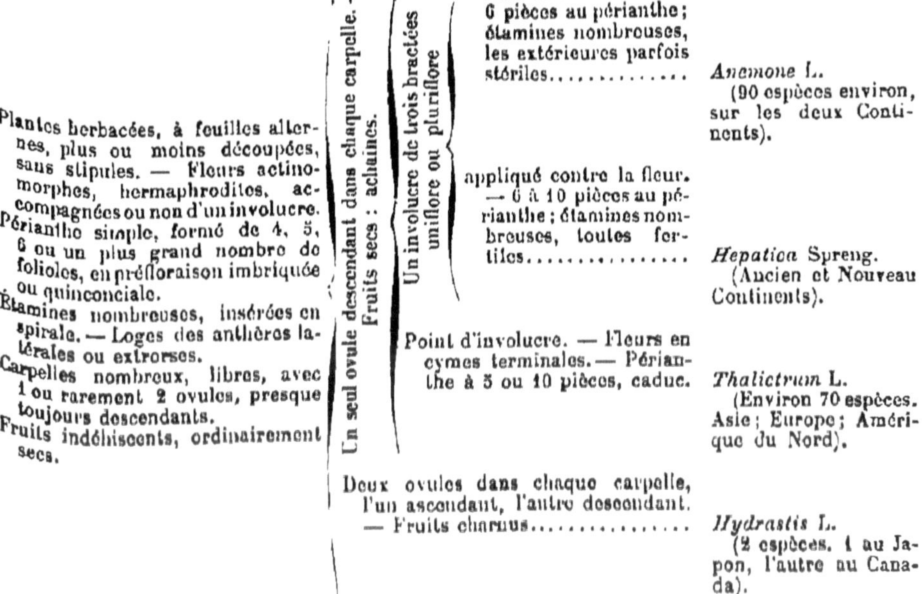

Plantes herbacées, à feuilles alternes, plus ou moins découpées, sans stipules. — Fleurs actinomorphes, hermaphrodites, accompagnées ou non d'un involucre. Périanthe simple, formé de 4, 5, 6 ou un plus grand nombre de folioles, en préfloraison imbriquée ou quinconciale. Étamines nombreuses, insérées en spirale. — Loges des anthères latérales ou extrorses. Carpelles nombreux, libres, avec 1 ou rarement 2 ovules, presque toujours descendants. Fruits indéhiscents, ordinairement secs.

Un seul ovule descendant dans chaque carpelle. Fruits secs : achaines.

Un involucre de trois bractées uniflore ou pluriflore —

distant de la fleur. — 5 à 6 pièces au périanthe ; étamines nombreuses, les extérieures parfois stériles............ **Anemone** L. (90 espèces environ, sur les deux Continents).

appliqué contre la fleur. — 6 à 10 pièces au périanthe ; étamines nombreuses, toutes fertiles.............. **Hepatica** Spreng. (Ancien et Nouveau Continents).

Point d'involucre. — Fleurs en cymes terminales.— Périanthe à 5 ou 10 pièces, caduc. **Thalictrum** L. (Environ 70 espèces. Asie ; Europe ; Amérique du Nord).

Deux ovules dans chaque carpelle, l'un ascendant, l'autre descendant. — Fruits charnus.............. **Hydrastis** L. (2 espèces. 1 au Japon, l'autre au Canada).

Tribu III. — Clématidées.

Les Clématites (*Clematis* L.) représentent le seul genre réellement autonome de cette tribu.

Ce sont des *sous-arbrisseaux* ou, le plus souvent, des *plantes ligneuses, ordinairement grimpantes. Les feuilles, toujours opposées* (fig. 274), *sont le plus souvent composées,* et leur pétiole, long et flexible, jouit parfois de la faculté de s'enrouler autour des corps étrangers, à la façon d'une vrille, chez le *Cl. cirrhosa* L., par exemple.

Les fleurs sont rarement solitaires (chez les *Cl. integrifolia* et *Viticella,* par exemple) ; elles sont presque toujours réunies en cymes, formant elles-mêmes des grappes.

Elles sont, en outre, toujours *actinomorphes* et, *le plus souvent, hermaphrodites* (1).

(1) Le *Cl. dioica* des Antilles a des fleurs dioïques, comme l'indique son nom.

Comme chez les *Anemone*, les *Thalictrum*, etc., les Clématites n'ont *qu'un calice formé de sépales pétaloïdes*, blancs ou, plus rare-

Fig. 274. — *Clematis Vitalba :* rameaux.

ment, bleus ; *leur préfloraison est valvaire induplicative.* Quant au nombre des sépales, il varie, parfois même sur la même plante.

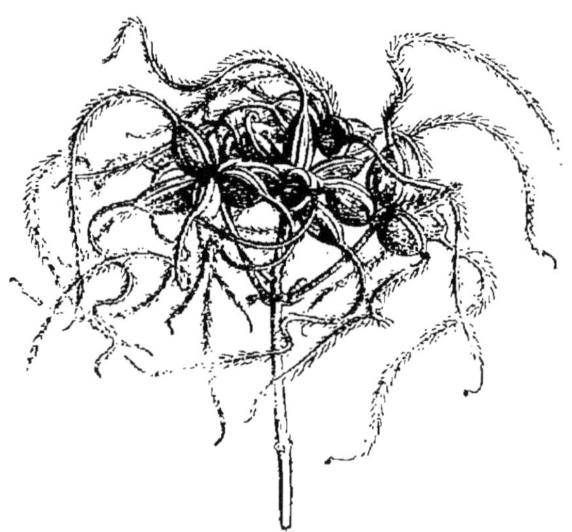

Fig. 275 — *Clematis Vitalba :* fruit.

On en compte ordinairement 4 ou 5 ; il en existe de 8 à 10 chez les *Cl. patens, lanuginosa, florida*, etc.

Les autres parties de la fleur diffèrent à peine, chez les *Clematis,* de celles des Ranonculées : *étamines libres, nombreuses, avec anthères basifixes et à loges latérales.*

Carpelles nombreux, libres, à style sillonné en dedans, et contenant chacun *un ovule bien développé, anatrope et pendant,* que surmontent plusieurs ovules abortifs.

Les fruits consistent en des réunions d'achaines (fig. 275), surmontés chacun, soit par un simple bec (chez le *Cl. Viticella,* par exemple), soit par une queue plumeuse, très longue parfois (chez les *Cl. Vitalba, Flammula, erecta,* etc.).

Les *Atragene* (l'*A. Alpina,* p. e.), offrent le port sarmenteux, et même les pétioles flexibles des Clématites ; la fleur, à 4 sépales, grands et violets dans l'espèce *Alpina,* est semblablement construite, mais *elle possède, en dehors de l'androcée, un certain nombre d'étamines stériles* que la culture peut multiplier.

Les caractères de la tribu sont ceux du genre *Clematis* qui la compose à peu près exclusivement, les *Atragene* pouvant n'en être considérés que comme une section.

Au nombre de 170 espèces environ, les Clématites sont répandues dans toutes les régions du globe.

Tribu IV.—Helléborées.

La tribu des Helléborées offre deux types distincts de fleurs : le type actinomorphe et le type zygomorphe.

A. Helléborées à fleurs actinomorphes. — AQUILEGIA L. — Nous décrirons ici tout d'abord les Ancolies (genre *Aquilegia*), dont plusieurs espèces sont indigènes, l'Ancolie vulgaire (*A. vulgaris* L.) entre autres.

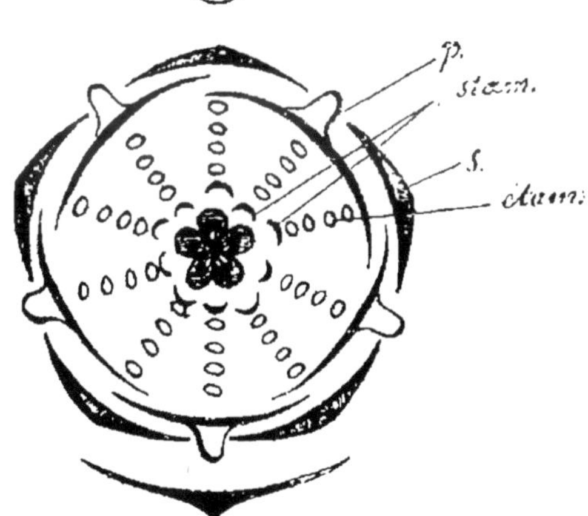

Fig. 276. — Diagramme d'une fleur d'*Aquilegia.*

Ce sont des plantes originaires des contrées tempérées des deux Mondes, dans l'hémisphère Nord. Leurs tiges portent des feuilles alternes, sans stipules, dont le pétiole, embrassant à sa base, porte un limbe tripartite, à lobes eux-mêmes incisés; les feuilles supérieures sont très petites et très simples (1).

Les fleurs sont portées à l'extrémité de l'axe principal et de ses ramifications; elles sont penchées, bleues, roses, rouges ou blanches.

Le *calice* (fig. 276) est formé par 5 *sépales égaux, étalés, à préfloraison quinconciale, pétaloïdes.*

Avec eux alternent 5 *pétales, imbriqués dans la préfloraison.* Ils sont *presque toujours prolongés, dans le bas, en un éperon creux et nectarifère,* recourbé vers l'axe (2).

Les *pièces de l'androcée,* au lieu de former une spire, comme dans beaucoup de Renonculacées, *se trouvent rangées en 10 séries rayonnantes,* 5 alternant avec les pétales, 5 avec les sépales. La pièce la plus interne de chaque série est le plus souvent représentée par un staminode.

Les *anthères sont à loges latérales,* et s'ouvrent par des fentes un peu extérieures.

Le *pistil est formé par 5 carpelles libres,* opposés aux pétales, surmontés chacun d'un style sillonné en dedans; chacun d'eux contient, à l'angle interne, *un grand nombre d'ovules anatropes,* formant une double série, et juxtaposés par les raphés.

Le *fruit consiste en une réunion de 5 follicules.*

La présence d'un calice pétaloïde et de pétales anormaux, le nombre réduit des carpelles, la pluralité des ovules dans chacun d'eux, le fruit sec et déhiscent, sont les caractères qui nous frappent tout d'abord dans l'examen des Ancolies. Nous allons les retrouver réunis chez presque toutes les Helléborées, qu'ils distinguent des tribus voisines.

XANTHORRHIZA Marsh. — C'est à côté des Ancolies qu'il convient de placer le *Xanthorrhiza apiifolia* Lherm., plante frutescente de l'Amérique du Nord, qui fait partie de la matière médicale américaine, et que l'on cultive également chez nous, comme plante ornementale. Ses feuilles à pétiole dilaté, à limbe trifoliolé, ressemblent assez à celles du Persil, d'où le nom spécifique d'*apiifolia* donné à cette plante.

Ses fleurs, blanches et petites, forment des *grappes axillaires* et pendantes.

(1) La base de la tige principale se renfle en un réservoir nutritif, aux dépens duquel se développe un bourgeon né à l'aisselle d'une des écailles foliaires que l'on rencontre au bas des axes. Ce bourgeon ne tarde pas à produire des racines adventives, et à se développer en un pied nouveau. La plante se multiplie ainsi par une sorte de bouturage naturel.

(2) Parfois, les pétales sont semblables aux pièces calicinales. La fleur est dite alors *étoilée.*

En dedans d'un calice à cinq pièces, quinconciales dans le bouton, se montrent *cinq pétales alternes, dilatés au sommet en une sorte de cupule irrégulière*, dont le bord externe est échancré en manière de cœur.

L'androcée se trouve ici réduit à deux cycles de 5 étamines, alternant entre eux et avec les autres parties de la fleur ; l'un des deux cycles peut même avorter.

Les *carpelles*, construits comme ceux des Ancolies, forment également *deux cycles 5-mères*, mais un petit nombre seulement deviennent des follicules.

HELLEBORUS L. — Les *Helleborus* L. sont des plantes à rhizomes,

Fig. 277. — Hellébore fétide.

remarquable par leurs feuilles pédalinerves (fig. 277) (1). Les fleurs forment généralement des cymes pauciflores, entremêlées de feuilles presque réduites à leur pétiole dilaté (2).

Chaque fleur se compose, chez l'*Helleborus fœtidus* L. (Pied de Griffon) par exemple, plante assez commune dans nos régions montagneuses :

(1) V. page 71.

(2) Chez les Hellébores, en général, on trouve toutes les transitions entre les feuilles végétatives de la base à longs pétioles et à limbe bien développé, et les bractées entières qui accompagnent les fleurs. On voit, à mesure qu'on s'élève vers les inflorescences, le limbe des feuilles se réduire, tandis que la gaine s'élargit et que le pétiole disparaît. La gaine seule, accompagnée parfois d'un rudiment de limbe, constitue les bractées.

1° De 5 *sépales* verdâtres, bordés de rouge, en préfloraison quin-conciale dans le bouton.

2° De 5, *ou souvent d'un plus grand nombre de pétales*, réduits à de petits cornets nectarifères.

3° D'*étamines nombreuses*, formant des séries courbes dont l'ensemble constitue une spire générale. Les anthères s'ouvrent par des fentes extrorses.

4° De 3 *feuilles carpellaires*, dont une postérieure et deux antérieures, *indépendantes* et portant deux séries d'ovules anatropes.

Les fruits sont des follicules.

Tous les *Helleborus* sont, d'ailleurs, des plantes à rhizome, pourvues de feuilles pédalées; la fleur, tout en conservant son type fondamental, offre quelques variations, principalement dans le nombre des pétales nectariformes et dans celui des carpelles.

Ainsi, l'*Hellébore noir* possède 5 grands sépales rosés (d'où le nom de *Rose de Noël* qu'on lui donne assez souvent), et un nombre de pétales qui peut varier de 6 à 21.

Les *Coptis*, les *Isopyrum*, les *Trollius*, les *Caltha*, sont voisins des Hellébores (voy. tableau de la Tribu, p. 702 et 703).

CALTHA. — Ce dernier genre est représenté, dans nos régions, par le *Caltha palustris* L. (Populage ou Souci d'eau). C'est une plante des marécages, dont le port général et la forme des feuilles rappellent le Ficaire. *Le calice est formé de sépales pétaloïdes* jaunes, et *la corolle fait défaut.* Les étamines sont nombreuses; le pistil est réduit à 5 ou 10 carpelles.

ACTÆA. — Les *Actæa*, dont le port et l'inflorescence rappellent les *Thalictrum*, ont également des *fleurs apétales*, simplement pourvues d'un *calice pétaloïde* (1). Les carpelles, dont le nombre varie de 1 à plusieurs, deviennent tout autant de *follicules* ou des *fruits bacciformes indéhiscents.*

NIGELLA. — Les Nigelles constituent, dans cette section, un genre important.

Ce sont des *herbes annuelles*, originaires de l'Europe tempérée et de l'Asie orientale. Leurs *feuilles alternes* sont *profondément découpées en segments étroits;* les fleurs sont solitaires et terminales (fig. 278).

Chez presque toutes on trouve :

1° 5 *sépales plans*, bleus, blancs ou verdâtres, étalés et à préfloraison quinconciale;

(1) On trouve des *Actæa* dans les régions tempérées des deux Continents. La seule espèce française est l'Actée en épi, ou Herbe de Saint-Cristophe (*A. spicata* L.). Cette espèce possède des fleurs tétramères, et son unique carpelle se transforme en une baie noire, à la maturité.

2° *Un nombre variable de pétales* (8 en général, disposés comme chez les *Adonis*), représentés par des nectaires bilabiés, à lèvre externe bifide (fig. 278);

3° *Un nombre indéterminé d'étamines insérées en spirale*, avec anthères biloculaires et introrses;

4° *Cinq à dix carpelles*, portant chacun *deux séries d'ovules anatropes, mais toujours plus ou moins concrescents en un ovaire à 5 ou 10 loges*. Ce caractère est d'autant plus intéressant qu'il ne se présente que dans ce seul genre de Renonculacées. *Les styles sont toujours indépendants.*

Le fruit est une capsule à déhiscence loculicide.

Les graines sont anguleuses, et presque toujours noires à l'exté-

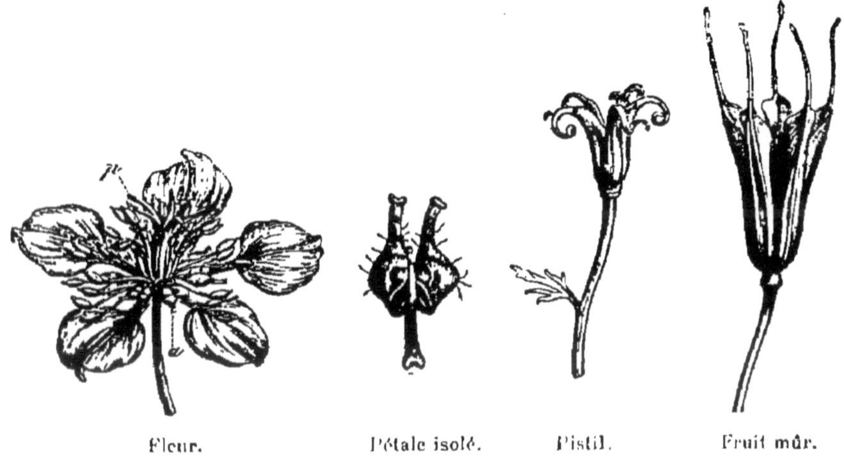

Fig. 278. — Nigelle des champs (*Nigella arvensis*).

rieur. Leur coloration a valu à ces plantes leur nom générique (de *niger*, noir).

Quelques espèces se distinguent par des particularités intéressantes :

La Nigelle de Damas (*N. Damascæna* L.), indigène en Corse et dans nos provinces méridionales, offre, autour de chaque fleur, un involucre formé de bractées multifides, à segments linéaires comme ceux des feuilles végétatives. En outre, dans le fruit, l'épicarpe et le mésocarpe se détachent de l'endocarpe, de telle sorte que chaque loge primitive se trouve dédoublée en une logette externe stérile, et une logette interne (la vraie loge) fertile.

Chez le *Garidella Nigellastrum* L., de nos provinces du Midi, la corolle est formée seulement par cinq nectaires bilabiés.

Chez le *Nigellastrum orientale*, la corolle est également isomère avec le calice; en outre les pétales sont opposés, et non alternes aux sépales (1).

B. Helléborées à fleurs zygomorphes. — Deux genres seulement, les *Aconitum* et les *Delphinium*, composent cette section; ils sont si voisins l'un de l'autre que H. Baillon (2) ne croit pas devoir les séparer.

ACONITUM L. — Parmi les Aconits, l'espèce la plus importante au point de vue médical est l'Aconit Napel (*Aconitum Napellus* L.), qui croît dans les lieux humides des montagnes de l'Europe et de la France (fig. 279). Il renferme, d'ailleurs, comme tous ses congénères, des principes qui sont pour l'organisme de redoutables poisons.

L'Aconit Napel est une plante vivace, à tige dressée, dont la hauteur varie de 65 à 100 centimètres, et se termine par une *grappe* serrée de fleurs bleues, blanches chez quelques variétés. Elle porte des *feuilles alternes*, dont le limbe vert et luisant est divisé, suivant le type palmé, en lobes élargis au sommet.

La fleur est composée des parties suivantes (fig. 279) :

1° D'un *calice à 5 sépales indépendants, dissemblables,* se recouvrant d'après le type quinconcial. *Le postérieur (sépale 2) recouvre les deux latéraux; il est de beaucoup le plus grand, et affecte la forme d'un casque comprimé latéralement.* Les deux pièces latérales du calice sont planes, symétriquement semblables l'une à l'autre, et tout à fait internes. Les deux sépales antérieurs sont un peu inégaux; l'un d'eux est tout à fait extérieur; il recouvre l'autre par l'un de ses bords.

2° D'*une corolle formée de 8 pétales,* comme chez les *Adonis. Les deux postérieurs seuls sont bien développés; ils ont la forme de deux cornets nectarifères, limités en avant par un bord relevé, et portés sur un onglet très long.* Ils sont inclus dans le casque calicinal qu'il faut soulever pour les mettre à découvert. Les 6 autres pétales sont réduits à de simples languettes, disposées 3 de chaque côté du plan médian.

3° D'un *nombre indéterminé* d'étamines rangées en 13 séries courbes, et, disposées, en réalité, suivant une ligne spiralée. Leurs filets sont élargis et presque pétaloïdes; leurs anthères sont à 2 loges et à déhiscence introrse.

4° De 3 *carpelles,* dont un postérieur et 2 antérieurs, libres et con-

<hr>

(1) Cette particularité provient, d'après Eichler, de ce que la disposition en spire quinconciale (2/5), qu'affectent les sépales, est continuée par la corolle. Il en résulte que le premier pétale représentant, en réalité, la sixième foliole de l'axe floral, doit être superposé à la première pièce calicinale, le deuxième pétale au deuxième sépale etc.

(2) H. Baillon, *Histoire des plantes.*

tenant chacun une double série d'ovules. Leur sommet s'atténue en un style, sillonné et papilleux du côté interne.

Ces carpelles deviennent tout autant de *follicules*.

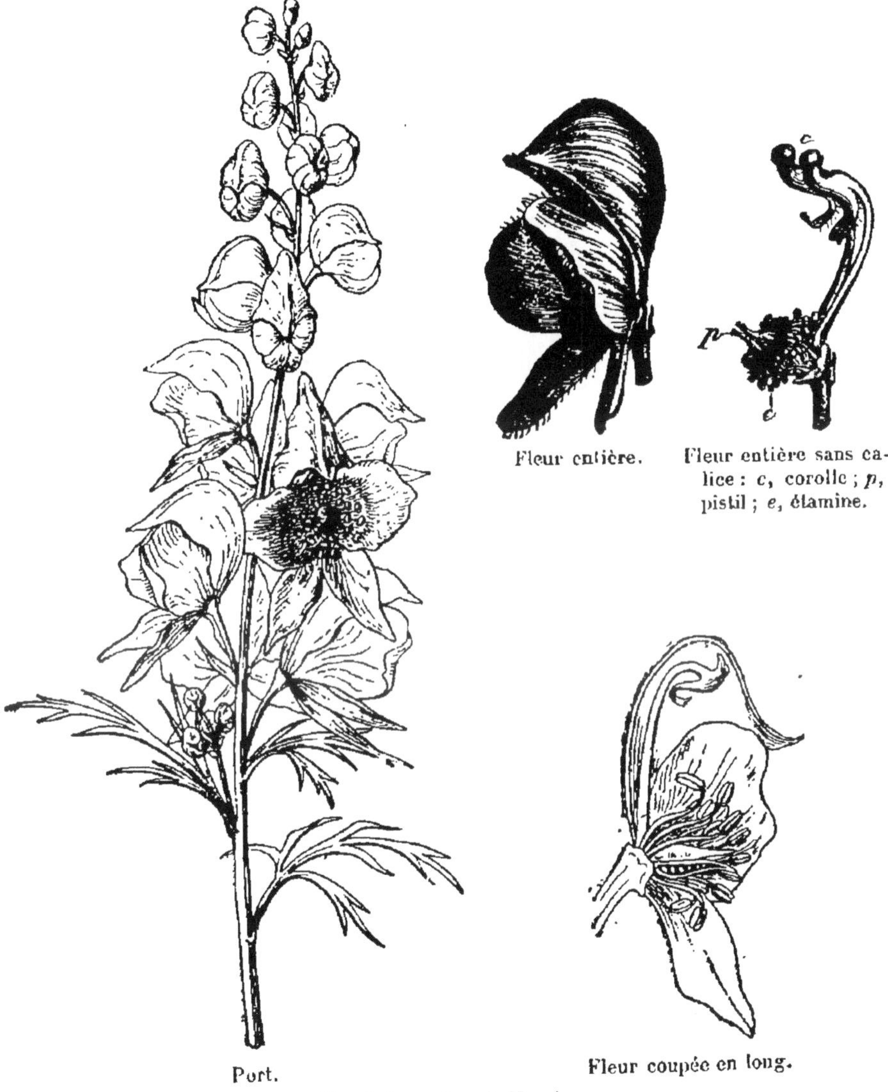

Fig. 279. — Aconit Napel.

Chez les espèces voisines, les pétales antérieurs diminuent encore d'importance et avortent même partiellement, chez l'*A. Lycoctonum* L., par exemple, où on n'en trouve souvent plus que 3. Cette dernière espèce

est, en outre, remarquable par ses fleurs jaunes, et par son sépale postérieur qui se rétrécit en arrière en une sorte de cône creux et allongé.

Delphinium L. — Cette forme allongée du sépale postérieur cons-

Fig. 280. — Fleur coupée en long.

Fig. 281. — Dauphinelle des
Jardins, ou Pied d'Alouette
(*Delphinium Ajacis*). — Ra-
meau fleuri.

titue une transition vers les *Delphinium* dont nous allons nous occuper maintenant.

Le port et le mode de végétation de ces plantes sont les mêmes
que chez les Aconits, et comme ces derniers, elles sont vivaces par
leurs parties souterraines (fig. 280 et 281).

Le *Pied d'Alouette des champs* (*D. Consolida* L.), par exemple, offre une tige dressée de 35 à 65 centimètres environ, pourvue de feuilles palmées, pubescentes, à 7 lobes linéaires. Les fleurs, formant une grappe terminale, sont d'un bleu clair et naissent chacune à l'aisselle d'une bractée.

Le *calice pétaloïde* est construit comme celui des Aconits; *mais la pièce postérieure est simplement prolongée à sa base en un éperon creux.*

Sous ce sépale, on rencontre une pièce (représentant les 2 pétales postérieurs), *impaire comme lui et située dans le plan médian, pétaloïde, et prolongée en arrière en un éperon qui pénètre dans celui du sépale.* — Les étamines sont nombreuses et insérées en spirale, comme chez les Aconits; mais l'ovaire est ordinairement unicarpellé et le fruit est représenté par *un seul follicule.*

Le *Pied d'Alouette des jardins* (*D. Ajacis* L.) de notre Midi offre la même organisation que l'espèce précédente, dont elle diffère par ses feuilles à lobes plus nombreux, ses fleurs plus grandes, en grappes serrées, blanches, roses ou, le plus souvent, bleues.

La Staphysaigre (*D. Staphysagria* L.) offre, dans sa structure florale, quelques variations intéressantes :

L'éperon calicinal est beaucoup plus court et plus obtus; en outre la pièce postérieure de la corolle se prolonge, en arrière, en un double éperon; enfin cette dernière est accompagnée par deux autres appendices latéraux pétaloïdes. Le gynécée est représenté par 3 à 4 carpelles qui deviennent tout autant de follicules.

La plante tout entière est velue et un peu glutineuse; ses feuilles sont à 5 ou 7 lobes palmés, plus larges que dans les espèces précédentes; les fleurs sont d'un bleu clair.

Les modifications offertes par la fleur portent donc essentiellement sur la corolle, qui peut être représentée par une pièce impaire (1) à éperon simple, ou par une pièce médiane à double éperon et accompagnée par deux pièces latérales, et sur le gynécée dont le nombre des carpelles est variable.

(1) En ce qui concerne la corolle, Eichler (p. 67) pense qu'elle est typiquement formée, comme chez les Aconits, par 8 pièces dont les 4 postérieures se développent seules; en outre les 2 postérieures sont indépendantes en partie (*D. Staphysagria* et autres), ou bien entièrement concrescentes et simulant une pièce unique (*D. Ajacis, Consolida*, etc.). Dans ce dernier cas, l'avortement peut atteindre encore les deux pétales latéraux.

H. Baillon admet une interprétation un peu différente : pour lui, la pièce impaire éperonnée de la corolle ne représenterait jamais qu'un pétale opposé au sépale postérieur, mais ce pétale serait susceptible de se dédoubler.

Tribu des Helléborées.

Plantes herbacées. — Feuilles toujours alternes, sans stipules. — Fleurs hermaphrodites, actinomorphes ou zygomorphes. — Calice pétaloïde, formé de sépales semblables ou dissemblables. — Corolle rarement nulle, ordinairement représentée par des nectaires de forme variable. — Etamines généralement nombreuses, insérées suivant une ligne spiralée. — Carpelles peu nombreux, indépendants, ou rarement plus ou moins concrescents, contenant une série simple ou double d'ovules insérés à l'angle interne. — Fruits : ordinairement follicules, plus rarement baies ou capsule loculicide.

- **Fleurs actinomorphes.**
  - **Carpelles toujours indépendants. Fruits folliculaires, beaucoup plus rarement charnus.**
    - **Des pétales transformés en nectaires.**
      - **Etamines disposées en verticilles alternes. — Calice à 5 sépales égaux.**
        - Cinq pétales en forme de cornets recourbés. — Etamines nombreuses. — Fleurs terminales............ *Aquilegia* L. (50 espèces environ, sur les deux Continents).
        - Cinq pétales cupuliformes. — 10 étamines. — Dix carpelles en partie abortifs. — Fleurs en grappes..... *Xanthorrhiza* Marsh. (1 espèce. Amérique du Nord).
      - Un involucre de trois bractées. — Six sépales en deux verticilles; 0 pétales en forme de cornets glanduleux. — 3-8 carpelles fertiles. — Fleurs solitaires............. *Eranthis* Salisb. (7 espèces. Asie; région méditerranéenne).
      - Cinq sépales égaux; pétales en nombre variable, figurant des cornets nectarifères. — Carpelles tous fertiles, en nombre variable. — Fleurs solitaires; feuilles pédalinerves.... *Helleborus* L. (Environ 15 espèces, sur les deux Continents).
      - Cinq sépales et cinq pétales. — Carpelles assez nombreux, stipités.... *Coptis* Salisb. (8 espèces, sur les deux Continents).
      - Cinq à dix sépales; six à dix pétales liguliformes, glanduleux à la base, suivis de staminodes............. *Trollius* L. (Environ 12 espèces, sur les deux Continents).
    - **Etamines nombreuses, insérées suivant une ligne spiralée.**
      - **Corolle nulle.**
        - Cinq sépales. — 5-10 carpelles. — Follicules. — Fleurs solitaires.... *Caltha* L. (10 espèces. Ancien et Nouveau Continents).
        - Cinq à six sépales. — Follicules ou baies (1 ou plusieurs). — Fleurs en grappes.................. *Actaea* L. (13 espèces. Ancien et Nouveau Continents).
  - **Carpelles plus ou moins concrescents entre eux. — Fruit : capsule loculicide. — Cinq sépales plans; pétales représentés par des nectaires bilobés. — Etamines nombreuses, insérées suivant une ligne spiralée.**
    - Huit pétales nectarifères, en général. — Ovaire à 5-10 loges. — Fleurs solitaires, quelquefois involucrées.. *Nigella* L. (Environ 12 espèces. Europe).
    - Cinq pétales alternes avec les sépales. — Jamais d'involucre............ *Garidella* Tourn. (2 espèces. Région méditerranéenne).
    - Cinq pétales opposés aux sépales. — Jamais d'involucre.............. *Nigellastrum* DC. (1 espèce. Orient).
- **Fleurs zygomorphes. — Calice formé par cinq sépales inégaux, le supérieur concave. — Etamines nombreuses, insérées en spirale. — Carpelles peu nombreux, indépendants. — Follicules.**
  - Sépale supérieur en forme de casque. — Six pétales au plus; les deux postérieurs, seuls bien développés, en forme de nectaires stipités..... *Aconitum* L. (Environ 60 espèces sur les deux Continents).
  - Sépale supérieur prolongé en un éperon glanduleux. — 2 à 4 pétales, dont les deux postérieurs éperonnés, libres ou concrescents.......... *Delphinium* L. (Environ 120 espèces, sur les deux Continents).

Tribu V. — Pœoniées.

Les Pœoniées sont *des herbes, des sous-arbrisseaux, rarement des arbrisseaux à feuilles alternes,* simples ou composées, sans stipules (fig. 282).

Les fleurs sont grandes et solitaires, pourvues d'un réceptacle concave.

Le calice est à 5 ou un plus grand nombre de sépales égaux, herbacés.

Les *pétales*, en même nombre ou plus nombreux, sont *normalement conformés.*

Les étamines sont nombreuses et insérées en spirale, pourvues d'anthères introrses.

Un *disque* plus ou moins volumineux entoure le gynécée, composé d'un petit nombre de carpelles polyspermes, comme ceux des Helléborées, indépendants.

Le fruit consiste en une réunion de follicules.

La *graine* est construite comme chez les autres tribus.

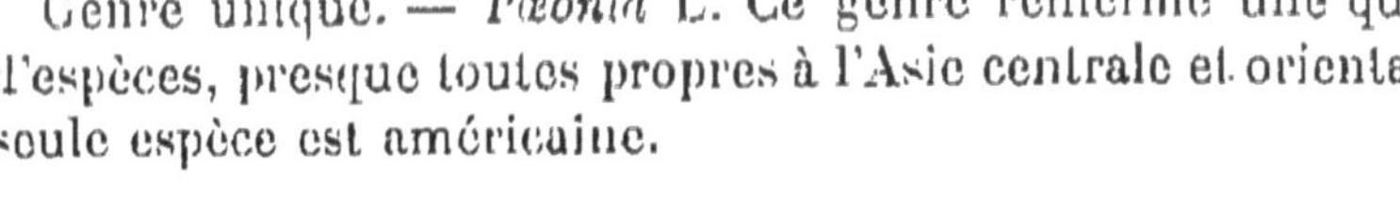

Fig. 282. — Pivoine femelle.

Genre unique. — *Pæonia* L. Ce genre renferme une quinzaine d'espèces, presque toutes propres à l'Asie centrale et orientale. Une seule espèce est américaine.

Caractères généraux de la Famille.

Le plus souvent *plantes* herbacées, plus rarement sous-arbrisseaux ou arbrisseaux.

Feuilles presque toujours alternes, rarement opposées, à limbe entier ou plus ou moins profondément découpé, sans stipules ou rarement avec de petits appendices stipuliformes.

Inflorescences généralement terminales, uniflores ou pluriflores (cymes, grappes, panicules, épis).

Fleur presque toujours hermaphrodite, actinomorphe ou plus rarement zygomorphe, avec un réceptacle floral à peu près toujours convexe. — Insertion des pièces de la fleur spiralée ou verticillée pour le périanthe, beaucoup plus rarement en totalité verticillée.

Calice composé de sépales libres, souvent pétaloïdes, ordinairement 5, plus rarement 3 ou 6 en 2 ou trois verticilles, caducs. — *Pétales* normalement développés, nuls, ou souvent remplacés par des nectaires de formes diverses.

Étamines le plus souvent en nombre indéfini, à peu près toujours indépendantes. — *Anthères* introrses, biloculaires, à déhiscence longitudinale. — Parfois un *disque* plus ou moins développé entre l'androcée et le pistil (1).

Carpelles : tantôt plus ou moins nombreux, indépendants et alors le plus souvent avec 1 ou 2 ovules diversement insérés, — tantôt peu nombreux, pluriovulés, indépendants ou rarement plus ou moins concrescents. — *Styles* et *stigmates* en nombre égal à celui des carpelles. — *Ovules* anatropes, à tégument simple ou double.

Fruits : tantôt réunion d'achaines, ou plus rarement de drupes, tantôt follicules isolés ou réunis sur un même réceptacle floral, rarement enfin capsule loculicide.

Graines contenant un petit *embryon* droit, situé vers l extrémité micropylaire d'un *albumen* charnu abondant.

(1) Ce disque est particulièrement développé chez le *P. Moutan* Sims. de la Chine, chez lequel il enveloppe entièrement les carpelles.

RENONCULACÉES.

Carpelles ordinairement nombreux, toujours indépendants, avec 1, 2 ou rarement un plus grand nombre d'ovules. — Fruits toujours indéhiscents : achaines, plus rarement baies.

Herbes ou sous-arbrisseaux. — Feuilles alternes. — Fleurs toujours actinomorphes.—Périanthe presque toujours double : calice herbacé ; pétales à onglet court, ordinairement creusés à la base d'une fossette nectarifère. — Un seul ovule ascendant ou descendant, ou deux ovules descendants. — Achaines surmontés d'une pointe (style persistant).

Tribu I. — **Ranunculées.**

Herbes à feuilles alternes, souvent radicales, plus ou moins découpées. — Fleurs actinomorphes, accompagnées ou non d'un involucre. — Périanthe simple, formé par 4, 5, 6 ou un plus grand nombre de pièces pétaloïdes, en préfloraison imbriquée ou quinconciale. — Etamines toujours nombreuses ; loges des anthères latérales ou extrorses. — 1 ou 2 ovules par carpelle, presque toujours descendants. — Fruits indéhiscents, presque toujours secs.

Tribu II. — **Anémonées.**

Plantes généralement grimpantes, avec feuilles opposées. — Fleurs actinomorphes, hermaphrodites, 5 ou 4-mères. — Calice pétaloïde, à préfloraison valvaire. — Etamines nombreuses, les extérieures parfois stériles. — Un seul ovule par carpelle, anatrope, pendant. — Achaines ordinairement surmontés du style plumeux persistant.

Tribu III. — **Clématidées.**

Carpelles toujours peu nombreux et pluriovulés, libres ou rarement concrescents. Fruits déhiscents, follicules ou plus rarement capsules ; très rarement indéhiscents et charnus.

Pétales toujours remplacés par des nectaires, ou nuls. — Réceptacle floral convexe, et fleur hypogyne.

Plantes herbacées. — Feuilles toujours alternes. — Fleurs actinomorphes ou zygomorphes. — Calice toujours pétaloïde ; corolle rarement nulle, ordinairement représentée par des nectaires diversement conformés. — Etamines généralement nombreuses. — Carpelles indépendants ou plus rarement concrescents. — Fruits : follicules, rarement capsule loculicide.

Tribu IV. — **Helléborées.**

Pétales sans nectaires, normalement conformés. — Réceptacle floral concave et fleur périgyne.

Plantes herbacées, rarement suffrutescentes ou frutescentes. — Feuilles alternes. — Fleurs grandes et solitaires. — Calice herbacé, à cinq ou un plus grand nombre de sépales libres. — Pétales plus ou moins nombreux, plans. — Etamines nombreuses. — Un disque entre l'androcée et le pistil. — Carpelles pluriovulés, toujours indépendants. — Fruits : follicules.

Tribu V. — **Péoniées.**

Affinités. — Les affinités des Renonculacées sont assez nombreuses. Les Anonacées et les Magnoliacées leur ressemblent par le nombre de leurs étamines, leurs carpelles indépendants et ordinairement insérés suivant une ligne spiralée. Mais les Renonculacées se distinguent de ces groupes naturels par *leur port* et par *l'absence complète de glandes à huile essentielle.*

Les Dilléniacées paraissent être également très voisines des Renonculacées. Suivant Baillon (1), on pourrait les considérer comme des Renonculacées à tige ligneuse, pourvues d'un calice à peu près toujours persistant autour du fruit, et à graines ordinairement arillées. Cependant, chez les Dilléniacées, les étamines se développent en direction centrifuge, par une ramification d'étamines primitives. S'appuyant sur ce dernier caractère, plusieurs botanistes rapprochent les Dilléniacées des Cistacées, des Ternstrœmiacées, etc.

Comme nous le verrons plus loin, il existe encore des ressemblances frappantes entre les Ranunculées et certains groupes de Rosacées, famille que l'analogie et d'autres considérations conduisent à placer dans une tout autre série.

Distribution géographique. — Les Renonculacées sont, en réalité, répandues sur tout le globe, mais elles sont particulièrement abondantes dans les contrées tempérées de notre hémisphère. L'Europe en est richement pourvue; elles sont moins nombreuses en Asie et dans l'Amérique du Nord.

Les Clématites se rencontrent sous la zone torride; il existe des Renoncules sous l'Équateur, mais seulement au sommet des hautes montagnes.

Les genres *Ranunculus*, *Caltha* et *Clematis* sont les plus cosmopolites.

Propriétés générales. Plantes importantes. — Les Renonculacées sont des plantes douées généralement d'une âcreté qu'elles doivent à des principes volatils. Quelques-unes renferment des alcaloïdes qui sont des poisons redoutables; d'autres contiennent des substances amères, et même de l'huile volatile.

Les graines de ces plantes sont généralement âcres; elles contiennent une huile fixe, et parfois des principes aromatiques.

Les Renoncules sont généralement des plantes des lieux humides; certaines espèces sont même tout à fait aquatiques, comme nous le savons.

Ce sont toutes des plantes d'une âcreté plus ou moins considérable.

(1) Baillon, *Histoire des Plantes*, t. I, p. 23.

Quelques-unes constituent de véritables poisons, entre autres la Renoncule scélérate (*R. sceleratus* L.) et le Bouton d'or ordinaire (*B. acris* L.). La Renoncule scélérate détermine, dit-on, une contraction particulière des muscles de la face, propriété qui lui a valu le nom d'*Herbe sardonique*.

Plusieurs espèces, pourtant, sont assez peu actives pour pouvoir, sans danger, être mangées par les bestiaux, les Renoncules aquatiques entre autres.

Enfin certaines Renoncules sont cultivées comme plantes ornementales, et leur fleur peut doubler (1) dans nos jardins. Parmi ces dernières, nous signalerons la Renoncule des fleuristes (*R. asiaticus* L.), qui peut se multiplier par ses racines et par ses graines.

La Ficaire (*Ficaria ranunculoides* L.) est d'abord inactive. Elle devient très âcre avant la fleuraison, puis redevient simplement mucilagineuse. Les noms d'*Eclairette*, *Petite Chélidoine*, *Herbe aux hémorrhoïdes*, *Pissenlit rond*, sous lesquels on la connaît vulgairement dans diverses localités, sont dus, en grande partie, aux propriétés qu'on lui attribuait. On la considérait autrefois comme antiscrofuleuse et antiscorbutique; sa racine rubéfiante était usitée contre les hémorrhoïdes. Dans certains pays, ses jeunes feuilles sont mangées comme salade.

Les *Adonis* participent des propriétés irritantes des Renoncules : tels sont particulièrement les *Adonis flammea* Jacq., *A. æstivalis* L., *A. autumnalis* L. Les graines de cette dernière espèce, accidentellement mêlées au blé, donnent à la farine une saveur âcre.

Parmi les diverses espèces de ce genre, l'*A. vernalis* L. (Adonide) peut être considérée comme médicinale. L'Adonide est une plante vivace, qui croît sur les Hautes Alpes, dans les Cévennes, etc. Il est, d'ailleurs, assez rare en France. Ses grandes fleurs jaunes, auxquelles les feuilles supérieures de l'axe forment une sorte d'involucre, le caractérisent nettement. Ces feuilles involucrales sont divisées en segments capillaires, comme les feuilles végétatives proprement dites; les feuilles inférieures sont réduites à de simples écailles.

Selon Bubnow (de Saint-Pétersbourg), qui l'a remis en honneur, l'Adonide posséderait une action analogue à celle de la Digitale; elle augmente et régularise les mouvements du cœur, et active l'excrétion de l'urine. L'*Adonidine*, à laquelle la plante doit ses propriétés, est un glucoside.

Les *Anémones* sont également des plantes plus ou moins âcres. Cette propriété est particulièrement développée chez la Pulsatille ou Coquelourde (*Anemone Pulsatilla* L.). Cette espèce est remarquable par ses fleurs 6-mères violacées, portées sur un pédoncule

---

(1) C'est-à-dire acquérir un nombre plus considérable de pétales par métamorphose régressive des étamines.

velu, ses étamines extérieures stériles, ses fruits longuement plumeux. Elle contient un principe volatil, non azoté, doué de propriétés toxiques, l'*Anémonine*, étudiée depuis longtemps déjà par Heyer.

La Pulsatille est surtout usitée en médecine homœopathique. L'extrait, cependant, a été employé contre l'amaurose et la paralysie; cette préparation doit être inerte si l'*Anémonine*, composé volatil, est le principe actif de la plante.

Les espèces voisines (*A. nemorosa* L., *A. pratensis* L., etc.), contiennent de l'Anémonine et jouissent de propriétés analogues.

L'*A. Apennina* L., des lieux montueux de la Corse et de notre Midi, servait à préparer une eau rubéfiante.

L'Hépatique (*Hepatica triloba* Chaix.) faisait autrefois partie de la matière médicale. On lui attribuait particulièrement la faculté de guérir les obstructions du foie, ce qui, très probablement, lui a valu son nom.

Les Pigamons ou *Thalictrum* possèdent à peu près tous les mêmes propriétés. Leurs racines sont diurétiques et purgatives (1); leurs feuilles cuites sont, dit-on, laxatives. Ils renferment, en outre, une matière colorante qui peut servir à teindre la laine. Quelques-uns enfin sont cultivés comme plantes de jardins.

Le rhizome d'*Hydrastis canadensis* jouit d'une grande réputation dans la matière médicale américaine. Cette racine contient, outre la *Berbérine* qui y abonde, un alcaloïde, l'*Hydrastine*, qui purge à la dose de quelques centigrammes.

L'âcreté des Clématites est connue de tout le monde, et on sait que le nom d'*Herbe aux gueux*, donné à la Clématite Viorne ou Vigne blanche (*Clematis Vitalba* L.), est dû à l'usage qu'en font certains mendiants pour se procurer des plaies artificielles. On en a extrait un principe alcalin, la *Clématine*, du tannin, une huile volatile, etc. Ces plantes n'ont, d'ailleurs, aucun usage médicinal. Quelques espèces sont ornementales.

Les Ancolies (*Aquilegia*) sont actuellement exclues de la matière médicale. Le sirop de fleurs d'Ancolie commune (*A. vulgaris* L.) peut, comme celui de Violettes, servir à caractériser les alcalis. Plusieurs espèces de ce genre sont ornementales.

Le *Xanthorrhiza apiifolia* L'Her. fournit à la matière médicale américaine sa racine, communément connue sous le nom de *Racine jaune*. Elle contient de la Berbérine et constitue, d'ailleurs, un

____

(1) Tel est, en particulier, le *T. flavum* L. (Rhubarbe des Pauvres). Cette plante contient un principe particulier, la *Thalictrine*, que l'on a préconisé comme fébrifuge. Quelques espèces de *Thalictrum* sont tout au moins suspectes; tel est le *T. macrocarpum* L. des Pyrénées.

puissant tonique, efficace contre certaines affections stomacales.

Le rhizome de l'Hellébore noir ou Rose de Noël (*Helleborus niger* L.) est astringent, âcre et amer. Il est, dit-on, drastique à l'état frais ; mais il est douteux qu'il conserve cette propriété après sa dessiccation. Il contient une substance cristalline non azotée, l'*Helléborine*, à laquelle on a reconnu des propriétés toxiques, et un glucoside qui existe aussi dans les feuilles, l'*Helléboréine*. Ce dernier corps est un violent poison cardiaque.

Le rhizome de l'Hellébore vert (*H. viridis* L.) passe pour être plus actif que le précédent. Il contient, dit-on, 4 p. 100 de *Vératrine*.

Toutes les espèces de ce genre jouissent de propriétés analogues.

Le *Coptis Teeta* Wallich, qui croît dans l'est de l'Annam, possède un rhizome très amer et qui contient de la *Berbérine*. On l'utilise en Chine et dans l'Inde, parfois même en Europe, comme tonique et contre les maladies des yeux. On emploie de la même manière, en Amérique, celui du *Coptis trifolia* Salisb.

Le *Caltha palustris* L., ou Populage, est âcre, mais inusité en médecine. On le cultive quelquefois dans les parterres.

L'Actée en épis ou Herbe de Saint-Christophe (*Actæa spicata* L.) constitue un violent drastique ; ses baies sont même fortement toxiques. Réduite en poudre, l'Actée sert à tuer les poux et contre la gale. Aux États-Unis, on emploie contre le rhumatisme et les affections nerveuses l'*Actæa racemosa* L. (*Cimicifuga racemosa* Ell.), dont on a retiré des acides tannique et gallique, de la résine, une matière âcre cristalline, etc.

Les semences des Nigelles sont âcres et aromatiques. Elles sont usitées comme épices dans plusieurs pays. Telles sont, en particulier, celles de la Nigelle des champs (*Nigella arvensis* L.) dont l'odeur et la saveur rappellent le Carvi, celles de la Nigelle cultivée (*N. sativa* L.), connues sous le nom de *Cumin noir*, enfin celles de la Nigelle de Damas (*N. Damascena* L.), dont l'odeur rappelle un peu celle de la fraise.

En Sibérie, le *Cimicifuga fœtida* L. sert à éloigner les punaises.

Tous les Aconits sont des plantes éminemment toxiques ; quelques espèces, pourtant, rendent d'incontestables services en thérapeutique. Les espèces les plus connues sont les suivantes :

1° L'*Aconit Napel* (*Aconitum Napellus* L.), que nous avons décrit déjà, et qui croit dans les lieux humides et couverts des montagnes de l'Europe. L'*Aconitine* en constitue le principe actif.

2° L'Aconit à grandes fleurs (*A. Commarum* Will.), et les *A. variegatum* L., *A. Störckeanum* Spr., *A. neomontanum* Willd., *A. paniculatum* Lam., etc., qui ne sont probablement que des variétés de l'Aconit Napel.

3° L'*A. ferox* Wallich, de l'Himalaya, qui est, dit-on, le plus redoutable de tous, doit ses propriétés à un principe analogue, mais non identique à l'Aconitine, la *Pseudo-Aconitine*.

4° L'*A. Lycoctonum* L., espèce indigène dans nos montagnes de France, remarquable par ses feuilles pubescentes et ses fleurs jaunes, dont le sépale supérieur est conique et très haut. On a signalé, dans cette espèce, deux nouveaux alcaloïdes : l'*Acolyctine* et la *Lycoctonine*.

5° L'*A. Heterophyllum* Wall., qui croit à une haute altitude dans l'Himalaya, et qui contient, dit-on, de l'Aconitine. Cette plante a été récemment préconisée comme antipériodique.

D'une manière générale, les Aconits sont employés comme excitants de l'appareil glandulaire et des vaisseaux sympathiques.

Les Dauphinelles (*Delphinium*) sont également des plantes dangereuses et âcres.

Le Pied d'Alouette des champs (*D. Consolida* L.) est irritant et vermifuge (1).

Les semences du *D. Staphysagria* L., réduites en poudre, sont employées à l'extérieur comme parasiticides. Elles contiennent un alcaloïde d'une extrême âcreté, la *Delphine*, et en outre la *Staphysagrine*, la *Delphinoïdine*, la *Delphisine*.

Le premier de ces alcaloïdes est quelquefois employé, à doses minimes à l'intérieur, contre les affections nerveuses.

Les semences et la racine de la Pivoine officinale (*Pæonia officinalis* L.), étaient autrefois usitées en thérapeutique. Sa racine était vantée contre l'hydropysie, l'épilepsie, les convulsions, etc. Les semences étaient réputées émétiques et purgatives ; on en faisait des colliers contre les convulsions des enfants.

---

(1) On l'utilisait autrefois comme vulnéraire, pour *consolider* les plaies. Telle est également l'étymologie du mot *Consoude* qui sert à désigner le *Symphytum officinale* L. (Borraginacées).

FAMILLE IX. — NYMPHÉACÉES.

Fleurs toujours actinomorphes et hermaphrodites. — Insertion en totalité ou en partie spiralée, rarement verticillée en entier. — Réceptacle floral convexe ou concave. — Calice et corolle à pièces libres, en nombre variable, passant fréquemment les unes aux autres par des transitions. — Étamines en nombre indéfini; insertion variable. — Carpelles 3 ou en nombre indéfini, indépendants ou concrescents entre eux, parfois encore avec le périanthe et les étamines. — Ovules solitaires ou plus ou moins nombreux, anatropes. — Graines doublement albuminées, ou avec un albumen simple, ou sans albumen.

Plantes aquatiques. — Feuilles alternes, simples, immergées, nageantes ou émergées.

Sous-famille I. — Nymphées.

Description du Nuphar luteum Sm. — Le *Nuphar luteum* Sm. est une plante commune dans nos étangs et nos rivières.

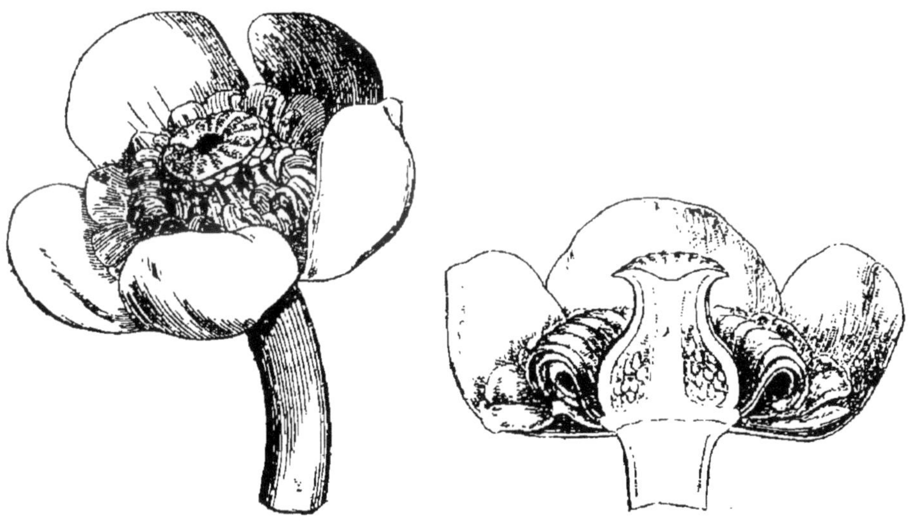

Fig. 283. — Nénuphar jaune (*Nuphar luteum*). — Fleur entière et fleur coupée.

Le *rhizome*, horizontal ou oblique, porte de nombreuses racines adventives et, vers son extrémité, des feuilles alternes, longuement pétiolées, à limbe pelté cordiforme, nageant.

Les *fleurs* (fig. 283) sont *hermaphrodites et régulières*, nageantes, portées sur de longs pédoncules à l'aisselle d'écailles foliaires. *Leur réceptacle est convexe.* Sur ce dernier sont insérés :

5 sépales jaunes pétaloïdes, en préfloraison quinconciale, puis environ 13 *pétales squami-*
formes, disposés en une spire qui continue celle des sépa- les, d'autant plus étroits et semblables aux étamines qu'ils sont plus voisins de l'*androcée.* Ce dernier con- siste en *un grand nombre d'étamines* dont les exté- rieures ont un *connectif large et pétaloïde ; les anthères sont introrses,* biloculaires, à déhiscence longitudinale.

L'ovaire est supère, consti- tué par 10 à 16 carpelles con- crescents, et formant un nombre égal de loges. Il est couronné par *un disque portant un nombre de bandes stigmatiques égal à celui des*

Fig. 264. — Nénuphar blanc (*Nuphar alba*). — Fleur.

carpelles, et correspondant à leurs nervures médianes. *Les placen- tas diffus tapissent les deux faces des cloisons,* et portent un grand nombre d'ovules anatropes.

Le fruit est une baie, déhiscente à la fin : les cloisons se dédou- blent et l'épicarpe se détache du reste du péricarpe.

Les graines sont nombreuses, plongées dans la paroi mucilagineuse des loges ; un embryon droit et d'un faible volume s'y montre entouré d'un albumen qu'enveloppe lui-même un abondant périsperme (v. p. 139).

Autres genres. — Barklaya. — Les *Barklaya* Wall., de l'Asie tropi- cale, se distinguent essentiellement par *leurs pétales plus nombreux, concres- cents entre eux en un tube staminifère en dedans, et aussi avec la paroi externe de l'ovaire,* tandis que le calice demeure indépendant et hypogyne.

Nymphæa. — Chez les *Nymphæa* J. E. Smith., dont une espèce, le *N. alba* L. (Nénuphar blanc, Lis des étangs) est tout aussi fréquent que le Nénuphar jaune dans nos régions, l'appareil végétatif res- semble à celui de ce dernier ; mais *les feuilles sont accompagnées de deux petites stipules concrescentes avec l'axe.*

La fleur se distingue de celle des *Nuphar* par *ses pétales et ses éta-mines insérés sur la face extérieure même de l'ovaire, dont le calice est seul indépendant* (1).

Ce dernier est formé par 4 sépales libres, verts au centre et blancs sur les bords, placés en croix. Les pétales sont nombreux, dis-posés par verticilles quaternaires successifs (2), et de plus en plus étroits et semblables aux étamines qui leur succèdent.

L'ovaire, à 12 ou 20 loges à placentation diffuse, est surmonté par tout autant de branches stylaires incurvées en dedans, et char-gées de papilles stigmatiques.

Le fruit est une baie irrégulièrement déhiscente, et les graines, également munies d'un albumen double, sont revêtues d'un arille membraneux.

VICTORIA, EURYALE. — Les *Victoria* Lindl. et les *Euryale* Salisb. ont la même structure florale essentielle que les *Nymphæa*, et 4 sépales comme ces derniers (v. le tableau).

Sous-famille II. — Cabombées.

La sous-famille des Cabombées ne renferme aucune espèce indigène. L'insertion des étamines et de la corolle est hypogyne, comme chez les *Nuphar*, et la graine s'y montre également pourvue d'un double albumen. *Mais les carpelles, dont le nombre varie de 3 à 18, sont libres et indépen-dants les uns des autres;* ils contiennent 1 à 4 ovules, et se transforment en un nombre égal de *drupes coriaces*.

Sous-famille III. — Nélombonées.

Chez les *Nelumbo* Adans. (*Nelumbium* Juss.), genre unique de la sous-famille des Nélombonées, *les fleurs, solitaires à l'extrémité de longues hampes nues et émergées, ont une insertion nettement hypogyne. Le calice est formé par 4 ou 5 sépales inégaux, et la corolle par un nombre indéterminé de pétales, insérés suivant une ligne spiralée* que continue l'androcée. Celui-ci est formé par *un nombre indéterminé d'étamines, dont les anthères sont basifixes et introrses.* Au-dessus d'elles, le connectif se prolonge en un long appendice.

Après avoir porté l'androcée, *le réceptacle floral s'accroît brusquement en un cône renversé, dont la face supérieure supporte, logés dans tout autant d'alvéoles, mais indépendants de leurs parois, un certain nombre de car-pelles* pourvus chacun d'un style terminal et d'un stigmate en tête. *Dans chaque carpelle est un ovule anatrope, descendant.*

(1) Le réceptacle floral se soulève donc, à l'intérieur du calice, en une cupule concres-cente avec l'ovaire, cupule qui entraine la corolle et les étamines sur sa face externe.

(2) Dans le bouton, le sépale antérieur est externe, et le postérieur interne est recouvert par les latéraux.

Le fruit consiste en une réunion de coques monospermes. La graine, revêtue d'un tégument spongieux, est dépourvue d'albumen. Les deux cotylédons sont rapprochés en une masse charnue, au centre de laquelle est une gemmule composée de feuilles alternes vertes, infléchies dans leur portion supérieure.

Comme les autres plantes de la famille, les *Nelumbo* ont un rhizome qui croît dans la vase. Les feuilles qu'il porte sont de deux sortes : les unes écailleuses et immergées, les autres émergées ou flottantes, à limbe entier et pelté.

Caractères généraux. — *Plantes* aquatiques des étangs et des cours d'eau, pourvues d'un *rhizome* et de *feuilles* alternes, simples, avec ou sans stipules, émergées, flottantes ou submergées et alors ces dernières feuilles parfois autrement conformées (1).

Fleurs solitaires, régulières, hermaphrodites ; *réceptacle* convexe ou concave. — *Calice* hypogyne ou supère, à 4, 5 ou un plus grand nombre de pièces. *Pétals* le plus souvent nombreux, verticillés ou spiralés, hypogynes, épigynes, ou insérés sur la paroi extérieure de l'ovaire.

Étamines en nombre indéfini, insérées comme les pétales. *Anthères* biloculaires, à déhiscence longitudinale.

Carpelles rarement indépendants, ordinairement nombreux et concrescents en un ovaire pluriloculaire, supère ou infère. — *Ovules* anatropes (très rarement orthotropes). — Placentation variable, diffuse sur les cloisons dans les ovaires pluriloculaires. — *Stigmates* en nombre égal à celui des carpelles.

Fruit : baccien ou capsulaire, à déhiscence irrégulière, rarement fruits nucamenteux ou drupacés.

Graines quelquefois arillées, sans *albumen*, ou pourvues d'un *albumen* et d'un *périsperme*.

Comme caractères anatomiques, nous signalerons la présence de vaisseaux laticifères dans beaucoup de ces plantes, et l'isolement des faisceaux vasculaires, très simples eux-mêmes, au milieu d'un parenchyme fondamental amylacé ; il n'existe ni cambium ni formations secondaires. Cette structure rappelle celle des Monocotylédones.

(1) Voy. p. 77.

Sous-Famille I. — Nélombonées.

Périanthe et androcée hypogynes (4-5 sépales; pétales nombreux, insérés suivant une ligne spiralée; étamines en nombre indéfini).
— Carpelles avec un seul ovule pendant, libres dans des alvéoles du réceptacle floral développé, dans sa partie centrale, en un tronc de cône renversé.
Fruits : coques monospermes. — Graines sans albumen. — Feuilles dimorphes.................. *Nelumbo* Adans. (*Nelumbium* Juss.). (2 espèces. *N. lutea* Pers., Amérique. — *N. nucifera* Gaertn. ou *Nelumbium speciosum* Wild., Asie; Australie).

Sous-Famille II. — Cabombées.

Fleur à symétrie ternaire. Calice, corolle et androcée hypogynes. — Carpelles 1-4 ovulés, indépendants. Fruits : drupes coriaces. Graines avec albumen et périsperme.

Étamines 3-6. — Ordinairement 3 carpelles.— Feuilles émergées à limbe pelté ; feuilles immergées transformées en organes absorbants .... *Cabomba* Aubl. (4 esp. Amér. tropicale et subtropicale).

Étamines 12 ou nombreuses. — Carpelles 12-18. — Feuilles toutes à limbe pelté .... *Brasenia* Schreb. (*B. parpurea* Michx. Ancien Monde, étranger à l'Europe).

Sous-Famille III. — Nymphéées.

Calice à 4 ou 5 sépales — Pétales nombreux. — Corolle et androcée hypogynes ou plus ou moins complètement épigynes. — Carpelles toujours concrescents en un ovaire pluriloculaire, supère ou infère. — Fruit baccien. — Graine avec albumen et périsperme.

Cinq sépales. — Corolle et androcée jamais insérés sur la face externe de l'ovaire. — Feuilles sans stipules.

Périanthe et androcée hypogynes. — Pétales nombreux, squamiformes, indépendants......................... *Nuphar* Sm. (7 espèces. Contrées froides, tempérées et subtropicales de l'Ancien Continent).

Calice indépendant. — Pétales concrescents avec l'ovaire et entre eux en un tube staminifère en dedans........ *Barklaya* Wall. (3 esp. Asie tropicale; Bornéo; Sumatra).

Quatre sépales. — Corolle et androcée insérés sur la face externe de l'ovaire, ou tout à fait épigynes. — Feuilles stipulées.

Sépales indépendants. — Pétales et étamines insérés sur la partie extérieure de l'ovaire .... *Nymphæa* J.-E. Smith. (32 espèces environ. Ancien Continent).

Sépales épigynes, comme les pétales et l'androcée.

Sépales, pétales et étamines reliés par des termes de passage. — Carpelles appendiculés .... *Victoria* Lindl. (2 à 3 espèces. Amérique tropicale).

Point de termes de passage. — Carpelles sans appendices .... *Euryale* Salisb. (*E. ferox* Salisb. Asie orientale et méridionale).

Affinités. — Par les Nymphéées, les Nymphéacées sont voisines des Papavéracées : l'analogie de structure de leur gynécée avec celui des Pavots est évidente; le nombre des étamines, la tétramérie du périanthe des Nénuphars, enfin la présence d'un suc lactescent chez certaines Nymphéacées, constituent des points de rapprochement. Mais les Nymphéacées se distinguent essentiellement des Papavéracées *par leur habitat, la périgynie fréquente de leur androcée, la présence d'un double albumen chez beaucoup d'entre elles, leur port,* etc.

Par les Cabombées, elles se rapprochent des Renonculacées (indépendance des carpelles, hypogynie du périanthe et des étamines, ovules anatropes, etc.). La *présence d'un albumen double chez les Cabombées* distingue nettement ces dernières.

Distribution géographique. — Les Nymphéacées sont à peu près représentées dans toutes les régions du globe. On peut dire, cependant, qu'elles sont particulièrement abondantes sous la zone tropicale, et surtout dans l'Amérique du Sud (V. le tableau).

Propriétés générales. Plantes importantes. — On considère les Nymphéacées comme des plantes adoucissantes et sédatives, un peu astringentes par leurs organes de végétation. La fécule emmagasinée dans leur rhizome et dans leurs graines leur communique, en outre, des propriétés nutritives et analeptiques.

Le *Nelumbium nuciferum* Gœrtn. était une plante sacrée pour les anciens habitants de l'Égypte. Ses graines étaient connues sous le nom de *Fèves d'Égypte, Lotus sacré.* Elles sont, d'ailleurs, nutritives et d'un goût agréable.

La tige en est astringente. Le suc laiteux contenu dans les pétioles et les pédoncules floraux est antidiarrhéique, dit-on, et antivomitif.

L'espèce américaine (*Nelumbium luteum* Wild.) fournit également des graines comestibles.

Le *Brasenia peltata* Pursh., de l'Australie et de l'Inde, est un astringent léger ; ses feuilles, stomachiques et amères, sont employées parfois comme alimentaires.

L'*Euryale ferox* Salisb. (*Kiteou* des Chinois) est comestible dans l'extrême Orient. C'est en même temps un astringent léger.

On mange également, en Égypte, les graines des *Nymphæa Lotus* et *N. cærulea.*

Le Nénuphar blanc de nos contrées (*Nymphæa alba* L.) est une plante à la fois féculente et astringente. Le *Nuphar luteum* L. jouit de propriétés analogues. Le rhizome de ces plantes est mangé dans certaines contrées; il est un peu astringent et peut être employé comme antidiarrhéique.

SOUS-ORDRE DES POLYCARPÉES.

Fleurs pourvues d'un réceptacle le plus souvent convexe. — Disposition des diverses parties le plus souvent, partiellement au moins, suivant une ligne spiralée. — Carpelles ordinairement nombreux et indépendants. — Graine rarement exalbuminée, ordinairement pourvue d'un albumen abondant et d'un embryon minime.

Un seul carpelle; ovaire uniloculaire. — Périanthe formé de pièces toutes semblables. 3-mère le plus souvent. — Fruit : presque toujours une baie.

Plantes ligneuses, pourvues de réservoirs à essence. — Ovaire uni-ovulé. — Feuilles généralement entières et persistantes, sans stipules.

Fleurs ordinairement hermaphrodites, et réceptacle ordinairement concave. — Etamines en nombre défini, disposées en verticilles, souvent glanduleuses à la base, libres, accompagnées ou non par des staminodes. — Anthères à déhiscence valvulaire. — Ovaire libre ou demi-infère : un seul ovule suspendu. — Albumen nul et graine sans arillode............ **LAURACÉES.**

Fleurs en général dioïques. — Périanthe à 3 pièces pétaloïdes. — 8 à 12 étamines monadelphes, à déhiscence longitudinale, extrorses. — Ovaire libre; ovule basilaire. — Fruit bivalve. —Albumen copieux ruminé, et graine pourvue d'un arillode.. **MYRISTICACÉES.**

Plantes ligneuses ou herbacées, non aromatiques. — Réceptacle floral convexe. — Etamines en nombre défini, à déhiscence valvulaire. — Point de staminodes. — Ovaire pluriovulé. — Baie ou capsule. —Embryon droit dans un albumen charnu. Feuilles alternes, stipulées ou sans stipules..... **BERBÉRIDACÉES.**

En général plusieurs carpelles, indépendants ou concrescents. — Périanthe formé de pièces semblables ou dissemblables, en nombre variable.—Fruits de nature diverse.

Plantes ligneuses, pourvues de réservoirs à huile essentielle.—Périanthe formé de verticilles 3-mères. ou de pièces nombreuses, disposées en ordre spiralé, toutes semblables en général.

Réceptacle floral convexe.—Etamines nombreuses, disposées en ordre spiralé. — Graine albuminée.—Plantes à feuilles alternes.

Périanthe généralement formé par 3 verticilles. — Fruits bacciens ou capsulaires. — Albumen ruminé. — Feuilles sans stipules................ **ANONACÉES.**

Périanthe formé par des folioles plus ou moins nombreuses, insérées en spirale. — Fruits : follicules ou samares. — Albumen non ruminé. — Feuilles avec ou sans stipules .... **MAGNOLIACÉES.**

Réceptacle floral concave. — Etamines 20 à 30, continuant la spire formée par les nombreuses pièces pétaloïdes du périanthe. — Fruits drupacés. — Albumen presque nul, et cotylédons volumineux, enroulés en spirale. — Végétaux à feuilles opposées, sans stipules.... **CALYCANTHACÉES.**

Végétaux généralement herbacés, dépourvus de réservoirs à huile essentielle. — Périanthe simple, ou plus souvent double, formé de pièces verticillées ou insérées suivant une ligne spiralée, semblables ou dissemblables.

Fleurs actinomorphes ou zygomorphes. — Périanthe verticillé, simple ou double, et. dans ce dernier cas, calice herbacé ou pétaloïde. — Pétales souvent remplacés par des nectaires.—Carpelles le plus souvent indépendants. — Fruits variables (follicules, achaines, etc.). — Albumen charnu. simple. — Plantes ordinairement herbacées et feuilles sans stipules........................ **RENONCULACÉES.**

Fleurs toujours actinomorphes.—Périanthe formé de folioles nombreuses, disposées en spirale ; sépales passant par transition aux pétales et ceux-ci aux étamines.—Carpelles presque toujours concrescents en un ovaire pluriloculaire.—Fruit capsulaire ou baccien.—Graine avec albumen simple ou double, ou sans albumen. — Plantes herbacées aquatiques. Feuilles avec ou sans stipules... **NYMPHÉACÉES.**

SOUS-ORDRE II. — ROEADINÉES.

Fleurs 2-mères ou tétramères, à périanthe double, formé de pièces à peu près toujours indépendantes. — Réceptacle convexe (sauf quelques exceptions). — Étamines indépendantes, 4 ou plus nombreuses. — Carpelles 2 ou plusieurs, ordinairement ouverts et concrescents en un ovaire à placentation pariétale. Stigmates ordinairement superposés aux commissures (aux placentas). — Valves du fruit (lorsqu'il est déhiscent) se séparant des placentas.— Graine avec ou sans albumen.

FAMILLE I. — PAPA-VÉRACÉES.

Fleur actimonorphe ; insertion généralement hypogyne. — Calice et corolle à pièces libres : 2-3 sépales caducs, pétales ordinairement 4 à 16, caducs. —Étamines nombreuses, libres. — Carpelles 2-16, ordinairement concrescents bord à bord. — Ovaire avec ou sans fausses cloisons. Ovules anatropes, à placentation pariétale, quelquefois diffuse sur de fausses cloisons. — Fruit presque toujours capsule ou silique. — Graine sans albumen.

Fig. 285. — Coquelicot (*Papaver Rhœas*). — Port.

Végétaux à feuilles alternes, sans stipules. — Des laticifères articulés.

Description du Papaver Rhœas L. — Le Coquelicot ordinaire

(*Papaver Rhœas* L.) nous offre le type le plus complet de structure florale dans cette famille.

C'est une herbe annuelle (fig. 285), velue, pourvue de *feuilles alternes*, profondément découpées, celles de la base surtout, *sans stipules*.

Toutes les parties végétatives de la plante, et même le calice,

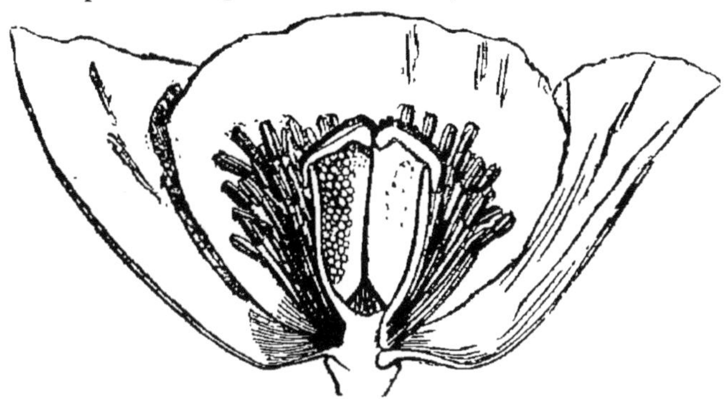

Fig. 286. — Coquelicot (*Papaver Rhœas*). — Fleur coupée en long.

l'ovaire et le fruit, contiennent de nombreux *laticifères articulés* (V. p. 33).

Les *fleurs*, solitaires et penchées avant leur épanouissement, sont

Fig. 287. — Coquelicot (*Papaver Rhœas*). — Bouton.   Fig. 288. — Coquelicot (*Papaver Rhœas*). — Fleur après la chute des sépales.

régulières et hermaphrodites. Leur réceptacle convexe donne insertion aux diverses parties qui les constituent (fig. 286 à 288) :

1° *Un calice formé par deux sépales libres*, concaves, *caducs*, velus à l'extérieur, comme le pédoncule, et d'abord entièrement enveloppants ;

2° *Une corolle formée par quatre pétales libres* en deux verticilles. Ils sont très fugaces, pourvus d'un onglet très court et d'un limbe rouge, taché de noir vers le bas, *en préfloraison chiffonnée* dans le bouton (fig. 289);

3° *Un nombre indéfini d'étamines, hypogynes* comme le calice et la corolle, formées de *filets filiformes indépendants*, et d'anthères introrses, biloculaires, à déhiscence longitudinale;

4° Le gynécée, composé *d'un nombre variable de carpelles* (10 à 15), *concrescents par leurs bords en un ovaire supère, uniloculaire* en réalité, et pourvu d'un nombre égal de placentas pariétaux; mais, par suite d'un accroissement ultérieur, ces placentas couverts d'ovules s'avancent, en forme de lames, vers le centre de la cavité ovarienne, qui se trouve ainsi divisée périphériquement en tout autant de compartiments ouverts en dedans, séparés par des fausses cloisons incomplètes.

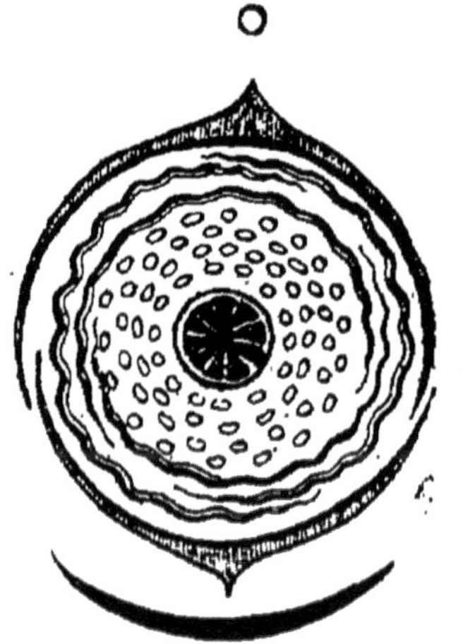

Fig. 289. — Diagramme de la fleur du *Papaver Rhœas* L.

Le *style forme un disque aplati, lobé sur les bords,* qui coiffe l'ovaire, et porte des bandes stigmatiques rayonnantes, en nombre égal à celui des carpelles.

Le *fruit est une capsule* que surmonte le disque stigmatifère persistant. A la maturité, la capsule s'ouvre par de petites valvules qui se forment au-dessous du disque stigmatifère, dans l'intervalle des placentas.

Les *graines*, petites et très nombreuses, sont arquées, réticulées à la surface. Elles renferment *un petit embryon droit, logé vers l'extrémité micropylaire d'un albumen huileux abondant.*

Le genre *Papaver* comprend environ quarante espèces que l'on a pu distribuer en plusieurs sections. Les unes sont annuelles, d'autres bisannuelles ou vivaces; les unes sont glabres, les autres plus ou moins velues. Les fleurs sont tantôt solitaires, tantôt réunies en grappes terminales, simples ou ramifiées. La capsule est déhiscente ou indéhiscente (1), etc.

(1) Ce dernier caractère peut varier dans une seule et même espèce, chez le *P. somniferum* L., par exemple. On ne doit donc pas lui attribuer une valeur exagérée.

Autres genres. — Meconopsis Vigu., Argemone L. — Tout à côté des *Papaver* se placent les *Meconopsis* Vigu., qui s'en distinguent par la présence d'un *style distinct, divisé en branches stigmatifères claviformes,* et les *Argemone* L., dont le calice et la corolle sont construits *sur le type 3,* et dont le style court est surmonté par 3-6 branches stigmatifères concaves.

Sanguinaria L. — *Le nombre des carpelles est très réduit et le fruit est allongé et siliquiforme* dans un certain nombre d'autres genres de Papavéracées, parmi lesquels se trouve le *Sanguinaria canadensis* L. (Sanguinaire du Canada), dont le rhizome est employé dans la médecine américaine. C'est une herbe dont le rhizome vivace, pourvu d'écailles foliaires, porte, à chaque période végétative, *une seule feuille palmatilobée,* longuement pétiolée. — La fleur solitaire possède *un calice de 2 sépales, une corolle de 8 à 12 pétales* disposés par verticilles binaires, un grand nombre d'étamines, et *seulement deux carpelles concrescents en un ovaire uniloculaire, avec deux placentas pariétaux antéro-postérieurs,* surmonté par deux lobes stigmatifères.

Le fruit est une silique, dont les deux panneaux laissent, après leur chute, le cadre placentifère adhérent au sommet du pédoncule. *Les graines ont une crête charnue le long de leur raphé.*

Bocconia L. — L'ovaire est semblablement construit chez les *Bocconia* L. (Chine, Japon, Amérique tropicale) ; mais *la corolle manque et le fruit est monosperme,* charnu tout d'abord, puis coriace.

Chelidonium L. — *Le fruit est une silique* également chez le *Chelidonium majus* L. (Chélidoine ou Grande Éclaire) qui, très probablement, est l'unique représentant du genre (fig. 290). C'est une herbe vivace, très commune en Europe, dans l'Asie tempérée et l'Amérique du Nord, pourvue de feuilles profondément découpées, et laissant découler, lorsqu'on la blesse, un latex d'un jaune foncé.

Les fleurs sont jaunes, petites, disposées en cymes ombelliformes. Les deux sépales caducs du calice recouvrent *quatre pétales disposés en croix,* plus étroits que ceux des Pavots. L'androcée est construit comme dans les autres genres, et *le pistil est composé de deux carpelles allongés, soudés par leurs bords, formant un ovaire à deux placentas pariétaux.* Le style court qui surmonte l'ovaire porte *deux lobes stigmatiques superposés, non pas aux nervures dorsales des carpelles, mais bien aux placentas* (1).

(1) Cette disposition, que l'on retrouve chez les Crucifères, s'explique par le dédoublement de chacun des stigmates primitifs (superposés à la nervure dorsale des carpelles)

Le fruit est une silique, déhiscente, comme celle des Crucifères, par deux panneaux qui se soulèvent de la base au sommet, laissant en place le cadre placentifère.

Les graines sont strophiolées (v. p. 128).

GAUCIUM Juss. — Le Glaucier jaune (*Glaucium luteum* L.) est le représentant d'un genre voisin. C'est une herbe annuelle, commune dans le

Fig. 290. — La Chélidoine (*Chelidonium majus*). — Rameau avec fruits et fleurs. — Fruit grossi. — Le même, en train de s'ouvrir.

Midi, particulièrement au voisinage de la mer, pourvue de feuilles irrégulièrement lobées, glauques et épaisses.

Les fleurs sont solitaires, grandes et jaunes, construites comme celles des Pavots, *mais avec un ovaire semblable à celui des Chélidoines. Le fruit est également une silique allongée, mais cette dernière est divisée en deux compartiments par une épaisse fausse cloison longitudinale correspondant aux placentas, et la graine n'est pas strophiolée.*

EscHOLTZIA Cham. — Les *Escholtzia*, dont une espèce (*E. californica* Cham.) est fréquemment cultivée dans nos jardins, nous offre l'exemple de Papavéracées *dont le réceptacle floral est concave*, et où, par suite, l'insertion est périgyne. En outre, *les deux sépales se soudent par leurs*

en deux moitiés qu se séparent, et viennent se réunir aux deux moitiés correspondantes de l'autre stigmate, au-dessus de chacun des placentas.

*bords en une sorte de capuchon qui cache les autres parties de la fleur,
et se détache ensuite tout d'une pièce par la base.* Le fruit est une silique
sans fausse cloison.

PLATYSTEMON Benth. — Le réceptacle est également concave chez le
Platystemon californicus L. Dans cette plante, *les carpelles en nombre
indéfini qui occupent le centre, et par conséquent la partie la plus profonde du réceptacle floral, entièrement libres vers le haut, soudés bords à
bords vers le bas, finissent par s'isoler tout à fait dans le fruit qui se
trouve ainsi constitué par une réunion de follicules.* Dans chacun de ces
derniers, les graines sont séparées par des fausses cloisons.

Caractères généraux. — *Plantes* herbacées annuelles ou vivaces,
rarement ligneuses (*Bocconia, Dendromecon*), contenant presque
toujours un latex blanc, rouge ou jaune, sécrété dans des laticifères articulés.

Feuilles alternes, simples, sans stipules.

Fleurs solitaires ou en cymes, hermaphrodites, actinomorphes, à
symétrie 2-mère ou 4-mère, rarement 3-mère ; réceptale convexe,
plus rarement concave.

Calice à 2, plus rarement 3 sépales, libres ou plus rarement
soudés par les bords (*Eschollzia*) et caducs.

Corolle ordinairement formée par 2 verticilles binaires de pétales,
plus rarement 12 pétales. Préfloraison parfois chiffonnée. Rarement corolle nulle (*Bocconia*).

Étamines très nombreuses et libres. Anthères basifixes, introrses,
biloculaires, à déhiscence longitudinale.

Carpelles 2, ou plus ou moins nombreux, ordinairement soudés
par les bords en un ovaire uniloculaire, à placentas pariétaux, ces
derniers se développant parfois (*Papaver*) en fausses cloisons
incomplètes. — *Ovules* ordinairement nombreux, à placentation
pariétale. — *Style* simple, plus ou moins développé, simplement
lobé ou divisé à son extrémité stigmatifère, ou remplacé par un
disque lobé portant des bandes stigmatiques.

Fruit sec, rarement charnu au début (*Sanguinaria, Bocconia*). —
Capsule déhiscente par des valvules ou indéhiscente, uniloculaire
avec fausses cloisons placentaires périphériques, ou *silique*, avec ou
sans fausse cloison, s'ouvrant de haut en bas ou de bas en haut
par 2 ou 3 valves qui se détachent du cadre placentifère, ou plus
rarement fruit constitué (*Platystemon*) par *une réunion de follicules.*

Graines ordinairement nombreuses, globuleuses ou arquées,
nues ou strophiolées. *Embryon* minime, excentrique, entouré d'un
albumen huileux abondant.

PAPAVÉRACÉES.

Réceptacle convexe.

Fruit capsulaire. — 2 ou 3 sépales; pétales ordinairement 4.

Ovaire surmonté d'un disque stigmatifère, sans style distinct.. *Papaver* L.
(40 espèces. Europe centrale et méridionale; Asie moyenne; sud de l'Afrique et de l'Australie.)

Ovaire pourvu d'un style distinct, portant des branches stigmatiques claviformes réfléchies............................ *Meconopsis* Vigu.
(10 espèces. Asie; Europe orientale; Amérique).

Fleur ternaire (3 sépales, 6 pétales). Carpelles 3-6 ; style court surmonté par des branches stigmatiques concaves............................ *Argemone* L.
(6 espèces. Amérique tropicale).

8-12 pétales. Carpelles 2. Fruit charnu d'abord, puis sec. Graines nombreuses, strophiolées............................ *Sanguinaria* L. (S. canadensis L.

Une silique.

Corolle nulle. Fruit charnu tout d'abord, puis sec, monosperme............ *Bocconia* L.
(2 espèces. Chine; Japon; Amérique tropicale).

Corolle à 4 pétales. Fruit sec.

Point de fausse cloison. Graines strophiolées; plantes à latex jaune............................ *Chelidonium* (Ch. majus L.).
(Europe ; Asie ; Amérique du Nord).

Une fausse cloison épaisse. Graines sans strophiole. Plantes à peine ou pas du tout lactescentes...................... *Glaucium* Juss.
(Environ 11 espèces, la plupart dans la région méditerranéenne, des Canaries, à l'Afghanistan; 2 espèces dans l'Europe moyenne; 1 en Chine).

Réceptacle concave.

Calice formé par 2 sépales connés en capuchon. 2 carpelles soudés en un ovaire sans fausse cloison. — Style filiforme, divisé en 4, 6 ou 8 branches stigmatifères. — Fruit siliquiforme, septicide ou à valves se détachant des placentas .... *Escholtzia* Cham.
(10 espèces. Mexique et Californie).

Calice à sépales libres. Carpelles en nombre indéfini, entièrement libres à la fin et formant tout autant de follicules polyspermes...................... *Platystemon* Benth.
(P. californicus Benth.).

Considérations anatomiques. — Nous n'ajouterons que quelques mots à propos des lactifères de ces plantes. Ce sont des tubes clos dans la racine et la tige de la Sanguinaire ; la racine seule en renferme chez les *Glaucium* et les *Eschollzia*. Chez les Chélidoines, ces mêmes éléments se disposent en séries, et communiquent fréquemment entre eux par des perforations. Enfin les Pavots, les Argémones, etc., offrent un véritable réseau de laticifères anastomosés, et dont les cloisons transversales disparaissent totalement. On les voit, dans le liber des tiges, surtout au voisinage du tissu criblé ; dans la racine ils existent dans le liber et le parenchyme cortical.

Affinités. — Les liens qui unissent les Papavéracées aux Fumariacées (voir p. 728) sont si étroits, qu'il est impossible de délimiter nettement ces deux groupes.

Par les *Platystemon*, les Papavéracées se rattachent aux Renonculacées dont les carpelles sont presque toujours indépendants. Les Papavéracées s'en distinguent essentiellement *par la symétrie 4-mère ou 3-mère de leur périanthe* (jamais 5-mère), *par leur latex, la nature de leurs fruits, leur albumen huileux, enfin par leurs propriétés et leur composition.*

Le genre *Chelidonium* est bien propre à montrer combien les Papavéracées sont voisines des Crucifères. Mais chez ces dernières, *le calice est double, les quatre pétales sont insérés au même niveau, les étamines au nombre de 6 seulement, dont 2 plus courtes, les ovules campylotropes, la graine exalbuminée ; enfin les laticifères font défaut.*

Distribution géographique. — Les Papavéracées habitent presque toutes les régions tempérées et subtropicales de l'hémisphère Nord.

Elles sont rares sous les tropiques; bien plus encore au delà de l'Équateur.

Propriétés générales. Plantes importantes. — Le suc lactescent des Papavéracées possède des propriétés diverses suivant les espèces : âcre et irritant chez certaines d'entre elles, il se montre chez d'autres fortement drastique. Chez les Pavots, il contient des alcaloïdes dont les propriétés narcotico-âcres pour les uns, hypnotiques chez les autres, sont utilisées depuis longtemps en thérapeutique.

Dans le genre *Papaver*, nous trouvons :

Le Coquelicot (*P. Rhœas* L.), dont on n'emploie que les pétales qui, dit-on, jouissent de propriétés sédatives. Ils contiennent un alcaloïde, la *Rhœadine*, dépourvu de propriétés toxiques.

Le Pavot blanc (**P. album** Lobel, **P. somniferum** α L.) (fig. 291), dont les capsules *indéhiscentes* fournissent l'opium d'Orient ; les alcaloïdes de ce dernier (*Morphine, Codéine, Narcéine, Papavérine*, etc.), sont longuement étudiés en matière médicale.

Le *Pavot noir* ou P. *pourpre* (P. *nigrum* L., P. *somniferum* β L.), n'est, en réalité, qu'une variété du précédent, caractérisée par ses *capsules généralement plus allongées, déhiscentes, ses pétales rouges, tachés de noir à la base, ses graines de couleur foncée.* Son latex offre une composition identique à celle du latex du Pavot blanc, et c'est de sa capsule qu'on retirait l'opium indigène ou *Affium*, produit tout aussi riche en Morphine que l'opium d'Orient.

Les graines, comme celles du Pavot blanc, fournissent l'Huile d'Œillette, qui est siccative et tout à fait dépourvue de principes narcotiques.

Fig. 291. — Pavot blanc.

L'*Argemone Mexicana* L. contient un suc jaune et caustique. Ses fleurs passent pour hypnotiques, et ses graines, émétiques par elles-mêmes, fournissent une huile purgative. L'Argémone contient de la Morphine (Charbonnier).

Le Glaucier jaune ou Pavot cornu (*Glaucium luteum* L.) possède un suc jaunâtre peu lactescent, dont l'action caustique est due à un alcaloïde, la *Glaucine*, exclusivement contenu, dit-on, dans les feuilles.

Les graines du *Gl. corniculatum* Curt. fournissent une huile pouvant servir dans l'alimentation et pour l'éclairage.

La Chélidoine ou Grande Éclaire (*Chelidonium majus* L.) contient un latex jaune, âcre et d'une odeur désagréable, dans lequel on a trouvé deux alcaloïdes, la *Chélidonine* et la *Chélérythrine*, non vénéneux, accompagnant d'autres composés organiques intéressants.

Cette plante a été préconisée contre les maladies de la peau.

On l'utilisait autrefois comme hydragogue, antiscrofuleuse, etc.
Le suc était employé pour détruire les verrues. On l'a enfin employée, au Brésil, contre la morsure des serpents.

La Sanguinaire du Canada (*Sanguinaria canadensis* L.) produit un suc rouge, très âcre et presque vésicant. Ce suc renferme un alcaloïde, la *Sanguinarine*, auquel on attribue ses propriétés. Son rhizome est employé, à petites doses, comme altérant et comme stimulant du foie. Sa poudre est narcotico-âcre et émétique.

Ses graines enfin passent pour être narcotiques, comme celles de la Stramoine.

L'*Escholtzia californica* Cham. contient de la Sanguinarine, deux autres alcaloïdes mal étudiés encore, un autre alcaloïde ayant tous les caractères de la Morphine (suivant MM. Adrian et Bardet), enfin une grande quantité de *Chélérythrine* (Battandier). Cette plante est un soporifique et un analgésique inoffensif.

Le *Bocconia frutescens* L., des Antilles et du Mexique, fournit un suc purgatif. Il contient beaucoup de *Chélérythrine*, de la *Fumarine*, de la *Bocconine*, etc.

FAMILLE II. — FUMARIACÉES.

Fleur actinomorphe ou, le plus souvent, zygomorphe par rapport à un plan transversal. — Sépales 2 antéro-postérieurs. — Pétales 4, en 2 verticilles, les deux externes ou l'un d'eux pourvus d'une bosse ou d'un éperon glanduleux. — Étamines quatre, libres, ou en deux faisceaux latéraux portant une anthère biloculaire médiane et deux demi-anthères latérales. — Gynécée à 2 carpelles. — Ovaire uniloculaire. — Ovules anatropes. — Silique ou capsule indéhiscente. — Graine albuminée.

Herbes à feuilles alternes, sans stipules, très découpées. Point de latex.

Description du genre Hypecoum L. — Ce genre, représenté dans le Midi de la France par deux espèces, forme une transition entre les Papavéracées et les Fumariacées.

L'*H. procumbens* L., par exemple, est une *herbe annuelle*, de couleur glauque, dont les *feuilles alternes*, presque verticillées au sommet des axes, *sont sans stipules, profondément pinnatiséquées.*

Les *fleurs, en grappes feuillées,* sont petites et *actinomorphes,* pourvues d'un *réceptacle convexe* (fig. 292 II).

Le *calice* est formé par *deux sépales antéro-postérieurs;* la *corolle* par *deux verticilles de 2 pétales;* les deux externes sont latéraux et simples, les deux internes antéro-postérieurs sont trilobés.

Les étamines sont au nombre de 4, superposées : 2 aux pétales externes, 2 aux internes. *Toutes sont libres et* portent une *anthère extrorse*, à 2 loges et à déhiscence longitudinale.

Le gynécée est bicarpellé, comme dans beaucoup de Papavéracées, et forme *un ovaire uniloculaire, à* 2 *placentas pariétaux*. Cet ovaire est surmonté par deux branches stigmatiques correspondant aux pétales externes.

Les ovules sont anatropes, nombreux, ascendants.

Le fruit est une sorte de silique allongée, dans laquelle les graines sont séparées par des *fausses cloisons transversales*, et qui se partage, à la maturité, en autant d'articles monospermes.

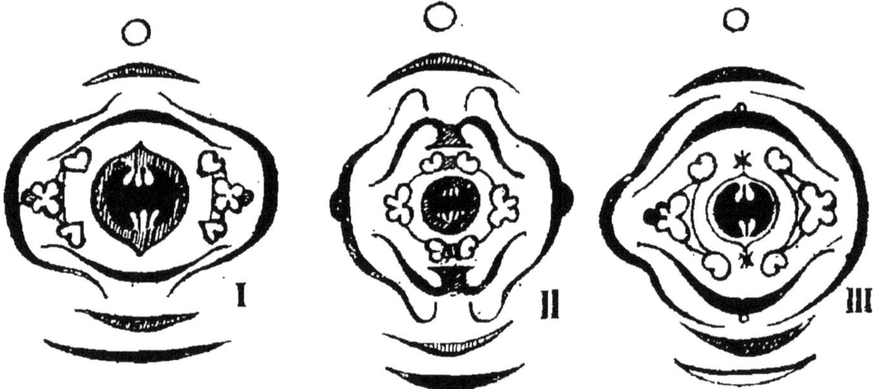

Fig. 292. — Diagramme de Fumariacées.— I, *Dicentra ;* II, *Hypecoum ;* III, *Corydalis.*

Les graines sont ascendantes et renferment, sous leurs téguments, *un petit embryon arqué, situé vers le sommet d'un albumen charnu abondant.*

Comme structure florale, les *Hypecoum* diffèrent donc des Papavéracées par *leur androcée formé de deux verticilles dimères, et leurs quatre pétales distribués en deux verticilles dissemblables.*

Autres genres. — DICENTRA. — Chez les *Dicentra* Borkh., plantes herbacées (1) de l'Asie et de l'Amérique, pourvues de feuilles très divisées, les fleurs, en grappes de cymes ou en grappes simples, diffèrent de celles des *Hypecoum* (1) *par leurs pétales latéraux creusés d'un éperon large et obtus*, les antéro-postérieurs étant plus petits, onguiculés, cohérents l'un à l'autre par leur sommet, munis en arrière d'une sorte de crête ou de carène.

(1) Certains *Dicentra*, le *D. Cucularia* Raf., par exemple, ont un bulbe semblable à celui des Monocotylédones.

Le caractère le plus important de ce genre, que l'on retrouve dans tous les autres types de la famille, est offert par l'androcée. Celui-ci consiste en *deux faisceaux latéraux, constitués chacun par un filament élargi dont le sommet supporte, dans sa région moyenne, une anthère à deux loges, et de chaque côté une demi-anthère.* Les unes et les autres sont à déhiscence extrorse.

Cette disposition, d'après De Candolle, aurait pour cause le dédoublement des deux étamines antéro-postérieures en deux moitiés qui viendraient s'accoler, de chaque côté du plan médian, à chacune des deux étamines latérales. Mais l'étude organogénique de la fleur confirme l'idée émise par A. Gray, d'après lequel, de chaque côté du plan médian, le filament trifurqué dériverait de la ramification d'une seule étamine. Les deux membres internes de l'androcée feraient alors défaut. Il est à remarquer que chez les *Hypecoum*, les deux pétales médians sont trifides, comme les filets staminaux latéraux des autres Fumariacées.

Le fruit, sec et aplati, *s'ouvre généralement en deux valves qui se séparent des placentas.* Les graines sont quelquefois strophiolées.

Corydalis. — Fumaria. — Les *Corydalis* DC. et les *Fumaria* L. constituent deux genres très voisins l'un de l'autre. Ce sont des herbes annuelles ou vivaces, parfois grimpantes, dont les feuilles, profondément découpées en segments nombreux, sont alternes, très rapprochées et presque opposées en certains endroits. Les fleurs, en grappes simples, ont essentiellement la même structure que chez les *Dicentra*, mais *les deux pétales latéraux sont dissemblables* (III), *l'un des deux étant seul pourvu à sa base d'une bosse ou d'un éperon creux*, ce qui détermine la zygomorphie transversale de la fleur.

Les *Corydalis* ont assez souvent des *tubercules* formés soit par leur racine, soit par la base de leur tige ; leur ovaire, leur fruit et leurs graines sont comme chez les *Dicentra*.

Chez les *Fumaria*, les tubercules font défaut et l'ovaire ne renferme qu'*un seul ovule anatrope, presque ascendant.* Le fruit monosperme, d'abord légèrement charnu, devient définitivement un *achaine*.

FUMARIACÉES.

Herbes annuelles ou vivaces, sans latex, parfois bulbeuses ou tuberculeuses. — *Feuilles* alternes, simples, profondément découpées, sans stipules.

Fleurs solitaires, ou bien en cymes ou en grappes, hermaphrodites, zygomorphes (avec le plan de symétrie latéral), plus rarement actinomorphes. — Réceptacle convexe.

Sépales 2, antéro-postérieurs, petits, caducs. — *Pétales* 4 en deux verticilles, les deux latéraux semblables ou dissemblables, l'un des deux ou tous deux pourvus d'un éperon ou d'une bosse glandulifère.

Androcée formé par 4 étamines libres, ou plus souvent en deux faisceaux latéraux formés d'une étamine complète au centre, et de deux demi-anthères de chaque côté. *Anthères* extrorses, à déhiscence longitudinale.

Gynécée formé de 2 carpelles concrescents par leurs bords. — Ovaire uniloculaire, avec 1 ou plusieurs *ovules* anatropes, à placentation pariétale. — *Style* simple, ordinairement terminé par deux *lobes stigmatiques*.

Fruit : silique déhiscente ou indéhiscente et se séparant en articles monospermes, ou bien achaine.

Graine avec ou sans strophiole. — *Embryon* minime, dans un albumen charnu, abondant.

Corolle sans éperon, formée par deux verticilles de pétales semblables deux par deux, les internes trilobés. — Quatre étamines libres en deux verticilles 2-mères; anthères extrorses. Fruit siliquiforme, ordinairement indéhiscent et lomentacé, rarement déhiscent et bivalve .... **Hypecoum** L. (Environ 12 espèces. Asie; Europe et surtout région méditerranéenne).

Les deux pétales latéraux ou l'un d'eux seulement pourvus d'un éperon creux, ou tout au moins d'une bosse creuse.

  Les deux pétales latéraux (extérieurs) l'un et l'autre creusés d'une bosse ou éperonnés. — Fruit déhiscent en deux valves qui se séparent des placentas.

    Étamines libres ou incomplètement diadelphes .... **Dicentra** Borkh. (Environ 15 espèces. Asie; Amérique du Nord).

    Étamines monadelphes .... **Adlumia** Raf. (A. *fungosa* Gmel. Amérique du Nord).

  Les deux pétales latéraux dissemblables, un seul étant éperonné. Étamines toujours diadelphes.

    Fruit polysperme, ordinairement indéhiscent .... **Corydalis** DC. (Environ 90 espèces. Asie; région méditerranéenne).

    Fruit monosperme, indéhiscent,

      oblong, avec trois nervures sur chaque face .... **Sarcocapnos** DC. (3 espèces. Nord de l'Afrique; Espagne, Portugal, Sud de la France).

      oblong ou globuleux, avec une nervure sur chaque face .... **Fumaria** L. (40 espèces environ. Europe et surtout région méditerranéenne).

Affinités. — Les Fumariacées constituent, avec les Papavéracées, une série presque continue, les *Hypecoum* formant, entre les deux groupes, une transition naturelle. Les Fumariacées se distinguent surtout des Papavéracées par *leurs pétales dissemblables et la zygomorphie fréquente de la fleur, le nombre défini et la diadelphie ordinaire des étamines, les feuilles très divisées, l'absence de laticifères.* Ces derniers cependant sont remplacés, chez les Fumariacées, par

Fig. 293. — Fumeterre officinale.

des cellules allongées qui sécrètent un liquide tenant en suspension des matières grasses, et renfermant même parfois un principe colorant rouge.

Distribution géographique. — Les Fumariacées sont surtout répandues dans les régions tempérées de l'hémisphère Nord. Certains genres sont cependant propres au Sud de l'Afrique ; aucune ne se rencontre dans les régions tropicales.

Propriétés générales. Espèces importantes. — Les Fumariacées ont des propriétés généralement distinctes de celles des Papavéracées. Ce sont des plantes amères, dépuratives et sudorifiques.

Les *Hypecoum*, que nous avons vu former botaniquement une transition naturelle entre les Fumariacées et les Papavéracées, paraissent également se rapprocher de ces dernières par leurs propriétés. Le suc de ces plantes est, dit-on, narcotique.

Le *Fumaria officinalis* L. (fig. 293) (Fumeterre officinale) est une plante amère, stomachique, sudorifique, dépurative, antiscorbutique. Plusieurs espèces partagent avec elle ces propriétés, et contiennent comme elle, entre autres principes, de la *Fumarine* et de l'*Acide fumarique*. Tel est, par exemple, le *Fumaria media* Lois. D'autres Fumeterres sont dépourvues d'amertume, et ne sauraient être substituées à l'espèce officinale, le *F. Vaillantii* Lois., par exemple, qui croît dans nos régions.

Le *Corydalis bulbosa* DC., de la région méditerranéenne, contient de la *Corydaline* et de l'*Acide fumarique*, une huile essentielle, une résine. Le bulbe de cette plante est employé contre les affections scrofuleuses et les maladies cutanées.

On emploie, aux États-Unis, comme médicament tonique, diurétique et altérant, le bulbe du *Dicentra canadensis* DC. et celui du *D. eximia* DC. (*D. formosa* d'autres auteurs).

FAMILLE III. — CRUCIFÈRES.

Fleurs actinomorphes, hermaphrodites. Réceptacle presque toujours convexe. — Quatre sépales libres, en deux verticilles. — Quatre pétales libres, en croix. — Étamines six, tétradynames. — Deux carpelles latéraux ouverts; ovaire uniloculaire, à placentation pariétale. — Stigmates superposés aux placentas. — Ovules campylotropes. — Fruit: presque toujours silique ou silicule. — Graine sans albumen.

Plantes contenant des principes sulfurés, à feuilles alternes, sans stipules.

Ce groupe de plantes peut être considéré comme le type des *familles naturelles par évidence*, et nous verrons que les divers genres qui le constituent ne sont pas moins étroitement unis par leur composition et leurs propriétés.

Description du Brassica Oleracea L. — Le *Brassica Oleracea* L. ou Chou comestible, est une plante bisannuelle dont la tige, épaisse et charnue, est pourvue de feuilles très larges, surtout à la base de l'axe où elles sont de plus lobées ; leur limbe est épais, recouvert d'une exsudation cireuse qui lui communique sa coloration glauque caractéristique. Les *feuilles* sont *simples, alternes et sans stipules,* comme dans toute la famille.

Les *fleurs*, d'un jaune pâle, forment au sommet des axes, des

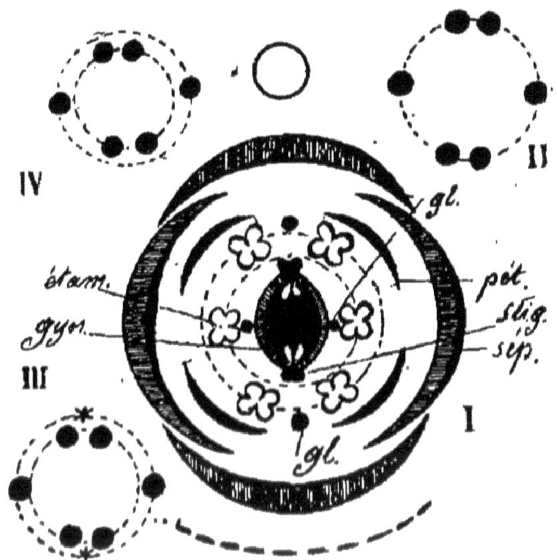

Fig. 294. — I, Diagramme d'une fleur de *Brassica* : *sép*, sépales ; *pét*, pétales ; *étam*, étamines ; *gl,gl*, disque ; *gyn*, gynécée ; *stig*, stigmates. — II, III et IV, figures schématiques de l'androcée des Crucifères, d'après diverses interprétations (1).

grappes simples et dépourvues de bractées. Elles sont *hermaphrodites et actinomorphes* (fig. 294).

Leur réceptacle est convexe.

Le *calice* est formé *par 4 sépales (sép) libres, disposés en 2 verticilles binaires :* les deux extérieurs sont situés dans le plan médian ; les deux latéraux ont une insertion plus large et sont plus ou moins gibbeux à la base.

La *corolle* est formée par *4 pétales (pét) insérés au même niveau et diagonalement placés*, de telle sorte que chacun d'eux correspond à l'intervalle laissé entre deux sépales. Leur onglet assez long se dilate supérieurement en un limbe étalé.

L'*androcée* comprend 6 *étamines (étam) libres, de grandeur inégale :* quatre d'entre elles, plus longues, sont *rapprochées en deux paires an-*

téro-postérieures, en face, par conséquent, des deux sépales médians ; *les deux autres étamines sont plus courtes et latéralement placées.*

Toutes, d'ailleurs, sont pourvues d'anthères introrses, biloculaires, à déhiscence longitudinale.

On observe en outre deux glandes dites *carpellaires* (*gl,gl*), situées à l'intérieur des deux étamines latérales, à la base du gynécée, et deux glandes dites *placentaires*, situées en dehors et à la base de chaque paire de grandes étamines.

Le *gynécée* (*gyn*) se compose de *deux carpelles ouverts et soudés bords à bords en un ovaire allongé uniloculaire, avec deux placentas pariétaux* situés sur le plan médian de la fleur. La situation des carpelles est donc transversale. Mais l'ovaire ne tarde pas à se diviser en deux fausses loges par suite du développement d'une sorte de diaphragme membraneux situé dans le plan médian. Ce *voile* ou *replum* est produit par les placentas. *Les ovules*, en nombre variable, *sont descendants, campylotropes,* et placés alternativement de chaque côté de la fausse cloison, le long des placentas.

Le *style simple* qui termine l'ovaire porte, à son sommet, *deux lobes stigmatiques* (*stig*) *antéro-postérieurs*, superposés, par conséquent, aux placentas. Cette situation anormale se retrouve, comme on le sait, dans le pistil des Chélidoines (Papavéracées) (voir page 722).

Le *fruit* est une silique qui s'ouvre, de bas en haut, par deux panneaux latéraux. Ces derniers, en se soulevant, laissent en place le cadre que forment les placentas, et au travers duquel est tendue la fausse cloison membraneuse.

Les *graines* sont descendantes, *dépourvues d'albumen.* L'amande est tout entière formée par un embryon volumineux, dont la radicule est reployée et repose sur la ligne médiane dorsale des deux cotylédons appliqués l'un contre l'autre (*radicule incombante*).

Autres genres. — CHEIRANTHUS L.; SISYMBRIUM L. — Les *Cheiranthus*, chez lesquels les glandes se réduisent à deux latérales, et dont la radicule est accombante relativement aux cotylédons, c'est-à-dire appliquée sur leurs bords réunis; les *Sisymbrium*, dont les quatre sépales sont égaux ; les *Cardamine* L., où les deux panneaux de la silique se relèvent élastiquement de façon à projeter au loin les graines ; les *Nasturtium* DC., *Sinapis* L., *Diplotaxis* DC., etc., ont également une silique allongée et déhiscente.

RAPHANUS L., RAPHANISTRUM T. — La silique est allongée, mais *indéhiscente et lomentacée* chez les Radis (*Raphanus*) et les Ravenelles (*Raphanistrum*).

CRAMBE T., CAKILE T. — Chez d'autres Crucifères, le fruit est *à deux articles, dont* (1) *un fertile et l'autre stérile.* Tel est, par exemple, le *Crambe maritima* L. ou Chou marin, et le *Cakile maritima* DC.

ISATIS L. — Le fruit est *samaroïde* chez le Pastel (*Isatis tinctoria* L.), plante bisannuelle spontanée dans les lieux pierreux, mais cultivée autrefois pour l'Indigo bleu qu'on en retirait. Chaque fruit ne contient qu'une à deux semences dont l'embryon est à radicule accombante.

La silique courte ou *silicule* (v. p. 131, note 2) de ces derniers genres est indéhiscente ou incomplètement déhiscente. Elle est normalement déhiscente chez beaucoup d'autres, et alors elle est à peu près toujours comprimée, soit parallèlement à la fausse cloison qui est très large, soit perpendiculairement à cette cloison qui demeure très étroite.

LUNARIA L. — La première disposition nous est présentée par les *Lunaria*, dont une espèce, vulgairement appelée *Monnaie du Pape* (*L. biennis* L.), est remarquable par ses belles fleurs violettes, et par ses fruits qui, après la chute des valves, montrent une large cloison translucide tendue dans le cadre ovale que forment les placentas. Les graines, dans ce genre, sont en outre remarquables par la longueur de leur funicule, et par la marge membraneuse qui les entoure.

COCHLEARIA L., DRABA L., ALYSSUM L., etc. — C'est également parmi les Crucifères à fruit court (*siliculeuses*), déhiscent et à cloison large que se rangent les *Cochlearia*, dont une espèce, le *C. officinalis* L., est l'une des plus importantes de la famille au point de vue médical. C'est une plante annuelle qui croît spontanément sur les côtes de la Normandie, et dont les feuilles de la base sont cordiformes et pétiolées, les supérieures plus anguleuses et sessiles. La concavité de leur limbe a valu à la plante son nom vulgaire d'*Herbe aux cuillers*. Ses fleurs forment des grappes terminales blanches. Le fruit est arrondi, à valves renflées.

Le *Cochlearia Armoracia* L. (*Roripa rusticana* G. et G.) est également très employé comme antiscorbutique sous le nom de *Raifort sauvage* ou de *Cranson*. Il diffère peu du précédent comme structure de la fleur et du fruit; mais il s'en distingue par sa racine vi-

---

(1) Les *Crambe* sont, en outre, remarquables par leurs grandes étamines dont le filet est bifide, l'une des divisions portant l'anthère, l'autre étant stérile.

vace, ses grandes feuilles radicales elliptiques pétiolées, dentées, et ses feuilles caulinaires, lancéolées et sessiles.

Enfin les *Draba*, *Alyssum*, etc., viennent également se ranger dans le même groupe.

Capsella Vent., Lepidium L., Iberis L., etc. — Les Crucifères à fruit court, comprimé perpendiculairement à la cloison qui, par suite, demeure très étroite, ne sont pas moins nombreuses.

A ce groupe se rattache, par exemple, la plante si répandue dans nos campagnes et à laquelle la forme de son fruit a valu le nom de *Bourse à pasteur* (*Capsella Bursa-Pastoris* Mœnch.). C'est une herbe annuelle dont les fleurs blanches forment des grappes terminales simples, et dont les valves, fortement comprimées, se prolongent en deux lobes latéraux qui donnent au fruit la forme d'un cœur ou d'une bourse.

Ici se trouvent également les *Lepidium*, dont la silicule est simplement elliptique, à valves ailées ; les *Iberis*, qui s'en distinguent par leur silicule échancrée ou bilobée au sommet ; les *Thlaspi* à fruit orbiculaire, etc.

Subularia L. — Comme les Papavéracées et les Renonculacées dont le réceptacle, convexe dans presque tous les genres, devient exceptionnellement concave chez quelques-uns d'entre eux, le genre exotique *Subularia* nous offre, parmi les Crucifères, un exemple d'insertion périgyne des étamines. On n'en connaît que deux espèces, l'une qui habite les lacs des montagnes de l'hémisphère Nord, dans les deux Continents, l'autre les montagnes de l'Abyssinie. Ce sont de petites herbes annuelles, dont l'organisation ne diffère essentiellement en rien de celle des autres plantes de la famille.

Caractères généraux. — Les caractères généraux de la famille sont des plus faciles à résumer.

Appareil végétatif. — *Herbes* annuelles ou vivaces, ou *sous-arbrisseaux ; feuilles* alternes, simples, sans stipules.

Inflorescences. — Les *inflorescences*, à peu près toujours dépourvues de bractées, sont des grappes simples ou composées, ou des corymbes.

Structure florale. — Les *fleurs* sont hermaphrodites, actinomorphes ou, quelquefois, les fleurs périphériques des inflorescences serrées zygomorphes et radiantes (chez les *Iberis*, par exemple).

Réceptacle floral presque toujours convexe (rarement concave, comme chez les *Subularia*).

Calice formé par 4 sépales caducs, dont deux médians extérieurs et deux internes latéraux, souvent gibbeux et glanduleux à leur base.

Corolle représentée par 4 pétales (1) formant un verticille unique

(1) Les pétales sont quelquefois fort réduits ou même abortifs, comme chez certains *Lepidium*, *Coronopus*, *Cardamine*. etc. Chez le *Capsella Bursa-Pastoris* ils sont accidentellement remplacés par des étamines.

et diagonalement insérés par rapport au plan médian, caducs, ordinairement égaux entre eux, de couleur blanche ou jaune, plus rarement violets ou pourprés.

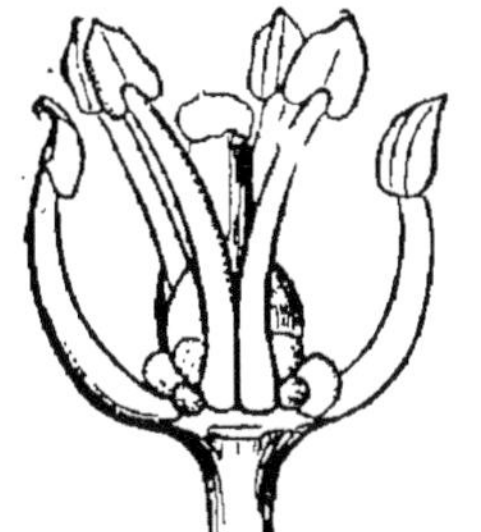

Fig. 295. — Androcée des Crucifères.

Androcée presque toujours hypogyne, typiquement représenté par 6 étamines tétradynames (fig. 295).

Certains genres offrent, à cet égard, des divergences assez importantes : certains *Lepidium*, par exemple, n'ont que quatre étamines ; chez les *Vella*, les 4 grandes étamines sont concrescentes deux par deux ; le nombre des étamines varie de 7 à 16 chez les *Megacarpaea bifida* et *polyandra* etc.

L'androcée est, le plus souvent, accompagné par un *disque* que forment des glandes dont le nombre et la disposition varient suivant les genres.

Pistil toujours libre, formé par deux feuilles carpellaires (1) latérales ouvertes, soudées par leurs bords. *Ovaire* uniloculaire, avec deux placentas pariétaux antéro-postérieurs, mais à peu près toujours divisé en deux fausses loges par une fausse cloison membraneuse (*replum*) née des placentas. *Style* simple plus ou moins développé, terminé par deux lobes stigmatifères superposés aux placentas (comme chez les Chélidoines, v. p. 722).

Fig. 296. — Silicule de Bourse-à-pasteur.

Ovules campylotropes ou semi-anatropes, en nombre variable et diversement insérés, rarement peu nombreux et alors soit basilaires (*Clypeola*), soit pendants au sommet de la tige (*Isatis*).

Fruit. — *Fruit* (fig. 93, p. 132) le plus souvent silique, déhiscente de bas en haut par deux panneaux à la manière ordinaire, ou indéhiscente et lomentacée, avec des fausses cloisons transversales, comme chez les *Raphanus*, *Raphanistrum*, etc. ; ou bien *silicule* (2) avec fausse cloison large ou étroite (fig. 296), déhiscente ou indéhiscente, quelquefois samaroïde.

(1) On trouve exceptionnellement deux autres carpelles médians. L'ovaire est alors à 4 placentas et divisé par 2 fausses cloisons perpendiculaires. Cette disposition se trouve réalisée chez le *Tetrapoma barbareifolia*, par exemple, unique espèce d'un genre dont l'autonomie n'est pas, d'ailleurs, universellement admise, chez les *Holargidium*, et accidentellement chez d'autres genres.

(2) La division des Crucifères en *siliqueuses* et *siliculeuses* admise, aujourd'hui encore, dans certains ouvrages descriptifs, repose sur une distinction purement artificielle.

Graine. — *Graine* à peu près globuleuse, parfois marginée, à testa réticulé. *Albumen* nul ou rudimentaire. *Embryon* à cotylédons charnus et huileux. Radicule reployée sur elle-même et reposant, soit sur le bord des deux cotylédons appliqués l'un contre l'autre (*radicule accombante*), soit sur la face dorsale de l'un d'eux (*radicule incombante*) (1).

La structure florale des Crucifères a donné lieu à certaines interprétations :

A. Pour De Candolle, Seringe, Saint-Hilaire, Moquin Tandon, Webb, etc., le calice, la corolle et l'androcée représenteraient tout autant de verticilles quaternaires ; mais les membres antéro-postérieurs de l'androcée auraient subi une division collatérale (fig. 294, II).

Cette théorie est contredite par deux faits :

1º L'insertion de deux des sépales au-dessous des deux autres ;

2º La situation des deux étamines latérales au-dessous, en général, des grandes étamines.

B. Pour MM. Chatin, Duchartre, Wydler, Lestiboudois, etc. l'androcée se trouverait formé par deux verticilles 4-mères (2) ; mais les deux membres antéro-postérieurs feraient défaut dans le verticille externe (III) et les quatre pièces du verticille interne se seraient rapprochées en deux paires antéro-postérieures. En outre, pour ces botanistes, le gynécée serait théoriquement formé par 4 carpelles opposés aux 4 sépales, mais dont les deux latéraux se développeraient presque toujours seuls.

C. Pour Eichler (IV), tous les verticilles seraient dimères, et les deux paires de grandes étamines correspondraient chacune à une des deux étamines médianes dédoublées (2).

(1) De Candolle admettait, chez les Crucifères, 4 tribus :

1º Les *Orthoplocées*, chez lesquelles les cotylédons, reployés en long, embrassent la radicule ;

2º Les *Pleurorhizées* chez lesquelles les cotylédons sont plans, la radicule reposant sur leurs bords accolés ;

3º Les *Notorhizées*, chez lesquelles les cotylédons sont plans encore, la radicule reposant sur la face dorsale de l'un d'eux ;

4º Les *Spirolobées*, dont les cotylédons sont linéaires, enroulés sur eux-mêmes, la radicule reposant sur le dos de l'un d'eux ;

5º Les *Diplécolobées*, chez lesquelles la situation de la radicule est la même relativement aux cotylédons qui, en outre, sont plusieurs fois reployés sur eux-mêmes.

(2) Eichler, *Blüthendiagrammen*, t. II, p. 200 et suiv.

Réceptacle convexe ou à peine concave.

- **Fruit allongé (silique)**
  - **déhiscent.**
    - Deux glandes en dehors des grandes étamines; deux autres en dedans des étamines latérales. — Radicule incombante .... *Brassica* L. (Environ 50 espèces. Europe et Asie).
    - Deux glandes embrassant le pied des étamines latérales. Radicule accombante .... *Cheiranthus* L. (10 espèces environ, surtout de la zone méditerranéenne).
    - Fruit très allongé, linéaire .... *Sisymbrium* L. (Environ 50 espèces, de l'Hémisphère Nord).
    - Silique allongée, déhiscente avec élasticité .... *Cardamine* L. (Environ 50 espèces, presque toutes des régions tropicales).
    - Silique plus ou moins allongée. Stigmate entier .... *Nasturtium* R. Br. (Plus de 50 espèces; de toutes les contrées).
    - Silique surmontée d'un bec aplati et à deux tranchants.
      - Calice à sépales dressés. — Corolle blanche, jaunâtre ou violette, avec veines brunes. — Valves du fruit uninerviées .... *Eruca* Lam. (10 espèces peu distinctes. Région méditerranéenne).
      - Calice à sépales étalés. — Corolle jaune avec veines violettes. — Valves du fruit à 3 nervures .... *Sinapis* L. (5 espèces. Europe méridionale et moyenne).
    - Silique allongée; graines disposées sur deux rangs .... *Diplotaxis* DC. (20 espèces environ. Région méditer.; Europe moyenne).
  - **indéhiscent.**
    - Silique non articulée .... *Raphanus* L. (1 espèce à Java; les autres en Europe et dans la région méditerranéenne).
    - Silique divisée en articles monospermes .... *Raphanistrum* DC

(suite de : Réceptacle convexe ou à peine concave.)

- **Fruit court (silicule)**
  - **indéhiscent en totalité ou en partie**
    - à deux articles, dont un au moins est fertile.
      - Deux articles fertiles, le supérieur allongé et déhiscent .... *Cakile* Gærtn. (4 espèces littorales. Ancien et Nouveau Mondes).
      - Deux articles, dont le supérieur, seul fertile, est indéhiscent .... *Crambe* L. (Environ 20 espèces, la plupart méditerranéennes).
    - uniloculaire, samaroïde, indéhiscent. Une seule graine suspendue .... *Isatis* L. (50 espèces environ, surtout dans la région médit. orientale).
  - **déhiscent**
    - non comprimé ou comprimé parallèlement à la fausse cloison qui est large, dans tous les cas.
      - Valves comprimées .... *Lunaria* L. (2 espèces. Europe).
      - Valves renflées .... *Cochlearia* L. (15 espèces, surtout dans la région méditerranéenne).
      - Silicule ovale .... *Draba* L. (150 espèces environ. Régions montagneuses de presque tous les pays).
      - Valves planes ou peu convexes, sans nervure apparente .... *Alyssum* L. (Environ 100 espèces, surtout méditerranéennes).
    - comprimé perpendiculairement à la fausse cloison qui demeure étroite.
      - Fruit cordiforme .... *Capsella* DC. (4 espèces. Europe et Asie).
      - Silicule elliptique .... *Lepidium* L. (100 espèces environ. Genre à peu près cosmopolite).
      - Silicule orbiculaire .... *Thlaspi* L. (60 espèces environ. Asie centrale et Sibérie; Europe; région méditerranéenne; quelques espèces en Amérique).

Réceptacle floral nettement concave. — Fleur périgyne .... *Subularia* L. (2 espèces. Europe; Asie septentrionale; Amérique du Nord).

Considérations anatomiques. — On trouve, chez presque toutes les Crucifères, dans les organes végétatifs et même dans la fleur, des éléments anatomiques dans lesquels on a cru voir des formations analogues aux laticifères des Papavéracées ; ce sont les *cellules à albumine* (*Eiweiss-Schläuche*). Ce sont des cellules généralement allongées qui existent dans le mésophylle des feuilles, dans le parenchyme qui entoure les nervures, plus rarement sous l'épiderme. Dans la tige, ces éléments se trouvent dans l'écorce, dans le tissu criblé et dans la moelle.

Chez les Crucifères glabres, l'épiderme se recouvre généralement d'une exsudation cireuse. Les poils sont unicellulaires, ramifiés ou non, incrustés quelquefois de sels calcaires. Les poils glanduleux sont rares dans cette famille ; ils sont toujours pluricellulaires.

Affinités. — Les Crucifères sont voisines des Papavéracées, des Fumariacées, des Capparidacées, des Résédacées.

Les Papavéracées s'y rattachent surtout par certains genres, les *Chelidonium*, entre autres.

Comme les Crucifères, les Fumariacées ont des feuilles alternes et sans stipules, des fleurs en grappes, hermaphrodites, une corolle à 4 pièces, un fruit uniloculaire, etc. Mais chez les secondes, *le calice est à 2 sépales seulement ; la corolle est irrégulière ; les étamines au nombre de 4 libres, ou de 6 et diadelphes ; la graine enfin est albuminée.* Les propriétés en sont également distinctes.

Nous aurons à mentionner plus loin les liens de parenté qui unissent les Crucifères aux Capparidacées et aux Résédacées.

Distribution géographique. — La dispersion des Crucifères à la surface du globe est considérable ; elle remontent très haut vers le Nord, et on les retrouve, sur les montagnes, à des altitudes auxquelles beaucoup d'autres Phanérogames ne sauraient atteindre. Elles sont plus particulièrement abondantes dans le Midi de l'Europe et en Asie Mineure. Elles deviennent relativement rares sous les tropiques.

Propriétés générales. Plantes importantes. — La similitude des Crucifères, au point de vue de leur composition et de leurs propriétés, est telle qu'on pourrait, à la rigueur, les substituer à peu près toutes les unes aux autres, en tenant compte de leur activité plus ou moins grande.

Elles sont riches en azote et en soufre. Ce dernier corps s'y trouve engagé dans des composés organiques divers, les uns fixes, les autres volatils, d'une odeur piquante parfois, toujours plus ou moins désagréable. Quelques-uns de ces composés communiquent à la plante, ou à certaines parties de la plante, une âcreté qui peu aller jusqu'à la rubéfaction des parties sur lesquelles on les applique. Tel est, par exemple, le *Sulfocyanure d'Allyle*, qui se développe dans la graine de Moutarde.

Il est fort douteux que ces composés préexistent chez les Crucifères tels que nous pouvons les en extraire dans nos laboratoires. On sait, d'une façon certaine, que quelques-uns d'entre eux ne se forment que par réaction réciproque de deux autres corps organiques contenus dans les tissus de la plante, dont l'un joue le rôle d'une diastase. C'est ainsi, par exemple, que le Sulfocyanure d'Allyle prend naissance, quand on écrase la graine de Moutarde, par le dédoublement d'un sel sulfuré, le *Myronate de potasse*, sous l'influence d'un ferment soluble, le *Myrosine*.

Les graines de Crucifères contiennent une huile fixe, qui, dans certaines espèces, est employée à divers usages.

Les plantes de cette famille qui sont utilisées, soit dans l'alimentation, soit dans la matière médicale, soit enfin dans l'industrie, sont tellement nombreuses que nous sommes forcés de ne citer ici que les principales d'entre elles.

Crucifères alimentaires. — Parmi celles-ci, nous devons mentionner en première ligne le Chou potager (*Brassica Oleracea* L.) dont nous avons fait la description (p. 733). Les races que la culture a obtenues de cette espèce sont assez nombreuses, telles sont :

Le *B. oleracca β acephala* DC., chez lequel se développent longtemps des feuilles, le long d'un axe qui s'allonge beaucoup avant de produire des fleurs ;

Le *B. Oleracea capitata* DC., Choux pommé ou Cabus, dont la période végétative présente deux stades : dans le premier, les sucs nourriciers s'emmagasinent dans l'axe, très court encore, et dans les feuilles larges et charnues qui s'y insèrent, en formant une sorte de tête; dans le second, l'axe s'allonge pour fleurir et fructifier, en utilisant les réserves faites dans le premier stade.

Ce que l'on nomme vulgairement *Choux de Bruxelles* consiste seulement dans les bourgeons axillaires qui, chez certaines variétés, deviennent de véritables réservoirs de matières alimentaires.

Dans la variété *Botrytis* (Chou-fleur), les sucs s'accumulent tout d'abord dans l'axe principal et les rameaux de l'inflorescence qui deviennent très épais et très charnus.

Dans d'autres variétés, c'est la racine et la partie la plus voisine de la tige principale qui se renflent en se gorgeant de sucs et de fécule ; tel est le *B. Oleracea Caulo-Rapa* DC, ou Chou-Rave.

Le Navet est la racine du *Brassica Napus* L., qui fournit deux variétés, l'une (*esculenta*), dont la racine est comestible, l'autre (*oleifera*), dont les graines fournissent l'huile fixe dite *de Colza*.

On mange, sous le nom de Rave, la racine renflée du *Brassica Rapa* K., plante bisannuelle, dont la variété *oleifera* fournit l'*Huile de Navette*. La graine de Caméline (*Camelina sativa* DC.) fournit une huile analogue.

Le *Raphanus sativus* L., ou Radis, a donné deux variétés : la variété *niger* (Radis noir) et la variété *radicula* (petite Rave), dont la racine est rosée.

Fig. 297. — Moutarde noire.

Fig. 298. — Cresson de fontaine.

La Moutarde noire (*Brassica nigra* de K.) est une plante annuelle (fig. 297) dont les graines, très âcres et très riches en principe volatil sulfuré quand on les écrase, peuvent être considérées comme rentrant à la fois dans le groupe des substances alimentaires et dans le domaine de la matière médicale.

Un grand nombre de Crucifères sont mangées comme salades : tels sont par exemple : le Cresson des fontaines (*Nasturtium officinale* R. Br.) (fig. 298), la Roquette cultivée (*Eruca sativa* Link), la fausse Roquette (*Diplotaxis tenuifolia* DC.), le Cresson alenois ou des jardins (*Lepidium sativum* L.), etc.

Le Chou-Marin (*Crambe maritima* L.) est cultivé comme plante potagère sur plusieurs points de nos côtes.

Crucifères médicinales. — Toutes les Crucifères, à des degrés divers, sont stimulantes et antiscorbutiques ; quelques-unes sont âcres et rubéfiantes.

Les plus usitées d'entre elles sont les suivantes :

Le Cochléaria officinal ou Herbe aux cuillers (*Cochlearia officinalis* L.) (fig. 299), dont nous avons parlé (p. 736). Les *C. danica* L. et *C. anglica* L. pourraient lui être substitués.

Le Raifort sauvage ou Cranson, ou Cran de Bretagne (*Cochlearia armoracia* L.), dont la racine est un excitant énergique (fig. 300).

Fig. 299. — Cochléaria officinal.

On employait autrefois, contre le catarrhe pulmonaire et l'enrouement, les feuilles un peu astringentes du *Velar* ou *Herbe aux chantres* (*Erysimum officinale* L., *Sisymbrium officinale* Scop.).

Le *Sis. Alliaria* Scop. est réputé diurétique, en même temps qu'antiscorbutique. Il produit une essence qui n'est autre que l'*Oxysulfure d'Allyle*, la même qui se forme dans l'Ail cultivé.

Les graines de Moutarde noire (*Brassica nigra* Koch) sont usitées dans l'alimentation, et surtout dans la thérapeutique, en sinapismes.

Les graines d'une espèce indienne (*B. juncea* Hook. f. et Thoms.), qui sont souvent importées en Europe, peuvent, dit-on, être facilement substituées aux premières.

Les graines de Moutarde blanche (*Sinapis alba* L.), beaucoup moins âcres, sont surtout employées pour combattre les constipations opiniâtres. Elles agissent, probablement, surtout par leur action mécanique.

CRUCIFÈRES INDUSTRIELLES. — La seule Crucifère qui trouve place

Fig. 300. — Raifort sauvage.

dans cette catégorie est le Pastel (*Isatis tinctoria* L.), également appelé *Guède* ou *Vouède*, et dont il a été question (fig. 730).

Son usage, comme plante tinctoriale, remonte très loin; les anciens Bretons s'en servaient déjà, dit-on, pour se teindre le visage. Le Pastel fournit une certaine quantité d'Indigo blanc, susceptible, comme celui des *Indigofera*, de se transformer, en s'oxydant, en Indigo bleu. On l'employait beaucoup avant la découverte de l'Indigo proprement dit, et pendant le blocus continental.

FAMILLE IV. — CAPPARIDACÉES.

Herbes ou *arbrisseaux*. — *Feuilles* alternes, simples ou digitées, avec ou sans stipules.

Fleurs diversement groupées, sans préfeuilles, mais le plus souvent accompagnées de leurs bractées mères, ordinairement zygomorphes, hermaphrodites et 4-mères dans leur périanthe. — *Calice* dialysépale ou gamosépale. — *Corolle* rarement nulle. — *Disque* annulaire, squamiforme ou tubuleux autour des organes sexuels.

Étamines 4 ou 6 ou un nombre plus considérable par dédoublement, parfois portées par un androphore (1).

Gynécée formé par 2 ou plusieurs carpelles, unis en un ovaire uni- ou pluriloculaire, à peu près toujours porté par un gynophore (V. p. 105). — *Ovules* nombreux, campylotropes, à placentation le plus souvent pariétale.

Fruit : capsule, silique, baie ou drupe.

Graines réniformes, sans albumen. — *Embryon* recourbé, dont la radicule est généralement séparée des cotylédons par un repli du tégument qui pénètre entre ces deux régions. — *Cotylédons* étroits, enroulés et repliés plusieurs fois sur eux-mêmes, rarement plans.

Fruit uniloculaire et déhiscent.
Herbes glanduleuses ou sous-arbrisseaux, pourvus de feuilles ordinairement composées-digitées. — Un disque circulaire à la fleur. — Androphore court ou nul...
Cléome L.
(Plantes des rég. chaudes, sur les deux Continents).
Autres genres : *Polanisia, Gynandropsis,* etc.

Fruit drupacé ou baccien, souvent divisé par de fausses cloisons.

Fleur hypogyne. Une corolle bien développée. — Arbres ou arbrisseaux assez souvent grimpants, quelquefois épineux. — Disque annulaire, en forme d'écailles distinctes (espèces américaines) ou très réduit (espèces de l'Ancien Continent). — Étamines ordinairement nombreuses ; filets souvent concrescents à la base. — Un gynophore.—2-8 carpelles unis en un ovaire uni- ou pluriloculaire.
Capparis L.
(Plus de 150 espèces des régions tropicales, subtropicales et tempérées-chaudes des deux Continents.

Fleur périgyne. Corolle nulle ou présente. — Calice tubuleux. — Quelquefois un disque annulaire à bords déchiquetés. — Étamines très nombreuses. — Ovaire uniloculaire ou presque biloculaire, avec 2 ou 4 placentas, porté par un gynophore. — Fruit baccien..
a Forsk.
(Indes; Arabie; Madagascar; Côte orientale d'Afrique).

(1) Sorte de pied formé, au-dessous de l'androcée, par un développement en longueur de la partie du réceptacle située entre lui et le périanthe.

Affinités. — Les Capparidacées ont de grandes affinités avec les Crucifères (nombre des sépales et des pétales, disposition et nombre des étamines ; chez certains *Cleome*, structure de l'ovaire et mode de placentation, forme des ovules ; fruit siliquiforme dans certains genres, absence d'albumen à la graine).

Les caractères qui séparent ces deux groupes sont, pour ainsi dire, artificiels, et aucun d'eux n'est absolument constant. Ce sont surtout : *l'égalité des étamines* chez les Capparidacées, *leur nombre quelquefois considérable* dans cette famille, le *podogyne* qui caractérise certains genres, la *périgynie* qu'on remarque chez quelques autres, la *consistance parfois charnue du fruit*, la *présence des stipules*, etc.

Distribution géographique. — D'une manière générale, les Capparidacées sont à peu près également réparties dans les régions tropicales des deux hémisphères ; les espèces frutescentes sont plus spéciales à l'Amérique. Les deux genres *Capparis* et *Cleome* sont les plus nombreux en espèces.

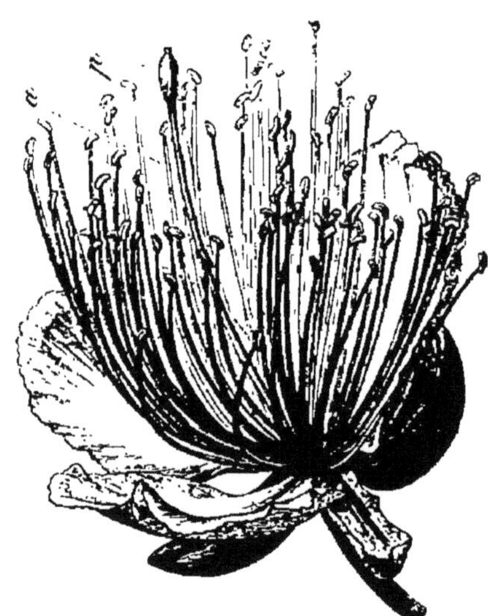

Fig. 301. — Câprier épineux (*Capparis spinosa*). — Fleur.

Propriétés générales. Plantes importantes. — L'analogie qui existe entre les Crucifères et les Capparidacées se retrouve dans leurs propriétés. Ces dernières doivent également aux divers principes sulfurés qu'elles contiennent une âcreté plus ou moins grande, et des propriétés antiscorbutiques. L'usage médicinal des Capparidacées est assez restreint.

La racine de notre Câprier (*Capparis spinosa* L.) (fig. 301) passe pour apéritive et désobstruante. Les fleurs non épanouies de cette espèce, confites dans le vinaigre, constituent un condiment des plus usuels. On utilise de même, en Égypte, celles du *C. ægyptiaca*, dans l'Afrique du Nord celles du *C. Fontanesii*, enfin en Grèce celles du *C. rupestris*.

Le fruit du *C. Sodada*, de l'Afrique centrale, passe, chez les Nègres de cette contrée, pour efficace contre la stérilité de la femme.

Les écorces de certains *Capparis* sont assez âcres pour être utilisées, en Amérique, à titre de vésicants. Telles sont celles des *C. Cynophallophora, Breynia jamaicensis, ferruginea*. Celle du *Cleome gigantea* est employée comme rubéfiante dans l'Amérique tropicale.

Le *Gynandropsis pentaphylla*, plante tropicale des deux Continents, jouit, dit-on, de toutes les propriétés de notre Cochléaria.

On emploie comme épispastiques et vermifuges, dans l'Inde, les *Pollanisia fellina* et *icosandra*. Le *P. graveolens*, de l'Amérique du Nord, est usité comme anthelmintique.

FAMILLE V. — RÉSÉDACÉES.

Herbes annuelles ou vivaces, quelquefois sous-arbrisseaux ou arbrisseaux.

Feuilles alternes, simples, avec petites stipules.

Fleurs en grappes ou en épis, accompagnées de bractées, hermaphrodites, zygomorphes avec réceptacle convexe ou rarement concave (*Randonia*).

Calice (fig. 302) accrescent, à 5, 6 ou 8 pièces libres (rarement 4 par avortement).

Pétales libres, en même nombre, ou 4 en apparence, par concrescence des deux postérieurs, munis d'appendices dorsaux pétaloïdes.

Un *disque* glanduleux, ordinairement plus développé en arrière.

Étamines ordinairement nombreuses, presque toujours indépendantes ; filets égaux ou les postérieurs plus grands. *Anthères* introrses, biloculaires, à déhiscence longitudinale.

Carpelles ordinairement 3 (plus rarement 2-6), libres ou plus souvent concrescents en un ovaire uniloculaire, à placentation pariétale, quelquefois basilaire. — *Ovules* 1-2 par carpelle, campylotropes ou semi-anatropes.

Fruit presque toujours capsulaire, béant au sommet par des fentes rayonnantes, alternes avec les placentas ; plus rarement réunion de follicules ou fruit charnu indéhiscent.

Graine pourvue d'un testa crustacé, sans albumen. Embryon arqué ou reployé sur lui-même.

Réceptacle floral convexe. Périanthe et androcée hypogynes.

Carpelles concrescents.

- Plantes herbacées. — Calice et corolle à 4, 5 ou 6 parties. Étamines nombreuses............ *Reseda* L. (Environ 50 espèces, Asie et Europe ; Afrique du Nord ; surtout Europe méridionale).
  - Calice et corolle 6-mères. — Gynécée 3-mère. *R. odorata* L. *R. Phyteuma* L.
  - Calice et corolle 5-mères. Carpelles 4. *R. alba* L.
  - Calice et corolle 4-mères. Gynécée 3-mère. *R. Luteola* L.
- Plantes herbacées. — 2 à 4 sépales. — 2 pétales entiers, quelquefois concrescents. — Étamines 3. — 4 carpelles concrescents............ *Oligomeris* Camb. (5 espèces. Iles Canaries ; Nord de l'Afrique ; Indes ; région du Cap ; Mexique).
- Plantes frutescentes. — Corolle nulle. — Fruit indéhiscent et pulpeux............ *Ochradenus* Del. (4 espèces. Régions désertiques de l'Afrique et de l'Asie occidentale).

Carpelles indépendants. — Calice et corolle 5-mères. — Étamines 6-20. — Gynécée 5-mère. — Fruit : follicules...... *Astrocarpus* Necker. (A. sesamoides L. Europe méridionale).

Réceptacle floral concave. — Périanthe et androcée périgynes.

Calice et corolle à 8 parties. — Disque double. — 16 étamines indépendantes. — 2 à 3 carpelles............ *Randonia* Cosson. (*Randonia africana* Cos.) (Sahara algérien).

Affinités. — Les Résédacées se rapprochent des Crucifères, bien qu'à un degré moindre que les Capparidacées, par le port et l'alternance des feuilles, l'insertion presque toujours hypogyne de la corolle et de l'androcée, le mode de soudure des carpelles et la placentation pariétale, la campylotropie des ovules, l'absence d'albumen à la graine, la courbure de l'embryon.

La diagnose repose essentiellement sur la présence des stipules à la feuille chez les Résédacées, et celle de bractées sur les inflorescences, la multiplicité des étamines, le nombre des carpelles généralement supérieur à deux, l'absence des fausses cloisons, la nature du fruit, etc.

Les Résédacées se rattachent également aux Capparidacées, qui s'en éloignent surtout par leur port et la nature de leur fruit.

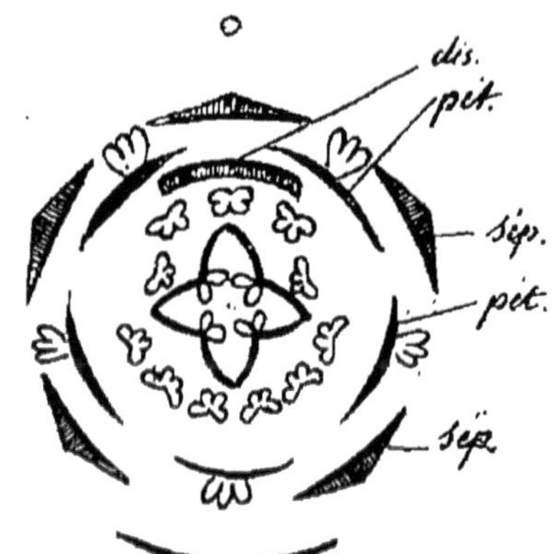

Fig. 302. —Diagramme du *Reseda alba*.

Distribution géographique. — Toutes les Résédacées appartiennent à l'Ancien Continent. Elles abondent surtout dans l'Europe méridionale, l'Asie occidentale et centrale, l'Afrique du Nord.

L'Inde possède un petit nombre d'espèces de *Reseda*, d'*Ochradenus* et d'*Oligomeris*.

Les *Astrocarpus* sont originaires de l'Europe méridionale ; le *Randonia* appartient à l'Algérie.

Propriétés générales. Plantes importantes. — Presque tous les Résédas contiennent dans leurs organes végétatifs, et notamment dans leur tige, une matière colorante jaune, la *Lutéoline*, abondante surtout dans certaines espèces telles que le *Reseda alba* et le *Reseda luteola* ou Gaude. Cette dernière plante est récoltée tout entière, dans les mois de juillet et août, et livrée au commerce sous forme de bottes.

La *Lutéoline* a été retrouvée même chez le *Reseda odorata* ou Mignonnette, que l'on cultive partout, et dont la vraie patrie est inconnue. Cette espèce passe pour sédative ; elle sert à la préparation de pommades, d'un extrait, de parfums, etc.

Certaines espèces de Résédas servaient autrefois aux mêmes usages que les Crucifères, à cause des principes légèrement âcres et piquants qu'elles contiennent.

Le *Reseda Phyteuma* est mangé, en Grèce, comme légume.

L'*Astrocarpus canescens*, de la région méditerranéenne, est détersif et vulnéraire, etc.

SOUS-ORDRE DES RŒADINÉES.

Fleurs 2-mères ou 4-mères, à réceptacle ordinairement convexe. — Étamines libres, en nombre variable. — Carpelles le plus souvent ouverts et concrescents en un ovaire à placentation pariétale. — Valves du fruit déhiscent se séparant des placentas. — Graine avec ou sans albumen.

Ovules anatropes. — Graines pourvues d'un albumen huileux ou charnu abondant. — Embryon minime.

Fleurs actinomorphes, avec réceptacle floral presque toujours convexe. — 2-3 sépales; pétales 4-16 caducs, semblables. — Étamines toutes libres, en nombre indéfini. — Carpelles en nombre variable (2-16), ordinairement concrescents en un ovaire uniloculaire, avec ou sans fausses cloisons. — Fruit : capsule ou silique.
Plantes herbacées, rarement ligneuses, pourvues de latex .... **PAPAVÉRACÉES**

Fleurs le plus souvent zygomorphes; réceptacle convexe. — 2 sépales; 4 pétales dissemblables, les deux extérieurs ou l'un d'eux creusés, le plus souvent, d'une bosse ou d'un éperon glanduleux. — Étamines 4 libres, ou 6 diadelphes. Carpelles 2, concrescents en un ovaire uniloculaire avec un ou plusieurs ovules. — Fruit : silique ou capsule indéhiscente.
Herbes à suc aqueux. — Feuilles très divisées .... **FUMARIACÉES.**

Ovules campylotropes ou semi-anatropes. — Graine sans albumen.

Fleurs actinomorphes. — Sépales 4, en 2 verticilles, caducs. — 4 pétales en croix. — Étamines 6, tétradynames. — Disque ordinairement représenté par des glandes. — 2 carpelles concrescents en un ovaire uniloculaire. — Ovules en nombre variable, campylotropes. — Fruit: silique ou silicule, avec une fausse cloison membraneuse.
Plantes presque toujours herbacées. — Feuilles alternes, sans stipules .... **CRUCIFÈRES.**

Fleurs zygomorphes.

Calice à 4 sépales, libres ou concrescents. — Un disque annulaire. — Étamines 4, 6 ou un plus grand nombre, parfois portées sur un gynandrophore. — Carpelles ordinairement 2, sur un processus de l'axe. — Ovaire uniloculaire et ovules campylotropes. — Capsule, baie ou drupe.
Herbes ou arbustes à feuilles alternes, simples ou digitées, sans stipules .... **CAPPARIDACÉES.**

Calice à 5, 6, 8 pièces. — Pétales en nombre variable, appendiculés. — Étamines ordinairement nombreuses ; un disque inégalement développé. — Carpelles 3 (ou 2-6), libres ou plus souvent concrescents. — Ovules semi-anatropes ou campylotropes. — Fruit capsulaire.
Plantes herbacées ou ligneuses. — Feuilles alternes, stipulées. **RÉSÉDACÉES.**

SOUS-ORDRE III. — CISTIFLORES

Les caractères dominants de ce sous-ordre sont les suivants :

Les fleurs ont un périanthe double, pentamère et verticillé. — Le périanthe et l'androcée sont ordinairement hypogynes, quelquefois périgynes, jamais épigynes. — Le calice est à préfloraison imbriquée, jamais valvaire. — Les étamines sont en nombre indéfini ou, dans tous les cas, plus nombreuses que les pièces de la corolle ; mais l'androcée peut toujours être considéré comme formé par un, plus rarement par deux verticilles d'étamines multipliées par dédoublement. — Carpelles presque toujours concrescents en un ovaire le plus souvent uniloculaire et à placentation pariétale. Le fruit est ordinairement capsulaire, et déhiscent par la nervure dorsale des carpelles.

FAMILLE I. — VIOLACÉES

Fleurs actinomorphes ou zygomorphes, 5-mères. — Réceptacle floral convexe. — Sépales libres ou concrescents, souvent appendiculés. — 5 pétales, dont un souvent plus grand, éperonné (labelle). — Étamines 5 avec filets courts. — Anthères introrses. — 3 carpelles en général, concrescents en un ovaire uniloculaire, à 3 placentas pariétaux. — Ovules anatropes. — Capsule loculicide, rarement baie. — Albumen charnu et embryon droit.

Plantes de toute grandeur. — Feuilles alternes, stipulées.

Cette famille n'est représentée, dans nos régions, que par le genre *Viola*, qui en réalise le type zygomorphe ; mais elle renferme un certain nombre d'autres genres exotiques dont la fleur est rigoureusement actinomorphe.

Les Violacées peuvent être divisées en trois sous-familles (voir le tableau synoptique p. 755), dont la première seule sera étudiée avec quelques détails.

SOUS-FAMILLE I. — VIOLÉES

Description du Viola tricolor L. — La Pensée sauvage (*Viola tricolor* L.) est une herbe annuelle qui croît spontanément dans nos montagnes. On rapporte à cette espèce les nombreuses variétés de Pensées cultivées dans nos jardins.

Ses tiges anguleuses, peu ramifiées, sont pourvues de feuilles alternes dont le limbe lancéolé, lâchement denté sur les bords, se rétrécit en pétiole à la base. Chaque feuille est accompagnée de deux grandes stipules latérales, plus ou moins pinnatifides.

Les *fleurs* sont solitaires sur de longs pédoncules axillaires pour-

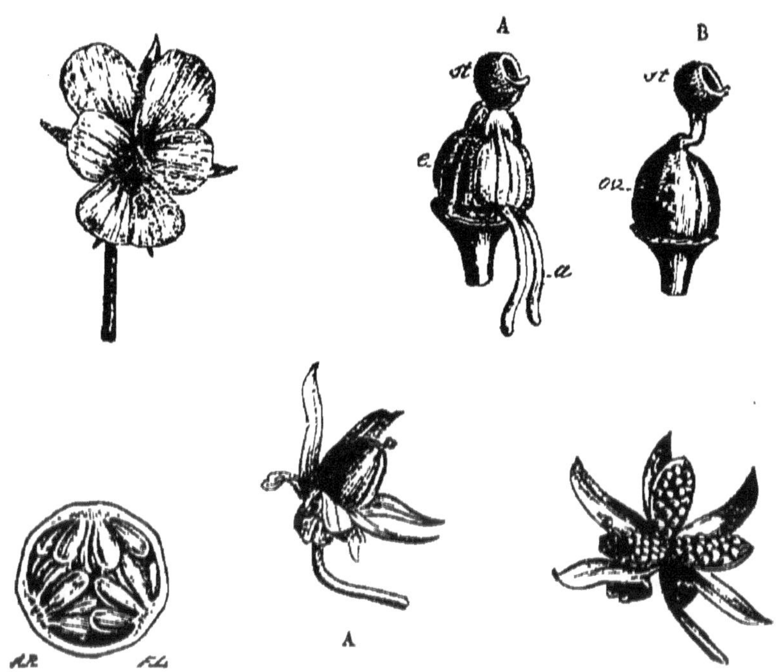

Fig. 303. — Violette des Alpes (*Viola alpestris*), fleur. — *Viola tricolor*, fleur dépouillée de son périanthe; *e*, étamines; *a*, appendice du connectif; *st*, stigmate. — Pistil, *st*, stigmate; *ov*, ovaire. — Coupe transversale de l'ovaire. — Fruit avant la déhiscence. Fruit après la déhiscence.

vus de deux petites bractéoles. Elles sont hermaphrodites, complètes, nettement zygomorphes (fig. 303).

Le *réceptacle* floral est convexe.

Le *calice* est formé par cinq sépales pourvus, chacun, d'une lame herbacée réfléchie vers le pédoncule; sa préfloraison est quinconciale.

La *corolle* est formée par cinq pétales libres, dont la disposition est la suivante: 1° Deux antérieurs, égaux et symétriques, d'un bleu plus ou moins intense. Ils recouvrent : 2° deux pétales latéraux moins colorés que les premiers, également égaux entre eux et symétriquement placés.

3° Enfin le pétale postérieur, recouvert lui-même par les deux précédents, offre un limbe beaucoup plus développé, rabattu en avant en manière de tablier. Il est généralement jaunâtre et veiné; et se creuse postérieurement en un éperon nectarifère, qui passe entre les deux pièces calicinales postérieures.

L'*androcée* est formé par cinq étamines à filets courts et aplatis, et dont les anthères, biloculaires et introrses, à déhiscence longitudinale, sont appliquées les unes contre les autres, de façon à former une sorte de manchon qui cache l'ovaire. Chaque étamine est surmontée d'un appendice membraneux du connectif. Enfin les deux étamines les plus voisines du pétale postérieur ont leur connectif pourvu d'un appendice allongé, qui pénètre dans l'éperon creux de ce dernier pétale.

Le *gynécée* est constitué par trois carpelles soudés par leurs bords, et formant ainsi un ovaire uniloculaire avec trois placentas pariétaux, deux postérieurs et un antérieur. Sur chaque placenta sont insérés de nombreux ovules anatropes, à peu près horizontaux.

L'ovaire est surmonté d'un *style* recourbé sur lui-même, et terminé par un *stigmate* concave latéralement.

Le *fruit* est une capsule qui s'ouvre élastiquement en trois valves, portant chacune un placenta sur son milieu, comme dans la déhiscence loculicide.

Les *graines*, pourvues d'un petit *arillode*, renferment un *embryon* droit, situé dans l'axe d'un *albumen* charnu.

La fleur de la Pensée vient d'être décrite suivant son orientation primordiale; mais au cours de son développement, le pédoncule se tord de 180°, et la fleur, résupinée comme celle des *Orchis* (v. p. 517), dirige alors son labelle en avant et en bas.

Les *Viola* possèdent fréquemment des fleurs cléistogames (v. p. 120).

Autres genres. — Autour de ce genre s'en groupent un certain nombre d'autres qui en sont très voisins, et dont la fleur est également zygomorphe. Tels sont les *Ionidium*, plantes tropicales dont certaines espèces fournissent de faux Ipécas. Ce sont des sous-arbrisseaux ou des herbes à feuilles alternes et stipulées, et dont les fleurs sont construites comme celles des *Viola;* mais *le grand pétale impair est sans éperon, les deux étamines correspondantes n'ont point de prolongement à leur connectif et les sépales sont privés d'appendices.*

Les deux autres sous-familles (les **PAPAYROLÉES** et les **SAUVAGÉSIÉES**) renferment des genres peu connus et sans importance pratique. Nous en exposerons les caractères dans le tableau général.

VIOLACÉES.

Plantes de toutes grandeurs (les *Payyola* Aub. de l'Amérique tropicale sont des arbres), à feuilles alternes, stipulées.

Fleurs solitaires, ou en inflorescences diverses (grappes, épis, cymes, etc.), presque toujours hermaphrodites, actinomorphes ou zygomorphes 5-mères. *Réceptacle* convexe.

Sépales libres ou concrescents, avec ou sans appendices. — *Pétales* libres, égaux ou dissemblables. l'un d'eux (l'antérieur dans la fleur résupinée) creusé à sa base d'une bosse ou d'un éperon glanduleux.

Étamines 5, avec filets généralement courts. *Anthères* introrses, biloculaires, à déhiscence longitudinale. — *Des staminodes* opposés par faisceaux aux pétales chez les Sauvagésiées.

Gynécée ordinairement formé par 3 carpelles, concrescents en un ovaire uniloculaire, avec 3 placentas pariétaux. *Style* simple. *Stigmate* renflé en tête ou concave. *Ovules* nombreux, anatropes.

Fruit : capsule loculicide ou septicide, rarement baie. (*Graine* pourvue d'un *albumen* charnu au milieu duquel est l'*embryon* droit, axile.

SOUS-FAMILLE I.
VIOLÉES.

Fleurs zygomorphes. — Étamines en même nombre que les pétales, sans staminodes. — Fruit : capsule loculicide.

Sépales pourvus d'appendices réfléchis et auriculés. — Pétale antérieur (dans la fleur résupinée) muni d'un éperon ou d'un enfoncement sacciforme glanduleux. — Étamines libres ou légèrement cohérentes. Filets très courts; anthères à connectif large, terminé par un appendice membraneux; les deux étamines antérieures pourvues d'un éperon dorsal.....

Viola L.
(Espèces nombreuses, jusqu'à 200 d'après certains botanistes, la plupart indigènes dans les contrées tempérées de l'Hémisphère Nord).

Sépales égaux, sans appendices. — Pétale antérieur (dans la fleur résupinée) plus grand, creusé à sa base d'un enfoncement glanduleux. — Étamines antérieures pourvues d'une glande dorsale ou d'un éperon....

Hybanthus Jacq. (*Ionidium* Venten.).
(Environ 50 espèces. Régions tropicales et subtropicales du Nouveau et de l'Ancien Monde).

SOUS-FAMILLE II.
PAPAYROLÉES.

Fleurs actinomorphes ou faiblement zygomorphes. Pétales libres, souvent rapprochés en tube. — Étamines en même nombre que les pétales, sans staminodes.

Fruit : capsule loculicide ou baie.

SOUS-FAMILLE III.
SAUVAGÉSIÉES.

Fleurs actinomorphes. — Cinq pétales libres, cinq étamines fertiles et, plus en dedans, cinq staminodes pétaloïdes, libres ou connés, accompagnés, à leur base et en dehors, par un nombre variable de staminodes étroits, glanduleux.

Fruit : capsule septicide.

Ainsi qu'on le voit d'après l'examen de ce tableau, les Papayrolées sont extrêmement voisines des Violées dont elles représentent le type actinomorphe, et dont elles diffèrent aussi par leur port généralement arborescent.

Les Sauvagésiées sont plus éloignées des Violées, dont elles diffèrent par les staminodes qui accompagnent les étamines fertiles (1), et par le mode de déhiscence de leur capsule.

Affinités. — Nous signalerons les suivantes qui sont les plus importantes :

Les Violacées se rattachent aux Droséracées qui, avec les fleurs isostémonées (2), l'ovaire uniloculaire, la placentation pariétale, la capsule loculicide des premières, s'en distinguent, pourtant, par *leur calice longuement tubuleux, leurs anthères extrorses, leurs ovules ascendants, leurs styles distincts*, enfin par *la petitesse de leur embryon*.

Les Violacées ont des rapports analogues avec les Frankéniacées, qui ont, en outre, comme elles, un style simple et un embryon axile. Entre autres caractères différentiels, les Frankéniacées se distinguent par leurs feuilles opposées, en général, et sans stipules.

Les plantes qui nous occupent ont encore assez d'affinité avec les Cistacées (p. 763).

Distribution géographique. — C'est surtout dans les contrées tempérées de l'hémisphère Nord que sont abondantes les plantes de la tribu des Violées.

Elles sont rares dans les régions tempérées de l'hémisphère Sud et sous les tropiques. Les espèces ligneuses de cette section ont leur siège exclusif dans l'Amérique équatoriale.

Les Papayrolées et Sauvagésiées sont propres aux régions tropicales des deux Continents.

Propriétés générales. Plantes importantes. — Les Violacées ont des propriétés émétiques plus ou moins intenses, propriétés dont les racines semblent être le siège principal. Elles contiennent fréquemment de la *Violine*, principe organique que l'on rencontre dans nos *Viola* indigènes, et dont les propriétés sont analogues à celles de l'*Émétine* et de l'*Apomorphine*.

C'est à titre de vomitifs que l'on emploie divers *Hybanthus* (*Ionidium*) en Amérique, entre autres les *Hybanthus lanatus, Poaya, strictus*, etc. La plus importante d'entre ces Violacées exotiques est pour nous l'*Ionidium Ipecacuhana* Vent. (*Hybanthus Ipecacuhana* H. Bn.; *Viola Ipecacuhana* L.), qui croît sur les rivages sablonneux

(1) Ces formations sont considérées comme un disque par certains botanistes.
(2) V. p. 97.

du Brésil, de la Guyane et des Antilles. La racine de cette plante est quelquefois frauduleusement substituée à l'Ipéca ondulé. On la désigne fréquemment sous le nom d'*Ipéca ligneux*, et elle contient, d'ailleurs, d'après Pelletier, 50 p. 100 de principe vomitif.

La racine de l'*Hybanthus microphyllus* H. Bn., qui croît au pied du Chimboraço, est employée au Pérou comme puissant vomitif.

C'est au même titre qu'étaient usitées jadis les racines de certains *Viola*, entre autres celles des *V. odorata* L., *canina* L., *sylvestris* Lam., etc., espèces indigènes; celles des *V. cerasifolia*, *longiflora* du Brésil. On applique encore aux mêmes usages celle des *Noisettia longifolia* de la Guyane, et celle de l'*Anchietea salutaris* A.S.H. du Brésil méridional.

Les fleurs de Violettes (*Viola odorata* L.) sont journellement prescrites en infusion pour favoriser l'expectoration dans les cas de catarrhe bronchique. L'émétine, que ces fleurs contiennent à faible dose, leur communique, peut-être, cette propriété. Les semences de la même espèce sont purgatives; elles faisaient partie du *Catholicon double*.

Enfin le Sirop de Violette est employé comme médicament et comme réactif.

La Pensée sauvage (*V. tricolor* L.) est réputée dépurative et antiscrofuleuse. La racine de cette plante est émétique.

On emploie, comme médicament à la fois mucilagineux et astringent, le *Sauvagesia erecta*, appelé *Herbe de Saint-Martin* à la Guyane, et qui passe pour efficace contre les ophthalmies.

FAMILLE II. — DROSÉRACÉES.

Plantes herbacées pourvues de *feuilles* alternes, plus rarement verticillées, simples et sans stipules, glanduleuses et irritables. — *Fleurs* actinomorphes, hermaphrodites, à périanthe double, 5-mère ou 4 mère. — Insertion ordinairement hypogyne, rarement périgyne. — *Étamines* en nombre simple ou multiple de celui des pétales; filets libres; anthères biloculaires et extrorses. — *Carpelles* 5, 3 ou 2 (rarement 4), concrescents en un ovaire uniloculaire ou pluriloculaire. — *Ovules* anatropes, 3 ou nombreux dans chaque loge, en placentation pariétale ou axile. — *Fruit* : le plus souvent capsule loculicide. — Graine pourvue d'un albumen charnu et d'un petit embryon.

Herbes vivaces, pourvues de feuilles toutes radicales, dont le limbe élargi se reploie sur sa base, et porte, à sa face supérieure, de nombreux processus irritables (voir p. 160). — Fleurs en cyme unipare scorpioïde terminale. — 5 étamines et 3 carpelles. ... **Drosera** L.
(90 espèces, très répandues, excepté dans les régions arctiques).

Herbes pourvues de feuilles radicales ou verticillées, dont le limbe irrité se reploie suivant sa nervure médiane.

Herbes submergées, sans racines. — Feuilles verticillées, à limbe vésiculeux et pourvu de soies. — Fleur solitaire. - 5 étamines et 5 carpelles..... **Aldrovanda** (*A. vesiculosa* L.).
(Sud de l'Afrique; Indes; Europe).

Herbes pourvues de racines et de feuilles radicales non vésiculeuses (voir fig. 108, p. 160). — Fleurs en cyme ombelliforme sur une hampe nue. — Le plus souvent 25 étamines. — 5 carpelles.......... **Dionæa** Ell. (*D. muscipula* Ell.)
(Sud des États-Unis).

Affinités. — On a rapproché les Droséracées des Violacées dont elles ont le port, la placentation, la structure du fruit et de la graine, etc., mais dont elles s'éloignent par un grand nombre de caractères, notamment l'*absence de stipules*, la *direction extrorse des anthères*, etc.

On les rapproche également des Frankéniacées, des Népenthacées, des Sarracéniacées, etc.

Distribution géographique. — Les Droséracées se rencontrent à peu près sous toutes les latitudes. Les *Drosera* ont surtout une extension considérable (Australie, Amérique équatoriale, Afrique centrale). La plupart des genres ont, par contre, une répartition beaucoup plus limitée : l'*Aldrovanda* appartient au Midi de l'Europe; les *Drosophyllum* sont du Sud de la péninsule Ibérique ; les *Dionæa*, des savanes de la Caroline du Sud; les *Paridula*, de l'Afrique australe ; les *Biblys*, de l'Australie.

Propriétés générales. — Les Droséracées indigènes sont âcres et très amères. On les a utilisées dans l'hydropisie et les fièvres intermittentes.

Le *Drosera rotundifolia* L., en particulier, a été expérimenté, mais sans grand succès, contre la phtisie pulmonaire et la coqueluche.

FAMILLE III. — SARRACÉNIACÉES.

Plantes des régions marécageuses de l'Amérique. — Feuilles alternes, toutes radicales et sans stipules, dont le pétiole se transforme en une sorte d'urne ou de tube, à l'orifice desquels s'applique ordinairement le limbe arrondi et petit. Fleurs solitaires ou en grappes, actinomorphes, hermaphrodites. Calice hypogyne, formé par 4-5 (ou 8-9) sépales, en préfloraison imbriquée. Corolle rarement nulle, formée par 5 pétales libres. Étamines ordinairement nombreuses, libres ; anthères biloculaires et versatiles. Ovaire supère, à 3-5 (ou 8) loges. Ovules anatropes, nombreux, insérés sur des placentas axiles, saillants. — Style simple à la base, divisé en lobes stigmatifères diversement conformés. Fruit : capsule loculicide. Graines petites, nombreuses, à tégument membraneux. Albumen charnu abondant; embryon minime.

Fleurs terminales et solitaires.

- Calice formé par 8-9 sépales, dont 5 plus grands, pétaloïdes. — Corolle à 5 ou 6 pétales connivents. — Etamines en nombre indéfini. — Ovaire à 5-6 loges opposées aux sépales, surmonté du style dilaté en un large disque concave... *Sarracenia* L. (6 espèces, Amérique du Nord).

- Calice blanchâtre à 5 sépales. — 5 pétales non connivents, pourpres. — Etamines 15. — Ovaire à 5 loges oppositipétales. — Styles formant cinq lanières enroulées en tube. — Semences hérissées d'aiguillons.......... *Darlingtonia* Torr. (*D. californica* Torr. Gray).

Fleurs réunies en grappes. — Périanthe simple, formé par 4 sépales. — Etamines nombreuses. — Ovaire à 3 carpelles...... *Heliamphora* Benth. (*H. nutans* Benth.).

Affinités. — On rapproche généralement les Sarracéniacées, des Droséracées, dont elles se distinguent cependant par d'importants caractères, entre autres par le *nombre de leurs étamines* (1). Elles ont aussi certains rapports avec les Nymphéacées, auprès desquelles les place H. Baillon, et les autres familles du même ordre.

Distribution géographique. — Plantes américaines.

Propriétés générales. Plantes utiles. — Au point de vue pharmaceutique et médical, la famille des Sarracéniacées est une des moins importantes parmi les Phanérogames. Quelques espèces cependant ont été récemment introduites dans la matière médicale.

Le *Sarracenia purpurea* L. a été vanté contre la variole (2). Le rhizome du *S. flava* L., de la Caroline du Sud, est prescrit en Amérique contre la dyspepsie, la gastralgie et la diarrhée.

(1) D'après Eichler, cependant, on ne devrait admettre, chez ces plantes, que deux verticilles d'étamines plus ou moins multipliées par dédoublement.

(2) Cette plante contiendrait, d'après M. Stan. Martin, de la *Sarracénine*, alcaloïde qui, d'après M. Hôtel, ne serait pas distinct de la Vératrine.

FAMILLE IV. — NÉPENTHACÉES.

Plantes indigènes de l'Asie tropicale et de Madagascar, surtout remarquables par leurs singulières feuilles, dont le pétiole ailé est surmonté d'une nervure médiane recourbée ou contournée sur elle-même. Cette dernière se dilate, vers son extrémité, en une urne creuse, foliacée, qui forme une sorte de couvercle mobile.

(Voir leurs caractères essentiels au tableau général du sous-ordre.)

FAMILLE V. — CISTACÉES.

Fleurs actinomorphes, hermaphrodites, à réceptacle convexe. — Calice à 3-5 sépales, égaux ou inégaux. — 3-5 pétales libres, à préfloraison tordue, caducs. — Étamines ordinairement nombreuses, libres. — Carpelles 3-5, concrescents en un ovaire uniloculaire, ou plus ou moins pluriloculaire. — Ovules orthotropes ou semi-anatropes. — Capsule loculicide. — Un albumen charnu ; embryon droit ou recourbé. — Feuilles ordinairement opposées, avec ou sans stipules.

La famille des Cistacées est formée par un très petit nombre de genres qui tous, comme on va le voir, peuvent être ramenés à un type à peu près unique.

Les deux genres qui la représentent dans nos régions sont les genres *Cistus* et *Helianthemum*, que nous décrirons en premier lieu.

Description des Cistus T. — On trouve, par exemple, très abondant dans les lieux arides du Midi, le Ciste de Monpellier (*Cistus monspeliensis* L.). C'est un *arbrisseau* très rameux, dont les feuilles et les jeunes rameaux exsudent, surtout par les temps chauds, une matière résineuse qui poisse au toucher, et qui exhale une odeur balsamique.

Les feuilles sont opposées, lancéolées, linéaires, roulées sur les bords, d'un vert foncé, *sans stipules.* — Les *fleurs* sont groupées en petites cymes ; elles sont *hermaphrodites* et *actinomorphes, à réceptacle convexe.* — Le *calice* est formé de cinq sépales : *deux extérieurs,* un peu plus grands, et *trois internes à préfloraison tordue.* — La *corolle* est représentée par *cinq pétales égaux, libres et caducs,* blancs et légèrement tachés de jaune à la base. *Leur préfloraison est tordue,* mais ils se recouvrent en sens inverse des pièces internes du calice.

— Les *étamines, en nombre indéfini* (1), sont *libres*, pourvues d'anthères introrses, biloculaires, à déhiscence longitudinale. Leur insertion est hypogyne. — Le *gynécée* est représenté par *cinq carpelles soudés en un ovaire à cinq loges alternisépales*, portant, en placentation axile, des *ovules orthotropes*. Il est surmonté d'un *style simple*, dilaté au sommet en un *stigmate capité*. — *Le fruit est une capsule membraneuse*, s'ouvrant, le long des nervures dorsales des carpelles, en *cinq valves médio-placentifères*. — La *graine* est pourvue d'un *testa dur*. Elle renferme un *embryon plus ou moins recourbé, enveloppé d'un albumen charnu*.

Autres genres. — HELIANTHEMUM T. — Chez les Cistes, les deux sépales externes deviennent parfois plus petits que les trois internes. C'est là l'indication d'une tendance à s'atrophier, qui s'accentue beaucoup dans les *Helianthemum*.

Au point de vue végétatif, les *Helianthemum* se distinguent des Cistes par leur taille et leur consistance généralement moindres, leurs feuilles tantôt opposées, tantôt alternes, quelquefois accompagnées de stipules.

Comme structure florale, nous remarquons ici :

1º Que les sépales externes diminuent de grandeur, ou même disparaissent chez les *Helianthemum* (section des *Halimium*) ;

2º Que le nombre des étamines, en général considérable comme chez les Cistes, peut se réduire à 9 ou même moins ;

3º Enfin que l'ovaire n'est formé que par trois carpelles, et demeure uniloculaire par insuffisance des cloisons. Les trois carpelles sont superposés aux 3 sépales internes.

Dans la section des *Fumana*, séparée des *Helianthemum* par plusieurs botanistes, les 3 carpelles alternent avec les 3 pièces calicinales internes. En outre, les étamines externes demeurent stériles.

Les deux derniers genres de la famille sont exotiques ; ce sont :

HUDSONIA L. — Ils se distinguent des *Helianthemum* (section des *Fumana*) par un seul caractère : il y a deux ovules seulement dans chaque carpelle ;

LECHEA L. — Ovaire tricarpellé et uniloculaire à placentas biovulés des *Hudsonia*, corolle à 3 pétales alternes avec les 3 sépales internes, en préfloraison tordue, androcée de 3, 4, 9 ou de 6 étamines (2).

---

(1) L'androcée des Cistes n'est pas interprété de la même manière par tous les botanistes. Ainsi pour Hofmeister, chaque étamine représenterait une feuille staminale. Les nombreux membres de l'androcée formeraient des cycles alternant les uns avec les autres en direction centrifuge. les étamines du cycle le plus haut alternant avec les pétales.

Pour Payer, il n'existerait réellement que deux cycles staminaux dont l'un demeurerait simple, tandis que les membres de l'autre se multiplieraient par dédoublement radial centrifuge.

Eichler n'est pas éloigné d'admettre une interprétation analogue.

(2) 3 étamines alternipétales, ou 6 dont 3 opposées et 3 alternes aux pétales ; quand il en existe 9 ou 12, il y a eu dédoublement.

CISTACÉES.

Plantes herbacées ou ligneuses, pourvues de poils souvent glanduleux.
Feuilles ordinairement opposées, avec ou sans stipules, libres ou foliacées.
Fleurs complètes, hermaphrodites, actinomorphes, à réceptacle convexe.
Calice à 3-5 sépales, égaux ou inégaux.
Corolle à 3-5 pétales libres, tordus dans la préfloraison, caducs.
Étamines ordinairement nombreuses et libres ; anthères introrses, biloculaires, à déhiscence longitudinale.
Carpelles 3-5, concrescents en un ovaire uniloculaire ou pluriloculaire.
Ovules orthotropes ou semi-anatropes.
Fruit : capsule loculicide.
Embryon droit ou recourbé, dans un albumen charnu.

Sépales externes égaux aux internes ou plus grands. — Cinq feuilles carpellaires et fruit pluriloculaire. — Etamines nombreuses, toutes fertiles. Embryon enroulé en spirale............ **Cistus L.**
(Espèces nombreuses. Europe méridionale et méditerranéenne ; Asie australe et occidentale).

Sépales extérieurs beaucoup plus petits ou nuls. — Fruit uniloculaire. — Carpelles

   3-pluriovulés, alternes ou opposés aux sépales. — Corolle à 5 pétales. Embryon replogé deux fois sur lui-même, en général.

      Etamines nombreuses, toutes fertiles ; carpelles opposés aux sépales......... **Helianthemum T.**
(110 espèces environ. Europe; Afrique boréale et insulaire occidentale; régions tempérées des deux Amériques).

      Etamines plus ou moins nombreuses, les extérieures stériles. — Carpelles alternes avec les sépales......... **Fumana Dun.** (simple section des *Helianthemum* pour beaucoup de botanistes).
(5 à 10 espèces; Asie; Europe méridionale).

   biovulés, alternes avec les sépales.

      Corolle à 5 pétales; étamines nombreuses, les plus extérieures stériles.............. **Hudsonia L.**
(3 espèces. Amérique boréale).

      Corolle à 3 pétales; étamines 3 à 12 au maximum.................. **Lechea L.**
(4 espèces. Amérique boréale).

Affinités. — On peut rapprocher les Cistacées des Violacées ; dans ces deux groupes, en effet, les fleurs sont hermaphrodites, hypogynes, l'ovaire est tricarpellé, les fruits capsulaires loculicides, à cloisons incomplètes ou nulles, les graines albuminées. Les Cistacées se distinguent des Violacées par *leurs feuilles souvent opposées et sans stipules, leurs étamines nombreuses, l'actinomorphie constante de la fleur, leurs ovules orthotropes*, etc.

Distribution géographique. — Les Cistacées sont, pour la plupart, des plantes de la région méditerranéenne. Quelques-unes appartiennent à l'Amérique septentrionale ; par contre, l'Amérique méridionale en possède fort peu. L'Europe centrale et l'Asie orientale sont également pauvres en végétaux de cette famille.

Propriétés générales. Plantes utiles. — Les Cistacées sont légèrement astringentes. Certains Cistes produisent une matière résineuse, usitée chez quelques espèces.

Il en est cependant qui ont été jadis utilisés. Nous signalerons surtout les Cistes, qui fournissaient la matière résineuse connue sous le nom de *Ladanum* ou *Labdanum*. Cette substance, d'une odeur aromatique, d'une saveur à la fois chaude et amère, était réputée efficace contre les ulcères et les catarrhes ; on la disait résolutive, emménagogue et stimulante ; le Ladanum est aujourd'hui presque inusité. Il est fourni principalement par le *Cistus creticus* L., qui croît en grande abondance dans certaines îles de l'Archipel ; on le récolte en promenant sur ces plantes de longues lanières de cuir réunies sur un manche commun. La résine, qui exsude à la surface des feuilles, s'attache à ces sortes de martinets que l'on racle ensuite avec un couteau. On obtenait jadis, dit-on, le Ladanum en peignant la barbe des chèvres qui broutaient dans les Cistes.

Le *Cistus ladaniferus* L. d'Espagne, fournit également une sorte de Ladanum.

Les *Helianthemum*, l'*H. vulgare* Dun. entre autres, passent pour astringents et vulnéraires.

FAMILLE VI. — BIXACÉES.

Cette famille, exclusivement tropicale, se distingue essentiellement par les caractères suivants :

Fleurs actinomorphes, hermaphrodites ou polygames, pourvues d'un réceptacle convexe ou légèrement concave, 5-mères. Sépales libres, à préfloraison imbriquée. Pétales libres, quelquefois nuls, imbriqués ou tordus. — Étamines en nombre indéfini, libres ou légèrement concrescentes. — 2 à 5 carpelles, ordinairement concrescents en un ovaire uniloculaire. — Ovules anatropes, nombreux, pariétaux ou basilaires. — Styles libres ou concrescents à la base. — Fruit charnu ou capsulaire et déhiscent par la nervure médiane des carpelles. — Graines parfois arillées, pourvues d'un albumen charnu.

Plantes ligneuses, à feuilles ordinairement alternes et simples, avec ou sans stipules.

Une seule plante nous intéresse dans ce groupe, le Rocouyer (*Bixa Orellana* L.).

C'est un arbre de l'Amérique tropicale (fig. 304), dont le suc est coloré en jaune ou en rouge. Les feuilles sont simples, pétiolées, palmatinerves à la base, alternes, sans stipules.

Les fleurs forment, au sommet des rameaux, des grappes ramifiées de cymes, dont les pédicelles portent fréquemment cinq glandes au-dessous de la fleur. Cette dernière possède un calice à cinq sépales imbriqués, caducs, et cinq pétales plus grands, en préfloraison tordue. Les étamines sont nombreuses, légèrement concrescentes à la base ; chaque moitié des anthères s'ouvre par une courte fente apicale.

Le pistil est formé par deux carpelles ouverts, concrescents en un ovaire uniloculaire, avec deux placentas pariétaux pourvus de nombreux ovules anatropes ascendants. Le style filiforme se termine par un stigmate faiblement bilobé.

Le fruit est une capsule comprimée, couverte d'aiguillons, déhiscente en deux valves médio-placentifères. Les graines,

Fig. 304. — Rocouyer.

accompagnées d'un court arille en forme de manchette, sont revêtues par trois téguments dont l'interne est résistant ; l'externe est formé par des papilles charnues, riches en pigment rouge, et confluentes en une sorte de faux arille. L'embryon, pourvu de larges cotylédons, est d'une teinte verte.

Affinités. — Les Bixacées offrent des rapports avec les Cistacées qui ont, comme celles-ci, un calice imbriqué, une corolle tordue dans la préfloraison, de nombreuses étamines hypogynes, un ovaire uniloculaire à placentation pariétale, une capsule loculicide, etc. La *forme orthotrope des ovules* et la *présence d'un albumen farineux* chez les Cistacées distinguent surtout ces dernières des Bixacées.

Parmi les familles qui offrent encore certains rapports avec les Bixacées, nous signalerons les Capparidacées qui s'en éloignent particullèrement par leurs graines sans albumen et par leurs fleurs souvent zygomorphes.

Usages. — Le *Bixa Orellana* L. ou Rocouyer, seule espèce importante de la famille, est une plante à la fois médicinale et industrielle.

La pulpe rougeâtre de ses graines dégage une odeur qui rappelle celle de la Violette; sa saveur est astringente et amère. On en prépare, en Amérique, une décoction rafraîchissante, usitée contre les hémorrhagies, la diarrhée et les calculs.

La graine elle-même, aromatique et amère, est réputée stomachique. La racine de la même plante est, dit-on, fortifiante et digestive.

Les graines du *Bixa Orellana*, broyées avec de l'eau chaude et abandonnées à la fermentation, fournissent le Rocou, matière colorante dont on se sert pour teindre les étoffes.

FAMILLE VII. — HYPÉRICACÉES

Fleurs actinomorphes, hermaphrodites, hypogynes, 5-mères ou 4-mères. — Sépales plus ou moins concrescents, inégaux. — Pétales égaux, pourvus d'une fossette ou d'une écaille charnue. — Étamines nombreuses, polyadelphes. — Ovaire à 3-6-5 carpelles, plus ou moins complètement pluriloculaire. — Style divisé en branches stigmatifères. — Ovules nombreux, anatropes.

Fruit capsulaire, loculicide ou septicide, ou bien indéhiscent et charnu. — Graine sans albumen.

Plantes de toutes grandeurs, à feuilles entières, opposées, sans stipules, pourvues de glandes internes à essence.

Description de l'Hypericum perforatum L. — Le Millepertuis (fig. 305), vulgairement employé comme vulnéraire

Fig. 305. — Millepertuis vulgaire.

sous le nom d'*Herbe de Saint-Jean*, est une herbe vivace, à tige dressée, rameuse vers le haut, pourvue de feuilles opposées, simples, ovales et entières, criblées de ponctuations glanduleuses, comme le sont les feuilles de l'Oranger (1), sans stipules.

Les *fleurs*, groupées en cymes terminales, sont actinomorphes et complètes.

Le *calice* (fig. 306) est persistant, formé de cinq sépales concrescents par la base, lancéolés.

La *corolle* est formée par cinq pétales libres, glabres à l'intérieur et sans appendices, d'un beau jaune, caducs.

L'*androcée* est hypogyne ; il se compose d'étamines nombreuses, concrescentes en trois phalanges : une oppositipétale, et deux latérales, opposées aux sépales 4 et 5.

Fig. 306. — Diagramme d'une fleur d'*Hypericum*. d'après les données d'Eichler.

Le *gynécée* est composé de trois carpelles, soudés en un ovaire à trois loges, surmonté d'un style divisé en trois longues branches stigmatifères au sommet. Les placentas axiles sont chargés d'ovules anatropes.

Le *fruit* est une capsule glanduleuse, à déhiscence septicide.

La *graine*, dépourvue d'albumen, est occupée par un embryon droit, charnu, dont les cotylédons sont plus grands que la radicule.

Les genre *Hypericum* est représenté en France par 16 à 17 espèces, de port et de coloration variables, mais toutes à *fleurs pentamères, avec trois faisceaux d'étamines et une capsule triloculaire et trivalve.*

Certains *Hypericum* américains ont des fleurs tétramères, sans que les caractères fondamentaux du genre soient autrement modifiés.

Autres genres. — ANDROSÆMUM Allioni. — Les *Androsæmum*, représentés dans nos régions par deux espèces (*A. officinale* All. et *A. fœtidum* Sp.), se distinguent des Millepertuis par la présence de *cinq faisceaux d'étamines, le gynécée demeurant trimère,* et *leur ovaire uniloculaire* par insuffisance des cloisons.

ELODES Spach. — L'*Elodes palustris* Sp., plante des marais tourbeux, indigène également, ne saurait être distingué comme genre des Millepertuis que par un seul caractère floral : la présence de *3 glandes pétaloïdes, hypogynes,* alternant avec les faisceaux staminaux.

(1) D'où le nom de Millepertuis et la désignation spécifique de *perforatum*.

Vismia Vandell. — Le type floral le plus parfait se trouve réalisé par les *Vismia*, dont le port est, d'ailleurs, bien différent de celui des Hypéricacées indigènes.

Ce sont des arbustes ou des arbres de l'Afrique et de l'Amérique tropicales dont la disposition foliaire, l'absence de stipules et la présence de ponctuations glanduleuses dans toutes les parties vertes rappellent ce que nous avons décrit chez les Millepertuis.

Les fleurs, groupées en grappes de cymes, sont pentamères dans tous leurs verticilles. Les cinq sépales un peu épais sont, dans le bouton, en préfloraison quinconciale ; les pétales, velus en dedans, sont imbriqués.

Les étamines forment ici cinq faisceaux opposés aux pétales : dans leur intervalle se montrent *cinq glandes analogues à celles des Elodes. L'ovaire est à cinq loges* et le fruit est une baie généralement peu charnue.

Caractères généraux. — *Plantes* herbacées, frutescentes ou même arborescentes. Tige cylindrique ou tétragone, parfois comprimée, glabre ou tomenteuse : toujours un suc résineux.

Feuilles simples et entières, opposées, criblées de ponctuations translucides. Pas de *stipules*.

Inflorescences terminales, généralement en cymes corymbiformes. *Fleurs* actinomorphes et complètes. — *Réceptacle* convexe.

Calice à 5 ou 4 sépales plus ou moins concrescents, des deux extérieurs plus petits dans les cas de pentamérie, plus grands quand il y a tétramérie.

Pétales en même nombre que les sépales, égaux entre eux, légèrement insymétriques ; onglet nu ou creusé d'une fossette, ou pourvu d'une écaille charnue. — *Préfloraison* tordue ou imbriquée.

Étamines nombreuses, soudées en 3 ou 5 phalanges, alternant ou non avec tout autant d'écailles pétaloïdes. (Plus rarement étamines irrégulièrement polyadelphes, ou monadelphes, ou tout à fait libres.) Anthères petites, primitivement introrses, puis parfois renversées, biloculaires, à déhiscence longitudinale.

Carpelles 3 à 5 (rarement un seul) formant un ovaire à tout autant de loges, complètes ou incomplètes par insuffisance des cloisons. *Style* divisé en 3 ou 5 branches stigmatifères.

Ovules ordinairement nombreux, horizontaux, anatropes (rarement ascendants ou pendants, peu nombreux ou même réduits à l'unité). *Fruit* ordinairement capsulaire, septicide ou plus rarement loculicide ; quelquefois drupacé ou baccien.

Graines à testa crustacé, ou membraneux, ou bien lâche et celluleux ; chalaze quelquefois prolongée en aile. *Embryon* droit, sans *albumen*.

Capsule septicide ou septifrage; semences non ailées.

Pétales villeux en dedans; fruit de nature diverse. (Régions tropicales.)

> Cinq sépales épais, faiblement imbriqués. — 5 pétales villeux en dedans. — Etamines en cinq phalanges oppositipétales, alternant avec cinq écailles hypogynes. — Ovaire à 5 loges.
>
> - Fruit baccien, indéhiscent. Arbres ou arbrisseaux .... *Vismia* Vandell. (Am. trop. ; Afr. trop.).
> - Drupe à 5 noyaux : ovules peu nombreux ; arbrisseaux .... *Haronga*. Dup. Th. (Afrique trop. : Madagascar).
> - Fruit baccien ; ovules peu nombreux ; arbres ou arbrisseaux.............. *Psorospermum* Spach. (Afr. trop. ; Malacca).

Pétales non villeux en dedans. Ecailles de l'androcée 3 ou 0. — Fruit capsulaire. (Contrées chaudes et tempérées.)

> Fleur pentamère partout.
>
> - Cinq sépales imbriquées ; 5 pétales glanduleux, mais *non villeux*. — Etamines en 5 phalanges, ovaire 5-loculaire. — Fruit : *capsule septifrage*.................... *Eremanthe*, Spach. (Ancien Continent).
>
> Fleur pentamère, sauf le gynécée 3-mère.
>
> - Cinq pétales et cinq sépales non villeux ; cinq phalanges d'étamines, mais *ovaire 3-loculaire*. *Fruit d'abord charnu*, puis s'ouvrant en 3 valves.................... *Androsæmum* Allioni. (Régions tempérées du Nord).
>
> Calice et corolle pentamères. — Androcée et gynécée 3-mères.
>
> > Cinq pétales non villeux, mais 3 *faisceaux d'étamines* seulement et 3 *carpelles*. — Fruit capsulaire.
> >
> > - Pas de glandes .... *Hypericum* L. (Nombreuses espèces, réparties dans tous les climats tempérés. Asie; Amérique du Nord).
> > - 3 glandes alternes avec les faisceaux staminaux.................... *Elodes* Spach. (1 espèce. Lieux marécageux de l'Europe).

Capsule loculicide; Semences ailées. — Arbres ou arbrisseaux.

Calice et corolle 5-mères ; 5 pétales à préfloraison, imbriquée ou tordue.—Etamines en 3 phalanges, alternant avec 3 glandes. — Ovaire 3-loculaire.

- Ovules nombreux par loge...... *Cratoxylon* Cl. (12 espèces : Asie et Océanie tropicales).
- 2 ovules par loge .... *Elixa*, Combus. (Madagascar).

Affinités. — Les Hypéricacées ont beaucoup de rapport avec les Clusiacées et les Camelliacées qui sont étudiées plus loin. Elles se rapprochent aussi des Cistacées; mais *leurs étamines polyadelphes, leurs styles distincts au moins au sommet, leurs ovules anatropes, leur capsule souvent septicide, leurs graines sans albumen*, enfin *la présence de glandes internes dans tous leurs organes*, les en distinguent nettement.

Ce dernier caractère se retrouve chez beaucoup de Rutacées.

Distribution géographique. — Les Hypéricacées sont répandues dans presque toutes les régions tempérées et chaudes, surtout de l'hémisphère boréal; mais c'est l'Amérique tropicale qui en renferme le plus grand nombre. Elles sont relativement rares en Afrique et en Asie.

Propriétés générales. Plantes importantes. — Les Hypéricacées sont riches en huile essentielle et en sucs gommo-résineux qui leur donnent des propriétés excitantes et vulnéraires. En outre, l'écorce de certaines d'entre elles renferme un principe amer.

Plusieurs espèces arborescentes fournissent, par incision, un suc résineux jaune à propriétés drastiques. C'est comme drastique également que l'on utilise, en Amérique, le fruit du *Vismia guyanensis* Pers.

Le Millepertuis ordinaire (*Hypericum perforatum* L.) est l'espèce la plus connue et la plus employée dans nos contrées. On l'utilise comme astringent et vulnéraire. Infusées dans l'huile, ses sommités fleuries servent à préparer une sorte de liniment employé contre la goutte. Ses boutons floraux servent, en Suède, pour colorer l'eau-de-vie de grains.

On employait également autrefois comme vulnéraire, résolutif et vermifuge, l'*Androsæmum officinale* All. (*Hypericum Androsæmum* L.), en français *Androsème* ou *Toute-Saine*.

FAMILLE VIII. — FRANKÉNACIÉES.

Cette petite famille (voyez les caractères essentiels au tableau général) ne comprend qu'un petit nombre de plantes, presque toutes limitées aux régions tempérées de l'hémisphère Nord, et surtout sur le littoral de l'Océan Atlantique et de la Méditerranée. Le genre *Frankenia*, le principal de la famille, est représenté par quelques espèces dans nos régions.

Ces plantes sont sans usages. Les *Frankenia* sont pourtant mucilagineux et faiblement aromatiques.

Les colons de l'île Sainte-Hélène emploient, dit-on, en guise de thé, le *Beatsonia portulacifolia*.

FAMILLE IX. — ÉLATINACÉES.

Famille sans importance pratique. (Voy. au tableau général.)

FAMILLE X. — TAMARICACÉES.

(Voy. au *tableau général*.)

Le genre *Tamarix* L., seul important de la famille, est représenté, en France, par trois espèces, dont une, le *T. gallica* L., est particulièrement répandue sur notre littoral méditerranéen.

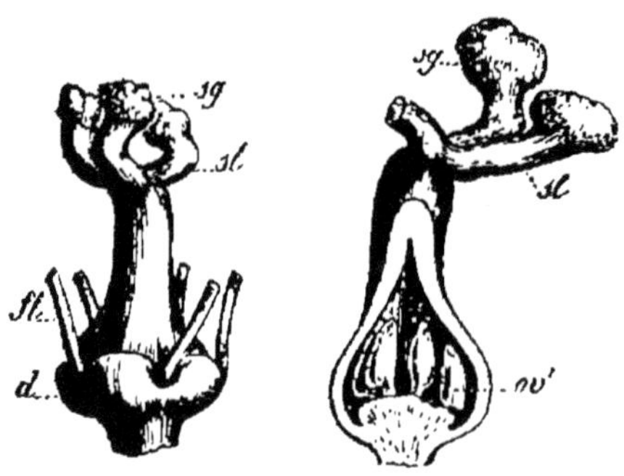

Fig. 307. — Tamarix d'Afrique (*Tamarix africana*). Pistil. — Le même, ouvert.

Ce sont des *arbres* de faible taille, pourvus de *feuilles sans stipules*, très petites, *alternes*, mais très serrées sur les rameaux les plus grêles, et persistantes.

Les *fleurs* forment des grappes portées sur les rameaux anciens dépourvus de feuilles, ou sur les jeunes rameaux feuillés. Elles sont 5-mères ou 4-mères. — Le *calice* et la *corolle* sont formés de pièces libres. — Les *étamines*, en nombre simple ou double de celui des pétales, sont légèrement concrescentes à la base. Les anthères sont extrorses, biloculaires à déhiscence longitudinale. — L'*ovaire* (fig. 307) est formé par trois carpelles concrescents par leurs bords, uniloculaire. — Les *ovules* anatropes, nombreux, sont basilaires et dressés sur un placenta central (formé par la concrescence des placentas basilaires des 3 carpelles). — Les 3 *styles* sont indépendants.

Le *fruit* est une capsule loculicide dont les valves sont placentifères à la base. — Les *graines* nombreuses, chevelues au sommet, sont dépourvues d'albumen.

Le *Myricaria germanica* Desv. se distingue par *ses étamines plus nettement monadelphes, et ses fleurs en épis.*

Distribution géographique. — Les Tamaricacées, spéciales à l'Hémisphère Nord, s'y montrent, principalement au voisinage de la mer, des lacs et des cours d'eau, du 9° au 55° de latitude.

Propriétés générales. Plantes importantes. — Les Tamaricacées contiennent du tannin, de la résine et une huile volatile. Peu d'entre elles sont utilisées. L'écorce du *Myricaria germanica* Desv. est employée contre l'ictère; celle du *T. gallica* L. passe pour apéritive.

Les rameaux du *T. mannifera* Ehr. laissent découler, sous l'influence de la piqûre d'un Hémiptère voisin de la Cochenille, le *Coccus manniparus* Ehrenb., une sorte de Manne que certaines personnes considèrent comme étant la Manne des Hébreux (1).

FAMILLE XI. — TERNSTRŒMIACÉES (CAMELLIACÉES).

Fleurs actinomorphes, hermaphrodites, à réceptacle convexe, le plus souvent 5-mères. — Étamines ordinairement nombreuses, hypogynes, plus ou moins cohérentes à la base. — Ovaire à 3-5 ou un plus grand nombre de loges. — Ovules plus ou moins nombreux, anatropes ou campylotropes. — Capsule loculicide ou septicide, ou fruit indéhiscent. — Graine avec ou sans albumen. Embryon droit ou courbe.

Plantes ligneuses, à feuilles généralement simples et sans stipules, alternes.

Cette famille renferme un assez grand nombre de genres, dont deux seulement, les *Camellia* et les *Thea*, sont importants.

Description des Camellia L. — Ce sont des plantes ligneuses de l'Asie tropicale et de l'Archipel Indien, dont les feuilles simples, alternes et sans stipules, à limbe penninervié, contiennent, dans leur mésophylle, des cellules scléreuses, simples ou ramifiées, caractéristiques pour ce genre et pour les *Thea* qui en sont très voisins

Les fleurs, insérées isolément à l'aisselle des feuilles supérieures des rameaux, sont hermaphrodites et actinomorphes. Aux deux préfeuilles que porte le pédoncule succèdent cinq à huit bractées disposées suivant une spire qui aboutit aux sépales. Leur taille grandit de la première à la plus élevée, et leur

Fig. 308. — Camélia du Japon (*Camellia japonica*). — Bouton floral : *b*, pétales; *a' a' a"*, sépales passant aux pétales.

forme se rapproche de plus en plus de celle des pièces calicinales (fig. 308). La transition est si bien ménagée, que l'analogie seule

(1) On a émis la même opinion au sujet d'un Lichen, le *Lecanora esculenta* (V. p. 306).

permet d'attribuer à ces fleurs un calice formé seulement de cinq sépales libres, en préfloraison quinconciale. La corolle est formée par 5 ou 7 pétales imbriqués, légèrement cohérents à la base, dont les plus externes ressemblent encore aux sépales dont ils continuent la spire. Les étamines sont nombreuses, disposées sur plusieurs rangs, les extérieures cohérentes par la base. Les anthères sont introrses, biloculaires, à déhiscence longitudinale. L'ovaire est composé de 5 ou 3 carpelles, formant un égal nombre de loges avec un petit nombre d'ovules anatropes, pendants, en placentation axile. Les styles sont distincts ou légèrement concrescents à la base.

Le fruit est une capsule loculicide.

La graine, dépourvue d'albumen, renferme un embryon droit.

Thea L. — Les *Thea*, probablement réduits à une seule espèce, ne formeraient qu'une section des *Camellia* pour plusieurs botanistes. *La corolle est plus régulièrement formée par cinq pétales imbriqués, et le nombre des bractées qui séparent les deux préfeuilles des sépales se réduit à 1 ou 2.*

Le *Thea chinensis* Sims. (fig. 309) est un arbrisseau toujours vert, qui n'excède guère la hauteur de 2 mètres. Les feuilles, alternes et pétiolées comme celles des *Camellia*, ont un limbe ovale oblong, finement denté sur les bords, un peu coriace.

Les fleurs sont axillaires et solitaires. Les sépales sont légèrement cohérents par la base, concaves, les extérieurs un peu plus petits. La corolle est blanche. Les étamines, légèrement concrescentes entre elles, sont également cohérentes avec la base des pétales. L'ovaire est triloculaire, surmonté d'un style simple à la base, supérieurement divisé en 3 branches à peine renflées à leur extrémité stigmatifère.

Chacune des loges de l'ovaire contient 4 ovules, dont 1 ou 2 arrivent à l'état de graines. La capsule est trigone, loculicide.

Caractères généraux. — *Plantes* ligneuses, quelquefois volubiles. — *Feuilles* presque toujours simples (rarement digitées), alternes en général et persistantes, sans stipules.

Fleurs actinomorphes, hermaphrodites, hypogynes. Insertion des pièces du périanthe ordinairement spiralée. — *Sépales* 5-7; *pétales* 5-9, libres ou légèrement concrescents par la base. — *Étamines* nombreuses (rarement en nombre défini), libres ou cohérentes par la base. — *Anthères* introrses, basifixes ou versatiles, biloculaires, à déhiscence longitudinale ou rarement poricide. — *Carpelles* ordinairement 3-5 (rarement 2 ou en grand nombre), con-

Fig. 309. — Thé de Chine (*Camellia Thea chinensis*).

crescents et formant un nombre égal de loges. — *Styles* libres ou soudés par leur base. — *Ovules* en nombre variable dans chaque loge, ordinairement anatropes (plus rarement campylotropes), descendants, horizontaux ou ascendants.

Fruit : capsule loculicide ou septicide, ou indéhiscent, et alors charnu ou coriace. — *Graine* avec ou sans albumen.

TERNSTRŒMIACÉES.

Tribu I. — Théées (1).

Anthères le plus souvent introrses d'abord, puis versatiles.
Albumen nul ou très réduit.
Embryon droit ou courbe, avec radicule plus courte que les cotylédons.
Fruit loculicide ou indéhiscent.

Capsule courte : graines à tégument jamais prolongé en aile. — Ovules en nombre défini.

Calice et corolle 5-mères. — Étamines toutes concrescentes par la base de leurs filets..... *Thea* L. (Asie tropicale et Archipel Indien).

Sépales et pétales en nombre variable; une étamine libre en face de chacun des pétales. *Camellia* L. (Asie tropicale et Archipel Indien).

Capsule allongée. — Graines à tégument prolongé en aile. — Ovules en nombre indéfini.............. *Gordonia* Ell. (Amérique septentrionale; Asie tropicale ; Archipel Indien).

Tribu II. — Ternstrœmiées.

Anthères plus ou moins basifixes.
Albumen ordinairement peu abondant, entourant un embryon recourbé dont les cotylédons sont plus courts que la radicule.
Fruit ordinairement capsulaire et indéhiscent, réceptacle convexe............................. *Ternstrœmia* L. (Amérique tropicale; Asie tropicale; Archipel Indien).

Tribu III. — Sauraujées.

Anthères versatiles. — Corolle à préfloraison imbriquée. — Fruit souvent charnu, rarement déhiscent. Graines albuminées ; embryon droit ou légèrement arqué; cotylédons semi-cylindriques, plus courts que la radicule. — Arbres le plus souvent à poils rudes et écailleux.............................. *Saurauja* W. (Asie, Océanie, Amérique tropicales).

Tribu IV. — Bonnétiées.

Anthères versatiles ou presque basifixes. — Corolle généralement tordue. — Capsule septicide. — Albumen peu abondant ou nul; embryon rectiligne avec cotylédons larges et épais; radicule courte. — Arbres ou arbustes dressés................................. *Bonnetia* Mart. et Zucc. (Amérique australe et tropicale).

(1) La première de ces tribus est seule importante à connaître au point de vue pratique.

Affinités. — Les Ternstrœmiacées ont des points de contact avec de nombreuses familles. Elles se rattachent, par des liens plus ou moins étroits, avec les autres groupes du sous-ordre des Cistiflores, et particulièrement avec les *Bixacées*, dont elles ne se distinguent guère que par *leur ovaire complètement cloisonné* et *leurs feuilles sans stipules*. Elles se relient, d'autre part, avec certaines familles du sous-ordre des Columnifères que nous étudierons plus tard (V. en particulier les Tiliacées), et même avec quelques groupes naturels à corolle gamopétale (Styracacées, Ébénacées, etc.).

Distribution géographique. — L'Amérique tropicale et l'Asie orientale constituent les deux principaux centres d'extension pour les Ternstrœmiacées. Elles sont beaucoup plus rares dans l'Amérique du Nord. Une seule espèce habite les îles Canaries, le *Visnea Mocanera.*

Propriétés générales. Plantes importantes. — Aucune plante de ce groupe ne possède des propriétés énergiques. Seul le Thé renferme un alcaloïde important, la *Caféine.*

Le Thé de Chine (*Thea chinensis* Sims. ; *Camellia Thea* Link) constitue la plante la plus intéressante de ce groupe. Comme pour la plupart des végétaux dont la culture est très ancienne, l'origine de cette plante est peu connue ; elle croît cependant encore, à l'état spontané, dans la province indienne d'Assam et dans le Sud-Ouest de la Chine, sur les pentes de l'Himalaya. Mais la culture l'a répandue dans un grand nombre d'autres régions, telles qu'une grande partie de l'Empire Chinois, le Japon, l'Inde, Java, et même en Amérique, au Brésil.

La feuille seule est employée, et la qualité commerciale du Thé dépend surtout de l'époque de la récolte et du mode de préparation. La première récolte, qui a lieu au premier printemps, vers la fin février et en mars, alors que les jeunes feuilles se développent à peine hors des bourgeons, donne la *Fleur de Thé* ou le *Thé impérial*; c'est la sorte la plus estimée. La deuxième récolte se fait en avril, et les autres à diverses époques de la saison chaude.

Les diverses sortes de Thé se répartissent en deux groupes : les *Thés verts* (*Thé Hyson*, *Thé Schoulang*, *Thé Perlé*, *Thé Poudre à canon*, *Thé Tonkay*) sont simplement séchés sur un poêle chauffé au charbon, puis roulés de diverses manières. Ils sont plus astringents et plus aromatiques que les Thés du second groupe. Ces derniers, nommés *Thés noirs* (*Thé Souchong*, *Thé Congo*, *Thé Bohéa*, *Thé Pekao*), ont subi un commencement de fermentation.

La présence des cellules scléreuses dont il a été question dans le parenchyme des feuilles du Thé constitue un caractère important pour la détermination de ce produit.

Indépendamment de la Caféine qui fait du Thé un aliment d'épargne, cette plante renferme encore un grand nombre de principes : de la résine, une huile essentielle qui lui communiquent des propriétés excitantes, du tannin, de la cire, de la gomme, etc.

Le *Camellia japonica* est une plante ornementale, introduite en Europe depuis 1739. En Asie, on utilise l'huile que fournissent ses graines. Le *Camellia Sesangua* Thunb. sert aux Chinois pour parfumer les feuilles de Thé.

Les *Gordonia* sont astringents et employés par le tannage des cuirs.

Quelques espèces de *Saurauja* et de *Kielmeyera* sont usitées comme émollientes.

Auprès des Ternstrœmiacées se placent les **MARCGRAVIACÉES** qu'on leur réunit quelquefois (Bentham et Hooker), plantes exclusivement propres à l'Amérique tropicale. Ce sont des plantes ligneuses, dressées, grimpantes ou épiphytes, dont les inflorescences en ombelles, en épis ou en grappes, sont accompagnées de bractées quelquefois conformées en sacs ou en capuchons nectarifères, d'une forme singulière. — Les fleurs, actinomorphes et toujours hermaphrodites, ont à peu près la même structure que chez les Ternstrœmiacées ; mais *la graine est toujours sans albumen.*

Aucune de ces plantes n'est pratiquement importante. On utilise cependant aux Antilles, comme antisyphilitiques, la racine, la tige et les feuilles du *Marcgravia umbellata*.

FAMILLE XII. — DILLÉNIACÉES.

Plantes presque toujours ligneuses ; rarement sous-arbrisseaux ou herbes.

Feuilles presque toujours alternes, simples, sans stipules ou accompagnées de stipules caduques.

Fleurs actinomorphes, hermaphrodites ou diclines, *hypogynes.*

Le type le plus ordinaire de structure florale est le suivant :

Sépales 3 ou en plus grand nombre ; pétales 5 ou 3 (la pentamérie est le cas le plus fréquent).

Étamines généralement nombreuses, ordinairement libres, quelquefois polyadelphes ou monadelphes. *Anthères* introrses ou extrorses, à déhiscence longitudinale ou poricide.

Carpelles en nombre variable (de 1 à un nombre indéfini), libres ou concrescents, contenant chacun deux ou plusieurs ovules bisériés, anatropes, ascendants. *Styles* terminaux ou dorsaux; *stigmates* simples.

Fruits : follicules à déhiscence ventrale ou dorsale, plus rarement *fruits indéhiscents, secs ou bacciens.*

Graines presque toujours arillées. Embryon petit, logé dans un albumen charnu abondant.

Affinités. — Cette famille, naturelle par enchaînement, montre de nombreuses affinités. H. Baillon les rapproche surtout des Renonculacées. Pour ce botaniste, les Dilléniacées représentent, en quelque sorte, des *Renonculacées à tige ordinairement ligneuse, avec un calice persistant à peu près constamment autour du fruit, et des graines ordinairement pourvues d'un arille.* Cependant, tandis que les étamines se développent en direction centripète chez les Renonculacées, leur développement est centrifuge chez toutes les Dilléniacées connues. Se basant sur cette différence et sur d'autres encore, Eichler penche bien plutôt à rapprocher les Dilléniacées des Cistacées, Ternstrœmiacées, etc.

Distribution géographique. — C'est au delà de l'Équateur que vivent toutes les Dilléniacées; leur répartition est à peu près égale dans l'Amérique et dans l'Asie tropicales. L'Australie est plus spécialement la patrie des deux genres *Hibbertia* et *Candollea*. On ne trouve aucune Dilléniacée dans l'Afrique méridionale ni dans l'Amérique du Sud.

Propriétés générales. Plantes importantes. — La plupart des Dilléniacées sont astringentes; certaines d'entre elles sont employées comme telles en médecine, et même pour le tannage des peaux.

On emploie comme vulnéraires, au Brésil, les feuilles du *Davilla elliptica*, et comme détersives, dans le traitement des ulcères, celles du *Curatella Gumbaïba*. On se sert également en Asie, contre les aphtes, de l'écorce astringente du *Dillenia serrata*, etc.

Certains *Candollea* sont usités comme plantes d'ornement.

FAMILLE XIII. — CLUSIACÉES.

Fleurs actinomorphes, à périanthe double, hypogynes ou périgynes, hermaphrodites ou diclines. — Étamines en nombre généralement indéfini, libres ou diversement concrescentes; anthères à structure variable. — Carpelles 1-15, concrescents en un ovaire uni- ou pluriloculaire. — Ovules analropes : 1 ou plus ou moins nombreux. — Fruit baccien ou capsulaire et à déhiscence septicide. — Graine sans albumen. Embryon plus ou moins différencié, parfois sans organes distincts.

Plantes ligneuses, pourvues de canaux sécréteurs à latex. Feuilles opposées, sans stipules, à limbe entier et coriace.

Bien que totalement exotique, ce groupe est d'un intérêt considérable, tant au point de vue scientifique, que par ses propriétés et les produits qu'il fournit.

Description des Clusia. — Les *Clusia* L. sont des végétaux de l'Amérique tropicale, presque tous épiphytes, plus rarement des arbustes ou des arbres dressés, pourvus de feuilles opposées, pétiolées, entières, plus ou moins coriaces, dont le limbe oblong, lancéolé ou ovale, montre une nervure médiane très apparente, et de nombreuses nervures secondaires parallèles, à peine visibles sur l'organe frais.

Les fleurs, solitaires ou en grappes de cymes, sont dioïques ou polygames, actinomorphes, pourvues d'un réceptacle légèrement convexe. — Le périanthe est formé par un nombre variable de pièces dont les 4 extérieures, plus épaisses, sont considérées comme formant le calice, bien qu'elles passent par degrés aux pièces pétaloïdes plus internes considérées comme des pétales.

Les étamines, en très grand nombre, sont indépendantes ou cohérentes en une masse subglobuleuse. La structure et le mode de déhiscence des anthères varient suivant les sections dans lesquelles le genre a été subdivisé. Dans les fleurs mâles, l'androcée entoure assez souvent un pistil rudimentaire.

L'androcée est remplacé, dans la fleur femelle, par des staminodes diversement conformés. Les carpelles, au nombre de 4, 10 ou au delà, sont concrescents en un ovaire pluriloculaire surmonté par des stigmates sessiles ou presque sessiles, cohérents ou indépendants, triangulaires ou ovales. Dans chaque loge sont insérés, sur des placentas axiles, de nombreux ovules anatropes horizontaux.

Le fruit, d'abord charnu, devient plus tard coriace, et s'ouvre en déhiscence septicide.

Les graines sont revêtues d'un arille plus ou moins complet. L'embryon, dépourvu d'albumen, est remarquable par ses cotylédons très petits, qui surmontent une tigelle très grosse.

Réunis à plusieurs autres genres, les *Clusia* forment, dans la famille, une section ou tribu, les **Clusiées**, dont les caractères distinctifs consistent dans *la diclinie ordinaire des fleurs; la présence de nombreuses étamines libres ou cohérentes; la pluralité des ovules, et les stigmates rayonnants, plus ou moins distincts, qui surmontent l'ovaire; le fruit septicide; enfin, l'embryon dont les cotylédons, bien que très réduits, sont encore différenciés.*

Autres genres. — Garcinia M. — C'est à la tribu des **Garciniées** (voir le tableau général de la famille), voisine des Clusiées, qu'appartiennent les *Garcinia*, auxquels sont dus les produits connus sous le nom de *Gomme-Gutte.*

Ce sont des arbres ou des arbustes dressés dont le feuillage ressemble à celui des *Clusia*. La structure florale diffère suivant la section : c'est ainsi que dans le sous-genre *Xanthochymus*, au calice et à la corolle pentamères succèdent cinq faisceaux d'étamines qui alternent avec un nombre égal de glandes hypogynes. Le gynécée est à cinq loges alternes avec les pétales, uni-ovulées.

Chez le *Garcinia Morella* Desrousseaux (fig. 310), arbre des forêts hu-

mides de Ceylan et du Sud de l'Inde (1), qui fournit la Gomme-Gutte commerciale, les étamines, au nombre de trente à quarante, sont sessiles, et
leurs anthères s'ouvrent par une fente circulaire qui en sépare une sorte
de couvercle bombé (*a*). Ce caractère a paru assez important pour que
certains auteurs aient séparé génériquement les Clusiacées qui le présentent, sous le nom d'*Hebradendron*. — Chez le *G. Cambogia* Desr.
(fig. 311), auquel on a longtemps attribué la vraie Gomme-Gutte, les

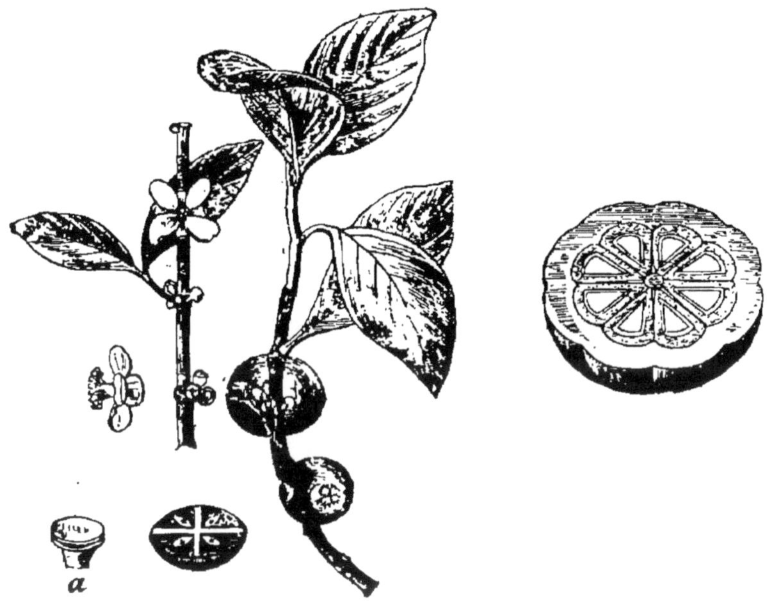

Fig. 310. — Garcinie morellière (*Garcinia Morella*). — Rameau fleuri, rameau fructifère.
Fruit coupé.

étamines, libres sur une excroissance centrale de l'axe floral, s'ouvrent, comme à l'ordinaire, par des fentes longitudinales introrses.

Chez une autre espèce, le *G. Travancoria* Bedd., qui fournit aussi un
produit peu estimé, les étamines, également à déhiscence longitudinale,
sont groupées en 4 masses, etc.

Les Garciniées se distinguent, d'ailleurs, des Clusiées par *la présence
d'un seul ovule dans chaque loge de l'ovaire, leur fruit baccien, et leur
embryon dont les cotylédons ne sont pas différenciés.*

(1) Cet arbre possède un feuillage qui rappelle celui de notre Laurier d'Europe. Ses
fleurs sont dioïques, les mâles formant des fascicules, les femelles solitaires à l'aisselle des
feuilles. Dans les deux sexes, la corolle et le calice sont formés l'un et l'autre par deux verticilles de deux pièces libres, décussées. Dans la fleur femelle le calice est persistant, et
renferme une trentaine de staminodes, soudés en un anneau dont le bord est pourvu de
courts filets que terminent de petites anthères stériles, fertiles d'une manière accidentelle.
Le fruit est une baie du volume d'une cerise, contenant en général quatre semences
anguleuses.

Symphonia L. f. — La résine de Mani (V. plus loin) découle, dans l'Amérique tropicale, du *Symphonia globulifera* L. (1). Cet arbre appartient à une autre tribu des Clusiacées, celle des **Monorobées**, essentiellement caractérisées par *des fleurs hermaphrodites, dans lesquelles les étamines*

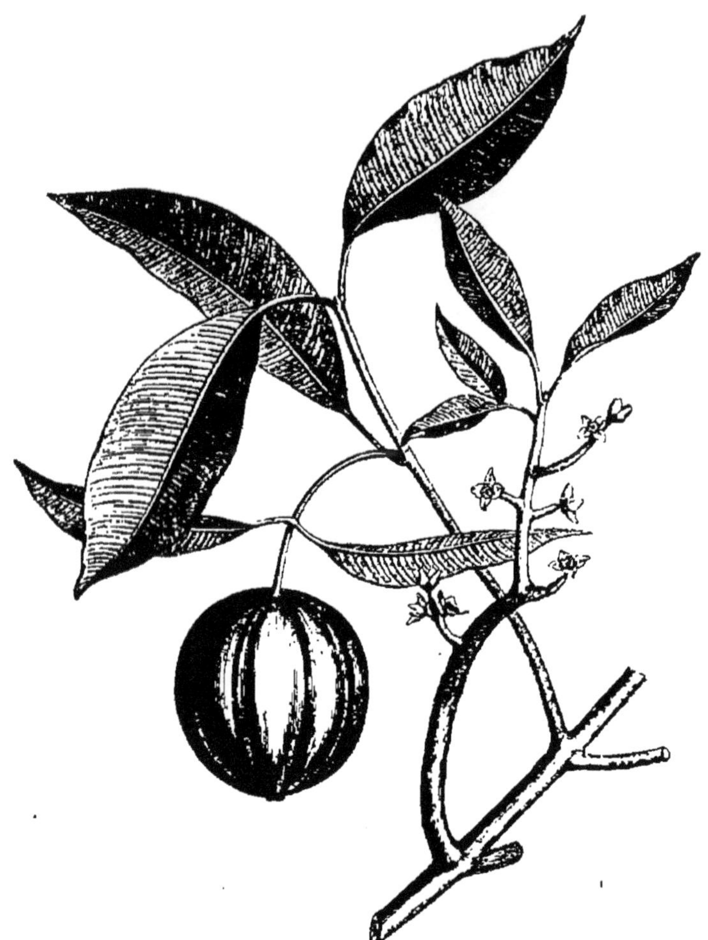

Fig. 311. — Garcinie du Cambodge (*Garcinia Cambogia*).

sont concrescentes en un tube supérieurement divisé en cinq faisceaux d'anthères extrorses, à déhiscence longitudinale. Le fruit, ici encore, *est une baie, et l'embryon sans différenciation.* L'insertion de la fleur est, en outre, légèrement périgyne.

(1) Le *S. globulifera* est un arbre riche en latex. Les autres particularités qu'il offre consistent dans la présence d'un ovaire à 5 loges incomplètes, renfermant chacune 2-6 ovules ascendants ; il est surmonté par 5 lobes stigmatiques divergents. Le calice est orné par 5 sépales inégaux, imbriqués en quinconce ; la corolle par 5 pétales à préfloraison tordue.

Calophyllum L. — Dans une dernière section, celle des **Calophyllées**, *le nombre des loges de l'ovaire se réduit à 4, 2 ou même une seule, avec un très petit nombre d'ovules, ou même un seul ovule dressé; l'ovaire est surmonté d'un long style que termine un stigmate pelté*, entier ou lobé. — *La graine n'est jamais arillée;* enfin *l'embryon des* **Calophyllées** *possède une courte radicule et deux cotylédons volumineux et charnus, parfois soudés en une seule masse.* A cette section appartiennent les *Calophyllum* (1), qui fournissent diverses résines connues sous le nom de *Tacamaques*, et les *Mesua*, arbres de l'Inde remarquables par la dureté de leur bois.

Caractères généraux. — *Plantes* ligneuses de diverse taille, parfois grimpantes ou épiphytes, renfermant, dans leurs divers organes, des *canaux* sécrétant un latex gommo-résineux jaune ou vert. — *Feuilles* opposées, simples et entières, coriaces, penninervées, *sans stipules.*

Fleurs solitaires ou diversement groupées en inflorescences solitaires ou terminales. Elles sont hermaphrodites ou diclines, et alors dioïques ou polygames, toujours actinomorphes et à périanthe double, ordinairement 4-mère ou 5-mère. *Réceptacle* convexe, plan ou concave.

Étamines le plus souvent en nombre indéfini, libre ou diversement cohérentes (en une masse unique ou par faisceaux). Filets filiformes, ou bien courts et charnus. Anthères introrses ou, le plus souvent, extrorses, à déhiscence longitudinale, quelquefois uniloculaires et à déhiscence circulaire, ou poricide.

Gynécée quelquefois représenté par un rudiment dans la fleur mâle, accompagné ou non par des staminodes dans la fleur femelle, avec ou sans *disque* hypogyne.

Carpelles en nombre variable (3-5 ou plus rarement 1-15), concrescents en un ovaire pluriloculaire, rarement uniloculaire. *Ovules* anatropes, 1 ou plusieurs dans chaque loge, à placentation axile, plus rarement basilaire. — *Style* plus ou moins développé; *stigmates* autant que de carpelles, distincts ou diversement concrescents. Parfois style et stigmate simples.

Fruit presque toujours baccien et indéhiscent, parfois encore devenant coriace et s'ouvrant en déhiscence septicide.

Graines avec ou sans *arille. Albumen* nul. *Embryon* sans parties différenciées, ou possédant deux cotylédons plus ou moins volumineux, distincts ou soudés, et une tigelle, tantôt beaucoup plus grande, tantôt beaucoup plus petite.

(1) Les *Calophyllum* doivent leur nom à la beauté de leur feuillage. Leur limbe, indépendamment de la nervure médiane, possède encore de nombreuses nervures parallèles très délicates.

CLUSIACÉES.

Fleurs ordinairement dioïques, rarement hermaphrodites ou polygames. — Étamines nombreuses, rarement en nombre défini, libres ou diversement cohérentes. — Graines ordinairement arillées. — Embryon non différencié ou à cotylédons minimes.

Étamines libres ou concrescentes, mais ne formant jamais des faisceaux. — Styles très courts, distincts ou presque nuls. Loges de l'ovaire pluriovulées. — Fruit charnu d'abord, puis coriace et à déhiscence septicide. — Embryon à cotylédons minimes et à tigelle très épaisse.

Végétaux le plus souvent épiphytes, et pourvus de nombreuses racines aériennes. — Feuilles dont la nervure médiane est seule apparente. — Étamines libres ou diversement concrescentes ....

Clusia L.
(80 espèces. Amérique tropicale [et] subtropicale).

Tribu I. — Clusiées.

Style très court avec un stigmate sessile. — Loges de l'ovaire uniovulées. — Fruit baccien indéhiscent — Embryon non différencié.

Arbres et arbustes dressés. — Structure florale semblable à celle des *Clusia*. — Androcée diversement construit : cinq faisceaux staminaux alternant avec cinq glandes (*Xanthochymus*), anthères sessiles et à déhiscence pyxidaire (*Hebradendron*), ou étamines libres et à déhiscence longitudinale, etc.,.............

Garcinia M.
(150 espèces environ. Ancien continent; Océanie).

Tribu II. — Garciniées.

Fleurs hermaphrodites. — Étamines concrescentes en cinq faisceaux ou en un tube autour de l'ovaire. — Fruit baccien. — Graine sans arille. — Embryon non différencié.

Filets staminaux concrescents en un tube dont le sommet porte cinq faisceaux de 3-4 anthères extrorses, alternes avec les lobes du stigmate.........

Symphonia L. fils.
(5 espèces. Madagascar; Afrique tropicale).

Étamines 5-6 concrescentes autour du pistil ou en faisceau. Filets et anthères tordus en spirale...............

Monorobea Aubl.
(4 espèces. Guyane; Nord du Brésil).

Tribu III. — Monorobées.

Fleurs hermaphrodites ou polygames. — Étamines nombreuses, libres ou cohérentes seulement à la base. — Ovaire 1-loculaire, ou 2-4-loculaire, 1 à 2 ovules par loge, ou dressés dans un ovaire uniloculaire. — Style indivis; stigmate pelté ou à 2-4 divisions au sommet. — Fruit charnu, rarement déhiscent. — Point d'arille. — Embryon pourvu d'une tigelle très courte et de cotylédons épais et charnus, parfois soudés en une seule masse.

Sépales 4. Ovaire à deux loges et 4 semences. Fleurs solitaires..

Mesua L.
(3 espèces. Indes; Java).

Calice formé par 2 sépales cohérents jusqu'au moment de l'anthèse.

Ovaire à 4 loges et 1 graines. — Fleurs axillaires. — Stigmates à 2 ou 4 lobes.

Mammea L.
(*M. americana* L. Amérique).

Ovaire à 2 loges et à 4 graines. — Fleurs fasciculées. — Stigmates peltés.......

Ochrocarpus Thouars.
(Environ 8 espèces. Afrique, Asie tropicale; Nouvelle-Guinée).

Ovaire uniloculaire, avec un seul ovule dressé. — Fleurs en grappes ou en panicules......

Callophyllum L.
(Environ 55 espèces, presque toutes des régions tropicales de l'Ancien Monde. 4 espèces américaines).

Tribu IV. — Calophyllées.

Affinités. — Les Clusiacées sont très voisines des Hypéricacées, auxquelles les réunit M. Engler. *La consistance souvent herbacée de ces dernières plantes, leurs fleurs toujours hermaphrodites, l'embryon bien différencié, l'absence de canaux à latex,* les en distinguent assez nettement. Les caractères communs sont cependant importants et nombreux (feuilles opposées, sans stipules, fleurs actinomorphes et ordinairement hypogynes, étamines nombreuses, polyadelphes, ovules anatropes, albumen nul ; présence d'organes sécréteurs à résine.)

Les Ternstrœmiacées s'en rapprochent aussi à certains égards.

Distribution géographique. — A l'exception de quelques espèces qui croissent dans les parties chaudes de l'Amérique du Nord, les Clusiacées sont des plantes essentiellement tropicales. Elles sont plus nombreuses en Amérique qu'en Asie ; elles sont relativement rares en Afrique.

Propriétés générales. Plantes utiles. — Les Clusiacées doivent le nom de *Guttifères,* qui leur est également donné, aux sucs résineux ou gommo-résineux, colorés en jaune ou en vert, que renferme le système de canaux dont elles sont pourvues. Ces sucs contiennent une résine âcre, dissoute dans une huile essentielle, et dont l'action est quelquefois tempérée par le principe gommeux qui lui est adjoint.

Les graines de certaines espèces contiennent une huile fixe. Toutes les Clusiacées ont, en outre, un bois très dur, souvent très apprécié.

Nous mentionnerons plus particulièrement les espèces suivantes :

Le *Garcinia Morella* Desr., que nous avons déjà décrit, offre deux variétés : α *sessilis* et β *pedicellata,* les fleurs mâles étant sessiles dans la première, pédicellées dans la seconde.

La var. *pedicellata,* qui croît spontanément dans les montagnes du Cambodge, le royaume de Siam, le Nord de la Cochinchine, etc., nous fournit la *Gomme-Gutte vraie,* produit dont l'origine a été longtemps un sujet de discussions.

La var. *sessilis* donne probablement la Gomme-Gutte dite *de Ceylan,* que certains auteurs, Moquin-Tandon entre autres, attribuent au *Garcinia Cambogia* Desr. Cette dernière espèce fournit, dit-on, un produit analogue, mais très inférieur aux précédents. Son fruit, de la grosseur d'une orange, est comestible.

D'autres *Garcinia* donnent des *Gommes-Guttes* diverses :

Le *Garc. pictoria* Roxb. fournit la *Gomme-Gutte du Mysore;*

Le *Garc. Travancoria* donne la *Gomme-Gutte de Travancore,* etc.

Le *Garcinia Mangostona* L., originaire des Moluques, mais transporté aux Antilles, et cultivé dans presque tous les pays tropicaux, donne un fruit comestible. La pulpe en est très sapide, l'épicarpe est amer et astringent.

Le *Symphonia globulifera* L. f., qui croît dans les régions basses et marécageuses de la Guyane, du Nord du Brésil et des Antilles, fournit la *Résine de Mani.*

Le *Mammea americana* L. donne un produit analogue.

Les *Calophyllum,* dont l'aire géographique est très étendue, fournissent divers produits résineux :

Le *C. Tacamahaca* Wild., de l'île de Bourbon et de la Réunion, donne la *Tacamayue de Bourbon;*

Le *C. Inophyllum* L., de l'Inde, de la Nouvelle-Calédonie et de Madagascar, fournit la *Tacamaque des Indes Orientales*, peut-être aussi la *Tacamaque ordinaire;*

Le *C. Calaba* Jacq., des Antilles, et le *C. Mariæ* Pl. et Triana, de la Nouvelle-Grenade, donnent le *Baume de Marie* ou *Baume vert des Antilles.*

Signalons enfin les *Mesua ferrea* L. de l'Inde, dont le bois, d'une dureté exceptionnelle, est très estimé.

FAMILLE XIV. — OCHNACÉES.

Cette famille, sans importance pratique, est tout entière composée de plantes propres aux régions tropicales. Les caractères essentiels en sont indiqués dans le tableau général du sous-ordre.

FAMILLE XV. — CANELLACÉES.

Plantes ligneuses aromatiques. — Feuilles alternes, simples. entières, sans stipules. — Fleurs en fausses ombelles, actinomorphes, hermaphrodites, 3-5 mères. — Étamines 20 ou moins, concrescentes en tube; anthères extrorses. — Carpelles 2-5 formant un ovaire uniloculaire, à placentation pariétale. — Ovules nombreux, anatropes. — Fruit baccien. — Graines pourvues d'un albumen oléagineux.

Description du Canella alba Murr (1). — Cet *arbre* fournit une écorce très aromatique, connue sous le nom de *Canelle blanche.*

Il est pourvu de *feuilles simples,* sans stipules, criblées de ponctuations glanduleuses.

Les *fleurs,* régulières et hermaphrodites, sont disposées en grappes de cymes ramifiées.

Le *calice* est formé de 3 sépales libres, en préfloraison imbriquée.

La *corolle* offre 5 pétales, imbriqués ou tordus dans le bouton. D'après la disposition de ces pièces, il est à présumer qu'elles constituent, comme le calice, un verticille trimère, alterne avec les sépales, mais dont le pétale antérieur est resté simple, les deux autres s'étant dédoublés.

L'*androcée* consiste en une vingtaine d'étamines environ, concrescentes en tube par les filets, à peine distinctes par leurs connectifs. Les *anthères* sont longues et linéaires, extrorses, uniloculaires, et forment une sorte de manchon autour du gynécée qu'elles cachent complètement. Leur déhiscence est longitudinale.

L'*ovaire,* qui occupe le sommet de la convexité que forme l'axe floral, est uniloculaire, avec deux ou trois placentas pariétaux superposés aux pièces de la corolle, portant un petit nombre d'*ovules* demi-anatropes descendants. Cet ovaire s'atténue vers le haut en un *style* simple que surmontent 2 à 3 lobes stigmatiques très courts.

Le *fruit* est une baie polysperme contenant un certain nombre de

---

(1) *Winterania Canella* L.; *Canella Winterana* Gaertn.

graines descendantes. Ces dernières montrent un *embryon* arqué dans un *albumen* charnu abondant.

L'absence de stipules, la monadelphie de l'androcée, la soudure complète des carpelles en un ovaire uniloculaire, le fruit baccien, constituent les caractères les plus importants des Canellacées.

Nous les retrouvons chez le *Cinnamodendron corticosum* Miers, qui fournit l'*Écorce de Winter fausse*. Ce genre ne se distingue guère des *Canella* que par la présence de languettes pétaloïdes doublant les pétales, dont ils auraient, du reste, la nature, d'après Bentham et Hooker.

Enfin, Baillon a créé le genre *Cinnamosma* pour une Canellacée de l'Ancien continent, dont les fleurs sont sessiles et solitaires à l'aisselle des feuilles. Il existe plusieurs bractées imbriquées en dehors des trois sépales ; l'androcée se compose d'une quinzaine d'étamines ; enfin la corolle est gamopétale, ce qui constitue le trait le plus saillant de ce genre.

Affinités. — Les affinités de ce groupe, réduit aux trois genres dont il vient d'être question, sont difficiles à établir. Bentham et Hooker les rattachent aux Bixacées dont elles ne se distinguent, en effet, que par un caractère bien net : la *monadelphie des étamines ;* Eichler partage cette manière de voir. Baillon en fait une section des Magnoliacées, dont elles s'éloignent cependant par d'importants caractères, et surtout par la structure de l'androcée et du gynécée. Enfin, Martius les réunissait aux Guttifères, avec lesquelles, en effet, elles ont beaucoup d'analogie.

Distribution géographique. — Les *Canella* et *Cinnamodendron* croissent dans l'Amérique équatoriale et aux Antilles; le *Cinnamosma fragrans* H. Baillon, à Madagascar.

Propriétés générales. Plantes importantes. — La *Cannelle blanche* est fournie par le *Canella alba* Murray, des Antilles, des îles Bahama, du Sud de la Floride.

L'écorce du *Cinnamodendron corticosum* Miers est connue, dans le commerce, sous nom inexact d'*Écorce de Winter*.

FAMILLE XVI. — DIPTÉROCARPACÉES.

Fleurs hermaphrodites, actinomorphes, pentamères; réceptacle plan, concave ou convexe. — Calice gamosépale, persistant, à divisions toutes ou en partie accrescentes autour du fruit. — Pétales 5, à préfloraison tordue. — Étamines en nombre variable, libres. — Ovaire libre ou plus ou moins concrescent avec le réceptacle floral, à 3 loges biovulées. — Ovules anatropes, descendants. — Fruit indéhiscent ou à déhiscence septifrage. — Graine ordinairement sans albumen.

Plantes ligneuses, pourvues de canaux à oléo-résine. — Feuilles simples, entières, stipulées.

La famille des Diptérocarpacées, tout entière étrangère à l'Europe, fournit à la matière médicale un certain nombre de produits intéressants, entre autres le *Camphre de Bornéo*, donné par le *Dryobalanops Camphora* Colebr.

Description du Dryobalanops Camphora Coleb. — Cette plante est un bel *arbre* de Bornéo (fig. 312) et de Sumatra, *riche en suc résineux.*

Ses feuilles sont alternes, simples, entières, coriaces, penninerves, pourvues de nervures secondaires obliques, nombreuses et parallèles. Elles sont accompagnées, à la base, par *deux petites stipules caduques.*

Les fleurs forment des grappes ramifiées ; elles sont *actinomorphes, hermaphrodites et pentamères.* Leur réceptacle est légèrement concave ; par suite, l'insertion de leurs étamines est un peu périgyne.

Le *calice* est formé par *cinq sépales, à préfloraison imbriquée.*

Les *cinq pétales* qui les suivent et auxquels ils ressemblent, sont à *préfloraison tordue.*

L'androcée périgyne se compose de *nombreuses étamines, dont les filets aplatis portent de longues anthères biloculaires, à déhiscence à peu près latérale, que* surmonte un *prolongement subulé du connectif.*

Le *gynécée* se compose de 3 *carpelles soudés en un ovaire plus ou moins complètement triloculaire,* surmonté d'un style simple et d'un stigmate creux, à bords crénelés.

A l'angle central des loges, sont des ovules géminés, incomplètement anatropes, descendants et à microphyle supérieur.

Fig. 312. — Camphrier de Bornéo (*Dryobalanops Camphora*).

Le fruit est une capsule déhiscente, à partir du sommet, en trois valves qui laissent en place les placentas adhérents aux restes des cloisons. Ce fruit demeure, d'ailleurs, enchâssé dans la cupule réceptaculaire, dont le bord porte les *cinq sépales développés en cinq grandes ailes rigides.*

On trouve, dans la capsule, *une à deux graines,* dont la germination commence dans le péricarpe même. Elles sont *dépourvues d'albumen,* l'amande étant uniquement *formée par un gros embryon charnu,* dont les cotylédons, très irrégulièrement lobés et reployés sur eux-mêmes, sont inégalement volumineux. La radicule est supère et conique.

Autres genres. — DIPTEROCARPUS Gaertn., *Shorea* Gaertn, *Valeria* L.— Le nom de Diptérocarpacées a été donné à la famille du nom de *Dipterocarpus*, qui désigne un genre important de ce groupe. Les *Dipterocarpus* sont des arbres très riches en suc résineux, et dont l'organisation est presque la même que celle des *Dryobalanops*.

Mais *des cinq sépales, deux se développent en grandes ailes cartilagineuses* qui accompagnent le fruit, les trois autres demeurant fort réduits.

En second lieu, *le péricarpe devient presque ligneux et demeure indéhiscent*.

Enfin, les feuilles sont accompagnées de *stipules caduques, soudées en un cône qui protège le bourgeon axillaire*.

Trois des lobes calicinaux sont accrescents chez les *Shorea*. Enfin, on voit le nombre des étamines se réduire à 60, ou même quelquefois à 15, chez les *Valeria*.

Caractères généraux. — *Arbustes ou arbres*, riches en canaux à oléo-résine. — *Feuilles* simples et entières, penninerviées, coriaces, persistantes. — *Stipules* petites et caduques, ou membraneuses, conniventes et entourant la tige. — *Fleurs* le plus souvent en grappes ou en épis unilatéraux, accompagnées de bractées ordinairement peu développés, hermaphrodites, actinomorphes. — *Réceptacle* plan, ou légèrement convexe, ou plus ou moins concave. — *Calice* gamosépale, 5-mère, persistant, à divisions égales ou inégales, souvent 2, 3 ou toutes les cinq accrescentes et aliformes autour du fruit, valvaires ou imbriquées dans le bouton. — Cinq *pétales* libres ou concrescents par la base, à préfloraison tordue.

Étamines en nombre indéfini ou défini, hypogynes ou périgynes. — *Anthères* biloculaires, à déhiscence longitudinale introrse ou latérale; connectif plus ou moins longuement apiculé.

Carpelles 3, concrescents en un ovaire libre ou plus ou moins infère, à 3 loges renfermant chacune 2 ovules anatropes, descendants, insérés au sommet ou sur le milieu de l'angle central des loges. — *Fruit* accompagné par le calice persistant, dont 2 ou plusieurs sépales accrescents et aliformes ; il est ordinairement monosperme par avortement, indéhiscent ou déhiscent en 3 valves, qui laissent les placentas encore adhérents aux débris des cloisons. — *Graines* ordinairement sans albumen.

Réceptacle concave, adhérent plus ou moins ou non adhérent avec l'ovaire. — Deux des sépales accrescents et se développant en ailes autour du fruit. — Étamines 20 ou plus nombreuses. — Anthères longuement aristées. — Style reposant sur un stylopode gros et charnu.

   Ovaire non adhérent. — Divisions calicinales légèrement imbriquées dans le bouton. — Etamines en nombre indéfini. — Style filiforme. — Stipules membraneuses, entourant l'axe .... *Dipterocarpus* Gaertn.
(65 espèces. Indes ; Archipel Indien : Ceylan ; Philippines).

   Ovaire plus ou moins concrescent avec la cupule réceptaculaire. — Etamines 20 à 35. — Style court. — Stipules petites et caduques.................................... *Anisoptera* Korthals.
(16 espèces connues. Asie tropicale orientale ; Archipel Indien).

Réceptacle concave. adhérent avec la base de l'ovaire. — Étamines en nombre indéfini. — Anthères surmontées d'un court appendice. — Point de stylopode. — Fruit déhiscent en 3 valves. accompagné par les cinq sépa'es également accrescents et aliformes.................................... *Dryobalanops* Gaertn.
(4 espèces. Bornéo ; Sumatra).

Des cinq lobes calicinaux, 3 sont accrescents et aliformes. — Étamines en nombre variable (15 à 60). — Anthères surmontées d'un appendice long et filiforme. — Fruit s'ouvrant, à la germination, en trois segments.................................... *Shorea* Rxb.
(87 espèces. Asie tropicale ; îles de la Sonde ; Bornéo ; Philippines).

Les cinq lobes calicinaux valvaires dans le bouton, égaux et ordinairement plus courts que le fruit (rarement 2 accrescents et aliformes). — Etamines 15 (rarement 10). et connectif prolongé en un court appendice. — Stylopode nul.................................... *Vatica* L.
(44 espèces connues. Asie et Afrique tropicales).

Les cinq lobes calicinaux imbriqués dans le bouton, toujours égaux et plus courts que le fruit. — Etamines 40 à 80. — Connectif prolongé en 1 ou 2 processus.................................... *Vateria* L.
(3 espèces. Asie tropicale).

Affinités. — On réunit quelquefois aux Diptérocarpacées les *Lophira* Banks de l'Afrique tropicale et les *Ancistrocladus* Wall. de l'Asie, de l'Afrique et de l'Océanie, qui, entre autres caractères, s'en distinguent par *leur ovaire uniloculaire* (1).

Les Diptérocarpacées se rapprochent des Guttifères, qui possèdent également des canaux résinifères ; mais, chez ces dernières, les feuilles sont opposées et sans stipules, les sexes presque toujours séparés, les ovules nombreux, etc. Elles ont également certains rapports avec les Ternstrœmiacées qui manquent de canaux sécréteurs, dont le réceptacle est convexe et le calice non accrescent.

Distribution géographique. — Les Diptérocarpacées sont des plantes de l'Asie tropicale, de Bornéo, des îles de la Sonde et de l'Afrique tropicale.

Propriétés générales. Plantes importantes. — Les Diptérocarpacées ont, pour la plupart, un bois très dur, très résineux, et par suite très facile à conserver, ce qui le rend propre à un grand nombre d'usages.

Les plus importantes espèces sont les suivantes :

Le *Dryobalanops aromatica* Gært. (*D. Camphora* Colebr.), qui fournit le *Camphre de Bornéo*. Ce produit n'est plus guère aujourd'hui qu'un objet de curiosité (2).

Un certain nombre de *Dipterocarpus* fournissent, par incision de leur tronc, une oléo-résine employée comme succédané du Baume de Copahu, et même pour falsifier ce dernier produit.

Les principales espèces sont les suivantes :

D. incanus Roxb., de Chittagong et de Pégu ;

D. alatus Roxb., de Chittagong, Bura, Ténasserim, Siam, etc.

D. Zeylanicus et *trispidus* Thw., de Ceylan.

D'autres espèces fournissent un produit analogue, mais de qualité inférieure, telles que :

D. trinervis Blume, de Java et des Philippines.

D. littoralis Blume ; *D. gracilis* Blume ; *D. retusus* Blume, de Java.

Le *Vatica Selanica* Wight et Arn. donne le *Dammar Selan* (3), de la Malaisie.

Le *Vateria indica* L. fournit une résine, dite Copal de l'Inde, qui sert à peu près aux mêmes usages que la cire.

Enfin le *Shorea robusta* Roxb., de l'Inde, fournit une résine connue sous le nom de *Dammar de l'Inde*.

---

(1) Les *Ancistrocladus* forment, pour beaucoup d'autres botanistes, la petite famille des Ancistrocladacées, et les *Lophira* sont rangés parmi les Ochnacées, dont nous n'avons pas à nous occuper ici.

(2) Le Camphre de Bornéo pur, ou *Bornéol* ($C^{20}H^{18}O^2$), n'est autre chose qu'un alcool dont le Camphre du Japon est l'aldéhyde.

(3) Qu'il ne faut pas confondre avec le *Dammar des Indes Orientales*, que nous fournit une Conifère, le *Dammara orientalis* Lamb.

les caractères à la page 732).

convexe, rarement légèrement concave. — Étamines en nombre défini, indépendantes. — Végétaux non aromatiques.

Carpelles concrescents en un ovaire uniloculaire. — Graine pourvue d'un albumen charnu.

Fleur actinomorphe ou zygomorphe (un des pétales transformé en labelle).—Étamines 5, à filets courts ; anthères introrses. — Carpelles 3. — Placentation pariétale. — Fruit capsulaire, rarement charnu. Herbes ou arbres, à feuilles ordinairement grandes, stipulées............... **VIOLACÉES.**

Fleur toujours actinomorphe. — Étamines 4-10. Anthères extrorses. —Carpelles 2 à 5.— Placentation plus ou moins centrale. — Fruit capsulaire. — Plantes ligneuses, à feuilles petites, sans stipules...................... **TAMARICACÉES.**

Carpelles concrescents en un ovaire ordinairement pluriloculaire. — Graine pourvue ou dépourvue d'albumen.

Feuilles en forme d'urne, alternes et sans stipules. — Fleurs dioïques, à périanthe simple. — 4-10 étamines monadelphes, avec anthères extrorses. — Ovaire 4-loculaire. — Ovules nombreux, ascendants, insérés sur les cloisons. — Fruit loculicide. — Graines allongées ; tégument prolongé en ailes aux deux bouts. — Albumen charnu abondant. — Sous-arbrisseaux...................... **NÉPENTHACÉES.**

Feuilles normalement conformées, opposées ou verticillées, stipulées. — Fleurs hermaphrodites. Périanthe double, à 2-5 parties, imbriquées dans la préfloraison. — Ovaire 2-5-loculaire, avec placentas axiles. — Fruit septicide. — Graines sans albumen. — Sous-arbrisseaux ou herbes.... **ÉLATINACÉES.**

Feuilles irritables, alternes ou plus rarement verticillées, sans stipules.— Fleurs hermaphrodites, 5-mères ou 4-mères, hypogynes, rarement un peu périgynes, le périanthe double. — Étamines 4-10, pourvues d'anthères extrorses.— Carpelles 3-4-5, formant un ovaire uniloculaire ou pluriloculaire. — Fruit loculicide.— Albumen charnu........ **DROSÉRACÉES.**

concrescentes, au nombre de 20 environ. Anthères extrorses.—Ovaire uniloculaire, avec 2-3 placentas pariétaux. — Fruit charnu.—Plantes ligneuses, pourvues de glandes internes à essence. — Feuilles simples, entières, sans stipules...................... **CANELLACÉES.**

Carpelles entièrement concrescents en un ovaire à loges plus ou moins complètes. — Style terminal. —Fruit capsulaire loculicide. — Graine sans albumen. —Feuilles sans stipules.

Feuilles en forme d'urne, alternes. — Fleur 5-mère, à réceptacle quelquefois légèrement concave. — Étamines libres, avec anthères versatiles. — Ovaire à 3-5-8 loges, avec placentas axiles. — Ovules anatropes. — Style formant un disque lobé vers son sommet.................. **SARRACÉNIACÉES.**

Feuilles normalement conformées, opposées. — Calice et corolle à 3-5 pièces.—Carpelles 3-5, et ovaire à loges plus ou moins complètes. — Ovules ordinairement orthotropes. **CISTACÉES.**

Réceptacle ... en nombre indéfini,

libres.

Carpelles cohérents en un ovaire profondément lobé et style gynobasique.—Fruits de nature variable.—Graine avec ou sans albumen. — Feuilles av. ou sans stipules.

Fleurs quelquefois zygomorphes. — Un disque hypogyne, parfois accrescent après l'anthèse. — Étamines accompagnées de staminodes. — Plantes ligneuses............ **OCHNACÉES.**

Carpelles le plus souvent indépendants. Styles terminaux. — Fleurs 3-5 mères. — Étamines libres ou polyadelphes, sans staminodes. — Fruit baccien ou réunion de follicules. — Graine souvent arillée, albuminée. — Plantes ligneuses. — Feuilles alternes, avec ou sans stipules.................... **DILLÉNIACÉES.**

ordinairement concrescentes de diverses manières, rarement libres.

Ovaire uniloculaire. — Fleurs petites, 4-5 mères, hermaphrodites. — Anthères extrorses. — Fruit à valves médioplacentifères. — Albumen farineux. — Herbes à feuilles petites, opposées, sans stipules.................... **FRANKÉNIACÉES.**

Ovaire ordinairement pluriloculaire. — Végétaux pourvus de canaux sécréteurs ou de glandes internes. — Feuilles opposées, sans stipules. — Albumen nul.

Fleurs hermaphrodites. — Pétales glanduleux à la base. — Étamines polyadelphes, — Ovaire à 3-5 loges plus ou moins complètes. — Fruit loculicide, septicide ou indéhiscent. — Végétaux glanduleux.................. **HYPÉRICACÉES.**

Fleurs hermaphrodites ou diclines. — Étamines libres ou diversement cohérentes. Anthères ordinairement extrorses. — Carpelles 9-15 et ovaire ordinairement pluriloculaire. — Fruit : baie, rarement capsule septicide. — Des canaux sécréteurs.................... **CLUSIACÉES.**

Ovaire uniloculaire, avec placentas pariétaux. — Fleurs hermaphrodites ou polygames. Corolle quelquefois nulle. — Étamines libres ou plus ou moins concrescentes. — Fruit charnu ou capsulaire, à valves médio-placentifères. — Graine parfois arillée ; albumen charnu. — Plantes ligneuses à feuilles alternes, sans stipules............. **BIXACÉES.**

Réceptacle convexe ou plus ou moins concave dans une même famille naturelle.

Ovaire plus ou moins complètement pluriloculaire. —Étamines nombreuses.

Fleur 3-mère. — Calice non accrescent. — Étamines libres, ou un peu concrescentes à la base. — Ovaire 3-5 loculaire ; ovules anatropes ou campylotropes. — Fruit indéhiscent, ou bien loculicide ou septicide. — Graine avec ou sans albumen. — Plantes sans canaux sécréteurs. — Feuilles généralement simples et sans stipules........... **TERNSTRŒMIACÉES.**

Fleur 5-mère. — Sépales accrescents en partie ou en totalité. — 8 pétales à préfloraison tordue. — Étamines libres. — Ovaire plus ou moins infère, à trois loges biovulées. — Fruit indéhiscent ou septifrage. — Graine sans albumen. — Plantes ligneuses, avec canaux sécréteurs. — Feuilles simples, stipulées...................... **DIPTÉROCARPACÉES.**

SOUS-ORDRE IV. — COLUMNIFÈRES

*Fleurs pourvues d'un réceptacle le plus souvent convexe, et 5-mères.
— Calice gamosépale, à préfloraison valvaire. — Corolle formée de
pétales libres, à préfloraison ordinairement tordue. — Androcée formé
par un ou deux verticilles dont les membres demeurent simples ou,
presque toujours, subissent des dédoublements plus ou moins répétés.
— Filets souvent monadelphes. — Carpelles en nombre variable, libres
ou concrescents.*

FAMILLE I. — TILIACÉES

*Fleurs actinomorphes, à réceptacle convexe, généralement herma-
phrodites et 5-mères. — Calice valvaire. — Pétales ordinairement
libres; préfloraison valvaire, imbriquée ou tordue. — Étamines nombreuses, libres ou polyadelphes. — Ovaire plus ou moins nettement
pluriloculaire. Ovules anatropes. — Fruit: capsule loculicide ou septicide, ou drupe. — Graine le plus souvent albuminée.*

*Plantes herbacées ou ligneuses. — Feuilles alternes, simples et stipu-
lées.*

Cette famille n'est représentée, dans nos contrées, que par le
seul genre *Tilia* L., dont quelques espèces y sont indigènes.

Description du Tilia sylvestris Desf. — Le *T. sylvestris* L. (ou
Tilleul commun) est un arbre élevé, à feuilles alternes, simples,
cordiformes, dentées, insymétriques à la base, dont le pétiole est
accompagné par deux stipules latérales.

Les inflorescences sont des cymes (fig. 313) (1), dont l'axe principal
est concrescent, sur une longueur assez considérable, avec une
bractée oblongue, d'un vert jaunâtre, au-dessus de laquelle il
porte lui-même encore quelques bractées beaucoup plus petites.

La fleur (fig. 313 à droite), d'un blanc jaunâtre, odorante, *est hermaphrodite, actinomorphe et pentamère*, nettement hypogyne.

Le calice est formé de *cinq sépales* concaves, *valvaires* dans le
bouton (caractère commun à toutes les familles de ce sous-ordre).

La corolle est à *cinq pétales* libres, à préfloraison imbriquée.

L'androcée se compose d'un *grand nombre d'étamines, libres ou*

(1) Les figures ci-jointes se rattachent à une espèce voisine de celle qui fait l'objet de la
présente description.

soudées obscurément par faisceaux placés en face des pétales. Leurs filets s'insèrent à la base même de ces derniers, et le connectif est divisé en deux courtes branches, supportant chacune une loge d'anthère à déhiscence longitudinale.

Le *pistil* est formé *par cinq carpelles concrescents ;* le style est simple, terminé par un stigmate à cinq lobes. D'abord presque

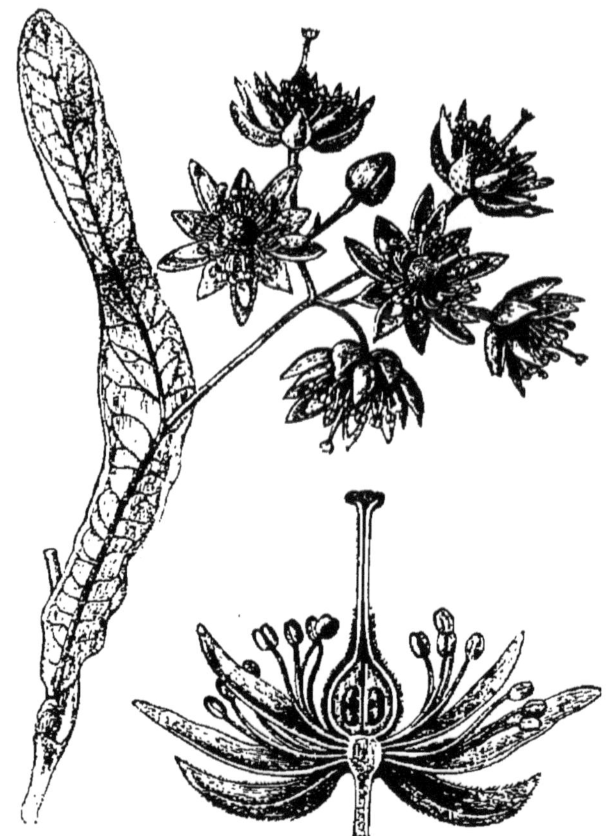

Fig. 313. — Tilleul argenté (*Tilia argentea*). — Fleurs et bractée. — Fleur coupée.

pariétaux, les cinq placentas s'infléchissent peu à peu vers l'axe de l'ovaire, qui se trouve définitivement divisé en cinq loges alternes avec les pétales. Dans chaque loge sont deux ovules anatropes, ascendants.

Le *fruit, sec et indéhiscent,* ne contient qu'un *très petit nombre de graines,* parfois même une seule. Ces dernières renferment, *au milieu d'un albumen charnu*, un embryon dont les cotylédons sont foliacés et palmatilobés.

Le genre *Tilleul* ne renferme probablement pas plus de huit à dix espèces distinctes, toutes originaires des régions tempérées de l'Hémisphère Nord. Tels sont les *T. platyphylla* Scop. (Tilleul à larges feuilles ou de Hollande) ; *T. microphylla* Vent. (Tilleul à petites feuilles ou à feuilles d'Orme, Tilleul sauvage ou Tillot) ; *T. argentea* Desf. (Tilleul argenté) (fig. 313), dont les fleurs exhalent une odeur de Jonquille, et dont les groupes d'étamines sont accompagnés chacun, en dedans, par un staminode. Ce dernier caractère se retrouve chez les Tilleuls d'Amérique (*T. alba* Ait., *T. pubescens* Ait., *T. americana* L.).

Autres genres. — Quelques autres genres forment, avec les Tilleuls, une première tribu, celle des **Tiliées**, qui toutes ont *les sépales entièrement libres, les anthères à loges distinctes, sans appendices, les organes sexuels immédiatement insérés au-dessus de la corolle, etc.*

Parmi ces genres sont les *Sparmannia* L. d'Afrique, dont les nombreuses étamines fertiles sont extérieurement accompagnées par des filaments stériles moniliformes, et les *Corchorus* L., dont certaines espèces fournissent des fibres textiles ou sont alimentaires. Dans ces deux genres, le fruit est capsulaire et déhiscent.

Les *Grewia* L. constituent le type d'une seconde tribu, celle des **Grewiées**, distinctes des Tiliées *par leur corolle entourée d'un champ glanduleux, et leurs organes sexuels élevés au-dessus du périanthe par un gynandrophore* (1). En outre, chez les *Grewia*, le fruit est une drupe indéhiscente.

Deux autres tribus, dont nous nous contenterons d'indiquer les traits essentiels, font encore partie des Tiliacées :

1° Les **Brownloviées**, *dont le calice est gamosépale, à 2-3 divisions, et dont les étamines, globuleuses ou capitées, s'ouvrent par deux fentes confluentes.* Le fruit, quelquefois ailé, s'ouvre généralement en déhiscence loculicide, et la graine peut manquer d'albumen.

2° Les **Apéibées**, *dont l'ovaire est à 6 ou un nombre plus considérable de loges, et dont les étamines sont surmontées d'un appendice membraneux. Le fruit est ligneux, indéhiscent ou irrégulièrement déhiscent.*

Aucune de ces deux tribus ne renferme de plantes utiles à connaître.

Caractères généraux. — *Herbes, arbrisseaux ou arbres.* — *Feuilles*

____

(1) Support central, formé par le réceptacle floral, portant à la fois l'androcée et le gynécée.

presque toujours alternes, simples, penninerviées ou palmatinerviées, caduques ou persistantes, accompagnées de *stipules* souvent
promptement caduques.

Inflorescences en corymbe, en panicule ou en cyme, ou bien
fleur solitaire.

Fleurs généralement complètes (1), hermaphrodites (2), toujours
actinomorphes, 5-mères ou plus rarement 4-mères (3), hypogynes.

Calice parfois caliculé, toujours à préfloraison valvaire, à sépales
libres ou concrescents. — *Corolle* rarement nulle ; pétales entiers,
souvent glanduleux à la base, valvaires, tordus ou imbriqués dans
la préfloraison, rarement concrescents.

Étamines presque toujours en nombre indéfini, toutes fertiles ou
remplacées partiellement par des staminodes, libres ou polyadelphes, quelquefois soulevées au-dessus du périanthe par un
gynandrophore (Brownloviées). Anthères biloculaires, à déhiscence
longitudinale ou poricide, à loges distinctes ou parfois confluentes
au sommet.

Gynécée formé par un nombre variable de carpelles (2-10 ou un
nombre indéfini), concrescents en un ovaire à loges plus ou moins
complètes, avec un nombre variable d'*ovules* dans chaque loge,
quelquefois solitaires, ordinairement ascendants, plus rarement
pendants, anatropes, en placentation généralement axile. *Style*
simple ; *stigmate* terminal, entier ou lobé.

Fruit à 2 ou plusieurs loges, contenant chacune une graine ou
un nombre variable de graines, sec et alors indéhiscent ou déhiscent, soit par les nervures dorsales, soit au niveau des placentas, ou
bien drupacé, quelquefois pourvu de fausses cloisons.

Graines solitaires ou plus ou moins nombreuses dans les loges
du fruit, presque toujours pourvues d'un *albumen* charnu. *Cotylédons* ordinairement foliacés, plus rarement charnus, souvent
lobés.

(1) La corolle avorte souvent chez les *Grevia* et les *Prokia*.
(2) Elles sont quelquefois diclines, chez les *Vasivea*, par exemple.
(3) Par exemple, chez les *Sparmannia*.

TILIACÉES.

Sépales toujours indépendants. — Anthères à loges toujours distinctes, et s'ouvrant indépendamment l'une et l'autre.

Jamais de gynandrophore. — Pétales non glanduleux à la base, et corolle directement insérée au-dessous du calice.

Ovaire à 2-5 loges. — Étamines nombreuses, sans papendice membraneux. — Fruit rarement nucamenteux, ordinairement capsulaire, déhiscent ou indéhiscent.

Calice gamosépale, divisé en 3-5 lobes au sommet. — Anthères sphéroïdales ou en tête, s'ouvrant par des fentes confluentes. — Gynandrophore nul ou peu développé. — Graine sans albumen ....

Les 5 étamines internes stériles. — Carpelles se séparant à la maturité en follicules bivalves.

Tribu I. — Brownloviées.

Brownlovia Rxb. (*B. elata* Rxb. Indes ; Bornéo).

Ovaire à 2 ou plusieurs loges. — Étamines nombreuses, surmontées d'un appendice membraneux. — Fruit ligneux, indéhiscent ou à déhiscence irrégulière.

Étamines 4-delphes.................... *Ancistrocarpus* Oliv. (Afrique orientale).

Étamines libres ou monodelphes à la base.

Fruit sec, fusiforme.... *Glyphaea* Hook. (2 espèces. Afrique tropicale).

Fruit court, aiguillonné, charnu en dedans.... *Apeiba* Aub. (5 espèces. Amérique tropicale).

Tribu II. — Apéibées.

Étamines t^{tes} fertiles.

Ovaire uniloculaire, avec 3 placentas pariétaux.......... *Nettoa* Baill. (1 espèce australienne).

Ovaire à plusieurs loges fertiles. — Fruit en forme de gousse, glabre ou brièvement velue. — Herbes ou sous-arbrisseaux .... *Corchorus* L. (Environ 30 espèces dont quelques-unes constituent des herbes communes sous les tropiques ; 9 australiennes).

Fruit capsulaire, déhiscent, polysperme.

Capsule déhiscente jusqu'à la moitié de sa hauteur.

Étamines libres, mais formant 4 groupes en face es sépales, les extérieures stériles. Fruit : capsule sphéroïdale, hérissée d'aiguillons. s'ouvrant en 4 valves.................... *Sparmannia* L. Fl. (3 espèces de l'Afrique tropicale et de l'Australie).

Capsule déhiscente au sommet seulement.................... *Graffea* Seem., *Trichospermum*, Bl.

Tribu III. — Tiliées.

Fruit nucamenteux, indéhiscent, à une seule graine, ou à un petit nombre de graines. — Étamines libres ou obscurément soudées en 5 phalanges opposées aux pétales ; ces derniers parfois ligulés. Quelquefois 1 staminode devant chaque faisceau. — Arbres à feuilles cordées, souvent insymétriques ; poils simples ou étoilés. — Fleurs en cymes figurant des ombelles, des grappes, etc., concrescentes avec la bractée-mère.................... *Tilia* L. (Contrées tempérées de tout l'Hémisphère Nord).

Un gynandrophore toujours développé. — Pétales glanduleux à la base, pourvus ou dépourvus d'appendices. — Étamines en nombre indéfini, libres ou concrescentes à la base. — Fruit charnu ou sec. — Herbes ou arbrisseaux....................

Triumfetta L. (Régions tropicales des deux hémisphères). *Grevia* L. (60 espèces environ. Ancien Continent, de l'Arabie au Japon).

Tribu IV. — Gréviées.

Affinités. — Dans le Sous-Ordre des Columnifères, les Tiliacées se rapprochent des Malvacées, dont elles se distinguent surtout *par leurs étamines souvent libres ou tout au plus polyadelpes*, quelquefois en partie stériles, *la structure de leur gynécée et de leur fruit, leur graine à peu près toujours albuminée.*

Leurs rapports avec les groupes voisins ressortent assez nettement du tableau général.

Distribution géographique. — Ainsi que nous l'avons dit déjà, les Tilleuls appartiennent aux régions tempérées de l'hémisphère boréal du Nouveau et de l'Ancien Monde. Mais presque toutes les autres Tiliacées sont spéciales aux régions tropicales ; on n'en observe que très peu au delà du Capricorne.

Propriétés générales. Plantes utiles. — Au point de vue histologique, les Tiliacées se font remarquer par le développement considérable des fibres qui accompagnent leur liber, fibres qui sont utilisées chez certaines espèces. Le parenchyme de leur tige est souvent le siège de formations mucilagineuses abondantes ; enfin, grâce à leur richesse en tannin, les Tiliacées possèdent souvent une astringence considérable.

Les Tilleuls constituent, dans la Famille, un groupe tout particulièrement utile : leur *écorce*, à la fois astringente et mucilagineuse, est utilisée comme vulnéraire en Allemagne ; leurs *fibres* servent à fabriquer des cordes, leur *bois* laisse souvent écouler une sève sucrée propre à fabriquer une liqueur vineuse ; il est lui-même facile à travailler et donne, en brûlant, un charbon estimé ; enfin leurs *fleurs*, douées d'un parfum suave, souvent éthéré, sont employées en infusions théiformes comme légèrement digestives, diaphorétiques, antispasmodiques.

Le *Corchorus Olitorius* L., cultivé sous les tropiques, ainsi que les *C. tridens, acutangulus, depressus*, donnent des feuilles et des fruits comestibles. Les fibres connues sous le nom de *Jute* sont fournies par les *Corchorus Olitorius* et *C. tridens*.

Le *Grewia orientalis* et le *G. microcos* DC. ont une écorce aromatique et amère ; les feuilles sont astringentes.

Le *G. elastica* donne un bois très estimé.

GROUPE DES ÉLÆOCARPACÉES

Ce groupe de végétaux a été réuni aux Tiliacées par Enldicher et Bentham et Hooker; il est considéré par d'autres botanistes comme formant une famille distincte.

Les caractères qui différencient les Élæocarpacées des Tiliacées, sont, à la vérité, peu nombreux et d'une importance secondaire. Ce sont surtout, chez les premières, *la présence de pétales souvent incisés ou appendiculés, dont la préfloraison est valvaire ou induplicative, jamais tordue; leurs fruits généralement drupacés; leurs anthères biloculaires, s'ouvrant par deux pores confluents au sommet*, etc. Enfin les Élæocarpacées se distinguent par *l'absence, dans leurs tissus, des réservoirs à mucilage* qui caractérisent ceux des Tiliacées.

Toutes ces plantes sont originaires des pays tropicaux.

Les *Elæocarpus* Linn., des Indes Orientales, de l'Archipel Malais, de l'Océanie et de l'Australie, ont une écorce amère et résineuse, usitée comme tonique dans certains pays. Leurs fruits charnus sont alimentaires.

Les feuilles du *Vallea cordifolia*, du Pérou, contiennent un principe colorant jaune.

FAMILLE II. — STERCULIACÉES

Fleurs actinomorphes, pentamères, à réceptacle convexe, hermaphrodites ou unisexuées. — Calice valvaire. — Corolle nulle parfois ; pétales diversement conformés, imbriqués ou tordus. — Etamines en nombre variable, monadelphes, alternant souvent avec des staminodes. — Carpelles plus ou moins concrescents. — Fruit variable, indéhiscent ou déhiscent. — Graine souvent albuminée.

Plantes ligneuses. — Feuilles alternes, simples ou composées, stipulées.

Tribu I. — Sterculiées.

Nous décrirons, comme premier exemple, le genre *Sterculia*, qui a donné son nom à la famille entière.

Description des Sterculia L. — Ce sont des arbres élevés, originaires de toutes les contrées tropicales et subtropicales du Monde.

Les *feuilles* sont grandes, simples parfois, et alors presque toujours lobées, bien plus souvent composées-digitées, accompagnées de stipules latérales.

Les *fleurs* (fig. 314) sont unisexuées ou hermaphrodites, formant tantôt des grappes simples, tantôt des grappes composées elles-mêmes de petites cymes, dans lesquelles souvent la fleur terminale est femelle, les autres sont mâles.

Le *calice* est gamosépale, souvent coloré, à cinq divisions valvaires dans la préfloraison.

La *corolle* manque.

L'*androcée*, dans la fleur mâle, se compose d'un nombre variable d'anthères extrorses (10 ou un nombre indéfini), portées par une colonne centrale et disposées sans ordre apparent. En réalité, elles sont réunies par groupes alternant avec les pièces calicinales.

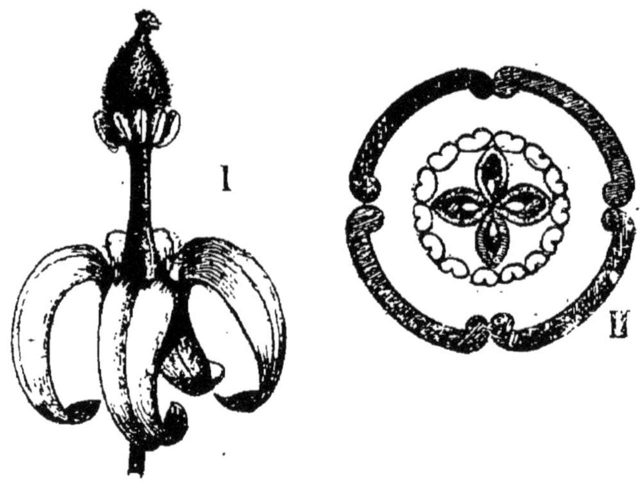

Fig. 314. — Fleur hermaphrodite d'un *Sterculia*. — I. Vue d'ensemble ; II. Diagramme (Courchet).

Le *gynécée*, inséré au-dessus de l'androcée dans la fleur hermaphrodite, est formé de cinq carpelles alternes avec les pièces calicinales, d'abord légèrement concrescents, puis indépendants les uns des autres ; les *styles* sont connivents et soudés, à partir d'un certain niveau, en une colonne épaissie en stigmate au sommet.

Chaque carpelle renferme 2 *ovules* anatropes ascendants, ou plusieurs ovules, soit ascendants, soit horizontaux, en placentation pariétale.

Le *fruit* est constitué par cinq follicules qui se séparent les uns des autres et s'ouvrent en étoile tout autour du centre de la fleur (1).

(1) Dans la section *Firmiana*, les carpelles s'ouvrent bien avant leur maturité, offrant alors l'apparence de cinq feuilles vertes, étalées, à bords chargés de jeunes graines.

Les *graines*, qui parfois sont ailées, contiennent un embryon plus ou moins recourbé, enfermé dans un *albumen* charnu.

On sépare quelquefois génériquement, sous les noms de *Kola*, certains *Sterculia* chez lesquels les étamines, en nombre défini, sont plus régulièrement arrangées au sommet de la colonne staminale et chez lesquels la graine manque d'albumen. Telles sont les plantes qui nous fournissent les *Noix* dites de *Cola* ou de *Kola* (voy. p. 807).

L'absence de corolle et la diclinie ordinaire des fleurs, le nombre et l'arrangement des carpelles qui deviennent plus ou moins indépendants à la maturité, le port arborescent des Sterculia, constituent des caractères importants que l'on retrouve dans toute la tribu des Sterculiées.

Tribu II. — Hélictérées.

Les Hélictérées forment une autre tribu, distincte de la première *par l'hermaphrodisme des fleurs, chez lesquelles existent toujours des pétales, la présence d'un gynandrophore* au-dessus du périanthe, et la disposition des étamines *en faisceaux opposés aux pétales, et alternant avec tout autant de staminodes.*

Tribu III. — Dombéyées.

Les Dombéyées se distinguent surtout des précédentes *par l'absence de gynophore.* La fleur est hermaphrodite et complète, et la corolle est à préfloraison tordue.

Tribu IV. — Hermanniées.

Les Hermanniées se différencient essentiellement des deux tribus précédentes : 1° *par la forme des pétales, dont l'onglet se creuse en une sorte de gouttière qui embrasse l'étamine correspondante ;* 2° *par la présence, en face de chaque pétale, d'une seule étamine fertile avec anthère extrorse.* Le fruit est ici *une capsule loculicide, et la graine est albuminée,*

Tribu V. — Büttnériées.

Les Büttnériées, considérées quelquefois comme une famille autonome, renferment deux genres importants : les *Büttneria* et les *Theobroma*, qui nous fournissent les semences de *Cacao*.

Description du Theobroma Cacao. — Le Cacaoyer (*Theobroma*

Cacao L.) est un arbre (fig. 315) de 4 à 8 mètres de hauteur, couvert de poils tomenteux brunâtres.

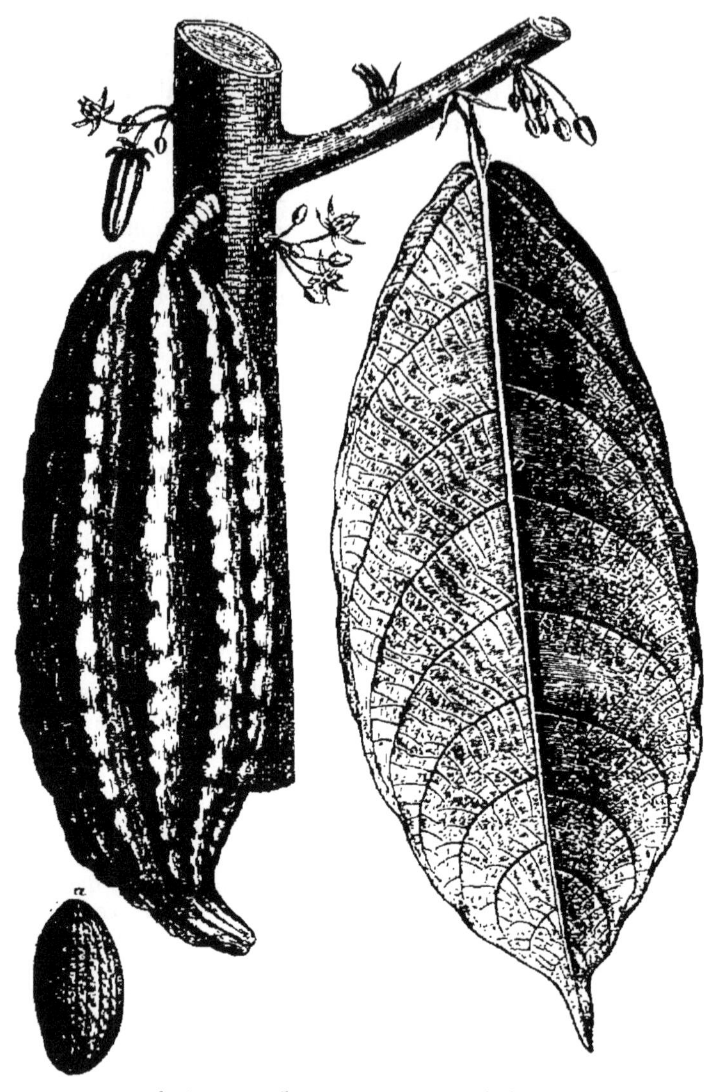

Fig. 315. — Cacaoyer commun (*Theobroma Cacao*). — Rameau avec feuillet et fruit. — *a*, graine.

Les *feuilles* sont alternes, longues de 20 à 30 centimètres, courtement pétiolées, entières. Les stipules sont caduques.

Les *fleurs* sont groupées en petites cymes dichotomes, portées sur des pédoncules uniflores ou triflores, couverts de poils glanduleux (fig. 316).

Le *calice* est à cinq lobes valvaires (S, S).

Les cinq *pétales* (P), qui alternent avec eux, sont formés d'une pièce basilaire dilatée en un cuilleron qui embrasse une paire d'étamines fertiles, et d'une lame allongée, réfléchie.

L'*androcée*, monadelphe, se compose :

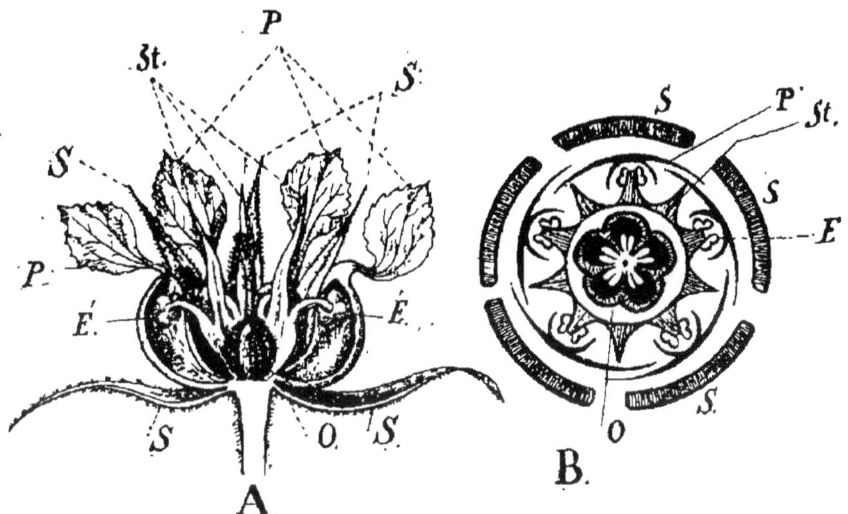

Fig. 316. — Fleur du *Theobroma Cacao*. — A, fleur ouverte par sa partie antérieure, et dont on a enlevé le pétale antérieur, le filament fertile de l'androcée qui lui correspond et les deux staminodes voisins. — B, diagramme : S'',S', sépales. — P,P, pétales. —E,E, étamines. — St., St., staminodes. — O, ovaire (Courchet).

1° De cinq filets fertiles (E,E) terminés chacun par une paire d'anthères biloculaires, latérales, déhiscentes par deux fentes extrorses;

2° De cinq staminodes (St, St) subulés, alternes avec les pétales.

L'*ovaire* (O) est pentagonal, à cinq loges opposées aux pétales, contenant chacune 5 à 8 ovules anatropes, bisériés, horizontaux.

Le *fruit* (fig. 315) est glabre, coriace, ovale-oblong, marqué de sillons longitudinaux, séparant des côtes tuberculeuses. Il est jaunâtre à l'extérieur, rougeâtre en dedans.

Les *graines*, irrégulières, sont couvertes d'un tégument brunâtre. Les cotylédons épais, charnus, repliés sur eux-mêmes, logent dans leurs replis une petite quantité d'albumen, dont la présence, d'ailleurs, n'est pas constante.

Comme toutes les espèces du genre, le *Theobroma Cacao* est originaire de l'Amérique tropicale.

BÜTTNERIA. — Les *Büttneria* L., plantes frutescentes ou sous-frutescentes, parfois grimpantes et souvent aiguillonnées de toutes les régions tropicales, ont une structure florale analogue à celle des *Theobroma*, mais les anthères fertiles alternent isolément avec les staminodes.

La forme singulière des pétales *creusés en capuchon à la base, l'alternance des étamines fertiles, isolées ou par faisceaux avec un nombre égal de staminodes, l'hermaphrodisme des fleurs,* etc., constituent les caractères essentiels des Büttnériées.

Tribu VI. — Lasiopétalées.

Les Lasiopétalées constituent un dernier groupe de Sterculiacées, chez lesquelles les fleurs hermaphrodites ont *des pétales en forme d'écailles, en face de chacune desquelles est généralement une étamine fertile. Les staminodes sont peu développés ou nuls. La graine est souvent arillée.*

Considérations anatomiques. — Les Sterculiacées se font remarquer par leur richesse en réservoirs contenant, soit du mucilage, soit de la gomme, et formés par voie schizogène (1) en général.

Dans le liber de la racine et des tiges, se montrent des fibres formant, le plus souvent, des assises concentriques, plus rarement des amas distincts.

Enfin les divers organes de ces plantes sont fréquemment revêtus de poils simples ou, plus fréquemment, étoilés.

(1) Voir p. 32.

STERCULIACÉES.

Plantes ordinairement ligneuses, rarement herbacées. — *Feuilles* simples ou composées-digitées, avec *stipules* ordinairement caduques. — *Fleurs* diversement groupées, rarement solitaires, hermaphrodites [...], actinomorphes ou rarement zygomorphes; — réceptacle convexe. — *Calice* formé de cinq sépales, [...] tordus ou imbriqués dans la préfloraison valvaire. — *Corolle* nulle parfois, formée de pétales libres, diversement conformés [...] — Souvent un *gynandrophore*. — *Étamines* en nombre généralement défini, plus ou moins concrescentes en tube à la base, alternant [...] souvent, soit isolément, soit par groupes, avec des *staminodes*. *Anthères* extrorses, 1, 2 ou 3-loculaires, [...] à la fin tout à fait libres. [...] longitudinales ou par des pores. — *Gynécée* formé d'un nombre variable de *carpelles*, plus ou moins concrescents [...] — *Styles* libres ou plus ou moins concrescents. [...] déhiscentes par des fentes, ou très rarement [...]. *Ovules* solitaires ou, le plus souvent, nombreux dans chaque loge, [...] orthotropes, ascendants, horizontaux ou descendants. [...] loculicide ou septicide, ou par une réunion de follicules ou de coques bivalves. [...] abondant ou nul. — *Embryon* droit ou arqué, pourvu de cotylédons charnus quelquefois, le plus souvent repliés sur eux-mêmes. — *Fruit* quelquefois charnu, mais constitué, le plus souvent, par une [...]. — *Graines* pourvues d'un *testa* dur, plus rarement charnu, ailé quelquefois. — *Albumen* charnu ou [...], souvent foliacés, et plus [...]. Végétaux propres [...] régions tropicales.

Un gynandrophore plus ou moins développé. — Fleurs diclines ou hermaphrodites.

Fleurs polygames, apétales. — Étamines à anthères extrorses; sans staminodes. — Carpelles 3, 5 ou plusieurs, devenant à la fin plus ou moins indépendants, contenant chacun 2 ou plusieurs ovules orthotropes. Arbres à feuilles simples ou digitées.

- Étamines nombreuses et sans ordre apparent. — Graines pourvues d'un albumen abondant........ → *Sterculia* L.
  (Régions tropicales des deux hémisphères, mais surtout des Indes Orientales et de l'Archipel Malais).

- Étamines 10 à 12 en un cercle régulier. — Graines sans albumen........ → *Kola* Schott.
  (14 espèces africaines, de Guinée pour la plupart; quelques-unes sur la côte de Mozambique).

Tribu I. — Sterculiées.

Fleurs hermaphrodites, pourvues d'une corolle, avec pétales libres, onguiculés, caducs. — Étamines en nombre défini (6, 8 ou 15) pourvues d'anthères extrorses, réunies par 2 ou par 3 en faisceaux qui alternent avec un nombre égal de staminodes. — Ovaire à 5 loges pluriovulées. — Style et stigmate simples. — Follicules ou capsule loculicide........ → *Helicteres* L.
(40 espèces environ, propres aux contrées tropicales de l'Extrême-Asie).

Tribu II. — Hélictérées.

[...] — Fruit généralement loculicide. — Graines albuminées; plantes arborescentes........ → *Dombeya* Cav.
(40 espèces environ, africaines, surtout de Madagascar).

Tribu III. — Dombéyées.

Pétales peu obliques et caducs. — Étamines fertiles 3, avec ou sans staminodes, concrescentes à la base ou libres. — Carpelles 4-5, ordinairement opposés aux sépales (alternes avec eux chez les *Hermannia*). Capsule loculicide. — Graines albuminées. — Plantes herbacées ou suffrutescentes........ → *Hermannia* L.
(20 espèces environ, presque toutes africaines).

Tribu IV. — Hermanniées.

Point de gynandrophore. — Pétales bien développés. — Pétales plans. — Fleurs hermaphrodites.

Pétales creusés en capuchon à la base. Fleurs hermaphrodites, ou plus rarement dioïques. — Étamines fertiles concrescentes, alternant, isolément ou par groupes, avec tout autant de staminodes. — Gynandrophore rarement développé. — Ovaire à 5 loges; style simple; stigmate lobé. — Fruit capsulaire ou charnu. Graine ordinairement albuminée. — Herbes, arbustes ou arbres, à feuilles généralement simples.

- Anthères fertiles alternant isolément avec les staminodes. — Albumen nul........ → *Büttneria* L.
  (60 espèces environ, de l'Amérique tropicale pour la plupart; Indes Orientales; Archipel Malais).

- Anthères fertiles alternant par faisceaux avec les staminodes. Albumen peu abondant............ → *Theobroma* L.
  (10 à 12 espèces. Amérique tropicale).

Tribu V. — Büttnériées.

Corolle nulle ou formée de pétales squamiformes. — 5 étamines fertiles concrescentes, avec ou sans staminodes. — En général 5 carpelles. — Fruit; capsule loculicide. — Graines albuminées. — Plantes sous-frutescentes ou frutescentes.....

Tribu VI. — Lasiopétalées.

Affinités. — Les *Sterculiacées* sont surtout très voisines des *Malvacées* parmi lesquelles les *Bombacées*, par leur port, leurs feuilles ordinairement composées-digitées, s'en rapprochent le plus.

Les caractères communs aux Sterculiacées et aux Malvacées sont nombreux et d'une haute valeur : 1° feuilles alternes, stipulées ; 2° actinomorphie de la fleur ; 3° forme ordinairement convexe du réceptacle ; 4° préfloraison valvaire du calice, et le plus souvent tordue de la corolle ; 5° monadelphie de l'androcée ; 6° gynécée pluricarpellé, à carpelles unis ou indépendants ; 7° forme anatrope des ovules ; 8° fruit capsulaire ou folliculaire ; 9° albumen souvent peu abondant ; 10° cotylédons fréquemment reployés ou chiffonnés.

Les Sterculiacées se distinguent des Malvacées bien plutôt par un ensemble de caractères, dont aucun n'est absolument constant, que par des traits isolés. Les principaux caractères différentiels sont les suivants :

1° *La direction extrorse des anthères ordinairement biloculaires, le nombre souvent limité des étamines fertiles, et leur alternance fréquente avec tout autant de staminodes ;*

2° *La diclinie ou la polygamie de certains genres ;*

3° *L'absence de corolle dans certains autres.*

Distribution géographique. — Toutes ou à peu près toutes les Sterculiacées habitent les régions tropicales ou subtropicales. On en trouve dans toutes les parties du monde et dans les deux hémisphères.

Propriétés générales. Espèces importantes. — La graine de Cacao constitue, avec le Kola, les deux produits les plus importants de la famille.

L'espèce principale qui fournit la semence de Cacao est le *Theobroma Cacao* L., que nous avons décrit déjà. Il est originaire du Guatémala, du Nicaragua, du Mexique, et on le cultive dans la Colombie et aux Antilles. Son fruit, marqué de dix côtes irrégulières, mesure 14 à 18 centimètres.

Parmi les espèces voisines susceptibles de fournir des semences analogues, nous citerons le *Th. minor* Gaertn.. le *Th. sylvestris* Aublet, le *Th. guyanensis* Aub., le *Th. bicolor* H. B.

La graine de Cacao contient un grand nombre de corps organiques, dont les plus importants sont : la *Théobromine*, dont l'action. quoique plus faible, serait, d'après Mitscherlich, analogue à celle de la Caféine ;

— le *Beurre de Cacao*, corps gras très utile par sa conservation facile ;
— enfin l'*Amidon* et le *Rouge de Cacao*.

Comme on le sait, la graine de Cacao, par elle-même, est bien plutôt un aliment qu'une substance médicinale.

La *Noix de Cola* ou *Kola* est la graine du *Sterculia acuminata* Pal. Beauv. (*Cola acuminata* R. B.), qui vit au voisinage des côtes occidentales d'Afrique du 10° de latitude Nord au 5° de latitude Sud, c'est-à-dire de Sierra-Leone au Congo. Il s'avance de 720 à 800 kilomètres dans l'intérieur des terres, mais M. Heckel considère comme très problématique sa présence sur la côte orientale. La plante a été introduite par la culture dans l'Amérique tropicale, aux États-Unis, aux Seychelles, à Calcutta, etc.

C'est vers l'âge de dix ans que l'arbre est en plein rapport. La récolte des graines a lieu deux fois par an : en mai-juin, et en octobre-novembre. Les graines sont, les unes rouges, les autres blanches, mais leur composition est identique.

C'est particulièrement à la *Caféine* (2,32 p. 100) et à la *Théobromine* (0,023 p. 100) que cette substance doit ses propriétés. Ces deux alcaloïdes s'y trouvent associés à du sucre, de la fécule, du tannin, de la gomme, des matières grasses.

La Noix de Kola est surtout efficace, comme reconstituant et antidéperditif, dans les cas de trouble profond du tube digestif (1).

On utilise dans l'Inde, comme mucilagineux et émollient, un fruit connu sous le nom de *Boa-Tam-Payang* et dont l'origine fut assez discutée. On a reconnu qu'il était dû au *Sterculia Scaphigera* Wall. Cette substance, préconisée contre la dysenterie et la diarrhée, ne jouit très probablement que des propriétés qu'elle doit au mucilage de son péricarpe.

D'une manière générale, les Sterculiacées sont surtout des plantes riches en mucilage. A ce dernier, dans les espèces ligneuses, se joignent souvent des principes extractifs, astringents ou amers, parfois doués de propriétés émétiques.

On utilise en Amérique, à titre d'émollients, plusieurs espèces de *Büttneria ;* au Brésil, on emploie comme stomachique la racine amère de l'*Helicteres Sacarhola*, etc.

(1) On pourrait, dit-on, employer aux mêmes usages les graines du *Sterculia Duparquesiana* H. Bn (Gabon), du *Sterculia cordifolia* Cav. et peut-être du *Sterculia tomentosa* Heudelot, et du *Cola laurifolia* (Niger).
Le Faux Cola est la semence du *Garcinia Kola* Heck., due à une Guttifère. Ce produit, astringent et amer, ne contient point de caféine.

FAMILLE III. — MALVACÉES.

Fleurs actinomorphes pentamères, à réceptacle ordinairement convexe, hermaphrodites ou rarement unisexuées. — Calice valvaire, corolle à préfloraison tordue et pétales normalement conformés. — Étamines nombreuses, monadelphes, sans staminodes. — Anthères le plus souvent uniloculaires. — Carpelles libres ou concrescents. · Fruits : achaines, follicules, ou capsule loculicide. — Graine faiblement albuminée.

Plantes herbacées ou ligneuses. — Feuilles alternes, simples, stipulées.

La famille des Malvacées est une des plus naturelles et des mieux circonscrites de tout le règne végétal. Seules l'organisation du pistil et la structure des fruits offrent des différences assez importantes pour permettre d'y établir des subdivisions.

SOUS-FAMILLE I. — MALVACÉES PROPREMENT DITES.

Description du Malva sylvestris L. — La Mauve sauvage (*Malva sylvestris* L.) est une *plante herbacée, vivace* (fig. 317) *ou bisannuelle,* très abondante le long de nos chemins et dans nos bois, à rameaux nombreux, étalés ou ascendants, couverts d'une légère pubescence. Sa racine, blanchâtre, forme un pivot assez volumineux.

Les feuilles sont alternes, simples, pétiolées, à limbe palmatinervié, celui des feuilles supérieures à 3 ou 5 lobes, celui des feuilles inférieures à 5 ou 7 lobes plus ou moins profonds.

Chaque feuille est accompagnée de *deux stipules latérales foliacées.*

Les *fleurs,* portées par de courts pédicelles, forment de petites *cymes axillaires.* Elles sont *actinomorphes, hermaphrodites, pentamères. Leur réceptacle est convexe.*

Le *calice* est gamosépale, à préfloraison valvaire-rédupliquée.

La *corolle,* à préfloraison tordue, est formée par 5 pétales dont le bord supérieur est divisé, par une échancrure arrondie peu profonde, en deux lobes inégaux, le plus grand étant recouvert dans le bouton. Ces pétales, indépendants les uns des autres, sont tous concrescents par leur base avec le tube que forment les étamines monadelphes.

Fig. 317. — Mauve sauvage (*Malva sylvestris*). — Port. Fleur coupée. — Androcée. Étamine. Pistil. Fruit.

Le tube staminal constitue une sorte de colonne creuse dont la partie supérieure se divise en un grand nombre de filaments, tous terminés par une anthère cordiforme, uniloculaire et déhiscente par une fente transversale unique (1).

Si l'on fend la colonne staminale, on met à découvert le *gynécée* formé par un nombre indéterminé de carpelles, insérés en un verticille unique autour du centre de l'axe floral, libres bien qu'accolés latéralement les uns aux autres. Ils sont uniloculaires et renferment chacun un seul *ovule* anatrope ascendant, à micropyle inférieur et extérieur. Chaque carpelle est pourvu d'un style gynobasique.

La fleur est accompagnée par *trois folioles involucrales* qui persistent autour du calice chez toutes les espèces du genre.

Les carpelles deviennent tout autant d'*achaines*, accompagnés et recouverts en grande partie par le calice persistant.

Chaque achaine contient une seule *graine* ascendante; elle renferme, entouré par un *albumen* rudimentaire, un *embryon* à radicule infère, dont les cotylédons sont plus ou moins reployés plusieurs fois sur eux-mêmes.

Comme genres très voisins des Mauves nous pouvons citer les suivants :

Autres genres. — Callirhoe, Althæa L., etc. — 1° Les *Callirhoë*, plantes de l'Amérique septentrionale, que l'on peut considérer comme des Mauves dont l'involucre est à deux bractées seulement, et dont les carpelles sont déhiscents en deux valves.

2° Les *Althæa* ou Guimauves. Ce genre est représenté par une espéce très connue, l'*A. officinalis* L., plante vivace, et commune dans nos régions, dont les tiges dressées sont pourvues de feuilles très épaisses, blanchâtres et cotonneuses. Les fleurs, d'un rose pâle, offrent une structure identique à celle des Mauves; mais l'involucre est formé de 6 à 9 pièces concrescentes, et les fruits sont généralement indéhiscents.

3° Les *Lavatera* L., dont une espèce, le *L. maritima* L., croît dans nos régions du Midi, ne se distinguent guère des *Malva* que par la concrescence des trois pièces de l'involucre.

4° Les *Sida* L. et les *Abutilon* Gærtn., plantes des régions tropicales, dont la fleur est sans involucre, et dont les carpelles renferment : 1 ovule

(1) Bien qu'on ne puisse reconnaître un ordre dans la disposition des étamines sur l'androcée adulte, ce dernier se constituerait, d'après Duchartre, aux dépens de cinq ébauches primitives opposées aux pétales; ces ébauches se subdivisent d'abord collatéralement, puis en direction centripète, de façon à former cinq doubles séries radiales dont chaque membre se ramifie une fois encore collatéralement en deux filaments terminés chacun par une anthère uniloculaire. — D'après Payer, il y aurait, dès le début, dix ébauches qui se subdiviseraient ensuite radialement. — M. Van Tieghem considère chaque paire de filaments de ces doubles séries comme une étamine bifurquée, dont chaque branche porterait une demi-loge d'anthère.

descendant chez les premiers (et non ascendant comme chez Mauves), 2 ou plusieurs ovules ascendants chez les seconds.

Les *Malope* L., dont les carpelles, encore nombreux, sont régulièrement disposés en séries rayonnantes, au lieu de former un verticille unique ; les *Urena* L. et les *Malvaviscus* Dill., chez lesquels le nombre des carpelles, contenant chacun un ovule ascendant, se réduit à 5 ; et plusieurs autres genres ont avec les *Malva*, *Althæa*, *Lavatera*, etc., *les carpelles indépendants, uniovulés ou pauciovulés, et pour fruits des achaines.*

Hibiscus L. — *Les carpelles sont concrescents et le fruit est une capsule loculicide* dans une autre section de Malvacées, parmi lesquelles sont les *Hibiscus*, dont une espèce est cultivée dans nos jardins comme plante ornementale, l'*H. syriacus* L. Le calice s'y montre accompagné d'un involucre formé de plusieurs folioles concrescentes. La capsule est à cinq loges, contenant chacune un nombre variable d'ovules, à placentation axile. Le genre *Hibiscus* fournit certains produits d'importance, d'ailleurs, secondaire.

Gossypium L. — A la même section appartiennent les Cotonniers (*Gossypium*) dont l'utilité est bien plus grande.

Ce sont des herbes ou des plantes ligneuses, cultivées dans un grand nombre de pays chauds pour la préparation du coton et pour l'huile que l'on retire de leurs graines. L'involucre est formé par trois grandes folioles cordiformes à la base, qui persistent autour du fruit. Le calice est à divisions très peu profondes. Les carpelles, parfois au nombre de 5, sont le plus souvent réduits à trois, soudés comme ceux des *Hibiscus*. L'ovaire, à 3 ou 5 loges, est surmonté d'un style simple, à sommet claviforme, montrant seulement 3 ou 5 sillons correspondant aux carpelles.

Le fruit est une capsule loculicide, et les graines ont leur tégument couvert de longs poils unicellulaires qui constituent le *Coton*.

SOUS-FAMILLE II. — BOMBACÉES.

Aucun caractère essentiel ne distingue des Malvacées le groupe des BOMBACÉES, considérées quelquefois comme formant une famille autonome. Ce sont de grands arbres, à feuilles souvent composées-digitées, et dont les carpelles sont concrescents et peu nombreux, comme chez les *Hibiscus*. Le fruit est indéhiscent ou loculicide. — En outre, le réceptacle floral, convexe chez les Malvacées proprement dites, devient souvent ici plus ou moins concave ; la fleur est donc hypogyne ou plus ou moins périgyne.

Aux Bombacées appartiennent les *Bombax* L. ou Fromagers, grands arbres tropicaux à feuilles digitées, chez lesquels l'endocarpe est muni de longs poils qui entourent les graines, les *Eriodendron* DC. où le réceptacle floral est plus concave, et chez lesquels les étamines, toujours peu nombreuses, se réduisent quelquefois à 5, enfin les *Adansonia* L. de l'Afrique équatoriale, chez lesquels le réceptacle floral est convexe, le fruit indéhiscent, et dont une espèce, le Baobab (*Adansonia digitata* L.), peut être considérée comme l'un des géants du règne végétal (Voy. p. 53).

Caractères généraux. — *Végétaux* de toutes grandeurs, parfois grands arbres.

Feuilles alternes, simples (rarement composées-digitées), souvent palmatinerviées, cordées à la base, fréquemment velues comme toutes les parties végétatives de la plante, stipulées.

Fleurs solitaires ou diversement groupées, souvent associées en petites cymes, actinomorphes, 5-mères, presque toujours hermaphrodites. Réceptacle floral convexe ou rarement concave.

Calice accompagné ou non par un nombre variable de bractées formant un involucre persistant, gamosépale, valvaire dans la préfloraison.

Corolle formée par 5 pétales indépendants les uns des autres, mais toujours plus ou moins concrescents avec le tube staminal. Préfloraison tordue.

Androcée presque toujours représenté par de nombreuses étamines, toutes concrescentes en un tube dont le sommet se divise en nombreux filaments, portant chacun une anthère généralement uniloculaire, à déhiscence transversale. (Dans le groupe des Bombacées, les filaments anthérifères peuvent former cinq faisceaux, les anthères peuvent être biloculaires, leur nombre est parfois réduit, etc.)

Gynécée construit suivant deux types distincts :

1° Carpelles plus ou moins nombreux, 1 ou 2-ovulés, indépendants, réunis en un simple verticille ou en séries radiales (Malvées, Malopées, Urénées) (1) ;

2° Carpelles peu nombreux, pluri-ovulés, concrescents en un ovaire pluriloculaire (Hibiscées, Bombacées).

Styles distincts ou, plus fréquemment, soudés en une colonne centrale ramifiée au sommet ; rarement cohérents jusqu'au sommet.

Ovules en nombre variable et diversement orientés, anatropes.

Fruit construit suivant deux types principaux :

---

(1) Voir le tableau de la Famille.

1° Chez les genres à carpelles distincts, réunion d'achaines ou de follicules; rarement péricarpe charnu;

2° Chez les genres à carpelles concrescents, capsule loculicide, rarement capsule indéhiscente.

Graines réniformes, solitaires ou plus ou moins nombreuses, quelquefois entourées de poils dépendants de l'endocarpe (*Bombax, Eriodendron*, etc.), ou d'une pulpe mucilagineuse (certains *Hibiscus*). *Testa* chagriné, parfois longuement velu (*Gossypium*). *Albumen* mucilagineux, peu abondant ou nul. *Embryon* arqué; cotylédons foliacés, diversement reployés sur eux-mêmes ou froissés.

MALVACÉES.

SOUS-FAMILLE I. — MALVACÉES PROPREMENT DITES. — Anthères nombreuses, cordiformes, uniloculaires, à déhiscence transversale. — Feuilles simples. → Herbes, arbrisseaux ou arbres peu élevés.

Carpelles toujours indépendants. — Fruits : achaines ou follicules, rarement fruits charnus.

Autant de styles et de stigmates que de carpelles. — Carpelles nombreux.

Tribu I. — Malvées.

Fleurs avec ou sans involucre. — Carpelles formant un cercle unique autour du centre de la fleur. — Fruits : généralement achaines.

- Fleurs involucrées. — Un seul ovule ascendant par carpelle.
  - Pièces de l'involucre concrescentes.
    - 3 bractées à l'involucre.................... *Lavatera* L. (Environ 20 espèces. Région méditerranéenne ; Iles Canaries : Australie).
    - 6 à 9 bractées à l'involucre................ *Althæa* L. (Environ 15 espèces. Régions tempérées de l'Ancien Continent).
  - Pièces de l'involucre 3, indépendantes................ *Malva* L. (Environ 30 espèces. Régions tempérées de l'Hémisphère Nord.)
- Fleurs sans involucre. — 2 ou plusieurs ovules descendants dans chaque carpelle.................... *Abutilon* Gaertn. (Environ 80 espèces. Régions tropicales des deux hémisphères).
- Fleurs sans involucre. — Dans chaque carpelle un seul ovule descendant, à raphé dorsal.................... *Sida* L. (70 espèces, américaines pour la plupart ; Australie ; 1 espèce européenne).

Tribu II. — Malopées.

Fleurs involucrées. — Carpelles superposés en séries rayonnantes, formant elles-mêmes 5 groupes opposés aux cinq pétales.— 1 seul ovule ascendant par carpelle. — Fruits : achaines ou petites capsules bivalves.................... *Malope* L. (3 espèces. Région méditerranéenne).

Tribu III. — Urénées.

Styles divisés chacun en deux branches stigmatifères. — Fleurs généralement involucrées. — Tube staminal tronqué et marqué de petites dents. — Carpelles au nombre de 5 seulement, contenant chacun un seul ovule ascendant.

- Point d'Involucre.................... *Malachra* L. (3-6 espèces, Amérique tropicale ; Ouest de l'Afrique).
- Un involucre.
  - avec.................... *Urena* L. (3 espèces. Régions chaudes des deux Continents).
  - Fruit charnu.................... *Malvaviscus* Dill. (10 espèces. Amérique chaude).

Tribu IV. — Hibiscées.

Carpelles concrescents en un ovaire pluriloculaire. — Fruit : capsule loculicide. — Fleurs involucrées.

- Involucre formé de pièces plus ou moins nombreuses. 5 à 10 carpelles au gynécée. — Graines brièvement velues ou simplement réticulées.................... *Hibiscus* L. (Plus de 150 espèces, presque toutes tropicales. 2 en Europe).
- Involucre formé par 3 bractées très amples. — 3-5 carpelles au gynécée. — Graines couvertes de longs poils unicellulaires.................... *Gossypium* L. (9 à 10 espèces. Régions chaudes des deux Mondes).

SOUS-FAMILLE II. — BOMBACÉES.

Réceptacle convexe ou concave. — Anthères plus ou moins nombreuses, uni- ou biloculaires, souvent sinueuses. — Filets staminaux assez souvent groupés par faisceaux. Arbres à feuilles simples, ou souvent composées.

- Réceptacle convexe. — Anthères uniloculaires. — Ovaire à 5-10 loges avec nombreux ovules anatropes, horizontaux. — Fruit oblong, ligneux, indéhiscent.................... *Adansonia* L. (3 espèces connues. Afrique tropicale : Madagascar ; Australie).
- Réceptacle plus ou moins concave. — Fruit : capsule loculicide, garnie de poils à l'intérieur.
  - Filets staminaux formant souvent 5 faisceaux alternes avec les pétales. — Anthères uniloculaires.. *Bombax* L. (15 à 50 espèces, Asie, Afrique, et surtout Amérique tropicales).
  - Anthères uni- ou biloculaires, longues et souvent sinueuses........ *Eriodendron* D C. (Régions tropicales des deux Mondes).

Considérations anatomiques. — Au point de vue de la structure, les Malvacées ont les plus grands rapports avec les Sterculiacées. Comme chez ces dernières, le liber est ordinairement muni de fibres disposées en assises concentriques, et les tissus parenchymateux montrent des réservoirs à mucilage. Ces derniers, cependant, naissent ordinairement suivant le type *lysigène*, c'est-à-dire par destruction des cellules sécrétantes. Chez les *Gossypium*, on retrouve les poches *schizogènes* des Sterculiacées.

Les organes végétatifs des Malvacées sont, le plus souvent, revêtus de poils, simples ou étoilés.

Affinités. — Les Sterculiacées sont, dans le Sous-Ordre, le groupe le plus voisin des Malvacées (Voy. p. 819).

Distribution géographique. — Les Malvacées abondent surtout sous les tropiques, et leur nombre diminue rapidement de l'Équateur vers les pôles. Elles sont plus richement représentées dans le Nouveau que dans l'Ancien Continent, et dans l'Hémisphère Nord que dans l'Hémisphère Sud.

Propriétés générales. Plantes importantes. — Les Malvacées sont toutes des plantes dont les propriétés physiologiques sont peu actives. Presque toutes sont riches en mucilages et adoucissantes; les principes azotés qu'elles contiennent leur communiquent en même temps des propriétés nutritives. Quelques espèces sont exploitées pour l'extraction de l'huile fixe que renferme leur graine.

La *Guimauve officinale* (*Althæa officinalis* L.) est vivace, et croît dans le Midi et l'Ouest de la France. On utilise, comme adoucissantes et béchiques, sa racine, riche en *Asparagine*, ses feuilles et ses fleurs.

On pourrait employer aux mêmes usages les feuilles et les fleurs de la Guimauve à feuilles de Chanvre (*A. cannabina* L.), ainsi nommée à cause de ses feuilles à lobes profonds. Cette espèce croît dans le Midi ; la variété *Narbonnensis* Pourr. est particulièrement remarquable par sa pubescence.

La Rose Trémière ou Passe-rose (*Althæa rosea* L.) croît dans le Midi de la France où elle est simplement naturalisée (1). Elle est communément cultivée dans les jardins, à titre de plante ornementale. Ses achaines sont bordés d'une marge qui manque dans

____

(1) Cette espèce est originaire de l'Orient.

l'espèce précédente. Ses tiges, qui peuvent atteindre 2 mètres à 2^m,50, sont droites et pourvues de grandes feuilles velues cordiformes ; ses fleurs, très grandes et réunies en cymes à l'aisselle des feuilles supérieures, offrent toutes les variétés de teintes depuis le blanc jusqu'au violet foncé, en passant par le rose et le rouge. Sa racine, mucilagineuse comme chez les espèces précédentes, est trop ligneuse pour être appliquée aux mêmes usages. Ses fleurs pourprées servent parfois à colorer frauduleusement les vins.

Les Mauves (G. *Malva*) sont très nombreuses comme espèces. Toutes peuvent être employées comme émollientes et béchiques. Telles sont :

La Mauve sauvage (*M. sylvestris* L.), qui est bisannuelle ;

La Petite Mauve, Fromagère, ou Mauve à feuilles rondes (*M. rotundifolia* L.), plante annuelle, distincte de la précédente par ses tiges souvent couchées et ses feuilles à lobes beaucoup moins marqués ;

La Mauve Alcée (*M. Alcea* L.), espèce vivace qui croît dans nos sols calcaires ;

La Mauve musquée (*M. moschata* L.), plante également vivace, qui croît dans les terrains montagneux, et se distingue par l'odeur de musc qu'elle dégage, etc.

Les *Lavatera* jouissent des mêmes propriétés. Il en est de même des Ketmies (*Hibiscus*) ; telle est, par exemple, l'espèce cultivée dans nos jardins sous le nom vulgaire de Mauve en arbre (*Hibiscus Syriacus* L.).

Le genre *Hibiscus* fournit quelques espèces intéressantes à signaler :

Sous le nom de *Gombo*, on utilise, comme aliment et comme émollient, le fruit non mûr encore de l'*Hibiscus esculentus* L. (1), plante originaire de l'Afrique, mais cultivée dans la plupart des contrées tropicales. C'est une herbe annuelle, à feuilles palmatilobées, à fleurs jaunes, tachées de pourpre au fond de la corolle, et dont les capsules peuvent atteindre jusqu'à 7 centimètres de longueur. L'involucre est caduc ; il est composé de 9 à 10 folioles.

On employait autrefois comme antispasmodiques, et on utilise aujourd'hui encore dans la parfumerie, les graines dites d'*Ambrette*. Ce sont les semences de l'*Hibiscus Abelmoschus* L. (*Abelmoschus moschatus* Mœnch.; *Abelmoschus communis* Médik.). Cette plante est originaire de l'Inde ; mais elle a été transportée en Égypte et aux Antilles ; d'où nous

____
(1) *Abelmoschus* Guill. et Perr.

arrivent les graines d'Ambrette les plus estimées. Elle ressemble beaucoup à la précédente, dont elle se distingue par ses feuilles à lobes plus aigus et séparés par des échancrures plus profondes, et par ses capsules longues, au maximum, de 55 millimètres.

C'est dans le tégument que paraît résider le principe odorant de l'Ambrette.

Indépendamment de l'*Hibiscus Syriacus* (Mauve en arbre) dont nous avons parlé déjà, on cultive encore, comme plante d'ornement, l'*H. Rosa sinensis* L., connue sous le nom de *Rose de Chine*, la Ketmie rouge (*H. phœniceus* L.), etc.

L'un des produits les plus utiles de la famille est le *Coton*. Ce dernier est uniquement constitué par les poils qui recouvrent les graines des Cotonniers (*Gossypium*), dont nous avons donné les caractères.

Tous les Cotonniers sont originaires des pays chauds, bien que certaines espèces puissent être cultivées dans des climats beaucoup plus tempérés. Les plus exploités d'entre eux sont les suivants :

G. *herbaceum* L., originaire d'Orient, cultivé en Asie et en Afrique, même dans le Midi de la France et jusqu'en Saxe. Cette plante est annuelle.

G. *arboreum* L., spontané dans les Célèbes, l'Inde, l'Arabie et l'Égypte. Ce végétal, dont le produit est excellent, est un arbuste qui peut atteindre une hauteur de 7 mètres. On le cultive en Chine, en Amérique et aux Canaries.

G. *vitifolium* L., qui est un arbuste de 4 mètres environ, désigné sous le nom de *Cotonnier à feuilles de Vigne*. Il est originaire de l'Inde ; on le cultive à Maurice et dans l'Amérique du Sud.

G. *barbadense* L., Cotonnier des Barbades. Cette espèce donne un coton très fin et très soyeux. C'est un arbuste de 3 à 4 mètres, originaire des Antilles, mais cultivé aux États-Unis et même en Afrique.

Les G. *peruvianum* Cav., *hirsutum*, *racemosum*, etc., originaires d'Amérique, sont également exploités.

Les *graines* de ces diverses espèces fournissent une bonne huile alimentaire.

La bourre que produit l'endocarpe de certaines Bombacées (*Eriodendron*, *Chorisia* et *Ochroma* entre autres), peut servir à confectionner des coussins et des édredrons.

Certains bois de Bombacées sont exploités à cause de leur légèreté qui rappelle celle du liège. Tels sont celui de l'*Hibiscus tiliaceus* en Asie, et celui de l'*Ochroma Lagopus* en Amérique.

Le Baobab (*Adansonia digitata* L.) est célèbre par la taille gigantesque de son tronc, dont le diamètre atteint 9 ou 12 mètres, et la circonférence jusqu'à 25 mètres. Il croît dans le Sénégal et les pays environnants. Toute la plante est riche en mucilage. Les feuilles, séchées et réduites en poudre, servent d'aliment aux nègres de ces contrées ; on leur attribue une certaine vertu préservative contre la diarrhée et les fièvres inflammatoires. On est allé jusqu'à considérer l'écorce du Baobah comme un succédané du Quinquina.

SOUS-ORDRE DES COLUMNIFÈRES.

Réceptacle floral le plus souvent convexe.— Fleurs actinomorphes, pentamères. — Calice à préfloraison valvaire, gamosépale. — Pétales libres, à préfloraison le plus souvent tordue.—Étamines généralement nombreuses, libres ou, le plus souvent, monadelphes. — Carpelles en nombre variable. libres ou concrescents.

Étamines libres ou polyadelphes. — Fruit représenté par une capsule loculicide ou septicide, ou charnu et drupacé.—Pétales ordinairement libres, à préfloraison valvaire, imbriquée ou tordue. — Graine ordinairement albuminée. Plantes herbacées ou ligneuses........... **TILIACÉES.**

Étamines monadelphes. — Carpelles nombreux, à 1 ou 2 ovules, libres ; ou peu nombreux et concrescents en un ovaire pluriloculaire et à loges ordinairement pluriovulées. — Fruit : achaines, follicules ou capsule loculicide. — Graine avec ou sans albumen mucilagineux. — Feuilles alternes, stipulées.

Étamines alternant, isolément ou par groupes, avec des staminodes. Anthères extrorses. — Fleurs parfois polygames. — Corolle développée ou nulle. — Carpelles toujours peu nombreux et concrescents. — Plantes ligneuses............ **STERCULIACÉES.**

Étamines toutes fertiles. — Anthères introrses. — Fleurs presque toujours hermaphrodites. — Corolle toujours bien développée.—Carpelles plus ou moins nombreux, libres ou concrescents. — Fruits : achaines, follicules ou capsule loculicide. ... **MALVACÉES.**

ORDRE IV. — EUCYCLICÉES.

Les caractères dominants de cet ordre sont les suivants :

1° *Les pièces florales sont toujours insérées par verticilles (et non suivant une ligne spiralée) sur un réceptacle presque toujours convexe;*

2° *Les membres de l'androcée (sauf quelques exceptions) ne se multiplient pas par dédoublement, ainsi qu'on l'observe dans l'ordre qui précède;*

3° *Le nombre des étamines, toujours défini, est tantôt égal, tantôt et le plus souvent double de celui des pétales, rarement triple ou multiple.*

On peut diviser cet ordre en quatre sous-ordres :

1° GRUINALES ; 2° TÉRÉBINTHINÉES ; 3° ÆSCULINÉES ; 4° FRANGULINÉES.

SOUS-ORDRE I. — GRUINALES.

Fleurs généralement 5-mères et actinomorphes (rarement 4-3-mères ou zygomorphes).

Étamines en nombre généralement double de celui des pétales et, dans ce cas, étamines extérieures alternes avec les pétales (diplostémonie directe) ou opposées aux pétales (obdiplostémonie) (1), plus rarement en nombre triple de celui des pétales ou en nombre simple.

Jamais de véritable disque réceptaculaire, mais souvent des glandes accompagnant la base des étamines.

Ovaire toujours supère et, dans les cas d'isomérie, de beaucoup les plus fréquents, carpelles opposés aux pétales (excepté chez les Limnanthacées). — Ovules suspendus et apotropes (2) (ascendants et épitropes seulement chez les Limnanthacées).

Calice développé de manière à cacher, dans le bouton, les autres parties de la fleur.

Corolle à préfloraison le plus souvent tordue.

FAMILLE I. — GÉRANIACÉES.

Fleurs 5-mères, actinomorphes (rarement zygomorphes); réceptacle convexe. — Sépales imbriqués ou valvaires ; pétales à préfloraison tordue. — Étamines 10, légèrement monadelphes, toutes fertiles ou en partie stériles (rarement 15). — Carpelles 5, opposés aux pétales. — Ovules descendants, à micropyle supère et raphé interne. — Fruit capsulaire et septicide. — Graines pourvues d'un albumen charnu.

Plantes herbacées, rarement ligneuses, glanduleuses en général. — Feuilles ordinairement alternes, simples, stipulées.

Description des Geranium L. — Les *Geranium*, représentés sous nos climats par d'assez nombreuses espèces, sont des plantes géné-

(1) V. plus loin, p. 822.
(2) V. p. 108.

ralement herbacées, dont les rameaux sont noueux et articulés (fig. 318).

Les *feuilles* sont *alternes ou faussement opposées*, de formes très diverses, mais *toujours simples*, quoique parfois profondément divisées, et *accompagnées de deux stipules basilaires membraneuses*.

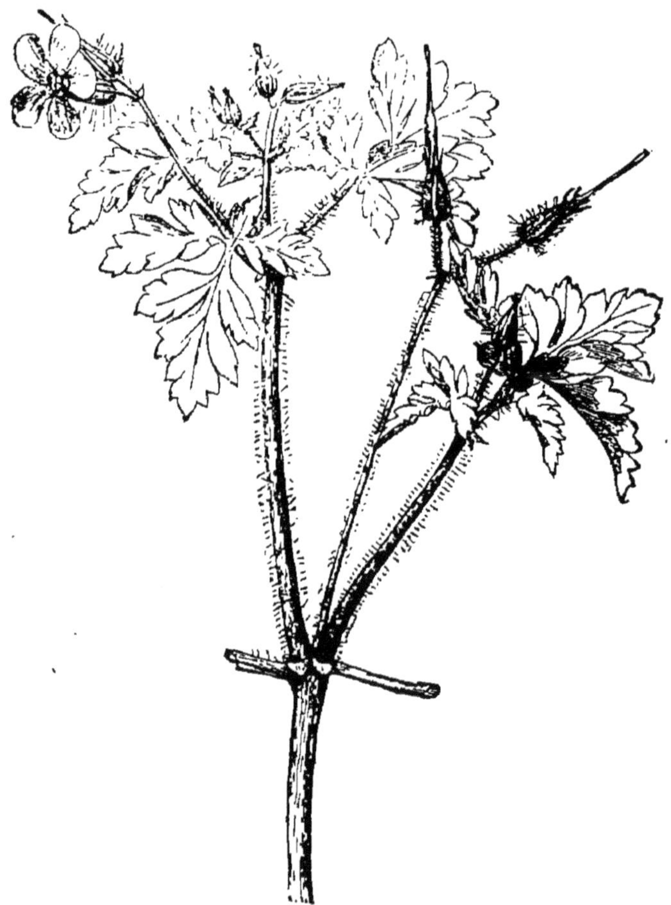

Fig. 318. — Géranium Herbe à Robert (*Geranium Robertianum*).

Tiges et feuilles sont plus ou moins abondamment pourvues de *poils glanduleux*.

Les *fleurs* sont associées en *cymes unipares*, figurant parfois de courtes grappes ou des ombelles. Le pédoncule commun est, suivant les espèces, terminal ou latéral.

La *fleur*, prise en particulier, est *complète, hermaphrodite et actinomorphe* (fig. 319, 1). Le *réceptacle est convexe*.

Le *calice* est formé par *cinq sépales libres, à préfloraison quincon-ciale.*

La *corolle*, très caduque, consiste en *cinq pétales* roses ou rouges, entiers ou échancrés au sommet, *à préfloraison tordue en général,* parfois imbriquée.

L'*androcée, hypogyne comme la corolle,* consiste en *deux verticilles de cinq étamines plus ou moins monadelphes à la base ;* le verticille externe est composé d'étamines plus courtes, opposées aux pé-

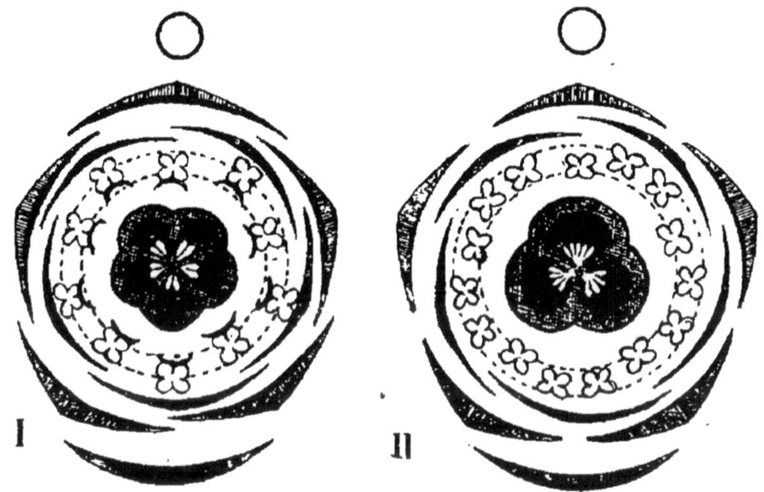

Fig. 319. — I. Diagramme de la fleur d'un *Geranium.*
II. Diagramme d'un *Monsonia.*

tales (1). En dehors du point d'insertion des étamines internes, se montrent cinq glandes formées par le réceptacle.

Le *gynécée est supère, constitué par cinq carpelles concrescents en un ovaire à cinq loges opposées aux pétales. Le style est simple, supérieurement divisé en cinq branches, avec papilles stigmatiques en dedans.* — A l'angle interne de chaque loge sont *deux ovules colla-*

(1) Cette disposition réalise un cas spécial, assez fréquent, de diplostémonie (v. p. 97) que les Allemands désignent sous le nom de *obdiplostémonie,* pour le distinguer de la *diplostémonie directe* où les membres du verticille externe alternent avec les pétales. Plusieurs hypothèses ont été émises pour expliquer cette disposition ; les principales sont les suivantes : 1° Certains botanistes, Saint Hilaire entre autres, ont considéré les pétales et les étamines qui leur sont superposées comme dérivant d'un seul et même verticille dont tous les membres auraient subi un dédoublement parallèle ; — 2° d'autres, tels que Celakowsky, Eichler, etc., pensent que le verticille opposé aux pétales est, en réalité, le plus interne, et qu'il ne doit qu'à un déplacement très précoce sa situation particulière ; — 3° d'autres enfin, comme Braun, croient qu'on doit admettre l'existence théorique d'un troisième verticille abortif, extérieur aux deux autres, et dont les membres alterneraient avec les pétales.

téraux ou presque superposés, *descendants, anatropes*, à micropyle extérieur.

Le *fruit*, qu'accompagne le *calice persistant*, est sec, *surmonté par la colonne stylaire*. A la maturité, les parois de chaque loge se séparent élastiquement des cloisons, et s'enroulent vivement en dehors et de bas en haut, entrainant avec elles une bandelette du tissu du style.

Les *graines*, au nombre de une à deux par loge, montrent, *autour d'un embryon à cotylédons diversement plissés et involutés, un albumen charnu peu épais*, parfois réduit à une simple couche membraneuse.

Autres genres. — Erodium L'Hérit. — Chez quelques *Geranium* déjà (tels que le *G. pusillum* L.), certaines étamines peuvent demeurer stériles. Ces espèces servent de transition vers les *Erodium*, chez lesquels *les étamines opposées aux pétales se réduisent à des filaments squamiformes*.

La structure florale, celle du fruit, le port et les organes végétatifs des *Erodium* sont les mêmes que chez les *Geranium*, et le rostre des fruits s'enroule en spirale lors de leur séparation. Leur aire de distribution est également identique.

Monsonia L. — C'est encore surtout par l'androcée que se distinguent les *Monsonia* (II), plantes propres à l'Afrique australe et à l'Asie tropicale occidentale. Il existe ici *quinze étamines groupées en cinq faisceaux de trois membres chacun, et alternes avec les pétales* (1).

Biebersteinia Steph. — Les *Biebersteinia* sont enfin considérées par certains auteurs comme représentant la structure florale typique des Géraniacées. Ce sont des herbes vivaces de la Grèce, de l'Orient et de l'Asie centrale. Leur port, leurs organes végétatifs, les poils glanduleux qui les recouvrent en général, rappellent ce que nous avons déjà décrit chez les *Geranium* et chez les *Erodium*.

Les fleurs, régulières et complètes, sont construites comme chez les *Geranium*, mais le gynécée est formé par *cinq carpelles indépendants, oppositipétales*, contenant chacun un *ovule incomplètement ana-*

---

(1) En s'appuyant sur des considérations organogéniques, Payer admet que, dans chaque faisceau, l'étamine médiane appartient au verticille oppositisépale, tandis que les deux latérales appartiendraient au cycle oppositipétale. Chaque membre de ce dernier cycle se serait dédoublé, et chacune des étamines résultant de ce dédoublement serait venue se souder à l'une des étamines oppositisépales.

trope, fixé à l'angle interne, et à micropyle supérieur. Chaque carpelle porte un style sur le milieu de sa face interne. Libres d'abord, les cinq styles s'accolent ensuite en une colonne dont l'extrémité stigmatifère est légèrement renflée.

Le fruit consiste en une réunion de cinq achaines, et la graine offre la même structure que chez les *Geranium.*

Les *Geranium, Erodium, Monsonia, Biebersteinia* ont donc, comme caractères communs, d'avoir *la fleur régulière et complète.*

PELARGONIUM L'Hérit. — Les *Pelargonium* (fig. 320), dont plusieurs espèces sont cultivées dans nos jardins sous le nom inexact de *Géraniums,* représentent le type zygomorphe de la famille.

Ce sont des herbes, des sous-arbrisseaux ou des arbrisseaux,

Fig. 320.— *Pelargonium* L'Hérit.

souvent chargés de poils glanduleux, originaires pour la plupart de l'Afrique australe. Les feuilles, alternes ou opposées, entières ou diversement découpées, sont stipulées, comme chez les autres Géraniacées, ordinairement très odorantes.

Le calice est formé par cinq sépales, imbriqués en quinconce. *Le sépale postérieur est prolongé en arrière en un éperon creux concrescent avec le pédoncule.* Il n'est pas rare, en outre, de voir les deux sépales moyens plus petits que les autres, et déjetés vers le bas ainsi que les deux inférieurs, tandis que le supérieur est relevé en dessus.

La corolle est construite comme celle desGeranium, mais *les deux pétales supérieurs se distinguent des autres par leur couleur, par leur taille et leur direction.* Le *pétale inférieur, rejeté vers le bas,* est lui-même presque toujours différent des deux moyens. *La préfloraison de la corolle est ici ascendante.* Les glandes florales font défaut dans ce genre.

La zygomorphie s'accentue davantage encore dans l'androcée dont les étamines sont partiellement abortives. En général, *l'androcée est réduit à 7 étamines,* par suite de la disparition de celles qui sont opposées aux trois pétales antérieurs. L'avortement atteint aussi quelquefois les deux étamines opposées aux deux pétales postérieurs, ce qui réduit l'androcée à cinq étamines fertiles.

D'ailleurs, toutes les étamines sont monadelphes à leur base, et celles qui correspondent aux sépales sont un peu plus longues que les autres.

Chez les *Pelargonium,* la matière sucrée que sécrètent les glandes réceptaculaires chez les *Geranium* est formée dans l'éperon du sépale postérieur.

Viviania Cav. — Il est des Géraniacées dont les cinq carpelles concrescents forment *une capsule à déhiscence septicide.* Ce caractère nous est offert par les *Viviania* de l'Amérique du Sud, dont *les feuilles sont opposées, sans stipules,* et dont la graine est pourvue d'un albumen charnu.

GÉRANIA-

Plantes herbacées ou sous-frutescentes, ordinairement glanduleuses, variables comme port, pourvues de *feuilles* alternes, rarement opposées, avec stipules, ou plus rarement sans stipules.

Fleurs insérées latéralement, le plus souvent groupées en cymes, et ordinairement complètes, hermaphrodites, actinomorphes ou, plus rarement, zygomorphes. — Réceptacle convexe, plus rarement concave.

Calice persistant, ordinairement 5-mère, formé de sépales libres, à préfloraison imbriquée, ou gamosépale et à préfloraison valvaire. — *Corolle* caduque, ordinairement 5-mère, formée de pétales libres, imbriqués ou tordus dans la préfloraison, alternant, le plus souvent, avec un nombre égal de glandes. Rarement corolle nulle.

Étamines, soit en même nombre que les pétales, soit en nombre double ou triple; plus ou moins concrescentes à la base, les extérieures étant opposées aux pétales, toutes fertiles ou en partie stériles. Anthères introrses, biloculaires, à déhiscence longitudinale.

Carpelles 5 (ou 3-3), avec 1 ou 2 ovules, ou de nombreux ovules anatropes, le plus souvent suspendus, à micropyle extérieur. — *Fruit :* capsule septicide, ou se séparant en achaines prolongés en bec.

Embryon souvent vert, droit ou courbe, entouré d'un *albumen* charnu plus ou moins abondant, quelquefois nul.

CÉES.

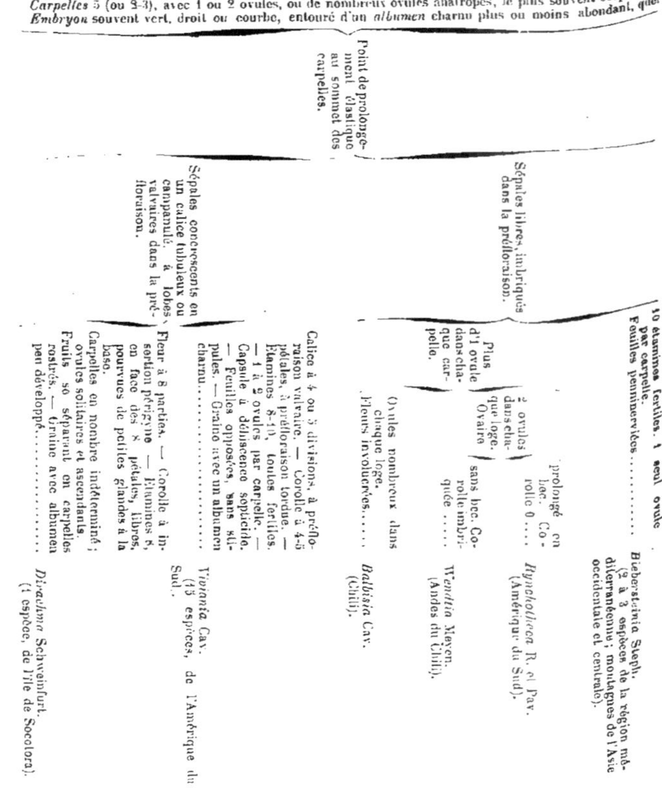

Clef des genres :

- **Carpelles prolongés supérieurement en un bec qui s'enroule élastiquement en arc ou en spirale à la maturité. Inflorescences uniflores ou biflores, ou bien en cymes scorpioïdes. Feuilles ordinairement lobées, rarement entières.**
  - Fleurs actinomorphes et sans éperon, pourvues de glandes.
    - 10 étamines.
      - 10 étamines, toutes fertiles; bec du fruit s'incurvant en arc. Pétales plus ou moins échancrés au sommet, rarement arrondis. Albumen peu abondant ou nul. ...... *Geranium* L. (100 espèces, des contrées tempérées de l'Hémisphère Nord; un petit nombre sous les tropiques).
      - 5 étamines seulement fertiles, les cinq opposées aux pétales demeurant stériles. Bec du fruit s'enroulant en spirale. Pétales entiers, ordinairement rougeâtres ou bleuâtres. Albumen nul. ...... *Erodium* L'Hérit. (50 espèces, de la région méditerranéenne pour la plupart, et de l'Amérique tempérée; quelques-unes du Cap et de l'Australie occidentale).
    - 15 étamines.
      - Etamines concrescentes en 5 faisceaux qui alternent avec les pétales. Bec du fruit s'enroulant en spirale, garni de soies en dedans. Végétaux simplement herbacés. .... *Monsonia* L. (Afrique australe; Asie tropicale).
      - Etamines libres presque jusqu'à la base. Tige charnue, pourvue d'épines, formées par la base de feuilles tombées. ...... *Sarcocaulon* DC. (4 espèces du Sud de l'Afrique).
  - Fleurs zygomorphes, pourvues d'un éperon calicinal concrescent avec le pédoncule; point de glandes. — Pétales 5, dissemblables, plus rarement 4 ou 2 pétales. — Etamines 10, dont 2 à 7 seulement sont fertiles. Bec du fruit s'enroulant en spirale. ...... *Pelargonium* L'Hérit. (115 espèces environ, toutes de la région du Cap, excepté 2 ou 3 australiennes, 1 en Syrie et Cilicie, 3 en Abyssinie).
- **Point de prolongement élastique au sommet des carpelles.**
  - Sépales libres, imbriqués dans la préfloraison.
    - 10 étamines fertiles, 1 seul ovule par carpelle. Feuilles penninervées. ...... *Biebersteinia* Steph. (2 à 3 espèces de la région méditerranéenne; montagnes de l'Asie occidentale et centrale).
    - Plus d'1 ovule dans chaque carpelle.
      - 2 ovules dans chaque loge. Ovaire
        - prolongé en bec. Corolle 0 .... *Rynchotheca* R. et Pav. (Amérique du Sud).
        - sans bec. Corolle imbriquée ..... *Wendtia* Meyen. (Andes du Chili).
      - Ovules nombreux dans chaque loge. Fleurs involucrées. ...... *Balbisia* Cav. (Chili).
  - Sépales concrescents en un calice tubuleux ou campanulé, à lobes valvaires dans la préfloraison.
    - Calice à 4 ou 5 divisions, à préfloraison valvaire. — Corolle à 4-5 pétales, à préfloraison tordue. — Etamines 8-10, toutes fertiles. — 1 à 2 ovules par carpelle. — Capsule à déhiscence septicide. — Feuilles opposées, sans stipules. — Graine avec un albumen charnu. ...... *Viviania* Cav. (15 espèces, de l'Amérique du Sud.
    - Fleur à 8 parties. — Corolle à insertion périgyne — Etamines 8, en face des 8 pétales, libres, pourvues de petites glandes à la base. Carpelles en nombre indéterminé; ovules solitaires et ascendants. Fruits se séparant en carpelles rostrés. — Graine avec albumen peu développé. ...... *Dirachma* Schweinfurt. (1 espèce, de l'île de Socotora).

Affinités. — Les affinités des Géraniacées sont nombreuses :

1° MM. Bentham et Hooker y joignent les Balsaminacées et les Tropéolacées. Ces dernières ont des fleurs zygomorphes, semblables à celles des *Pelargonium ; mais leurs étamines sont libres, toutes fertiles, les carpelles sont uniovulés, les fruits indéhiscents ;* enfin, chez les Tropéolacées, *les feuilles manquent de stipules* (Voir plus loin).

2° Par les *Pelargonium*, les Géraniacées se rattachent aux Balsaminacées qui s'en distinguent par *leurs feuilles sans stipules,* par *leurs fleurs dépourvues de disque glanduleux, leur androcée à cinq étamines cohérentes par leurs anthères, leur stigmate sessile, leur capsule à déhiscence loculicide, leur embryon droit.*

3° Les Géraniacées se rapprochent encore des Zygophyllacées.

4° Les Linacées, dont l'affinité avec les Géraniacées est manifeste, s'en éloignent *par leur ovaire non lobé, leurs ovules pendants, leurs stigmates capités, leur embryon droit, l'absence ordinaire de stipules,* etc.

Les Malvacées ont également, avec les Géraniacées, plusieurs traits de ressemblance.

Distribution géographique. — Considérées dans leur ensemble, les Géraniacées se montrent répandues à peu près partout dans les régions chaudes et tempérées des deux Mondes.

Si nous examinons isolément chacun des genres de la famille, nous voyons les *Geranium* et les *Erodium* plus abondants que partout ailleurs dans les contrées tempérées de l'hémisphère Nord ; les *Monsonia* habitent l'Afrique australe et l'Asie tropicale occidentale. Les *Pelargonium* ont pour patrie toute la partie méridionale de l'Afrique, à partir du Capricorne, et surtout les environs du Cap. On en rencontre quelques-uns encore en Océanie et dans les îles du Sud de l'Asie. Une seule espèce, le *Pelargonium Endlicherianum,* s'avance jusqu'en Asie Mineure.

Propriétés générales. Plantes importantes. — Prises dans leur ensemble, les Géraniacées sont des végétaux riches en tannin et en acide gallique. A ces propriétés astringentes qui leur sont communes, beaucoup d'espèces en joignent d'autres qu'elles doivent à des principes particuliers.

Ce sont, pour quelques-unes, des résines et de l'huile volatile associées à un abondant mucilage ; pour d'autres, des acides libres, etc.

L'huile essentielle n'est pas très abondante dans les organes végétatifs ; cependant, dans certaines espèces indigènes, telles que l'*Erodium moschatum* L'Hér., l'*Erodium gruinum* Wild., le *Geranium rotundifolium* L., etc., sa présence se révèle par une odeur caractéristique de toute la plante. Ces Géraniacées sont réputées stimulantes et diaphorétiques.

Les *Geranium Robertianum* L. et *sanguineum* L. sont astringents et stimulants. Le *G. pratense* L. est dit vulnéraire.

Ainsi qu'il a été dit plus haut, beaucoup de *Pelargonium* sont cultivés dans nos jardins (*P. Radula, roseum* W., *capitatum* Ait., *odoratissimum* Ait., etc.). Quelques espèces fournissent, en Asie, une fausse essence de Roses.

Les essences fournies par les *Pelargonium* sont, d'ailleurs, très diverses : les unes ont une odeur suave de citron ou de roses ; d'autres exhalent une odeur de hareng ou de méthylamine des plus désagréables, celle du *P. zonale*, entre autres.

Les *P. peltatum* Sol. et *acetosum* Sol. ont un goût acidule agréable.

Parmi les Géraniacées riches en résine, nous signalerons surtout le *Monsonia africana* qui, dans l'Afrique australe, sert à fabriquer des torches.

FAMILLE II. — TROPÉOLACÉES.

Cette famille n'est composée que du seul genre *Tropæolum* L. (Capucine), qui peut être caractérisé de la façon suivante :

Fleurs complètes (fig. 321), *hermaphrodites, zygomorphes. Réceptacle floral concave, prolongé en arrière en un éperon creux, glanduleux.*

Calice persistant, coloré. *Cinq sépales concrescents, formant plus ou moins nettement deux lèvres,* dont la supérieure bifide, l'inférieure trifide. Au sépale médian postérieur correspond l'éperon réceptaculaire. *Préfloraison imbriquée.*

Pétales 5, *libres,* les deux postérieurs relevés, distants des trois antérieurs qui sont déjetés vers le bas et ciliés à la jonction de l'onglet et du limbe. *Préfloraison imbriquée.*

Étamines 8 (1), *périgynes libres,* également distantes. Anthères introrses, biloculaires, à déhiscence longitudinale.

Fig. 321. — Capucine grande (*Tropæolum majus*). — Fleur.

Ovaire trilobé, libre, formé par trois carpelles concrescents et à 3 loges. Style terminal, trifide vers le sommet. — Dans chaque loge, *un seul ovule anatrope, descendant, apotrope* (V. p. 108).

Fruit représenté par 3 *achaines* à péricarpe spongieux, et qui, à la maturité, *se détachent d'une columelle centrale* courte et persistante.

Graine pourvue d'un testa cartilagineux, quelquefois adhérent au péricarpe. *Albumen nul. Embryon droit,* souvent vert. Cotylédons cohérents, à la fin, l'un avec l'autre.

Plantes herbacées, souvent grimpantes, pourvues de tiges très rameuses, longues et flexibles. *Feuilles* longuement pétiolées, *à limbe pelté, sans stipules,* sauf les feuilles primordiales qui sont stipulées et opposées.

(1) D'après Schimper, ces étamines ne formeraient qu'un seul verticille 8-mère. — Il y aurait, d'après Eichler et d'autres botanistes, deux cycles 5-mères; mais tandis que l'extérieur demeurerait complet, l'étamine antérieure et l'une des latérales avorteraient dans le verticille interne. — Il y aurait également deux verticilles 5-mères pour M. von Reiche (V. Engler et Prantl, fasc. 47, p. 23), mais l'avortement porterait sur chacune des étamines médianes dans les deux verticilles. — Enfin, pour M. Van Tieghem, l'androcée devrait être conçu théoriquement comme formé par 10 membres, dont deux avorteraient.

Fleurs solitaires, pédonculées, *axillaires*.

Les variations que peut souffrir ce type commun de structure sont assez peu profondes (racine parfois tubéreuse, limbe foliaire quelquefois lobé, développement plus ou moins grand des trois pétales inférieurs, etc.) pour qu'on puisse considérer toutes les Tropéolacées comme ne formant qu'un seul genre.

Le *Tropæolum pentaphyllum* Lam., par l'avortement complet des trois pétales antérieurs, la préfloraison valvaire du calice et son fruit charnu, diffère assez des autres espèces pour qu'on ait cru pouvoir l'en séparer génériquement sous le nom de *Chymocarpus* Don.

Affinités. — MM. Bentham et Hooker placent les Tropéolacées dans les Géraniacées, à côté des *Pelargonium*, et H. Baillon les y rattache également à titre de simple série.

Les Tropéolacées se rapprochent également des Limnanthacées, des Balsaminacées, des Linacées, etc. (V. p. 828).

Distribution géographique. — Les Tropéolacées, au nombre de 35 espèces environ, sont originaires des contrées montagneuses du Nouveau-Continent, du Mexique au Chili, sauf 3 espèces que l'on retrouve dans le Brésil méridional.

Propriétés générales. Plantes importantes. — Ces végétaux contiennent un principe âcre, analogue à celui des Crucifères, et possèdent des propriétés antiscorbutiques.

Les *Tropæolum majus* L. et *minus* L., cultivées en Europe, sont employées comme condiment.

Les tubercules du *T. tuberosum* Ruiz et Pav. sont mangés au Pérou et dans la Bolivie, mais après qu'on en a détruit l'acidité par une longue exposition au soleil.

FAMILLE III. — LIMNANTHACÉES

Cette petite famille, peu importante à connaître, n'est composée que des genres *Limnanthes* R. B. et *Flœrkea* Wild., propres l'un et l'autre à l'Amérique du Nord. (V. le tableau général du Sous-Ordre.)

FAMILLE IV. — OXALIDACÉES

Fleurs complètes, hermaphrodites, actinomorphes (1). — *Réceptacle convexe.* — *5 sépales libres*, à préfloraison imbriquée-quinconciale, persistants. — *5 pétales libres* ou légèrement cohérents, à préfloraison tordue, caducs. — *Androcée le plus souvent à deux verticilles de 5 étamines* (les extérieures oppositipétales et un peu plus courtes), monadelphes à la base. *Anthères introrses*, à déhiscence longitudinale. Des glandes à la base de toutes les étamines ou seulement des extérieures. *Carpelles* 5, cohérents presque toujours en un ovaire à 5 loges, rarement libres presque jusqu'à la base. Styles toujours indépendants. — *Ovules* en nombre variable dans chaque loge, à placentation axile, anatropes, descendants, à micropyle extérieur. — *5 styles et 5 stigmates.*

Fruit : capsule loculicide, à 5 valves, ou fruit charnu. Graine avec *embryon droit* dans un *albumen charnu.* Plantes le plus souvent herbacées-vivaces, rarement ligneuses. — *Feuilles alternes et sans stipules,* le plus souvent composées (digitées ou pennées).

Fruit capsulaire.

— Carpelles libres seulement par leurs styles. — Étamines 10, toutes fertiles :

- Carpelles libres presque jusqu'à leur base...... → *Eichleria* Progel. (2 espèces. Brésil méridional).
- Valves de la capsule demeurant attachées par le haut au sommet de l'axe de la fleur, après la déhiscence. Feuilles trifoliolées..... → *Oxalis* L. (fig. 322). (Environ 220 espèces, répandues à peu près partout, surtout abondantes dans le sud de l'Afrique et les régions chaudes de l'Amérique).
- Valves de la capsule étalées en étoiles après la déhiscence. Feuilles composées-pennées, irritables... → *Biophytum* DC. (Environ 20 espèces. Asie, Afrique, Amérique tropicales).

— Étamines 15, groupées en 5 faisceaux. → *Hypseocharis* Remg. (*H. pimpinellifolia.* Grandes altitudes dans les Andes boliviennes).

Fruit baccien.

- Pétales à préfloraison tordue. — Étamines 10, toutes fertiles ou 5 stériles. — Graines nombreuses dans chaque loge. — Arbres ou arbrisseaux à feuilles composées-pennées .... → *Averrhoa* L. (3-4 espèces tropicales).
- Pétales à préfloraison valvaire.
  - 2 graines par loge. → *Connaropsis* Planch. (3 espèces, de l'Archipel Malais).
  - 1 graine par loge, → *Dapania* Korth. (*D. racemosa* Korth. Sumatra).

(1) Le diagramme d'une fleur d'*Oxalis* correspond à peu près exactement à celui des *Geranium* (v. f. 319 I).

Affinités. — Les Oxalidacées sont très voisines des Géraniacées, dont elles se distinguent essentiellement par *leurs feuilles composées, leurs fruits loculicides ou charnus, l'albumen de leur graine.*

Leurs rapports avec les autres familles du sous-ordre sont suffisamment indiqués dans le tableau général.

Distribution géographique. — Le genre *Oxalis* (ou Surelle), le plus important de la famille, est surtout représenté dans l'Afrique australe et

Fig. 322. — Oxalide droite (*Oxalis stricta*). — Port et fleur coupée.

dans l'Amérique du Sud. Une douzaine d'espèces sont répandues dans les contrées tempérées et chaudes du monde entier.

Les autres genres ont des aires d'extension spéciale (V. le tableau).

Propriétés générales. Plantes importantes. — Au point de vue de leur composition, les Oxalidacées se distinguent surtout par leur richesse en suroxalate de potasse, auquel elles doivent une saveur aigre, parfois très intense.

On mange, dans quelques régions, les tubercules que forment les organes souterrains de certaines espèces, les *O. tetraphylla* et *esculenta* du Mexique, les *O. Deppei* et *crassicaulis* du Pérou, etc. On vend encore comme légumes, dans l'Amérique du Sud, sous le nom d'*Oca*, certaines espèces chiliennes telles que l'*O. crenata* Jacq., les *Oxalis tuberosa, carnosa*, etc.

Les parties aériennes acidules de certaines Surelles sont mangées comme l'est l'Oseille, entre autres les *O. acetosella* et *corniculata* L., espèces indigènes, les *O. compressa, rostrata*, etc., au Cap de Bonne-Espérance, les *O. frutescens, Barrelieri*, etc., en Amérique.

Grâce à leur acidité extrême, quelques *Oxalis* sont employés comme antiscorbutiques et fébrifuges (*Oxalis cordata*, du Pérou, *O. dodecandra*, du Brésil, etc.). Ces espèces servent aussi à l'extraction du Sel d'Oseille; on en retirait même autrefois de nos espèces indigènes (*O. acetosella* et *corniculata*).

Le *Biophytum sensitivum* DC., de l'Inde, doit son nom spécifique aux mouvements spontanés et à l'irritabilité de ses feuilles qui, à ce point de vue, peuvent être comparées à celles de la Sensitive (*Mimosa pudica* L.) de la famille des Légumineuses. Cette plante passe, en outre, pour être efficace contre l'asthme, la phtisie, la morsure des scorpions.

Les Abyssins comptent parmi leurs ténifuges l'*O. anthelmintica* A. Rich. Enfin, certaines Surelles sont usitées comme plantes tinctoriales ; en Amérique, par exemple, les *O. rosea* et *racemosa*.

Les *Averrhoa* ont une composition et des propriétés analogues à celles des *Oxalis* ; on emploie surtout leurs fruits charnus, riches en suc acide.

FAMILLE V. — LINACÉES.

Fleurs toujours actinomorphes ; réceptacle convexe. — Sépales libres, à préfloraison quinconciale. — Pétales à préfloraison presque toujours tordue. — Étamines 10, toutes fertiles ou 5 stériles. — Ovaire à 5 loges, souvent dédoublées par une fausse cloison. — Ovules descendants, à raphé ventral. — Fruit capsulaire et septicide. — Graine avec albumen charnu plus ou moins abondant.

Plantes herbacées, plus rarement ligneuses. — Feuilles simples, sans stipules.

Description du Linum usitatissimum L. — Le genre Lin est représenté dans nos campagnes par un nombre assez considérable d'espèces qui, toutes, pourraient nous servir d'exemples de description (*L. catharticum, maritimum, tenuifolium*, etc.). Nous choisissons de préférence l'espèce la plus importante, le Lin cultivé (*Linum usitatissimum* L.), qui pousse spontanément dans nos champs et le long de nos chemins.

C'est une *herbe* annuelle (fig. 324), à *tige dressée, ramifiée*, pouvant atteindre une hauteur de 40 à 60 centimètres. Toutes les parties végétatives de la plante ont une teinte vert glauque et sont très glabres.

Les *feuilles sont simples et entières*, étroites, lancéolées, *sessiles*, celles du bas des tiges plus courtes et plus arrondies que les supérieures, *alternes*.

Comme chez beaucoup d'espèces du genre, *les fleurs forment une cyme unipare scorpioïde* lâche, au sommet de l'axe principal; elles sont portées de la même manière par les axes latéraux.

Considérée en elle-même, la fleur de Lin est *actinomorphe, hermaphrodite et complète* (fig. 323). — *Le réceptacle est convexe.*

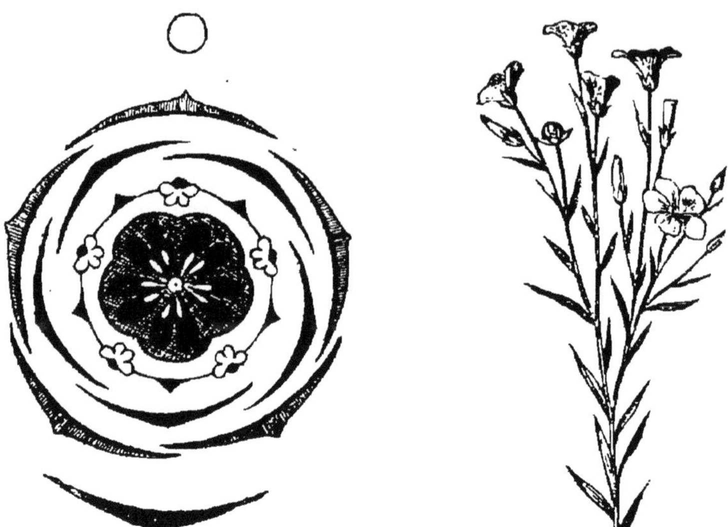

Fig. 323.— Diagramme d'un *Linum*.   Fig. 324. — Lin cultivé (*Linum usitatissimum*).

Le *calice* est représenté par *cinq sépales libres*, en *préfloraison quinconciale*, l'un des deux sépales extérieurs étant médian postérieur. Chaque sépale montre trois nervures saillantes, et son bord est irrégulièrement denté vers le sommet.

La *corolle* est formée par *cinq pétales également libres et très caducs*, d'un bleu tendre et d'une structure délicate, constitués chacun par un limbe élargi au sommet, parcouru par de nombreuses veinules, rétréci à la base en un court onglet.

La préfloraison de la corolle est tordue.

Les dix étamines qui composent l'androcée sont légèrement monadelphes à la base, et semblent insérées en un seul verticille; les cinq qui alternent avec les pétales sont longues et fertiles, pourvues d'anthères introrses, biloculaires, à déhiscence longitudinale; les cinq autres, oppositipétales, sont réduites à de simples languettes (1).

(1) Entre l'androcée et la corolle on remarque souvent, chez les Lins, *cinq petites glandes alternes avec les pétales*, plus ou moins apparentes.

Le *gynécée*, qui occupe le sommet du réceptacle floral, est formé par *cinq carpelles concrescents en un ovaire tout d'abord à cinq loges épipétales; chacun d'eux est surmonté d'un style claviforme* (1), *stigmalifère vers son sommet.*

A *l'angle central de chaque loge sont insérés deux ovules anatropes, pendants, à micropyle extérieur et supérieur;* au-dessus de ce dernier, le placenta s'accroît en un petit obturateur.

A un moment donné, sur le milieu de la paroi externe de chaque loge, et, par suite, *au niveau de la nervure dorsale de chaque feuille carpellaire, naît une cloison fausse* qui tend à venir séparer l'un de l'autre les deux ovules géminés; cette cloison peut même subdiviser complètement la loge primitive, et arriver au contact du placenta.

Le *fruit* est *une capsule*, qu'accompagne le *calice persistant*; par suite de la production des fausses cloisons, *il est subdivisé en dix logettes* plus ou moins complètes, contenant chacune *une graine*. A la maturité, les cloisons vraies se dédoublent de haut en bas, et les carpelles ainsi isolés s'ouvrent par décollement de leur suture ventrale. *La déhiscence est donc septicide.*

La *graine* est oblongue, acuminée à l'une de ses extrémités, aplatie et à bord tranchant, fauve et luisante à la surface. L'assise cellulaire superficielle du testa est remarquable par la faculté qu'elle possède de se gonfler fortement dans l'eau, et de produire ainsi un mucilage que l'on utilise dans la médecine et dans l'industrie.

L'amande est formée par *un albumen charnu, d'une épaisseur très faible, entourant un embryon droit,* dont les cotylédons charnus et huileux sont très grands, un peu cordiformes à la base, et surmontés par une courte radicule.

Les autres espèces du genre sont les unes annuelles, les autres vivaces quelques-unes plus ou moins ligneuses à la base (comme chez le *L. maritimum.*)

Les feuilles. presque toujours alternes, peuvent être opposées comme elles le sont chez le Lin purgatif *(Linum catharticum* L.); elles sont parfois accompagnées à leur base par deux petites stipules glanduliformes *(L. glandulosum* Mœnch.). La couleur des pétales varie : elle est bleue, rose, blanche ou même jaune, etc.

Autres genres. — Reinwardtia Dumort. — L'espèce indienne, *Reinwardtia indica* Dum. (*L. Trigynum* Boxb.), et quelques autres, également originaires de l'Asie tropicale, se distinguent des vrais Lins *par la con-*

(1) En forme de massue.

sistance ligneuse de la tige et des rameaux. En outre, les feuilles sont ici accompagnées par *deux petites stipules en forme de soies, caduques ;* la fleur se fait remarquer par *son gynécée composé seulement de trois carpelles* (un postérieur et deux antérieurs) ou *de quatre diagonalement placés :* enfin le réceptacle floral montre *des glandes inégalement développées,* réduites à 2 ou 3 parfois. On a créé pour ces Linacées le genre *Reinwardtia.*

RADIOLA Gmel. — Le *Linum Radiola* L., type du genre *Radiola,* se distingue des Lins proprement dits par les caractères suivants :
1° *La tétramérie de tous les verticilles floraux ;*
2° *L'absence ordinaire des staminodes ;*
3° *Les sépales sont découpés en 3 ou 4 dents au sommet ;*
4° *Les pétales sont de petite taille et ont une préfloraison libre.*

ANISADENIA Wallich. — Enfin le nom générique d'*Anisadenia* sert à désigner des plantes herbacées vivaces de l'Himalaya qui, avec tous les caractères des Lins, ont *un gynécée trimère et une des glandes du réceptacle beaucoup plus développée que les autres. Les sépales sont inégaux,* deux d'entre eux étant chargés de petites glandes. Enfin *leur fruit est membraneux, dépourvu de cloisons fausses.*

On divise en général cette famille en deux sous-familles : les *Eulinées* et les *Hugoniées.* Nous nous contenterons de donner, dans le tableau général, les caractères essentiels de ces dernières, toutes étrangères à nos contrées et sans intérêt pour nous.

LINACÉES

Fleurs complètes, hermaphrodites, actinomorphes, en général 5-mères. — *Sépales* libres, à préfloraison quinconciale, persistants. — *Pétales* libres, caducs, à préfloraison tordue, plus rarement imbriquée.

Étamines monadelphes à la base, en nombre double, triple ou quadruple de celui des pétales, toutes fertiles ou partiellement transformées en staminodes. Anthères introrses et biloculaires. — Souvent des glandes réceptaculaires, égales ou inégales, en dehors de l'anneau staminifère.

Carpelles 5 en général (plus rarement 3 ou 4), concrescents en un ovaire à tout autant de loges, ces dernières souvent subdivisées elles-mêmes plus ou moins complètement par des fausses cloisons, nées du milieu des carpelles.

Ovules anatropes, descendants, à micropyle extérieur, au nombre de 1 ou 2 à l'angle central des loges.

Fruit capsulaire ou drupacé.

Graine pourvue d'un albumen charnu. *Embryon* droit.

Plantes herbacées, rarement ligneuses. — *Feuilles* simples, alternes, plus rarement opposées ou verticillées, avec ou sans stipules.

Inflorescences en cymes, ou bien (chez les Hugoniées) en grappes ou en panicules.

SOUS-FAMILLE I. — EULINÉES.

Étamines fertiles en même nombre que les pétales. — Des glandes au-dessous de l'anneau formé par les filets concrescents. — Fruit capsulaire. Herbes ou, plus rarement, plantes ligneuses.

- Capsule membraneuse, sans fausses cloisons. Sépales inégaux et glandes du réceptacle très inégales. — Gynécée 3 ou 4-mère................ **Anisadenia Wallich.** (2 espèces, du Sud de l'Himalaya).

- Capsule avec des fausses cloisons.
  - Sépales découpés en 3 ou 4 dents au sommet. — Fleur 4-mère, dépourvue de staminodes. — Pétales petits, à préfloraison libre. — Plante à ramification dichotomique................ **Radiola Gmel.** (*R. linoides* Gmel, Europe).
  - Sépales non divisés au sommet. — Plantes à ramification irrégulière.
    - Plantes généralement herbacées. — Gynécée presque toujours 5-mère. — Glandes du réceptacle égales. — Feuilles avec ou sans stipules glanduliformes............ **Linum L.** (90 espèces environ. Régions tempérées et subtropicales du monde entier, surtout abondantes dans la région méditerranéenne).
    - Plantes ligneuses. — Gynécée 3-4-mère. — Glandes réceptaculaires inégales. — Feuilles avec stipules sétiformes...... **Reinwardtia Dumort.** (*R. indica* Dum. Nord de l'Inde).

SOUS-FAMILLE II. — HUGONIÉES.

Étamines fertiles 2 à 4 fois plus nombreuses que les pétales, accompagnées ou non par des glandes à la base. — Fruit capsulaire ou drupacé. — Arbrisseaux ou arbres.

Affinités. — Les Linacées ont avec les Géraniacées et les Oxalidacées des rapports évidents. Elles offrent aussi une analogie, plus lointaine, il est vrai, avec les Caryophyllacées de la section des Silénées.

Distribution géographique. — Les Linacées, à l'exception des Hugoniées, sont presque toutes étrangères aux régions tropicales. Toutes à peu près sont originaires des contrées tempérées du monde entier. Parmi les genres les mieux localisés sont les *Reinwardtia* propres à l'Asie tropicale, et les *Anisandra* des régions Himalayennes.

Propriétés générales. Plantes importantes. — Le Lin cultivé (*Linum usitatissimum* L.) fournit à la fois ses fibres corticales que l'on isole par le rouissage, et ses graines dont on retire une huile siccative, propre à l'alimentation et utile dans l'industrie. Spontané dans le Midi de l'Europe et en Orient, ce végétal est cultivé dans beaucoup d'autres contrées depuis les temps les plus reculés. Il réussit encore par 54° de latitude Nord. Le tégument externe de ses graines donne, en outre, un mucilage que l'on utilise dans l'industrie et en thérapeutique.

Le *Linum catharticum* L., plante également européenne, remarquable par sa saveur amère et salée, était employé autrefois comme purgatif.

On emploie, au Pérou, comme amer et apéritif, le *Linum selaginoides* Lam. ; le *Linum aquilinum* Mol. est considéré, au Chili, comme un médicament antipériodique et rafraîchissant.

Enfin, plusieurs espèces exotiques de Lin prennent place parmi les plantes de jardin, à cause de la beauté de leurs fleurs.

FAMILLE VI. — BALSAMINACÉES.

Caractères. — *Fleurs* (fig. 325) hermaphrodites et complètes, zygomorphes, à *réceptacle* convexe.

Calice à 3, quelquefois à 5 sépales libres, dissemblables, le postérieur concave, presque toujours éperonné. Préfloraison imbriquée.

Corolle formée par 5 pétales, dont un antérieur, toujours indépendant, t 4 latéraux, ordinairement soudés deux par deux.

Étamines 5, alternes avec les pétales. Filets larges et courts, légèrement concrescents dans le bas. Anthères connées en une sorte de capuchon recourbé en avant et cachant le stigmate, introrses, biloculaires, déhiscentes par leur partie supérieure.

Carpelles 5, concrescents en un ovaire à 5 loges, dans chacune desquelles sont 3 ou plusieurs ovules fixés sur des placentas axiles, anatropes, descendants, à micropyle extérieur. — *Style* simple, terminal, portant un *stigmate* à 5 lobes.

Fruit : ordinairement une capsule charnue, s'ouvrant, par déhiscence loculicide, en 5 valves qui s'enroulent élastiquement sur elles-mêmes pour projeter les graines ; rarement, fruit charnu, indéhiscent.

Graine occupée par un gros *embryon* charnu, sans *albumen*.

Végétaux herbacés, charnus. — *Feuilles* alternes, opposées ou même verticillées, simples, sans *stipules*.

Les *fleurs*, solitaires, ou en cymes figurant des grappes, sont insérées à l'aisselle des feuilles.

Cette famille ne renferme que deux genres :

G. IMPATIENS L. — *Fruit capsulaire et loculicide.* — *Les deux sépales antérieurs ordinairement abortifs.* — *Les quatre pétales latéraux plus ou moins soudés par paires.* — *Ovules nombreux et superposés dans chaque loge.*

(220 espèces environ, la plupart propres aux régions tropicales et subtropicales de l'Ancien Monde, quelques-unes originaires des contrées tempérées de l'Ancien et du Nouveau Mondes.)

G. HYDROCERA Bl. — *Fruit bacciforme indéhiscent.* — *Calice formé par 5 sépales tous développés.* — *Pétales tous indépendants.* — *Dans chaque loge de l'ovaire, 2 à 3 ovules seulement, insérés côte à côte.*

(*H. triflora* W. et Arn. Plante de l'Inde, de Ceylan, des îles de la Sonde.

Fig. 325.— Diagramme d'une fleur d'*Impatiens*.

Affinités. — Les Balsaminacées sont surtout voisines des Géraniacées, qui s'y rattachent par leur type zygomorphe, les *Pelargonium*. Bentham et Hooker confondent même ces deux familles en un seul groupe naturel. Les *Pelargonium* se distinguent cependant des Balsaminacées *par leurs étamines indépendantes, en partie stériles, leur capsule septifrage, leur graine albuminée,* etc.

Propriétés générales. Plantes importantes. — Les organes charnus des Balsamines renferment des traces de matières âcres et amères. L'*Impatiens Noli-tangere* L. (Herbe de Sainte-Catherine) passait autrefois pour diurétique et antihémorrhoïdale. On l'employait à l'extérieur contre les douleurs articulaires, et l'on en préparait une eau distillée que l'on vantait contre le diabète.

Plusieurs Balsaminacées sont utilisées, dans certains pays, comme plantes tinctoriales. Les Tartares, dit-on, se colorent les yeux et les ongles avec le suc de plusieurs d'entre elles. Les *Imp. fulva* Nutt. et *Imp. tinctoria* Rich. sont industrielles en Afrique.

L'*I. cornuta*, du Japon, passe pour faire croître les cheveux.

Enfin, la Balsamine des jardins (*I. Balsamina*) est originaire de l'Inde

SOUS-ORDRE DES GRUINALES.

Carpelles, dans les cas d'isomérie, opposés aux pétales. — Ovules apotropes, descendants.

Fruit presque toujours capsulaire, et alors loculicide. — Feuilles ordinairement composées, sans stipules. — Sépales à préfloraison quinconciale. — Pétales à préfloraison toujours convolutive. — Étamines généralement 10, toutes fertiles, monadelphes. — 5 carpelles, 5 styles et 5 stigmates......................... **OXALIDACÉES.**

Fleur à peu près toujours actinomorphe. —Corolle à préfloraison tordue. — Graine pourvue d'un albumen charnu.

Fruit presque toujours représenté par une capsule septicide.

Fleurs toujours actinomorphes. Sépales libres, à préfloraison quinconciale. — Pétales à préfloraison ordinairement tordue. — Étamines 10, toutes fertiles ou 5 staminodes. — Loges de l'ovaire pourvues souvent de fausses cloisons. Feuilles sans stipules.................... **LINACÉES.**

Fleurs quelquefois zygomorphes. Sépales libres, à préfloraison imbriquée, ou concrescents et à préfloraison valvaire. — Pétales à préfloraison tordue. — Étamines 10, toutes fertiles ou en partie stériles. Feuilles stipulées. Plantes généralement glanduleuses...... **GÉRANIACÉES.**

Fleur zygomorphe. — Corolle à préfloraison imbriquée. — Graines sans albumen. — Feuilles simples, alternes et sans stipules.

Calice à 5 ou 3 sépales dissemblables, le postérieur souvent éperonné. — Pétales 5, dissemblables, l'antérieur couvrant les latéraux souvent soudés 2 à 2. — Étamines 5; anthères connées. — Ovaire 5-loculaire. — Capsule charnue loculicide.................... **BALSAMINACÉES.**

Calice à 5 sépales concrescents, éperonné en arrière. — 5 pétales libres, imbriqués, dissemblables. — Étamines 8, libres, périgynes. — Ovaire 3-loculaire. — Fruit : 3 achaines................... **TROPÉOLACÉES.**

Carpelles alternes avec les pétales. — Ovules solitaires, ascendants et épitropes. — Fleur 3-5-mère. — Calice à préfloraison valvaire. — Corolle à préfloraison tordue. — Deux verticilles d'étamines libres, accompagnées de glandes à la base, les extérieures opposées aux pétales. — Carpelles se séparant en achaines à la maturité. — Albumen nul.
Herbes glabres. — Feuilles alternes, sans stipules.................... **LIMNANTHACÉES.**

SOUS-ORDRE II. — TÉRÉBINTHINÉES.

Fleurs actinomorphes et généralement 5-mères, ou rarement zygomorphes, et à plan de symétrie oblique.

Étamines ordinairement obdiplostémones (1) (rarement directement diplostémones ou en nombre simple par avortement).

Presque toujours un disque intra-staminal.

Ovaire toujours supère, et ovules anatropes, ordinairement épitropes (2), rarement apotropes.

FAMILLE I. — ZYGOPHYLLACÉES

Fleurs hermaphrodites, actinomorphes, presque toujours 5-mères. — Réceptacle convexe.

Androcée obdiplostémone. Filets staminaux libres, accompagnés ou non d'écailles de nature ligulaire.

Carpelles 3, 4 ou 5, concrescents. — Ovules anatropes, descendants, épitropes, en nombre variable. — Style simple.

Fruit : capsule septicide ou loculicide, plus rarement baie, drupe ou coques indéhiscentes.

Embryon droit ou presque droit, avec ou sans albumen.

Plantes herbacées ou ligneuses, jamais glanduleuses. — Feuilles presque toujours opposées et paripennées, toujours stipulées.

Description du Zygophyllum Fabago L. — La Fabagelle (*Zygophyllum Fabago* L.) peut servir de premier exemple.

C'est un *sous-arbrisseau*, originaire d'Orient, pourvu de *feuilles opposées, composées-pennées* à une seule paire de folioles (il en existe plusieurs paires chez d'autres espèces) au delà desquelles le rachis se prolonge en une pointe. *Chaque feuille est accompagnée par 2 stipules latérales.*

Les *fleurs*, géminées généralement à chaque nœud, sont *actinomorphes, hermaphrodites, à réceptacle convexe, pentamères* (4-*mères* dans certaines espèces du même genre) (fig. 326, I).

Calice formé par 5 sépales libres, à préfloraison quinconciale.

Corolle formée par 5 pétales blancs, *libres*, à préfloraison imbriquée.

(1) Nous croyons pouvoir emprunter aux Allemands ce mot qui sert, comme nous l'avons déjà dit, à désigner les étamines insérées en deux verticilles dont l'extérieur correspond aux pétales.

(2) V. p. 108.

Étamines 10, en deux verticilles, celles qui correspondent aux pétales un peu moins longues et plus extérieures. *Les filets, tous indépendants, sont accompagnés en dedans par une écaille* allongée, appliquée tout d'abord contre l'ovaire. *Anthères introrses et biloculaires.*

L'ovaire à cinq loges repose sur *un disque court et épais;* il est surmonté d'un *style simple, atténué vers son extrémité stigmatifère.* A l'angle interne de chaque loge sont insérés de nombreux *ovules anatropes* descendants, *à raphé interne* (épitropes).

Le fruit est une capsule loculicide.

La *graine* montre un *embryon droit, entouré d'un albumen charnu* peu épais.

Autres genres. — GUAIACUM L. — Ce genre, beaucoup plus im-

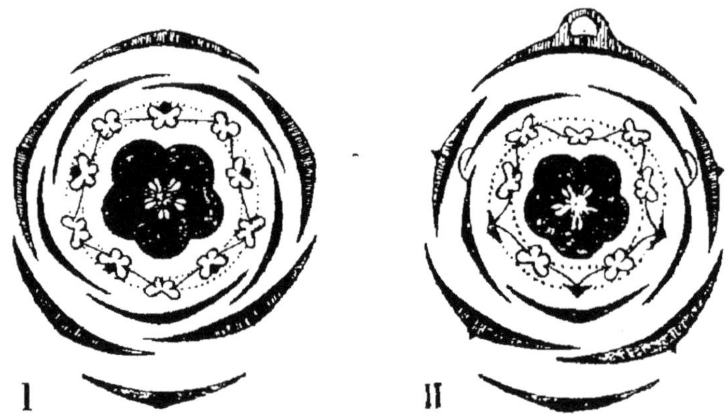

Fig. 326. — I. Diagramme de *Zygophyllum.* — II. Diagramme de *Peganum.*

portant que le précédent au point de vue médical, se compose de quatre espèces, toutes américaines.

Ce sont toujours *des arbustes ou des arbres* (V. fig. 327, p. 846), dont les rameaux, articulés et opposés, sont pourvus de feuilles opposées elles-mêmes, composées paripennées comme chez les *Zygophyllum,* accompagnées de petites *stipules caduques,* triangulaires.

Les fleurs sont bleues, groupées en *cymes bipares contractées en forme d'ombelles.* Elles sont fondamentalement construites comme dans le genre précédent; mais *les sépales sont un peu inégaux; les filets staminaux sont dépourvus ou tous pourvus d'une écaille en dedans; le disque que surmonte l'ovaire est à peine indiqué.* — Cet ovaire est formé par 2, 3, 4 ou 5 *carpelles auxquels correspond un nombre égal de loges*. Dans chacune de celles-ci sont 8 à 10 *ovules descendants*. — Le fruit est une *capsule coriace, développée en tout autant de lobes qu'il y a de carpelles*, ailée parfois, s'ouvrant en *déhiscence septicide*, et à *loges monospermes* par avortement. — La graine est construite comme chez les Fabagelles (1).

Tʀɪʙᴜʟᴜs Tourn. — *L'albumen fait totalement défaut* chez certaines Zygophyllacées. Tels sont les *Tribulus* qui, d'ailleurs, sont très voisins des deux genres précédents, et qui sont représentés dans les lieux stériles de la région méditerranéenne par le *T. terrestris* L. (Herse commune).

Ce sont des herbes à tiges le plus souvent couchées et rampantes, dont les feuilles sont construites et disposées comme chez les *Zygophyllum*.

Les fleurs, solitaires ou groupées en cymes, longuement pédonculées, sont pentamères. Elles se distinguent par la présence d'un petit disque à 10 lobes. Les filets staminaux des 5 étamines opposées aux sépales *sont seuls accompagnés d'une écaille, mais celle-ci est située en dehors de leur point d'insertion*. L'ovaire est à cinq loges, contenant 3 à 5 ovules, entre lesquels plus tard se forment des cloisons transversales. Le style, court et obtus, porte un stigmate à 5 rayons.

Le fruit consiste dans la réunion de cinq coques indéhiscentes, verruqueuses ou velues, aiguillonnées parfois (comme chez la Herse commune), et se séparant à la fin.

Pᴇɢᴀɴᴜᴍ L. — Les feuilles sont alternes et simples, le plus souvent très découpées, accompagnées de stipules sétacées chez les *Peganum* L. — La fleur (fig. 326, II) est pentamère, mais *les étamines, dont les filets sont nus, sont en nombre triple des pétales*, par suite du dédoublement des membres du verticille externe. — *L'ovaire est à deux ou trois loges seulement, contenant de nombreux ovules.* — Le fruit est loculicide. — *L'embryon est recourbé et accompagné d'un albumen charnu.*

Nɪᴛʀᴀʀɪᴀ L. — Enfin les *Nitraria*, de l'Asie et de l'Australie, se distinguent par leurs feuilles, simples comme chez les *Peganum*, *mais charnues et entières ou à peine dentées*, et *leur fruit drupacé, uniloculaire et monosperme par avortement*. — La fleur est, d'ailleurs, 5-mère ; les étamines, au nombre de 10 à 15, sont dépourvues d'appendices, et l'ovaire est 3-loculaire, avec un seul ovule dans chaque loge. — *La graine est sans albumen.*

Caractères généraux. — *Plantes* herbacées ou ligneuses, quelquefois arborescentes, *jamais glanduleuses ; rameaux souvent articulés.*

---

(1) Chez le *G. officinale* L., petit arbre qui croît dans la Floride, les Antilles, la Guyane, la Colombie, le Vénézuela, l'ovaire est presque toujours à deux loges, et le fruit est bilobé ; les feuilles possèdent 2 à 3 paires de folioles ovales, inéquilatérales. — Le *G. sanctum* L., des îles Bahama, des Antilles, du Guatémala, de la Floride, se distingue de l'espèce précédente par son fruit à 4 ou 5 lobes, et ses feuilles pourvues de 4 paires de folioles.

Feuilles opposées et presque toujours composées-pennées sans foliole terminale (rarement alternes et simples), jamais ponctuées-glanduleuses, *toujours stipulées.*

Fleurs solitaires, ou en cymes terminales, figurant souvent elles-mêmes des ombelles, des grappes, etc., *hermaphrodites, actino-morphes,* presque toujours 5-mères. *Réceptacle convexe.*

Sépales libres ou concrescents à la base, *à préfloraison générale-ment quinconciale,* rarement valvaire. — *Pétales libres, imbriqués ou tordus,* quelquefois nuls.

Étamines formant deux verticilles, l'externe, correspondant aux pé-tales (fleur obdiplostémonée), simple ou plus rarement dédoublé. *Anthères* introrses, biloculaires, déhiscentes par des fentes laté-rales. — *Filets accompagnés ou non à leur base par des écailles in-ternes ou externes, ou par des glandes.*

Ovaire à 3, 4 ou 5 loges, opposées aux pétales dans les cas d'iso-mérie, contenant 1, 2 ou plusieurs *ovules* en placentation axile, *anatropes, descendants et à raphé interne* (épitropes), pourvus d'un tégument double. — *Style* simple. — *Stigmate simple ou lobé.*

Fruit : capsule loculicide ou septicide, plus rarement baie ou drupe, ou bien encore coques indéhiscentes se séparant à la fin. Endocarpe se séparant quelquefois du reste du péricarpe (1).

Embryon droit ou légèrement recourbé, avec cotylédons plans ou charnus, *entouré ou non par un albumen charnu* plus ou moins abondant.

Affinités. — Ainsi que nous le verrons, les Zygophyllacées se lient de très près aux Rutacées. Parmi les caractères qui les dis-tinguent de ces dernières, il convient surtout de mentionner :

L'absence de ponctuations glanduleuses dans leurs organes végétatifs, et la présence constante de stipules à la base des feuilles.

La concrescence constante de leurs carpelles les distingue aussi nettement.

Distribution géographique. — Les Zygophyllacées sont des plantes surtout abondantes dans les terrains secs et salés des steppes et des régions désertiques. Elles habitent, d'ailleurs, les contrées chaudes et tempérées chaudes des deux continents.

(1) Ce caractère se retrouve dans le fruit de beaucoup de Rutacées. (Voir plus loin.)

ZYGOPHYLLACÉES

Feuilles opposées, composées-pennées sans foliole terminale, avec 1 ou plusieurs paires de folioles. Fleurs 5-mères dans tous leurs verticilles, sauf quelquefois dans le gynécée. — Calice à préfloraison quinconciale. — Corolle imbriquée. — 10 étamines, nues ou accompagnées d'un appendice écailleux.

Fleurs 5-mères (rarement 4-mères). — Calice à préfloraison quinconciale ; corolle imbriquée. — 10 étamines nues, ou toutes accompagnées, en dedans, par une écaille. Embryon droit au centre d'un albumen charnu ou corné.

Filets staminaux accompagnés chacun, en dedans, d'une écaille. — Un disque bien développé au-dessous de l'ovaire. — Ovaire à 5 loges. — Capsule loculicide. — Sous-arbrisseaux............ *Zygophyllum* L. (Environ 60 espèces. Steppes et régions désertiques de l'Ancien Continent).

Filets staminaux avec ou sans écailles. — Disque peu distinct. — Ovaire à 2, 3, 4 ou 5 loges. — Capsule septicide, avec 2-5 lobes, parfois ailée, à loges monospermes. — Fleurs bleues. — Arbustes ou arbres............ *Guajacum* L. (4 espèces. Régions chaudes de l'Amérique du Nord ; Amérique du Sud équatoriale).

Fleur 5-mère dans tous les verticilles. — 10 étamines, les 5 opposées aux sépales accompagnées d'une écaille extérieure. — Ovules 3-5 dans chaque loge, plus tard séparés par des fausses cloisons transversales. — Fruit se séparant en 5 coques indéhiscentes, verruqueuses ou aiguillonnées. — Graine sans albumen. Plantes herbacées........................... *Tribulus* Tourn. (22 espèces environ. Ancien Continent).

Feuilles alternes, simples. — Étamines 10 à 15, jamais pourvues d'une écaille à la base.

Limbe foliaire non charnu ou peu charnu, entier ou très découpé. — Étamines 15, par suite du dédoublement des membres de l'androcée correspondant aux pétales. — Ovaire à 2-3 loges multiovulées. — Fruit capsulaire, loculicide. — Embryon recourbé, entouré d'un albumen charnu. Plantes herbacées............... *Peganum* L. (Espèces peu nombreuses. Ancien et Nouveau Continents).

Limbe foliaire charnu, entier ou simplement denté sur les bords. — Étamines 10 à 15. — Ovaire 3-loculaire, à loges uni-ovulées. — Fruit drupacé. — Graines sans albumen. — Arbrisseaux. *Nitraria* L. (3 espèces, dans les terrains arides et salés. Sud de la Russie ; Turkestan ; déserts de l'Asie Orientale, etc. ; Australie).

Propriétés générales. — Plantes importantes. — Les Zygophyllacées sont des plantes surtout amères, parfois riches en résines, mais dépourvues des principes aromatiques qui caractérisent
les Rutacées. Le bois de quelques espèces ligneuses est très dur, et
usité dans l'ébénisterie.

Le *Guajacum officinale* L. (v. p. 843, en note) est particulièrement

Fig. 327. — Gaïac officinal.

recherché pour son bois très dur et inaltérable (fig. 327). Sa râpure
et les principes résineux qu'on en extrait sont employés, en thérapeutique, à titre de stimulants et de diaphorétiques contre la
goutte, la syphilis, les maladies cutanées, etc. (1).

Le *Guajacum sanctum* L. paraît jouir des mêmes propriétés.

Le *Zygophyllum Fabago* L. ou Fabagelle, qui croît en Crimée et en
Syrie, est employé, dans les régions où on le récolte, comme antisy-

(1) Le bois de Gaïac contient les acides gaïacique. gaïaconique, résino-gaïacique, etc.

philitique et vermifuge. Ses fleurs non épanouies sont mangées en guise de câpres, d'où le nom de *Faux Câprier* souvent donné à la plante.

Le *Z. simplex* L., qui croît dans les régions désertiques de l'Asie tropicale et du Sud de l'Afrique, exhale une odeur forte qui repousse les animaux. Les Arabes, dit-on, l'emploient pour dissoudre les taies.

La Herse commune (*Tribulus terrestris* L.) a été employée comme tonique, astringente, diurétique, aphrodisiaque. Les fleurs renferment un corps gras et une résine. — Le *T. lanuginosus* L., de l'Inde, est employé depuis quelque temps, surtout en Angleterre, contre les pertes séminales.

Le *Fagonia arabica* L., de l'Orient, est réputé fébrifuge et efficace contre la paralysie, la spermatorrhée, etc.

Le *Peganum Harmala* L., spontané en Égypte, en Espagne, en Crimée, en Sibérie, est doué d'une odeur très forte. Ses graines communiquent de la fluorescence à la glycérine et à l'eau (1) ; elles sont, dit-on, emménagogues.

Enfin le *Larrœa mexicana* Moric. possède un bois résineux et odorant. Cet arbre, à la suite de la piqûre d'un insecte de la famille des Coccidés, fournit une sorte de gomme-laque.

FAMILLE II. — CNÉORACÉES.

Cette petite famille, composée du seul genre *Cneorum* L. (Camélées), est représentée par une douzaine d'espèces, toutes spéciales aux terrains rocailleux de la région méditerranéenne et aux îles Canaries. Le Midi de la France en possède une espèce, le *C. tricoccum* L.

Ce sont des *arbrisseaux* glabres ou couverts de poils à deux branches, contenant, dans leur écorce et dans leurs feuilles, des *glandes internes* qui sécrètent une substance oléagineuse jaunâtre, demi-fluide, soluble dans l'alcool.

Feuilles alternes, coriaces, entières, allongées, *sans stipules*.

Fleurs axillaires, solitaires comme dans l'espèce indigène, ou réunies, en petit nombre, en fausses ombelles, hermaphrodites, actinomorphes, construites le plus souvent suivant le type 3, rarement 4-mères. — *Réceptacle floral fortement convexe*.

Sépales 3, légèrement cohérents par la base, persistants.

Pétales 3, à préfloraison imbriquée, caducs.

Au-dessus de la corolle est un *disque glanduleux* montrant des dépressions dans lesquelles s'insèrent les *étamines*. Celles-ci, *au nombre de 3 ou 4, alternent avec les pétales*. — Les *filets* sont subulés, indépendants ; les anthères sont introrses, biloculaires, à déhiscence latérale.

Ovaire trilobé et triloculaire (plus rarement à 4 loges et 4 lobes) ; dans chaque loge sont deux ovules campylotropes, descendants, obliquement insérés au-dessus l'un de l'autre. — *Style simple* terminal, *stigmate trilobé*.

Le fruit est une sorte de drupe qui se divise en 3 coques indéhiscentes se séparant, à la maturité, d'une columelle centrale. Chaque loge se

(1) On y a découvert deux alcaloïdes, l'*Harmaline* et l'*Harmine*.

subdivisé fréquemment, par une fausse cloison transversale née du noyau, en deux étages dans chacun desquels est une graine.

Graine réniforme. Embryon fortement recourbé en fer à cheval, entouré par un *albumen charnu.*

Affinités. — Les affinités des Cnéoracées sont assez obscures. Payer, Eichler, Engler, les rapprochent des Zygophyllacées dont elles se distinguent cependant par *leur verticille staminal unique, l'absence d'appendices à la base des filets staminaux, la trimérie ordinaire des fleurs, l'absence de stipules aux feuilles, la présence de glandes internes.*

Bentham et Hooker les placent parmi les Simarubacées.

Propriétés. — Le *Cneorum tricoccum* L. joint, dit-on, à une amertume assez prononcée, des propriétés drastiques.

Le *C. canariensis* est amer et passe pour fébrifuge.

FAMILLE III. — RUTACÉES.

Fleur généralement actinomorphe et complète, le plus souvent hermaphrodite. — Étamines en nombre double, en général, de celui des pétales, rarement partiellement stériles, presque toujours libres, insérées à la base d'un disque glanduleux ou d'un gynophore. — Carpelles ordinairement 4 à 5, plus ou moins indépendants à la base, soudés par leurs styles, rarement tout à fait concrescents. — Ovules anatropes, ordinairement deux par carpelle, descendants et épitropes. — Fruit : le plus souvent follicules bivalves, plus rarement capsule septicide, drupe, baie ou fruit indéhiscent samaroïde. — Graine avec ou sans albumen.

Plantes de toutes grandeurs, toujours fortement aromatiques. — Feuilles le plus souvent alternes, simples ou composées, riches en glandes internes à essence. — Stipules nulles.

Tribu I. — Xanthoxylées.

Description du genre Xanthoxylum L. (*Claveliers*). — Ce genre est représenté par neuf espèces, dans l'Asie orientale tempérée et dans l'Amérique du Nord.

Ce sont des arbustes ou des arbres dont les feuilles composées-pennées avec impaire, alternes et sans stipules, ont leurs folioles criblées de ponctuations glanduleuses ; elles sont caduques. Certaines de ces plantes sont, en outre, armées d'épines placées, soit sur les rameaux, soit à la base des feuilles (1).

Les fleurs sont petites, groupées en panicules ou plus rarement en

(1) La situation fréquente de ces épines à la base des feuilles tendrait à les faire considérer comme de nature stipulaire, si on n'en trouvait aussi le long des axes, sans aucune relation avec les feuilles.

fascicules. Elles sont actinomorphes, unisexuées par avortement et dioïques (fig. 328). Le réceptacle floral est convexe.

Le périanthe est simple, composé de 5 à 8 folioles libres, imbriquées dans la préfloraison (1).

Les étamines, en même nombre que les pièces du périanthe et alternes avec elles, sont libres, pourvues de filets assez longs et d'anthères biloculaires et introrses, normalement déhiscentes. — Le centre de la fleur mâle est occupé par un ovaire rudimentaire.

Dans la fleur femelle, le gynécée, quelquefois extérieurement accompagné par des filaments stériles, est composé de 3 à 5 carpelles, unis seulement par leur région basilaire et contenant chacun deux ovules anatropes collatéraux, descendants et à micropyle extérieur. Les styles, également indépendants, sont terminés par un stigmate en tête.

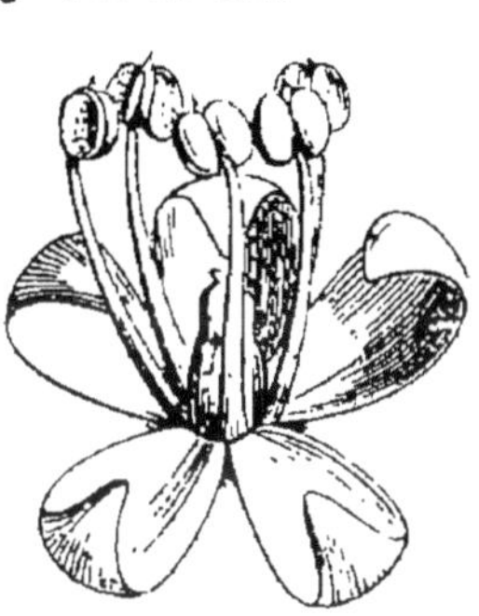

Fleur mâle.

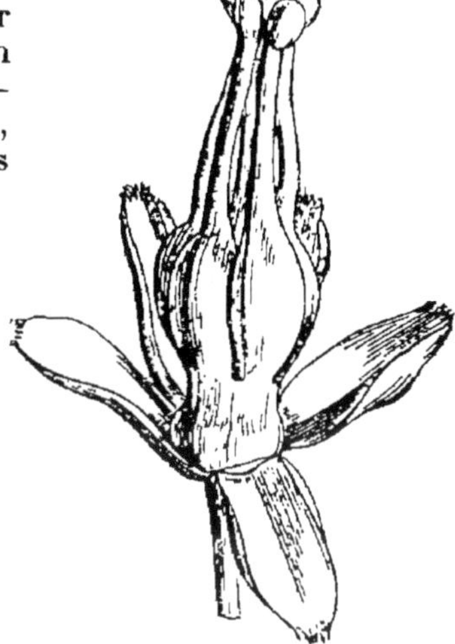

Fleur femelle

Fig. 328. — *Xanthoxylum nitidum.*

Le pistil, dans son ensemble, est surélevé, au-dessus des autres parties de la fleur, par un gynophore glanduleux.

Le fruit consiste en 3 à 5 coques monospermes qui s'ouvrent en deux valves, à la maturité, et dont l'endocarpe cartilagineux se sépare élastiquement du reste du péricarpe, entraînant avec lui le placenta et la graine.

Celle-ci, arrondie ou ovale, à surface verruqueuse, renferme un abondant albumen charnu, dont l'axe est occupé par un embryon un peu recourbé, à cotylédons plans.

Autres genres. — FAGARA L. — Le périanthe est double chez les *Fagara*, qui se distinguent tout d'abord des *Xanthoxylum* par ce caractère. Ce sont, d'ailleurs, des arbustes ou des arbres épineux dont les feuilles, alternes et glanduleuses, sont composées-pennées, trifoliolées ou même simples.

(1) L'orientation des carpelles dans la fleur femelle et l'alternance, dans la fleur mâle, des étamines avec les pièces du périanthe, tendent à faire considérer celles-ci comme des pétales. Le calice avorterait donc chez les *Xanthoxylum.*

Les fleurs, hermaphrodites ou unisexuées, sont 3-mères ou 5-mères; le calice persistant est à préfloraison imbriquée, les pétales sont imbriqués ou valvaires. Les étamines sont opposées aux sépales.

Les carpelles, au nombre de 1 à 5, sont indépendants dans leur région supérieure, ou plus ou moins unis. Les styles sont eux-mêmes indépendants ou unis, suivant les sections, ainsi que les stigmates.

Les fruits, secs ou plus ou moins drupacés, sont bivalves comme chez les Claveliers; mais leur endocarpe ne se sépare pas chez toutes les espèces.

La graine est à peu près construite comme chez les *Xanthoxylum*.

Les *Fagara* (130 espèces environ) sont tous tropicaux.

EVODIA Forst. — Les *Evodia*, de l'Asie orientale, de l'Australie et de l'Océanie, se distinguent par l'opposition de leurs feuilles, semblables, d'ailleurs, à celles des *Fagara*, et l'absence complète d'épines.

Les fleurs, unisexuées par avortement, ont un périanthe double. Les étamines sont insérées sous un disque lobé qui, dans la fleur femelle, existe aussi en dehors du gynécée. — Les 4-5 carpelles sont unis en un ovaire fortement lobé, et leurs styles, presque gynobasiques, sont cohérents en une colonne centrale, lobée à son extrémité stigmatifère. — Ces carpelles forment, plus tard, des coques bivales, et l'endocarpe est séparable.

CHOYSIA Kunth. — Enfin le *Choysia ternata* Kunth (1), arbuste du Mexique, très facile à cultiver dans nos provinces du Midi, est spécialement caractérisé par ses étamines en nombre double des pièces de la corolle. — Sa fleur est pentamère et hermaphrodite. Le gynécée est porté par un gynophore bien développé; les feuilles sont opposées et trifoliolées.

(1) Voy. Du *Choysia ternata*. Contribution à l'étude des Xanthoxylées, par B. Boudouresque. Montpellier, 1895.

Tribu des Xanthoxylées.

Arbrisseaux ou arbres; des glandes à essence dans le limbe foliaire, dans l'écorce des tiges, etc.

Feuilles le plus souvent composées-pennées ou trifoliolées, opposées ou alternes, sans stipules.

Fleurs souvent petites, quelquefois sans corolle, ordinairement 5-mères, hermaphrodites ou diclines par avortement. — Étamines en nombre simple ou double.

Carpelles cohérents par la base, plus ou moins libres par leur partie supérieure. Styles libres ou cohérents. — Ovules descendants, épitropes, ordinairement 2 par carpelle.

Fruit : coques bivalves. Endocarpe le plus souvent séparable.

Graine pourvue d'un albumen charnu. Embryon à cotylédons généralement plans, foliacés.

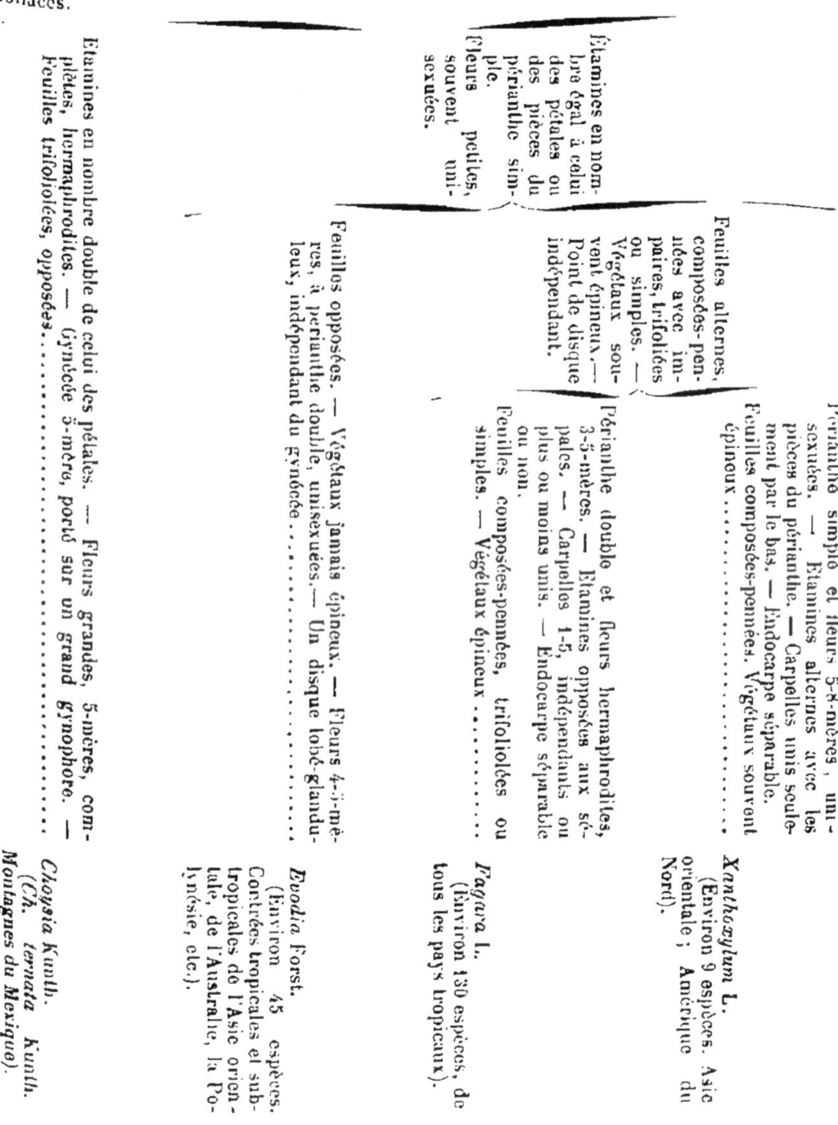

Étamines en nombre égal à celui des pétales ou des pièces du périanthe simple. Fleurs petites, souvent unisexuées.

Feuilles alternes, composées-pennées avec impaires, trifoliées ou simples. — Végétaux souvent épineux. — Point de disque indépendant.

Périanthe simple et fleurs 5-8-mères, unisexuées. — Étamines alternes avec les pièces du périanthe. — Carpelles unis seulement par le bas. — Endocarpe séparable. Feuilles composées-pennées. Végétaux souvent épineux .... **Xanthoxylum L.** (Environ 9 espèces. Asie orientale ; Amérique du Nord).

Périanthe double et fleurs hermaphrodites, 3-5-mères. — Étamines opposées aux sépales. — Carpelles 1-5, indépendants ou plus ou moins unis. — Endocarpe séparable ou non. Feuilles composées-pennées, trifoliolées ou simples. — Végétaux épineux .... **Fagara L.** (Environ 130 espèces, de tous les pays tropicaux).

Feuilles opposées. — Végétaux jamais épineux. — Fleurs 4-5-mères, à périanthe double, unisexuées. — Un disque lobé-glanduleux, indépendant du gynécée .... **Evodia Forst.** (Environ 45 espèces. Contrées tropicales et subtropicales de l'Asie orientale, de l'Australie, la Polynésie, etc.).

Étamines en nombre double de celui des pétales. — Fleurs grandes, 5-mères, complètes, hermaphrodites. — Gynécée 5-mère, porté sur un grand gynophore. — Feuilles trifoliolées, opposées .... **Choysia Kunth.** (Ch. ternata Kunth. Montagnes du Mexique).

Affinités. — Le port frutescent ou arborescent des plantes de cette tribu, les fleurs assez souvent diclines par avortement, l'embryon à cotylédons ordinairement larges et foliacés, sont les principaux caractères qui distinguent les Xanthoxylées des tribus voisines.

Distribution géographique. — Cette tribu est représentée à peu près partout dans les régions tropicales et subtropicales, dont elle ne s'écarte guère.

Propriétés générales. Plantes importantes. — Ces plantes sont toutes excitantes et aromatiques ; en même temps, beaucoup d'entre elles sont toniques et amères. Il n'en est pourtant aucune qui fasse réellement partie de la matière médicale.

Le bois des Claveliers (*Xanthoxylum*) contient, entre autres principes, une matière colorante jaune et un corps cristallisable, très amer, la *Xanthopicrite* ou *Xanthopicrine*, que l'on croit être identique à la Berbérine.

On emploie, pour ses propriétés stimulantes, l'écorce du *Xanthoxylum fraxineum* Wild. (*Frêne amer d'Amérique*) (1), propre à l'Amérique du Nord. Elle est préconisée, dans le Nouveau Continent, contre les rhumatismes, la syphilis, etc., et même contre les douleurs dentaires.

Le *X. carolinianum* Lambert est utilisé de la même manière.

On emploie, dans les Antilles françaises, comme tonique et fébrifuge, l'écorce du *X. caribæum* Lamk. (*Clavelier jaune* ou *Bois piquant épineux*). Les feuilles de la même plante sont utilisées comme diaphorétiques et antisyphilitiques.

Le *X. Naranjillo* Gries. (de la République Argentine) jouit de propriétés stimulantes, sudorifiques et sialagogues.

L'essence du *X. pentanome*, du Mexique, est employée comme stimulante dans diverses affections, et l'écorce sert, dit-on, à combattre la fièvre jaune.

Les fruits jaunes du *X. Rhetsa* DC., des montagnes de l'Inde, sont comestibles ; les graines de la même plante sont usitées comme équivalent du Poivre. Tel est également l'emploi que l'on fait, dans l'extrême Orient, des graines du *X. alatum* Rxb., connues sous le nom de *Poivre du Japon*. Plusieurs autres espèces sont utilisées de la même manière.

Le *Fagara Xanthoxyloides* Lmk. (2) est employé comme stimulant et sudorifique, au Sénégal.

Plusieurs *Evodia* sont également usités. Tels sont les suivants :

L'*E. fraxinifolia* J. Hooker, dont l'essence a été préconisée pour masquer l'odeur de l'iodoforme ;

L'*E. rutæcarpa* Benth. et Hooker, de la Chine et du Japon, dont les fruits sont purgatifs, sudorifiques et excitants ;

L'*E. febrifuga* S.-H., dont l'écorce est décrite sous le nom d'*Écorce d'Angusture du Brésil* ;

Enfin le *Choisya ternata* Kunth contient, avec des principes aroma-

----

(1) *X. Clava-Herculis* L.
(2) *Xanthoxylum senegalense* DC.

tiques, de la gomme, etc., un principe résineux amer, le *Choisypicrin*.
Cette plante pourrait être utilisée à titre de tonique-amer.

Tribu II. — Rutées.

Description du Ruta graveolens L. — La *Rue fétide* (*Ruta graveolens* L.) est une *herbe vivace* des régions méridionales de l'Eu-

Fig. 329. — Rue fétide (*Ruta graveolens*).
Port, feuille, fleur et fruit.

Fig. 330.   Diagramme de **Ruta**
graveolens. — Fleur centrale
d'une inflorescence.

rope (fig. 329). Toutes ses parties sont criblées de glandes à huile essentielle, et la plante entière exhale une odeur forte, qui lui a valu son nom spécifique.

Les *feuilles sont alternes*, profondément pinnatiséquées, *dépourvues de stipules*.

Les *fleurs* sont groupées en *cymes terminales* ombelliformes, dont la fleur centrale est 5-mère, les autres étant 4-mères. Toutes sont *hermaphrodites* et *régulières* (fig. 330).

Le *calice* est légèrement gamosépale, persistant, imbriqué dans la préfloraison ; la *corolle* est formée de *pétales libres*, onguiculés, à limbe cilié sur les bords, concaves au sommet, imbriqués dans le bouton.

Les *étamines, en nombre double des pétales* (1), sont libres, pourvues d'anthères basifixes et introrses, à déhiscence longitudinale. Chacune d'elles vient alternativement s'appliquer sur le pistil, par suite d'un mécanisme particulier.

Le *gynécée* repose sur un *disque épais, circulaire,* pourvu de 8 à 10 fossettes glanduleuses.

Il est formé par 4 ou 5 *carpelles* opposés aux pétales, *unis entre eux jusqu'au-dessus du milieu de la hauteur de leur région ovarienne,* libres en dessus. *Les styles* qui les surmontent, *libres eux-mêmes d'abord, convergent l'un vers l'autre et se soudent en une colonne que* termine un petit stigmate à 4-5 lobes.

Dans chaque carpelle se trouvent *un certain nombre d'ovules anatropes, en deux séries parallèles* et se regardant par leurs raphés.

Le *fruit* est une *capsule* dont les carpelles s'ouvrent, par leur région libre supérieure, le long de leur suture ventrale.

Les *graines* sont anguleuses, recouvertes d'un tégument brun, verruqueux. L'*embryon, légèrement arqué et presque cylindrique,* est placé dans l'axe d'un albumen charnu.

Ce genre est composé d'une quarantaine d'espèces, toutes herbacées ou sous-frutescentes, dont les caractères sont peu différents de ceux de la Rue fétide. Chez certaines, la capsule est indéhiscente; chez d'autres, les feuilles sont trifoliolées ou composées-pennées; les feuilles sont simples ou à peine trifides chez les Rues de la section des *Haplophyllum,* etc.

DICTAMNUS L. — Le groupe des Rutées, à part quelques genres exotiques peu distincts du genre *Ruta,* est aussi représenté par le Dictamne blanc (*Dictamnus albus* L.) (2), surtout caractérisé par la *zygomorphie de la fleur.*

C'est une *herbe vivace* (fig. 331), ligneuse parfois à la base, et glanduleuse, comme les Rues, dans toutes ses parties.

Les feuilles sont alternes, sans stipules, *imparipennées.* Les fleurs sont grandes, groupées en grappes dressées, hermaphrodites. La zygomorphie est nettement indiquée dans la corolle formée de cinq pétales libres, à onglet étroit, l'antérieur recouvrant les deux latéraux, ces derniers recouvrant à leur tour les deux supérieurs. Au moment de l'anthèse, le pétale antérieur se déjette vers le bas,

(1) Obdiplostémones.
(2) *D. Fraxinella* Pers.

formant une sorte de lèvre inférieure ; les quatre autres, réfléchis en dessus, figurent une lèvre supérieure.

Les étamines, au nombre de dix, libres et hypogynes, ont des filets glanduleux et des anthères introrses, biloculaires. Elles sont insérées sur un disque qui entoure le gynophore ; ce dernier porte enfin cinq carpelles, libres dans leur partie ovarienne, surmontés des styles connés comme chez les *Ruta*, et naissant chacun au-dessous du sommet du carpelle correspondant. Dans chaque ovaire se trouvent *trois ovules :* deux supérieurs ordinairement ascendants, l'inférieur descendant.

Le fruit se compose de cinq coques s'ouvrant chacune en deux valves. *L'endocarpe se sépare du mésocarpe* au moment de la maturité.

Les graines, au nombre de 2 à 3 dans chaque fruit, sont construites comme celles des Rues.

Fig. 331. — Fraxinelle blanche (*Dictamnus albus.*)

Cette plante est originaire de l'Europe australe et de l'Asie tempérée. L'huile essentielle y est extrêmement abondante.

Tribu des Rutées.

Plantes herbacées, ou tout au plus sous-frutescentes. — Feuilles simples, trifoliolées ou composées-pennées, sans stipules, ponctuées-glanduleuses.

Fleurs toujours hermaphrodites et complètes, actinomorphes ou rarement un peu zygomorphes, 4 ou 5-mères.

Étamines en nombre double de celui des pétales.

Carpelles, portés ou non par un disque glanduleux, plus ou moins indépendants vers leur région supérieure, renfermant chacun, en général, plus de deux ovules, ceux-ci ordinairement épitropes. — Styles libres au dessus de l'ovaire, puis soudés en une colonne.

Fruit se divisant en coques, déhiscentes ou indéhiscentes. Endocarpe souvent séparable.

Graine albuminée. — Embryon droit ou courbe, plus ou moins cylindrique.

Fleur actinomorphe, jaune ou blanc jaunâtre. Endocarpe non séparable. Embryon courbe.	4-5 carpelles.	Carpelles unis seulement par la base. — Fleurs d'un blanc jaunâtre. Herbe vivace..........................	**Bœnninghausenia** Rchb. (*B. albiflora* Rch. Région moyenne de l'Himalaya ; Chine; Japon).
		Carpelles unis jusqu'au milieu de leur hauteur ou au-dessus. — Fleurs 4-5-mères, jaunes. — Herbes vivaces ou sous-arbrisseaux. Feuilles simples, entières ou pinnatifides, ou trifoliolées, alternes..........................	**Ruta** L. (Environ 40 espèces ; Iles Canaries, région méditerranéenne, etc.; Sibérie).
	2 carpelles	unis jusqu'au delà du milieu de leur hauteur. — Disque peu prononcé....	**Psilopeganum** Hemsley. (*Ps. sinense* Hemsl. Chine moyenne).
		unis jusqu'à mi-hauteur seulement. Un disque bien développé.............	**Thamnosma** Torr. (4 espèces. Nouveau Continent Afrique).
	1 seul carpelle. Fruit à 1 ou 2 graines..................		**Cneoridium** Hoock. f. (*C. dumosum*, Hoock. f. Sud de la Californie).
Fleurs tendant à la zygomorphie, blanchâtres ou purpurines. — Endocarpe se séparant à la maturité du fruit. — Embryon droit. — Plante herbacée vivace, à feuilles imparipennées..................			**Dictamnus** L. (*D. albus* L., ou *D. Fraxinella* Pers.; Europe mérid. et moyenne région caucasique ; Chine).

Affinités. — *La consistance et le port de ces plantes, leurs fleurs toujours hermaphrodites et complètes, l'embryon à cotylédons plus étroits*, etc., distinguent les Rutées à l'égard des Xanthoxylées.

Distribution géographique. — Les Rutées appartiennent en majeure partie à l'Ancien Continent. On les trouve surtout abondantes dans les contrées tempérées de l'hémisphère Nord, dans la région méditerranéenne, la Sibérie australe. Elles deviennent très rares vers les Pôles et vers l'Équateur.

Propriétés générales. Plantes importantes. — Les Rutées contiennent toutes une huile essentielle abondante associée à des principes résineux, âcres, et à une substance amère.

Les principales espèces sont les suivantes :

Ruta graveolens L., Rue fétide. — Elle est fortement emménagogue, sudorifique et anthelmintique. Le principe amer qu'elle contient est la *Rutine*. On l'a employée contre la peste. Malgré ses propriétés énergiques, la Rue fétide était usitée, dit-on, comme condiment chez les Romains, et l'est encore aujourd'hui dans quelques provinces de l'Allemagne.

Les autres espèces du même genre (*R. montana* Clus., *chalepensis* L., etc.), offrent une composition et des propriétés semblables, à divers degrés d'énergie.

L'*Haplophyllum tuberculatum* est une plante d'Égypte qui ne se distingue guère des *Ruta* que par ses feuilles non découpées. Elle est moins âcre que les précédentes, et on l'emploie pour faire pousser les cheveux.

Le *Dictamnus albus* L. (*D. Fraxinella* Pers.), Dictamne blanc ou Fraxinelle, est stimulant et tonique. Sa racine a été préconisée comme emménagogue, tonique et fébrifuge. Elle entre dans la composition de la poudre de Guttète. Les feuilles servent, en Sibérie, à faire une infusion théiforme.

Tribu III. — Diosmées.

Les *Coleonema*, bien que ne renfermant aucune plante utilisée en Europe, peuvent être pris comme type.

Description des Coleonema Bartl. et Wend. — Comme la plupart des Diosmées, les *Coleonema* sont des *arbustes à port de Bruyères*, propres à l'Afrique australe. Les rameaux grêles de la plante portent des *feuilles alternes*, linéaires, ciliées sur les bords, *criblées de ponctuations glanduleuses. Les stipules font défaut.*

Les *fleurs* terminales, solitaires ou en cymes, accompagnées de bractées, sont *hermaphrodites et régulières, pentamères*. Les *sépales* sont légèrement cohérents à la base, les *pétales* sont *libres*, à *préfloraison imbriquée ; ces derniers ont chacun un staminode enchâssé dans leur onglet* reployé en une étroite gouttière.

Outre les cinq étamines stériles, opposées aux pétales, il en existe *cinq autres alternes avec les premières, pourvues d'anthères fertiles*, introrses, biloculaires, à déhiscence longitudinale, surmontées d'un petit renflement glanduleux.

Le *gynécée*, autour duquel règne un *disque en forme de coupe*, est formé de *cinq carpelles, libres* par leur *partie ovarienne* qui se prolonge en une corne dorsale. *Les cinq styles sont soudés* en une colonne que termine un stigmate à cinq lobes. — Dans chaque carpelle on trouve 2 *ovules anatropes descendants*.

Le fruit consiste en cinq coques dont l'endocarpe est séparable.

Les graines se distinguent par un caractère important : leur amande *dépourvue d'albumen*, n'est composée que d'un embryon charnu.

Autres genres. — Parmi les autres genres, nous citerons les *Adenandra* Willd., qui diffèrent des *Coleonema* par leurs pétales presque sans onglet, leurs staminodes libres, leurs anthères surmontées d'une glande bien marquée ;

Fig. 332. — Buchu (*Barosma crenata*).

— les *Barosma* Willd. (fig. 332), dont le style est beaucoup plus allongé, terminé par un stigmate simple, et dont les pétales sont sessiles ;
— les *Diosma* L., chez lesquels disparaissent entièrement les staminodes ;
— enfin les *Empleurum* Soland., dont les fleurs apétales, dioïques et pourvues d'un seul carpelle, représentent le type réduit de la famille.

Mais indépendamment de l'analogie que montrent leurs caractères floraux, les Diosmées ont toutes entre elles une étroite ressemblance par leurs organes végétatifs, leur port éricoïde (1) et leur localisation géographique : toutes sont originaires de la région du Cap.

Dans certains autres genres, dont il n'est pas fait ici mention, les étamines sont accompagnées, à leur base, par une écaille comme chez beaucoup d'autres Rutacées.

(1) C'est-à-dire semblable à celui des Bruyères (*Erica* en latin).

Tribu des Diosmées.

Plantes de l'Afrique australe et orientale, généralement sous-frutescentes, à port éricoïde (1). Feuilles alternes, simples, sans stipules, criblées de ponctuations glanduleuses.

Fleurs hermaphrodites, plus rarement diclines, actinomorphes, 5-mères ou 4-mères. — Périanthe double, rarement simple par avortement des pétales; ces derniers toujours libres, sessiles ou onguiculés.

Étamines 5, situées en face des sépales, accompagnées ou non par 5 staminodes correspondant aux pétales. Anthères introrses. — Filets staminaux accompagnés ou non par une écaille.

Gynécée entouré ou non par un disque glanduleux. — Carpelles 4 ou 5, rarement 2 ou 1 seul, opposés aux pétales, libres par leur partie supérieure et formant un ovaire profondément lobé. Styles cohérents. — 1 ou 2 ovules, anatropes et descendants, dans chaque carpelle.

Fruit : coques déhiscentes par la suture ventrale, ou en même temps par la suture ventrale et la nervure dorsale. Endocarpe cartilagineux plus ou moins séparable.

Graine sans albumen. Embryon droit en général.

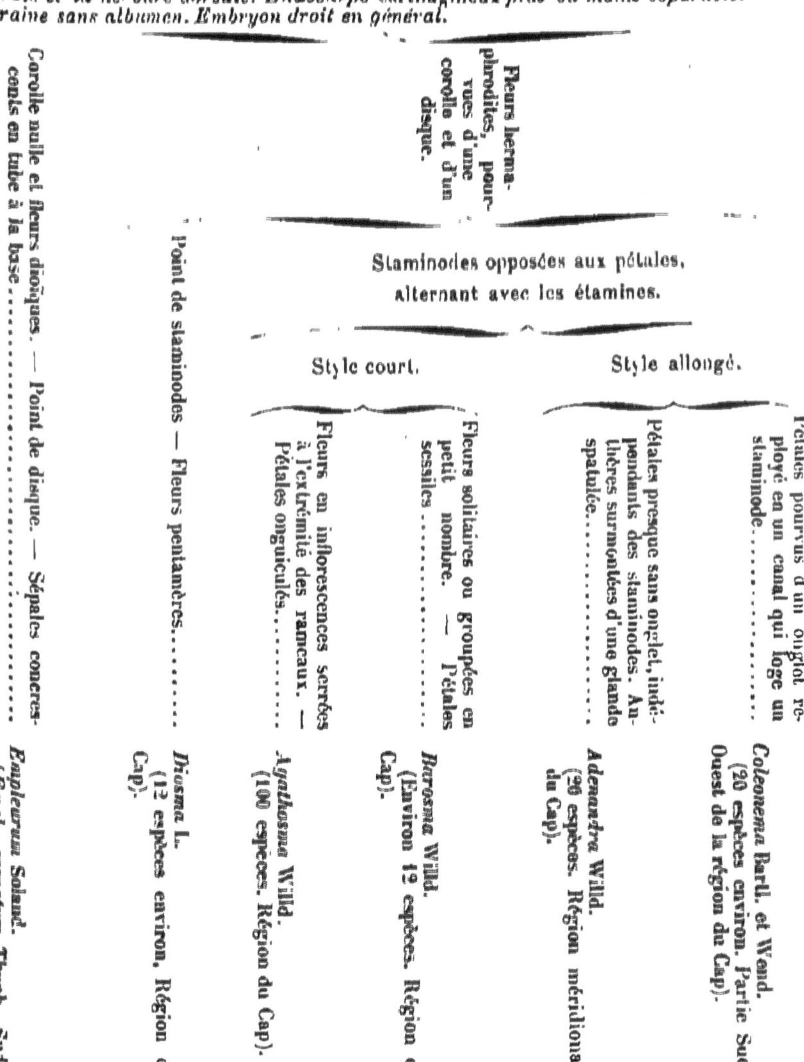

- Fleurs hermaphrodites, pourvues d'une corolle et d'un disque.
  - Point de staminodes — Fleurs pentamères. .... **Diosma L.** (12 espèces environ, Région du Cap).
  - Staminodes opposées aux pétales, alternant avec les étamines.
    - Style court.
      - Fleurs solitaires ou groupées en petit nombre. — Pétales sessiles. .... **Barosma Willd.** (Environ 19 espèces, Région du Cap).
      - Fleurs en inflorescences serrées à l'extrémité des rameaux. — Pétales onguiculés. .... **Agathosma Willd.** (100 espèces, Région du Cap).
    - Style allongé.
      - Pétales presque sans onglet, indépendants des staminodes. Anthères surmontées d'une glande spatulée. .... **Adenandra Willd.** (26 espèces, Région méridionale du Cap).
      - Pétales pourvus d'un onglet reployé en un canal qui loge un staminode. .... **Coleonema Bartl. et Wend.** (20 espèces environ, Partie Sud-Ouest de la région du Cap).
- Corolle nulle et fleurs dioïques. — Point de disque. — Sépales concrescents en tube à la base. .... **Empleurum Solaud.** (*Empl. crenulatum* Thunb. Sud-Ouest de la région du Cap).

(1) Le *Calodendron capense* Thunb. fait exception par son port arborescent et ses grandes feuilles à limbe élargi.

Affinités. — *Le port spécial de la plupart des Diosmées, leurs fleurs actinomorphes et à pétales libres, leurs graines pourvues d'un albumen abondant, leur embryon rectiligne,* sont les principaux caractères qui les distinguent des deux tribus les plus voisines, les *Cuspariées* et les *Boroniées.*

Propriétés générales. Plantes importantes. — Les Diosmées contiennent toutes de l'huile essentielle et des substances résineuses. Elles sont stimulantes et antispasmodiques.

L'unique produit qu'elles fournissent à la matière médicale consiste en des feuilles dites de *Buchu* ou de *Bocco*, à l'aide desquelles on fait des infusions théiformes. Toutes sont fournies par des *Barosma.*

Les *B. crenatum* Eckl. et Zegh., *B. crenulatum* Wild., *B. serratifolium* Willd. et *B. betulinum* Bartl. fournissent principalement ce produit.

Cette dernière espèce donne le *Buchu large*, les trois premières le *Buchu long*.

Ces feuilles contiennent de l'huile volatile, du *Camphre de Barosma*, de la *Salicine*, de la *Diosmine*, du mucilage, etc.

Certains *Empleurum* donnent un faux Buchu.

Tribu IV. — Boroniées.

Ces plantes sont toutes originaires de l'Australie, de la Nouvelle-Calédonie et de la Nouvelle-Zélande.

Tribu des Boroniées.

Sous-arbrisseaux, arbrisseaux ou arbres. — Feuilles opposées ou alternes, simples, 3-foliolées ou composées-pennées, ponctuées-glanduleuses, sans stipules. Fleurs toujours hermaphrodites, plus ou moins grandes, actinomorphes, 5-mères ou 4-mères. — 8-10 étamines, accompagnées ou non d'écailles à leur base, parfois en partie stériles. Carpelles 4-5, libres par leur région ovarienne : styles cohérents. Fruit : coques déhiscentes par la suture ventrale. Endocarpe séparable. Embryon droit dans l'axe d'un albumen charnu abondant.

Pétales indépendants les uns des autres, étalés.

- Feuilles opposées, simples ou composées-pennées. — Presque toujours arbres ou arbrisseaux. — Fleur 4-mère. — Étamines 8, toutes fertiles ou 4 stériles .... *Boronia* Smith. (60 espèces environ, presque toutes de l'Australie méridionale).

- Feuilles simples et alternes. — Arbrisseaux. — Fleur 5-mère, rarement 4-mère. — 8-10 étamines fertiles .... *Eriostemon* Sm. (Env. 10 esp. Australie orientale; rares dans l'Ouest de l'Australie).

Pétales concrescents en un tube allongé, 4-fide au sommet. — Fleur 4-mère. — 8 étamines fertiles, situées à la base d'un disque à 8 lobes. — Arbrisseaux ou petits arbres à feuilles simples, opposées, velues ...... *Correa* Sm. (6 espèces. Est et Sud de l'Australie).

Propriétés générales. Espèces importantes. — Seules les feuilles de certains *Correa* ont été employées en infusion théiforme. Les Boroniées sont, d'une manière générale, des plantes aromatiques ; mais elles sont peu connues au point de vue de leurs propriétés.

Tribu V. — Cuspariées.

Description du Pilocarpus pinnatifolius Lemaire (fig. 333). — Ce végétal, connu en matière médicale sous le nom de *Jaborandi*, est un arbuste du Brésil qui peut atteindre 1ᵐ,50 et au delà. Il est pourvu de feuilles alternes, pennées avec foliole impaire et 3, 4 ou 5 paires de folioles latérales, sans stipules.

Les fleurs sont petites, réunies en grappes simples. Elles sont actinomorphes (*b*), hermaphrodites, 5-mères, colorées en rouge brun. Le calice est gamosépale, à lobes peu marqués. Les cinq pétales sont libres, triangulaires, étalés et réfléchis, valvaires dans le bouton ou très légèrement imbriqués; leur pointe est recourbée en dedans. — Cinq étamines, alternes avec les pétales, sont insérées au-dessous d'un disque charnu, annulaire ; les filets, libres et subulés, portent des anthères versatiles bilobées. — Les carpelles sont déprimés, libres par leur région ovarienne ; les styles sont soudés en une colonne que termine un stigmate à 5 lobes. — Chaque carpelle contient deux ovules descendants épitropes qui, plus tard, deviennent presque horizontaux.

Le fruit (*c*) consiste en cinq follicules monospermes par avortement, qui s'ouvrent par leur côte dorsale, et dont l'endocarpe est séparable.

La graine (*d*) réniforme, latéralement comprimée, est dépourvue d'albumen. L'embryon est courbé, et ses cotylédons plan-convexes, auriculés à leur base, embrassent la radicule qui est petite.

Toute la plante est fortement glanduleuse.

Le genre *Pilocarpus* Vahl. renferme treize espèces environ, de l'Amérique tropicale, qui diffèrent très peu du type que nous venons de décrire comme structure de la fleur et du fruit ; la fleur est, cependant, quelquefois 4-mère. — Les feuilles sont parfois trifoliolées ou même simples, alternes, opposées ou même verticillées.

Autres genres. — ESENBECKIA. — Les *Esenbeckia* H. B. K., également de l'Amérique tropicale, sont voisins des *Pilocarpus;* mais leurs follicules s'ouvrent par la suture ventrale.

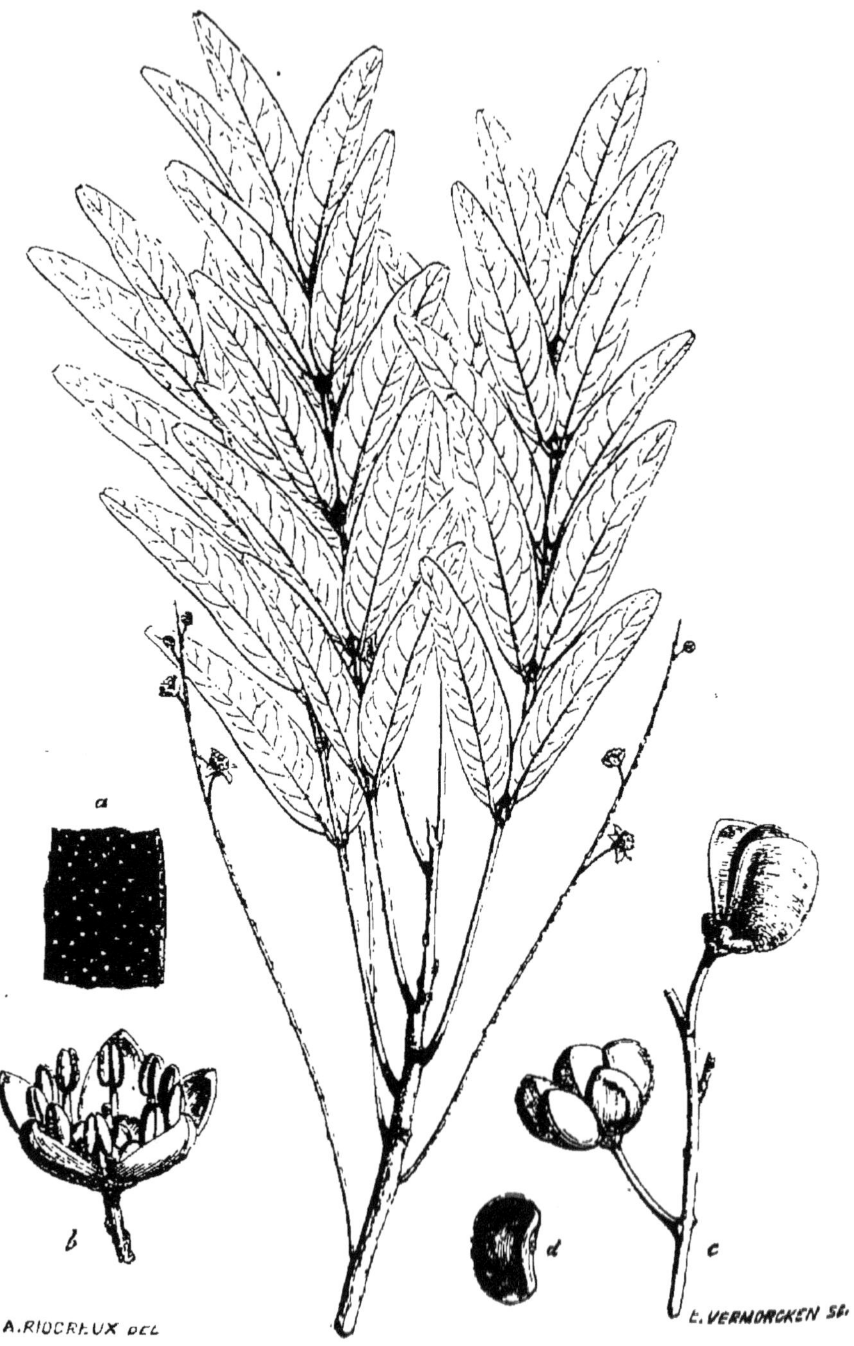

Fig. 333. — Jaborandi (*Pilocarpus pinnatifolius*). — *a*, fragment de feuille ; *b*, fleur ouverte ; *c*, rameau avec fruits ; *d*, graine.

Ces deux genres représentent, dans la tribu, une première section caractérisée par *des fleurs toujours actinomorphes, dont les pétales sont étalés, toujours indépendants les uns des autres et de l'androcée.*

ERYTHROCHITON, CUSPARIA, GALIPEA, etc. — Dans une seconde section, *les pétales sont dressés* et au contact les uns des autres, *souvent concrescents en une corolle tubuleuse avec laquelle les étamines sont alors plus ou moins concrescentes :* en outre, certaines de celles-ci sont souvent stériles, *et la fleur peut devenir zygomorphe* (Erythrochiton, Cusparia, Galipea, Ticorea, Spiranthes, etc.).

Tel est, par exemple, l'*Erytrochiton brasiliense* L., dont les feuilles alternes sont unifoliolées (1), dont les fleurs, réunies en cymes, sont les unes actinomorphes, les autres plus ou moins zygomorphes sur le même pied.

La fleur est 5-mère et les 5 étamines, toutes fertiles, sont concrescentes avec le tube de la corolle gamopétale. Le gynécée, qu'entoure un disque glanduleux, est composé de 5 carpelles libres par leur région ovarienne et biovulés. — Les follicules sont bivalves et à 2 semences ; l'embryon, recourbé sur lui-même, a des cotylédons reployés, et se trouve entouré d'une faible quantité d'albumen.

Une étamine déjà peut devenir stérile chez les *Erythrochiton*.

Cette tendance de la fleur à la zygomorphie et des étamines à devenir partiellement stériles ne se montre pas chez les *Ticorea* et les *Spiranthes* (voyez le tableau de la tribu) ; elle est nettement indiquée, par contre, chez les *Galipea* et les *Cusparia*.

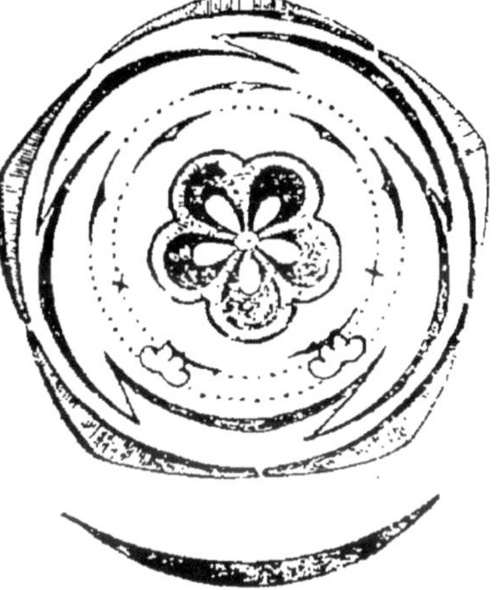

Fig. 334. — Diagramme d'une fleur de *Galipea*.

Chez les *Cusparia* Humb., la fleur est 5-4 mère, et les étamines, au nombre de 4 ou de 5, sont toutes fertiles, ou seulement les 2 ou 3 antérieures. Comme chez les *Erythrochiton*, les carpelles sont indépendants dès le début. Les feuilles sont à 1 ou à 3 folioles.

Chez les *Galipea* Aub. (fig. 334), les carpelles sont tout d'abord cohérents par leur base et par leur sommet en une sorte de capsule, puis se séparent en coques monospermes. Des 5 ou 8 étamines que possède la fleur, les deux antérieures seulement sont fertiles. Leurs feuilles sont unifoliolées ou 3-foliolées, à pétiole souvent ailé.

Tous ces végétaux sont très glanduleux.

(1) Voir p. 73, en note

TRIBU DES CUSPARIÉES.

Fleurs hermaphrodites en général, actinomorphes ou zygomorphes par leur *corolle* et par leur *androcée*. — *Carpelles* légèrement cohérents par la base et par leur région stylaire, contenant chacun deux *ovules* anatropes superposés. — *Fruit* formé par les *carpelles* (au nombre de 1-5) demeurés indépendants, ou bien accolés de façon à former une *capsule*, déhiscents par leur suture ventrale. *Endocarpe* élastiquement séparable. — *Embryon* sans *albumen*, ou quelquefois entouré d'une mince couche d'albumen, recourbé; radicule courte, cachée par la base des cotylédons. — *Plantes* toutes propres aux régions tropicales de l'Amérique.

Fleurs le plus souvent hermaphrodites, actinomorphes. — Pétales indépendants les uns des autres, étalés. — Etamines indépendantes entre elles et de la corolle. — Un disque cupuliforme autour de l'ovaire, avec lequel il est ou non concrescent.

- Carpelles 5-1, libres dès le début, follicules déhiscents par la région dorsale, monospermes. — Fleurs en grappes simples, 4-5 mères. — Pétales coriaces avec une pointe recourbée en dedans. — Arbres ou arbrisseaux. — Feuilles alternes, plus rarement opposées ou verticillées, imparipennées, trifoliolées ou unifoliolées........ *Pilocarpus* Vahl. (13 espèces. Am. trop.)

- Carpelles 4-5, cohérents d'abord en un ovaire fortement lobé, se séparant plus tard en follicules déhiscents par la suture ventrale, ou demeurant unis en une capsule septicide. — Fleurs en grappes 4-5-mères. — Feuilles alternes ou opposées, à trois folioles ou une seule..................... *Esenbeckia* H.B.K. (15 esp. env. Am. trop.)

Fleurs hermaphrodites, rarement actinomorphes, le plus souvent zygomorphes par leur corolle, et surtout par leur androcée. — Pétales dressés, rarement libres, ordinairement unis en une corolle gamopétale. — Etamines rarement plus nombreuses que les pétales, cohérentes avec la corolle dans les fleurs zygomorphes, rarement toutes fertiles. — Embryon à cotylédons auriculés, repliés souvent sur eux-mêmes, embrassant la radicule par leur base.

Fleurs actinomorphes. — Etamines toutes fertiles. Feuilles 3-foliolées.

- Pétales libres, simplement dressés. — Etamines indépendantes. — Anthères enroulées en spirale après la déhiscence. — Un disque fortement lobé............. *Spiranthera* St.H. (*S. odorantissima* S.H. Brésil méridional).

- Pétales cohérents en une corolle tubuleuse staminifère. — Anthères non enroulées en spirale. — Un disque tronqué et cupuliforme.... *Ticorea* Aubl. (3 espèces. Forêts des Guyanes).

Fleurs grandes, toujours plus ou moins zygomorphes. — Etamines rarement toutes fertiles; Ordinairement les 2 ou 3 supérieures stériles.

Fruit formé de carpelles indépendants dès le début, monospermes par avortement, et dont quelques-uns peuvent avorter.

- Fleur 5-mère. — Calice grand, vert ou coloré. — Corolle longuement tubuleuse et staminifère. — Etamines 5, fertiles ou en partie stériles. — Graine faiblement albuminée; embryon courbe.. *Erythrochiton* Nees e[t] Mart. (3 espèces. Amérique du Sud tropicale).

- Fleur 5-mère ou 4-mère. — Calice petit. — Tube staminifère de la corolle court. — Embryon sans albumen, recourbé, avec cotylédons reployés sur eux-mêmes............. *Cusparia* Humb. (20 espèces. Brésil tropical; Colombie).

- Parties du fruit d'abord cohérentes, se séparant à la fin. — Corolle infundibuliforme, staminifère. — Etamines 5-8, les 2 antérieures seules fertiles; connectif appendiculé à la base. — Graine sans albumen. — Cotylédons reployés sur eux-mêmes..................... *Galipea* Aubl. (6 espèces. Forêts de Guyane et du Brésil).

Affinités. — *Le port différent de ces végétaux, jamais éricoïdes, leurs feuilles presque toujours composées, leurs fleurs parfois zygomorphes, leur embryon courbe,* distinguent les Cuspariées des Diosmées auxquelles on les réunit quelquefois.

Propriétés générales. Plantes importantes. — Les Cuspariées ont, à peu de choses près, les mêmes propriétés que les Diosmées; mais elles sont plus amères.

Le *Pilocarpus pinnatifolius* Lemaire est l'espèce la plus importante du groupe, au point de vue médical. Elle contient, entre autres principes intéressants, une huile essentielle abondante et un corps spécial, la *Pilocarpine*, dont l'action sur la pupille est comparable à celle de l'*Ésérine*. (Voy. aux Légumineuses.)

Les feuilles, connues sous le nom de *Jaborandi*, sont sudorifiques et sialagogues. On les emploie dans les cas de bronchite, d'épanchements pleurétiques, contre le rhumatisme, la goutte, les maladies des reins, etc.

La *Galipea jasminiflora* Aublet, dont on utilise les feuilles et l'écorce, et le *G. febrifuga* Aublet (1), sont employés, en Amérique, comme toniques et fébrifuges. Le *Monnieria trifoliata* L. est quelquefois appelé inexactement *Jaborandi* et employé aux mêmes usages que le *Pilocarpus pinnatifolius*.

Le *Cusparia trifoliata* Wild., d'après Humboldt et Bompland, le *Galipea officinalis* Hancock, d'après Hancock, seraient la source de l'écorce amère dite d'*Angusture vraie* (2).

Tribu VI. — Toddaliées.

Un caractère bien tranché distingue ces Rutacées des tribus voisines : *la concrescence complète, en un ovaire bi- ou pluriloculaire, des carpelles qui ne se séparent pas les uns des autres à la maturité du fruit ; ce dernier est sec ou drupacé, mais toujours indéhiscent.*

Nous comprendrons dans ce même groupe les *Amyris* L., bien que, à cause de *leur carpelle unique,* on en fasse assez souvent une tribu spéciale.

Les caractères des trois genres de la tribu qui nous intéressent spécialement sont résumés dans le tableau suivant :

(1) Ces deux plantes sont rattachées par A. Saint-Hilaire au genre *Ticorea*.

(2) C'est en 1788 que cette écorce fut apportée pour la première fois en Europe de l'île de la Trinité et des environs de la ville d'Angostora, d'où le nom d'*Angusture* qui lui a été donné. Plus tard, on l'a trouvée mélangée à une autre écorce, celle d'un *Strychnos*, dont les propriétés sont toxiques et bien différentes, écorce qui fut dès lors distinguée sous le nom d'*Angusture fausse*, de la première que l'on appela *Angusture vraie*.

Tribu des Toddaliées.

Carpelle rarement solitaire, ordinairement 2 ou plusieurs carpelles complètement concrescents en un ovaire bi- ou pluriloculaire, contenant 1 ou 2 ovules dans chaque loge. — Fruit sec, samaroïde et indéhiscent, ou drupacé, avec endocarpe épais ou mince. — Graine avec ou sans albumen.

Plantes ligneuses, à feuilles alternes ou opposées, souvent composées-pennées ou trifoliolées, ponctuées-glanduleuses.

Ovaire formé par 2 ou plusieurs carpelles. Fruit à 2 ou plusieurs loges.

Fruit sec. — Fleurs polygames-dioïques par avortement, 4-5-mères. — Étamines 4-5 insérées à la base d'un gynophore sillonné ; anthères dorsifixes et introrses, bifides à la base. — Des staminodes dans la fleur femelle ; un gynécée rudimentaire dans la fleur mâle. — Carpelles 2-3, concrescents en un ovaire à 2-3 ailes ; 2 ovules superposés par carpelle. — Style court ; stigmate lobé. — Fruit samaroïde, ailé, à 2-3 loges monospermes. — Graine à tégument mince, faiblement albuminée. Embryon droit à cotylédons allongés.

Arbrisseaux et arbres odorants. — Feuilles alternes (rarement opposées), trifoliolées. Fleurs assez petites, en grappe.................... *Ptelea* L.
(7 espèces environ. Régions tempérées de l'Amérique du Nord).

Fruit drupacé. — Fleurs 5-mères, diclines par avortement. — Étamines 5, insérées à la base d'un gynophore ; anthères introrses, bifides à la base. — Des staminodes dans la fleur femelle ; un pistil rudimentaire dans la fleur mâle. — Ovaire à 5-7 loges biovulées (2 ovules superposés). — Stigmate épais, à 5 lobes. — Drupe sphérique, colorée, à 5-7 loges monospermes. — Graine réniforme, à tégument épais. Embryon recourbé, entouré d'un albumen épais ; cotylédons linéaires.

Arbrisseaux grimpants, aiguillonnés. — Feuilles alternes, trifoliolées................. *Toddalia* Juss.
(*T. aculeata* Lam. Mont. de l'Af. or.; îles Mascareignes; Asie tropicale, Indes, etc.

Ovaire et fruit unicarpellés et uniloculaires. — Fleurs hermaphrodites ou unisexuées, polygames ou dioïques, 4-3-mères. — Étamines 8-6, insérées à la base d'un disque peu distinct. — Carpelle sessile sur un gynophore ou un bourrelet glanduleux, avec 2 ovules suspendus au sommet. Stigmate capité. — Drupe sphérique, avec endocarpe parcheminé. — Graine sans albumen ; embryon à courte radicule ; cotylédons épais, plan-convexes.

Arbres et arbrisseaux glabres, odorants. — Feuilles alternes ou opposées, pennées ou 3-foliolées. — Fleurs petites, réunies par 3 en fausses ombelles, groupées elles-mêmes en grappes ou en ombelles composées........................ *Amyris* L.
(Environ 10 espèces. Antilles et Amérique centrale : Texas, Floride, Colombie, etc.).

Distribution géographique. — Plantes répandues à peu près dans toutes les régions tropicales et subtropicales du monde.

Propriétés générales. Plantes importantes. — Le *Ptelea trifoliata* L. (fig. 335) croît dans la Caroline ; il doit à son port et à la nature samaroïde de ses fruits le nom d'*Orme à trois feuilles*. Grâce à leur amertume, les feuilles de cet arbre servent, en Amérique, dans la préparation de la bière en guise de Houblon. L'écorce amère de cette plante contient une matière colorante jaune analogue à la Berbérine.

Le *Toddalia aculeata* Lam., propre à l'Asie tropicale, est une liane armée de forts aiguillons. On le rencontre principalement dans le Sud de l'Inde ; on le trouve également dans les îles de l'océan Indien et dans le Sud-Est de l'Afrique. La racine de cette espèce, connue dans les traités de matière médicale sous le nom de *Racine de Jean Lopez*, est âcre et amère. On la dit efficace contre la diarrhée ; mais la Hollande seule paraît en avoir conservé l'usage.

On peut lui substituer une espèce voisine propre à l'Afrique orientale, le *Toddalia lanceolata* Linck., dont les fruits sont connus sous le nom de *Cubèbe africain*.

On a attribué à l'*Amyris Plumieri* DC. une sorte de Résine-Élémi

L'*A. balsamifera* L., des Antilles. passe pour vénéneux. L'*A. sylvatica* Jacquin, rique, comme stomachique

Fig. 335. — Ptélée trifoliée (*Ptelea trifoliata*).

des mêmes régions, est employé, en Amérique, comme stimulant.

Tribu VII. — Aurantiées.

Description du Citrus Aurantium L. — L'Oranger commun

Citrus Aurantium L.) (fig. 336), est un *arbre* originaire de l'Asie

Fig. 336. — Oranger.

tropicale, mais cultivé dans toutes les régions chaudes du globe et

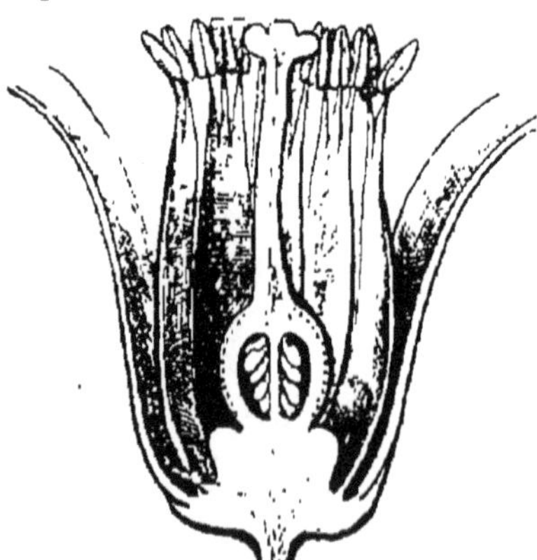

Fig. 337. — Fleur d'Oranger en coupe
longitudinale.

même en Provence. Il est de taille moyenne, pourvu de *feuilles alternes, ovales,* serretées, assez coriaces, *persistantes, criblées de ponctuations glanduleuses. Les stipules font défaut, mais le limbe est articulé* sur un court pétiole légèrement ilaté en ailes latérales (1).

Les fleurs sont actinomorphes, complètes et hermaphrodites, pourpres en dehors, blanches en dedans (fig. 337).

Le calice est gamosépale, charnu, à cinq divisions quinconciales dans le bouton.

(1) Voir p. 73, note 1.

La corolle est formée de cinq pétales libres, imbriqués.

Le réceptacle convexe porte ensuite *un grand nombre d'étamines irrégulièrement soudées en faisceaux,* quelques-unes isolées. *Les anthères sont introrses, biloculaires, à déhiscence longitudinale.*

Le gynécée, entouré d'un bourrelet glanduleux, se compose d'un *nombre indéterminé de carpelles unis en un ovaire ovoïde, multiloculaire, surmonté d'un style simple et d'un stigmate capité.*

Les ovules sont insérés, en nombre variable, à l'angle interne des loges, anatropes, descendants.

Le *fruit* (fig. 336) est globuleux, légèrement déprimé, rouge orangé. L'*épicarpe* ou *zeste,* contient un nombre considérable de vésicules pleines d'huile essentielle. *Le mésocarpe, blanc et presque sec, est simplement amer.* L'*endocarpe membraneux* limite les logettes du fruit ; *il émet vers l'intérieur de nombreux poils qui deviennent vésiculeux,* se gorgent de suc, et constituent la pulpe acidule et sucrée qui entoure les graines.

La graine est sans albumen; son tégument est blanc et lisse, coriace. L'embryon a des cotylédons plan-convexes, auriculés ; *on trouve parfois plusieurs embryons dans une même graine.*

Le *Citrus Aurantium* a fourni plusieurs variétés.

Autres genres. — ÆGLE, FERONIA. — L'*Ægle Marmelos* L. (voy. p. 872), se distingue des *Citrus* par son fruit sphérique dont le *péricarpe forme, par sa région extérieure, une écorce dure et épaisse (baie cortiquée),* et dont les graines sont recouvertes de poils visqueux. Ce genre comprend de petits arbres épineux (1), à feuilles trifoliolées.

Le *Feronia Elephantum* Correa, de l'Inde, est un arbre pourvu de feuilles composées-pennées caduques. L'ovaire est tout d'abord à 4-6 loges ; mais, dans la suite, *les placentas se séparent de l'axe central et demeurent pariétaux.* Le fruit est une baie cortiquée.

LIMONIA L. — Les *Limonia* doivent être considérés comme représentant le mieux le type régulier et normal de la famille.

Ce sont des arbustes de l'Asie tropicale dont les rameaux, souvent épineux, portent des feuilles trifoliolées.

La fleur, construite comme chez les *Citrus,* s'en distingue :

1° *Par son androcée formé de dix étamines seulement,* en deux verticilles, les internes plus courtes, insérées sous un disque hypogyne;

2° *Par l'ovaire à cinq loges opposées aux pétales,* surmonté d'un style articulé à la base et caduc. *Chaque loge ne contient qu'un ou deux ovules descendants.*

(1) Ces épines, isolées chez les *Ægle,* géminées chez d'autres, ne sont autre chose que les feuilles inférieures des rameaux modifiées.

DICOTYLÉDONES.

Tribu des Aurantiées (Hespéridées).

Carpelles en nombre variable, entièrement concrescents en un ovaire pluriloculaire. — *Fruit* baccien, souvent avec péricarpe plus ou moins coriace et, autour des graines, une pulpe formée par de nombreux poils vésiculeux nés de l'endocarpe qui les tapisse.

Fleurs 3-5-mères, hermaphrodites en général. — *Calice* gamosépale, persistant. — *Pétales* libres ou presque libres, caducs, à préfloraison imbriquée.

Étamines rarement en même nombre que les pétales, ordinairement en nombre double ou multiple, libres ou irrégulièrement polyadelphes. *Filets* subulés. *Anthères* introrses et biloculaires.

Un *disque* glanduleux autour de l'ovaire, ou un gynophore supportant ce dernier.

Graines sans *albumen*, assez souvent avec 2 ou plusieurs embryons.

Arbrisseaux ou arbres, inermes ou épineux. *Feuilles* alternes, ordinairement 3-foliolées ou composées-imparipennées, rarement unifoliolées, à pétiole souvent ailé, toujours criblées de ponctuations glanduleuses.

1 à 2 ovules seulement par carpelle.

Fleurs 4-5-mères. — 8-10 étamines à filets filiformes, atténués au sommet. — Baie pulpeuse.
Arbres ou arbrisseaux à feuilles composées-pennées avec impaire, souvent épineux .... *Limonia* L.
(6 à 7 espèces. Indes Orientales Asie tropicale).

Fleurs 3-4-mères. — 6 étamines. Filets élargis à la base, atténués au sommet ; anthères linéaires. — Baie petite à 1-3 loges.
Arbrisseaux épineux, à feuilles 3-foliolées .... *Triphasia* Lour.
(*T. Aurantiola* Lour. Indes

Ovules souvent nombreux dans chaque carpelle (toujours plus de 2).

Ovaire à 5-6 loges d'abord, et à placentation axile, puis uniloculaire et à placentation pariétale, les placentas se détachant de l'axe du fruit.
Fleurs 5-6-mères. — 10-12 étamines. — Arbres à feuilles imparipennées.................. *Feronia* Correa.
(*F. Elephantum* Correa Indes Orientales ; Ceylan).

Ovaire toujours pluriloculaire et à placentation axile.

Baie cortiquée. — Tégument séminal couvert de poils visqueux. — Etamines nombreuses. — Carpelles 8-20. — Arbres épineux, à feuilles trifoliolées .... *Ægle* Correa.
(2 espèces. Asie tropicale ; côte orientale d'Afrique).

Baie à péricarpe simplement coriace. — Graines à tégument blanc et lisse. — 20-60 étamines, libres ou plus ou moins polyadelphes. — Carpelles 5, ou un plus grand nombre.
Arbres ou arbrisseaux, à feuilles trifoliolées ou unifoliolées, et alors à pétiole ailé, épineux ou inermes .... *Citrus* L.
(6 espèces environ. Région de l'Himalaya)

Affinités. — Les Aurantiées ont, comme les Toddaliées, *leurs carpelles entièrement concrescents ;* mais elles s'en distinguent *par leur fruit baccien, d'une organisation spéciale, leurs étamines ordinairement plus nombreuses, leurs graines sans albumen, assez souvent pourvues de deux ou plusieurs embryons.*

Cette tribu est quelquefois considérée comme une famille distincte. Mais les Aurantiées sont trop étroitement liées aux autres Rutacées pour en être séparées, et les Toddaliées ont des caractères tout aussi spéciaux, sans qu'on hésite à les considérer comme une simple tribu de cette grande famille.

Distribution géographique. — Les Aurantiées sont toutes originaires de l'Asie tropicale ; mais la culture a répandu un grand nombre d'entre elles dans toutes les contrées tropicales et subtropicales du monde, et dans le midi de l'Europe.

Propriétés générales. Plantes importantes. — Les Aurantiées sont essentiellement aromatiques. Les essences que sécrètent leurs appareils glandulaires, toujours abondantes, sont souvent différentes dans leurs divers organes, chez l'Oranger commun, par exemple. A ces huiles essentielles s'ajoutent souvent l'*Acide hespérique*, l'*Acide aurantiamarique* de nature résineuse, l'*Hespéridine* et l'*Aurantiamarine*, glucosides l'un et l'autre, etc.

Le pseudo-parenchyme des fruits contient des *acides malique et citrique* associés à divers composés (sucre, mucilage, etc.).

On emploie un certain nombre d'espèces du genre *Citrus*.

La plus importante de toutes est l'Oranger (*C. Aurantium* Risso), originaire, dit-on, de l'Indo-Chine, mais cultivé dans l'Inde, en Afrique, etc., et dans toutes les contrées chaudes de la région méditerranéenne. Le pétiole des feuilles est faiblement ailé ; les fruits sont globuleux, un peu déprimés au sommet, d'un rouge orangé, remplis d'une pulpe acidule et sucrée.

L'orange est un fruit des plus estimés. Le zeste sert à la fabrication de l'*Essence de Portugal;* la fleur, concurremment avec celle du Citronnier, fournit l'*Essence de Néroli.* La feuille elle-même est fréquemment utilisée en infusions théiformes.

Le Bigaradier ou Oranger amer (*C. vulgaris* Risso, *C. Aurantium* var. *amara* L. ; *C. Bigaradia* Duham.) est également cultivé dans toutes les parties chaudes de la région méditerranéenne. Les feuilles et les fleurs en sont employées comme celles de l'Oranger. Ses jeunes pousses sont épineuses, et ses feuilles fortement ailées.

Le péricarpe des fruits constitue l'*Écorce d'orange amère* des pharmacies. Les jeunes fruits, tombés de l'arbre peu après la floraison, sont connus sous le nom d'*Orangettes* ou de *Petits grains*.

Le Bergamotier (*Citrus Bergamia* Risso ; *Citrus Aurantium* var. *Bergamia* Wigth. et Arn.) est un petit arbre dont les feuilles ont un pétiole fortement ailé. Le fruit, petit et pyriforme, est d'un jaune doré à l'extérieur. On en extrait l'*Essence de Bergamote* et la pulpe peut en être utilisée pour la préparation de l'acide citrique.

Ces deux dernières plantes sont considérées par plusieurs botanistes comme de simples variétés du *C. Aurantium*.

Le *Citrus Medica* Risso, ou Cédratier, paraît être originaire de la Médie ou de la Perse. Il est remarquable par la grosseur de ses fruits à surface mamelonnée, violacée d'abord, puis jaune, et par l'épaisseur de son péricarpe. Ce fruit est connu en Europe depuis les conquêtes d'Alexandre.

Le zeste sert à l'extraction d'une essence analogue à celle du citron. Le péricarpe est mangé en conserve, et la pulpe, amère et peu abondante, est peu usitée.

L'*Ægle Marmelos* Correa (*Cratævca Marmelos* L.), originaire de l'Inde et de l'Assam, fournit à la matière médicale indienne son fruit connu sous le nom de *fruit de Bela* ou *de Bac*. La pulpe sert à la préparation de conserves sucrées et de boissons rafraîchissantes. On le trouve sec dans le commerce ; il est très mucilagineux, et on le dit efficace contre la dysenterie et la diarrhée.

On lui substitue quelquefois le fruit du *Feronia Elephantum* Correa, qui lui ressemble beaucoup. Cette espèce est un arbre épineux de Ceylan, de Java et de l'Inde, d'où découle une gomme spéciale, connue sous le nom de *Gomme éléphantine*.

Caractères généraux et classification des Rutacées.

Appareil végétatif. — *Végétaux ordinairement ligneux*, rarement herbacés, dont tous les organes sont munis de *glandes internes à essence, d'origine lysigène.*

Feuilles ordinairement alternes, rarement opposées, simples ou, plus souvent encore, trifoliolées ou composées-pennées avec foliole impaire. — *Stipules nulles.* — *Limbe criblé de ponctuations translucides glanduleuses.*

Inflorescences et fleurs. — *Fleurs* solitaires ou diversement groupées, de grandeur très variable, *le plus souvent pourvues d'un* *périanthe double*, rarement apétales ou unisexuées par avortement, *actinomorphes*, ou rarement plus ou moins zygomorphes, *en général* 5-*mères*, plus rarement 4-mères ou 3-mères. *Réceptacle floral convexe.*

Calice dialysépale ou gamosépale ; *pétales libres en général*, imbriqués, plus rarement valvaires dans le bouton.

Androcée presque toujours formé d'un nombre d'étamines double de celui des pétales, et alors le verticille externe souvent oppositipétale (1); rarement étamines en nombre double ou multiple, ou bien encore quelques-unes d'entre elles, ou celles de tout un verticille transformées en staminodes. *Filets* rarement appendiculés, libres ou rarement cohérents par leur base élargie. *Anthères introrses*, versatiles, à déhiscence longitudinale.

Entre l'androcée et le gynécée *un disque glanduleux*, lobé ou non, plus ou moins développé, remplacé quelquefois par un *gynophore.*

Carpelles ordinairement 4 *ou* 5, rarement 3 à 1, ou bien encore en nombre supérieur à cinq, sessiles sur le réceptacle floral ou le gynophore ; *dans la règle, plus ou moins indépendants par leur région ovarienne, leurs styles convergeant et se soudant en une colonne unique*, mais quelquefois aussi concrescents en un ovaire pluriloculaire.

Ovules anatropes, ordinairement deux par loge, superposés ou collatéraux, descendants et épitropes, ou bien encore le supérieur ascendant, l'inférieur descendant. Plus rarement ovules plus nombreux, en double série dans chaque loge ; exceptionnellement ovaire devenant à la fin uniloculaire avec placentas pariétaux (2).

Fruit. — *Fruit se résolvant, en général, en coques distinctes, déhiscentes en deux valves par la suture ventrale ou par la nervure dorsale*, plus rarement capsule septicide, plus rarement encore enfin fruit drupacé, ou baccien, ou samaroïde. — *Endocarpe souvent séparable.*

Graine. — *Graine* allongée, *avec ou sans un albumen charnu. Embryon toujours assez volumineux*, droit ou recourbé. Cotylédons plan-convexes, ou enroulés, plus rarement reployés sur eux-mêmes. Rarement deux ou plusieurs embryons dans la même graine.

(1) Obdiplostémones.
(2) Ex. le *Feronia Elephantum* (voy. p. 869).

DICOTYLÉDONES.

FAMILLE DES RUTACÉES.

Carpelles ordinairement 4-5, rarement 3-1 ou bien encore en nombre supérieur à 5, le plus souvent cohérents seulement par leur base, mais toujours unis dans leur région stylaire : toujours plus ou moins séparés les uns des autres à la maturité, le plus souvent s'ouvrant par la suture ventrale ou la nervure dorsale. Endocarpe se séparant, en général, du reste du péricarpe.

Arbres ou arbustes à fleurs généralement petites, blanchâtres ou verdâtres, rarement blanches, assez grandes, actinomorphes, quelquefois unisexuées par avortement. — Carpelles renfermant assez souvent plus de deux ovules. Fruit généralement déhiscent. — Graine albuminée. Embryon à cotylédons le plus souvent plans.
Plantes des régions tropicales, surtout de l'Amérique.

Tribu I. — Xanthoxylées.

Herbes ou sous-arbrisseaux. — Fleurs de grandeur moyenne, toujours hermaphrodites, actinomorphes ou, plus rarement, zygomorphes. — Ordinairement plus de 2 ovules dans chaque carpelle. — Fruits déhiscents ou coques indéhiscentes. — Graine albuminée.
Plantes des régions tempérées de l'Hémisphère Nord.

Tribu II. — Rutées.

Sous-arbrisseaux, arbrisseaux ou arbres. — Carpelles toujours avec deux ovules ou 1 seul. — Embryon droit, cylindrique, entouré d'un albumen : ou bien embryon sans albumen, et alors droit ou courbe.

Le plus souvent arbrisseaux ou sous-arbrisseaux. — Fleurs toujours actinomorphes et, le plus souvent, hermaphrodites. — Graines pourvues d'un albumen charnu abondant.
Plantes d'Australie et de la Nouvelle-Calédonie.

Tribu III. — Boroniées.

Le plus souvent sous-arbrisseaux ou arbrisseaux à port éricoïde, rarement arbres. — Feuilles toujours simples. — Fleurs toujours actinomorphes et ordinairement hermaphrodites. — Graines sans albumen. — Embryon ordinairement droit, à cotylédons charnus.
Plantes de l'Afrique australe et orientale.

Tribu IV. — Diosmées.

Arbrisseaux ou arbres. — Feuilles ordinairement composées. — Fleurs actinomorphes, ou zygomorphes par la corolle et l'androcée. — Graines faiblement ou pas du tout albuminées. — Embryon courbe, avec la radicule embrassée par la base des cotylédons.
Plantes de l'Amérique tropicale.

Tribu V. — Cuspariées.

Carpelles 3-5 ou plus nombreux, entièrement concrescents ; rarement 1 seul carpelle — Fruit drupacé ou baccien, indéhiscent. Plantes toujours ligneuses.

Carpelles 2-5, complètement concrescents, ou bien 1 seul, chaque carpelle avec 1 ou 2 ovules. — Fruit drupacé, avec endocarpe mince ou plus ou moins épais, ou bien fruit ailé indéhiscent. — Graine avec ou sans albumen.

Tribu VI. — Toddaliées.

Carpelles ordinairement nombreux, avec 2 ou plusieurs ovules. — Fruit baccien. — Graines sans albumen.

Tribu VII. — Aurantiées.

Affinités. — Les Rutacées ont des affinités assez multiples. Elles se rapprochent surtout des Simarubacées qui s'en distinguent, entre autres caractères, par *l'absence de glandes à essence*, des Zygophyllacées (voy. p. 841), enfin des Térébinthacées dont l'étude va suivre (voy. plus loin).

Distribution géographique. — La distribution géographique des Rutacées diffère, comme on l'a vu, pour chaque tribu. On peut dire cependant, d'une manière générale, que ces plantes sont surtout des plantes des pays chauds et que leur nombre diminue rapidement à partir de la zone tropicale vers les pôles.

FAMILLE IV. — MÉLIACÉES.

Plantes presque toujours ligneuses, à bois dur, coloré, sou[vent]
Feuilles alternes et sans stipules, le plus souvent
Fleurs en fausses ombelles ou en panicules, actinomorphes, hermaphrodites en
Calice petit, gamosépale en général, à
Pétales ordinairement libres (oldiplostémonie), libres ou, bien plus
anthères. Anthères introrses, laite
Un disque hypogyne,
Étamines en nombre général double de celui des pétales
Carpelles en nombre égal à celui des pétales, rarement moindre, complètement concrescents, à loges 1, plus ou
Fruit variable : drupe, baie ou capsule loculicide ou septicide.
Graine avec ou sans albumen, souvent ailée. Radicule

Étamines monadelphes. — *Ovaire à loges multi-ovulées.* — Fruit capsulaire, loculicide, ou septicide de la base au sommet ou du sommet à la base, et valves bilamellées. — Graines nombreuses, avec ou sans albumen, ordinairement ailées avec raphé longeant le bord de l'aile. Plantes ligneuses à feuilles pennées.

Fleurs 5-mères. Étamines 10. — Un disque hypogyne. — Style court. — Ovaire à 5 loges oppositipétales. — Graines ailées, pourvues d'un albumen charnu. — Arbres à feuilles alternes.

Tube staminal urcéolé. Lanières alternant avec les anthères, entières. — Disque annulaire. — Capsule se séparant en valves septicides bilamellées, à partir de la base, d'une columelle centrale anguleuse. — Graines pourvues d'une aile unilatérale longue et large. Albumen charnu...... *Swietenia* L. (*S. Mahogoni* L. Amérique centrale et îles voisines).

Tube staminal cupuliforme, pourvu de lanières bifides. — Un large disque autour de l'ovaire. — Valves de la capsule septicide bilamellées, et se séparant du sommet à la base. — Graines pourvues d'une aile plus généralisée... *Soymida* A. Juss. (Indes orientales).

Tribu III. — Swiéténiées.

Étamines indépendantes les unes des autres, en nombre simple ou double de celui des pétales avec lesquels elles peuvent être insérées. — Fleurs 5-mères. — Pétales libres ou plus ou moins concrescents, avec ou sans éperon. — Ovaire à 5 loges multiovulées. — Fruit capsulaire, loculicide ou septifrage, à valves bilamellées (3-5). — Graines nombreuses, ailées, avec ou sans albumen...................... Genre principal. — *Cedrela* L. (12 espèces environ. Asie, Amérique, Australie tropicales).

Tribu IV. — Cédrélées.

MÉLIACÉES.

veal odorant, parfois munies d'organes sécréteurs divers.
composées à trois folioles, pari ou imparipennées.
général, 5-mères (plus rarement 4-7-mères). Axe floral plus ou moins convexe.
préfloraison imbriquée ou quinconciale.
raison imbriquée, tordue ou valvaire.
fréquemment, concrescentes en un tube qui porte, en général, des lanières stériles alternant avec les
culaires, à déhiscence longitudinale.
plus ou moins développé.
ou multiovulées. — Ovules anatropes, descendants, à micropyle extérieur. — Style simple ; stigmate
moins lobé.
dont les valves se dédoublent, le plus souvent, en deux lamelles.
ordinairement embrassée par la base des cotylédons.

Étamines ordinairement monadelphes. — Un disque bien développé. — *Ovaire à loges 2-ovulées.* — Capsule septicide du sommet à la base ; valves se dédoublant ou deux lamelles. — *Graines non ailées, avec ou sans albumen.* Arbres à feuilles composées-pennées.

Fleurs 5-mères ou 6-mères. — Sépales imbriqués ; pétales libres et étalés, imbriqués ou tordus. — Tube staminal pétaloïde, formant deux petites lanières à droite et à gauche de chaque anthère. — Ovaire à 3-6 loges biovulées. Style long et grêle ; stigmate lobé. Drupe coriace, avec endocarpe osseux. Graine pourvue d'un albumen peu abondant. Embryon à cotylédons foliacés. Arbres ou arbrisseaux. — Feuilles alternes, imparipennées.................. *Melia* L. (Régions chaudes de l'Asie et de l'Australie).

Tribu I. — Méliées.

Étamines presque toujours monadelphes.

Étamines monadelphes et formant un tube anthérifère au sommet. — *Ovaire à loges 1 ou 2-ovulées.* — Disque court ou nul. — Fruit capsulaire ou baccien. — *Graines non ailées, ordinairement sans albumen.* — Embryon à cotylédons épais. Arbres ou arbrisseaux à feuilles pennées.

Fleurs 4-5-mères. — Calice imbriqué ou valvaire, ainsi que les pétales. — Étamines 8-10, rarement 5, alternant avec des processus, entiers ou bifides, du tube staminal. — Ovaire à 2-3, rarement 4-5 loges. — Style court. — 2 ovules collatéraux ou superposés dans chaque loge. Fruit subcharnu, ou capsulaire et loculicide. Graines plus ou moins complètement arillées. Arbres ou arbustes. — Feuilles opposées ou alternes, 1-3 foliolées ou imparipennées...... *Trichilia* L. (Amérique tropicale. Afrique tropicale et australe).

Tribu II. — Trichiliées.

Affinités. — Les Méliacées se rapprochent des Rutacées par leur fleur actinomorphe, complète, à réceptacle convexe; leur androcée le plus souvent diplostémone (obdiplostémone), leurs feuilles en général composées-pennées, les glandes internes d'un certain nombre d'entre elles, etc.

Elles s'en distinguent par *leurs feuilles non ponctuées-translucides, leurs étamines presque toujours monadelphes, la nature variable de leur fruit.*

Les rapprochements que l'on peut établir entre les Méliacées et les autres familles sont moins importants.

Distribution géographique. — La tribu des Méliées est propre aux régions tropicales de l'Afrique et de l'Asie. Les Trichiliées sont plus fréquentes dans l'Asie et l'Amérique surtout. Les Swiéténiées appartiennent aux contrées tropicales des deux continents. Les Cédrélées sont des régions chaudes de l'Asie et de l'Amérique ; quelques-unes croissent dans les Moluques et l'Australie.

Propriétés générales. Plantes importantes. — Cette famille fournit des produits à la fois à l'industrie et à la médecine. Les plantes qui la composent doivent aux principes âcres, amers, astringents et aromatiques qu'elles contiennent, des propriétés toniques, stimulantes, parfois purgatives ou émétiques. Les fruits de quelques espèces sont sucrés et rafraîchissants.

Nous signalerons particulièrement les espèces suivantes :

L'Azédarach bipinné (*Melia Azedarach* L.), arbrisseau de haute taille, originaire de Perse et de Syrie, acclimaté depuis longtemps dans l'Europe méridionale. Il est pourvu, dans toutes ses parties, de principes amers, purgatifs et anthelmintiques. Il peut devenir toxique à dose élevée. Les graines contiennent une huile propre à l'éclairage.

Le *Melia indica* Brandis (1), qui croit dans l'Inde, la Malaisie, à Java et à Ceylan, fournit l'*Écorce de Margosa* qui contient de la résine, un principe amer et un alcaloïde, la *Margosine*. Ce produit est employé, dans l'Inde, comme tonique et fébrifuge.

L'*Écorce de Soymida* est fournie par le *Soymida febrifuga* A. J. (2). Elle contient du tannin, de la résine, de l'amidon, etc. Elle est également employée, dans l'Inde, comme fébrifuge.

Le *Khaya senegalensis* A. Juss. (3), de la Sénégambie, fournit l'*Écorce de Cail-Cedra*, qui contient de la gomme, de la cire, etc., et un principe très amer, le *Cail-Cédrin*. Cette substance a été préconisée, sans raison suffisante, comme succédané du Quinquina, sous le nom de *Quinquina de la Sénégambie.*

Parmi les autres Méliacées moins connues par leurs produits, nous citerons encore les suivantes :

Le *Quivisia mauritiana* Baker (sud de l'Afrique, Maurice, Réunion, îles Mascareignes), qui fournit son écorce et ses feuilles emménagogues et dépuratives ;

(1) *M. Azadirachta* L.
(2) *Cedrela febrifuga* Rxb.; *Swietenia febrifuga* Rxb.; *S. rubra* Rotll.
(3) *Swietenia senegalensis* Desr.

Le *Carapa procera* DC. (*C. Touloucouna* Guill. et Perr.), de l'Afrique occidentale, dont l'écorce contient une résine légèrement acide, le *Touloucounin*, unie à de la gomme, de la cire, etc. Ses graines fournissent une huile abondante.

Le *C. guyanensis* Aubl., dont l'écorce, réputée fébrifuge, contient un alcaloïde spécial, donne l'*Huile de Carapa* que l'on extrait de ses graines, et qui est comestible.

Le véritable *Bois d'Acajou* des ébénistes est fourni par le *Swietenia Mahogoni* L., de l'Amérique tropicale.

Le *Cedrela odorata* L., des Antilles, fournit l'*Acajou femelle* ou *Cèdre rouge*. Ses fleurs sont usitées comme antispasmodiques.

Le *Trichilia emetica* Vahl., le *T. cathartica* Mart., etc., de l'Amérique tropicale, sont usités comme évacuants et émétiques, etc.

FAMILLE V. — SIMARUBACÉES.

Fleurs actinomorphes, en général 5-mères, presque toujours hermaphrodites, à réceptacle convexe ; périanthe double.

Pétales étalés ou rapprochés en tube, toujours libres.

Androcée obdiplostémone. Étamines libres ; filets accompagnés ou non d'une écaille en dedans.

Un disque autour du gynécée, et quelquefois un gynophore.

Carpelles (4-5) libres en général ou soudés seulement par les styles.

Fruit : généralement drupes, plus rarement samare ou baie.

Graine sans albumen ou faiblement albuminée.

Arbustes ou arbres non glanduleux.— Feuilles souvent trifoliolées ou composées-pennées, sans stipules ou à stipules caduques.

Les Simarubacées n'ont aucun représentant indigène en Europe ; mais plusieurs d'entre elles sont importantes au point de vue médical.

Description du Quassia amara L. (fig. 338). — Cette plante, à laquelle est dû le *Bois de Quassia de Surinam*, est un petit arbre de la Guyane, des provinces de Maranhao et du Para au Brésil, actuellement cultivé dans plusieurs autres régions tropicales.

Les *feuilles* sont *alternes, composées-pennées* avec une foliole terminale et deux paires de folioles latérales, insérées sur un pétiole ailé, dépourvues de stipules.

Les *fleurs, actinomorphes, hermaphrodites, 5-mères, à réceptacle convexe*, forment des grappes terminales ordinairement simples.

Le *calice* est formé par cinq sépales unis seulement par leur base, en préfloraison quinconciale dans le bouton.

La *corolle* consiste en *cinq pétales indépendants*, beaucoup plus longs que les sépales, rouges, *dressés et rapprochés en tube*, et tordus dans la préfloraison.

Les *dix étamines* qui forment l'androcée sont *libres, celles du verticille externe oppositipétales.* Chacune d'elles est accompagnée, en dedans, par *une écaille velue, de nature ligulaire.* Les anthères sont introrses, biloculaires, à déhiscence latérale.

Au-dessus des étamines, le réceptacle floral se soulève pour former *un gynophore* en tronc de cône renversé.

Sur ce dernier reposent *cinq carpelles indépendants par leur région ovarienne;* mais *les cinq styles sont soudés* et tordus ensemble en une colonne grêle, à peine renflée à son extrémité stigmatifère. A l'angle interne de chaque carpelle est inséré *un ovule anatrope, descendant,* à micropyle extérieur et supérieur.

Le *fruit* consiste en *cinq drupes,* ou moins par avortement, divergentes, dont le mésocarpe peu charnu entoure un épais noyau.

Fig. 345 — *Quassia amara.*

La graine est dépourvue d'albumen; l'embryon est à cotylédons épais et charnus.

Ce genre renferme une seconde espèce, le *Q. africana* Baill., de la côte occidentale d'Afrique, distincte de la précédente par ses pétales d'un jaune verdâtre, plus écartés, et le pétiole à peine ailé de ses feuilles.

Autres genres. — Simaba. — Les *Simaba* Aubl., de l'Amérique équatoriale, dont une espèce fournit la *Graine de Cédron,* se dis-

tinguent des *Quassia* par *leurs fleurs quelquefois 4-mères, leur pé-*
tales étalés, valvaires dans le bouton, *l'insertion presque basilaire*
des styles sur le côté interne des carpelles (bien que cette insertion
soit toujours située sur leur sommet organique, voy. p. 102), enfin
par leurs feuilles dont les folioles latérales, au nombre de 12 à
20 paires, sont ordinairement alternes sur le rachis commun.

Simaruba. — Les *Simaruba* Aubl., plantes également américaines,
ont *un gynophore beaucoup plus bas, et des fleurs dioïques* par avortement, ordinairement 5-mères. Les pétales, petits et d'un blanc
verdâtre, sont tordus dans le bouton, puis étalés. *Les styles sont*
presque terminaux.

Brucea J. S. Müller. —Picrasma Blume (*Picræna* Lindl.). — Dans
certains genres, *les ovaires sont libres* encore, mais *les étamines sont*
en même nombre que les pétales et alternent avec eux (par avortement
des étamines qui leur sont opposées), et *leurs filets sont dépourvus*
d'écailles ligulaires. Tels sont les *Brucea* et *Picrasma* (voy. le tableau
de la Famille).

Ailanthus Desf. — Les *Ailanthus*, dont une espèce, le *Faux*
Vernis du Japon (1), est communément cultivé dans le Midi, ont des
filets staminaux également nus et des carpelles indépendants au-
dessous des styles, mais les fleurs sont polygames, et le fruit est
composé de *samares membraneuses.*

Irvingia Hook. f. — Il est des Simarubacées chez lesquelles *les*
carpelles sont cohérents dans toute leur hauteur, formant ainsi un
ovaire pluriloculaire.
Parmi ces dernières sont les *Irvingia* dont le fruit est *une drupe*
uniloculaire et monosperme par avortement, et dont *les feuilles, sim-*
ples et entières, sont accompagnées de stipules caduques et axillaires,
soudées en cônes, tout à fait comparables à celles des Artocarpacées et de certaines Magnoliacées (voy. p. 390 et suiv.).

Picramnia Sw. — Tels sont encore les *Picramnia* Sw., de l'Amérique tropicale, dont les feuilles composées-pennées sont dépourvues de stipules, et dont les fleurs *dioïques, 3-mères ou pentamères,*
ont *3-5 étamines.*

(1) *Ailanthus glandulosa* Desf.

SIMARUBACÉES.

Arbrisseaux ou *arbres* amers, pourvus de *feuilles* alternes, rarement opposées, simples ou composées-pennées, jamais ponctuées-glanduleuses, sans *stipules* ou avec *stipules* conniventes et caduques (*Irvingia*).
Fleurs en général petites et groupées en grand nombre en panicules, fausses ombelles ou faux épis axillaires, actinomorphes, le plus souvent hermaphrodites, 3-7 mères, à *réceptacle* convexe.
Calice gamosépale ou dialysépale, à préflo-raison généralement imbriquée-quinconciale.
Pétales toujours libres, étalés ou rapprochés et dressés, imbri-qués, plus rarement tordus ou valvaires dans la préfloraison.
Un *disque*, entre l'androcée et le gynécée, plus ou moins dé-veloppé, entier ou lobé, formant quelquefois un *gynophore*.
Étamines généralement en nombre double de celui des pétales, plus rarement en même nombre que les pétales, et alors alternes ou opposées avec eux. — *Filets* indépendants, accompagnés ou non d'une écaille interne ligulaire. — An-thères biloculaires et introrses.
Carpelles 4-5 ou en nombre moindre, le plus souvent libres dans leur région ovarienne, et soudés seule-ment plus ou moins par leurs styles; quelquefois *carpelles* entièrement soudés en un ovaire biloculaire ou pluriloculaire. — *Ovules* anatropes, ordinairement solitaires dans chaque carpelle, rarement 2 collaté-raux ou superposés, descendants, à micropyle extérieur. — *Styles* terminaux, latéraux ou plus ou moins gynobasiques, rarement libres dans toute leur étendue, ordinairement soudés jusque dans leur région stigmatique.
Fruit de nature variable : coques indéhiscentes, quelquefois sa-maroïdes, ou drupe à 1-2 à 5 loges le plus souvent monospermes.
Graines sans *albumen* ou avec une très faible couche d'albu-men. — *Embryon* assez gros, droit ou légèrement recourbé.

Étamines dépourvues d'écailles à la base.

Carpelles concrescents.

2 carpelles uniovulés. — Fleurs hermaphrodites, 4-5 mères. — Calice et corolle à préfloraison imbriquée. — Étamines 8-10, in-sérées à la base d'un disque. — Ovaire 2-loculaire, avec un seul ovule inséré, dans chaque loge, au-dessus du milieu de la cloison. — Style et stigmate simples. — Drupe simple, unilocu-laire; sarcocarpe épais et endocarpe fibreux. — 1 seule graine comprimée, sans albumen.
Arbres élevés, à feuilles simples, accompagnées de stipules conniventes en cornets et caduques . . . .
Irvingia Hook. f. (4 espèces. 2 Afrique tropicale, 2 Malacca et Cochinchine).

Carpelles 2-3, biovulés. — Étamines en même nombre que les pétales et alternes avec les sépales.
Fruit baccien . . . .
Picramnia Sw. (30 espèces environ. Amérique tropicale).

Carpelles libres par leur partie ovarienne; styles [ad]hérents au-dessus de leur base.

[Fruit non ailé. — Éta-les pétales et en mê — Fleurs polygames, pelle 1 seul ovule]

Fleurs 4-5-mères. — Calice petit, imbriqué. — Corolle à préfloraison valvaire. — Carpelles 5-2, libres, avec 1 seul ovule à peu près basilaire. — Drupes 5-1, à sarcocarpe mince et endocarpe crustacé.
Feuilles alternes, pennées . . . .
Picrasma Blume. (8 espèces. Contrées tropicales des Deux Mondes).

Fruit ailé. — Étamines en nombre double de celui des pétales. — Fleurs polygames, 5-6 mères. — Pétales à préfloraison valvaire, à bords infléchis. — Un disque court, à 10 lobes. — Carpelles 5-6, chacun avec 1 ovule pendant vers le milieu de l'angle interne. — Styles libres ou cohérents.
Graine faiblement albuminée.
Arbres élevés, odorants. Feuilles imparipennées . . . .
Ailanthus Desfos. (7 espèces. Indes; Asie orientale).

Étamines pourvues d'une écaille à la base.

Disque plus ou moins hémisphérique. — Fleurs dioïques, 5-mères (rarement 4-6-mères). — Calice cupuliforme. — Pétales plus longs, tordus d'abord, puis étalés. — Étamines 10 (rarement 8-12), avec écaille basilaire ordinairement ailée ou velue; anthères versatiles. — Des staminodes dans la fleur femelle. — Carpelles libres ou plus ou moins unis. — Fruits ovales, un peu comprimés.
Arbres à feuilles imparipennées. — Fleurs en glomérules formant eux-mêmes des panicules ou des fausses ombelles . . . .
Simaruba Aubl. (6 espèces. Amérique, depuis la Floride jusqu'au Brésil moyen).

Disque formant une colonne courte ou plus ou moins élevée.

Fleurs hermaphrodites 4-5-mères. — Corolle valvaire. — Filets staminaux accompagnés d'une écaille bifide en général. — Carpelles 4-5, avec styles presque basilaires. — Fruits drupacés 4-5 (ou moins par avor-tement) avec endocarpe crustacé ou dur.
Arbres ou arbustes, à feuilles pourvues de 12 à 20 paires de folioles souvent alternes . . . .
Simaba Aubl. (19 espèces. Amérique du Sud tropicale, surtout Guyane et Brésil).

Fleurs hermaphrodites. — Corolle à pétales rapprochés et tordus, oblongs. — Étamines avec une écaille velue à la base. — Carpelles 5. — Style simple, et stigmate peu élargi. — Fruits divergents à la fin et graines sans albumen.
Arbres à feuilles paripennées ou imparipennées, et pétiole ailé . . . .
Quassia L. (Q. amara L. Para, Guarana, Guyane; Q. africana, Brésil, Gabon, etc.).

[plus ou moins co- mines alternes avec me nombre qu'eux. — Dans chaque car-presque basilaire.]

Fleurs 4-mères. — Sépales petits, concrescents à la base; pétales coriaces, avec une pointe infléchie à l'extrémité. — 4 carpelles dans la fleur femelle, avec styles latéraux, et *unis seulement à leur base ou li-bres; stigmates divergents.* — 4 drupes. — Embryon droit.
Feuilles alternes, imparipennées . . . .
Brucea J.-S. Müller. (5 espèces. Afrique, Asie tropicales).

Nous devons signaler, chez quelques Simarubacées, où font presque entièrement défaut les glandes à essence des Rutacées (1), la présence d'autres organes sécréteurs. Ce sont des canaux à oléo-résine que l'on rencontre dans la moelle des tiges chez certains genres, tels que *Simaruba*, *Simaba*, *Samadera*, mais qui manquent absolument chez d'autres, les *Quassia*, par exemple. L'écorce des tiges et le parenchyme extérieur du pétiole des *Philodendron* renferment des *cellules à mucilage;* enfin, le parenchyme cortical des tiges, le parenchyme des fruits et même l'embryon montrent, chez les *Irvingia*, des poches lysigènes à mucilage.

Affinités. — Les Simarubacées, évidemment très voisines des Rutacées, s'en distinguent par les caractères suivants :

Leur amertume est généralement beaucoup plus intense;

Leurs feuilles ne sont jamais ponctuées-glanduleuses;

Leurs fruits sont, le plus souvent, des drupes; ils sont, dans tous les cas, indéhiscents.

Ces végétaux sont également voisins des Térébinthacées, et surtout des Burséracées, dont ils possèdent les ovules épitropes.

Distribution géographique. — Les Simarubacées sont à peu près exclusivement limitées aux régions intertropicales.

Propriétés générales. Plantes importantes. — La plupart des Simarubacées se distinguent par la présence de principes extractifs doués d'une amertume intense, saveur ordinairement tempérée par la présence de certains sels, d'une matière résineuse et d'une faible quantité d'huile volatile.

C'est donc à titre de toniques amers et de fébrifuges que l'on emploie presque toutes les plantes utilisées de ce groupe. Les principales sont les suivantes :

Le *Quassia amara* L., de la Guyane, du Vénézuela, du Brésil septentrional, de Panama, fournit le *Quassia de Surinam;* il contient un principe amer cristallisable, la *Quassine* ou *Quassite.*

Le *Picræna excelsa* Lind. (*Simaruba excelsa* DC., *Bittera febrifuga* Bell.), *Frêne amer,* croît dans les Antilles et fournit le *Quassia de la Jamaïque.*

Le *Simaruba officinalis* DC. (*S. Guyanensis* A. Richard, *S. amara* Aub., *Quassia Simaruba* L.), fournit son bois et surtout son écorce très fibreuse, l'un et l'autre doués d'une grande amertume. Le Simarouba contient de la *Quassine*, de l'*huile volatile*, de

____

(1) On trouve quelques glandes à essence dans l'écorce, la moelle et le parenchyme foliaire du *Picrella trifoliata* H. L., du Mexique.

la *résine*, des *acides malique* et *gallique*, etc. Il est employé comme tonique et fébrifuge; il devient vomitif à haute dose.

Le *Simaba Cedron* Pl. (*Quassia Cedron* H. B.), remarquable par la grosseur de son fruit dans lequel se développe un seul carpelle, croît dans l'ancienne Colombie, dans l'Amérique centrale et le Brésil du Nord.

La *Semence de Cédron* renferme un principe amer spécial, la *Cédrine*. Elle est usitée, en Amérique, contre l'hydropisie, la morsure des serpents, la goutte, etc. Elle jouit également, dit-on, de propriétés antipériodiques.

Le *Brucea antidysenterica* Lam., espèce abyssinienne, est usitée contre la dysenterie et les fièvres intermittentes rebelles.

Le *Brucea sumatrana* Roxb. possède des propriétés semblables.

On retire de la graine du *Picrolemma Valdivia* G. Pl. (de la Colombie) un principe toxique, la *Valdivine;* celle-ci exerce une action sédative remarquable sur les phénomènes nerveux qui accompagnent la rage, sans en entraver pourtant la marche fatale.

On se sert, dans le même but, du *Soulamea amara* Lınk. de Java, et du *S. tomentosa* Brong. et Gris, plantes dont l'amertume est extrême.

On utilise également dans l'Inde occidentale, au Malabar, à Ceylan, l'écorce et les semences du *Samandura indica* L.

Le *Balanites Roxburghii* Planch. fournit une écorce anthelminthique.

L'*Irvingia Barteri* Hooker, rangé par Hooker fils parmi les Simarubacées, était autrefois considéré comme une Térébinthacée sous le nom de *Mangifera gabonensis* Aubry-Lecomte. On retire de sa graine une matière grasse, connue sous le nom de *Beurre de Dika*, et au Gabon sous celui d'*Oba*.

La graine de l'*Irvingia Oliveri* Pierre, arbre de Cochinchine, fournit également une sorte de beurre connu sous le nom de *Cay-Cay*, mais dont l'odeur désagréable empêche l'emploi comme comestible. Un corps gras semblable est retiré de l'*I. Malaya* Oliver.

FAMILLE VI· — TÉRÉBINTHACÉES

Fleurs presque toujours actinomorphes, 5-4-3-mères, hermaphrodites ou diclines par avortement, à réceptacle convexe, plan ou concave.

Corolle à pétales libres, rarement concrescents, exceptionnellement nulle.

Étamines généralement obdiplostémones, quelquefois partiellement stériles, insérées en dehors d'un disque glanduleux.

Carpelles souvent 3, 5 ou 4, rarement 2 ou 1, presque toujours concrescents en un ovaire pluriloculaire. — Ovules anatropes, 1 apotrope ou 2 épitropes. Souvent une seule loge fertile. Styles libres ou plus ou moins concrescents.

Fruit drupacé.

Graine sans albumen ou faiblement albuminée. Embryon droit ou courbe. Cotylédons plan-convexes, ou bien plissés sur eux-mêmes, ou tordus.

Plantes ligneuses, pourvues de canaux sécréteurs libériens. Feuilles ordinairement composées-pennées ou trifoliolées.

Ce groupe naturel se divise en deux sous-familles : les **ANACARDIÉES** et les **BURSÉRÉES**.

SOUS-FAMILLE I. — ANACARDIÉES.

Térébinthacées à ovules toujours apotropes, solitaires dans chaque carpelle, descendants et portés par un funicule basilaire, ou insérés, à un niveau variable, le long de la suture ventrale.

Cotylédons presque toujours plan-convexes.

Fig. 339. — Diagramme du *Schinus molle* L.

Description du Schinus molle L. — Le Poivrier d'Amérique (*Schinus molle* L.), peut être choisi comme premier exemple. C'est un *arbre* originaire des régions montagneuses de l'Amérique occidentale, depuis Mexico jusqu'au Chili, et qui est également indigène dans le sud du Brésil, dans l'Uruguay, etc. Il est facilement cultivé dans nos régions méridionales.

Ses feuilles sont alternes, composées-imparipennées, à folioles étroites, entières sur les bords ou dentées, suivant les variétés. *Les stipules font défaut*, les feuilles, comme tous les organes de la plante, sont riches en *canaux sécréteurs* dans lesquels est une oléo-résine d'une forte odeur aromatique, d'une saveur chaude et poivrée (1).

(1) L'essence, unie à de la résine et en émulsion dans le suc lactescent des canaux sécréteurs, y est si abondante que si, par un temps chaud, on projette dans l'eau des fragments de folioles, aussitôt après avoir déchiré celles-ci, on voit ces fragments se déplacer

Les fleurs sont réunies en grappes composées; elles sont *actinomor-phes, pentamères, polygames-dioïques* (1).

Le réceptacle floral est plan ou légèrement concave. Une fleur complète se compose des parties suivantes (fig. 339) :

1° Un *calice gamosépale* herbacé, *à préfloraison quinconciale;*

2° *Cinq pétales libres,* à préfloraison quinconciale dans le bouton, dressés d'abord, puis réfléchis;

3° *Un androcée, formé de dix étamines libres,* dont les filets subulés supportent une *anthère* ovale, *introrse, biloculaire,* à déhiscence longitudinale;

4° *Un gynécée,* qu'entoure *un disque circulaire à dix lobes.* Il est formé par *trois carpelles concrescents en un ovaire à trois loges,* dont une postérieure et deux latérales. Chaque loge renferme *un ovule anatrope et pendant au sommet d'un long funicule, inséré lui-même contre la paroi de la cavité ovarienne.* Son micropyle est donc supérieur, le raphé étant dirigé en dehors; il est *apotrope* (2) (voy. p. 108). *Une seule des loges ovariennes* demeure fertile, celle qui correspond au premier sépale; les autres avortent plus ou moins complètement. *Mais l'ovaire n'en demeure pas moins surmonté par trois styles* divergents, épaissis à leur sommet que couvrent les papilles des stigmates.

Le fruit est une drupe de la grosseur d'un pois, rouge à la maturité, pourvue d'un épicarpe lisse et brillant. Le mésocarpe est huileux. Le noyau (endocarpe) épais renferme *une graine* lenticulaire. L'amande, que protège *un mince tégument,* est formée d'un *embryon volumineux à cotylédons plans,* dont la tigelle est recourbée vers le haut.

Le *Duvaua* March. n'est guère qu'un sous-genre. (Voy. le tableau de la sous-famille.)

Les *Schinus* renferment, dans leur tige, des canaux sécréteurs libériens protégés chacun, en dehors. par un arc de fibres péricycliques. Ce caractère anatomique se retrouve *dans tous les représentants de la famille.* Chez les *Schinus,* comme chez beaucoup d'autres Térébinthacées, la

par petits mouvements brusques à la surface du liquide, mouvements dus à des jets intermittents d'huile volatile sortant des réservoirs mis à nu.

(1) Les fleurs unisexuées sont telles *par avortement* de l'un des sexes ; l'hermaphrodisme doit donc être considéré comme l'état primordial dans cette famille. Dans la fleur femelle, en effet, les dix étamines sont représentées par six filets très grêles et stériles. De même il existe un gynécée rudimentaire dans la fleur mâle.

(2) La constance de cette apotropie de l'ovule dans toute une vaste section des Térébinthacées constitue un caractère d'une grande valeur systématique.

moelle renferme des canaux semblables ; enfin, l'écorce possède des cellules à tannin et de nombreux cristaux d'oxalate calcique.

Autres genres. — RHUS L. — Les *Rhus* ou Sumacs, dont plusieurs sont indigènes dans la région méditerranéenne, se distinguent des *Schinus* par un caractère net : *l'avortement complet des cinq étamines du verticille oppositipétale.*

L'une des espèces les plus connues (fig. 340) est le Sumac des Corroyeurs (*Rhus Coriaria* L.), qui croît dans les lieux pierreux du Midi de la France et de la région méditerranéenne.

C'est un arbrisseau de 3 à 4 mètres, à rameaux velus. Ses feuilles sont imparipennées, à 5 ou 7 paires de folioles velues, grossièrement dentées, sans stipules.

Les fleurs, actinomorphes et polygames, forment des grappes serrées à l'extrémité des rameaux. Leur réceptacle a la forme d'un cône très surbaissé. Le calice est à cinq divisions persistantes quinconciales ; la corolle est formée par cinq pétales ovales, étalés, insérés à la base d'un disque épais, à préfloraison imbriquée.

Les étamines, au nombre de cinq, alternent avec les pétales ; leurs filets sont très courts.

L'ovule est ici presque basilaire et dressé dans l'unique loge fertile (son raphé étant tourné vers la suture ventrale du carpelle) ; l'ovaire est surmonté par trois branches stylaires, comme dans les genres précédents.

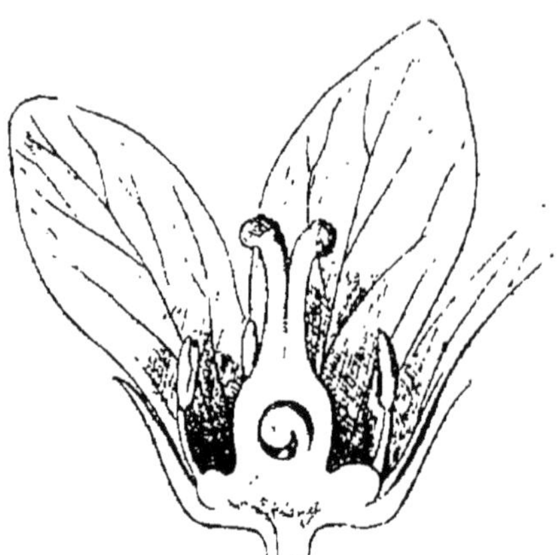

Fig. 340.— Une fleur de Sumac, en coupe longitudinale.

Le fruit consiste en une drupe aplatie, d'un brun verdâtre, d'un goût astringent et acide. Dans la graine, l'embryon sans albumen est pourvu de deux gros cotylédons huileux.

Ce genre est représenté par 120 espèces environ, réparties elles-mêmes en plusieurs sections, toutes originaires des régions intertropicales ou des contrées tempérées chaudes, dans les deux Continents. Leur suc gommo-résineux, toujours très aromatique et âcre, est parfois délétère comme nous le verrons plus loin (1).

COTINUS Tourn. — On sépare quelquefois génériquement des Sumacs le *Rhus Cotinus* L., plante également méditerranéenne, qui se distingue par *ses feuilles simples, ses styles latéraux* (ils sont terminaux dans les

(1) Le genre *Comocladia*, de l'Amérique du Nord, se distingue des Sumacs dont il est très voisin, par ses fleurs 3 ou 4-mères.

vrais Sumacs), enfin par *ses pédoncules floraux, qui, après la floraison, s'allongent beaucoup et se couvrent de longs poils disséminés.* Le genre *Cotinus* Tourn. ne se compose que de deux espèces, dont une américaine.

PISTACIA L. (fig. 341) — La réduction des parties de la fleur est plus grande chez les Pistachiers (*Pistacia* L.). *La corolle fait ici toujours défaut,* et le périanthe se réduit à un petit calice de cinq dents chez la fleur mâle, de trois à quatre divisions appliquées

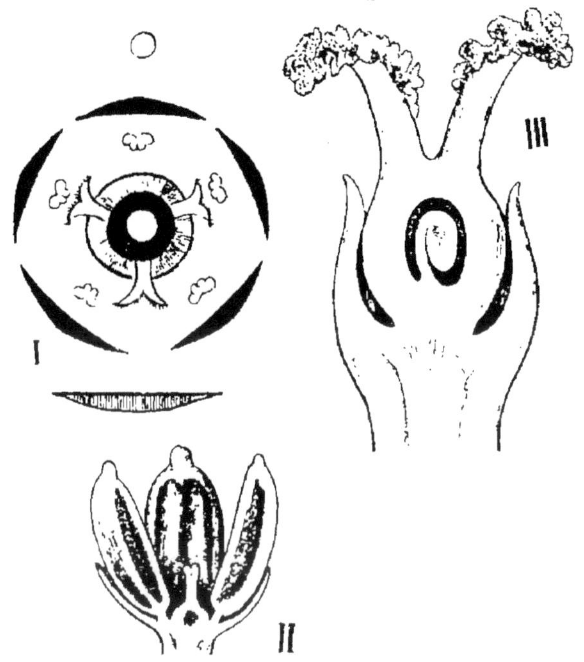

Fig. 341. — I, diagramme d'une fleur de *Pistacia* supposée hermaphrodite (d'après Eichler). — II et III, fleur mâle et fleur femelle en section longitudinale.

contre l'ovaire, dans la fleur femelle. Dans la première, les cinq étamines ont des filets très courts, concrescents à la base; dans la seconde l'ovaire est à peu près construit comme chez les Sumacs. L'ovule est suspendu sur un funicule ascendant, et dirige son micropyle en bas. Le fruit est une drupe sèche.

Le Midi de la France possède plusieurs espèces de Pistachiers (le Térébinthe, le Lentisque, etc.). Les *Pistacia* sont, d'ailleurs, des arbres propres à la région méditerranéenne, l'Asie tempérée, les îles occidentales de la côte africaine, l'Amérique centrale.

MANGIFERA Burm. — Tous les types que nous venons de passer en revue, indépendamment des caractères généraux des Térébinthacées, possèdent *trois carpelles concrescents dont deux sont abortifs et stériles.* Le Manguier (*Mangifera indica* Burm.), arbre cultivé dans toutes les contrées chaudes pour son fruit, connu sous le nom de *Mangue,* se distingue essentiellement par la présence d'un *carpelle unique, pourvu d'un style latéral,* courbé en arc. Le seul ovule qu'il renferme est ascendant. Les fleurs (fig. 342), polygames-dioïques, ont un calice et une corolle bien développés, mais l'androcée, situé ici en dedans d'un disque assez épais, est formé de *cinq étamines, dont une seule, l'antérieure, est fertile et saillante en dehors du périanthe.* La taille des étamines stériles décroît ensuite de chaque côté, d'avant en arrière. Cette particularité rend la fleur zygomorphe, le plan de symétrie passant précisément par l'étamine fertile, mais étant oblique par rapport à l'axe mère de la fleur (Voy. le diagramme).

Le Manguier de l'Inde a des *feuilles simples et entières.* La Mangue est une drupe un peu réniforme, à noyau fibreux. L'embryon volumineux qu'elle renferme a ses cotylédons enroulés en spirale l'un sur l'autre.

On connaît environ 27 espèces de *Mangifera,* toutes originaires des Indes Orientales et de l'Archipel Malais. Chez certaines, le nombre des étamines fertiles peut être de 2, de 3 ou même de 4.

ANACARDIUM L. — Les *Mangifera* nous conduisent aux *Anacardium* L., dont une espèce, l'*A. occidentale* L. (*Cassuvium pomiferum* L.), est très connue sous le nom d'*Anacarde occidentale.*

C'est un arbre de moyenne taille, très répandu aux Moluques, aux Indes, au Brésil, etc. Il est pourvu de feuilles alternes, ovales, entières.

Les fleurs, en grappes ramifiées terminales, sont polygames. Leur calice et leur corolle sont bien développés ; les sépales sont lancéolés, les pétales étroits et linéaires.

L'androcée, comme chez le Manguier, *n'a qu'une seule étamine fertile,* l'antérieure, qui est longuement exserte ; mais il en existe ici neuf autres, stériles, courtes et égales entre elles.

Le gynécée n'est formé que par *un seul carpelle, sessile sur un disque charnu, pourvu d'un style latéral,* situé en face de l'étamine fertile.

Le fruit est une sorte *de noix réniforme, lisse et grisâtre, dont le noyau est creusé d'alvéoles nombreuses* dans lesquelles est contenu un suc résineux très âcre. L'embryon, volumineux, est très riche en huile. Enfin le fruit est lui-même porté par un *pédoncule dont le sommet, devenu pyriforme et très charnu,* est comestible dans le pays où vit l'Anacarde.

On connaît huit espèces d'*Anacardium*, tous de l'Amérique tropicale.

SEMECARPUS L. — Malgré son analogie de structure avec le fruit précédent, celui de l'Anacarde orientale appartient à une plante d'un tout autre genre, le *Semecarpus Anacardium* L. Il consiste en une noix en forme de cœur renversé, légèrement enfoncée par sa base dans le réceptacle, et dont le mésocarpe est creusé d'alvéoles comme celui de l'Anacarde

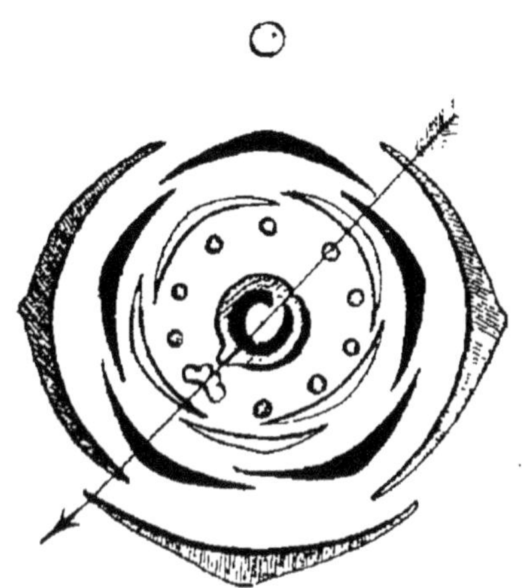

Fig. 342. — Diagramme d'une fleur de *Mangifera* ou d'*Anacardium* montrant le plan oblique de symétrie passant par l'étamine fertile (d'après les données d'Eichler).

occidentale. Ici encore le pédoncule se renfle et devient charnu. *Mais les fleurs sont pourvues d'un réceptacle concave et les étamines, au nombre de cinq, sont toutes égales et fertiles. L'ovaire, légèrement adhérent par sa base, est formé par trois carpelles concrescents en un ovaire uniloculaire,* contenant un ovule suspendu près du sommet de la loge. La plante est originaire des montagnes de l'Inde, ses feuilles sont simples et entières.

SPONDIAS L. — Dans tous les genres décrits jusqu'ici, le gynécée est composé de trois carpelles ou d'un seul, mais ces carpelles, toujours concrescents, forment un ovaire dont une seule loge demeure fertile.

La présence de cinq carpelles concrescents en un ovaire à loges toutes fertiles, et leur drupe ordinairement à cinq loges (rarement 3, 2 ou 1 par avortement) contenant chacune une graine, caractérisent les Spondias ou Mombins. Les fruits de plusieurs de ces plantes sont comestibles sous les tropiques.

BUCHANANIA Spreng. — Enfin les *Buchanania,* de l'Asie et de l'Océanie tropicales, se font remarquer par *l'indépendance complète de leurs carpelles,* dont un seul cependant demeure fertile.

Nous n'aborderons l'étude de la seconde Sous Famille qu'après avoir résumé les caractères de la première.

SOUS-FAMILLE DES ANACARDIÉES.

(Plantes à feuilles simples ou composées-pennées.)

Carpelles 5 (plus rarement 4 ou 6) indépendants, ou gynécée réduit à un seul carpelle. Feuilles toujours simples et à bords entiers. Tribu I. — Mangiférées.

Carpelles 5 (rarement 4-6) dont un seul fertile. — Drupe plus ou moins lenticulaire. Fleurs hermaphrodites, ordinairement 5-mères (rarement 4-6-mères) avec 2 verticilles d'étamines. — Un disque cupuliforme.............
Buchanania Spreng. (20 espèces. Asie tropicale, surtout dans la région de l'Himalaya; Nord de l'Australie).

Un seul carpelle. — Étamines 5-10, rarement toutes fertiles, ordinairement 4-1 fertiles, les autres abortives ou, tout au moins, stériles.

Drupe réniforme ou ovale, avec mésocarpe succulent, et noyau dur et fibreux. — Pédoncule faiblement épaissi. Fleurs polygames. — Étamines 4-5, libres, le plus souvent en partie stériles...........
Mangifera Burm. (27 espèces. Indes: Archipel Malais).

Drupe réniforme, comprimée, avec noyau creusé de lacunes résinifères. — Pédoncule fortement accrescent et charnu. Fleurs polygames, 5-mères. — Étamines 7-10 monadelphes, dont une seule, en général, fertile et plus longue...................
Anacardium L. (8 espèces environ, Amérique tropicale).

Carpelles 4-5 (rarement davantage ou 3) toujours plus ou moins unis entre eux. — Fleurs ordinairement 4-mères (rarement 3-5-mères). — 1 seul ovule descendant par carpelle. — Drupe ovale, avec mésocarpe charnu. Arbres à feuilles composées-pennées. Tribu II. — Spondiées.

Fleurs polygames, pourvues d'un disque à 8-10 échancrures. — Étamines 8-10 dont 4-5 quelquefois plus longues. — Drupe à 5 loges (ou 3-4 par avortement). — Embryon droit.......
Spondias L. (Environ 50 espèces. Pays tropicaux des Deux Mondes).

Fleurs à périanthe simple ou sans périanthe, dioïques. — 3-5 étamines à la fleur mâle. — Dans la fleur femelle, ovaire presque sphérique ou brièvement ovale, surmonté d'un style court divisé en 3 branches stigmatifères. — Drupe uniséminée, ovale, insymétrique............
Pistacia L. (Environ 5 espèces. Régions méditerranéenn).

Carpelles concrescents. — Plantes à feuilles rarement simples, ordinairement 3-...

Carpelles 3 (rarement 1 seul). — Ovaire à une seule loge fertile, les autres petites ou abortives.

Carpelles et fruit toujours indépendants du réceptacle floral. Tribu III. — Rhoïdées.

Fleurs toujours pourvues d'un double périanthe. — Étamines en nombre simple ou double.

Étamines en nombre double que les pétales et alternes avec eux. — Ovule pendant au sommet d'un funicule basilaire.

Étamines en nombre double de celui des pétales. — Ovule inséré plus ou moins haut sur la paroi de l'ovaire. Arbres polygames-dioïques. — Style simple, entier ou 3-fide au sommet. — Drupe avec épicarpe papyracé, mésocarpe riche en huile essentielle, endocarpe résistant. *Schinus L.* (Amérique).

Feuilles composées-pennées. — Fleurs 5-mères, en grappes. — Styles libres au sommet..
S.-genre *Euschinus* March. (5 espèces).

Feuilles simples. — Fleurs 4-5-mères, en corymbes. — Styles entièrement soudés.
S.-genre *Duvaua* March. (*D. dependens* Ortéga).

Styles et stigmates plus ou moins terminaux. — Feuilles composées-pennées.

Styles et stigmates latéraux. — Fleurs polygames. — Ovaire comprimé, ainsi que la drupe. — Épicarpe et mésocarpe minces; endocarpe corné. — Graine réniforme. — Arbres à feuilles simples...................
Cotinus Tourn. (2 espèces. Ancien Continent et surtout région méditerranéenne).

Diverses couches du péricarpe ne se séparant pas. — Endocarpe mince.

Fleurs hermaphrodites ou polygames, 3-4-mères. — Stigmates sessiles...
Comocladia R. Br. (9 espèces environ. Antilles; Amérique centrale).

Fleurs polygames 5-mères. — Style court, terminal, divisé en 3 branches stigmatifères...............
Metopium P. Br. (2 espèces américaines).

Diverses couches du péricarpe se séparant à la fin les unes des autres. — Fleurs polygames, 5-mères. — 3 styles, libres ou cohérents à la base; stigmates capités...............
Rhus L. (120 espèces environ. Régions subtropicales et tempérées-chaudes).

Carpelles et fruits ordinairement plus ou moins enfoncés dans le réceptacle floral. Tribu IV. — Sémécarpées.

Fleurs polygames ou dioïques, 5-mères (rarement 3-mères). — Étamines 3-5, insérées sous un disque annulaire. — Ovaire sessile sur l'axe floral, ou plus ou moins enfoncé dans ce dernier. — Styles 3, terminaux. — Drupe courte, ovale, à péricarpe creusé de lacunes oléifères, portée par le pédoncule plus ou moins renflé et charnu..................
Semecarpus L. (40 espèces environ. Indes; Australie tropicale; Nouvelle-Guinée; Ceylan).

Caractères généraux. — *Fleurs* hermaphrodites ou diclines par avortement, ordinairement 5-mères, souvent aussi 4-mères ou même 3-mères, presque toujours strictement actinomorphes. — *Réceptacle* plan-convexe ou concave.

Périanthe ordinairement double, très rarement corolle nulle. — *Sépales* libres ou concrescents; *pétales* libres.

Étamines en nombre simple ou double relativement aux verticilles du périanthe, quelquefois partiellement stériles et de grandeur inégale. *Filets* insérés en dehors d'un disque glanduleux diversement conformé, libres ou concrescents à la base. *Anthères* introrses et biloculaires.

Carpelles en nombre variable (1 à 5), *toujours pourvus chacun d'un seul ovule anatrope et apotrope*, rarement indépendants (*Buchanania*), ordinairement concrescents. Dans ce dernier cas, loges de l'ovaire rarement toutes fertiles (*Spondias*), ordinairement toutes stériles sauf une seule qui demeure alors surmontée des styles de tous les carpelles, libres ou plus ou moins concrescents.

Fruit assez variable : sec ou drupacé, et dans ce cas, plus ou moins charnu. Mésocarpe ordinairement riche en résine.

Graine sans *albumen* ou faiblement albuminé. *Embryon* assez volumineux, charnu, avec *cotylédons* plan-convexes, épais en général, plus rarement foliacés.

Arbres ou *arbrisseaux* pourvus de *feuilles* simples ou, plus fréquemment encore, composées-pennées ou trifoliolées, presque toujours alternes et sans *stipules*.

Considérations anatomiques. — Les Anacardiées possèdent un caractère anatomique commun d'une grande constance. Il consiste dans la présence de canaux sécréteurs à gomme-résine, d'origine schizogène [1], dans les faisceaux libériens. Ces canaux sont extérieurement protégés par des arcs de fibres péricycliques, isolés ou, souvent encore, réunis en une zone continue sinueuse. Les premiers canaux sécréteurs se montrent dans le liber primaire ; mais il s'en forme plus tard dans le liber secondaire Ceux-ci sont plus petits, fréquemment anastomosés avec les premiers.

Chez beaucoup d'Anacardiées, il se forme également des canaux sécréteurs dans la moelle ; mais leur présence ne paraît pas avoir une grande importance pour indiquer le degré d'affinité de ces végétaux.

Le parenchyme cortical contient, en outre, de nombreuses cellules à tannin.

(1) Voy. p. 887. — Engler, *Die natürlich. Pflanzenfam*. Engler et Prantl, fascicule 73, p. 139 ; — F. Jadin, *Contribution à l'étude des Térébinthacées*. Montpellier, 1894.

SOUS-FAMILLE II. — BURSÉRÉES.

Les Bursérées ne diffèrent des Anacardiées que par trois caractères, dont le premier est de beaucoup le plus important :

1° *Les ovules ont une direction toujours épitrope.*

2° *Chaque carpelle renferme deux ovules.*

3° *Les cotylédons sont généralement plissés et enroulés sur eux-mêmes.*

Ce sont des *arbustes* ou des *arbres* dont le port et la structure rappellent exactement ceux des Anacardiées.

Les *fleurs*, toujours actinomorphes, ordinairement 4-5-mères (plus rarement 3-mères), sont hermaphrodites ou unisexuées par avortement, pourvues d'un double périanthe ; le *calice* est toujours gamosépale ; la *corolle* est formée presque toujours de pétales libres, à préfloraison imbriquée ou valvaire. — L'*androcée* est représenté par un nombre d'étamines double de celui des pétales, les extérieures étant opposées à ces derniers, insérées généralement sous un disque entier ou lobé.

Les *carpelles* sont au nombre de 2 à 5, concrescents en un *ovaire* globuleux, à 5-2 loges, contenant chacune *deux ovules descendants et épitropes*, insérés au milieu ou vers le sommet de l'angle central des loges. — L'ovaire est surmonté d'un style simple et d'un stigmate lobé.

Le fruit est une drupe, dont le péricarpe demeure adhérent, ou se sépare du mésocarpe en 2 à 5 valves. Le mésocarpe recouvre un noyau à 2-5 loges, ou tout autant de noyaux se séparant à la fin de l'axe central. — Chaque noyau ou chaque loge ne renferme qu'*une seule graine* oblongue, cylindrique ou trigone, *sans albumen ou faiblement albuminée. Embryon* droit ou courbe, à cotylédons quelquefois plan-convexes, *le plus souvent repliés sur eux-mêmes et multifides.*

Les caractères communs à toutes les Térébinthacées sont nettement indiqués en tête de la famille.

Un certain nombre de genres nous intéressent tout particulièrement parmi les Bursérées ; leurs caractères principaux sont mentionnés dans le tableau suivant :

BURSÉRÉES.

Axe floral plan, en général (rarement concave), très fréquemment accrescent, entre l'androcée et le gynécée, en un disque annulaire ou cupuliforme, quelquefois développé sous l'ovaire en un gynophore.

Corolle à pétales libres et préfloraison valvaire. Drupe indéhiscente ou avec épicarpe se détachant plus ou moins irrégulièrement.

Drupe à 5-1 noyaux, en contact entre eux et avec la columelle centrale ou tout à fait libres, mais jamais concrescents. Fleurs hermaphrodites ou polygames. — Androcée diplostémoné, inséré au-dessus d'un disque épais et lobé.

Pétales indépendants. — Cotylédons reployés sur eux-mêmes.

Fleurs hermaphrodites ou polygames, 5-4 mères. — Calice petit. — Pétales coriaces, étalés à la fin, à bords involutés. — Ovaire à 4-5 loges. — Drupe à 4-5, rarement 3 noyaux. Feuilles à 3 folioles ou un plus grand nombre, rarement unifoliolées........ *Icica* Aubl. (*Protium* Burm). (47 espèces connues, dont 41 américaines, et 6 de l'Asie tropicale).

Corolle gamopétale. — Cotylédons plan-convexes.

Fleurs polygames, 4-6 mères (rarement 3-mères). — Corolle plus ou moins tubuleuse. — Ovaire à 4-5 loges. — Drupe à 3-4 noyaux tout à fait libres. Arbres à feuilles imparipennées..... *Hedwigia* Sw. (*Tetragastris* Gaertn). (3 espèces, Amérique tropicale).

Noyaux osseux concrescents.

Fleurs hermaphrodites ou polygames, 3-mères. — Calice court à lobes valvaires; pétales coriaces. — Étamines 6, rarement 3, libres ou concrescentes par la base, ou bien adhérentes au disque. — Gynécée 3-1-carpellé. — Drupe à loges monospermes, souvent 1-loculaire par avortement. — Embryon à cotylédons souvent divisés au sommet, reployés sur eux-mêmes. Grands arbres à feuilles composées dont les deux folioles inférieures, insérées très bas, simulent souvent des stipules............................ *Canarium* L. (80 espèces environ. Régions tropicales du Nouveau-Monde et surtout de l'Ancien Continent).

SOUS-FAMILLE DES

Corolle à pétales toujours libres, à préfloraison imbriquée. Drupe dont l'épicarpe se détache nettement du mésocarpe sous forme de valves.

Drupe à 3 angles mousses très marqués. — Fleurs 5-mères, hermaphrodites. — Calice petit, étalé. — Pétales membraneux, imbriqués d'abord, puis étalés. — 10 étamines courtes, insérées en dehors d'un disque annulaire épais et lobé. — Ovaire d'abord enfoncé dans le disque, puis brièvement stipité par suite d'un accroissement secondaire du réceptacle, à 5 ou plus rarement 2 loges. — Cotylédons multifides, plusieurs fois reployés sur eux-mêmes. Petits arbres dont le périderme s'enlève en plaques papyracées. — Feuilles imparipennées, à folioles dentées....... *Boswellia* Roxb. (fig. 346.) (10 espèces environ. Afrique tropicale du Nord-Ouest ; Inde méridionale).

Drupe sphérique ou ovale, indistinctement trigone, dont l'épicarpe se détache en 2-3 valves. — Fleurs 4-5-mères, hermaphrodites ou polygames. — Réceptacle discoïdal ou en forme de coupe. — Pétales imbriqués d'abord, puis réfléchis. — Étamines 8-10, insérées sous un disque entier. — Ovaire sessile, ovale, 3-loculaire. Fruit à 3-5 noyaux (rarement 2) autour desquels le mésocarpe constitue souvent une pulpe colorée arilliforme. — Embryon droit; cotylédons reployés. Arbres à feuilles composées-pennées, trifoliolées ou 1-foliolées; folioles membraneuses.......................... *Bursera* L. (*Elaphrium* Jacq). (fig. 347.) (40 espèces environ, Amérique centrale).

Réceptacle floral concave; périanthe et androcée périgynes. — Fleurs hermaphrodites ou unisexuées, 4-mères. — Calice persistant. — Pétales 4, valvaires dans le bouton. — Étamines 8, celles qui correspondent aux sépales plus courtes. — Ovaire ovale, sessile à 2 (plus rarement à 3) loges. — Drupe dont l'épicarpe se sépare en 2, plus rarement 3-4 valves. Mésocarpe assez souvent charnu et arilliforme. Noyau le plus souvent avec une seule loge fertile. — Cotylédons foliacés, plusieurs fois reployés sur eux-mêmes. Arbres à rameaux souvent épineux. — Feuilles rarement simples, ordinairement composées-pennées ou 3-foliolées.................... *Balsamodendron* Kunth. (*Balsamea* Gleditsch.; *Heudelotia* A. Richard). (fig. 345.) (63 espèces environ. Régions tropicales de l'Ancien Continent).

Affinités des Térébinthacées. — Nous avons cru devoir réunir les Anacardiées et les Burserées dans une seule et même famille naturelle. Cependant, plusieurs botanistes en font deux groupes naturels distincts ; Engler, par exemple, les range même dans deux ordres différents (1).

Comme nous l'avons comprise, la famille des Térébinthacées, quelque nettes qu'en soient les limites, offre de nombreuses affinités. Elles sont évidemment voisines des Rutacées dont elles se distinguent *par la présence et la disposition caractéristique de leurs canaux sécréteurs, leurs étamines toujours dépourvues d'appendices ligulaires, leurs feuilles sans ponctuations glanduleuses, leurs carpelles toujours concrescents.*

Les Térébinthacées se rapprochent, d'autre part, des Juglandacées, dont elles ont les feuilles composées-pennées et le liber protégé par des fibres péricycliques semblables. Mais *les canaux à gomme-résine manquent chez les Juglandacées* dont les autres caractères diffèrent, d'ailleurs, totalement.

D'autres affinités, plus lointaines, peuvent être constatées entre les Térébinthacées et les Rosacées (surtout les Rosacées-Amygdalées), les Légumineuses, les Euphorbiacées.

Distribution géographique. — Fréquentes sous la zone intertropicale des deux continents, les Térébinthacées diminuent rapidement de nombre en s'éloignant de l'Équateur. Elles sont rares dans l'Europe méridionale, l'Afrique australe et l'Amérique du Nord.

Propriétés générales. Plantes importantes. — Les Térébinthacées sont des plantes riches en gommes-résines ou en oléo-résines, et un certain nombre d'entre elles fournissent des produits à la matière médicale. Quelques-unes sont employées dans l'industrie ; d'autres enfin, en petit nombre, renferment des sucs vénéneux.

ANACARDIÉES. — Dans le genre Sumac (*Rhus*), nous trouvons :

Le *Rhus Coriaria* L., que nous avons décrit déjà (p. 888). Les feuilles de cet arbuste, riches en tannin, servaient autrefois au tannage des peaux. Elles ont été jadis vantées comme fébrifuges.

(1) Les Anacardiées (Anacardiacées), dans l'Ordre des *Sapindales*, et les Burserées (Burséracées) parmi les *Géraniales*. Tout en faisant de ces deux groupes des familles distinctes, Eichler les place à côté l'une de l'autre dans le Sous-Ordre des *Térébenthinées*.

Le *R. glabrum*, originaire d'Amérique, est cultivé dans nos jardins. L'écorce est dite fébrifuge ; les fruits sont rafraîchissants.

Le *R. Vernix* L. (*Sumac vernis*) du Japon, sert à la fabrication d'un vernis noir. Il ne faut pas le confondre avec le *Faux Vernis du Japon* (*Ailanthus glandulosa*), qui appartient à la famille des Rutacées. Le *R. vernicifera* DC., du Japon et de la Chine, fournit un produit analogue et possède des propriétés délétères.

Le *R. Copallinum*, du Mexique, fournit une résine analogue au Copal (1).

Le bois du *Fustet* ou *Arbre à perruque* (*Rhus Cotinus* L.), de l'Europe méridionale, sert pour teindre en jaune la soie et diverses étoffes. Son écorce astringente est employée, comme fébrifuge, en Hongrie et en Serbie.

On préconise en Amérique, comme un spécifique contre le diabète et l'incontinence d'urine, l'écorce aromatique du *R. aromatica*.

Le *R. Metopium* L., de la Jamaïque, fournit une gomme-résine connue sous le nom d'*Hog-Gum*.

Fig. 343. — *Rhus radicans* Sumac.

Les *R. radicans* L. (fig. 343) *R. toxicodendron* L., connus sous le nom de *Sumacs vénéneux*, sont l'un et l'autre originaires de l'Amérique du Nord. Ce sont des arbrisseaux dont les tiges nombreuses, flexibles et radicantes, portent des feuilles pennées à 3 folioles grandes et molles. Les fleurs sont dioïques et forment de petites grappes verdâtres dans l'aisselle des feuilles. Les fruits sont de petites drupes blanches.

Ces deux espèces sont très peu distinctes l'une de l'autre : le *R. radicans* a des folioles ovales pointues, glabres et très entières ; le *R. toxicodendron* a des folioles pubescentes, anguleuses, quelquefois incisées.

Le principe délétère commun à ces deux plantes (*Acide toxicodendrique*) est volatil ; ces Sumacs deviennent donc inertes par la simple dessiccation.

(1) Les vrais Copals sont fournis par des Légumineuses.

Le *R. semialata* Hanb., de la Chine, développe sur ses rameaux, sous l'influence de la piqûre d'un puceron, l'*Aphis sinensis*, une galle de forme bizarre, dite *Galle de Chine*. Cette dernière est très riche en tannin.

L'Anacardier d'Occident ou Acajou à pomme (*Anacardium occiden-*

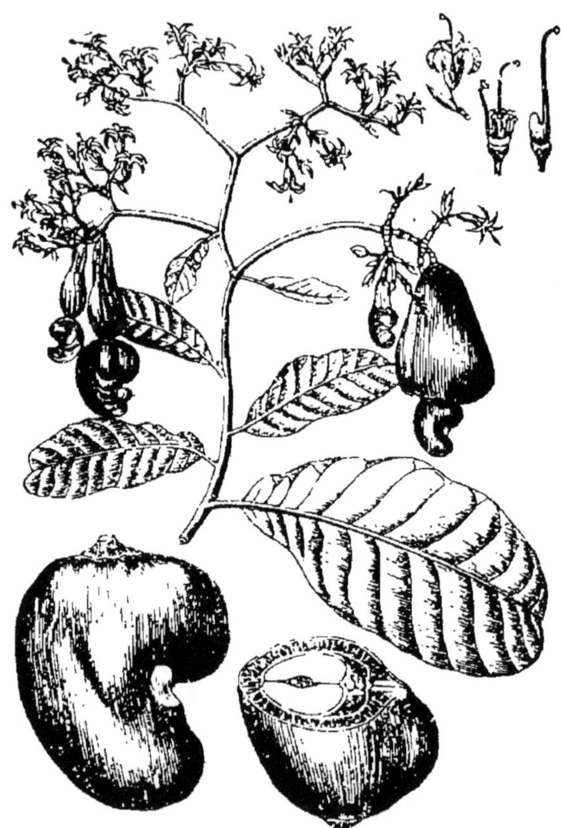

Fig. 344. — Noix d'Acajou (*Cassuvium pomiferum*).

tale L.; *Cassuvium pomiferum* Lam.), originaire d'Amérique, fournit l'*Anacarde occidental* ou *Noix d'Acajou*. L'amande de cette plante est comestible, ainsi que le pédoncule renflé et charnu qui supporte le fruit. Le péricarpe de ce dernier renferme un suc brun et très caustique qui contient de la résine, de la gomme, etc., et des principes spéciaux, le *Cardol* et l'*Acide anacardique*.

Le tronc de cet arbre laisse découler, par des incisions, une gomme mélange de bassorine et d'arabine) que l'on recueille en fragments stalactiformes.

On mange également l'amande de l'Anacarde occidental (*Semecarpus Anacardium* L.) des montagnes de l'Inde. Le suc contenu dans le péricarpe est employé localement contre les excroissances charnues syphilitiques, et contre les douleurs dentaires.

Nous avons déjà parlé (p. 890) de la Mangue, fruit comestible du *Mangifera indica* L. L'amande de cette espèce est astringente et contient de l'acide gallique.

Le Pistachier franc (*Pistacia vera* L.) croît spontanément dans tout le pays compris entre la Syrie d'une part, Boukhara et le Caboul de l'autre. Il serait connu, d'après Pline, depuis la fin du règne de Tibère, et il est très cultivé dans le Midi de l'Europe pour ses semences vertes et comestibles, connues sous le nom de *Pistaches*.

Le Pistachier Lentisque (*P. Lentiscus* L.) est un petit arbre, à rameaux tortueux, qui croît dans toute la région méditerranéenne. Indépendamment de son port, il se distingue encore de ses congénères par ses feuilles pennées sans impaire, avec un rachis légèrement marginé. Dans les iles de l'Archipel Grec, le Lentisque laisse découler une résine usitée, en matière médicale et dans l'industrie, sous le nom de *Mastic*. Cette résine, qui se ramollit aisément sous la dent (ce qui la distingue de la Sandaraque), sert à faire des vernis et des masticatoires.

Un produit analogue est également fourni par le *P. atlantica* Desf., bel arbre originaire de Tunisie et très voisin du Pistachier ordinaire.

Le Pistachier Térébinthe (*P. Terebinthus* L.) est également très répandu dans la région méditerranéenne. Il laisse découler par incisions, à Chio et dans les iles voisines, une oléo-résine connue sous le nom de *Térébenthine de Chio*. Les jeunes feuilles de l'arbre, piquées au printemps par certaines espèces de pucerons du genre *Pemphigus*, se développent en galles de formes diverses, riches en résine et en tannin (*galle en corne, galle de Boukhara*, etc.).

Dans le genre *Spondias*, les deux espèces les plus importantes sont les *Spondias purpurea* et *Sp. lutea* L., nommés *Pruniers d'Espagne*, et dont les fruits sont très recherchés dans les pays chauds. D'autres *Spondias* donnent également des fruits comestibles.

Bursérées. — Cette sous-famille est la plus importante au point de vue de la matière médicale.

Les *Balsamea* (*Balsamodendron* DC.) *Gileadense* Kunth (fig. 345) et *B. Opobalsamum* DC. fournissent l'oléorésine connue sous le nom

de *Baume de la Mecque*. Le *B. Gileadense* est un arbuste à rameaux
divergents, portant de petites feuilles trifoliolées, et des pédoncules
uniflores. Les feuilles de la seconde espèce portent une ou deux
paires de folioles.

Le *Balsamea Ehrenbergianum* Nees, de l'Arabie et de l'Abyssinie,

Fig. 345. — Baume de la Mecque (*Balsamodendron Gi-
leadense*).

Fig. 346. — *Boswellia Carterii* Birdw. — *a*, fleur ; *b*, fleur
sans les pétales et les étamines, montrant le disque et le
pistil (d'après Birdwood).

fournit la gomme-résine désignée sous le nom de *Myrrhe*. Cette
espèce est inerme et porte des feuilles trifoliolées, recouvertes de
poils très fins. C'est à tort qu'on avait attribué la production de la
Myrrhe au *B. Myrrha*, qui se distingue de l'espèce précédente par
ses rameaux épineux.

C'est dans l'Arabie et dans le royaume de Dongolah qu'on récolte
la Myrrhe.

Le *Balsamodendron africanum* Arn. (*Heudelotia africana* Guill. et Perrot.) croît dans l'Afrique centrale et fournit le *Bdellium d'Afrique*. Celui de l'Inde est produit par le *B. Roxburghii*, ou peut-être par les *B. Mukul* Engl. et *B. Agallocha*.

L'*Encens* est produit par le *Boswellia Carterii* Birdwood (fig. 346) qui croît dans l'Arabie méridionale et dans les montagnes du Somal. Une partie du même produit provient du *Boswellia Bhau-Dajiana* Birdw., qui est originaire du Somal. Enfin le *Bosw. serrata* Colebrooke, donne un encens qui est consommé dans le pays même.

La *Résine Élémi du Brésil* provient de l'*Icica Icicariba* DC. Une autre espèce du même genre, l'*I. Caranna* H. B. K., des environs de Carthagène, donne la *Résine Caragne*.

La *Résine Élémi du Mexique* est donnée par l'*Elaphrium Elemiferum* Royle; l'*Elaphrium tomentosum* Jacquin, de la Nouvelle-Espagne, fournit la *Résine tacamaque*.

Certains *Canarium* donnent l'*Élémi de Manille* (*C. commune* L. et *C. Zephirinum* Rumph.).

Fig. 347. — Résine de Gommart (*Bursera gummifera*).

Le *C. sylvestre* DC. fournit la *Résine Caragne d'Amboine*.

Les *Bursera*, particulièrement le *Bursera gummifera* Jacq. (fig. 347), répandu dans l'Amérique tropicale, de la Guyane au Mexique, donne la résine dite *de Gommart*, etc.

Signalons enfin l'*Hedwigia balsamifera* Sw. des Antilles, ou Sucrier des montagnes, qui fournit en grande quantité une résine nommée *Baume à cochon*.

FAMILLE VII. — CORIARIACÉES.

Cette petite famille est composée du seul genre *Coriaria* L., dont une espèce, le *C. myrtifolia* L. ou *Redoul*, est très répandue dans la région méditerranéenne.

C'est un *arbuste* à rameaux quadrangulaires, pourvus de *feuilles opposées, simples, entières*, coriaces et persistantes, parcourues par une nervure médiane et deux ou quatre nervures latérales, convergentes à la base et au sommet.

Les *fleurs* petites, *actinomorphes* et *hermaphrodites*, 5-mères, à récep-

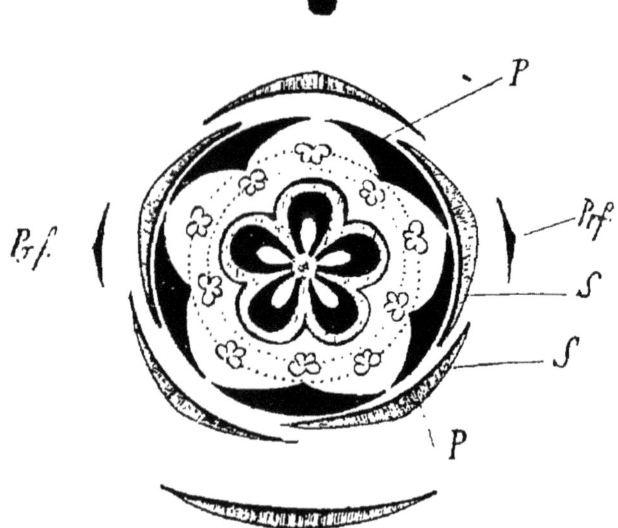

Fig. 348. — Diagramme d'une fleur de *Coriaria*. — *pf*, préfeuille ; *s*, sépales ; *p*, pétales.

tacle convexe, sont réunies en grappes terminales. Leur pédicelle est pourvu de deux petites préfeuilles. Leur structure est constante (fig. 348).

Calice formé par *cinq sépales indépendants*, persistants, ovales, membraneux sur les bords, à *préfloraison quinconciale*.

Pétales 5, *courts et charnus*, fortement épaissis dans leur région moyenne interne, et formant une carène qui s'enfonce plus tard entre les carpelles.

Étamines 10, *libres*, les *cinq oppositipétales plus courtes et plus internes* (1). Filets courts ; anthères introrses, biloculaires, à déhiscence longitudinale.

Carpelles 5, *indépendants et verticillés* autour du sommet conique de l'axe floral. *Ovules anatropes, solitaires et descendants*, insérés au sommet de l'angle interne, à *raphé dorsal*, leur *micropyle étant tourné en dedans*

(1) Diplostémonie directe.

et en haut (apotropes). — *Styles indépendants*, longs et flexueux, chargés de papilles stigmatiques sur toute leur longueur.

D'abord drupacés, *les fruits demeurent à la fin presque secs*, portés sur le réceptacle charnu. *Les pétales épaissis qui les entourent donnent à leur ensemble l'aspect d'une baie* noire polygonale.

La *graine*, latéralement comprimée, possède *un mince tégument. L'embryon volumineux*, comprimé lui-même, montre deux cotylédons plan-convexes ; *il est entouré d'une mince couche d'un albumen corné.*

Les divergences que l'on constate chez les autres espèces sont peu importantes :

Les feuilles sont *quelquefois verticillées par trois;* — certaines espèces sont des *herbes annuelles;* — les fleurs peuvent être *solitaires* à l'aisselle des feuilles ; — *les cinq étamines correspondant aux pétales sont quelquefois adhérentes avec leur base;* — enfin *le nombre des carpelles peut être de 6, ou même de 10.*

Affinités. — Elles sont obscures. On peut rapprocher ces plantes des Rutacées par leur structure florale, leurs carpelles distincts, la nature de leur fruit; mais *l'absence de glandes à essence, l'apotropie de leur ovule, leurs styles indépendants*, les en distinguent nettement.

Elles se rapprochent également des Térébinthacées-Anacardiées qui ont comme elles des ovules solitaires et apotropes. En outre, on retrouve chez les *Coriaria* les arcs de fibres péricycliques si caractéristiques chez les Térébinthacées. Mais *les Coriaria manquent de canaux sécréteurs, et leurs feuilles, toujours simples, sont opposées ou verticillées* (1).

Enfin l'analogie des Coriariacées avec les Sapindacées, les Limnanthacées, etc., est plus difficile à saisir.

Distribution géographique. — Les *Coriaria* (huit espèces environ), sont dispersés dans les régions chaudes-tempérées des deux Hémisphères.

Propriétés générales. Usages. — Grâce à leur richesse en tannin, les *Coriaria* sont à peu près tous employés dans la teinture en noir et pour le tannage des peaux, comme l'est le Redoul dans l'Europe méridionale et le Nord de l'Afrique.

Les feuilles du *C. myrtifolia* L. passent pour servir à falsifier le Séné. Cette fraude, très grossière d'ailleurs, pourrait entraîner des conséquences graves, car le Redoul contient un principe délétère, la *Coriamyrtine*, qui est un poison du système nerveux (2). Le périanthe charnu qui entoure les fruits a pu être cependant employé impunément pour colorer les vins.

Le *C. ruscifolia* L (*C. sarmentosa* Forst.) est employé, au Chili, pour la teinture en noir. Ses fruits, dont on a séparé les semences, servent, à la Nouvelle-Zélande, à la préparation d'une boisson enivrante.

On mange également, dans l'Inde, le périanthe du *C. nepalensis* Wall.

Les fruits du *C. thymifolia* Humb. (Nouvelle-Zélande, Amérique) absorbés à haute dose, détermineraient un délire gai avec issue fatale.

(1) Voy. F. Jadin, *Contribution à l'étude des Térébinthacées*, 1894, et L. Villeneuve, *Étude sur le Redoul*, Montpellier. 1893.

(2) La Coriamyrtine est un glucoside. Son action, d'après M. Riban, serait analogue à celle de la Strychnine ; elle en différerait cependant par ce fait qu'elle abolirait la sensibilité.

Sous-ordre des Térébinthinées (v. les caract. p. 841).

Carpelles toujours indépendants, au moins par leur région ovarienne — Feuilles composées-pennées avec ou sans impaire, bifoliolées ou plus rarement, simples, alternes ou, plus rarement, opposées ou verticillées, rarement stipulées.

Feuilles criblées de ponctuations glanduleuses. — Filets staminaux le plus souvent dépourvus d'appendices ligulaires. — Dans chaque carpelle 2 ovules épitropes.

Fruit : le plus souvent follicules bivalves, rarement baie ou drupe indéhiscentes. — Graines avec ou sans albumen.

Feuilles ordinairement composées-pennées, sans stipules.. .... **RUTACÉES.**

Feuilles jamais pourvues de ponctuations glanduleuses.

Feuilles presque toujours composées-pennées, avec ou sans stipules. — Androcée obdiplostémoné. — Carpelles presque toujours libres dans leur partie ovarienne, soudés par les styles. — Ovules épitropes.

Feuilles opposées et stipulées. — Ovules en nombre variable dans chaque carpelle. — Fruit de nature variable, souvent capsulaire .... **ZYGOPHYLLACÉES.**

Feuilles alternes et sans stipules. — 2 ovules dans chaque carpelle. — Fruit ordinairement drupacé...... **SIMARUBACÉES.**

Feuilles simples et opposées ou verticillées, sans stipules. — Androcée directement diplostémoné. — Carpelles avec un seul ovule apotrope. — Styles indépendants. — Fruit drupacé.. ..... **CORIARIACÉES.**

Carpelles concrescents en un ovaire 2 ou pluriloculaire. — Feuilles simples ou composées, toujours sans stipules et alternes.

Des canaux schizogènes à gomme-résine.

Androcée généralement obdiplostémoné. — Carpelles 5-1, rarement tous fertiles. — Ovules 2 par carpelle et apotropes, ou 1 seul épitrope. — Fruit ordinairement drupacé. — Graine le plus souvent exalbuminée.

Feuilles ordinairement composées-pennées, sans stipules............. **TÉRÉBINTHACÉES.**

Plantes dépourvues de canaux sécréteurs.

Fleurs ordinairement 5-mères. — Étamines obdiplostémones, souvent monadelphes. — 1-2 ovules anatropes et épitropes dans chaque carpelle. — Fruit : drupe, baie ou capsule déhiscente. — Graine avec ou sans albumen. — Feuilles ordinairement composées-pennées .... **MÉLIACÉES.**

Fleurs 3-4-mères.—Étamines 3-4, libres. — 1 ovule campylotrope dans chaque carpelle. — Fruit formé de 3 à 4 coques. — Embryon recourbé, sans albumen. — Feuilles simples......... **CNÉORACÉES.**

SOUS-ORDRE III. — AESCULINÉES.

Fleurs pentamères, pourvues d'un double périanthe, souvent zygomorphes suivant un plan oblique. — Androcée souvent réduit par avortement, théoriquement formé par deux verticilles d'étamines. — Filets ordinairement accompagnés d'un disque qui leur est presque toujours extérieur. — Ovaire libre, formé par un nombre de carpelles presque toujours inférieur à celui des pétales. — Ovules épitropes ou apotropes.
Végétaux ordinairement ligneux.

FAMILLE I. — MALPIGHIACÉES.

Caractères. — *Plantes ligneuses*, ordinairement arbrisseaux ou arbres

Fig. 349. — Diagramme d'une Malpighiacée à fleur actinomorphe (*Malpighia macrophylla* Wildn., d'après Eichler).

rarement élevés, souvent aussi lianes dont les tiges offrent, dans leur structure, d'intéressantes anomalies (1).

Les *feuilles, presque toujours opposées* (rarement alternes ou verticillées), sont *simples* et ordinairement à bords entiers, *pourvues de stipules* diversement insérées (de chaque côté du pétiole, en dedans du pétiole, ou

(1) Le corps ligneux de ces lianes est très irrégulier, diversement entaillé et lobé sur une coupe transversale. Cette anomalie résulte de l'apparition de formations ligneuses d'ordre tertiaire, au sein du parenchyme qui se produit dans le bois secondaire (Voyez Van Tieghem, *Traité de Botanique*, p. 801).

bien entre les deux feuilles d'un même nœud). *Des glandes se montrent fréquemment à la base du limbe ou du pétiole* (1).

Les *fleurs*, réunies *en corymbes ou en grappes*, sont accompagnées chacune de deux bractéoles (préfeuilles). *Elles sont à peu près toujours hermaphrodites, actinomorphes ou plus ou moins zygomorphes suivant un plan oblique, pentamères* (fig. 349).

Le réceptacle est convexe, plus rarement plan ou même concave.

Sépales libres ou concrescents à la base, à préfloraison quinconciale ou valvaire, glanduleux.

Pétales indépendants, pourvus d'un onglet et *d'un limbe à bords le plus souvent frangés ou ciliés, se recouvrant, dans le bouton, d'avant en arrière.*

Androcée obdiplostémone, comme chez les Rutacées, mais *fréquemment réduit par la stérilité ou l'avortement complet d'un certain nombre d'étamines. Filets indépendants, ou bien concrescents, soit tous ensemble, soit par faisceaux. Anthères biloculaires et introrses, portées par un connectif souvent renflé et appendiculé.* — Disque floral peu apparent.

Gynécée formé par 4, 3, 2, ou très rarement 5 carpelles, concrescents en un ovaire à tout autant de loges, se séparant en général plus tard. — *Ovules solitaires dans chaque loge, presque orthotropes ou semi-anatropes, descendants, à micropyle extérieur.* — *Styles plus ou moins distincts.*

Fruit se divisant souvent en trois achaines plus ou moins samaroïdes, ou en trois follicules s'ouvrant par la ligne dorsale; plus rarement drupe ou noix indéhiscentes.

Graine sans albumen.

Distribution géographique. — L'Amérique tropicale paraît être le principal centre de développement de ces végétaux. Ils abondent surtout entre l'Équateur et le Capricorne; leur nombre diminue rapidement à partir de cette zone. L'Asie tropicale en renferme quelques-uns encore; ils sont rares en Afrique.

Propriétés générales. Usages. — Beaucoup de Malpighiacées renferment du tannin associé à des matières colorantes. C'est à ces propriétés que les *Byrsonima*, de l'Amérique, doivent d'être souvent employés à titre d'astringents. — Les fruits acidules et sucrés de certains *Malpighia* sont rafraîchissants et comestibles (*M. urens* L. et *M. glabra* L., par exemple).

FAMILLE II. — ÉRYTHROXYLACÉES.

Fleurs hermaphrodites, actinomorphes, 5-mères, à réceptacle convexe. — *Sépales à préfloraison libre ou quinconciale.* — *Pétales ordinairement appendiculés, imbriqués ou tordus.*

Étamines 10 monadelphes.

Carpelles 3-4-5 concrescents, dont un seul fertile en général. Styles et stigmates distincts.

Ovules 2 par carpelle, anatropes, descendants et épitropes.

Fruit drupacé.

Embryon droit dans un albumen charnu.

Plantes ligneuses, à feuilles simples, alternes ou opposées, stipulées.

---

(1) Les organes végétatifs des Malpighiacées sont souvent munis de poils urticants en navettes. (Voy. p. 28.)

Cette famille est composée presque uniquement du seul genre *Erythroxylon* L., représenté par 90 espèces environ. On y rattache l'*Aneulophus africana* Benth., de la Haute-Guinée.

Description de l'Erythroxylon Coca L. — C'est un *arbrisseau* qui croit spontanément dans les Andes du Pérou et de la Bolivie, mais que l'on cultive aussi en grand dans cette dernière province. Il peut atteindre 10 à 13 décim. de hauteur, et sa tige se divise en nombreux rameaux dressés.

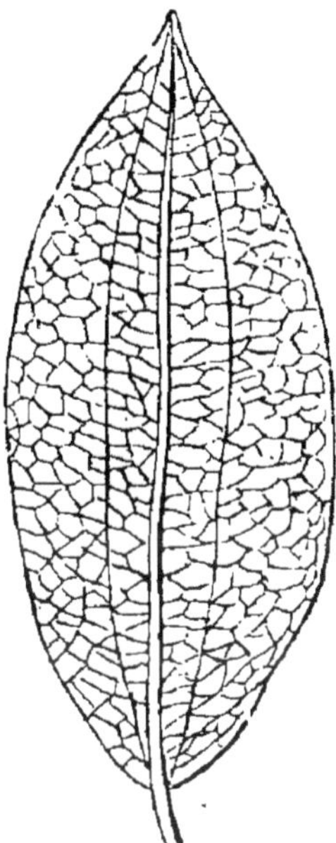

Fig. 350.— Feuille de Coca.

Fig. 351. — Diagramme d'un *Erythroxylon*.

Les *feuilles* sont *alternes*, brièvement pétiolées, *entières*, ovales-aiguës, longues de 40 millim. sur 27 de largeur. Leur limbe est marqué d'une nervure médiane, saillante en dessous, accompagnée de chaque côté par deux fausses nervures (fig. 350) qui rejoignent la nervure médiane vers le sommet et vers la base (1). Leur court pétiole est accompagné de *stipules intrapétiolaires*. La base des tiges et des rameaux ne possède que de petites feuilles semblables à ces stipules.

C'est à l'aisselle de ces deux sortes de feuilles, mais surtout à l'aisselle des feuilles inférieures stipuliformes, que naissent les *fleurs*. Celles-ci sont quelquefois solitaires, plus souvent elles sont réunies par petits bouquets, ou par petites grappes composées de cymes contractées, sur des tubérosités qui couvrent les jeunes rameaux.

(1) Ces lignes sont l'empreinte des bords du limbe qui, dans le bourgeon, sont reployés de chaque côté de la nervure médiane.

La fleur des *Erythroxylon* (fig. 351 et 352, I) est *hermaphrodite, actinomorphe, pentamère, pourvue d'un réceptacle convexe.*

Cinq sépales, plus ou moins concrescents à la base, *à préfloraison libre ou plus ou moins quinconciale.*

Cinq pétales indépendants, caducs, à préfloraison libre ou imbriquée, portant chacun en dedans, au-dessus de l'onglet, *une ligule bifide.*

Étamines 10, monadelphes à la base. Les filets des étamines oppositipétales sont un peu plus courts que les cinq autres, et se séparent un peu plus bas que ces derniers de la base commune. Toutes sont pourvues d'*anthères introrses, biloculaires, à déhiscence longitudinale.*

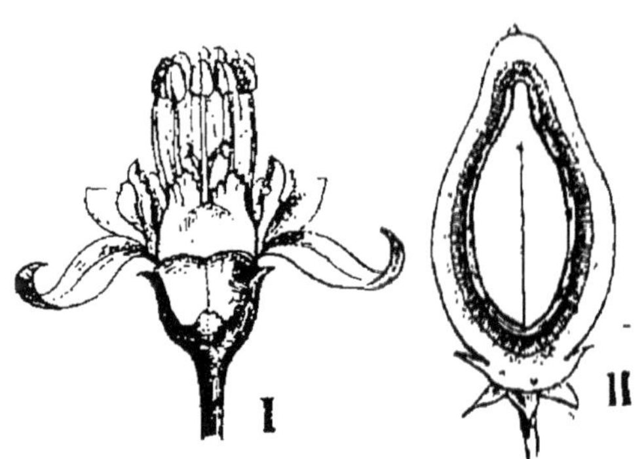

Fig. 352. — I, une fleur entière d'*Erythroxylon.* — II, fruit coupé longitudinalement.

En dehors de la cupule staminale, le réceptacle floral se relève en une bordure lobée.

L'ovaire est supère, tricarpellé (1) *et triloculaire,* surmonté *par trois styles et trois stigmates capités.* Dans la règle, une seule des loges ovariennes est fertile, et renferme *1* ou *plus rarement 2 ovules anatropes, descendants et à micropyle extérieur,* fixés à l'angle central.

Le *fruit* (fig. 352, II) est *une drupe* rouge, de forme oblongue et *à un seul noyau,* accompagnée par les restes du calice et de l'androcée.

La *graine* renferme un *embryon droit, inclus dans l'axe d'un albumen charnu.*

En tenant compte des espèces voisines de celle qui nous a servi d'exemple, nous constatons les divergences suivantes :

Les divisions calicinales peuvent être plus ou moins profondes ;

La ligule des pétales est quelquefois indivise. Leur préfloraison, ordinairement imbriquée, peut être aussi convolutive ;

Les styles sont plus ou moins cohérents à la base, etc.

Le second genre n'est représenté que par une espèce, l'*Aneulophus africana* Benth., de la Haute-Guinée. C'est un arbrisseau dont les feuilles sont opposées, et dont les pétales, sans ligule, sont simplement pourvus d'une côte saillante.

(1) Quelquefois 4-mère.

Affinités. — Les Érythroxylacées sont très voisines des Linacées, auxquelles Bentham et Hooker et, à leur exemple, H. Baillon les rattachent à titre de section ou de série. La régularité des fleurs, la préfloraison ordinairement tordue de la corolle, l'androcée à 10 étamines monadelphes à la base, la structure du gynécée, etc., sont, en effet, des caractères communs d'une haute valeur.

Les Érythroxylacées se distinguent surtout de Linacées : *par leur consistance toujours ligneuse, leurs pétales généralement appendiculés, leurs dix étamines fertiles, leur fruit charnu, leur albumen abondant.*

D'autre part, ainsi qu'on le voit à l'examen du tableau général des Aesculinées, les Érythroxylacées sont voisines des Malpighiacées et des Sapindacées, auprès desquelles nous les plaçons, à l'exemple de Eichler.

Distribution géographique. — Les Érythroxylacées sont toutes originaires des contrées tropicales des deux Mondes.

Usages. — L'espèce la plus importante est l'*Erythroxylon Coca* Lam., originaire des Andes du Pérou. Ce végétal est cultivé dans plusieurs régions du continent américain, entre autres dans le Chili et sur le versant des Cordillères, au sud de Popayan, jusqu'à une altitude de 1800 m. ; on le cultive également dans les vallées de Cauca et de la Magdalena, au Brésil, dans la Bolivie, enfin dans une grande partie de l'Amérique du Sud.

Les feuilles, mâchées ou administrées d'une façon quelconque, anesthésient localement le tube digestif et apaisent ainsi la sensation de la faim, propriété qu'elles doivent à la *Cocaïne*. Ce produit peut encore, d'ailleurs, et grâce à sa composition complexe, agir, suivant les circonstances, comme excitant de la circulation et de l'hématose, narcotique, excitateur réflexe, etc.

Indépendamment de la Cocaïne et d'un autre alcaloïde volatil, l'*Hygrine*, la Coca renferme de la cire, une résine, du tannin, un peu d'huile volatile, etc.

On emploie beaucoup plus rarement d'autres *Erythroxylon*, dont les propriétés paraissent être analogues.

L'écorce, les bourgeons et les jeunes pousses de l'*E. areolatum* L., sont usités comme toniques dans la Nouvelle-Grenade. On mange aussi le fruit acidule et mucilagineux de ces plantes.

L'écorce de l'*E. suberosum* Saint-Hil., du Brésil, est très astringente, etc.

Le bois des *Erythroxylon* est généralement de couleur rouge vif. Celui de l'*E. hypericifolium* Lam. et de l'*E. laurifolium* Lam., de Madagascar et des Mascareignes, est employé dans l'ébénisterie.

FAMILLE III. — SAPINDACÉES.

Plantes ordinairement ligneuses, rarement herbacées, souvent grimpantes à l'aide de vrilles ou volubiles.

Feuilles presque toujours alternes, rarement opposées, composées-pennées ou trifoliolées, rarement unifoliolées, sans stipules ou pourvus de petites stipules.

Fleurs hermaphrodites, ou diclines et dioïques par avortement, en cymes associées elles-mêmes en panicules dont les ramifications inférieures sont transformées en vrilles.

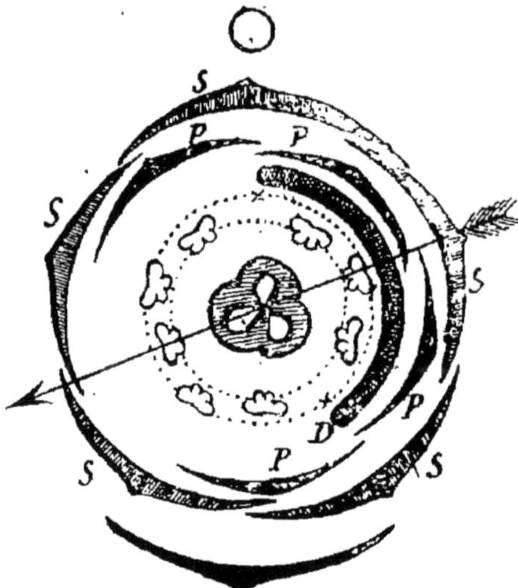

Fig. 353. — Diagramme d'une Sapindacée à fleur zygomorphe. — *S,S,S*, sépales ; *P,P,P*, pétales ; *D*, disque. — (La flèche indique le plan de symétrie oblique.)

Symétrie actinomorphe ou plus ou moins zygomorphe suivant un plan oblique (fig. 353). — Réceptacle convexe, plane ou légèrement concave.

Calice à 5 sépales souvent inégaux, les deux postérieurs parfois concrescents, à préfloraison imbriquée. — Corolle rarement nulle ; 5 pétales en général, dont le postérieur peut avorter, libres, munis le plus souvent, à la jonction de l'onglet et du limbe, d'appendices diversement conformés, écailles simples ou bifides, en forme de capuchon, etc., ou quelquefois d'une simple crête. Préfloraison valvaire ou faiblement imbriquée.

Étamines 10, ou très souvent 8 par avortement des deux médianes ou des deux latérales, rarement en nombre moindre ou supérieur. Filets staminaux indépendants, insérés en dedans d'un disque glanduleux, annulaire, également ou inégalement développé ou incomplet, suivant que la fleur est actinomorphe ou zygomorphe. Anthères introrses, biloculaires, à déhiscence longitudinale.

Carpelles 3 (rarement 2-4) concrescents en un ovaire à tout autant de loges. Ovules campylotropes, ordinairement solitaires, ascendants et apotropes (micropyle externe), plus rarement 2 et alors ordinairement l'un ascendant apotrope, l'autre descendant épitrope. Ovules rarement plus nombreux. — Style simple, divisé au sommet en branches stigmatifères.

Fruit 2-3-4 loculaire ou, beaucoup plus souvent, uniloculaire et monosperme par avortement, de consistance très variable : ligneux, coriace ou membraneux, indéhiscent ou à déhiscence loculicide ou septicide, se divisant assez fréquemment en drupes, en samares ou même en baies distinctes.

Graines globuleuses ou comprimées. — Tégument de consistance variable. — Quelquefois un arille plus ou moins complet, concrescent ou non avec le tégument qu'il entoure.

Embryon charnu, sans albumen, droit ou recourbé, ou même enroulé sur lui-même en spirale. Les cotylédons peuvent, en outre, être plissés transversalement.

SAPINDACÉES.

Ovules solitaires, ascendants ou dressés, apotropes.

Fleur actinomorphe ou faiblement zygomorphe. — Sépales 5 ; pétales 4. — Etamines 10-8, insérées en dedans d'un disque annulaire complet. Arbres pourvus de feuilles pennées chez lesquelles l'une des folioles de la dernière paire est située dans le prolongement du rachis, et simule une foliole terminale. — Pas de stipules ni de vrilles.

Point d'arille. — Drupes 3, ou 2-1 par avortement partiel des carpelles ; noyaux parcheminés. — Embryon droit. — Arbres de grandeur moyenne................... *Sapindus* L.
(11 espèces. Contrées tropicales et subtropicales du monde, à l'exception de l'Afrique et de l'Australie).

Graine pourvue d'un arille charnu.

4 pétales velus à leur face interne. — Fruit lisse ou tuberculeux. *Euphoria* Commers.
(6 espèces. Asie tropicale et subtropicale).

Corolle nulle. — Fruit hérissé de tubercules à base irrégulièrement hexagonale... *Litchi* Sonn.
(*L. chinensis* Sonn.).

Fleur zygomorphe. — 5 sépales en général et 4 pétales diversement appendiculés. — Disque inégalement développé ou incomplet. — Etamines 8. Cotylédon interne, seul ou en même temps que l'externe, plusieurs fois replié sur lui-même, plus rarement simplement recourbé. Plantes ordinairement grimpantes ou volubiles, ligneuses en général, plus rarement herbacées, pourvues le plus souvent de vrilles. Feuilles trifoliolées ou pennées avec une foliole nettement terminale, pourvues presque toujours de stipules.

Fruit formé par 3 samares indéhiscentes se séparant, de bas en haut, d'une columelle centrale. Pétales 5, pourvus en dedans d'un appendice en capuchon.

Ovule inséré au sommet de la cavité du carpelle. — Péricarpe presque sec........ *Serjania* Schum.
(172 espèces. Amérique tropicale et subtropicale).

Ovule inséré vers le milieu de l'angle central du carpelle. Péricarpe papyracé. *Urvillea* Kunth.
(10 espèces. Amérique tropicale et subtropicale).

Fruit capsulaire et déhiscent. Calice à 5 sépales. — Corolle à 4 pétales diversement appendiculés.

Capsule septicide, pyriforme, trigone, et quelquefois à 3 ailes. —Embryon droit. Plantes ligneuses, grimpantes ou volubiles............ *Paullinia.*
(Environ 121 espèces. Amérique tropicale et subtropicale).

Capsule membraneuse, à 3 lobes vésiculeux et ailés, loculicide à la maturité. — Cotylédons plus ou moins repliés sur eux-mêmes. Plantes herbacées annuelles, ou vivaces et ligneuses seulement à la base. — Vrilles et stipules présentes ou absentes .... *Cardiospermum* L.
(11 espèces, spécialement de l'Amérique tropicale).

Deux ovules dans chaque carpelle, d'abord l'un et l'autre ascendants, puis l'un ascendant, l'autre descendant. — Fleurs zygomorphes, avec 5 sépales et 3-4 pétales onguiculés, pourvus de petits appendices. — Fruit membraneux et vésiculeux, profondément trilobé, à déhiscence loculicide. — Cotylédons enroulés en spirale sur eux-mêmes, et graine sans arille.
Arbres à feuilles pennées au premier ou au second degré, sans stipules ni vrilles................................... *Kœlreuteria* Lamx.
(2 espèces. Chine).

Considérations anatomiques. — Les Sapindacées ligneuses grimpantes offrent fréquemment une structure anormale dans leur bois. Chez les unes, le cylindre ligneux central est simplement entaillé de fortes cannelures, dans lesquelles pénètre le liber ; chez d'autres, en dehors du cylindre ligneux central, se montrent des systèmes ligneux partiels d'inégal volume, pourvus chacun d'une assise génératrice spéciale fermée, qui n'est autre chose qu'une portion détachée de l'assise génératrice générale (1).

Affinités. — *La présence, dans la fleur, d'un disque situé en dehors des étamines, la graine exalbuminée contenant un gros embryon ordinairement recourbé, leurs feuilles alternes et presque toujours composées-pennées,* font des Sapindacées un groupe à part et des mieux délimités.

Les Hippocastanacées et les Acéracées (voir plus loin) sont les deux familles qui en sont les plus voisines.

Les Sapindacées ont encore des affinités réelles, quoique plus lointaines, avec les Méliacées, Térébinthacées, Rutacées, etc.

Distribution géographique. — Les Sapindacées abondent dans les régions tropicales, surtout en Amérique. Elles deviennent rares au delà du Capricorne, et on n'en rencontre, en deçà du Cancer, qu'en Chine où elles sont représentées par un petit nombre de genres, tels que les *Kœlreuteria,* les *Xanthoceras,* etc.

Propriétés générales. Espèces importantes. — Les Sapindacées ont des propriétés très diverses. Beaucoup d'entre elles renferment des substances astringentes et amères, auxquelles s'adjoignent souvent des principes aromatiques et des résines. Les fruits charnus de plusieurs espèces, l'arille de la graine chez d'autres, contiennent du mucilage, du sucre et des acides qui leur communiquent une saveur agréable. D'autres Sapindacées, par contre, renferment des principes dangereux.

Nous mentionnerons les espèces suivantes :

Le *Sapindus Saponaria* L. ou Savonnier des Antilles. C'est un bel arbre qui contient, dans toutes ses parties, une grande quantité de *Saponine* à laquelle elles doivent la faculté de faire fortement mousser l'eau, comme le font la Saponaire et le Bois de Panama. On utilise surtout les drupes qui ont à peu près le volume et la forme d'une cerise.

Les fruits de beaucoup d'autres Savonniers pourraient être, ou sont employés aux mêmes usages dans divers pays ; tels sont ceux des *Sapindus frutescens* et *arborescens* Aubl., de la Guyane, du *S. divaricatus* du Brésil, du *S. Senegalensis,* etc.

Malgré l'âcreté du Savonnier des Antilles, son écorce est, dit-on, usitée à l'intérieur comme tonique amer. D'ailleurs, certains fruits de *Sapindus,* ceux du *Sapindus esculentus* au Brésil et ceux du *S. fruticosus* au Malabar, sont comestibles.

Il en est de même de la graine arillée de certains *Euphoria,* celle de l'*E. longana* Lam., par exemple, dans l'Asie tropicale.

____

(1) Voy. *Traité de botanique* de M. Van Tieghem, 1re partie, p. 824, et L. Radlkofer, in Engler et Prantl (*Die natürlichen Pflanzenfamilien,* fasc. 117, p. 281 et suiv.).

L'arille du *Litchi chinensis* Sonn. (*Nephelium Litchi* H. Bn.) est mangé, en Chine, comme rafraîchissant, et on en prépare des conserves. On utilise de la même manière le *Cupania sapida* de la Guinée, le *Pancovia edulis* de Java, etc.

On mange également les graines de plusieurs *Paullinia*, parmi lesquels le plus important est le *P. sorbilis* L., qui croît au Brésil, dans le voisinage du fleuve des Amazones. Les semences séchées au soleil, broyées et mêlées à de l'eau, à du Manioc et du Cacao, constituent la substance qui nous arrive sous le nom de *Guarana*. Le Guarana, indépendamment d'une certaine quantité de résine, de corps gras, de tannin uni à la Caféine du Cacao, contient encore de la Saponine qui lui communique une certaine âcreté. Cette substance, que l'on remplace souvent en France par les graines broyées du *Paullinia*, agit comme tonique et antinerveux.

Parmi les Sapindacées toxiques, nous mentionnerons les *Serjania lethalis* et *Magonia pubescens* du Brésil, le *Paullinia pinnata* de l'Amérique et de l'Afrique tropicales, etc.

Enfin, plusieurs Sapindacées sont recherchées pour leur bois.

FAMILLE IV. — HIPPOCASTANACÉES.

Fleurs hermaphrodites ou polygames, zygomorphes, 5-mères. — 5 sépales, 5 ou 4 pétales indépendants, non appendiculés, imbriqués. — 5-8 étamines libres, et un disque extra-staminal. — 3 carpelles concrescents en un ovaire 3-loculaire. — Ovules anatropes et apotropes, 2 dans chaque loge. — Capsule loculicide. — Graine sans arille et sans albumen.
Plantes ligneuses non grimpantes. Feuilles opposées, digitées, sans stipules.

Cette petite famille est représentée par une espèce cultivée très connue, le Marronnier d'Inde (*Æsculus Hippocastanum* L.), originaire probablement de l'Asie tempérée.

Affinités. — Les *Hippocastanacées* sont souvent réunies aux Sapindacées. On peut, en effet, les considérer comme des Sapindacées *dont la tige, jamais volubile ni grimpante, est munie de feuilles opposées et composées-digitées, sans stipules.*

Propriétés générales. Plantes importantes. — Plusieurs espèces de Marronniers sont cultivées dans les parcs comme plantes ornementales ; mais l'usage industriel de leur bois est à peu près nul.

Toutes les parties de la plante contiennent, chez le Marronnier d'Inde, une fécule qui abonde surtout dans la graine. Elle y est unie à une substance amère, l'*Argyrescine*, dont on peut la débarrasser par la Potasse, et à une huile qui a été préconisée contre la goutte et le rhumatisme.

L'écorce du Marronnier d'Inde a été employée comme fébrifuge. Elle contient, entre autres principes, de l'*Acide Æsculo-tannique*, et deux glucosides, la *Fraxine* et l'*Æsculine* qui, en solution aqueuse, montrent l'une et l'autre une fluorescence bleue que les acides font disparaître.

Enfin les *Æsculus* renferment encore, dans leurs divers organes et dans leurs semences, de la *Saponine*.

FAMILLE V· — ACÉRACÉES

Fleurs hermaphrodites ou polygames, actinomorphes, à réceptacle plan ou légèrement concave, ordinairement 5-mères. — Périanthe double, rarement simple. — Étamines 8-10 (rarement moins nombreuses), insérées plus ou moins en dedans d'un disque. — Carpelles 2, concrescents, chacun avec 2 ovules semi-anatropes, ascendants et apotropes (rarement ovaire uniloculaire et uni-ovulé). — Fruit : samare ordinairement double. — Albumen 0.

Arbres ou arbustes, à feuilles généralement simples, opposées, sans stipules.

Affinités. — Les Acéracées sont très voisines des Sapindacées, dont elles se distinguent par *leurs feuilles simples et opposées, l'absence constante de stipules et de vrilles, leurs pétales toujours sans appendices, leur gynécée à 2 carpelles et leur fruit samaroïde.*

Elles sont très rapprochées des Hippocastanacées qui en diffèrent par leurs feuilles composées-digitées, leurs fleurs hermaphrodites zygomorphes, leur ovaire à 3 carpelles et la nature de leur fruit.

Propriétés générales. Espèces importantes. — Les Érables sont pourvus d'une sève exploitée, chez certaines espèces, pour le sucre qu'on en extrait. Tels sont, dans l'Amérique du Nord, l'*Acer saccharinum* L., l'*A. pensylvanicum* L., l'*A. rubrum* L., etc.

L'*Acer Negundo* L., qui se distingue des autres Érables par ses feuilles composées-pennées, contient également du sucre en assez grande abondance.

Les *Acer campestre* L., *Pseudoplatanus* L. et *platanoides* L., de nos régions, sont peu utilisés pour le même usage, bien que leur sève soit également sucrée ; mais leur écorce, riche en tannin, sert au tannage des peaux, et peut être employée comme astringente.

Les fruits de l'*Acer tataricum* L. (Érable rouge de Tartarie) passent pour fébrifuges.

Le bois des Érables est également utilisé dans l'industrie.

FAMILLE VI. — MÉLIANTHACÉES.

Fleurs hermaphrodites, à zygomorphie médiane, résupinées, à réceptacle légèrement convexe. — Sépales et pétales 4-5, ordinairement dissemblables. — Étamines 4-5 ou 10, libres ou en partie concrescentes, insérées en dedans d'un disque incomplet ou complet. Anthères basifixes, à déhiscence latérale. Ovaire à 4-5 loges, avec 1 seul ovule dressé, ou une double série d'ovules insérés à l'angle interne, ascendants ou pendants, apotropes. — Style simple, plus ou moins recourbé en arrière, divisé en 4-5 lobes stigmatiques. Capsule coriace, parcheminée ou plus ou moins ligneuse, à 4-loges, à déhiscence loculicide ou septicide. Graines lisses, quelquefois munies d'un arille basilaire, pourvues d'un albumen charnu ou corné abondant. Embryon droit. Arbres et arbustes à feuilles alternes, simples ou composées-imparipennées, et alors à pétiole commun ailé, ordinairement accompagnées de stipules, ces dernières parfois concrescentes dans l'axe de la feuille (V. p. 73.).

Feuilles composées imparipennées, stipulées. — Fleur nettement zygomorphe. — Disque unilatéral. — Étamine 4-5. — Ovaires 4-loculaire. — Capsule à déhiscence septicide.

- Sépales semblables entre eux. — 5 pétales libres, plus longs que les sépales. — Disque demi-circulaire. Ovules solitaires. → *Bersama* Fres. (9 espèces. Afrique australe et tropicale).

- Sépales dissemblables, le postérieur éperonné ou fortement concave. — 5 pétales, plus courts que calice, cohérents par les bords. — Disque plus ou moins sacciforme. — Loges de l'ovaire pluriovulées............ → *Melianthus* L. (5 espèces. Sud de l'Afrique).

Feuilles indivises, sans stipules. Fleur faiblement zygomorphe. — Disque annulaire, à 10 lobes. — Étamines 10. — Ovaire à 5 loges. — Capsule septicide .... → *Greyia* Hook. et Harv (3 espèces. Natal et région du Cap).

Affinités. — Les Mélianthacées sont très voisines des Sapindacées, auxquelles les rattachent certains botanistes, entre autres Bentham et Hooker et H. Baillon. Les Mélianthacées se distinguent surtout des secondes par les caractères suivants :

Leur plan de zygomorphie est médian ; le nombre des carpelles est de 4 ou de 5; leur embryon est ordinairement droit, accompagné d'un albumen abondant.

Distribution géographique. — Les Mélianthacées sont des plantes exclusivement africaines. Les *Bersama* et *Melianthus* croissent dans la région équatoriale de ce continent; les *Greyia* habitent l'Afrique australe.

Usages. — Le nectar sécrété par le disque floral du *Melianthus major* L. et, à un degré moindre, celui du *M. minor* L., sont recherchés par les peuplades de l'Afrique australe.

FAMILLE VII — POLYGALACÉES.

Fleurs à zygomorphie médiane, hermaphrodites, à réceptacle convexe. — Sépales 5, les deux internes pétaloïdes et aliformes. — Ordinairement 3 pétales seulement développés, l'antérieur concave et souvent appendiculé. — Étamines 8 en général, souvent plus ou moins monadelphes. — Ovaire à 1, 2-5 carpelles, bi- ou pluriloculaire ou uniloculaire. — Ovules 1, plus rarement 2 ou plus par loge, anatropes, pendants. — Fruit varié. — Graine avec ou sans albumen; embryon droit.

Plantes herbacées ou ligneuses. Feuilles alternes en général, avec ou sans stipules.

Description du Polygala amara Jacq. — Le Polygala amer est

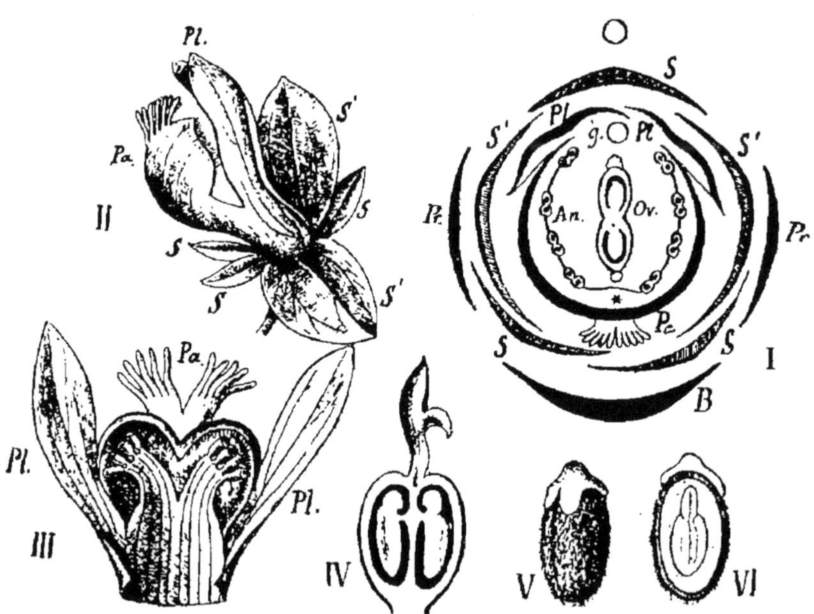

Fig. 354. — I, Diagramme d'une fleur de *Polygala amara.* — II, Une fleur entière, vue de profil. — B, bractée-mère, et Pr, Pr, préfeuilles ; s, s, s, sépales externes ; s', s', sépales aliformes ; Pa, pétale antérieur ; Pl,Pl, pétales postérieurs ; An, androcée ; Ov, ovaire ; G, glande (chez certains *Polygala*). — III, Corolle étalée, montrant l'androcée concrescent avec elle, et placé dans la concavité du pétale antérieur. — IV, Ovaire en coupe longitudinale. — V, Graine coiffée de son arillode. — VI, Graine en coupe longitudinale.

une *herbe vivace* qui croit dans les lieux humides de l'Est de la France. Les *feuilles* inférieures, larges, obovées, forment une rosette d'où s'élèvent de un à six rameaux florifères. Les feuilles supérieures sont *alternes, oblongues, cunéiformes, sans stipules.*

Les *fleurs* (fig. 354, I et II) forment des *grappes simples* à l'extrémité des rameaux. Leur court pédoncule, inséré à la base d'une bractée (B) porte lui-même *deux bractéoles latérales au-dessous de la fleur* (Pr, Pr).

Cette dernière est bleue, *hermaphrodite, nettement zygomorphe. Son réceptacle est convexe.* L'organisation des divers verticilles est assez particulière.

Le calice (I et II) *est formé par cinq sépales dissemblables, à préfloraison quinconciale.* Le sépale postérieur et les deux antérieurs (S, S, S) sont peu développés, plus ou moins foliacés; mais *les deux latéraux,* qui sont recouverts par les autres dans le bouton, *sont beaucoup plus grands* (S', S'), symétriquement déjetés en dehors, à droite et à gauche du plan médian de la fleur, après l'anthèse; leur forme et leur coloration vive les ont fait comparer aux deux ailes de la fleur des Papilionacées (1).

La corolle est formée par cinq pétales très inégaux, en préfloraison imbriquée dans le bouton; mais trois d'entre eux seulement sont bien développés (I, II, III). Les deux pétales postérieurs recouvrent l'antérieur qui est le plus grand de tous. Il est trilobé, et sa forme concave l'a fait comparer à *une carène* (Pa), nom qui lui est donné quelquefois. Le lobe moyen du pétale antérieur est, en outre, muni sur le dos, de deux faisceaux de divisions en dents de peigne.

Les deux pétales postérieurs sont petits et étroits; les deux latéraux, avortés chez le *P. amara,* se retrouvent à l'état rudimentaire chez certaines espèces. Les trois pétales développés sont concrescents, par leur partie inférieure, en une sorte de gaine fendue en arrière, avec laquelle sont également soudées les étamines.

L'androcée (I, An, et III) *se compose de huit étamines. Leurs filets monadelphes forment une lame fendue en arrière,* comme la corolle qui leur est concrescente, *et divisée vers le haut en deux parties symétriques, portant chacune quatre anthères.* Ces dernières, *uniloculaires* dans l'espèce que nous étudions, plus ou moins complètement biloculaires chez d'autres, sont terminales, et *déhiscentes par un pore apical.*

Le gynécée (I, Ov, et IV), *accompagné à sa base par un disque peu prononcé, est formé par deux carpelles antéro-postérieurs,* soudés *en un ovaire à deux loges* que sépare une étroite cloison. Il est surmonté par un *style coudé,* que termine un *stigmate à deux lèvres inégales,* la supérieure relevée et pointue, l'inférieure plus courte et déjetée vers le bas.

---

(1) Ce n'est là qu'une ressemblance fortuite, car, ainsi qu'on le verra plus loin, ce sont deux pétales qui constituent les ailes des Papilionacées.

Chaque loge ovarienne ne contient qu'*un seul ovule anatrope et pendant*, à micropyle tourné en dehors (*épitrope*).

Le *fruit*, qu'accompagne le calice persistant, est une *capsule* en forme de cœur renversé, comprimée latéralement et marginée, *à déhiscence loculicide*. Il contient généralement *deux graines* recouvertes d'un court duvet, et *pourvues d'un arillode à trois lobes sur le bord du micropyle*. Elle contient un *embryon droit*, enveloppé par un *albumen charnu dont il occupe toute la longueur* (V et VI).

Toutes les plantes de ce genre possèdent la même organisation essentielle. Quelques-unes sont des arbrisseaux ; d'autres. ont des feuilles opposées ; chez d'autres, les grappes sont ramifiées, etc.

Parmi les genres voisins des *Polygala*, se trouvent les *Bredemeyera*, *Securidaca*, et les *Xanthophylum* (V. le tableau des genres).

Caractères généraux. — *Plantes* herbacées ou ligneuses, quelquefois grimpantes. — *Feuilles* simples et entières, alternes, opposées ou verticillées, sans *stipules* ou rarement pourvues de petites stipules.

Inflorescences en grappes simples ou composées, ou en épis.

Fleurs hermaphrodites, pourvues d'un double périanthe, zygomorphes suivant un plan médian.

Cinq sépales indépendants, ou rarement plus ou moins concrescents à la base, les deux latéraux (recouverts, dans le bouton, par les deux sépales antérieurs et par le sépale postérieur) ordinairement pétaloïdes et développés en ailes.

Corolle théoriquement représentée par cinq pétales dont l'antérieur et les deux postérieurs sont souvent seuls développés, ordinairement plus ou moins concrescents avec le tube staminal. Pétale antérieur concave, formant souvent une sorte de carène, et fréquemment pourvu d'un appendice dorsal plus ou moins déchiqueté sur les bords.

Androcée théoriquement formé par 10 étamines, réduites le plus souvent, par avortement, à 8, rarement 7, 5, 4 ou même 3, concrescentes, en général, par les filets, en un tube ouvert postérieurement. — *Anthères* basifixes, biloculaires ou triloculaires, devenant parfois uniloculaires à la fin, déhiscentes au sommet par des pores ou de courtes fentes.

Carpelles ordinairement 2 médians et à loges uniovulées (plus rarement 3-5), concrescents en un ovaire bi- ou pluriloculaire, plus rarement uniloculaire, et alors avec *placentas* pariétaux pluriovulés. — *Ovules* anatropes, pendants.

Style simple ; *stigmate* entier ou bifide.

Fruit : capsule loculicide, noix, drupe, ou samare, renfermant 1 à 2 semences avec ou sans albumen, pourvues souvent d'un arillode (1). *Embryon* droit, axile.

POLYGALACÉES.

Filets staminaux longuement monadelphes. — Anthères uniloculaires ou biloculaires, à déhiscence poricide. — Ovaire 2-3-loculaire, à placentation axile, ovules solitaires.

Fruit à déhiscence loculicide.

Capsule longuement claviforme. Graine sans arillode, mais généralement velue. — Herbes vivaces, sous-arbrisseaux ou arbrisseaux grimpants. — Feuilles alternes, sans stipules .... *Bredemeyera* Willd. (Contrées tropicales du Nouveau Continent ; Australie ; Tasmanie).

Capsule non claviforme, biloculaire. — Graine avec arillode ou courtement velue. — Végétaux de toutes grandeurs. Feuilles avec ou sans stipules. .... *Polygala* L. (Plus de 450 espèces répandues dans le Monde entier, surtout nombreuses en Amérique).

Fruit : samare pourvue d'une aile unilatérale. — Arbres ou arbrisseaux grimpants. Feuilles accompagnées ou non de stipules...................... *Securidaca* L. (30 espèces environ. Régions tropicales en général, sauf l'Australie).

Filets staminaux plus ou moins brièvement monadelphes ; anthères introrses, biloculaires, déhiscentes par de courtes fentes. — Ovaire uniloculaire, à placentas pariétaux. — Fruit légèrement charnu et indéhiscent. — Arbres pourvus de feuilles entières, alternes .... *Xanthophyllum* Roxb. (Environ 40 espèces. Indes ; Ceylan ; Nouvelle-Guinée ; Nord de l'Australie).

Affinités. — Les affinités des Polygalacées sont des plus obscures. Elles n'ont avec les Légumineuses-Papilionacées qu'une ressemblance superficielle (2), et les Kramériées, auxquelles on les réunit quelquefois, sont beaucoup plus naturellement placées auprès des Légumineuses-Cassiées (v. plus loin).

Distribution géographique. — Les *Polygala* sont dispersés dans

(1) C'est-à-dire un faux arille (v. p. 141).
(2) V. p. 910.

toutes les parties du globe; ils sont particulièrement rares dans l'Amérique australe extra-tropicale et dans les contrées chaudes de l'Asie. Les autres sont propres aux contrées tropicales.

Propriétés générales. Plantes importantes. — Les propriétés des Polygalacées et leur composition varient dans d'assez larges limites. Les unes sont pourvues de latex, les autres sont amères, d'autres enfin contiennent un principe organique particulier, connu sous le nom de *Sénégine* ou *Acide polygalique*, qui jouit de la propriété de faire mousser l'eau comme la *Saponine*, avec laquelle certains auteurs, Bolley entre autres, n'hésitent pas à l'identifier. La Sénégine communique à ces plantes des propriétés vomitives et expectorantes.

Autrefois très employés, les *Polygala* indigènes sont aujourd'hui à peu près exclus de notre matière médicale.

Le *P. amara* L. qui vit sur les coteaux secs, et le *P. vulgaris* L. (le *Laitier commun*) qui croît dans nos prairies, sont toniques, stomachiques et légèrement émétiques. Le dernier sert, dit-on, à falsifier le Thé vert. Le *P. calcarea* DC., leur est substitué dans la Province Rhénane. Aux États-Unis, on emploie comme diurétique le *P. rubella* Pursh, qui est d'une amertume franche.

L'espèce la plus importante de la famille est le *Polygala Senega* L., qui croît dans les plaines et les bois rocheux de l'Amérique du Nord, surtout dans le Wisconsin, le Tennessee, la Virginie, la Caroline du Nord, etc. C'est une plante vivace par ses parties souterraines, à tiges grêles et dressées; les fleurs sont blanches, tachées de rouge.

C'est la racine de cette plante que l'on emploie sous le nom de *Polygala de Virginie*. Indépendamment de la Sénégine, elle contient encore des substances amères et des principes gras. En Amérique, on l'administre contre la morsure des serpents. A faible dose elle augmente la transpiration pulmonaire, et active les fonctions de la peau; elle devient éméto-cathartique à dose élevée.

Les semences du *P. butyracea* Heckel, de la Guinée supérieure (*Maloukang* ou *Ankalaki*) fournissent une graisse employée dans l'alimentation. Signalons encore le *P. Poaya* Mast., employé au Brésil comme succédané de l'Ipéca, et le *P. venenata* Juss., de Java, qui se distingue par ses propriétés toxiques.

Enfin le *Monnina polystachia* R. et Pav. fournit, dans l'Amérique du Sud, une racine astringente et tonique employée sous le nom de *Racine d'Yalloy*. Elle renferme des principes résineux, et une matière très âcre et très amère, soluble dans l'eau, la *Monninine*.

SOUS-ORDRE DES AESCULINÉES.

Fleurs zygomorphes. — Plantes ligneuses ou plus rarement herbacées. Feuilles simples ou composées, alternes ou opposées.

Plan de symétrie oblique. — Graines sans albumen.

Plan de symétrie antéro-postérieur. — Graine assez souvent pourvue d'un faux arille, avec ou sans albumen.

Fleurs actinomorphes. Plantes ligneuses, à feuilles simples, opposées.

Fleurs hermaphrodites. — Réceptacle convexe. — Périanthe double, et pétales ordinairement appendiculés. — 10 étamines monadelphes. — Carpelles 3, 4, 5, concrescents. — Fruit: Drupe. — Graine albuminée.
Arbrisseaux à feuilles stipulées .... **ÉRYTHROXYLACÉES.**

Fleurs hermaphrodites ou polygames. — Réceptacle concave ou légèrement convexe. — Pétales non appendiculés, nuls quelquefois. — Étamines 8-10, libres. — Carpelles 2, concrescents. — Fruit: double samare.
Arbres et arbustes sans stipules ... **ACÉRACÉES.**

Calice non glanduleux, et fleur pourvue d'un disque bien développé, égal ou inégal, quelquefois unilatéral. — Étamines souvent 8, indépendantes. — Ovules anatropes.

Plantes quelquefois herbacées, souvent grimpantes. — Feuilles ordinairement alternes, presque toujours composées - pennées ou 3-foliolées. Fruit de nature variable......... **SAPINDACÉES.**

Plantes toujours ligneuses et dressées. — Feuilles opposées, composées - digitées — Fruit: capsule loculicide......... **HIPPOCASTANACÉES.**

Calice glanduleux, et disque floral à peine indiqué. — Carpelles se séparant souvent, à la maturité, en tout autant de follicules ou de samares, et ovules incomplètement anatropes. — Plantes ligneuses, souvent grimpantes, fréquemment pourvues de poils en navettes..................... **MALPIGHIACÉES.**

Sépales latéraux non aliformes.
Étamines 4, 5, ou 10, libres ou partiellement concrescentes. — Ovaire à 4-5 loges. avec 1 ovule dressé ou de nombreux ovules ascendants ou descendants. apotropes. — Capsule loculicide ou septicide. — Embryon droit dans un albumen abondant.
Plantes ligneuses. — Feuilles simples ou composées, ordinairement stipulées, alternes.................. **MÉLIANTHACÉES.**

Sépales latéraux pétaloïdes, aliformes. — Pétales très inégaux, quelques-uns souvent abortifs. — Étamines généralement 8 et plus ou moins monadelphes. — Ovaire bi-pluriloculaire. — Fruit capsulaire ou drupacé. — Graine avec ou sans albumen.
Plantes herbacées ou ligneuses. — Feuilles alternes, toujours simples, avec ou sans stipules.............. **POLYGALACÉES.**

SOUS-ORDRE IV. — FRANGULINÉES.

Fleurs à peu près toujours actinomorphes, avec un nombre d'étamines égal à celui des pétales, alternes ou opposées à ces derniers, rarement en nombre moindre.

Un disque diversement développé, rarement nul, sur lequel ou en dehors duquel sont insérées les étamines.

Ovaire à 2-5 carpelles, formant un ovaire libre ou, plus rarement, plus ou moins adhérent au réceptacle. — Ovules anatropes et apotropes, en direction variable.

Caractères dominants : Actinomorphie et isostémonie de la fleur ; — apotropie des ovules.

Les familles les plus importantes sont : les CÉLASTRACÉES, *les* STAPHYLÉACÉES, *les* RHAMNACÉES, *les* VITACÉES, *les* AQUIFO-LIACÉES.

FAMILLE I. — CÉLASTRACÉES.

Voir les caractères essentiels au tableau général du sous-ordre.

Cette famille, qui ne comprend pas moins de 370 espèces, est représentée, en Europe, par 2 espèces du genre Fusain (*Evony-mus*), le *Fusain d'Europe* (*E. europæus* L.) et le *Fusain à larges feuilles* (*E. latifolius* Scop.).

Description de l'Evonymus europæus L. — Le Fusain d'Europe est un *arbrisseau* à bois mou et fragile, pourvu de *feuilles simples, opposées,* pétiolées, accompagnées de *deux stipules caduques,* fili-formes.

Les *fleurs* forment des *cymes* pauciflores *opposées, comme les feuilles à l'aisselle desquelles elles naissent.* Ces fleurs sont *actinomorphes, et hermaphrodites* ou diclines par avortement.

Le *réceptacle,* légèrement convexe, *est recouvert d'un large disque glanduleux, aplati.*

Le *calice* et la *corolle* sont verdâtres, presque toujours tétramères. Le premier est représenté par 4 *sépales dont les deux antéro-posté-rieurs recouvrent les deux latéraux* (fig. 355); la seconde par 4 *pétales* plus grands, *imbriqués* dans la préfloraison.

L'*androcée* se compose de 4 étamines, *alternes avec les pétales, et dont les filets très courts sont englobés par le bord d'un disque glan-duleux.* — Les *anthères* sont introrses, biloculaires, à déhiscence longitudinale.

Le *pistil* consiste en 4 *carpelles opposés aux pétales, enfoncés en grande partie dans le centre convexe du disque ;* chacun de ces car-pelles renferme *deux ovules anatropes* ascendants, à micropyle exté-rieur. *Le style est simple,* et le stigmate a 4 lobes.

Le fruit est une capsule loculicide à 4 lobes très marqués, et déprimée supérieurement ; ses 4 loges contiennent chacune 1 à 2 graines. Celles-ci sont *entourées d'un faux arille rouge orangé à la maturité.* L'embryon *est droit,* pourvu d'une radicule conique et de deux larges cotyiédons fo-

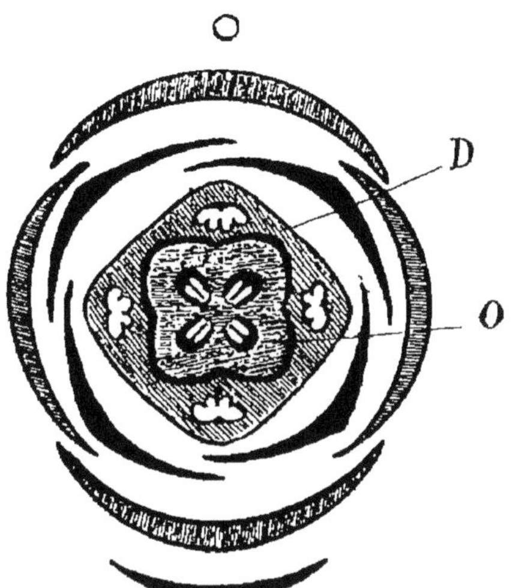

Fig. 355. — Diagramme d'une fleur d'*Evonymus.* — D, disque dans lequel sont insérées les étamines ; O, ovaire.

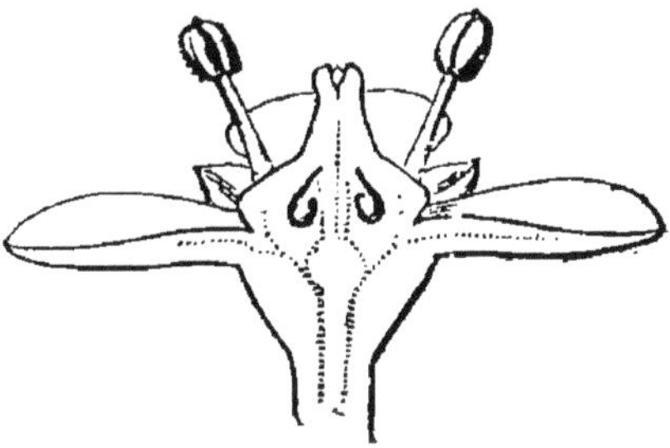

Fig. 356. — *Evonymus japonicus :* fleur coupée.

liacés ; il est lui-même enveloppé *d'un albumen charnu.*

Le Fusain à larges feuilles se distingue essentiellement du précédent par ses feuilles plus grandes, ses *fleurs généralement penta-mères,* d'une teinte rougeâtre, et par les *angles ailés de son fruit.* En outre *les ovules sont ici descendants,* disposition que l'on retrouve, d'ailleurs, chez d'autres espèces (**E. lucidus, E. japonicus, E. echinatus,** etc.) (fig. 356).

Autres genres. — CELASTRUS. — Chez les *Celastrus* L., les feuilles sont *alternes,* munies de petites stipules quelquefois spinescentes. Les fleurs sont *pentamères, diclines par avortement.* — *L'ovaire,* le plus souvent réduit à deux carpelles, *est simplement sessile sur le disque ;* les loges plus ou moins complètes qu'il forme contiennent chacune *2 ovules dressés.* — Le fruit est, encore ici, une capsule loculicide.

Les *Celastrus* sont des arbrisseaux souvent grimpants.

CATHA. — Chez le *Catha edulis* Forsk., arbrisseau de l'Arabie et de l'Afrique Orientale, les feuilles sont opposées sur les rameaux florifères, alternes sur les autres parties de la plante. Les fleurs sont hermaphrodites et 5-mères ; *l'ovaire, enfoncé dans le disque, est imparfaitement divisé en trois loges.* La capsule loculicide contient *des graines dont l'arillode se développe en une aile blanchâtre.*

Pachystima. — *L'ovaire, incomplètement biloculaire, est profondément* *enfoncé dans le disque* et presque infère chez les *Pachystima* Raf., chez lesquels la fleur hermaphrodite est, en outre, 4-mère. Ces plantes sont de petits arbrisseaux à feuilles opposées.

Tripterygium, Wimmeria, etc. — D'autres Célastracées s'écartent davantage des formes précédentes :

Le fruit est samaroïde et indéhiscent, et la graine sans arillode chez les *Tripterygium* Hook. fils, *Wimmeria* Schlecht., etc. ;

Chez quelques autres genres (*Cassine* L., *Maurocenia* L., etc.), *le fruit*, toujours indéhiscent, *est drupacé*, et la graine pourvue ou dépourvue d'arillode ;

Enfin, les *Goupia* Aubl., de la Guyane, portent *des fruits indéhiscents bacciformes.*

Caractères généraux. — *Arbres* ou *arbustes*, parfois grimpants, glabres ou chargés de poils. — *Feuilles simples*, alternes ou opposées, *accompagnées de stipules* persistantes ou caduques, petites, diversement conformées.

Fleurs en général petites, verdâtres ou blanchâtres, en cymes, plus rarement en grappes ou en panicules axillaires. Inflorescences rarement terminales.

Symétrie actinomorphe. Fleurs 5-*mères* ou 4-*mères, hermaphrodites ou diclines* par avortement.

Sépales plus ou moins concrescents, ordinairement persistants, *imbriqués.* — *Pétales libres*, caducs, *ordinairement imbriqués, plus rarement valvaires ou tordus dans le bouton*, rarement nuls.

Presque toujours *un disque épais*, annulaire ou cupuliforme, entier ou lobé, autour du gynécée ou enveloppant ce dernier.

Étamines libres, ordinairement en même nombre que les pétales et alternes avec eux; filets très courts, insérés sur le bord du disque ou dans la partie marginale même du disque. *Anthères, biloculaires,* déhiscentes, en général, par *des fentes longitudinales introrses.*

Ovaire à 2, 3-5 *loges* plus ou moins complètes, rarement uniloculaire par avortement, *entouré par le disque ou reposant sur ce dernier, ou plus ou moins plongé dans le disque, ou même à demi infère. Style simple* et court ; stigmates plus ou moins lobés. — *Ovules anatropes et apotropes, ordinairement* 2, *dressés dans chaque loge,* plus rarement en nombre variable et diversement orientés.

Fruit variable : capsule loculicide ou indéhiscente, plus rarement samare, drupe, ou baie indéhiscentes.

Graines presque toujours pourvues d'un faux arille coloré, plus ou moins complet. *Testa* coriace. — *Embryon généralement droit*, pourvu de grands cotylédons foliacés, presque toujours axile dans *un albumen charnu.*

CÉLASTRACÉES.

Fruit : capsule à déhiscence loculicide.

Carpelles en même nombre que les pièces des autres verticilles (4-5), formant un ovaire plongé dans le disque, dont les loges contiennent généralement deux ovules (rarement davantage), apotropes, diversement orientés. — Capsule profondément lobée ou ailée. — Graines pourvues d'un arillode très étendu.
Arbres ou arbrisseaux, munis de feuilles presque toujours opposées..................

Evonymus L.
(Environ 60 espèces, répandues à peu près dans tout l'Hémisphère Nord et même en Australie. Surtout abondantes dans les Indes Orientales).

Carpelles en nombre inférieur à celui des pièces des autres verticilles. — Ovules 2 dressés dans chaque loge. — Feuilles souvent alternes, quelquefois opposées.

Fleurs diclines par avortement, 5-mères. — Ovaire plus ou moins complètement 3-loculaire, libre sur le disque qui le supporte ; 2 ovules dressés dans chaque loge.
Arbrisseaux souvent grimpants, munis de feuilles alternes......................

Celastrus L.
(27 espèces environ. Asie; Océanie; Australie; Amérique du Nord. Surtout abondants dans les Indes Orientales).

Fleurs hermaphrodites, 5-mères ou 4-mères. — Ovaire plus ou moins profondément enfoncé dans le disque.

Ovaire assez profondément plongé dans le disque, imparfaitement 3-loculaire. —Fleur 5-mère.
Arbrisseau à feuilles opposées sur les rameaux florifères, alternes sur les autres..

Catha edulis Forsk.
(Arabie; Afrique Orientale).

Ovaire presque infère, incomplètement 2-loculaire.
Petits arbrisseaux à feuilles opposées......

Pachystima Raf.
(2 espèces. Amérique du Nord).

Fruit samaroïde, indéhiscent. — Graine sans arillode.

(*Tripterygium* Hook. ., *Wimmeria* Schlecht., etc.).

Fruit drupacé. — Graine avec ou sans arillode.......

(*Cassine* L. ; *Maurocenia* L., etc.).

Fruit baccien, indéhiscent ....

Goupia Aubl.
(2 espèces de la Guyane).

Affinités. — Les Célastracées ont une grande ressemblance avec les Rhamnacées, dont elles se distinguent cependant par deux traits essentiels de leur structure floral : *leurs étamines alternes avec les pétales, et l'apotropie de leurs ovules.*

Parmi les familles les plus voisines des Célastracées se trouvent encore les Staphyléacées, qui s'en distinguent surtout par *leur disque intra-staminal* (1).

Distribution géographique. — Les Célastracées sont représentées à peu près dans toutes les contrées du globe, à l'exception des régions polaires.

L'Hémisphère boréal est la patrie des *Evonymus;* les autres genres ont des aires d'extension très diverses (V. le tableau).

Propriétés générales. Plantes importantes. — Les Célastracées sont des plantes généralement amères; certaines d'entre elles jouissent de propriétés purgatives et émétiques; quelques-unes sont délétères.

L'écorce de l'*Evonymus atropurpureus* Jacq., qui croit dans le Nord-Ouest de l'Amérique septentrionale, fait partie de la matière médicale américaine. Elle contient, entre autres principes, un glucoside isolé par Wenzell, l'*Évonymine*, qui paraît activer la sécrétion biliaire. Cette écorce est employée pour combattre la constipation opiniâtre. — L'*Evonymus americanus* Jacq. et l'*E. tingens* Walt. jouissent de propriétés probablement analogues.

On emploie l'écorce et les graines de l'*E. europæus* en décoction comme parasiticides, et le bois de cet arbuste, calciné en vase clos, fournit le charbon léger connu sous le nom de *fusain.*

L'*E. japonicus* Thunberg est cultivé comme plante ornementale.

Les Arabes mâchent les feuilles du *Catha edulis* Forskal, pour maintenir leurs forces et vaincre le sommeil. Ces feuilles paraissent être surtout excitantes. Elles contiennent un alcaloïde encore mal connu, la *Katine* de Flückiger.

Certains *Celastrus* sont usités dans diverses régions (*C. paniculatus* W. de l'Inde, *C. senegalensis* Lmk., etc.).

Les feuilles sèches de l'*Elæodendron Roxburghii* W. et Arn. sont employées comme sternutatoires dans les régions tropicales. L'écorce de la racine est considérée comme toxique.

(1) Les **HIPPOCRATÉACÉES** et **STACKHOUSIACÉES**, qui ont également avec les Célastracées une grande ressemblance, sont peu importantes pour nous. M. H. Baillon réunit même ces deux groupes naturels, ainsi que les Buxacées que nous étudierons plus loin, aux Célastracées, à titre de simples *séries.*

FAMILLE II. — STAPHYLÉACÉES.

Description des Staphylea. — Le genre *Staphylea* L., le principal de la famille, est représenté par le *S. pinnata* L., en Europe et dans nos provinces de l'Est.

C'est un *arbuste à feuilles opposées, composées-pennées,* pourvues de *stipules et de stipelles.*

Les *fleurs,* en grappes terminales, sont *actinomorphes, hermaphrodites, 5-mères, pourvues d'un réceptacle concave.* — Les *sépales concrescents* et les *pétales libres* sont à *préfloraison imbriquée.* Ces derniers sont insérés, comme les étamines, sous un disque à bord crénelé.

Les *cinq étamines* sont libres, *alternes avec les pétales.*

L'ovaire, *libre et supère,* renferme, *dans ses trois loges, de nombreux ovules anatropes, ascendants et apotropes,* sériés dans l'angle central. — *Les styles, indépendants par la base, sont concrescents* vers le sommet que termine un stigmate entier.

Le *fruit est une capsule septicide par son sommet.*

Les *graines* sont protégées par un *testa dur.* Elles renferment un gros *embryon droit, entouré par une faible quantité d'albumen charnu.*

Les autres représentants de la famille s'écartent du type qui vient d'être décrit par des caractères d'ordres divers.

Les feuilles sont quelquefois trifoliolées ; les carpelles, dont le nombre varie de 2 à 3, peuvent être soudés à leur base seulement, ou dans toute leur étendue. — Le fruit est parfois capsulaire et indéhiscent, ou bien encore bacciforme, etc.

D'une manière générale, les Staphyléacées ont les plus grands rapports avec les Célastracées dont elles se différencient par *leurs feuilles composées, leurs graines sans arillode et leur albumen peu abondant.*

Distribution géographique. — Le petit nombre d'espèces qui composent cette famille se trouvent réparties dans l'Europe |tempérée, l'Amérique du Nord, les Antilles, le Mexique, le Japon.

Propriétés générales. Espèces importantes. — Ces végétaux sont d'une utilité pratique très peu considérable, et leurs propriétés sont, d'ailleurs, peu connues.

Les *Staphylea* sont cultivés dans nos parcs comme plantes ornementales. Leur bois solide peut être tourné. Leurs graines oléagineuses sont comestibles, mais elles sont légèrement purgatives.

La racine de l'*Euscaphis staphyleoides* Sieb. et Zucc. est employée, au Japon, comme astringente contre la dysenterie.

FAMILLE III. — RHAMNACÉES.

Description du Rhamnus catharticus L. — Le *R. catharticus* L. ou Nerprun est un arbuste de 2 à 3 mètres, dont les rameaux étalés sont revêtus d'une écorce lisse, et se terminent par des épines (fig. 357).

Les *feuilles* sont opposées, *simples*, ovées, assez larges, dentées, pourvues de *petites stipules caduques*.

Les *fleurs* sont *dioïques, en petites cymes axillaires*, fréquemment aussi *solitaires*. Elles sont *actinomorphes, tétramères*. Le réceptacle a la forme d'une coupe profonde dont la paroi interne est tapissée par un tissu glanduleux (disque), et dont le fond est occupé par le gynécée, fertile ou stérile (fig. 358, II et III).

Le *calice* est représenté par 4 *sépales* triangulaires (s, s), *à préfloraison valvaire*.

Les pétales peuvent faire absolument défaut dans le Nerprun; ils ne sont, dans tous les cas, représentés que par de petites languettes en forme de cuillerons (P, P).

Les *étamines*, au nombre de 4, sont insérées sur le bord supérieur de la coupe réceptaculaire, en dedans des pétales *auxquels elles sont superposées*. Leurs filets sont courts; les anthères introrses, biloculaires, à déhiscence longitudinale. Dans les fleurs femelles, elles sont réduites à des staminodes ou absolument avortées.

Le *gynécée* est formé de 4 *carpelles* (parfois 3 ou 2), soudés en un *ovaire dont la base est entourée par le fond du réceptacle floral ; le style est simple, terminal*, surmonté d'autant de lobes stigmatifères obtus qu'il y a de carpelles. Chacun de ceux-ci contient *un ovule anatrope dressé, avec le micropyle dirigé en bas et en dehors* (devenant quelquefois latéral par suite d'une torsion ultérieure).

Le *fruit* est une drupe, qui demeure entourée par une cicatrice circulaire, reste de la base du réceptacle. Il contient 4 *noyaux distincts*, dans chacun desquels est *une graine*, parcourue par un profond sillon vertical (IV). Elle renferme, sous ses téguments, un *albumen charnu abondant*, dans lequel se trouve un *embryon à radicule infère*, et dont les deux cotylédons sont fortement reployés suivant leur longueur.

Fig. 357.— Nerprun purgatif (*Rhamnus catharticus*).

Au même genre appartient le Nerprun des teinturiers (*R. infectorius* L.) du Midi de l'Europe et de la France; les feuilles sont fasciculées, velues en dessous.

Le *Rhamnus Alaternus* DC. (Alaterne) a des fleurs en grappes et des feuilles alternes, persistantes, coriaces et spinescentes au sommet.

Réuni à quelques autres espèces, presque toutes américaines, le

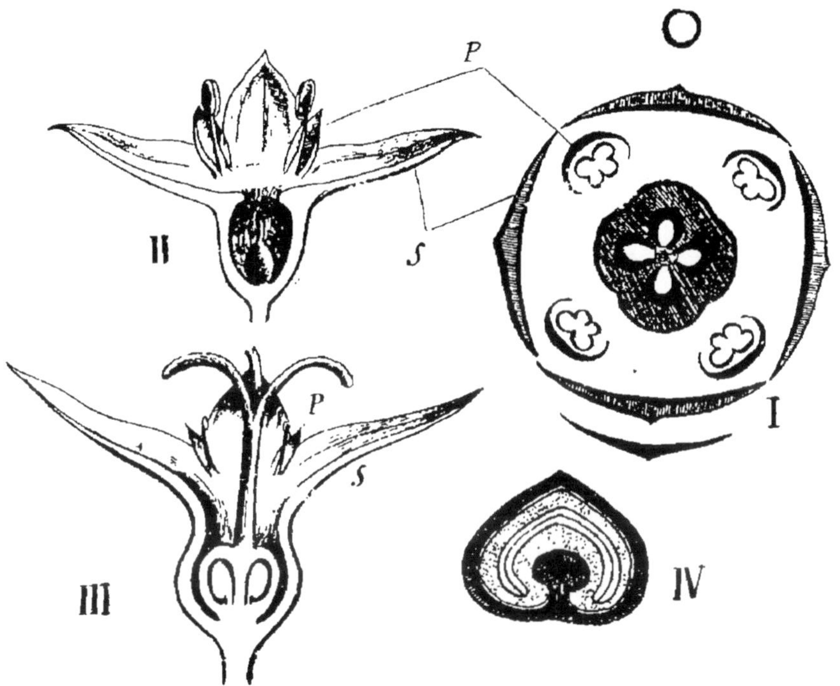

Fig. 358. — *Rhamnus catharticus.* — I, Diagramme d'une fleur supposée hermaphrodite.— II, Fleur mâle et III fleur femelle, en coupe longitudinale; *s, s*, sépales ; P, pétales. — IV, Graine coupée transversalement.

Bourdaine (*R. Frangula* L.) a été pris par Brongniart comme type d'un genre distinct (*Frangula* Brong.), à cause de ses fleurs hermaphrodites et 5-mères. L'ovaire est ici entièrement libre et la graine non sillonnée.

A cette même section appartient le *R. Purshianus* DC., dont il sera question plus loin.

Caractères généraux. — *Plantes ligneuses*, rarement grimpantes, épineuses ou inermes.

Feuilles opposées ou alternes, toujours simples, jamais lobées, *presque toujours stipulées.*

Inflorescences ordinairement en cymes, formant souvent des grappes composées ou des fausses ombelles.

Fleurs petites et peu apparentes, actinomorphes, 4-mères ou 5-mères, quelquefois apétales, *hermaphrodites ou diclines par avortement.* — *Réceptacle floral creusé en une coupe profonde* que tapisse un tissu glanduleux, ce dernier formant quelquefois des saillies diverses.

Calice à préfloraison toujours valvaire. — *Pétales généralement petits, sans contact dans le bouton,* souvent onguiculés, quelquefois fortement concaves.

Étamines en même nombre que les sépales et alternes avec eux (1), cachées tout d'abord par les pétales *auxquels elles sont opposées.* — *Anthères* dorsifixes ou basifixes, *ordinairement introrses, déhiscentes par deux fentes longitudinales* quelquefois confluentes au sommet. — *Le disque est presque toujours développé, et situé en dedans des étamines.*

Ovaire libre, ou plus ou moins concrescent avec le réceptacle floral, 3 ou 2-loculaire, quelquefois uniloculaire par avortement, rarement 4-loculaire, et composé par tout autant de carpelles concrescents. *Dans chaque loge est un ovule basilaire à micropyle infère, anatrope et apotrope* (2), à double tégument; rarement 2 ovules par loge. *Style simple ou divisé.*

Fruit sec, indéhiscent ou plus ou moins déhiscent par la suture ventrale des carpelles, *ou drupacé* avec noyaux distincts, ou un seul noyau bi- ou pluriloculaire, ou uniloculaire par avortement.

Graines pourvues d'un *tégument lisse,* à chalaze épaisse. *Albumen ordinairement peu abondant,* toujours sans amidon, quelquefois nul. *Embryon volumineux, droit.* Cotylédons foliacés ou charnus, verts ou jaunes, parfois reployés.

(1) Pour expliquer cette situation anormale des étamines, on est contraint d'admettre l'existence théorique d'un verticille staminal extérieur, bien qu'on ne trouve dans aucune Rhamnacée la moindre trace de ce premier verticille.

(2) Cette orientation primitive de l'ovule peut être modifiée au cours du développement de l'ovaire.

Fruit drupacé, plus ou moins charnu, pourvu d'un seul noyau uniloculaire, bi- ou pluriloculaire. Ovaire concrescent avec le réceptacle floral seulement par la base. Végétaux ligneux, non grimpants, pourvus de feuilles alternes, à 3 ou 5 nervures principales, accompagnées de deux stipules transformées en épines.

Fruit sec, pourvu d'une aile horizontale membraneuse circulaire. Noyau biloculaire ou triloculaire.

Paliurus Juss.
(*P. aculeatus* Lamk., Sud de l'Europe ; Asie. — *P. ramosissimus* Poir., Chine et Japon).

Fruit drupacé, sans aile, lisse à l'extérieur. Noyau à 4-3-2 loges ou même 1 loge, souvent uniloculaire et monosperme par avortement.

Zizyphus Juss.
(Environ 40 espèces, surtout dans la région himalayenne. Quelques espèces dans l'Amérique tropicale, la région méditerranéenne, l'Afrique du Sud, l'Australie).

Ovaire libre ou concrescent seulement par la base avec le réceptacle floral. — Noyaux 2-4, indéhiscents ou déhiscents seulement par une fente étroite.
Fleurs ordinairement en fausses ombelles ou en grappes, peu apparentes, hermaphrodites ou diclines.
Arbres ou arbrisseaux, à feuilles alternes ou opposées . . . .

Rhamnus L.
(Environ 70 espèces, presque toutes des régions tempérées de l'Hémisphère Nord).

Ovaire concrescent avec le réceptacle dans sa région inférieure. - Noyaux 3-4, largement déhiscents, à la maturité, par leur région ventrale.
Fleurs réunies en ombelles formant elles-mêmes des panicules ou des grappes, colorées en bleu ou blanches dans toutes leurs parties, ainsi que leurs pédoncules.
Végétaux parfois ligneux ; feuilles alternes ou opposées. . . . . . .

Ceanothus L.
(36 espèces. Amérique du Nord).

Ovaire adhérent au réceptacle dans sa région inférieure. — Graine à tégument résistant. — Périanthe concrescent en un tube au fond duquel le disque forme un bord involuté.
Végétaux à feuilles très réduites ; rameaux le plus souvent roides et épineux. . . . .

Colletia Juss.
(Environ 10 espèces, de l'Amérique du Sud).

Fruit pourvu de trois ailes, se divisant, à la maturité, en trois coques qui se séparent d'une columelle centrale, et demeurent indéhiscentes ou s'ouvrent tardivement par une fente ventrale étroite. — Ovaire partiellement infère . . . .

Gouania L.
(30 à 40 espèces, répandues dans diverses régions tropicales ou intertropicales).

Carpelles ne formant jamais un noyau unique, ou même se séparant en coques distinctes à la maturité.

Fruit drupacé, dépourvu d'ailes.

Ovaire libre, ou plus ou moins concrescent avec l'axe dans sa région inférieure. — Tégument séminal de consistance variable. — Feuilles toujours bien développées.

Affinités. — Les Rhamnacées ont les plus grands rapports avec les *Vitacées* ou *Ampélidées*, qui ont également leurs étamines opposées aux pétales, et qui s'en distinguent (voir plus loin) *par le développement de leur corolle, leur cupule réceptaculaire moins profonde, leur fruit baccien, leur graine abondamment albuminée, leurs feuilles lobées*, etc.

Elles se différencient des Célastracées *par leur réceptacle fortement concave, leur corolle peu développée, et surtout par leurs étamines alternes avec les pièces du calice*.

Considérations anatomiques. — On a signalé chez les Rhamnacées, dans le parenchyme qui entoure les faisceaux libéro-ligneux de la feuille, dans l'écorce et la périphérie de la moelle des tiges, la présence de cellules à gomme et de poches à gomme d'origine schizogène.

Distribution géographique. — On trouve les Rhamnacées dans les régions les plus diverses des zones tempérées-chaudes, et dans les deux hémisphères. Elles sont rares sous les tropiques et sous la zone glaciale.

Propriétés générales. Plantes importantes. — Ces plantes sont généralement riches en principes amers, auxquels s'unissent parfois des substances qui leur communiquent des propriétés purgatives.

C'est comme purgatif que l'on emploie le suc des *baies* (1) *de Nerprun*, que l'on extrait des fruits du *Rhamnus catharticus* L. Ces fruits contiennent une matière colorante jaune, la *Rhamnine*, et une substance incristallisable, très amère, la *Rhamno-Cathartine*. Le suc de Nerprun rougit par les acides et verdit par les alcalis ; combiné avec la chaux, il constitue le *Vert de Vessie* des peintres.

Les fruits de plusieurs autres *Rhamnus* (*R. Frangula* L., *R. Alaternus* L., *R. infectorius*, etc.), jouissent à peu près des mêmes propriétés que ceux du *R. catharticus*.

Les fruits du *R. infectorius* L., connus sous le nom de *Graine d'Avignon*, donnent une belle teinte jaune, peu durable, d'ailleurs. Ceux des *R. oleoides* L., *saxatilis* L., etc., jouissent de propriétés analogues.

(1) Ces fruits, improprement désignés sous le nom de *baies*, sont de petites drupes à noyaux distincts (Voir p. 930).

Le *Vert de Chine* est fourni, dans l'Extrême Orient, par les
R. chlorophorus et *utilis*.

L'*Écorce de la Bourdaine* (du *R. Frangula* L.) est purgative, comme
ses fruits. Son bois, tendre et léger, donne un charbon propre à la
préparation de la poudre à canon.

L'Écorce du *R. Purshianus* DC. (*Frangula Purshiana* Coop.), qui
croît sur les côtes américaines du Pacifique, surtout de la Californie, est employée comme purgative sous le nom de *Cascara
sagrada*. Elle doit ses propriétés à un principe cristallisable, la
Cascarine.

Les fruits du Jujubier commun (*Zizyphus vulgaris* Lam.) sont
employés comme béchiques.

On peut leur substituer les fruits du *Z. Lotus* Wild., qui croît sur la côte
africaine de la Méditerranée, et qui étaient fort appréciés dans l'Antiquité.

Tels sont encore, dans l'Extrême Orient, les fruits du *Rhamnus
Jujuba* L.

Les feuilles du *Paliurus aculeatus* Lam. (*P. australis* Rœm. et Schult.)
sont utilisées quelquefois pour activer la sécrétion des vésicatoires.

On emploie dans les Antilles françaises, comme fébrifuge et anti-
dysentérique, l'écorce du *Ceanothus reclinatus* Lhért., connue sous les
noms de *Palo amargo* et de *Palo Mabi*.

L'écorce de la racine du *C. americanus* L. est usitée, aux États-Unis,
comme médicament tonique et astringent.

FAMILLE IV. — VITACÉES (AMPÉLIDACÉES).

Description du Vitis vinifera L. — La Vigne cultivée (*Vitis
vinifera* L.) s'offre naturellement à nous comme le représentant le
mieux connu et de beaucoup le plus important de la famille.
C'est *un arbrisseau sarmenteux* (fig. 360) *et grimpant à l'aide de
vrilles* dont la nature axile n'est pas douteuse (1). L'écorce se détache en lanières sur les branches âgées.

(1) Les vrilles des Vitacées, comme leurs inflorescences, sont insérées chacune au même
niveau qu'une feuille, mais sur un point de l'axe diamétralement opposé. Cette situation
anormale a été l'objet d'interprétations diverses.

Dans la Vigne, les rameaux sont de deux sortes : les uns longs, les autres courts. Après
avoir produit deux feuilles primordiales, l'axe porte une série d'autres feuilles, alternes et en
deux séries, à l'aisselle de chacune d'entre elles naît un court rameau. Les trois ou quatre
nœuds inférieurs n'offrent rien de particulier ; mais à partir d'un certain niveau, apparaissent les vrilles oppositifoliées. On voit alors se succéder, avec la plus grande régularité,
une feuille sans vrille et deux feuilles avec vrilles, de telle sorte que deux vrilles qui
appartiennent à deux nœuds consécutifs, sont insérées sur les deux côtés opposés de
l'axe, tandis que deux vrilles séparées l'une de l'autre par un troisième nœud, sont insérées
du même côté.

La disposition est identique sur les rameaux florifères, à cette différence près que les

Ses feuilles sont alternes, simples et palmatilobées, velues en dessous, *à pétiole articulé, sans stipules.*

Les *fleurs* sont verdâtres, petites et odorantes, *disposées en grappes ramifiées opposées aux feuilles*

Elles sont *polygames-dioïques, actinomorphes et pentamères,* pourvues d'un *petit réceptacle convexe* (fig. 359).

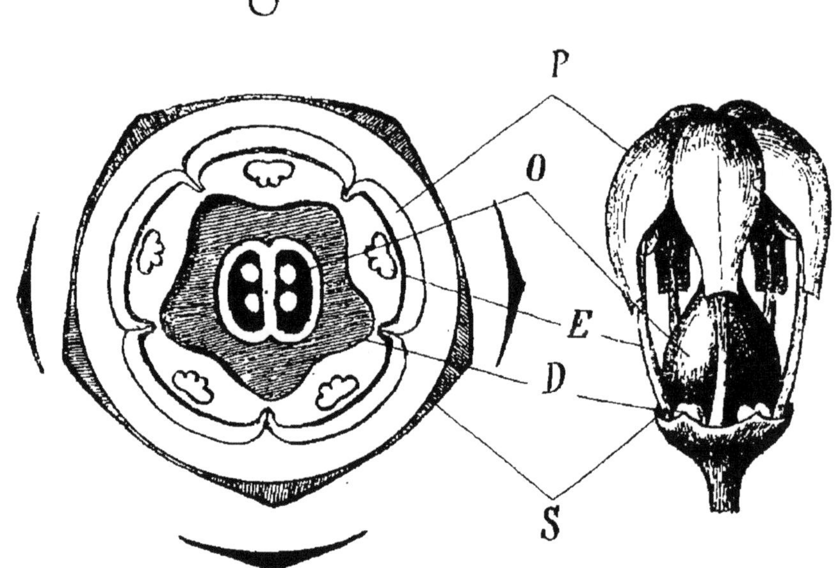

Fig. 359. — I, Diagramme d'une fleur hermaphrodite de Vigne. — II, Même fleur entière au moment où la corolle se détache.

Le *calice* (S) est représenté par *cinq sépales très courts,* concrescents par leur base.

La *corolle* (P) est formée par *cinq pétales indépendants à leur base,*

vrilles sont remplacées par des inflorescences. L'identité morphologique des vrilles et des inflorescences est démontrée, non seulement par leur même mode d'insertion, mais encore par ce fait qu'on rencontre assez souvent des inflorescences dont certaines ramifications s'allongent en vrilles.

Quant aux vrilles proprement dites, elles sont divisées, dans le plan de l'axe, en deux branches dont l'inférieure s'incline vers le bas, et porte, au-dessous d'elle, une petite écaille. En réalité, cette dernière est la bractée-mère de la branche inférieure, la branche supérieure représentant la terminaison de l'axe principal de l'organe.

Saint-Hilaire, déjà en 1825, considérait les longues tiges de la Vigne comme des sympodes sur lesquelles les inflorescences et les vrilles représentaient les sommets des axes successifs, rejetés chacun de côté par le rameau né à l'aisselle de la dernière feuille. Röper, Wigand, Mydler et surtout Al. Braun ont soutenu plus tard cette théorie, qui est maintenant généralement admise.

mais qui se soudent par leur sommet, et forment ainsi une sorte de coiffe qui tombe ensuite tout d'une pièce.

En face des cinq pétales sont insérées 5 *étamines* (E), à filets repliés en dedans avant l'anthèse, portant des *anthères introrses, biloculaires, à déhiscence longitudinale*.

Avec les étamines alternent *les cinq lobes d'un disque hypogyne* (D), indépendant de l'o-vaire.

Le *gynécée* est formé par 2 *carpelles transver-saux* (O), soudés en *un ovaire à 2 loges*, sur-monté d'un *style simple très court*, que termine *un stigmate entier peu distinct*.

Dans chaque loge de l'ovaire on trouve *deux ovules anatropes, ascen-dants et apotropes*.

Le *fruit est une baie* très succulente, conte-

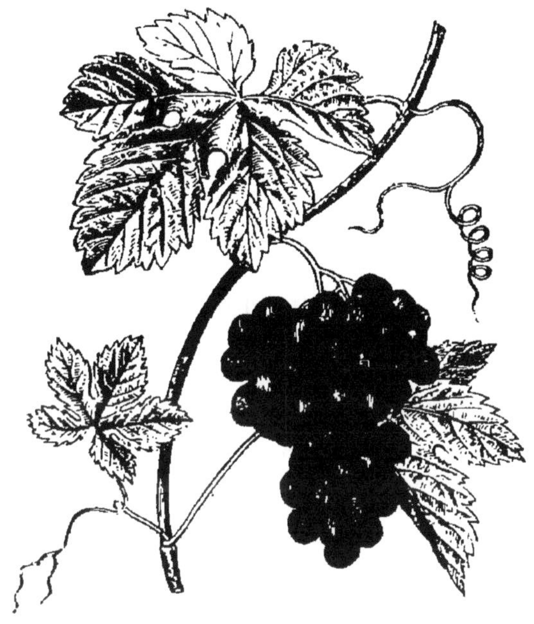

Fig. 360. — Vigne cultivée.

nant 2 à 4 *graines à testa osseux*, et qui renferment un *embryon mi-nime, placé vers l'extrémité micropylaire d'un albumen corné abondant*.

Certains genres offrent, par rapport au type qui vient d'être décrit, des divergences remarquables, et chez tous, sauf de rares exceptions, les pétales sont toujours indépendants et étalés.

Autres genres. — Chez les *Pterisanthes* Blume, de l'Asie tropicale, les fleurs, polygames-monoïques, couvrent *un axe commun aplati et ru-bané*, sur lequel elles sont insérées dans de petites alvéoles, ou bien dans certains cas, les bords de ce même axe sont occupés par des fleurs mâles pédonculées. Ces singulières inflorescences sont souvent accom-pagnées de vrilles.

Pterisanthes. — Quinaria. — Cissus. — Les *Quinaria* Raf., qui croissent en Asie et en Amérique, sont remarquables par leurs *vrilles adhésives* (1),

(1) Ces vrilles sont douées d'un phototropisme négatif énergique, qui force l'extrémité de leurs ramifications à s'appliquer fortement contre les troncs d'arbres, les murailles, etc.. le long desquels grimpe la plante, et à pénétrer dans les plus fins interstices qu'offrent ces

que l'on retrouve aussi chez beaucoup de *Cissus* L. des régions tropicales. *Les feuilles sont composées-digitées* chez ces deux genres, et le dernier comprend des *arbrisseaux dressés et sans vrilles.*

Lɛ̯ɛ̯ᴀ. — Enfin, les *Leea* L., des régions tropicales, méritent de former, dans la famille, une tribu distincte à cause de *leur corolle gamopétale, concrescente elle-même avec l'androcée* qui 'est *monadelphe,* et possède un tube souvent appendiculé. En outre, *l'ovaire est ici à 3-6 loges uniovulées.* Enfin, les *Leea* sont toujours *des arbustes ou des arbres dépourvus de vrilles et à port dressé.*

Caractères généraux. — *Plantes ligneuses,* dressées, ou plus fréquemment grimpantes, *souvent pourvues de vrilles de nature axile.* — *Feuilles simples ou composées,* de structure très variable, alternes, *ordinairement stipulées.*

Inflorescence variable, presque toujours *composée de cymes,* ellesmêmes réunies en panicules, en grappes ou en épis, *ordinairement oppositifoliée.* Axe floral quelquefois rubané et couvert de fleurs (*Pterisanthes*).

Fleurs actinomorphes, hermaphrodites, polygames ou unisexuées (monoïques ou dioïques).

Calice petit, cupuliforme, à 4-5 dents, plus rarement à 3-7 dents très courtes. *Pétales libres, rarement concrescents en tube à la base,* souvent soudés par le sommet et tombant tout d'une pièce. *Préfloraison valvaire.*

Étamines opposées aux pétales et en même nombre qu'*eux,* accompagnées par *un disque hypogyne* plus ou moins développé, entier ou lobé ; elles sont *libres, ou plus rarement concrescentes, par leurs filets,* en un tube qui, lui-même, est uni à la corolle ; celle-ci est alors gamopétale. *Anthères introrses, biloculaires, à déhiscence longitudinale.*

Ovaire constitué par 2, plus rarement 3-6 carpelles formant un nombre égal de loges, *simplement inséré sur le disque réceptaculaire, ou plus ou moins concrescent avec lui par sa base. Ovules, généralement 2* (rarement 1 seul) par loge, *apotropes, dressés et anatropes. Style terminal, simple.* Stigmate petit, indistinct, ou bien développé, entier ou lobé.

Fruit : baie 2-loculaire ou uniloculaire par avortement, rarement à 3-8 loges. *Graines dressées,* à tégument crustacé ou osseux. *Embryon petit, dans l'axe d'un albumen charnu très dense,* riche en matière grasse.

<hr>

supports. En ces points, se forment des sortes de pelotes qui se moulent exactement sur les inégalités de la surface ; puis les cellules de ces coussinets épidermiques sécrètent un suc visqueux qui se dessèche plus tard, et détermine une adhésion très énergique.

VITACÉES.

Pétales indépendants, au moins par la base. Étamines libres et jamais portées par la corolle. Loges de l'ovaire 2-ovulées.
Tribu I. Vitées.

Fleurs polygames. Style court ; stigmate peu distinct.

- Inflorescences en grappes ramifiées, assez souvent accompagnées de vrilles. — Pétales soudés en une coiffe caduque. — Disque lobé situé sous l'ovaire. Plantes ligneuses grimpantes, à feuilles simples, plus ou moins lobées...

  Vitis L.
  (28 espèces d'une autonomie douteuse. Région subtropicale de l'Ancien, et surtout du Nouveau Continents).

- Axe commun de l'inflorescence aplati, entier ou lobé, portant des fleurs polygames-monoïques. — Pétales distincts et étalés. — Disque annulaire. Plantes grimpantes...

  Pterisanthes Blume.
  (11-12 espèces. Asie tropicale et Archipel Malais).

Fleurs hermaphrodites, en apparence au moins. Style allongé avec stigmate peu distinct (style court et épais chez les *Quinaria*).

- Toujours des vrilles sans pelotes adhésives. Disque à 4 ou 5 lobes, formant une coupe concrescente avec la base de l'ovaire. — Baies colorées, 1-4 séminées..........

  Ampelopsis Michx.
  (20 espèces. Climats chauds tempérés de l'Amérique du Nord).

Plantes pourvues de vrilles avec pelotes adhésives, ou sans vrilles.

- Style allongé et grêle avec stigmate indistinct. — Disque presque indépendant de l'ovaire. Plantes quelquefois dressées et sans vrilles......

  Cissus L.
  (Environ 250 espèces, presque toutes tropicales).

- Style large et épais. — Disque toujours concrescent avec la base de l'ovaire. Plantes toujours grimpantes et pourvues de vrilles.

  Quinaria Raf.
  (Env. 10 esp. Amér. du Nord et Asie tempérée).

Pétales et étamines concrescents, et filets staminaux monadelphes. — Ovaire à 3-6 loges uniovulées. — Plantes toujours dressées et sans vrilles....................

Leea L.
(Environ 45 espèces. Contrées tropicales de l'Ancien Continent).

Tribu II. — Léées.

Affinités. — Les Vitacées sont voisines des Rhamnacées, dont elles se distinguent par *le port, la présence fréquente de vrilles et de feuilles composées, leur fruit baccien, leur ovaire toujours supère, leur albumen copieux.*

Les rapports des Vitacées avec les autres familles du sous-ordre ressortent de l'examen du tableau général.

Distribution géographique. — Les Vitacées ne sont spontanées que dans les régions tropicales et subtropicales du globe. Elles constituent une bonne partie des lianes qui croissent dans les forêts vierges. L'Australie est relativement pauvre en plantes de ce groupe.

Plantes importantes. — Le *Vitis vinifera* L. est cultivé depuis un temps immémorial dans les contrées tempérées et subtropicales de l'Ancien Continent, et il a donné naissance à un grand nombre de variétés. D'après de Humboldt, l'aire de culture la plus profitable pour la vigne est comprise entre les 36° et 40° de latitude Nord.

La forme *sylvestris*, qui est peut-être la forme primitive de la Vigne cultivée, est très répandue dans la région méditerranéenne ; on la retrouve encore au sud de l'Allemagne et dans la région caucasique.

Les baies de certains *Cissus* sont mangées, comme fruits rafraîchissants, dans les régions tropicales. Les feuilles de quelques plantes du même genre sont utilisées comme légumes.

FAMILLE V. — AQUIFOLIACÉES.

La famille des Aquifoliacées ne comprend que cinq genres bien distincts, répartis en 170 espèces. Le plus important de ces genres est le genre *Ilex* L qui, à lui seul, renferme 170 espèces, dispersées dans les régions les plus diverses du globe. Il n'est représenté en France que par le Houx commun (*Ilex Aquifolium* L.) que nous allons décrire.

Description de l'Ilex Aquifolium L. (fig. 361). — C'est un *arbuste* très répandu dans les montagnes et les forêts de l'Europe. *Ses feuilles sont alternes, simples, pourvues d'un court pétiole accompagné à la base par deux stipules peu apparentes, et dont la présence* a été méconnue longtemps à cause de leur fugacité (1). Ces feuilles sont *persistantes*. Le limbe est coriace, penninervié, à bord pourvu de dents espacées, terminées chacune par une épine de couleur fauve; claires et luisantes en dessus, ces feuilles sont un peu plus pâles en dessous.

Les *fleurs* sont petites et verdâtres, groupées *en ombelles ou en corymbes axillaires*, accompagnées de petites bractées, à 4 ou 6 rayons qui sont eux-mêmes les axes principaux de petites cymes bi- ou triflores.

La fleur est actinomorphe, hermaphrodite et complète.

Le *réceptacle*, plan ou légèrement concave, *est dépourvu de disque glanduleux.*

Le *calice est persistant, à 4 dents espacées, libres dans le bouton. La corolle est formée de 4 pétales concrescents à la base, à préfloraison imbriquée.*

Les *étamines*, concrescentes dans le bas avec la corolle, sont formées d'un *court filet* supportant *une anthère introrse, biloculaire, à déhiscence longitudinale.*

Le gynécée est représenté par 4 carpelles concrescents en un ovaire à 4 loges opposées aux pétales. Dans

Fig. 361. — Houx.

chacune est *un ovule anatrope, suspendu à l'angle interne*, entouré à la base d'une petite expansion circulaire du funicule, à micropyle dirigé en dedans et en haut (*apotrope*). *Le style très court supporte un stigmate épais, à 4 lobes.*

Le fruit est une drupe rouge, légèrement aromatique, à 4 loges *monospermes.*

La *graine descendante, à testa membraneux*, renferme, vers son extrémité micropylaire, *un embryon minime enfermé dans un albumen charnu abondant.* Une dilatation cupuliforme du funicule coiffe le micropyle.

Le genre *Ilex*, subdivisé en plusieurs sous-genres, montre, dans

(1) Voy. Kronfeld, in Engl. et Prantl.

ses nombreuses espèces, des divergences d'ordre secondaire. Les feuilles sont caduques dans le sous-genre *Prinos* Maxim. du Japon et de l'extrême Asie; elles sont persistantes, mais non épineuses, dans les sous-genres *Paltoria* Maxim. (Japon, Amérique), et *Ilex* Maxim. (Amérique et Asie).

En outre, les fleurs sont souvent polygames ou dioïques, 5 ou 6-mères, et l'ovaire peut avoir un nombre de loges variant de 4 à 7, uniovulées ou biovulées.

Caractères généraux. — *Arbres ou arbrisseaux* à rameaux anguleux, pourvus de *feuilles alternes*, ordinairement coriaces et persistantes, souvent épineuses, accompagnées de *très petites stipules fugaces.*

Fleurs actinomorphes, hermaphrodites ou souvent unisexuées par avortement, 4-mères, 5-mères, parfois aussi 3-6 mères. — *Réceptacle plan ou légèrement concave, dépourvu de disque glanduleux.*

Calice petit, souvent persistant, à divisions libres ou imbriquées dans le bouton. — *Pétales imbriqués, libres ou concrescents, petits et peu apparents.*

Étamines en même nombre que les pièces de la corolle, rarement plus nombreuses, libres ou concrescentes avec la corolle, *alternes avec les pétales. Anthères introrses,* normalement construites; pollen verruqueux.

Carpelles ordinairement 4-5 (rarement plus ou moins), *concrescents en un ovaire supère à tout autant de loges,* contenant chacune *1 à 2 ovules descendants, apotropes.* — *Style court; stigmate en tête ou lobé.*

Drupe à noyaux monospermes.

Graine descendante, à *testa membraneux. Embryon très petit, logé* dans un *albumen charnu abondant.*

Affinités. — Les Aquifoliacées ont beaucoup de rapport avec les Célastracées, qui s'en distinguent surtout par le *disque charnu qui revêt le fond du calice, la direction* ordinairement *ascendante des ovules,* leur *corolle polypétale.*

Les Oléacées, qui ont avec elles certains points de contact, s'en écartent par leur androcée réduit à 2 étamines, la préfloraison valvaire de la corolle, et leur embryon plus grand, occupant l'axe de l'albumen (v. plus loin).

Distribution géographique. — Le centre et la partie méridionale du Nouveau Continent paraissent constituer le centre géographique de cette famille. Elle est également représentée dans l'Amérique septentrionale et le sud de l'Afrique. Les Aquifoliacées sont relativement rares en Europe et en Asie.

Propriétés générales. Plantes importantes. — La composition chimique et les propriétés de ces plantes sont assez homogènes. Elles contiennent généralement un principe amer, cristallisable, nommé *Ilicine*, une singulière substance, la *Glu*, que notre Houx commun fournit en assez grande abondance, enfin des matières résineuses aromatiques, divers sels, etc.

Les feuilles du Houx commun ont été usitées comme fébrifuges; l'Ilicine a été proposée comme succédané de la *Quinine*. La *Glu* que contiennent les feuilles, indépendamment de l'usage qu'on en fait pour retenir les oiseaux dans des sortes de pièges, a été préconisée jadis pour dissoudre les tumeurs.

L'*Ilex vomitoria* Ait., arbrisseau des lieux humides de la Floride et des contrées méridionales des États-Unis, est désigné sous le nom de *Houx Apalachine* ou *Thé des Apalaches*. Les feuilles, à fortes doses, sont émétiques; elles sont, à petites doses, employées en infusions diaphorétiques et diurétiques.

Le *Thé du Paraguay* ou *Maté* (*Ilex paragayensis* S.-Hil.) a des feuilles glabres, dentées en scie et à dents espacées. Elles sont employées, torréfiées, en infusion. Les propriétés stimulantes de ce produit sont dues à la *Caféine* qu'il contient.

Le Houx commun est encore cultivé comme plante d'ornement et pour son bois dur et à grain fin.

L'écorce de l'*Ilex verticillata* Gray (*Prinos verticillatus* L.) est employée, aux États-Unis, comme astringente et tonique.

Les **HIPPOCRATÉACÉES**, les **STACKHOUSIACÉES** et les **PITTO-SPORACÉES** appartiennent au même sous-ordre, mais ne nous offrent aucun intérêt.

SOUS-ORDRE DES FRANGULINÉES.

Étamines alternes avec les pétales.

Feuilles simples. Étamines englobées par le disque, ou disque nul. — Graines ordinairement avec albumen abondant, avec ou sans arillode.

Point de disque. — Feuilles alternes. — Graine toujours sans arillode. — Embryon petit, excentrique dans l'albumen.

Un disque dans le bord duquel sont plus ou moins enchâssés les filets staminaux, et semence pourvue d'un faux arille. Feuilles alternes ou opposées, stipulées. — Fleurs hermaphrodites ou diclines. — Calice persistant, imbriqué. — Pétales libres, caducs, ordinairement imbriqués. — Ovaire libre ou plus ou moins infère, à 2-3-5 loges plus ou moins complètes. — Ovules souvent 2, dressés. — Fruit variable. — Embryon presque toujours axile dans l'albumen charnu............ **CÉLASTRACÉES.**

Feuilles sans stipules. — Fleurs hermaphrodites. — Calice caduc. — Ovaire à loges souvent incomplètes; ovules nombreux, bisériés. — Fruit: capsule ou baie.............. **PITTOSPORACÉES.**

Feuilles pourvues de petites stipules. — Fleurs hermaphrodites ou diclines. — Calice persistant. — Ovaire à loges complètes, avec 1-2 ovules descendants. — Fruit drupacé...... **AQUIFOLIACÉES.**

Feuilles composées, munies de stipules et de stipelles (1). — Fleurs hermaphrodites et 5-mères. — Un disque intra-staminal. — 2-3 carpelles concrescents ou plus moins indépendants. — Ovules nombreux, ascendants. — Capsule septicide au sommet. — Graines sans arillode, faiblement albuminées..... **STAPHYLÉACÉES.**

Étamines opposées aux pétales. Feuilles stipulées en général. — Fleurs hermaphrodites ou diclines. — Un disque. — Point d'arillode.

Plantes sans vrilles; feuilles toujours simples, alternes ou opposées, stipulées. — Inflorescences non oppositifoliées. — Calice à préfloraison valvaire, et pétales sans contact dans le bouton, ordinairement très petits. — Un disque intra-staminal. — Ovaire (2-4-5 loges) libre ou plus ou moins infère. — Ovules ordinairement solitaires, dressés. — Fruit sec ou charnu. — Albumen peu abondant.................. **RHAMNACÉES.**

Plantes ordinairement grimpantes, souvent munies de vrilles de nature axile. — Feuilles simples ou composées, souvent stipulées. — Inflorescences le plus souvent oppositifoliées. — Calice très petit (4-5-mère). Pétales libres ou concrescents, souvent soudés par le haut et se détachant en forme de calotte. — Lobes du disque alternant avec les étamines. — Ovaire libre, 2-loculaire. — Ovules dressés, géminés. — Baie. — Un albumen dur et abondant. Embryon minime.................. **VITACÉES.**

(1) Stipules des folioles, dans une feuille composée.

ORDRE V. — TRICOCCÉES

SOUS-ORDRE UNIQUE. — TRICOCCÉES

Fleurs diclines, généralement actinomorphes. — Enveloppe florale ordinairement simple, plus rarement double, quelquefois nulle. — Insertion hypogyne, plus rarement périgyne, jamais épigyne. — Étamines en nombre variable, diversement construites.

Carpelles ordinairement 3 (plus rarement plus ou moins), concrescents en un ovaire à loges 1- ou 2-ovulées. — Ovules anatropes, presque toujours pendants et épitropes, rarement apotropes ou ascendants.

Carpelles se détachant presque toujours, à la maturité, d'une columelle persistante.

Graines albuminées, souvent pourvues d'une caroncule.

Cet ordre comprend quatre familles, dont la dernière n'offre, pour nous, qu'un faible intérêt :

Les EUPHORBIACÉES, les CALLITRICHACÉES, les BUXACÉES et les EMPÉTRACÉES.

FAMILLE I.
EUPHORBIACÉES

Comme premier type de cette vaste famille, nous décrirons le genre *Euphorbia*, qui, cependant, présente certains caractères exceptionnels ; mais il offre l'avantage de pouvoir être étudié, dans nos régions, sur un nombre considérable d'espèces.

Description de l'Euphorbia Lathyris L. (fig. 362). — Cette plante, vulgairement connue dans nos régions sous les noms d'*Epurge* ou *Catapuce*, et dont les graines sont quelquefois employées, comme purgatives, par les gens de la campagne, est une *herbe bisannuelle*. Sa racine pivotante est surmontée d'une tige droite, cylindrique, qui peut atteindre 0^m,80 à 1 mètre de hau-

Fig. 362. — Euphorbe.

leur. Les *feuilles* sont allongées, très entières, sessiles, et *disposées sur quatre rangées longitudinales opposées-décussées. Les stipules font défaut.*

L'*inflorescence générale est une cyme*, d'abord nettement biparc, mais qui devient ensuite fréquemment unipare par avortement de l'un des deux axes, dans chaque bipartition, au-dessous des *inflorescences partielles terminales* que nous allons étudier (fig. 363, I et II).

Ces dernières sont presque sessiles entre les deux branches des

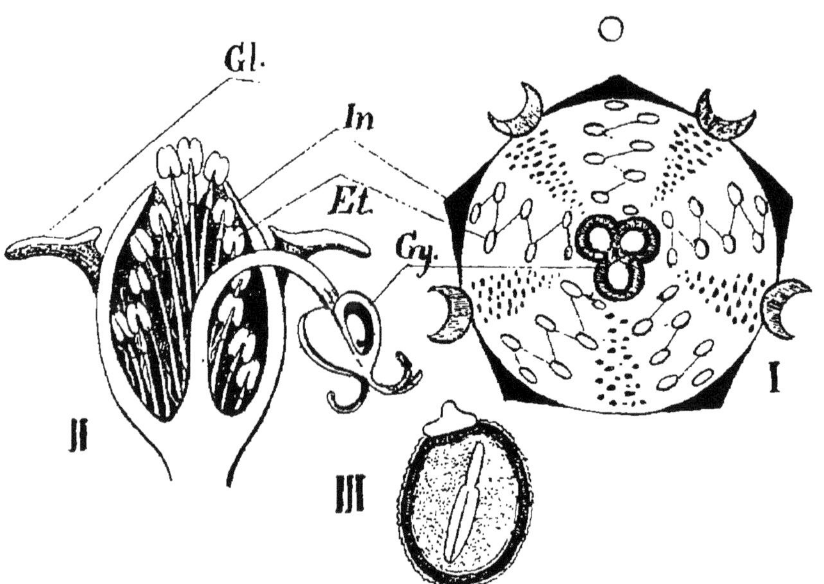

Fig. 363. — I, Diagramme d'une inflorescence monoïque d'*Euphorbia Lathyris*. — II, Même inflorescence en coupe longitudinale. In, involucre ; Gl, glandes qui alternent avec les pièces de l'involucre ; Et, faisceaux staminaux qui alternent avec des languettes déchiquetées ; Gy, fleur femelle centrale. — III, Graine. (Courchet ; diagramme d'après Eichler.)

fausses dichotomies. Ces branches naissent à l'aisselle de deux bractées à larges bases, triangulaires, qui finissent par devenir conniventes dans les dernières bifurcations.

Chacune des inflorescences partielles simule une fleur hermaphrodite. Elle offre tout d'abord, extérieurement, *une enveloppe cupuliforme* (In.), dont le bord se prolonge en *cinq lobes membraneux*, se recouvrant, avant l'anthèse, en préfloraison quinconciale. Dans les sinus qui les séparent, sauf dans le sinus antérieur, se montrent *quatre glandes en forme de croissants* (Gl.), d'un jaune verdâtre, dont les deux pointes sont tournées en dehors. C'est là un involucre formé d'un verticille de bractées concrescentes; les glandes sont considérées comme des formations de nature stipulaire.

En face de chaque division de l'involucre se montre un faisceau de sept à huit étamines (Et.) formant une série radiale en zigzag, dans laquelle les plus jeunes sont extérieures (dans chaque série le développement est donc centrifuge). Ce sont là des *cymes unipares de fleurs mâles, monandres* (1) *et sans périanthe. Les filets staminaux sont articulés à une certaine hauteur,* et portent des *anthères extrorses, biloculaires, à déhiscence longitudinale.* — En alternance avec ces faisceaux de fleurs mâles se montrent cinq languettes à bords déchiquetés (fig. 363, I), dont la valeur morphologique demeure un peu obscure (2).

Enfin, *au centre de la cupule involucrale* s'insère une sorte de colonne grêle qui s'infléchit en dehors, et porte *un ovaire à trois loges* (Gy) dont une antérieure et deux postérieures, auxquelles correspondent, extérieurement, trois saillies séparées par de profonds sillons. Il est surmonté *d'un style divisé en trois longues branches, elles-mêmes bifides,* et couvertes de papilles stigmatiques. — Dans chaque loge et vers le sommet de l'angle central est *un ovule anatrope, descendant, à raphé ventral (épitrope), à tégument double, dont l'exostome forme une excroissance* destinée à devenir, dans la graine, une *caroncule* très développée. Le micropyle est coiffé lui-même par une sorte *d'obturateur* qui émane du placenta.

L'ensemble que nous venons de décrire (3) donne lieu à deux interprétations bien distinctes : la première et la plus ancienne, autrefois enseignée par Linné et actuellement encore défendue par quelques botanistes, consiste à considérer les Euphorbes comme possédant des fleurs hermaphrodites polyandres et trigynes (4); la seconde, qui est actuellement la plus généralement adoptée, voit dans cet ensemble une inflorescence monoïque involucrée, composée de petites cymes de fleurs mâles, toutes nues et monandres, entourant une fleur femelle centrale, généralement nue elle-même.

(1) C'est-à-dire ne possédant qu'une seule étamine.

(2) Dans l'ancienne opinion consistant à voir, dans les inflorescences partielles des *Euphorbia*, une fleur hermaphrodite, ces formations ont été tour à tour considérées comme des sépales, comme des pétales, comme un disque réceptaculaire (H. Baillon), comme les stipules des membres ramifiés de l'androcée, stipules dont les moitiés voisines se seraient soudées deux à deux dans l'intervalle des faisceaux d'étamines. Dans la manière de voir actuelle, ces pièces sont décrites comme les bractées mères concrescentes des inflorescences mâles. Il faut alors admettre le dédoublement de ces bractées, suivant leur nervure dorsale, en 2 moitiés concrescentes avec les moitiés des bractées-mères voisines, dans l'intervalle des étamines.

(3) Les inflorescences partielles monoïques des Euphorbiées sont souvent désignées par les Allemands du nom de *Cyathium.*

(4) C'est-à-dire à plusieurs étamines et à 3 carpelles.

Les raisons qui militent en faveur de cette seconde interprétation sont de diverse nature et de la plus haute valeur. En premier lieu, l'analogie avec les autres Euphorbiacées qui, toutes, ont des fleurs unisexuées. En second lieu, chez les *Anthostema* Juss., la fleur femelle centrale et les fleurs mâles qui l'entourent sont munies d'un calice gamosépale inséré, chez ces dernières, au niveau de l'articulation du filet. Or, entre l'inflorescence d'un *Anthostema* et celle d'un *Euphorbia*, il n'y a d'autre différence que l'absence chez celle-ci d'un périanthe autour des fleurs (1). L'organogénie confirme, d'ailleurs, pleinement cette théorie, car on voit les groupes d'étamines se former successivement en même temps que les lobes de l'involucre, et non pas simultanément, comme s'il s'agissait des membres plus ou moins divisés d'un même androcée.

Le *fruit*, un peu charnu d'abord, finit par devenir *presque sec et tricoque*. Chaque carpelle s'ouvre d'abord en *déhiscence loculicide*, par sa nervure dorsale, et bientôt les cloisons se dédoublent à leur tour *suivant le mode septicide*. Mais les six valves ainsi formées restent unies au centre, où se montrent les trois graines adhérentes au sommet dilaté de la columelle centrale.

Ces *graines* (fig. 363, III) sont globuleuses, *pourvues d'une caroncule blanche*. L'amande est formée d'*un albumen huileux abondant*, au milieu duquel se montre *un embryon droit*, à radicule supère, et à cotylédons ovalaires.

Rien de plus varié que les caractères végétatifs des Euphorbes. Les unes sont des plantes couchées et rampantes (*E. Peplis* par exemple); d'autres sont des herbes dressées, annuelles ou vivaces, de taille et d'aspect très différents. Les feuilles sont toujours simples, alternes ou opposées, parfois très réduites. Elles disparaissent presque entièrement chez les Euphorbes cactiformes de l'Afrique septentrionale et des Canaries, chez lesquelles elles sont fréquemment remplacées par des sortes de verrues, indépendantes ou fusionnées, le long des tiges, en des sortes de côtes plus ou moins saillantes. Les axes charnus de ces Euphorbes sont fréquemment armés d'épines qui représentent, soit des formations stipulaires, soit des rameaux modifiés. Il est enfin des Euphorbes à tiges et à rameaux ligneux.

Tous les *Euphorbia*, comme un grand nombre d'Euphorbiacées, possèdent dans leur écorce, et même dans leur moelle, de nombreux laticifères continus, très ramifiés, sécrétant un suc blanc, drastique et très âcre.

Les *Anthostema* Juss., *Calipopeplus* Planch (Voy. plus haut), les *Synadenium* Boiss., chez lesquels les *glandes involucrales concrescentes forment un anneau complet*, les *Pedilanthus* Neck. qui peuvent être définis comme

<hr>

(1) Encore cette différence n'est-elle pas absolue, car la fleur femelle de certaines Euphorbes (*E. peperomioides, papillosa, stenophylla*, etc.), possède un calice rudimentaire. Le périanthe est nul chez la fleur mâle, mais bien développé dans la fleur femelle des *Calicopeplus* qui forment ainsi, entre les *Euphorbia* et les *Anthostema*, une transition des plus naturelles.

des *Euphorbia dont l'inflorescence est rendue zygomorphe par le développement prépondérant des deux pièces antérieures de l'involucre*, et quelques autres genres, forment une première tribu, celle des **Euphorbiées**, caractérisée par la structure spéciale de ces inflorescences.

Chez toutes les autres Euphorbiacées l'inflorescence est autrement construite et n'affecte jamais l'aspect d'une fleur hermaphrodite.

Partout les fleurs sont unisexuées et pourvues d'un périanthe, ordinairement simple, quelquefois double.

Autres genres. — CROTON L., CROZOPHORA Neck., JATROPHA L., etc. — C'est ainsi que chez les plantes du genre *Croton* L., qui fournit d'importants produits à la matière médicale, *il existe toujours une corolle chez la fleur mâle*, et la fleur femelle en est elle-même pourvue chez les *Croton* de la section *Eluteria*. — Chez le *Crozophora tinctoria* Juss., qui, dans le Midi, est récolté pour la fabrication du *Tournesol en drapeau*, les fleurs mâles ont également une corolle, et le même fait s'observe chez les *Jatropha* L. des régions équatoriales.

Les deux sexes sont pourvus d'une corolle chez les *Aleurites* Forst.

Le nombre et la disposition des étamines, dans la fleur mâle, sont très variables. (Voy. les divers diagrammes, fig. 364 et 365.)

Les fleurs mâles, dans la tribu des Euphorbiées, n'ont qu'une étamine. — Les *Excœcaria*, *Stillingia* (fig. 365, III), *Sapium*, n'ont *que 2 à 3 étamines libres* au centre de la fleur mâle. — Elles sont *libres encore, mais plus ou moins nombreuses, et formant plusieurs verticilles chez les Mercurialis* (8-20), les *Croton* où elles sont fortement infléchies dans le bouton avant l'anthèse (fig. 364, I). Leur nombre varie de 15 à 300 chez les *Mallotus* Lour., dont une espèce fournit le produit anthelmintique connu sous le nom de *Kamala. Leur nombre est de près de 1 000 dans la fleur mâle du Ricin* (fig. 365, I), où elles sont *réunies en faisceaux ramifiés*, mais chez lesquels l'androcée dérive d'ébauches primitives simples disposées en verticilles.

Chez d'autres genres, elles sont monadelphes, et alors fréquemment pourvues d'anthères extrorses, comme chez les *Hevea* Aubl. et les *Hura* L.

Les anthères sont à déhiscence ordinairement longitudinale; cette dernière est aussi parfois transversale. — Chez les Mercuriales, les loges de l'anthère sont globuleuses et suspendues de chaque côté d'un connectif élargi. Chez les *Acalypha* L. elles sont allongées, vermiformes et diversement contournées.

Très fréquemment, il existe un disque glanduleux plus ou moins développé.

Le gynécée offre beaucoup moins de divergences que les autres

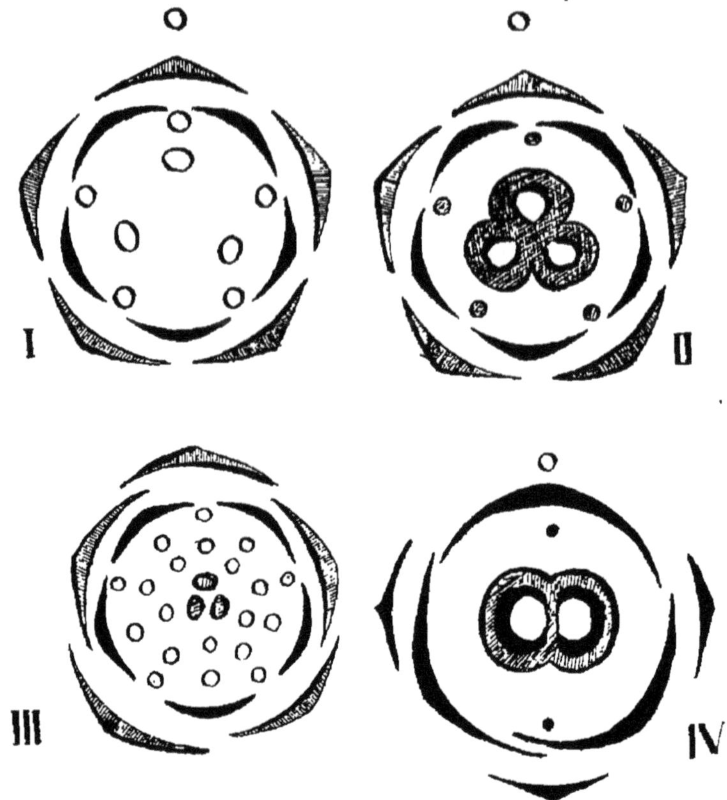

Fig. 364. — I et II, Fleurs mâle et femelle du *Crosophora tinctoria.* — III, Fleur mâle du *Croton Tiglium.* — IV, Fleur femelle de *Mercurialis annua.*

parties de la fleur. Il se compose généralement de *trois carpelles soudés en un ovaire à 3 loges surmonté d'un style simple 3-fide, ou de trois styles distincts. — Les ovules sont toujours anatropes et descendants, épitropes.* Solitaires dans chaque loge, chez la plupart des Euphorbiacées, ils se montrent géminés chez les **Acalyphées.**

Le nombre des carpelles se réduit quelquefois à 2, comme chez les Mercuriales; il est de 6 à 9 chez le Mancenillier (*Hippomane*

Mancenilla L.), et de 2 à 20 chez le Sablier élastique (*Hura crepi-tans* L.)

Le fruit est ordinairement une capsule sèche ou plus ou moins charnue, se séparant, à la maturité, en trois coques indéhiscentes, ou déhiscentes en deux valves par les deux sutures. Il est cependant drupacé chez les *Antidesma* et les *Hippomane*; c'est une capsule loculicide chez les *Sapium* R. Br., etc.

La graine, souvent caronculée, est ordinairement pourvue d'un

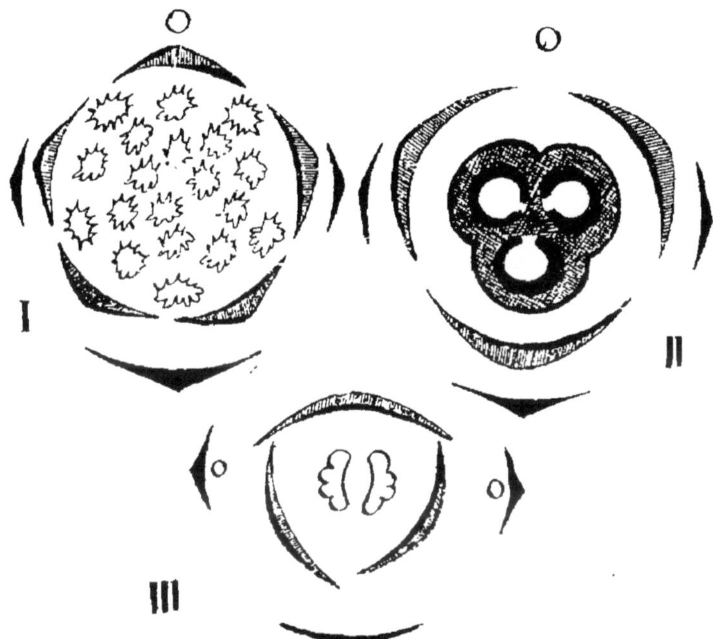

Fig. 305. — I et II, Fleurs mâle et femelle de *Ricinus communis*. — III, Fleur mâle de *Stillingia sebifera*.

albumen huileux. L'embryon, ordinairement droit dans l'axe de ce dernier, a des cotylédons presque aussi larges que lui et plusieurs fois plus larges que la radicule, ou, au contraire, aussi étroit que cette dernière. En s'appuyant sur ce dernier caractère, on a divisé les Euphorbiacées en deux sections : les **PLATYLOBÉES** et les **STÉNOLOBÉES**.

Ainsi qu'on le voit, quoique cet immense groupe forme un tout bien délimité, il offre peu de caractères que l'on puisse affirmer constants au point de vue morphologique. Il en est de même en ce qui concerne leur structure; car les laticifères continus qui caractérisent un si grand nombre d'entre ces plantes, sont remplacés par des laticifères articulés chez les **Manihotées**, et manquent parfois tout à fait, chez les **Phyllanthées**, par exemple.

Caractères généraux des Euphorbiacées. — *Plantes herbacées ou ligneuses, de taille et d'aspect extrèmement variables, généralement pourvues de laticifères continus ou articulés dans leur écorce et même dans leur moelle. Souvent du liber médullaire.*

Feuilles ordinairement alternes, rarement opposées, simples ou plus rarement composées-digitées, *souvent pourvues de stipules* quelquefois glanduliformes.

Fleurs toujours unisexuées, monoïques ou dioïques, *actinomorphes ou rarement zygomorphes,* presque toujours groupées en inflorescences plus ou moins complexes, les fleurs femelles parfois solitaires.

Périanthe le plus souvent simple, plus rarement double, soit dans les deux sexes, soit seulement dans le sexe mâle, *parfois entièrement nul.*

Fleur mâle ordinairement pourvue d'un disque glanduleux diversement conformé. — *Etamines en nombre très variable* (de 1 seule à un nombre indéfini), libres ou concrescentes; anthères introrses ou extrorses, etc. *Assez souvent un rudiment de gynécée au centre de la fleur.*

Fleur femelle pourvue ou dépourvue d'un disque glanduleux. — *Ovaire toujours libre,* sessile ou stipité, accompagné ou non par des staminodes, *le plus souvent 3-loculaire,* plus rarement biloculaire ou pluriloculaire, ou à une seule loge par avortement, *surmonté, le plus souvent, par 3 styles* libres ou diversement concrescents. — *Ovules anatropes et pendants, à raphé ventral,* solitaires ou géminés dans chaque loge, *à micropyle pourvu d'une petite excroissance, et surmonté d'un obturateur né du placenta.*

Fruit : le plus souvent capsule se divisant, à la maturité, en trois coques déhiscentes par la nervure dorsale, et se séparant d'une columelle centrale; plus rarement fruit indéhiscent, drupacé ou baccien.

Graine généralement caronculée. Embryon droit, plus rarement courbe, à cotylédons très larges ou étroits. *Albumen charnu et oléagineux,* rarement nul.

Classification générale des Euphorbiacées.

EUPHORBIACÉES.

Cotylédons plusieurs fois plus larges que la radicule. — Section I. — PLATYLOBÉES

Ovules solitaires dans chaque loge.

Inflorescences diverses : épis, grappes, panicules, glomérules, etc., mais ne simulant jamais une fleur hermaphrodite.

Étamines dressées dans le bouton.

Deux ovules dans chaque loge de l'ovaire. — Jamais de laticifères ni de liber médullaire.

Tribu I. — Phyllanthées.

Étamines infléchies dans le bouton. — Fleurs mâles à périanthe souvent double, avec calice valvaire. — Épis, grappes terminales, les mâles souvent en glomérules.

Tribu II. — Crotonées.

Calice mâle valvaire, et fleurs le plus souvent sans corolle. — Grappes, épis ou panicules, terminaux ou axillaires.

Tribu III. — Acalyphées.

Calice mâle valvaire ou presque imbriqué, accompagné ou non d'une corolle. Inflorescences lâches en général (panicules).

Tribu IV. — Jatrophées.

Calice mâle valvaire, plus rarement imbriqué. — Jamais de corolle. — Grappes et épis simples, terminaux.

Tribu V. — Manihotées.

Calice mâle imbriqué. — Jamais de corolle. — Épis axillaires ou terminaux, eux-mêmes formés de glomérules, rarement d'inflorescences plus lâches. Laticifères inarticulés.

Tribu VI. — Hippomanées.

Inflorescences partielles involucrées (*Cyathium*) simulant une fleur hermaphrodite : fleur femelle solitaire au centre, entourée par des cymes unipares de fleurs mâles. — Plantes riches en laticifères continus.

Tribu VII. — Euphorbiées.

Cotylédons beaucoup plus étroits que l'albumen et ne dépassant pas la radicule en largeur.

Tribu VIII. — Poranthérées.

Tribu IX. — Ricinocarpées.

Section II. — STÉNOLOBÉES.

Tribu X. — Calétiées.

Affinités. — Les Euphorbiacées forment un groupe assez isolé ; leurs affinités sont cependant multiples.

Malgré leurs fleurs souvent apétales et les laticifères qu'elles renferment, elles s'écartent notablement des Moracées et des Artocarpacées dont on les rapproche souvent, surtout *par leurs inflorescences et la structure ordinairement bien différente de leurs stipules*.

Les Euphorbiacées ont des rapports plus étroits, bien que très indirects encore, avec les diverses familles du Sous-Ordre des Géraniales (1), surtout *par la structure de leur gynécée, la forme et l'orientation de leurs ovules*.

Lindley avait aussi depuis longtemps signalé de grandes analogies entre les Euphorbiacées et les Malvacées. Ces dernières ont souvent des carpelles et des fruits semblables, et l'analogie se poursuit jusque dans les formations épidermiques qu'elles possèdent fréquemment. Les divergences qui séparent ces deux groupes sont, cependant, trop nombreuses et trop frappantes pour qu'il soit utile de les détailler ici.

Leurs rapports sont bien plus étroits avec les *Callitrichacées* et les *Buxacées* (Voy. plus loin).

Distribution géographique. — La famille des Euphorbiacées, qui embrasse plus de 3 000 espèces connues, est très inégalement distribuée dans les diverses contrées du globe. Les plus cosmopolites de toutes sont les *Euphorbia*, dont quelques représentants se montrent jusque dans le nord de l'Europe et de l'Asie, et que l'on rencontre, en abondance, aussi bien dans la zone tempérée de notre hémisphère, que dans les régions tropicales des deux Continents ; on trouve encore des Euphorbes en Patagonie et dans la Nouvelle-Zélande.

Si nous exceptons ce genre, nous pouvons dire que les Euphorbiacées sont surtout abondantes dans les régions tropicales, et qu'elles prédominent dans le Nouveau Continent. L'Europe est, de toutes les parties du monde, la moins riche de cette famille en genres, sinon en espèces et en individus.

Les Euphorbiacées australiennes appartiennent, en général, à la section des Sténolobées, et se font remarquer par leur port ordinairement éricoïde.

Propriétés générales. Plantes importantes. — L'analogie mor-

(1) F. Pax, in Engler et Prantl, *Die natürlichen Pflanzenfamilien*, fascicule 42, p. 13.

phologique qui unit entre elles les diverses Euphorbiacées se retrouve dans leur composition et leurs propriétés, généralement âcres et drastiques. Cette analogie avait frappé les anciens botanistes, qui considéraient comme suspectes toutes les plantes à fruits tricoques.

D'une manière générale, ce sont des corps gras ou des huiles essentielles qui paraissent constituer, ou tout au moins contenir les principes actifs. L'activité des Euphorbiacées est, d'ailleurs, extrêmement variable, non seulement d'une plante à l'autre, mais encore, pour une même espèce, suivant l'âge et les conditions extérieures. La chaleur seule ou même la simple dessiccation suffisent souvent pour dissiper le principe toxique (par exemple chez le Manihoc amer) (1).

L'albumen des Euphorbiacées fournit des huiles dont l'activité varie énormément : les unes constituent un purgatif doux (Huile de Ricin), d'autres possèdent une âcreté redoutable (Huile de Croton).

Certaines Euphorbiacées sont exploitées pour la fécule (2) qu'elles contiennent ; d'autres enfin sont aromatiques, ainsi qu'il en existe dans le genre *Croton*.

Nous énumérerons rapidement les espèces les plus importantes.

Le latex d'un certain nombre d'*Euphorbia* est extrêmement actif, et celui de quelques espèces sert de poison sagittaire chez certaines peuplades (E. *virosa* Wild, *heptagona* Haw. L. en Afrique, E. *cotonifolia* L., au Brésil).

L'huile de l'*E. Lathyris* L. (*Epurge, Grande Catapuce*) (fig. 362) est drastique et souvent encore employée, dans les campagnes, comme purgative.

L'*E. Ipecacuanha* L. fournit à la médecine américaine son écorce éméto-cathartique.

La racine de l'*E. corollata* L. est usitée comme vomitive aux États-Unis.

L'*E. pilulifera* L. est une espèce plus importante au point de vue médical. Elle est annuelle, et indigène dans un grand nombre de pays tropicaux, particulièrement en Amérique, dans l'Afrique occidentale, dans l'Inde ; on la retrouve au Japon, en Chine, aux îles Sandwich et même en Australie. Cette plante a été vantée contre l'asthme et les dyspnées d'origine cardiaque.

(1) Voir p. 958.
(2) Cette fécule est souvent en forme de grains allongés, ordinairement renflés aux deux bouts, ainsi qu'on l'observe surtout dans le latex des *Euphorbia*.

C'est à une Euphorbe que nous devons la gomme-résine rubéfiante et épispastique, dite *Gomme-résine d'Euphorbe*. Ce produit
n'est que le latex desséché de l'*E. resinifera* O. Berg (fig. 366),

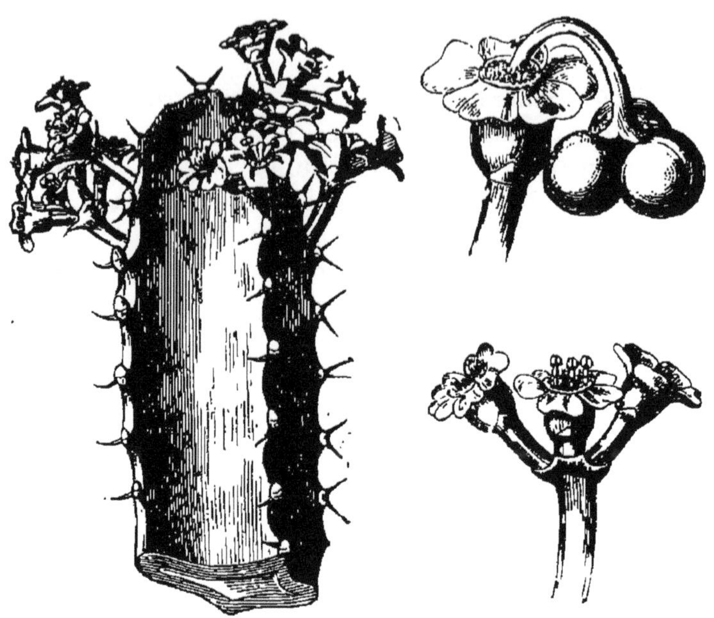

Fig. 366. — Euphorbe résinifère.

qui croît sur les montagnes voisines de la capitale du Maroc, et
qui appartient au groupe des Euphorbes à port de Cactées.

Les notions que l'on avait jadis sur la provenance de ce produit
étaient très incomplètes et très vagues. On l'avait attribué à diverses
espèces du même groupe, entre autres aux *E. Antiquorum* L. (1), de
l'Inde, de l'Afrique et de l'Arabie, *E. officinarum* L. (2), de l'Ethiopie,
enfin à l'*E. canariensis* L. (3), des îles Canaries. O. Berg, d'après
l'examen des fragments de tige et des aiguillons que renferme
encore la drogue commerciale, reconnut que sa provenance était

(1) La tige de cette espèce est triangulaire ou quadrangulaire, articulée et ramifiée, armée, sur les arêtes, d'épines divergentes disposées par paires. Chaque fausse ombelle porte
trois capitules dans lesquels on remarque 5 à 6 fleurs mâles.

(2) Cette espèce se distingue par sa tige plus épaisse, peu ou pas du tout ramifiée, pourvue d'arêtes plus nombreuses (12 à 18), chacune avec une rangée d'épines géminées. Les
fleurs, d'un vert rougeâtre, sont presque sessiles.

(3) L'Euphorbe des Canaries possède une tige tétragone, de 1 à 2 mètres d'élévation,
ramifiée, munie, sur les arêtes, de tubercules formant une rangée longitudinale ; sur chacun d'eux s'insèrent deux courts aiguillons divergents. Les inflorescences sont sessiles,
pourvues d'un involucre à 10 divisions.

tout autre, et il nomma *Euphorbia resinifera* la plante qui la produit et qu'il ne connaissait encore que par ses débris. Elle ne fut
déterminée que plus tard. Sa tige charnue, tétragone, peut atteindre
une hauteur de 2 mètres. Les feuilles ne sont représentées, le long
des arètes, que par des épines stipulaires, disposées par paires
sur des coussinets. Les inflorescences partielles forment de petites
cymes bipares dans lesquelles l'inflorescence centrale est sessile.

Beaucoup d'autres Euphorbes, soit exotiques, soit indigènes, pourraient être utilisées (*E. Helioscopia* L. ou Réveille-Matin ; *E. Cyparis-
sias* L., Petit Cyprès ou Rhubarbe des Pauvres ; *E. Characias* L.,
E. segetalis L., etc.

On exploite pour la préparation du Caoutchouc, dans la Guyane
et dans le nord du Brésil, un certain nombre d'espèces du genre
Hevea (*H. lutea* Muell., *H. brasiliensis* Muell., *H. rigidifolia*
Muell., etc.) et surtout l'*Hevea guyanensis* Aubl. (1).

Le *Ricinus communis* L. (fig. 367), originaire d'Afrique ou des
Indes Orientales, actuellement cultivé dans la plupart des régions
tropicales et des pays tempérés, est connu dès la plus haute antiquité. Les graines qu'il fournit sont réparties en plusieurs sortes,
suivant leur origine (*Ricins de France, Ricins d'Amérique, Ricins de
l'Inde, Ricins de Syrie*). La composition de l'huile qu'on en extrait,
formée en grande partie par la *Ricinoléine*, est chimiquement intéressante ; elle est, en outre, remarquable par sa solubilité dans
l'alcool fort. Mais, la vraie nature et la localisation du principe
purgatif sont encore ignorées.

On emploie comme purgatives, en Amérique, sous le nom de
Graines de Médicinier, Gros pignons d'Inde, les semences du Médicinier cathartique ou des Barbades (*Jatropha Curcas* L., *Curcas purgans* Médik).

On utilise encore, de la même manière, les semences de plusieurs
autres *Jatropha* : le *J. multifida* L. (Médicinier d'Espagne, Noisette purgative), le *J. gossypifolia* L. (Médicinier sauvage), etc.

(1) *Jatropha elastica* L.; *Siphonia elastica* Pers.
C'est un arbre de 16 à 20 mètres de hauteur, dont les rameaux sont garnis, à leurs extrémités, de feuilles rapprochées et composées de trois folioles ovales-oblongues, entières
et pointues. Les fleurs sont monoïques, munies d'un périanthe simple, pentamères. Comme
nous l'avons dit, dans la fleur mâle, l'androcée est formé de 5 à 10 étamines soudées en
une colonne centrale, avec des anthères extrorses. Le fruit est relativement grand, tricoque, et s'ouvre élastiquement à la maturité. La graine huileuse est inoffensive, dit-on. Le
latex obtenu par incision, est purifié et desséché avec soin.

Les *Manihot* sont utilisés pour l'extraction de leur fécule que l'on connaît sous les noms de *Moussache* et de *Tapioka*. Ce sont des végétaux très voisins des *Jatropha*, dont ils se distinguent par leurs fleurs sans corolle, et par leurs étamines monadelphes à la base seulement. Deux d'entre eux, originaires de l'Amérique du Sud, sont exploités : le *Manihot Aïpi* Pohl. (Manihoc doux, Camagnoc, etc.), et le *Manihot utilissima* Pohl. (*Jatropha Manihot* L., *Janipha Manihot* K.), Manihoc ordinaire ou Manihoc amer.

La première espèce est entièrement inoffensive; mais la seconde

Fig. 367. — Ricin.

contient des principes toxiques, la *Manihotine* et l'*Acide manihotique*, unis à une petite quantité d'*Acide cyanhydrique*, composés qui tous, d'ailleurs, se dissipent par l'application de la chaleur, ou par la simple dessiccation; aussi extrait-on la fécule de sa racine, aussi bien que de celle de la première espèce.

Indépendamment de la Moussache ou fécule de Manihoc et du Tapioka, qui n'est autre chose que cette même fécule ayant subi l'influence de l'humidité et de la chaleur et mise en grumeaux, on prépare encore, avec la racine des Manihocs, certains aliments usités en Amérique sous les noms de *Couaque* et de *Cassave*.

Les *Semences de Croton* (*Petits pignons d'Inde; Graines des Moluques; Graines de Tilly*), sont fournies par le *Croton Tiglium* L. (*Tiglium officinale* Klotzsch) (fig. 368), qui croît dans l'Inde, l'Asie et l'Océanie tropicales, Java, Bornéo, les îles Philippines, etc., et que l'on cultive actuellement dans plusieurs autres contrées tropicales (1). L'huile qu'on extrait de ces graines est un drastique d'une violence extrême, et agit comme vésicant à l'extérieur. Elle contient des acides *Acétique*, *Valérique*, *Butyrique*, *Tiglinique*, qui sont volatils, et de l'*acide Crotonoléique* qui serait le principe actif, d'après certains auteurs.

Les semences des *C. oblongifolium* Rxb. et *C. polyandrum* R x b., de l'Inde, jouissent à peu près des mêmes propriétés (2).

Le *Croton Elutheria* Bennet, qui croît aux îles Bahama, fournit son écorce aromatique, connue sous le nom d'*Ecorce de Cascarille*, et autrefois attribuée au *Croton Cascarilla* Bennet. Cette dernière espèce, ainsi que les *C. lineare* Jacq., *C. micans* Sw., *C. suberosum* Kunth, *C. balsamiferum* L., donnent des sortes inférieures de Cascarille.

Fig. 368. — Croton Tiglium.

(1) C'est un petit arbre de 5 à 6 mètres dont les feuilles alternes, pétiolées, simples, sont accompagnées de stipules latérales. Les fleurs forment des grappes terminales dont le sommet est occupé par les fleurs mâles, la base par les fleurs femelles. Calice et corolle sont bien développés chez les premières ; la corolle est remplacée par de simples languettes chez les secondes. Le nombre des étamines est de 15 à 20 dans la fleur mâle.

(2) Les semences les plus énergiques comme drastiques paraissent être celles de l'*Anthostema Aubryanum* H. Br., de la côte occidentale d'Afrique.

Le *C. niveus* Jacq. (*C. Pseudo-Quina* Schlecht.), arbuste originaire des Antilles, du Mexique et du Vénézuéla, fournit l'*Écorce de Copalchi*, d'une saveur piquante et amère, rappelant un peu celle de la Térébenthine. Cette drogue a été usitée comme fébrifuge.

L'écorce âcre et aromatique, employée sous le nom d'*Écorce de Malambo* comme fébrifuge, stimulante et digestive, est due au *Croton Malambo* Karst., qui croît aux Antilles, dans la Nouvelle-Grenade et le Vénézuéla.

Le *Mercurialis annua* L. (*Foirolle*) constitue un purgatif des plus vulgaires. Il faut se garder de la confondre avec le *M. perennis* L. (*Mercuriale vivace*) qui est beaucoup plus irritante, et dont le suc possède des propriétés éméto-cathartiques (1).

Les feuilles de l'*Acalypha fruticosa* Forsk. sont employées par les Hindous comme laxatives; le suc de l'*Acalypha indica* L. est émétique.

La Maurelle (2) ou Tournesol (*Crozophora tinctoria* Neck., *Croton tinctorium* L.) sert de type à un genre qui est à la fois voisin des *Croton* et des *Jatropha*. C'est une herbe vivace (3), rameuse, dont le port rappelle celui de l'Héliotrope d'Europe (Borraginacées).

Cette Euphorbiacée croît spontanément dans le Midi de la France, en Espagne, en Portugal, en Italie. On la cultive principalement dans le Gard, au Grand Galargues, où on prépare le *Tournesol en drapeaux*. On désigne ainsi les chiffons imprégnés du suc de la plante, qui sont ensuite expédiés en Hollande; là on en extrait le principe colorant dont on se sert pour teindre en rouge les fromages qu'on y fabrique.

La poudre rouge usitée comme anthelmintique sous le nom de *Kamala*, est fournie par le *Mallotus philippinensis* Muell. (4), qui croît dans les contrées montagneuses de l'Inde, à Ceylan, aux Philip-

---

(1) Nous citerons encore la Mercuriale tomenteuse (*M. tomentosa*, L.), espèce également vivace des lieux incultes du Midi, et qui se distingue par sa couleur blanchâtre et le duvet qui revêt ses tiges et ses feuilles. Ses propriétés paraissent être les mêmes que celles de ses congénères. Cette plante renferme en outre, comme elles, une matière colorante semblable, sinon identique, à celle du *Crozophora tinctoria* Neck. (Voy. *Des mercuriales ; anatomie, matière médicale*, par M. Xavier Fructus. Montpellier, 1893).

(2) Ce nom donné à cette Euphorbiacée est dû probablement à sa ressemblance avec la Morelle noire (*Solanum nigrum*), qui est une Solanacée.

(3) Ses feuilles sont alternes, molles, pétiolées, ovales-rhomboïdales, blanchâtres et cotonneuses. Les fleurs, monoïques, sont disposées en cymes simulant une grappe dont le sommet est occupé par les fleurs mâles. Ces dernières ont une calice et une corolle pentamères, et 5, rarement 8 ou 10 étamines monadelphes par le bas, à anthères extrorses. Les femelles sont apétales, pourvues d'un calice formé par 10 pièces linéaires. L'ovaire est triloculaire, sessile ; le fruit est hérissé, à 3 coques.

(4) *Rottlera tinctoria* Rxb.; *Echinus philippinensis* H. Bn.

pines, en Australie, dans l'Arabie, en Abyssinie. Le Kamala est essentiellement composé par les glandes et les poils qui recouvrent les parties jeunes de la plante, mais surtout les fruits et les inflorescences. Ce produit sert, dans l'Inde, pour teindre la soie en jaune.

On désigne sous le nom de *Suif végétal*, une matière grasse qui est recueillie, en Chine, à la surface des semences du *Sapium sebiferum* Rxb. (*Stillengia sebifera* L.)

On nomme *Noix des Moluques* ou *de Bancoul* la semence de l'*Aleurites ambinux* Person., dont on retire une huile doucement purgative, comme celle du Ricin, mais dont les effets sont moins constants.

Les semences du *Fontanea Pancheri* Heckel (1), qui croît en Nouvelle-Calédonie, ne peuvent être comparées, comme activité, qu'à celles du *Croton Tiglium.*

Le *Faux Bois d'Aigle* (*Calambac* ou *Bois aveuglant*) est donné par l'*Excæcaria Agallocha* L., qui doit cette dernière dénomination à l'extrême âcreté de son suc, et qui croît spontanément dans les Moluques.

Parmi les plantes les plus toxiques de la famille, il convient de citer encore le *Sablier élastique* (2) (*Hura crepitans* L.) des Antilles et de l'Amérique tropicale, et le Mancenillier (*Hippomane Mancenilla* L.), qui a été l'objet d'exagérations légendaires.

Les petites drupes de certains *Phyllanthus* étaient autrefois employées, surtout celles du *P. Emblica* L., connues sous le nom de *Myrobolans Emblics* (3), et usitées comme désobstruants et antidiarrhéiques.

FAMILLE II. — CALLITRICHACÉES.

On réunit quelquefois ce petit groupe, composé du seul genre *Callitriche* L., aux Euphorbiacées avec lesquelles ces plantes ont, en effet, beaucoup d'affinité.

Ce sont des *herbes délicates*, souvent aquatiques ou amphibies, pourvues de *feuilles opposées et entières*, grêles, les supérieures souvent rapprochées en rosette.

Les fleurs, très petites et peu distinctes, sont axillaires, ordinairement solitaires, *unisexuées et monoïques, sans périanthe*, mais pourvues souvent de *deux préfeuilles transversales*, longues et concaves. — La *fleur mâle* (fig. 369, 1) n'est ordinairement représentée que par *une seule étamine centrale*, dont le filet filiforme supporte *une anthère à deux loges en contact au sommet, et s'ouvrant par une même fente arquée transversale.* — La

---

(1) *Baloghea Pancheri* Baill.

(2) Comme les Mancenilliers, le Sablier élastique nous offre l'exemple d'une Euphorbiacée à carpelles multiples. Son nom spécifique lui a été donné à cause du singulier mode de déhiscence de son fruit. Une fois secs, les carpelles qui le constituent s'ouvrent brusquement en se séparant les uns des autres, et projettent au loin les graines en produisant un crépitement intense. On ne peut conserver ces fruits entiers, dans les collections, qu'en les maintenant réunis par une forte attache ou un fil de fer.

(3) Les vrais Myrobolans étaient fournis par des Combrétacées.

fleur femelle consiste en *un pistil*, sessile ou stipité, formant *un ovaire à deux loges latérales ;* ces dernières sont elles-mêmes profondément bilobées et divisées en deux logettes par une fausse cloison. Il existe *deux styles linéaires* distincts. Dans chaque logette est *un ovule anatrope, pendant et épitrope* (III) (v. p. 108), à un seul tégument. *Le fruit* (IV), *in-déhiscent*, comprimé d'avant en arrière, et 4-lobé ou 4-ailé, *se divise définitivement en 4 petites drupes.* Les quatre *graines, revêtues d'un testa dur*, renferment *un embryon arrondi, axile dans un albumen charnu* (IV).

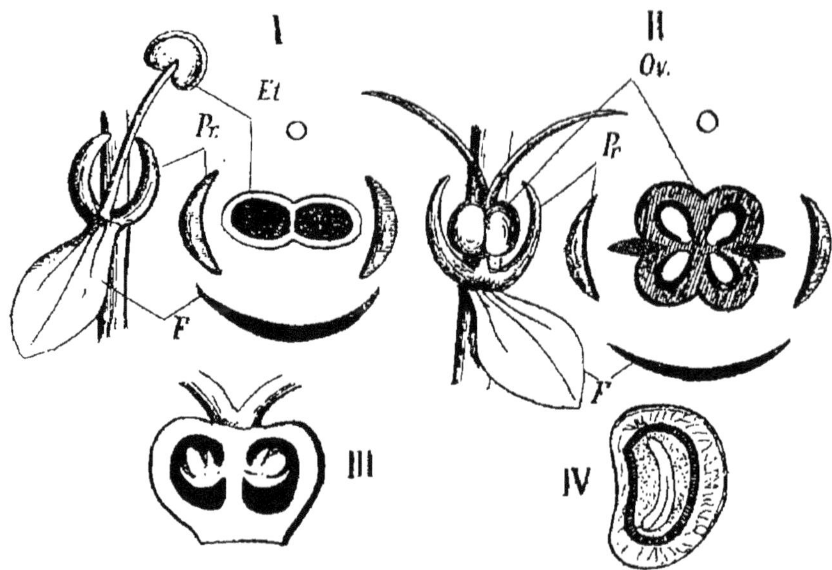

Fig. 369. — I et II. Fleur mâle et fleur femelle d'un *Callitriche :* F, feuille-mère ; Pr, préfeuilles tenant lieu de périanthe ; Et, étamine ; Ov, ovaire. — III. Ovaire en section longitudinale. — IV. Drupe monosperme en section longitudinale. (Courchet.)

Affinités. — Les *Callitrichacées* se différencient nettement des Euphorbiacées par *leur port, l'extrême réduction de leur structure florale et la nature de leurs fruits.* On les a rapprochées d'autres familles bien éloignées des Euphorbiacées, telles que les Caryophyllacées, les Verbénacées, les Borraginacées, etc.

Distribution géographique. — Le nombre des espèces de *Callitriche* est mal connu (2 à 25 suivant les auteurs). On les rencontre à peu près dans toutes les régions chaudes ou tempérées du globe.

FAMILLE III. — BUXACÉES.

Description du Buxus sempervirens L. — Le Buis commun (*B. sempervirens* L.) est l'unique représentant indigène de cette petite famille.

C'est un *arbuste* toujours vert des lieux ombragés de l'Europe et de l'Asie (1). *Feuilles* entières, opposées, sans *stipules*.

Les fleurs sont unisexuées, actinomorphes et monoïques. *Les inflores-cences sont des glomérules axillaires*, composés d'une fleur femelle terminale et de fleurs mâles en dessous (2).

La *fleur mâle* (fig. 370, I) possède *un périanthe formé de 4 pièces*, dont deux antéro-postérieures, recouvertes par les deux latérales. — En

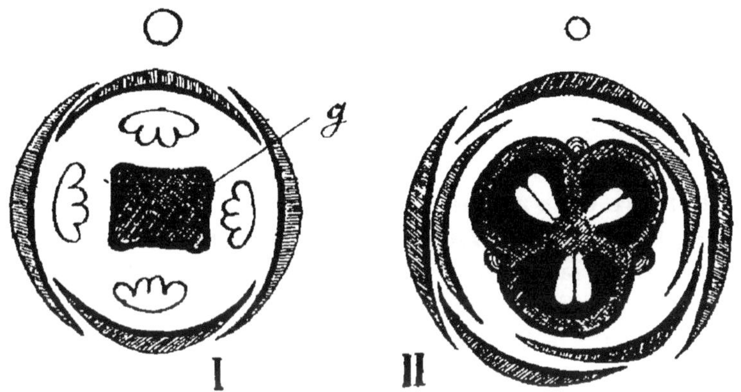

Fig. 370. — Fleur mâle I et fleur femelle II, de *Buxus sempervirens*.

face de ces pièces sont insérées 4 *étamines indépendantes*, autour d'un rudiment de gynécée de forme quadrangulaire (*g*).

Les anthères sont introrses et biloculaires.

Le *périanthe femelle* (II) est formé *souvent de 5, quelquefois de 4 à 8 folioles*, précédées par deux préfeuilles qui leur ressemblent, *à pré-floraison imbriquée-quinconciale*, quand leur nombre est supérieur à 4. *L'ovaire, que n'entoure aucun rudiment d'androcée, est triloculaire* et *surmonté de trois styles correspondant aux nervures dorsales des carpelles*, et alternant avec *trois protubérances glanduleuses*. Dans chaque loge sont insérés *deux ovules anatropes et suspendus au sommet de l'angle central, à raphé dorsal* (apotropes).

Le *fruit, capsulaire, surmonté des trois styles persistants* sous forme de trois cornes divergentes, s'ouvre *en déhiscence loculicide*, tandis que les styles eux-mêmes se divisent dans toute leur longueur.

(1) Dans les contrées plus chaudes du Levant, il peut acquérir le port et la taille d'un petit arbre dont le tronc mesure 30 à 40 centimètres de circonférence.

(2) Chaque glomérule ou cyme contractée porte d'abord deux petites préfeuilles trans-versales, en général stériles, puis un certain nombre de bractées, en paires décussées, à l'aisselle de chacune desquelles se développe une fleur mâle. Enfin l'axe commun se ter-mine par une fleur femelle.

Les *graines*, légèrement caronculées, revêtues d'un tégument noir et crustacé, renferment *un embryon légèrement arqué, entouré d'un albumen charnu.*

Autres genres. — Sarcococca. — Les *Sarcococca* Lindl., de l'Asie tropicale et des îles de la Sonde, sont des Buxacées arborescentes dont les feuilles sont alternes, le fruit indéhiscent et charnu.

Pachysandra. — Les *Pachysandra* Michx., sous-arbrisseaux de l'Amérique du Nord et du Japon, ont également des feuilles alternes. Leurs inflorescences sont monoïques et forment des épis dont les fleurs mâles occupent le sommet, les fleurs femelles la base. Le fruit, d'abord drupacé, devient ensuite sec et déhiscent.

Notobuxus. — Styloceras. — Simmondsia. — Les Buxacées comprennent encore trois autres genres : les *Notobuxus* Oliv. et *Styloceras* Juss., qui, à côté des **Buxées** composées des trois genres précédents, forment la petite tribu des **Stylocérées** (nombre des étamines supérieur à 4 ; filets staminaux très courts ; point de rudiment d'ovaire dans la fleur mâle), et les *Simmondsia* Nutt., formant la tribu des **Simmondsiées** (10 à 12 étamines, ovules solitaires, corps ligneux anormal).

Caractères généraux. — *Sous-arbrisseaux, arbrisseaux ou arbres sans latex. — Feuilles opposées ou alternes, sans stipules.*

Inflorescences souvent monoïques.

Fleurs déclines, actinomorphes, à périanthe simple, rarement nul ; toujours sans disque.

Étamines libres 4, opposées aux sépales, ou plus nombreuses. — Anthères biloculaires et introrses. — Jamais de staminodes, mais souvent un rudiment de gynécée dans la fleur mâle.

Ovaires 3-loculaires, avec ou sans fausses cloisons. — Styles distincts, plus rarement concrescents à la base. — Ovules solitaires ou géminés, descendants, anatropes et apotropes.

Fruit : capsule loculicide ou drupes indéhiscentes.

Graines pourvues ou dépourvues de caroncule. — Embryon droit ou un peu courbe, placé dans l'axe d'un albumen charnu.

2 ovules dans chaque loge de l'ovaire. Corps ligneux normal.

Étamines 4, avec un rudiment d'ovaire au centre de la fleur mâle.

Tribu I.—Buxées.

Feuilles alternes.

Styles courts. — Fruit indéhiscent .... *Sarcococca* L. (4 espèces. Indes Orientales ; Archipel Malais).

Styles allongés. — Fruit drupacé, tardivement déhiscent .... *Pachysandra* Michx. (2 espèces. Japon ; Monts Alléghanies en Amérique).

Feuilles opposées, persistantes. — Capsule déhiscente. — Arbrisseaux rameux .... *Buxus* L. (19 espèces. Ancien et Nouveau Mondes).

Étamines 6 ou nombreuses, à filets très courts. — Point de rudiment de gynécée chez la fleur mâle.

Tribu II. — Stylocérées.

Périanthe mâle à 4 pièces. — Étamines 6. — Ovaire 3-loculaire.— Capsule loculicide. — Arbrisseaux .... *Notobuxus* Oliv. (*N. natalensis* Oliv. Natal).

Périanthe mâle nul. — Étamines 6-30. — Ovaire 2-loculaire en général (rarement 3-loculaire), formé de carpelles qui se séparent, dès la floraison, et constituent plus tard des drupes distinctes. Arbres monoïques ou dioïques .... *Styloceras* Juss. (3 espèces. Amérique du Sud tropicale).

Un seul ovule dans chaque loge de l'ovaire. — Étamines nombreuses. — Corps ligneux formant plusieurs zones concentriques .... *Simmondsia* Nutt. (*S. californica* Nutt. Sous-arbrisseaux à feuilles décussées).

Tribu III. — Simmondsiées.

Affinités. — Il est assez difficile de déterminer les vraies affinités des Buxacées. Elles se distinguent nettement des Euphorbiacées, auxquelles on les a souvent réunies, entre autres caractères, *par leurs ovules apotropes et l'absence de laticifères*. M. H. Baillon les réunit aux Célastracées, dont elles se séparent cependant *par leur périanthe simple, l'absence de disque à la fleur, d'arillode à la graine et de stipules aux feuilles*.

Propriétés générales. Plantes importantes. — Le Buis commun (*B. sempervirens* L.) est la seule plante importante de la famille. Son bois, jaune et compact, susceptible d'un beau poli, est employé dans l'industrie et surtout pour la gravure sur bois.

Ses feuilles amères sont purgatives à la dose de 4-6 grammes. On les substitue parfois frauduleusement au Houblon dans la fabrication de la bière.

L'écorce, également amère, purgative et émétique à haute dose, a été employée comme fébrifuge, antirhumatismale et sudorifique.

Le *B. sempervirens* L. et le *B. balearica* Wild. sont cultivés comme plantes ornementales.

ORDRE (ET SOUS-ORDRE) DES TRICOCCÉES.

Ovules descendants, épitropes, 1 à 2 dans chaque loge de l'ovaire. Plantes pourvues ou dépourvues de laticifères.

Plantes de toutes grandeurs, presque toujours pourvues de laticifères. Fleurs ordinairement pourvues d'un périanthe simple ou double. — Généralement plusieurs étamines chez la fleur mâle, biloculaires, à déhiscence longitudinale. — Carpelles 3 ou plus (rarement 2), formant un ovaire à loges dépourvues de fausses cloisons. — Ovules 1 à 2 par loge. Fruit : coques distinctes ou capsule. Graines souvent caronculées... **EUPHORBIACÉES.**

Plantes herbacées, aquatiques, de faibles dimensions et à tiges grêles, sans laticifères. Fleurs sans périanthe (avec 2 préfeuilles plus ou moins épaisses). Mâles avec 1 ou 2 étamines. Anthères à 2 loges contiguës au sommet, s'ouvrant par une seule fente courbe. Carpelles 2, chez la fleur femelle, bilobés et subdivisés par une fausse cloison, biovulés. Fruits drupacés. Graines pourvues d'un albumen charnu, sans caroncule .... **CALLITRICHACÉES.**

Ovules toujours apotropes, 2 descendants ou 1 seul ascendant dans chaque loge. Plantes toujours sans laticifères.

Périanthe simple, et 2 ovules pendants dans chaque loge de l'ovaire. — Anthères introrses. 3 carpelles dans la fleur femelle, avec ou sans cloisons. Capsule loculicide, rarement drupe. Graines caronculées. Arbres ou arbrisseaux........ **BUXACÉES.**

Périanthe double et 1 seul ovule ascendant dans chaque loge de l'ovaire. — Anthères extrorses. 2-3-6-9 carpelles dans la fleur femelle, sans fausses cloisons. Drupe à noyaux distincts ou cohérents. Graines sans caroncule. Arbrisseaux de faibles dimensions .... **EMPÉTRACÉES** (1)

(1) Cette petite famille, propre aux régions tempérées et froides de l'Hémisphère Nord et dont on trouve quelques types dans l'Extrême Sud du Nouveau Continent, est représentée, en France, par la *Camarine* (*Empetrum nigrum* L.), plante des lieux humides des montagnes, dont les fruits acidules sont considérés comme anthelmintiques.

ORDRE VI. — CALICIFLORES.

Les *Caliciflores*, comprises dans le sens qu'Eichler assigne à ce mot, ne correspondent qu'à une partie des *Caliciflores* de De Candolle, puisqu'elles n'embrassent que *les familles chez lesquelles l'insertion périgyne ou épigyne du périanthe et de l'androcée coïncide avec une corolle dialypétale.* Les familles à ovaire plus ou moins infère et à corolle gamopétale se rattachent à l'ordre des Haplostémones dans la grande section des Gamopétales de Eichler (V. plus loin).

Ainsi que l'indique le mot de Caliciflores, cet ordre comprend les familles de Dialypétales chez lesquelles (sauf exceptions) *le réceptacle floral est plus ou moins concave, l'ovaire étant,* d'ailleurs, *libre dans cette concavité, ou plus ou moins adhérent avec ses parois.*

Le périanthe est généralement double, rarement simple par avortement de la corolle.

Étamines disposées par verticilles, en nombre simple, double ou multiple de celui des pièces du périanthe.

Ovaire formé par des carpelles rarement indépendants.

SOUS-ORDRE I. — OMBELLIFLORES (OU OMBELLINÉES).

Ovaire infère, dont les loges ne contiennent qu'un seul ovule bien développé, anatrope et pendant.

Calice peu développé ou nul. — Corolle à préfloraison valvaire.

Étamines libres, en même nombre que les pétales (sauf exceptions) et alternes avec eux.

Graine pourvue d'un albumen charnu abondant.

Inflorescences le plus souvent en ombelles.

FAMILLE I. — OMBELLIFÈRES.

La famille des Ombellifères est une des plus vastes et des mieux délimitées.

Description du Daucus Carota L. — C'est une *plante bisannuelle,* dont la racine pivotante devient tuberculeuse, dans la forme cultivée, en même temps qu'elle se colore en rouge orangé.

Sa *tige dressée* et ramifiée peut atteindre 60 à 100 centimètres. Elle est rude au toucher, *sillonnée à la surface, fistuleuse* avec l'âge. Ses *feuilles alternes, sans stipules,* simples (1), mais profondément

(1) Il est difficile de voir dans ces formations des feuilles composées, bien qu'on leur applique assez souvent cette qualification, car les segments du limbe ne sont pas articulés sur l'ensemble de la feuille, et on trouve tous les intermédiaires possibles, chez les Ombel-

pinnatiséquées au second ou au troisième degré, sont couvertes de poils rudes; elles sont largement *engainantes à la base.*

Les *fleurs* sont *hermaphrodites, groupées en ombelles composées* terminales, accompagnées d'un *involucre général* et *d'involucelles,* le

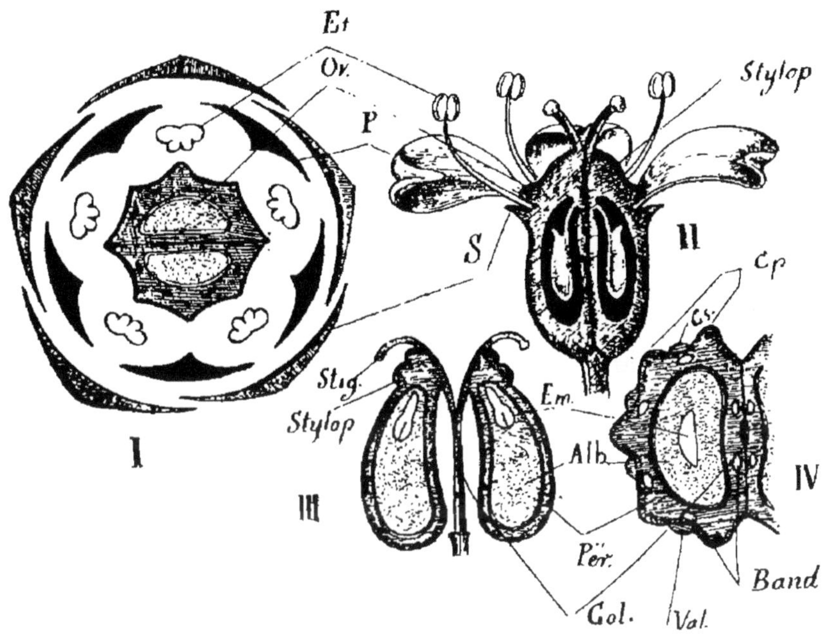

Fig. 371. — I. Diagramme d'une fleur d'Ombellifère. — II. Coupe longitudinale d'une fleur d'Ombellifère : S,S, sépales; P, pétales; Et, étamines.— III. Fruit coupé longitudinalement. — IV. Fruit coupé transversalement: Pér, péricarpe; Stylop, stylopode; Col, columelle; Cp, côtes primaires; Val, vallécules; Alb, albumen; Em, embryon. — (Le calice est figuré, dans le présent diagramme, beaucoup plus développé qu'il ne l'est, en réalité, chez la plupart des Ombellifères.) (Courchet.)

premier formé de bractées pinnatifides, le second de folioles plus petites et moins divisées (1).

La fleur (fig. 371, I et II) *est 5-mère, typiquement actinomorphe;* seule la corolle des fleurs périphériques devient zygomorphe par suite de l'inégale pression qu'elle subit en dehors et en dedans (*fleurs radiantes*). L'inflorescence générale possède ici une fleur centrale, stérile, qui tranche sur les autres par sa teinte noirâtre.

lifères, entre les feuilles dont le limbe discontinu forme de petits lobes distincts, semblables à de simples folioles, et celles dont toutes les ramifications du rachis commun et le rachis lui-même sont accompagnés d'une lame verte ininterrompue, plus ou moins profondément divisée.

(1) Voir p. 85, dans le tableau, et note 3, et fig. 57, p. 84.

Le réceptacle se creuse en une coupe profonde au fond de laquelle se trouve l'ovaire infère et concrescent avec lui. Le calice (S, S) 5-mère est à peine distinct, sur les bords de cette coupe.

La *corolle* (P) consiste en 5 *pétales indépendants, alternes avec les sépales* (1 antérieur, 2 latéraux, 2 postérieurs). Dans les fleurs périphériques (fleurs radiantes) le pétale antérieur, dirigé en dehors, est le plus développé de tous; la grandeur des autres décroît ensuite d'avant en arrière. L'extrémité du limbe est infléchie légèrement en dedans; *la préfloraison de la corolle est valvaire.*

Avec les pétales, alternent *cinq étamines libres* (Et), dont les filets, infléchis vers l'intérieur, portent des *anthères introrses, biloculaires, à déhiscence longitudinale.*

L'ovaire infère est composé par *deux carpelles antéro-postérieurs,* formant *deux loges dans chacune desquelles se trouvent tout d'abord deux ovules anatropes, pendants et à raphé interne (épitropes), pourvus d'un seul tégument. Un seul de ces ovules arrive à développement complet* dans chaque carpelle. L'ovaire est surmonté par *deux styles divergents,* portant des papilles stigmatiques vers leur sommet. *La base des deux styles forme, sur la région supérieure de l'ovaire* et au centre de la fleur, *un double coussinet glanduleux* que l'on désigne ordinairement sous le nom de *stylopode* (Stylop).

Le *fruit* (III et IV), que surmontent encore les restes persistants des deux styles, est *un double achaine (diachaine) dont les deux moitiés,* correspondant chacune à l'un des carpelles, *se séparent définitivement l'une de l'autre,* mais demeurent encore quelque temps suspendues au sommet de la *columelle* ou *carpophore* (Col) que forme, entre les carpelles, le prolongement de l'axe floral. Cette columelle se dédouble, à son tour, de haut en bas (III).

Chaque moitié de fruit (*méricarpe*) offre un contour plan-convexe en section transversale (IV). Sa face convexe est parcourue par *cinq saillies longitudinales* ou *côtes primaires* (1) (Cot), dont une *dorsale,* deux *latérales* et deux *commissurales,* situées aux deux extrémités de la face plane du carpelle. L'extrémité de ces côtes est parcourue par un petit faisceau. — Au fond des quatre sillons ou *vallécules* (Val) qui séparent les cinq côtes primaires, se montrent *quatre* autres saillies, plus développées que les premières chez les *Daucus,* et pourvues chacune d'un rang d'aiguillons, mais beaucoup moins proéminentes et souvent nulles chez la plupart

---

(1) *Juga primaria.*

des autres genres. Ce sont les *côtes secondaires* (Cs) (1), qui ne contiennent point de faisceaux.

Au fond de chaque vallécule est un réservoir à oléorésine (Band) d'origine lysigène (*bandelette* ou *vitta*), terminé en cul-de-sac en dessous, mais se reliant, par sa partie supérieure rétrécie, à l'ensemble des canaux sécréteurs de la plante. Deux autres réservoirs semblables se montrent sur la face commissurale. Il y a donc en tout, chez les *Daucus*, 6 bandelettes par carpelle, ce qui constitue le nombre normal.

La *graine* est revêtue d'un tégument mince. Elle renferme un *petit embryon axile, inclus dans l'axe et vers l'extrémité micropylaire d'un albumen charnu abondant* (III et IV).

Divergences des caractères chez les autres genres. — Ces divergences sont toujours d'ordre secondaire.

Certaines Ombellifères sont ligneuses (*Bupleurum*) ou même arborescentes (*Myodocarpus*, etc., de la Nouvelle-Calédonie).

Ordinairement très découpées et sans stipules, les feuilles sont quelquefois entières et alors semblables à des phyllodes (*Bupleurum*); ailleurs, elles sont munies de petites stipules écailleuses.

L'ombelle composée est l'inflorescence ordinaire, l'involucre et les involucelles pouvant être plus ou moins développés ou nuls. On trouve cependant quelquefois des ombelles simples (*Hydrocotyle, Astrangia, Sanicula*, etc.), isolées ou groupées elles-mêmes en grappes (*Dorema*). Si les pédoncules ne se développent pas dans l'ombelle simple, l'inflorescence devient un capitule, comme elle l'est chez les Panicauts ou *Eryngium*.

La fleur est normalement actinomorphe; seules les fleurs périphériques des inflorescences tendent quelquefois vers la zygomorphie (*fleurs radiantes des Daucus, Coriandrum*, etc.).

Le calice est à peine indiqué ou nul, parfois représenté par cinq sépales foliacés (*Sanicula, Astrantia, Eryngium*), rarement pétaloïdes.

La corolle, à préfloraison libre ou valvaire, beaucoup plus rarement imbriquée, avorte dans certains cas très isolés.

La structure du gynécée offre la plus grande constance. Le carpelle postérieur avorte quelquefois dans sa région ovarienne; très rarement l'ovaire est formé par plus de deux carpelles.

Dans le fruit, un des méricarpes peut avorter (chez les *Fœniculum*, par ex.). Le développement relatif des côtes primaires et

1) *Juga secundaria.*

secondaires est sujet à varier comme on l'a vu. Le fruit peut avoir une section arrondie, ou bien être comprimé, soit dans le sens antéro-postérieur (*Ferula*, *Peucedanum*, etc.), soit latéralement (*Conium*, *Smyrnium*, *Apium*, etc.).

Le nombre des bandelettes, ordinairement de 6, peut s'élever bien au delà, et leur disposition est alors beaucoup moins régulière. Elles peuvent aussi disparaître presque entièrement (fruit mûr des *Conium*).

Enfin l'albumen peut être plan ou à peu près sur sa face commissurale (**ORTHOSPERMÉES**), sillonné suivant sa longueur (**CAMPYLOSPERMÉES**) ou concave (**CŒLOSPERMÉES**).

Caractères généraux. — *Plantes herbacées, rarement sous-frutescentes ou frutescentes, très rarement arborescentes, à tiges ordinairement articulées, cannelées, fistuleuses à la fin, pourvues de feuilles alternes, simples, mais rarement entières, ordinairement profondément découpées et composées, en apparence, au second ou au troisième degré suivant le type penninervié, rarement palmatinervié. Stipules ordinairement nulles.*

Inflorescences presque toujours en ombelles composées, avec ou sans involucre et involucelles, plus rarement en ombelles simples ou en capitules.

Fleurs actinomorphes, les périphériques quelquefois zygomorphes et radiantes, 5-mères, ordinairement hermaphrodites.

Calice souvent effacé ou nul, rarement à 5 sépales libres. — Corolle à 5 pétales libres, souvent échancrés au sommet ou pourvus d'une pointe infléchie, à préfloraison libre ou valvaire.

Étamines 5, alternes avec les pétales. Filets libres; anthères introrses et biloculaires.

Ovaire infère et concrescent, à 2 loges antéro-postérieures contenant d'abord 2, puis un seul ovule anatrope, suspendu et épitrope. — Styles deux, ordinairement divergents, épaissis à leur base en un stylopode.

Fruit : diachaine dont les deux moitiés (méricarpes) se séparent, à la maturité, d'une columelle centrale. — Sur chaque méricarpe il y a lieu de remarquer : cinq côtes primaires, dont 1 dorsale, 2 latérales et 2 commissurales, quatre vallécules au fond desquelles sont parfois développées des côtes secondaires, et des bandelettes ou réservoirs sécréteurs.

Graines pourvues d'un albumen charnu abondant. Embryon droit, minime, situé vers l'extrémité micropylaire de la graine.

Des canaux sécréteurs dans l'écorce des racines et des tiges, dans les feuilles et les fruits de la plupart de ces plantes (Voy. p. 47).

SOUS-FAMILLE I. — ORTHOSPERMÉES.

Section I. — Orthospermées à inflorescences en ombelles simples ou capitules. (*Ombellifères imparfaites.*)

- Fruit comprimé latéralement. — *Tribus.* I. — **Hydrocotylées.**
- Fruit non comprimé latéralement...... II. — **Saniculées.**

Section II. — Orthospermées à ombelles composées. (*Ombellifères parfaites.*)

Côtes primaires seules développées, ou beaucoup plus développées que les secondaires.

- Fruit comprimé latéralement ou didyme. III. — **Amminées.**
- Fruit non comprimé, à section presque circulaire....................... IV. — **Sésélinées.**
- Fruit comprimé d'avant en arrière.
  - Méricarpes en contact par leur milieu seulement............... V. — **Angélicées.**
  - Méricarpes en contact par toute leur face commissurale, et bords non séparés............. VI. — **Peucédanées.**

Côtes primaires filiformes ; secondaires beaucoup plus développées.

- Fruit un peu comprimé latéralement. — Méricarpes sans ailes, les côtes secondaires plus proéminentes que les primaires.................... VII. — **Cuminées.**
- Fruit comprimé d'avant en arrière. — Côtes primaires filiformes ; secondaires ailées..................... VIII. — **Thapsiées.**
- Fruit subcylindrique ou comprimé. — Côtes primaires filiformes ; secondaires pourvues d'aiguillons............... IX. — **Daucinées.**

SOUS-FAMILLE II. — CAMPYLOSPERMÉES.

- Fruit comprimé latéralement, allongé ou prolongé en rostre................... X. — **Scandicinées.**
- Fruit renflé, souvent comprimé latéralement ou contracté................... XI. — **Smyrniées.**

SOUS-FAMILLE III. — CŒLOSPERMÉES. ... XII. — **Coriandrées.**

Ombellifères à ombelles imparfaites.

Fruit latéralement comprimé.
Tribu I. — Hydrocotylées.

Fleurs en ombelles simples. — Feuilles stipulées .... *Hydrocotyle* T.
(Plantes souvent aquatiques. Régions chaudes et tempérées du Monde entier).

Fruit non comprimé latéralement.
Tribu II. — Saniculées.

Fleurs en capitules. Pétales connivents, et sépales dressés .... *Eryngium* L.
(Régions chaudes et tempérées du Monde entier).

Fleurs en ombelles simples, groupées en cymes bipares .... *Sanicula* L.
(Même distribution géographique).

Fleurs polygames, en ombelles simples pourvues d'un large involucre.................. *Astrantia* L.
(Europe; Orient).

Ombellifères à ombelles parfaites.

Fruit comprimé latéralement ou didyme.
Tribu III. — Amminées.

Un calice bien développé.

Bandelettes solitaires dans les vallécules. Un involucre, avec ou sans involucelles .... *Cicuta* L.
(Régions boréales des deux Continents).

Pétales bifides, et pourvus d'une crête en dessus. — Fruits très petits.................. *Ptichotis* K.

Sépales aigus. — 3 bandelettes par vallécule. — Un involucre et des involucelles.............. *Sium* T.
(Régions tempérées et chaudes du Monde entier).

Calice peu développé ou nul.

Un involucre et des involucelles. — Fruits très petits et bandelettes solitaires............... *Ammi* T.
Région méditerranéenne; Afrique boréale).

Point d'involucre ni d'involucelle. — Fruit courtement ovale ou déprimé. Bandelettes

solitaires dans les vallécules . *Apium* Hoff.
(Régions chaudes et tempérées du Monde entier).

géminées ..... *Petroselinum* Hoff.
(Id.).

Fruit ovale-oblong. Plusieurs bandelettes par vallécule........... *Pimpinella* L.

Un involucre accompagné ou non par des involucelles. — Des fleurs radiantes .... *Carum* L.
(Régions chaudes et tempérées du Monde entier).

Fruit non comprimé, à section presque cylindrique.
Tribu IV. — Sésélinées.

Un calice bien développé.

Un involucre nul ou bien développé et des involucelles. — Pétales émarginés. — 1 bandelette par vallécule.

Un involucre. — Des fleurs radiantes stériles. — Racines napiformes............... *Œnanthe* T.
(Régions tempérées des Deux Mondes).

Involucre nul. — Fleurs toutes semblables. — Racines grêles verticillées............... *Phellandrium* T.

Involucre nul. — Toujours des involucelles. — 1, plus rarement 2-4 bandelettes par vallécule.. *Seseli* L.
(Régions tempérées de l'Ancien Continent; Afrique tropic. orient.).

Calice peu développé ou nul.

Un involucre et des involucelles. — Fruit en partie subéreux, avec bandelettes nombreuses .... *Crithmum* L.
(Région Méditerranéenne et Europe occidentale. Plantes de rivages).

Involucre nul ou très réduit. — Involucelles ordinairement à 3 folioles. — Bandelettes solitaires. *Æthusa* L.
(Europe; Asie boréale).

Point d'involucre ni d'involucelles. — Fruit arrondi, à bandelettes solitaires. — Feuilles à segments linéaires .... *Fœniculum* Adans.
(Régions tempérées de l'Ancien Continent).

Méricarpes en contact seulement par leur milieu.
Tribu V. — Angélicées.

- Côtes dorsales du fruit peu proéminentes. — Involucre et involucelles peu développés ou nuls.
  - Bandelettes solitaires............... *Angelica* Hoff. (Europe et Asie boréales; Nouvelle-Zélande).
  - Bandelettes nombreuses............. *Archangelica* Hoff. (Ancien Continent).

Côtes dorsales aiguës. — Un involucre et des involucelles. — Côtes marginales plus épaisses. — Bandelettes solitaires ...... *Levistichum* Koch. (Hémisphère Nord, Ancien Continent).

Méricarpes en contact par toute leur face commissurale, et à bords non séparés.
Tribu VI. — Peucédanées.

Calice à cinq dents, parfois effacées. — Côtes dorsales peu proéminentes. — 1-2-3 bandelettes par vallécule. — Involucre et involucelles présents ou nuls............................ *Peucedanum* L. (Régions chaudes et tempérées des deux Continents).

Calice nul ou très réduit.
- Des involucelles; involucre nul ou très réduit. — Bandelettes solitaires, mais très développées.... *Bubon* L. (Afrique australe).
- Un involucre bien développé ou nul. — 3-4 bandelettes par vallécule. — Feuilles à segments nombreux, linéaires............... *Ferula* T. (Régions chaudes et tempérées des deux Continents).
- Involucre et involucelles nuls.
  - Côtes dorsales peu prononcées. — Bandelettes solitaires.......... *Pastinaca* L. (*P. sativa* L. cultivé).
  - Côtes dorsales saillantes. — Bandelettes solitaires, mais larges..... *Anethum* Hoff. (Cosmopolite).

Fruit un peu comprimé latéralement. — Méricarpes à côtes aptères, les 4 côtes secondaires un peu plus proéminentes.
Tribu VII. — Cuminées.

Réceptacle floral tubuleux. — Sépales inégaux, subulés; pétales inégaux. — Bandelettes solitaires. — Un involucre et des involucelles .... *Cuminum* L. (Orient; Amérique boréale).

Fruit comprimé d'avant en arrière. — Côtes primaires filiformes, secondaires ailées.
Tribu VIII. — Thapsiées.

Un involucre et des involucelles. — Calice nul ou très réduit. — Bandelettes solitaires.................. *Thapsia* T. (Région médit.; Ile Madère).

Fruit comprimé ou subcylindrique. — Côtes primaires filiformes, secondaires aiguillonnées.
Tribu IX. — Daucinées.

Involucre et involucelles polyphylles. — Bandelettes solitaires dans les vallécules, peu développées........................ *Daucus* T. (30 à 40 espèces. Régions froides et tempérées du monde entier).

Fruit comprimé latéralement, allongé, souvent prolongé en bec.
Tribu X. — Scandicinées.

Fruit surmonté d'un rostre. — Bandelettes très peu développées.
- Rostre plus long que l'ovaire............... *Scandix* T. (Hémisphère boréal de l'Ancien Continent).
- Rostre plus court que l'ovaire............... *Anthriscus* Hoff. (Id.).

Fruit comprimé perpendiculairement à la cloison, simplement atténué vers le haut. — Bandelettes distinctes, mais petites, plusieurs dans chaque vallécule.......................... *Myrrhis* T. (Montagnes de l'Europe; Asie boréale et orientale: Indes; Amérique).

Fruit renflé, souvent comprimé latéralement ou contracté.
Tribu XI. — Smyrniées.

- Fruit globuleux, à côtes tuberculeuses. — Bandelettes nulles à la maturité du fruit. — Involucre formé de 3 folioles réfléchies............... *Conium* L. (Hémisphère boréal de l'Ancien Continent; Afrique tropicale).
- Fruit un peu plus allongé, à côtes non tuberculeuses. — Involucre nul............... *Smyrnium* L. (Hémisphère Nord de l'Ancien Continent; les deux Amériques).

Tribu XII. — Coriandrées.

Herbes grêles. — Involucre et involucelles à folioles linéaires. — Fleurs radiantes. — Bandelettes très petites dans les vallécules. — Côtes primaires ondulées............................ *Coriandrum*. (Région méditerr.; Orient; Amérique boréale).

Affinités. — C'est avec les *Cornacées* et les *Araliacées* surtout que les Ombellifères ont le plus d'analogie (*voir le tableau* p. 984).

Distribution géographique. — Les Ombellifères sont répandues dans toutes les régions tempérées du globe. Elles sont rares sous les tropiques, et ne croissent plus dans les régions polaires (1).

Propriétés générales. Plantes importantes. — Les principes formés dans les canaux sécréteurs des Ombellifères communiquent à celles-ci leurs propriétés dominantes. La plupart d'entre elles sont des plantes stimulantes, et les essences qu'elles renferment, malgré leur différence de composition, ont, dans leurs caractères organoleptiques, une analogie que l'on retrouve même chez des plantes éminemment toxiques, telles que la Grande Ciguë. Le nom d'*odeur d'Ombellifère* est usité parfois pour exprimer cette analogie.

On désigne sous le nom d'*Ombellifères vireuses* celles dont l'action est délétère (Grande Ciguë, Petite Ciguë, Œnanthe safranée, etc.). Mais les plantes de ce genre sont loin de former un groupe isolé, et il est des espèces qui, tout à fait inoffensives lorsqu'elles croissent dans des terrains secs, deviennent plus ou moins délétères lorsqu'elles végètent dans des lieux humides.

Chez certaines Ombellifères, les canaux sécréteurs fournissent une sorte de latex qui, par dessiccation, donne des gommes-résines de composition et de propriétés diverses.

Considérées au point de vue de leur importance pratique, les Ombellifères peuvent être réparties en *Ombellifères alimentaires, aromatiques, vireuses,* et *Ombellifères à gommes-résines,* bien que cette distribution soit artificielle et sans limites tranchées.

Ombelliferes alimentaires. — Le Persil (*Apium Petroselinum* L., *Petroselinum sativum* Hoff.) est une plante bisannuelle, actuellement cultivée dans tous les jardins, et qui croît spontanément dans le Sud-Ouest de l'Europe. Ses feuilles, qui contiennent un glucoside spécial, l'*Apiine*, ont été préconisées comme fébrifuges et pour combattre l'aménorrhée. — Ses fruits contiennent une essence et un composé cristallisable nommé *Apiol* ou *Camphre de Persil.* Ce principe a été employé comme un léger excitant du système nerveux et comme emménagogue. Sa racine est usitée comme diurétique, et fait partie des *cinq racines apéritives.*

(1) Quelques espèces s'avancent, pourtant, très haut vers le Nord. Ainsi le *Conium maculatum* croît encore par le 72° de latitude Nord, l'*Imperatoria Ostruthium* par 65°, etc.

L'Ache des marais (*Apium graveolens* L.), très commune dans nos régions tempérées, est considérée comme la forme sauvage du Céleri cultivé (var. *dulce*), introduit dans nos jardins potagers depuis un temps immémorial. La racine de l'Ache des marais, qui est bisannuelle, fait partie des *cinq racines apéritives*.

Le Cerfeuil (*Anthriscus Cerefolium* Hoff. ; *Scandix Cerefolium* L.) est aussi cultivé. Ses ombelles, les unes latérales et presque sessiles, les autres terminales, ont un involucre très réduit ou nul. Cette plante est très aromatique et usitée comme condiment.

L'espèce voisine sauvage (*A. sylvestris* Hoff.) exhale une odeur désagréable ; on la considère comme suspecte.

La racine du Panais cultivé (*Pastinaca sativa* L.) est aromatique et potagère. Celle du *P. Sekakul* Russel est vendue, comme alimentaire et aphrodisiaque, sur tous les marchés d'Orient,

La Carotte cultivée (*Daucus Carota* L.), si répandue dans nos contrées sous sa forme sauvage, nous donne ses racines qui sont alimentaires (1), et ses fruits usités comme carminatifs.

L'*Angélique officinale* (*Archangelica officinalis* Hoff. ; *Angelica Archangelica* L.), spontanée dans tout le Nord et le Centre de l'Europe, dans le Centre de la France, et communément cultivée dans les jardins, se distingue de la Livèche (*Levistichum officinale* L. Koch), par *les lobes de ses feuilles cordiformes et dentés sur les bords, et par ses involucres très réduits*. La racine contient du sucre, du tanin, de l'huile essentielle, etc., et, en outre, les *Acides angélique* et *valérianique* et un principe cristallisable, l'*Angélicine*. Elle est employée comme tonique, excitante, sudorifique, emménagogue, etc. Les fruits sont carminatifs. Enfin les jeunes tiges et les pétioles des feuilles servent à confectionner des conserves. On lui substitue quelquefois celle de l'Angélique sauvage (*Angelica sylvestris* L.), qui est bien moins aromatique.

OMBELLIFÈRES AROMATIQUES. — La Livèche (*Levistichum officinale* Koch), qui croît dans nos régions montagneuses, ressemble à l'Angélique, dont elle se distingue pourtant aisément par ses feuilles *à lobes cunéiformes et incisés seulement au sommet*, et par *ses involucelles et son involucre bien développés*. Sa racine est employée comme digestive et emménagogue ; on la substitue quelquefois à la racine

(1) Indépendamment de l'huile essentielle, des matières grasses, de l'asparagine, de la fécule, etc., que renferme cette racine, on y trouve encore une matière colorante rouge cristallisée, la *Carotine*, qui ne diffère pas essentiellement des pigments qui colorent en rouge ou en jaune beaucoup de fruits et de fleurs.

d'Ache. Les fruits de la même plante jouissent des mêmes propriétés; on les connaît sous le nom de *Semences d'Ache* (1).

On emploie, sous le nom impropre de *Racine d'Impératoire*, le rhizome, accompagné de ses racines adventives, du *Peucedanum Ostruthium* Koch (*Imperatoria Ostruthium* L.), de l'Auvergne et des Alpes de Savoie. Cette racine doit, en partie au moins, son âcreté à un principe cristallisable, l'*Imperatorine* ou *Ostruthine*.

On emploie comme diurétique la racine du *Panicaut* ou *Chardon-Roland* ou *roulant* (*Eryngium campestre* L.). Celle de l'*E. maritimum* L., remarquable par ses feuilles à folioles plus larges et d'une teinte bleutée, jouit des mêmes propriétés, et constitue, comme elle, un remède vulgaire pour arrêter la sécrétion lactée.

Le Fenouil (*Fœniculum dulce* DC., *F. officinale* All.) fournit, en même temps, sa racine, qui entre dans la préparation du *Sirop des cinq racines*, et ses fruits carminatifs. Il existe, d'ailleurs, dans le commerce, plusieurs sortes de fruits de Fenouil.

Parmi les Ombellifères qui fournissent des fruits carminatifs, il convient encore de signaler les suivantes :

Le Cumin (*Cuminum Cyminum* L.), plante annuelle d'Égypte, mais cultivée dans plusieurs contrées chaudes de la région méditerranéenne;

La Coriandre (*Coriandrum sativum* L.), qui, à l'état frais, exhale une odeur désagréable de punaise;

Le Carvi (*Carum Carvi* L.), plante bisannuelle des régions tempérées de l'Europe;

L'Aneth (*Anethum graveolens* L.).

Les fruits appelés *Daucus de Crète* (de l'*Athamanta cretensis* L.) sont diurétiques et diaphorétiques. Ceux du *Seseli tortuosum* L. (*Seseli de Marseille*) sont carminatifs et emménagogues.

Sous le nom d'*Ammi officinal* on se sert, à titre de carminatifs, des fruits de certains *Ptichotis*, et vraisemblablement surtout de ceux des *P. fœniculifolia* DC. et *verticillata* DC.; ces fruits, très petits et d'une saveur piquante, ne doivent pas être confondus avec ceux de l'*Ammi majus* L. qui sont dépourvus d'âcreté.

L'*Ammi Visnaga* L., du Midi de l'Europe et du Nord de l'Afrique, bien qu'inusité dans la médecine européenne, contient des principes intéressants au point de vue chimique et physiologique.

(1) Comme on peut le voir d'après le tableau général des principaux genres, ces fruits se distinguent de ceux de l'Angélique officinale par leurs bandelettes solitaires, et par leurs côtes dorsales et latérales saillantes et aiguës.

Autrefois usitée comme vulnéraire, la Sanicle d'Europe (*Sanicula europæa* L.) est aujourd'hui sans usages. Elle est amère et astringente. Les *S. marylandica* et *canadensis* L. sont employés, en Amérique, comme antisyphilitiques.

On emploie comme tonique, altérante et dépurative, l'Hydrocotyle d'Asie (*Hydrocotyle asiatica* L.), dont l'âcreté et l'action sur le système nerveux peuvent devenir dangereuses à haute dose.

OMBELLIFÈRES VIREUSES. — L'une des plus actives est, sans contredit, l'Œnanthe safranée (*Œnanthe crocata* L.), qui croît au bord des eaux, dans une grande partie de l'Europe; elle est remarquable par ses racines napiformes cannelées, et le suc jaunâtre qu'elle laisse écouler quand on l'écrase. Cependant on trouve, dans le même genre, des plantes inoffensives, et on mange même, dans certaines parties de la France, les tubercules radicaux de quelques espèces, entre autres de l'*Œ. pimpinelloides* L.

Les fruits de la Phellandrie aquatique (*Œnanthe Phellandrium* Lam.; *Phellandrium aquaticum* L.), dont les propriétés sont attribuées à un principe d'aspect oléagineux, la *Phellandrine*, sont employés contre la phtisie et les affections bronchiques.

La Grande Ciguë (*Conium maculatum* L.) ou Ciguë officinale, qui croît dans les lieux arides et le long des haies dans la plus grande partie de l'Europe, doit ses propriétés éminemment toxiques à la *Conicine* ou *Cicutine*, alcaloïde liquide et sans oxygène qu'accompagnent quelques autres composés spéciaux, entre autres la *Conhydrine*. On a préconisé les feuilles et les fruits de cette plante contre la scrofule, le cancer, les névralgies, etc.

La Ciguë vireuse (*Cicuta virosa* L.; *Cicutaria aquatica* Lam.), actuellement inusitée, est moins active que l'espèce précédente. Elle croît dans le Nord de l'Europe, la Sibérie et l'Amérique du Nord.

La Petite Ciguë (*Æthusa Cynapium* L.), très commune dans toute l'Europe et l'Asie septentrionale, croît jusque dans nos jardins, à côté du Persil avec lequel on pourrait la confondre (1). Cette plante, dont la toxicité est discutée, d'ailleurs, n'est plus employée en Europe.

OMBELLIFÈRES A GOMMES-RÉSINES. — Plusieurs Gommes-résines sont

____

(1) On insiste assez longuement, dans les ouvrages, sur les caractères différentiels qui permettent d'éviter cette confusion. Deux surtout sont assez tranchés pour qu'on puisse négliger les autres : les lobes foliaires sont à segments beaucoup plus aigus chez la Petite Ciguë que chez le Persil ; en outre, la première, quand on la froisse, n'exhale qu'une odeur d'herbe écrasée, qui ne rappelle en rien l'odeur si aromatique et si caractéristique du Persil.

fournies par des Ombellifères, presque toutes originaires d'Asie ou du Nord de l'Afrique. Ce sont les suivantes :

Les *Scorodosma fœtidum* Bunge (*Ferula Asa-fœtida* L.) et le *Narthex Asa-fœtida* Falconer, le premier de la région aralo-caspienne et le second du Nord de l'Inde, sont les deux principales sources de l'*Asa-fœtida* du commerce, produit remarquable par son odeur alliacée. Une partie de cette drogue est peut-être produite par le *Ferula alliacea* Boiss., de la Perse.

Le *Dorema Ammoniacum* Don., de la Perse australe, et, à un degré moindre, le *D. Aucheri* Boiss. donnent la *Gomme-Ammoniaque*.

Dans les mêmes régions, le *Ferula rubricaulis* Boiss. et le *F. galbaniflua* Boiss. et Buhse, fournissent le *Galbanum*.

L'*Opoponax*, longtemps attribué à l'*Opoponax Chironium* Koch, très commun dans la région méditerranéenne, est probablement dû, d'après M. Holmes, à une Ombellifère de Perse, du genre *Heracleum*.

On attribue enfin avec doute, au *Ferula persica* Wild., la gomme-résine désignée sous le nom de *Sagapénum*.

Le *Thapsia Garganica* L. (1), qui croît dans le Nord de l'Afrique, contient une résine très irritante que l'on extrait de sa racine (*Résine de Thapsia*) et qui constitue un puissant révulsif.

<h3 align="center">FAMILLE II. — ARALIACÉES.</h3>

Caractères. — Les Araliacées forment un groupe tellement voisin des Ombellifères qu'on les y rattache quelquefois à titre de simple tribu.

Ce sont des plantes *ordinairement ligneuses*. Les feuilles, le plus souvent alternes, sont quelquefois opposées, simples ou *composées-digitées ou pennées, fréquemment stipulées*. Elles possèdent des canaux sécréteurs semblables à ceux des Ombellifères et semblablement disposés (V. p. 47).

Les inflorescences, souvent encore en ombelles, peuvent former aussi *des capitules ou des épis, réunis eux-mêmes en panicules ou en grappes*. Rarement les fleurs sont solitaires.

La fleur, ordinairement 5-mère, peut être *3-mère ou à un nombre de parties supérieur à 5*. — Le calice est souvent encore indistinct, les pétales sont libres et valvaires. — Les étamines (sauf exception) sont, comme chez les Ombellifères, en même nombre que les pétales, libres et alternes avec eux.

L'ovaire infère (*rarement demi-infère*) est à 2 ou *plusieurs loges*, dans chacune desquelles est un ovule anatrope, descendant et épitrope. — *Les styles sont libres ou plus ou moins connés*, et l'ovaire est coiffé par un coussinet glanduleux (correspondant au stylopode des Ombellifères).

____

(1) *Bou-Néfa* des Arabes.

Le fruit est *une baie ou une drupe; rarement il se divise, à la maturité, en coques distinctes.*

La graine est construite comme celle des Ombellifères.

Affinités. — Les Araliacées se distinguent des Ombellifères par les caractères soulignés dans l'exposé qui précède. Elles sont également voisines des Cornacées (V. plus loin).

Distribution géographique. — Les Araliacées sont des plantes presque toutes tropicales, et croissent dans les deux Hémisphères.

Propriétés générales. Plantes importantes. — Les Araliacées ont des propriétés analogues à celles des Ombellifères, mais moins actives.

Le Lierre grimpant (*Hedera Helix* L.), dont les longues tiges s'accrochent à l'aide de racines-crampons, et qui est si commun dans nos régions, laisse découler, dans les plus chauds climats où il végète, une gomme-résine autrefois employée sous le nom de *Gomme-résine de Lierre.*

Les feuilles de cette plante ont servi pour panser les cautères et les vésicatoires. Ses baies ont, paraît-il, causé quelquefois des phénomènes d'intoxication, que l'on a attribués à la matière résineuse de la pulpe et au tanin des semences.

Sous le nom de *Racine de Ginseng*, les Chinois et les Japonais emploient, en médecine, la racine du *Panax quinquefolium* L. (*Aralia quinquefolia* Dc. et Planch.) qui croît dans l'Amérique du Nord. Ce produit est simplement stimulant, analeptique et astringent (1).

Le rhizome de l'*Aralia nudicaulis* L., du Sud des États-Unis, est stimulant et diaphorétique (*Salsepareille de Virginie*). — Aux États-Unis, encore, on utilise, comme altérant, émétique et cathartique, l'écorce de l'*Aralia spinosa* L.

La moelle de l'*Aralia papyrifera* Koch., de Formose, sert à préparer le *Papier de riz* de Chine.

FAMILLE III. — CORNACÉES.

Ces plantes, toujours ligneuses, pourvues de feuilles sans stipules, *opposées ou alternes, simples et ordinairement entières*, se distinguent des deux précédentes familles *par l'absence de canaux sécréteurs.*

Les fleurs, ordinairement en ombelles ou en capitules, sont le plus souvent 5-4-mères, et leur structure rappelle celle des autres Ombelliflores. Mais *les ovules sont apotropes et les styles sont concrescents.* — Les fruits sont *des drupes cohérentes ou distinctes;* enfin, dans la graine, *l'embryon égale presque l'albumen en longueur.*

Les Cornacées habitent surtout les contrées tempérées du Nord.

Elles ne sont pas aromatiques, mais surtout astringentes. Un petit nombre d'entre elles sont médicinales.

On emploie, aux États-Unis, comme tonique et fébrifuge, l'écorce du *Cornus florida* L., et celles des *C. circinata* L'Hert. et *sericea* L.

Le Cornouiller (*C. Mas* L.), de nos régions, est astringent.

---

(1) D'après M. H. Baillon, le Ginseng qui a joui, dans l'Extrême Orient, d'une célébrité si considérable, serait fourni par l'*Aralia Genseng* H. Br.

Les feuilles et les fruits du *Garrya Fremonti* Dougl. sont employés, en Californie, comme toniques.

On mange, dans l'Inde, les fruits du *Benthamia capitata* Wall., et au Japon les jeunes pousses de l'*Helwingia capitata*. Les fruits du *Cornus Mas* L., de nos régions, sont également comestibles.

On utilise, dans l'industrie, le bois du *Cornus alba* L., et l'*Aucuba japonica* Thunb. est cultivé, dans nos jardins, comme plante ornementale.

SOUS-ORDRE DES OMBELLIFLORES.

Ovules épitropes. — Des canaux sécréteurs dans leurs divers organes. — Autant de styles que de carpelles. Feuilles le plus souvent alternes. Embryon minime, excentrique.

Plantes ordinairement herbacées, à feuilles simples, mais généralement très divisées, largement engaînantes. Fleurs en ombelles ordinairement composées, rarement simples, ou en capitules. Ovaire 2-loculaire. — Styles indépendants. Diachaine pourvu de bandelettes et de côtes......... **OMBELLIFÈRES.**

Plantes ordinairement ligneuses (arbrisseaux ou arbres), à feuilles simples ou composées. — Ombelles simples ou capitules. Ovaire à 2-15 loges. Styles distincts ou plus ou moins connés. Fruit sec ou baccien (jamais diachaine)............ **ARALIACÉES.**

Ovules apotropes. — Point de canaux sécréteurs. — Style simple. — Arbres ou arbustes à feuilles opposées. — Fleurs ordinairement en ombelles ou en capitules involucrés. — Ovaire à 2-3 loges. — Drupes distinctes ou soudées plusieurs ensemble, à noyau biloculaire, plus rarement triloculaire. — Embryon axile, presque de la longueur de l'albumen......... **CORNACÉES.**

SOUS-ORDRE II. — SAXIFRAGINÉES

Fleurs presque toujours actinomorphes, verticillées, à insertion hypogyne, périgyne ou épigyne. — Calice bien développé; pétales montrant souvent une tendance à se réduire. — Étamines formant le plus souvent deux verticilles, dont l'interne avorte parfois. — Carpelles souvent en même nombre que les pétales et opposés à ces derniers, libres ou plus ou moins concrescents en un ovaire supère ou plus ou moins infère.

Inflorescences diverses.

FAMILLE I. — CRASSULACÉES.

Caractères. — *Plantes* herbacées ou suffrutescentes. *Feuilles toujours simples* et ordinairement entières, *succulentes et charnues*, alternes, ou plus rarement opposées, quelquefois verticillées, persistantes.

Inflorescences ordinairement en cymes terminales, quelquefois en épis ou en grappes ; rarement fleurs solitaires.

Fleurs actinomorphes (voyez fig. 78, p. 109), ordinairement hermaphrodites, *5-mères, ou verticilles à un nombre beaucoup plus considérable de pièces* (nombre variant de 3 à 30). — *Réceptacle convexe ou légèrement concave.*

Sépales et *pétales en même nombre*, ces derniers libres ou concrescents en une corolle gamopétale staminifère. Calice à préfloraison imbriquée ; corolle imbriquée ou valvaire.

Étamines généralement en nombre double de celui des pétales et en deux verticilles, ou en nombre simple par avortement des étamines internes. — *Filets* libres ; *anthères* introrses, biloculaires, à déhiscence longitudinale. — Étamines oppositipétales presque toujours accompagnées, en dedans, par *des appendices de formes variées*, simples ou bifurqués, quelquefois pétaloïdes (considérés comme des formations ligulaires de ces mêmes étamines ou comme des staminodes).

Carpelles opposés aux pétales et en même nombre qu'eux, indépendants, accompagnés de glandes à la base, surmontés d'un style non renflé à son sommet stigmatifère.

Ovules ordinairement nombreux et en double série à l'angle interne des carpelles, ascendants ou horizontaux, épitropes.

Fruits : follicules. — *Graines* petites ; testa membraneux ; *embryon volumineux, entouré d'une mince couche d'albumen.*

Les genres qui sont représentés par des espèces indigènes peuvent être caractérisés ainsi qu'il suit :

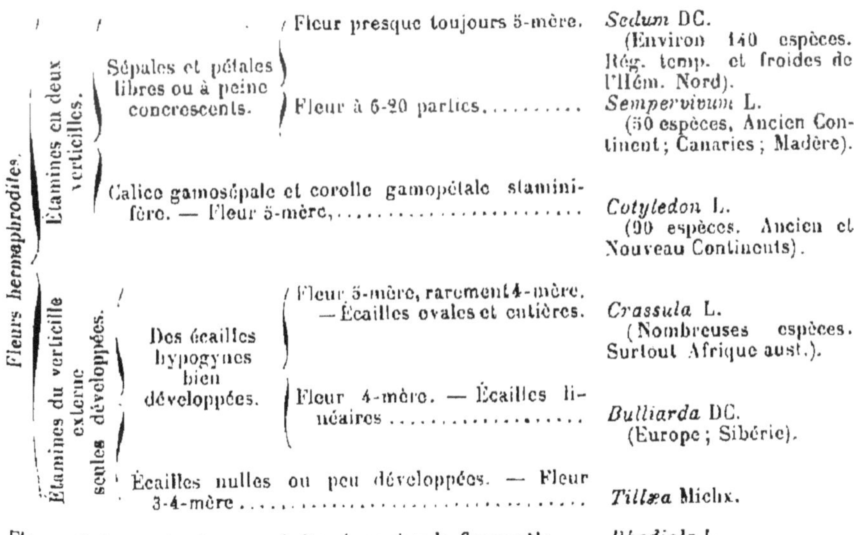

Fleurs hermaphrodites.

Étamines en deux verticilles. — Sépales et pétales libres ou à peine concrescents.
- Fleur presque toujours 5-mère. — *Sedum* DC. (Environ 140 espèces. Rég. temp. et froides de l'Hém. Nord).
- Fleur à 6-20 parties.......... — *Sempervivum* L. (50 espèces, Ancien Continent ; Canaries ; Madère).

Calice gamosépale et corolle gamopétale staminifère. — Fleur 5-mère,.................... — *Cotyledon* L. (90 espèces. Ancien et Nouveau Continents).

Étamines du verticille externe seules développées. — Des écailles hypogynes bien développées.
- Fleur 5-mère, rarement 4-mère. — Écailles ovales et entières. — *Crassula* L. (Nombreuses espèces. Surtout Afrique aust.).
- Fleur 4-mère. — Écailles linéaires .... — *Bulliarda* DC. (Europe ; Sibérie).

Écailles nulles ou peu développées. — Fleur 3-4-mère............................. — *Tillæa* Michx.

Fleurs dioïques, 4-mères. — 8 étamines chez la fleur mâle ... *Rhodiola* L.

Affinités. — On a rapproché les Crassulacées des Ficoïdes et des Cactacées, auxquelles elles ressemblent beaucoup plus par la consistance charnue de leurs organes végétatifs que par des caractères réellement morphologiques. Leur véritable place est à côté des Saxifragacées.

Distribution géographique. — Plantes des lieux secs, surtout abondantes dans les régions les plus chaudes de la zone tempérée de l'Ancien Continent. Il en existe aussi, cependant, dans l'Amérique subtropicale et en Australie.

Propriétés générales. Plantes importantes. — Le suc qui gorge les divers organes des Crassulacées contient, indépendamment d'une grande quantité d'albumine, des principes astringents et de l'acide malique.

Le *Sempervivum tectorum* L. ou *Joubarbe des toits* croît non seulement sur les vieux toits, mais encore dans les murs et sur les rochers. Sa rosette foliaire, d'un vert glauque, ressemble assez bien à un capitule d'artichaut. Les fleurs sont purpurines. Grâce à l'albumine et au malate acide de chaux qu'elle contient, cette plante est employée comme rafraîchissante ; à l'extérieur, on l'utilise, associée à des corps gras, contre les brûlures. On l'administrait jadis dans certains cas de fièvre.

Le *Sedum Telephium* L. (*Orpin* ou *Reprise*), jouit des mêmes propriétés. A la campagne on l'emploie pour hâter la cicatrisation des plaies.

Les *Sedum album* L. et S. *dasyphyllum* L. sont à la fois astringents et rafraîchissants.

Les propriétés du *Sedum acre* L., vulgairement *Vermiculaire brûlante*, sont un peu différentes. C'est une herbe vivace, dont les rhizomes fournissent de nombreuses tiges portant de petites feuilles comprimées très charnues, et terminées par des bouquets de fleurs jaunes. La saveur de son suc est âcre et caustique. Elle est, dit-on, purgative et émétique, et doit être employée avec prudence. On l'utilisait autrefois contre l'épilepsie ; à l'extérieur, on l'a préconisée contre les ulcères.

C'est également contre l'épilepsie qu'on a essayé l'emploi du *Nombril de Vénus* (*Cotyledon Umbilicus* L., *Umbilicus Pendulinus* DC.). Cette espèce contient du nitre, des sels ammoniacaux et de la triméthylamine. A l'extérieur, on l'a employée contre l'induration des mamelles.

FAMILLE II. — SAXIFRAGACÉES.

Malgré son étendue, cette famille ne fournit qu'un très petit nombre de produits, peu importants d'ailleurs.

Plantes herbacées ou ligneuses, à feuilles simples, alternes, opposées ou verticillées, sans *stipules* ou pourvues de *stipules intra-pétiolaires* caduques.

Fleurs le plus souvent hermaphrodites et actinomorphes, rarement unisexuées ou zygomorphes, le plus souvent 5-mères. — *Réceptacle* convexe ou plus ou moins concave.

Étamines hypogynes, périgynes ou même épigynes, en nombre simple, double ou multiple de celui des pétales. — *Filets* libres ; *anthères* introrses ou biloculaires.

Carpelles ordinairement 2 (plus rarement 3-5 ou un seul), indépendants ou plus ou moins concrescents entre eux, et formant un *ovaire* libre ou plus ou moins infère, à *loges* complètes ou incomplètes. — *Ovules* ordinairement nombreux, anatropes, en placentation pariétale ou axile, suivant que les carpelles sont libres ou concrescents. — *Styles* indépendants en général.

Fruit : follicules (lorsque les carpelles sont indépendants) ou capsule septicide (lorsqu'ils sont concrescents); plus rarement fruit indéhiscent, sec ou charnu.

Graines parfois ailées, renfermant un petit *embryon*, droit dans l'axe d'un *albumen* charnu.

Plantes herbacées. — Feuilles alternes, sans stipules. — Fleurs le plus souvent 5-mères. — 2 carpelles libres ou concrescents à la base. — Placentation variable.

Tribu I. — Saxifragées.

Plantes herbacées. — Feuilles alternes. — 3-4 carpelles concrescents par les bords. — Placentation pariétale.

Tribu II. — Parnassiées.

Plantes ligneuses. — Feuilles opposées ou verticillées, stipulées. — Fleurs 4-5 mères. — Étamines en nombre variable. — Ovaire 2-loculaire.

Tribu III. — Cunoniées.

Plantes ligneuses. — Feuilles le plus souvent opposées, sans stipules. — Ovaire ordinairement 3-5 loculaire, plus ou moins infère.

Fleurs toutes semblables. — Filaments staminaux généralement aplatis. — Fruit : capsule septicide, chaque carpelle s'ouvrant ensuite par la suture ventrale.

Tribu IV. — Philadelphées.

Fleurs périphériques des inflorescences ordinairement plus grandes et stériles. — Filets staminaux filiformes. — Fruit : capsule ou baie.

Tribu V. — Hydrangées.

Plantes ligneuses. — Feuilles alternes et sans stipules. — Fleurs 5-mères et isostémonées. — Ovaire libre ou plus ou moins complètement infère ; ovules plurisériés. — Fruit capsulaire et déhiscent.

Tribu VI. — Escalloniées.

Affinités. — Les affinités de ces plantes sont multiples. Elles sont surtout voisines des Crassulacées, qui s'en distinguent par leur consistance charnue, et leurs fleurs pourvues d'écailles hypogynes.

Distribution géographique. — Les Saxifragées habitent presque toutes les régions montagneuses de l'hémisphère boréal, surtout en Amérique ; les Parnassiées croissent dans les contrées tempérées du même hémisphère ; les Cunoniées habitent l'hémisphère austral ou la zone tropicale ;

les Hydrangées sont spontanées dans l'Asie et dans l'Amérique tempérées, et les Escalloniées appartiennent à l'Amérique du Sud.

Propriétés générales. Plantes importantes. — Aucune propriété dominante, et peu de plantes utiles.

Le *Saxifraga crassifolia* Wild., ou *Saxifrage de Sibérie*, est souvent cultivé comme plante ornementale. Ses feuilles sont employées, sous le nom de *Thé des Mongols*, en infusion théiforme, dans le Nord de l'Asie. Son rhizome est astringent. Le *S. ligulata* Wall. sert, dans l'Inde, comme expectorant et anti-dysentérique. Le *S. granulata* L., plante indigène, était autrefois usité comme lithontriptique.

Aux États-Unis, on emploie contre la gravelle et les maladies urinaires la racine de l'*Hydrangea arborescens* L. ; celle de l'*Heuchera americana* L. est utilisée, dans les mêmes régions, contre le cancer.

Enfin, le *Parnassia palustris* L. ou *Hépatique blanche*, qui est indigène, est tonique, astringent, et a été quelquefois employé contre la métrorrhagie et les diarrhées rebelles.

On cultive comme plantes ornementales l'*Hydrangea Hortensia* DC., originaire du Japon et de la Chine, qui a donné un certain nombre de variétés, et le *Philadelphus Coronarius* L. (*Seringat*), dont les fleurs exhalent une odeur suave de Jasmin, et qui croît en Asie et dans le Sud de l'Europe.

FAMILLE III. — RIBÉSIACÉES.

Ce groupe comprend le seul genre *Ribes* L. (Groseiller) qui a été divisé en plusieurs sections. Ce sont des *arbustes inermes ou armés d'aiguillons*, les uns dispersés sans ordre, les autres régulièrement insérés au-dessous des *feuilles*. Celles-ci sont *toujours simples, entières ou, souvent, palmatilobées*, accompagnées, chez certaines espèces, par *deux stipules membraneuses*.

Quelquefois solitaires, les fleurs forment souvent des grappes; elles sont *hermaphrodites ou polygames, actinomorphes* (fig. 372), *5-mères*, accompagnées chacune par deux *bractéoles (préfeuilles)* insérées plus ou moins haut.

Au-dessus de l'ovaire infère, le *réceptacle floral* s'évase en une coupe sur les bords de laquelle sont insérés : 5 *sépales, imbriqués ou valvaires*, grands et souvent pétaloïdes; 5 *pétales beaucoup plus petits* et moins apparents, sans contact dans le bouton, avec lesquels alternent 5 *étamines libres*, pourvues d'*anthères introrses et biloculaires*, surmontées souvent d'*une glande* ou d'*un prolongement du connectif*.

L'ovaire *infère* est formé par 2-3 *carpelles concrescents par leurs bords;* il est *uniloculaire*, à 2-3 *placentas pariétaux* portant *un nombre plus ou moins considérable d'ovules anatropes. Les styles sont libres ou concrescents à leur base.*

Le *fruit*, que surmontent en général la corolle et le calice mar-
cescents, est *une baie* contenant *un nombre variable de graines*.
Celles-ci renferment, sous une enveloppe externe plus ou moins
charnue et une enveloppe interne crustacée, *un abondant albumen
charnu*, à l'une des extrémités duquel est *un petit embryon droit*.

Affinités. — Les Ribésiacées sont souvent rattachées aux Saxifragacées, auxquelles elles ressemblent beaucoup. Elles ont surtout
de grandes analogies avec
les Saxifragacées-Escallo-
niées, dont elles se dis-
tinguent par *leur port,
leurs fruits bacciens, leur
tégument séminal pulpeux
et leur embryon minime.*

**Distribution géographi-
que.** — Les Ribésiacées
croissent dans les régions
tempérées et froides de
l'Hémisphère Nord. Elles
sont plus nombreuses dans
l'Amérique du Nord que
dans l'Amérique du Sud,
et l'Afrique en est privée.

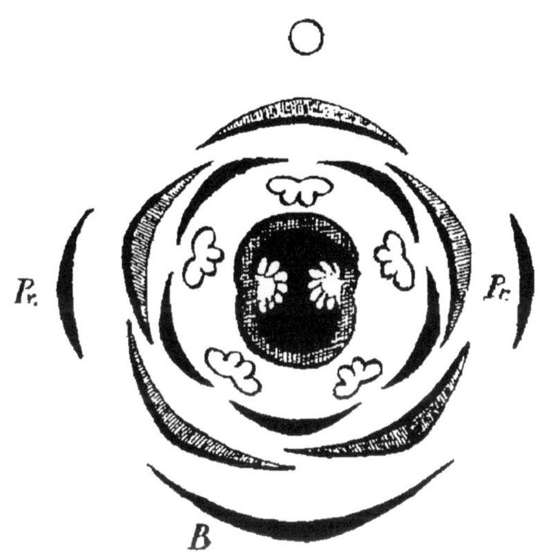

Fig. 372. — Diagramme de *Ribes*. — Pr,Pr, préfeuilles; B, bractée-mère.

Propriétés générales. Plantes importantes. — Les fruits des
Groseillers ont un suc acidule et sucré, et contiennent des acides
citrique et malique. Les fruits rafraîchissants de certaines espèces
sont plus particulièrement employés.

Les baies noires, aromatiques et légèrement astringentes du
Ribes nigrum L. (*Groseiller noir* ou *Cassis)* servent à préparer la
Liqueur de Cassis. Les feuilles de cette espèce sont parsemées, en
dessous, de petites glandes résineuses jaunes. Le *R. rubrum* L.
(*Groseiller à grappes*) porte des baies rouges ou blanc verdâtre, d'un
goût délicat. Ces deux espèces appartiennent à la section des
Ribesia, que caractérisent surtout *leurs inflorescences en grappes et
leurs rameaux inermes.*

C'est à la section des *Grossularia*, dont *les fleurs sont solitaires
et les rameaux armés d'aiguillons*, qu'appartient le *Ribes Uva*

crispa L. (*Groseiller à maquereaux*), dont les fruits oblongs, verts, jaunes ou rouges, servent à faire une sorte de vin, en Angleterre.

FAMILLE IV. — BALSAMIFLUÉES.

Caractères. — Cette petite famille, formée du seul genre *Liquidambar*, représenté lui-même par un très petit nombre d'espèces, est rattachée par certains botanistes soit aux Saxifragacées, soit aux Hamamélidacées,

Fig. 373. — *Liquidambar Styraciflua.*

soit même aux Platanacées, avec lesquelles elle a, tout au moins, une grande ressemblance comme port et comme inflorescences.

Ce sont des *arbres riches en canaux à oléo-résine balsamique* (fig. 373), dont les *feuilles alternes, palmatilobées* et à dents glanduleuses, sont pourvues de *deux stipules* à la base du pétiole.

Les *fleurs* sont *diclines et monoïques*, les *femelles* réunies en *inflorescences globuleuses pédonculées*, axillaires ou terminales, pourvues d'*un involucre formé de 3 à 4 bractées*, les *mâles* constituant des *sortes de chatons*. — Les *fleurs mâles, sans périanthe*, consistent en *quelques étamines*, réunies en un bouquet qu'entoure *un bourrelet de l'axe*. Les filets sont courts ; les anthères basifixes et biloculaires. Ces bourrelets sont beaucoup plus développés *chez les fleurs femelles*, autour desquelles ils simulent un périanthe. *Le gynécée, qu'entourent quelques étamines stériles* (fertiles quelquefois accidentellement), *est enchâssé dans le réceptacle* ; il forme *un ovaire à deux loges*, complètes ou incomplètes, surmonté par *deux styles réfléchis*, intérieurement couvert de papilles stigmatiques. Chaque loge renferme *plusieurs ovules descendants, anatropes*.

Les *fruits* consistent en des *capsules* qui s'ouvrent, *en déhiscence septicide*, par la portion librement émergente au-dessus du *réceptacle lignifié* qui les contient.

Les *graines* aplaties renferment, sous *une mince couche d'albumen*, un *embryon droit*, pourvu de cotylédons larges et trinerviés (1).

Distribution géographique. — Les Balsamifluées croissent en Amérique, en Asie Mineure, dans les Iles de la Sonde et la Nouvelle-Guinée.

Propriétés générales. Plantes importantes. — Les Liquidambars contiennent des oléo-résines balsamiques.

Le *Liquidambar mou* ou *blanc* est retiré du *L. Styraciflua* L. (fig. 373), qui croît dans la Louisiane, dans la Floride et au Mexique, et qui est souvent désigné sous le nom de *Copalme*. On en retire aussi un produit beaucoup plus liquide, l'*Huile de Liquidambar*.

Le *L. orientale* L., de l'Asie Mineure, fournit le *Styrax liquide*.

Le *L. Formosana* Hance (de la Chine et de l'Ile Formose) et le *L. Altingiana* Bl. (de Java et de l'Archipel Indien) fournissent des produits analogues, mais qui n'arrivent pas dans notre commerce.

FAMILLE V. — HAMAMÉLIDACÉES.

Plantes ligneuses, à feuilles simples, alternes, stipulées.

Fleurs ordinairement hermaphrodites, actinomorphes.

Calice 4-5 lobes caducs, ou à 5-7 dents sinueuses, calleuses.

Corolle polypétale, caduque, à préfloraison valvaire, nulle parfois.

Étamines : 1° indéfinies dans les fleurs apétales ; 2° en deux verticilles dans les fleurs complètes, les étamines épisépales étant seules fertiles. Anthères introrses, biloculaires, à déhiscence valvulaire ou s'ouvrant par une fente demi-circulaire.

Ovaire biloculaire et demi-infère. Ovules solitaires et descendants, anatropes et apotropes. Les deux styles sont distincts.

Fruit capsulaire s'ouvrant par son sommet en deux valves.

Graine pourvue d'un albumen charnu ou cartilagineux ; embryon droit, l'égalant presque en longueur.

Les Hamamélidacées sont très voisines des familles précédentes, dont il est difficile de les différencier. Ses représentants, tous étrangers à l'Europe, sont disséminés dans les diverses parties du Monde. Ce sont des Plantes riches en principes astringents.

L'écorce et les feuilles de l'*Hamamelis virginica* L., de l'Amérique du Nord, sont préconisées contre les varices et les hémorrhoïdes.

---

(1) On rattache souvent aux *Liquidambar* les *Bucklandia*, arbres des régions montagneuses de l'Inde, qui s'en distinguent par leurs feuilles cordées, accompagnées par de grandes stipules, leur périanthe beaucoup plus développé, leurs étamines à filets longs et grêles, leur ovaire presque libre. Ces plantes manquent, en outre, de canaux sécréteurs.

SOUS-ORDRE DES SAXIFRAGINÉES (1) (*Voir les caractères, p. 984*).

Plantes herbacées ou ligneuses, sans canaux sécréteurs. Fleurs ordinairement hermaphrodites, et pourvues d'une enveloppe florale.

Ovaire libre ou plus ou moins incomplètement infère, pourvu de cloisons complètes ou incomplètes lorsque les carpelles sont concrescents. — Fruit ordinairement sec et déhiscent.

Plantes herbacées ou sous-frutescentes, à feuilles toujours succulentes et charnues. — Fleurs actinomorphes, hermaphrodites. — Carpelles indépendants, autant que de pétales. — Follicules. Albumen peu abondant............ **CRASSULACÉES.**

Plantes herbacées ou ligneuses. — Feuilles non charnues.

Étamines à déhiscence longitudinale, en nombre variable. — Plantes herbacées ou ligneuses. — Feuilles avec ou sans stipules. — Ordinairement deux carpelles, libres ou concrescents. - Ovaire supère ou plus ou moins infère, à loges complètes ou incomplètes. — Ovules nombreux. — Follicule, capsule ou fruit indéhiscent. Albumen abondant. **SAXIFRAGACÉES.**

Étamines à déhiscence valvulaire ou s'ouvrant par une fente transversale.— Plantes toujours ligneuses. — Feuilles alternes et stipulées. Ovaire demi-infère, 2-loculaire. Ovules nombreux, apotropes. — Capsule bivalve au sommet. — Embryon volumineux dans l'albumen corné......... **HAMAMÉLIDACÉES.**

Ovaire complètement infère, avec 2-3 placentas pariétaux. — Fruit toujours baccien. — Plantes ligneuses, à feuilles alternes, avec ou sans stipules. Pétales réduits. — Androcée isostémoné. Embryon petit dans un albumen charnu.... **RIBÉSIACÉES.**

Plantes toujours ligneuses et pourvues de canaux sécréteurs. Fleurs unisexuées, monoïques. — Périanthe remplacé par un simple bourrelet. — Fleurs mâles en chatons ; fleurs femelles en capitules. — Ovaire demi-infère, biloculaire. — Capsule septicide. — Albumen faible et embryon droit................. **BALSAMIFLUÉES.**

(1) Les **CÉPHALOTACÉES**, représentées seulement par les *Cephalotus*, singulières plantes à feuilles dimorphes, les unes planes, les autres ascidiformes, sont rattachées à ce sous-ordre. Les *Cephalotus* ne croissent que dans l'Australie occidentale.

SOUS-ORDRE III. — OPUNTINÉES.

Fleurs actinomorphes, hermaphrodites. — Pièces du périanthe en nombre indéfini. — Ovaire infère, uniloculaire, à placentation pariétale. — Plantes à tiges charnues, à feuilles souvent rudimentaires, et munies de faisceaux d'épines.

FAMILLE UNIQUE. — CACTACÉES.

Ce Sous-Ordre ne renferme que la seule famille des Cactacées dont tous les représentants sont probablement d'origine américaine, mais dont les caractères typiques peuvent être aisément étudiés sur le *Figuier de Barbarie (Opuntia vulgaris* Mill.), naturalisé dans tout le Nord de l'Afrique et dans le Sud de l'Europe.

Description d'un Opuntia. — *Les fleurs sont solitaires* à l'extrémité de courts rameaux; elles sont *hermaphrodites et complètes, actinomorphes.*

Le réceptacle floral est creusé en une coupe profonde, dont le fond renferme l'*ovaire infère,* et dont les bords donnent insertion, au-dessus de ce dernier, à *un périanthe composé d'un grand nombre de pièces qui se succèdent, en ordre spiralé, de l'extérieur vers l'intérieur.* Elles sont toutes colorées en jaune, et on ne peut établir, entre les pièces extérieures et les pièces internes plus délicates, aucune ligne de démarcation. La spire qu'elles forment est continuée, plus en dedans, par *des tamins en nom*

Fig. 374. — *Opuntia vulgaris.*

indéfini, indépendantes, pourvues d'anthères introrses, biloculaires, à déhiscence longitudinale.

L'ovaire infère est formé par *cinq carpelles ouverts, concrescents entre eux* par leurs bords et avec la paroi du réceptacle floral; *il est uniloculaire, et pourvu de cinq placentas pariétaux chargés d'ovules anatropes, horizontaux. Le style est terminal et simple à sa base,* inséré au centre de la fleur, et divisé en *cinq branches superposées aux placentas.*

Le fruit est une baie, dont la surface est munie d'excroissances charnues, à l'aisselle desquelles se montrent des faisceaux d'épines semblables à celles que l'on trouve sur les axes végétatifs. Les *graines, nombreuses* et noyées dans une pulpe mucilagineuse, ont *un tégument noir et luisant. L'embryon, qu'entoure une mince couche d'albumen, est recourbé en demi-cercle.*

L'*Opuntia vulgaris* est un arbuste dont les rameaux charnus, aplatis et en forme de raquettes, sont articulés les uns sur les autres. Ils sont pourvus de nombreuses protubérances terminées chacune par une épine. Ces formations, auxquelles on attribue la valeur de feuilles, sont disposées suivant une ligne spiralée; à leur aisselle se développent, soit des bourgeons donnant naissance à des rameaux végétatifs, soit de courts rameaux qui se terminent par une fleur.

Les divergences que présente la structure florale, chez les autres Cactacées, sont d'importance secondaire. — La fleur est quelquefois zygomorphe par suite d'une courbure que subissent la coupe réceptaculaire et les organes sexuels; les anthères peuvent s'ouvrir latéralement; le nombre des pièces du périanthe se réduit, dans certains cas, à 8 ou 10; l'embryon, qu'entoure un albumen plus ou moins abondant, est recourbé ou reployé en crochet, pourvu de cotylédons foliacés, ou cylindrique et alors presque toujours sans albumen.

Le port et l'appareil végétatif sont beaucoup plus variables. La tige est très longue, cylindrique ou cannelée chez les *Cereus* How. (Cierges); elle est contractée en sphère chez les *Melocactus* Lk. et Otto, contractée et également presque globuleuse, munie de tubercules chez les *Mamillaria* How., etc. Les formes à feuilles bien développées et dont l'aspect rappelle celui des autres Dicotylédones sont très rares.

Affinités. — Les affinités de ces plantes sont assez difficiles à établir. Elles ressemblent aux Ficoïdes (v. p. 646) par leur port, leur périanthe composé de nombreuses folioles spiralées, leurs étamines nombreuses, leur ovaire infère, etc. Mais les Cactacées se distinguent par leurs feuilles anormales ou précocement caduques, leurs carpelles concrescents bords à bords et leur ovaire uniloculaire, leur fruit baccien, leur albumen peu développé en général et charnu. Malgré leur port bien différent, les Cactacées se rapprochent des Saxifragacées, et surtout des Ribésiacées.

Distribution géographique. — Presque toutes indigènes du Nouveau Monde, les Cactacées abondent surtout dans les régions sèches de la zone intertropicale. Quelques-unes cependant s'écartent notablement de l'Équateur. Ainsi l'*Opuntia vulgaris* Mill. croît jusque près de New-York, et l'*O. missouriensis* DC. atteint le 59° de latitude septentrionale, qui peut être considéré comme l'extrême limite de tout le groupe. Les *Rhipsalis* habitent l'Afrique australe.

Propriétés générales. Plantes importantes. — Peu de plantes de cette famille peuvent être considérées comme médicales. Le *Cereus grandiflorus* Mill. est employé, en Amérique, contre les maladies du cœur. Les fleurs du *C. flabelliformis* Mill. sont utilisées contre l'éclampsie. Le suc de la tige est rubéfiant à l'extérieur, anthelmintique à l'intérieur.

On mange, dans la région méditerranéenne, les fruits de l'*Opuntia vulgaris* Mill., et ceux d'autres plantes du même genre, en Amérique.

L'*Anhalonium Lewinii* Henning, des montagnes du Mexique, est toxique.

Enfin, c'est sur certains Nopals, entre autres sur le *Nopalea coccinillifera* Salm Dyck, que l'on élève la Cochenille du Mexique.

SOUS-ORDRE IV. — PASSIFLORINÉES.

Fleurs actinomorphes. — Sépales et pétales en nombre défini, ces derniers nuls parfois. — Calice à préfloraison presque toujours imbriquée. —

*Étamines à insertion hypogyne, périgyne ou épigyne, en nombre simple,
double ou multiple.*

*Ovaire presque toujours uniloculaire et à placentation pariétale. —
Styles distincts.*

Ce sous-ordre, auquel nous assignons les caractères fondamentaux et les limites que lui assigne Eichler, est certainement moins
naturel que le précédent.

FAMILLE I. — PASSIFLORACÉES.

*Fleur actinomorphe, ordinairement 5-mère, à réceptacle concave. —
Un disque formant, sur la paroi interne du réceptacle, des verticilles successifs de conformation diverse. — Androcée presque toujours isostémoné,*

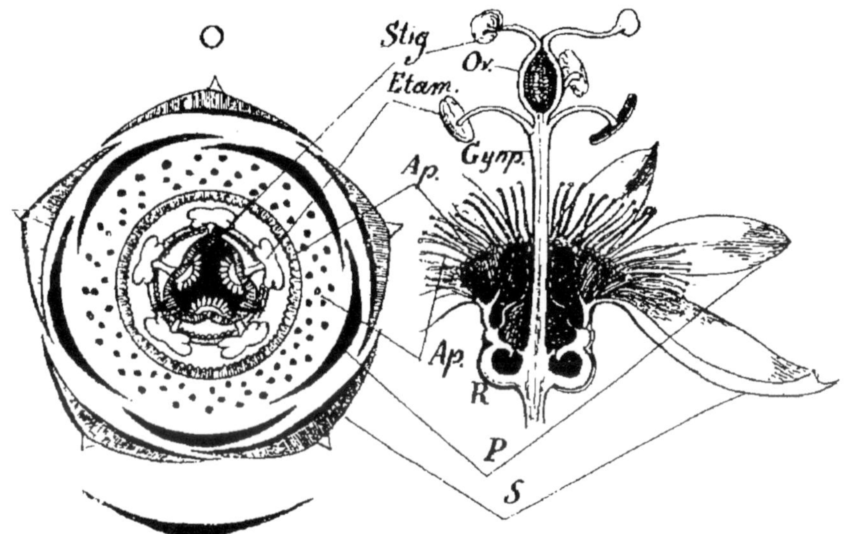

Fig. 375. — *Passiflora*. — Diagramme et fleur coupée longitudinalement.
S, sépales ; P, pétales ; Ap., Ap, disque : Gynp, gynophore ; Etam, étamines ; Ov, ovaire
Stig, stigmate ; R, réceptacle (Courchet).

*concrescent avec un gynophore plus ou moins développé. — Anthères ver-
satiles. — Ovaire uniloculaire, avec placentas pariétaux chargés d'ovules
anatropes. — Styles distincts, ou concrescents seulement à la base. — Fruit
baccien ou capsule loculicide. — Graine arillée. Embryon droit dans un
albumen charnu.*

Description des Passiflora. — Le genre principal de la famille (*Passiflora* L.) est représenté par plus de 250 espèces, dont quelques-unes sont
cultivées comme plantes ornementales. Tel est, en particulier, le *Passiflora cærulea* L. (vulgairement *Fleur de la Passion*).

Ce sont des *végétaux vivaces*, ordinairement *grimpants à l'aide de vrilles*.
Les *feuilles*, dont le *pétiole*, presque toujours *glanduleux à sa base*, est

accompagné par deux stipules linéaires, caduques ou persistantes, sont *alternes, à limbe palmatilobé.* C'est dans l'axe des feuilles que s'insèrent, chez les formes grimpantes, *les vrilles qui sont simples, et dont la valeur morphologique est celle d'un rameau axillaire.* Au-dessus d'elle naît ordinairement un bourgeon végétatif normal.

Les *fleurs* sont, le plus souvent, solitaires ou géminées, comme chez le *P. cærulea*, et leur pédoncule se montre alors inséré latéralement et plus ou moins haut, sur la base même de la vrille (1) chez les formes grimpantes ; chez les espèces dressées, en ces mêmes points, se montrent des cymes ou des grappes.

La fleur elle-même est actinomorphe, hermaphrodite, complète (fig. 375). *Le réceptacle* (R) *affecte la forme d'une poche glanduleuse* plus ou moins profonde, dont le fond s'accroît en un *gynandrophore* (Gyn.) cylindrique. Les bords du réceptacle portent 5 *sépales libres* (S), ordinairement pétaloïdes sur les bords, à préfloraison quiconciale, et 5 *pétales* (P) plus ou moins développés, nuls parfois, puis *un disque* (Ap) formé par des cercles concentriques de lanières plus ou moins colorées, celles des verticilles internes plus ou moins concrescentes à la base, ou même complètement soudées en un bourrelet plissé. Enfin plus bas encore, la paroi de la coupe forme des expansions annulaires, dressées ou infléchies, qui se développent souvent jusqu'à la base même du gynophore.

L'androcée se compose de cinq étamines (Etam.) *dont les filets sont concrescents avec le gynophore*, et ne s'en dégagent généralement que tout près au-dessous de l'ovaire. *Les anthères, primitivement introrses, puis versatiles, sont biloculaires et à déhiscence longitudinale.*

L'extrémité de la colonne est occupée par *un ovaire uniloculaire*, portant, *sur 3 placentas pariétaux, de nombreux ovules anatropes, horizontaux ou un peu ascendants*, insérés en deux ou trois séries. Il existe *trois styles divergents, libres ou plus rarement concrescents à la base*, terminés chacun par *un stigmate en tête.*

Le fruit des Passiflores est une sorte de baie ordinairement peu charnue, ovoïde, colorée, qui finit par s'ouvrir irrégulièrement.

Les graines sont aplaties, revêtues d'un arille charnu rouge. Le testa est crustacé. *L'embryon, pourvu de larges cotylédons foliacés, est droit dans l'axe d'un albumen charnu.*

Les caractères d'ordre secondaire qui, dans les autres genres, divergent du type qui vient d'être décrit, sont assez nombreux.

La *tige* des Passifloracées peut être *herbacée ou ligneuse*, arborescente quelquefois, *dressée ou grimpante.* La *feuille* est quelquefois *composée-imparipennée.*

Les verticilles du périanthe et de l'androcée sont 3-5 mères, et les fleurs sont quelquefois unisexuées (alors le plus souvent dioïques).

Le nombre des étamines peut être moindre que celui des pétales, quelquefois en nombre double, et le gynophore avec lequel elles sont concrescentes est plus ou moins développé.

(1) En réalité, le pédoncule floral est un rameau de la vrille ; il naît à l'aisselle d'une des deux préfeuilles de cette dernière, dont la seconde avorte. Or, la préfeuille fertile, la seule développée, est *entraînée*, sur le pédoncule floral, jusque près de la fleur au-dessous de laquelle elle constitue souvent, avec les préfeuilles spéciales de l'axe floral, un involucre plus ou moins développé.

Le nombre des placentas est quelquefois de 4 ou de 5; les stigmates peuvent être bilobés.

Le fruit est assez souvent une capsule loculicide.

Mais les caractères essentiels, indiqués en tête de la famille, sont constants.

Affinités. — Les Passifloracées se rattachent naturellement surtout aux autres familles du Sous-Ordre, familles que nous ne pouvons décrire ici. On les rapproche souvent aussi des Cucurbitacées (voir à cette famille) dont elles ont, en effet, le port et certains caractères morphologiques. Mais les Cucurbitacées s'en éloignent par des points trop importants pour qu'on puisse placer ces deux familles à côté l'une de l'autre.

Distribution géographique. — Les Passifloracées sont presque toutes propres aux régions les plus chaudes du globe. Elles abondent surtout dans l'Amérique tropicale, où le genre *Passiflora* se trouve richement représenté.

Propriétés générales. Usages. — C'est au genre *Passiflora* qu'appartiennent les espèces les plus importantes. Les *P. cærulea* L., *P. racemosa* Brot., *P. quadrangularis* L., etc., sont cultivés pour la beauté de leurs fleurs et le parfum qu'elles exhalent.

La racine du *P. quadrangularis* L. passe pour vénéneuse à haute dose; elle est, dit-on, anthelmintique à doses minimes. Le fruit et les graines de la même plante sont rafraîchissants.

On mange, d'ailleurs, le fruit de plusieurs Passiflores (*P. laurifolia* L. ou *Pomme-Liane, P. edulis* Sims., etc.).

FAMILLE II. — CARICACÉES.

Cette petite famille ne comprend que deux genres (*Carica* L. et *Jacaratia* Marcgr.), dont un seul nous intéresse.

Description du Carica Papaya L. (fig. 376). — Le Papayer, originaire des îles Moluques, est actuellement propagé par la culture dans l'Inde, à Maurice, aux Antilles, à Haïti, dans toute l'Amérique du Sud.

C'est *un arbre dont le tronc,* très peu ramifié, *s'élève en forme de stipe,* et dont le sommet porte *un faisceau de feuilles alternes, longuement pétiolées et sans stipules, à limbe palmatilobé et à lobes* eux-mêmes profondément découpés (1 et 2).

Les fleurs, en cymes paniculiformes axillaires, *sont unisexuées par avortement et dioïques, actinomorphes, 5-mères. Le calice,* dans les deux sexes, *est gamosépale, petit et à préfloraison libre. La corolle, longuement gamopétale dans la fleur mâle* (3), *formée de pétales libres dans la fleur femelle* (4), *est à préfloraison convolutive.*

La *fleur mâle possède* 10 *étamines* dont les 5 extérieures, alternes avec les pétales, sont insérées à la gorge de la corolle et pourvues de filets, les cinq autres réduites à leurs anthères sessiles. Toutes sont *introrses, biloculaires, à déhiscence longitudinale.*

L'*ovaire,* formé par 5 *carpelles épipétales et concrescents par leurs*

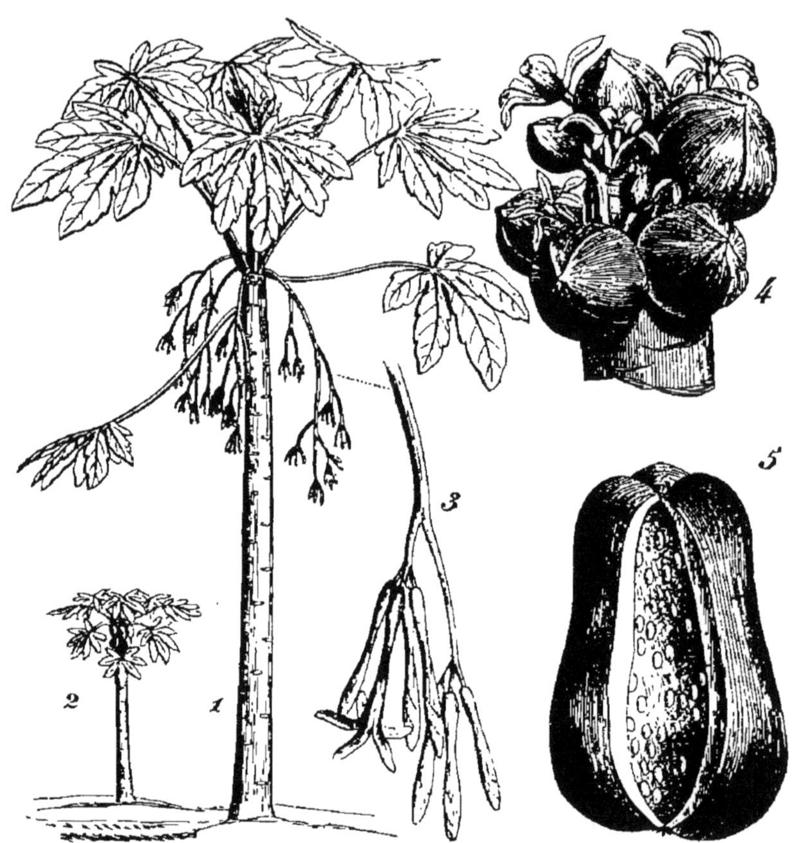

Fig. 376. — Papayer.

bords, est uniloculaire et à 5 *placentas pariétaux,* surmonté d'un *style divisé en cinq branches,* elles-mêmes *profondément ramifiées.* Les *ovules sont anatropes, insérés en grand nombre sur les placentas.*

Le *fruit est une baie* contenant *un grand nombre de graines dans sa pulpe pariétale* (fig. 376, 5). *Elles sont pourvues d'une enveloppe externe charnue et d'un tégument interne plus résistant. L'embryon est droit dans un albumen charnu oléagineux.*

Le genre *Carica* L. renferme environ 21 espèces, toutes propres à l'Amérique tropicale et subtropicale.

L'ovaire devient *incomplètement pluriloculaire* dans les *Carica* de la section des *Vasconcellea* Saint-Hil., sans que la placentation cesse pour cela d'être pariétale.

L'ovaire est à 5 loges, et les sépales et les pétales sont superposés chez les Jacaratia Marcgr.

Affinités. — Elles sont difficiles à déterminer. On range souvent les Caricacées près des Passifloracées; mais ces dernières s'en distinguent *par leurs pétales et leurs sépales indépendants, leur androcée formé d'un verticille simple, leur gynophore*, etc. Les ressemblances des Caricacées avec les Cucurbitacées sont plus superficielles encore.

Distribution géographique. — L'Amérique tropicale et subtropicale est la patrie exclusive des Caricacées. Seul le *Jacaratia Solmsii* Urban., récemment découvert dans les monts Cameroun, est africain.

Propriétés générales. Plantes importantes. — Les Caricacées renferment, dans leur bois, des laticifères nombreux, formés par des cellules cambiales fusionnées, et qui accompagnent les faisceaux ligneux. Ces vaisseaux, fréquemment anastomosés entre eux, sont transversalement reliés par des branches plus étroites, formées aux dépens des cellules des rayons médullaires. Tout cet ensemble constitue un riche réseau, qui s'étend, à travers le corps ligneux, jusqu'à la périphérie de la moelle.

Il existe, en outre, chez le *Carica Papaya*, ainsi que l'a constaté M. Guignard, des cellules spéciales qui renferment, les unes un ferment analogue à la Myrosine de la Moutarde noire (v. p. 743), les autres, un glucoside semblable au Myronate de potasse. Par réaction réciproque de ces deux composés, il se forme une huile essentielle particulière, quand on écrase la racine, qui est particulièrement riche en cellules de ce genre.

Le latex du *C. Papaya* renferme, indépendamment de la fibrine et de la caséine qui lui avaient fait donner par Vauquelin le nom de *Sang végétal*, un composé intéressant, la *Papaïne* de MM. Würtz et Bouchut (*Papayotine* de Peckolt). Ce principe jouit de la singulière propriété de *digérer*, c'est-à-dire de transformer en peptones les principes albuminoïdes, comme le fait la pepsine animale; mais il se distingue de cette dernière en ce qu'il agit, non seulement en présence d'un acide, mais encore dans un milieu neutre ou même légèrement alcalin.

Les feuilles de la même plante renferment un autre principe, la *Caricine*, dont l'effet est de ralentir les mouvements du cœur, mais dont l'usage n'est pas encore entré dans la pratique médicale. Par contre la Papaïne est employée à titre d'eupeptique puissant.

Les fruits du Papayer sont comestibles. On en fait, au Brésil, une marmelade et un sirop que l'on emploie comme expectorants et sédatifs.

On mange également les fruits du *Carica cauliflora* Jacq.

Par contre, le *C. digitata* Pœpp. possède, dit-on, des propriétés délétères.

Le suc laiteux du *Jacaratia dodecaphylla* DC. est employé comme anthelmintique dans la République Argentine; celui du *Carica quercifolia* Benth. et Hook. sert à attendrir la viande, et les feuilles peuvent, dit-on, remplacer le savon.

Nous nous contenterons d'indiquer sommairement, dans le tableau général du Sous-Ordre, les caractères essentiels des autres principales familles, les **TURNÉRACÉES**, les **LOASÉES**, les **BÉGONIACÉES** et les **DATISCÉES**.

Les **TURNÉRACÉES** sont toutes des plantes de l'Amérique tropicale. Elles sont astringentes, mucilagineuses et légèrement excitantes, grâce à l'huile essentielle qu'elles contiennent.

Les feuilles des *Turnera aphrodisiaca* L. et *microphylla* Desv., qui croissent dans les Indes, sont connues sous le nom de *Damiana*. Elles sont employées comme toniques et aphrodisiaques.

Les **BÉGONIACÉES**, presque toutes intertropicales, sont acides (grâce à l'acide oxalique qu'elles contiennent), rafraîchissantes, antibiliaires et antiscorbutiques.

Quelques-unes sont alimentaires (*Begonia malabarica* et *B. tuberosa*).

La racine de certains autres *Begonia* est employée comme drastique, antiscrofuleuse et antisyphilitique. Plusieurs espèces sont ornementales.

Les **DATISCÉES** renferment fort peu de plantes utiles.

Le *Datisca cannabina*, de l'Asie occidentale et du Népaul, est une herbe nauséeuse, éméto-cathartique; elle est usitée, en Italie, contre les fièvres intermittentes et les affections de l'estomac.

Fleurs hermaphrodites, à réceptacle concave. — Calice, corolle et androcée 5-mères, périgynes. — Ovaire à 3 placentas pariétaux, auxquels sont superposés les trois styles. — Capsule déhiscente en trois valves médio-placentifères. — Graines strophiolées. Embryon droit dans l'axe d'un albumen charnu.

Plantes herbacées ou ligneuses. — Feuilles simples, alternes, sans stipules, ordinairement glanduleuses .... **TURNÉRACÉES.**

Fleurs ordinairement hermaphrodites et isostémonées. — Disque, en dedans de la corolle, formant des verticilles ou des bourrelets annulaires successifs. — Ovaire uniloculaire, ordinairement porté par un gynophore avec lequel est concrescent l'androcée. — Fruit : baie ou capsule loculicide. — Graines arillées.

Plantes herbacées ou ligneuses, souvent grimpantes à l'aide de vrilles simples, axillaires. — Feuilles alternes, ordinairement simples, sans stipules. — Point de laticifères... **PASSIFLORACÉES.**

Fleurs unisexuées et diplostémonées; point de disque ni de gynophore. — Corolle à tube court chez la fleur femelle, allongé dans la fleur mâle. — Ovaire uniloculaire, à placentas pariétaux, ou 5-loculaire.

Fruit : baie. — Tégument séminal extérieurement charnu, mais point d'arille.

Plantes ligneuses à port dressé, souvent sans ramifications le long de l'axe principal. — Feuilles longuement pétiolées, alternes et sans stipules. — Des laticifères abondants .... **PAPAYACÉES.**

Fleurs hermaphrodites à réceptacle tubuleux, 5-mères et actinomorphes. — Étamines plus ou moins nombreuses, souvent partiellement stériles, les extérieures ordinairement fertiles et groupées par faisceaux.

Ovaire avec 3-7 placentas pariétaux.

Capsule droite ou tordue en spirale, souvent déhiscente en valves médio-séminifères alternant avec des valves stériles.

Albumen charnu abondant.

Plantes herbacées ou ligneuses, parfois volubiles. — Feuilles alternes, sans stipules ...... **LOASACÉES.**

Fleurs monoïques et zygomorphes. — Sépales ordinairement 2 ; pétales 2-6 ou 0. — Étamines nombreuses, avec anthères extrorses.

Ovaire généralement uniloculaire, à 3 placentas pariétaux, plus rarement à 3 loges incomplètes. — ovules nombreux. — 3 styles distincts.

Fruit : ordinairement capsule loculicide.

Albumen peu abondant ou nul. — Embryon droit.

Plantes herbacées ou ligneuses. Feuilles ordinairement alternes et inéquilatérales, stipulées.. **BÉGONIACÉES.**

Fleurs ordinairement dioïques, rarement hermaphrodites, apétales, actinomorphes. — Calice à 3-9 sépales. — Étamines en nombre variable (3-15). — Ovaire uniloculaire, à placentation pariétale.

Capsule membraneuse.

Plantes herbacées ou ligneuses. — Feuilles alternes, stipulées .... **DATISCÉES.**

Ovaire libre. / Fleurs unisexuées ou hermaphrodites, et alors, gynécée porté par un gynophore.

Ovaire infère et concrescent avec le réceptacle. / Fleurs unisexuées, monoïques ou dioïques. Albumen peu abondant ou nul.

SOUS-ORDRE V. — MYRTIFLORES.

Ovaire fréquemment infère, assez souvent adhérent au réceptacle floral à divers degrés, ou plus rarement complètement libre. — Styles ordinairement concrescents, rarement tout à fait libres.

Fleurs actinomorphes (sauf quelques exceptions), 4-5 mères le plus souvent. — Calice à préfloraison souvent valvaire. — Corolle à préfloraison variable, mais toujours présente (sauf dans certains cas isolés).

Androcée ordinairement représenté par deux verticilles (diplostémonie directe ou obdiplostémonie). Les membres de l'androcée sont quelquefois multipliés par dédoublement (chez les Myrtacées et certaines Lythracées).

Carpelles deux, ou en nombre plus ou moins grand, ordinairement concrescents en un ovaire biloculaire ou pluriloculaire, avec cloisons complètes ou incomplètes. Rarement (chez les Combrétacées) les carpelles, soudés bords à bords et ouverts, forment un ovaire uniloculaire avec placentas pariétaux.

FAMILLE I. — LYTHRACÉES.

Fleur actinomorphe ou zygomorphe, en général diplostémones, avec anthères introrses, non appendiculées. — Ovaire libre ou adhérent, plus ou moins complètement bi- ou pluriloculaire. — Ovules anatropes, nombreux, horizontaux. — Fruit ordinairement loculicide. — Graine sans albumen.

Plantes herbacées ou ligneuses. — Feuilles sans stipules. — Point de glandes internes.

Description du Lythrum Salicaria L. — Les *Lythrum* L., dont une espèce, le *L. Salicaria* L. (Salicaire commune), est très répandue le long de nos cours d'eau, réalisent assez bien le type ordinaire de la famille.

C'est une *plante vivace* (fig. 377) dont la tige droite peut atteindre jusqu'à 1 mètre de hauteur. Elle est *tétragone* et pourvue *de feuilles sessiles, ovales-lancéolées, opposées ou ternées, sans stipules.*

Les fleurs, réunies au sommet des axes en grappes de cymes, sont actinomorphes, hermaphrodites, complètes, 6-mères (fig. 378). *Le réceptacle forme une urne assez profonde.*

Le *calice*, formé de 6 pièces *en préfloraison valvaire*, est extérieurement accompagné par *un petit calicule de nature stipulaire* (1). *Les pétales sont libres*, onguiculés, *à préfloraison imbriquée*, ondulés et froissés sur les bords.

Les étamines forment deux verticilles (avec diplostémonie directe). Elles sont libres, pourvues d'anthères introrses et biloculaires ; celles qui alternent avec les pétales sont un peu plus longues et plus grosses. Les unes et les autres s'insèrent *sur la paroi interne du réceptacle.*

L'ovaire est libre, à deux loges incomplètes vers le sommet, et formé par *deux carpelles transversaux concrescents ;* il est terminé par un long *style linéaire* qui porte un *stigmate capité*, et sa base est entourée *d'un disque glanduleux*. Dans chaque loge, *un épais placenta axile porte un*

(1) Voy. p. 91.

grand nombre d'ovules anatropes, ascendants et à micropyle extérieur (apotropes).

Le fruit est une capsule membraneuse, à déhiscence loculicide (1). — L'embryon, dépourvu d'albumen, possède des cotylédons charnus, planconvexes, dont la base forme deux auricules autour de la radicule.

Chez certains *Lythrum*, les fleurs sont 4-mères ou 5-mères. Le cycle

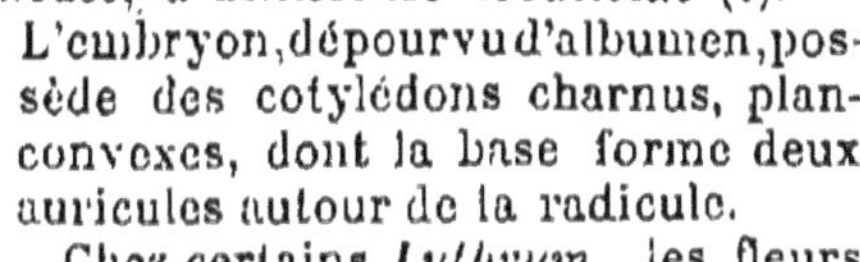

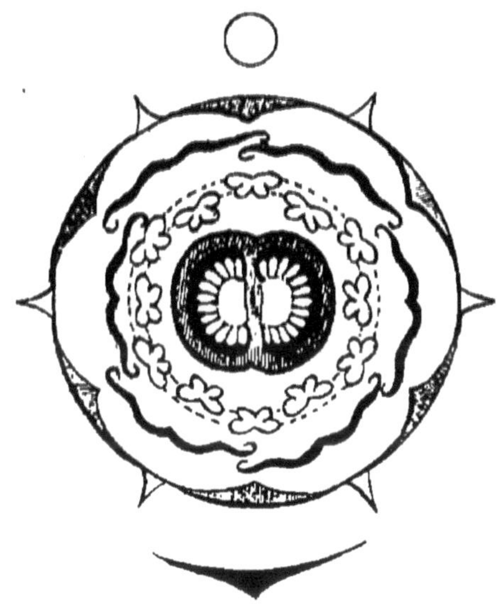

Fig. 378. — Diagramme d'une fleur de *Lythrum Salicaria* L.

Fig. 377. — *Lythrum Salicaria* L. — Rameau terminé par l'inflorescence.

Fig. 379. — Fleur du *Cuphea lanceolata.* — s, calice irrégulier; c,c,c'c', corolle (1/1).

staminal interne manque chez quelques espèces; il en existe 6, 4, ou seulement 2 chez notre *L. hyssopifolium* L. Enfin, chez d'autres, la réduction porte sur la corolle dont l'avortement peut être complet.

Autres genres. — Les *Cuphea* (fig. 379) nous offrent le *type zygomorphe*

(1) Les valves portent des cloisons sur leur milieu comme dans la déhiscence loculicide, mais les placentas demeurent fixés contre l'axe du fruit.

de la famille. Ce sont des plantes de l'Amérique tropicale dont les feuilles sont opposées, verticillées ou même alternes. *Le réceptacle floral se développe en un éperon creux, au côté postérieur de la fleur.* Tandis que les pièces qui forment la corolle sont surtout développées en arrière (les pétales antérieurs peuvent même manquer tout à fait), le contraire a lieu pour l'androcée, *dont la pièce postérieure* (celle opposée au sépale impair postérieur) *fait ordinairement défaut.*

De même l'ovaire, formé par *deux carpelles médians,* est creusé de deux loges incomplètes vers le haut, dont *la postérieure, ordinairement munie à sa base d'une glande saillante dans l'éperon, est moins développée que l'antérieure et demeure souvent stérile.*

Les loges ovariennes, incomplètes vers le haut dans la tribu des **Lythrées** dont les genres *Lythrum* et *Cuphea* font partie, sont entièrement séparées chez les **Neséées**, à laquelle appartient la plante qui fournit le *Henné* des Arabes, le *Lawsonia inermis* L.

Caractères généraux. — *Plantes* herbacées ou ligneuses. — *Feuilles* entières et penninerviées, sans *stipules* ou avec *stipules* minimes, opposées, verticillées ou alternes.

Inflorescences diverses (cymes, grappes, panicules, corymbes, etc.). *Fleurs* actinomorphes ou, plus rarement, zygomorphes, hermaphrodites. — *Réceptacle* plus ou moins profondément concave, creusé d'un éperon chez les *Cuphea.* — *Périanthe* ordinairement double, 4-6 mère. *Calice* valvaire caliculé. *Corolle* complète ou incomplète, formée de pétales libres, nulle parfois.

Étamines généralement en deux verticilles (diplostémonie directe), plus rarement en 3 verticilles, en nombre indéfini ou en petit nombre. *Filets* indépendants. *Anthères* introrses, biloculaires, à déhiscence longitudinale.

Ovaire supère, entouré quelquefois d'un petit *disque* glanduleux ou accompagné d'une glande unilatérale, à 2-6 loges complètes ou incomplètes (très rarement uniloculaire et unicarpellé) (1). — *Style* simple, terminal; *stigmate* entier ou obscurément lobé.

Ovules généralement nombreux, anatropes, horizontaux ou ascendants sur des placentas axiles, plus rarement placés sur les cloisons mêmes.

Fruit capsulaire, membraneux, coriace ou plus ou moins ligneux, s'ouvrant en valves portant les cloisons sur leur milieu, mais se séparant des placentas qui demeurent adhérents à la columelle centrale, ou s'ouvrant par une fente transversale, ou bien encore à déhiscence irrégulière.

Graine sans albumen. *Cotylédons* longs et charnus, droits ou enroulés, auriculés à la base.

Affinités. — Les Lythracées ont avec les Onagracées plusieurs caractères communs (V. le tableau du Sous-Ordre). L'*ovaire, toujours infère* chez ces derniers, constitue un caractère distinctif important.

Distribution géographique. — Les Lythracées renferment environ 250 espèces répandues dans les régions tempérées, et surtout dans les

(1) Genre *Cryptotheca.*

régions chaudes des deux Mondes. L'Amérique est surtout riche en représentants de cette famille.

Propriétés générales. Plantes importantes. — Les propriétés de ces
plantes varient d'une espèce à l'autre.

La *Salicaire commune* (*Lythrum Salicaria* L.) a été préconisée, à titre
d'astringent, contre l'inflammation chronique des muqueuses du tube
digestif et contre les ulcères variqueux.

Le *Henné* (*Lawsonia inermis* L.), originaire d'Arabie, mais cultivé dans
le Nord de l'Afrique et dans tout l'Orient, est employé par les Orientaux
comme cosmétique et comme médicament astringent. Les feuilles de la
plante sont seules utilisées.

Plusieurs Lythracées sont éméto-cathartiques (*Heimia*, *Cuphea*, etc.).
Enfin l'*Ammania baccifera* L., de l'Inde, est vésicant.

FAMILLE II. — ONAGRACÉES.

Malgré son étendue et son importance scientifique, nous ne pouvons
que résumer ici les caractères généraux de cette famille.

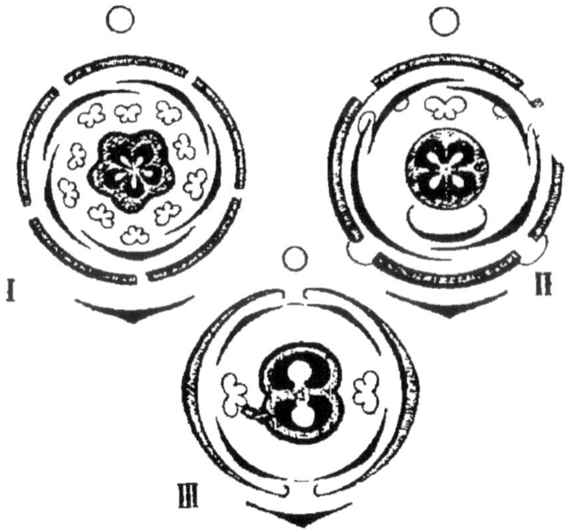

Fig. 380. — Diagrammes d'Onagracées. — I. *Epilobium*. — II. *Lopezia*. — III. *Circea*.

Caractères. — *Plantes ordinairement herbacées,* plus rarement plus ou
moins ligneuses. — *Feuilles alternes ou opposées, sans stipules.*

Fleurs solitaires à l'aisselle des feuilles ou réunies en grappes, *presque
toujours hermaphrodites, actinomorphes* (fig. 380, I et III) *ou, plus rarement,
zygomorphes* (fig. 380, II, et fig. 382). — *Axe floral se prolongeant* plus ou
moins, au-dessus de l'ovaire infère, *en un tube d'où se dégagent le périanthe et l'androcée.* — *2-4 (rarement 5-6) pièces au calice, 2-4 pétales*
ou, beaucoup plus rarement, *corolle nulle.* — *Étamines ordinairement
4-8* (nombre variant rarement de 1 à 12), *parfois en partie stériles.*

Carpelles ordinairement 4, concrescents en un ovaire infère, à tout autant

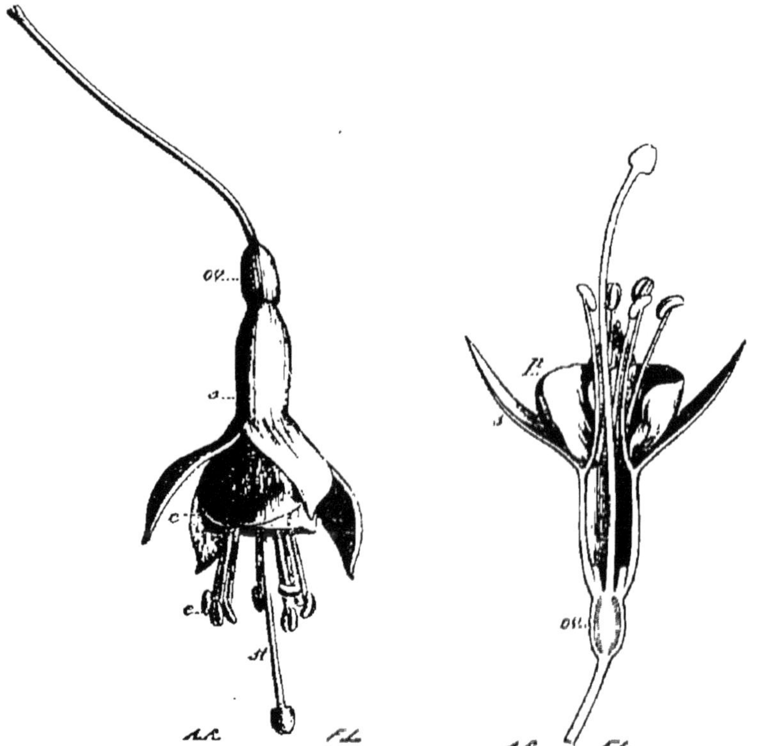

Fig. 381. — *Fuschia splendens.* — Fleur entière ; fleur coupée en long.

de loges, contenant chacune un nombre très variable d'ovules anatropes

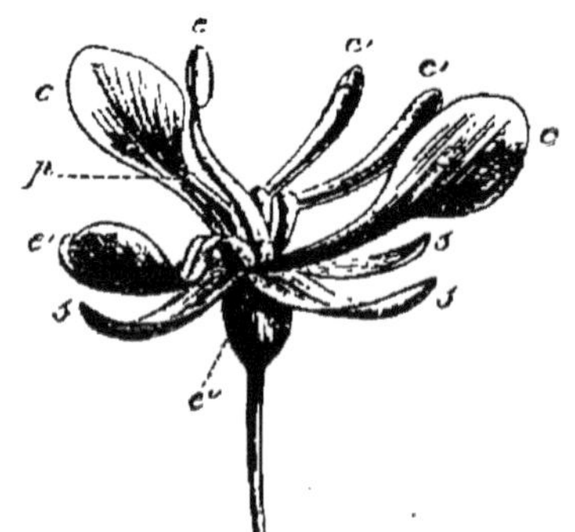

Fig. 382. — Fleur du *Lopezia racemosa.*

insérés sur des placentas axiles, horizontaux ou ascendants, et alors à micropyle extérieur (apotropes). Style simple, terminé par autant de lobes stigmatiques qu'il y a de carpelles.

Fruit : ordinairement capsulaire, loculicide ou plus rarement septicide, ou bien fruit baccien ou drupe indéhiscente.

Graines à testa dur, nues ou pourvues, le long du raphé, d'un faisceau de poils ou d'une marge ciliée ou plissée. Embryon droit, rarement accompagné d'un albumen charnu.

ONAGRACÉES.

Capsule loculicide, contenant de nombreuses graines. — Axe floral plus ou moins prolongé au-dessus de l'ovaire, étranglé, caduc.

Capsule loculicide ou septicide. — Axe floral peu prolongé au-dessus de l'ovaire et graines nues. — Fleur actinomorphe, 4-6-mère, obdiplostémonée. — Plantes des lieux marécageux, ou submergées, souvent pourvues de racines flotteurs (1)..............................

Jussieua L. ou *Jussiœa*).
(26 espèces, des régions tropicales surtout du Brésil).

Graines sans faisceau de poils, nues ou munies le long du raphé, d'une marge frangée ou ciliée.

Graines munies d'une touffe de poils. — Fleur actinomorphe, à tube réceptaculaire court, en entonnoir ou en cloche. — Herbes annuelles ou vivaces; fleurs petites, blanches ou rosées.....

Epilobium L. (fig. 380, I).
(160 espèces, répandues partout, sauf sous les tropiques).

Graines sans appendice sur le raphé. — Étamines à peu près égales; anthères dorsifixes. — Fleurs grandes, ordinairement jaunes. — Plantes herbacées.

Graines munies d'un long raphé, et d'une marge ciliée ou frangée. — Tube réceptaculaire court. — 8 étamines, dont 4 opposées aux pétales, moins développées ou stériles. — Anthères basifixes. — Herbes ou arbustes à grandes fleurs solitaires, généralement rouges........

Clarkia Pursh.
(5 espèces. Ouest de l'Amérique du Nord).

Ovules horizontaux, anguleux par pression réciproque. — Tégument séminal mou, inégalement épaissi. — Herbes à racine pivotante, charnue.

Onagra T.
(Environ 8 espèces. Amérique du Nord).

Ovules ascendants, arrondis, pourvus, à une de leurs extrémités, d'une excroissance concave...

Œnothera Spach.
(20 espèces. Nouveau Monde).

Fruit nucamenteux, avec 1-4 semences. — Réceptacle floral prolongé, au-dessus de l'ovaire, en un tube cylindrique. — Fleur zygomorphe, 3-4-mère. — Étamines toutes fertiles, accompagnées d'une écaille basilaire. — Arbrisseaux ou sous-arbrisseaux, portant des fleurs nombreuses, en épis ou en capitules................

Gaura L.
(Mexique et zones tempérées de l'Amérique du Nord).

Baie charnue. — Axe floral très long, généralement pétaloïde, caduc. — Fleur actinomorphe, avec 8 étamines fertiles. — Arbustes et petits arbres à fleurs brillantes, généralement pendantes.........................

Fuchsia L. (fig. 381).
(Plus de 60 espèces. Amérique du Nord et Amérique centrale. Nouvelle-Zélande).

Capsule 4-valve, loculicide. — Réceptacle floral non prolongé au-dessus de l'ovaire. — Fleur zygomorphe (les deux pétales supérieurs géniculés ou articulés, accompagnés d'une ou de deux glandes). — Androcée réduit à 2 étamines concrescentes entre elles et avec le style, l'antérieure stérile. — Herbes à fleurs nombreuses et brillantes. ...

Lopezia Cavanille (fig. 380, II, et fig. 382).
(Amérique centrale).

Drupe pyriforme, couverte de poils en forme d'hameçons. — Fleur zygomorphe et binaire dans tous ses verticilles. — Réceptacle floral prolongé en colonne au-dessus de l'ovaire, et uni avec le style. — Ovaire uni- ou biloculaire. — Herbes vivaces à feuilles opposées. — Fleurs blanches, petites, en grappes....................

Circæa L. (fig. 380, III).
(7 espèces. Régions tempérées de l'Hémisphère Nord).

(1) V. p. 52.

Affinités. — Voir le tableau général des Myrtiflores.

Distribution géographique. — Les Onagracées sont à peu près représentées dans toutes les contrées du globe. Les régions tempérées de l'Hémisphère Nord, et surtout celles du Nouveau Monde sont riches en végétaux de cette famille.

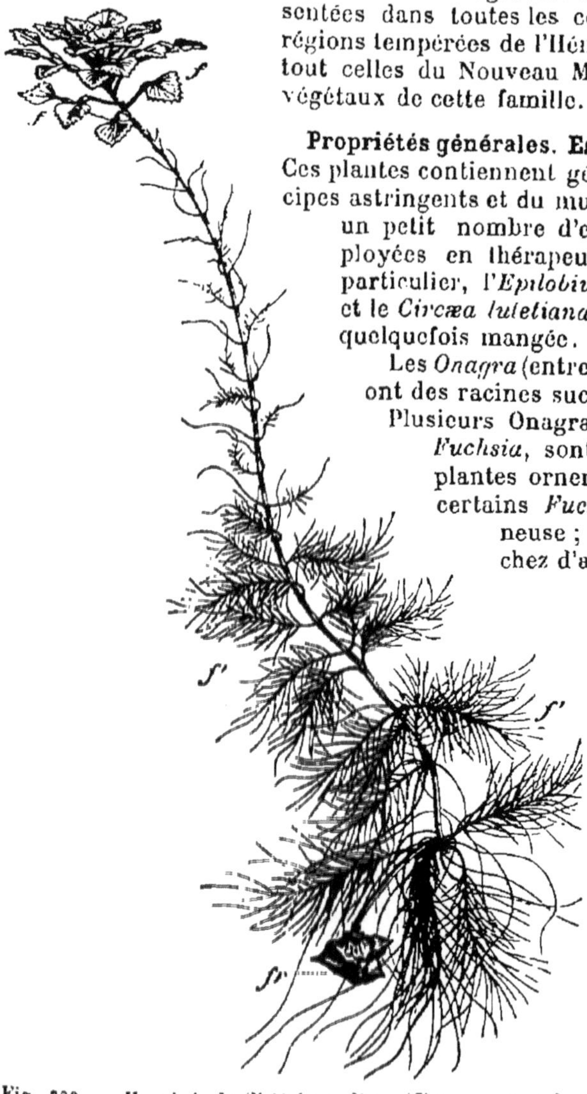

Propriétés générales. Espèces importantes. — Ces plantes contiennent généralement des principes astringents et du mucilage, ce qui a valu à un petit nombre d'entre elles d'être employées en thérapeutique. Tels sont, en particulier, l'*Epilobium angustifolium* L. et le *Circæa luteliana* L., dont la racine est quelquefois mangée.

Les *Onagra* (entre autres l'*O. biennis* L.) ont des racines succulentes et sucrées.

Plusieurs Onagracées, telles que les *Fuchsia*, sont cultivées à titre de plantes ornementales. La baie de certains *Fuchsia* passe pour vénéneuse ; elle est comestible chez d'autres.

Genre Trapa L. — On rattache aux Onagracées le genre *Trapa* L., qui constitue trois espèces seulement, toutes de l'Ancien Monde. Ce sont des *herbes aquatiques à feuilles dimorphes* (fig. 383), les supérieures normalement construites, les feuilles submergées transformées, comme chez les Renoncules aquatiques, en organes d'absorption. *Les fleurs sont solitaires, 4-mères, à 4 étamines, et l'ovaire est à demi infère* seulement, *à 2 loges, chacune avec un ovule pendant au sommet.*

Le fruit, sec est indéhiscent, est une sorte de noix qui porte encore le disque réceptaculaire persistant, et les 4 dents calicinales, accrues et indurées, au

Fig. 383. — Un pied de Châtaigne d'eau (*Trapa natans* L.), portant encore le fruit, *fr*, duquel il est provenu, réduit à un huitième au plus de la grandeur naturelle ; *f*, feuilles nageantes à pétiole renflé ; *f',f''*, feuilles submergées.

point où les carpelles cessent d'être concrescents avec le réceptacle.

La graine unique que renferme le fruit *est occupée tout entière par l'embryon,* dont l'un des cotylédons, volumineux et charnu, se développe aux dépens de l'autre demeuré tout petit et squamiforme.

Le *T. natans* L. (*Châtaigne d'eau* ou *Macre*) habite l'Europe centrale et méridionale. Il est légèrement astringent ; on en mange la graine dans certaines régions.

FAMILLE III. — MYRTACÉES.

Plantes ligneuses, presque toujours munies de glandes internes. — Fleurs généralement hermaphrodites et actinomorphes. — Périanthe double. — Étamines ordinairement nombreuses, libres ou diversement soudées. Ovaire infère ou demi-infère, à placentation axile ou plus rarement basilaire. — Ovules anatropes, plus ou moins nombreux.

Fruit capsulaire, déhiscent ou indéhiscent, ou nucamenteux. — Graines sans albumen.

Feuilles ordinairement opposées, simples, sans stipules.

Tribu I. — Myrtées.

La seule Myrtacée réellement indigène dans nos régions est le Myrte commun (*Myrtus communis* L.), qui croît dans nos terrains arides du Midi.

Description du Myrtus communis L. — C'est un arbrisseau (fig. 384) de 12 à 15 décimètres de hauteur, très aromatique, pourvu de *feuilles opposées, simples et entières,* ovales-lancéolées et sessiles, *sans stipules, criblées de ponctuations translucides glanduleuses,* comme celles des Aurantiacées.

Les *fleurs,* blanches et odorantes, sont *solitaires, longuement pédonculées à l'aisselle des feuilles.*

Fig. 384. — Rameau fructifère de *Myrtus communis* L. (Courchet.)

Elles sont *complètes, hermaphrodites, actinomorphes* (fig. 385, I et II).

Le réceptacle affecte la forme d'une coupe profonde, au fond de laquelle est l'ovaire complètement infère et adhérent.

Le *calice* est formé par *cinq pièces*, à *préfloraison imbriquée* dans
le bouton, libres plus tard.

La *corolle* est représentée par *cinq pétales* blancs, *libres*, alternes
avec les sépales, caducs, à *préfloraison imbriquée*.

Les *étamines, en nombre indéfini et toutes libres*, revêtent le bord
concave du réceptale, en dedans de la corolle. Leurs filets longs et

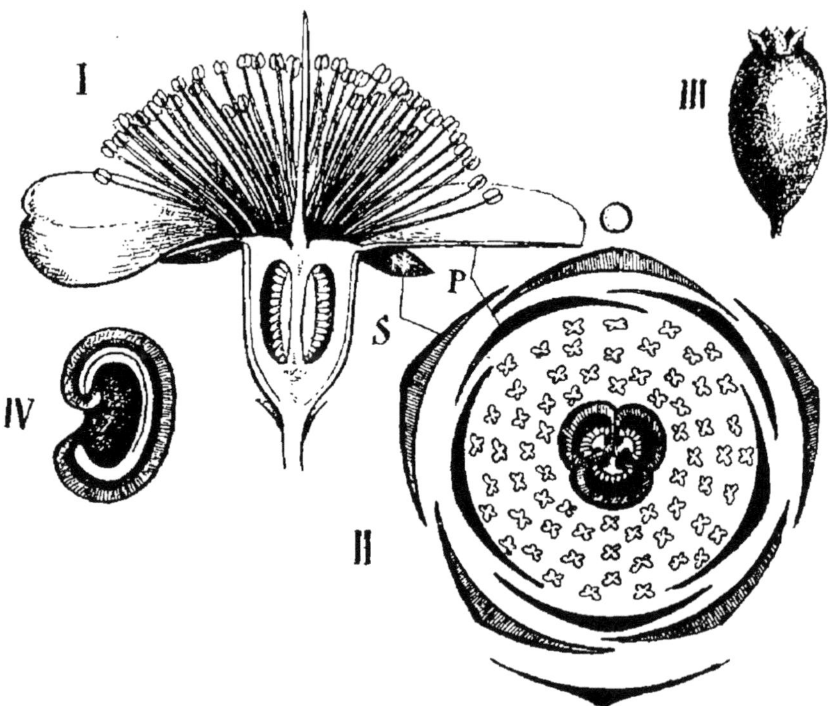

Fig. 385. — I. Fleur de *Myrtus communis* en coupe longitudinale. — II. Diagramme de
celle fleur. — III. Fruit. — IV. Graine en coupe longitudinale. (Courchet.)

grêles, égaux entre eux, infléchis dans le bouton, puis redressés,
sont pourvus d'*anthères introrses*, biloculaires, à déhiscence longitudinale (1).

Le *gynécée* se compose d'un *ovaire infère et adhérent*, à 2 ou
3 carpelles, formant 2 à 3 *loges* dont les *placentas axiles* portent un
grand nombre de petits ovules campylotropes. Le *style terminal*, long
et simple, porte à son sommet un renflement stigmatique unique.

(1) Leur disposition ne laisse reconnaître aucun ordre apparent. Cependant, d'après
Payer, elles dériveraient d'un verticille unique dont les membres, plusieurs fois dédoublés, seraient opposés aux pétales.

Le *fruit* (III) est une *baie globuleuse*, verte d'abord, puis d'un bleu noirâtre brillant, très aromatique et très astringente.

Elle contient *un nombre variable de graines* réniformes (IV), à *testa dur*. L'embryon, *recourbé en fer à cheval*, possède une *radicule plus épaisse et plus longue que les cotylédons.*

Ce genre comprend une soixantaine d'espèces, réparties dans les contrées chaudes et tempérées-chaudes du monde entier. On l'a divisé en sous-genres et en sections, d'après des caractères de valeur secondaire.

Autres genres. — Psidium. — Parmi les genres les plus voisins nous trouvons les *Psidium* L. (Goyaviers), arbres probablement tous d'origine américaine et dont les fruits sont connus sous le nom de *Goyaves*. Ce genre se distingue essentiellement par *ses sépales soudés en une calotte qui recouvre toutes les autres parties de la fleur, et qui se détache ensuite tout d'une pièce par une fente circulaire.* L'ovaire est à 2 ou 8 loges, séparées par des cloisons qui n'en atteignent pas le centre.

Pimenta. — C'est à une plante d'un genre voisin, le *Pimenta officinalis* O. Berg (1), qu'est dû le fruit connu, dans nos officines, sous le nom de *Piment* ou *Poivre de la Jamaïque*. Au-dessus de l'ovaire, dont les 2 ou 3 loges renferment *un très petit nombre d'ovules pendants, le réceptacle se prolonge en un tube dont les bords portent le calice et la corolle 4-mères.*

Myrcia. — Calyptranthes. — Dans les genres précédents, l'embryon est recourbé ou enroulé sur lui-même en spirale, et la radicule est plus volumineuse que les cotylédons. *Les deux parties de l'embryon sont à peu près également développées* chez les deux genres suivants, et les cotylédons sont, en outre, plusieurs fois reployés sur eux-mêmes. Ce sont :

Les *Myrcia* DC., plantes de l'Amérique tropicale, et les *Calyptranthes* Sw., presque tous originaires des mêmes contrées, et chez lesquels les 4 loges ovariennes contiennent chacune *deux ovules ascendants campilotropes.* En outre, chez les *Calyptranthes*, les pièces du calice forment une coiffe caduque comme chez les Goyaviers.

Eugenia. — Jambosa. — Caryophyllus. — Il est enfin des Myrtacées à fruit baccien chez lesquelles *les cotylédons de l'embryon sont*

____
(1) *Myrtus Pimenta* L.

beaucoup plus développés que la radicule. Tels sont les *Eugenia* L., très semblables, d'ailleurs, aux Myrtes, les *Jambosa* DC., qui diffèrent des précédents par leur réceptacle floral notablement accru au-dessus de l'ovaire, et s'atténuant vers le bas de façon à se confondre avec le pédoncule, enfin les *Caryophyllus* L., dont le réceptacle ressemble à celui des *Jambosa*, et dont les quatre pétales, soudés par leur sommet, se détachent tout d'une pièce en forme de coiffe.

Les caractères distinctifs de cette première tribu sont les suivants :

Fruit baccien, indéhiscent. — Étamines toujours indépendantes. — Ovules et graines en nombre variable dans les loges de l'ovaire et du fruit. — Embryon plus ou moins recourbé ou à radicule enroulée, rarement droit.

Tribu II. — Leptospermées.

Fruit capsulaire, déhiscent ou non. — Graines petites et nombreuses. — Étamines nombreuses, indépendantes ou polyadelphes. — Feuilles assez souvent représentées par des phyllodes.

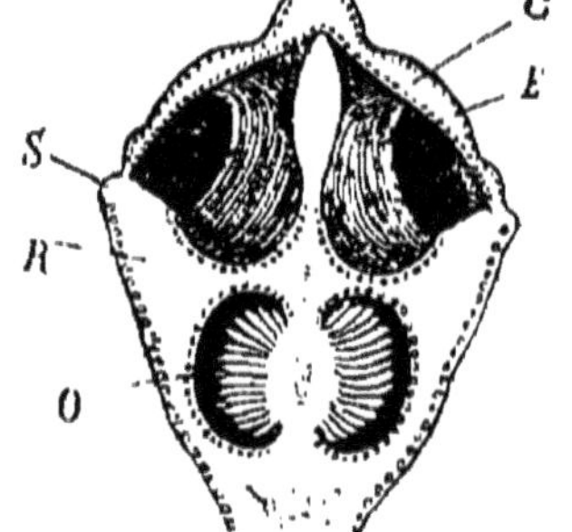

Fig. 386. — Coupe transversale d'une fleur d'Eucalyptus. — R, réceptacle floral ; O, ovaire inféro ; S, calice à peine distinct ou bord du réceptacle (voy. la note) ; C, corolle ou calice, suivant l'interprétation adoptée ; E, étamines.

EUCALYPTUS. — C'est à cette tribu qu'appartiennent les *Eucalyptus* L'Hérit. (fig. 386), de l'Australie et des iles voisines, chez lesquels le *réceptacle turbiné est surmonté de dents très petites, tandis que les pièces du calice* (1) *sont connivences par le haut, et forment coiffe,* comme chez les *Sizygium.* (Voy. le tableau.) Les *Eucalyptus,* dont une espèce (*E. globulus* Labill.) est médicinale, sont des arbres souvent d'une grande hauteur ; les feuilles basilaires des rameaux sont opposées, entières et sessiles, parfaitement symétriques ; les autres sont alternes, falciformes, à limbe vertical.

METROSIDEROS. — MELALEUCA. — Chez les *Metrosideros* Banks, les *pétales sont beaucoup plus étroits, mais indépendants.* Chez les *Mela-*

(1) La corolle ferait défaut d'après cette manière de voir. Mais d'autres botanistes considèrent la coiffe comme étant la corolle, le calice étant alors représenté par les dents qui surmontent le réceptacle.

leuca L., de l'Australie, de l'Océanie, etc., les sépales sont libres.

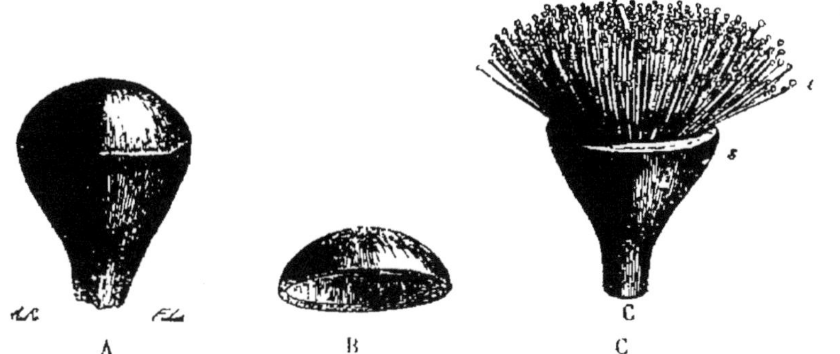

Fig. 387. — *Eucalyptus macrocarpa* Hook. — A, bouton près de s'ouvrir ; *a*, cercle où la corolle se rompra en une portion persistante, *s*, et un couvercle ou opercule, *s'*, qui tombera ; C, la fleur épanouie ; *e*, masse des étamines que la chute du couvercle B a mise en évidence (1/1).

mais *les étamines sont concrescentes en faisceaux opposés aux pétales.*

Tribu III. — Chamælauciées.

Ovaire uniloculaire, contenant un ou plusieurs ovules en placentation basilaire. Fruit nucamenteux, indéhiscent, le plus souvent monosperme.

A cette tribu appartiennent les *Chamælaucium* Desf., arbrisseaux à port de Bruyères dont l'androcée ne possède que 10 étamines, les *Triptoneme* Endl., chez lesquels l'androcée se réduit à 5 étamines, etc.

Tribu IV. — Barringtoniées.

Cette tribu se distingue par des caractères assez nets pour qu'on en fasse quelquefois une famille distincte (LÉCYTHIDACÉES).

Les Barringtoniées n'ont point de glandes à huile essentielle ni de liber médullaire ; le contraire s'observe chez toutes les autres Myrtacées. *Leurs feuilles sont toujours alternes, et leurs étamines nombreuses sont concrescentes en un anneau, tantôt régulier, tantôt développé d'un côté en une lame portant des étamines, fertiles ou stériles.* Enfin *le fruit est sec, indéhiscent ou à déhiscence transversale.*

BARRINGTONIA. —COUROUPITA. — LECYTHIS. — BERTHOLLETIA. — A cette tribu appartiennent les *Barringtonia* Forst., dont toutes les étamines sont fertiles et dont la fleur est actinomorphe ; les *Couroupita* Aub., de l'Amérique tropicale, chez lesquels l'androcée est zygomorphe, bien que les étamines soient toutes fertiles, et dont les fruits sont indéhiscents ; les

Lecythis Lœfl. et les *Bertholletia* H. Bn. de l'Amérique tropicale, dont les étamines sont en partie stériles, la fleur zygomorphe et le fruit pyxidaire.

Caractères généraux. — *Plantes ligneuses. Feuilles sans stipules, à peu près toujours opposées,* rarement alternes ou verticillées, *toujours simples et à limbe ordinairement entier.* Limbe assez souvent (Leptospermées) falciforme et vertical (phyllodes) (1).

Rarement fleurs solitaires. Inflorescences ordinairement en épis, en grappes, en cymes, corymbes, ou même capitules involucrés.

Fleurs presque toujours actinomorphes et hermaphrodites, rarement zygomorphes ou polygames, 4-5-mères.

Étamines généralement nombreuses, indépendantes ou concrescentes par faisceaux, plus rarement monadelphes et formant un godet régulier ou développé, en arrière, en une lame recourbée et, dans ce dernier cas, *étamines parfois en partie stériles. Rarement androcée obdiplostémone, ou étamines en même nombre que les pièces du calice. Anthères* versatiles ou dorsifixes, *déhiscentes par des fentes longitudinales,* rarement par des pores.

Sépales plus ou moins développés, persistants ou caducs, *quelquefois soudés* en une sorte de calotte qui se détache circulairement.

Pétales libres, à préfloraison imbriquée, quelquefois concrescents en une coiffe caduque, parfois rudimentaires ou nuls.

Gynécée formé d'un nombre variable de carpelles, concrescents en un *ovaire infère ou demi-infère, bi-ou pluriloculaire, à placentation axile, plus rarement ovaire uniloculaire à placentation basilaire. Style et stigmate simples.*

Ovules anatropes ou campylotropes, en nombre variable dans les loges de l'ovaire, *rarement solitaires.*

Fruit : baie, drupe, capsule à déhiscence loculicide, plus rarement septicide ou pyxidaire, ou capsule indéhiscente.

Graines solitaires ou plus ou moins nombreuses, assez souvent polymorphes dans un même fruit. *Tégument séminal* membraneux ou plus ou moins résistant. *Albumen toujours nul. Embryon droit, courbe ou enroulé en spirale;* développement relatif des cotylédons et de la radicule très variable.

Considérations anatomiques. — La présence de glandes à essence d'origine lysigène, ainsi que le développement du liber interne dans leurs tiges, caractérisent nettement les Myrtacées, et ne manquent que chez les Barringtoniées.

(1) V. p. 69.

Tribu I. — Myrtées.

Tégument séminal corné. — Embryon recourbé en fer à cheval ou enroulé en spirale. Radicule ordinairement plus grande que les cotylédons.

Fleur 5-4-mère. — Ovaire 2-5-loculaire; ovules en nombre indéfini. — Embryon courbe. — Pièces calicinales libres ....
Myrtus L.
(Plus de 60 espèces, dans toutes les contrées du globe).

Fleur 4-6-mère. — Ovaire à 4-10 loges plus ou moins incomplètes. — Baie volumineuse. — Cotylédons minimes et radicule enroulée en spirale.
Pièces calicinales soudées et tombant tout d'une pièce......................
Psidium L.
(Plus de 100 espèces. Nouveau Continent).

Tégument séminal membraneux. — Axe du fruit très grêle. — Dans l'ovaire, chaque placenta avec 1-6 ovules pendants au sommet de la cloison. — Embryon enroulé en spirale.
Les autres caractères sensiblement comme chez les *Myrtus* ....
Pimenta Lindl.
(5 esp. Amérique tropicale).

Cotylédons plusieurs fois repliés sur eux-mêmes, à peu près égaux à la radicule comme développement. Ovaire à 4 loges contenant chacune deux ovules campylotropes, ascendants.

Sépales entièrement libres....
Myrcia DC.
(190 espèces environ. Amérique trop.).

Sépales soudés en une calotte caduque..... ....
Calyptranthes Sw.
(70 espèces environ. Amérique tropicale).

Cotylédons ordinairement beaucoup plus volumineux que la radicule.
Fruit ordinairement baccien, rarement drupacé. Tégument séminal coriace ou membraneux.
Pétales indépendants.

Ovaire contenu dans la partie pleine de l'axe floral, celui-ci nettement distinct du pédoncule. — Ovules 4 dans chaque loge ou plus nombreux, horizontaux. — Sépales indépendants...........
Eugenia L.
(Environ 625 espèces, répandues dans toutes les régions tropicales, surtout en Amérique).

Axe floral le plus souvent notablement accru au-dessus de l'ovaire, et se confondant vers le bas avec le pédoncule. — Ovules nombreux, insérés vers le milieu des cloisons...............
Jambosa DC.
(Nombreuses espèces. Indes; Archipel Malais; Australie; Polynésie).

Une coiffe caduque au-dessus de l'androcée et du gynécée (calice ou corolle) (1). — Réceptacle floral allongé.

Un disque staminal.......
Caryophyllus L.
(Plus de 35 espèces. Asie tropicale, etc; Australie).

Point de disque staminal .
Syzygium Gærtn.
(Plus de 140 espèces. Afrique; Archipel Malais; Australie, etc.).

(1) Voy. la note, p. 1012.

Tribu II. — Leptospermées.

Anthères versatiles.

Fleurs généralement en grappes axillaires ombelliformes.

- Pétales allongés, rétrécis à la base, toujours indépendants......... **Metrosideros** Banks. (Environ 20 espèces. Le Cap; Iles de la Sonde; Australie; Polynésie).
- Sépales (1) insérés par une large base et soudés en une coiffe caduque... **Eucalyptus** L'Hérit. (Près de 140 espèces, presque toutes de l'Australie et des îles voisines).

Fleurs solitaires dans l'axe de feuilles végétatives ou de bractées.

Étamines libres.

- Étamines incluses. — Ovules nombreux sur des placentas peltés et saillants.................. **Leptospermum** Forst. (Environ 25 espèces. Région Malaise; Nouvelle-Zélande; Australie).
- Étamines exsertes. — Calice caduc. — Ovules ascendants.......... **Callistemon** B. Br. (11 espèces australiennes).

Étamines soudées en faisceaux oppositipétales................ **Melaleuca** L. (Environ 100 espèces. Australie; Nouvelle-Calédonie; Iles Philippines, etc.).

Anthères basifixes.

- Ovules nombreux dans chaque loge. — Anthères à déhiscence longitudinale.................... **Calothamnus** Lab. (23 esp. Australie Occidentale).
- Ovules peu nombreux. Anthères s'ouvrant au sommet en déhiscence transversale.................... **Beaufortia** R. Br. (13 esp. Australie Occidentale).

Tribu III. — Chamaelauciées.

- Fleurs axillaires, solitaires....... *Chamaelaucium* Desf. (20 esp. Australie Occidentale).
- Fleurs en capitules, accompagnées par 2 bractées pétaloïdes....... *Darwinia* Rudge. (25 esp. Australie Occidentale).

Tribu IV. — Barringtoniées.

Androcée actinomorphe. — Étamines concrescentes en un godet entier.................... *Barringtonia* Forst. (Régions tropicales diverses).

Androcée zygomorphe. — Filets concrescents en une urcéole dont un côté se réfléchit en une lame cucullée, chargée d'étamines.

- Étamines toutes fertiles; fruit indéhiscent............... *Couroupita* Aubl. (Amérique tropicale).
- Étamines fertiles accompagnées d'étamines stériles portées sur la lame cuculliforme. Fruit à déhiscence pyxidaire.
  - Sépales libres......... *Lecythis* L.-fl. (Amérique tropicale).
  - Calice gamosépale, s'ouvrant ensuite par deux segments........... *Bertholletia* H. Bn. (Amérique tropicale).

(1) Voy. p. 1012.

Affinités. — Elles sont multiples. Les Myrtacées se rattachent de plus ou moins près aux autres familles du Sous-Ordre, mais elles sont surtout très voisines des *Granatées* qu'on leur rattache souvent.

Les analogies qu'elles offrent avec les Rosacées, et même avec les Calycanthacées (v. p. 683) ne sont pas moins réelles.

Distribution géographique. — Les Myrtacées sont à peu près toutes des plantes des pays chauds. Celles qui s'éloignent le plus des tropiques se trouvent au Chili, dans la région méditerranéenne, à la Nouvelle-Zélande; le Myrte commun, par exemple, atteint, dans le Midi de la France, le 43° de latitude boréale.

Les Chamælauciées sont australiennes; les Leptospermées sont des plantes de l'Australie, ou de l'Archipel Indien; quelques genres appartiennent à la région du Cap ou au Chili (*Metrosideros*).

Propriétés générales. Plantes importantes. — Les Myrtacées doivent presque toutes leurs propriétés à des huiles essentielles auxquelles s'adjoignent des acides libres, du tannin, des mucilages, ou bien encore des huiles fixes. Le bois de certaines espèces (*Gustavia, Fœtidia*) est doué d'une odeur désagréable.

Les espèces les plus importantes sont les suivantes :

Le Myrte commun (*Myrtus communis* L.) (fig. 384), indigène dans la région méditerranéenne. Les baies faisaient partie d'une préparation astringente; les feuilles fournissaient une eau distillée aromatique très estimée autrefois, inusitée aujourd'hui.

On mange, au Brésil, les baies rafraîchissantes du *M. cauliflora* Mart.
On emploie au Chili, comme expectorantes, diaphorétiques, diurétiques et toniques, les feuilles de *Chékan* (du *Myrtus Cheken* Spreng.).

Le Giroflier (*Caryophyllus aromaticus* L. (1); *Eugenia Caryophyllata* Thunb.), originaire des Moluques et actuellement cultivé à Bourbon et à Cayenne, fournit ses fleurs non épanouies et connues dans le commerce sous le nom de *Clous de Girofle*. Ces derniers contiennent une essence plus lourde que l'eau, et un principe cristallisable, la *Caryophylline*. Les pédoncules floraux sont également très aromatiques; on les emploie, en parfumerie, sous le nom de *Griffes de Girofle*. Les fruits du Giroflier sont aussi usités, sous le nom d'*Anthofles*, en conserve vineuse ou sucrée.

On emploie aux mêmes usages, au Mexique, l'*Eugenia pseudo-*

(1) Pour les figures des principales de ces plantes, voyez Guibourt et Planchon, *Hist. nat. des Drogues simples*, t. III, p. 267 et suiv.

caryophyllus DC., et au Brésil, le *Calyptranthes aromatica* S. H.

Le *Piment de la Jamaïque* est le fruit du *Pimenta officinalis* Lindl. Le péricarpe en est très aromatique, et contient une essence lourde, analogue à celle du Girofle.

Le *Piment de Tabago* ou *Tabasco*, attribué au *Pimenta officinalis var. Tabasco* Berg., est un peu moins aromatique.

Le *Myrcia pimentoides* DC. (*Myrtus pimentoides* Nees d'Esenb.) produit, aux Antilles et surtout dans l'île de Saint-Vincent, le *Piment couronné*. Diverses espèces le fournissent peut-être.

Bien d'autres Myrtacées donnent encore, dans les pays chauds, des fruits employés comme stimulants ou aromatiques. D'autres fruits de Myrtacées sont estimés comme comestibles ; tels sont, en Amérique, ceux de certains *Eugenia*, *Vaulheriana*, *Vellosiana*, etc.

Les *Jambosa*, et surtout les *Psidium* ou Goyaviers, sont les Myrtacées les plus connues à cet égard. (*Ps. pomiferum* L., *piriferum*, *pumilum*, etc.). Les feuilles du *Ps. montanum* Sw. sont stimulantes.

Les fruits des *Jossinia* sont appelés *Nèfles de l'île Maurice*.

L'*Huile de Cajeput* est fournie par le *Melaleuca minor* Smith (1) (*M. Cajeputi* Rxb. ; *M. Leucadendron* L.), très commun dans les îles Moluques, aux Philippines, aux Célèbes et dans les régions voisines. Elle est employée à l'intérieur comme stimulante, antispasmodique et diaphorétique ; elle est rubéfiante, à l'extérieur.

Le *M. minor* Smith est assez communément regardé comme une simple variété du *M. Leucadendron* L. typique. C'est à ce dernier et au *M. viridiflora* Gærtn, très communs l'un et l'autre dans la Nouvelle-Calédonie, qu'est due la production de l'*Essence de Niaouli*, également employée comme stimulante et antispasmodique.

Les *Eucalyptus*, et surtout l'*E. globulus* Labill. (des parties orientales de l'Australie et de la terre de Van Diémen), répandus par la culture en Algérie, au Sénégal à Bourbon, etc., fournissent leurs feuilles à la matière médicale. Celles-ci, ainsi que l'écorce de l'arbre, sont astringentes, toniques, fébrifuges, etc.

Le bois de l'*E. globulus*, dont le tronc peut atteindre jusqu'à 70 mètres de hauteur, contient une essence composée elle-même d'un hydrure de carbone, l'*Eucalyptène*, et d'une sorte de Camphre,

(1) C'est un arbre dont les feuilles offrent précisément cette apparence de lames étroites, rigides, souvent falciformes que nous avons signalée déjà. Ajoutons qu'elles sont alternes et insérées de telle sorte que leur limbe est presque vertical. Les fleurs forment, à l'aisselle des feuilles, des épis plus ou moins interrompus, solitaires ou réunis par deux ou par trois. Après la floraison, l'extrémité de l'axe floral s'allonge fréquemment en produisant des feuilles végétatives.

l'*Eucalyptol*. Ce dernier corps est très usité comme antiseptique.

La culture a répandu, en Algérie et dans nos diverses colonies, un certain nombre d'autres espèces, entre autres les *E. colossea* F. Müller, *odorata* Behr., *rostrata* Schlecht., etc.

Certains sucs astringents (*Kino d'Australie*) sont fournis par divers *Eucalyptus* (*E. citriodora* Hook. ; *E. resinifera* Sm., *E. gigantea* Hook., etc.).

Quelques espèces, telles que les *E. resinifera* Sm., *E. mannifera* Mudie, *E. dumosa* Cunn., donnent, à la suite de la piqûre d'un insecte du genre Psylle, un produit sucré connu sous le nom de *Manne d'Australie*, dans lequel on a signalé la présence de la *Mélitose*.

Enfin la noix du *Bertholletia excelsia* H. B. K., du Brésil, est comestible. On la connaît sous le nom de *Noix du Brésil* ou *d'Amérique*.

La pulpe du fruit du *Couroupita Guyanensis* Aubl. (vulgairement appelé *Boulet de canon*) est acidule et rafraichissante.

FAMILLE IV. — GRANATÉES.

Ce groupe n'est représenté que par le *Punica Granatum* L., et le *P. Protopunica* Balf. de l'île Socotora, et ce n'est qu'avec doute qu'on le sépare des Myrtacées dont il ne se distingue guère que par un caractère tranché : *l'absence de glandes à essence*. Encore ce caractère perd-il presque toute sa valeur, si on comprend parmi les Myrtacées les Barringtoniées qui manquent également de glandes, et dont la fleur et le fruit offrent certaines particularités.

Description du Punica (1) **Granatum** L. — Le Grenadier (*Punica Granatum* L.) (fig. 389) est un *arbrisseau à feuilles simples, entières, caduques, opposées en général*, souvent aussi éparses ou même verticillées sur le même pied, sans stipules.

Les *fleurs*, terminales ou placées à l'aisselle des feuilles supérieures, sont *actinomorphes et hermaphrodites*. *Au-dessus de l'ovaire infère*, le *réceptacle* d'un rouge intense, comme toutes les parties de la fleur, est couronné par *4-8 sépales courts, épais, à préfloraison valvaire*. Les *pétales, en même nombre qu'eux*, à bords ondulés, penninerviés, sont *à préfloraison imbriquée*.

Les *étamines, libres et très nombreuses*, tapissent la paroi interne du réceptacle à partir de la corolle. *Les anthères sont introrses, versatiles, à déhiscence longitudinale*.

L'ovaire montre deux étages de loges, séparés par un diaphragme transversal : l'étage inférieur comprend trois loges avec placentas axiles, l'é-

---

(1) Le nom de *Punica* lui a été donné parce qu'on l'a supposé originaire des environs de Carthage.

tage supérieur cinq loges, dont la placentation est pariétale (1). Les ovules sont nombreux et anatropes. Le style est simple, terminal.

Le *fruit* est une *baie cortiquée* couronnée par les sépales per-

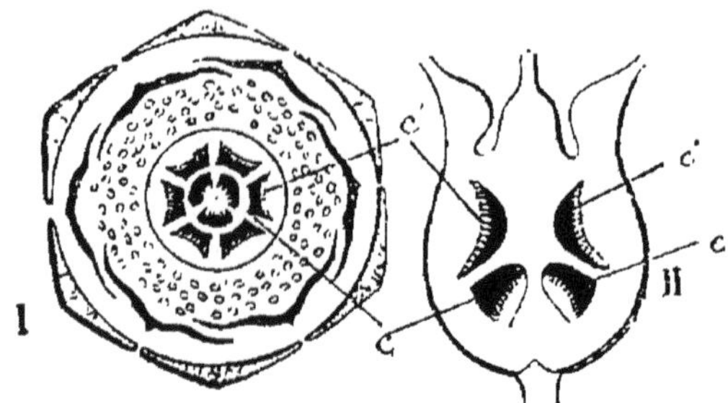

Fig. 388. — I. Diagramme d'une fleur de *Punica*. — II. Réceptacle floral en coupe longitudinale : *c,c*, carpelles du verticille interne; *c',c'*, carpelles du verticille externe. (D'après les données d'Eichler, Berg, Payer, etc.)

sistants, et dont l'intérieur est irrégulièrement divisé en loges polyspermes par des cloisons membraneuses.

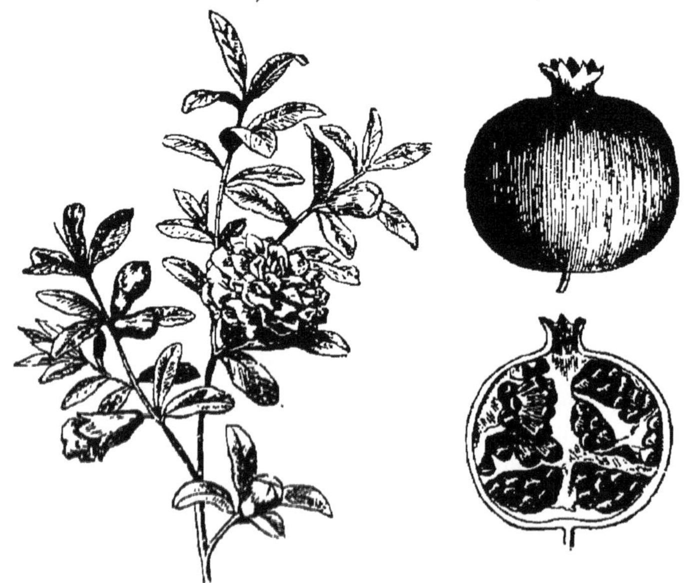

Fig. 389. — Grenadier (*Punica Granatum*). — Port. — Grenade entière. — Grenade coupée en long.

Les *graines* sont très nombreuses, courtement funiculées, deve-

(1) En réalité, il y a primitivement, dans cet ovaire, deux verticilles de carpelles (fig. 388): un interne de trois, et un plus extérieur de cinq; ces derniers sont d'abord situés plus bas

nues plus ou moins anguleuses par compression réciproque. *Leur tégument externe est pulpeux et très succulent*, l'interne dur et coriace. *L'embryon, exalbuminé, est formé d'une courte radicule, et de deux larges cotylédons auriculés, enroulés en spirale l'un sur l'autre.*

Usages. — Les fleurs du Grenadier, souvent appelées *Balaustes*, sont inodores, mais riches en tannin.

Le péricarpe coriace de la Grenade est quelquefois employé comme tænifuge ; mais à ce titre, c'est surtout l'écorce de la racine que l'on utilise. L'action de cette dernière est due à deux alcaloïdes isolés par M. Tanret, la *Pelletiérine* et l'*Isopelletiérine*.

Les graines succulentes du Grenadier sont acidules et rafraîchissantes.

Nous nous bornons à exposer les caractères fondamentaux des autres principaux groupes du Sous-Ordre dans le tableau général.

Rares sous les tropiques, les HALORRHAGIDACÉES sont abondantes dans les régions tempérées, surtout dans l'Hémisphère Sud.

Les COMBRÉTACÉES sont toutes tropicales.

Ces végétaux se font remarquer par la présence de principes astringents dans leurs fruits et dans leur écorce. C'est à ce titre qu'on employait autrefois en médecine, et qu'on emploie encore dans le sud de l'Asie pour le tannage des peaux et la teinture des étoffes, les fruits connus sous le nom de *Myrobolans citrins* (1) (dus au *Terminalia citrina* Roxb.; *Myrobolanus citrinus* Gærtn.), *Myrobolans Chébules* (*Terminalia Chebula* Retz. ; *Myrobolanus Chebula* Gærtn.) ; *Myrobo'ans indiens*. *Myrobolans Bellerics* (*Terminalia Bellerica* Roxb.)

Les MÉLASTOMACÉES, presque toutes des régions chaudes de l'Amérique, ont des feuilles astringentes, quelquefois acidules. Leurs fruits sont également rafraîchissants et sucrés. Quelques espèces sont légèrement aromatiques.

Parmi les RHIZOPHORACÉES, les *Rhizophora* (*Mangliers* ou *Palétuviers* des pays tropicaux) sont des plantes astringentes.

Le *Manglier noir* (*Rhizophora Mangle* L.), qui croît dans les terrains marécageux de toutes les régions tropicales, fournit un suc astringent. connu sous le nom de *Kino de Colombie*, et une écorce également astringente.

que les premiers, mais les placentas sont placés chez tous contre l'angle interne des loges. Plus tard, par suite d'une croissance plus active de la périphérie de l'axe floral, les loges externes se portent en dehors, puis en dessus des trois carpelles internes et, par une conséquence toute naturelle, leurs placentas, d'internes qu'ils étaient, deviennent d'abord horizontaux, puis externes.

(1) Le nom de *Myrobolans* a été donné à d'autres fruits qu'à ceux des *Terminalia*, celui de *Myrobolan d'Égypte*, par exemple, au fruit du *Balanites ægyptiaca* Del. (Simarubacées), celui de *Myrobolan Mombin* au fruit du *Spondias lutea* Link., celui de *Myrobolans Emblics* aux fruits de certaines Euphorbiacées, etc.

MYRTIFLORES.

Végétaux dépourvus de glandes à huile essentielle.

Ovaire tout à fait libre ou incomplètement infère.

Anthères inclinées et cachées, avant l'anthèse, entre l'ovaire et la cupule réceptaculaire, appendiculées et déhiscentes par des pores, extrorses. — Ovaire libre ou plus ou moins adhérent au réceptacle. — Corolle à préfloraison tordue.
Capsule loculicide, baie ou drupe. — Graine sans albumen.
Plantes herbacées ou ligneuses. — Feuilles opposées ou verticillées, sans stipules . . . . **MÉLASTOMACÉES**

Anthères inclinées ou non avant l'anthèse, pourvues d'anthères introrses et sans appendices.

Étamines généralement en 2 (rarement 3) verticilles, réduites quelquefois comme nombre. — Fleur parfois zygomorphe. — Ovaire toujours libre, plus ou moins complétement pluriloculaire. — Ovules nombreux, horizontaux.
Fruit ordinairement loculicide. — Graine sans albumen.
Plantes herbacées ou ligneuses. — Feuilles alternes, opposées ou verticillées, sans stipule . . . . **LYTHRACÉES.**

Étamines généralement en 2 verticilles, à déhiscence longitudinale ou valvulaire. —Fleur toujours actinomorphe.—Ovaire libre ou plus ou moins adhérent.—Ovules nombreux, généralement suspendus.
Achaine ou baie, rarement capsule loculicide ou septicide. — Graine avec ou sans albumen.
Arbres et arbustes. — Feuilles opposées sans stipules . . . . **RHIZOPHORACÉES.**

Graine albuminée. — Calice et corolle souvent réduits, cette dernière nulle parfois. — Ovaire ordinairement pluriloculaire, avec ovules solitaires et pendants dans chaque loge, rarement uniloculaire et uniovulé.

SOUS-ORDRE DES

Drupe ou tétrachaine.
Plantes herbacées ou ligneuses. — Feuilles diversement disposées, sans stipules . . . . **HALORRHAGIDACÉES.**

Ovaire toujours complétement infère.

Graine sans albumen ou faiblement albuminée.

Graine rarement pourvue d'un faible albumen. — Ovaire uniloculaire. — Ovules nombreux, ordinairement suspendus sur de longs funicules au sommet de la loge ovarienne. — Calice et corolle à préfloraison valvaire.
Fruit coriace ou drupacé, parfois ailé, monosperme.
Végétaux ligneux, souvent grimpants. — Feuilles opposées, sans stipules . . . . . **COMBRÉTACÉES.**

Graine toujours sans albumen. — Ovaire ordinairement 4-loculaire. Ovules horizontaux, ascendants dans chaque loge. — Réceptacle floral plus ou moins prolongé en tube au-dessus de l'ovaire. — Calice à préfloraison valvaire ; corolle à préfloraison tordue.
Étamines ordinairement en 2 verticilles.
Fruit généralement capsulaire, loculicide ou septicide, rarement fruit indéhiscent.
Plantes herbacées, plus rarement ligneuses.—Feuilles opposées, sans stipules. **ONAGRACÉES.**

Végétaux ligneux presque toujours pourvus de glandes à huile essentielle d'origine lysigène. — Fleurs généralement hermaphrodites et actinomorphes. — Calice valvaire, clos parfois. — Pétales libres et imbriqués, soudés quelquefois par le haut. — Étamines généralement nombreuses, libres, polyadelphes ou monadelphes.
Ovaire infère ou demi-infère, ordinairement pluriloculaire et à placentation axile. — Ovules plus ou moins nombreux, anatropes.
Fruit capsulaire ou nucamenteux, et graine sans albumen
Feuilles ordinairement opposées, sans stipules . . . . **MYRTACÉES.**

SOUS-ORDRE VI. — THYMÉLÉINÉES.

Caractères généraux. — *Fleurs ordinairement tétramères et mono-périanthées, parfois avec une corolle plus ou moins développée. — Réceptacle floral tubuleux ou plus ou moins évasé, pétaloïde, ordinairement considéré comme la partie concrescente du périanthe.*

Carpelle presque toujours unique au fond du périanthe, uni-ovulé.

Plantes ligneuses en général. — Feuilles simples, entières, sans stipules.

THYMÉLÉACÉES
{
Ovule suspendu près du sommet de l'ovaire, à micropyle supère. — Plantes ordinairement ligneuses, pourvues de liber interne et de fibres libériennes longues et tenaces. Pas de poils écailleux. **THYMÉLÉACÉES.**

Ovule ascendant et basilaire, à micropyle infère. — Plantes toujours ligneuses, sans liber interne ni fibres libériennes tenaces. Parties herbacées couvertes de poils écailleux. **ÉLAEAGNACÉES.**
}

FAMILLE I. — THYMÉLÉACÉES.

SOUS-FAMILLE I. — THYMÉLÉES.

Périanthe ordinairement simple. Ovaire uniloculaire et uniovulé. Fruit indéhiscent.

Description du Daphne Mezereum L. — Le *Daphne Mezereum* L. ou *Bois-Gentil* fournit, concurremment avec le *D. Gnidium* L., l'écorce épispatique dite de *Garou.*

C'est un *sous-arbrisseau* de 30 à 70 centimètres de hauteur (fig. 390), dont les rameaux dressés, lisses et flexibles, perdent leurs feuilles successivement de la base vers le sommet, qui seul en demeure fourni. *Ces feuilles sont alternes, simples, lancéolées* et atténuées à la base en un court pétiole, *sans stipules.*

Les *fleurs naissent par petits fascicules* (1) *sur les rameaux anciens,* à l'aisselle des feuilles tombées dont la place est marquée par une cicatrice. Elles sont entremêlées de bractées scarieuses.

Ces fleurs sont hermaphrodites et actinomorphes, 4-mères, pourvues d'un réceptacle concave.

Le *périanthe simple,* d'un rouge cramoisi, forme *un tube découpé*

(1) Ces fascicules sont eux-mêmes composés de petites cymes. Chaque pédoncule floral orte deux préfeuilles fertiles, mais qui sont stériles dans d'autres genres.

au sommet, en 4 lobes obtus, les deux antéro-postérieurs recouvrant les deux latéraux dans le bouton. Il est caduc. Sur sa gorge s'insèrent *deux verticilles d'étamines,* formées d'anthères à peu près sessiles, *biloculaires, à déhiscence longitudinale;* les 4 placées en face des 4 lobes du périanthe sont insérées plus haut que les quatre autres, qui alternent avec les premières.

Le *gynécée,* qu'entoure *un disque hypogyne,* consiste en *un seul carpelle antérieur.* Il forme *un ovaire uniloculaire* surmonté d'un *style terminal très court,* dont le sommet s'étale brusquement en un petit disque concave tout couvert de papilles stigmatiques. Il n'existe qu'*un seul ovule anatrope, suspendu* un peu au-dessous du sommet de la loge et sur son bord ventral (postérieur), *avec micropyle dirigé en dehors.*

Fig. 390. — *Daphne Mezereum* L. — Rameau florifère et rameau fructifère. (D'après Berg et Schmidt.)

Le *fruit est une drupe rouge,* légèrement ovoïde et ombiliquée

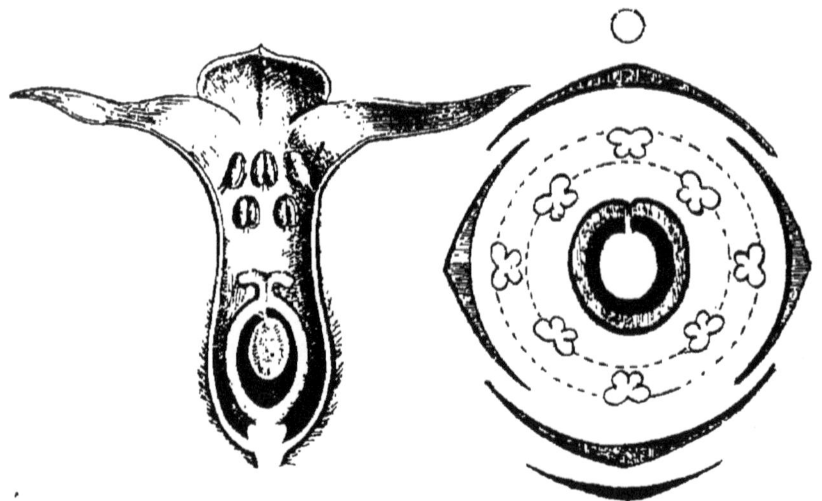

Fig. 391. — Coupe longitudinale et diagramme d'une fleur de *Daphne.* (Courchet.)

au sommet, *monosperme.*

La *graine*, que protège *un tégument crustacé*, renferme un *gros embryon droit, à cotylédons plan-convexes*, entouré d'une *faible couche d'albumen*.

Autres plantes de la même sous-famille. — Le *Garou* (*D. Gnidium* L.) offre tous les caractères fondamentaux de la précédente espèce. Mais les feuilles spatulées, bien qu'également caduques, s'insèrent sur toute la longueur des rameaux ; les fleurs sont blanches ou blanc rougeâtre, en grappes terminales. Le Garou croît dans le Midi de la France.

La Lauréole (*D. Laureola* L.) diffère des espèces précédentes par sa tige plus courte (50 cent. environ), ses feuilles *persistantes* semblables à celles du Laurier, ses fleurs jaunes, en petites grappes axillaires, et ses fruits noirs.

A la même sous-famille, se rattachent les *Dais*, *Gnidia*, *Pimelea*, *Passerina*, etc., dont les principaux caractères sont indiqués dans le tableau général de la famille.

SOUS-FAMILLE II. — PHALÉRIÉES.

La corolle est ici représentée par des appendices pétaloïdes. Le fruit est une drupe à 1 ou 2 noyaux. — Plantes de l'Asie et de l'Afrique tropicales.

SOUS-FAMILLE III. — AQUILARIÉES.

Corolle presque toujours présente. Fruit d'abord un peu charnu, s'ouvrant, à la fin, en deux valves loculicides.
Trois genres seulement, tous exotiques, représentent cette sous-famille. Les *Aquilaria* constituent le plus important. Ce sont de beaux arbres, remarquables par leurs feuilles entières, dont le limbe penninervié montre un grand nombre de fines nervures secondaires parallèles.

Caractères généraux. — *Plantes ordinairement ligneuses*, rarement herbacées, pourvues de *feuilles presque toujours alternes, simples, entières, sans stipules*.

Inflorescences diverses (grappes, ombelles, cymes, etc., parfois accompagnées d'un involucre), rarement fleurs solitaires.

Fleurs ordinairement hermaphrodites, rarement monoïques, dioïques ou polygames, *actinomorphes ou rarement légèrement zygomorphes, presque toujours 4-5 mères. Réceptacle tubuleux ou plus ou moins évasé, pétaloïde, dont le bord supporte le périanthe, ce dernier simple ou rarement double.*

Sépales plus ou moins imbriqués.

Corolle généralement nulle, ou bien pétales libres ou, plus rarement, concrescents par la base, parfois très réduits.

Il existe souvent un disque de configuration diverse.

Étamines insérées plus ou moins haut sur le tube réceptaculaire, généralement en nombre double et en deux verticilles, plus rarement en nombre simple ou en nombre très réduit par avortement. *Anthères introrses, biloculaires, à déhiscence longitudinale.*

Ovaire libre, uniloculaire et unicarpellé, plus rarement à deux carpelles et à deux loges. — *Un seul ovule anatrope, suspendu et épitrope,* dans chaque carpelle. *Style et stigmates simples.*

Fruit : baie, drupe, ordinairement entouré par le périanthe ou la base du périanthe persistants.

Graine avec testa de consistance variable; embryon droit, volumineux, sans albumen ou entouré d'un albumen rarement abondant.

SOUS-FAMILLE I. — THYMÉLÉES.

Ovaire uniloculaire et uniovulé. — Fruit indéhiscent, charnu (baie ou drupe) ou sec.

Périanthe toujours simple.

Étamines en deux verticilles complets.

Fleurs 4-mères, jamais en capitules.

Fruit baccien. — Plantes ligneuses.

Daphne L. (Environ 40 espèces. Europe ; Asie).

Fruit sec, inclus dans le périanthe persistant. — Plantes à tiges herbacées ou ligneuses . . . .

Passerina L. (Ancien Continent).

Fleurs 5-mères, en capitules involucrés. — Fruit sec, entouré par la base persistante du réceptacle. — Arbrisseaux à port de Bruyères.

Dais L. (2 espèces. Afrique australe ; Madagascar).

Étamines 2 seulement. Fleur 4-mère. Fruit drupacé. — Arbrisseaux, sous-arbrisseaux, rarement herbes . . . .

Pimelea Banks et Soland. (70 à 80 espèces. Australie ; Van Diémen ; Nouvelle-Zélande ; Timor).

Périanthe double, les pétales étant représentés par 4 écailles pétaloïdes, simples ou doubles. — Fleur 4-5-mère. — Arbres, arbrisseaux, ou sous-arbrisseaux . . . .

Gnidia L. (80 à 90 espèces. Afrique tropicale et australe ; Madagascar ; Indes Orientales).

Ovaires ordinairement à 2 loges uniovulées.

SOUS-FAMILLE II. — PHALÉRIÉES.

Fleurs toujours diplostémonées, avec ou sans appendices pétaloïdes. — Fruit drupacé, indéhiscent, avec 1 ou 2 noyaux . . . .

(Afrique et Asie tropicales).

SOUS-FAMILLE III. — AQUILARIÉES.

Fleurs diplostémonées ou haplostémonées, toujours pourvues de pétales. — Fruit nucamenteux, déhiscent, à la fin, en deux valves loculicides . . . .

Aquilaria Lam. (3-4 esp. Asie trop.; Arch. Malais).

Caractères anatomiques. — Les Thyméléacées sont caractérisées par la présence d'un liber interne, et de fibres libériennes nombreuses et très résistantes (1).

Affinités. — Ces plantes forment une famille des plus naturelles, mais dont les affinités sont très discutées. On les a rapprochées successivement des Santalacées, des familles des sous-ordres des Myrtiflores, des Rosiflores, etc.

Distribution géographique. — Les Thyméléacées sont représentées à peu près dans toutes les parties de Monde ; elles croissent de préférence dans les régions tempérées-chaudes, de part et d'autre de la zone tropicale.

Aucun de leurs genres n'est commun à l'Ancien et au Nouveau Continent.

Les *Daphne* ont une aire d'extension particulièrement vaste.

Propriétés générales. Plantes importantes. — Un grand nombre de Thyméléacées renferment, dans leur fruit et dans leur écorce, une sorte de matière grasse verte,

Fig. 392. — Garou (*Daphne Gnidium*).

âcre et vésicante, unie à un principe amer. Les *Daphne* sont remarquables à cet égard.

On emploie comme épispastique l'*Écorce du Garou* (*Daphne Gnidium* L.) (fig. 392), spécial au Midi de l'Europe. En Allemagne on se sert exclusivement de celle du *D. Mezereum* L. ; enfin en Angleterre on emploie indifféremment cette dernière écorce, et celle du *D. Laureola* L.

(1) Le nom de *Bois dentelle* est donné, aux Antilles, au *Lagetta Lintearia* Lam., parce que les fibres libériennes de cette plante, dégagées par divers procédés des tissus qui les environnent, offrent, dans leur ensemble, l'aspect d'une dentelle.

L'écorce de Garou contient, entre autres principes, un glucoside simplement amer, la *Daphnine*.

Les fruits de ces plantes, particulièrement ceux du *D. Gnidium*, connus dans le Midi sous le nom de *Coquenaudier*, constituent de violents purgatifs.

Les mêmes propriétés se retrouvent chez plusieurs Thyméléacées exotiques, à un degré qui permettrait de les substituer aux espèces dont nous venons de parler. Tels sont plusieurs *Gnidia* du Cap et le *Daphne cannabina* de l'Inde. Le *Dirca palustris* L., des marais de l'Amérique du Nord, est usité dans le même but.

Dans le Garou on trouve, associée aux principes qui en motivent l'emploi médical, une matière colorante jaune; cette dernière est utilisée pour la teinture chez le *Passerina tinctoria*.

Le bois dit *de Garo* (souvent confondu avec le *Bois d'Aloès* produit par une Légumineuse, l'*Alœxylon Agallochum* Lour.), est donné par plusieurs arbres du genre *Aquilaria*. Nous citerons tout spécialement, comme origine de ce produit, les *Aq. malaccensis* Lam., et *A. Agallocha* Rxb. Ce bois, très résineux, brûle en répandant une odeur agréable, que l'on compare à celle du Patchouly.

Il a été employé contre la goutte et le rhumatisme.

FAMILLE II. — ÉLAEAGNACÉES.

Ces plantes ont beaucoup d'analogie avec les Thyméléacées; leur ovaire est uniloculaire et ne renferme qu'un seul ovule, *mais celui-ci est basilaire*. Elles sont toujours ligneuses, et *leurs parties herbacées sont couvertes de poils écailleux. Il n'existe, chez elles, ni liber interne ni fibres libériennes résistantes.*

Les Élæagnacées, surtout répandues dans les régions tempérées et subtropicales des deux Mondes, ne se distinguent par rien de saillant au point de vue de la composition et des propriétés. L'acide malique et le sucre, qui se développent dans leurs fruits, rendent plusieurs de ceux-ci comestibles. Tels sont ceux de l'*Elæagnus hortensis* M., Bieb. des steppes de l'Asie.

L'Argousier (*Hippophae rhamnoides* L.), qui croît dans toute l'Europe moyenne ainsi que dans une vaste partie de l'Asie, sert à former les haies. Les fruits, astringents et acides, sont quelquefois utilisés comme parasiticides.

SOUS-ORDRE VII. — ROSIFLORES.

Fleurs ordinairement actinomorphes, 5-mères, hermaphrodites, à périanthe double. — Réceptacle plus ou moins concave (insertion du périanthe et de l'androcée périgyne ou épigyne). — Calice gamosépale, à préfloraison variable. — Pétales libres, à préfloraison ordinairement imbriquée, l'un d'eux étant antérieur et impair. — Étamines plus ou moins nombreuses, toujours libres, introrses.

Carpelles en nombre variable, libres ou concrescents entre eux, parfois aussi avec la paroi réceptaculaire, contenant des ovules anatropes, 2 en général, rarement 1 ou plusieurs. — Styles ordinairement terminaux.

Fruits variés (drupes, baies, achaines, mélonide, etc.).

Graine ordinairement sans albumen ou faiblement albuminée. Embryon droit.

Feuilles simples, plus rarement composées, ordinairement alternes et stipulées. — Jamais de glandes lysigènes à huile essentielle (1).

Ce sous-ordre ne comprend réellement que la vaste famille des ROSACÉES. Les MONIMIACÉES, comme on le verra, ont des affinités obscures, et leur place dans la série des familles est difficile à déterminer.

FAMILLE I. — ROSACÉES.

Tribu I. — Fragariées (Dryadées).

Carpelles nombreux, 1 ou 2-ovulés, indépendants les uns des autres, et insérés sur une saillie centrale de la cupule réceptaculaire.

Description du Fraisier (Fragaria vesca L.). — Le Fraisier commun est une *herbe vivace* qui croît dans les bois, au milieu des buissons et dans les haies (v. fig. 40, p. 51).

C'est une *plante rampante* et qui se multiplie par des *coulants* (v. p. 58). Les *feuilles alternes* portent *trois folioles dentées*, et sont accompagnées par *deux petites stipules* adnées au *pétiole* (v. p. 73).

Les *fleurs*, solitaires et longuement pédonculées, sont *hermaphrodites* en général, *actinomorphes*, *5-mères* (fig. 393). *Leur réceptacle affecte la forme d'une coupe évasée dont le fond se soulève en une saillie arrondie* qui supporte le gynécée, tandis que sur les bords s'insèrent le périanthe et l'androcée.

Le *calice* (Voy. le diagramme) est formé par *5 sépales* (S, S) verts, *concrescents à la base, à préfloraison valvaire, persistant.*

En dehors des sépales et en alternance avec eux se montrent *cinq folioles plus petites* (s', s'), formant un verticille extérieur de nature stipulaire, le *calicule* (v. p. 91). Les deux stipules concrescentes qui constituent chacune de ces pièces sont quelquefois plus ou moins distinctes à partir du sommet.

Les *pétales* sont *libres, très caducs*, formés d'un limbe arrondi et étalé, onguiculé, blanc. *Leur préfloraison est imbriquée* (2).

(1) Chez les Monimiacées il existe des glandes unicellulaires à essence. Mais cette famille peut être placée tout aussi logiquement à côté des Calycanthacées (v. p. 683), que des Rosacées.

(2) Comme chez les autres Rosacées, il existe un pétale antérieur impair et deux postérieurs. Les Légumineuses-Papilionacées et Cassiées offrent une disposition inverse (v. plus loin).

Plus à l'intérieur s'insèrent, sur la paroi du réceptacle, 25 à 30 *étamines libres*, pourvues *d'anthères biloculaires et introrses*. Elles forment, en réalité, des verticilles pentamères dont chaque membre demeure simple ou se trouve représenté par deux étamines.

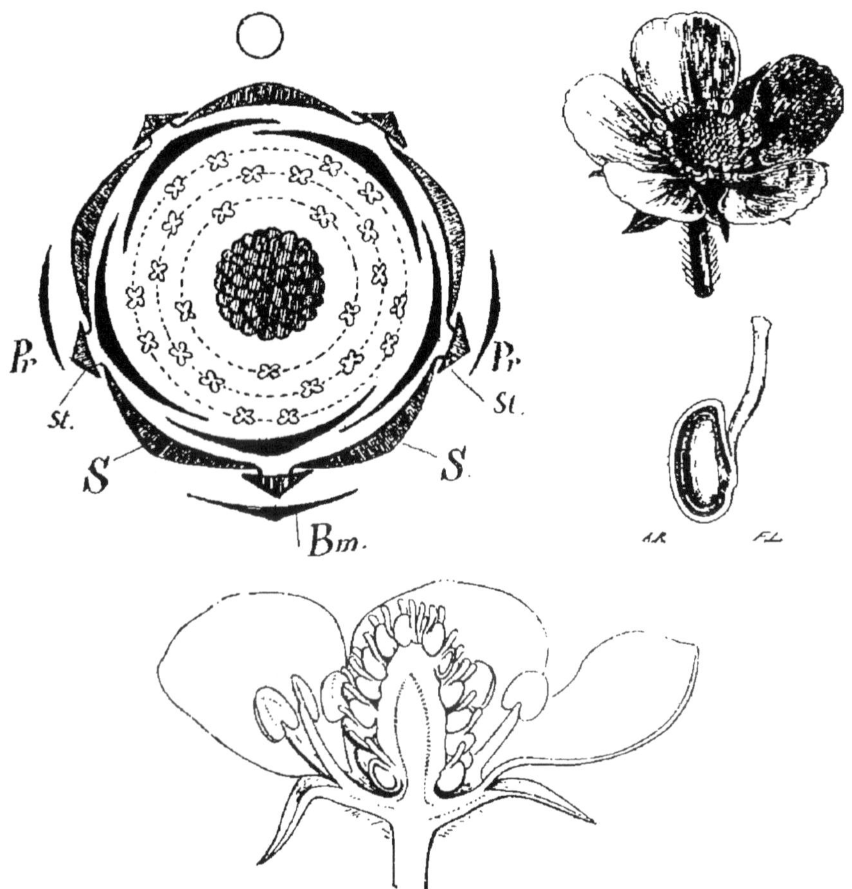

Fig. 393. — Diagramme d'un *Fragaria*. (D'après Eichler.) — Fleur de Fraisier cultivé (*Fragaria vesca*). — Carpelle isolé de Fraisier (*Fragaria vesca*). — Fleur de Fraisier coupée en long (grossie).

Celles-ci proviennent vraisemblablement d'un dédoublement collatéral.

A partir de l'androcée jusqu'au mamelon central du réceptacle, la paroi de ce dernier est revêtue *d'un tissu glanduleux*.

Les carpelles, réunis en une sorte de tête sur la saillie centrale, sont nombreux, indépendants, uniloculaires, et sont munis, à la partie supérieure du côté ventral, d'un style légèrement épaissi à leur sommet stigmatifère (v. fig. 393, à droite).

Vers le milieu de l'angle interne de chaque ovaire, s'insère *un ovule semi-anatrope, descendant, à micropyle extérieur.*

Le *fruit* (v. p. 134, fig. 99) consiste en *une réunion d'achaines, insérés sur la partie centrale du réceptacle floral devenue très volumineuse, succulente et charnue.* L'ensemble ainsi constitué demeure enveloppé par le calice et le calicule persistants, et c'est lui que l'on désigne communément sous le nom de *fraise* (1).

Chaque achaine renferme *une graine sans albumen.* L'embryon est droit, charnu, à radicule supère.

Autres genres. — Potentilla L. — Les Potentilles ne se distinguent guère des Fraisiers que par *leur réceptacle floral, dont la partie centrale n'est pas accrescente* et demeure presque sèche. Leurs feuilles sont digitées, ou composées-pennées à folioles inégales (2).

Tormentilla DC. — Ces plantes ne diffèrent des Potentilles que par la *tétramérie de la fleur.*

Rubus L. (Ronces et Framboisier). — Dans ce genre, *le calicule fait défaut,* et les fruits sont tout autant *de petites drupes* (fig. 99) *portées sur le réceptacle peu développé* (3).

Fig. 394. — Fruit du *Rubus fructicosus.*

Geum L., Dryas L. — *Le calicule fait également défaut* dans ces deux genres chez lesquels, en outre, l'ovule est dressé. De plus, chez les Dryas, *le calice et la corolle sont 6-mères.*

---

(1) On a obtenu, par la culture, de nombreuses variétés du Fraisier commun. Chez certaines d'entre elles, la partie centrale charnue du réceptacle acquiert un volume très considérable, tandis que les achaines tendent à avorter.

(2) Chez les Potentilles, l'androcée tend à se réduire quelquefois plus ou moins. On ne trouve plus que cinq étamines, par exemple, chez le *Potentilla pentandra.*

(3) Le nom de Mûres, donné souvent aux fruits des Ronces, est dû à la ressemblance de ces derniers avec les fruits des *Morus* dont la constitution est toute différente (v. p. 588).

Tribu des Fragariées. (Dryadées.)

Graine sans albumen.

1, ou plus rarement 2 ovules descendants par carpelle. — Achaines ou drupe sur un réceptacle sec ou charnu. — Style caduc.
- 1 seul ovule par carpelle. — Fruits secs, à style caduc. Androcée tendant à s'appauvrir. Fleur caliculée.
  - Réceptacle demeurant sec.
    - Fleur 5-mère............ *Potentilla* L. (1). (A peu près cosmopolite).
    - Fleur 4-mère............ *Tormentilla* DC. (Europe, Sibérie).
  - Réceptacle floral charnu à la maturité........ *Fragaria* L. (8 espèces environ. Contrées tempérées de l'Hémisphère Nord, jusqu'aux Indes. — 1 espèce au Chili).
- 2 ovules par carpelle (1 seul arrivant à développement complet). — Fruits drupacés, réunis sur un réceptacle peu charnu. — Fleur sans calicule............ *Rubus* L. (180 à 200 espèces. Presque cosmopolite.)

1 seul ovule descendant. — Achaines sur un réceptacle sec. Style persistant.
- Axe floral concave. — Fleur pentamère, pourvue d'un calicule........ *Geum* L. (Environ 36 espèces. Régions tempérées de l'Hémisphère Nord ; plus rare dans l'Hémisphère Sud).
- Axe floral à peu près plan. — Fleur ordinairement 8-mère, dépourvue de calicule............ *Dryas* L. (2 espèces. Régions froides de l'Hémisphère Nord).

Graine albuminée. — Fruits nucamenteux ou drupacés............
- *Rhodotypus* Sieb. et Zucc. (1 seule espèce japonaise).
- *Kerria* DC. (1 espèce japonaise).
- *Neviusia* A. Gr. (1 espèce de l'Alabama).

(1) Le genre *Comarum* (représenté dans nos régions par le *Comarum palustre* L.) ne se distingue guère des *Potentilla* que par son réceptacle floral spongieux.

Tribu II. — Spiréacées.

Carpelles plus ou moins nombreux sur le milieu de la cupule réceptaculaire, 2-pluriovulés. — Fruit : follicules.

Description de l'Ulmaria palustris Mœnch (1). — L'*Ulmaire* ou *Reine des Prés* est une *herbe vivace*, dont les tiges droites et rou-

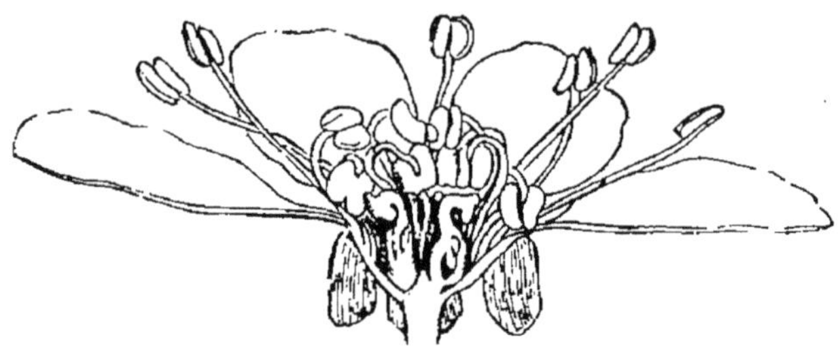

Fig. 395. — Filipendule (*Spiræa Filipendula*). — Fleur coupée en long.

geâtres, peuvent atteindre jusqu'à 100 centimètres environ. — *Les feuilles sont imparipennées* avec un lobe terminal beaucoup plus développé, trilobé, et de nombreuses folioles latérales disposées par paires et inégales entre elles.

Les *fleurs* blanches, petites et odorantes, 5-*mères*, ont *un calice valvaire ; la corolle est à préfloraison tordue. L'androcée se compose de* 20 *étamines*, à filets infléchis; il entoure *un anneau glanduleux.*

Les *carpelles*, au *nombre* de 5 à 9, contiennent chacun *deux ovules descendants*. Les fruits sont *monospermes et indéhiscents.*

Au même genre se ratta-

Fig. 396. — Diagramme du *Quillaja Smegmadermos* R. et Pav. (Fleur supposée hermaphrodite.) (D'après Eichler).

che la *Filipendule* (*Ulmaria Filipendula* Mœnch.), dont les fleurs sont 6-mères, et dont les carpelles sont au nombre de 10-12 (fig. 395).

(1) *Spiræa Ulmaria* L.

Les follicules sont, au contraire, déhiscents chez les autres principaux représentants de la tribu, dont les caractères essentiels sont indiqués dans le tableau suivant. Les *Spiræa* L. sont très voisins des *Ulmaria*, qui leur sont souvent génériquement confondus. On y rattache ordinairement les *Quillaja* Moll. (fig. 396) dont une espèce, le *Q. Smcymadermos* R. et Pav., fournit le *Bois de Panama.*

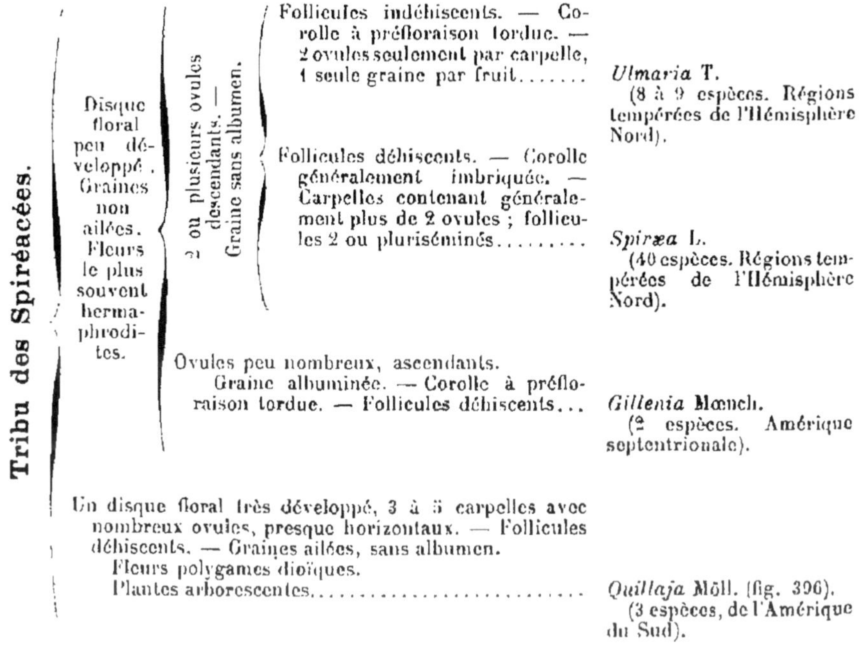

Tribu des Spiréacées. — Disque floral peu développé. Graines non ailées. Fleurs le plus souvent hermaphrodites.

2 ou plusieurs ovules descendants. — Graine sans albumen.

- Follicules indéhiscents. — Corolle à préfloraison tordue. — 2 ovules seulement par carpelle, 1 seule graine par fruit....... **Ulmaria T.** (8 à 9 espèces. Régions tempérées de l'Hémisphère Nord).

- Follicules déhiscents. — Corolle généralement imbriquée. — Carpelles contenant généralement plus de 2 ovules ; follicules 2 ou pluriséminés........ **Spiræa L.** (40 espèces. Régions tempérées de l'Hémisphère Nord).

Ovules peu nombreux, ascendants. Graine albuminée. — Corolle à préfloraison tordue. — Follicules déhiscents... **Gillenia Mœnch.** (2 espèces. Amérique septentrionale).

Un disque floral très développé, 3 à 5 carpelles avec nombreux ovules, presque horizontaux. — Follicules déhiscents. — Graines ailées, sans albumen. Fleurs polygames dioïques. Plantes arborescentes........................ **Quillaja Möll. (fig. 396).** (3 espèces, de l'Amérique du Sud).

Tribu III. — Amygdalées.

Gynécée formé par un seul carpelle libre, ordinairement 2-ovulé. Fruit drupacé.

Description de l'Amygdalus communis T. (1). — L'*Amygdalus communis* T. (Amandier commun), que l'on croit être originaire du Turkestan et de l'Asie moyenne, actuellement cultivé dans toute l'Europe méridionale, est *un arbre* dont la hauteur ne dépasse guère 10 à 12 mètres (fig. 397). Les *feuilles simples, alternes,* lancéolées et dentées sur les bords, sont glanduleuses à la base, mais *sans stipules.*

(1) *Prunus amygdalus* H. Bn.

Les *fleurs* se montrent avant les feuilles sur de courts rameaux écailleux, portées *sur des pédoncules solitaires.*

Elles sont 5-*mères, et leur réceptacle figure une coupe profonde au fond de laquelle est le gynécée* (fig. 398). *Les étamines, au nombre de* 25 *ou de* 30, forment, en réalité, des verticilles pentamères, les uns simples, les autres dédoublés.

L'ovaire, unicarpellé, renferme 2 *ovules semi-anatropes, suspendus par un court funicule un peu au-dessous de son sommet. Leur micropyle est extérieur.*

Le *fruit* est *une drupe ovoïde,* verte et velue, dont le mésocarpe, charnu d'abord, devient bientôt presque sec et se détache

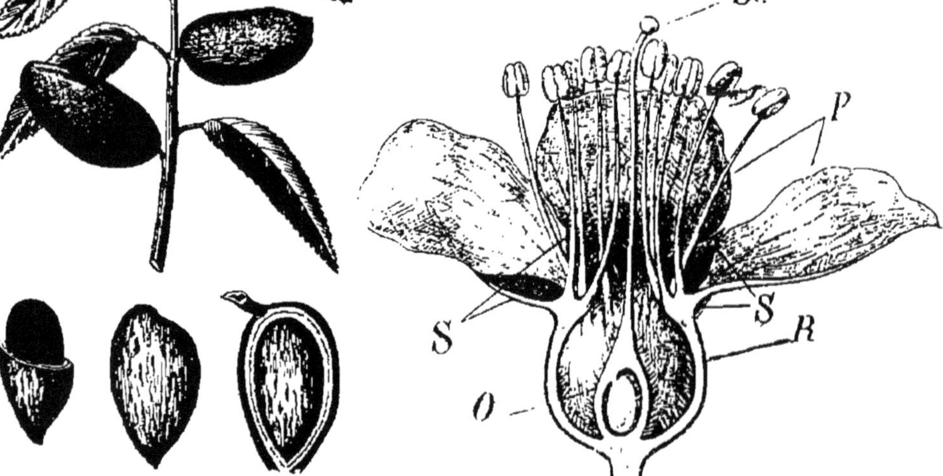

Fig. 397. — Amandier commun.   Fig. 398. — Coupe longitudinale d'une fleur d'Amandier (Courchet).

en deux valves du noyau. Ce dernier est généralement constitué par une lame de tissu peu résistant, située entre deux lames beaucoup plus dures. Sa surface est rugueuse et creusée de petites fossettes. Ce fruit ne renferme généralement qu'*une seule graine, sans albumen, dont l'embryon possède deux gros cotylédons plan-convexes et charnus* (1) (v. p. 38, fig. 30).

(1) D'après H. Baillon, il existe, dans les jeunes graines, un albumen gélatineux qui disparaît plus tard.

Persica T. — Le Pêcher (*Prunus Persica* L.), pour lequel Tournefort avait fait le genre *Persica*, et dont l'origine est encore obscure (1), se distingue de l'Amandier par *son réceptacle floral plus allongé, son fruit beaucoup plus charnu et plus gros, à noyau très dur, bombé et rugueux. Les feuilles, dans le bourgeon, sont condupliquées* (2).

Armeniaca T. — L'Abricotier (*Armeniaca vulgaris* T.; *Prunus Armeniaca* L.), probablement originaire du Turkestan et de la Mongolie, a des feuilles cordiformes, à bords involutés dans le bouton. Le réceptacle floral est évasé. *Le fruit, très charnu, possède un noyau comprimé, lisse, pourvu d'un sillon marginal, et dont le sarcocarpe se détache aisément.*

Prunus L. — Chez les Pruniers (*Prunus* L.), *les fleurs forment des fascicules ou des ombelles; les fruits charnus, dont l'épicarpe lisse se recouvre d'une efflorescence cireuse, renferment un noyau lisse, comprimé, sillonné sur un de ses bords, parcouru par une arête proéminente* de l'autre.

Cerasus T. — Les Cerisiers (*Cerasus* T.; *Prunus Cerasus* L.), *dont les fleurs forment des ombelles ou de courtes grappes*, ont *des drupes pédonculées, lisses, et un noyau plus ou moins globuleux, dur et renflé, lisse également.* Les feuilles sont condupliquées.

Laurocerasus T. — Enfin les Lauriers-Cerises (*Laurocerasus* T.), représentés par le *Prunus Laurocerasus* L.

Fig. 399. — Laurier-Cerise.

(fig. 399), ont *des fleurs en grappes simples. Leur réceptacle floral est plus ou moins conique; les drupes peu charnues, courtement pédonculées, renferment un noyau sphérique ou oblong, lisse ou rugueux.*

Tribu IV. — Chrysobalanées.

(Voy. le tableau général de la famille.)

Tribu V. — Sanguisorbées.

Carpelles peu nombreux et libres au fond de la cupule réceptaculaire, creusée en forme d'urne profonde. — Tendance de la corolle à se réduire; pétales nuls parfois. — Fleurs assez souvent unisexuées. — Fruits : achaines au fond du réceptacle peu charnu.

(1) On admet pourtant que le *Prunus Davidiana* Franch., du Nord de la Chine et des environs de Pékin, pourrait bien être la forme primitive du Pêcher cultivé.

(2) C'est-à-dire reployées le long de leur nervure médiane.

Description de l'Agrimonia Eupatoria L. — L'Aigremoine (*Agrimonia Eupatoria* L.) est une herbe vivace, très commune dans nos régions, dont les tiges dressées, hautes de 50 à 56 centimètres, portent des feuilles alternes, accompagnées de stipules adnées au pétiole, et dont le limbe se découpe profondément, suivant le type penné, en folioles de grandeur inégale (fig. 400). Toute la plante est couverte de poils mous.

Les fleurs, hermaphrodites, complètes et pentamères, sont en grappes simples terminales ; chacune d'elles naît à l'aisselle d'une bractée, et son pédoncule est lui-même pourvu de deux préfeuilles (fig. 400). L'urne réceptaculaire, que tapisse à l'intérieur un tissu glanduleux, est extérieurement recouverte d'aiguillons mous, crochus à leur extrémité (1). La préfloraison du calice est valvaire ; les pétales jaunes sont

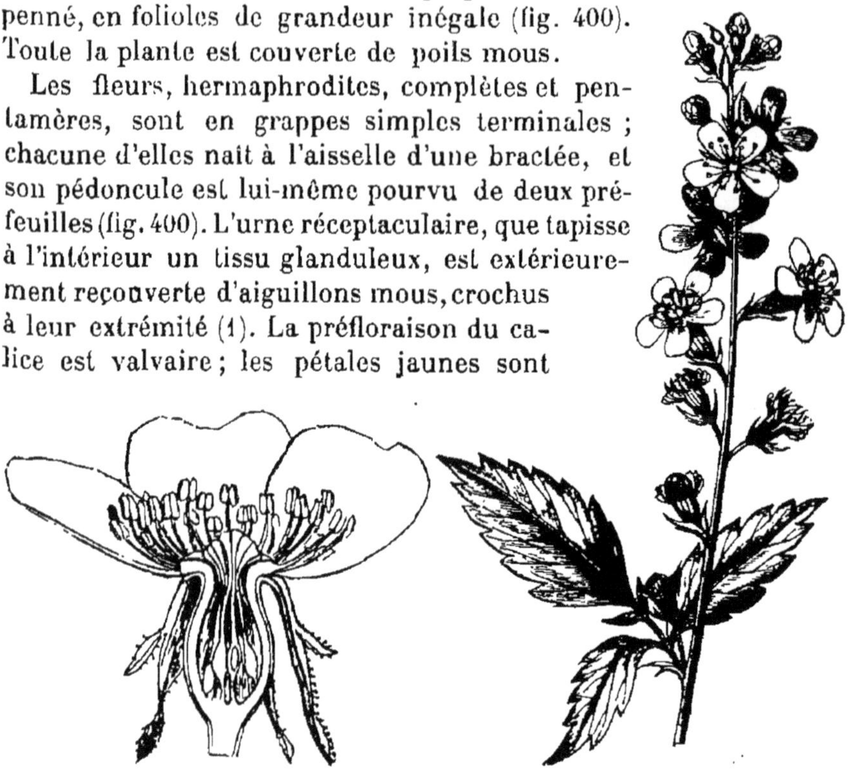

Fig. 400. — Aigremoine-Eupatoire. — Fleur coupée et port.

à préfloraison imbriquée. L'androcée se compose de 5 à 15 ou 20 étamines (2).

Au fond du réceptacle s'insèrent 2, rarement 3 carpelles indépendants, portant un style terminal et un stigmate en tête. A l'angle interne de chaque ovaire est inséré un ovule anatrope, descendant, à micropyle extérieur.

Généralement le fruit se réduit, par avortement, à *un seul*

(1) Ce sont là de simples émergences, mais leur disposition est cependant régulière, et forme des verticilles successifs, dont le plus élevé est en alternance avec les pétales.

(2) Si la fleur est isostémonée, les étamines alternent avec les pétales. Si elles sont plus nombreuses, elles se groupent en face des pétales.

achaine, *inclus dans le réceptacle induré* et toujours hérissé de poils crochus.

Autres genres. — BRAYERA ANTHELMINTICA Kunth (1). — Cette plante, dont les fleurs sont très connues en matière médicale sous le nom de *Kousso*, malgré son aspect très différent, se rapproche beaucoup du genre *Agrimonia*.

C'est un arbre des régions montagneuses de l'Abyssinie, dont les fleurs sont pourvues *d'un calicule et de pétales rudimentaires et caducs*. Elles sont en outre *polygames-dioïques par avortement*.

Ces fleurs forment des cymes, réunies elles-mêmes en grappes ramifiées. Chacune d'elles naît à l'aisselle d'une bractée, d'autant plus petite que l'axe qui la porte est d'un ordre plus élevé. Chaque fleur est, elle-même, accompagnée par deux ou trois bractéoles.

Les fleurs sont 5-*mères* (rarement 4-*mères*). *Le réceptacle se creuse en une sorte d'urne*, dont le bord est pourvu d'une marge membraneuse et dont le fond est occupé par le pistil, dans les fleurs femelles et hermaphrodites, et par un *gynécée rudimentaire* chez les fleurs mâles, dont le réceptacle est moins profond et moins évasé. *Le périanthe se compose de trois verticilles alternes*, insérés sur les bords de la coupe réceptaculaire :

1° Un premier verticille de 5 ou 4 pièces membraneuses, veinées, considérées par Kunth, non comme un calice, mais comme un calicule stipulaire, comparable à celui des Fraisiers et des Potentilles ;

2° Un second verticille, moins développé que le premier dans les fleurs femelles, plus volumineux, par contre, dans les fleurs mâles, et considéré comme le vrai calice ;

3° Une corolle formée par de courtes languettes rétrécies à la base, obtuses au sommet, et caduques, de telle sorte qu'on ne les observe jamais que dans les fleurs jeunes.

L'androcée, composé d'une vingtaine d'étamines libres, s'insère en dehors du disque membraneux. Courtes dans les fleurs femelles, ces étamines se composent, lorsqu'elles sont fertiles, d'un long filet infléchi dans le bouton, et d'une anthère introrse biloculaire, à déhiscence longitudinale.

Le *gynécée* est représenté par *deux ou trois carpelles*, insérés au fond de la coupe réceptaculaire, libres, terminés chacun par un *style* qui se dilate à son sommet en un gros stigmate en forme de spatule. Chaque carpelle renferme *un seul ovule pendant, incomplètement anatrope*, à micropyle supérieur et extérieur.

Le fruit n'a pas été observé ; mais il est infiniment probable qu'il consiste en achaines qui demeurent accompagnés par le réceptacle floral accru.

Dans le commerce on distingue, sous le nom de *Kousso mâle* et de *Kousso femelle*, les inflorescences du *Brayera* composées, en effet, par

(3) Le *Kousso* ou *Cousso* a été tout d'abord décrit par Bruce sous le nom de *Banksia Abyssinica* ; Lamarck lui donna celui d'*Hagenia Abyssinica*. Enfin en 1824, Kunth l'appela *Brayera anthelmintica*, sans se douter de l'identité de la plante qu'il nommait ainsi avec celle qu'avaient étudiée avant lui Bruce et Lamarck.

des fleurs de sexes différents. Les inflorescences femelles, appelées également *Kousso rouge*, sont les plus estimées.

ALCHEMILLA T. — Ce genre que représente, dans nos régions, l'*A. vulgaris* L., herbe à rhizome vivace communément désignée sous le nom d'*Alchemille vulgaire* ou *Pied de Lion*, se distingue par ses fleurs hermaphrodites ou polygames, *4-mères*, *caliculées et sans corolle* (fig. 401). Les étamines ne forment qu'*un verticille qui alterne avec les pièces calicinales* (1). Les courts filets staminaux sont pourvus d'une articulation au-dessous de l'anthère, et les deux loges introrses de cette dernière s'ouvrent par deux fentes transversales qui finissent par se confondre. — Il n'existe, dans la cupule réceptaculaire, qu'*un seul carpelle dont le style est presque basilaire*. (Il y a, dans certaines espèces, 2-3 carpelles.)

Fig. 401. —Alchemille vulgaire (*Alchemilla vulgaris*). — Coupe de la fleur.

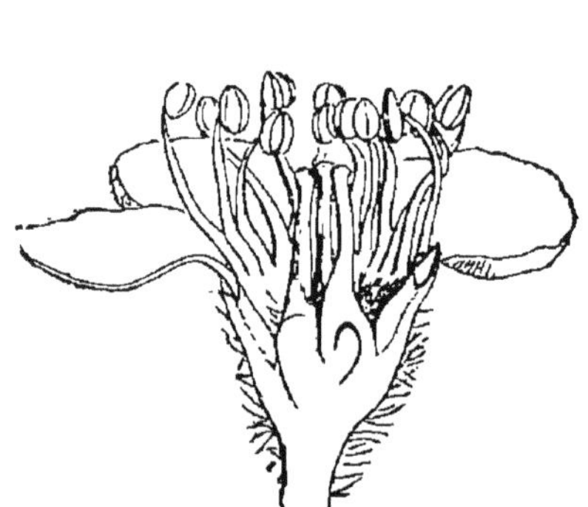

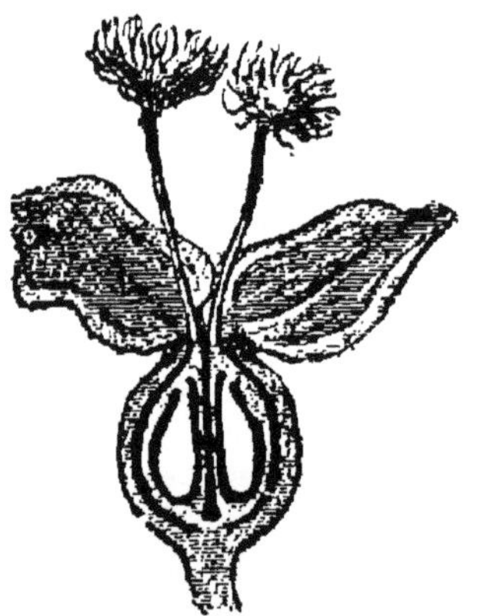

Fig. 402. — Pimprenelle (*Poterium Sanguisorba*). — Fleur hermaphrodite coupée en long. — Fleur femelle coupée en long.

SANGUISORBA L. — Les *Sanguisorba* L. ont des *fleurs hermaphro-*

(1) Pour expliquer cette anomalie, certains auteurs admettent l'existence théorique d'un autre verticille extérieur dont l'avortement serait constant chez le Pied de Lion, tandis qu'on le retrouverait quelquefois développé, partiellement au moins, dans une espèce voisine, l'*A. alpina* L. Mais la situation de ces étamines supplémentaires, plus intérieures que les autres, rend cette hypothèse inexacte. Röper considère les étamines des Alchemilles comme représentant des pétales métamorphosés, ce qui explique leur relation avec les sépales; Eichler penche vers cette manière de voir. Chez certaines espèces, l'androcée peut se réduire encore, par avortement.

dites et 4-mères, sans corolle comme celles des Alchemilles ; mais *le calicule fait défaut ;* en outre, *ses étamines sont opposées* et *non alternes avec les sépales,* et *le style est terminal.* Ce sont des plantes herbacées, dont les fleurs sont en épis terminaux.

A ce genre appartient la Grande Pimprenelle (*Sanguisorba officinalis* L.), très connue comme plante astringente.

Poterium L. — Certains *Sanguisorba* (*S. decandra, S. dodecandra,* etc.) ont plus de 4 étamines, et forment transition vers les *Poterium* L. qui peuvent en être à peine séparés.

Ils se distinguent : par *leurs fleurs polygames* (fig. 402), *le nombre plus considérable (ordinairement 20-30) des étamines dont les filets sont longs et grêles, et la présence ordinaire de deux carpelles au gynécée.* Les stigmates sont en pinceaux.

A ce genre appartient la Petite Pimprenelle (*Poterium Sanguisorba* L.), également employée comme astringente.

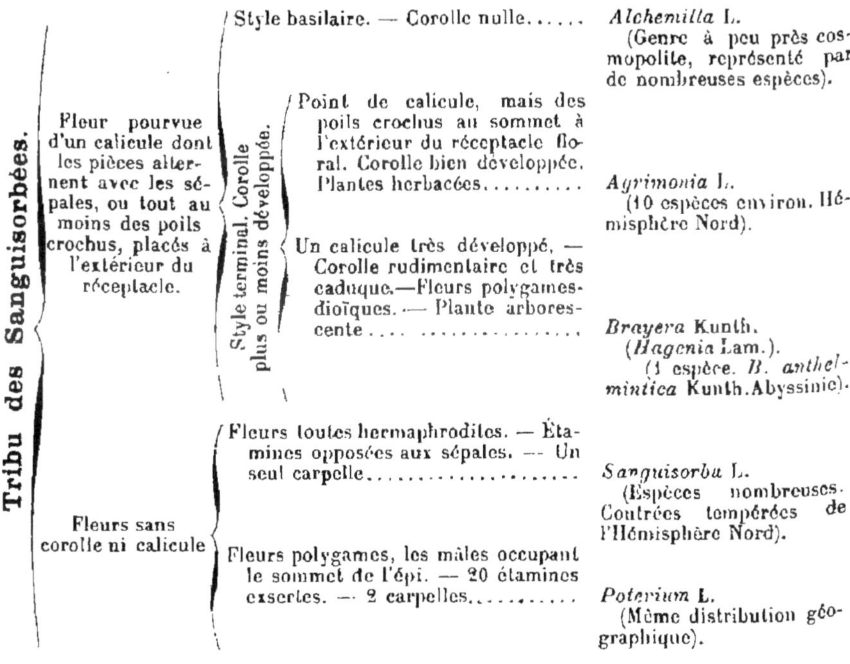

Tribu VI. — Rosées.

Fleurs toujours hermaphrodites et complètes. — *Carpelles nombreux, indépendant au fond de la cupule réceptaculaire creusée en urne profonde. — Fruits : achaines renfermés dans le réceptacle accrescent et charnu.*

Description des Rosa L. — Cette tribu est représentée par un seul genre bien distinct, les Roses (*Rosa* L.), dont les innombrables espèces sont répandues à peu près partout à la surface du globe.

Ce sont des *plantes frutescentes* (fig. 403), dressées ou, le plus souvent, sarmenteuses, dont les organes végétatifs sont presque toujours armés d'aiguillons ou couverts de poils glanduleux au sommet.

Les *feuilles alternes, composées imparipennées*, à folioles dentées, sont accompagnées de deux stipules membraneuses adnées à la base du pétiole.

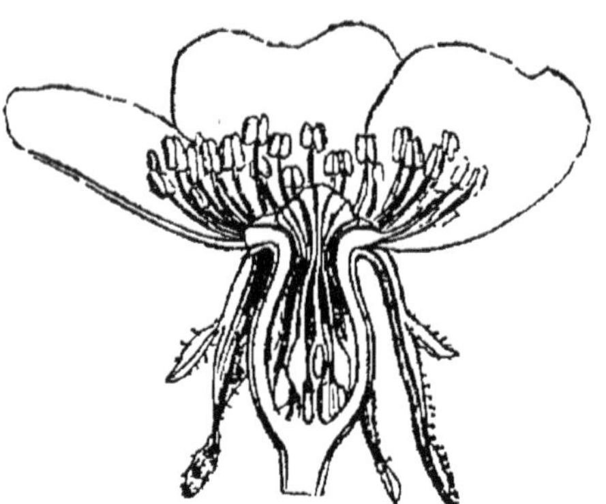

Fig. 403. — Rosier sauvage (*Rosa canina*).

Fig. 404. — Églantier des chiens (*Rosa canina*). —Fleur coupée.

Les *fleurs hermaphrodites, complètes et 5-mères*, sont terminales, quelquefois solitaires, mais souvent encore en cymes, les bractées et les feuilles que surmonte immédiatement la fleur terminale produisant, à leur aisselle, des fleurs pédonculées. Les bractées supérieures de l'axe qui termine la fleur forment souvent transition entre les bractées proprement dites et les sépales.

Le *calice* est formé par 5 *sépales* (fig. 403 et 404), *le plus souvent dissemblables, en préfloraison quinconciale* dans le bouton, et plus ou moins divisés sur celui de leurs bords qui n'est pas recouvert. La corolle, *normalement 5-mère et à préfloraison quinconciale*, double (1) aisément, chez plusieurs espèces, par la culture.

L'*androcée* consiste en *un grand nombre d'étamines*, insérées en dehors du tissu glanduleux qui tapisse la paroi interne de l'urne

____

(1) On sait que ce phénomène consiste dans la métamorphose régressive des étamines en pétales.

réceptaculaire. Leurs filets, incurvés dans le bouton, portent des anthères introrses ou versatiles, biloculaires, normalement dé-hiscentes.

Les *carpelles, en nombre indéterminé au fond de l'urne*, ont leurs styles terminaux, indépendants ou soudés vers la partie la plus étroite du réceptacle floral. Chacun d'eux renferme 1 *ou 2 ovules anatropes, pendants et à micropyle extérieur*, dont un seul se développe entièrement.

Le *fruit* (V. p. 134, fig. 100) consiste en *un nombre variable d'achaines* très durs, glabres ou couverts de poils sur une étendue variable. *Ces achaines demeurent cachés dans l'urne réceptaculaire accrue, et dont les parois*, colorées en jaune ou en rouge, *sont devenues épaisses et succulentes*. Des débris de sépales et d'étamines surmontent encore ce fruit complexe, qui constitue ce que l'on nomme *Cynorrhodo* t chez le *Rosa canina* et d'autres espèces.

Les fleurs sont quelquefois 4-mères, ou plus rarement, 6-mères (section *Rhodopsis* Endl.). Les feuilles sont simples chez le R. *berberidifolia* Pall., pour lequel certains botanistes ont créé le genre *Hultenia*.

Tribu VII. — Pomées.

Carpelles peu nombreux, concrescents entre eux et avec la paroi réceptaculaire en un ovaire infère ou demi-infère. — Fruits charnus, avec endocarpe de consistance variable. — Plantes ligneuses.

Description du Pirus communis L. -- Le Poirier commun (*Pirus communis* L.) est *un arbre* de 8 à 15 mètres, pourvu de *feuilles alternes, simples*, lancéolées, à limbe denté, accompagnées de *deux petites stipules sétacées*.

Les *fleurs hermaphrodites, 5-mères et complètes*, forment des *corymbes terminaux* (fig. 405). Le périanthe et l'androcée surmontent le *réceptacle turbiné qui renferme l'ovaire infère*.

Les *sépales* sont à *préfloraison libre ou légèrement quinconciale; les pétales* blancs ont *leur préfloraison imbriquée*.

Les *étamines* forment généralement *trois verticilles 5-mères* dont l'extérieur est dédoublé (il en existe ordinairement 20); *leurs filets sont infléchis dans le bouton*.

Les *carpelles, au nombre* de 5, en général, et opposés aux pétales, forment l'*ovaire infère*, et ne sont indépendants que vers le centre. Chaque carpelle se termine par *un style dressé, libre*, assez long, qui porte *un stigmate en tête*. Dans chaque loge sont *deux ovules ascendants, à micropyle dirigé vers le bas et en dehors. Un tissu glanduleux recouvre le réceptacle en dedans de l'androcée.*

Le *fruit (poire) est une mélonide turbinée* (1), ou mieux une drupe

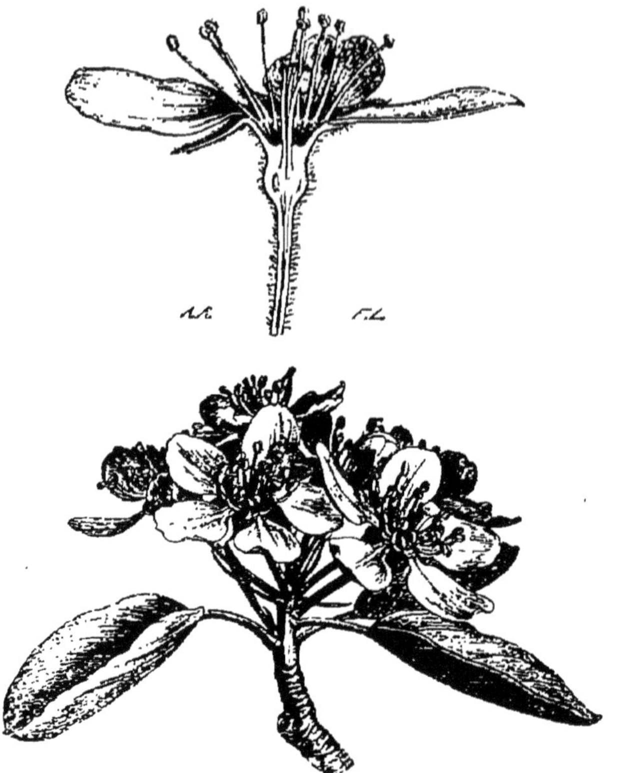

Fig. 405. — Poirier commun (*Pirus communis*). — Fleur coupée en long. — Fleurs réunies en corymbe.

à 5 ou 4 *noyaux cartilagineux soudés entre eux*, et renfermant chacun *deux graines dressées, sans albumen.*

Autres genres. — Malus T. — Les Pommiers (G. *Malus* T.), confondus génériquement avec les Poiriers par Linné et beaucoup de botanistes, ne s'en distinguent que par *leurs fleurs en ombelles, leurs styles concrescents à la base, leurs fruits plus globuleux, ombiliqués, leurs étamines dressées et appliquées contre les styles, leurs pétales nuancés de rose, surtout à l'extérieur.*

Sorbus L. — Les Sorbiers (*Sorbus* L.) ont des *feuilles simples ou imparipennées.* Leurs fleurs blanches sont *en corymbe, et leur fruit,* que compose *un nombre de carpelles inférieur à 5,* se caractérise par *son endocarpe*

(1) V. p. 133.

à peine distinct du mésocarpe charnu; c'est donc une sorte de baie (1).

CYDONIA T. — Le Coignassier (*Cydonia vulgaris* Pers.; *Pirus Cydonia* L.) est un petit arbre à feuilles simples et tomenteuses. *Les fleurs sont solitaires à l'extrémité des jeunes rameaux;* les sépales, d'abord en préfloraison quinconciale, sont plus tard réfléchis. — *Les étamines, au nombre de 15 à 20, ont d'abord leurs filets infléchis et leurs anthères logées entre la paroi du réceptacle et le sommet des carpelles. — Chaque loge de l'ovaire renferme un nombre indéfini d'ovules anatropes, bisériés, se regardant par leurs raphés.*

Le fruit (Coing) est pyriforme, couvert d'un court duvet. *Les graines sont nombreuses dans chaque loge; leur tégument se gonfle dans l'eau, et fournit un abondant mucilage.*

CRATAEGUS L. — Chez les *Cratægus* (Aubépines), *le fruit est une petite drupe rouge, contenant un nombre de noyaux indépendants variant de 1 à 5,* tous monospermes.

Ces plantes ont des feuilles toujours simples, mais lobées, et sont souvent armées d'épines de nature axile (2).

MESPILUS L. — COTONEASTER Medic.— Les Néfliers (*Mespilus*) et les *Cotoneaster* sont caractérisés par un ovaire incomplètement infère. Chez les seconds, en particulier, les carpelles sont indépendants les uns des autres par leur côté ventral, et sont libres de toute adhérence avec le réceptacle sur une grande étendue.

ERIOBOTRYA Lindl. — Le Néflier du Japon (*E. japonica* Lindl.) est très voisin des *Mespilus* (V. le tableau).

(1) Les feuilles sont simples chez les *S. torminalis* Krantz, *S. Aria* Krantz, etc.; elles sont imparipennées chez le *S. domestica* L. (Sorbier à fruits comestibles) et le *S. Aucuparia* L. (Sorbier des oiseaux). Le bois du *S. Aria*, souvent désigné sous le nom d'*Alizier*, est d'une grande dureté.

(2) L'Aubépine commune (*C. Oxyacantha* L.) a des fruits 1-2-spermes; les fruits sont toujours à un seul noyau chez le *C. monogyna* Jacq. de nos régions méridionales. L'Azerolier (*C. Azarolus* L.) porte des fruits plus gros et comestibles.

Tribu des Pomées.

Ovaire incomplètement infère.

Endocarpe peu distinct ou tout au plus cartilagineux.

Loges de l'ovaire sans fausses cloisons.

Endocarpe mince et membraneux. — Graines volumineuses, anguleuses........ → *Eriobothrya* Lindl (Environ 10 espèces. Asie tropicale et subtropicale).

Endocarpe coriace.—Graines ovales - ellipsoïdales. — Styles non cohérents..... → *Photinia* Lindl. (Ancien et Nouveau Continents).

Loges de l'ovaire et du fruit incomplètement subdivisées par des fausses cloisons. Endocarpe peu distinct..... → *Amelanchier* Médic. (Hémisphère Nord)

Endocarpe osseux. Drupe à noyaux osseux.

Ovaire libre seulement vers le haut .... → *Mespilus* L. (Hémisphère Nord, dans les deux Continents).

Carpelles libres par leur côté ventral et indépendants du réceptacle sur une assez grande étendue............... → *Cotoneaster* Médic. (20 à 30 espèces. Hémisphère Nord).

Ovaire complètement infère.

Carpelles biovulés.

Carpelles pluriovulés. — Fleurs solitaires. — Pétales à préfloraison imbriquée ou tordue. —Fruit velu. — Testa à cellules gélifiables........... → *Cydonia* T. (3 espèces. Asie moyenne ; Sud de l'Europe).

Endocarpe toujours bien distinct. Feuilles simples.

Endocarpe formant des cloisons cartilagineuses. 5 carpelles.

Fleurs en corymbes.—Pétales blancs. — Etamines infléchies dans le bouton.— Styles libres. — Fruit turbiné, non ombiliqué...... → *Pirus* T. (Asie et Europe).

Fleurs en ombelles. — Pétales nuancés de rose. — Filets staminaux toujours dressés. — Fruit arrondi, ombiliqué.............. → *Malus* T. (Régions tempérées de l'Hémisphère Nord).

Endocarpe formant des noyaux osseux distincts. — Moins de cinq carpelles.. → *Cratægus* L. (Même distribution géographique).

Endocarpe peu distinct (fruit baccien).—Feuilles simples ou composées-pennées......... → *Sorbus* L. (Régions tempérées de l'Ancien Continent).

Les caractères essentiels de la dernière tribu (**T. VIII. Neura-dées**), sont suffisamment indiqués dans le tableau général de la famille.

Caractères généraux. — *Herbes ou arbrisseaux*, à *feuilles* presque toujours alternes, simples ou, plus rarement composées, presque toujours pourvues de *stipules*.

Inflorescence très diverses.

Fleurs presque toujours actinomorphes (excepté chez quelques Chrysobalanées), ordinairement complètes (corolle nulle parfois) et généralement hermaphrodites, 5-mères, beaucoup plus rarement 4-3-6 mères. — *Réceptacle* toujours plus ou moins concave (*périanthe* et *androcée* périgynes ou épigynes.)

Calice herbacé, gamosépale, persistant, imbriqué ou valvaire.

Pétales libres, onguiculés, à préfloraison imbriquée ou tordue.

Étamines plus ou moins nombreuses, insérées par cycles dont les membres sont simples ou dédoublés. — *Filets* indépendants ; *anthères* introrses, déhiscentes par des fentes ordinairement longitudinales.

Carpelles 1 ou plus ou moins nombreux, 1-ovulés, 2-ovulés ou multiovulés, indépendants ou concrescents plus ou moins entre eux et avec la cupule réceptaculaire. — *Ovules* anatropes, en direction variable. — *Styles* terminaux, latéraux ou rarement gynobasiques.

Fruit variable : réunion d'achaines ou de follicules, ou de petites drupes entièrement libres, portés au centre du réceptacle non accrescent ou accrescent en un support charnu, achaines cachés dans la cupule réceptaculaire demeurée coriace ou plus ou moins charnue, drupe à 1 ou plusieurs noyaux, baie ou mélonide, rarement fruit nucamenteux ou même capsulaire (V. le tableau général).

Graine sans *albumen* ou très faiblement albuminée. *Embryon* droit. *Cotylédons* charnus, plan-convexes.

ROSACÉES.

Réceptacle simplement concave. — Périanthe et androcée périgynes.

Plusieurs carpelles libres et indépendants les uns des autres. — Herbes ou arbrisseaux.

Carpelles nombreux, 1-2-ovulés, insérés sur la partie saillante du réceptacle. — Fruit : réunion d'achaines ou de drupes.

Tribu I. — Fragariées (ou Dryadées).

Carpelles plus ou moins nombreux, insérés au centre du réceptacle, 2- ou pluriovulés. — Fruit : follicules.

Tribu II. — Spirées.

Un seul carpelle biovulé, libre. Plantes toujours ligneuses.

Fleur toujours actinomorphe et complète. — Ovaire central, pourvu d'un style terminal, contenant 2 ovules descendants. — Fruit drupacé.

Tribu III. — Amygdalées.

Fleur actinomorphe ou zygomorphe (par l'androcée ou le gynécée), quelquefois apétale. — Ovaire central ou excentrique, à style gynobasique, et contenant 2 ovules ascendants. — Fruit drupacé ou nucamenteux. (Zone tropicale ; rares espèces dans l'Amérique du Nord et l'Afrique australe.)

Tribu IV. — Chrysobalanées.

Réceptacle creusé en une urne profonde qui cache les carpelles. — Périanthe et androcée plus ou moins épigynes.

Carpelles plus ou moins nombreux, toujours indépendants et non concrescents avec les parois du réceptacle. — Fruits ; achaines.

Carpelles peu nombreux. — Fleurs assez souvent unisexuées, quelquefois apétales. — Cupule réceptaculaire sèche ou faiblement charnue. — Herbes ou rarement plantes ligneuses.

Tribu V. — Sanguisorbées.

Carpelles nombreux. — Fleurs toujours hermaphrodites et complètes. — Cupule réceptaculaire formant, à la maturité, une enveloppe charnue autour des achaines. — Plantes frutescentes, souvent aiguillonnées.

Tribu VI. — Rosées.

Carpelles peu nombreux, toujours plus ou moins concrescents entre eux et avec les parois de la cupule réceptaculaire.

Calice toujours sans calicule. — Étamines nombreuses. — 2 ovules descendants dans chaque carpelle. — Fruit : mélonide ou drupe à 1 ou plusieurs noyaux. — Plantes ligneuses.

Tribu VII. — Pomées.

Calice avec ou sans calicule. — Étamines 10. — 5 à 10 carpelles indépendants dans leur région ventrale, contenant chacun 1 seul ovule descendant. — Fruit capsulaire et déhiscent. — Plantes herbacées.

Tribu VIII. — Neuradées.

Affinités. — Les affinités des Rosacées sont multiples. Elles ont de l'analogie avec les Calycanthacées (v. p.683) dont les pièces florales sont pourtant insérées suivant une ligne spiralée ; avec les Légumineuses, dont la fleur est cependant le plus souvent orientée d'une façon inverse (v. plus loin), et dont le fruit est presque toujours une gousse ; avec les Myrtacées qui ont ordinairement des feuilles ponctuées-glanduleuses ; avec les Saxifragacées surtout qui n'en diffèrent souvent que par des caractères peu constants (absence de stipules aux feuilles, présence d'un albumen à la graine, etc.).

Les Rosacées montrent encore des ressemblances frappantes avec les Renonculacées-Ranonculées (v. p. 685 et 707) (1).

Distribution géographique. Les Rosacées sont très dipersées à la surface du globe. D'une manière générale, ce sont des plantes des régions tempérées de l'Hémisphère Nord. — Les Chrysolabanées appartiennent aux régions tropicales de l'Amérique et de l'Afrique, et le Kousso est de l'Afrique équatoriale.

Propriétés générales. Plantes importantes. — Peu de plantes de cette famille se distinguent par des propriétés énergiques ; mais un nombre considérable d'entre elles sont utilisées. La plupart des Rosacées sont riches en tannin ; leurs feuilles et leurs graines renferment souvent un glucoside et, dans des cellules spéciales, un ferment capable de le dédoubler en *Glucose, Acide cyanhydrique* et *Essence d'amandes amères.* Les fleurs de plusieurs Rosacées sont recherchées pour leur parfum.

On emploie, comme astringent, sous le nom de *Cynorrhodon*, le réceptacle charnu qui enveloppe les fruits du *Rosa canina* L. (2).

---

(1) Ce rapprochement entre les deux familles frappe, en quelque sorte, instinctivement le regard lorsqu'on compare une Renoncule avec une Potentille. La concavité du réceptacle chez cette dernière, sa convexité chez la Renoncule, constituent le seul caractère important qui permette d'établir une séparation réelle. Mais, ainsi que le fait remarquer M. H. Baillon, ce caractère perd toute sa valeur si l'on considère que, dans la famille même des Renonculacées, la convexité du réceptacle varie dans de larges limites, et peut même être remplacée par une forme nettement concave (chez les Pivoines). On peut faire, à propos des Renonculacées, la même réflexion que pour les autres familles voisines des Rosacées : la distinction est des plus faciles et des plus simples si l'on considère les formes typiques de ces divers groupes, celles que l'on peut considérer comme des centres autour desquels rayonnent des formes divergentes dans des directions différentes, mais les différences s'atténuent et peuvent même s'effacer tout à fait chez les types les plus éloignés de ces centres.

(2) Le nom de *Rose de Chien*, donné à cette espèce de Rosier, est dû à l'emploi irraisonné qu'on en faisait jadis pour combattre la rage.

On se servait autrefois, à titre de diurétique, d'anthelmintique, de lithontriptique, de la galle chevelue et multiloculaire qui se développe sur le *Rosa canina* sous l'influence de la piqûre d'un insecte de l'ordre des Hyménoptères, le *Cynips Rosæ*. Ces galles étaient connues sous le nom de *Bédéguars*.

Le *Rosa Gallica* L. (*Rose rouge*, *Rose de Provins*) a été importé, dit-on, de Syrie en France, à l'époque des Croisades, plus anciennement encore, peut-être. Cultivé d'abord à Provins, ce Rosier le fut ensuite dans un village des environs de Paris, qui prit le nom de Fontenay-aux-Roses. Cette industrie s'est répandue aujourd'hui dans d'autres localités, soit en France, soit en Hollande et en Allemagne. Les fleurs de cette espèce sont riches en *Acides quercitannique et gallique* ; elles agissent comme astringentes.

La *Rose pâle* ou *Rose à cent feuilles* (*Rosa centifolia* L.) est originaire du Caucase oriental. Les fleurs sont roses, très doubles et d'une odeur suave. Ce Rosier a fourni par la culture un grand nombre de variétés (1). La Rose pâle sert à préparer une eau distillée, un extrait astringent. Le *sirop de rose pâles* est, cependant, légèrement laxatif.

L'Essence de Roses s'extrait d'un certain nombre d'espèces. On utilise dans ce but le *R. centifolia* L. dans le Midi de la France ; on l'extrait, en Orient, des *R. Moschata* Mill. et *Damascena* Mill. Cette essence peut être falsifiée par plusieurs autres, et surtout par celle de certains *Pelargonium*.

Parmi les autres Rosacées également usitées comme astringentes, nous mentionnerons les suivantes, dont on utilise les feuilles :

L'Aigremoine (*Agrimonia Eupatoria* L.) ;

L'Alchemille vulgaire (*Alchemilla vulgaris* L.) ;

La Pimprenelle commune (*Sanguisorba officinalis* L.) et la Petite Pimprenelle (*Poterium Sanguisorba* L.) ;

La Ronce sauvage (*Rubus fruticosus* L.) et les espèces voisines (*R. discolor* W. et N., *R. collinus* DC., etc.).

Les Framboises (fruit du *R. Idæus* L.) (2) sont comestibles ; on

(1) Cette espèce comprend un grand nombre de formes ou variétés, considérées par certains auteurs comme espèces distinctes (V. *dumetorum, lutetiana, platyphylla, dumalis, tomentella*, etc.).

(2) Mentionnons encore le *R. odoratus* L., la Ronce odorante, dont les tiges sont simplement pourvues de poils glanduleux et odorants. Les feuilles sont simples, palmatilobées. Cette espèce, originaire de l'Amérique du Nord, est souvent cultivée.

Le *R. Chamæmorus* L., à feuilles également simples et lobées, est originaire du Nord de l'Europe et de l'Amérique. Ses fruits sont assez estimés.

en prépare aussi un vin, un sirop et un vinaigre *framboisés*. Les fruits du *R. fruticosus* L. constituent la base du *Sirop de mûres*.

On emploie également, en Amérique, l'écorce du *Rubus villosus* Ait, et de quelques autres espèces du Nouveau Monde.

Le Fraisier commun (*Fragaria vesca* L.), dont le fruit est comestible, fournit à la matière médicale sa racine astringente. On utilise de même les racines de Quintefeuille (*Potentilla reptans* L.), d'Ansérine (*P. Anserina* L.), de Tormentille (*Tormentilla erecta* L.), de Benoîte (*Geum urbanum* L.), de Filipendule (*Ulmaria Filipendula* Mœnch.).

Les fleurs de l'Ulmaire (*Ulmaria palustris* Mœnch., *Spiræa Ulmaria* L.) sont employées en infusions théiformes, et contiennent de l'*Hydrure de Salicyle*.

On a proposé, comme succédané du Quinquina, l'écorce du *Merisier à grappes* (*Prunus Padus* L.; *Cerasus Padus* DC.), et celle du *Merisier de Virginie* (*P. virginiana* Michx).

Plusieurs Chysobalanées sont employées, en Amérique, soit en médecine comme astringentes, soit dans l'industrie pour la fabrication de couleurs noires ou de vernis noirs à base de tannate de fer.

Plusieurs Rosacées produisent de la Gomme, le Cerisier et l'Abricotier, entre autres; mais cette gomme, imparfaitement soluble dans l'eau, doit être rejetée de l'usage médical; elle n'est guère usitée que dans l'industrie, où son emploi est, d'ailleurs, très restreint.

Le Cerisier des Oiseaux (*Cerasus Avium* L.) dont les fruits sont âcres et amers, le Cerisier vulgaire ou Griottier (*C. Caproniana* DC.), originaire du Pont, remarquable par la grosseur et la beauté de ses fruits plus ou moins acides, le *Cerasus Mahaleb* Mill. qui fournit le bois dit de *Sainte-Lucie*, etc., jouissent des mêmes propriétés.

Le Coing (fruit du *Cydonia vulgaris* L.) est astringent; ses graines fournissent un abondant mucilage, lorsqu'on les fait macérer dans l'eau.

On trouve encore du mucilage associé à du sucre, une matière grasse, et deux principes intéressants, la *Sapotoxine* et l'*Acide quillajique*, dans l'écorce du *Quillaja Smegmadermos* DC., connue sous le nom d'*Écorce de Panama*. L'*Acide quillajique* et la *Sapotoxine* (1) communiquent à l'eau la propriété de mousser forte-

---

(1) Ce dernier composé est un glucoside qui, sous l'influence des acides, se dédouble en *Glucose* et en *Sapogénine*. On sait que, sous l'influence de l'*Émulsine*, l'*Amygdaline* se décompose en *Glucose*, *Acide prussique* et *Essence d'amandes amères*.

ment par l'agitation. L'Écorce de Panama est employée pour le nettoyage de certains objets; on l'a proposée comme succédané du *Polygala*.

Un grand nombre de Rosacées développent de l'Acide cyanhydrique, en quantité suffisante parfois pour en devenir toxiques. Tel est, en première ligne, le Laurier-Cerise (*Prunus Lauro-Cerasus* L.) (1), arbuste originaire, dit-on, de Trébizonde, et introduit en Europe en 1575. Ses feuilles persistantes, coriaces, luisantes, lâchement dentées sur les bords, servent à aromatiser certains aliments et à préparer l'Eau distillée et le Sirop de Laurier-Cerise. L'acide prussique qu'elles produisent lorsqu'on les triture ou qu'on les traite par l'eau est dû, comme dans les amandes amères, à l'action d'un ferment azoté, la *Synaptase* ou *Émulsine*, sur l'*Amygdaline* (2).

L'*Huile d'amandes douces* se retire de la graine des deux variétés de l'Amandier, connues sous les noms d'*Amandier doux* et d'*Amandier amer*; mais la graine de cette dernière variété contient seule de l'Amygdaline, dans le parenchyme cotylédonaire, tandis que chez les deux variétés l'Émulsine se rencontre dans le péricycle et l'endoderme des faisceaux libéro-ligneux de l'embryon.

Les graines du Pêcher (*Persica vulgaris* Mill.) produisent également de l'Acide cyanhydrique. Les fruits sont comestibles comme ceux de l'Abricotier, du Poirier, du Pommier, etc.

Parmi les autres plantes de la famille qui se font remarquer par des propriétés plus ou moins énergiques, nous citerons encore certains *Sanguisorba* dont la racine est émétique et le fruit stupéfiant, le *Rubus villosus*, employé comme vomitif à haute dose, en Amérique, le bois de *Quillaja* qui est violemment sternutatoire. L'écorce du *Gillenia trifoliata* Mœnch, est employée, aux États-Unis, comme succédané de l'Ipéca.

L'industrie utilise le bois d'un certain nombre d'arbres de cette famille : ceux du Poirier ordinaire, du *Pyrus acerba* DC., des Néfliers des Cerisiers, etc., sont estimés.

Enfin, dans nos climats, cette Famille est celle qui nous fournit le plus grand nombre de fruits domestiques : il nous suffit de citer la Fraise, la Framboise, la Cerise, la Prune, la Pêche, l'Abricot, la Poire, etc.

(1) *Cerasus Lauro-Cerasus* Lois.
(2) M. le professeur Léon Guignard a montré que la *Synaptase* est localisée dans l'endoderme et dans certaines cellules péricycliques des faisceaux foliaires, tandis que l'*Amygdaline* a son siège dans les cellules du parenchyme.

FAMILLE II. — MONIMIACÉES.

C'est avec beaucoup de doute que nous plaçons à côté des Rosacées cette famille dont les rapports avec les Calycanthacées, et d'autres familles naturelles, ne sont pas moins évidents.

Ce sont des *plantes ligneuses,* toutes propres à l'Hémisphère austral, et dont les parties herbacées renferment, comme chez les Lauracées, des *glandes à essence unicellulaires. — Les feuilles,* diversement disposées, *manquent de stipules.*

Les *fleurs, apétales* et *ordinairement monoïques,* ont un périanthe formé par *un nombre variable de pièces imbriquées,* fixées sur le bord d'un *réceptacle plus ou moins fortement concave. —* Les *étamines, ordinairement nombreuses,* parfois accompagnées de *staminodes,* ont des *anthères normalement déhiscentes ou à déhiscence transversale.*

Carpelles nombreux, uniloculaires et indépendants au centre ou au fond du réceptacle ; *ovules solitaires, pendants* (et alors style terminal) ou *dressés* (et alors style latéral ou gynobasique).

Fruits : drupes ou nucules.

Graines albuminées et *embryon droit.*

Ces végétaux, tous ligneux et riches en glandes oléifères unicellulaires, semblables à celles des Lauracées, vivent presque tous au delà de l'Équateur. Leurs propriétés aromatiques et stimulantes sont rarement utilisées. Seules les feuilles du *Boldo* (*Peumus Boldus* Mol.) font partie de la matière médicale. Elles contiennent un alcaloïde, la *Boldine,* uni à de l'huile essentielle et à du sucre; elles sont employées, au Chili, comme diurétiques, diaphorétiques et carminatives (1).

Aux Rosiflores on peut rattacher encore les CONNARACÉES, plantes exclusivement tropicales, et dont aucune n'offre une utilité réelle.

SOUS-ORDRE VIII. — LÉGUMINEUSES.

Ovaire formé par un seul carpelle (sauf exceptions très rares), uniloculaire et libre, devenant plus tard une gousse.

Fleurs 5-mères en général, actinomorphes ou plus ou moins zygomorphes. — Périanthe et androcée périgynes ou hypogynes, jamais épigynes. Inflorescences ou fleurs isolées toujours latérales.

FAMILLE UNIQUE. — LÉGUMINEUSES.

La vaste famille des Légumineuses, si importante à tous les points de vue, constitue en même temps un des groupes les mieux délimités et des plus naturels. On la divise en trois grandes sous-familles, reliées par des termes de passage assez nombreux.

(1) C'est un petit arbre à feuilles opposées, à fleurs dioïques, réunies en cymes groupées elles-mêmes en grappes axillaires et terminales. Le fruit consiste en petites drupes qu'entoure la cupule réceptaculaire.

SOUS-FAMILLE I. — PAPILIONACÉES.

*Fleur zygomorphe. — Pétales très inégaux, le supérieur (étendard,
recouvrant les deux latéraux (ailes), et ceux-ci recouvrant les deux
inférieurs généralement soudés (carène). — Étamines 10, le plus souvent diadelphes, plus rarement monadelphes ou indépendantes.*

Tribu I. — Viciées.

Description du Vicia Faba. — La Fève commune (*Vicia Faba* L. ;

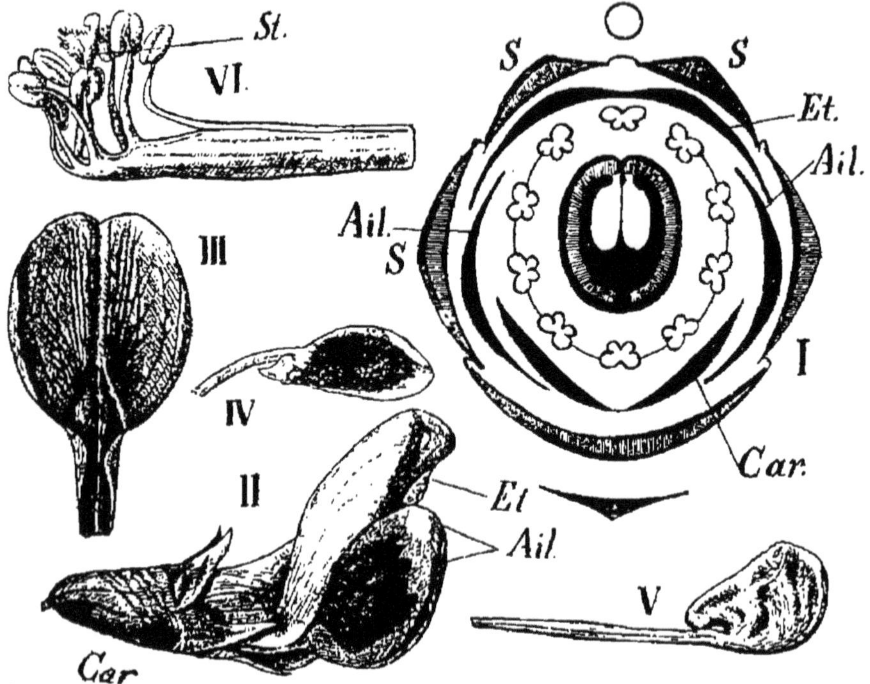

Fig. 406. — *Vicia Faba* L. — Structure florale. — I. Diagramme. — II. Fleur entière,
vue de profil ; s,s, sépales concrescents ; Et, étendard ; Ail,Ail, ailes ; Car, carène. —
III. Étendard isolé, vu de face. — IV. Une aile vue par le côté. — V. Carène, vue de
profil. — VI. Androcée, vu de profil ; St, style et stigmate. (Courchet.)

Faba vulgaris Mœnch) est une *herbe annuelle* (fig. 407), originaire
de l'Inde, mais cultivée à peu près partout pour ses graines comestibles. *Ses feuilles sont alternes, composées-paripennées*, le pétiole
commun se terminant en une arète molle. *Deux stipules membraneuses*, profondément divisées, accompagnent le pétiole, et chaque
foliole est marquée à sa base d'une tache glanduleuse d'un pourpre
foncé.

Les *fleurs*, groupées en courtes *grappes axillaires*, sont *hermaphrodites*, très nettement *zygomorphes*, pourvues d'un *réceptacle concave* (fig. 406).

Le *calice* (S, S) *est herbacé, gamosépale, à cinq lobes* dont la gran-

Fig. 407.   Fève (*Vicia Faba*).

deur diminue d'avant en arrière, et à *préfloraison ascendante*.

La *corolle* (Ét, Ail, Car) est formée de *pétales libres*. Ces derniers sont *à préfloraison descendante*, et réalisent exactement le *type papilionacé* décrit à la page 93. Leur couleur est blanche ou rosée, avec une tache noire sur les ailes.

L'androcée (VI) se compose de dix étamines dont cinq alternent avec les sépales, cinq avec les pétales. Neuf de ces étamines sont concrescentes par leurs filets en une gouttière membraneuse, ouverte en dessus, et dont le bord se ramifie en neuf filets portant les anthères. *L'éta-mine postérieure,* qui correspond, par con-séquent, à l'étendard, *est indépendante. — Les anthères* sont in-troses, *biloculaires, à déhiscence longitudi-nale.*

Le *gynécée* est pres-que sessile, formé *d'un seul carpelle dont la suture ventrale est dirigée en arrière* et en haut. L'ovaire unilo-culaire se termine par un *style coudé, renflé en stigmate au som-met.* Au-dessous du stigmate, et du côté dorsal, le style porte un léger bouquet de poils.

Le placenta est pos-térieur, pariétal, et donne attache à un certain nombre d'o-*vules campylotropes, descendants,* dont le micropyle est tourné en dehors et en haut.

Fig 408. — Lentilles (*Lens esculenta*).

Le *fruit* est une *gousse* (Voir p. 132) allongée, s'ouvrant, de haut en bas, à la fois par la suture ventrale et par la nervure dorsale, en deux valves. Les *graines* sont réniformes, fixées par *un large hile.* Leur tégument, assez épais, renferme *un gros embryon exalbuminé,* formé de *deux cotylédons charnus, et d'une radicule repliée le long de la fente qu'ils laissent entre eux.*

Dans la plupart des genres voisins, le pétiole commun et une ou plusieurs paires de folioles latérales sont transformés en vrilles fig. 408). Chez le *Lathyrus Aphaca* L. les folioles sont toutes représentées par des organes de fixation, et le limbre foliaire est physiologiquement remplacé par deux énormes stipules. On réunit généralement dans une première tribu, celle des **Viciées**, les Légumineuses qui offrent les caractères suivants :

Herbes à feuilles composées-pennées, à rachis commun terminé par une vrille ou une simple soie. — Gousses toujours déhiscentes.

Viciées. — Bord antérieur du tube staminal taillé plus ou moins obliquement.

Bord antérieur du tube staminal droit.

Feuilles pourvues de vrilles. — Calice à divisions inégales. Graines globuleuses ou anguleuses...................... *Lathyrus* L. (Gesse). (Env. 100 esp. Hém. Nord).

Calice à divisions inégales.

Feuilles pourvues d'une vrille ou d'une simple soic terminale. — Gousse ordinairement avec graines nombreuses, rarement avec 2 seulement. — Fleurs de grandeur moyenne, souvent colorées. (Dans ce genre peuvent être compris les *Faba* L., dont les graines sont oblongues et pourvues d'un large ombilic, et les *Ervum* L., dont le sommet de la gousse est symétrique (il est dirigé en haut chez les *Vicia* proprement dits) ; dans ces deux sous-genres, les feuilles n'ont pas de vrilles.) *Vicia* L. (Environ 120 espèces. Régions tempérées de l'Hémisphère Nord ; Amérique du Sud).

Calice à divisions égales ou presque égales.

Feuilles pourvues d'une vrille ou terminées par une soie. — Gousse courte, contenant 1 à 2 graines, à bord inférieur prolongé en bec. Graines lenticulaires et aplaties .... *Lens* Gr. et Godr. (Lentille). (3 à 6 espèces. Région médit. ; Asie occident.).

Feuilles pourvues d'une vrille ou terminées par une soie. — Gousse allongée, contenant de nombreuses graines globuleuses. Style à bords reployés en dessous, de manière à former gouttière .... *Pisum* L. Pois. (6 espèces. Région médit. ; Asie occidentale).

Feuilles terminées par une soie ou pourvues d'une courte vrille. Gousse renflée, courte, ne contenant que deux graines globuleuses, bosselées, apiculées....... *Cicer* L. (Pois-Chiche).

Les vrilles font toujours défaut dans les tribus suivantes:

Tribu II. — Lotées.

La tribu des Lotées est composée de Légumineuses herbacées *dont les feuilles possèdent une foliole terminale. — La gousse est,* en général, *plus tardivement déhiscente que chez les Viciées*. On peut résumer ainsi qu'il suit les caractères des trois principaux genres :

Feuilles ordinairement velues. — Gousse courte, 1- ou 2-sperme, incluse dans le calice renflé, tardivement déhiscente .. *Anthyllis* L.
(20 espèces env. Europe; Nord de l'Afrique; Asie).

Feuilles non velues. — Gousse allongée, polysperme, nettement déhiscente. — Fleurs en ombelles et carène prolongée en rostre... *Lotus* L.
(Plus de 80 espèces. Ancien Continent; Australie).

Feuilles velues ou non. — Fleurs généralement en tête ..... *Dorychnium* Wild.
(10 espèces env. Région méditerr.; Iles Canaries).

Tribu III. — Trifoliées.

Les Trifoliées ont des *feuilles ordinairement composées de trois folioles dentées ; la gousse est déhiscente ou indéhiscente.*

Chez les *Ononis* L. (1), *l'étendard est relevé et rayé de lignes plus foncées, et la gousse renflée, nettement déhiscente ;* ces plantes sont velues ou glanduleuses, parfois armées d'épines de nature axile (*Bugrane* ou *Arrête-Bœuf*, *O. spinosa* L.). Chez les Luzernes (*Medicago* L.) (2), *la gousse, très aplatie, est arquée fortement ou même enroulée en spirale sur elle-même* (fig. 409).

La gousse est indéhiscente chez les Mélilots (*Melilotus* L.) (3) dont les fleurs sont *en grappes terminales*, et chez les Trèfles (*Trifolium* L.) (4) dont les fleurs sont *en épis ou en capitules involucrés*, et dont *la corolle est* en général *gamopétale.*

Fig. 409. — Luzerne cultivée (*Medicago sativa*). — Fruit mûr.

Tribu IV. — Galégées.

Cette tribu, assez mal délimitée, ne se distingue guère de la précédente que par *les feuilles qui sont à peu près toujours composées imparipennées*, et rarement trifoliolées.

(1) Plus de 70 espèces. Région méditerranéenne et Iles Canaries. Quelques-unes dans l'Europe centrale et septentrionale.
(2) Environ 50 espèces. Europe méridionale; Nord de l'Afrique, etc.
(3) Environ 20 espèces. Zones moyenne et subtropicale de l'Ancien Monde.
(4) Plus de 250 espèces. Sur les deux Continents.

Galégées.

Fruit sans fausse cloison.

Gousse indéhiscente et mono-sperme.

Corolle complète. — Arbrisseaux ou sous-arbrisseaux glanduleux ; feuilles rarement unifoliolées .. ..
Psoralea L.
(Environ 100 espèces. Ancien Continent ; Australie).

Corolle réduite à l'étendard. Plantes glanduleuses ou velues..............
Amorpha L.
(Environ 10 espèces. Amérique septentrionale).

Gousse déhiscente.

Calice à dents inégales.

4 dents supérieures et 1 en bas. — Gousse comprimée, 3-4-sperme. — Herbes vivaces ....
Glycyrrhiza L.
(12 esp. env. Rég. médit. ; Asie ; Australie ; Amér.).

4-5 dents courtes. — Gousse longue et comprimée. — Végétaux ligneux ....
Robinia L.
(6 espèces bien connues. Amér. du Nord et Mexique).

Calice à dents égales ou presque égales.

Gousse non vésiculeuse.

Étamines diadelphes.

Calice à dents ordinairement égales.—Gousse linéaire, bivalve, polysperme.—Herbes ou sous-arbrisseaux, rarement arbustes. — Feuilles imparipennées..
Tephrosia Pers.
(Env. 120 esp. Contrées chaudes des 2 Hémisphères).

Calice campanulé ou tubuleux, avec dents égales ou inégales. — Gousse linéaire, ordinairement polysperme.— Plantes herbacées ou ligneuses, munies de poils en navette. — Feuilles imparipennées, trifoliolées ou unifoliolées.......
Indigofera L.
(Environ 250 espèces. Zone tropicale).

Étamines monadelphes. — Calice campanulé, à dents presque égales.-- Gousse allongée, polysperme. — Herbes vivaces ; feuilles à nombreuses folioles ......
Galega L.
(3 espèces. Sud de l'Europe. Asie occidentale).

Gousse vésiculeuse.—Arbrisseaux le plus souvent glabres ; feuilles imparipennées.
Colutea L.
(Env. 10 espèces. Sud de l'Europe ; Orient ; Asie).

Gousse déhiscente, pourvue d'une cloison fausse formée par l'introflexion de la nervure médiane du carpelle. — Herbes annuelles ou vivaces ; feuilles imparipennées, dont le rachis commun devient souvent spinescent après la chute plus ou moins complète des folioles....... ....
Astragalus L.
(1200 espèces envir., de l'Hémisphère Nord).

Tribu V. — Génistées.

Les *feuilles* sont *toujours simples ou trifoliolées* chez les Génistées qui, d'ailleurs, sont des herbes ou des plantes ligneuses. Mais *les étamines sont monadelphes et la gousse est toujours déhiscente*. Les principaux genres de la tribu sont les suivants :

Génistées.

Calice bilabié. — Herbes ou arbrisseaux.

Feuilles toujours simples ou nulles. Calice coloré, bilabié. — Gousse renflée, un peu plus longue que le calice. — Buissons épineux... **Ulex** L. (Ajoncs).
(Plus de 20 espèces. Europe occidentale).

Feuilles simples ou trifoliolées.
Calice scarieux, à 2 courtes lèvres. — Gousse comprimée, plus longue que le calice. — Étendard ascendant. — Végétaux non spinescents..................... **Sarothamnus** Wimm.
(Ancien Continent).

Calice herbacé. — Gousse exserte. — Etendard étroit. — Végétaux épineux ou inermes............. **Genista** L.
(Plus de 80 esp. Europe ; Afrique boréale ; Asie occid.).

Feuilles composées-digitées. — Gousse bosselée, coriace. — Etendard grand et strié.... **Lupinus** L.
(Env. 100 espèces. Amér. sept. ; région méditerr.).

Arbustes et arbres toujours inermes. — Gousse comprimée, longuement exserte. — Feuilles trifoliolées.. **Cytisus** L.
(Espèces nombreuses. Ancien Continent).

Calice à cinq dents presque égales, se rompant circulairement autour du fruit, dans sa région moyenne. — Gousse ailée. — Arbrisseaux épineux, à feuilles trifoliolées... **Calycotome** Lam.
(4 esp. Région médit.).

Tribu VI. — Hédysarées.

Cette tribu est nettement caractérisée par *son fruit indéhiscent, divisé en articles comprimés ou non* (fig. 410), *parfois séparables, réduit quelquefois à un seul article*.

Fig. 410. — Légume ou gousse de l'*Hippocrepis multisiliquosa* L. (1/1).

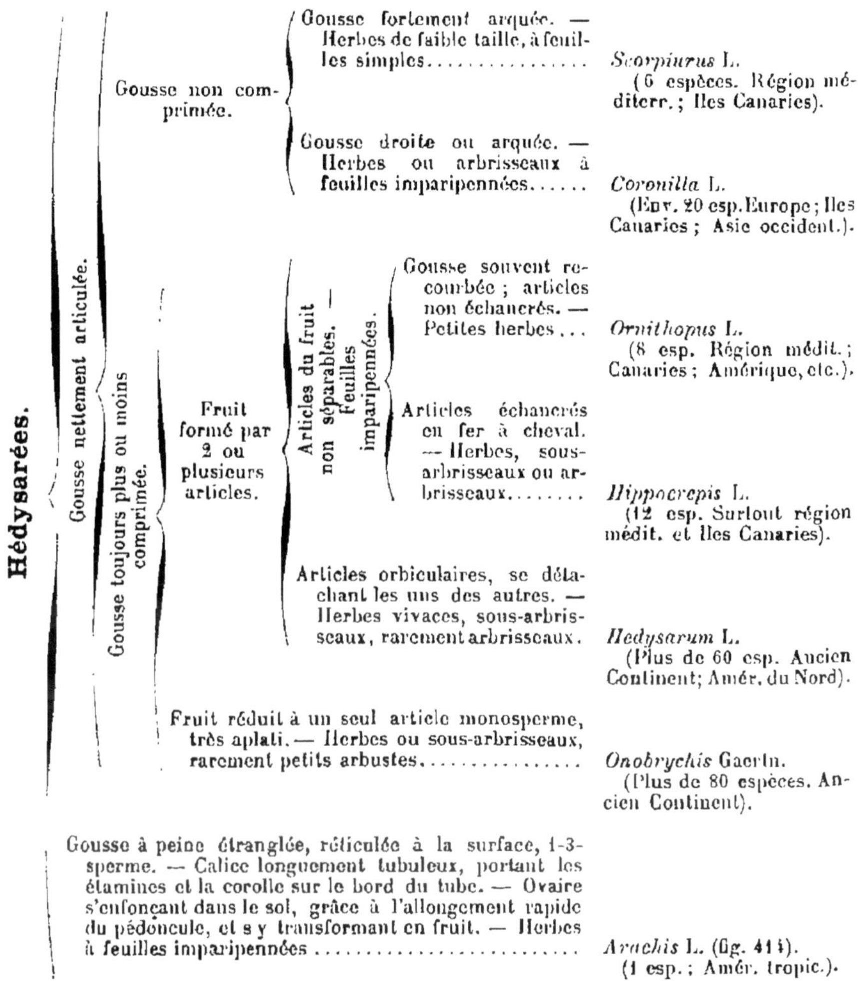

Hédysarées.

Gousse nettement articulée.

Gousse toujours plus ou moins comprimée.

Gousse non comprimée.

Gousse fortement arquée. — Herbes de faible taille, à feuilles simples............... *Scorpiurus* L. (6 espèces. Région méditerr.; Iles Canaries).

Gousse droite ou arquée. — Herbes ou arbrisseaux à feuilles imparipennées...... *Coronilla* L. (Env. 20 esp. Europe; Iles Canaries; Asie occident.).

Fruit formé par 2 ou plusieurs articles.

Articles du fruit non séparables. — Feuilles imparipennées.

Gousse souvent recourbée; articles non échancrés. — Petites herbes... *Ornithopus* L. (8 esp. Région médit.; Canaries; Amérique, etc.).

Articles échancrés en fer à cheval. — Herbes, sous-arbrisseaux ou arbrisseaux........ *Hippocrepis* L. (12 esp. Surtout région médit. et Iles Canaries).

Articles orbiculaires, se détachant les uns des autres. — Herbes vivaces, sous-arbrisseaux, rarement arbrisseaux. *Hedysarum* L. (Plus de 60 esp. Ancien Continent; Amér. du Nord).

Fruit réduit à un seul article monosperme, très aplati. — Herbes ou sous-arbrisseaux, rarement petits arbustes................. *Onobrychis* Gaertn. (Plus de 80 espèces. Ancien Continent).

Gousse à peine étranglée, réticulée à la surface, 1-3-sperme. — Calice longuement tubuleux, portant les étamines et la corolle sur le bord du tube. — Ovaire s'enfonçant dans le sol, grâce à l'allongement rapide du pédoncule, et s'y transformant en fruit. — Herbes à feuilles imparipennées .... *Arachis* L. (fig. 414). (1 esp.; Amér. tropic.).

Tribu VII. — Phaséolées.

Cette tribu comprend des plantes de toutes tailles, dont *les feuilles imparipennées ou, le plus souvent, composées de trois folioles, sont pourvues de stipules et de stipelles ;* les étamines, *diadelphes,* ont des filets filiformes; *l'ovaire est entouré d'un disque annulaire ou cupuliforme.*

PHASEOLUS L. (1). — Ici se rangent les Haricots (*Phaseolus* L.), *herbes volubiles,* de faible taille, caractérisés par leur *stigmate renflé, ren-*

1) 150 espèces environ, habitant les contrées chaudes des deux Hémisphères.

fermé, ainsi que le style, dans la carène contournée en spirale. L'espèce la plus connue, le Haricot comestible (*P. vul-
garis* L.) est originaire de l'Inde.

Fig. 411. — Gynécée du *Physostigma ve-nenosum* Balf. (Cour-chel).

PHYSOSTIGMA Balf. (1). — Le *Physostigma vene-nosum* Balf., de la côte occidentale d'Afrique,
dont la semence est connue sous le nom de
Fève du Calabar, est une grande herbe grimpante
dont les fleurs grandes, rouges, légèrement veinées de jaune, sont construites comme celles
du Haricot; mais *le style, garni de poils dans la
partie antérieure de sa concavité, se dilate, à son
sommet, en une sorte de capuchon triangulaire qui
recouvre le stigmate* (fig. 411).

Tribu VIII. — Sophorées.

Les étamines sont toutes indépendantes, et souvent aussi *la carène
est formée par deux pétales distincts,* qui réalisent ainsi une transition vers la Sous-Famille des Césalpiniées.

Gousse stipitée, ondulée. — Pièces de la carène libres.
— Arbustes à feuilles imparipennées.............. *Anagyris* L.
(2 espèces. Ténériffe ; régions médit. ; Arabie).

Gousse moniliforme. — Pièces de la carène libres ou
unies. — Herbes, arbustes ou arbres à feuilles imparipennées.................................... *Sophora* L.
(25 esp. Contrées chaudes des deux Hémisphères).

Gousse formée d'une portion inférieure aplatie, et d'une portion
terminale creusée d'une seule
loge monosperme. — Pièces de
la carène libres. — Arbres
pourvus de canaux sécréteurs.

Graine lisse. — Api-
cule du fruit tourné
en bas.......... *Toluifera* L.
(6 espèces assez mal con-
nues. Amérique tropic.).

Graine à surface ru-
minée. — Apicule
du fruit tourné en
haut........... *Myrospermum* Jacq.
(*M. frutescens.* Amér.
tropicale) (fig. 415).

Tribu IX. — Dalbergiées ou Swartziées.

Le *fruit, toujours indéhiscent,* est d'une structure spéciale, *le plus
souvent samaroïde ou drupacé.* — Les étamines sont, d'ailleurs,

(1) 2 espèces. Afrique tropicale.

monadelphes ou diadelphes. — *Plantes toujours ligneuses, pourvues de feuilles généralement pennées.*

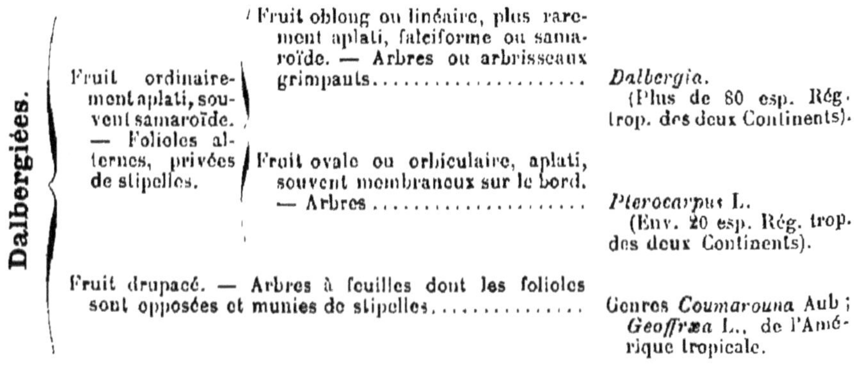

Caractères généraux des Papilionacées.

Elles sont très nettement caractérisées par leur *corolle papilionacée, à préfloraison descendante* (v. p. 1055).

En outre, *leurs étamines, au nombre de 10, sont diadelphes* (un faisceau de neuf étamines et une isolée), *monadelphes ou entièrement libres; leur insertion est plus ou moins périgyne.*

L'ovule est *campylotrope ou semi-anatrope.*

La *gousse* offre d'assez nombreuses modifications. En général déhiscente en deux valves, elle peut être indéhiscente; elle est courte ou allongée, cylindrique ou aplatie, etc.; enfin samaroïde ou même drupacée chez les Dalbergiées qui, par ce caractère, montrent de l'analogie avec les Rosacées Amygdalées.

L'embryon est exalbuminé ou faiblement albuminé vers la radicule.

Distribution géographique. — Les Papilionacées sont représentées sur toute la surface du globe et sous tous les climats. Cependant, leurs divers genres sont souvent spéciaux à des régions déterminées. Nous savons, par exemple, que les *Pterocarpus, Toluifera, Sophora* et bien d'autres, vivent seulement sous les tropiques.

Propriétés générales. Plantes importantes. — Les propriétés des Papilionacées sont très diverses, et le nombre des plantes utilisées est des plus considérables.

Beaucoup de Papilionacées constituent des plantes fourragères; tels sont les *Trifolium*, les *Medicago* et surtout le *M. sativa*, L. (Luzerne cultivée), le *Sainfoin* (*Onobrychis sativa* Lam.), l'*Esparcette*

(*Hedysarum Coronarium* L.), les Lupins, les Gesses (*Lathyrus*), etc.

D'autres fournissent à l'alimentation des graines riches en azote et en fécule. Tels sont :

Le Haricot ordinaire (*Phaseolus vulgaris* L.), les Fèves (*Faba*), le Pois ordinaire (*Pisum sativum* L.), le Pois chiche (*Cicer Arietinum* L.), la Lentille (*Lens esculenta* Mœnch).

Ces semences alimentaires ne sont pas complètement exemptes, dit-on, d'un principe délétère qui ne s'y trouve qu'en faible quantité et qui se dissipe par la chaleur; mais ces propriétés malfaisantes s'accentuent chez d'autres espèces, telles que l'*Anagyris fœtida* L. ou *Bois-Puant* (Sophorées) qui croît dans nos régions méridionales, le *Lathyrus Aphaca* L., et plusieurs autres.

La plus toxique des Papilionacées connues est le *Physostigma venenosum* Balf., qui croît près de l'embouchure du Niger, au voisinage de la rivière du Vieux Calabar. Sa graine (*Fève du Calabar*), qui sert de poison d'épreuve aux indigènes, contient deux alcaloïdes principaux : la *Calabarine*, dont l'action est analogue à celle de la Strychnine, et la *Physostigmine* ou *Ésérine*, localisée principalement dans les cotylédons. L'Ésérine agit comme paralysant du système nerveux moteur, et détermine la contraction de la pupille.

Plusieurs Papilionacées sont purgatives. Tels sont : le *Genista tinctoria* L., dont les fleurs et les racines contiennent, en outre, une matière colorante jaune; le *Genista purgans* DC., plus spécial au Midi et plus actif que le précédent; le *Genista sagittata* L., etc.

Le Genêt à balais (*Sarothamnus vulgaris* Wimm.) (1) est employé comme purgatif et diurétique. Il contient de la *Spartéine*, que l'on utilise dans les affections cardiaques.

Les *Cytisus* sont plus ou moins toxiques. Tel est le *Faux Ébénier* (*C. Laburnum* L.), qui contient deux alcaloïdes, la *Cytisine* et la *Laburnine*.

Les semences du Lupin (*Lupinus albus* L.) sont anthelmintiques; mais elles renferment un principe toxique à haute dose, la *Lupinine*.

Le *Tephrosia toxicaria* Sw., de la Guyane française, sert à empoisonner les cours d'eau, etc.

Un certain nombre de Papilionacées sont astringentes.

Le *Pterocarpus erinaceus* Poir. fournit le *Kino d'Afrique* ou de *Gambie*; le *Pt. Marsupium* Rxb. est l'origine du *Kino d'Amboine*; le *Pt. indicus* W., en Asie, et le *Pt. Draco* L , en Amérique, fournissent des sortes de Sang-Dragon (2).

____

(1) *Genista Scoparia* Lam. ; *Spartium Scoparium* L.
(2) C'est un Palmier, le *Calamus Draco*, qui donne le Sang-Dragon ordinaire (v. p. 426).

Plusieurs *Butea*, et surtout le *Butea frondosa* Rxb. (Phaséolées), fournissent aussi des sucs astringents. La Cochenille qui produit la Gomme-
Laque se fixe souvent sur cette dernière espèce (Asie tropicale).

D'autres Papilionacées sont émollientes ou sucrées.

Les Mélilots, et entre autres le Mélilot officinal (*Melilotus officinalis* L.) (fig. 412) et le Mélilot des champs (*Melilotus arvensis* Wild.),
développent de la *Coumarine*, principe odorant de la Fève Tonka.

Fig. 412. — Mélilot officinal.   Fig. 413. — Réglisse officinale.

Les semences du Fénugrec (*Trigonella Fœnum-græcum* L.) sont
riches en mucilage et sont employées en cataplasmes.

Deux plantes connues (la *Réglisse officinale* et la *Réglisse de
Russie*) sont utilisées pour leurs principes sucrés.

La première est le *Glycyrrhiza glabra* L. (Galégées) (fig. 413), herbe
vivace de l'Europe méridionale, dont les feuilles, à nombreuses
folioles et sans stipules, sont légèrement visqueuses. La racine
contient, un principe doux, la *Glycyrrhizine*, et une huile brune,
très âcre, qui se dissout par une longue ébullition. La Réglisse
de Russie (*Gl. echinata* L.) est beaucoup plus grande et son fruit
est hérissé d'aiguillons.

Dans l'Inde et aux Antilles on substitue à la Réglisse la racine de l'*Abrus precatorius* L. (*Liane-Réglisse* ou *Réglisse d'Amérique*), dont les graines, connues sous le nom de *Jéquirity*, sont rouges, violettes ou brunes. Elles contiennent un ferment azoté très toxique, l'*Abrine*, et sont utilisées, en macération, contre la conjonctivite granuleuse chronique.

L'*Astragalus Glycyphyllos* L., de nos régions, possède également une racine à saveur douce.

Enfin le Bugrane ou Arrête-Bœuf (*Ononis spinosa* Wild.), dont la racine est considérée comme apéritive, contient également des principes sucrés.

La *Fève Tonka* (Géoffrées) est due au *Coumarouna odorata* Aub., *Dipterix odorata* Wild., arbre des forêts de la Guyane. Cette graine doit son odeur suave à la *Coumarine* que l'on rencontre, d'ailleurs, dans beaucoup d'autres végétaux.

L'Arachide (*Arachis Hypogæa* L.) (fig. 414), originaire de l'Amérique tropicale, mais cultivée dans tous les pays chauds, possède une graine comestible, d'où on retire une huile assez employée.

La Gomme insoluble dite *Gomme-Adragante* est produite par diverses espèces du genre Astragale (1); entre autres :

L'*Astragalus gummifer* Labill., arbuste qui croît dans le Liban, la Syrie, l'Asie Mineure, l'Arménie, etc.; l'*A. verus* Oliv., de la Perse occidentale; l'*A. brachycalyx* Fisch (Kurdistan); l'*A. creticus* Link., auquel on attribue l'origine de la *Gomme vermiculée*, etc.

Certains Baumes sont fournis par des Papilionacées-Sophorées.

Ce sont d'abord les *Baumes du Pérou*, connus sous les noms de *Baume du Pérou noir* ou *liquide*, et *Baume du Pérou blanc* ou *solide*. Ce dernier paraît être dû au *Myrospermum peruiferum* L. (fig. 415), qui croît dans la Nouvelle-Grenade, l'Équateur, le Pérou, la Bolivie, le Brésil. Quant au *Baume du Pérou noir*, il est fourni par le *Myroxylon Perciræ* Royle (*Toluifera Balsamum* β *Percirœ* H. B.). Cette dernière espèce habite l'Amérique centrale, le sud du Mexique, le Guatémala, et surtout l'État de San Salvador, au voisinage de Sansonate.

Le Baume de Tolu est obtenu, par incision, du *Myroxylon Toluifera* H. B. K. (*Toluifera Balsamum* α., *genuina* H. Bn) de la Colombie et des provinces voisines.

Certaines Légumineuses de la tribu des Geoffrées sont usitées dans

---

(1) On sait, d'après les observations de Guibourt, et surtout d'après les travaux de H. Mohl, que la production de la Gomme Adragante est due à une modification des cellules de la moelle des Astragales, cellules dont la membrane se transforme en mucilage.

quelques régions. Les semences de plusieurs *Andira* (*A. vermifuga*
Mart., etc.) sont employées, au Brésil, comme anthelmintiques, sous le
nom de *Semences d'Angevin*. Les écorces de ces mêmes plantes sont
aussi utilisées de diverses manières.

La matière colorante appelée *Indigo* est fournie par plusieurs
Indigofera ; mais on en retire aussi de plantes très différentes.

Tous les *Indigofera* croissent dans les pays chauds. On cultive
surtout les espèces suivantes : l'*I. tinctoria* L. (Indes, Java, Chine,

Fig. 414. — Arachides.   Fig. 415. — *Myroxylum peruiferum.*

Sénégal, etc.) ; l'*I. Anil* L., cultivé surtout en Amérique ; l'*I. argentea* L. (Égypte, Arabie, Indes, etc.), etc.

Enfin, les Papilionacées donnent différents bois appréciés dans l'industrie. Tels sont :

Le *Bois de Caliatour* fourni, sur la côte de Coromandel, par le *Pterocarpus santalinus* L. ;

Le *Santal rouge d'Afrique* dû au *Pt. angolensis* DC. ;

Le *Bois de Palissandre* (Brésil, Inde orientale, Afrique), que produit le
Dalbergia latifolia, etc.

SOUS-FAMILLE II. — CÉSALPINIÉES OU CASSIÉES,

Fleur zygomorphe, le pétale supérieur étant recouvert par les deux latéraux, ces derniers par les deux antérieurs. — Étamines 10 en général, libres. — Pétales antérieurs indépendants. — Ovules anatropes.

Description du Cercis Siliquastrum L. — *L'Arbre de Judée* (*Cercis Siliquastrum* L.) est l'une des plantes caractéristiques de la région méditerranéenne.

Cet arbre atteint une hauteur de 3 à 7 mètres. Les *feuilles simples*, caduques, accompagnées de *deux petites stipules*, ont un limbe orbiculaire, entier ou légèrement échancré au sommet.

Les *fleurs* se montrent avant les feuilles. Elles sont rouges, réunies *en courtes grappes terminales*.

Leur réceptacle est concave, glanduleux en dedans.

Le *calice gamosépale* (fig. 416) renflé au côté antérieur, est découpé, au sommet, en *cinq lobes légèrement imbriqués* d'abord, puis tout à fait libres.

La *corolle* est formée par *cinq pétales libres*, inégaux, assez longuement onguiculés. *La préfloraison est ascendante*, et le *pétale impair postérieur* (fig. 416, I, II et III, Pa) (correspondant à l'étendard des Papilionacées) est *plus petit que les deux latéraux* (Pl) *qui le recouvrent*.

L'androcée (IV), *périgyne* comme la corolle, se compose de 10 *étamines libres*, dont la longueur diminue d'avant en arrière. — Les filets, élargis à la base, s'atténuent au sommet et portent des *anthères introrses et biloculaires*, normalement déhiscentes.

L'ovaire stipité occupe le centre du réceptacle. Il est unicarpellé, et porte, le long de sa suture ventrale (postérieure), une double rangée *d'ovules anatropes*. Le *style* est terminal, recourbé en arrière comme les étamines elles-mêmes ; le *stigmate* est petit, capité.

Le *fruit* est une *gousse allongée*, qui s'ouvre, d'abord par la nervure dorsale, puis par la suture ventrale.

Les *graines*, courtement funiculées, montrent sous leur tégument un *embryon droit*, entouré d'un *albumen presque corné*.

Autres genres. — BAUHINIA, CÆSALPINIA, etc. — Les *Cercis* représentent assez bien le type normal de la Sous-Famille. Au même diagramme floral répondent un certain nombre d'autres genres (*Bauhinia* L., *Cæsalpinia* L., *Hæmatoxylon* L., *Gleditschia* L., etc.) (voir le tableau suivant p. 1072).

Parmi ces plantes se trouve le *Févier à trois pointes* (*Gleditschia triacanthos* L.), remarquable *par ses fortes épines de nature axile* et ses *gousses indéhiscentes*, aplaties, *divisées transversalement, par des fausses cloisons*, en logettes dans chacune desquelles est une graine entourée par une pulpe mucilagineuse. Comme chez beaucoup d'autres Césalpiniées, les feuilles sont ici bipennées.

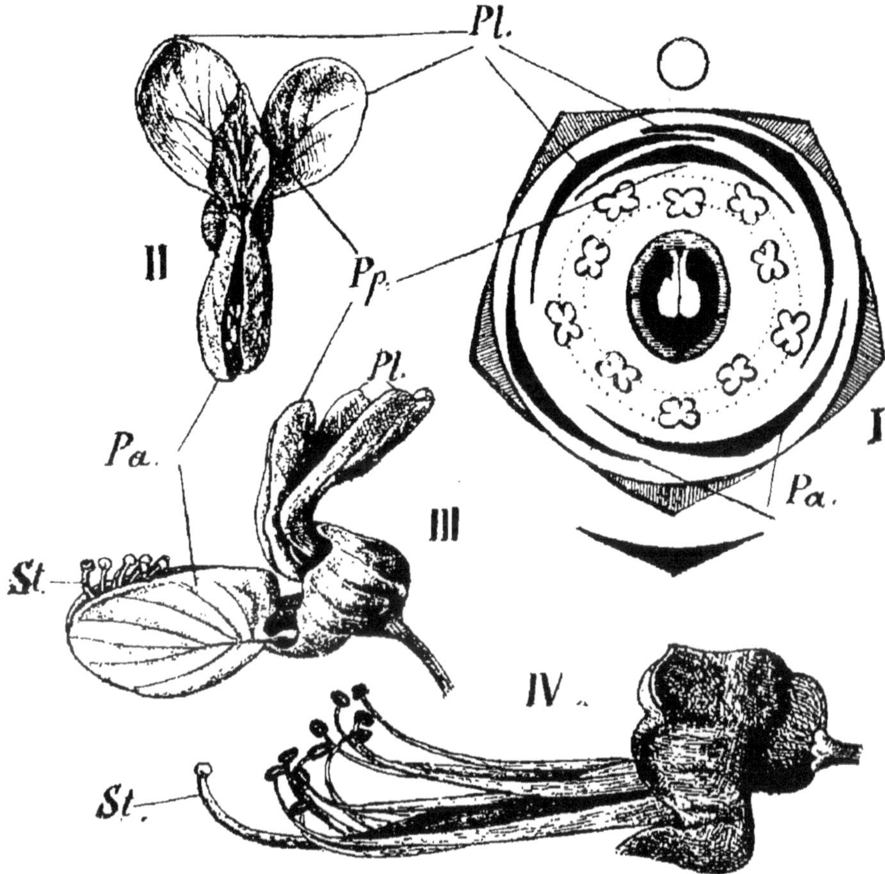

Fig. 416. — *Cercis Siliquastrum* (structure florale).

I. Diagramme. — II et III. Fleur entière vue de face et de profil. — IV. Androcée et gynécée accompagnés par le calice persistant (après la chute des pétales); P*p*, pétale postérieur; P*l*, pétales latéraux; P*a*, pétales antérieurs; S*t*, style. (Courchet.)

CASSIA L. — Les *Cassia*, genre des plus importants, sont des arbustes ou des arbres à feuilles pennées, dont les fleurs, toujours axillaires, solitaires ou en grappes, ont *un réceptacle à peu près plan. Les anthères sont basifixes, déhiscentes par des pores terminaux ou de courtes fentes, et sont souvent en partie stériles* (fig. 417, I). Les fruits sont déhiscents ou indéhiscents, pourvus de fausses cloisons transversales. Ce genre a été subdivisé en sections nombreuses, dont les deux principales sont les *Senna* (Sénés) (fig. 420) et les *Cathartocarpus*, dont une espèce fournit la *Casse des boutiques* (fig. 418).

Tamarindus L. — La fleur est ici plus réduite (fig. 417, II, et 419). *Le réceptacle, longuement tubuleux, porte l'ovaire excentriquement inséré en arrière. Les deux sépales postérieurs sont concrescents; les*

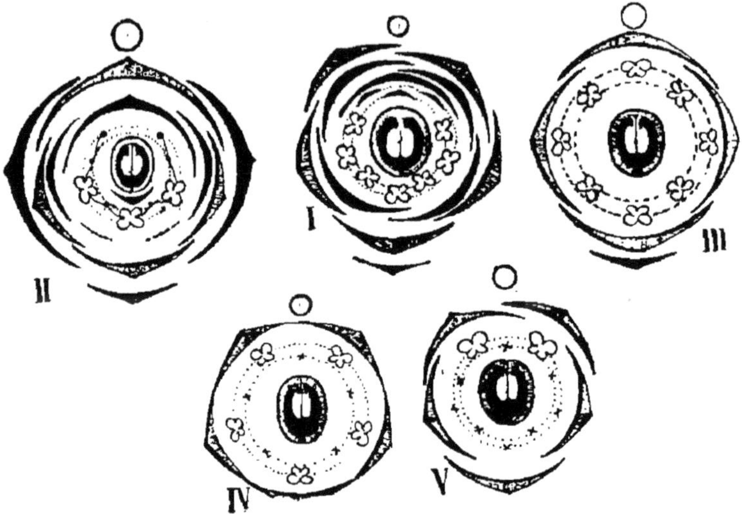

Fig. 417. — Diagramme de diverses Cassiées. — I. *Cassia Caroliniana.* — II. *Tamarindus indica.* — III. *Copaifera Langsdorffii.* — IV. *Ceratonia siliqua* (fleur supposée hermaphrodite). — V. *Dialium divaricatum.* (D'après les données d'Eichler.)

deux pétales antérieurs font défaut. L'étamine postérieure disparaît, et des neuf autres, dont les filets sont concrescents, *trois seulement sont fertiles,* celles opposées aux trois sépales antérieurs.

Copaifera L.; Ceratonia L. — *La corolle manque tout à fait* dans d'autres genres, les *Ceratonia* (iv) et les *Copaifera* (iii), par exemple. En outre, chez les *Ceratonia, les fleurs sont dioïques* et, dans la fleur mâle, *les étamines du verticille externe sont seules développées. La graine est pourvue d'un arille vrai.*

Dialium L. — Enfin les *Dialium* (v) ne possèdent plus *que deux* étamines, et leur gousse est remplacée par *une sorte de drupe* (1).

(1) Sous le nom de **SWARTZIÉES**, on range quelquefois (De Candolle, Le Maout, etc.), dans une Sous-Famille distincte, les Légumineuses à corolle subpapilionacée, dont le fruit est indéhiscent, parfois drupacé, à graines sans albumen.

CÉSALPINIÉES (CASSIÉES).

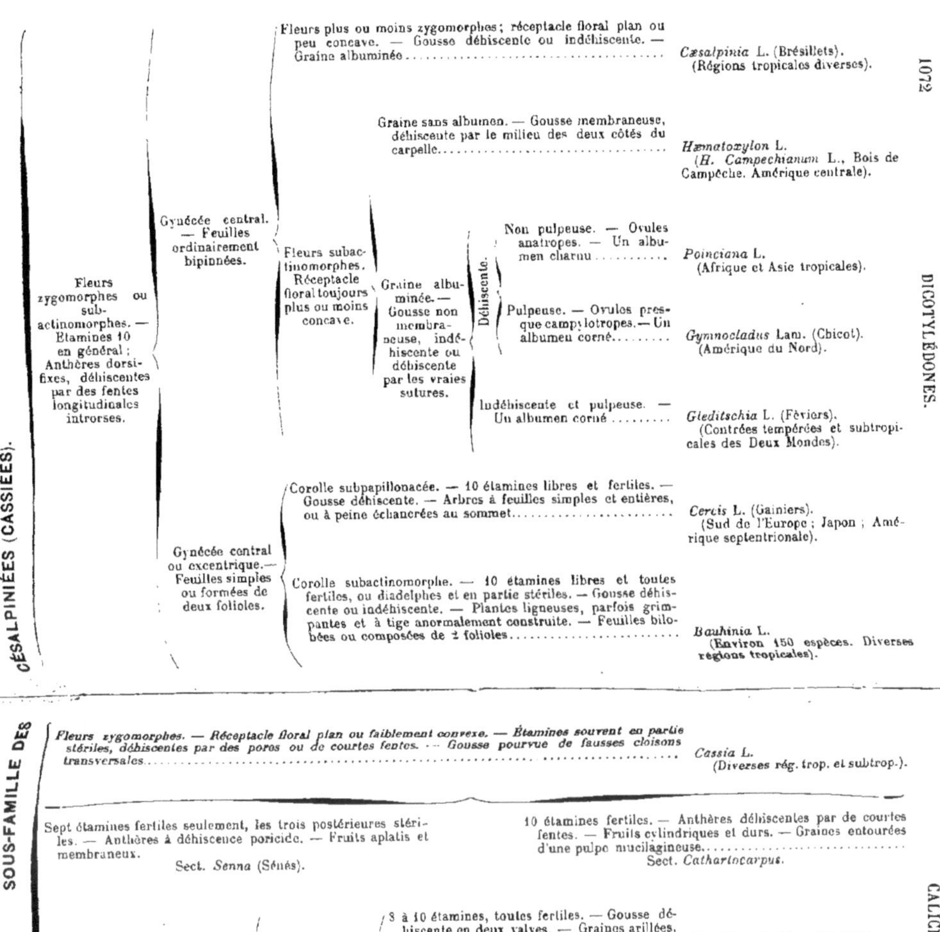

Fleurs zygomorphes ou subactinomorphes. — Étamines 10 en général ; Anthères dorsifixes, déhiscentes par des fentes longitudinales introrses.

Gynécée central. — Feuilles ordinairement bipinnées.

- Fleurs plus ou moins zygomorphes; réceptacle floral plan ou peu concave. — Gousse déhiscente ou indéhiscente. — Graine albuminée.................................... *Cæsalpinia* L. (Brésillets). (Régions tropicales diverses).

Fleurs subactinomorphes. Réceptacle floral toujours plus ou moins concave.

- Graine sans albumen. — Gousse membraneuse, déhiscente par le milieu des deux côtés du carpelle.................................... *Hæmatoxylon* L. (H. Campechianum L., Bois de Campêche. Amérique centrale).

Graine albuminée. — Gousse non membraneuse, indéhiscente ou déhiscente par les vraies sutures.

Déhiscente.

- Non pulpeuse. — Ovules anatropes. — Un albumen charnu............ *Poinciana* L. (Afrique et Asie tropicales).
- Pulpeuse. — Ovules presque campylotropes.— Un albumen corné........ *Gymnocladus* Lam. (Chicot). (Amérique du Nord).
- Indéhiscente et pulpeuse. — Un albumen corné.......... *Gleditschia* L. (Féviers). (Contrées tempérées et subtropicales des Deux Mondes).

Gynécée central ou excentrique.— Feuilles simples ou formées de deux folioles.

- Corolle subpapilonacée. — 10 étamines libres et fertiles. — Gousse déhiscente. — Arbres à feuilles simples et entières, ou à peine échancrées au sommet........................ *Cercis* L. (Gainiers). (Sud de l'Europe ; Japon ; Amérique septentrionale).
- Corolle subactinomorphe. — 10 étamines libres et toutes fertiles, ou diadelphes et en partie stériles. — Gousse déhiscente ou indéhiscente. — Plantes ligneuses, parfois grimpantes et à tige anormalement construite. — Feuilles bilobées ou composées de 2 folioles........................ *Bauhinia* L. (Environ 150 espèces. Diverses régions tropicales).

SOUS-FAMILLE DES

Fleurs zygomorphes. — Réceptacle floral plan ou faiblement convexe. — Étamines souvent en partie stériles, déhiscentes par des pores ou de courtes fentes. — Gousse pourvue de fausses cloisons transversales.................................... *Cassia* L. (Diverses rég. trop. et subtrop.).

Sept étamines fertiles seulement, les trois postérieures stériles. — Anthères à déhiscence poricide. — Fruits aplatis et membraneux.
Sect. *Senna* (Sénés).

10 étamines fertiles. — Anthères déhiscentes par de courtes fentes. — Fruits cylindriques et durs. — Graines entourées d'une pulpe mucilagineuse....................
Sect. *Catharlocarpus.*

Fleurs plus ou moins actinomorphes, pourvues d'un réceptacle petit, convexe, plan ou peu concave. — Corolle nulle ou très réduite. — Étamines 2-10, basifixes ou versatiles, à déhiscence longitudinale. Feuilles pari- ou imparipennées au 1er degré.

Fleurs ordinairement hermaphrodites.

Calice en apparence formé de 4 sépales, par suite de la fusion des deux postérieurs.

- 3 à 10 étamines, toutes fertiles. — Gousse déhiscente en deux valves. — Graines arillées, sans albumen.................... *Copaifera* L. (Copaïba Mill.). (Amérique et Afrique tropicales).
- 10 étamines fertiles. — Fruit drupacé, indéhiscent. — Graine sans arille ni albumen... *Detarium* Juss. (Afrique tropicale).

- Calice à 4 ou 5 pièces. — Corolle nulle ou représentée seulement par le pétale postérieur. — Deux étamines seulement. — Fruit indéhiscent, plus ou moins charnu. — Graine albuminée....... *Dialium* L. (Régions tropicales des deux Mondes).

Fleurs dioïques. — Calice à 5 sépales distincts; corolle nulle. — Étamines fertiles 5, oppositisépales ; anthères introrses, dorsifixes. — Fruit indéhiscent, allongé, pulpeux. — Graines avec albumen corné.................... *Ceratonia* L. (Caroubier). (Région méditerranéenne).

Fleurs zygomorphes, à réceptacle profondément tubuleux. — Calice à 4 pièces (par fusion des deux sépales postérieurs). Corolle réduite aux trois pétales postérieurs. — Étamines 9 (par avortement de la postérieure), monadelphes, 3 seulement fertiles. — Gousse pulpeuse indéhiscente............ *Tamarindus* L. (Tamarin). (T. indica L. originaire d'Afrique).

Affinités. — *La fleur ordinairement moins zygomorphe; la corolle à préfloraison ascendante; la présence ordinaire de 10 étamines indépendantes; l'anatropie générale des ovules*, constituent les caractères distinctifs des Césalpiniées à l'égard des Papilionacées.

En outre, les Césalpiniées sont des plantes à peu près toujours

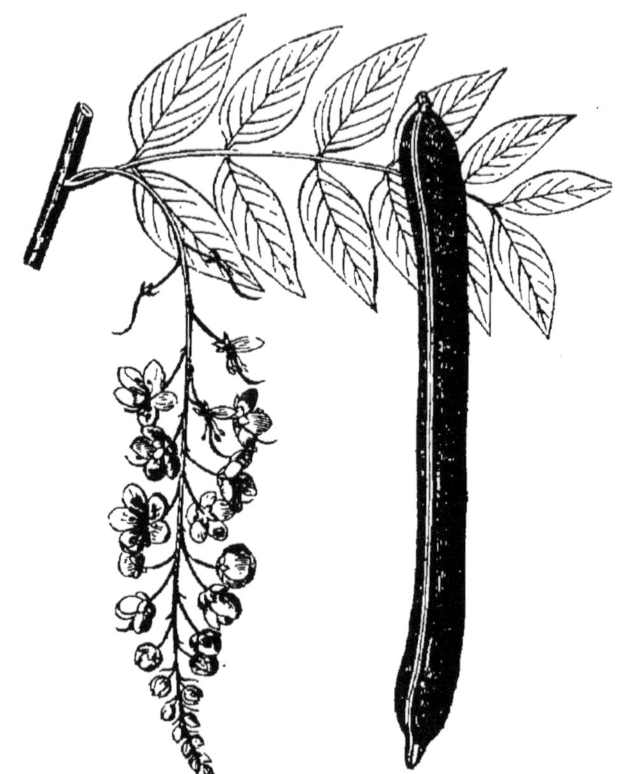

Fig. 418. — Casse des boutiques (*Cassia Fistula*, L.).

ligneuses dont les feuilles sont sans vrilles. — La graine, quelquefois arillée, montre assez souvent un albumen abondant.

Distribution géographique. — Ces plantes sont particulièrement abondantes sous les tropiques, surtout dans l'Amérique du Sud. Les *Cercis*, *Gleditschia*, *Ceratonia* sont représentés en Europe; mais, dans l'Ancien Continent, les Césalpiniées s'avancent à peine au delà du Cancer.

Propriétés générales. Plantes importantes. — Les substances contenues dans ces végétaux sont très diverses. Cependant, d'après

Lindley, les Césalpiniées seraient surtout laxatives, et c'est à ce titre que l'on emploie un certain nombre d'entre elles.

La *Casse des boutiques* est le fruit du *Cassia Fistula* L. (*Cathartocarpus Fistula* Pers.) (1) (fig. 418), originaire d'Afrique, mais naturalisé dans l'Amérique tropicale. On en utilise la pulpe.

Fig. 419. — Tamarin.

La *petite Casse d'Amérique* est fournie, dans la Nouvelle-Grenade, par le *C. moschata* H. B. K. On utilise aussi la pulpe, plus astringente et plus amère, du *C. grandis* Jacq. (Brésil, Guyane et Antilles).

On se sert souvent, dans les régions tropicales, comme succédané du Café, des semences du *C. occidentalis* L., qui ont été trouvées frauduleusement mêlées au vrai Café.

On emploie aussi, comme laxative, la pulpe du *Tamarindus indica* L. (fig. 419).

On désigne du nom de *Séné*, en matière médicale, les *folioles* et les fruits (improprement nommés *follicules*) d'un certain nombre de *Cassia*, espèces subdivisées elles-mêmes en plusieurs variétés.

Le *Séné de Tripoli* et, en grande partie, celui *d'Alexandrie* (ou de la Palte) sont fournis par le *C. lenitiva* Bischoff (var. α *obtusifolia;* var.β *acutifolia*) (fig. 420), qui croit dans la Haute Égypte, la Nubie, le Kordofan).

(1) *Bactyrilobium Fistula* Willd.

Le *Séné de l'Inde* (ou *de Tinnevely*) est fourni par le *Cassia medicinalis* Bisch. (*angustifolia* Wallich) var. β *Royleana* Bisch. La var. α *genuina* Bisch. donne le *Séné de la Mecque* ou d'Arabie, et la var. *Ehrenbergii* Bisch., le *Séné d'Alep*.

Fig. 420. — Séné (*Cassia lenitiva*, Bisch.).

Le *C. obovata* Colladon, propre aux mêmes régions que la première espèce, se trouvait autrefois souvent mêlé au Séné de la Palte. Il fournit, d'ailleurs, deux produits d'importance secondaire, le *Séné du Sénégal*, et le *Séné de Port-Royal* récolté en Amérique où la plante a été transportée.

Le *C. marylandica* L. est employé en Italie.

Sous le nom de *Graines de Bonduc*, on emploie comme tonique, fébrifuge, et comme remède contre l'hydrocèle, les semences des *Cæsalpinia Bonducella* Flem. (*Guilandina Bonducella* L.), arbuste grimpant et épineux des côtes des régions tropicales de l'Asie, de l'Afrique, de l'Australie, du Brésil et des Antilles. On en a retiré un principe amer, la *Bonducine*.

Grâce à leur richesse en tannin, les gousses du *Cæsalpinia Coriaria* Wild. (du Mexique et des Antilles) sont employées pour le tannage des peaux sous les noms de *Libidivi*, *Libidibi* ou *Nagascol*. Ces fruits sont indéhiscents, comprimés et diversement contournés.

On emploie dans l'industrie, sous le nom de *Bois de Campêche*, pour la teinture en noir et en bleu, le bois de l'*Hæmatoxylon Campechianum* L., qui croît dans les Antilles et l'Amérique Centrale. Ce bois contient un principe immédiat, l'*Hématoxyline*, qui, incolore et cristallin à l'état normal, se colore vivement en rouge foncé, puis en brun, sous l'influence de l'air en présence des alcalis. Le bois de Campêche est encore tonique et astringent.

Le *Bois du Brésil* est dû au *Cæsalpinia echinata* Lam. (*Guilandina echinata* Spreng.). Son principe colorant rouge, la *Brasiline*, a été extrait par Chevreul.

On lui substitue le bois de divers autres *Cæsalpinia*.

Le *bois d'Aloès vrai* est fourni par l'*Aloexylon Agallochum* Lour., de Cochinchine. Le bois d'Aloès ordinaire est dû à une Thyméléacée (V. p. 1030).

Diverses Césalpiniées fournissent des résines ou des oléo-résines :

Le *Trachylobium verrucosum* Klotsch et le *T. mosambicum* Klotsch fournissent, à Madagascar et sur la côte voisine d'Afrique, le *Copal dur* ou *Animé dur oriental*.

Fig. 421. — *Copaifera officinalis.*

Certains *Guibourtia*, et particulièrement le *G. copallifera* Bennet, de la-Sénégambie et de la Guinée, donnent le *Copal de la côte occidentale d'Afrique.*

L'*Animé tendre d'Amérique* (*Copal du Brésil* ou *de Cayenne*) découle de divers *Hymenæa* (les *H. Courbaril* L., *H. Candolleana* H. B. K., *H. latifolia* Hayn., etc.).

L'*Oléo-résine de Copahu* est fournie par divers *Copaifera* (1), dans le Nouveau Monde, depuis le Mexique jusqu'au Brésil. Les princi-

(1) Les *Copaifera* ne possèdent d'abord des canaux sécréteurs qu'au voisinage du péricycle, dans la région corticale des tiges ; mais la formation de ces canaux se propage bientôt dans le bois, qui en est enfin richement pourvu.

pales espèces sont : le *C. officinalis* Hayn. (fig. 421), qui fournit le *Baume du Vénézuéla ;* les *C. Langsdorfii* Desf. et *C. coriacea* Mart., qui donnent le *Baume de San Paulo,* etc. (1).

Les Césalpiniées renferment peu de plantes toxiques. Il convient cependant de mentionner l'*Erythrophlœum guineense* Don., de la côte occidentale d'Afrique, dont l'écorce (*Écorce de Mançone*) est employée comme poison d'épreuve. L'alcaloïde qu'elle contient, l'*Érythrophléine,* est un poison énergique du cœur.

SOUS-FAMILLE III. — MIMOSÉES.

Fleurs presque toujours actinomorphes. — Corolle à préfloraison valvaire (2). — Étamines en nombre égal à celui des pétales, double ou multiple, libres ou concrescentes. — Ovules anatropes. — Graines avec ou sans albumen.

Adenanthera ; Elephanthorhiza, etc. — Cette Sous-Famille est plus homogène que la precédente, et le diagramme type de la fleur diplostémonée (fig. 422, I) se trouve réalisé dans un assez grand nombre de genres (*Adenanthera, Elephantorhiza, Piptadenia,* etc.). Les *ovules* sont *anatropes, descendants,* et la *graine est albuminée.* Ce sont, d'ailleurs, des plantes ligneuses avec des *feuilles bipinnées, stipulées.* Leurs fleurs sont en *grappes serrées,* en *épis* ou en *capitules. Leur réceptacle est plus ou moins concave.*

Nous signalerons les principales divergences :

Neptunia Lour. — Les *Neptunia* (Amérique, Afrique, Asie tropicale) sont des herbes ou des sous-arbrisseaux aquatiques, à feuilles bipinnées. Les capitules sont flottants et portent des fleurs hermaphrodites au sommet, des fleurs neutres ou mâles à la base.

Parkia R.B. — Avec un diagramme semblable, les *Parkia* R. Br. se distinguent par leurs *fleurs polygames, leur calice imbriqué,* légèrement zygomorphe (les sépales antérieurs étant les plus développés), et *leurs inflorescences spéciales* (V. le tableau).

Mimosa L. — Chez les *Mimosa* L., les fleurs, parfois polygames, sont *5-mères, ou souvent 4-mères, isostémonées (3) ou diplostémonées. Le calice*

(1) Dans l'Inde, on substitue au Copahu le *Baume de Gurjun,* qui est produit par des *Dipterocarpus* (V. p. 789). On se sert aussi, dans le même but, de l'oléo-résine que l'on retire, à l'aide d'incisions profondes, du bois de l'*Hardwickia pinnata* Rxb., qui appartient à un genre voisin des *Copaifera.*

(2) L'orientation du calice et de la corolle, telle que nous l'avons observée chez les Papilionacées et les Cassiées, orientation inverse de celle du périanthe des Rosacées, n'est plus réalisée dans la fleur pentamère des Mimosées (V. le diagramme I).

(3) C'est alors le verticille staminal externe qui est représenté.

et la corolle sont à préfloraison valvaire. La gousse est étranglée de façon

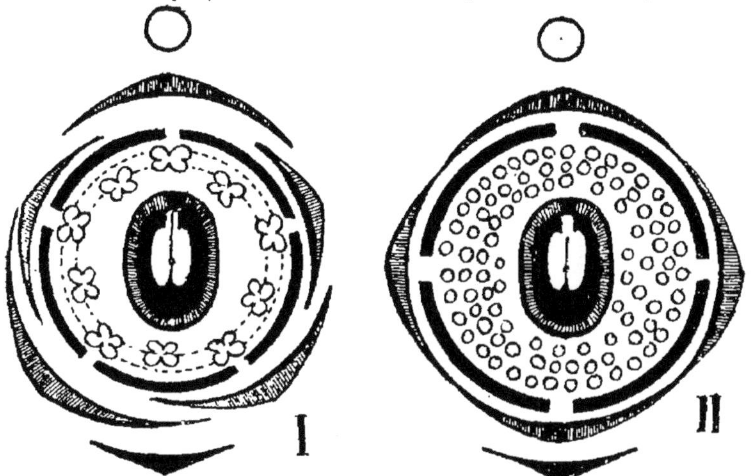

Fig. 422. — I. Diagramme d'*Adenanthera*. — II. Diagramme d'un *Acacia*
(*A. latifolia* Desf.). (D'après Eichler.)

à *former des articles monospermes*, parfois séparables, et laissant alors en place les deux sutures sous la forme de cordons fibreux.

Acacia L. — Chez les *Acacia* (fig. 422, II, et 423), les *étamines* sont libres (*Acacia* proprement dits) ou monadelphes (*Albizzia*), mais *toujours nombreuses*. Ce sont des plantes parfois pourvues d'épines de nature axile, et de feuilles bipinnées qui tendent souvent à la phyllodinisation (V. p. 69). Le réceptacle floral est légèrement concave, plan ou un peu convexe.

Inga Wild. — Le fruit est assez variable chez les *Acacia*; il est tétragone, coriace, à peine déhiscent, chez les *Inga* Willd., qui ont des feuilles simples.

Affonsea W. ; **Archidendron** F. Müll. — Enfin, les *Affonsea* Willd., du Brésil, et l'*Archidendron Vaillanti* F. Müller, de l'Australie, nous offrent le singulier exemple de Légumineuses *dont le gynécée est composé par plusieurs carpelles.*

Fig. 423. — *Acacia nilotica.*

SOUS-FAMILLE DES MIMOSÉES.

Fleurs 5-mères, diplostémonées. — Calice valvaire ou imbriqué, à sépales égaux ou inégaux.

Calice à préfloraison imbriquée. Sépales égaux.

Calice à préfloraison imbriquée, les sépales antérieurs plus grands (tendance à la zygomorphie). — Fleurs polygames, en capitules pyriformes dont le sommet est occupé par des fleurs hermaphrodites, la base par des fleurs mâles ou neutres .... *Parkia* R. Br. (Diverses régions tropicales).

Fleurs hermaphrodites, en grappes, épis ou capitules. — Plantes terrestres................ *Adenanthera* L. (Asie tropicale).

Fleurs polygames en capitules, les hermaphrodites au sommet, les fleurs neutres ou mâles à la base. — Plantes aquatiques...... .... *Neptunia* Lour. (Contrées tropicales. Nouveau et Ancien Continents).

Fleurs 5-mères ou 4-mères, isostémonées ou diplostémonées. — Calice toujours valvaire et régulier. — Gousse articulée................................ *Mimosa* L. (Contrées tropicales des deux Mondes, surtout de l'Amérique).

Fleurs 5-mères, plus rar.t 4-3-mères. — Calice régulier et valvaire. — Étamines nombreuses, libres, monadelphes ou polyadelphes.

Un seul carpelle au gynécée.

Feuilles bipinnées ou plus ou moins complètement transformées en phyllodes. — Structure du fruit variable.

  Étamines libres.. *Acacia* Willd. (Diverses régions tropicales).

  Étamines nombreuses, monadelphes....... *Albizzia* Duraz.

Feuilles simples. — Étamines nombreuses, monadelphes. — Fruits coriaces, à peine déhiscents........................ *Inga* Willd. (Régions tropicales des deux Continents).

Plus d'un carpelle au gynécée.

5 carpelles à l'ovaire, formant un fruit pluriloculaire. — Étamines nombreuses, monadelphes........................ *Affonsea* St-Hil. (Brésil).

Nombre des carpelles pouvant s'élever à 15................................ *Archidendron* F. V. Müller. (Asie tropicale).

Distribution géographique. -- Les Mimosées sont des plantes essentiellement tropicales, et ne dépassent guère le 40° de latitude de part et d'autre de l'Équateur. Les trois quarts des espèces du genre *Acacia* habitent l'Australie et les îles avoisinantes; les autres sont répandues dans l'Afrique tropicale et l'Afrique australe.

Propriétés générales. Plantes importantes. — La plupart des Mimosées sont des plantes plus ou moins riches en tannin. Certains *Acacias* fournissent des gommes dans lesquelles domine l'*Arabine* (1).

Les *Acacias* à gomme sont presque tous africains.

L'*A. Vereck* Guill. et Perr. (*A. Senegal* Willd.), qui croît depuis le Sénégal jusqu'à la vallée du Nil, et abonde surtout dans la Nubie et le Kordofan, fournit en grande partie la *Gomme du Sénégal*.

L'*A. arabica* Willd. (*A. nilotica* Desf.), qui croît en Afrique et dans l'Inde, fournit une partie de la *Gomme de l'Inde*.

L'*A. tortilis* Hayne (Égypte, Nubie, etc.) fournit en partie la *Gomme de Barbarie*.

L'*A. Seyal* Del., du Sud de la Nubie, donne un produit peu estimé.

La *Gomme d'Australie* est produite par diverses espèces (*A. dealbata* Link.; *A. decurrens* Willd.; *A. pycnantha* Benth., etc.).

On donne le nom de *Bablahs* aux fruits astringents des Acacias, et plus particulièrement à ceux de l'*A. arabica* Willd. var. *indica* (*Bablahs de l'Inde*), var. *vera* (*Bablah d'Égypte*) et var. *tomentosa* (2) (*Bablahs du Sénégal*).

Le *Cachou* le plus communément employé est obtenu par la décoction du bois de l'*A. Catechu* Willd., qui croît dans l'Asie tropicale, et dont les fleurs sont en épis allongés (fig. 424).

L'*Écorce* anthelmintique *de Mussénu* est fournie par l'*A. anthelmintica* A. Brong., de l'Abyssinie.

Sous le nom d'*Écorce de Barbatimao*, on désigne deux écorces astringentes fournies, l'une par le *Pithecolobium* (*Inga* Endl.) *Avaremontemo*

(1) De nombreux travaux ont été publiés sur le mode de production de la Gomme; l'espace nous manque pour en parler ici. Il nous suffira de dire que c'est là un phénomène pathologique qui consiste en une transformation des éléments histologiques des tissus, transformation qui en amène tout naturellement la destruction. Chez les *Acacia*, c'est dans le péricycle et l'écorce qu'apparaissent les lacunes à gomme; elles se montrent dans les couches extérieures du bois chez nos arbres fruitiers (Cerisier, Abricotier, etc.).

2) *A. Adansonii* Guill. et Per.

Mart., l'autre par le *Stryphnodendron* (*Inga* Endl.) *Barbatimao* Mart.
Elles sont employées au Brésil.

Beaucoup d'autres produits moins importants, bois, fruits, graines, etc.,
sont dus à des plantes de la même Sous-Famille.

Enfin, plusieurs Mimosées sont cultivées dans nos serres comme

Fig. 424. — *Acacia Catechu.*

plantes ornementales. Tel est surtout l'*Acacia Farnesiana* W., du Nord
de l'Afrique, où elle est utilisée en médecine par les Arabes.

Caractères généraux des Légumineuses.

Plantes de toute grandeur et de port très varié. — *Feuilles* toujours alternes, simples ou souvent composées-pennées ou digitées,
parfois munies de *vrilles* (folioles transformées) ou, ailleurs,
plus ou moins complètement développées en phyllodes. Presque
toujours des *stipules*.

Inflorescences variées : grappe, corymbe, épi, capitule, etc., rarement fleur solitaire.

Fleurs ordinairement hermaphrodites, complètes (plus rarement
unisexuées ou apétales), pentamères, hypogynes ou plus ou moins
périgynes, zygomorphes, subactinomorphes ou actinomorphes.

Calice gamosépale, à lobes diversement imbriqués ou valvaires,
persistant.

Pétales libres ou plus rarement concrescents, formant une *corolle* papilionacée à préfloraison descendante, ou subpapilionacée et à préfloraison ascendante, ou enfin régulière et à préfloraison valvaire.

Androcée ordinairement diplostémoné, rarement étamines plus nombreuses ou en nombre moindre, libres, diadelphes suivant le type 1/9, ou monadelphes. *Anthères* introrses, biloculaires, à déhiscence longitudinale ou, plus rarement, poricide.

Gynécée presque toujours constitué par un seul *carpelle* antérieur, formant un *ovaire* uniloculaire. *Ovules* anatropes ou plus ou moins campylotropes, insérés contre la suture ventrale, ordinairement bisériés. *Style* et *stigmate* simples.

Fruit : presque toujours gousse déhiscente en deux valves; plus rarement gousse indéhiscente, articulée ou non. — Parfois des fausses cloisons, transversales ou longitudinales. — Rarement fruit drupacé indéhiscent.

Graine quelquefois *arillée*, sans *albumen* ou, plus rarement, albuminée. — *Embryon* droit; *cotylédons* plus ou moins charnus.

La structure de l'ovaire et la nature du fruit constituent évidemment les caractères les plus constants de la famille.

LÉGUMINEUSES	Corolle papilionacée, à préfloraison descendante. — Étamines 10, diadelphes, monadelphes ou libres. — Ovules campylotropes	**SOUS-FAMILLE I. — PAPILIONACÉES.**
	Corolle zygomorphe ou subactinomorphe, à préfloraison ascendante. — Étamines ordinairement 10, indépendantes, plus rarement soudées. — Ovules anatropes. ...	**SOUS-FAMILLE II. — CÉSALPINIÉES.**
	Corolle actinomorphe à préfloraison valvaire. — Étamines en nombre rarement simple, ordinairement double ou multiple. — Ovules anatropes	**SOUS-FAMILLE III. — MIMOSÉES.**

On rattache, avec beaucoup de doute, aux Légumineuses les deux petites familles des **MORINGACÉES** et des **KRAMÉRIACÉES**, dont les affinités sont très obscures.

GROUPE DES MORINGACÉES

Caractères. — Les Moringacées ne sont représentées que par les *Moringa* Juss., dont on connait trois espèces, de l'Afrique et des Indes.

Ce sont de *grands arbres* (fig. 425), dont les *feuilles composées impari-pinnées*, à folioles très caduques, *sont alternes et sans stipules*, mais pourvues quelquefois de glandes à la base du pétiole commun et des folioles (1).

Les *fleurs* sont *grandes*, blanches ou rouges, et *groupées en panicules axillaires*. Elles sont *hermaphrodites*, *zygomorphes*, pourvues d'un *réceptacle concave*, glanduleux en dedans.

Le *calice* forme 5 *lanières réfléchies* après l'anthèse, à *préfloraison quinconciale*.

La *corolle* consiste en 5 *pétales* un peu inégaux, l'antérieur étant seul étalé, les autres plus ou moins réfléchis. *Leur préfloraison est imbriquée.*

L'*androcée* est formé par *10 étamines en 2 verticilles*, à *filets libres à la base et au sommet*, *soudés au-dessus de leur milieu*, un peu inégaux, l'étamine opposée au pétale étalé étant la plus grande. Elles sont *rarement toutes fertiles*, celles opposées aux sépales demeurant souvent privées d'anthères. *Anthères fertiles uniloculaires, dorsifixes et introrses, déhiscentes par des fentes longitudinales.*

L'*ovaire*, inséré sur un court gynophore, *est tricarpellé, uniloculaire*, et porte, sur ses *trois placentas pariétaux*, de *nombreux ovules bisériés, anatropes, descendants, épitropes. Style simple et grêle*, un peu épaissi au sommet.

Le *fruit* oblong *figure une gousse trigone ou hexagonale*, déhiscente *en 3 valves médioplacentifères*.

Fig. 425. — Noix de Ben ailée (*Moringa Pterigosperma* Guertin).

Les *graines* s'y montrent séparées les unes des autres par un tissu spongieux. Elles sont *grosses, trigones*, munies ou non de trois expansions aliformes. L'*embryon droit*, pourvu de *cotylédons charnus*, est *privé d'albumen*.

Affinités. — On a successivement rapproché ces plantes des Violacées (Lindley et Hooker), des Capparidacées (Grisebach, Baillon), des Légumineuses (Endlicher, Bentham, Decaisne), sans qu'on ait jamais pu justifier ces rapprochements par des motifs sérieux.

(1) Ces arbres montrent, dans leur écorce et leur moelle, des poches et des canaux d'origine lysigène, contenant de la gomme ou du mucilage.

La racine et les feuilles de ces plantes ont une saveur âcre, analogue à celle des Crucifères qui sont, comme on le sait, très voisines des Capparidacées (V. p. 748).

Usages. — On retire de la *Noix de Ben* (semence du *Moringa oleifera* Lam.; *M. aptera* Gaertn.) une huile très douce et difficilement congelable, purgative, l'*Huile de Ben*. Mais ce produit n'est utilisé que dans l'industrie, surtout par les horlogers, et pour l'extraction des essences délicates.

L'espèce précédente croît dans l'Inde. Le *M. Pterygosperma* Gaertn., des Moluques, de la Cochinchine, de l'Inde, des Antilles, etc., fournit la *Noix de Ben ailée*, que caractérise la présence de trois expansions aliformes.

GROUPE DES KRAMÉRIACÉES

Cette petite famille se compose du seul genre *Krameria*, tout entier cantonné dans l'Amérique tropicale.

Description du Krameria triandra R. et P. — Cette plante, origine du *Ratanhia du Pérou*, est un *petit arbrisseau* (fig. 426) pourvu de *feuilles alternes*, *simples*, oblongues et entières, couvertes de poils soyeux, *sans stipules*.

Les *fleurs* (fig. 427) pédonculées, accompagnées chacune de *deux bractéoles* et réunies en courtes *grappes terminales*, sont *hermaphrodites*, *zygomorphes*, *résupinées* (1); leur insertion est nettement *hypogyne*.

Le *calice* est formé par *quatre sépales* (Sp, Sl et Sa, en I et II) à *préfloraison imbriquée*, l'un antérieur, plus grand que les deux latéraux qui sont enveloppés par lui. Le sépale postérieur (Sp)

Fig. 426. — Ratanhia.

embrasse lui-même le bord de ces deux derniers (Sl); il est diamétralement opposé au sépale antérieur (Sa), dont les deux bords le recouvrent en partie dans le bouton.

(1) V. p. 517 (aux Orchidacées) et 753 (Violacées).

La *corolle* n'est représentée que par *deux petites folioles postérieu-res* (P, P), concrescentes par la base. Cependant, en avant de l ovaire, se trouvent deux *glandes volumineuses* (P', P'), considérées par certains auteurs, Eichler en particulier (1), comme représentant

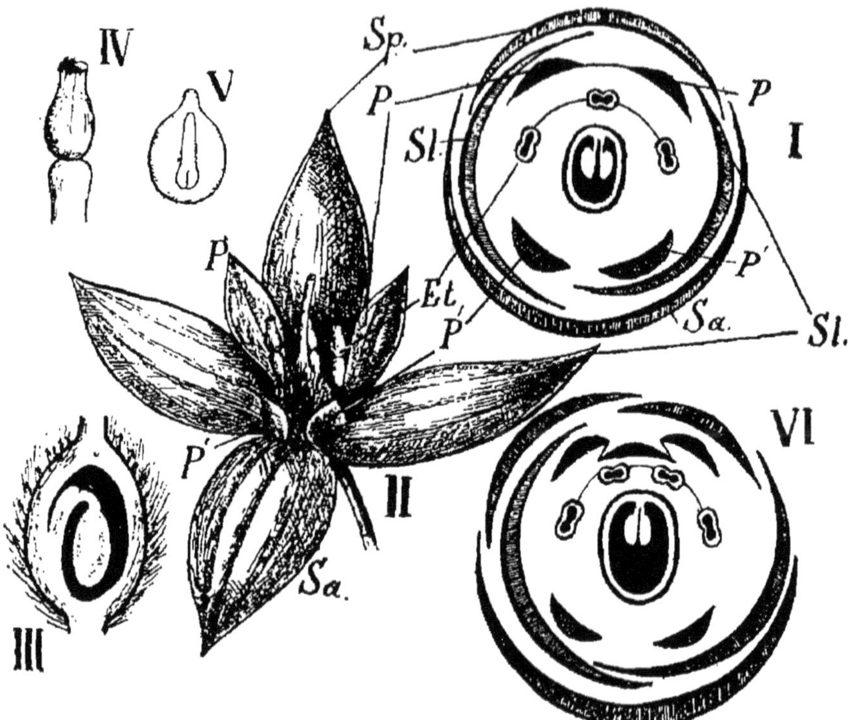

Fig. 427. — Structure florale des *Krameria*. — I et II. Diagramme et fleur entière de *K. triandra* R. et Pav.—*Sp, Sl, Sa,* sépales antérieur, latéraux et postérieur; P, pétales; P', glandes; *Et,* étamines. — III. Ovaire en coupe longitudinale. — IV. Une anthère déhiscente. — V. Graine en coupe longitudinale. — VI. Diagramme du *K. secundiflora* (le *K. tomentosa* a le même diagramme, mais les deux sépales postérieurs y sont remplacés, comme en I, par une pièce unique). (D'après les données d'Eichler, Berg et Schmidt, Taubert, etc.) (Courchet).

les deux pétales antérieurs d'une corolle pentamère, dont la pièce médiane postérieure aurait avorté.

L'*androcée*, qui occupe la partie postérieure de la fleur, est représenté par *trois étamines* (Et), deux latérales et une médiane postérieure un peu plus courte; toutes sont *libres ou faiblement unies à leur base. Les anthères sont basifixes* (IV), *à deux loges latérales, déhiscentes au sommet par un pore* en forme d'entonnoir, à bords déchiquetés.

(1) Eichler, *Bluthendiagrammen*, t. II, p. 522.

Le *gynécée* (III) est formé par *un seul carpelle*. L'ovaire *uniloculaire* qu'il constitue porte, sur *un placenta postérieur* plus ou moins saillant, *deux ovules anatropes, pendants, à micropyle extérieur*. — *Le style est terminal*, allongé et creux, *à peine renflé en stigmate* vers le sommet.

Le *fruit* est à peu près globuleux, *indéhiscent, hérissé d'aiguillons raides*, dont l'extrémité est pourvue de pointes réfléchies.

Il ne renferme généralement qu'*une graine*, dans laquelle se trouve *un embryon* (V) *à cotylédons larges, plan-convexes*, se *prolongeant* en forme d'étui à la base de la radicule.

Autour de l'embryon existe un *albumen charnu*.

Autres espèces. — Chez le *K. tomentosa* A. S. H. (1), *un petit pétale impair* se montre embrassé par les deux pétales postérieurs. En outre, 4 *étamines* existent ici en alternance avec ces trois pétales, les deux antérieures étant plus longues. — Un androcée semblable s'observe chez le *K. argentea* Mart.

Chez le *K. secundiflora* DC (VI), la fleur est également *tétrandre* et pourvue de *trois pétales;* de plus, la pièce calicinale postérieure des autres espèces est remplacée par *deux sépales distincts*.

Tout paraît donc démontrer que la fleur des *Krameria* est typiquement 5-mère, et que cette symétrie s'y trouve simplement masquée par des avortements ou des concrescences.

Quelques espèces ont des feuilles trifoliolées.

Affinités. — Le rapprochement, admis par un bon nombre de botanistes, des *Krameria* et des Légumineuses-Césalpiniées, est assez naturel (souvent même disposition du calice et de la corolle, même tendance de certains pétales à se transformer en corps glanduleux; déhiscence poricide des anthères chez les *Cassia* de la section *Senna*). — Les *Krameria* ont, il est vrai, une insertion franchement hypogyne ; mais ce caractère différentiel est de valeur secondaire, car, chez les Césalpiniées, la forme du réceptacle est loin d'être constante. Rappelons enfin que certains *Krameria* ont, comme beaucoup de Légumineuses, des feuilles composées.

L'adjonction des Kramériacées aux Polygalacées, à titre de sous-famille, est beaucoup moins fondée.

Propriétés générales. Plantes importantes. — Les *Krameria* se

---

(1) *K. Ixina*, var. *Granatensis* Triana. Origine du *Ratanhia de la Nouvelle-Grenade*.

font surtout remarquer par leur astringence, et par la matière colorante rouge contenue dans leurs racines.

Le tannin que renferment ces dernières (*Acide Ratanhia-tannique*) se dédouble, sous l'influence des acides, en *Rouge kramérique* et en sucre.

Les principales espèces sont les suivantes :

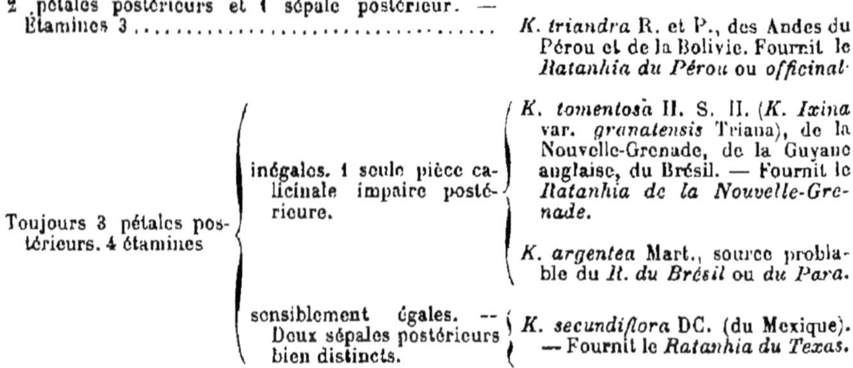

ORDRE DES HYSTÉROPHYTES
(*Appendice à l'ordre des Caliciflores.*)

A l'exemple d'Eichler, nous rangeons, dans cet ordre spécial, un certain nombre de familles qui ont entre elles des points de ressemblance, mais que l'on ne peut naturellement rattacher à aucun autre groupe de Dicotylédones. Les Hystérophytes constituent donc, dans la classification adoptée ici, une sorte d'appendice aux ordres que nous venons d'étudier.

Leur parasitisme ou demi-parasitisme ordinaire, leurs fleurs dont le périanthe est simple et l'insertion presque toujours périgyne, constituent leurs seuls caractères communs importants.

A cet ordre se rattachent les ARISTOLOCHIACÉES, les RAFLÉSIACÉES dont on peut rapprocher les CYTINÉES (1), les SANTALACÉES, les BALANOPHORACÉES et les LORANTHACÉES. Trois d'entre elles seulement seront étudiées.

Ces familles, ainsi que les PROTÉACÉES que nous étudierons à leur suite, font partie de la classe des Monochlamydées de De Candolle.

(1) Le *Cytinus Hypocistis* L., qui vit, dans le Midi, en parasite sur les racines des Cistes, était employé comme astringent et vulnéraire. Son suc desséché, astringent et acide, était désigné sous le nom de *Cytinet*.

ORDRE DES HYSTÉROPHYTES.

Plantes non parasites. Feuilles alternes, sans stipules. — Fleurs hermaphrodites, actinomorphes. —Etamines 6, 12, etc., libres ou soudées aux styles, presque toujours extorses. — Un disque épigyne. — Ovaire ordinairement infère, à 4-6 loges, avec nombreux ovules sur des placentas axiles. — Fruit capsulaire et déhiscent. — Graine albuminée, à raphé épaissi. .... **ARISTOLOCHIACÉES.**

Plantes le plus souvent parasites ou demi-parasites, et se nourrissant à l'aide de racines-suçoirs. — Etamines opposées aux sépales et en même nombre qu'eux ; anthères introrses. — Périanthe à préfloraison valvaire. — Ovaire infère, uniloculaire. — Fruit indéhiscent.

Feuilles alternes ou opposées. — Fleurs petites, actinomorphes, hermaphrodites ou diclines. — Anthères ordinairement 2-loculaires et à déhiscence longitudinale. — Ovules 3, pendants au sommet d'un funicule basilaire. — Style terminal. — Fruit drupacé (V. fig. 432 et 433). **SANTALACÉES.**

Feuilles opposées, parfois très réduites. — Fleurs ordinairement actinomorphes, hermaphrodites ou diclines. — Anthères biloculaires et à déhiscence longitudinale, ou uniloculaires et s'ouvrant transversalement, ou bien 4-loculaires ou pluriloculaires, chaque logette s'ouvrant par un pore. — Ovule basilaire et solitaire, réduit au nucelle ou même au sac embryonnaire. — Fruit baccien. — Graine pourvue d'un albumen qui se résorbe parfois peu à peu avant la germination (V. fig. 434 et 435). **LORANTHACÉES.**

FAMILLE I. — ARISTOLOCHIACÉES.

Description de l'Aristolochia Clematitis L. — L'*Aristoloche Clématite* (fig. 428) est une herbe vivace, très commune dans le midi de la France, au milieu des bois, dans les vignes et dans les cultures.

Elle possède un *rhizome traçant*, noueux, et *une tige dressée*, striée, d'une longueur de 4 à 5 décimètres. Les *feuilles alternes*, longuement pétiolées et *sans stipules*, ont un *limbe entier*, largement cordiforme, un peu coriace.

Les *fleurs* sont insérées deux ou trois ensemble à l'aisselle de certaines feuilles ; elles sont d'un jaune pâle, *hermaphrodites*, *zygomorphes*, *6-mères* (fig. 429) (1).

Le *périanthe, longuement tubuleux*, surmonte l'ovaire infère, et

---

(1) On trouve ordinairement, à l'aisselle des feuilles fertiles, trois bourgeons superposés en série, dont le plus élevé est purement végétatif, les deux autres se terminant chacun par une fleur, après avoir porté deux feuilles.

La disposition des fleurs est à peu près la même chez les autres espèces.

son bord entier se prolonge postérieurement en une languette (I et II, *Pér*), jaune au dehors, orangée en dedans (1).

L'androcée (*Ét*) *se compose de 6 anthères biloculaires et extrorses, presque sessiles sur un disque épigyne, concrescent lui-même avec le style* (*St*). Ce dernier est couronné par un *stigmate* (*Stig*) *à 6 lobes*, qui recouvrent chacun une étamine.

L'ovaire infère (*Ov*), qu'un étranglement sépare de la base du périanthe, est allongé, hexagonal, *à 6 loges qui alternent avec les étamines, contenant chacune, dans leur angle interne, une double série d'ovules anatropes, à raphé épaissi.*

Le *fruit* est une *capsule hexagonale* que surmonte la base marcescente du périanthe; *elle est 6-loculaire et s'ouvre, de bas en haut, en 6 valves par déhiscence septicide.*

Les *graines* sont *nombreuses* (IV), aplaties et horizontalement placées, convexes en dessous et concaves en dessus, *pourvues d'une crête charnue sur leur raphé. L'embryon est petit, placé vers l'extrémité micropylaire d'un abondant albumen charnu.*

Ce genre ne comprend pas moins de 180 espèces, répandues dans toutes les régions tempérées et tropicales. Il est représenté par cinq espèces en France.

Fig. 428. — Aristoloche Clématite.

Asarum T. — Le genre *Asarum* comprend 13 espèces, des régions tempérées septentrionales, dont une est indigène en France.

L'Asarum europæum L. ou *Cabaret d'Europe* (*Oreille d'Homme*) (fig. 431) croît dans les lieux ombragés du midi de la France et dans les Alpes. C'est une herbe toujours verte, pourvue de *feuilles réniformes* et obtuses, *longuement pétiolées*, insérées deux par deux

(1) La fécondation des Aristoloches par les insectes constitue l'un des phénomènes les plus curieux dans ce genre. (Voyez *Traité de Botanique* de M. Van Tieghem, p. 441 et suiv.)

à l'extrémité d'un *rhizome rampant*. Du point de réunion des feuilles, naît *une fleur*, portée sur un court pédoncule. *Elle est hermaphrodite et actinomorphe* (fig. 429, V).

Le *périanthe* est brun, campanulé, *persistant, à 3 divisions*. — Les *étamines sont au nombre de 12, extrorses, placées à la base de la co-*

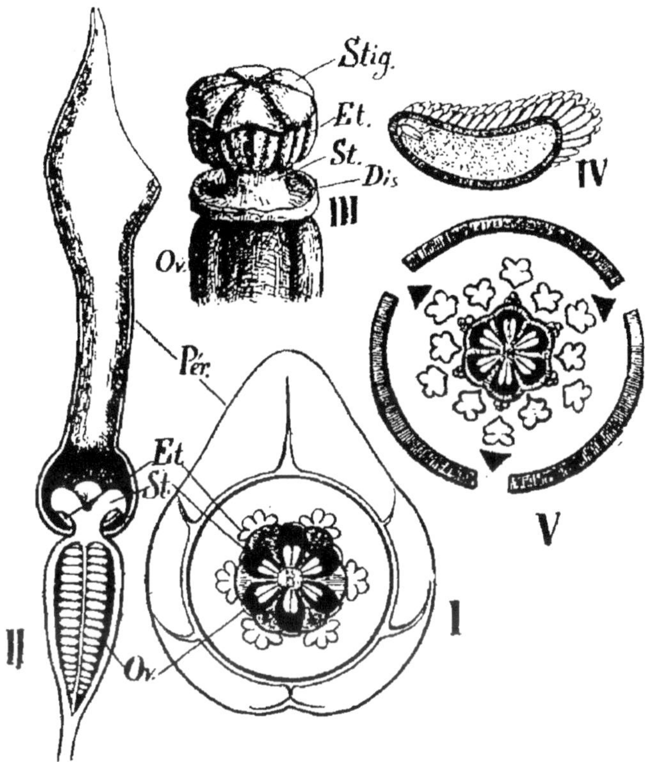

Fig. 429. — I et II. Diagramme et coupe longitudinale de la fleur de l'*Aristolochia Clematitis* L. : *Pér*, périanthe ; *Et*, étamines ; *St*, stigmates ; *Ov*, ovaire infère. — III. Sommet du pistil et androcée : *Stg*, stigmate ; *Et*, étamines ; *St*, style ; *Dis*, disque épigyne ; *Ov*, ovaire. — IV. Graine en section longitudinale. — V. Diagramme d'un *Asarum*. (Courchet. Diagrammes d'après Eichler et Lemaòut et Decaisne.)

lonne stylaire ; leur court filet se prolonge au-dessus de l'anthère en une languette. Elles sont de deux grandeurs et disposées *en deux verticilles*, les 6 extérieures étant plus courtes et superposées aux styles.

L'ovaire infère, plus court et plus large que chez les Aristoloches, *6-loculaire, est surmonté d'une colonne stylaire divisée en 6 lobes stigmatiques.*

Le fruit est une capsule à déhiscence irrégulière. Les *graines* sont *pourvues d'un raphé subéreux* et bosselé à la surface.

Caractères généraux. — *Plantes* herbacées ou ligneuses, ces dernières souvent grimpantes. — *Feuilles alternes*, ordinairement simples, *sans stipules*, quelquefois dimorphes (les unes écailleuses, les autres pourvues d'un limbe vert normal).

Fleurs hermaphrodites, solitaires ou bien en cymes, en grappes, en épis, etc., *actinomorphes ou zygomorphes*, de grandeur variable.

Périanthe simple, tantôt régulier, campanulé, à 3 divisions, tantôt zygomorphe, presque à deux lèvres ou ligulé, *marcescent ou persistant*.

Étamines le plus souvent au nombre de 6 ou 12 (rarement 5, 18, ou 36). *Filets* plus ou moins courts, *insérés à la base du style ou sur un disque épigyne, ou bien anthères sessiles et concrescentes avec le style. Anthères le plus souvent toutes extrorses* ou, parfois, les unes extrorses et les autres introrses (*Heterotropa*) (1).

Ovaire ordinairement infère, plus rarement à demi infère, *à 4-6 loges pluriovulées ;* le plus souvent allongé et grêle, plus court et plus large chez les *Asarum*.

Ovules anatropes, à raphé saillant, bisériés dans les ovaires à 6 loges, unisériés chez les *Bragantia*, dont l'ovaire est 4-loculaire.

Styles 3-6, concrescents à la base en une colonne parfois staminifère, divisée en lobes stigmatiques au sommet.

Fruit généralement couronnné par la base ou par la totalité du périanthe persistant ou marcescent, *à peu près toujours sec et capsulaire, à déhiscence irrégulière ou septicide.*

Graines ordinairement aplaties, à face supérieure concave, le plus souvent occupée par *un raphé épais et fongueux. Embryon petit, placé à l'une des extrémités d'un albumen charnu ou presque corné.*

<table>
<tr>
<td rowspan="2" style="writing-mode: vertical-lr">ARISTOLOCHIACÉES.</td>
<td>Périanthe actinomorphe, 3-mère, souvent accompagné par 3 languettes plus internes. — Étamines libres à la base de la colonne stylaire. — Fruit : capsule courte, à déhiscence irrégulière.............................

Tribu I. — Asarées.</td>
<td>Genre principal. *Asarum* L. (13 espèces. Régions tempérées de l'Hémisphère Nord).</td>
</tr>
<tr>
<td>Périanthe zygomorphe, tubuleux, à bord entier ou bilabié. — Anthères sessiles et concrescentes avec la colonne stylaire. — Capsule allongée, régulièrement septicide...

Tribu II. — Aristolochiées.</td>
<td>Genre principal. *Aristolochia* L. (Environ 180 espèces. Régions chaudes et tempérées en général).</td>
</tr>
</table>

(1) Genre très voisin des *Asarum*, dont il constitue, pour plusieurs auteurs, une simple section.

Considérations anatomiques. — Les racines et les tiges de beaucoup d'Aristolochiacées se distinguent par leurs faisceaux ligneux cunéiformes, séparés par de larges rayons médullaires, et souvent entaillés eux-mêmes extérieurement en éventail; dans chaque entaille pénètre un coin de parenchyme cortical. Ces faisceaux ligneux ne montrent point de zones concentriques; en dehors de chacun d'eux est un îlot de liber, coiffé par du péricycle sclérifié.

Les cristaux d'oxalate de chaux font ordinairement défaut, et on ne rencontre nulle part de canaux sécréteurs. Il n'existe pas non plus de poils glanduleux à la surface des organes, mais seulement des glandes à oléo-résine dans l'épiderme de certaines feuilles.

Affinités. — Les relations des Aristolochiacées avec les autres Dicotylédones sont très obscures ; leur port, leur structure florale, leurs caractères anatomiques en font un groupe tout à fait spécial. Il serait téméraire de vouloir les rapprocher étroitement d'une famille quelconque, et nous les laisserons provisoirement, avec Eichler, dans la division des *Hystérophytes*.

Distribution géographique. — L'Amérique tropicale constitue le principal centre de développement des Aristolochiacées. L'Asie tropicale et les contrées tempérées de l'Hémisphère Nord en renferment aussi ; mais elles y sont beaucoup plus rares. Elles sont assez bien représentées dans la région méditerranéenne. Elles font entièrement défaut au delà du Capricorne.

Propriétés générales. Plantes importantes. — Ces plantes possèdent, en général, une huile volatile, une résine âcre et amère et une matière extractive, auxquelles elles doivent leurs propriétés excitantes particulières, propriétés dont l'activité s'exerce spécialement sur l'appareil glandulaire.

Les espèces chez lesquelles dominent ces principes excitants ont été employées surtout comme emménagogues et antihystériques. Certaines espèces américaines sont réputées efficaces contre l'action du venin du Crotale.

On a réuni, sous le nom de *Serpentaires*, les Aristoloches américaines qui passent pour posséder cette dernière vertu.

La *Serpentaire vraie* est constituée par l'*Aristolochia Serpentaria* L. (*Serpentaire de Virginie*) (fig. 430), qui croît, aux États-Unis, depuis le Missouri et l'Indiana jusqu'à la Floride et la Virginie. Cette espèce appartient au groupe des Aristoloches à racines fibreuses. Elle fournit plusieurs variétés.

La *Fausse Serpentaire de Virginie* est l'*A. reticulata* Nutt., qui croît spécialement dans la Louisiane et l'Arkansas.

Dans ces plantes, on utilise le rhizome et les racines adventives qui en naissent contre les fièvres intermittentes et la dyspepsie.

Le rhizome de l'*A. Clematitis* L. agit comme stupéfiant. Cette plante est utilisée, en Angleterre, contre la goutte et le rhumatisme, et ses feuilles constituent un vulnéraire populaire.

A la section des Aristoloches à rhizome tuberculeux, appartiennent l'*A. longa* L. et l'*A. rotunda* (*Aristoloche longue* et *Aristoloche ronde*), de l'Europe méridionale et du Nord de l'Afrique. Le rhizome de la première est un stimulant usité contre le catarrhe chronique et l'asthme humide, celui de la seconde passe pour détersif et emménagogue.

On désigne, en Amérique, sous le

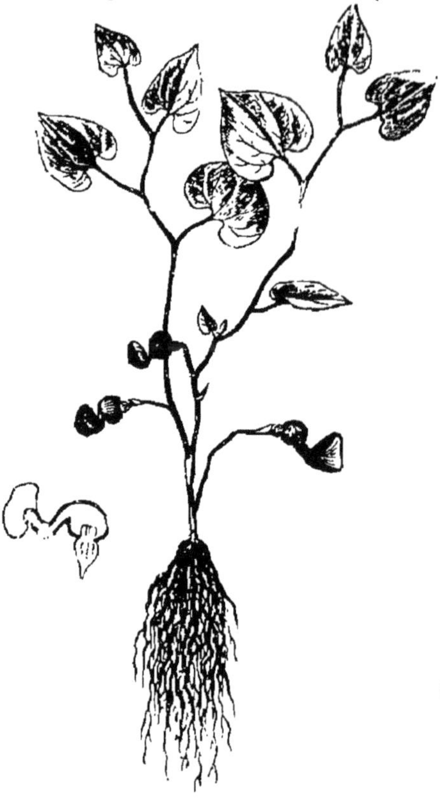

Fig. 430. — Serpentaire vraie de Virginie (*Aristolochia Serpentaria*).

Fig. 431. — Cabaret d'Europe (*Asarum europæum*).

nom de *Guakos*, des plantes qui sont considérées comme efficaces pour combattre le venin des serpents. Les uns sont des *Mikania*, Composées voisines des *Eupatorium* (v. plus loin), les autres des Aristoloches grimpantes à tige ligneuse. Tels sont, entre autres, les *A. cymbifera* Mart., *macroura* Gomez, *brasiliensis* Mart., etc. Ces plantes sont diurétiques, diaphorétiques et antiseptiques. La racine de l'*A. cymbifera* est souvent désignée, dans l'Amérique du Sud, sous le nom de *Milhomens*.

Le Cabaret d'Europe (*Asarum europæum* L.) (fig. 431) fournit à la matière médicale son rhizome éméto-cathartique. Il contient un stéaroptène (huile essentielle solide) ; un principe odorant cristallisé, l'*Asarine;* une matière grasse et un principe nauséeux.

Les feuilles de la même plante sont employées comme sternutatoires.

Les mêmes propriétés physiologiques sont attribuées à l'*A. canadense* L., de l'Amérique du Nord.

FAMILLE II. — SANTALACÉES.
(Voyez les caractères essentiels p. 1089.)

Cette famille n'est représentée, en France, que par deux genres : le genre *Osyris* (*Osyris alba* L.) et le genre *Thesium* (6 ou 7 espèces).

SANTALACÉES. — Généralement 3 ovules.

Ovaire infère ou demi-infère.

Ovaire infère (1). Périanthe gamosépale, plus ou moins urcéolé, dont la base est tapissée d'un tissu glanduleux. — Point de disque distinct. — Fleurs hermaphrodites. — Fruit sec. / Plantes à tiges herbacées, ou ligneuses seulement à la base, semi-parasites ..... *Thesium* L. (115 espèces. Zones tempérées) (fig. 432).

Tribu I. — Thésiées.

Ovaire infère ou demi-infère. — Pièces du périanthe libres au-dessus de l'ovaire ou très peu concrescentes à la base. — Un disque représenté par des glandes distinctes ou tapissant le tube du périanthe. — Fleurs hermaphrodites ou diclines. — Fruit charnu.

Fleurs dioïques, rarement hermaphrodites, 3-4-mères. — Ovaire infère. — Arbrisseaux demi-parasites, à feuilles alternes............ *Osyris* L. (6 espèces. Sud de l'Europe ; Afrique; Indes Orientales).

Fleurs hermaphrodites 4-5-mères. — Ovaire libre d'abord, puis soudé, jusqu'à un certain niveau, avec la paroi du réceptacle. — Arbrisseaux ou arbres demi - parasites, à feuilles le plus souvent opposées .... *Santalum* L. (8 à 9 espèces voisines. Indes Orientales ; Archipel Malais; Océanie et Australie) (fig. 433).

Tribu II. — Osyridées.

Ovaire supère, simplement entouré à sa base par le disque, ou légèrement concrescent avec le réceptacle. — Fleurs hermaphrodites ou unisexuées. — Ovule solitaire. — Fruit drupacé, ou rarement nucamenteux ....

Tribu III. — Anthobolées........ *Anthobolus, Exocarpus,* etc.

(1) L'ovaire des Santalacées doit être considéré comme formé par un nombre de carpelles égal à celui des pièces du périanthe, ouverts et concrescents bord à bord. Quant

Affinités. — On a rapproché les Santalacées de plusieurs familles, dispersées dans les divers ordres qui ont été jusqu'ici étudiés (Protéacées, Elæagnacées, Juglandacées, etc.). C'est avec les Loranthacées, dont la structure est encore plus simplifiée par le parasitisme, qu'elles montrent les rapports les plus étroits.

Distribution géographique. — Au nombre de 250 espèces environ, les Santalacées sont à peu près représentées dans toutes les contrées du globe. Les régions les moins riches en plantes de ce genre sont l'Afrique et l'Amérique tropicales.

Propriétés générales. Plantes importantes. — Les racines de l'*Osyris alba* et celles des *Thesium* sont astringentes; les feuilles de l'*Osyris nepalensis* sont usitées, au Népaul, en guise de Thé. On mange, dit-on, au Pérou, les graines du *Cervantesia tomentosa;* enfin

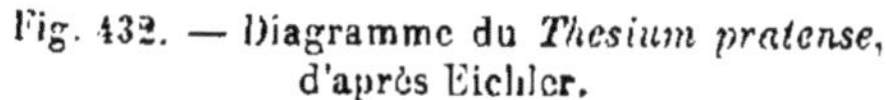

Fig. 432. — Diagramme du *Thesium pratense,* d'après Eichler.

Fig. 433. — Santal (*Santalum album*).

celles du *Pyrularia pubera*, plante des montagnes de la Caroline et de la Virginie, fournissent une huile comestible.

Le *Santalum album* Roxb. (fig. 433), est la plante la plus importante à connaître; il fournit le *Santal blanc*, bois aromatique très employé jadis en médecine, et dont on se sert encore pour en retirer l'essence. Le bois, connu dans le commerce sous le nom de *Santal citrin*, n'est très probablement que le même bois récolté sur des branches plus âgées.

au placenta central, il représente morphologiquement, pour certains botanistes, le sommet de l'axe floral (V. Eichler, *Blüthendiagr.*, t. II, p. 512) ; pour d'autres, tels que M. Van Tieghem, il serait formé, comme chez les Primulacées (V. plus loin), par la concrescence, au centre de la cavité ovarienne, d'appendices de nature ligulaire dépendant des carpelles.

FAMILLE III. — LORANTHACÉES.
(V. les caractères essentiels p. 1089).

Affinités. — Les Loranthacées ont d'étroits rapports avec les Santalacées dont elles représentent, en quelque sorte, des formes dégradées par leur parasitisme généralement plus complet.

Distribution géographique. — Cette famille, qui ne comprend pas moins de 500 espèces réparties en 21 genres distincts, est surtout représentée sous les tropiques.

Le *Viscum album* L. ou *Gui des Druides* (fig. 435), qui croît sur les Pommiers, les Poiriers, les Peupliers, etc., et rarement sur les Chênes, et le *V. Oxycedri* DC. du Genèvrier Cade, sont les seuls représentants de la famille en France. Le *Loranthus europæus* L. vit sur les Cupulifères, dans une partie de l'Europe.

Usages. — Les fruits du Gui renferment de la glu, de la cire, de la gomme,

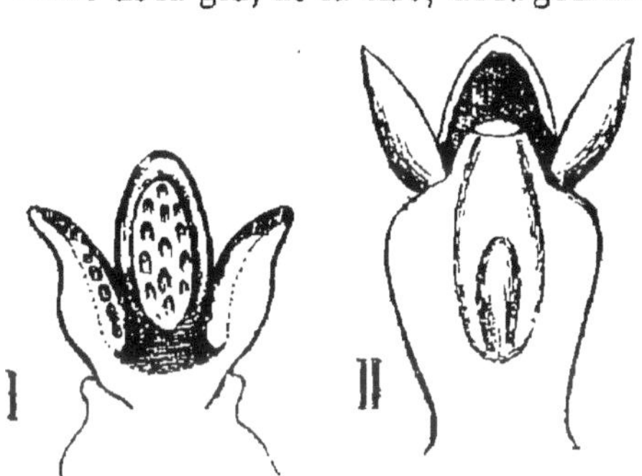

Fig. 434. — Fleur mâle (I) et fleur femelle (II) du Gui (*Viscum album* L.).

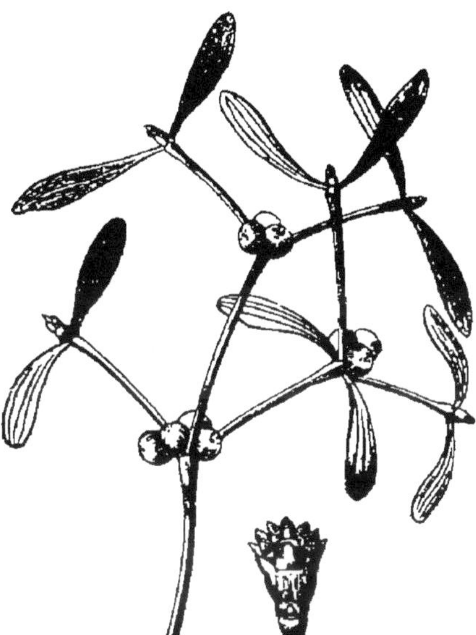

Fig. 435. — Gui (*Viscum album*).

de la chlorophylle, etc. On a retiré de son écorce une matière visqueuse et élastique, la *Viscine*.

On se sert encore de cette plante pour la préparation de la Glu. Mais elle jouissait autrefois d'une certaine réputation contre les maladies nerveuses, l'asthme et les fièvres intermittentes.

On emploie, au Cap, le *V. ethiopicum*.

Diverses espèces de *Loranthus* sont employées dans les pays chauds.

FAMILLE DES PROTÉACÉES.

Ces plantes, presque toutes propres à l'Hémisphère austral, ont des affinités très obscures, et ce n'est qu'avec le plus grand doute que nous les plaçons à la suite des Hystérophytes, à cause de leur périanthe simple et de leur ovaire uniloculaire. *Elles ne sont pas parasites.*

Leurs *feuilles, ordinairement alternes*, sont *coriaces, indivises, sans stipules.*

Leurs *fleurs*, ordinairement en grappes, *actinomorphes ou zygomorphes*, sont *hermaphrodites, 4-mères, à périanthe valvaire, hypogyne ou périgyne*, comme *l'androcée dont les membres sont opposés aux sépales. Anthères introrses, à déhiscence longitudinale*, biloculaires et libres, ou avec une seule loge fertile, et alors soudées entre elles.

Ovaire libre, unicarpellé et .uniloculaire; style terminal et stigmate simple ou bifide. — *Ovules généralement nombreux, suspendus et orthotropes, ou latéralement insérés, et alors amphitropes ou anatropes (apotropes).*

Fruit comprimé ou renflé, lisse, hérissé ou rugueux, etc., *nucamenteux ou drupacé, ou bien capsulaire ou folliculaire.*

Graines globuleuses ou ovoïdes, ou bien aplaties et ailées, sans albumen. Embryon droit.

Affinités. — Les Protéacées sont placées, suivant l'appréciation des auteurs, à côté de familles fort diverses : Lauracées, Elæagnacées, Daphnacées, Santalacées, etc. Leurs rapports semblent un peu plus étroits avec ces dernières, dont elles diffèrent surtout par *leur ovaire libre, la forme et le mode d'insertion des ovules beaucoup plus différenciés, leurs graines sans albumen*, etc.

Usages. — Les Protéacées renferment peu de plantes utiles. Leur bois, souvent très dur, peut être employé au chauffage et dans l'industrie. Tel est celui du *Grevillea robusta* A. Cunn., originaire d'Australie, et cultivé dans l'Algérie et le midi de la France, le *Knightia excelsa* R. Br., etc.

Beaucoup de Protéacées sont cultivées comme plantes ornementales.

Chez les Dicotylédones étudiées jusqu'ici, les pétales sont presque toujours indépendants les uns des autres et des étamines, ou bien ils font défaut. Ces plantes sont : **DIALYPÉTALES** (V. p. 92) ou **APÉTALES.**

Dans les groupes qui suivent, sauf des cas exceptionnels, les pétales sont concrescents, et la corolle gamopétale porte alors presque toujours les étamines. — Ces **GAMOPÉTALES** ont, d'ailleurs, leur ovaire libre ou plus ou moins infère; elles correspondent aux Corolliflores et à une partie des Caliciflores de De Candolle.

Les diverses parties de la fleur s'y montrent toujours insérées par verticilles.

Le calice est généralement quinconcial (2/5) et la corolle imbriquée, valvaire, etc.

Le nombre des carpelles est souvent de 2, plus rarement de 3, 5, ou davantage.

Suivant le nombre et la disposition des étamines, nous établirons trois ordres parmi les Gamopétales :

1° Les ISOSTÉMONES ou HAPLOSTÉMONES, dont les étamines, en même nombre que les pétales, alternent avec eux ;

2° Les DIPLOSTÉMONES (diplostémonie directe) ;

3° Les OBDIPLOSTÉMONES (V. p. 822). Exceptionnellement, le nombre des étamines s'élève au-dessus de la diplostémonie ; il peut encore se trouver réduit par des phénomènes d'avortement.

ORDRE VII. — HAPLOSTÉMONES (ISOSTÉMONES).

SOUS-ORDRE I. — TUBIFLORES (1)

Fleur presque toujours actinomorphe (1), 5-mère. — 5 étamines insérées avec la corolle. — Carpelles 2 à 5, toujours supères.

FAMILLE I. — CONVOLVULACÉES.

(Voir au tableau général du sous-ordre les caractères distinctifs de ces diverses familles.)

Description du Convolvulus arvensis L. — Le *Convolvulus arvensis* L. (fig. 436) est une *herbe vivace*, qui fleurit dans nos champs et nos moissons.

Ses *tiges* grêles et longues, *volubiles ou rampantes*, sont munies de *feuilles alternes, simples, sans stipules*, dont le limbe hasté se prolonge, à sa base, en deux auricules.

Les *fleurs, solitaires à l'aisselle des feuilles*, sont portées sur des pédoncules longs et grêles, pourvus, vers le milieu de leur longueur, *de deux petites bractées transversales (prf, prf)* qui sont les préfeuilles de l'axe floral.

Racines, tiges, feuilles et pédoncules floraux laissent découler, lorsqu'on les blesse, un latex abondant contenu dans des *laticifères articulés*.

La fleur (III) est actinomorphe, 5-mère dans tous ses verticilles sauf le gynécée, complète, hermaphrodite. Le calice est formé de cinq sépales oblongs, foliacés et membraneux sur les bords, se recouvrant, dans le bouton, en préfloraison quinconciale. — La corolle est campa-

____

(1) Bien que nous conservions la distinction des Sous-Ordres, telles que les conçoit Eichler, nous ne pouvons méconnaître qu'il est très difficile de séparer nettement les Tubiflores des Labiatiflores. Les Solanacées d'une part, les Scrophulariacées de l'autre, forment une série presque continue (voir plus loin).

nulée, *à bord presque entier, à préfloraison tordue* : chaque pétale est formé de deux parties : l'une est visible au dehors ; l'autre, cachée sous le pétale précédent, lui est unie par un repli d'une texture plus délicate. Dans le bouton, l'ensemble ainsi constitué est tordu dans un sens inverse de celui suivant lequel les pétales se recouvrent.

L'*androcée* (II et III) comprend *cinq étamines, insérées au fond de la corolle. Les filets* sont *libres*, dilatés à la base, atténués au sommet,

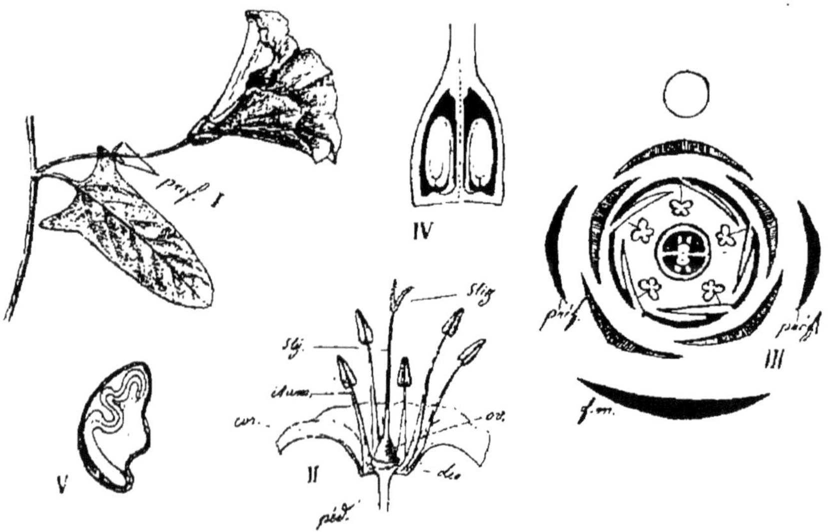

Fig. 436. — *Convolvulus arvensis* L.— I. Un fragment de tige florifère. II. Fleur privée de son calice, montrant la corolle *co* fendue et étalée ; *dis*, disque ; *péd*, pédoncule ; *étam*, étamines ; *ov*, ovaire ; *sty*, *stig*, style et stigmate. — III. Diagramme floral : *fm*, feuille-mère ; *préf*, préfeuilles (Courchet).

et de longueur ordinairement un peu inégale. Les *anthères* sont *dorsifixes, introrses, biloculaires, à déhiscence longitudinale.*

Le *gynécée* (II, III et IV), *supère et libre* au centre de la fleur, est entouré à sa base par *un disque glanduleux* jaunâtre. L'ovaire oblong *s'atténue au sommet en un long style terminal*, divisé en *deux branches stigmatiques* filiformes et blanches. Les deux carpelles concrescents forment *deux loges antéro-postérieures*, renfermant chacune *deux ovules anatropes, fixés à la base de l'angle interne, à micropyle infère et extérieur (apotropes).*

Le *fruit* est *une capsule indéhiscente*, à deux loges 2-spermes.

La *graine* (V) renferme *un embryon recourbé*, dont *les deux cotylé-*

dons, *longs et foliacés, sont chiffonnés* et plusieurs fois reployés sur eux-mêmes ; il est entouré d'*un albumen mucilagineux.*

Il est des *Convolvulus* dont la capsule, déhiscente à la fois par la suture ventrale des carpelles et suivant leurs commissures, s'ouvre en quatre valves qui laissent pourtant les cloisons et les placentas adhérents à l'axe central (*déhiscence à la fois loculicide et septifrage*). Ailleurs, la déhiscence est irrégulière.

Dans le même genre, les fleurs, réunies par 2 ou plusieurs, peuvent former des cymes axillaires.

Il est des *Convolvulus* à tiges non grimpantes (*C. cantabrica* L., *C. lineatus* L., *C. althæoides* L., etc., de nos régions).

Autres genres. — Les Convolvulacées formant un groupe des plus naturels, la distinction des genres repose toujours sur des caractères d'ordre secondaire.

Calystegia R. Br. — Les *Calystegia* (1) ne se distinguent des *Convolvulus* que par des différences peu importantes.

1° *Les deux bractées du pédoncule (préfeuilles) sont directement appliquées sous la fleur, très développées, et débordent le calice.*

2° *L'ovaire est incomplètement biloculaire ou même uniloculaire.*

3° *Les deux lobes stigmatiques sont plus courts et aplatis.*

Quamoclit T. — Les *Quamoclit* T., dont une espèce indienne (*Q. vulgaris* Choisy) est remarquable par ses feuilles pinnatifides et ses fleurs écarlates, ont *des étamines exsertes, un stigmate simplement bilobé, un ovaire à 4 loges uniovulées.*

Pharbitis Ch. — Chez les *Pharbitis* Ch., l'ovaire est encore pluriloculaire, mais à loges biovulées ; le stigmate est arrondi et granuleux, etc. (v. le tableau).

Caractères généraux. — *Herbes* le plus souvent vivaces, à *tiges ordinairement rampantes ou volubiles,* rarement dressées ; plus rarement arbrisseaux glabres, velus ou même aiguillonnés ; exceptionnellement plantes arborescentes (p. e. *Humbertia madagascariensis* Lam.). — *Très fréquemment des laticifères articulés.*

Fleurs actinomorphes, 5-mères, presque toujours hermaphrodites, assez souvent solitaires à l'aisselle des feuilles, mais plus *ordinairement réunies en cymes axillaires, bipares ou unipares,* figurant des grappes ou des panicules, ou bien contractées en faussées ombelles ou en faux capitules.

(†) Ce genre est représenté, en France, par deux espèces : le *C. Sepium* R. Br., qui croît dans les haies, et dont les fleurs ont des corolles infundibuliformes, blanches et très grandes, et le *C. Soldanella* R. Br., des sables de notre littoral, remarquable par ses uilles réniformes charnues, et ses grandes et belles fleurs purpurines.

Axe floral, portant deux préfeuilles, plus ou moins distantes de la fleur, et plus ou moins développées.

Sépales libres ou légèrement cohérents, égaux ou plus ou moins inégaux, *à préfloraison quinconciale*, quelquefois accrescents autour du fruit.

Corolle tubuleuse, en forme de cloche, d'entonnoir ou de coupe, marquée de *cinq plis longitudinaux, à bord presque toujours faiblement lobé. — Préfloraison tordue*, rarement imbriquée.

Étamines 5, *alternipétales* et portées par la corolle. *Filets* quelquefois un peu inégaux, élargis vers la base. *Anthères introrses, biloculaires, à déhiscence longitudinale.*

Ovaire libre et supère, souvent entouré *d'un disque glanduleux hypogyne*, ordinairement constitué par *deux carpelles antéro-postérieurs, et biloculaire*, plus rarement formé par 3-5 carpelles. *Loges plus ou moins complètes*, parfois subdivisées en logettes par des fausses cloisons. — *Ordinairement 2 ovules par loge* (rarement 1 seul) *anatropes, basilaires et ascendants*, à micropyle dirigé en dehors et en bas (apotropes). *Style terminal, simple; stigmate entier ou divisé en deux lobes* plus ou moins développés.

Fruit : ordinairement *capsule, déhiscente en même temps par les nervures dorsales et les commissures des carpelles, les cloisons et les placentas demeurant fixés à l'angle central*, plus rarement à déhiscence irrégulière ou transversale, ou indéhiscente, ou bien fruit charnu.

Graine pourvue d'un albumen charnu peu abondant. Embryon recourbé, à cotylédons larges et plissés.

Fruit charnu ou sec, mais indéhiscent, souvent monosperme. — Stigmate à deux lobes sphériques, peu marqués.................. *Argyreia* Lour.
(25 espèces, presque toutes de l'Asie tropicale et de l'Archipel Malais; une espèce en Afrique).

Pièces calicinales petites d'abord, puis accrescentes, autour du fruit, en ailes membraneuses. — Capsule bivalve. — Graines lisses.................. *Porana* Burm.
(Environ 10 espèces. Indes Orientales; Archipel Malais).

Corolle grande, en forme de coupe; tube long, étroit et cylindrique. — Deux lobes au stigmate. — Fruit petit, bivalve, souvent avec des fausses cloisons... *Calonyction* Chois.
(4 espèces. Amérique trop.).

Corolle de grandeur moyenne, en forme d'entonnoir, avec un tube plus ou moins étroit. — Deux lobes au stigmate. — Ovaire à 4 logettes 1-ovulées. *Quamoclit* Tourn.
(Env. 10 esp., toutes tropicales).

Corolle grande, longuement tubuleuse, colorée. Ovaire le plus souvent à 2 loges.... *Exogonium* Chois.
(15 espèces. Amérique tropicale).

Pièces calicinales ordinairement membraneuses ou coriaces. — Corolle en forme de cloche ou d'entonnoir. — Ovaire à 4 ovules, 2-loculaire ou 4-loculaire. — Stigmates à 2 lobes arrondis..... *Ipomæa* L.
(Environ 300 espèces. Régions tropicales et tempérés-chaudes).

Pièces calicinales herbacées. — Ovaire à 3 loges biovulées........ *Pharbitis* Chois.
(30 à 60 espèces. Contrées chaudes ou tropicales).

Capsule irrégulièrement déhiscente, s'ouvrant quelquefois transversalement. — Fleurs grandes, pourvues d'un calice très développé........ *Operculina* Silv. Manso.
(Environ 10 espèces. Amérique tropicale; Indes Orientales).

Bractées du pédoncule (préfeuilles) petites et distantes de la fleur. — Deux lobes stigmatiques filiformes ou plus ou moins épais. — Ovaire biloculaire.................. *Convolvulus* L.
(Environ 160 espèces. Rég. temp. de l'Hémisphère Nord, et surtout zone méditer.).

Bractées du pédoncule grandes, foliacées, et enveloppant le calice sous lequel elles sont immédiatement placées.—Lobes stigmatiques larges et aplatis. — Ovaire uniloculaire ou incomplètement biloculaire........ *Calystegia* R. Br.
(7 espèces. Régions tempérées et tropicales du globe).

Accolades de gauche (étiquettes du tableau) :
— CONVOLVULACÉES.
— Fruit presque toujours déhiscent et à péricarpe mince, jamais charnu.
— Pièces calicinales diversement développées, souvent inégales, mais jamais accrescentes autour du fruit.
— Stigmate entier et capité, ou divisé en deux lobes plus ou moins sphériques.
— Capsule déhiscente par 2 à 8 fentes longitudinales. — Corolle en forme d'entonnoir, de cloche ou de coupe.—Fleurs en cymes souvent contractées en ombelles ou en têtes.
— Étamines et style inclus. Ov. à 2-3-4 loges uniovulées ou biovulées.
— Étam. et style exserts.—Ov. souv. subdivisé, par des fausses cloisons, en 4 logettes uniovulées.
— Stigmate toujours divisé en deux lobes plus ou moins allongés.

Considérations anatomiques. — Les laticifères des Convolvulacées consistent en des files longitudinales de cellules, dont les cloisons transversales persistent ou se résorbent plus ou moins complètement. Leur siège ordinaire est dans le liber et le parenchyme cortical.

Les faisceaux libéro-ligneux des tiges sont bicollatéraux, et le liber interne est assez souvent accompagné de fibres libériennes.

Dans certaines tiges tubérifiées, celles du *C. Scammonia* L., par exemple, au sein du parenchyme ligneux, ou même dans l'écorce (*Operculina Turpethum* L.), naissent des cercles de cambium secondaire qui fonctionnent comme une zone cambiale ordinaire, d'où production de plusieurs cylindres libéro-ligneux indépendants.

Dans les racines latérales tubérifiées de certaines Convolvulacées, le parenchyme ligneux demeure mou et succulent et renferme de nombreux laticifères, qui forment, comme lui, des zones concentriques.

Affinités. — Les Convolvulacées, parmi les Tubiflores, constituent une sorte de centre typique de structure, comparable à celui que réalisent les Liliacées parmi les Monocotylédones.

Les BORRAGINACÉES, SOLANACÉES, POLÉMONIACÉES, etc., s'y rattachent par des liens plus ou moins étroits.

Distribution géographique. — Les Convolvulacées sont surtout des plantes des régions chaudes. Elles sont cependant assez nombreuses encore dans les climats tempérés, et surtout dans la région méditerranéenne ; mais leur nombre décroît rapidement vers le Nord, et elles manquent dans les régions arctiques.

Propriétés générales. Plantes importantes. — Le latex des Convolvulacées renferme du caoutchouc et des résines plus ou moins drastiques.

L'*Exogonium Purga* Hayne (1) (fig. 437) donne la *Racine de Jalap officinal*, dont l'origine a été discutée. Cette plante croît au Mexique.

C'est au Mexique également, dans les environs d'Orizaba, qu'est

---

(1) *Convolvulus officinalis* Pelletan ; *Ipomæa Purga* Choisy ; *I. Jalappa* Nutt. Le Jalap officinal était attribué à une Convolvulacée par Ray, Plukenet, Sloane, tandis que Linné le croyait produit par un *Mirabilis* (V. p. 635). Cependant ce botaniste, d'après l'examen d'un échantillon rapporté d'Amérique par Houston, crut ensuite pouvoir affirmer que ce produit était bien la racine d'une Convolvulacée, qu'il désigna, sans le connaître, sous le nom de *Convolvulus Jalappa*. — En 1827, le Dr Coxe, de Pensylvanie, et le médecin français Ledanois eurent l'occasion de voir la véritable plante du Jalap.

Cette dernière croît au Mexique, dans les environs de Xalapa et de Chiconquiaco, sur les pentes orientales des Andes. Sa racine tubéreuse est très riche en résine. Ses tiges volubiles, lisses et brillantes, portent des feuilles cordiformes, fortement échancrées à la base, acuminées au sommet. Les fleurs, solitaires ou géminées, ont une corolle hypocratériforme d'un rose tendre (V. les caractères génériques au tableau).

récolté le *Jalap mâle* (1) ou *Jalap léger*, qui est la racine de l'*Ipomæa Orizabensis* Ledanois.

Enfin l'*Ipomæa simulans* Hanb., qui croit au Mexique le long de la Sierra Gorda, dans les environs de San-Luiz et de la Paz, et dans les Cordillères, près d'Oaxaca, fournit le *Jalap digité* ou *Jalap de Tampico* (2).

Fig. 437. — Jalap (*Exogonium purga*).

Fig. 438. — *Convolvulus Scammonia* L.

Le *Turbith végétal* est la racine du *Convolvulus Turpethum* L. (3) (*Operculina* d'autres auteurs), originaire de l'île de Ceylan, cultivé dans l'Inde et dans les Iles Malaises.

La *Gomme-résine de Scammonée* est fournie par le *C. Scammonia* L. (*C. Syriacus* Morisson) (fig. 438), qui croît dans la partie

(1) *Convolvulus Orizabensis* Pelletan. C'est une plante légèrement velue dont les tiges, faiblement volubiles, peuvent se passer de support. Les feuilles sont longuement pétiolées et profondément cordées à la base du limbe. Les fleurs naissent ordinairement isolées, rarement en cymes biflores. Leur corolle campanulée est de couleur pourpre et le limbe, peu ouvert, est d'une texture plus forte. Les graines sont rugueuses.

(2) Tige volubile et grêle. Feuilles cordées ou sagittées, très glabres ; pédoncules pendants, presque toujours uniflores. Corolle rose, marquée de stries plus pâles, infundibuliforme. Capsule conique, renfermant des semences lisses.

(3) Les tiges de cette plante sont cylindriques et dures; le limbe foliaire est cordiforme, crénelé, velu sur les deux faces. La fleur est accompagnée de bractées caduques. Les sépales sont très grands, les extérieurs velus. La corolle est blanche.

orientale de la région méditerranéenne (Archipel, Turquie, Crimée, Syrie) et jusque dans la Mésopotamie. Elle est assez bien
caractérisée par ses feuilles triangulaires et hastées.

Sous le nom de *Semences de Kaladana*, on emploie comme cathar-
tiques, dans la pharmacopée anglo-indienne, les graines du *Pharbitis Nil* Choisy, qui croît dans les montagnes de l'Inde, à une
altitude de 1,500 mètres.

On mange, dans les pays chauds, les racines tubérifiées de l'*Ipomæa
Batatas* Lam. (*Batatas edulis* Choisy; *Convolvulus Batatas* L.), que l'on
désigne du nom de *Patates douces*.

On nomme *Patate purgative* les racines des *Piptostegia Pisonis* Mart.
et *Gomesii* Mart., qui sont employées, au Brésil, en guise de Jalap.

On se sert aux États-Unis, contre la gravelle et la pierre, de la racine
de l'*Ipomæa Pandurata* Meyer (*Convolvulus Panduratus* L.), plante originaire d'Amérique, mais transportée en Cochinchine.

Nos Convolvulacées indigènes ont également des propriétés plus ou
moins actives. Le *Convolvulus arvensis* L. a été employé comme vulnéraire et contre la goutte, et le suc du *Calystegia Sepium* R. Br. (Liseron
des haies) a été prescrit comme purgatif. — Tel est encore le *Calystegia
Soldanella* R. Br. ou *Soldanelle*, qui abonde dans les sables de notre
littoral océanien et méditerranéen (1).

Le *Bois de Rose vrai*, ainsi nommé à cause de son odeur, est fourni
par une Convolvulacée des Canaries, le *Convolvulus Scoparius* L.

CUSCUTÉES. — DICHONDRÉES.

Ces deux petits groupes sont à peine distincts des Convolvulacées.

Les Cuscutes (*Cuscuta* L.), au nombre de 90 espèces environ, se
montrent à peu près dans toutes les contrées tempérées du globe.

Ce sont des *plantes* (fig. 439) *parasites sur divers végétaux, sans chlorophylle et sans feuilles, privées de latex*, dont les tiges filiformes s'atta-
chent à leurs hôtes par des *suçoirs* qui pénètrent profondément dans les
tissus de ces derniers (v. p. 52). Leurs fleurs, en faux épis et en faux
capitules, se distinguent par *leur corolle plus ou moins renflée, à cinq
lobes; leurs étamines extérieurement accompagnées d'appendices velus ou
lobés; leurs fruits capsulaires, irrégulièrement déhiscents ou indéhiscents.
L'embryon filiforme, sans cotylédons ou à cotylédons rudimentaires, s'enroule autour d'un albumen charnu.*

Des deux genres qui composent le groupe des **DICHONDRÉES**, le
premier (*Dichondra* Forst.) est représenté dans les diverses régions
chaudes du globe, surtout en Amérique, le second (*Falkia* L.) est propre
au Sud de l'Afrique.

Ces plantes sont des *herbes rampantes, privées de latex*, qui se dis-

(1) Les tiges de cette plante sont couchées, charnues comme le sont les feuilles elles-
mêmes, dont le limbe réniforme est porté par de longs pétioles. Les fleurs sont grandes,
roses et rayées de blanc.

tinguent des Convolvulacées proprement dites par leur *corolle à préfloraison valvaire*, et par leurs *carpelles indépendants*, au nombre de 2 ou de 4, pourvus de *styles gynobasiques*. Les carpelles deviennent des *fruits monospermes indéhiscents*.

FAMILLE II.—POLÉMONIACÉES·

Plantes dressées (1), ordinairement herbacées, *sans latex, à feuilles simples et sans stipules, alternes* (les inférieures quelquefois opposées).

La fleur diffère de celle des Convolvulacées par les caractères suivants :

1° *Le calice est gamosépale, à divisions libres, légèrement tordues ou valvaires dans le bouton, et la corolle, à préfloraison tordue, manque de plis longitudinaux* (2).

2° *L'ovaire, qu'entoure un disque hypogyne, montre, dans ses loges, des ovules solitaires et dressés, ana-*

Fig. 439. — Cuscute.

tropes, ou de nombreux ovules bisériés dans l'angle central. Le style est divisé en 3-5 branches.

3° *Le fruit est une capsule loculicide, ou rarement septicide.*

4° *La graine, dont le tégument possède souvent une assise gélifiable, renferme un embryon droit, à larges cotylédons non plissés, placés dans l'axe d'un albumen mucilagineux ou corné.*

Distribution géographique. — Plantes presque toutes de l'Amérique boréale et des montagnes de l'Amérique centrale. Un très petit nombre vivent dans les contrées tempérées et froides de l'Ancien Continent.

La Polémone bleue (*Polemonium cæruleum* L.) habite la région méditerranéenne.

Usages. — La *Polémone bleue* (*Valériane grecque*) est à la fois mucilagineuse et amère, d'une odeur désagréable. Ses feuilles sont employées, dans certaines régions, contre les ulcères. Plusieurs Polémoniacées (*Phlox, Cobæa, Gilia*, etc.) sont ornementales.

FAMILLE III. — HYDROPHYLLIACÉES.

Ces plantes (v. le tableau des Tubiflores), forment un lien entre les Convolvulacées et les Polémoniacées d'une part, et les Borraginacées de l'autre.

Leur principal centre d'extension est dans les régions tempérées du

(1) Les *Cobæa* Cav. sont grimpants.
(2) La fleur est parfois légèrement zygomorphe.

Nouveau Continent. Certains genres, cependant, sont dispersés dans les divers pays du globe.

Usages. — Le suc de l'*Hydrophyllum canadense* L. est utilisé, en Amérique, contre l'érysipèle et diverses maladies de la peau.

L'*Eriodyction glutinosum* Benth. (*Herbe sainte*), d'Amérique, et l'*Hydrolea zeylanica*, des Indes et de l'Archipel Malais, sont aussi quelquefois employés.

FAMILLE IV· — BORRAGINACÉES·

SOUS-FAMILLE I. — BORRAGINACÉES PROPREMENT DITES.

Carpelles bilobés et biloculaires; style latéral ou gynobasique. — *Fruit : tétrachaine.*

Description du Borrago officinalis L. — La Bourrache officinale est une *plante annuelle* de nos régions, dont la tige cylindrique, fistuleuse et succulente, dressée, ramifiée, s'élève jusqu'à 50 centimètres environ. *Les feuilles sont alternes*, les inférieures pétiolées, les supérieures sessiles et amplexicaules; limbe ovale, vert, ridé et ondulé. Comme tous les organes végétatifs de la plante, et même le calice des fleurs, ces feuilles sont *hérissées de poils rudes;* ce caractère, commun à presque toutes les Borraginacées, leur avait fait donner par Linné le nom d'*Aspérifoliées*. Les stipules font défaut.

Les inflorescences sont des *cymes unipares scorpioïdes* dont les fleurs occupent le côté convexe, tandis que, sur le côté concave, sont insérées des feuilles vertes, les unes et les autres formant une série double (V. p. 88). Ces cymes ne portent qu'un petit nombre de fleurs assez longuement pédonculées et distantes, et sont elles-mêmes associées en panicules terminales très lâches.

La *fleur actinomorphe* (fig. 440), *hermaphrodite et pentamère* (excepté dans le gynécée), *à réceptacle convexe*, possède *un calice gamosépale* dont les divisions, linéaires et hérissées, sont *à préfloraison libre;* ce calice est *persistant et légèrement accrescent* autour du fruit.

La *corolle*, purpurine d'abord, puis bleue, *est rotacée, avec un tube très court*. Les divisions du limbe sont acuminées au sommet, étalées, *imbriquées dans le bouton*. A la base de chacune d'elles se montre *un petit appendice creux transversal, velu*, dû à un refoulement du limbe de dehors vers l'intérieur.

L'androcée est formé par cinq étamines insérées sur le tube de la corolle. Leur court filet se développe, derrière l'anthère, en *un appendice dressé et acuminé*. Les *anthères* sont linéaires, *introrses, rapprochées en cône* autour du style, *à déhiscence longitudinale*.

Le *gynécée*, qu'entoure *un disque glanduleux*, se compose de *deux carpelles médians*, clos, concrescents en *un ovaire primitivement à deux loges*, renfermant chacune *deux ovules collatéraux, ascendants, à raphé dorsal (épitropes)*. Mais de bonne heure se constitue, entre les deux ovules de chaque carpelle, une fausse cloison, de part et d'autre de laquelle la paroi des deux logettes ainsi formées s'accroît

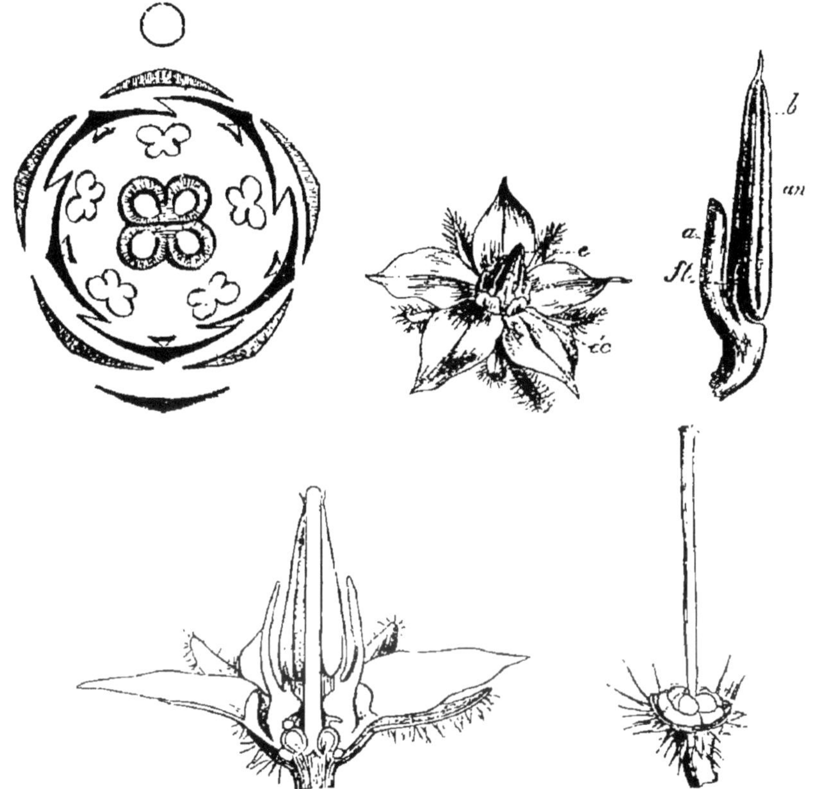

Fig. 440. — Diagramme de *Borrago officinalis*. — Fleur. — Étamine. - Fleur. — Pistil.

en une forte saillie. Ainsi se forment *quatre tubercules diagonalement placés, correspondant chacun à une moitié de carpelle et contenant chacun un ovule*. Entre eux demeure enfoncé le sommet organique de l'ovaire sur lequel s'insère *le style simple, ainsi devenu gynobasique; le stigmate est capité*.

Le fruit est composé par 4 nucules distincts, noirâtres et ridés à la maturité, provenant chacun d'un des lobes de l'ovaire, et dont la réunion est généralement désignée sous le nom de *tétrachaine*.

Graine sans albumen; embryon droit, à cotylédons épais.

Comme les Convolvulacés, les Borraginacées constituent une

famille naturelle par évidence, et les caractères qui distinguent les genres d'une même sous-famille sont d'ordre secondaire.

Autres genres. — Anchusa L. — Ainsi les Buglosses (*Anchusa* L.) se distinguent des Bourraches par leur *corolle longuement tubuleuse*, pourvue à la gorge de *cinq appendices papilleux et glanduleux : les étamines sont incluses, non conniventes et sans appendices*, etc.

Symphytum L. — Chez les Consoudes (*Symphytum* L.), la *corolle infundibuliforme* possède un tube légèrement élargi au-dessus du point d'insertion des étamines, et *cinq appendices squamiformes, longs et papilleux au sommet*.

Lithospermum L. — La surface d'insertion des nucules est concave dans les genres qui précèdent ; *elle est plane* chez les Grémils (genre *Lithospermum*), dont *la corolle est souvent nue*, quelquefois aussi *marquée de 5 plis ou pourvue de cinq écailles velues*. Les nucules stipités sont *durs et pierreux*.

Cerinthe L. — Les *Cerinthe* L. se distinguent par leurs *organes végétatifs glabres ou simplement verruqueux, leur corolle sans appendices, leurs nucules soudés deux par deux*.

Lycopsis L. ; Echium L. — *La corolle devient zygomorphe* chez les *Lycopsis* L., dont l'organisation ressemble à celle des *Anchusa*, avec le tube de la corolle courbe, et chez les *Vipérines* (*Echium* L.), dont la corolle est campanulée, nue ; les étamines et le style sont ascendants.

SOUS-FAMILLE II. — ÉHRÉTIÉES.

Carpelles non bilobés et concrescents en un ovaire biloculaire. — Style terminal. — Ovules plus ou moins ascendants. — Fruit ordinairement drupacé.

Cette Sous-Famille est nettement différenciée, à l'égard de la première, par la structure de son gynécée et la nature du fruit.

Les Éhrétiées sont presque toutes exotiques. Elles sont pourtant représentées, dans nos régions, par l'Héliotrope d'Europe (*Heliotropium europæum* L.), que sa ressemblance avec le *Crozophora tinctoria* a fait appeler *Tournesol*.

Caractères généraux. — *Herbes annuelles ou vivaces, ordinairement couvertes de poils rudes* (Aspérifoliées), *rarement arbustes ou arbres* (1).

Feuilles simples et sans stipules, alternes ou, quelquefois, *opposées à la base des axes.*

Inflorescences toujours constituées par des cymes unipares scorpioïdes,

(1) Certains *Tournefortia* des régions tropicales.

associées elles-mêmes de diverses manières, et dont l'axe commun sympodique, fortement enroulé d'abord, se déroule à mesure que les fleurs se développent, de la base au sommet. Fleurs insérées en une double série alterne, au côté convexe de l'inflorescence ; bractées en une double série semblable sur le côté concave (1).

Fleur actinomorphe ou plus ou moins zygomorphe, hermaphrodite, 5-mère.

Calice gamosépale, persistant ou accrescent, à préfloraison libre, plus rarement quinconciale ou valvaire.

Corolle rotacée, en entonnoir ou en coupe, ou campanulée, souvent munie, à la base de ses lobes, de *cinq appendices internes* dus à un refoulement du limbe, nus, papilleux ou velus, quelquefois remplacés par des faisceaux de poils. *Préfloraison imbriquée, rarement tordue.*

Étamines 5, alternes avec les pétales et insérées sur la corolle, égales ou plus ou moins inégales, en général toutes fertiles (2). Les *filets, parfois appendiculés,* sont pourvus *d'anthères introrses, biloculaires,* quelquefois conniventes, *à déhiscence longitudinale.*

Pistil généralement ceint d'un *disque glanduleux hypogyne,* formé par *deux carpelles médians, clos et concrescents en un ovaire biloculaire, avec deux ovules anatropes ou semi-anatropes, ascendants ou quelquefois descendants, épitropes dans tous les cas* (V. le tableau), dans chaque loge primitive de l'ovaire. Celles-ci demeurent *indivises ou biovulées* (**ÉHRÉTIÉES**), ou *se subdivisent, par une fausse cloison, en deux logettes fortement saillantes au dehors et uniovulées* (**BORRAGINACÉES PROPREMENT DITES**). Style simple, terminal dans le premier cas, gynobasique dans le second. Stigmate entier ou bilobé.

Fruit : 4 nucules (quelquefois moins par avortement), indépendants ou soudés deux par deux, fixés à un support central formé par le réceptacle floral et par la base épaissie du style, ou bien *drupe à 3-4 noyaux distincts, ou à un noyau bi-pluriloculaire.*

Graines droites ou un peu arquées. — Albumen charnu, peu abondant ou le plus souvent *nul. Embryon droit ou légèrement recourbé ; cotylédons charnus ou foliacés* (dans les graines albuminées).

---

(1) Ces inflorescences résulteraient, d'après diverses observations organogéniques, de la réunion sympodique d'axes qui, tous, subiraient une dichotomie vraie (V. p 55). Mais l'une des branches de la dichotomie avorterait d'une façon constante, tandis que l'autre se terminerait par une fleur après avoir formé une préfeuille. Dans l'axe de celle-ci se développerait l'article suivant du sympode qui se comporterait de la même manière. Les divers axes de la cyme scorpioïde étant hétérodromes (V. p. 76), on comprend la disposition des fleurs et des feuilles en doubles séries alternantes, sur chacun des côtés de l'axe sympodique commun.

(2) Chez l'*Heliocarya monandra* Runge, de la Perse, par exemple, l'étamine postérieure est seule fertile.

SOUS-FAMILLE II. — ÉHRÉTIÉES.

Carpelles bilobés ou non bilobés, mais style terminal. — Ovules ascendants, à raphé dorsal. — Fruit ordinairement drupacé.

- Ovaire non lobé. — Style bifide, mais sans anneau de poils au-dessous de la bifurcation. — Fruit drupacé. — Arbres, arbrisseaux ou sous-arbrisseaux .... *Ehretia* L.
  (40 espèces, surtout des régions tropicales de l'Ancien Monde; un petit nombre dans l'Amérique tropicale).

- Ovaire à 4 lobes. — Style bifide, pourvu d'un anneau de poils au-dessous de la bifurcation. — Fruit sec ou charnu.
  - Fruit drupacé, charnu ou plus ou moins subéreux, à deux loges biovulées ou 4 loges uniovulées. — Arbres ou arbrisseaux, avec rameaux parfois transformés en vrilles .... *Tournefortia* L.
    (Environ 120 espèces. Contrées tropicales des deux Hémisphères, mais surtout du Nouveau Monde).
  - Fruit sec, se divisant, à la maturité, en 4 nucules distincts ou cohérents deux par deux. Herbes ou sous-arbrisseaux, rarement arbrisseaux .... *Heliotropium* L.
    (Environ 220 espèces. Régions chaudes et tempérées des deux Hémisphères).

(NACÉES. — fruit: tétrachaîne.)

- Achaines hérissés, fixés sur un gynophore, ordinairement sphéroïdal ou conique, par une surface plane, leur sommet ne faisant pas saillie au-dessus de leur surface d'insertion. — Corolle pourvue d'appendices creux .... *Cynoglossum* L.
  (Environ 50 espèces. Contrées tempérées et subtropicales des deux Hémisphères; régions montagneuses sous les tropiques).

(Surface d'insertion des achaines concave, entourée par un anneau.)

- Corolle pourvue, en dedans, d'appendices creux dus à un refoulement du limbe. — Appendices de la corolle en forme de courtes écailles.
  - Corolle infundibuliforme; 5 appendices longs et subulés, saillants au-dessus du tube. — Étamines incluses .... *Symphytum* L.
    (Environ 15 espèces. Europe moyenne; région méditerranéenne).
  - Corolle rotacée. — Étamines exsertes, avec filets appendiculés. — Anthères conniventes .... *Borrago* L.
    (3 espèces. Région méditerranéenne; régions tempérées de l'Ancien Continent).
  - Corolle tubuleuse. Étamines incluses. — Filets sans appendices, et anthères non conniventes.
    - Tube droit ...... *Anchusa* L.
      (40 espèces environ. Europe; Asie; Nord de l'Afrique, région du Cap).
    - Tube courbe ..... *Lycopsis* L.
      (3 espèces. Régions tempérées de l'Ancien Continent).

(BORRAGI)

SOUS-FAMILLE I. — BORRAGINACÉES PROPREMENT DITES.

Carpelles bilobés et styles gynobasiques. — Ovules descendants, à raphé ventral.

- Fleur actinomorphe ou très peu irrégulière.
  - Surface d'insertion souvent entourée.
    - Corolle sans appendices.
      - Nucules ridés. — Lobes du calice séparés par des fentes qui atteignent le milieu de sa hauteur. — Corolle pourvue ou non de faisceaux de poils .... *Alkanna* Tausch.
        (Environ 30 espèces, en grande majorité méditerranéennes).
      - Nucules lisses. — Fentes du calice n'atteignant pas le milieu de sa hauteur .... *Pulmonaria* L.
        (10 espèces. Europe moyenne, plus rares dans le Sud).
    - Corolle à préfloraison tordue.................... *Myosotis* L.
      (30 espèces environ. Régions tempérées de l'Ancien Monde).
  - Surface d'insertion des achaines plane.
    - Corolle à préfloraison imbriquée.
      - Anthères obtuses ou brièvement acuminées. — Corolle pourvue de petites écailles velues ou de replis saillants, tubuleuse et infundibuliforme. — Nucules très durs, lisses ou rugueux, avec insertion basilaire ou oblique.................... *Lithospermum* L.
        (40 espèces environ. Régions tempérées du Monde entier).
      - Anthères linéaires, acuminées, souvent sagittés à la base.
        - Nucules tous distincts. — Base de la corolle dépourvue d'écailles creuses, mais munie, à sa base, d'appendices glanduleux. Plantes velues .... *Onosma* L.
          (70 espèces. Région méditerranéenne; Himalaya).
        - Nucules unis deux par deux. — Plantes glabres ou simplement verruqueuses. *Cerinthe* L.
          (6 à 7 espèces. Europe moyenne; région méditerranéenne).

- Fleur zygomorphe. — Corolle campanulée, irrégulière et nue. — Plantes hérissées......... *Echium* L.
  (Environ 30 espèces. Europe; région méditerran.; îles Canaries).

Affinités. — Les relations et les divergences qui existent entre les Borraginacées et les Convolvulacées sont trop évidentes pour que nous y insistions ici (V. le tableau des Tubiflores) (p. 1132).

Les Hydrophylliacées leur ressemblent par leur inflorescence et les poils qui revêtent leurs organes végétatifs; mais elles s'en éloignent par d'importants caractères, entre autres par *leurs fruits capsulaires et leur albumen cartilagineux*.

Les affinités des Borraginacées avec les autres familles du Sous-Ordre sont indiquées (p. 1107 et 1110).

Distribution géographique. — Les Borraginacées sont répandues dans les contrées chaudes et tempérées de l'Hémisphère Nord, dans lequel le bassin méditerranéen constitue pour elles un centre important de développement. Un centre d'une importance moindre existe, en Amérique, vers la Californie.

Dans la zone tropicale, les Borraginacées vraies sont de beaucoup primées par les Éhrétiées.

Propriétés générales. Plantes importantes. — Ces plantes sont presque toutes inodores, mucilagineuses, quelquefois faiblement amères ou astringentes, souvent chargées de nitrate de potasse, entièrement dépourvues de principes âcres et vénéneux. La racine de certaines d'entre elles contient des principes colorants.

La Bourrache (*Borrago officinalis* L.) exhale une odeur un peu vireuse; son suc, très visqueux, est riche en nitrate de potasse. Elle est employée comme diurétique et diaphorétique, comme tempérante dans les fièvres violentes, les engorgements du foie, etc.(1).

Les fleurs de Vipérine (*Echium vulgare* L.) sont quelquefois substituées à celles de la Bourrache. Cette plante, commune dans les lieux incultes, est bisannuelle; elle se distingue de la Bourrache par ses tiges hérissées de poils, insérés sur des éminences noirâtres, et par ses fleurs zygomorphes, à corolle nue, campanulée.

On emploie deux espèces du Buglosses : l'*Anchusa officinalis* L., plus commune dans le Nord, et l'*A. italica* Rchb., spéciale au Midi; cette dernière se distingue de la première par ses divisions calicinales plus aiguës et plus profondes, les lobes un peu inégaux de la corolle, etc.

(1) C'est une herbe à feuilles larges et ovales, à limbe décurrent le long du pétiole, d'autant plus petites qu'elles sont insérées plus haut sur l'axe. Les tiges se terminent par 2 ou 3 cymes de fleurs purpurines ou bleues. Le limbe étroit de la corolle infundibuliforme porte cinq faisceaux de poils. Ses achaines sont distincts, lisses, à base tronquée.

La Pulmonaire (*Pulmonaria officinalis* L.) (1), dont les feuilles hérissées sont marquées de taches blanches, était jadis employée contre les affections du poumon (2).

La Grande Consoude (*Symphytum officinale* L.) (2) (fig. 441) croît dans les lieux humides. La racine est adoucissante et légèrement astringente.

La racine de Cynoglosse (*Cynoglossum officinale* L.) (fig. 442) est employée comme calmante et légèrement narcotique. Ces propriétés sont, d'ailleurs, douteuses.

La racine d'Orcanette (*Alkanna tinctoria* Tausch.) (3),

Fig. 441. — Grande Consoude.   Fig. 442. — Cynoglosse.

des lieux stériles et sablonneux de la région méditerranéenne, contient un principe colorant rouge, soluble dans les corps gras. On s'en sert assez souvent pour colorer les pommades, et comme réactif des corps gras en micrographie.

(1) Cette plante atteint une hauteur de 65 centimètres environ ; ses fleurs sont rouges ou bleues, veinées de rouge.

(2) Ce nom de Grande Consoude (*Consolida major*) a été donné à la plante pour la distinguer du *Consolida media* qui était l'*Ajuga reptans*, du *Consolida minor* qui était la Pâquerette (*Bellis perennis*), enfin du *Delphinium Consolida* (Pied d'Alouette des jardins).

(3) *Anchusa tinctoria* L. ; *Lithospermum tinctorium* DC., etc.

Un principe colorant analogue existe chez les *Onosma echioides* L. (Europe), *Arnebia tinctoria* Forsk. (Égypte et Arabie), *A. perennis* et *A. tingens*, etc.

Les propriétés lithontriptiques, jadis attribués au *Lithospermum officinale* L. (*Grémil* ou *Herbes aux pierres*), sont imaginaires, et la plante est aujourd'hui tombée dans l'oubli le plus complet.

L'*Heliotropium europæum* L. (*Héliotrope d'Europe, Tournesol*), dont la saveur est amère et salée, a été usitée contre les ulcères et pour détruire les verrues.

Le fruit de quelques Éhrétiés est comestible.

FAMILLE V. — CORDIACÉES.

Cette petite famille, tout entière tropicale et composée des trois genres *Cordia* L., *Patagonula* L. et *Auxemma* Miers, est souvent rattachée aux Borraginacées comme simple tribu ou sous-famille.

Les Cordiacées s'en distinguent par les caractères suivants :

Ce sont des plantes toujours ligneuses.

Les cymes unipares scorpioïdes peuvent être remplacées par des épis serrés ou des sortes de capitules.

Le calice est à préfloraison imbriquée ou tordue; la corolle est ordinairement tordue elle-même dans le bouton.

Les étamines sont toujours sans appendices.

Les carpelles sont toujours largement concrescents entre eux, et le style est terminal. Les deux loges de l'ovaire sont subdivisées, par une fausse cloison, en 4 logettes dans chacune desquelles est 1 ovule ascendant solitaire.

Le fruit, souvent uniloculaire et monosperme par avortement, est drupacé.

L'embryon, à peine entouré par quelques cellules d'albumen, a ses cotylédons épais, plusieurs fois reployés sur eux-mêmes en éventail.

La manière d'être des cotylédons et la préfloraison tordue de la corolle sont les deux principaux caractères qui distinguent les Cordiacées des Borraginacées-Éhrétiées, qui en sont très voisines.

Usages. — Les drupes des *Cordia* sont mucilagineuses et un peu astringentes ; leur embryon renferme une huile douce.

On employait autrefois, sous le nom de *Sébestes*, comme laxatifs et pectoraux, les fruits du *Cordia Mixa* L., arbre de l'Inde, longtemps cultivé en Égypte.

Les fruits de plusieurs autres *Cordia* jouissent des mêmes propriétés.

FAMILLE VI. — SOLANACÉES.

Tribu I. — Atropées.

Fruit baccien.

Description de l'Atropa Belladona L. — La Belladone (*Atropa Belladona* L.) est une *herbe vivace* dont les tiges, couvertes d'un duvet glanduleux, peuvent atteindre 1 mètre à 1^m,30. Elles se divisent en 2 à 4 rameaux qui portent des *fleurs axillaires.*

Les *feuilles* sont *simples,* ovales et entières, atténuées aux deux extrémités, *sans stipules.* Elles sont *alternes dans les parties purement*

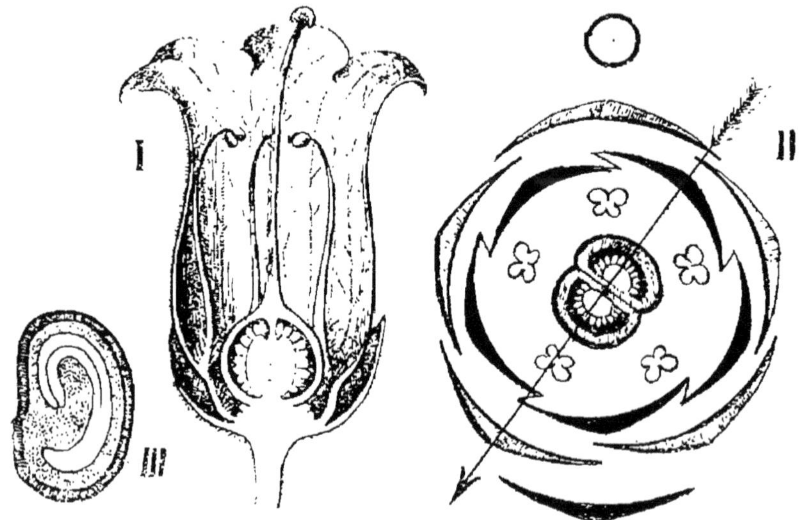

Fig. 443. — *Atropa Belladona* L. — I. Fleur en section longitudinale. — II. Diagramme (d'après Eichler). — III. Semence (section longitudinale) (Courchet).

végétatives de la plante et géminées (1), *sur les rameaux florifères,* c'est-à-

(1) On distingue, en général, chez les Solanacées, deux sortes de rameaux : 1° les *rameaux végétatifs* qui portent plus de deux feuilles avant de se terminer par une fleur ; 2° les *axes floraux* qui se terminent par une fleur, après avoir formé deux feuilles seulement, distantes ou plus souvent opposées, et qu'on désigne du nom de *préfeuilles.* Ces axes floraux peuvent, d'ailleurs, se trouver groupés, sur la plante, de diverses manières : en grappes ou en panicules (*Nicotina, Solanum tuberosum,* etc.), en ombelles (*Atropa, Nicandra,* etc.), etc.

Or, il est des circonstances dont il faut tenir compte dans l'étude des inflorescences et des ramifications chez les Solanacées : 1° l'une des préfeuilles de l'axe floral ou les deux préfeuilles sont ordinairement fertiles et produisent, à leur aisselle, des axes floraux semblables ; 2° la feuille mère d'un axe floral montre une tendance à se laisser entraîner plus ou moins haut le long de cet axe ; 3° l'axe floral peut également demeurer concrescent

dire disposées par paires d'un même côté de l'axe et de grandeur
inégale dans chaque paire.

avec l'axe d'ordre moins élevé dont dépend sa feuille-mère. — Cette tendance est, d'ailleurs, exprimée à des degrés très différents chez les diverses Solanacées.

Chez les *Datura*, le *D. Stramonium* par exemple, les deux préfeuilles (fig. 444, A, *a* et *b*)

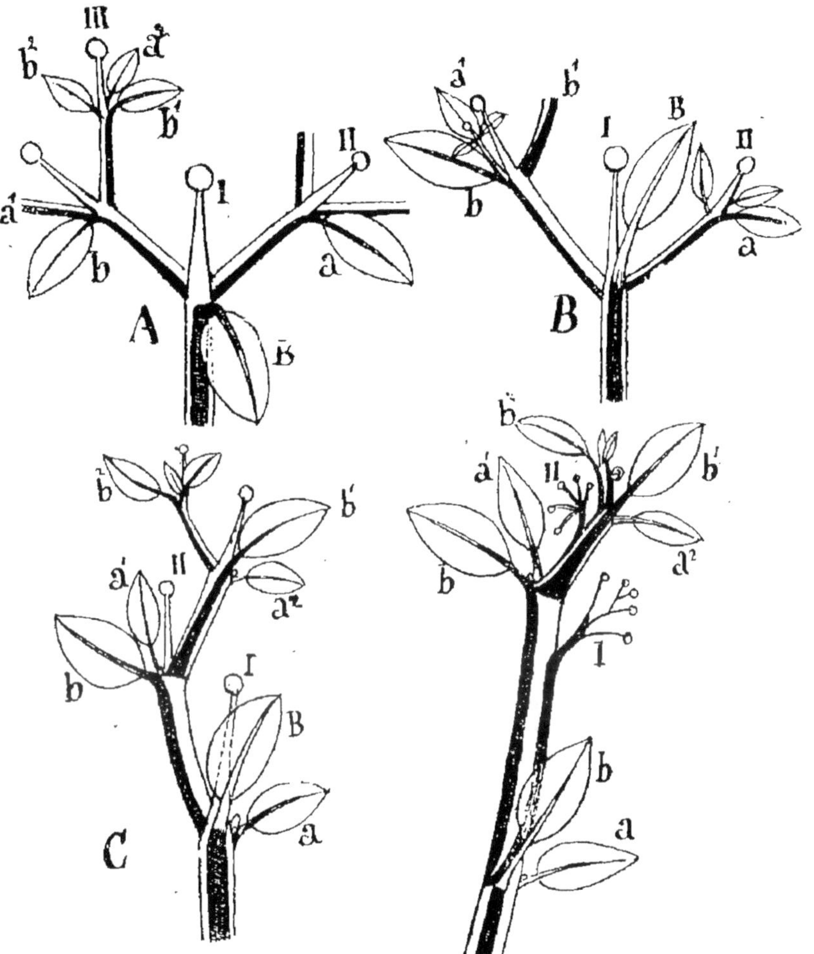

Fig. 444. — Schémas de la ramification des axes florifères chez les Solanacées (d'après
Eichler). — A. Chez le *Datura Stramonium*. — B. Même disposition avec développe-
ment prépondérant d'un des côtés du système. — C. Chez l'*Atropa Belladona*. —
D. Chez le *Solanum nigrum*.

des axes floraux sont fertiles ; en outre les feuilles-mères sont entraînées, sur leurs rameaux
axillaires, jusqu'au niveau des préfeuilles de ces derniers, au-dessous de la fleur qui les
termine. Il en résulte la disposition qu'exprime le schéma A. L'axe I, que termine une fleur,
est pourvu de deux préfeuilles fertiles *a* et *b* ; mais celles-ci sont entraînées, par leurs ra-

Les *fleurs*, pédonculées et pendantes, sont *insérées isolément* entre les pétioles des feuilles géminées de chaque paire. Elles sont *hermaphrodites, à peu près actinomorphes, 5-mères*, pourvues d'un *réceptacle convexe* (fig. 443, I et II).

Le *calice gamosépale*, glanduleux comme les autres parties de la plante, est à *préfloraison quinconciale, persistant* et légèrement accrescent au-dessous du fruit.

La *corolle* est campanulée, d'un jaune verdâtre dans le fond, brune et veinée de violet dans le haut, velue glanduleuse, *caduque*, divisée en cinq lobes étroits et arrondis, *imbriqués dans la préfloraison*.

Les *cinq étamines* sont *alternipétales* et incluses, insérées au bas de la corolle. Leurs longs filets, velus dans le bas, portent de courtes *anthères basifixes, didymes, biloculaires et introrses, à déhiscence longitudinale*.

L'*ovaire libre* est formé par *deux carpelles, placés obliquement par rapport au diamètre antéro-postérieur de la fleur, concrescents en un ovaire biloculaire*. Les *placentas* forment, dans l'angle de chaque loge, une saillie considérable chargée d'*ovules anatropes*. Le *style simple, terminal*, porte un *stigmate entier*, légèrement cordiforme.

meaux axillaires II, jusqu'au niveau des préfeuilles fertiles de ces derniers, lesquelles, à leur tour, sont entraînées par les axes III, etc. De là une ramification faussement dichotomique ; à chaque bifurcation se montre une feuille (préfeuille entraînée de l'axe précédent) et une fleur centrale. Ce n'est qu'à l'extrémité des jeunes rameaux, là où les différentes parties conservent encore leur situation primitive, que l'on trouve les préfeuilles à leur place naturelle. — Les *Datura* eux-mêmes quelquefois, et les *Physalis* , en particulier, montrent des dispositions de ce genre, dont une modification est exprimée par le schéma B ; elle consiste simplement dans une croissance plus vigoureuse de l'un des côtés de la dichotomie (le côté gauche dans la figure), qui tend ainsi vers la cyme unipare sympodique.

Si, dans la disposition précédente, nous admettons que l'un des axes latéraux, dans chaque paire de préfeuilles, avorte totalement, nous obtenons la disposition qu'exprime le schéma C, disposition que réalise la Belladone. Les axes florifères sont bien ici de vrais sympodes, et les deux feuilles d'inégale grandeur, que l'on observe au point d'insertion de chaque fleur, n'appartiennent pas aux mêmes axes ; la plus grande est la feuille-mère entraînée de l'axe que termine la fleur, la plus petite est celle des deux préfeuilles de ce dernier axe qui, n'ayant produit aucun rameau à son aisselle, n'a pu être entraînée comme sa congénère. Telle est l'explication de la disposition *géminée* des feuilles chez ces plantes.

Les axes d'ordre successif peuvent encore se terminer, non par une seule fleur, mais par une petite inflorescence en cyme. C'est ce que l'on observe, par exemple, chez le *Solanum Dulcamara* L. où (D) l'on retrouve, d'ailleurs, le mode caractéristique de ramification des *Atropa*, mais avec deux différences : 1° la fleur solitaire des *Atropa* est remplacée par une inflorescence ; 2° l'axe qui porte cette dernière se soude avec l'axe dont dépend sa feuille-mère jusqu'à un certain niveau, le long de l'entre-nœud supérieur. Il en résulte que ces groupes de fleurs paraissent dépourvus de préfeuilles ; on les désigne improprement, on le voit, par l'épithète d'*extra-axillaires*.

Le fruit est une baie, verte d'abord, puis noire, ronde et marquée d'un léger sillon au niveau de la cloison intérieure ; *elle est accompagnée par le calice.*

Les *graines nombreuses* et réniformes renferment, *entouré d'un albumen charnu peu abondant, un embryon recourbé sur lui-même* de manière à décrire plus d'une demi-circonférence (fig. 443, III).

Autres genres. — MANDRAGORA Juss. — Autour des *Atropa* se rangent un grand nombre de genres, qui tous ont pour caractères fondamentaux communs d'avoir le fruit baccien et l'embryon fortement recourbé.

Les *Mandragora* Juss., dont la *tige très courte* surmonte une racine pivotante épaisse, forment *une rosette de grandes feuilles* indivises, du milieu desquelles sortent les fleurs pédonculées. Ces dernières ressemblent beaucoup aux fleurs de Belladone, mais *les anthères sont dorsifixes,* et *le fruit devient uniloculaire* à la maturité.

SOLANUM L. — Les *Solanum* L. ou *Morelles* (fig. 444) constituent un immense genre (900 espèces environ, réparties en plusieurs sections), comprenant des végétaux herbacés ou ligneux, parfois aiguillonnés, de port et de taille extrêmement variables. *Les fleurs,* rarement solitaires, *sont ordinairement réunies* en *cymes* simulant des ombelles, des grappes ou des panicules assez souvent *extra-axillaires* (v. la note, p. 1117 et suiv.).

Fig. 445. — Morelle noire.

Le *calice* est à peine accrescent. La *corolle* est pourvue d'un tube court, *rotacée et à lobes étalés. Les étamines ont des filets très courts, et des anthères basifixes* très longues, *connées latéralement* en un tube qui entoure le style. Elles s'ouvrent au sommet *par deux pores ou par deux courtes fentes introrses. Les ovules sont campylotropes.*

LYCOPERSICUM Mill. — Sous le nom de *Lycopersicum* Mill., on sépare quelquefois génériquement des *Solanum* une dizaine d'espèces, toutes originaires de l'Amérique du Sud, et dont le caractère distinctif repose sur le mode de déhiscence des anthères, dont les loges *s'ouvrent, au-dessous du sommet, par une fente longitudinale* (1). *Ces anthères sont réunies entre elles par une membrane qui les déborde en dessus.*

(1) La Tomate ordinaire (*L. esculentum* Mill. ; *Solanum Lycopersicum* L.) se distingue par quelques particularités. La fleur est généralement 7-mère, quelquefois 6-5-mère, et les carpelles, au nombre de 7 en général, forment une baie volumineuse, pourvue de côtes saillantes. Ce nombre anormal des membres d'un même verticille est peut-être dû à un phénomène de dédoublement.

Capsicum L. — Les *Capsicum* L. (Piments) se distinguent des Morelles par *leur calice à dents très étroites, leurs anthères plus courtes que les filets, non connivenles, déhiscentes par des fentes longitudinales, leurs baies très peu charnues, uniloculaires dans le haut* par résorption de la cloison, enfin par leurs *fleurs solitaires.*

Physalis L. — Nicandra Adans. — Les *Physalis* L. sont remarquables par *leur calice accrescent, autour de la baie, en une enveloppe vésiculeuse rouge.*

Les *cinq lobes du calice* sont également *fortement accrescents* chez les *Nicandra* Adans., où ils prennent l'aspect de larges pièces cordiformes et veinées ; mais dans l'ovaire et, plus tard, dans le fruit baccien, *les placentas sont irrégulièrement subdivisés par des fausses cloisons* qui émanent de la paroi, et les étamines sont entièrement libres.

Tribu II. — Daturées.

Des fleurs grandes et solitaires, l'ovaire et le fruit incomplètement divisés en 4 logettes par des fausses cloisons émanées des placentas, un

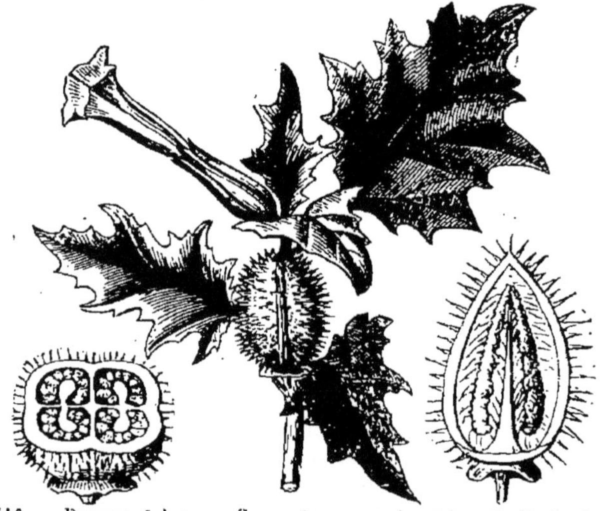

Fig. 446. — Pomme épineuse. Coupe transversale et longitudinale du fruit.

fruit capsulaire et septifrage, rarement baccien, constituent les caractères essentiels de ce groupe.

A cette tribu appartient la *Stramoine (Datura Stramonium* L.), herbe annuelle, naturalisée dans nos contrées, mais originaire des régions situées à l'Est et au Nord de la mer Noire.

Les feuilles sont pétiolées, lobées et à lobes terminés par des dents aiguës, un peu recourbées.

Les fleurs sont solitaires dans l'angle des bifurcation (V. la note p. 1117). *Le calice est pentagonal et prismatique,* un peu ventru, terminé par cinq dents aiguës qui correspondent aux cinq angles. La préfloraison des sépales est *légèrement tordue vers la gauche. La corolle est campanulée*, blanche, à cinq plis longitudinaux et à cinq dents aiguës, à *préfloraison tordue*. Les étamines sont incluses et concrescentes avec la corolle sur la moitié environ de leur longueur; *les anthères sont basifixes et allongées.*

Le pistil est entouré d'un disque annulaire.

L'*ovaire*, couvert d'aiguillons mous, apprimés, sauf suivant quatre bandes disposées en croix, est *biloculaire vers le sommet, mais quadriloculaire vers le bas*, par suite du développement de deux fausses cloisons. Le style, plus court que les étamines, porte un stigmate en fer à cheval divisé en deux lèvres.

La *capsule septifrage*, hérissée d'aiguillons, est accompagnée, à

Fig. 447. — Jusquiame noire.   Fig. 448. — Jusquiame blanche.

sa base, par la région inférieure et seule persistante du calice, qui se réfléchit en forme de manchette (1).

Les *graines* aplaties, réniformes, contiennent un embryon fortement recourbé.

(1) La partie du calice correspondant au limbe n'est formée, entre les deux épidermes, que par un parenchyme étoilé, très lâche, qui se détruit de bonne heure, tandis que la partie inférieure persistante est constituée par un tissu beaucoup plus serré et plus résistant.

Tribu III. — Hyoscyamées.

L'ovaire et le fruit sont biloculaires, et ce dernier est une capsule à déhiscence pyxidaire dans ce troisième groupe.

Hyoscyamus. — Les Jusquiames (*Hyoscyamus* L.) (fig. 448), sont des herbes dressées ou rampantes, glanduleuses. Les fleurs axillaires sont goupées en *une cyme unipare scorpioïde, semblable à celle des Borraginacées.*

Le calice *urcéolé*, découpé sur ses bords en cinq dents aiguës, *embrasse étroitement l'ovaire par sa partie renflée,* et demeure *accrescent* autour du fruit ; sa préfloraison est *valvaire.*

La *corolle, infundibuliforme* et recourbée en arrière, offre un *limbe oblique,* dont les cinq lobes sont répartis en deux lèvres suivant le type 2/3, les trois lobes inférieurs étant les plus développés. La *préfloraison de la corolle* est *imbriquée.* Les étamines sont incluses, les trois inférieures plus longues que les deux autres, à filets recourbés. *Le disque manque.*

Scopolia. — Les *Scopolia* Jacq. ne se distinguent des Jusquiames que par leur *calice campanulé, à cinq dents courtes, embrassant moins étroitement le fruit,* et par leur *corolle beaucoup plus régulière.*

Tribu IV. — Nicotianées.

L'embryon est fortement recourbé dans les trois premières tribus. *Il l'est à peine chez les Nicotianées chez lesquelles, en outre, le fruit est une capsule biloculaire septicide.*

Nicotiana L. — Ici se rangent les *Nicotiana* L (fig. 449), plantes toutes américaines, herbacées ou sous-frutescentes, à tiges dressées, terminées par des cymes figurant une panicule ou une grappe simple.

La corolle est infundibuliforme, à tube renflé. Une des cinq étamines est plus courte.

L'ovaire est formé par deux carpelles, exceptionnellement par 4 carpelles diagonalement placés (*N. quadrivalvis* Pursh.). Le fruit s'ouvre, dans ce dernier cas, par quatre valves et non par deux.

Petunia. — Fabiana. — A la même tribu se rattachent les *Petunia* Juss. et les *Fabiana* Ruiz et Pavon (voir le tableau).

Tribu V. — Cestrinées.

Avec une baie semblable à celle des Atropées, les Cestrinées possèdent des graines dont *l'embryon est droit.*

Ce sont toutes, d'ailleurs, des plantes tropicales et frutescentes ou arborescentes.

Tribu VI. — Salpiglossidées.

La *zygomorphie de la fleur* s'accentue bien plus nettement chez les plantes de cette tribu, qui forment transition vers la famille des

Fig. 449. — Nicotiane Tabac.

Scrophulariacées. Les étamines sont ici rarement au nombre de cinq et toutes fertiles ; *l'androcée se réduit généralement à 4 étamines didynames, ou à deux seulement.* Le fruit est le plus souvent une baie, rarement une capsule septicide, et l'embryon est à peine recourbé.

A cette tribu appartient le *Duboisia myoporoides* R. Br., arbuste d'Australie et de Nouvelle-Calédonie, que sa composition chimique rattache aux Solanacées vireuses.

Caractères généraux. — *Plantes* herbacées ou ligneuses, de toute grandeur et de port très variable. — *Feuilles simples, alternes,* ou géminées sur les rameaux florifères.

Inflorescences en cymes unipares ou bipares, de formes diverses (ombelles chez les *Cestrum* p. e. ; grappes ou panicules chez les *Nicotiana;* cymes unipares sympodiques chez les *Hyoscyamus,* etc.), quelquefois extra-axillaires, plus rarement fleurs solitaires, et alors souvent elles-mêmes extra-axillaires.

Fleurs presque toujours *hermaphrodites, actinomorphes* ou *plus ou moins zygomorphes,* ordinairement 5-*mères.* — *Réceptacle convexe.*

Calice persistant, parfois accrescent, à préfloraison variable (*libre, quinconciale, valvaire, tordue*).

Corolle de forme variable, rotacée, infundibuliforme, campanulée, etc., parfois plus ou moins nettement zygomorphe ou même bilabiée (surtout chez les Salpiglossidées), souvent plissée dans le bouton. *Préfloraison imbriquée, valvaire ou tordue.*

Androcée isostémoné; étamines de longueur égale ou inégale, la postérieure montrant une tendance à l'avortement, quelquefois au nombre de 4 fertiles, didynames, ou de deux seulement (*Schizanthus*). — *Anthères libres ou parfois conniventes, introrses, biloculaires, à déhiscence longitudinale, ou rarement poricide* (*Solanum*).

Ovaire supère, ordinairement entouré d'un *disque hypogyne,* formé par *deux carpelles* presque toujours placés dans un plan oblique relativement à celui des autres parties de la fleur, *biloculaire* ou *pluriloculaire,* par suite du développement de fausses cloisons, *rarement uniloculaire,* la cloison demeurant incomplète. — *Ovules plus ou moins nombreux sur des placentas saillants à l'angle interne des loges, anatropes ou plus ou moins campylotropes.* — *Style simple,* terminal ; *stigmate entier ou bilobé.*

Fruit variable : baie ou capsule déhiscente (septicide, septifrage ou pyxidaire).

Graines pourvues d'un *testa fovéolé.* — *Embryon plus ou moins fortement recourbé, ou bien droit ou presque droit,* accompagné d'un *albumen charnu.*

(SOLANACÉES CURVEMBRYÉES). — Embryon fortement recourbé (courbure décrivant plus d'un demi-cercle).

Tribu I. — Solanacées proprement dites ou Atropées.

Fruit baccien.

Corolle tubuleuse, cylindrique ou campanulée, à limbe étroit.

Fleurs grandes et solitaires. — Corolle en forme de cloche. — Plantes herbacées.

- Tiges bien développées et feuillées. — Anthères basifixes. — Baie nettement biloculaire.............. — **Atropa** L. (2 espèces. Europe; Nord de l'Afrique; Asie moyenne et occidentale).
- Plantes acaules. — Anthères dorsifixes. — Baie uniloculaire à la fin.. — **Mandragora** Juss. (3-4 espèces. Région méditerranéenne et Himalaya).

Fleurs plus petites, solitaires ou fasciculées. — Corolle cylindrique ou en forme de cloche étroite. — Baie à 2 loges. — Plantes ligneuses, parfois spinescentes. — **Lycium** L. (70 esp. environ. Régions extra-tropicales; espèces nombreuses dans l'Amérique du Sud).

Corolle à tube court et à limbe large, ordinairement rotacée.

Calice simplement persistant ou à peine accrescent autour du fruit.

- Anthères plus longues que les filets, conniventes en tube. — Baie nettement biloculaire et charnue.
  - Anthères s'ouvrant par 2 pores terminaux.. — **Solanum** L. (Environ 870 espèces. Régions chaudes et tempérées du globe entier).
  - Anthères s'ouvrant par 2 fentes longitudinales......... — **Lycopersicum** Mill. (Environ 10 espèces. Amérique du Sud).
- Anthères plus courtes que les filets. — Baie peu charnue, uniloculaire dans le haut, par suite de la résorption de la cloison............... — **Capsicum** L. (30 espèces environ. Amérique méridionale et centrale).

Calice fortement accrescent, autour du fruit, en une enveloppe membraneuse. — Anthères jamais conniventes, plus courtes que les filets.

- Fruit simplement biloculaire. — Calice formant autour de lui une vésicule granuleuse, colorée.......... — **Physalis** L. (Environ 45 espèces, la plupart dans les parties extra-tropicales des deux Amériques).
- Fruit irrégulièrement subdivisé en 3-5 logettes par des fausses cloisons. Sépales cordiformes, veinés...... — **Nicandra** Adans. (*N. physaloides* Gaertn. Am. du Nord).

Tribu II. — Daturées.

Fleurs solitaires dans la bifurcation des axes. — Corolle infundibuliforme, grande, à préfloraison tordue. — Base persistante du calice réfléchie, en forme de manchette, au-dessous du fruit. — Fruit : capsule

Ovaire et fruit plus ou moins complètement quadriloculaires, par suite du développement de deux fausses cloisons. — Fruit : baie ou capsule septifrage, hérissée ou lisse, avec deux fausses cloisons n'atteignant pas le sommet du fruit. — Plantes herbacées ou ligneuses.................... — **Datura** L. (15 espèces environ. Régions chaudes du monde entier, surtout Amérique centrale).

(SOLANACÉES RECTEMBRYÉES). — Embryon droit ou à peine arqué.

Étamines toutes fertiles et toutes semblables, ou seulement 4 à 3 plus courtes.

Tribu III. — Hyoscyamées.

Ovaire et fruit toujours biloculaires et fleur actinomorphe ou zygomorphe. — Fruit : capsule à déhiscence pyxidaire.

- Calice urcéolé, à dents aiguës et plus tard spinescentes, enveloppant étroitement le fruit par sa portion renflée. — Corolle zygomorphe, bilabiée...... — **Hyoscyamus** L. (11 espèces. Régions tempérées de l'Hémisphère Nord, dans l'Ancien Continent).
- Calice campanulé, à 5 dents courtes, embrassant le fruit moins étroitement. — Corolle moins irrégulière .... — **Scopolia** Jacq. (4 espèces. Asie tempérée; 1 espèce dans les Alpes orientales).

Tribu IV. — Nicotianées.

Plantes généralement herbacées, rarement ligneuses. — Fruit : capsule à déhiscence septicide.

Plantes herbacées, pourvues de feuilles grandes, indivises, et généralement pourvues de poils glanduleux.

- Cymes formant une grappe ou une panicule terminale. — Fruit déhiscent en 2, plus rarement 4 valves, plus ou moins profondément bifides. — **Nicotiana** L. (Environ 40 espèces. Nouveau Continent; Îles de l'Océan Pacifique; 1 esp. australienne).
- Fleurs plus grandes, solitaires. — Capsule à 2 valves entières ou très peu divisées au sommet.............. — **Petunia** Juss. (14 espèces. Amérique du Sud, particulièrement Sud du Brésil et République Argentine).

Petits arbrisseaux éricoïdes, pourvus de feuilles linéaires et généralement serrées. — Fleurs solitaires. — Capsule bivalve.................... — **Fabiana** Ruiz et Pavon. (14 espèces. Amérique du Sud).

Tribu V. — Cestrinées.

Plantes toujours ligneuses, et fruit baccien indéhiscent. — Arbrisseaux ou arbres à feuilles souvent persistantes. — Fleurs actinomorphes, à corolle tubuleuse-infundibuliforme, en cymes ombelliformes à l'extrémité des rameaux.................... — **Cestrum** L. (Environ 140 espèces. Amérique tropicale et subtropicale).

Tribu VI. — Salpiglossidées.

Ordinairement 2 ou 4 étamines fertiles seulement, didynames dans les cas de tétrandrie, très rarement 5 étamines fertiles d'inégale grandeur. — Fleur plus ou moins zygomorphe.

- Plantes herbacées, et fruit capsulaire septicide. — 4 étamines dont 2 stériles...................... — **Salpiglossis** R. et P. (Environ 8 espèces. Chili; Pérou; République Argentine).
- Petits arbres; fruit baccien indéhiscent. — 4 étamines didynames. — Feuilles entières, glabres; fleurs blanches, en panicules terminales.............. — **Duboisia** B. Br. (2 espèces. Australie; Nouvelle-Calédonie).

Considérations anatomiques. — Les Solanacées se rapprochent anatomiquement des Convolvulacées par les faisceaux bicollatéraux de leurs tiges ; mais elles manquent d'appareil sécréteur interne.

Des traînées de cellules à cristaux d'oxalate de chaux se montrent dans la moelle et dans l'écorce chez les Daturées et les Atropées.

Les poils qui recouvrent les Solanacées sont fréquemment terminés par une tête glanduleuse. C'est à cela que beaucoup d'entre elles doivent de poisser sous la main.

Affinités. — Les Solanacées tiennent aux Convolvulacées par plusieurs caractères ; mais elles s'en distinguent essentiellement par *l'absence de laticifères, leur embryon à cotylédons non plissés, la tendance fréquente de la fleur à devenir zygomorphe,* etc.

Elles sont surtout voisines des Scrophulariacées, et on peut même dire que ces deux familles forment une série continue. C'est surtout par les Salpiglossidées (Solanacées) d'une part, et les Verbascées (Scrophulariacées) de l'autre, que ces deux groupes s'unissent l'un à l'autre. Les deux traits les plus caractéristiques qui distinguent les Solanacées à l'égard des Scrophulariacées consistent : 1° *dans la présence de faisceaux bicollatéraux dans leurs tiges ;* 2° *dans le plissement fréquent de leur corolle avant l'anthèse.*

Distribution géographique. — Les Solanacées croissent dans toutes les régions tropicales et, en nombre moindre, dans les régions extra-tropicales de l'Ancien et du Nouveau Continent. L'Amérique du Sud et l'Amérique Centrale constituent leur centre de développement le plus important. Quelques genres se rencontrent dans l'Australie, la Nouvelle-Calédonie et les îles du Pacifique.

Propriétés générales. Plantes importantes. — Le plus grand nombre des Solanacées sont des plantes délétères ou, tout au moins, suspectes. Ces propriétés sont dues à la présence d'alcaloïdes, dont un certain nombre ont fait l'objet d'importantes recherches. Chez quelques-unes, cependant, la quantité de ces principes est assez faible, dans les conditions normales, pour qu'on puisse les utiliser comme aliments.

La Belladone (*Atropa Belladona* L.) est particulièrement narcotique et vénéneuse. Elle agit sur la pupille qu'elle dilate, et elle exerce sur l'organisme entier une action paralysante et sédative qu'elle doit à l'*Atropine.* Cet alcaloïde y est accompagné par un second dont l'action est analogue, l'*Hyoscyamine* (ou *Atropidine*).

La Belladone est peu employée de nos jours. On l'utilise surtout pour l'extraction des alcaloïdes. Les baies, éminemment vénéneuses, ont donné lieu à de graves empoisonnements.

La Douce-Amère (*Solanum Dulcamara* L.) se distingue par ses tiges grimpantes, pourvues de feuilles à limbe entier ou auriculé, et ses fleurs violettes, marquées, à la base de chaque lobe de la corolle, de deux petites taches vertes glanduleuses. Le fruit est oblong et d'un beau rouge.

Indépendamment de la *Solanine*, alcaloïde vénéneux que l'on trouve à peu près chez toutes ses congénères, cette plante renferme une substance d'une saveur à la fois amère et sucrée, la *Dulcamarine* ou *Picroglycion*.

Les tiges de la Douce-amère sont employées comme dépuratives.

La Morelle noire (*S. nigrum* L.), espèce annuelle remarquable par ses tiges dressées, ses feuilles trapézoïdales, ses fleurs blanches et ses baies noires à la maturité (1), est narcotique. Ses feuilles sont quelquefois employées en décoctions émollientes.

La Morelle tubéreuse ou *Pomme de terre* (*S. tuberosum* L.) est une herbe vivace par ses rhizomes tuberculeux (V. p. 66), pourvue de feuilles pinnatiséquées; ses fleurs sont blanches; ses baies grosses et rougeâtres; elle est originaire de l'Amérique du Sud (2).

L'*Aubergine* (*S. Melongena* L.), vraisemblablement originaire de l'Asie méridionale, est actuellement répandue dans toutes les régions tropicales. Elle est pourvue de feuilles à limbe sinué, et ses fleurs violacées sont 6-9-mères. Le pédoncule et le calice sont aiguillonnés. La baie est oblongue, violette, uniloculaire par résorption des cloisons. Le fruit vert contient de la Solanine (3).

On mange également le fruit de la Tomate (*Lycopersicum esculentum* Sol.; *Solanum Lycopersicum* L.). Cette plante, originaire des Antilles, est cultivée dans toutes les contrées chaudes et tempérées du globe; elle est herbacée, pourvue de feuilles pinnatiséquées. Ses fleurs et ses fruits sont polymères (V. p. 1120, note). La

---

(1) Le *S. miniatum* Bernh., souvent considéré comme une simple forme de l'espèce précédente, ne s'en distingue guère que par ses fruits d'un rouge pâle à la maturité.

(2) La Pomme de terre fut importée d'Amérique en Angleterre au xvie siècle; mais sa culture et son usage ne se répandirent en France qu'au xviiie siècle, époque à laquelle Parmentier parvint à l'introduire dans l'alimentation. On connaît plusieurs variétés de Pomme de terre; d'autre part, plusieurs autres *Solanum* possèdent, comme elle, des tubercules caulinaires. Ces deux circonstances jettent une certaine obscurité sur la détermination de la forme originaire de la Pomme de terre.

(3) La Solanine se montre, d'ailleurs, comme un des composés provenant de la fonction chlorophyllienne, et on sait que les pommes de terre verdies à la lumière lui doivent leur âcreté et leurs propriétés délétères.

culture a fait naître, de cette plante, plusieurs variétés qui sont
comestibles.

On mange encore les fruits des *S. pyriforme* Poir., *S. Humboldtii*
Wild., *S. peruvianum* Jacq.

Les vrais Piments (1) (*Capsicum* T.) sont représentés par plusieurs espèces (*C. annuum* L., *C. indicum* Lobel, *C. cordiforme*
Mill., etc.). Les deux communément cultivées dans nos jardins
sont les *C. annuum* L. et *frutescens* L. (2). Ce dernier possède une
âcreté qui lui a valu le nom de *Piment enragé.* Cette âcreté, surtout
intense chez les Piments cultivés dans les climats tropicaux, est
due à la *Capsicine,* isolée par Braconnot.

L'Alkékenge ou Coqueret (*Physalis Alkekengi* L.) est une herbe
vivace, très répandue en Europe et en France, dans le Midi et dans
l'Ouest. Ses baies contiennent de l'acide citrique et une substance
amère, la *Physaline.* Elles sont rafraîchissantes et laxatives.

Les baies jaunes du *P. peruviana* L. sont mangées dans le Midi.

Les racines et les feuilles du *Withania somnifera* Dussol, dont le
calice est vésiculeux comme celui des *Physalis,* sont narcotiques. Les
feuilles sont réputées fébrifuges ; le fruit est diurétique. Cette plante,
répandue dans la région méditerranéenne, est originaire d'Asie.

La Mandragore officinale (*Mandragora officinarum* Mill.), qui croît dans
les lieux ombragés de l'Europe méridionale, contient un principe analogue à l'Atropine, la *Mandragorine.* Sa racine, autrefois très employée,
est tombée en désuétude. On désignait jadis le *Mandragora vernalis* L.
sous le nom de *Mandragore mâle,* pour le distinguer de l'espèce précédente appelée *Mandragore femelle.*

Le Tabac (*Nicotiana Tabacum* L.), découvert par les Espagnols à
Cuba en 1492, fut importé d'abord, à titre de plante médicinale,
en Portugal et en Espagne. Il fut introduit en France par Jean
Nicot, ambassadeur de France à Lisbonne, en 1560. Il doit ses propriétés narcotico-âcres à un alcaloïde liquide et sans oxygène, la
Nicotine. Cette espèce se distingue par ses fleurs grandes, purpurines, et ses feuilles sessiles.

Le *N. rustica* L. (*Tabac des paysans, Tabac femelle*) a des fleurs
moins grandes, d'un jaune verdâtre, et les feuilles ovales, longuement pétiolées (3).

On utilise, en Amérique, contre les maladies du foie et des voies
urinaires, le *Fabiana imbricata* R. et P. (*Pichi*). Cette plante, originaire

____

(1) Les fruits, dits *Piments de la Jamaïque, de Tabago,* etc., sont dus à des Myrtacées
(V. p. 1018).

(2) *C. fastigiatum* Blum.

(3) Bien d'autres espèces, dont plusieurs sont cultivées dans nos jardins, jouissent de
propriétés analogues (*N. fruticosa* L., *N. macrophylla* Spreng, *N. chinensis* Fisch., etc.).

de la République Argentine, exhale une odeur forte de Matricaire. La *Fabianine*, alcaloïde isolé par le Dr Lyons, paraît en être le principe actif.

La *Stramoine* ou *Pomme épineuse* (*Datura Stramonium* L.) est vraisemblablement originaire des bords de la mer Caspienne et de la région caucasique. La plante et surtout les graines sont encore usitées; leur activité est due à l'*Hyoscyamine* (*Daturine* ou *Atropidine*). — Les *D. alba* L. et *fustuosa* L., et le *D. Metel* L., espèces indiennes, jouissent de propriétés analogues. On emploie, au Pérou, le *D. Tatula* L. contre l'asthme et les maladies de la peau.

Les Jusquiames (*Hyoscyamus* L.) doivent également leurs propriétés à l'*Hyoscyamine* (*Daturine* ou *Atropidine*). L'*H. niger* L., spontané dans l'Europe froide et tempérée, naturalisé en Amérique, est une plante bisannuelle, caractérisée par ses feuilles sessiles et ses fleurs à corolle subrégulières, jaunâtres, veinées de lignes violettes. L'*H. albus* L. se distingue de la première espèce par ses feuilles pétiolées et ses fleurs blanches plus irrégulières; cette plante est annuelle, et plus spéciale au Midi (1). Ces végétaux contiennent de l'*Hyoscyamine* et de l'*Hyoscine*.

Le *Scopolia Japonica* Maxim. (Chine et Japon) et le *Sc. carniolica* Jacq. sont quelquefois employés comme succédanés de la Belladone. Le rhizome du premier contient, d'après Schmidt, de l'*Atropine*, de l'*Hyoscyamine* et de l'*Hyoscine*.

Le *Duboisia myoporoides* R. Br. (Australie, Nouvelle-Calédonie) doit ses propriétés à la *Duboisine*, peut être identique à l'*Hyoscyamine*. Les feuilles de la plante sont probablement employées aux mêmes usages que celles de la Jusquiame et de la Stramoine. Le *D. Hopwoodii* J. Müller (*D. Pituri* Bauer), de la Nouvelle-Galle du Sud, contient de la *Piturine*, analogue à la *Nicotine*.

FAMILLE VII. — NOLANACÉES.

Ce groupe est limité à la côte occidentale de l'Amérique du Sud. Son caractère différentiel le plus important, à l'égard des Solanacées, consiste dans *leurs carpelles (5 en général) (1), souvent subdivisés par des fausses cloisons et des étranglements, et formant, à la maturité, un nombre plus ou moins grand de drupes distinctes.*

(1) La Jusquiame dorée (*H. aureus* L.) est très voisine de la Jusquiame blanche. La corolle irrégulière est d'un jaune doré ; le fond de la gorge est d'un violet noirâtre.

Embryon plus ou moins différencié, recourbé ou enroulé sur lui-même dans un albumen charnu — Carpelles ordinairement 2, médians, contenant généralement chacun 2 ovules anatropes, dressés, apotropes.

Corolle imbriquée ou tordue. — Carpelles entièrement concrescents et style terminal.

bacées, pourvues de laticifères. — Corolle à bords presque entiers, plissée-tordue dans le bouton. — Capsule ordinairement septifrage. — Embryon à cotylédons bien différenciés, repliés sur eux-mêmes..................... CONVOLVULACÉES.

Plantes parasites et pourvues de suçoirs. — Corolle 5-lobée, à préfloraison imbriquée. — Etamines accompagnées d'appendices stipulaires. — Capsule à déhiscence transversale ou irrégulière. — Embryon à cotylédon peu différenciés................... CUSCUTACÉES.

Embryon toujours bien différencié, droit dans un albumen charnu, mucilagineux ou corné. — Carpelles 3, ou 2 médians, entièrement concrescents. — Style terminal.

Corolle à préfloraison valvaire. — Carpelles 2-4, indépendants, et styles gynobasiques. — Fruits monospermes, indéhiscents ou capsulaires........ DICHONDRACÉES.

Corolle non appendiculée, à préfloraison tordue. — Carpelles 3, avec 1 ou plusieurs ovules apotropes, ascendants. — Fruit généralement loculicide. — Inflorescences : cymes paniculiformes ou contractées en capitules........ POLÉMONIACÉES.

Corolle avec ou sans appendices: préfloraison tordue ou imbriquée-cochléaire (1). — Carpelles 2 médians. Dans chaque loge ovarienne, 2 ou plusieurs ovules fixés par leur face ventrale. — Capsule loculicide ou septicide. — Inflorescences généralement scorpioïdes..................... HYDROPHYLLACÉES.

Embryon droit ou peu arqué, accompagné d'un très faible albumen. — Carpelles 2, médians, chacun avec 2 ovules épitropes.

Fleurs en cymes scorpioïdes. — Calice à préfloraison libre. — Corolle actinomorphe ou tendant, comme l'androcée, vers la zygomorphie, avec ou sans appendices. — Préfloraison imbriquée ou tordue. — Etamines quelquefois appendiculées. — Carpelles complètement unis et style terminal, ou profondément bilobés formant 4 logettes uniovulées, et style gynobasique. — Fruit, drupe ou tétrachaine. — Embryon à cotylédons non plissés. — Plantes herbacées, généralement hérissées.................. BORRAGINACÉES.

Fleurs en cymes simulant quelquefois des épis ou des capitules. — Calice à préfloraison imbriquée ou tordue. — Corolle non appendiculée, tordue, en général. — Etamines sans appendices. — Carpelles toujours entièrement unis et style terminal. — Fruit drupacé. — Embryon à cotylédons plusieurs fois reployés sur eux-mêmes. — Plantes toujours ligneuses, à feuilles généralement rudes................. CORDIACÉES.

Embryon plus ou moins arqué, accompagné d'un albumen charnu abondant. — Carpelles 2, concrescents et obliquement orientés, ou 5 et indépendants. — Ovules plus ou moins nombreux

Fleurs actinomorphes ou un peu zygomorphes. — Calice à préfloraison variable. — Corolle imbriquée, valvaire ou tordue. — Etamines 5, rarement 4 didynames. — 2 carpelles disposés, le plus souvent, suivant un plan oblique, concrescents en un ovaire biloculaire; style terminal. — Ovules nombreux, anatropes ou campylotropes, sur des placentas axiles. — Fruit charnu ou sec, diversement déhiscent. — Embryon droit ou, plus souvent, recourbé. — Plantes ordinairement herbacées, à feuilles alternes, parfois géminées.. SOLANACÉES.

Fleurs actinomorphes. — Corolle plissée, à préfloraison tordue ou imbriquée-cochléaire. — Carpelles 5, indépendants, ordinairement subdivisés, par des fausses cloisons, en logettes monospermes. — Styles concrescents. — Drupes monospermes. — Embryon spiralé. — Herbes ou sous-arbrisseaux. NOLANACÉES.

(1) V. p. 111, fig. 80, E.

SOUS-ORDRE II. — LABIATIFLORES.

Fleur presque toujours nettement zygomorphe, 5-mère, hermaphrodite. — Calice à sépales disposés suivant le type quinconcial; corolle bilabiée, imbriquée (exceptionnellement périanthe subactinomorphe et 4-mère, en apparence, par suite de la concrescence de deux pièces à la corolle, ou de l'avortement de l'un des sépales). — Orientation de la fleur presque toujours telle que la corolle offre 2 pétales supérieurs, 2 latéraux et 1 inférieur. — Androcée ordinairement formé par 4 étamines didynames (la cinquième étamine postérieure disparaissant, ou étant remplacée par un staminode) (1). — Ovaire presque toujours supère et formé par 2 carpelles médians concrescents.

Nous avons déjà fait remarquer combien ce Sous-Ordre se relie étroitement à celui des Tubiflores.

FAMILLE I. — SCROPHULARIACÉES.

Tribu I. — Verbascées.

Corolle subactinomorphe, et souvent 5 étamines, toutes fertiles.

Description des Verbascum L. — Les *Verbascum* ou *Molènes* (fig. 450) forment une transition naturelle entre les Solanacées et les Scrophulariacées.

Ce sont des *herbes* ou de *petits arbrisseaux* à tige dressée, pourvus de *feuilles alternes*, entières ou lobées, *sans stipules*, le plus souvent laineuses. Les *inflorescences* forment des *épis* ou des *grappes terminales*, simples ou composés de petites cymes.

La fleur est complète, hermaphrodite, 5-mère, subactinomorphe, jaune, à réceptacle convexe. — Calice persistant, à 5 divisions profondes, imbriquées, le lobe supérieur recouvert. — *Corolle très caduque, rotacée,* à 5 lobes un peu inégaux (grandeur des lobes décroissant d'avant en arrière), *à préfloraison imbriquée descendante.* — *Étamines* 5, *indépendantes,* les deux antérieures un peu plus longues, *à filets ascendants,* tous ou les trois postérieurs seulement velus. *Les anthères sont introrses, à loges confluentes au sommet, et s'ouvrant par une fente courbe unique.*

Ovaire supère, formé par 2 *carpelles antéro-postérieurs et biloculaire. Ovules nombreux, anatropes, portés,* dans chaque loge, *sur un gros placenta saillant. Style terminal, simple; stigmate bilobé.*

---

(1) Rarement la 5ᵉ étamine est fertile. Le nombre des étamines fertiles peut se réduire à 2 par avortement.

Le *fruit* est une *capsule à déhiscence septicide*, à 2 valves bifides elles-mêmes.

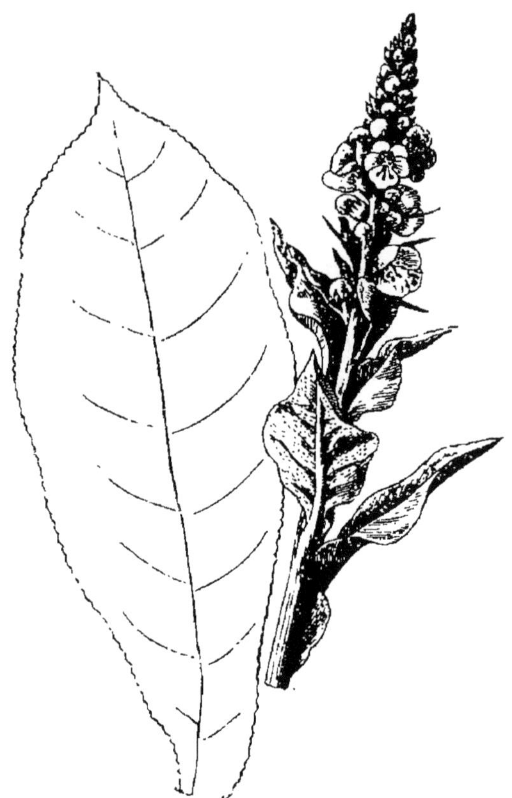

Fig. 450. — Bouillon blanc.

Les *graines* nombreuses, petites et rugueuses, ont *un embryon*

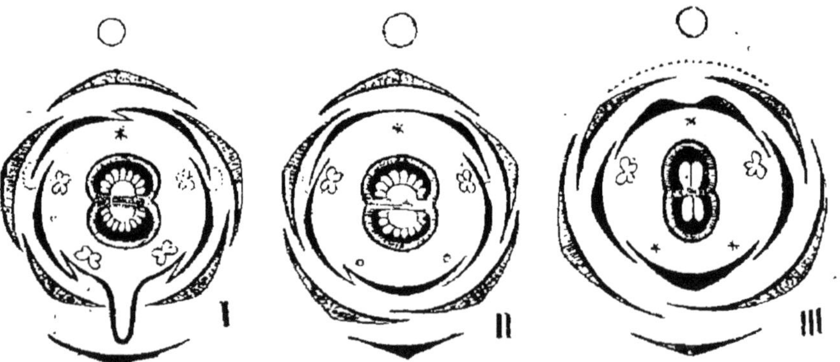

Fig. 451. — Diagrammes de diverses Scrophulariacées. — I. *Linaria.* — II. *Gratiola.* — III. *Veronica.*

droit, *axile dans un albumen* dont il occupe à peu près toute la longueur.

Les *Verbascum*, représentés par de très nombreuses espèces, sont des plantes émollientes. Tel est le *V. Thapsus* L. ou *Bouillon blanc* des officines.

Celsia L. — L'étamine postérieure manque dans le genre voisin *Celsia*, qui nous conduit ainsi aux deux autres tribus, où on ne rencontre jamais plus de 4 étamines fertiles.

Tribu II. — Antirrhinées.

Corolle zygomorphe, à préfloraison imbriquée descendante. — Jamais plus de 4 étamines fertiles, quelquefois avec un rudiment de la postérieure.

Description de l'Antirrhinum majus L. — L'*A. majus* L. (*Muflier des jardins*, *Gueule de Loup*, etc.) est une herbe vivace qui croît souvent sur les murs, sur le bord des chemins, etc. Ses tiges dressées et cylindriques (pouvant atteindre 30 à 60 centim.) sont pourvues de *feuilles* lancéolées, · *opposées ou même ternées*, tout au moins dans le bas, sans stipules.

Les fleurs sont grandes, généralement purpurines, réunies en grappes terminales. Elles sont *nettemement zygomorphes* (V. p. 90, fig. 63).

Le calice est profondément fendu en cinq lobes qui, *dans le bouton, se recouvrent d'avant en arrière*. La corolle, pourvue d'un tube large, ventru en avant, est nettement bilabiée au sommet, suivant le type 2/3. Elle réalise le type *personné* (v. p. 93), et sa gorge est fermée par un palais. Ses lobes sont *à préfloraison descendante*.

La cinquième étamine postérieure *disparaît ici sans laisser de trace*. Les quatre qui restent sont *didynames*, les antérieures étant les plus longues. *Les anthères sont à loges distinctes*.

Comme chez les Molènes, l'ovaire est à 2 loges, contenant de nombreux ovules. Le style filiforme est à peine renflé à son sommet stigmatifère.

Le fruit est une *capsule oblique* (fig. 452), accompagnée par le

Fig. 452. — *Antirrhinum majus* : fruit.

calice persistant, chaque loge s'ouvrant, *vers son sommet, par 1 à 2 pores irréguliers.*

Les graines, ainsi que dans toute la famille, d'ailleurs, sont construites comme chez les Molènes.

Autres genres. — LINARIA. — Les *Linaria* Juss. (fig. 453 et 454) et les *Cymbalaria* Baumg. ne se distinguent guère des *Antirrhinum* que par

Fig. 453. — Linaire : fleur grossie.

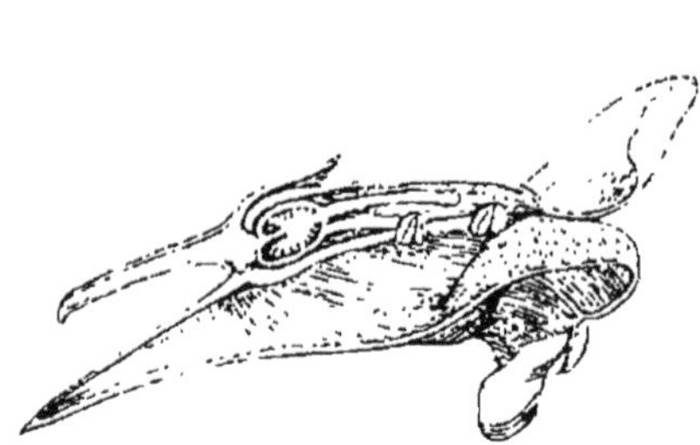

Fig. 454. — Linaire : fleur coupée.

deux caractères tranchés : la protubérance antérieure du tube de la corolle est remplacée par *un éperon creux glanduleux,* et *le calice est à préfloraison descendante* (fig. 451, 1).

SCROPHULARIA L. — Le tube de la corolle est large et uniformément

Fig. 455. — Scrophulaire : fleur grossie.

Fig. 456. — Scrophulaire : fleur coupée.

renflé chez les *Scrophularia* L. (fig. 455 et 456), et le limbe est à 5 lobes étroits. — *La cinquième étamine est quelquefois ici représentée par une écaille postérieure.* — Enfin la capsule est à *déhiscence septicide.*

CHELONE; PENTASTEMON. — Tel est également le mode de déhiscence du fruit chez les *Chelone* L. et *Pentastemon* Mitchell, chez lesquels la cinquième étamine est remplacée par un staminode linéaire.

PAULOWNIA Sieb. et Zucc. — Ce dernier s'efface tout à fait chez le *Pau-*

lownia tomentosa Thunb., Scrophulariacée arborescente du Japon, remarquable, d'ailleurs, par ses *capsules loculicides*, et ses grandes fleurs violettes et odorantes.

GRATIOLA L. — La réduction de l'androcée, dans cette tribu, est poussée plus loin encore chez les *Gratiola* L. (fig. 451, 11) où, *non seulement l'étamine postérieure, mais encore les deux antérieures avortent ou sont remplacées par des staminodes.* — Ce sont des herbes à feuilles opposées et à fleurs solitaires ; leur capsule s'ouvre en 4 valves (*en déhiscence à la fois loculicide et septicide*).

Tribu III. — Rhinanthées.

Corolle zygomorphe, à préfloraison imbriquée ascendante. — Jamais plus de 4 étamines fertiles, avec ou sans rudiment d'une étamine postérieure.

Cette dernière tribu renferme un grand nombre de plantes demi-parasites.

DIGITALIS T. — A ce groupe se rattachent les Digitales (fig. 457), plantes herbacées ou frutescentes, pourvues de *feuilles alternes*, et dont les *tiges dressées* se terminent par des *grappes unilatérales* de grandes fleurs, remarqua-

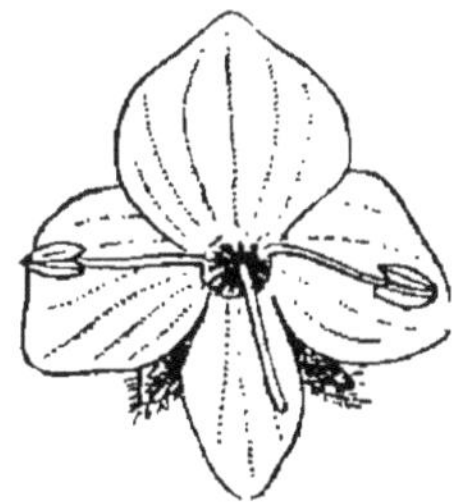

Fig. 457. — Digitale pourprée.   Fig. 458. — Véronique : corolle grossie.

bles par leur *corolle en doigt de gant*. Le tube ventru de cette dernière se termine par un limbe étroit à deux lèvres, dont l'inférieure est la plus développée. — L'androcée est formé par *4 étamines didynames*, portant des *anthères à loges confluentes*.

Le fruit est une capsule qui s'ouvre, vers le haut seulement, en deux valves suivant les deux nervures dorsales, et qui laissent au centre les placentas.

VERONICA L. — Les *Veronica* L. (fig. 458 et fig. 451, III) sont très distinctes des Digitales par leur *corolle à tube court, ordinairement rotacée*, pourvue d'un *limbe à 5 lobes, ou à 4 lobes seulement*, le lobe postérieur étant alors formé par la confluence plus ou moins complète de deux de leurs pétales. Le calice est lui-même tétramère, mais par l'avortement du sépale postérieur.

L'androcée se réduit à deux étamines fertiles, les deux antérieures et la postérieure avortant, ou n'étant représentées que par des staminodes. Le fruit, parfois uniloculaire par insuffisance de la cloison, est une *capsule loculicide.*

Ce genre est représenté par un très grand nombre d'espèces, de taille et de port très variés. — Les fleurs, roses, blanches ou bleues, forment assez souvent des épis terminaux.

MELAMPYRUM L., EUPHRASIA L., ODONTITES L., etc. — Les Digitales et les Véroniques sont des plantes toujours indépendantes. Un grand nombre de Rhinanthées, remarquables, en outre, par leur corolle bilabiée, dont la lèvre supérieure affecte la forme d'un casque ou d'un capuchon, sont demi-parasites (V. p. 146). Tels sont les *Melampyrum* L., *Euphrasia* L., *Odontites* Pers., *Rhinanthus* L., etc.

Caractères généraux. — *Plantes de toute grandeur*, ordinairement revêtues de poils de formes diverses, assez souvent glanduleux.

Feuilles toujours simples, entières ou diversement découpées, *alternes, opposées ou verticillées*, affectant ces deux modes d'insertion parfois sur la même plante. *Point de stipules.*

Les fleurs ne terminent jamais les axes principaux. Elles sont solitaires, en grappes, en épis, ou en cymes axillaires diversement associées.

Considérées en elles-mêmes, *les fleurs sont hermaphrodites, toujours plus ou moins zygomorphes, 5-mères ou, en apparence, 4-mères*, par suite de la coalescence de deux des pièces de la corolle, ou par avortement d'un des sépales.

Calice persistant, à préfloraison quinconciale ou imbriquée, et alors descendante (chez la plupart des *Antirrhinées*) ou ascendante (comme chez les *Verbascées*).

Corolle plus ou moins longuement tubuleuse, rotacée ou bien à tube plus ou moins long, souvent gibbeux, quelquefois éperonné. Lobes du limbe fréquemment répartis en deux lèvres suivant le type 2/3, et lèvre supérieure fréquemment concave. Gorge fermée ou non par un palais. Préfloraison imbriquée descendante (*Antirrhinées*) ou ascendante (*Rhinanthées*). Limbe jamais plissé.

Étamines indépendantes, portées par la corolle, théoriquement au nombre de cinq, *rarement toutes fertiles* (*Verbascum*), la postérieure presque toujours stérile ou nulle, quelquefois aussi les deux antérieures absentes ou remplacées par des staminodes. *Anthères biloculaires, à loges toujours distinctes ou confluentes à la fin, toujours introrses, à déhiscence longitudinale.*

Ovaire, ordinairement entouré *d'un disque* annulaire ou unilatéral, formé par *deux carpelles médians, à deux loges. Ovules anatropes ou semi-anatropes, fixés, en plus ou moins grand nombre*, sur des *placentas axiles. — Style simple, terminal. Stigmate* entier ou plus ou moins bilobé.

Fruit : baie ou, plus fréquemment, *capsule déhiscente de diverses manières* (déhiscence poricide, septicide ou loculicide, les placentas demeurant le plus souvent adhérents à l'axe central du fruit) (1).

Graines plus ou moins nombreuses, de taille et d'aspect variables. *Embryon droit ou légèrement arqué, dans l'axe d'un albumen charnu, ordinairement abondant.*

(1) Ainsi qu'on le voit par ces exemples, la déhiscence d'une capsule peut être en même temps septifrage, et loculicide ou septicide (v. p. 129).

Corolle rotacée à limbe large, subactinomorphe. — Le plus souvent 5 étamines fertiles, plus rarement 4. — Capsule septicide. — Herbes ou arbrisseaux ordinairement cotonneux. Feuilles alternes.

Tribu I. — Verbascées.

- 5 étamines fertiles .... → *Verbascum* L. (Environ 160 espèces. Europe; Amérique du Nord; Asie occidentale).
- 4 étamines seulement .... → *Celsia* L. (37 espèces. Région méditerranéenne; Abyssinie; Asie occidentale; Indes, etc.).

Corolle nettement zygomorphe et bilabiée; lèvre supérieure recouvrant l'inférieure dans la préfloraison. — Cinquième étamine postérieure toujours nulle ou remplacée par un staminode. — Feuilles ordinairement opposées, au moins dans le bas des axes.

Tribu II. — Antirrhinées.

Corolle personnée. — Base du tube prolongée en éperon ou formant un renflement antérieur sacciforme. — Capsule à déhiscence poricide.

Tube de la corolle pourvu d'un éperon.

- Corolle courtement éperonnée. — Feuilles palmatinerviées. — Fleurs axillaires et solitaires.. → *Cymbalaria* Baumg. (9 espèces. Région méditerranéenne; Europe occidentale).
- Corolle longuement éperonnée. — Feuilles penninerviées. — Fleurs en grappes............ → *Linaria* Juss. (Environ 95 espèces. Ancien et Nouveau Continents).
- Corolle à tube ventru antérieurement...... → *Antirrhinum* L. (22 espèces environ. Hémisphère Nord, surtout en Amérique).

Sans éperon, sans renflement sacciforme ni palais faire à déhiscence jamais poricide. — Fleurs le plus souvent associées en inflorescences plus ou moins complexes. — 4 étamines didynames. — Capsule septicide.

- Tube de la corolle ventru, oblique. Limbe à 5 lobes étroits. — Souvent cinquième étamine représentée par une écaille. Loges des anthères confluentes............ → *Scrophularia* L. (114 espèces. Hémisphère Nord, et surtout région méditerranéenne).

Corolle nettement bilabiée. — Staminode postérieur filiforme.

- Graines membraneuses, ailées. — Fleurs en épis ou en grappes.. → *Chelone* L. (4 espèces. Amérique du Nord).
- Graines anguleuses, non ailées. — Fleurs solitaires, en grappes ou en panicules................ → *Pentastemon* Mitchell. (82 espèces. Surtout Amérique du Nord).

- Capsule loculicide, mais les placentas n'étant pas entraînés. — Corolle bilabiée, à large tube. — Point de staminodes. — Arbre à grandes feuilles. — Fleurs grandes, en grappes dressées............ → *Paulownia* Sieb. et Zucc. (P. tomentosa Thunb. Japon).

Corolle tubuleuse, Fruit capsule.

- Fleurs axillaires et solitaires. — Corolle à tube large, et limbe à deux lèvres. — 2 étamines fertiles seulement, la postérieure et les deux antérieures nulles ou réduites à l'état de staminodes. — Capsule s'ouvrant en 4 valves (déhiscence loculicide et septicide à la fois). — Herbes à feuilles opposées........................ → *Gratiola* L. (Environ 24 espèces, dispersées dans le monde entier).

Corolle nettement zygomorphe, les deux lobes postérieurs unis ou non en une lèvre supérieure, recouverts par les deux lobes latéraux. — 2-4 étamines, didynames dans ce dernier cas. — Capsule loculicide ou septicide. — Plantes souvent demi-parasites.

Tribu III. — Rhinanthées.

Lobes du limbe plans et ne formant jamais une lèvre supérieure concave. — Loges des anthères plus ou moins confluentes. — Plantes jamais parasites.

- Corolle à tube court, rotacée; limbe à 5 lobes ou à 4 par confluence des deux postérieurs. — 2 étamines fertiles seulement, les deux antérieures et la postérieure abortives. — Capsule biloculaire ou uniloculaire par insuffisance de la cloison, loculicide. — Fleurs ordinairement en grappes ou en épis, rarement solitaires ... → *Veronica* L. (Environ 200 espèces. Contrées tempérées et froides de l'Hémisphère Nord).
- Corolle en doigt de gant. — Tube très développé et ventru, limbe à deux lèvres, l'inférieure la plus grande. — 4 étamines didynames rapprochées par paires. Anthères à loges confluentes. — Capsule septicide. — Feuilles alternes; fleurs en grappes terminales unilatérales ..... → *Digitalis* L. (Environ 22 espèces. Ancien Continent).

Lobes supérieurs du limbe formant une lèvre concave. — 4 étamines didynames. Anthères à loges confluentes. — Capsule loculicide. — Plantes demi-parasites.

Loges de l'ovaire 2-ovulées.

- Loges de l'ovaire 2-ovulées. — Anthères rapprochées par paires, à loges souvent prolongées en pointe en dessous............ → *Melampyrum* L. (25 espèces. Surtout dans l'Ancien Continent).

Loges de l'ovaire pluriovulées.

- Lèvre supérieure à bords réfléchis....... → *Euphrasia* L. (Environ 50 espèces. Sur les deux Hémisphères).

Lèvre supérieure à bords non réfléchis.

- Feuilles alternes ou verticillées; fleurs en grappes ou en épis.................. → *Pedicularia* L. (Environ 250 espèces. Régions montagneuses, sur les deux Continents).
- Feuilles opposées. Fleurs jaunes, axillaires............ → *Rhinanthus* L. (2 espèces. Europe; Asie).

Considérations anatomiques. — Si, comme les Solanacées, les Scrophulariacées sont fréquemment munies de poils glanduleux et capités, elles se distinguent nettement de cette famille par leurs faisceaux qui ne sont jamais accompagnés de liber médullaire.

Affinités. — La famille des Scrophulariacées se lie, par ses diverses subdivisions, aux différentes familles à corolle bilabiée et à ovaire supère. C'est cependant avec les Solanacées qu'elle montre les liens les plus étroits (V. p. 1128). Ses caractères distinctifs les plus importants, à l'égard des Solanacées, sont les suivants :

Leurs fleurs à zygomorphie toujours plus ou moins complète et rigoureusement médiane, et la place qu'elles occupent constamment sur des axes latéraux ;
Leur androcée presque toujours incomplet ou partiellement stérile ;
Leurs feuilles assez souvent opposées ;
Leur embryon toujours droit ou à peine arqué ;
L'absence de liber interne.

Distribution géographique. — Ces plantes sont représentées à peu près dans toutes les régions et sous tous les climats du globe, mais surtout dans la zone tempérée des deux hémisphères.

Propriétés générales. Plantes importantes. — Les propriétés des Scrophulariaciées sont assez variables. Beaucoup d'entre elles renferment des substances amères et âcres, excitantes ou purgatives, auxquelles s'ajoutent souvent des résines, des huiles essentielles, etc. Quelques-unes, telles que la Digitale, contiennent des principes spéciaux d'une grande activité.

La Digitale pourprée (*Digitalis purpurea* L.), remarquable par ses belles fleurs purpurines, marquées de taches plus foncées en dedans de la lèvre inférieure, est une herbe vivace qui croît dans les terrains siliceux de presque toute l'Europe (elle manque dans le Jura et dans les Alpes) et du Nord de l'Afrique. Sa composition chimique, très complexe, a fait l'objet de nombreux travaux. Ses propriétés sont dues à des glucosides (*Digitanine, Digitaline, Digitaléine*) et surtout à la *Digitoxine*. On l'emploie comme diurétique et cardiaque.

Quelques espèces voisines (*D. lutea* L., *D. ferruginea* L., *D. Ochroleuca* Jacq., etc.) ont les mêmes propriétés, mais leur activité est moindre.

Les Molènes, et surtout le *Bouillon blanc* (*Verbáscum Thapsus* L.), dont les feuilles décurrentes et les tiges sont couvertes de poils rameux à ramifications disposées par verticilles étagés (V. p. 28, fig. 17), sont des plantes émollientes.

La Gratiole (*Gratiola officinalis* L.) (fig. 459), commune dans nos régions, mais qui se rencontre aussi dans l'Amérique du Nord et au Sud de la Sibérie, est une herbe palustre éméto-cathartique. Elle doit ses propriétés à un glucoside, la *Gratioline*. Son emploi dans la médecine populaire lui a valu le nom d'*Herbe à pauvre homme*.

La Véronique officinale (*Veronica officinalis* L.) est employée, dans les campagnes, en infusions stimulantes et digestives (d'où son nom populaire de *Thé d'Europe*). C'est une herbe rampante, pubescente, dont les fleurs, d'un bleu pâle, forment des épis terminaux.

Le *Veronica Beccabunga* L. (*Cresson des chiens*) végète dans l'eau, et se distingue par ses tiges beaucoup plus molles. Il a été employé, ainsi que plusieurs autres espèces voisines, comme antiscorbutique et diurétique.

Fig. 459. — Gratiole.

Le *Leptandra virginica* Nutt. (*Veronica virginica* L.) est employé, aux États-Unis, comme émétho-cathartique. On utilise, dans les mêmes régions, comme antisyphilitique et purgatif, le *Brunfelsia uniflora* L., dont la racine est connue sous le nom de *R. de Manaca*.

On employait encore autrefois, contre les maladies des yeux, l'hydrolat de l'*Euphrasia officinalis* L.

Le Muflier des jardins était usité comme résolutif et émollient, ainsi que le *Linaria vulgaris* L.

Les graines du *Melampyrum arvense* L., mêlées à celles du Blé, leur communiquent, dit-on, des propriétés délétères.

Le *Scrophularia nodosa* L. (Scrophulaire, *Herbe aux Hémorrhoïdes*) était réputé efficace contre les affections scrofuleuses.

FAMILLE II. — LENTIBULARIACÉES.

Ces plantes, représentées par 250 espèces environ, dans les contrées chaudes et tempérées du globe, sont très voisines des Scrophulariacées ;

les Utriculaires (*Utricularia* L.) ont même la corolle personnée et éperonnée des *Linaria*.

Les Lentibulariacées se différencient, cependant, par *leurs étamines toujours réduites à deux* (les deux antérieures de l'androcée 5-mère), *leur ovaire uniloculaire, à placentation centrale, leur graine sans albumen.* Elles se distinguent enfin par *leur port.*

Les *Pinguicula* T. (*Grassettes*) et les *Utricularia* L. (*Utriculaires*) sont représentés par quelques espèces indigènes.

Les premières ont des feuilles charnues, disposées en rosettes et chargées de poils glanduleux ; ceux-ci laissent exsuder un liquide qui agit, sur les albuminoïdes, comme le suc que sécrètent les feuilles des Droséracées (v. p. 161). Les secondes, qui végètent dans les eaux douces, sont remarquables par leurs feuilles découpées en segments linéaires, comme celles des Renoncules aquatiques (v. p. 80 et 686). A l'aisselle de ces dernières, ou à leur place même, se développent des utricules dont la nature morphologique est très discutée. D'abord remplies d'un mucus qui les alourdit, ces utricules laissent ensuite pénétrer dans leurs tissus un gaz qui permet à la plante, d'ailleurs dépourvue de racines, de gagner la surface de l'eau où s'effectue la fécondation. Puis l'air est remplacé de nouveau par du mucilage, et la plante est de nouveau submergée pour mûrir ses graines.

Les Utriculaires indigènes (*U. vulgaris* L., *U. minor*, etc.) sont encore quelquefois employées contre les plaies et les brûlures. On les croyait autrefois efficaces contre la dysurie.

La Grassette commune (*Pinguicula vulgaris* L.) est laxative, et a été employée comme vulnéraire. Elle exerce, dit-on, une action nuisible sur le bétail.

FAMILLE III. — BIGNONIACÉES.

Ces végétaux, au nombre de 450 espèces environ, sont presque tous spéciaux aux régions tropicales. Leur principal centre géographique est dans le Nouveau Continent.

Elles se distinguent essentiellement des Scrophulariacées, dont elles sont très voisines, par les caractères suivants :

Ce sont des plantes le plus souvent ligneuses, souvent grimpantes à l'aide de vrilles foliaires.

Les feuilles sont généralement composées et opposées.

La corolle, zygomorphe, est toujours à préfloraison cochléaire descendante.

Les placentas sont, dans chaque loge, profondément divisés en deux lobes ordinairement couverts d'ovules. L'ovaire est quelquefois uniloculaire, à placentation pariétale.

Les graines sont ordinairement aplaties, marginées ou ailées.

L'albumen fait défaut.

Les Bignoniacées ligneuses et grimpantes se caractérisent par la structure anormale de leurs tiges. L'écorce et le liber pénètrent profondément, sous forme de coins, dans le cylindre ligneux, qui se montre ainsi entaillé plus ou moins irrégulièrement. La masse du bois peut même se trouver complètement divisée en segments distincts.

Usages. — Peu de plantes de cette famille peuvent être considérées comme médicinales.

Le *Jacaranda procera* Sprengel (*Bignonia Copaia* Aubl.), du Brésil, est astringent. Ses feuilles sont employées, comme un succédané de la Salsepareille, dans les affections syphilitiques. Le *J. lancifolia* a été préconisé comme antiblennorrhagique.

Le *Bignonia Chica* H. B., des bords de l'Orénoque, contient une matière colorante rouge.

Le *Tecoma Leucoxylon* Mart. passe pour l'antidote du Mancenillier. Cette plante est, en réalité, simplement sudorifique.

Les fruits du *Calebassier* (*Crescentia Cujete* L.), des Antilles et de l'Amérique tropicale, sont employés à divers usages industriels.

Le bois d'un certain nombre de Bignoniacées est utilisé dans l'industrie.

FAMILLE IV. — PÉDALIACÉES.

Plantes du Cap et des régions intertropicales.

Comme les Bignoniacées, ces végétaux ressemblent beaucoup aux Scrophulariacées.

Leurs caractères distinctifs essentiels, à l'égard de ces dernières, sont les suivants :

Leur surface est souvent pourvue de poils vésiculeux, contenant du mucilage.

Leur fruit est loculicide, ou septicide et loculicide à la fois, mais laissant toujours en place les cloisons séminifères, ou indéhiscent.

Leur graine renferme un embryon droit, entouré d'un léger albumen.

Usages. — Une seule d'entre elles mérite d'être signalée pour son utilité : le *Sesamum indicum* DC., plante annuelle du Japon, de l'Inde, de Ceylan, propagée par la culture en Perse, en Égypte, en Turquie, etc.

Ses graines fournissent l'*Huile de Sésame*, qui peut servir à l'alimentation.

FAMILLE V. — ACANTHACÉES.

Ces plantes, presque exclusivement tropicales (l'*Acanthus mollis* L. et l'*A. spinosus* L. croissent dans le Midi de la France et de l'Europe), ressemblent beaucoup aux Bignoniacées. Leurs principaux caractères distinctifs sont les suivants :

Ce sont des plantes généralement non grimpantes, à feuilles toujours simples et sans vrilles.

Les ovules sont campylotropes ou semi-anatropes.

Le fruit est déhiscent en deux valves médio-placentifères.

La structure de leur tige est normale, sauf exceptionnellement chez quelques formes grimpantes.

Elles se distinguent des Scrophulariacées par *leur graine sans albumen*.

Les poils simples qui revêtent les tiges et les feuilles des Acanthacées sont entremêlés, le plus souvent, de poils capités. En outre, ces plantes possèdent souvent des cystolithes (V. p. 20 et 21).

Propriétés. Usages. — La plupart des Acanthacées contiennent un mucilage, accompagné ou non d'un principe amer.

Les Acanthes indigènes sont émollientes.

On emploie dans la pharmacopée anglo-indienne, comme tonique, amer et stomachique, l'*Andrographis paniculata* Nees., de l'Inde.

Les feuilles de l'*Adhatoda Vasica* Nees., de l'Inde, sont fumées, au Bengale, en guise de Tabac.

L'*Hygrophila spinosa* T. And. (*Asteracantha longifolia* Nees.), de Ceylan, est diurétique, etc.

Certaines Acanthacées possèdent des huiles essentielles et sont aromatiques, comme le *Thunbergia fragrans* L., de l'Indo-Chine et des Iles Malaises.

Le *Justicia Gendarussa* L. (Archipel Malais) est astringent.

FAMILLE VI. — GESNÉRACÉES.

Les Gesnéracées, également propres aux régions tropicales, se distinguent des familles voisines, entre autres caractères, par *leurs carpelles presque toujours ouverts et concrescents en un ovaire uniloculaire, à placentation pariétale. — Leur fruit est indéhiscent, charnu ou sec. — La graine est albuminée ou non, et déhiscente en 2 valves médio-placentifères.*

Un assez grand nombre de Gesnéracées (*Gesnera, Columnea*, etc.), sont cultivées à titre de plantes ornementales.

FAMILLE VII. — OROBANCHACÉES.

Un caractère bien net sépare les Orobanchacées des autres familles de Labiatiflores, *leur parasitisme complet et l'absence de chlorophylle dans leurs tissus.*

Comme chez la plupart des Acanthacées, *l'ovaire est uniloculaire, et les deux placentas pariétaux sont divisés en deux branches couvertes d'ovules anatropes.* — Le fruit s'ouvre plus ou moins complètement en deux valves médio-placentifères, et l'embryon minime occupe l'une des extrémités d'un abondant albumen.

Ces plantes ne sont plus employées en médecine (1).

Elles sont assez abondantes dans la région méditerranéenne, où certaines d'entre elles vivent aux dépens de nos cultures (l'*Orobanche minor* Sutton. par exemple, sur le Trèfle et la Carotte ; l'*O. rubens* Wallr. sur la Luzerne ; le *Phelipæa ramosa* Meg. sur le Tabac et le Chanvre, etc.).

(1) Certaines Orobanches étaient autrefois employées comme toniques et antispasmodiques : il en était de même du *Lathræa squamaria* L., qui vit aux dépens de la Vigne.

FAMILLE VIII. — GLOBULARIACÉES.

Cette famille n'est composée que du genre Globulaire (*Globularia* L.), propre à l'Europe tempérée, et surtout représenté dans la zone méditerranéenne.

Plusieurs particularités intéressantes caractérisent ces plantes :

Les fleurs sont groupées en épis ou en capitules terminaux involucrés qui rappellent les inflorescences des Dipsacées et des Composées. Leurs anthères, réniformes et à loges confluentes, s'ouvrent par une fente unique.

L'ovaire uniloculaire ne contient qu'un seul ovule anatrope, suspendu au sommet de la loge (1).

Leur fruit est généralement un caryopse.

Comme chez les Scrophulariacées, *l'embryon est droit dans l'axe d'un albumen abondant.*

Les Globulariacées sont souvent munies de petits poils glanduleux, formés d'une tête bicellulaire et d'un pied ; celui-ci s'enfonce entre les cellules voisines de l'épiderme qui rayonnent tout autour en forme de rosace (2).

Propriétés générales. Usages. — Cette famille est représentée par le seul genre *Globularia* L., dont les diverses espèces croissent dans les régions les plus chaudes de l'Europe, et surtout dans la zone méditerranéenne.

Ce sont des plantes légèrement purgatives.

Les feuilles de la *Globulaire Turbith* (G. *Alypum* L.) sont employées comme telles sous le nom de *Séné de Provence*. Indépendamment du tannin, de la mannite, de l'acide cinnamique, etc., ces feuilles contiennent un glucoside, la *Globularine*, et de la *Globularétine*. C'est à ce dernier principe que la plante paraît devoir ses propriétés.

On peut substituer sans inconvénient, à la Globulaire Turbith, d'autres espèces voisines, telles que les G. *nudicaulis* L. et *vulgaris* L.

Les **STILBINACÉES**, végétaux éricoïdes de l'Afrique australe, les **MYOPORACÉES** de l'Australie et de l'Océanie, les **SÉLAGINACÉES** exclusivement africaines, etc., ne nous offrent aucun intérêt.

(1) Cet ovule appartiendrait, d'après Payer, au carpelle postérieur.
(2) V. Heckel, *Étude monographique de la famille des Globulariées*, 1891.

FAMILLE IX. — PLANTAGINACÉES.

Fleurs hermaphrodites ou unisexuées, le plus souvent 4-mères en apparence. — Corolle tubuleuse hypogyne, imbriquée. — Généralement 4 étamines de longueur égale; anthères biloculaires et introrses. — Ovaire généralement 2-loculaire, à loges égales ou inégales. — Ovules amphitropes, peltés. — Fruit : capsule pyxidaire ou nucule indéhiscent. — Embryon droit dans l'axe d'un albumen charnu.

Plantes herbacées, à feuilles alternes et entières. — Fleurs ordinairement en épis.

Description du Plantago media L. — Le Plantain moyen (*Plantago media* L.) (fig. 460, I) est une *herbe vivace*, très commune dans nos champs et sur le bord de nos chemins, pourvue de *feuilles toutes radicales*, grandes, ovales et entières, atténuées en un court pétiole à la base, marquées de 5-7 *nervures longitudinales* saillantes, *alternes et sans stipules*.

Du milieu des feuilles s'élève *une hampe* nue terminée par un *épi* cylindrique et obtus composé de fleurs rougeâtres.

Celles-ci sont *hermaphrodites, actinomorphes et 4-mères en apparence* (II et III).

Le *calice* est formé de 4 pièces à peu près libres (1), *diagonalement placées*, les deux antérieures recouvrant les deux autres. — *La corolle, tubuleuse et hypogyne, est à 4 lobes dont la préfloraison est imbriquée* (2).

En alternance avec ces lobes, se montrent *4 étamines insérées* au fond du tube de la corolle, de longueur égale ; *les anthères sont introrses et versatiles,* apiculées, *déhiscentes par deux fentes longitudinales.*

L'ovaire supère est formé par *deux carpelles antéro-postérieurs ;* ses *deux loges* renferment chacune un (rarement 2) (3) *ovule semi-anatrope, ascendant, à raphé ventral.* — *Le style, simple et terminal,* filiforme, est muni, sur ses deux tiers supérieurs, de deux zones papilleuses correspondant aux deux commissures des carpelles.

Le *fruit* (IV) est une *capsule submembraneuse,* apiculée, *à déhiscence pyxidaire.* Dans chacune de ses deux loges est contenue une *graine aplatie* (V et VI), rougeâtre, renfermant *un embryon droit, axile dans un albumen charnu.*

La fleur des Plantains, typiquement 5-mère, n'est, d'après

(1) Les deux antérieures sont concrescentes chez certaines espèces.
(2) Les deux latéraux sont souvent extérieurs.
(3) Le nombre des ovules et des graines varie chez les Plantains.

Eichler, tétramère qu'en apparence, et doit être interprétée comme la fleur des *Veronica* (v. p. 1136). Le sépale postérieur serait donc

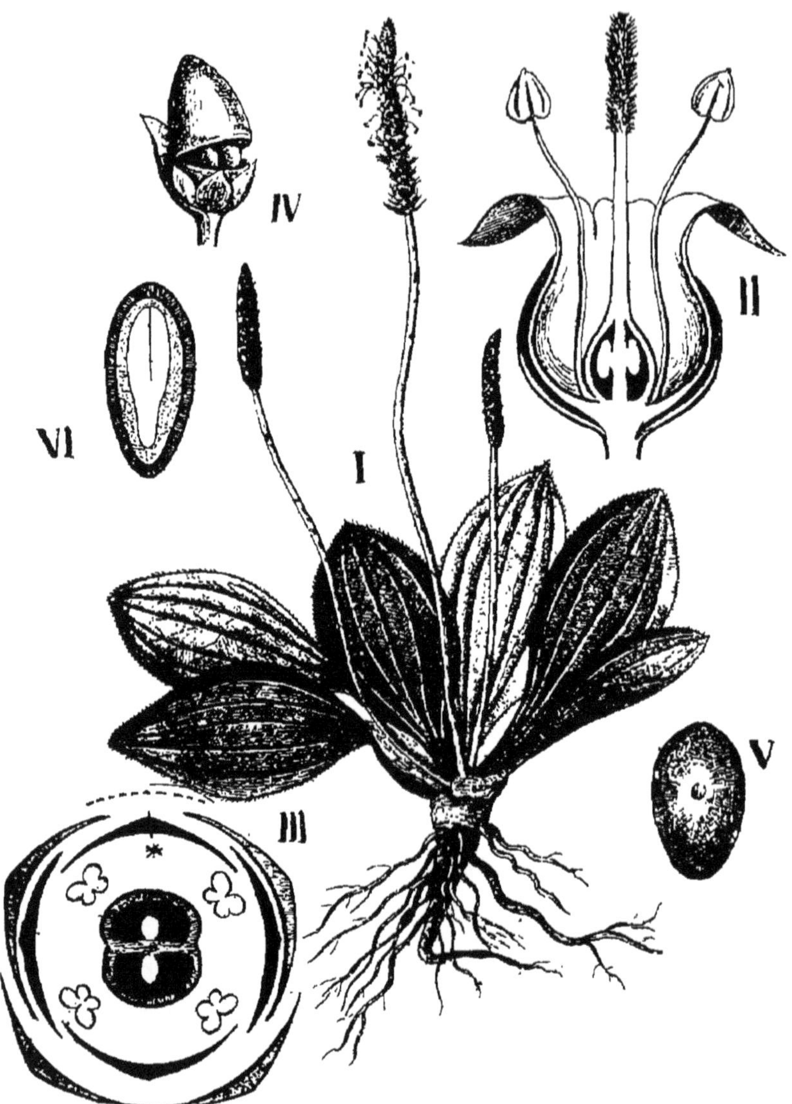

Fig. 460. — Organisation d'un Plantain (*Plantago media* L.). — I. Plante entière. — II. Fleur en coupe longitudinale. — III. Diagramme.—IV. Fruit déhiscent.—V. Graine entière (vue du côté du hile). — VI. Graine en coupe longitudinale (Courchet. Diagramme, d'après Eichler).

abortif, ainsi que l'étamine correspondante, et les deux pétales postérieurs seraient concrescents en une pièce unique.

Autres genres. — LITTORELLA. — Le *Littorella lacustris* L., plante herbacée vivace qui croît dans nos étangs, se distingue par ses *feuilles charnues*, subulées et arquées, *formant rosette*.

Du milieu des feuilles sort *une hampe que termine une fleur mâle, au-dessous de laquelle sont insérées deux fleurs femelles, à l'aisselle de deux bractées membraneuses.*

La *fleur mâle* est pourvue d'un calice à 4 *sépales presque libres*, dont les deux latéraux sont extérieurs. La *corolle*, scarieuse et tubuleuse, est à 4 *lobes diagonalement placés, à préfloraison ascendante*. Les étamines sont au nombre de 4, deux médianes et deux latérales. Au centre est un rudiment de pistil.

Le calice se réduit à 2-3 *sépales chez la fleur femelle*. La corolle tubuleuse se termine par *un orifice à 2 lèvres;* elle enveloppe un *ovaire à 2 loges* dont la postérieure est ordinairement très réduite et stérile, l'antérieure contenant *un seul ovule dressé, campylotrope*.

Le fruit est un *nucule osseux* qui ne renferme qu'une seule graine peltée, à testa membraneux.

Les caractères généraux sont suffisamment exposés en tête de la famille.

Affinités. — La place des Plantaginacées parmi les Labiatiflores est plus difficile à établir que celle des familles précédentes. Mais si l'on admet l'analogie, signalée plus haut, entre la fleur des Plantains et celle des Véroniques, les liens qui unissent les Plantaginacées aux autres groupes du Sous-Ordre sont plus faciles à comprendre.

Les Plantaginacées ne s'en distinguent pas moins par *leur port spécial, leurs fleurs, en apparence au moins, 4-mères et actinomorphes, leurs ovules et leurs semences peltés, la nature de leur fruit*.

Distribution géographique. — Plantes des régions tempérées des deux hémisphères, et surtout de l'Hémisphère Boréal, en Amérique et en Europe. On ne les trouve guère, sous les tropiques, que dans les régions montagneuses.

Plantes importantes. — Les feuilles des Plantains sont légèrement astringentes. L'eau distillée de la plante entière est utilisée comme collyre. Les *Plantago major* L., *media* L., *lanceolata* L., etc., peuvent être indifféremment employés.

Le *P. Psyllium* L. (*Herbe aux puces*) (1) se caractérise par ses tiges rameuses, ses feuilles linéaires, ses fleurs en capitules ovoïdes,

____

(1) A cause de la forme et de la couleur des graines.

pourvus de courtes bractées. L'épisperme gélifiable des graines fournit un mucilage semblable à celui des semences de Coing. — Les graines d'une espèce voisine, le *P. arenaria* Waldst., servent pour le gommage des mousselines.

On emploie en Orient, contre la diarrhée chronique, les graines du *P. decumbens* Forsk. (Iles Canaries, Égypte, Arabie, Indes, etc.), que l'on désigne sous le nom de *Semences d'Ispaghula*.

FAMILLE X. — LABIÉES.

(Voir les caractères distinctifs au tableau du Sous-Ordre).

Malgré le grand nombre de genres et d'espèces qu'elle renferme, cette vaste famille est l'une des plus homogènes et des mieux délimitées. La description d'une seule forme connue suffira pour l'exposition de ses principaux caractères.

Description du Lamium album L. — Le Lamier blanc ou *Ortie blanche* (*Lamium album* L.) est une *herbe vivace* qui fleurit, au printemps, dans les prairies et les haies (v. fig. 461).

Les *tiges* dressées sont *tétragones*, à angles ciliés. — *Les feuilles sont simples*, à limbe acuminé et denté, *pétiolées, sans stipules, opposées-décussées*.

Les *fleurs, hermaphrodites, complètes, nettement zygomorphes, à réceptacle convexe*, sont groupées en *petites cymes axillaires opposées* qui, à chaque nœud, simulent des verticilles, à la partie supérieure des axes.

Le *calice, gamosépale et persistant*, est campanulé, obscurément *bilabié suivant le type 3/2*. — *La corolle* est blanche, *nettement divisée en deux lèvres suivant le type 2/3* (fig. 462 et 463). La lèvre supérieure, obscurément bilobée à son extrémité, concave et recourbée en forme de casque, cache les étamines et le style ; la lèvre inférieure est franchement trilobée, le lobe médian étant beaucoup plus développé que les deux latéraux dentiformes.

Comme chez toutes les Labiées, *l'étamine postérieure manque*, et l'androcée est didyname (v. p. 98). Les filets sont arqués parallèlement sous la lèvre supérieure, les deux postérieurs étant les plus longs. *Les anthères sont introrses*, et les loges, fixées au connectif par leur sommet, divergent jusqu'à se placer dans le prolongement l'une de l'autre. *La déhiscence est longitudinale.*

L'*ovaire*, fixé sur *un disque assez épais*, est formé par *deux carpelles antéro-postérieurs et biovulés ;* mais, *chacun d'eux devenant biloculaire et profondément bilobé,* comme chez les Borraginacées proprement dites (v. p. 1108 et suiv.), il se forme *quatre logettes* dans chacune desquelles est *un ovule basilaire anatrope, dressé, à micropyle extérieur et infère* (apotrope). *Le style est gynobasique,* caduc, divisé, à son sommet, en *deux courts rameaux stigmatiques.*

Comme chez les Borraginacées vraies, le fruit est *une réunion de*

Fig. 462

Fleur de *Lamium* vue de face.

Fleur de *Lamium,* vue de profil.

Fig. 461. — Lamier blanc.

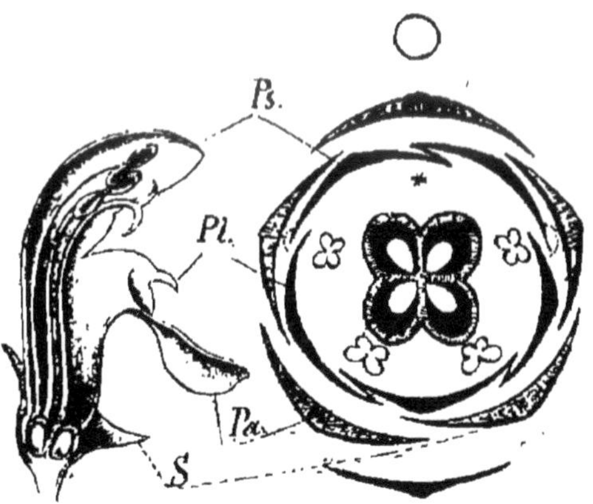

Fig. 463. — Fleur de *Lamium.* — Diagramme et coupe longitudinale : *s,* sépales ; P*a,* pétale antérieur ; P*l,* pétales latéraux ; P*s,* pétales supérieurs.

4 nucules (*tétrachaine*) accompagnés par le calice persistant. — La *graine, sans albumen,* renferme un *embryon droit, à cotylédons plans, un peu charnus.*

Divergences offertes par les autres genres. — Les principales divergences qui différencient les autres genres sont offertes par le port et la consistance de ces plantes, la forme du calice et de la corolle, la structure de l'androcée.

Port. — Les Labiées sont souvent des plantes herbacées à tiges dressées, rarement couchées (*Glechoma*, p. e.); d'autres sont frutescentes, comme le Romarin. Aucune d'elles n'est arborescente.

Calice. — Le calice, qui forme habituellement deux lèvres dont les divisions sont plus ou moins indépendantes ou fusionnées, est souvent aussi divisé, au sommet, en cinq dents égales ou presque égales (*Ballota, Stachys, Lamium*, etc.). Sa gorge est pourvue ou non de poils.

Fig. 464. — Germandrée : fleur grossie.

Corolle. — La corolle est, le plus souvent, divisée en deux lèvres dont la supérieure est plane ou presque plane (*Melissa, Calamintha, Satureia*, etc.), ou bien arquée et concave (*Salvia, Phlomis, Lamium*, etc.).

— *Les deux lobes supérieurs se fusionnent,* chez les **Menthées**, *en une pièce unique en apparence,* et la corolle paraît être tétramère et presque actinomorphe, comme chez les Véroniques. — Enfin *la lèvre supérieure manque chez les* **Teucriées** (fig. 464), soit que les deux lobes supérieurs demeurent rudimentaires (*Ajuga*), soit que, divisés par une fente médiane profonde, ils viennent se réunir aux trois lobes de la lèvre inférieure (*Teucrium*).

Étamines. — Presque toujours le nombre des étamines est de quatre; elles sont alors ordinairement inégales, les deux antérieures (**Lavandulées, Mélissées, Thymées**, etc.), ou les postérieures (**Népétées**) étant les plus longues. *Deux des étamines peuvent être stériles* (**Salviées**), et alors plus ou moins réduites (*Lycopus, Salvia, Monarda, Rosmarinus*). — Dans les anthères des étamines fertiles, les deux loges sont tantôt distinctes et juxtaposées, parallèles ou plus ou moins divergentes, tantôt confluentes en une seule. L'une des deux loges peut manquer (*Rosmarinus*). Enfin, chez les Sauges, le connectif transversal et articulé porte, sur l'une de ses branches, une loge fertile, et sur l'autre une loge stérile (v. p. 95, fig. 64, et le tableau, p. 1157).

Nous diviserons simplement des Labiées en cinq tribus, pour chacune desquelles nous ferons connaître les traits essentiels des genres les plus importants.

Caractères généraux. — *Fleurs ordinairement hermaphrodites, zygomorphes. — Calice persistant à 5 divisions égales, ou plus ou moins nettement bilabié suivant le type 3/2. — Corolle tubuleuse, bilabiée suivant 2/3, ou en apparence 4-mère et subactinomorphe, ou unilabiée. Préfloraison imbriquée descendante. — Étamines portées par la corolle, ordinairement 4 et didynames, rarement égales; parfois les deux antérieures ou, plus souvent, les deux postérieures stériles ou nulles. — Étamine postérieure toujours absente. — Sacs polliniques distincts ou confluents, parallèles ou divergents, un seul développé ou un seul fertile dans certains cas, séparés quelquefois l'un de l'autre par le développement transversal du connectif.*

Ovaire supère, ordinairement entouré ou supporté par un disque hypogyne, composé par deux carpelles médians, profondément bilobés et divisés en deux fausses loges contenant chacune 1 ovule anatrope, basilaire, dressé et apotrope. Style gynobasique ou latéral, bifide au sommet.

Fruit : 4 nucules monospermes (tétrachaine).

Embryon droit ou très peu recourbé, sans albumen ou entouré d'une faible couche d'albumen.

Plantes herbacées, sous-arbrisseaux ou rarement arbrisseaux, avec glandes externes à huile essentielle. — Tiges herbacées, tétragones. — Feuilles simples, opposées, sans stipules. — Fleurs en cymes axillaires, simulant souvent de faux verticilles, ces derniers groupés quelquefois au sommet des rameaux, et figurant de faux épis ou de faux capitules. — Feuilles florales parfois développées en bractées.

TRIBUS

LABIÉES.

Corolle à 4 lobes presque égaux. — Étamines 4, presque égales.. .... **I. — Menthées.**

Corolle nettement bilabiée. Style nettement gynobasique.

Quatre étamines fertiles, de longueur inégale.

Étamines antérieures plus longues.

Lèvre supérieure de la corolle plane ou très peu concave.

Étamines incluses, les antérieures infléchies sur la lèvre inférieure de la corolle.......................... **II. — Lavandulées.**

Étamines divergentes, non infléchies.... **III. — Thymées.**

Étamines arquées, divergentes à la base et rapprochées par leur sommet....... **IV. — Mélissées.**

Lèvre supérieure de la corolle arquée et concave. — Étamines parallèles.................................. **V. — Stachydées.**

Étamines antérieures plus courtes..... .... **VI. — Népétées.**

Deux étamines seulement, accompagnées ou non par deux staminodes................ **VII. — Salviées.**

Corolle unilabiée. — 4 étamines. — Style simplement inséré sur la face interne des carpelles, dont les lobes sont beaucoup moins profonds.. **VIII. — Teucriées.**

Tribu I. — Menthées.

Corolle à 4 lobes presque égaux. — Étamines 4, presque égales, dressées.

Quatre étamines toutes fertiles. — Anthères à loges parallèles.

Calice à 5 dents non aristées...... — *Mentha* L. (15 espèces, très répandues dans l'Ancien Continent).

Calice à 4 dents aristées, velu à l'intérieur.................... — *Preslia* Opitz. (*P. cervina* Fres. Rég. médit. occid.).

Les deux étamines antérieures seules fertiles, les deux autres staminodiales. Anthères à loges parallèles ou divergentes.. — *Lycopus* L. (7 espèces environ. Amérique du Nord et Ancien Continent).

Tribu II. — Lavandulées.

Corolle nettement bilabiée. — Étamines incluses, les antérieures plus longues, infléchies sur la lèvre inférieure de la corolle. — Loges des anthères confluentes au sommet.

Filets staminaux non appendiculés. — Disque formé de 4 lobes qui alternent avec les 4 nucules.................. — *Lavandula* L. (20 espèces. Région méditerranéenne; Iles Canaries; Indes).

Filets staminaux pourvus d'un petit appendice. — Disque à 4 lobes opposés aux 4 nucules.......................... — *Ocimum* L. (30 à 60 espèces. Parties les plus chaudes des deux Hémisphères, de l'Inde pour la plupart).

Tribu III. — Thymées.

Corolle nettement bilabiée, mais à lèvre supérieure plane ou faiblement concave. — Étamines 4, divergentes, les antérieures plus longues.

Filets staminaux rectilignes et divergents à partir de leur point d'insertion.

Fleurs groupées en petit nombre en faux verticilles distincts. — Calice bilabié...................... — *Thymus* L. (Environ 35 espèces, de l'Ancien Continent. Nombreuses surtout dans la région méditerranéenne; Iles Canaries: Abyssinie).

Fleurs nombreuses, serrées dans de faux verticilles, rapprochés eux-mêmes en faux épis terminaux.

Calice infundibuliforme, à 2 lèvres, la supérieure entière, l'inférieure plus courte, à 2 dents peu distinctes.................... — *Majorana* Mœnch. (Environ 6 espèces. Orient).

Calice ovale campanulé, à 5 dents presque égales................ — *Origanum* L. (5 à 7 espèces, surtout de la région méditerranéenne).

Filets staminaux ascendants à leur base, puis divergents; loges des anthères écartées. — Calice tubuleux, à 5 dents égales. — Fleurs en faux épi unilatéral................... — *Hyssopus* L. (*H. officinalis* L. Région méditerranéenne; Asie moyenne).

Tribu IV. — Mélissées.

Corolle nettement bilabiée, mais à lèvre supérieure plane ou faiblement concave. — Étamines 4, ascendantes et arquées, divergentes à la base et rapprochées au sommet, les antérieures plus longues.

Calice à 2 lèvres, la supérieure plane, 3-fide, l'inférieure bifide. — Gorge du calice plus ou moins velue.

Calice cylindrique, à 10-13 stries............... — *Calamintha* Mœnch. (Répandu surtout dans la région méditerranéenne).

Calice campanulé, à 13 stries............... — *Melissa* L. (3 espèces. Sud de l'Europe: Asie moyenne).

Calice à 5 dents égales, campanulé, nu à la gorge......... — *Satureia* L. (Environ 130 espèces, réparties dans l'Hémisphère Nord).

Tribu V. — Salviées.

Corolle nettement bilabiée. — Deux étamines fertiles seulement (les deux antérieures), les deux autres réduites à l'état de staminodes ou nulles.

Connectif jamais développé transversalement ni articulé sur le filet.

Anthères uniloculaires par avortement, et filets pourvus, vers le bas, d'un petit éperon. — Lèvre supérieure de la corolle assez large, bifide. — Arbrisseaux éricoïdes.................. — *Rosmarinus* L. (*R. officinalis* L. Région méditerranéenne).

Anthères à deux loges divergentes, confluentes en une seule par une de leurs extrémités, et filets sans appendice. — Lèvre supérieure de la corolle très étroite. — Plantes herbacées............. — *Monarda* L. (Environ 18 espèces. Amérique du Nord).

Connectif articulé sur le filet et formant deux branches divergentes dont l'extérieure porte une loge d'anthère fertile, l'intérieure une loge stérile, diversement conformée, connée avec sa congénère. — Corolle à 2 grandes lèvres, la supérieure arquée, en forme de casque creux abritant les étamines.................... — *Salvia* L. (Environ 500 espèces, dispersées sur tout le globe).

Tribu VI. — Stachydées.

Corolle nettement bilabiée. — Étamines parallèlement rapprochées sous la lèvre supérieure, les antérieures plus longues.

Tube de la corolle inclus dans le calice. — Étamines et style inclus dans la corolle.

Loges des anthères divergentes par la base, confluentes en une seule par leur sommet. — Herbes vivaces souvent velues, et fleurs serrées en faux verticilles axillaires .... **Marrubium L.** (30 espèces environ. Europe; Nord de l'Afrique; Asie tempérée).

Loges des anthères divergentes, mais non confluentes au sommet. — Faux verticilles formant ou non de faux épis .... **Sideritis L.** (Espèces nombreuses. Ancien Continent).

Calice bilabié, l'inférieure se reployant, après l'anthèse, de façon à en fermer la gorge .... **Brunella L.** (3 espèces, dont une à peu près cosmopolite).

Calice largement campanulé, à gorge ouverte après l'anthèse. à 2 courtes lèvres. Loges des anthères divergentes .... **Melittis L.** (*M. melissophyllum* L. Europe moyenne et méridionale).

Tube de la corolle ordinairement non inclus dans le calice. — Calice non bilabié, tubuleux ou campanulé, marqué de 5 ou 10 dents.

Branche antérieure du style plus longue que la postérieure. — Anthères rapprochées par paires, à loges divergentes .... **Phlomis L.** (65 espèces. Région méditerr.; Asie).

Branches du style à peu près égales.

Nucules plus ou moins nettement trigones, tronqués au sommet. — Calice campanulé ou tubuleux.

Dents calicinales non spinescentes, égales. — Anthères à loges divergentes .... **Lamium L.** (Environ 40 espèces. Europe; Asie; Afrique).

Dents calicinales spinescentes, égales ou inégales. — Anthères à loges parallèles .... **Leonurus L.** (Environ 8 espèces. Asie et Europe).

Nucules plus ou moins ovales, arrondis ou tronqués au sommet.

Calice à 10 nervures, et ordinairement à cinq dents élargies à la base et unies en une marge annulaire. — Anthères parallèles au filet, à loges divergentes. **Ballota L.** (Environ 25 espèces. Europe; Asie; Nord de l'Afrique, et surtout région médit.).

Calice à 5-10 nervures et à 5 dents épineuses ou mucronées, égales ou inégales.

Étamines déjetées latéralement après l'anthèse, à loges divergentes .... **Stachys L.** (180 à 200 espèces. Cosmopolites).

Étamines à peine déjetées après l'anthèse, à loges parallèles. **Betonica L.** (Régions méridionales tempérées de l'Ancien Continent).

Tribu VII. — Népétées.

Corolle nettement bilabiée. — Étamines parallèles et rapprochées sous la lèvre supérieure de la corolle; antérieures plus courtes. — Loges des anthères plus ou moins divergentes.

Calice nettement bilabié.

Calice tubuleux, à cinq dents aiguës, les inférieures indépendantes et ne formant pas de lèvre inférieure. — Plantes herbacées .... **Nepeta L.** (150 espèces environ. Ancien Monde; 1 espèce américaine).

Anthères à loges divergentes à angle droit, connées avec les loges de l'anthère voisine et formant avec elles une sorte de croix. — Herbes petites et rampantes .... **Glechoma L.** (6 espèces. Ancien Continent).

Anthères à loges complètement opposées l'une à l'autre. — Herbes à port dressé .... **Dracocephalum L.** (40 espèces. — Europe et surtout région méditerranéenne; Asie extra-tropicale; Amérique du Nord).

Tribu VIII. — Teucriées.

Corolle unilabiée. — 4 étamines parallèles, les antérieures plus longues; anthères à loges opposées.

Corolle à tube droit, plus ou moins exsert. Lèvre supérieure très réduite ou nulle .... **Ajuga L.** (Espèces nombreuses dispersées sur l'Ancien Continent, au Japon, en Australie, etc.).

Corolle à tube ordinairement inclus dans le calice, les deux lobes supérieurs largement séparés et réunis à la lèvre inférieure .... **Teucrium L.** (100 espèces environ, réparties sur le globe entier, surtout représentées dans la région méditerranéenne).

Considérations anatomiques. — Nous n'avons à signaler, chez les Labiées, que la présence de poils épidermiques, généralement formés par une simple file de cellules, ramifiés ou non, et surtout la présence de *glandes en tête*. La partie renflée de ces poils glanduleux est formée par un nombre plus ou moins grand de cellules, et c'est entre ces éléments et la cuticule qui les recouvre que s'accumule le produit de leur sécrétion, riche en huile essentielle.

Dans les tiges tétragones, du collenchyme occupe les arêtes; il n'y a jamais de liber interne.

Il n'existe pas non plus de glandes profondes.

Affinités. — Les Labiées ressemblent évidemment aux Borraginacées par la structure de leur gynécée, de leur fruit et même de leurs graines. Mais les Labiées s'en distinguent *par la disposition de leurs feuilles, la nature des poils qui les revêtent, leurs inflorescences, la forme de leur calice et de leur corolle, leurs étamines didynames, leurs ovules épitropes.*

Les Labiées se différencient, à l'égard des Scrophulariacées, par des caractères non moins importants.

C'est avec les Verbénacées (v. p. loin) qu'elles ont les rapports les plus étroits

Distribution géographique. — Les Labiées sont représentées dans presque toutes les contrées du globe, mais les régions tempérées de l'Hémisphère Nord paraissent être leur principal centre de développement. Elles deviennent rares au delà de 50° de latitude, et disparaissent tout à fait dans les régions arctiques. Elles sont également rares sous les tropiques, plus encore au delà du Capricorne.

Propriétés générales. Plantes importantes. — Les propriétés dominantes de ces végétaux résultent de la présence d'huiles essentielles aromatiques et stimulantes que sécrètent leurs glandes externes. Ces propriétés sont cependant plus ou moins modifiées par des principes amers ou astringents, contenus dans les tissus de la plante (1).

---

(1) On a pu, en tenant compte de leur composition et de leurs propriétés et, par conséquent, en se basant sur des considérations étrangères aux affinités botaniques, diviser de la façon suivante les Labiées employées en médecine :

1° *Labiées franchement aromatiques ;*

2° *Labiées fétides ;*

3° *Labiées où dominent en même temps les principes aromatiques et les principes amers ;*

4° *Labiées simplement amères ;*

5° *Labiés à peu près dépourvues d'amertume et de principes aromatiques.*

Les espèces autrefois usitées ou encore en usage, soit en thérapeutique, soit dans la parfumerie, sont extrêmement nombreuses ; nous ne mentionnerons que les plus importantes :

Les Menthes contiennent une huile essentielle qui, refroidie à + 5° ou + 8°, laisse cristalliser un stéaroptène oxygéné, le *Menthol;* la partie qui demeure liquide (*Menthène*) est un hydrocarbure ou un mélange d'hydrocarbures.

L'espèce la plus estimée est la *Menthe poivrée* (*Mentha piperita* L.) (fig. 465), très cultivée en Europe et originaire, dit-on, d'Angleterre. On la reconnaît à ses tiges ascendantes rougeâtres, ses feuilles pétiolées, ovales-aiguës, serretées, ses fleurs purpurines, en verticilles multiflores, rapprochés en faux épis terminaux, interrompus à la base. Les étamines sont incluses.

On lui substitue souvent la Menthe verte (*M. viridis* L.) ou Menthe romaine, et la Menthe cultivée (*M. sativa* L.).

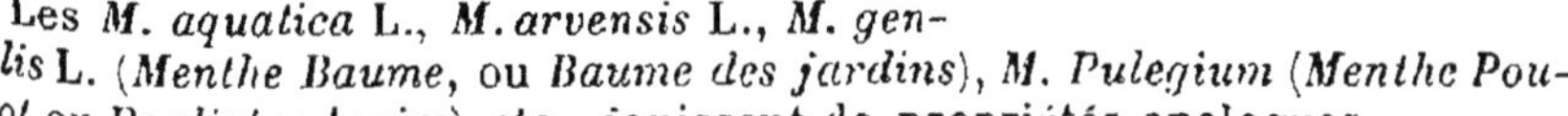

Fig. 465. — Menthe poivrée.

Les *M. aquatica* L., *M. arvensis* L., *M. gentilis* L. (*Menthe Baume*, ou *Baume des jardins*), *M. Pulegium* (*Menthe Pouliot* ou *Pouliot vulgaire*), etc., jouissent de propriétés analogues.

Sous le nom de *Menthes crépues*, on désigne un certain nombre de formes se rattachant à diverses espèces, et dont les feuilles sont ondulées sur les bords. Ainsi les *M. sativa* et *M. sylvestris* fournissent chacune une variété *crispa*.

Le genre *Lavandula* renferme quelques espèces usitées :

Le *L. vera* DC. (1) (*Lavande officinale* ou *femelle*), plante des montagnes et des pays relativement froids, dont les feuilles sont linéaires et les fleurs en épis interrompus à la base, entremêlés de bractées rhomboïdales ;

Le *L. Spica* Chaix (2) ou *Aspic*, qui croît dans des régions plus chaudes, et dont les tiges sont, les unes stériles, les autres terminées par des épis non interrompus, entremêlés de feuilles florales linéaires ;

Le *L. Stæchas* L., spécial à la région méditerranéenne, qui se dis-

---

(1) *L. officinalis* Chaix ; *L. angustifolia* Ehrharth.
(2) *L. latifolia* Ehr.

tingue aisément à ses épis épais et oblongs, entremêlés de bractées pourprées, et surmontés d'un bouquet de bractées stériles colorées.

Les Basilics sont surtout des plantes cultivées (1).

Le *Thym vulgaire* (*Thymus vulgaris* L.) et le *Serpolet* (*T. Serpyllum* L.), distinct du premier par ses rameaux grêles et étalés, ses feuilles ovales et ciliées, sont très aromatiques, mais surtout employés comme condiments (2).

Fig. 466. — Hysope.

L'*Hysope* (*Hyssopus officinalis* L.) (fig. 466), qui croît surtout dans la région méditerranéenne et l'Asie moyenne, possède une odeur aromatique et une saveur un peu âcre. On en emploie les feuilles et les sommités fleuries comme stimulantes.

Le *Majorana hortensis* Mönch. (*Origanum Majorana* L.) ou *Marjolaine*, spontané sur le littoral méditerranéen de l'Afrique et dans l'Asie moyenne, mais cultivé dans nos jardins ; — l'*Origan vulgaire* (*Origanum vulgare* L.), très commun dans nos régions ; — le *Dictame de Crête* (*O. Dyctamnus* Benth.), originaire de l'Est de la région méditerranéenne, et remarquable par ses épis lâches et la pubescence de ses feuilles, sont aromatiques et employés en infusions stimulantes. La dernière de ces trois espèces était très appréciée des Anciens.

Le *Calamintha officinalis* Mönch. est sudorifique et stomachique. Le *C. Nepeta* Linck., beaucoup plus commun, jouit de propriétés probablement analogues.

La *Mélisse officinale* (*Melissa officinalis* L.), *Citronnelle* ou *Thé de France*, est originaire des régions méridionales, et très cultivée dans nos jardins.

Les Sarriettes (*Satureia*) sont fortement aromatiques et de saveur piquante. On emploie la *Sarriette des jardins* (*S. hortensis*), et le *S. montana* L.

Le Romarin (*Rosmarinus officinalis* L.) (fig. 468) est réputé emménagogue.

Les *Salvia* (Sauges) sont à la fois aromatiques et amers.

(1) On cultive le Grand Basilic (*Ocimum Basilicum* L.) et le Petit Basilic (*O. minimum* L.).

(2) L'essence de Thym est composée de deux hydrocarbures, le *Thymène* et le *Cymène*, et d'un acide volatil oxygéné, le *Thymol.*

Le *Salvia officinalis* L. (fig. 467) est employé comme stimulant et tonique. On en connaît plusieurs variétés.

Le *S. Sclarea* L. (*Sclarée*, *Orvale*, *Toute-Bonne*), dont les feuilles sont grandes, à bords crénelés, et les fleurs d'un bleu pâle, et le *S. pratensis* L. étaient également employés.

Les *semences de Chia*, utilisées comme émollientes et rafraîchissantes, en Amérique, sont les graines de plusieurs *Salvia* (*urticæfolia* L., *hispanica* L., etc.).

Fig. 467. — Sauge officinale.

Fig. 468. — Romarin.

Le *Marrubium vulgare* L. ou *Marrube blanc* (1) exhale une odeur assez désagréable. Ses sommités fleuries sont employées comme pectorales.

Sous le nom de *Thé de campagne* on utilise, dans le Midi, plusieurs espèces de *Stachys* et de *Sideritis*, entre autres les *Sideritis romana* L. et *Stachys erecta* L.

Le *Lamium album* L. (*Ortie blanche*) est à peu près inodore. Ses fleurs sont astringentes.

La *Cataire* ou *Herbe aux Chats* (2) (*Nepeta Cataria* L.) exhale une

(1) Sous le nom de *Marrube noir* on désigne quelquefois la Ballote fétide (*Ballota nigra* L.) dont les sommités fleuries sont employées comme toniques, antispasmodiques et emménagogues.

(2) Le nom d'*Herbe aux chats* est donné également au *Teucrium Scordium* L. et à la Valériane officinale.

odeur assez désagréable. Elle est antispasmodique et emménagogue.

Le *Lierre terrestre* (*Glechoma hederacea* L.), qui doit son nom à ses tiges rampantes et à la forme de ses feuilles, est à peu près inodore. Il est employé comme antiscorbutique et contre les affections catarrhales.

La *Bétoine* (*Betonica officinalis* L.) est également presque inodore, mais elle est douée d'une certaine âcreté ; ses feuilles pulvérisées sont employées comme sternutatoires.

La *Mélisse de Moldavie* (*Dracocephalum moldavicum* L.), originaire de la Moldavie et de la Sibérie, est très aromatique. On l'emploie comme stomachique et vulnéraire.

Le *Teucrium Chamædrys* L. (*Germandrée* ou *Petit-Chêne*) est une plante simplement amère. On l'emploie comme tonique et digestif.

Le *T. Scordium* L. exhale, par contre, une odeur alliacée désagréable. Il entrait dans la préparation de l'*Électuaire Diascordium*.

Les *T. Polium* L. et *T. montanum* L. ont été usités sous le nom de *Pouliots de montagne*.

La *Bugle officinale* ou *rampante* (*Ajuga reptans* L.), plante uniquement astringente et amère, est aujourd'hui inusitée.

FAMILLE XI. — VERBÉNACÉES.

Cette famille est extrêmement voisine des Labiées, dont il est difficile de la séparer nettement. Elle est représentée, dans nos régions, par la Verveine officinale (*Verbena officinalis* L.).

Description du Verbena officinalis L. — C'est une *herbe vivace* dont les *tiges tétragones* sont munies de *feuilles simples, opposées*, dentées ou pinnatifides (fig. 469).

Les *fleurs*, petites et violettes, forment de *longs épis associés eux-mêmes en une panicule terminale*. Elles sont *5-mères, hermaphrodites et zygomorphes*.

Le *calice* est à 5 dents, un peu inégales, à *préfloraison libre*. La *corolle*, tubuleuse et à *tube recourbé*, est à 5 lobes, *presque bilobée, à préfloraison descendante*.

L'*androcée* se compose de 4 *étamines didynames*, insérées sur la corolle, les deux antérieures étant les plus longues.

Le *gynécée* est formé par *deux carpelles antéro-postérieurs*, concrescents en un ovaire dont les *deux loges sont subdivisées, par des fausses cloisons, en deux logettes renfermant chacune un ovule basilaire, anatrope* et ascendant, à micropyle inférieur. Le style est simple, terminal; le stigmate est bilobé.

Le *fruit*, que protège le calice persistant, est *une drupe à 4 noyaux* qui finissent par se séparer de l'épicarpe.

La graine est sans albumen.

Autres genres. — LANTANA. — Chez les *Lantana* L., des régions tropicales, les fleurs forment des *épis terminaux et souvent raccourcis en capitules, ou bien allongés et alors axillaires. Le carpelle antérieur avorte,* et l'ovaire demeure divisé en *deux fausses loges uniovulées.* L'endocarpe, qui forme 2 noyaux uniovulés ou un noyau biovulé, se sépare à la fin de l'exocarpe.

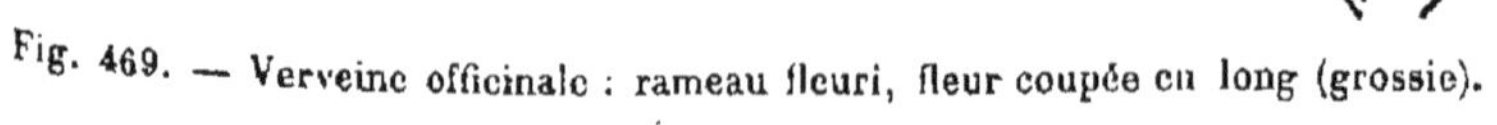

Fig. 469. — Verveine officinale : rameau fleuri, fleur coupée en long (grossie).

LIPPIA L. — Chez les *Lippia* L. (genre surtout représenté dans l'Amérique tropicale et par quelques espèces africaines) l'ovaire est également formé par *un seul carpelle et biloculaire;* mais le *fruit est sec.* Celui-ci se réduit, à la maturité, à 2 *nucules distincts ou peu adhérents.* En outre, *les deux lobes supérieurs de la corolle se fusionnent,* comme chez les Menthes, *en une pièce unique, en apparence.* A ce genre, appartient la *Citronnelle* ou *Verveine odorante* (*Lippia citriodora* Kunth), originaire de l'Amérique du Sud.

Vitex L. — Aux Verbénacées se rattache encore le *Gattilier* (*Vitex Agnus Castus* L.), du Midi de la France et de l'Europe.

La fleur, dont le calice et la corolle sont 5-mères, possède un *ovaire à 4 logettes* dans chacune desquelles est un *ovule semi-anatrope, fixé assez haut sur le placenta.* Le fruit est *une petite drupe noire, à noyau 4-loculaire.*

Le Gattilier est un arbrisseau assez élevé, pourvu de *feuilles composées-digitées,* à folioles entières Les fleurs violettes forment, comme chez les Labiées, des cymes axillaires contractées, réunies elles-mêmes en faux épis terminaux interrompus.

Caractères généraux. Affinités. — Les divergences les plus essentielles qui séparent les Verbénacées des Labiées sont les suivantes (1):

Ce sont des plantes assez souvent ligneuses, quelques-unes arborescentes.

Les feuilles sont quelquefois verticillées, et sont composées-digitées dans certains genres.

La fleur, ordinairement bilabiée et à tube recourbé, est quelquefois 4-6-8-mère.

Les carpelles sont unis complètement, et forment ordinairement deux loges, subdivisées souvent par des fausses cloisons (2). — *Le style est terminal.*

Les ovules sont quelquefois amphitropes et à placentation axile, ou orthotropes et pendants, à micropyle inférieur dans tous les cas. Le plus souvent leur disposition est comme chez les Labiées.

Le fruit est une drupe ou une capsule septicide.

La graine possède quelquefois un albumen charnu.

(1) M. H. Baillon fait très justement remarquer que les caractères différentiels que l'on revendique pour séparer les Verbénacées des Labiées (forme et mode de concrescence des carpelles, insertion du style, nature du fruit) ne sont pas jugés suffisants pour séparer les Éhrétiées des Borraginacées proprement dites, bien que leur valeur soit la même dans les deux cas.

(2) Ces fausses cloisons émanent du milieu de la paroi dorsale des carpel'es, et s'avancent vers les placentas dont les deux moitiés se trouvent ainsi séparées. D'ailleurs, chacune de ces moitiés ne porte jamais plus d'un ovule.

Distribution géographique. — Les Verbénacées, et surtout les Verbénacées frutescentes et arborescentes, habitent les tropiques. Les genres *Vitex* et *Verbena* sont seuls représentés en France.

Propriétés générales. Plantes importantes. — Bien que les Verbénacées doivent souvent leurs propriétés à des huiles essentielles, comme les Labiées, elles sont moins riches qu'elles en principes aromatiques, et généralement plus astringentes.

La Verveine officinale (*Verbena officinalis* L.) jouissait autrefois d'une grande célébrité, sous le nom d'*Herbe sacrée*. On ne s'en sert plus aujourd'hui qu'à titre de vulnéraire.

La Verveine Citronnelle (*Lippia citriodora* K. ; *Verbena triphylla* Lher.) est employée comme stomachique et antispasmodique.

Le *Verbena jamaicensis* L. est usité au Brésil comme stimulant, vulnéraire et fébrifuge, et on a vanté, comme pectorales et antiasthmatiques, les feuilles du *Lippia mexicana*.

Le Gattilier (*Vitex Agnus Castus* L.) passait autrefois pour anaphrodisiaque.

Les *Clerodendron* L. sont arborescents. Leurs fleurs exhalent un parfum suave.

Le *Tectona grandis* L., de l'Asie méridionale, fournit un bois de construction très estimé.

LABIATIFLORES.

Ovaire presque toujours biloculaire (formé par 2 carpelles clos).

Embryon droit (rarement arqué) dans l'axe d'un albumen charnu abondant.

Fleurs zygomorphes et 5-mères (rarement subactinomorphes et 4-mères) en apparence, en cymes, en grappes, rarement en épis. — Ovules nombreux, simplement anatropes. — Fruit ordinairement capsulaire et diversement déhiscent. — Plantes herbacées ou ligneuses, à feuilles opposées, alternes, rarement verticillées. **SCROPHULARIACÉES.**

Fleurs en apparence 4-mères et actinomorphes, hermaphrodites ou diclines, en épis. — Ovules peu nombreux et peltés dans les deux loges de l'ovaire, ou 1 seul campylotrope dans un ovaire uniloculaire. — Fruit : pyxide ou nucule indéhiscent. — Graine à testa mucilagineux (embryon droit), ou membraneux (embryon droit ou courbe). Herbes à feuilles le plus souvent radicales, alternes ou opposées. **PLANTAGINACÉES.**

Embryon droit, faiblement ou nullement albuminé.

Fleurs en épis ou en grappes, pourvues d'un staminode postérieur (cinquième étamine). — Ovules plus ou moins nombreux, anatropes (ovaire quelquefois 4-loculaire ou 1-loculaire). — Fruit à déhiscence septifrage ou irrégulière, ou drupe coriace. — Embryon droit. Herbes pourvues de glandes vésiculeuses. **PÉDALIACÉES.**

Embryon droit ou courbe, sans albumen. — Fleurs hermaphrodites, nettement zygomorphes.

Corolle à préfloraison cochléaire descendante. — Ovules en nombre variable, anatropes, sur deux placentas bilabiés. — Capsule septicide ou septifrage. — Graines aplaties ou marginées, avec embryon droit. Plantes souvent ligneuses et grimpantes à l'aide de vrilles foliaires. — Feuilles ordinairement opposées et composées-pennées. **BIGNONIACÉES.**

Corolle à préfloraison imbriquée. — Ovules semi-anatropes ou campylotropes, sur deux placentas saillants. — Capsule déhiscente en deux valves médio-placentifères. — Embryon généralement courbe. Plantes rarement grimpantes, herbacées ou ligneuses. — Feuilles simples, opposées ou verticillées. **ACANTHACÉES.**

SOUS-ORDRE DES

Ovaire uniloculaire, et formé par deux carpelles ouverts.

Albumen nul et ovaire toujours supère. — 2 étamines seulement (les antérieures). — Ovules nombreux, anatropes, en placentation centrale. — Capsule bivalve ou irrégulièrement déhiscente. Plantes herbacées. — Feuilles alternes ou en rosette, à divisions quelquefois capillaires et chargées d'utricules. **LENTIBULARIACÉES.**

Albumen peu abondant ou nul, et ovaire supère ou plus ou moins infère. — Étamines ordinairement 4, avec ou sans rudiment de l'étamine postérieure. — Ovules nombreux, anatropes, en placentation pariétale. — Fruit charnu, indéhiscent, ou capsule déhiscente en 2 valves médio-placentifères. Plantes généralement herbacées, à feuilles opposées. **GESNÉRACÉES.**

Albumen abondant et ovaire toujours supère.

Plantes non parasites et vertes, à feuilles bien développées, alternes. — Fleurs en épis ou en capitules involucrés. — Ovule solitaire, anatrope, suspendu. — Fruit : caryopse. — Embryon droit, axile. Herbes vivaces ou plantes ligneuses. **GLOBULARIACÉES.**

Herbes parasites et sans chlorophylle, à feuilles squamiformes, éparses ou imbriquées. — Fleurs en épis ou en grappes — Ovules nombreux, anatropes, sur deux placentas pariétaux divisés en deux lames. — Capsule indéhiscente, ou s'ouvrant en deux valves médio-placentifères. — Embryon minime et excentrique. **OROBANCHACÉES.**

Ovaire supère, presque toujours formé par deux carpelles subdivisés en deux logettes. Plantes ordinairement pourvues de glandes extérieures à essence.

Plantes généralement herbacées, jamais arborescentes, à feuilles toujours simples et opposées. — Fleurs en cymes axillaires, toujours typiquement 5-mères et labiées. — Carpelles profondément divisés chacun en 2 lobes et 2 logettes, contenant chacune un ovule anatrope, dressé et apotrope. — Style gynobasique. — Fruit tétrachaine. — Albumen nul ou très peu abondant. **LABIÉES.**

Plantes herbacées ou ligneuses, parfois arborescentes. — Feuilles opposées ou verticillées, quelquefois composées-digitées. — Corolle 5-mère, ou quelquefois à 4, 6 ou 8 parties. - Carpelles non lobés, mais souvent subdivisés en 2 logettes par une fausse cloison. — Style terminal. — Ovules solitaires ou géminés, anatropes ou amphitropes, diversement orientés, mais à micropyle toujours infère. — Fruit : drupe ou capsule septicide. — Parfois un albumen charnu. **VERBÉNACÉES.**

SOUS-ORDRE III. — LIGUSTRINÉES.

Deux caractères d'une grande constance distinguent ce Sous-Ordre :

1° *La fleur est actinomorphe.*

2° *L'androcée est réduit à deux étamines, et le gynécée à deux carpelles placés en croix avec ces dernières, concrescents en un ovaire supère.*

Les autres caractères sont plus variables.

Ordinairement 5-4 mère, le *périanthe* peut être aussi construit suivant les *types* **2, 3, 6,** *ou au delà*.

La préfloraison de la corolle est imbriquée, quinconciale, tordue ou valvaire-induplicative. Ordinairement concrescents, *les pétales sont exceptionnellement libres* (**Fraxinus** sect. *Ornus*); *ils manquent quelquefois* (**F.** *excelsior*).

Généralement portés par la corolle, *les filets staminaux sont quelquefois directement insérés sur le réceptacle.* Les anthères sont presque toujours introrses.

Point de disque autour du gynécée.

Les ovules, toujours anatropes, au nombre de 1 à 2 (rarement plus nombreux dans chaque carpelle), *sont ascendants ou descendants. Le style est simple ; le stigmate* entier ou bilobé.

Fruit variable (capsule loculicide ou septicide, samare, baie ou drupe, biloculaires ou uniloculaires par avortement).

Embryon droit dans l'axe d'un albumen charnu peu abondant.

Plantes ordinairement ligneuses, parfois grimpantes. — *Feuilles toujours sans stipules, simples ou composées-pennées, presque toujours opposées.*

Inflorescences variables (fleurs solitaires, ou en grappes simples ou composées, ou en cymes).

Ce Sous-Ordre ne comprend qu'une seule famille.

FAMILLE UNIQUE. — OLÉACÉES.

Nous diviserons les Oléacées en deux sous-familles : les **OLÉINÉES** et les **JASMINÉES.**

SOUS-FAMILLE I. — OLÉINÉES

Fleur ordinairement 4-mère, et corolle à préfloraison presque toujours valvaire.— 2 étamines latérales, opposées aux divisions internes du calice. Ovules ordinairement suspendus. — Fruit sans étranglement longitudinal.

Description du Syringa vulgaris L. — Le Lilas commun (*Syringa vulgaris* L.)(1) est un *arbrisseau* originaire de l'Orient et de l'Est de l'Europe, cultivé dans la plupart de nos jardins, où il atteint une hauteur de 2 à 4 mètres.

Les *feuilles* sont *simples et entières*, cordiformes, pétiolées, *opposées et sans stipules*.

Les *fleurs* forment, sur les rameaux d'un an, *des panicules entremélées de bractées linéaires* (fig. 470). Elles sont *hermaphrodites, actinomorphes, 4-mères dans leur périanthe; leur réceptacle est convexe.*

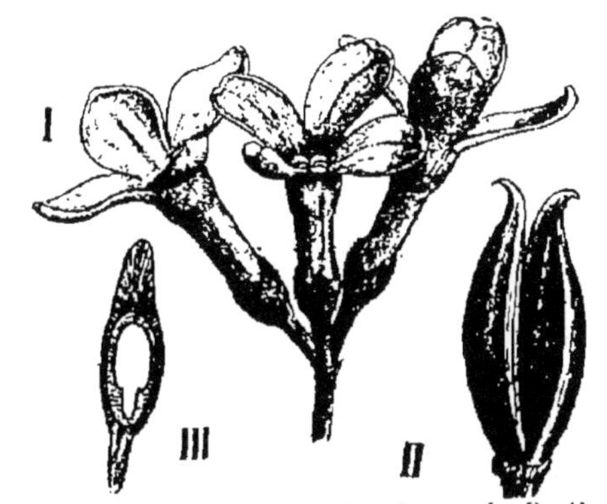

Fig. 470. — *Syringa vulgaris.* — I. Portion d'inflorescence. — II. Capsule déhiscente. — III. Graine en section longitudinale (Courchet).

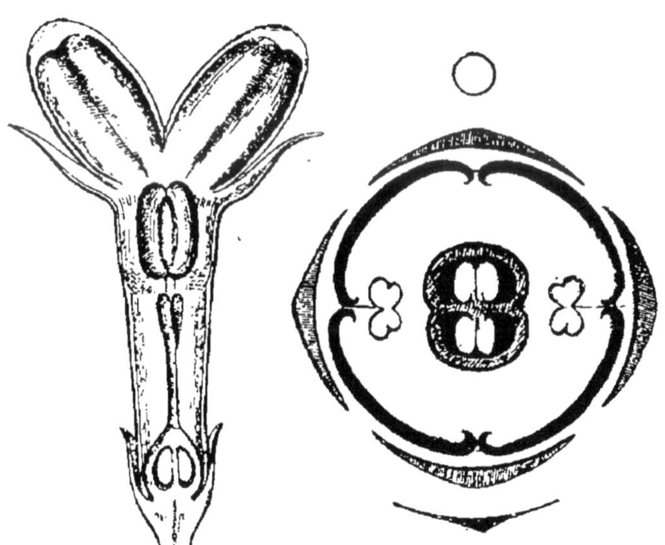

Fig. 471. — *Syringa vulgaris.* — Fleur en coupe longitudinale et diagramme (Courchet).

Calice gamosépale, 4-denté, à préfloraison libre (fig. 471).

(1) *Lilac vulgaris* Lam.

Corolle blanche ou violette, formée d'un long tube cylindrique, découpé au sommet en 4 lobes concaves, ces derniers disposés, dans le bouton, en *préfloraison valvaire-induplicative*.

Les sépales sont placés en croix, deux médians et deux latéraux ; les pétales, qui alternent avec eux, sont orientés suivant les diagonales.

L'androcée est réduit aux deux étamines latérales. Celles-ci sont composées d'un très court filet concrescent avec le tube de la corolle, et d'une *anthère à loges latérales, déhiscentes par deux fentes longitudinales introrses.*

Il n'existe aucune trace de disque.

L'ovaire supère est formé par *deux carpelles antéro-postérieurs, et biloculaire. Dans chaque loge sont deux ovules collatéraux, anatropes et suspendus,* leurs raphés étant juxtaposés. — Style simple, terminal, inclus ; stigmate épaissi et bilobé.

Le *fruit* (fig. 470, II) est une *capsule* allongée et latéralement comprimée, *s'ouvrant en deux valves loculicides.*

Les *graines, solitaires* par avortement dans chaque loge, sont comprimées, *obliquement ailées* à leur partie inférieure. *L'embryon droit, à cotylédons aplatis,* est entouré d'une *faible quantité d'un albumen charnu* (fig. 470, III).

Autres genres. — Fʀᴀxɪɴᴜs L. — Les Frênes sont des arbres dont les *feuilles* sont *opposées et composées-imparipennées,* à folioles dentées.

Les *fleurs,* blanches et petites, forment, ici encore, des grappes composées, et se montrent en même temps que les feuilles. Elles sont, dans ce genre, *polygames ou même dioïques.*

Leur périanthe, 4-mère comme celui des Lilas, manque de corolle dans la section des Fraxinaster DC., d'où le nom de *Frêne sans fleurs* donné à notre Frêne commun (*F. excelsior* L.) qui en fait partie. *Les pétales existent,* par contre, *dans la section des Ornus* Pers. ; ils sont généralement linéaires, *à préfloraison valvaire,* indépendants.

Les deux étamines, insérées librement autour de l'ovaire, sont pourvues de filets assez longs.

L'ovaire est construit comme chez le Lilas ; mais *le fruit est une samare uniloculaire et monosperme* par avortement, longuement ailée à son extrémité supérieure.

Oʟᴇᴀ L. — Le fruit est indéhiscent et charnu chez d'autres Oléacées, telles que les Oliviers (*Olea*) (fig. 472).

Ce sont des *arbres à feuilles entières et opposées*, dont les *fleurs hermaphrodites, polygames* (chez l'Olivier d'Europe par exemple) ou *dioïques*, ont une corolle 4-mère à tube très court, *valvaire* dans le bouton. Les deux étamines sont fixées par leurs courts filets au tube de la corolle. *Leur fruit est une drupe à noyau de consistance variable, uniloculaire et monosperme.*

LIGUSTRUM L. — Le fruit est une *baie à 2 loges monospermes ou dispermes* chez les Troènes (*Ligustrum*), dont les caractères diffèrent peu de ceux des *Olea*.

PHYLLIREA L. — Enfin chez les *Phyllirea* L., dont *le fruit est drupacé* comme chez les Oliviers, mais avec un *noyau mince et fragile*, la corolle 4-mère est *imbriquée* dans la préfloraison.

Fig. 472. — Olivier.

SOUS-FAMILLE II. — JASMINÉES.

Fleur 5-10 mères, et corolle imbriquée. — Étamines souvent antéro-postérieures, opposées aux pièces externes du calice.

Ovules ordinairement dressés. — Fruit divisé, lorsque les deux carpelles se développent l'un et l'autre, en deux moitiés égales, par deux étranglements longitudinaux.

Description des Jasminum L. — Les Jasmins, dont le nombre s'élève à 140 ou 150 environ, sont des *arbrisseaux* dressés ou volubiles (fig. 473), tous originaires des pays chauds (1). Leurs *feuilles* sont presque toujours *composées-imparipennées, sans stipules*.

Les fleurs, en cymes terminales bipares, ou bien en *grappes, simples ou composées*, ont un *calice gamosépale denté, persistant* (fig. 474), et une *corolle caduque*, jaune ou blanche, *longuement tubuleuse, infundibuliforme, à lobes imbriqués* dans le bouton. Le nombre des divisions du calice et de la corolle est variable (4-6 en général).

Les *anthères* des deux étamines sont *introrses*, portées sur de courts filets. Elles sont antéro-postérieures ou latérales, suivant l'orientation de la fleur, qui est variable.

(1) Le *Jasminum fruticans* L., arbrisseau à feuilles alternes et à fleurs jaunes, très commun dans la région méditerranéenne, est lui-même d'origine indienne.

Les *deux carpelles*, antéro-postérieurs ou latéraux, mais *toujours placés en croix avec les deux étamines*, sont concrescents en un ovaire dont les deux loges contiennent chacune *deux ovules anatropes, ascendants et à raphé interne*.

Le *fruit* est une *baie* arrondie ou oblongue, ou bien encore profondément bilobée, suivant que l'un des deux carpelles avorte ou que les deux se développent. Dans ce dernier cas, la cloison qui sépare les deux loges reste toujours très courte.

Fig. 473. — *Jasminum grandiflorum*.

Fig. 474. — Diagramme d'un Jasmin (*Jasminum nudiflorum*). (D'après Eichler.)

Les *graines, solitaires* ordinairement dans les loges, ne montrent, autour de l'embryon, qu'*une mince couche d'albumen*.

NYCTANTHES L. — Le fruit est une *capsule septicide*, chez le *Nyctanthes arbor tristis* L., de l'Inde.

Caractéres généraux. — Voyez ceux du Sous-Ordre (p. 1170).

OLÉACÉES.

SOUS-FAMILLE I. — OLÉINÉES.

Ovules ordinairement suspendus. — Fruit non divisé en deux moitiés par un étranglement longitudinal.

Fruit samaroïde indéhiscent, le plus souvent monosperme. — Fleurs polygames ou dioïques. — Pétales indépendants, linéaires, nuls parfois, valvaires dans la préfloraison. — Arbres à feuilles opposées, composées-imparipennées. — Fleurs en panicules...................... **Fraxinus** L.
(Environ 39 espèces. Amérique du Nord ; Asie occidentale ; région méditerranéenne).

Fruit : capsule loculicide. — Arbrisseaux à feuilles simples.

Tube de la corolle plus court que le limbe dont la préfloraison est imbriquée. — Anthères extrorses. — 4-10 ovules par carpelle. — Semences légèrement ailées. Fleurs : 1-3 à l'extrémité de courts rameaux .... **Forsythia** Vahl.
(2 espèces. Chine).

Tube de la corolle plus long que le limbe dont la préfloraison est valvaire-induplicative. — Anthères à loges latérales. — 2 ovules par carpelle. — Semences pourvues d'une aile inférieure oblique. Fleurs en panicules...................... **Syringa** L.
(10 espèces. Asie ; Europe orientale).

Fruit charnu (drupe ou baie). — Deux ovules suspendus dans chaque carpelle. — Arbrisseaux ou arbres à feuilles entières, opposées, persistantes.

Corolle à 4 lobes imbriqués dans la préfloraison. — Anthères à loges latérales. — Drupe à noyau fragile, papyracé. — Arbrisseaux à feuilles coriaces. Fleurs en épis et en grappes simples, axillaires .... **Phyllirea** L.
(6 espèces. Sud de l'Europe ; Orient ; Madère).

Corolle à préfloraison valvaire, brièvement tubuleuse et presque toujours 4-mère.

Drupe uniloculaire et généralement monosperme par avortement, à noyau plus ou moins dur. — Fleurs quelquefois apétales, hermaphrodites ou diclines. — Anthères latérales ou introrses. Arbustes ou arbres. — Panicules axillaires ou terminales. **Olea** L.
(31 espèces environ. Régions du Cap ; Indes Orientales ; Australie ; Polynésie).

Baie biloculaire, avec 2-4 graines. — Fleurs hermaphrodites. — Anthères à loges latérales. Arbustes ou petits arbres. — Panicules terminales....... **Ligustrum** L.
(35 espèces environ. Chine ; Indes Orientales ; Archipel Indien ; Europe).

SOUS-FAMILLE II. — JASMINÉES.

Ovules ordinairement dressés. — Fruit divisé en deux moitiés par un étranglement longitudinal, lorsqu'il est formé par les deux carpelles.

Capsule septicide. — Corolle en forme de coupe, à préfloraison tordue. — Anthères à loges latérales. — 1 seul ovule ascendant par carpelle. — Petit arbre à port dressé.......................... **Nyctanthes** L.
(N. Arbor tristis L. Indes Orientales).

Baie entière ou profondément bilobée. — Corolle infundibuliforme, à préfloraison imbriquée. — Anthères introrses. — Ordinairement 2 ovules ascendants par carpelle. — Plantes ligneuses, dressées ou grimpantes. — Feuilles ordinairement composées-imparipennées, opposées ou alternes........ **Jasminum** L.
(Environ 150 à 160 espèces. Régions tropicales ou subtropicales de l'Asie, de l'Australie, de l'Afrique et de l'Amérique).

Distribution géographique. — Les Oléacées habitent les régions tempérées, tropicales et subtropicales de l'Hémisphère Nord. Elles abondent particulièrement dans les Indes Orientales.

Propriétés générales. Plantes importantes. — Les Oléacées n'offrent aucune propriété commune qui puisse les caractériser.

L'Olivier d'Europe (*Olea europæa* L.), originaire, croit-on, de la Palestine et de l'Asie Mineure, est cultivé dans toute la région méditerranéenne, et même dans certaines contrées de l'Amérique. L'huile d'olive est extraite du péricarpe. — Les feuilles de l'Olivier, que caractérisent leurs poils en écusson, contiennent un principe amer.

Le *Chionanthus virginiana* L. contient de la Saponine. Il est usité, aux États-Unis, comme diurétique, cholagogue et apéritif.

Les feuilles du *Phyllirea angustifolia* L. et celles du *Ligustrum vulgare* (Troène) ont été trouvées frauduleusement mêlées aux feuilles de Thé.

On cultive communément dans nos jardins le Lilas ordinaire (*Syringa vulgaris* L.) et le Lilas de Perse (*Syringa persica* L.). L'extrait des fruits verts de la première espèce a été employé comme fébrifuge et tonique.

C'est par des incisions pratiquées dans l'écorce du *Fraxinus Ornus* L., et surtout de la var. *rotundifolia* L., que l'on extrait la *Manne* ordinaire (1). Originaire d'Orient, ce Frêne est actuellement très répandu dans toute la région méditerranéenne ; mais il n'est guère exploité, pour l'extraction de la Manne, qu'en Sicile et en Calabre.

On utilise assez souvent encore, en Europe, les propriétés toniques et fébrifuges de l'écorce du Frêne commun (*Fraxinus excelsior* L.) (2). Cette écorce contient un glucoside cristallisable, astringent et amer, la *Fraxine*.

C'est sur les Frênes, les Lilas et les Troènes que l'on recueille particulièrement les Cantharides.

Les Jasmins ne sont cultivées que comme plantes d'agrément, et pour l'extraction de leur essence, qui est très délicate et très fugace (3).

(1) On sait qu'il existe diverses sortes de Mannes (*Mannes du Mélèze, du Tamarix, de l'Eucalyptus*, etc.).

(2) Remarquable par ses fleurs apétales.

(3) On cultive surtout les *Jasminum Sambac* Ait. (*Jasmin d'Arabie*), *J. officinale* L., *J. odoratissimum* L. (*Jasmin Jonquille*), et *J. grandiflorum* L. (*Jasmin d'Espagne*), originaire de l'Inde.

SOUS-ORDRE IV. — CONTORTÉES.

Ce Sous-Ordre est très voisin de celui des TUBIFLORES d'une part, et du Sous-Ordre des AGRÉGÉES de l'autre.

La fleur des Contortées est presque toujours actinomorphe, hermaphrodite et complète. — Le périanthe et l'androcée, ordinairement 5-mères, sont encore assez souvent aussi 4-mères, 6-mères, etc. — La corolle est à préfloraison le plus souvent tordue. — L'ovaire est supère, formé par 2 carpelles concrescents. — Les feuilles sont généralement opposées.

CONTORTÉES.

Plantes toujours dépourvues de latex.

Corolle à gorge nue ou appendiculée, à préfloraison tordue ou valvaire. — Carpelles ordinairement ouverts et concrescents en un ovaire uniloculaire, avec placentas pariétaux. — Ovules anatropes. — Capsule ordinairement septicide.— Albumen charnu.
Plantes herbacées. — Feuilles simples et opposées ou, plus rarement, composées et alternes, sans stipules . . . . **GENTIANACÉES.**

Corolle valvaire, imbriquée ou tordue. — Carpelles ordinairement fermés, et concrescents en un ovaire biloculaire. — Ovules anatropes ou amphitropes. — Fruit variable (charnu ou capsulaire). — Albumen corné.
Plantes herbacées ou ligneuses. — Feuilles toujours simples, opposées, stipulées. . . . . **LOGANIACÉES.**

Plantes à latex, herbacées ou ligneuses. — Feuilles opposées ou verticillées, sans stipules. — Étamines souvent appendiculées, en connexion plus ou moins étroite avec le style.

Couronne, lorsqu'elle existe, dépendante toujours de la corolle. — Pollen ne formant point de masses polliniques. — Gynécée dépourvu d'un appareil de transport pour le pollen . . . . **APOCYNACÉES.**

Couronne toujours présente, dépendante de la corolle, de l'androcée, ou de ces deux verticilles à la fois. — Pollen granuleux ou agglutiné en 2 ou 4 masses polliniques dans chaque anthère. — Gynécée muni d'un appareil de transport pour le pollen (*corpuscules et caudicules*) . . . . **ASCLÉPIADACÉES.**

FAMILLE I. — GENTIANACÉES

SOUS-FAMILLE I. — GENTIANACÉES PROPREMENT DITES.

Corolle à préfloraison presque toujours tordue, rarement imbriquée et jamais valvaire. — Feuilles toujours simples et opposées, insérées le long des axes.

Description du Gentiana lutea L. — La Gentiane jaune (*Gentiana lutea* L.) (fig. 475) est une *plante herbacée vivace*, qui croît dans les montagnes de l'Europe centrale et méridionale.

Sa *racine* principale, grosse et charnue, obliquement enfoncée dans le sol, produit chaque année plusieurs *tiges simples*, cylindriques et fistuleuses, munies de *feuilles opposées, simples, entières* sur les bords, demi-amplexicaules, pourvues de 5 à 7 nervures longitudinales, *sans stipules*.

Les *fleurs* forment des *cymes contractées* en faux verticilles à l'aisselle de *grandes bractées opposées*, cordiformes à la base ; elles sont *actinomorphes, hermaphrodites, 5-6-mères, à réceptacle convexe* (fig. 476, I et II). Les fleurs du centre de l'inflorescence s'épanouissent les premières.

Le *calice* figure *une sorte de gaine*, fendue d'un côté jusqu'à la base, et découpée sur le bord en 2-6 dents. Il est *persistant* — La *corolle rotacée* est divisée jusqu'aux 3/4 inférieurs de sa longueur en *5 ou 6 lobes* oblongs lancéolés, jaunes, à *préfloraison tordue* ; elle est *marcescente*.

L'*androcée* se compose de 5-6 *étamines*, dont les

Fig. 475. — Gentiane.

filets linéaires, insérés sur le tube de la corolle, portent des *anthères basifixes*, atténuées au sommet, *introrses et biloculaires*, à déhiscence longitudinale.

Tout contre la base de l'ovaire et en continuité de tissu avec elle, se montrent 3 à 6 processus glanduleux (*disque*).

L'*ovaire est libre, uniloculaire*, formé par 2 *carpelles antéro-postérieurs, ouverts* et soudés par leurs bords. Un peu étranglé au-dessus du disque, il se renfle dans son milieu qui est comprimé latéralement, et s'atténue supérieurement en une sorte de colonne que terminent *deux lobes stigmatiques persistants*, enroulés en dehors.

Sur les *deux placentas pariétaux* s'insèrent de *nombreux ovules anatropes horizontaux, plurisériés.*

Le *fruit* (fig. 476, III) est une *capsule uniloculaire*, atténuée au sommet, et portant encore les deux *stigmates persistants;* elle

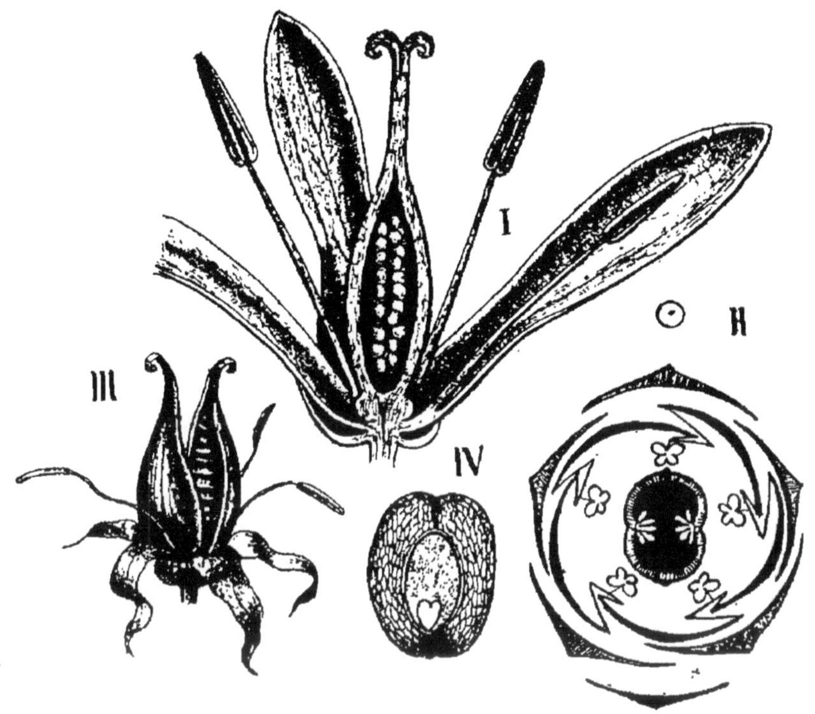

Figure 476. — I et II. Fleur (coupe longitudinale) et diagramme du *Gentiana lutea*. — III. Fruit déhiscent, accompagné par la corolle et les étamines marcescentes. — IV. Graine (coupe longitudinale) (L. Courchet).

s'ouvre en deux valves par simple décollement des bords placenti-fères des carpelles.

Les *graines* (IV), comprimées et pourvues *d'une marge membra-neuse*, renferment un *petit embryon, logé vers l'extrémité micropylaire d'un abondant albumen charnu.*

Plus de 300 espèces composent le genre *Gentiana*, dans lequel on a établi plusieurs sections.

Autres genres. — ERYTHRÆA L. — Ce genre comprend une tren-taine d'espèces, dont quelques-unes sont indigènes. Parmi elles la *Petite Centaurée* (*E. Centaurium* L.) est la plus connue (fig. 477).

C'est une petite *herbe annuelle*, assez commune dans les bois et les prairies humides, dont les tiges dressées, quadrangulaires, portent des *feuilles opposées et entières, rapprochées en rosette à la base.*

Fig. 477. — Petite Centaurée.

Les *fleurs* forment des cymes *terminales bipares* assez lâches ; leur corolle est purpurine.

La structure de leur fleur est semblable à celle des Gentianes, mais *leur calice tubuleux, marqué de cinq angles carénés,* se découpe, au sommet, *en cinq dents un peu inégales ; la corolle est infundibuliforme , longuement tubuleuse ; les anthères s'enroulent sur elles-mêmes en tire-bouchon,* après le départ du pollen; *l'ovaire,* que surmonte *un style distinct, est presque subdivisé en deux loges par des placentas* dont les bords, séparés en deux lèvres saillantes, se réfléchissent de chaque côté des commissures.

Les *graines* sont chagrinées à la surface, *obscurément cunéiformes.*

Chlora L. — Les *Chlora* L. sont des herbes annuelles dont les feuilles sessiles sont souvent connées (1) autour de l'axe. Leurs fleurs, dont la corolle est jaune et courtement tubuleuse, réunies en cymes terminales, se distinguent par *le nombre des parties qui composent tous leurs verticilles (6-7-8), à l'exception du gynécée.* Comme chez les *Erythræa,* les anthères *se tordent fréquemment en spirale, après l'émission du pollen.*

SOUS-FAMILLE II. — MÉNYANTHÉES.

Corolle à préfloraison valvaire ou faiblement imbriquée, et pétales à

(1) C'est-à-dire amplexicaules et soudées, dans chaque paire, par la base de leur limbe (V. p. 69).

bords généralement involutés. — Feuilles toujours alternes, souvent portées par l'extrémité du rhizome, simples ou composées.

Description du Menyanthes trifoliata L. — Le *Ményanthe Trèfle d'eau* (fig. 478) est une *herbe vivace* par son rhizome, long et peu ramifié. Elle végète dans les fossés et les marécages de l'Europe moyenne, de l'Asie tempérée et de l'Amérique du Nord.

L'extrémité du rhizome porte *un petit nombre de feuilles alternes,* dont le *long pétiole, engainant* à la base, se termine par *trois folioles lancéolées.*

A l'aisselle de la dernière gaine du rhizome, s'insère une *hampe dépourvue de feuilles,* portant des fleurs pédicellées, espacées sur l'axe, et formant *une grappe simple,* entremêlée de *bractées linéaires.* Les pédicelles inférieurs peuvent porter 2 à 3 fleurs.

Fig. 478. — Ményanthe Trèfle d'eau.

Les *fleurs* sont hermaphrodites, 5-mères (quelquefois 4-mères). Le *calice est profondément lobé.* — *La corolle est infundibuliforme,* et ses lobes, en *préfloraison valvaire-induplicative* dans le bouton, sont blancs ou rosés, munis, sur leur côté interne, de *franges* nombreuses.

Les *étamines,* insérées sur le tube de la corolle, ont des *anthères sagittées, versatiles.*

L'*ovaire,* qu'entoure *un disque formé de 5 glandes,* est surmonté d'un *style terminal,* portant un *stigmate bilobé.*

La *capsule* arrondie s'ouvre tardivement en *deux valves médioplacentifères.*

Graines un peu comprimées, à *testa lisse.* — *L'embryon est axile* dans *un albumen* qui, en se contractant, ne remplit pas complètement le tégument séminal.

Limnanthemum Gm. — A cette même Sous-Famille se rattachent les *Limnanthemum* Gm., plantes aquatiques dont les feuilles cordiformes, parfois peltées, rappellent celles des Nymphéacées, et dont la capsule est indéhiscente ou irrégulièrement déhiscente. Le *L. nymphæoides* Linck est indigène.

Caractères généraux. — *Plantes* herbacées ou ligneuses, rarement frutescentes.

Feuilles ordinairement opposées, plus rarement alternes, simples ou, plus rarement, composées-trifoliolées, ordinairement glabres, *sans stipules.*

Fleurs généralement en cymes terminales ou axillaires, de formes diverses, quelquefois spiciformes, ou plus rarement en grappes, actinomorphes, généralement 4-5-mères, plus rarement 6-12 mères, généralement hermaphrodites. *Réceptacle* convexe.

Sépales libres ou concrescents, à préfloraison libre ou imbriquée.

Corolle rotacée ou plus ou moins longuement tubuleuse, à gorge nue ou munie, entre les lobes, de petits appendices ou, au bas des lobes, de petites fossettes nectarifères. *Préfloraison* tordue ou valvaire.

Androcée isostémoné. — *Étamines* ordinairement toutes fertiles, insérées sur le tube ou sur la gorge de la corolle. — *Anthères* basifixes, ou insérées par un point situé au-dessus de leur base, à loges introrses, extrorses ou latérales.

Ovaire, ordinairement entouré par un *disque*, formé par 2 carpelles le plus souvent médians, uniloculaire, ou bien, plus rarement, biloculaire, avec deux *placentas* pariétaux, à 2 lèvres plus ou moins saillantes. — *Style* terminal, distinct au sommet de l'ovaire, ou remplacé par ce sommet atténué. — *Stigmate* entier ou plus ou moins profondément bilobé. — *Ovules* anatropes ou semi-anatropes.

Fruit capsulaire, généralement septicide, plus rarement déhiscent en deux valves médio-placentifères, quelquefois irrégulièrement déhiscent ou bien encore indéhiscent.

Graine arrondie, anguleuse ou aplatie, quelquefois ailée. *Embryon* droit, placé vers l'extrémité micropylaire ou dans l'axe d'un *albumen* abondant, charnu ou cartilagineux.

GENTIANACÉES.

SOUS-FAMILLE I. — GENTIANACÉES PROPREMENT DITES.

Corolle à préfloraison presque toujours tordue. — Feuilles toujours simples, opposées, insérées le long des axes.

Style toujours bien distinct du sommet de l'ovaire, persistant ou caduc.

Anthères souvent tordues sur elles-mêmes en spirale, après le départ du pollen.

Style formé par le sommet de l'ovaire atténué, et placentas faiblement saillants.
Fleur 5-6-mère. Calice tubuleux ou campanulé, formant quelquefois une gaîne fendue d'un côté. — Lobes de la corolle nus, ou frangés, ou appendiculés vers la gorge. — Anthères à loges extrorses ou latérales, quelquefois connées. — Stigmate persistant. — Graines aplaties ou lenticulaires, quelquefois ailées. — Herbes annuelles ou vivaces ....

Gentiana L.
(300 espèces environ. Régions montagneuses de tout l'Hémisphère Nord).

Anthères recourbées en arrière, mais non tordues en spirale après le départ du pollen. — Placentas faiblement saillants. — Fleur 5-12-mères. — Corolle rotacée.
Herbes dressées. — Fleurs grandes, en cymes ....

Sabbatia Adans.
(12 à 13 espèces. Amérique du Nord).

Anthères toujours tordues en spirale après l'anthèse. — Placentas à deux lèvres fortement saillantes dans la cavité ovarienne. — Fleurs 4-5-mères. — Calice à lobes carénés, et corolle à tube plus ou moins long. — Graines réticulées.
Plantes herbacées. — Fleurs diversement colorées, en cymes quelquefois spiciformes ....

Erythræa L.
(25 à 30 espèces. Ancien et Nouveau Continents).

Anthères tordues ou non en spirale après l'anthèse. — Placentas faiblement saillants. — Fleurs 6-10-mères. — Graines ridées.
Herbes annuelles. — Feuilles sessiles, souvent connées. — Fleurs jaunes, en cymes................

Chlora L.
(3 espèces. Europe; Asie; Afrique septentrionale).

SOUS-FAMILLE II. — MÉNYANTHÉES.

Corolle à préfloraison presque toujours valvaire, et pétales à bords ordinairement involutés. — Feuilles toujours alternes, simples ou composées, souvent basilaires.

Capsule s'ouvrant plus ou moins nettement en deux valves médio-placentifères.
Feuilles composées-trifoliées. — Fleurs en grappe terminale ....

Menyanthes L.
(*M. trifoliata* L. Répandu dans tout l'Hém. Nord).

Capsule s'ouvrant plus ou moins régulièrement en 4 valves.
Feuilles simples, à limbe lancéolé, ordinairement entier. — Fleurs en cymes lâches ou plus ou moins contractées................... ...

Villarsia Gmel.
(10 espèces. 1 au Cap, les autres en Australie).

Capsule indéhiscente.
Plantes aquatiques à feuilles cordiformes, quelquefois peltées. — Fleurs ordinairement fasciculées...

Limnanthemum S.G.Gmel.
(Environ 20 espèces. Régions tropicales et subtropic. du Monde entier).

Au point de vue anatomique, les Gentianacées vraies se distinguent des Ményanthées : les premières ont des faisceaux libéro-ligneux bicollatéraux (1) dans leur tige ; les secondes n'ont point de liber médullaire, et leurs parenchymes médullaire et cortical, creusés de nombreuses lacunes, montrent des cellules étoilées semblables à celles qui existent chez les Nymphéacées.

Affinités. — Les *Loganiacées* forment le groupe le plus voisin des Gentianacées. Celles-ci s'en distinguent surtout par les caractères suivants :

1° *Leur ovaire presque toujours uniloculaire et à placentation pariétale ;*

2° *Leurs feuilles toujours privées de stipules ;*

3° *Les principes amers qui dominent dans leurs tissus, et leurs propriétés physiologiques.*

Distribution géographique. — Les Gentianacées, au nombre de 750 espèces environ, sont répandues dans toutes les contrées du globe, et un nombre assez considérable de genres sont cosmopolites. — Elles sont cependant beaucoup plus abondantes dans les régions tempérées et, sous les tropiques, elles ne croissent qu'à des altitudes déterminées.

Propriétés générales. Plantes importantes. — Grâce à leur composition chimique, les Gentianacées sont surtout toniques et fébrifuges.

La Gentiane jaune (*Gentiana lutea* L.) fournit sa racine à la matière médicale. Elle contient de la *Gentiopicrine* (glucoside), de l'*Acide gentisique*, de la *Gentianose* ou *sucre de Gentiane*, et un principe glutineux (mélange d'huile, de cire et de caoutchouc).

On emploie, dans diverses contrées, des espèces voisines dont les propriétés sont les mêmes, quoique moins intenses (*G. purpurea* L., *G. punctata* L., etc.).

La Petite Centaurée (*Erythræa Centaurium* L.) fournit ses sommités fleuries, dont on a retiré un principe cristallisé, l'*Erythro-Centaurine* (Méhu), qui n'en est pas le principe amer.

On a préconisé, comme fébrifuge, digestif et emménagogue, l'*E. chilensis* Pers., désigné sous les noms de *Canchalagua* ou *Cachen-Laguen.*
On utilise dans les pharmacopées anglaise et indienne, comme fébrifuge, tonique et anthelmintique, le *Gentiana Chirayta* Rxb (2), herbe

----

(1) C'est-à-dire pourvus chacun de deux systèmes libériens, l'un extérieur, l'autre interne dans la moelle.
(2) *Ophelia Chirayta* Griseb.

annuelle des montagnes du Nord de l'Inde et du Népaul. Elle contient un principe amorphe, l'*Acide Ophélique*, et la *Chiratine*, glucoside amorphe et très amer.

Le Trèfle d'eau (*Menyanthes trifoliata* L.), également amer, est, dit-on, éméto-cathartique à haute dose. Cette plante entre dans la préparation du sirop et du vin antiscorbutiques. Son principe actif, la *Ményanthine*, est très amer et cristallisé.

Le *Sabbatia angularis* Pursh. est employé dans l'Amérique du Nord.
Le *Frasera Walteri* Michx., du Sud des États-Unis, est purgatif et émétique à l'état de fraîcheur ; sa racine sèche est employée comme amer.

FAMILLE II. — LOGANIACÉES.

Description du Strychnos Nux vomica L. — Le Vomiquier (S. *Nux vomica* L.) croît sur la côte de Coromandel et du Malabar, à Ceylan et dans les forêts de la Cochinchine (fig. 479).

C'est un *arbre* dont le tronc, souvent recourbé, est recouvert d'une écorce gris noirâtre. *Les rameaux sont volubiles*, d'un gris cendré ou d'un jaune orangé, pourvus de *feuilles opposées*, brièvement pétiolées, à *limbe entier*, *triplinerve* ou *à cinq nervures principales* (comme chez les *Cinnamomum*, v. p. 71). *Les stipules se réduisent à une légère bordure*, qui unit les deux pétioles d'une même paire.

Les *fleurs* sont en cymes ombelliformes axillaires. Elles sont *hermaphrodites, actinomorphes, 5-mères ; leur réceptacle est convexe* (fig. 480).

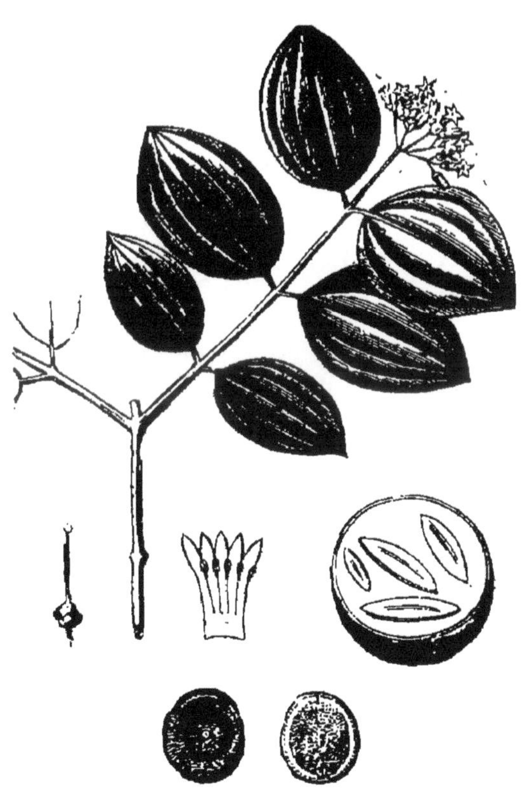

Fig. 479. — Noix vomique.

Le *calice* est à 5 *lobes triangulaires, imbriqués* dans la préfloraison, persistant.

La *corolle*, blanche ou jaunâtre, possède un tube allongé, légèrement velu dans le bas, plus étroit à la base qu'au sommet ; le limbe hypocratériforme est découpé *en cinq lobes, valvaires* dans le bouton, *à bords involutés.*

A *la gorge de la corolle* et en alternance avec ses lobes s'insèrent, sur des filets dont la partie indépendante de la corolle est très

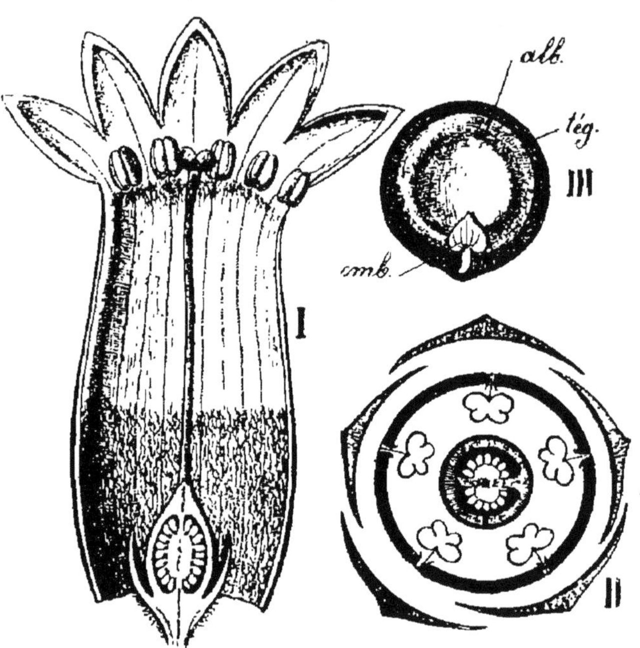

Fig. 480. — *Strychnos Nux vomica.* — I. Fleur dont la corolle staminifère étalée se montre derrière le calice et l'ovaire, ces deux derniers en coupe longitudinale.— II. Diagramme. — III. — Graine en section longitudinale : *alb*, albumen ; *emb*, embryon ; *tég*, tégument. D'après les données de Eichler, Berg et Schmidt, H. Solereder, etc. (Courchet).

courte, 5 *anthères dorsifixes et introrses*, échancrées à leurs deux extrémités, déhiscentes par *deux fentes latérales.*

L'*ovaire, libre et supère*, est formé par *deux carpelles médians, fermés et concrescents*. Dans chaque loge, la partie moyenne de l'angle interne est occupée par un *placenta saillant*, à deux lèvres, portant *de nombreux ovules anatropes et apotropes. Le style* est terminal, *simple* et filiforme ; *le stigmate est bilobé* (fig. 480).

Le *fruit* est une *baie corliquée* de la grosseur d'une pomme, rouge orangé à l'extérieur, *uniloculaire* par destruction de la cloison.

On y trouve, plongées dans une *pulpe blanchâtre gélatineuse*, 3-12 *graines, aplaties* et placées verticalement (souvent 2 à 3 seulement).

Ces graines (*Semences de Noix vomique*), que l'on a souvent comparées à des boutons de guètre, sont *discoïdales* (III), à bord obtus et un peu renflé, couvertes de poils soyeux, apprimés, qui rayonnent du centre de chacune des deux faces, et s'entre-croisent sur la marge. Le hile central est relié, par une ligne proéminente (raphé), avec le micropyle qui est marginal. — Cette graine est remplie par *un abondant albumen corné*, dont les deux moitiés se séparent au milieu, et forment une fente assez large. L'*embryon* est *périphérique, droit;* ses *cotylédons, cordiformes* à la base, sont marqués de *cinq nervures*.

Chez certains *Strychnos*, il existe des *vrilles* (S. *triplinervis* Mart.; S. *brevifolia* Spr., etc.). Ces organes sont d'abord enroulés en crosse à leur extrémité; ils sont oppositifoliés, et représentent des rameaux transformés, qui naissent à l'aisselle de feuilles très réduites. Chez d'autres espèces, il existe des épines de nature axile.

Autres genres. — Chez d'autres Loganiacées, le fruit est capsulaire et déhiscent, comme chez les *Spigelia*.

Spigelia L. — Les fleurs sont en *cymes spiciformes* (fig. 481) à l'extrémité des rameaux. L'*ovaire* porte un *long style articulé, chargé, à son sommet, de papilles stigmatiques*, et qui dépasse assez longuement la corolle infundibuliforme. La capsule bilobée se sépare en *deux coques qui s'ouvrent elles-mêmes, par la nervure dorsale et la suture ventrale. Les semences granuleuses sont réunies en un seul groupe dans chacune des loges.*

Ce sont des plantes herbacées américaines.

Fig. 481. — Spigélie.

Logania R. Br. — Les *Logania*, de l'Australie et la Nouvelle-Zélande, ont également un *fruit capsulaire*, s'ouvrant, *au sommet*, en *deux valves, qui se séparent des placentas*, mais *qui se divisent*, au même niveau, *en deux moitiés* par leur nervure dorsale.

Gelsemium Juss. — Les deux valves de la capsule, bifides au sommet, *se séparent* également des *placentas* chez les *Gelsemium*, arbrisseaux grimpants de l'Amérique et de l'extrême Asie ; mais *la déhiscence s'effectue jusqu'à la base du fruit.* — En outre, chez ces plantes, *les deux branches stigmatifères du style se divisent chacune en deux autres ramifications, et la corolle est à préfloraison imbriquée.*

Chacun des trois genres qui viennent d'être décrits peut être pris comme le type d'une subdivision de la famille.

Caractères généraux. — *Herbes, arbrisseaux* (quelquefois grimpants et alors pourvus ou non de vrilles et d'épines de nature axile), ou *arbres.*

Feuilles opposées, ordinairement entières, rarement dentées ou lobées, toujours simples, accompagnées de *stipules* plus ou moins développées, souvent réduites à une simple marge qui unit les deux feuilles d'une même paire.

Fleurs ordinairement hermaphrodites (rarement polygames), presque toujours 4-5 mères, actinomorphes et complètes.

Calice gamosépale, persistant, à lobes diversement développés. *Préfloraison* imbriquée.

Corolle rotacée, infundibuliforme, campanulée ou en coupe. *Préfloraison* valvaire, imbriquée ou tordue.

Étamines, sauf dans quelques cas exceptionnels, en même nombre que les lobes de la corolle et alternes avec eux, insérées sur la gorge ou sur le tube, ordinairement indépendantes entre elles. *Anthères* biloculaires ou uniloculaires par confluence des loges, introrses.

Disque nul ou plus ou moins développé autour du gynécée.

Ovaire supère, rarement demi-infère, formé par deux carpelles en général, médians, biloculaire, rarement uni ou pluriloculaire. — *Ovules* ordinairement nombreux, quelquefois, cependant, réduits à un petit nombre ou à un seul, anatropes ou amphitropes et, le plus souvent, apotropes. — *Style* simple ou, plus rarement, double à la base, entier ou bifide au sommet. — *Stigmate* simple ou bilobé.

Fruit : charnu et indéhiscent (baie ou drupe) ou capsulaire, et alors à *déhiscence* septicide ou septifrage, ou loculicide, ou bien en même temps septicide et loculicide.

Graines de forme et de grosseur variables, parfois ailées. — *Albumen* abondant, ordinairement corné. — *Embryon* axile ou excentrique, droit, plus ou moins volumineux.

LOGANIACÉES.

Fruit capsulaire, ordinairement déhiscent.

Corolle à préfloraison imbriquée.—Style divisé, au sommet, en deux branches bifides. — Carpelles déhiscents à la fois par leur suture ventrale et leur nervure dorsale. — Graines quelquefois ailées; embryon linéaire, axile. — Plantes ligneuses, à fleurs hermaphrodites.

Tribu I. — Gelsémiées.

Fleurs 5-mères. — Corolle campanulée infundibuliforme. — Étamines incluses, pourvues de longs filets. — Graines oblongues, ailées. — Fruit oblong, non bilobé, déhiscent seulement vers le sommet. Plantes grimpantes. — Feuilles pétiolées, réunies, dans chaque paire, par une marge stipulaire. — Fleurs grandes, jaunes ou blanches, en inflorescences terminales ou axillaires................. *Gelsemium* Juss.

(2 esp. Am. Sept. et Cent.; Chine; Sumatra).

Corolle à préfloraison valvaire. — Style simple, en apparence articulé au-dessous ou au-dessus de sa région moyenne, ou divisé à sa base. Stigmate simple ou bilobé. — Carpelles déhiscents à la fois par les deux sutures. Graines non ailées. Plantes herbacées, à fleurs hermaphrodites.

Tribu II. — Spigéliées.

Fleurs 5-mères.— Corolle infundibuliforme; tube renflé vers le haut. — Étamines incluses ou exsertes. — Capsule comprimée latéralement, didyme, se séparant en coques bivalves, contenant chacune quelques graines agglomérées, granuleuses.—Embryon minime. Feuilles penninerviées, réunies, dans chaque paire, par une gaine stipulaire. — Fleurs en cymes spiciformes, isolées ou associées au sommet des axes.............................. *Spigelia* L.

(30 espèces environ. Sud de l'Amérique du Nord, et Amérique méridionale).

Corolle à préfloraison valvaire ou tordue. — Style simple, divisé au sommet, en deux branches stigmatifères non bifides. — Capsule s'ouvrant comme dans les tribus précédentes.— Plantes herbacées ou ligneuses, à fleurs hermaphrodites ou polygames.

Tribu. III — Loganiées.

Fleurs 5-mères (rarement 4-mères). — Corolle plus ou moins campanulée. — Des staminodes chez les fleurs femelles ; un ovaire rudimentaire chez les fleurs mâles. — Capsule non didyme, septicide et à valves bifides au sommet. — Embryon linéaire, presque aussi long que l'albumen. Herbes ou sous-arbrisseaux. — Entre les feuilles d'un même nœud, une marge stipulaire, rarement des stipules dentiformes. — Fleurs généralement en panicules axillaires ou terminales .... *Logania* R. Br.

(22 esp. 19 en Australie ; 3 esp. en Nlle-Zélande).

Fruit charnu indéhiscent : baie ou drupe.

Corolle à préfloraison valvaire. — Ovaire le plus souvent 2-loculaire, très rarement 1-loculaire. — Style simple. — Nombre des graines variant de 1 à plusieurs. Plantes ligneuses, à tiges souvent anormalement construites. — Fleurs hermaphrodites, 3-4 mères.

Tribu IV. Strychnées.

Calice cupuliforme, à lobes arrondis, et corolle rotacée. — Étamines presque sessiles, fixées à la gorge de la corolle ; anthères libres ou connées. — Ovaire toujours 2-loculaire. — Stigmate capité ou bilobé. — Graines disciformes (1 ou plusieurs) : albumen corné et embryon minime. Végétaux ligneux grimpants, à feuilles entières, penninerviées, réunies par une marge stipulaire. — Fleurs en cymes dichotomes simples, ou réunies en panicules.......... *Gardneria* Wahl.

(3 espèces. Indes ; Japon).

Calice à lobes triangulaires ou acuminés. — Corolle rotacée ou plus ou moins longuement tubuleuse, à tube souvent velu sur les deux faces. — Gorge nue ou barbue. — Filets staminaux généralement courts. — Ovaire biloculaire, très rarement uniloculaire par avortement. — Style simple; stigmate entier ou bilobé. — Baie à péricarpe plus ou moins dur, pluriséminée, rarement 1-séminée.— Graines discoïdales, revêtues d'un duvet soyeux. Plantes ligneuses, dressées ou grimpantes, parfois munies de vrilles ou d'épines axiles. — Feuilles à limbe entier, pourvu de 5-7 nervures principales, unies, à chaque nœud, par une marge stipulaire............................ *Strychnos* L.

(65 espèces. De toutes les rég. tropicales).

Considérations anatomiques. — Les *Loganiées* (voy. le tableau) sont caractérisées par la présence d'un liber médullaire.

Les *Strychnées* se distinguent par la présence *d'îlots de liber inclus dans le bois*, et par celle *d'un anneau scléreux dans l'écorce*. La plupart d'entre elles contiennent, en outre, de *nombreux cristaux prismatiques d'oxalate de chaux*.

Affinités. — Les Loganiacées forment un groupe moins naturel, et surtout moins nettement circonscrit que les autres familles du Sous-Ordre. Aussi leurs affinités sont-elles multiples.

Dans tous les cas, leur *ovaire biloculaire*, leurs *feuilles stipulées*, la *nature cornée de leur albumen*, etc., les séparent des Gentianacées, dont elles sont évidemment très voisines. Leurs caractères anatomiques interviennent aussi pour les en différencier, et pour les distinguer également des Solanacées dont les feuilles sont, en outre, sans stipules et alternes.

Les Asclépiadacées et les Apocynacées (voy. plus loin) ont des laticifères qui manquent chez les Loganiacées.

Distribution géographique. — Les Loganiacées, au nombre de 360 espèces environ, s'éloignent peu des tropiques. Elles sont représentées, d'ailleurs, dans les diverses parties du Monde (1).

Propriétés générales. Plantes importantes. — Les propriétés de ces plantes sont assez diverses, mais les Strychnées se font remarquer, en général, par l'action énergique qu'elles exercent sur l'organisme, action due à la présence, dans leurs tissus, de la *Strychnine* et de la *Brucine* qui s'y trouvent combinées avec l'*Acide igasurique*.

La *Noix Vomique* est la semence du *Strychnos Nux vomica* L. (fig. 479) (Indes, côtes de Coromandel et du Malabar, Ceylan, Java, Siam, Cochinchine, Australie tropicale). Elle contient de la *Brucine* et de la *Strychnine*, et on l'emploie surtout contre la paralysie et l'hémiplégie. Sa saveur est d'une amertume intense.

La *Fève de Saint-Ignace* est la graine du *Strychnos Ignatii* Berg (*Ignatia amara* L.), originaire des Philippines, mais transporté et cultivé en Cochinchine et dans les Indes. C'est une Strychnée grimpante, dont la baie volumineuse ressemble au fruit du *Cucurbita Lagenaria;* les semences sont ovoïdes et obscurément anguleuses. La composition et les propriétés de ces graines sont semblables à celles de la Noix Vomique.

(1) Voy. Louis Sauvan, *Des Loganiacées*, Montpellier, 1896.

Les graines du *St. potatorum* L. (*Semences de Titan-Cotte*), de l'Inde, ressemblent à celles de la Noix Vomique, mais elles sont plus petites et dépourvues de principes vénéneux. Les voyageurs s'en servent, dit-on, pour clarifier l'eau des sources auxquelles ils s'abreuvent.

L'*Écorce de Fausse Angusture*, dont il a été parlé à propos des Rutacées (v. p. 865), est celle de certains *Strychnos* voisins du Vomiquier, sinon celle du Vomiquier lui-même. Elle avait été attribuée au *Brucea antidysenterica* Mill. (Rutacées).

Sous le nom d'*Écorce des Hoang-Nan*, on a longtemps préconisé dans le Tonkin, contre la rage et la lèpre, celle du *Strychnos Gaultheriana* Pierre. Elle contient de la Brucine et de la Strychnine.

On a recommandé comme fébrifuge, au Brésil, l'écorce des *St. Pseudo-Quina* S.-Hil. (*Quina do Campo*). Cette écorce contient une matière très amère, de la résine, etc., mais point d'alcaloïdes.

Le *S. Colubrina* L., des Moluques et du Malabar, contient de la Strychnine. Son bois est usité, dans ces régions, comme stomachique et fébrifuge, sous le nom de *Bois de Couleuvre*.

Les Javanais se servent, comme poison sagittaire, de l'*Upas Tieuté*, qui n'est autre que l'extrait de l'écorce d'un *Strychnos* grimpant, le *St. Tieuté* Leschen.

Divers *Strychnos* entrent dans la composition du *Curare*, extrait éminemment toxique préparé par les indigènes de l'Amérique du Sud (S. *Castelnæana* Wedd.; S. *Gubleri*, G. Pl.; S. *Crevauxiana* H. Bn., etc.)

On emploie comme vermifuge, en Amérique, la racine du *Spigelia marylandica* L., qui croît aux États-Unis; elle contient un alcaloïde volatil, la *Spigéline*.

Le *Sp. Anthelmia* L., de l'Amérique équatoriale, est très toxique, d'où le nom de *Brinvillière* qu'on lui a donné.

Enfin le *Gelsemium nitidum* L. (Sud des États-Unis, Mexique), contient un alcaloïde bien défini, la *Gelsémine*. On emploie sa racine contre les névralgies faciales, la fièvre typhoïde, la dysenterie, etc.

FAMILLE III — APOCYNACÉES.

Description du Vinca major L. (*Grande Pervenche*). — La Grande Pervenche est une *herbe vivace*, qui abonde dans les lieux ombragés et humides de l'Ouest, du Centre et du Midi de la France. Ses tiges cylindriques, très longues et rampantes, portent des *feuilles opposées*, *à limbe entier*, légèrement cordiforme à la base, *sans stipules*.

Les fleurs, solitaires à l'aisselle des feuilles, sont actinomorphes, hermaphrodites, 5-mères et complètes (fig. 482).

Calice persistant, profondément fendu en 5 lobes étroits, linéaires, sans contact dans le bouton.

Corolle bleue, *tubuleuse*, à limbe formé de 5 *lobes étalés, se recouvrant*, dans le bouton, *de gauche à droite, en préfloraison tordue.*

A la gorge velue de la corolle sont insérées *cinq étamines alternipétales,* dont *les filets élargis et coudés portent des anthères introrses, biloculaires, à déhiscence longitudinale, et s'étalent au-dessus d'elles en une lame recourbée.*

Le *disque* est représenté, sur le réceptacle, par *deux glandes alternes avec les deux carpelles.*

Ces derniers sont *latéraux, indépendants,* mais *un peu concrescents par leur base avec le réceptacle floral,* dont le centre est légèrement concave. *Sur leur suture ventrale sont insérés de nombreux ovules anatropes.*

Les deux styles sont soudés en une colonne terminale dont le sommet est renflé en un *bourrelet glanduleux,* contre lequel adhèrent légèrement les filets coudés des étamines. Le *stigmate* se termine par une *houppe de poils.*

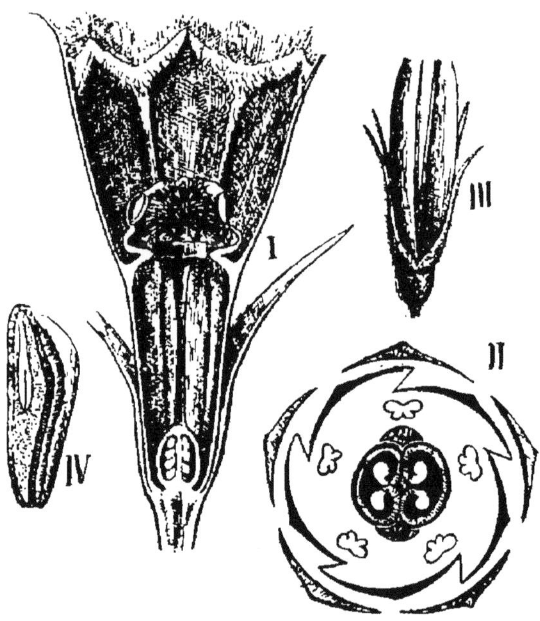

Fig. 482. — *Vinca major.* — I et II. Fleur en section longitudinale (le limbe de la corolle n'est pas représenté en I) et diagramme. — III. Fruit. — IV. Graine (Courchet).

Le fruit consiste en *deux follicules,* qui, à la maturité, se séparent entièrement l'un de l'autre.

Les *graines* nues renferment un *embryon droit, placé dans l'axe* d'un *albumen charnu abondant.*

Les Pervenches, comme la grande majorité des Apocynacées, renferment, dans leurs divers organes, de nombreux laticifères articulés.

Autres genres. — Nᴇʀɪᴜᴍ L. — Les *Nerium,* dont une espèce, le Laurier-Rose (*Nerium Oleander* L.), est très répandue dans la région méditerranéenne, se distinguent des *Vinca* par les caractères suivants:

Ce sont des *arbrisseaux* à *feuilles* (1) *verticillées* par 3 ou par 4 (voy. fig. 53, p. 74).

Les *fleurs*, roses ou blanches, forment des *cymes corymbiformes terminales*.

Le *calice* est à *cinq lobes lancéolés, glanduleux, imbriqués* dans la préfloraison.

La *corolle est infundibuliforme*. Sa gorge est munie, en dedans, de *cinq appendices déchiquetés*, dont l'ensemble forme *une couronne* à la base des lobes auxquels ils correspondent. Ils représentent des *formations ligulaires*, qui dépendent des pétales. Les lobes de la corolle sont obtus, et se recouvrent, dans le bouton, en *préfloraison tordue de droite à gauche*.

Les *étamines*, insérées sur la gorge de la corolle, ont des *anthères basifixes surmontées*, chacune, d'*un long appendice plumeux*. Chaque loge se compose : 1° d'une partie externe vide de pollen, inférieurement prolongée en un rostre recourbé ; 2° d'une partie interne fertile, beaucoup plus courte, qui laisse à nu une partie du connectif.

Toutes les étamines sont fortement accolées, par leurs filets, contre le bourrelet circulaire et glanduleux que surmonte le stigmate ; ce dernier est légèrement bilobé.

Le disque fait défaut.

Les *graines* sont *couvertes de poils nombreux*, dont les supérieurs s'allongent en *aigrette*.

Plumeria L. — Comme chez les Pervenches, *les étamines manquent d'appendices aux anthères* et celles-ci ne s'accolent pas au pistil ; mais *le disque fait défaut, l'ovaire est à demi infère, les graines sont glabres*, pourvues d'une *aile marginale* ; enfin ces plantes, propres à l'Amérique tropicale, sont toutes des *arbustes* ou des *arbres à feuilles alternes*.

Ces quelques exemples, complétés par le tableau qui suit, permettent de comprendre les caractères généraux de la famille.

Caractères généraux. — *Herbes* ou, plus souvent, *plantes ligneuses*, grimpantes, rarement arbrisseaux ou arbres à port dressé.

Feuilles toujours simples et entières, ordinairement opposées, plus rarement verticillées ou alternes, très rarement accompagnées de *stipules* interpétiolaires.

Inflorescences généralement formées de cymes, associées en panicules.

Fleurs hermaphrodites, actinomorphes, 5-mères.

(1) Les stomates sont localisés, à la face inférieure, dans de petites poches ou cryptes dont la paroi est garnie de longs poils unicellulaires (V. p. 77, note 2).

Calice profondément fendu en lobes, imbriqués dans le bouton, accompagné ou non par des *glandes* à la base.

Corolle en forme d'entonnoir ou de coupe, plus rarement campanulée. *Tube* nu ou velu, et *gorge* souvent pourvue d'appendices divers. Lobes se recouvrant, en *préfloraison tordue*, de gauche à droite ou de droite à gauche.

Étamines 5, insérées à la gorge, ou plus ou moins haut sur le tube de la corolle. *Filets* courts, indépendants en général. *Anthères* ordinairement acuminées, parfois connées entre elles en une sorte de cône, indépendantes du gynécée ou appliquées plus ou moins fortement contre un bourrelet glanduleux situé au-dessous du stigmate. *Loges des anthères* tout entières occupées par le pollen, ou divisées en une région pollinifère et une région stérile qui, souvent, se prolonge en un appendice caudiforme.

Un disque diversement conformé autour du gynécée, ou disque nul.

Ovaire libre ou plus ou moins concrescent par sa base avec le réceptacle floral, ordinairement composé par 2, beaucoup plus rarement par 5 carpelles. *Carpelles* indépendants ou concrescents entre eux.

Ovules généralement nombreux, descendants ou rarement ascendant sur les bords ventraux des carpelles. — *Style* toujours terminal et simple (même lorsque les carpelles sont indépendants), excepté à sa base où ses deux moitiés sont plus ou moins longuement séparées. *Stigmate* diversement conformé, souvent accompagné, en dessous, par un bourrelet glanduleux.

Fruit : généralement composé par deux follicules libres, ou d'abord accolés et devenant libres à la fin ; les carpelles peuvent aussi demeurer indéhiscents, et forment alors des fruits samaroïdes ou drupacés. Quand les carpelles sont concrescents, le fruit est ordinairement une baie ou une drupe indéhiscente, rarement une capsule déhiscente par les nervures dorsales des carpelles.

Graines polyédriques, ou souvent plus ou moins comprimées, pourvues d'un aile membraneuse ou, plus fréquemment, d'une touffe de poils. — *Embryon* à cotylédons plans, ou plus rarement enroulés ou pliés, presque toujours accompagné par un *albumen* charnu.

APOCYNACÉES.

Carpelles non concrescents entre eux.

Tribu I. — Échitées.

Graines pourvues d'aigrettes. — Lobes de la corolle en préfloraison tordue de droite à gauche. — Anthères plus ou moins fortement adhérentes au bourrelet glanduleux formé sous le stigmate.

Disque représenté par 5 écailles glanduleuses et ovaire à demi infère. — Calice non glanduleux. — Etamines insérées près de la base de la corolle ; filets courts et anthères sans appendices. — Style court, renflé en un double cône. — Graines pourvues d'une aigrette caduque. — Herbes vivaces ou sous-arbrisseaux. — Feuilles opposées — Fleurs petites, en panicules axillaires ou terminales...................... *Apocynum* L.
(3 espèces. Europe ; Asie; Amérique du Nord).

Disque nul. — Etamines insérées sur la gorge de la corolle. — Anthères appendiculées. — Ovaire concrescent avec le réceptacle seulement par la base.

Couronne formée d'appendices opposés aux lobes de la corolle, qui ne sont jamais prolongés en lanières. — Follicules toujours dressés et graines munies d'un simple faisceau de poils. Arbustes dressés, à feuilles verticillées par 3 ou par 4.. *Nerium* L.
(3 espèces. Région méditerranéenne : Arabie ; Indes ; Japon).

Couronne formée, à la base de chaque lobe de la corolle, par deux appendices latéraux qui peuvent s'unir entre eux deux par deux, entre chaque division du limbe. — Lobes de la corolle souvent prolongés en lanières. — Follicules divergents, souvent opposés dans un même plan horizontal. — Graines velues, pourvues à la base d'un faisceau de poils plus longs, et prolongées au sommet en une arête qui porte, à son extrémité, des soies divergentes. Arbustes ordinairement grimpants, à feuilles opposées.. *Strophanthus* DC.
(28 espèces. Afrique,jusqu'au Cap ; en Asie, depuis les Indes jusqu'aux Philippines et en Chine).

Tribu II. — Plumiérées.

Graines sans aigrette. — Lobes de la corolle en préfloraison tordue de gauche à droite. — Anthères indépendantes du style, ou à peine adhérentes au style.

Calice dépourvu de glandes. — Corolle en coupe : gorge velue ou munie de dents calleuses. — Disque formé de deux glandes. — Style court, surmontant un ovaire peu adhérent par la base.—Plantes herbacées, à fleurs bleues ou blanches, solitaires........................ *Vinca* L.
(5 espèces. Europe et Orient, jusqu'en Perse).

Tribu III. — Carissées.

Carpelles concrescents en un ovaire 2-loculaire, rarement pluriloculaire. — Fruit : baie, drupe ou capsule....................... *Genres nombreux exotiques.*

Considérations anatomiques. — Deux caractères anatomiques, que l'on retrouve d'ailleurs chez les Asclépiadacées, distinguent les Apocynacées : 1º *La présence de laticifères inarticulés dans leurs divers parenchymes, et surtout au voisinage des faisceaux libéro-ligneux; 2º la présence d'un liber interne.*

Affinités. — Les Apocynacées sont surtout voisines des Asclépiadacées, dont les caractères sont donnés plus bas. Elles se distinguent des Gentianacées par *la structure de l'ovaire, leurs étamines souvent appendiculées et appliquées sur le style, leurs fruits ordinairement doubles et, dans tous les cas, constitués par des carpelles clos, etc.; enfin par leurs laticifères.*

Distribution géographique. — Les Apocynacées sont répandues dans les régions intertropicales des deux Continents, surtout au delà de l'Équateur. Parmi les genres, peu nombreux, qui s'écartent le plus vers le Nord, on distingue spécialement les *Vinca, Nerium* et *Apocynum.*

Propriétés générales. Plantes importantes (1). — Le latex des Apocynacées jouit de propriétés très diverses. Il est parfois assez riche en caoutchouc pour servir à l'extraction de cette substance (*Vahea gummifera* Lam., de Madagascar, *Parameria Pierrii* et *Urceola elastica* Rxb., de l'Asie tropicale, *Vahea senegalensis* DC., *Landolphia Ouariensis* Pal., de la côte occidentale d'Afrique, etc.).

Le *Nerium Oleander* L. (*Laurier-Rose*) est toxique. Ses feuilles, qui ont été utilisées jadis comme sternutatoires et contre la galle, agissent à la manière des poisons cardiaques et peuvent, paraît-il, être employées dans les mêmes cas que le *Strophanthus hispidus.* (Voy. plus loin.) Elles contiennent de la *Nériine* et de l'*Oléandrine,* substances non azotées, et d'autres composés.

L'écorce d'*Holarrhena antidysenterica* (2) Wall., arbre des montagnes de l'Inde et du Népaul, est employée dans l'Inde, ainsi que ses graines, contre la dysenterie. L'*H. africana* DC. est appliqué aux mêmes usages. On emploie aux États-Unis, comme éméto-cathartique et diurétique, l'*Apocynum cannabinum* L. On a retiré deux principes spéciaux de son rhizome : l'*Apocynine* et l'*Apocynéine*. Les propriétés de l'*A. androsæmifolium* L., d'Amérique également, sont à peu près identiques.

Les *Strophanthus,* de l'Afrique tropicale, ont, pour la plupart, des semences très toxiques. Tel est, en particulier, le *Str. hispi-*

(1) Voy. M. L. Planchon, *Produits fournis à la Matière médicale par la famille des Apocynées.* 1 volume de 354 pages. Montpellier, 1894.
(2) Tribu des Plumériées.

dus L., de la côte occidentale d'Afrique, et surtout de Sierra-Leone et du Niger. Le principe actif est la *Strophanthine*, qui, sous l'influence des acides, se dédouble à la manière d'un glucoside.

Le *Strophanthus hispidus* est un médicament cardiaque, qu'on ne saurait employer qu'avec beaucoup de circonspection. Les indigènes de la côte occidentale d'Afrique l'utilisent pour empoisonner leurs flèches et comme poison d'épreuve (*Inée* ou *Onaye*). On fait un usage semblable, à Madagascar, des semences de *Tanghin* (*Tanguinhia venenifera* Poir.).

Les feuilles des Pervenches (*Vinca*) sont employées comme anti-laiteuses.

On utilise, à titre de tonique et d'anthelmintique, l'écorce de l'*Alstonia scholaris* (1) R. Br., qui croît dans l'Inde, à Java, à Timor et dans l'Afrique tropicale. — Celle de l'*A. constricta* Müller a été vantée comme tonique, fébrifuge et digestive. Enfin l'*Alstonia spectabilis* R. Br., des Moluques, paraît agir à la façon du Curare.

On désigne sous le nom d'*Écorce de Pao-Pereira* un produit fourni par le *Geissospermum Vellosii* (2) Fr. All., qui croît au Brésil où il est depuis longtemps employé comme fébrifuge.

On administre comme antipériodique, dans l'Amérique du Sud, et on a proposé dans nos régions contre l'asthme et les dyspnées cardiaques, l'*Écorce de Québracho blanc* (de l'*Aspidosperma Quebracho* Schl.).

Divers *Acocanthera* G. Don, et surtout les *A. Ouabaïo* Poiss., *A. Schimperi* B. et H., et *A. Deflersii* Schw., fournissent, sur la côte orientale d'Afrique, un poison sagittaire, connu sous le nom de *Ouabaïo*, dont l'action paraît être analogue à celle de la *Strophanthine*.

On a proposé contre les spasmes, le tétanos, etc., la *Guachamaca toxifera* Gros., du Vénézuéla.

Certaines Apocynacées ont des fruits comestibles; d'autres sont cultivées comme plantes d'ornement ; on utilise le bois de certaines autres.

FAMILLE IV· — ASCLÉPIADACÉES.

Description d'un Asclepias. — Les Asclépiades (*Asclepias* L.), dont une seule espèce (l'*A. Cornuti* DC.) peut être considérée comme spontanée dans nos régions méridionales, sont des *plantes herbacées* ou *sous-frutescentes*, parfois *grimpantes, très riches en latex*. Les *feuilles* sont *opposées* ou *rarement verticillées, simples et entières, sans stipules*.

Les *inflorescences* consistent en *cymes ombelliformes*, terminales ou axillaires et, dans ce dernier cas, presque toujours concrescentes avec l'axe-mère jusqu'au niveau des deux feuilles immédiatement

(1) Plumiérées.
(2) *Id.*

supérieures, sur le côté desquelles elles paraissent insérées.

La *fleur* (fig. 483) est *actinomorphe, complète, hermaphrodite* et *pentamère* (sauf dans son gynécée qui est 2-mère).

Le *calice gamosépale* est profondément divisé en *cinq lanières étroites qui alternent avec des glandes*, isolées ou disposées par paires. — La *corolle* est formée par *cinq pétales concrescents à la base*, allongés, *valvaires* dans le bouton, puis déjetés en dehors après l'anthèse.

Au fond de la corolle s'insère l'*androcée*, dont la structure est

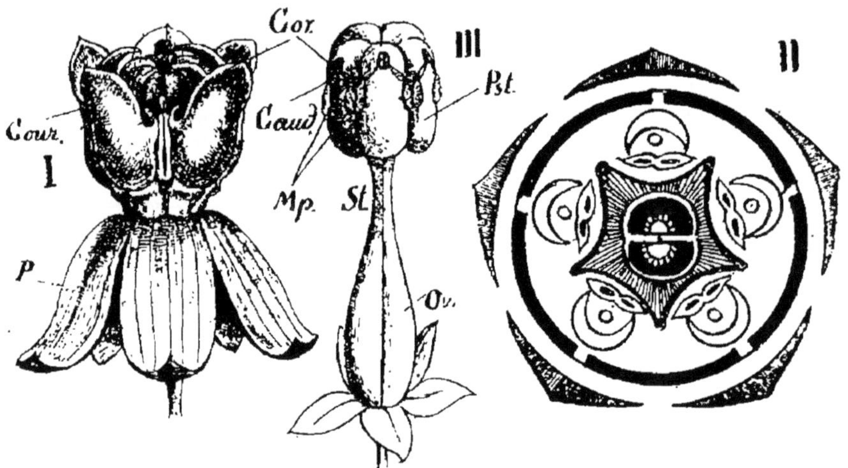

Fig. 483. — Organisation florale d'un *Asclepias*. — I. Fleur entière. — II. Diagramme. — III. Pistil sans corolle, ni couronne ni androcée, accompagné, à la base, par le calice persistant : P,pétales; *Cour*, couronne ; Cor, corpuscules ; *Caud*, caudicules ; Pst, plateau staminal ; S*t*, style ; O*v*, ovaire (Courchet. Diagramme d'après Eichler).

assez complexe. Il consiste en une sorte de pyramide creuse renversée, qui entoure toute la partie moyenne et inférieure du gynécée, et d'où se dégagent, à un certain niveau, *deux verticilles de pièces superposées :* 1° en dedans, les *cinq étamines* alternipétales, dont les *filets courts et élargis* se prolongent, au-dessus des *anthères introrses et biloculaires*, en une *lame recourbée;* 2° en dehors des étamines, *cinq appendices en forme de cornets pétaloïdes*, obliquement ouverts de dehors en dedans, au milieu desquels fait saillie un corps allongé en *une sorte de corne recourbée*.

L'ensemble des cornets pétaloïdes est ordinairement désigné sous le nom de *couronne;* mais on ne peut l'identifier, chez les *Asclepias* tout au moins, à la couronne des *Nerium* et d'autres Apocynacées où cette dernière dépend manifestement de la corolle (1).

Les deux loges de chaque anthère sont claviformes et plus larges dans le bas; leur région interne est divisée en une partie inférieure dans laquelle tous les grains de pollen sont cohérents en une *masse pollinique*, et une partie supérieure étroite, presque exclusivement occupée par une substance muqueuse.

Les appendices lamelliformes qui surmontent les anthères sont appliqués sur le plateau charnu qui couronne le style, et les cornes recourbées de la couronne servent à rendre cette adhérence plus intime (2).

Le *gynécée* consiste en *deux carpelles médians*, accolés mais *non concrescents par leur partie ovarienne;* chacun d'eux porte *une double série d'ovules descendants, anatropes,* insérés le long de leur suture ventrale. Indépendants à leur base, *les deux styles se soudent* plus haut pour former *un plateau épais, pentagonal,* dont les angles correspondent aux pétales, et au-dessous de chacun desquels est *une surface garnie de papilles stigmatiques.* Sur les côtés saillants du plateau et, par conséquent, entre les étamines, se montrent cinq doubles glandes ou *corpuscules* qui sécrètent une substance agglutinante. Chaque corpuscule émet, de chaque côté, deux processus divergents nommés *caudicules,* dont l'extrémité opposée est en contact avec la partie supérieure rétrécie d'une loge d'anthère. Les deux pollinies d'une même anthère se trouvent ainsi rattachées à deux corpuscules différents.

Qu'un insecte, attiré par le nectar qui s'amasse dans les pièces creuses de la couronne, essaie de pénétrer jusqu'à lui, il touchera un ou plusieurs corpuscules dont les pelotes visqueuses adhéreront à une partie de son corps, surtout aux pattes, et se sépareront du plateau stigmatique, entraînant chacune les deux masses polliniques voisines qui s'y rattachent par l'intermédiaire des caudicules. Ce même insecte, arrivant dans une autre fleur, déposera ces masses polliniques sur les surfaces stigmatiques du plateau de cette dernière. Ainsi s'effectue la pollinisation chez les Asclépiadacées.

A la maturité du fruit, toute la partie stigmatifère du gynécée

(1) Il est des Asclépiadacées qui, indépendamment de cette couronne staminale, montrent encore, en avant des lobes de la corolle, des appendices qui émanent directement de cette dernière. Chez d'autres, la couronne dépend aussi bien de l'androcée que de la corolle, et se montre ainsi d'origine mixte.

(2) Le corps complexe qui résulte de cette connexion de l'androcée et du gynécée est souvent désigné par les Allemands sous le nom de *Gynostège (Gynostegium)* (Voy. K. Schumann, in Engler et Prantl, fascicules 122 et 123).

se détruit; et ce qui reste des carpelles forme *deux follicules allongés*, semblables à ceux des Apocynacées.

Les *graines* sont *descendantes, comprimées, munies d'une aigrette à leur extrémité micropylaire*. Elles renferment un *embryon droit, situé dans l'axe d'un albumen charnu*.

Autres genres. — Les *Gomphocarpus* L. ressemblent aux *Asclépias*, mais *les pièces cuculliformes de la couronne y sont dépourvues d'appendices*.

Les *Cynanchum* L. ont leur *corolle tordue de gauche à droite*, et les pièces de leur couronne, *plus ou moins indépendantes de la corolle*, sont lancéolées, nues ou appendiculées.

Chez les *Vincetoxicum* Mönch., les pièces de la couronne sont *presque libres, obtuses et sans appendices*.

Chez les *Solenostemma* Hayn., la corolle est également tordue dans le bouton et *la couronne, en forme de coupe et à lobes obtus, est insérée à la base de la corolle*.

Dans tous les genres précédents, *les anthères forment chacune deux masses polliniques et celles-ci sont ascendantes, horizontales ou descendantes, le pollen occupant, dans tous les cas, la partie la plus profonde des sacs polliniques*. Cette disposition caractérise la tribu des **Asclépiadacées proprement dites** ou **Asclépiadées**.

Dans la tribu des **Sécamonées**, il existe *deux masses polliniques dans chaque loge des anthères, et le pollen se forme dans la partie terminale de ces dernières*. Chaque corpuscule fixe donc quatre pollinies.

Enfin chez les **Périplocées**, *le pollen qui occupe*, comme chez les Sécamonées, *la partie terminale des sacs polliniques, est simplement granuleux et formé de tétrades*. Il est retenu, lors de la déhiscence de l'anthère, par des bandes d'un tissu muqueux, qui remplacent ici les corpuscules.

Caractères généraux. — *Herbes* vivaces ou *plantes ligneuses*, ou bien *arbrisseaux* dressés ou grimpants, ou rarement *arbres*, ou même plantes à tiges charnues et sans feuilles (*Stapelia*).

Feuilles presque toujours opposées, rarement verticillées ou alternes, simples, le plus souvent entières, sans stipules.

Inflorescences ordinairement en cymes ombelliformes, ou bien encore ombelles, grappes ou panicules, axillaires ou terminales.

Fleurs ordinairement de faibles dimensions, hermaphrodites, complètes, actinomorphes et 5-mères, excepté dans leur gynécée.

Calice à divisions profondes, à préfloraison quinconciale. — *Corolle* campanulée, rotacée, en entonnoir, etc., à *préfloraison* tordue ou, plus rarement, valvaire. Elle est accompagnée d'une *couronne* simple ou double, rarement triple, dont les pièces constituantes, diversement conformées, indépendantes ou concrescentes entre elles, sont généralement en connexion soit avec l'androcée, soit avec la corolle, soit encore avec ces deux verticilles en même temps.

Anthères biloculaires et introrses, sessiles ou portées par un *filet*, court en général, indépendantes ou très rarement cohérentes en tube, le plus souvent en connexion étroite avec le stigmate, et formant avec lui un *gynostège* (1).

Pollen granuleux, composé seulement de *tétrades*, ou bien aggloméré, dans chaque loge d'anthère, en une ou deux *masses polliniques*, ces dernières occupant le fond ou la partie terminale de la loge.

Entre les étamines, sur la partie renflée du style, existent des *corpuscules* qui sécrètent un liquide visqueux ; avec ces corpuscules, les masses polliniques de chaque moitié d'anthère sont unies par des processus muqueux (*caudicules*). Les corpuscules, chez les formes à pollen simplement granuleux, sont remplacés par des bandes d'un tissu muqueux qui l'agglutine. Les masses polliniques (2-4), appartenant ainsi à deux moitiés d'anthères différentes, sont enlevées par les insectes en même temps que la masse visqueuse du corpuscule situé entre elles.

Disque toujours nul.

Gynécée formé par deux carpelles, indépendants dans leur région ovarienne, libres ou rarement un peu concrescents par leur base avec le réceptacle floral. *Ovules* nombreux, anatropes, descendants, fixés sur la suture ventrale des carpelles.

Styles soudés, au-dessus de l'ovaire, en une masse aplatie pentagonale, souvent échancrée sur ses cinq faces sur lesquelles sont appliquées les anthères, tandis que les cinq angles portent les cinq *corpuscules* et, en dessous, les cinq *plages stigmatiques*.

Fruits : deux follicules déhiscents par la suture ventrale.

Graines oblongues ou ovales, comprimées, assez souvent marginées, le plus souvent pourvues d'une touffe de poils à une extrémité. — *Embryon* droit, dans l'axe d'un *albumen* corné, peu abondant.

____

(1) Voy. p. 1199, note 2.

ASCLÉPIADACÉES.

Pollen cohérent en une seule masse pollinique dans chacune des loges des anthères, dont le pollen occupe la partie profonde.

Tribu I. — Asclépiadées.

Masses polliniques descendantes.

Corolle à préfloraison valvaire. — Plantes non charnues et pourvues de feuilles normalement développées.

Pièces de la couronne cuculliformes.

pourvues, au milieu, d'un appendice en forme de corne recourbée............ *Asclepias* L. (80 espèces environ, la plupart américaines).

sans appendices...... *Gomphocarpus* L. (90 à 100 espèces. Région du Cap; Afrique tropicale ; Amérique).

Pièces de la couronne comprimées latéralement, prolongées, en arrière, par un éperon obtus................... *Calotropis* R.Br. (3 espèces. Asie et Afrique tropicales).

Plantes à tiges charnues, et feuilles réduites à de simples épines .... *Stapelia* L. (70 à 80 espèces. Sud de l'Afrique).

Corolle à préfloraison tordue.

Pièces de la couronne lancéolées, nues ou accompagnées d'un appendice liguliforme. *Cynanchum* L. (Genre répandu dans les deux Hémisphères, surtout dans l'Ancien Monde).

Pièces de la couronne obtuses ou arrondies. *Vincetoxicum* Mönch. (Souvent considéré comme une simple section du genre *Cynanchum*).

Couronne fixée à la base du gynécée et de la corolle, à 5 lobes indupliqués ..... *Solenostemma* Hayne. (*S. Arghel* Del. Afrique).

Masses polliniques ascendantes. — Corolle à préfloraison valvaire ou tordue. — Pièces de la couronne latéralement comprimées .... *Tylospora* R.Br. (40 espèces. Indes ; Australie ; Afrique).

Masses polliniques obliques ou transversales. — Corolle à préfloraison tordue. — Couronne formée par un anneau membraneux, simple, double ou triple. — Disque stigmatique, aplati, étoilé....... *Gonolobus* Mich. (65 à 70 espèces. Nouveau Continent, des États-Unis au Brésil).

Pollen cohérent en deux masses polliniques dans chaque loge des anthères, dont elles occupent la région terminale.

Tribu II. — Sécamonées.

Corolle à préfloraison tordue. — Pièces de la couronne comprimées .. *Secamone* R.Br. (Ancien Monde ; Australie ; Chine).

Pollen simplement granuleux.

Tribu III. — Périplocées.

Corolle à préfloraison tordue. — Couronne représentée par cinq appendices en forme de cornes, auriculés à la base..... *Periploca* L. (2 espèces. Sud de l'Europe ; Asie moyenne et subtropicale ; Afrique tropicale).

Considérations anatomiques. — Rien ne distingue d'une façon nette, au point de vue anatomique, les Asclépiadacées des Apocynacées. Comme ces dernières, les Asclépiadacées sont riches en laticifères continus, et les faisceaux de la tige sont bicollatéraux.

Affinités. — Les Asclépiadacées sont surtout voisines des Apocynacées, dont elles offrent la même organisation générale. Le caractère différentiel le plus important consiste dans la *structure de l'androcée, ses rapports avec le gynécée, et l'appareil à l'aide duquel le pollen est transporté d'une fleur à une autre.*

Distribution géographique. — Les Asclépiadacées ont à peu près la même distribution géographique que les Apocynacées. Cependant les différentes tribus, certains genres même, ont une aire d'extension un peu spéciale : les Périplocées et les Sécamonées appartiennent à l'Ancien Continent ; les *Gonolobus* et les espèces voisines, que caractérisent leurs anthères transversales ou obliques, sont tous d'origine américaine. Les Asclépiadacées sont à peu près également réparties dans les deux Continents, mais elles sont presque toutes propres aux régions tropicales.

Propriétés générales. Plantes importantes. — On retrouve, dans la composition chimique et les propriétés des Apocynacées et des Asclépiadacés, la même analogie qu'entre leurs caractères morphologiques et anatomiques.

Leur latex est souvent éméto-cathartique ou même très toxique. Tel est, par exemple, celui du *Periploca græca* L. (région méditerranéenne) dont le suc est employé pour détruire les bêtes fauves, et celui du *Gonolobus macrophyllus* d'Amérique, qui fournit, dit-on, un poison sagittaire.

On emploie aux États-Unis, sous le nom d'*Asclépiade tubéreuse*, la racine de l'*Asclepias tuberosa* L. comme expectorant et diaphorétique, et comme anthelmintiques le rhizome et les racines de l'*Ascl. incarnata* L. La racine de l'*A. curassavica* L., des Antilles, est employée comme succédané de l'Ipéca.

Dans le Pérou, la Colombie et le Vénézuéla, on récolte l'*Écorce de Condurango*, que fournit le *Gonolobus Condurango* Triana. L'écorce de la racine de cette plante, amère à faible dose, est émétique et nauséabonde à dose élevée. Elle est actuellement usitée comme simplement apéritive. Elle contient deux glucosides, désignés du nom de *Condurangines*.

On emploie dans l'Inde, comme diurétiques, diaphorétiques et toniques, les écorces des *Calotropis procera* R. Br. et *C. gigantea* R. Br., connues sous le nom d'*Écorce de Mudar*.

La racine d'*Hemidesmus indicus* R. Br. (*Periploca indica* L.) est employée, dans l'Inde, comme succédané de la Salsepareille.

Le *Cynanchum monspeliacum* L. passait autrefois pour fournir une fausse Scammonée, la *Scammonée de Montpellier*, qui est, en réalité, d'origine allemande.

La racine et les feuilles du *Tylophora asthmatica* Wight et Arn., spontané dans l'Inde et naturalisé à Maurice, sont usitées comme vomitives.

On trouvait autrefois, mélangées en abondance au Séné d'Égypte, les feuilles du *Solenostemma Arghel* Hayne, plante qui, dit-on, est purgative (voir p. 1076).

Le *Sccamone emetica* R. Br., de l'Inde orientale, est employé comme vomitif.

On se servait autrefois contre les hydropisies, les affections cutanées et scrofuleuses, du *Rhizome d'Asclépiade* fourni par le *Vincetoxicum officinale* Mönch. Ce rhizome contient un glucoside, la *Vincetoxine*, qui est physiologiquement inactive.

SOUS-ORDRE V. — AGRÉGÉES (AGGREGATÆ).

Ce Sous-Ordre comprend une grande partie des *Gamopétales inférovariées* de plusieurs auteurs (M. Van Tieghem en particulier). On peut caractériser ces plantes de la manière suivante :

Fleurs ordinairement 5-mères ou 4-mères dans le périanthe et l'androcée. — Calice souvent peu développé, ou remplacé par des écailles ou des poils plumeux, ou enfin nul. — Étamines en même nombre que les pièces de chacun des deux verticilles du périanthe, ou moins nombreuses. — Ovaire toujours infère.

Inflorescences généralement composées de fleurs nombreuses et serrées, souvent en capitules involucrés.

C'est à cette disposition des inflorescences qu'on doit vraisemblablement attribuer cette tendance du calice à l'avortement, le rôle protecteur des sépales étant alors dévolu aux bractées-mères des fleurs, ou aux pièces de l'involucre.

FAMILLE I. — RUBIACÉES.

SOUS-FAMILLE I. — COFFÉOIDÉES.

Loges de l'ovaire toujours uniovulées ; loges du fruit uniséminées.

Description du Rubia tinctorum L. — La Garance cultivée (*Rubia tinctorum* L.) est une *herbe vivace* (fig. 484) à rhizome traçant. Celui-ci porte des racines adventives, dont le nombre peut être accru par la culture. *Les tiges sont longues, carrées, noueuses et munies, aux angles, de poils très rudes.*

Les feuilles, lancéolées et sessiles, assez coriaces, hérissées de poils rudes, *paraissent former des verticilles de 4 ou de 6. Leur disposition est, en réalité, opposée, mais chaque feuille est accompagnée par deux stipules qui se développent comme elle, et lui ressemblent ;* ainsi se forment des verticilles de 6 folioles ; le nombre de ces dernières

Fig. 484. — *Rubia tinctorum* L. — Port de la plante.

se réduit à quatre lorsque les stipules sont concrescentes deux par deux, de chaque côté des deux feuilles (1).

Les *inflorescences* consistent en *petites cymes,* axillaires ou terminales.

Les *fleurs* (fig. 485, I et II) sont *actinomorphes, hermaphrodites* (ou rarement unisexuées par avortement), *5-mères ou, plus rarement,*

(1) Voy. p. 77, note I. Il n'est pas rare, d'ailleurs, de rencontrer, vers l'extrémité des axes, des feuilles simplement opposées, accompagnées de stipules plus petites, dont la nature ne saurait alors être méconnue.

*4-mères. Le réceptacle floral, fortement concave, enveloppe l'ovaire in-
fère avec lequel il est concrescent.*

Le *calice* est remplacé par *un simple rebord* que forme le réceptacle au-dessus de l'ovaire et autour de la *corolle.* Cette dernière est
rotacée, formée d'un tube assez évasé et d'un limbe à *cinq ou quatre
lobes, valvaires* dans le bouton.

Les *étamines,* alternes avec les lobes de la corolle et portées par
le tube de cette dernière, ont des *filets très courts* et des *anthères
introrses, biloculaires, à déhiscence longitudinale.*

L'*ovaire infère* est surmonté d'*un petit disque,* qui entoure, d'un

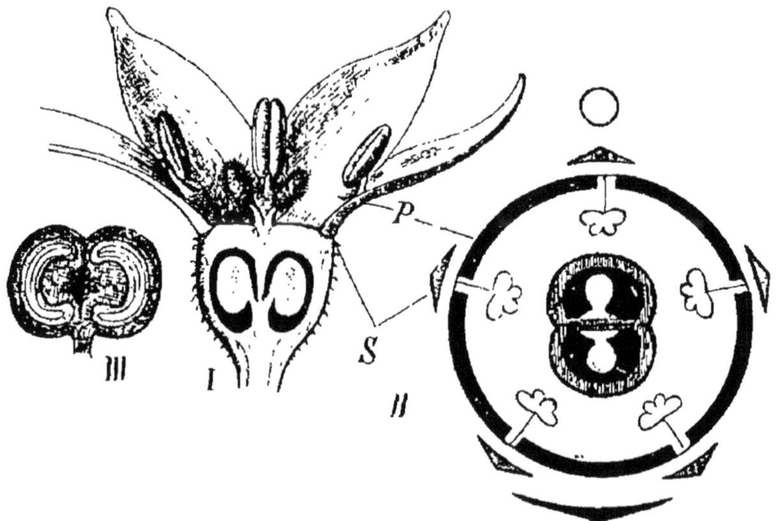

Fig. 485. — I et II. Fleur en coupe longitudinale et diagramme du *Rubia tinctorum.* —
III. Fruit en section longitudinale.

épaississement concave, la base du style. Il est *biloculaire* et formé
par *deux carpelles antéro-postérieurs,* renfermant chacun *un ovule
anatrope presque dressé, à micropyle tourné en dehors et en bas.* Le *style,*
simple à la base, se divise, au sommet, en *deux branches terminées
chacune par un lobe stigmatique.*

Le *fruit* (III) est *charnu,* mais à péricarpe mince, noir et assez
nettement bilobé, lorsque les deux carpelles sont également développés, *indéhiscent.* Il contient *deux graines ou une seule* par
avortement.

La *graine* (III) est concave-convexe, brièvement funiculée et insérée par un hile relativement large. Elle occupe toute la cavité de
la loge correspondante du fruit, et son tégument est soudé avec

l'endocarpe (1). *L'embryon recourbé est entouré d'un albumen corné assez abondant.*

Caractères des Rubiées. — Autour du genre *Rubia* viennent s'en grouper plusieurs autres, parmi lesquels les Caillelaits ou *Galium*, les *Asperula*, les *Cruciancella*, les *Sherardia*, les *Vaillantia*, etc., qui n'en diffèrent que par des modifications apportées dans la forme de la corolle, le développement plus ou moins net des sépales, la nature plus ou moins charnue du fruit, le mode d'inflorescence, etc. (voy. le tableau). Mais chez toutes ces Rubiacées, chaque loge de l'ovaire ne renferme *qu'un ovule ascendant, et les feuilles sont accompagnées de grandes stipules qui figurent, avec elles, de faux verticilles.* Elles forment ensemble la tribu des **Rubiées** (H. Baillon) ou **Stellatées** (Ray), la seule tribu des Rubiacées qui soit représentée dans nos régions.

Chez toutes les autres Rubiacées, *les stipules, toujours plus petites que les feuilles, ne sauraient être confondues avec elles.*

Psychotriées. — Chez les *Uragoga* L. et les *Psychotria*, dont certaines espèces (V. plus loin) fournissent les Ipécas annelés et striés, *le fruit est une petite drupe* à 2 ou plusieurs noyaux, ou dont le noyau est biloculaire ou pluriloculaire. On réunit ces genres, et ceux qui leur ressemblent, dans la tribu des **Psychotriées.** Les fleurs, chez les *Uragoga*, forment des *cymes contractées en capitules et pourvues d'un involucre.*

Spermacocées. — Les mêmes caractères se retrouvent chez les **Spermacocées**, mais *le fruit est sec chez ces végétaux, et se sépare le plus souvent, à la maturité, en deux coques indéhiscentes.*

Ixorées. — La préfloraison de la corolle est valvaire chez les **Rubiées, Spermacocées** et **Psychotriées**; *elle est tordue chez* les **Ixorées,** tribu dont fait partie le genre Caféier (*Coffea* L.), l'un des plus importants de la famille. *Les ovules, toujours solitaires, sont ici fixés vers le milieu de l'angle interne des loges, le fruit est charnu (drupe ou baie), et les graines sont plan-convexes avec un sillon sur la face ventrale.*

Chiococcées. — Les **Chiococcées** sont nettement caractérisées *par la direction descendante de leurs ovules* (elle est ascendante dans toutes les tribus précédentes). En outre, dans les plantes de cette tribu, *les étamines s'insèrent beaucoup plus bas, vers la base de la corolle.*

(1) La Garance n'est plus guère cultivée, comme elle l'était jadis, pour l'extraction de l'*Alizarine*, matière colorante rouge que l'on prépare actuellement, de toutes pièces, dans les laboratoires de chimie.

Dans les mêmes régions croît une espèce très voisine, le *R. peregrina* L., dont les feuilles sont plus coriaces et persistantes (elles tombent en même temps que les axes qui les portent chez le *R. tinctorum*).

COFFÉOIDÉES. — Ovules toujours uniovulées, plus ou moins ascendants, à micropyle dirigé en dehors et en bas. — Corolle à préfloraison valvaire. — Ovules fixés vers la région moyenne de l'angle central des loges.

Tribu I. — Rubiées.

Plantes le plus souvent herbacées, toujours de faibles dimensions. — *Stipules foliacées, entières, simulant de faux verticilles avec les vraies feuilles.* — Fleurs petites, 3-4-mères, avec calice ordinairement peu développé ou nul. — *Fruit formé par deux coques, sèches ou un peu charnues. — Embryon recourbé.*

Corolle rotacée. Calice nul. — Fruit sec. Fleur le plus souvent 4-mère.

- Fruit charnu. — Fleur ordinairement pentamère .... → *Rubia* L. (Genre à peu près cosmopolite).
- Fleurs hermaphrodites et indépendantes. — Fruit simplement porté au sommet du pédoncule, lisse ou hérissé .... → *Galium* T. (Plus de 250 espèces, dans le Monde entier).
- Fleurs monoïques, réunies en groupes de 3, dont la médiane femelle, les deux latérales mâles .... → *Vaillantia* L. (2 espèces de la région méditerranéenne).

Corolle tubuleuse. — Calice nul ou plus ou moins développé. — Corolle 4-mère. Calice nul ou presque nul.

- Ovule inséré vers le milieu de l'angle central de l'ovaire, pelté. — Sépales courts. — Fleurs en cymes capituliformes. → *Asperula* L. (Environ 80 espèces, de la région méditerranéenne, de l'Asie occidentale, de l'Inde et de l'Australie).
- Ovule dressé, presque basilaire. — Sépales nuls ou presque nuls. — Fleurs en épis serrés, accompagnées de bractées scarieuses .... → *Crucianella* L. (Régions tempérées-chaudes de l'Ancien Continent).
- Calice à 6 sépales. — Corolle tétramère ...... → *Sherardia* L. (*S. arvensis* L. Ancien Continent).

Tribu II. — Spermacocées.

Plantes herbacées ou de faibles dimensions. — *Stipules plus petites que les feuilles, ordinairement soyeuses ou divisées. — Fruits secs, déhiscents ou se séparant en coques. — Embryon droit.*

Fleurs en faux capitules involucrés. — Stipules interpétiolaires, laciniées. — Ovaire à 3-4 loges et style à 3-4 branches. — Fruit se séparant en coques sèches. — Plantes herbacées .... → *Richardsonia* L. (8-9 espèces de l'Amérique chaude, entre le Mexique et la République Argentine).

SOUS-FAMILLE I. — Loges de l'ovaire. Ovules toujours. Ovules presque basilaires.

Tribu III. — Psychotriées.

Arbrisseaux ou arbres, rarement herbes. — *Stipules interpétiolaires, entières ou laciniées.* — Drupe à 2 ou plusieurs noyaux ou avec noyau pluriloculaire. — *Graines ordinairement plan-convexes.* — Albumen uni ou ruminé, abondant. — *Embryon droit.*

- *Inflorescences en cymes contractées, involucrées.* — Fruit fortement contracté par les côtés; noyau biloculaire. — Graine creusée d'un sillon au côté ventral .... → *Uragoga* L. (*Cephælis* Sw. 150 espèces des contrées chaudes des deux Hémisphères, 100 au moins pour le Brésil).
- Fleurs solitaires, ou en inflorescences pauciflores ou pluriflores, sans involucre. — Fruit non comprimé, à 2-5 noyaux .... → *Psychotria* L. (350 espèces environ. Régions tropicales des Deux Mondes).

Corolle à préfloraison tordue.

Tribu IV. — Ixorées.

Arbrisseaux ou arbres. — *Stipules interpétiolaires, entières. — Ovules ordinairement fixés vers le milieu de l'angle interne. — Fruit drupacé ou baccien. — Graines plan-convexes, avec albumen corné abondant.*

Arbrisseaux toujours verts ou à feuilles caduques, opposées ou rarement verticillées par 3. — Stipules connées, interpétiolaires. Fleurs ordinairement en cymes axillaires contractées, sessiles ou brièvement pédonculées, blanches, odorantes, pourvues d'un calicule. Calice à dents courtes et obtuses. — Ovules fixés à l'angle interne des loges ovariennes. Drupe à 2 noyaux, parcourus chacun par un sillon ventral. Embryon petit, excentrique et dorsal. — Albumen corné .... → *Coffea* L. (25 espèces des contrées tropicales de l'Ancien Monde, surtout d'Afrique).

Ovules descendants, av. micropyle dirigé en haut et en dehors.

Tribu V. — Chiococcées.

Arbrisseaux ou arbres. — Feuilles avec stipules interpétiolaires. — Cymes lâches ou contractées, terminales ou axillaires. — *Androcée fixé à la base du tube de la corolle et légèrement monadelphe.* Fruit capsulaire ou drupacé. — Albumen corné abondant; embryon minime.

Arbustes glabres, souvent grimpants. — Feuilles coriaces avec stipules interpétiolaires persistantes, entières. Fleurs assez grandes, en cymes scorpioïdes axillaires, ou formant des grappes à ramifications décussées. Fruits blancs .... → *Chiococca* L. (4-5 espèces de l'Amérique tropicale).

SOUS-FAMILLE II. — CINCHONOÏDÉES.

Plus d'un ovule dans chaque loge de l'ovaire. — Loges du fruit dispermes ou plurispermes. — Fruit capsulaire.

Description des Cinchona L. (fig. 486). — Les *Quinquinas* (*Cinchona* L.) constituent le genre le plus important de cette Sous-Famille.

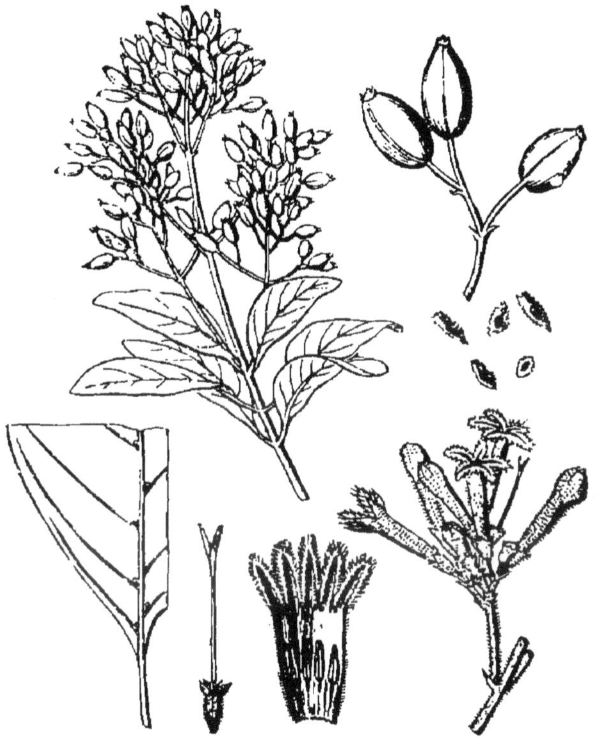

Fig. 486. — *Cinchona.*

Il est représenté, dans les Andes de l'Amérique méridionale, par des espèces voisines les unes des autres, et dont le nombre, suivant l'appréciation des auteurs, varie d'une vingtaine à quarante.

Le *C. Calisaya* Weddell, par exemple, qui fournit le *Quinquina jaune officinal* et qui est actuellement cultivé dans les Indes, est *un arbre à feuilles opposées, pétiolées, à limbe elliptique, entier, penninervié,* rougeâtre à sa face inférieure. Sur cette dernière, aux points d'origine des nervures latérales, existent de *petites dépressions couvertes de poils.* Ce sont les *scrobicules,* appareils dont la fonction, croyons-nous, n'est pas connue, mais dont la présence, l'absence et la disposition sont mises à profit dans la détermination des espèces (v. fig. 486, en bas et à gauche). *Les stipules sont petites, interpétiolaires,* glanduleuses en dedans.

Les *fleurs,* assez grandes et rosées, associées *en grappes de cymes terminales* entremêlées de *petites bractées lancéolées,* sont 5-*mères. Le calice pubescent est supérieurement divisé en cinq dents triangulaires.* La *corolle,* longue de 9 à 10 cen-
timètres, montre *un tube cylin-*
drique subpentagonal à la base,
et légèrement rétréci vers le haut ;
son limbe est formé par *cinq*
lobes lancéolés, garnis de poils
blancs *sur les bords, valvaires*
dans la préfloraison.

Les *cinq étamines sont insé-*
rées au milieu du tube, et les
anthères introrses sont norma-
lement construites.

L'*ovaire infère* est surmonté
d'un disque circulaire qui entoure
la base du style. Ce dernier est
simple, plus ou moins long, su-
périeurement partagé en *deux*
lobes stigmatifères chargé de pa-
pilles en dedans.

Étamines et styles sont inclus
ou exserts dans les fleurs d'un
même pied, les *Cinchona* offrant
très nettement les dispositions
florales décrites sous les noms
d'*hétérostylie* et *hétérostaminie*(1).

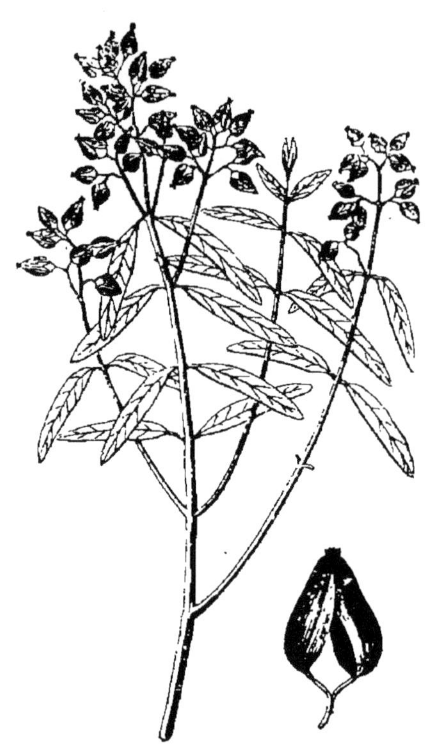

Fig. 486 *bis.* — *Cinchona.*

Chaque loge de l'ovaire renferme de *nombreux ovules plurisériés* à l'angle interne, *anatropes, ascendants, à micropyle inférieur.*

Le *fruit* (v. fig. 486, en bas et à droite) est *une capsule* arrondie à la

(1) Il arrive fréquemment que l'autofécondation est matériellement impossible chez des plantes dont les fleurs possèdent, cependant, chacune un androcée et un gynécée fertiles. Ce fait peut être dû à des causes différentes :
1° Les organes sexuels peuvent ne pas arriver en même temps à leur développement

base, rétrécie au sommet que couronnent les *lobes calicinaux per-sistants. Elle se sépare, à la maturité, de bas en haut, en deux méricarpes qui s'ouvrent ensuite le long de la suture ventrale.*

Les graines, ascendantes et presque peltées, aplaties et pourvues d'une aile marginale, possèdent *un petit embryon rectiligne, placé dans l'axe d'un albumen charnu peu épais.*

Autres genres. — Chez toutes les autres Cinchonoïdées, le fruit, lorsqu'il est déhiscent, s'ouvre *de haut en bas.* Tels sont les *Cascarilla* Weddell, dont *les lobes de la corolle sont papilleux en dedans,* et les *Ladenbergia* Wed., où il sont *pourvus d'appendices involutés dans le bouton.*

La corolle est valvaire chez ces deux derniers genres. Sa préfloraison est *imbriquée* chez les *Exostema,* dont les graines sont, en outre, pourvues d'*une membrane aliforme à leurs deux extrémités.*

Les fleurs sont *grandes* et forment des *cymes terminales* dans les genres dont il vient d'être question et qui, réunis à quelques autres, constituent la tribu des **Cinchonées proprement dites.** Elles sont *petites* et *serrées en cymes souvent capituliformes* chez les **Oldenlandiées,** où *les ovules sont aplatis et insérés perpendiculairement sur les placentas,* et chez les **Nauclées,** dont *les ovules sont ascendants.* En outre, beaucoup de Nauclées sont des plantes grimpantes à l'aide de *crochets axillaires* qui, morphologiquement, représentent des inflorescences modifiées (1).

complet (*Dichogamie*), l'appareil mâle (*fleurs protandres*) ou l'appareil femelle (*fleurs protogynes*) étant plus précoces.

2° Les étamines et les styles peuvent être de longueur inégale sur une même plante, de telle sorte que les fleurs sont de 2 formes (*Dimorphisme*) ou même de 3 formes différentes (*Trimorphisme*). Ces dispositions, désignées sous les noms d'*Hétérostaminie* (étamines inégales) et d'*Hétérostylie* (styles inégaux), nécessitent l'intervention des insectes pour la pollinisation, et assurent la fécondation croisée (V. Duchartre, p. 727 et suiv., et Van Tieghem, *Traité de botanique,* 1891, p. 119 et suiv.).

(1) Ce même caractère se retrouve chez plusieurs Loganiacées (V. p. 1187).

SOUS-FAMILLE II. — CINCHONOÏDÉES.

Ovules multiples dans chaque loge de l'ovaire. — Loges du fruit pluriséminé.

Tribu I. — Cinchonées.

Fleurs en cymes terminales ou axillaires, ou solitaires. — Ovules nombreux dans chaque loge, ascendants. — Graines ailées, aplaties, se recouvrant réciproquement dans chaque loge. — Arbres ou arbustes dressés. — Stipules indivises.

Capsule s'ouvrant de haut en bas.

Corolle à préfloraison valvaire. — Étamines insérées sur la gorge ou le long du tube.

Capsule s'ouvrant de bas en haut.

Bords des lobes de la corolle garnis de poils, — Style bifide. — Graines pourvues d'une aile marginale.................... *Cinchona* L. (Andes de l'Amérique du Sud).

Bords des lobes de la corolle simplement papilleux. — Capsule ordinairement volumineuse.................... *Cascarilla* Weddel. (Amérique du Sud).

Lobes de la corolle pourvus de deux appendices involutés dans le bouton. — Stigmate punctiforme. — Graines ailées aux deux extrémités.................... *Ladenbergia* Weddel. (*Joosia* Krst. Nouvelle-Grenade et Pérou).

Corolle à préfloraison imbriquée. — Étamines insérées à la partie inférieure du tube. — Stigmate entier ou presque entier. — Graines ailées aux deux extrémités.................... *Exostema* Pers. (Antilles; Amérique du Sud).

Tribu II. — Oldenlandiées.

Fleurs petites, en cymes parfois capituliformes. — Ovules insérés, le plus souvent, perpendiculairement sur le placenta, arrondis ou scutiformes. — Graines avec ou sans ailes. — Herbes, rarement sous-arbrisseaux ou arbrisseaux.................... *Oldenlandia* Plum. (Contrées tropicales).

Tribu III. — Nauclées.

Fleurs en capitules compacts. — Corolle à préfloraison valvaire ou imbriquée. — Ovules ordinairement nombreux et ascendants. — Fruit capsulaire ou charnu. — Arbres, ou plus souvent arbrisseaux grimpants à l'aide de crochets.

Capsule septicide.................... *Ourouparia* Aub. (Asie tropicale; Afrique; Amérique).

Fruit formé par deux coques bivalves.................... *Nauclea* L. (Asie tropicale. Océan Pacifique).

Caractères généraux. — *Arbres, arbrisseaux* ou *herbes*, de port très variable.

Feuilles opposées, plus rarement verticillées par 3, toujours *stipulées*. *Stipules* libres ou concrescentes entre elles en deux folioles placés en croix avec les feuilles, ou soudées aux feuilles elles-mêmes, ou placées dans l'axe de la feuille (*intrapétiolaires*). Elles peuvent être semblables aux vraies feuilles (*Rubiées*).

Inflorescences diverses : cyme, grappes simples ou composées, épis, capitules, etc., ou fleurs solitaires.

Fleurs ordinairement hermaphrodites, ou unisexuées par avortement, actinomorphes ou rarement zygomorphes (1).

Calice gamosépale, ordinairement 4 ou 5-mère, à *préfloraison* libre, plus rarement imbriquée. Le calice manque tout à fait ou est presque nul chez les *Rubiées*.

Corolle gamopétale, en forme de roue, d'entonnoir ou de coupe, 5 ou 4-mère en général, à *préfloraison* valvaire, imbriquée ou tordue.

Étamines en même nombre que les pétales et alternes avec eux (rarement moins nombreuses), fixées à la gorge ou au tube de la corolle, plus rarement presque indépendantes de cette dernière, quelquefois brièvement monadelphes à la base. — *Anthères* introrses (rarement extrorses), biloculaires et généralement à déhiscence longitudinale. La longueur des étamines varie assez souvent dans une même espèce (v. la note p. 1213).

L'ovaire est surmonté, en général, d'un *disque* diversement développé.

Gynécée ordinairement composé de deux carpelles médians, rarement de plusieurs carpelles.

Ovaire infère (quelquefois demi-infère) et presque toujours à deux loges. *Ovules* anatropes, solitaires ou plus ou moins nombreux dans chaque loge, dressés, horizontaux ou descendants. *Style* simple, plus ou moins long, de longueur variable parfois dans une même espèce, entier ou divisé au sommet.

Fruit variable : baie, drupe à deux noyaux ou à noyau biloculaire, capsule déhiscente (loculicide ou septicide), ou se séparant en coques indéhiscentes.

Graines solitaires ou plus ou moins nombreuses dans chaque loge

(1) Les *Henriquezia* Spruce, par exemple, des rives de l'Amazone, ont de grandes fleurs, dont la corolle à 2 lèvres rappelle celle des Bignoniacées. En outre, l'ovaire, dans ce genre, est incomplètement infère.

du fruit, ascendantes, horizontales ou descendantes, de forme variable, parfois aplaties et ailées. — *Embryon* droit ou courbe, occupant la base ou le centre d'un *albumen* charnu, cartilagineux ou corné, à cotylédons plans. La surface de l'albumen est parfois ruminée (1). Albumen rarement nul.

Affinités. — C'est avec les Caprifoliacées que les Rubiacées montrent l'affinité la plus étroite. Aussi H. Baillon réunissait-il les deux familles en une seule. *L'absence des stipules*, chez les Caprifoliacées, constitue peut-être le caractère distinctif le plus important; encore manque-t-il de constance, puisque, parmi les Caprifoliacées, certaines espèces ont des feuilles stipulées.

Les Rubiacées se relient encore, mais par des liens moins étroits, avec les Valérianacées, les Dipsacées et les Composées, dont le fruit est toujours monosperme.

Elles ont aussi des rapports avec les Bignoniacées, dont elles se distinguent par *leurs fleurs actinomorphes*, et plus encore avec les Loganiacées, dont l'ovaire est ordinairement supère. Il est à demi infère, pourtant, chez les *Gaertnera* et les *Hymenocnemis*, que l'on s'accorde généralement à placer parmi les Loganiacées.

Distribution géographique. — Les Rubiacées ne comprennent pas moins de 4,500 espèces, réparties en 343 genres. Dans son ensemble, cette famille est surtout représentée par des plantes tropicales.

L'Amérique, l'Afrique et l'Asie en possèdent un nombre sensiblement égal.

Certains genres de Rubiacées, ceux des tribus des Galiées et des Oldenlandiées surtout, sont représentés dans les régions extratropicales.

Le genre *Galium* est particulièrement remarquable à cet égard, car certaines espèces se rencontrent au voisinage des pôles, tandis que d'autres vivent sous la zone équatoriale. Le *Galium Aparine* L. se fait particulièrement remarquer par sa grande extension.

Propriétés générales. Plantes importantes. — La famille des Rubiacées est l'une des plus importantes au point de vue pharmaceutique et médical. Les propriétés des plantes qui la composent, bien qu'assez diverses dans l'ensemble de la famille, ont cependant, en général, de grandes analogies lorsqu'on les observe dans un seul et même genre ou dans des genres voisins.

(1) Présentant des anfractuosités dans lesquelles pénètre le tégument.

Certaines Rubiacées, presque toutes de la tribu des Rubiées, sont des plantes tinctoriales. Telle est, en premier lieu, la *Garance* (*Rubia tinctorum* L.) (fig. 484), espèce méditerranéenne, très cultivée autrefois en Alsace et dans diverses régions du Midi de la France. Sa racine possède une saveur amère, et les Arabes l'employaient autrefois contre la dysurie et dans les cas d'accouchement laborieux. Mais on l'utilisait surtout pour l'extraction de l'*Alizarine*, principe colorant rouge, découvert par Robiquet et Colin, et que l'on obtient actuellement, dans les laboratoires de chimie, avec les couleurs d'Aniline. L'Alizarine est accompagnée, dans la Garance, par un autre pigment, la *Purpurine*, moins important que le premier.

Beaucoup d'autres Rubiacées, indigènes ou exotiques, sont tinctoriales, mais à un degré beaucoup moindre. Telles sont, parmi les premières, les *Rubia peregrina* L., *angustifolia* L., etc., et les *Galium verum* L. et *Molugo* L. Parmi les secondes, nous citerons le *Rubia Munjista* Rxb., de l'Inde, dont la racine et surtout la tige contiennent un principe rouge orangé, la *Munjistine*, et l'*Oldenlandia umbellata* Hortul., ou *Chaya-Vair*, espèce indienne également utilisée pour la teinture en rouge.

Les sommités fleuries du *Galium verum* L. (*Caillelait jaune*) étaient jadis employées en infusion pour augmenter, chez les nourrices, la sécrétion lactée. Dans certaines contrées, on les utilise pour communiquer une teinte jaune au fromage.

L'*Asperula odorata* L., qui croît dans le Centre et le Nord de l'Europe, développe, en se desséchant, une odeur agréable de *Coumarine* que l'on retrouve, du reste, à un degré moindre, chez les Caillelaits.

On désigne sous le nom d'*Ipécas* des racines vomitives fournies par des Rubiacées américaines. Ce sont les suivantes :

1° *Ipécas annelés*. — La sorte officinale est représentée par l'*Uragoga Ipecacuhana* H. Bn. (*Cephælis Ipecacuhana* Rich. ; *Cephælis emetica* Pers., etc.) (fig. 487). Cette espèce croît, au Brésil, dans les forêts humides des provinces de Para, de Fernambouc, de Bahia, de Minas-Geraës, de Rio-Janeiro, de Saint-Paul, et surtout de Matto-Grosso. On a essayé, mais sans résultat satisfaisant, la culture de cette plante dans les Indes.

C'est là l'*Ipéca annelé mineur*. L'*Ipéca annelé majeur* (*Ipéca de Carthagène* ou *de la Nouvelle-Grenade*) est attribué par H. Baillon à l'*Uragoga granatensis* H. Bn.

Le principe actif de ces produits est l'*Émétine*.

2° *Ipécas striés.* — On en connaît deux sortes :

L'*Ipéca strié mineur* est dû vraisemblablement à une Rubiacée, à un *Richardia* ou *Richardsonia* peut-être, mais dont l'espèce n'a pu être encore déterminée.

L'*Ipéca strié majeur* (*Ipéca violet, Ipéca de Carthagène*) est fourni

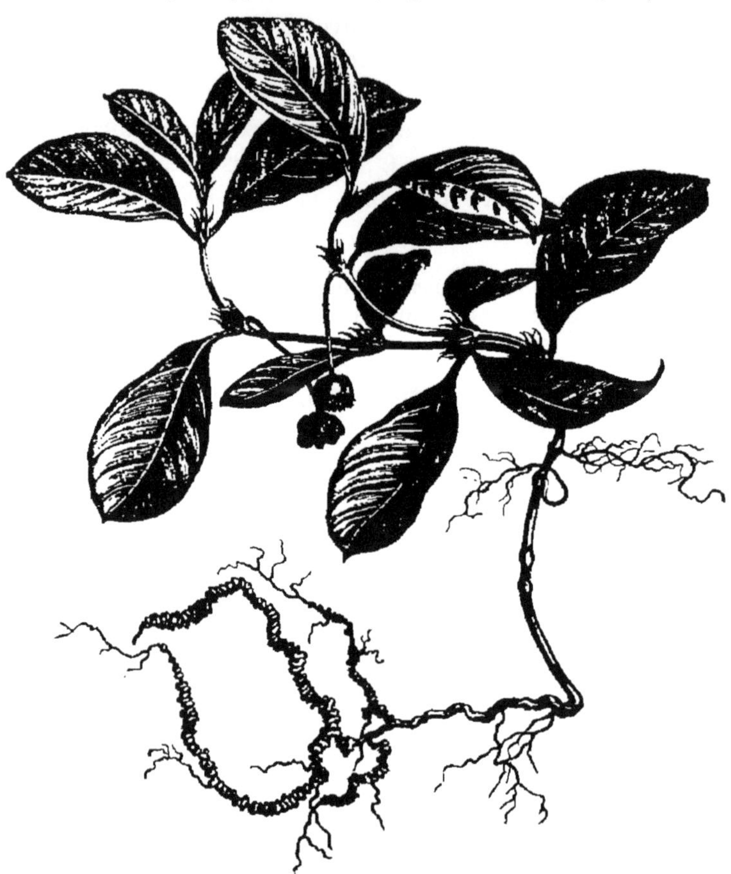

Fig. 487. — *Cephælis Ipecacuhana.*

par le *Psychotria emetica* Mutis (*Uragoga emetica* H. Bn.), plante des forêts ombragées de la Nouvelle-Grenade (fig. 488).

Ces Ipécas sont bien moins actifs et bien moins estimés que l'Ipéca officinal.

3° *Ipéca ondulé.* — Il est fourni par le *Richardsonia scabra* (1) Kunth

(1) Cette espèce est assez souvent confondue avec le *R. brasiliensis* Gomez, qui en est très voisin. Ce dernier a des fruits en forme de cœur renversé, tandis que ceux de la

(*Richardia scabra* L.), qui croît dans les terrains sablonneux de l'Amérique tropicale, depuis le Sud du Mexique jusqu'au Brésil méridional. Cette racine, peu employée d'ailleurs, peut contenir, dit-on, jusqu'à 6 p. 100 d'émétine.

A ce dernier Ipéca se trouve parfois mêlée une racine également vomitive, due à une Violacée, l'*Ionidium Ipecacuhana* Vent. (v. p. 756).

Fig. 488. — *Psychotria emetica.*

L'*Asperula Cynanchica* L. (*Herbe à l'Esquinancie*) est une plante légèrement amère, usitée encore parfois contre l'angine.

Le Café est fourni par le *Coffea arabica* L. (fig. 489), originaire de la côte orientale d'Afrique, d'où il a été, dit-on, importé en Arabie au xve siècle. Il a été transporté de là à Java, puis à Surinam, à Cayenne, aux Antilles françaises, au Brésil, etc.

première espèce sont presque cylindriques. En outre, le *R. brasiliensis* a été observé dans la Floride, dans l'Afrique orientale, aux îles Sandwich, etc.

Les climats dont la température oscille entre 15° et 25°, et dont la quantité annuelle de pluie est comprise entre 220 et 230 centimètres, sont
ceux qui conviennent le mieux à cette plante. Le Caféier est, d'ailleurs,
une plante de montagne.

Il commence à produire à partir de deux ou trois ans. Les fruits

Fig. 489. — Caféier (*Coffea araca*).

ne sont cueillis qu'à leur maturité complète, et les procédés par lesquels on en extrait les graines varient suivant les pays; mais on
peut les ramener à deux méthodes : 1° *par voie sèche*; 2° *par voie
humide*. Dans le premier cas, on laisse sécher les fruits jusqu'à ce que
le péricarpe se sépare aisément de la graine; dans le second, on écrase

les fruits et on les fait macérer dans l'eau. On enlève ensuite la pulpe par frottement, et on fait sécher.

Le Café constitué par le fruit entier desséché, porte le nom de *Café en cerise*; on nomme *Café en parche* celui qu'on a débarrassé de sa pulpe, et qui consiste, par conséquent, dans le noyau renfermant les graines; enfin le *Café décortiqué* est représenté par les semences isolées.

Les sortes commerciales de Café sont assez nombreuses. Nous ferons remarquer que le Café dit *Moka*, que caractérise nettement sa forme arrondie, n'est autre chose qu'une variété du *C. arabica*, chez laquelle l'une des graines avorte, la seconde se développant alors des deux côtés d'une manière égale. Malgré son nom, c'est actuellement du Brésil que nous arrive, en grande partie, le Café Moka.

Une autre espèce de Caféier, le *Coffea liberica* Bull., des côtes de Guinée, se distingue de la première espèce par son port plus élevé, ses fleurs à 6 ou 7 étamines, ses fruits et ses graines d'un plus gros volume. Ce Caféier a été importé dans l'Inde, à Java et à la Réunion (1).

L'île de Bourbon, qui nous fournit un excellent café dû au *C. arabica*, possède une autre espèce, le *C. mauritiana* Lmk., dont les semences, allongées et pointues, de saveur amère, sont douées de propriétés vomitives et enivrantes. On donne à ce produit le nom de *Café marron*.

Le principe aromatique du Café torréfié est la *Caféone*, qui ne préexiste pas dans la semence, mais qui s'y développe, à une température élevée, aux dépens de l'*Acide cafétannique* peut-être. Il faut, d'ailleurs, distinguer l'action stimulante due à la Caféone, de celle qu'exerce la Caféine sur les phénomènes nutritifs.

Sous le nom d'*Écorce de Doundaké*, on désigne celle d'un arbrisseau très abondant sur la côte occidentale d'Afrique (du Sénégal au Gabon), le *Sarcocephalus esculentus* Afzélius; son étude a été faite par MM. Heckel et Schlagdenhaufen. Les fleurs de cette plante exhalent une odeur suave, et son fruit (*Pêche des Nègres*) est comestible. — L'Écorce de Doundaké contient un principe encore mal connu, qui détermine, chez les vertébrés, un état de raideur cataleptique auquel succèdent la résolution musculaire et souvent la mort par asphyxie. — On administre ce produit contre la paralysie agitante, la cachexie paludéenne, la diarrhée infantile, etc.

On emploie comme vulnéraire la racine du *Danais fragrans* Commers., Rubiacée grimpante des îles Mascareignes; cette racine possède, en même temps, des propriétés toniques et fébrifuges.

Le *Chiococca anguifuga* Mart. fournit la *Racine de Caïnça*, que l'on employait autrefois contre la morsure des serpents. Le principe actif paraît être l'*Acide caïncique*. Cette racine est à la fois drastique et vomitive; elle est employée, dit-on, avec succès contre l'hydropisie.

(1) Depuis un certain nombre d'années, la feuille des Caféiers est attaquée par un champignon, l'*Hemileia vastatrix* Brkl. et Br., à l'égard duquel le *C. liberica* se montre beaucoup plus résistant.

Le *C. racemosa* L., des Antilles, du Mexique et de l'Amérique du Sud, est très voisin de l'espèce précédente.

L'Histoire des Quinquinas constitue l'un des chapitres les plus importants de l'Histoire naturelle médicale.

Les vrais *Cinchona* ont une aire d'extension géographique des mieux délimitées. La *région à Quinquinas* s'étend, le long de la chaîne des Andes, du 10° de latitude Nord, dans le Vénézuela (avec le *C. pubescens* Vahl.) jusqu'au 19° de latitude Sud, en Bolivie ; elle forme une courbe ouverte vers l'Est, interrompue en divers points (1). L'altitude à laquelle ils croissent, sur le flanc des montagnes, est comprise entre 1 600 et 2 400 mètres. Cependant le *C. succirubra* Pav. descend jusqu'à 800 mètres ; par contre, le *C. officinalis* Hook. f. croît encore à une altitude de 3 300 mètres.

Le nombre des espèces exploitées est considérable ; les principales d'entre elles sont :

Le *C. Calisaya* Weddell, qui a fourni plusieurs variétés, est l'origine du *Quinquina jaune royal*, le plus riche de tous en *Quinine*. Il croît spontanément au Pérou et dans la Bolivie.

Le *C. officinalis* L., la première des espèces connues, fournit le *Quinquina gris de Loxa*. Il est spontané au Pérou, dans les environs de Loxa. Son écorce est beaucoup moins riche en Quinine que la précédente ; elle est, par contre, plus astringente.

Le *C. lancifolia* Mut. fournit l'*Écorce de Quinquina jaune de la Nouvelle-Grenade*.

Le *C. Pitayensis* Weddell, également de la Nouvelle-Grenade, donne le *Quinquina Pitayo*.

Le *C. micrantha* Weddell, du Pérou, fournit le *Quinquina gris de Huanuco*.

Le *C. succirubra* Pav., de la province de Quito (Équateur), fournit le *Quinquina rouge*, etc.

L'exploitation des arbres à Quinquinas, dans les Andes, fut pratiquée tout d'abord d'une façon si grossière, qu'on put craindre de les voir détruire dans un bref délai, d'où divers essais de culture dont quelques-uns furent couronnés de succès. Les tentatives faites en Algérie, vers le milieu du siècle, à l'instigation des Jésuites, n'obtinrent cependant aucun résultat. En 1852, Hasskarl, directeur du jardin de Buitenzorg, à Java, fut envoyé en Amérique par le gouvernement hollandais, pour transporter des pieds de Quinquinas dans cette colonie. En Angleterre, l'impulsion fut donnée surtout par le Dr Royle ; ce ne fut que plus tard

(1) Voir, pour les détails, Guibourt et Planchon, *Traité d'Histoire naturelle des drogues simples*, t. III, p. 103 et suiv.

que commença réellement la culture des Quinquinas dans les Indes, grâce aux plants que la Hollande voulut bien céder à l'Angleterre. Des jardins à Quinquinas furent créés à Ceylan, à la Jamaïque, à la Nouvelle-Zélande, en Australie, et dans les diverses régions tropicales.

On cultive surtout actuellement le *C. Calisaya* Wed. var. *Ledgeriana* Howard, et le *C. succirubra* Pav. On trouve également dans ces cultures le *C. carabayensis* Wed., à Java et à Ceylan.

On s'est, en même temps, efforcé de régulariser l'exploitation des arbres, par l'emploi d'une décortication méthodique, et par l'usage du *moussage*, opération qui consiste à recouvrir de mousse les branches décortiquées. Sous cet abri, le cambium forme une seconde écorce dont la teneur en alcaloïdes est plus considérable que celle de la première.

Les écorces des Quinquinas sont en même temps astringentes, toniques et fébrifuges, grâce au tannin et aux alcaloïdes, à la *Quinine* et à la *Cinchonine* surtout, qu'elles contiennent.

Sous le nom de *Faux Quinquinas*, on désigne des écorces de Cinchonées autres que les *Cinchona*, et dépourvues d'alcaloïdes. Un seul de ces produits fait exception; c'est le *Quinquina Cuprea*, fourni par le *Remijia pedunculata* Triana, qui croît dans la partie inférieure des bassins de la Magdalena. Cette écorce contient jusqu'à 2,48 d'alcaloïdes, dont 1,46 de Quinine.

Parmi les Faux Quinquinas, nous signalerons encore le *Quinquina Piton* ou *de Sainte-Lucie*, fourni par l'*Exostemma floribundum* Roem. et Schultz, et le *Quinquina Caraïbe* de l'*Exostemma caribæum* Roem. et Schultz. Ces écorces sont amères et toniques.

L'extrait astringent, analogue au Cachou (v. p. 1081), connu sous le nom de *Gambir*, est fourni par le *Nauclea Gambir* Hunter, Rubiacée sarmenteuse des îles orientales du détroit de Malacca, et le *N. acida* Rxb., qui croît dans les îles Malaises.

FAMILLE II. — CAPRIFOLIACÉES.

Ces plantes sont extrêmement voisines des Rubiacées.

Ce sont des *végétaux presque toujours ligneux, dont les feuilles, ordinairement opposées, sont exceptionnellement alternes. Les stipules sont généralement nulles* (1).

Les fleurs (fig. 490 et 491) *sont actinomorphes ou plus ou moins nettement zygomorphes, avec un calice et une corolle bien développés. — Les étamines sont généralement en même nombre que les pièces de la corolle, qui est plus ou moins longuement tubuleuse. Les anthères sont quelquefois extrorses.*

(1) Elles existent cependant quelquefois, chez le *Viburnum Ebulus* (Hièble), par exemple.

L'*ovaire infère est à 1-5 loges, avec 1 ou plusieurs ovules ana-tropes et suspendus à l'angle central de chaque loge. — Le style terminal est plus ou moins long; le stigmate est entier ou lobé.*

Le fruit est une baie ou une drupe à plusieurs noyaux, rarement (Diervilla) une capsule.

La graine renferme un

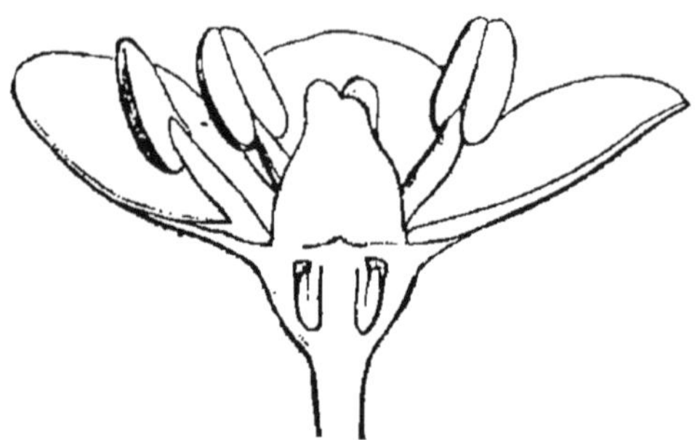

Fig. 490. — Sureau. — Coupe de la fleur.

Fig. 491. — Chèvrefeuille (*Lonicera Caprifolium*).

embryon *généralement petit et droit, dans un albumen charnu.*

Feuilles composées-pennées. — Fleurs actinomorphes. — Anthères extrorses. — Ovaire à 3 loges uniovulées. — Fruit drupacé. — Embryon axile, presque aussi long que l'albumen.............. *Sambucus* L. (fig. 490). (20 espèces. Dans les deux Continents).

Tribu I. — Sambucées.

Fleurs actinomorphes ou zygomorphes. — Anthères introrses. — Ovaire à 1-5 loges uniovulées. — Style ordinairement court. — Baie drupacée avec 1-5 noyaux. Embryon beaucoup plus court que l'albumen.

Tribu II. — Viburnées.

Végétaux ligneux à feuilles pétiolées. — Feuilles actinomorphes (à l'exception des fleurs périphériques des inflorescences, chez quelques espèces). — Style court, trifide. — Fruit monosperme.................... *Viburnum* L. (100 espèces environ. Régions tropicales et subtropicales de l'Asie et de l'Amérique).

Herbes à feuilles sessiles, souvent connées. — Fleurs légèrement zygomorphes. — Style allongé. — Fruit ordinairement à 3 noyaux.................... *Triosteum* L. (5 espèces. Japon ; Chine; région Himalayenne ; Amérique du Nord).

Fleurs actinomorphes ou plus ou moins zygomorphes. — Anthères extrorses. — Ovaire à 3-4 loges, dont 2 pluriovulées stériles, et 1-2 uniovulées fertiles. Fruit sec ou charnu. — Embryon petit.

Tribu III. — Linnées.

Étamines 4-5, presque égales. — Arbrisseaux à feuilles généralement entières et sans stipules. Corolle campanulée, presque actinomorphe. — Ovaire à 4 loges, dont 2 pluriovulées stériles, 2 uniovulées fertiles...... *Symphoricarpus* Juss. (Amérique du Nord).

4 étamines didynames. — Corolle un peu zygomorphe. — Petites plantes à feuilles entières ou dentées. — 3 loges à l'ovaire, dont une fertile.............. *Linnæa* Gronow. (Hémisphère Nord).

Fleurs actinomorphes ou zygomorphes; ovaire à 2-3 loges pluriovulées. — Fruit baccien ou capsulaire. Végétaux dressés ou grimpants.

Tribu IV. — Lonicérées.

Ovaire biloculaire. Fruit baccien.

Feuilles presque toujours alternes. — Fleurs actinomorphes, à corolle valvaire............. *Alseuosmia* Cunn. (Nouvelle-Zélande).

Feuilles toujours opposées. — Fleurs ordinairement à 2 lèvres, à corolle imbriquée .. *Lonicera* L. (fig. 491). (Très répandu dans l'Hémisphère Nord).

Fruit capsulaire. — Feuilles opposées. — Fleurs actinomorphes ou subactinomorphes. — Corolle imbriquée. — Ovaire biloculaire.................. *Diervilla* L. (8 espèces. Asie orientale; Amérique du Nord).

Ovaire 5-8-loculaire. — Feuilles opposées. — Fleurs actinomorphes ou très peu zygomorphes. — Fruit baccien .... *Leycesteria* Wall. (3 espèces, de l'Himalaya).

Affinités. — Indépendamment de leurs rapports étroits avec les Rubiacées, les Caprifoliacées s'unissent encore à d'autres familles, entre autres aux Cornacées par le genre *Viburnum*.

Distribution géographique. — Les Caprifoliacées sont des plantes des régions tempérées de notre Hémisphère, surtout de l'Asie, du Nord de l'Inde et de l'Amérique. Quelques-unes vivent sous la zone intertropicale, mais dans les régions montagneuses.

Le genre *Sambucus* est à peu près cosmopolite. Il est représenté par très peu d'espèces dans l'Hémisphère Austral.

Propriétés générales. Plantes importantes. — Les fleurs des Caprifoliacées sont presque toutes odorantes, et leur parfum s'exhale généralement après le coucher du soleil. La plupart d'entre elles possèdent, en outre, des principes âcres, amers et astringents. Les cellules tannifères, que renferment ces plantes, se montrent souvent adossées à l'endoderme, ou juxtaposées au péricycle ordinairement sclérenchymateux.

On emploie en infusions, comme béchiques et légèrement sudorifiques, les fleurs du Chèvrefeuille des Jardins (*Lonicera Caprifolium* L.), dont les feuilles ont été usitées en gargarismes astringents.

Les sommités fleuries du *Symphoricarpus vulgaris* Michx., du Sud-Ouest des États-Unis, sont altérantes et diurétiques.

Les fleurs du Sureau noir (*Sambucus nigra* L.) sont employées comme vulnéraires et résolutives, en fumigations. Ses baies contiennent un suc rouge, qui devient violet par les alcalis et rouge vif par les acides. On en prépare un rob, qui purge à la dose de 12 à 15 grammes. L'écorce s'emploie en décoction astringente. La moelle est appliquée à divers usages, et sert surtout en micrographie.

Le *S. racemosa* L. d'Europe et le *S. canadensis* L. jouissent des mêmes propriétés. Le *S. peruviana* H. B. K. est purgatif.

La racine du *Triosteum perfoliatum* L., de l'Amérique du Nord, connue sous le nom de *Fever root* et *Wild Ipeca*, est éméto-cathartique à la dose de 1 à 2 grammes.

Aux États-Unis encore croît le *Viburnum prunifolium* L., dont l'écorce est usitée contre les maladies nerveuses qui accompagnent la grossesse. L'écorce et les feuilles de la *Boule de Neige* (*Viburnum Opulus* L.), du Canada, sont antispasmodiques et altérantes. Le *V. Lantana* L. est astringent.

Le *V. Tinus* L. ou *Laurier-Tin* est cultivé en bordure.

Le *Linnæa borealis* sert, en Suède, au traitement de la goutte, de la sciatique et des rhumatismes. Les tiges et les feuilles sont recommandées comme diurétiques et sudorifiques.

GROUPE DES ADOXÉES.

On rattache quelquefois aux Caprifoliacées une plante dont la place est, d'ailleurs, très difficile à établir, l'*Adoxa Moschatellina* L. (fig. 492),

Fig. 492. — Moschatellaire (*Adoxa Moschatellina*).

herbe vivace qui croît sur le bord des ruisseaux, dans toute l'Europe tempérée et dans l'Amérique du Nord. La tige aérienne que produit le rhizome ne porte que 2 *ou 4 feuilles végétatives*, et se termine par *un glomérule de 5 fleurs au maximum, la terminale 5-mère, les latérales 4-mères*. La terminale possède une enveloppe *formée de 2 pièces ;* l'enveloppe correspondante des fleurs latérales consiste en 3 *pièces semblables*. Ce ne serait là, pour beaucoup de botanistes, qu'un involucre. — La corolle est formée par 4-5 *pétales concrescents à la base, imbriqués. Les filets staminaux*, insérés sur le tube, sont *profondément divisés en 2 branches portant chacune une loge d'anthère.*

L'*ovaire demi-infère* est formé par 3-5 *carpelles* (2 *quelquefois*) ; il est divisé en *tout autant de loges, avec des ovules solitaires, pendants et épitropes. Les styles sont indépendants.*

Le *fruit* est *une drupe à 1-5 noyaux*, portant encore, au milieu de sa hauteur, les *pièces caliciformes persistantes. La graine contient un albumen abondant.*

Cette plante exhale une odeur musquée quand on la froisse, d'où son nom de *Musc végétal*. Elle a été employée comme antispasmodique.

FAMILLE III. — DIPSACÉES.

Description du Dipsacus Fullonum L. — Le *Chardon à Foulons* (*Dipsacus Fullonum* L.) est une espèce cultivée à cause de ses capitules qui, après leur dessiccation, servent à carder la laine.

C'est une *plante bisannuelle* dont les tiges, hérissées d'aiguillons, sont pourvues de *feuilles opposées*, penninerves, entières et presque inermes, *connées à la base* en un large cornet ouvert en haut, dans la concavité duquel s'amasse l'eau des pluies.

Les *fleurs* sont réunies en *capitules ovoïdes* dont l'axe épaissi porte extérieurement de *nombreuses bractées stériles* imbriquées en spirale, rigides et terminées en une pointe recourbée. A ces brac-

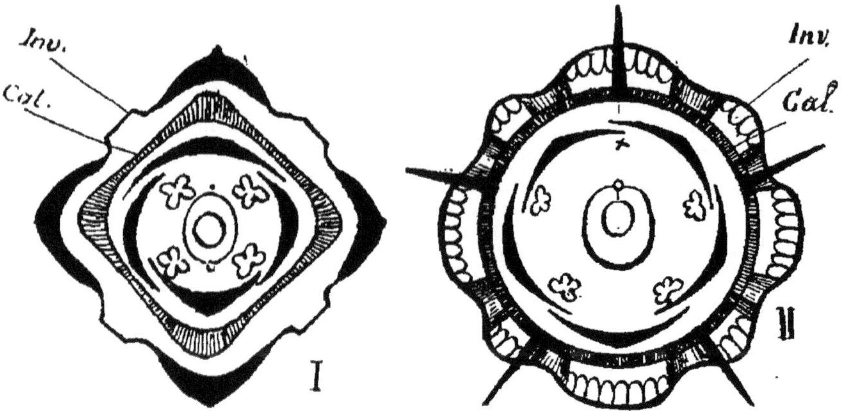

Fig. 493. — I. *Dipsacus pilosus*. — II. *Scabiosa atropurpurea* (Diagrammes, d'après Eichler).

tées stériles et continuant la même spire font suite les *bractées fertiles*, à l'aisselle de chacune desquelles naît une fleur.

Ces *fleurs* (fig. 493, I) sont *légèrement zygomorphes, hermaphrodites*. Le réceptacle, fortement concave, cache l'*ovaire infère;* il est entouré par une sorte de calice extérieur, l'*involucelle* (Inv). L'involucelle est indépendant de la fleur dont il représente, morphologiquement, les deux préfeuilles concrescentes; il est, chez les *Dipsacus*, quadrangulaire, avec des dépressions longitudinales sur les faces, à bords entiers.

Le *calice* (Cal) est représenté, au-dessus de l'ovaire, par 4 *petits lobes*, 2 latéraux et 2 antéro-postérieurs.

La *corolle* possède un *tube allongé*, et un limbe formé de 4 *lobes imbriqués* dans la préfloraison (l'antérieur recouvrant les latéraux, ceux-ci recouvrant, à leur tour, la pièce postérieure).

L'*androcée* est formé par 4 *étamines*, alternes avec la corolle, insérées sur le tube. Dans les cas de pentamérie du périanthe (cas assez fréquent), la place de la cinquième étamine postérieure reste vide. *Les filets sont filiformes; les anthères dorsifixes, biloculaires et introrses, à déhiscence longitudinale.*

L'ovaire infère est uniloculaire, surmonté d'un style grêle, dont le sommet se partage en deux courtes branches, égales ou inégales, et dont l'une peut même avorter. La loge ovarienne ne renferme qu'un seul ovule anatrope, *descendant, fixé au sommet d'un placenta postérieur, à micropyle dirigé en avant et en haut.*

Le *fruit, qu'entoure l'involucelle persistant,* est un *achaine* à huit côtes longitudinales, couronné par les dents calicinales.

La *graine descendante* renferme, sous ses *minces téguments, un albumen charnu, et un embryon axile,* à cotylédons ovales oblongs.

Le *D. sylvestris* L., très commun dans le Midi, se distingue de l'espèce précédente par ses bractées non recourbées.

Autres genres. — Les autres genres de la famille ne diffèrent du premier que par des caractères d'ordre secondaire.

Scabiosa L. — Les Scabieuses (fig. 493, II) sont de simples herbes dont les feuilles, plus ou moins découpées, *ne sont pas connées* à la base. *Les bractées involucrales sont de consistance herbacée,* et les bractées fertiles sont représentées par de *simples soies.*

Succisa Coult. — *Les bractées-mères des fleurs sont, au contraire, foliacées,* chez les *Succisa* Coult., représentés par 4 ou 5 espèces méridionales, confondues, par certains botanistes, avec les vraies Scabieuses.

Les *Scabiosa,* les *Succisa,* les *Knautia,* etc., ont toutes des fleurs plus ou moins zygomorphes; le nombre des sépales et des pétales est de 5 ou de 4, mais dans ce dernier cas, il résulte, pour la corolle, de la concrescence des deux pétales postérieurs.

La fleur des Dipsacées est donc *typiquement pentamère, avec avortement constant de l'étamine postérieure, et tendance des deux pétales postérieurs à devenir concrescents.*

Triplostegia Wall.; Morina L. — Les divergences les plus profondes sont offertes : par le *Triplostegia* Wall., dont *les fleurs ne sont pas groupées en capitules,* mais bien *en cymes ombelliformes,* et qui possèdent *un double involucelle,* et par les *Morina* L., qui portent des faux verticilles axillaires semblables à ceux des Labiées.

Caractères généraux. — *Herbes annuelles ou vivaces, rarement plantes frutescentes.* — *Feuilles opposées, simples, sans stipules.*

Inflorescence en capitules involucrés, rarement en cymes ombelliformes ou en glomérules.

Fleurs pourvues d'un involucelle simple ou double, 5-mères ou faussement 4-mères.

Calice diversement constitué, ordinairement pourvu de segments linéaires en nombre variable.

Corolle le plus souvent zygomorphe, à préfloraison imbriquée.

Étamines 4, rarement 5, ou 2 par avortement. Anthères extrorses.

Ovaire bicarpellé, mais uniloculaire, avec un seul ovule anatrope et pendant. Style et stigmate généralement simples.

Achaine entouré de l'involucelle, et couronné par le calice persistant.

Graines : embryon droit dans l'axe d'un albumen charnu.

DIPSACÉES.

- Fleurs pourvues d'un double involucelle, groupées en cymes ombelliformes . . . . **Triplostegia** Wall. (1 seule espèce, de l'Himalaya).

- Fleurs pourvues d'un involucelle simple.
  - Fleurs en faux verticilles axillaires, semblables à ceux des Labiées. — Calice formant deux lobes foliacés. **Morina** L. (9 à 10 espèces. Asie moyenne et occidentale).
  - Fleurs en capitules involucrés.
    - Folioles de l'involucre sur plusieurs rangées, généralement raides, imbriquées . . . . **Cephalaria** Schrad. (30 espèces environ. Région méditerranéenne).
    - Folioles de l'involucre le plus souvent sur une ou deux rangées, rarement raides, et alors plus grandes que les bractées fertiles.
      - Bractées-mères, et souvent aussi folioles de l'involucre, raides, terminées en pointes aiguës . . . . **Dipsacus** L. (Environ 12 espèces. Région méditerranéenne).
      - Bractées de consistance herbacée ou remplacées par des poils.
        - Bractées-mères bien développées, presque aussi grandes que les fleurs . . . . **Succisa** Coult. (3-4 espèces, surtout de la région méditerranéenne).
        - Bractées-mères plus petites que les fleurs ou nulles.
          - Calice extérieur (involucelle) sans sillons apparents ; côtes peu saillantes, et bords à peine dentés . . . . **Knautia** Coult. (Europe moyenne ; région méditerranéenne).
          - Calice extérieur marqué de huit sillons ou de huit côtes, à bord étalé en forme d'assiette . . . . **Scabiosa** L. (Europe et Asie).

Affinités. — Les Dipsacées se rattachent surtout étroitement aux Valérianacées par les genres *Morina* et *Triplostegia*, dont les inflorescences ne sont plus en capitules (v. plus loin). D'autre part, on s'accorde à ranger parmi les Valérianacées les *Patrinia* qui ont 4 étamines comme les Dispacées, mais où l'albumen fait défaut.

Les rapports des Dipsacées avec les Caprifoliacées sont plus éloignés.

Enfin les Dipsacées montrent de l'analogie avec les Composées (inflorescence, situation de l'ovaire, ovule solitaire, nature du fruit, etc.). On trouve même, chez les Dipsacées, des cellules à contenu granuleux tannifère, comparables aux cellules sécrétantes des Composées-Cynarées et Chicoracées (v. p. 1250).

Distribution géographique. — Les Dipsacées sont toutes originaires de l'Ancien Monde et n'existent, en Amérique et en Océanie, que pour y avoir été introduites. On les trouve dispersées dans toute l'Asie et l'Europe ; mais elles abondent surtout en Orient et dans la région méditerranéenne.

Propriétés générales. Plantes importantes. — Les Dipsacées contiennent, dans leurs organes végétatifs, un principe amer légèrement astringent.

Le *Succisa pratensis* Mönch (*Scabiosa succisa* L.) (*Scabieuse officinale, Mors du Diable*) (fig. 494), qui croît en France et dans une grande partie de l'Europe, dans les prairies un peu humides, a été préconisé contre les affections du poumon et les maladies de la peau.

Fig. 494. — Scabieuse officinale.

Les mêmes propriétés se retrouvent chez les Scabieuses (*Scabiosa arvensis* L., *Sc. sylvatica*, etc.).

Nous savons quel est l'usage industriel de la Cardère (v. p. 1229).

FAMILLE IV. — VALÉRIANACÉES.

Description du Valeriana officinalis L. — Les Valérianes ne représentent pas le type de la famille le plus complet et le moins irrégulier.

La *Valériane sauvage* ou *officinale* (fig. 495) est une plante *herbacée vivace* dont la tige dressée, haute de 1 mètre et demi environ, fistuleuse, un peu pubescente, porte, vers le haut, des ramifications opposées.

Feuilles opposées, pinnatiséquées, à segments lancéolés-dentés, un peu velues en dessous, *sans stipules*.

Les *fleurs*, disposées en grand nombre en *cymes terminales ramifiées*, sont *hermaphrodites, zygomorphes.* Chacune d'elles naît à l'aisselle d'une bractée trifide.

Le *réceptacle floral* (fig. 496, I et III), ovoïde, rétréci vers le haut, muni de côtes peu saillantes, forme, en dehors et tout autour de la base de la corolle, une sorte de petite coupe ou d'entonnoir très court, d'une seule pièce, bientôt partagée en un *certain nombre de languettes subulées, plumeuses, d'abord involutées*, c'est-à-dire enroulées en un bourrelet de dehors en dedans (I et III), puis *étalées en une aigrette circulaire* destinée à former un appareil de dissémination (IV). Ces soies plumeuses, désignées sous le nom de *Pappus*, se retrouvent chez les Composées.

La *corolle* est *irrégulière* (1), presque en forme de coupe, d'une teinte blanc rosé. Son tube se renfle, en avant, en une sorte de *bosse* ou d'*éperon très court, nectarifères ;* le limbe est (I et II) représenté

Fig. 495. — Valériane sauvage.

par 5 *lobes obtus, étalés*, imbriqués dans le bouton. Une courte cloison membraneuse (*cl*) divise la région inférieure de la corolle en deux parties dont l'une enferme l'étamine antérieure, l'autre les deux étamines postérieures et le style.

Bien que le plan théorique de la fleur soit 5-mère, *l'androcée ne se compose que de 3 étamines*, réduction due à l'avortement de l'étamine postérieure et de l'une des deux qui alternent avec le pétale antérieur. Les filets, insérés sur la corolle, portent des *anthères basifixes, introrses, biloculaires, à déhiscence longitudinale.*

L'ovaire infère est formé par 3 *carpelles. Mais l'une des loges est seule fertile;* les deux autres demeurent peu distinctes. La première renferme *un seul ovule anatrope et descendant* (III). *Le style simple, terminal,* porte un *stigmate trifide.*

Le *fruit* (IV) est *un achaine qui demeure couronné par l'aigrette plumeuse du calice*, après la chute de la corolle et du style. Il renferme *une graine descendante* (V), *dépourvue d'albumen. L'embryon est droit, à cotylédons elliptiques et à radicule supère.*

Autres genres. — CENTRANTHUS. — Chez les *Centranthus* DC. (fig. 497, I), l'organisation est fondamentalement la même, *mais la réduction de l'androcée, représenté par une seule étamine* (une des deux latérales postérieures), *est poussée plus loin; la corolle possède*

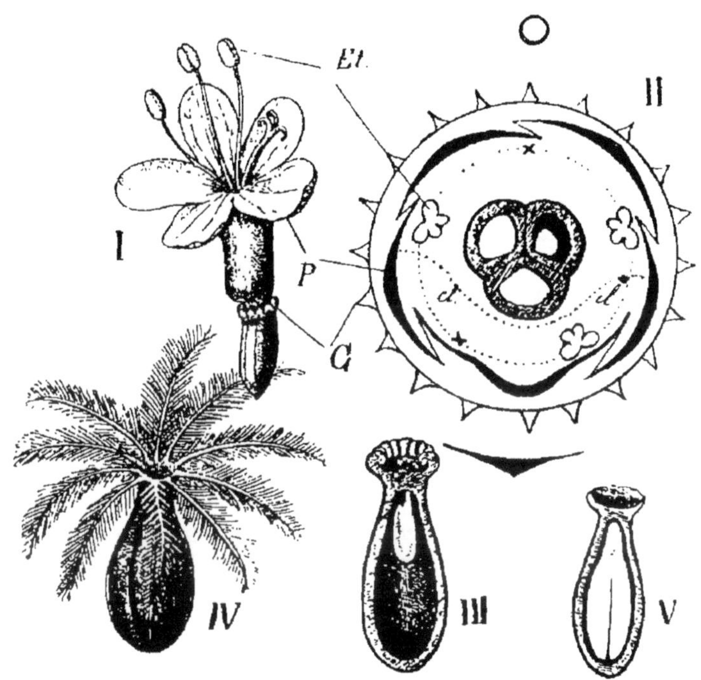

Fig. 496. — Organisation du *Valeriana officinalis* L. — I et II. Fleur entière et diagramme: C, calice; P, corolle; Et, étamines; cl, cloison membraneuse. — III. Ovaire en section longitudinale. — IV. Fruit entier. — V. Fruit en coupe longitudinale (Courchet. Diagramme d'après Eichler).

un limbe presque bilabié, et un tube étroit, antérieurement prolongé en *un éperon long et grêle*. Dans une assez grande étendue, ce tube est divisé par une cloison en deux compartiments, dans l'un desquels passent le style et l'étamine fertile.

FEDIA DC. — Chez le *Fedia Cornu-Copiæ* DC., de la région méditerranéenne, *l'androcée comprend deux étamines* (les deux latérales postérieures), *et le limbe de la corolle est presque bilabié. Le calice est représenté par 2 à 4 lobes foliacés*, et non par des poils plumeux.

Nardostachys; Patrinia. — Les *Nardostachys* DC. et *Patrinia* Juss.
réalisent le type le plus régulier et le plus complet. Comme chez
les Dipsacées, *l'étamine postérieure seule fait défaut. Le calice offre*

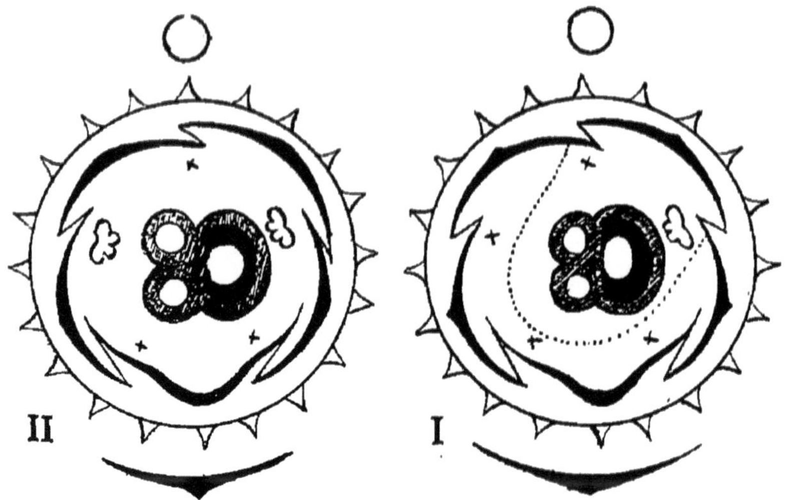

Fig. 497. — I. Diagramme de *Centranthus*. — II. Diagramme du *Fedia Cornu-Copiæ*.

5 *lobes foliacés* plus ou moins distincts, et le tube de la corolle est
à peine renflé antérieurement en une gibbosité nectarifère.

Caractères généraux. — *Plantes herbacées ou sous-frutescentes,
rarement frutescentes. — Feuilles toujours opposées, entières ou plus
ou moins découpées. — Inflorescences en cymes biparès, souvent faussement dichotomes, parfois contractées en glomérules.*

*Fleurs plus ou moins zygomorphes ou presque régulières. — Calice
supère, généralement peu développé, souvent remplacé par une couronne
de soies plumeuses. — Corolle infundibuliforme, et tube creusé le plus
souvent, à la partie antérieure, en une bosse ou en un éperon glanduleux. — Limbe à 5 divisions imbriquées dans le bouton, parfois bilabié,
à 3 ou 4 divisions. — Étamines 1-4, insérées sur le tube de la corolle.
— Anthères introrses, biloculaires, à déhiscence longitudinale. — Ovaire
infère, formé par 3 carpelles concrescents, triloculaires et avec un ovule
anatrope, ascendant dans chacune des loges dont une seule se développe.
— Style terminal, simple; stigmate entier ou à 2-5 divisions.*

*Fruit : achaine, souvent accompagné par le calice accrescent ou les
soies plumeuses qui le remplacent.*

Graine sans albumen. Embryon droit.

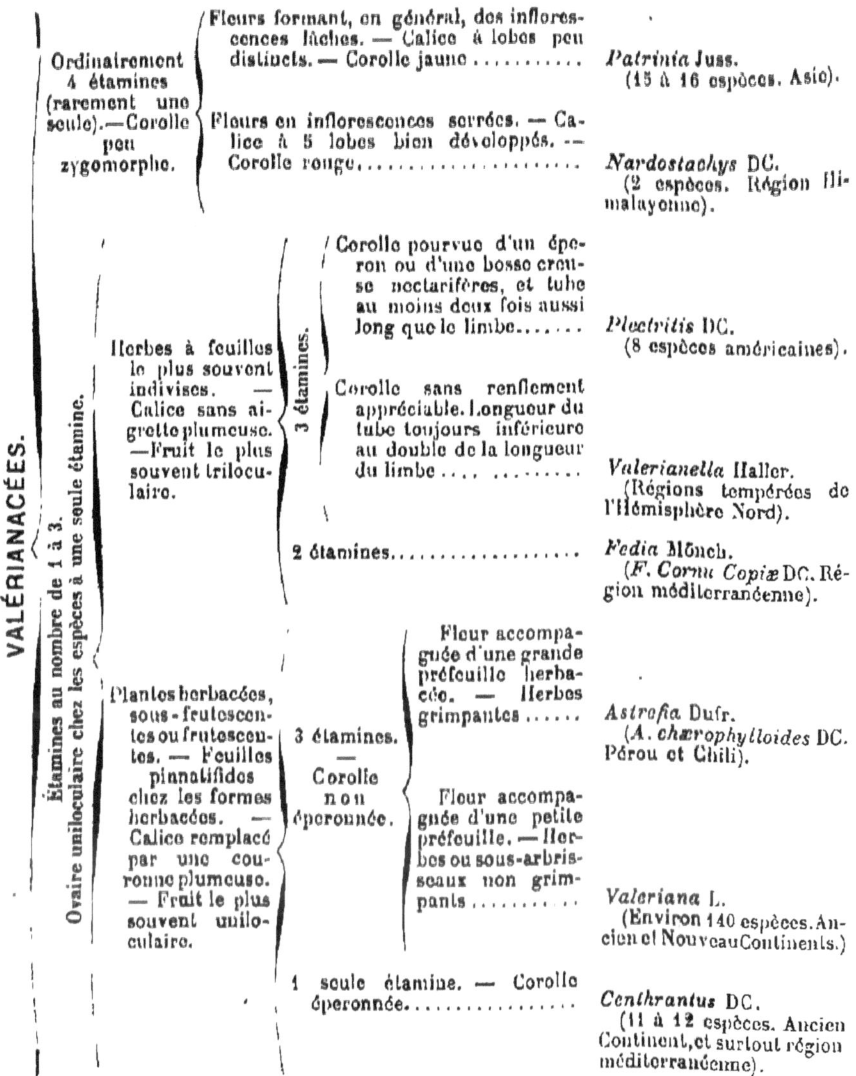

Affinités. — Nous avons fait ressortir déjà l'étroite parenté des Valérianacées avec les Dipsacées, parenté tellement étroite que A.-L. de Jussieu les réunissait en une seule famille sous le nom de *Mâches*.

Le nombre des étamines ordinairement inférieur à 4, la corolle éperonnée ou gibbeuse, la présence de 3 carpelles au gynécée, les sépales assez souvent remplacés par des soies plumeuses, l'absence d'albumen, le mode d'inflorescence, constituent les principaux caractères qui différencient les Valérianacées à l'égard des Dipsacées.

Distribution géographique. — L'Ancien Continent, et surtout l'Europe centrale, la région méditerranéenne, celle du Caucase, etc., constituent la vraie patrie des Valérianacées. Quelques espèces se sont propagées de là vers la Sibérie, le Népaul et jusqu'au Japon.

Un autre centre de développement existe sous la zone tropicale du Nouveau Continent, dans les montagnes qui en longent la côte orientale. On en trouve également au Chili, et jusque dans les îles Malouines. Mais elles sont rares dans l'Amérique du Nord.

Propriétés générales. Plantes importantes. — Les Valérianacées exhalent, pour la plupart, une odeur forte, le plus souvent désagréable, et qui s'exalte par la dessiccation. Cette odeur est due à une essence qui renferme de l'*Acide valérique*, un *Camphre* analogue au *Bornéol*, du *Valérol* et du *Bornééne*.

La racine de Valériane sauvage (1) (*V. officinalis* L.) est employée comme antispasmodique, anthelmintique et fébrifuge.

Sous le nom de *Grande Valériane*, on désigne une autre espèce indigène dans le Midi, mais aussi cultivée dans le Nord, le *Valeriana Phu* L. Elle est moins haute que la précédente, mais plus forte dans toutes ses parties, et ses feuilles radicales sont entières. On en emploie le rhizome et les racines.

Le *Valeriana celtica* L. croît sur les montagnes de la Suisse et du Tyrol. Elle possède un rhizome ascendant, tout couvert d'écailles foliaires imbriquées ; il porte, sur son côté inférieur, des radicelles, et se termine, au-dessus du sol, par une tige de 8 à 20 centimètres qu'entoure à la base une touffe de feuilles très entières, obovées. Les fleurs sont d'un rouge pâle, réunies au nombre de cinq ou six en petites cymes ombelliformes, portées sur des pédoncules axillaires. Cette plante fournit son rhizome, connu sous le nom de *Nard celtique*.

Un grand nombre d'autres Valérianes (*V. pyrenaica, dioica, saxatilis*, etc.) pourraient être employées, et sont souvent employées, comme la Valériane sauvage.

Le rhizome du *Nardostachys Jatamansi* DC. constitue un médicament et un parfum autrefois célèbre, connu sous le nom de *Nard indien*.

(1) Les chats recherchent avec avidité l'odeur de cette plante, sur laquelle ils se vautrent dans les jardins où on la cultive. De là le nom d'*Herbe aux chats* qu'on lui donne souvent, mais qu'elle partage avec d'autres, telles que le *Teucrium Scordium* et le *Nepeta Cataria* (V. p. 1163).

Le *Centranthus ruber* jouit, dit-on, des mêmes propriétés que la
Valériane.

Signalons enfin, comme plantes potagères, les *Valerianella* ou
Mâches, dont les feuilles, ordinairement molles, sont à peu près
insipides. La plus usitée est la *Mâche commune* ou *Doucette* (V. *Oli-
toria* L.). Mais on se sert aussi des V. *coronata* DC., *auricula* DC.,
dentata DC., etc.

FAMILLE V. — COMPOSÉES
SOUS-FAMILLE I. — RADIÉES OU CORYMBIFÈRES.

Description d'une Composée (Anthemis nobilis L.) — La *Camomille romaine* (*A. nobilis* L.) pousse spontanément dans les prés et
les champs, en Italie, en Espagne, dans le Midi de la France, etc.
Mais on la cultive également pour l'usage médical, et son organisation florale subit alors certaines modifications dont nous n'avons
pas à tenir compte pour l'instant.

C'est une *herbe vivace, très aromatique et pourvue de glandes à essence
extérieures*, à tiges très ramifiées, couchées et rampantes. Ces dernières n'ont que des feuilles très distantes ; les rameaux dressés
qu'elles portent sont, au contraire, munis de *feuilles* nombreuses,
toutes alternes et sans stipules, pinnatiséquées et à segments subdivisés eux-mêmes en lobes linéaires, légèrement velus, pourvus de
glandes externes.

Les *inflorescences* consistent en *capitules* solitaires, à l'extrémité
des axes dressés.

Le *réceptacle commun* du capitule est conique (fig. 498, I, R). Il est
inférieurement entouré par *un involucre de bractées stériles* (In), insérées en une spire très surbaissée, et se recouvrant à la manière des
tuiles d'une toiture. Elles sont spatulées, vertes au centre, membraneuses et dentées sur les bords. La partie conique et centrale du
réceptacle commun est *creusée d'alvéoles dans chacune desquelles s'insère une fleur, à l'aisselle d'une bractée fertile* (I et III). Les bractées-
mères des fleurs continuent la spire des folioles stériles de l'involucre ; elles sont spatulées, membraneuses sur les bords, concaves.

*Les fleurs sont de deux formes différentes, les périphériques femelles et
zygomorphes* (IV), *celles du centre hermaphrodites et actinomorphes* (III).

Ces dernières offrent l'organisation suivante (II, III et V) :

Le *réceptacle floral* cylindrique cache entièrement *l'ovaire infère et
concrescent*, et se termine au-dessus par *un bord entier.*

Le calice manque entièrement.

La corolle, jaune, *infundibuliforme*, se compose d'*un long tube cylindrique* un peu renflé vers le bas, et d'*un limbe campanulé, découpé en 5 lobes valvaires, réfléchis au moment de l'anthèse.*

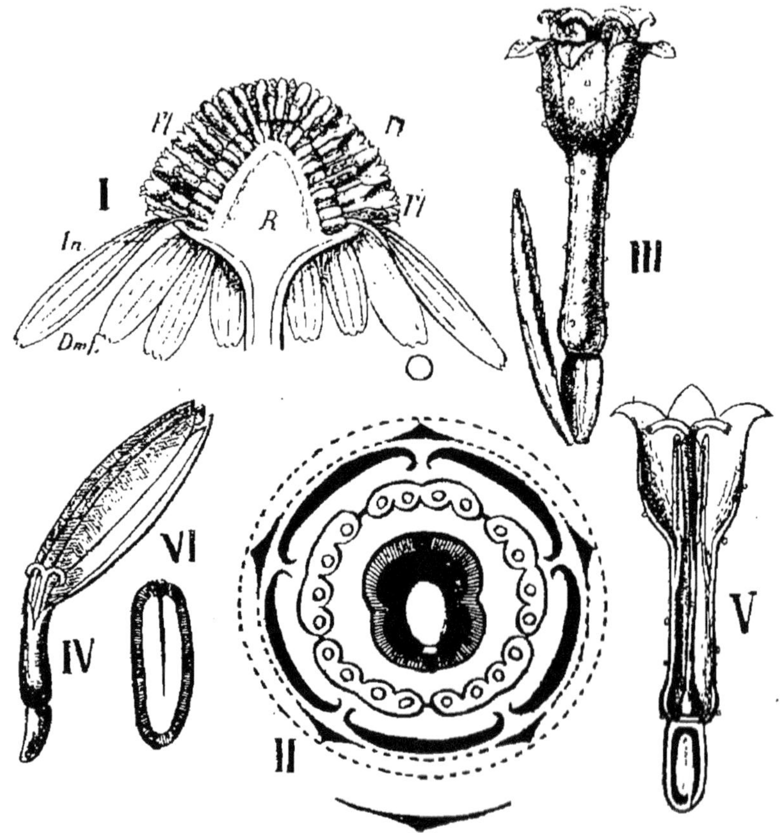

Fig. 498. — Organisation florale des Composées. — I. Un capitule d'*Anthemis nobilis* en coupe longitudinale: R, réceptacle commun ; In, bractées de l'involucre; Dmf, fleurs ligulées de la périphérie; Fl, fleurs régulières du disque. — II. Diagramme d'une fleur de Composée, montrant, à l'extérieur, les soies calicinales qui remplacent, le plus souvent, le calice, et plus en dedans les sépales normaux qu'on rencontre quelquefois. — III. Un fleuron. — IV. Un demi-fleuron d'*Anthemis*. — V. Un fleuron en coupe longitudinale. — VI. Achaine d'*Anthemis* en coupe longitudinale.

Comme chez toutes les Composées, la nervure médiane des pétales est peu marquée, mais elle se divise, vers le sommet, en deux ramifications qui s'incurvent le long du bord, à droite et à gauche, s'y unissent aux nervures correspondantes des lobes voisins, et y forment des nervures commissurales bifurquées en haut (1).

(1) Ce mode de nervation, étudié par R. Brown en 1810, a fait depuis longtemps donner aux Composées le nom de *Névramphypétalées*.

Vers le milieu du tube s'insèrent cinq étamines alternipétales, indépendantes par leurs filets, mais dont les anthères, oblongues et linéaires, *sont accolées et soudées par leurs bords en un tube cylindrique au milieu duquel passe le style (étamines synanthérées ou syngenèses). Les deux loges sont introrses, à déhiscence longitudinale, et le connectif* se *prolonge au-dessus d'elles en une lame arrondie.*

L'ovaire infère est formé par deux carpelles médians, ouverts et concrescents; il est uniloculaire et contient un seul ovule anatrope, dressé à la base du carpelle antérieur, son raphé étant tourné en avant. Un disque épigyne entoure la base du style. Ce dernier est terminal, renflé à la base, puis linéaire, et se divise au-dessus du tube staminal en deux lobes réfléchis pourvus, à l'extrémité, d'un faisceau de poils, et munis, le long de leur face interne concave, de deux bandes de papilles stigmatiques.

Les *fleurs de la périphérie* diffèrent des premières *par leur corolle* blanche, dont *le limbe se déjette en dehors en une lame étalée, tridentée à l'extrémité.* L'androcée fait défaut.

Les *fruits* sont des *achaines nus au sommet,* légèrement trigones. Ce fruit est tout entier occupé par *une graine exalbuminée, dont l'embryon charnu et huileux est formé d'une radicule infère, surmontée par deux gros cotylédons plan-convexes.*

Le nombre des fleurs femelles ligulées augmente, par la culture, chez l'*Anthemis nobilis*, aux dépens des fleurs tubuleuses du disque, qui peuvent se trouver ainsi plus ou moins complètement transformées. C'est ce qu'on exprime en disant que le capitule *double*.

On donne le nom de *fleurons* aux fleurs régulières du disque, et celui de *demi-fleurons* aux fleurs périphériques ligulées. Les capitules pourvus, comme ceux des *Anthemis*, de demi-fleurons rayonnants à la périphérie et de fleurons au centre, sont désignés par l'épithète de *radiés*.

Le nom de *Radiées* est donné, par extension, à tout une sous-famille de Composées dont les capitules offrent ce mode d'organisation; on les désigne également sous le nom de *Corymbifères* pour exprimer que, dans la plupart des cas, les capitules sont eux-mêmes disposés en corymbe (ils sont solitaires chez la Camomille romaine).

Caractères différentiels des autres genres. — Tout en conservant les mêmes caractères fondamentaux de structure, les nombreux genres qui composent la Sous-Famille des Radiées diffèrent les uns des autres par des caractères dont les plus essentiels sont indiqués dans le tableau qui suit.

Les genres de cette Sous-Famille sont très nombreux. Ce sont tantôt des herbes annuelles ou vivaces, tantôt des sous-arbrisseaux ou des arbrisseaux, très rarement des plantes arborescentes.

Les capitules, ordinairement associés en corymbes, sont quelquefois solitaires ou diversement groupés.

Les bractées de l'involucre forment un ou plusieurs rangs. Les bractées fertiles sont quelquefois nulles (*réceptacle nu*) ou en forme de paillettes, d'écailles, de fimbrilles (*réceptacle pailleté, écailleux, fimbrié,* etc.).

Les fleurs de la périphérie sont neutres quelquefois, celles du centre étant hermaphrodites, ou bien celles du centre sont mâles, celles de la périphérie femelles, etc.

Le calice est rarement représenté par des sépales verts, normalement développés. Il est généralement remplacé par des écailles ou par des soies plumeuses (*pappus*) (1) qui accompagnent plus tard le fruit, chez les fleurs fertiles.

Certaines plantes de ce même groupe, tout en possédant les mêmes caractères essentiels, ont des capitules sans fleurs ligulées périphériques (*Tanacetum, Artemisia,* etc.).

Le faisceau de poils, dont nous venons de signaler la présence au sommet des deux branches du style chez la Camomille romaine, est fréquemment remplacé, chez les autres Composées, par un anneau de poils placés au-dessous des deux branches du style, et qui ont reçu le nom de *poils collecteurs,* à cause de leur rôle physiologique important dans la pollinisation de ces plantes.

L'autofécondation y est peu fréquente, et le transport du pollen par le vent est également rare. Le style est d'abord plus court que le tube staminal, et ses deux branches stigmatifères, appliquées l'une contre l'autre cachent alors entièrement le tissu stigmatique de leur face interne. Le style s'allonge ensuite, au moment de la déhiscence des anthères, et les poils collecteurs, quel que soit leur point d'insertion, se chargent de pollen. C'est là que les insectes viennent s'en saisir, d'une façon inconsciente, en venant puiser le nectar qui s'amasse au fond de la corolle, pour le déposer ensuite sur les papilles stigmatiques d'une fleur plus âgée, dont le style a déjà étalé ses deux branches au-dessus de l'androcée.

D'autres dispositions intéressantes facilitent, chez beaucoup de Composées, la pollinisation par les insectes. Nous ne pouvons y insister ici (2).

La Sous-Famille des Radiées peut être caractérisée ainsi qu'il suit :

Composées à capitules hétérogames, portant des fleurs ordinairement ligulées sur la périphérie, et toujours des fleurs actinomorphes au centre. Capitules souvent groupés en corymbes. — Plantes pourvues de glandes externes à huile essentielle, et quelquefois aussi de canaux sécréteurs.

(1) Ces aigrettes et ces réunions d'écailles sont, d'après Payer, de simples productions des bords du réceptacle, et n'ont rien à faire avec des pièces calicinales, car leur apparition est postérieure à celle de la corolle.

(2) V. O. Hoffmann, in Engler et Prantl, IV⁰ partie, fascicule 5, p. 110 et suiv.

Branches du style pourvues d'un faisceau de poils. — Aigrette du fruit nulle. — Réceptacle généralement garni de paillettes.

Tribu I. — Chamomillées.

Fruit peu comprimé.

Plantes herbacées. Paillettes du réceptacle caduques. — Tube de la corolle cylindrique........ *Chamomilla* Godr. (Ancien Continent).

Paillettes du réceptacle caduques. Tube de la corolle comprimé........... *Anthemis* L. (Espèces nombreuses, surtout en Europe).

Sous-arbrisseaux. — Fleurs de la périphérie à peine ligulées. — Achaines nus et tétragones. *Santolina* L. (8 espèces. Sud de l'Europe).

Fruit fortement comprimé.

ailé au moins sur les bords.............. *Anacyclus* L. (12 espèces. Région méditerranéenne).

non ailé .... *Achillea* L. (Plus de 80 espèces. Régions tempérées de l'Hémisphère nord).

Fleurs de la circonférence femelles, ligulées, sur un rang, celles du disque tubuleuses, hermaphrodites. — Style des fleurs du disque à branches linéaires, pourvues d'un pinceau de poils au sommet. — Achaines munis de côtes. — Aigrette nulle. — Réceptacle nu.

Tribu II. — Chrysanthémées.

Fleurs du centre à tube comprimé.

Réceptacle convexe.................... *Leucanthemum* L. (Nombreuses espèces. Hémisphère nord).

Réceptacle conique.................... *Chrysanthemum* L. (Nombreuses espèces. Diverses parties du globe).

Fleurs du centre à tube conique................. *Matricaria* L. (50 espèces. Afrique. région méditerranéenne).

Fleurs toutes à corolle tubuleuse. — Style des fleurs du disque à branches linéaires, pourvues d'un pinceau de poils. — Achaines cylindriques ou légèrement comprimés. — Aigrette nulle. — Réceptacle nu.

Tribu III. — Artémisiées.

Achaines sessiles, à couronne membraneuse régulière. *Tanacetum* L. (Environ 50 espèces. Hémisphère nord).

Achaines sessiles, arrondis au sommet, dépourvus de côtes et de couronne........................ *Artemisia* L. (100 espèces, surtout européennes).

---

1 seul rang de folioles à l'involucre............... *Senecio* L. (Genre cosmopolite. 1200 espèces).

Fleurs de la circonférence ordinairement femelles, ligulées. — Style des fleurs du disque à branches pourvues d'un pinceau de poils. — Achaines cylindriques, pourvus de côtes. — Aigrettes poilues; réceptacle nu.

Tribu IV. — Sénécionées.

2 à 3 rangs de folioles à l'involucre.

Involucre à folioles égales, sur 2 rangées ; aigrettes à poils raides, sur 1 rangée................... *Arnica* L. (18 espèces. Nord de l'Ancien et du Nouveau Continents)

Involucre à folioles égales ou presque égales, sur 2 ou 3 rangs. — Réceptacle conique. — Achaines oblongs, ceux du centre pourvus d'aigrettes plurisériées, ceux de la périphérie nus.............. *Doronicum* L. (Environ 25 espèces. Régions tempérées de l'Hémisphère nord ; Ancien Continent).

Capitules homogames ou hétérogames, généralement radiés. — Anthères obtuses à la base. — Branches du style arrondies au sommet, glabres. — Achaines ordinairement comprimés, sans aigrette parfois, ou pourvus d'une aigrette de poils ou de paillettes. — Réceptacle nu.

Tribu V. — Astérinées.

Fleurs ligulées périphériques de même couleur que celles du disque.......... *Solidago* L. (80 espèces environ, presque toutes américaines).

Fleurs ligulées périphériques autrement colorées que celles du disque.

Calice à bords généralement entiers. *Bellis* L. (10 espèces, Europe et région méditerranéenne).

Calice représenté par des soies.

Involucre formé par plusieurs rangs de bractées. — Fleurs ligulées sur un seul rang............. *Aster* L. (200 espèces, dans toutes les contrées du Monde).

Involucre ordinairement formé par deux rangs de bractées. — Fleurs ligulées sur plusieurs rangs. *Erigeron* L. (150 espèces. Genre représenté dans toutes les parties du Monde).

Fleurs périphériques-linéaires, quelquefois sans corolle, ordinairement sur plusieurs rangs, femelles en général. — Calice représenté par des soies........ *Conyza* Less. (Genre cosmopolite, 50 espèces).

Style légèrement renflé au sommet, à branches épaisses et velues à l'extérieur. — Aigrette nulle. — Réceptacle nu.

Tribu VI. — Calendulées.

Fleurs ligulées sur plusieurs rangs. — Achaines recourbés en arc.................................. *Calendula* L.
(Environ 15 espèces. Région méditerranéenne, des Iles Canaries à la Perse).

Capitules généralement flosculeux, homogames. — Style des fleurs hermaphrodites à branches longues, hérissées. — Bandes de tissu stigmatique étroites et saillantes, s'arrêtant au-dessous de la *région moyenne des branches*.

Tribu VII. — Vernoniées.

Herbes à feuilles alternes......................... *Vernonia* Schreb.
(450 espèces. Afrique et Madagascar ; Asie : Amérique).

Branches du style pubescentes. — Capitules pourvus de fleurs périphériques ligulées femelles. — Achaines cylindriques ou tétragones ; aigrettes poilues. — Réceptacle nu.............................. *Inula* L.
(20 espèces. Europe ; Asie ; Afrique).

Tribu VIII. — Inulées.

Folioles de l'involucre concaves ou carénées, se continuant sur une partie du réceptacle. — Capitules en glomérules axillaires ou terminaux............ *Filago* L.
(12 espèces. Europe ; Asie ; Amérique).

Capitules homogames ou hétérogames. — Fleurs toutes tubuleuses, les extérieures ordinairement femelles, sur un ou plusieurs rangs. — Branches du style un peu comprimées, arrondies au sommet. — Achaines cylindriques ou comprimés, sans côtes, ordinairement avec une aigrette de poils. — Réceptacle nu, ou pailleté à la périphérie.

Tribu IX. — Gnaphaliées.

Folioles de l'involucre planes et réceptacle nu.

Plantes dioïques. — Capitules formant des corymbes serrés....... *Antennaria* Gaert.
(Environ 15 espèces. Europe ; Asie : Australie ; Amérique extra-tropicale).

Capitules hétérogames. — Fleurs de la périphérie femelles.

Fleurs femelles unisériées..... *Helichrysum* Gaert.
(Genre cosmopolite. 300 espèces environ).

Fleurs femelles plurisériées.... *Gnaphalium* L.
(120 espèces. Ancien et Nouveau Mondes).

Style à branches comprimées, arrondies et pubescentes au sommet. — Fleurs de la circonférence ligulées. — Achaines de deux formes, tous à couronne membraneuse. — Réceptacle à paillettes carénées .... *Buphthalmum* L.
(4-7 espèces. Ancien Continent).

Tribu X. — Buphthalmées.

Branches du style pourvues d'un faisceau de poils. — Achaines comprimés ou tétragones. — Aigrettes formées par 5 ou 6 arêtes ou paillettes. — Réceptacle pailleté..................................... *Helianthus* L.
(55 espèces. Amérique).

Tribu XI. — Hélianthées.

Branches du style cylindriques, dépourvues de poils. — Fleurs hermaphrodites ou unisexuées. — Achaines cylindriques, munis de côtes. — Aigrettes poilues. — Capitules portés sur des hampes nues ou écailleuses. — Feuilles radicales.

Tribu XII. — Tussilaginées.

Capitules semblables entre eux, fleurs hermaphrodites................................ *Tussilago* L.
(*Tussilago Farfara*. Ancien Continent).

Capitules dissemblables, et fleurs presque dioïques... *Petasites* Gaert.
(14 espèces. Nord de la zone tempérée, surtout dans l'Ancien Continent).

Capitules homogames et flosculeux. — Branches du style plus ou moins longues, presque toujours obtuses, avec 2 courtes bandes de tissu stigmatique. — Achaines cylindriques, munis de côtes. — Aigrette généralement velue.

Tribu XIII. — Eupatoriées.

Bractées de l'involucre 6 et au delà............... *Eupatorium* L.
(400 espèces, surtout américaines. Quelques-unes en Europe, en Afrique et en Asie).

Bractées de l'involucre 4, accompagnées parfois chacune d'une petite écaille extérieure............. *Mikania* W.
(120 à 150 espèces, presque toutes de l'Amérique tropicale).

SOUS-FAMILLE II. — CARDUACÉES (CYNARÉES).

Les Carduacées sont caractérisées par leurs *capitules homogames* (1), *dont les fleurs sont toutes hermaphrodites, tubuleuses, actinomorphes ou subactinomorphes. Les anthères sont, le plus souvent, inférieurement prolongées en deux appendices caudiformes.*

Enfin ces végétaux, dépourvus en général de glandes à essence, ne sont presque jamais aromatiques.

Nous rattachons aux Carduacées un certain nombre de genres, tous exotiques, séparés jadis à titre de tribu spéciale sous le nom de **Mutisiées** et, par De Candolle, sous celui de **Labiatiflores**. Leurs fleurs, homogames ou hétérogames sur un même capitule, sont peu dissemblables, et la corolle est presque bilabiée, au moins celle des fleurs périphériques (*Mutisia, Nassauvia*, etc.).

Les Carduacées sont représentées par un nombre considérable de plantes indigènes (*Carduus, Cirsium, Centaurea, Carlina*, etc.)

Les Chardons (2), tels que les *Carduus crispus* L., *C. tenuiflorus* Curt., *C. pycnocephalus* L., etc., abondent le long des chemins, et peuvent aisément servir d'objet d'étude.

(1) *Homogames*, c'est-à-dire de même sexe ; *hétérogames*, de sexe différent.

(2) Le nom français de *Chardon* n'a pas, dans le langage ordinaire, la valeur d'un terme générique. Il sert à désigner indifféremment toutes les plantes herbacées épineuses dont le port rappelle celui des *Carduus* (vrais Chardons). C'est ainsi que le nom de *Chardon-Roland* est appliqué à une Ombellifère (V. p. 980), celui de *Chardon à foulon* (V. p. 1227) à une Dipsacée, etc.

SOUS-FAMILLE II. — CARDUACÉES OU CYNARÉES.

Capitule général sphérique, composé de capitules partiels uniflores .... **Echinops L.**
(*Sphærocephalus* L. O. Ktze. 60 espèces. environ. Orient; Europe méridionale et rég. méditerranéenne; Japon; Afrique tropicale).

Capitules simples.

Achaines à insertion basilaire.

Bractées internes de l'involucre plus grandes et colorées.

Folioles internes de l'involucre étalées .... **Carline L.**
(17 espèces. Iles Canaries; Europe; Asie occidentale).

Folioles internes de l'involucre dressées .... **Atractylis L.**
(15 espèces. Région méditerranéenne, des iles Canaries à l'Afghanistan; Chine; Japon).

Bractées internes de l'involucre jamais plus grandes ni plus colorées.

Réceptacle pourvu de soies.

Filets staminaux indépendants.

Bractées de l'involucre terminées en un crochet réfléchi. ... **Arctium L.**
(*Lappa* Juss. 4 espèces très voisines. Europe; Asie; Amérique du Nord).

Bractées de l'involucre non terminées en crochets réfléchis.

Réceptacle non charnu.

Soies non plumeuses ..... **Carduus L.**
(80 espèces. Iles Canaries; Europe; Asie jusqu'au Japon).

Soies plumeuses .... **Cirsium Scop.**
(120 espèces. Europe; Afrique septentrionale; Asie et Amérique moyennes).

Réceptacle charnu .... **Cynara L.**
(11 espèces. Iles Canaries; région méditerranéenne).

Filets staminaux soudés. — Réceptacle charnu .... **Sylibum Gärtn.**
(2 espèces. Ancien Continent, des Iles Canaries jusqu'en Perse; les deux Amériques).

Réceptacle dépourvu de soies : fleurs insérées dans des alvéoles profondes, limitées par un bord membraneux denté. .... **Onopordon L.**
(20 espèces. Europe; Nord de l'Afrique; Asie occidentale).

Achaines insérés oblique[1].

Bractées de l'involucre pourvues d'une marge scarieuse ou d'un appendice épineux. **Centaurea L.**
(Environ 170 espèces. Tout l'Ancien Continent; Amérique; Australie).

Bractées de l'involucre sans marge scarieuse ni appendices épineux. — Capitules extérieurement accompagnés par un verticille de feuilles végétatives.

Calice nul, ou représenté par un seul rang de soies ou d'écailles .... **Carthamus L.**
(20 espèces. Des iles Canaries aux Indes, surtout dans la région méditerranéenne).

Calice représenté par deux rangs de soies inégales .... **Cnicus Gærtn.**
(*C. benedictus*. Région méditerranéenne; Asie Mineure).

SOUS-FAMILLE III. — CHICORACÉES.

Les Chicoracées ont leurs capitules homogames, comme les Carduacées, mais les fleurs y sont toutes zygomorphes et ligulées (capitules semi-flosculeux), leur corolle, fendue en dedans, étant déjetée tout entière en dehors et formant une lame marquée de cinq dents à l'extrémité.

Leurs organes sont presque toujours parcourus par de nombreux laticifères articulés.

Les glandes à essence font défaut.

De nombreux genres indigènes se rattachent à cette Sous-Famille, entre autres les *Cichorium*, *Lactuca*, *Scorzonera*, *Hieracium*, *Taraxacum*, etc.

Calice formé par une petitecouronne écailleuse .... : **Cichorium** L. (7 à 8 espèces. Région méditerranéenne. 1 espèce plus étendue).

Calice formé, sur tout le capitule, ou sur une partie des fleurs tout au moins, par des soies plumeuses.

- Réceptacle nu.

  - Fleurs jaunes.

    - Réceptacle pailleté. .... **Hypochæris** L. (50 espèces. Europe; région méditerranéenne; Nord de l'Asie).

    - Involucre formé d'un nombre indéfini de bractées. — Fruit pourvu d'un bec creux séparé, par une cloison, de la cavité ovarienne ... **Urospermum** Scop. (2 espèces. Région méditerranéenne).

    - Involucre formé de nombreuses bractées inégales.
      - Feuilles radicales. — Appendices calicinaux persistants .... **Leontodon** L. (Environ 45 espèces. Europe : Asie moyenne ; région méditerranéenne).
      - Des feuilles caulinaires. — Appendices calicinaux caducs .... **Picris** Juss. (36 espèces. Région méditerranéenne ; Europe et Asie tempérées ; Abyssinie).

  - Fleurs jaunes ou plus souvent blanches, roses ou rouges. — Fruit rostré. — Soies à plumules le plus souvent enchevêtrées.
    - Bractées sur une seule rangée .... **Tragopogon** L. (35 espèces. Europe ; région méditerranéenne ; Asie moyenne et occidentale).
    - Bractées sur plusieurs séries. .... **Scorzonera** L. (100 espèces. Europe et Asie moyennes ; Région méditerranéenne).

Réceptacle pourvu de soies. — Fruit sans rostre. — Involucre herbacé ..... **Pterotheca** Cass. (10 espèces. Région méditerranéenne et Asie moyenne).

Réceptacle creusé d'alvéoles à bords ciliés et sétacés .... **Andryala** L. (12 espèces environ. Dans toute la région méditerranéenne. jusqu'aux Canaries).

Calice représenté par des soies rudes ou par des poils simples.

- Réceptacle nu.

  - Des soies ou des formations verruqueuses à la base des fruits.
    - Capitules pauciflores (15 fleurs en 2 verticilles).. **Chondrilla** L. (18 espèces. Europe jusqu'aux Indes Orientales ; Chine ; Sibérie).
    - Capitules pluriflores, avec involucre unisérié.... **Taraxacum** Hall. (20 à 25 espèces. Ancien Continent).

  - Fruits non accompagnés de soies ni de verrues à la base.
    - Fruits non rostrés. .... **Sonchus** L. (40 à 45 espèces. Ancien Monde).
    - Fruits rostrés .... **Lactuca** L. (90 espèces environ, surtout de l'Ancien Monde. Espèces peu nombreuses dans l'Amérique et dans l'Inde).

Caractères généraux. — Les Composées embrassent environ la dixième partie de toutes les plantes phanérogames du globe.

Appareil végétatif. — *Plantes* herbacées ou sous-frutescentes, rarement arbrisseaux, très rarement arbres (dans certaines régions tropicales).

Feuilles ordinairement alternes, rarement opposées (*Eupatorium, Arnica*) ou même verticillées, presque toujours simples, très rarement composées, toujours sans *stipules*.

Inflorescences. — Les *inflorescences* consistent toujours en capitules ordinairement multiflores, quelquefois pauciflores (*Vernonia*, etc.), beaucoup plus rarement enfin uniflores (genre *Echinops*). Les capitules sont eux-mêmes solitaires, ou réunis en corymbes, en grappes, en panicules, etc.

Réceptacle commun plan, concave, convexe ou conique, creusé d'alvéoles où s'insèrent les fleurs, nu ou fimbrillé, pailleté, etc. Bord des alvéoles formant souvent une marge entière ou plus ou moins divisée.

Bractées de l'involucre plus ou moins nombreuses, toutes semblables, ou les extérieures plus grandes et de formes différentes, entières ou laciniées, parfois spinescentes.

Structure florale. — La *fleur* est actinomorphe (*fleuron*) ou zygomorphe (*demi-fleuron*), à *réceptacle* fortement concave et logeant l'ovaire infère, hermaphrodite, unisexuée ou neutre par avortement.

Le *capitule* peut être homogame et formé de fleurs toutes hermaphrodites (**CARDUACÉES** et **CHICORACÉES**), ou hétérogame (**RADIÉES**), les fleurs périphériques ligulées étant neutres ou femelles, celles du disque (fleurons) étant hermaphrodites ou mâles, ou bien encore les fleurs périphériques étant hermaphrodites, celles du disque mâles. — La diœcie est rare (*Antennaria dioica*).

Calice rarement foliacé, ordinairement scarieux ou membraneux, formant une couronne entière ou laciniée ou dentée. Ailleurs, le bourrelet calicinal porte des arètes, des écailles, ou plus fréquemment un cercle de poils, barbelés ou plumeux, libres ou soudés en anneau à la base, parfois plus ou moins longuement stipités. Ces formations sont semblables à celles des Valérianacées (v. p. 1231).

La *corolle* est 5-mère, actinomorphe et infundibuliforme, à préfloraison valvaire, ou zygomorphe. Dans ce dernier cas, elle peut être bilabiée (*Nassauvia*, *Mutisia*, etc.), ou ligulée, soit que la ligule, à 5 dents, soit formée par les 5 pétales déjetés en dehors (Chicoracées), soit que deux pétales très petits ou abortifs demeurent en place, la ligule tridentée n'étant formée que par les trois pétales externes (Radiées). Le mode particulier de nervation de la corolle a été décrit déjà (v. p. 1237).

Les *capitules* sont dits *flosculeux*, *demi-flosculeux* ou *radiés*, suivant qu'ils sont constitués tout entiers de fleurs régulières ou *fleurons*, de fleurs ligulées ou *demi-fleurons*, ou bien enfin de *fleurons au centre* et de *demi-fleurons à la périphérie*.

Étamines 5, presque toujours libres par les *filets* insérés sur la corolle, rarement monadelphes; mais *anthères* toujours soudées en un tube que traverse le style. Fréquemment le *connectif* se prolonge en un appendice au-dessus de l'anthère dont les loges, souvent divergentes dans le bas, figurent des sortes d'auricules.

Ovaire infère, formé par 2 *carpelles* médians, ouverts, et concrescent en un ovaire uniloculaire, contenant un seul ovule anatrope, dressé, inséré à la base du carpelle antérieur, son raphé tourné en avant.

Le sommet de l'ovaire est ordinairement coiffé par un *disque* plus ou moins développé, entourant la base du *style*.

Ce dernier est filiforme, indivis au sommet chez les fleurs mâles, divisé en deux branches plus ou moins longues, souvent réfléchies, dans les fleurs femelles ou hermaphrodites. Ces *branches stigmatiques* sont planes en dedans, convexes en dehors, pourvues de papilles à la face interne ou au sommet. L'extérieur est garni de *poils* plus ou moins abondants; ces poils forment assez souvent un anneau au-dessous des branches du style : ce sont les *poils collecteurs*. Le style, d'abord plus court que les étamines, s'allonge bientôt de façon à dépasser le tube que forment les anthères, dont les poils collecteurs raclent ainsi la partie interne et recueillent le pollen.

FRUIT ET GRAINE. — Le *fruit* est un achaine ou un caryopse, dont le sommet est nu ou, le plus souvent, couronné par une *aigrette* provenant des bords du calice. Nous avons fait remarquer le rôle que joue cette aigrette dans la dissémination des graines.

La *graine* est exalbuminée, à radicule infère. L'*embryon* droit porte deux cotylédons huileux, plans, rarement enroulés comme chez certains *Robinsonia*.

Affinités. — Malgré son immense étendue, la famille des Composées forme un tout des plus naturels et des mieux délimités, et il n'existe pas, entre elles et les familles voisines du même Sous-Ordre, ces termes de passage si fréquents entre certains groupes naturels.

L'inflorescence en capitules et la syngénésie des étamines, la forme de la corolle et sa nervation spéciale, la présence fréquente de pièces écailleuses ou de poils à la place des sépales, la structure de l'ovaire et celle du fruit, constituent tout autant de caractères qui ne se rencontrent réunis que chez des plantes appartenant à cette famille.

Chez les Dipsacées, dont les fleurs sont aussi en capitules, les étamines sont toujours indépendantes et au nombre de 4, les fleurs sont accompagnées d'un involucelle, et les graines sont albuminées.

Chez les Valérianacées, le calice, le fruit et la graine rappellent la structure des Composées, mais les fleurs ne forment pas de capitule, la corolle est toujours zygomorphe et à préfloraison imbriquée, les étamines sont libres et en nombre réduit, l'ovaire est 3-loculaire.

Considérations anatomiques. — Les feuilles montrent des stomates sur les deux faces. Les poils qui les recouvrent fréquemment sont pluricellulaires, unisériés ou plurisériés; on trouve aussi des poils glanduleux au sommet chez les espèces aromatiques.

Les Chicoracées présentent un liber interne.

L'appareil sécréteur des Composées revêt trois formes :

1° Chez les Radiées et les Carduacées à corolle bilabiée que l'on désigne quelquefois sous le nom de Labiatiflores (v. p. 1244), il existe des *canaux sécréteurs* formant des matières résineuses et du latex.

2° Les Chicoracées sont généralement riches en laticifères articulés qui forment, dans le liber des racines et des tiges, un délicat réseau. Dans les feuilles on les rencontre en dehors de l'endoderme des faisceaux qui parcourent les nervures.

3° Les Carduacées ont fréquemment des *cellules résinifères* allongées en pointe à leurs deux extrémités, occupant à peu près la même situation que les laticifères chez les Chicoracées.

Distribution géographique. — D'après ce que nous avons dit déjà de l'étendue de cette famille, il est aisé de prévoir qu'elle doit être largement représentée à la surface du globe.

Dans l'Europe moyenne, les Composées forment jusqu'au septième de toute la végétation phanérogamique, et il en est de même pour une grande partie de l'Amérique du Nord. Mais quand, dans cette partie du monde, on s'avance vers l'Ouest, on arrive à des régions, comme celles de la Nouvelle-Californie, où le cinquième de la flore est représenté par les plantes de cette famille. Dans les parties extratropicales de l'Afrique, la proportion est à peu près la même qu'en France; mais au Sud elle augmente jusqu'au sixième. Chez nous, le nombre relatif des Composées s'accroît à mesure qu'on s'élève sur les montagnes, et il en est de même dans les régions andines (1). Les Composées sont moins nombreuses sous les tropiques.

Quelques groupes sont assez localisés. Ainsi les Mutisiées sont en général tropicales et américaines; il en est de même des Vernoniées, qui abondent aussi à Madagascar.

En Europe, les Composées remontent très haut vers le Pôle. Les Tussilages, la Tanaisie, la Verge d'Or croissent jusqu'au 70°; les Eupatoires, jusqu'au 60°; la Pâquerette jusqu'au 65°; les *Erigeron* jusqu'au 80°; les Séneçons, les *Cirsium*, les *Centaurea*, les *Bidens* jusqu'au 68°. On trouve même des Composées jusque dans la zone des neiges perpétuelles.

Propriétés générales. Plantes importantes. — Plus que pour beaucoup d'autres familles, nous devons nous borner ici à une énumération sommaire. (Voy. les tableaux synoptiques pour les caractères essentiels des genres énumérés.)

Carduacées. — Les Carduacées renferment un principe amer qui leur communique des propriétés stimulantes, diurétiques et sudorifiques. Quelques-unes sont tinctoriales; un très petit nombre renferment des principes délétères. Aucune d'entre elles n'est aromatique.

Les *Lappa* Juss. ou *Bardanes* fournissent, à la matière médicale, leurs racines employées contre les maladies de la peau, les affections syphilitiques et les rhumatismes. On utilise indifféremment les *L. major* Gaertn., *L. minor* DC. et *L. tomentosa* Lam. (2) (Europe, Nord de l'Asie et de l'Amérique).

(1) H. Baillon, *Histoire des Plantes.*
(2) Le *L. major* ou Grande Bardane atteint une hauteur de 1ᵐ,30 environ, et ses capitules sont solitaires. Le *L. minor* est moins élevé, et ses capitules naissent 5 ou 6 ensemble sur des pédoncules axillaires; enfin le *L. tomentosa* se distingue par le duvet qui recouvre ses bractées involucrales, et qui ressemble à des fils d'araignée.

On mange chez l'Artichaut (*Cynara Scolymus* L.) la base des bractées involucrales et le réceptacle commun charnu, dont on rejette les fleurs non épanouies et les soies qui les accompagnent ; c'est là ce que l'on nomme quelquefois le *foin* de l'Artichaut. La racine de cette plante passe pour être diurétique.

Les fleurs développées jouissent de la propriété de coaguler le lait, mais ce sont surtout les fleurs du *C. Cardunculus* L. (*Chardon-nette*) que l'on emploie à cet usage. Les côtes des feuilles de cette espèce sont mangées sous le noms de *Cardons*.

Le *Chardon-Marie* (*Sylibum Marianum* Gaertn.), espèce indigène à feuilles panachées de blanc, était autrefois employée comme amer et tonique. Tel est également l'usage que l'on faisait du *Chardon bénit* (*Cnicus benedictus* Gaertn.).

Plusieurs Centaurées (*Centaurea* L.) ont été employées.

La *Grande Centaurée* (*C. Centaurium* L.) (1) qui croit spontanément en Italie, la *Jacée des prés* (*C. Jacea* L.), la *Chausse-trappe* (*C. Calcitrapa* L.), dont les folioles involucrales sont longuement spinescentes, la *C. aspera* L., etc., sont amères et fébrifuges.

Le *Bluet* (*C. Cyanus* L.) fournissait jadis un hydrolat usité comme collyre.

La racine de *Behen blanc*, employée par les Arabes comme tonique et aphrodisiaque, est attribuée par Guibourt au *Centaurea Behen* L.

Le Carthame des teinturiers (*Carthamus tinctorius* L.), plante annuelle de l'Égypte et de l'Inde, est cultivé en Europe, surtout en Allemagne et en France. Ses fleurs contiennent un principe colorant jaune et un rouge ; ce dernier (*Acide carthamique*) est soluble dans les alcalis. Le nom de *Safranum*, donné à ces fleurs, provient de l'usage que l'on en fait pour falsifier le Safran. Elles entraient dans la composition des anciennes *Tablettes Diacarthami*. Les semences fournissent une huile utilisée en Égypte.

La Carline officinale (*Carlina subacaulis* DC.), qui croit en Europe et en France, est employée comme stimulante et stomachique.

Le produit employé dans l'Antiquité sous le nom de *Chaméléon blanc* paraît avoir été la racine de l'*Atractylis gummifera* L., de l'Ile de Crète et du Nord de l'Afrique. Cette plante se distingue par quelques propriétés vénéneuses.

Le *Chaméléon noir* des Anciens était dû au *Cardopathium corymbosum* DC.

(1) Nous savons que le nom de Petite Centaurée est donné à l'*Erythræa Centaurium*, Gentianacées).

CHICORACÉES. — Le latex des Chicoracées renferme généralement des principes amers, salins, résineux, narcotiques, dont les proportions relatives sont variables. Quelques-unes sont comestibles. Il faut, d'ailleurs, tenir grand compte de l'âge de ces plantes, dans l'appréciation de leurs propriétés.

Les Laitues (*Lactuca* L.) fournissent leur latex concret, employé sous le nom de *Lactucarium*, tandis que le nom de *Thridace* servait à désigner autrefois l'extrait fait avec le suc de la plante entière.

Le *L. virosa* L., qui croit dans presque toute l'Europe, le *L. altissima* Bieb., originaire du Caucase, le *L. capitata* DC., les *L. sylvestris* Lam. et *L. Scariola* L., etc., jouissent de propriétés semblables. Le Lactucarium est employé comme sédatif, et son principe le plus important est la *Lactucine*.

La *Laitue romaine* (*L. sativa* DC.) est très commune et mangée comme salade.

On mange, sous le nom de *Salsifis noir*, la racine du *Scorzonera hispanica* L., originaire du Midi de l'Europe. Les vrais Salsifis appartiennent au genre *Tragopogon;* ce sont surtout les *T. pratensis* L. et *T. porrifolius* L.

La racine du Pissenlit (*Taraxacum Dens Leonis* Desf.) (1) est tonique et amère.

La Chicorée sauvage (*Cichorium Intybus* L.) fournit sa racine et ses feuilles, qui sont, en même temps, toniques, amères et un peu laxatives. La même plante, artificiellement étiolée, est comestible.

Le *C. Indivia* L. (Endive) est dite originaire de l'Inde. Elle présente deux variétés: la *Scariole* et la *Chicorée crépue*.

RADIÉES. — Les plantes de cette Sous-Famille contiennent une matière extractive amère, des matières résineuses et des huiles essentielles, et leurs propriétés toniques et excitantes varient dans un sens ou dans l'autre, suivant l'abondance relative de ces composés. On les utilise comme emménagogues, antihystériques, anthelmintiques, vulnéraires, fébrifuges, etc.

Quelques-unes manquent de principes aromatiques. Tels sont la Verge d'Or (*Solidago Virga aurea* L.), le Tussilage, etc. D'autres se distinguent par une activité spéciale: ainsi le *Baillera aspera*, de Cayenne, enivre le poisson, la racine de l'*Eupatorium cannabinum* est purgative, celle de l'Arnica légèrement vomitive, etc.

____

(1) *Leontodon Taraxacum* L.

L'*Arnica montana* L., commun en Europe, est une plante à feuilles opposées et à grandes fleurs jaunes. Le réceptacle commun est couvert de soies, et les achaines sont pourvus d'une aigrette simple de poils plumeux. La racine est excitante, antiseptique et vomitive; les feuilles sont excitantes et sudorifiques; les fleurs vulnéraires et narcotiques. Les *Doronicum* L. lui ressemblent beaucoup, mais leur réceptacle est nu; les achaines périphériques sont chauves, et ceux du disque ont une aigrette plumeuse plurisériée.

Le *Pied de Chat* (*Antennaria dioica* Gærtn) (1) est seulement employé comme béchique.

C'est aux genres *Gnaphalium* et *Helichryrum* que se rattachent les Radiées connues sous le nom d'*Immortelles*, et cultivées à cause des bractées persistantes et colorées de leur involucre. On donne le nom d'*Immortelle sauvage* à l'*H. Stæchas* DC., commun dans le Midi.

La Tanaisie (*Tanacetum vulgare* L.) est fortement amère et aromatique; on l'emploie comme excitante et vermifuge (2).

Les Armoises (*Artemisia* L.) ont de petits capitules sans fleurs rayonnantes. Elles comprennent près de 200 espèces que l'on groupe assez généralement en 4 sections (3). Les principales espèces sont les suivantes :

L'Estragon (*A. Dracunculus* L.), à feuilles entières et glabres ;

L'*A. maritima* L., dont une variété fournit, dit-on, le *Semen Contra* d'Alep, et dont le principe actif anthelmintique est la *Santonine;* et les *A. judaica, monogyna, glomerata*, etc., qui donnent diverses autres sortes de *Semen Contra* ;

L'*A. campestris* L. (*Amone des Champs*), l'*A. Abrotanum* L. (*Amone mâle* ou *Citronnelle*) ;

L'*A. vulgaris* L. (Armoise vulgaire), employé comme emménagogue ;

(1) *Gnaphalium dioicum* L.

(2) C'est une herbe vivace, pourvue de feuilles profondément divisées, d'un vert jaunâtre. Les capitules sont rapprochés en un corymbe terminal, rarement pourvus de fleurs rayonnantes. Les achaines sont surmontés d'une couronne membraneuse, entière ou dentée.

(3) Ce sont : 1° les *Dracunculi:* réceptacle nu ; fleurs du rayon unisexuées et femelles, sur un seul rang; fleurs du disque pourvues des organes des deux sexes, mais stériles (*A. Dracunculus, campestris* L., *paniculata* Lam., etc.) ;

2° Les *Seriphidia :* réceptacle nu ; fleurs toutes hermaphrodites et fertiles (*A. Cina ramosa, gallica, maritima*, etc.);

3° Les *Abrotana:* réceptacle nu ; fleurs du rayon femelles, celles du centre hermaphrodites, les unes et les autres fertiles (*A. judaica, A. Abrotanum, pontica, vulgaris*, etc. ;

4° Les *Absinthia :* réceptacle soyeux; fleurs du rayon femelles, celles du centre hermaphrodites, toutes fertiles (*A. Absinthium, rupestris, Moxa*, etc.).

L'*A. pontica* L. (*Petite Absinthe*) et l'*A. Absinthium* L. (*Grande Absinthe*);

L'*A. glacialis* L. ou *Génipi vrai des Alpes*; l'*A. spicata* Jacq. ou *Génipi noir*;

L'*A. Moxa* qui fournit le Moxa des Chinois, etc.

Le *Chrysanthemum Parthenium* Pers. ou *Matricaire* est une plante très aromatique, stomachique et emménagogue.

Les capitules des *Pyrethrum carneum* et *roseum* Bieb. sont utilisés pour confectionner des poudres insecticides.

La Menthe-Coq (*Balsamita suaveolens* Pers. ; *Tenacetum Balsamita* L. ; *Pyrethrum Tenacetum* DC.), exhale une forte odeur de Menthe.

On utilise comme stimulants, stomachiques et fébrifuges, les capitules de la *Camomille romaine* (*Anthemis nobilis* L.), et ceux de la *Camomille commune* ou *d'Allemagne* (*Matricaria Chamomilla* L.). La Camomille des champs (*Anthemis arvensis* L.) est beaucoup moins odorante. La *Camomille puante* ou *Maroute* est l'*A. Cotula* DC.

L'*Achillea Millefolium* L. est vulgairement connu sous le nom d'*Herbe au Charpentier*, à cause de son emploi comme vulnéraire.

L'*A. Ageratum* L. est désigné sous le nom d'*Eupatoire de Mesué*. Enfin la *Ptarmique* ou *Herbe à éternuer* (*Achillea Ptarmica* L.) est employée comme sternutatoire.

La *Racine de Pyrèthe d'Afrique*, employée dans certaines affections dentaires et contre la paralysie de la langue, est celle de l'*Anacyclus Pyrethrum* DC. Elle est fortement sialagogue.

Telle est également la propriété dominante du *Cresson de Para* (*Spilanthes Oleracea* L.).

L'Huile des graines de l'*Helianthus annus* L. (*Grand Soleil*) est propre à l'éclairage et à la fabrication des savons. Les tubercules de l'*H. annuus* L. contiennent de l'Inuline, comme beaucoup d'autres Composées; on les utilise pour la nourriture des animaux et même de l'homme.

L'*Aunée officinale* (*Inula Helenium* L.) croît dans les lieux ombragés et se cultive dans les jardins. Sa racine est emménagogue, tonique et diaphorétique. Elle contient un principe cristallisable (l'*Hélénine*), du *Camphre d'Aunée*, et une abondante quantité d'Inuline.

Au même groupe se rattachent des plantes cultivées dans les jardins, appartenant aux genres *Dahlia*, *Erigeron*, *Aster*, *Bellis*.

On emploie en infusions, contre la toux, le *Tussilage* ou *Pas d'Ane* (*Tussilago Farfara* L.) (1), et comme sudorifique et diaphorétique le *Tussilago Petasites* L. (*Petasites officinalis* Mœnch), qui est très voisin de l'espèce précédente.

L'*Eupatoire d'Avicenne* (*Eupatorium Cannabinum* L.) est une plante de 13 à 15 décimètres, à tiges quadrangulaires, rameuses et velues. Les feuilles, sessiles et opposées, ressemblent à celles du Chanvre. Les capitules sont terminaux, en corymbes un peu serrés, entourés par un involucre cylindrique, formé de 10 folioles dont les cinq antérieures sont obtuses et très courtes. Les fleurs, au nombre de 5 à 6 par capitule, ont leurs styles très saillants.

La racine de cette plante passe pour purgative. Les feuilles sont amères, un peu aromatiques quand on les écrase; elles passent pour détersives et apéritives.

On a rapporté au *Vernonia nigritiana* Ol. et Hirn., de la côte occidentale d'Afrique, une racine très appréciée par les indigènes comme émétique, fébrifuge, anthelmintique, etc., sous les noms de *Batiator* ou *Batjitjor*.

C'est comme anthelminthiques également qu'on emploie les *Semences de Calageri*, dues au *Vernonia anthelminthica* W.

On utilise encore aujourd'hui, à titre de digestif et de sudorifique, les feuilles d'*Aya-Pana*, autrefois vantées jusqu'à l'exagération, et qui sont celles de l'*Eupatorium Aya-Pana* Vent. (*E. triplinervis* Vahl.), originaire de l'Amérique tropicale.

On désigne sous le nom de *Guacos* (2) divers *Eupatorium* utilisés par les indigènes de l'Amérique centrale pour guérir la morsure des serpents. La principale de ces espèces est le *Mikania Guako* Humb. et Bonpl., qui est grimpante est très rameuse.

Plusieurs *Liatris*, plantes voisines des *Vernonia* et originaires de l'Amérique septentrionale, sont appliqués à divers usages dans la pharmacopée américaine.

Le *Grindelia robusta* Nutt., originaire des marais salés de la

---

(1) C'est une plante des lieux humides, dont les racines se propagent à de grandes distances. Il en naît de petites hampes, terminées chacune par un capitule dont l'épanouissement précède l'apparition des feuilles. Celles-ci sont pétiolées, à limbe large, cordiforme, anguleux; elles sont vertes en dessus, blanches et cotonneuses en dessous. La hampe, cotonneuse elle-même et toute couverte de bractées rougeâtres, se termine par un capitule dont l'involucre est formé de bractées toutes semblables. Ce capitule présente, à la périphérie, de nombreux demi-fleurons femelles, jaunes, étroitement ligulés, et un petit nombre de fleurs hermaphrodites au centre. Le réceptacle commun est nu. Tout le capitule est doué d'une odeur douce et agréable, et d'une saveur aromatique.

(2) Voy. p. 1094.

Californie, est, dit-on, efficace contre la coqueluche, et dans le traitement de la bronchite emphysémateuse.

Le *Solidago Virga aurea* L. ou *Verge d'or* est astringente, vulnéraire et diurétique. Cette espèce est commune dans nos régions, mais divers autres *Solidago* sont employés, dans les mêmes conditions, en Amérique.

Les *Erigeron* ou *Vergerettes* sont vantés comme astringents, toniques, diurétiques, etc. L'*E. canadense* L., entre autres, originaire d'Amérique, mais naturalisé et abondant dans nos régions, est utilisé contre le rhumatisme.

Nous signalerons enfin le *Calendula officinalis* L. ou *Souci officinal*, autrefois vanté comme fondant, antiscrofuleux et antihystérique.

FAMILLE VI. — AMBROSIACÉES.

Ces végétaux, dont les inflorescences consistent également en capitules, se distinguent des Composées par les caractères suivants :

Leurs fleurs sont diclines ou rarement hermaphrodites. Les fleurs mâles, nombreuses en général sur un même réceptacle, sont dépourvues de calice, mais possèdent une corolle actinomorphe tubuleuse. Les étamines sont libres ou monadelphes par les filets, mais leurs anthères sont indépendantes ou à peine cohérentes.

Les fleurs hermaphrodites ont une corolle très courte, membraneuse.

Les fleurs femelles, solitaires ou peu nombreuses dans un même capitule, ordinairement sans corolle ou à corolle rudimentaire, sont plus ou moins plongées dans une alvéole du réceptacle commun, dont les bords se prolongent en une sorte d'involucelle ouvert au sommet pour le passage du style. L'involucre commun des inflorescences est souvent hérissé de cornes ou d'épines.

Ce sont, d'ailleurs, des plantes herbacées ou ligneuses, souvent épineuses, dont les feuilles toujours simples, opposées ou alternes, sont sans stipules.

Usages. — Les propriétés des *Ambrosia* L. se rapprochent beaucoup de celles des *Artemisia*. L'infusion de l'*Ambrosia maritima* L. est tonique, stimulante, stomachique et antihystérique. Les *A. trifida* L., *A. elatior* L., ont des propriétés semblables.

L'*Iva frutescens* est, dans l'Amérique du Nord, employé comme fébrifuge.

Un certain nombre de *Xanthium* L. sont usités en médecine dans les deux continents. On emploie au Pérou le *X. catharticum* K. comme purgatif. Les *X. orientale* L., *Strumarium* L., *echinatum* Murr. sont astringents, amers, antiscrofuleux ; on les administrait autrefois surtout contre les dermatoses chroniques. Ils peuvent également fournir une matière colorante jaune, et les Romains coloraient, dit-on, leurs cheveux en blond pâle avec les feuilles du *X. Strumarium* L.

Le *X. spinosum* L. a été employé comme tonique et fébrifuge ; on l'a également vanté contre la rage.

Fleurs ordinairement en cymes de formes diverses, rarement en capitules involucrés. — Feuilles toujours opposées, avec ou sans stipules.

Étamines 5, indépendantes. — Fruit : baie, drupe ou capsule. — Graine albuminée. — Feuilles toujours opposées.

Plantes presque toujours ligneuses et feuilles rarement stipulées, toujours nettement opposées. — Fleurs actinomorphes ou zygomorphes, avec calice et corolle bien développés, cette dernière à préfloraison imbriquée. — Ovaire avec 1-5 loges, chacune avec 1 ou plusieurs ovules. — Embryon petit et droit dans un albumen charnu.. **CAPRIFOLIACÉES.**

Plantes herbacées ou ligneuses ; feuilles toujours pourvues de stipules, ces dernières formant parfois avec elles de faux verticilles. — Fleurs presque toujours actinomorphes. — Calice peu développé ou assez souvent nul ; corolle à préflor. valvaire, imbriquée ou tordue. — Ovaire biloculaire, avec 1 ou plusieurs ovules par loge. — Embryon droit ou courbe, dans l'axe ou à la base d'un albumen corné.... **RUBIACÉES.**

Étamines ord. 3,-2 ou 1 (rarement 4) indépendantes. — Fruit : achaines accompagnés du calice persistant ou de l'aigrette plumeuse qui le remplace, et graine sans albumen. — Fleur le plus souvent zygomorphe, et corolle à tube généralement renflé en avant ou éperonné, à préfloraison imbriquée. — Ovaire à 3 loges uniovulées, dont 1 seule fertile. — Ovules pendants. — Plantes herbacées...................... **VALÉRIANACÉES.**

Fleurs en capitules involucrés. — Feuilles alternes ou opposées, sans stipules.

Étamines 5, ordinairement syngénèses. — Point d'involucelle (excepté à la fleur femelle des Ambrosiacées).— Ovaire à 2 carpelles, uniloculaire, avec un seul ovule anatrope, dressé. — Fruit : achaines, accompagnés par le calice persistant (aigrettes, écailles, etc.) ou nus. — Albumen 0. — Embryon droit. Plantes herbacées ou ligneuses. — Feuilles alternes ou opposées, sans stipules.

Fleurs semblables ou dissemblables (fleurons, demi-fleurons) sur un même capitule, actinomorphes ou zygomorphes. — Corolle à préfloraison valvaire avec un mode spécial de nervation (V. p. 1237). — Calice rarement herbacé, ordinairement remplacé par des écailles ou une aigrette plumeuse. — Étamines syngénèses........ **COMPOSÉES. (SYNANTHÉRÉES.)**

Fleurs ordinairement diclines. — Calice nul. — Corolle nulle chez les fleurs femelles qu'entoure un involucelle, petite et membraneuse chez les fleurs mâles et hermaphrodites. — Anthères libres ou peu cohérentes.......... **AMBROSIACÉES.**

Étamines 4, indépendantes. — Fleurs pourvues d'un involucelle, ordinairement toutes semblables et plus ou moins zygomorphes. — Corolle à préfloraison imbriquée et calice à divisions linéaires. — Carpelles 2 ; ovaire uniloculaire, avec 1 seul ovule anatrope, suspendu. — Fruit : achaines entourés par l'involucelle et le calice persistants. — Plantes ordinairement herbacées. — Feuilles opposées, sans stipules....... **DIPSACÉES.**

Les CALICÉRACÉES, plantes étrangères et sans intérêt pratique, peuvent être rattachées à ce Sous-Ordre.

SOUS-ORDRE VI. — CAMPANULINÉES.

Les Campanulinées sont également des *Gamopétales à ovaire infère.*

Les fleurs, dans ce Sous-Ordre, sont presque toujours typiquement 5-mères dans leurs verticilles, à l'exception du pistil souvent réduit comme nombre. — Calice toujours normal et foliacé, bien que les sépales soient généralement étroits.

Les étamines sont presque constamment indépendantes de la corolle et directement épigynes (ce qui distingue les Campanulinées des Agrégées), *toujours en nombre égal à celui des pétales et alternes avec eux* (sauf quelques exceptions).

Ovaire infère.

Les Campanulinées tiennent de très près au Sous-Ordre précédent, avec lequel elles sont confondues par beaucoup d'auteurs.

Les CAMPANULACÉES, les LOBÉLIACÉES, les GOODÉNIACÉES, les STYILIDIACÉES, et les CUCURBITACÉES composent ce Sous-Ordre.

Les deux premières et la dernière familles seront seules décrites. Ainsi que nous le verrons, les Cucurbitacées ont des affinités très obscures, et forment, dans le Sous-Ordre, une sorte d'appendice.

CAMPANULINÉES.	Plantes ordinairement laiteuses, grimpantes parfois, mais dépourvues de vrilles. — Feuilles alternes ou opposées, sans stipules. — Fleurs ordinairement hermaphrodites, et corolle à préfloraison valvaire. — Fruit ordinairement capsulaire, loculicide ou poricide. — Graine albuminée.	Fleur actinomorphe. — Anthères presque toujours indépendantes ou peu cohérentes .... **CAMPANULACÉES.**
		Fleur zygomorphe résupinée. — Corolle souvent bilobée. — Anthères syngénèses .... **LOBÉLIACÉES.**
	Plantes non laiteuses, souvent grimpantes et pourvues de vrilles extra-axillaires. — Feuilles alternes, sans stipules. — Fleurs le plus souvent diclines. — Étamines 5, à anthères sinueuses, ordinairement 3-adelphes. — Corolle à préfloraison valvaire ou imbriquée. — Fruit charnu, généralement indéhiscent, uniloculaire à la fin. — Graine faiblement albuminée .... **CUCURBITACÉES.**	

FAMILLE I. — CAMPANULACÉES.

Plantes herbacées ou ligneuses, ordinairement lactescentes (possédant des laticifères articulés). — Feuilles ordinairement alternes, rarement opposées, simples et sans stipules.

Fleurs en inflorescences variables (grappes, panicules, corymbes, épis ou capitules avec ou sans involucre), rarement solitaires, ordinairement hermaphrodites, 5-mères (rarement à 3-4-6-10 parties), actinomorphes (tendant exceptionnellement vers la zygomorphie). — Réceptacle concave, plus ou moins concrescent avec l'ovaire (fig. 499).

Calice persistant, à préfloraison libre ou valvaire, quelquefois imbriquée; sépales appendiculés dans certains cas.

Corolle marcescente, campanulée, rotacée ou infundibuliforme, à préfloraison valvaire. Rarement pétales libres ou à peine cohérents.

Étamines alternes avec les pétales, insérées devant eux, sur le réceptacle, par leurs filets dont les bases élargies forment une sorte de dôme circulaire sous lequel s'amasse du nectar. Anthères introrses, biloculaires, libres en général, conniventes quelquefois (Jasione, Phyteuma), ou même syngénèses (Symphysandra).

Fig. 499. — Campanule Raiponce (fleur coupée en long grossie).

Quelquefois un disque autour de l'ovaire. Ce dernier infère ou demi-infère, à 3-8 loges. Placentas axiles portant de nombreux ovules anatropes, ordinairement horizontaux; plus rarement, ovules insérés sur les cloisons. — Style terminal, simple, pourvu de poils collecteurs disposés en séries, divisé supérieurement en autant de lobes stigmatifères qu'il y a de loges à l'ovaire.

Fruit rarement indéhiscent et alors sec ou plus ou moins charnu, ordinairement capsulaire et s'ouvrant, soit en déhiscence loculicide, soit par des valvules ou des pores (latéraux ou basilaires), soit par des fentes transversales.

Graines ordinairement nombreuses, petites et anguleuses. Embryon droit dans l'axe d'un albumen charnu.

CAMPANULACÉES.

Un disque tubuleux ou cupuliforme entourant la base du style............... **Adenophora** Frisch. (10 espèces. Europe ; Asie).

Point de disque tubuleux ou cupuliforme.

Anthères soudées.......................... **Symphysandra** DC. (7 espèces. Région méditerranéenne).

Anthères libres.

Pétales linéaires et à peine concrescents à la base, libres ou soudés par leur sommet dans le bouton.. **Phyteuma** L. (40 espèces. Région méditerranéenne ; Asie tempérée).

Corolle campanulée, délicate, longuement dépassée par le style. — Fleurs le plus souvent réunies en inflorescences serrées........................... **Trachelium** L. (7 espèces. Région méditerranéenne).

Corolle campanulée ou. plus rarement, en entonnoir ou en roue. — Style à peu près de la longueur de la corolle. — Fleurs solitaires ou en panicules.

Capsule prismatique ou allongée et cylindrique, s'ouvrant, vers son sommet, par 3 pores ou par 3 fentes. **Specularia** Heist. (10 espèces. Région méditerranéenne).

Capsule arrondie, s'ouvrant en 3-5 valves ou par un petit couvercle........... **Campanula** L. (230 espèces. Régions tempérées de l'Hémisphère Nord).

Fruit capsulaire s'ouvrant par des valvules latérales ou par un petit couvercle, rarement indéhiscent. — Ovaire infère.

Fruit loculicide au sommet ou s'ouvrant par un couvercle, rarement baccien et indéhiscent. — Ovaire infère ou demi-infère.

Anthères légèrement soudées. — Fleurs en capitules. — Capsule loculicide....... **Jasione** L. (Europe moyenne et occidentale. Région méditerranéenne).

Anthères libres. — Fleurs disposées en inflorescences lâches. — Pétales larges, ordinairement concrescents par la base et formant une corolle campanulée........ **Platycodon** A.DC. (70 espèces. Surtout dans l'Hémisphère Sud).

Affinités. — Les Campanulacées sont étroitement unies aux Lobéliacées, qui en représentent, en quelque sorte, le type zygomorphe (v. plus loin). Elles ont aussi des rapports avec les Composées, dont les éloignent *la nervation de leur corolle, leurs étamines souvent indépendantes, le nombre des carpelles et des ovules, la nature du fruit, leur graine albuminée, etc.*

Distribution géographique. — Au nombre d'environ 1 000 espèces, ces plantes habitent surtout les contrées tempérées et subtropicales de l'Hémisphère Nord. Il est à remarquer que les genres chez lesquels la capsule s'ouvre par la base ou les côtés sont surtout fréquents dans l'Ancien Continent et dans l'Hémisphère Boréal. Par contre, les genres dont la capsule s'ouvre par le sommet sont beaucoup plus richement représentés dans l'Hémisphère Austral, au delà du Capricorne, surtout au Cap, dans l'Australie et l'Amérique méridionale.

Propriétés générales. Plantes importantes. — Elles renferment un suc laiteux contenant assez souvent des principes âcres, mais ceux-ci sont mitigés par des matières mucilagineuses. Ces dernières dominent dans les jeunes organes, et c'est pour cela que les pousses et les racines de certaines espèces sont comestibles. Telles sont, par exemple, celles du *Campanula Rapunculus* L. (*Raiponce*), du *C. rapunculoides* L., et de quelques autres.

Peu de Campanulacées peuvent être considérées comme médicinales.

On emploie, contre l'angine du pharynx, le *Campanula Trachelium* L. et le *C. cervicaria* L.

On utilise en Chine, comme tonique, astringent, carminatif, etc., la racine du *Platycodon grandiflorum* DC. (*P. chinense* L.).

FAMILLE II. — LOBÉLIACÉES.

La zygomorphie à peu près constante des fleurs, qui sont, en outre, résupinées, la soudure plus fréquente et plus complète des anthères (fig. 500), constituent les deux caractères les plus importants qui distinguent les Lobéliacées à l'égard des Campanulacées, dont plusieurs botanistes, Baillon entre autres, n'en font qu'une simple tribu. Leur fruit est *une capsule qui s'ouvre, vers le sommet, en valves loculicides.*

Elles en diffèrent également en ce qu'elles sont, pour la plupart, tropicales ou propres aux régions australes, enfin par leur latex ordinairement très âcre et très vénéneux.

Usages. — Plusieurs Lobélies sont cultivées à titre de plantes ornementales. Ce sont en particulier :

La Lobélie à longues fleurs (*Lobelia longiflora* L.), originaire de la Jamaïque et des Antilles ;

La Lobélie du Chili (*L. Tupa* L.), dont les fleurs sont d'un rouge vif, et qui est fortement vénéneuse ;

La Lobélie Cardinale (*L. Cardinalis* L.), originaire de la Virginie et de la Caroline ;

La Lobélie de Surinam (*L. surinamensis* L.), espèce arborescente à fleurs rouges.

Le *Lobelia inflata* L. est très usitée dans la médecine des États-

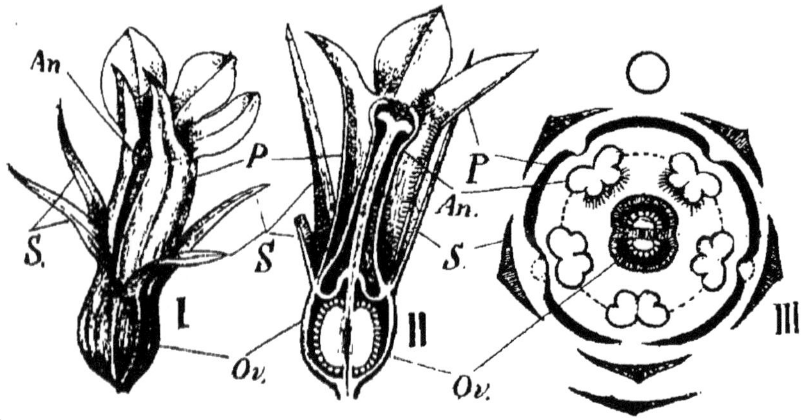

Fig. 500. — Organisation florale du *Lobelia inflata* L. — I. Fleur entière. — II. Fleur en section longitudinale. — III. Diagramme ; S, calice ; P, corolle ; An, androcée ; Ov, ovaire (Courchet. Diagramme d'après Eichler).

Unis. On récolte la plante tout entière, et on la tasse en carrés longs, fortement comprimés. Elle possède une odeur nauséeuse et irritante, et un goût âcre semblable à celui du Tabac. On l'utilise comme expectorante et diaphorétique dans le traitement de l'asthme.

On emploie aussi en Amérique, comme antisyphilitique, la racine de *L. syphilitica* L., plante cultivée en France sous le nom de *Cardinale bleue*. Elle s'élève à la hauteur de 60 à 65 centimètres. La tige est simple, munie de feuilles ovées, pointues des deux côtés, irrégulièrement dentées. Les fleurs sont portées sur des pédoncules axillaires, plus courts que les feuilles ; le calice est velu et ses lobes lancéolés-acuminés, sont auriculés à la base et à bords réfléchis.

Aux Antilles, l'*Isotoma longiflora* Presl est très redouté comme plante vénéneuse.

FAMILLE III. — CUCURBITACÉES.

Description du Cucurbita Pepo L. — Le *C. Pepo* L. ou Citrouille ou *Giraumon* (fig. 501) est une *plante annuelle* à tiges charnues et fistuleuses, très rameuses, rampantes. — *Les feuilles sont alternes,*

Fig. 501. — Citrouille (*Cucurbita Pepo*). — Fleurs et feuilles (1).

sans stipules, pétiolées, à limbe lobé et palmatinervié. Sur l'un des côtés de chaque feuille est insérée une vrille rameuse, tandis que dans l'axe même de la feuille est placée une fleur. Enfin, entre la fleur et la vrille naît souvent un rameau végétatif, qui se comporte comme l'axe dont il émane; mais ses feuilles sont antidromes (v. p. 16).

Avec Braun, Wydler et d'autres botanistes, Eichler interprète ainsi qu'il suit cette disposition :

La fleur termine le rameau axillaire de la feuille, et ce rameau porte théoriquement deux préfeuilles transversales dont l'une avorte, tandis que l'autre se développe en une vrille. Dans l'axe de cette vrille-pré-

(1) Voy. Duchartre, *Traité de botanique*, p. 525.

feuille, et, par conséquent, entre elle et la fleur, naît un rameau végéta-tif. Ce dernier est donc un axe de troisième ordre.

Les fleurs sont unisexuées, 5-mères en général (les mâles quel-quefois 6-7-mères).

Dans la *fleur mâle* (fig. 502, diag. I), le calice est *campanulé, à préfloraison libre;* la *corolle,* concrescente avec lui, est *campanulée, à cinq lobes réfléchis, ondulés* sur les bords, *valvaires* dans le bouton.

L'androcée est composé d'étamines, monadelphes par leurs courts filets,

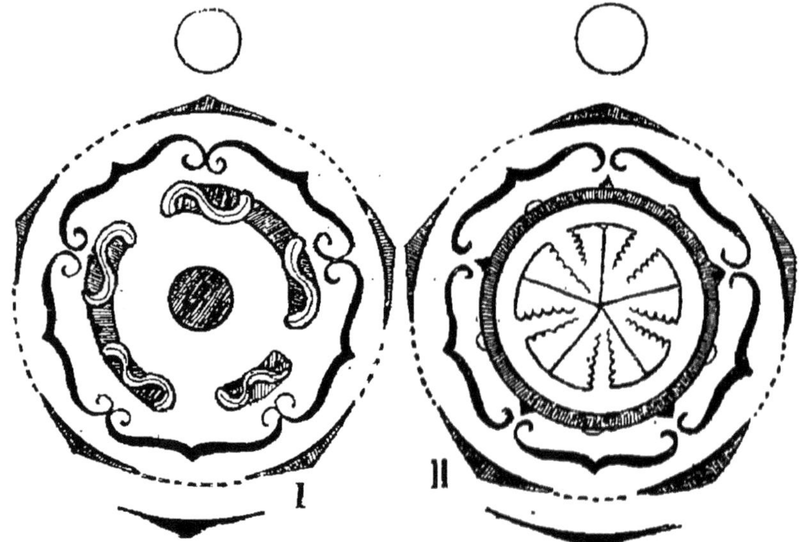

Fig. 502. — Diagramme de la fleur mâle (I) et de la fleur femelle (II) d'un *Cucurbita.*

les anthères étant rapprochées en une petite tête. Il existe, en réalité, *cinq étamines alternes avec les pétales.* Chacune d'elles porte une *anthère extrorse, uniloculaire et contournée en S; mais quatre de ces étamines sont entraînées deux par deux et constituent, en se rapprochant, deux paires oppositipétales simulant deux anthères extrorses bilocu-laires.* La *cinquième* demeure isolée, et ne possède, par conséquent, *qu'une seule loge d'anthère flexueuse,* insymétrique, et s'ouvrant, en dehors, par une fente unique qui en suit les contours.

La concavité du réceptacle floral est doublée d'*un tissu glanduleux,* qui se soulève en saillies, dans les trois sinus de la colonne sta-minale (1). Au centre, existe une éminence considérée comme un *pistil rudimentaire.*

(1) Ces glandes ne sont pas figurées dans le diagramme.

La *fleur femelle* (diag. II) possède un *réceptacle*, dont la partie inférieure, oblongue et arrondie, est *concrescente avec l'ovaire infère*. Il s'étrangle au-dessus, puis se dilate en une coupe dont les bords, comme chez la fleur mâle, portent le *calice* et la *corolle*. Au centre de la fleur, se montre un *double verticille de saillies*, dont les plus extérieures portent quelquefois des anthères stériles, et sont indépendantes ou concrescentes par paires ; la *nature staminodiale* de ces dernières est indiscutable. Les saillies du verticille interne sont simplement glanduleuses, et analogues au disque des fleurs mâles.

L'*ovaire* se compose soit de *cinq carpelles*, alors opposés aux pétales, soit de *quatre* diagonalement placés, ou même de *trois*, dont un impair postérieur. Ces carpelles sont clos et forment *tout autant de loges;* mais leurs bords placentifères, après s'être accolés dans l'angle central, se réfléchissent en dehors, sans se séparer, et forment ensemble une seconde cloison qui subdivise la loge primitive, et arrive presque au contact de sa pa-

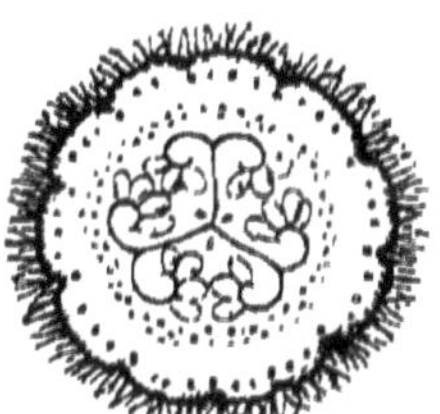

Fig. 503. — *Cucumis Melo* L. — Coupe transversale de son ovaire, fleur coupée longitudinalement.

roi extérieure (fig. 502, II). Là seulement les deux bords placentifères se séparent l'un de l'autre en se recourbant en dedans, et forment deux lobes charnus dans lesquels se trouvent insérés, chacun dans une sorte d'alvéole, un certain nombre d'*ovules anatropes, presque horizontaux.*

L'ovaire est surmonté d'*un style court* qui se divise en 3, 4 ou 5 *branches stigmatifères épaisses et bilobées.* Ces branches correspondent à chacun des placentas, et *alternent*, par conséquent, *avec les nervures dorsales des carpelles.*

Le *fruit* (v. p. 133) est une *baie volumineuse*, dont la grosseur augmente de la base au sommet. *Les cloisons sont plus ou moins complètement résorbées et les graines sont logées*, contre la paroi externe, *dans la pulpe que forment les placentas hypertrophiés. Elles sont plus ou moins nombreuses, blanches, bordées d'une marge épaissie.*

Elles renferment *un embryon à cotylédons plan-convexes, charnus, à radicule conique*, entouré d'un très mince albumen.

Chez quelques autres *Cucurbita*, le *C. maxima* Duch. ou *Potiron*, par exemple, l'axe floral mâle se ramifie et porte plusieurs fleurs.

Autres genres. — Cucumis T. (fig. 503). — Chez les *Cucumis*, les 5 sépales sont très étroits et à préfloraison libre ; *les pétales sont imbriqués dans le bouton*, à bords involutés ; *les 3 faisceaux d'étamines*, dans la fleur mâle, *sont indépendants jusqu'à la base*.

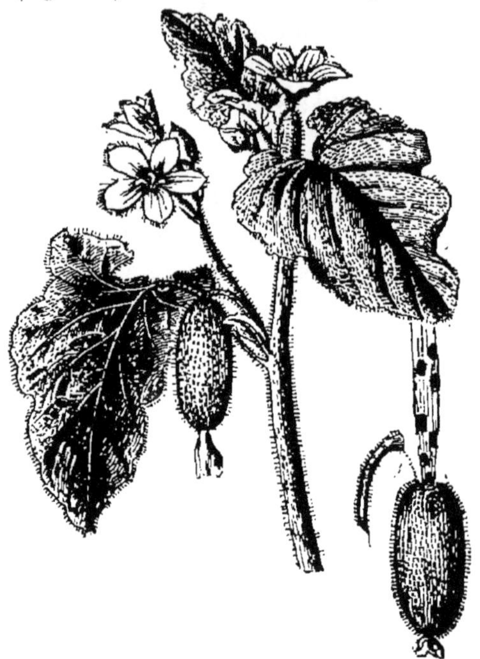

Fig. 504. — *Ecballium Elaterium* A. Rich.

En outre, chez le Concombre, par exemple (*C. sativus* L.), le rameau axillaire de la seconde préfeuille (abortive en général) se développe en une petite inflorescence mâle ou monoïque, de l'autre côté de la fleur médiane et à l'opposé du rameau végétatif. Il peut même arriver que l'une et l'autre préfeuilles du rameau axillaire se développent en vrilles. On trouve alors, à l'aisselle de la feuille : 1° une fleur mâle ou femelle médiane, représentant le rameau axillaire normal ; 2° les deux préfeuilles de ce rameau développées en vrilles, et 3°, à l'aisselle de l'une de ces préfeuilles, un rameau végétatif, à l'aisselle de l'autre une inflorescence.

Les vrilles sont simples chez les *Cucumis*.

Ecballium A. Rich. — Chez les *Ecballium* (fig. 504), aucune préfeuille ne se développe, et *la plante manque de vrilles*. Comme chez les *Cucumis*, les fleurs sont *monoïques*, et la fleur primaire, toujours femelle, est accompagnée par une inflorescence mâle latérale, en forme de grappe. A la maturité, son *fruit se sépare brusquement du pédoncule, et lance avec élasticité, en se comprimant, les graines et la pulpe qui les entoure*.

Sechium R. Br. — Chez le *S. edule* Sw. (Amérique tropicale), *les cinq étamines sont libres ou très légèrement triadelphes*. Dans la fleur femelle, *l'ovaire* est définitivement *uniloculaire, et ne renferme qu'un seul ovule anatrope et pendant*.

Cyclanthera Schrad. — Chez les *Cyclanthera*, de l'Amérique chaude, la disposition des organes végétatifs et des fleurs est à peu près comme chez les *Ecballium*, mais la vrille, du côté du rameau végétatif, est toujours bien développée et rameuse ; en outre, l'inflorescence mâle est une grappe ramifiée.

Dans la fleur femelle, *l'ovaire est trimère, mais une seule des trois cloisons et un seul des trois placentas se développent. Au-dessus, le réceptacle floral s'allonge en un col épais avant de porter le périanthe. Au centre de ce dernier, le stigmate forme une sorte de disque, à peu près circulaire et entier.*

C'est une forme semblable qu'affecte l'androcée dans la fleur mâle. Il se compose, en effet, *d'un pied central qui supporte un disque circulaire ; celui-ci est formé par deux loges d'anthères juxtaposées, demi-circulaires et horizontalement placées ,* transversalement déhiscentes (1).

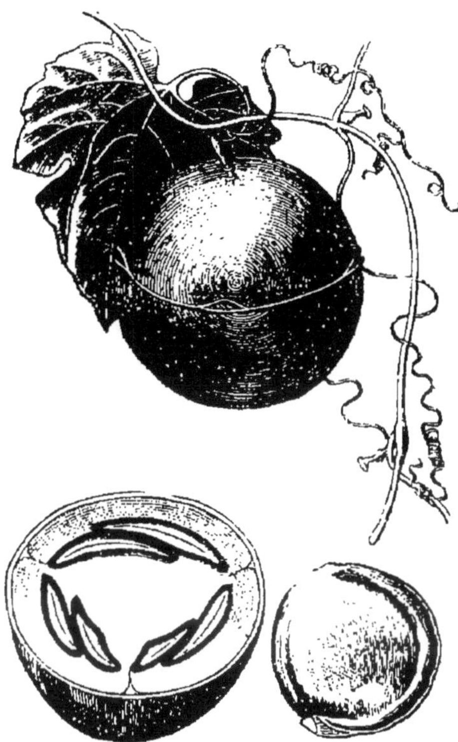

Fig. 505. — *Fevillea cordifolia* Poir.

Fevillea L. — Les *Fevillea* représentent le type le plus régulier de la famille. Les fleurs sont, encore ici, unisexuées, et les pétales sont libres, à préfloraison imbriquée.

Les cinq étamines de la fleur mâle *sont libres*, et formées chacune d'un filet arqué en dehors, et d'une *anthère basifixe extrorse, non incurvée*, s'ouvrant par une seule fente longitudinale. *L'ovaire est incomplètement infère* (fig. 505).

(1) Ce disque pollinifère des *Cyclanthera* a été considéré par certains botanistes, Warming entre autres, comme étant de nature axile. Eichler ne pense pas qu'il soit logique d'admettre une pareille exception dans la famille ; il est d'autant plus porté à attribuer une nature foliaire à cette formation, que le sommet de l'organe femelle affecte une forme nalogue, sans qu'on puisse mettre en doute sa nature carpellaire.

Les autres particularités que présentent les principaux genres sont suffisamment résumées dans le tableau ci-joint (Voy. p. 1270).

Caractères généraux. — *Plantes* herbacées, ordinairement annuelles, rarement sous-frutescentes, rampantes ou, le plus souvent, grimpantes à l'aide de *vrilles* simples ou ramifiées, placées d'un côté ou, plus rarement, de chaque côté des feuilles.

Feuilles simples, alternes, sans stipules; limbe cordiforme ou palmé, souvent couvert, comme tous les organes de la plante, de poils plus ou moins rudes.

Fleurs rarement hermaphrodites, ordinairement unisexuées, 5-mères, à réceptacle concave, monoïques, polygames ou dioïques.

Calice herbacé, à préfloraison libre, valvaire ou imbriquée.

Corolle formée de pétales libres ou concrescents, à préfloraison valvaire ou imbriquée.

Androcée formé par cinq étamines rarement libres, ordinairement plus ou moins concrescentes en deux faisceaux, la cinquième demeurant libre, chacune d'elles étant composée d'un filet élargi à la base, et d'une anthère uniloculaire et insymétrique, extrorse, contournée en S. Chez les *Cyclanthera*, l'androcée montre une structure spéciale (v. précédemment); chez les *Fevillea*, les 5 étamines sont libres et les anthères non contournées.

Ovaire infère, très rarement incomplètement infère, formé, le plus souvent, par 3 *carpelles* clos et concrescents, dont les bords placentifères se réfléchissent, du centre vers la phériphérie, dans le milieu de chaque loge, jusque contre leur paroi externe où ils portent les ovules. *Style* simple, divisé en autant de lobes stigmatifères qu'il y a de carpelles; rarement styles indépendants, ou bien style simple, terminé par un stigmate entier, discoïdal. *Ovules* plus ou moins nombreux, anatropes.

Fruit : baie, souvent cortiquée ou ligneuse à l'extérieur, dont les cloisons et le centre se résorbent, les graines demeurant plongées dans la pulpe périphérique. Le fruit est rarement déhiscent (en 3 valves chez les *Schizocarpon*, etc.; transversalement chez les *Luffa ;* par un ou deux pores chez les *Echinocystis ;* avec élasticité, en se détachant du pédoncule, chez les *Ecballium*).

Graine aplatie, marginée ou non. *Embryon* pourvu de *cotylédons* larges et huileux, plan-convexes, entouré d'une mince zone d'*albumen* (1).

(1) La présence de cette assise d'albumen, longtemps méconnue, a été mise en lumière par les travaux de MM. Höhnel, Gadpin et Guignard.

DICOTYLÉDONES.

CUCURBITACÉES.

Étamines libres, ou unies simplement par leur base.

- Étamines 5, indépendantes. — Sacs polliniques non contournés ni recourbés. — Ovaire incomplètement infère, 3-loculaire. — Ovules suspendus. — Graines circulaires.. *Fevillea* L. (6 espèces. Amérique tropicale).

Étamines 3, rarement 2 ou plus de 3. — Ovules horizontaux ou dressés, nombreux le plus souvent. — Corolle rotacée, à lobes entiers. — Anthères libres ou légèrement cohérentes.

- Anthères libres : filets insérés à la gorge du calice. — Calice avec 2 à 3 écailles à la base. — Ovules nombreux............. *Momordica* L. (25 espèces. Ancien Continent).

Filets concrescents avec le tube calicinal. — Fleurs mâles en grappes. — Fruit charnu. — 3 stigmates souvent bilobes. — Pétioles dépourvus de glandes.

- Fruit sec, à déhiscence pyxidaire................... *Luffa* L. (7 espèces. Régions tropicales).
- Fleurs femelles en grappes ou en fascicules. — Vrilles simples...... *Bryonia* L. (fig. 506). (8 espèces. Asie ; région méditerranéenne).
- Fleurs femelles solitaires. — Vrilles nulles. — Fruit projetant élastiquement ses graines...... *Ecballium* A. Rich. (1 espèce. Région méditerranéenne).

Segments prolongés indivisés. — [point] rudimentaire fleur mâle.

- Connectif non prolongé au-dessus de l'anthère. — Vrille 2-3 fois ramifiée... *Citrullus* Neck. (Sud de l'Afrique ; Europe méridionale ; Amérique).

[…] en un disque pelté (1), et […] transversalement.

CUCURBITACÉES.

Anthères jamais concrescentes ne s'ouvrant jamais [transversalement].

Sacs polliniques contournés en S ou recourbés en U.

Corolle campanulée.

Calice. — Anthères. — Fleurs mâles isolées du calice en pointes. — Un pistil chez la [fleur femelle].

- *Connectif prolongé au-dessus de l'anthère. — Vrille simple. — Pétales étroits, à préfloraison imbriquée.* *Cucumis* L. (26 espèces. Contrées chaudes, surtout en Afrique).
- Point de pistil rudimentaire . *Bryonopsis* Arn. (2 espèces. Indes orientales ; Australie ; Afrique).
- Tube calicinal allongé chez la fleur mâle. — Anthères réunies et cohérentes en une sorte de tête. — Ovules comprimés. — Pétioles pourvus de 2 glandes à leur extrémité................ *Lagenaria* Serr. (L. vulgaris Serr. Régions tropicales de l'Ancien Monde).
- Point de gynécée stérile dans la fleur mâle. — Étamines insérées sur la gorge de la corolle. — Fruit indéhiscent.................... *Cucurbita* L. (10 espèces américaines).
- Un gynécée stérile chez la fleur mâle. — Étamines insérées au milieu du tube de la corolle. — Fruit déhiscent par trois fentes................... *Schizocarpum* Schrad. (2 espèces du Mexique).

Étamines concrescentes en une colonne. — Ovaire uniloculaire avec un seul ovule suspendu.

- Anthères libres. — Fruit charnu.................. *Sechium* R. Brown. (S. edule Sw. Amérique tropicale).
- Anthères soudées ; fruit cartilagineux ou presque ligneux.................. *Sicyos* L. (Plus de 30 espèces. Océanie, et surtout Amérique).

Anthères concrescentes en un disque pelté, à déhiscence transversale......................... *Cyclanthera* Schrad. (Plus de 30 espèces, de l'Amérique tropicale).

(1) En forme de bouclier.

Affinités. — Elles sont assez obscures, et ont été beaucoup discutées. M. Naudin range les Cucurbitacées à côté des Passifloracées, et cette manière de voir est partagée par Bentham et Hooker.

D'après une autre opinion, adoptée par Braun et Eichler, les Cucurbitacées seraient mieux placées à côté des Campanulacées.

Distribution géographique. — Les Cucurbitacées se rencontrent dans les régions tropicales et subtropicales des Deux Mondes. Elles sont complètement bannies des pays froids, et rares dans les pays tempérés. Beaucoup d'entre elles, cependant, peuvent être cultivées dans nos climats à cause de la brièveté de leur période végétative, qui n'exige que la durée d'un été.

Fig. 506. — *Bryonia dioica* Jacq.

Propriétés générales. Plantes importantes. — Ainsi que le fait remarquer Endlicher, toutes les Cucurbitacées possèdent, à un degré plus ou moins intense, des propriétés laxatives ou drastiques. Quelques-unes sont de violents éméto-cathartiques.

Les principes actifs, associés ou non, dans la plante, à des matières amères, paraissent prendre naissance dans des éléments spéciaux, situés principalement dans le liber, et qui ressemblent à des vaisseaux criblés qui ont perdu leurs fonctions primitives.

Chez certaines Cucurbitacées, les principes drastiques sont assez peu abondants pour que leurs fruits soient comestibles.

On emploie comme drastique la *Racine de Bryone* (*Bryonia dioica* Jacq. ou *Vigne blanche*) (1) (fig. 506), qui renferme deux principes actifs, la *Bryonine* et la *Bryonétine*.

On se sert, comme ténifuges, des *semences de Courge* ou de *Citrouille* (*Cucurbita Pepo* Duch. et *C. maxima* Duch.). Elles faisaient autrefois partie des *Semences froides*.

La Coloquinte (*Cucumis Colocynthis* L.; *Citrullus Colocynthis* Schrad.) (fig. 507), originaire du Levant, de l'Europe méridionale

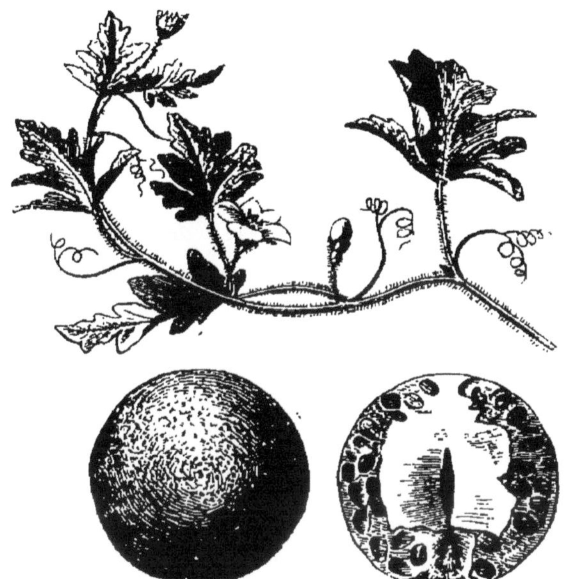

Fig. 507. — *Cucumis Colocynthis* L.

et du Nord de l'Afrique, fournit, à la matière médicale, la pulpe desséchée de son fruit, fortement drastique et très amère. Elle renferme, entre autres substances, la *Colocynthine*.

Le *Concombre* est le fruit du *Cucumis sativus* L., dont le *Cornichon* ne représente, dit-on, qu'une variété.

On utilisait autrefois et on emploie aujourd'hui encore, comme purgatif et hydragogue, le suc desséché du *Concombre d'Ane* (*Ecballium Elaterium* Rich.; *Momordica Elaterium* L.) (fig. 504).

Le *Feuillea triloba* L., de l'Amérique du Sud, et le *F. cordifolia* Poir. (fig. 505) des Antilles, fournissent leurs graines, utilisées comme antidotes du venin des serpents et du poison du Mancenillier.

(1) Une autre espèce indigène, le *B. alba* L., qui croît dans les parties septentrionales et orientales de l'Europe, jouit de propriétés semblables.

Indépendamment du Concombre, du Cornichon, du Potiron, de la Courge, etc., dont nous avons parlé, on utilise encore comme comestibles le Melon (*Cucumis Melo* L.) et la Pastèque (*C. Citrullus*).

ORDRE VIII. — DIPLOSTÉMONES.

Dans cet Ordre, la fleur possède *deux verticilles d'étamines, dont l'extérieur alterne régulièrement avec la corolle. Ce verticille peut cependant faire défaut, et la fleur est alors, en apparence, isostémonée.*

Cet Ordre, ainsi que le suivant, fait partie des Gamopétales supérovariées de M. Van Tieghem (1).

SOUS-ORDRE I. — PRIMULINÉES.

Fleurs actinomorphes et pentamères. Corolle ordinairement gamopétale. Étamines du cycle externe presque toujours avortées ou simplement représentées par des staminodes. — Ovaire supère ou plus ou moins concrescent avec le réceptacle, composé de carpelles unis bord à bord en un ovaire uniloculaire. — Ovules fixés sur un placenta central.

SOUS-ORDRE DES PRIMULINÉES.

Calice herbacé. — Étamines portées par le tube ou la gorge de la corolle, alternant ou non avec des staminodes. — Ovaire supère ou plus ou moins infère. — Ovules souvent semi-anatropes, à hile ventral. — Style et stigmate presque toujours simples. — Albumen charnu.

Ordinairement herbes vivaces, jamais ponctuées-glanduleuses. — Feuilles alternes, opposées ou verticillées. — Fleurs actinomorphes ou quelquefois zygomorphes. — Anthères à déhiscence longitudinale, toujours indépendantes. — Fruit capsulaire. — Embryon droit dans un albumen charnu............ **PRIMULACÉES.**

Arbres ou arbrisseaux, pourvus de glandes translucides. — Feuilles alternes. — Fleurs actinomorphes. — Anthères quelquefois conniventes, déhiscentes par des fentes longitudinales ou par le sommet. — Fruit : baie ou drupe, avec 1 ou plusieurs graines. — Embryon ordinairement arqué, dans un albumen corné ou charnu................. **MYRSINACÉES.**

Calice scarieux. — Étamines souvent indépendantes de la corolle ou simplement concrescentes avec leur base, jamais accompagnées de staminodes. — Styles libres ou concrescents en une colonne divisée au sommet. — Ovaire supère. — Ovule anatrope et dressé au fond de la loge. — Fruit capsulaire. — Embryon dans un albumen farineux............... **PLOMBAGINACÉES.**

(1) M. Van Tieghem divise les Dicotylédones Gamopétales en Inférovariées (correspondant aux Agrégées et Campanulinées d'Eichler), et Gamopétales Supérovariées. Ces dernières peuvent être isostémonées (Ordre des Haplostémones d'Eichler), ou diplostémonées (Ordres des Diplostémones et des Obdiplostémones d'Eichler).

FAMILLE I. — PRIMULACÉES.

Description des Primula L. — Les Primevères (*Primula L.*) sont des *herbes vivaces, à feuilles alternes, simples et sans stipules*, formant, au-dessus du sol, une rosette au milieu de laquelle se dresse la hampe florale.

Cette dernière porte, à son extrémité, *une ombelle de fleurs actino-morphes, hermaphrodites et 5-mères, à réceptacle plan ou légèrement convexe* (fig. 508).

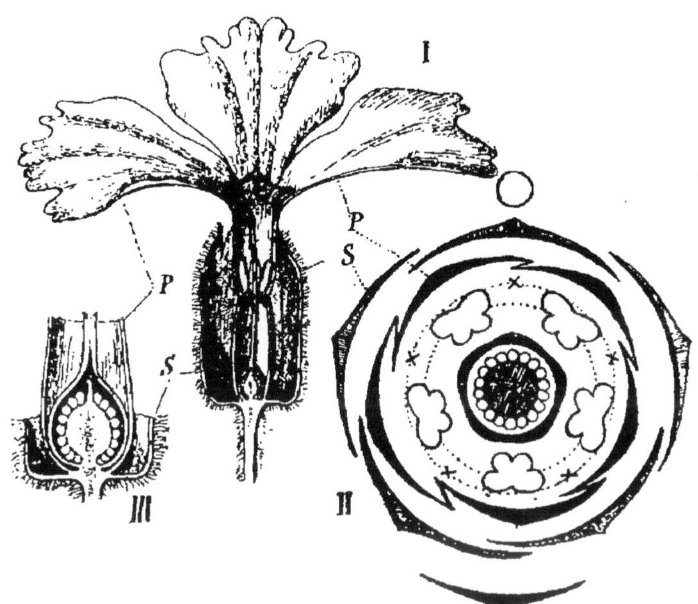

Fig. 508. — Organisation florale du *Primula sinensis*. — I et II. Fleur en coupe longitu-dinale et diagramme. — III. Ovaire en section longitudinale, plus grossi (L. Courchet).

Le *calice gamosépale* (S) est tubuleux, découpé en cinq lobes assez courts, *imbriqués* dans le bouton. — La *corolle*, en forme d'entonnoir ou de coupe, est pourvue d'un *limbe à lobes imbriqués*.

Les *étamines, en même nombre que les lobes de la corolle, leur sont op-posées. Les filets, assez courts, sont insérés sur le haut du tube; les an-thères sont introrses, biloculaires, à déhiscence longitudinale.*

L'*ovaire supère* (III), *uniloculaire*, arrondi, est surmonté d'un *style simple*, terminé lui-même *par un stigmate entier, capité*. — Au fond de la cavité ovarienne se dresse un *placenta formant une colonne fortement renflée à sa base, se terminant, au sommet, en une pointe qui se prolonge jusque dans la base du style*. Ce renflement sphéroïdal est tout chargé d'*ovules peltés, semi-anatropes*.

Le *fruit* est une *capsule qui s'ouvre, au sommet, en cinq valves superpo-sées aux sépales*. Enfin la *graine* renferme un embryon droit dans un albumen charnu.

Parmi les caractères des Primulacées, il en est deux qui distinguent particulièrement cette famille : *l'opposition des étamines aux pétales*, et *leur ovaire uniloculaire à placentation centrale*. On les retrouve dans tous les genres de la famille.

Autres genres. — ANAGALLIS L. (fig. 509). — Plantes herbacées vivaces ou annuelles. *Feuilles entières, presque toujours opposées, et fleurs axil-*

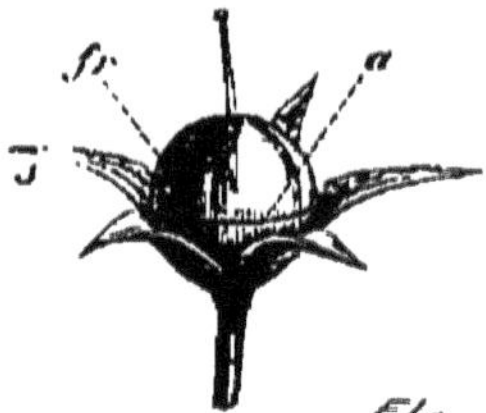

Fig. 509. — Mouron des champs.　　　Ovaire.　　　Fruit non encore ouvert.
Fleur très grossie.

laires, solitaires et longuement pédonculées. La corolle est *rotacée* (fig. 509, à gauche) et *les étamines sont portées, chacune à la base d'un de ses lobes, par un filet élargi.* — Le fruit (même figure, à droite) est une *capsule à déhiscence pyxydaire* (1).

CYCLAMEN T. — Ces plantes ont un *rhizome tuberculeux*, des feuilles toutes radicales, longuement pétiolées, et des fleurs solitaires et penchées sur de longs pédoncules dénudés. *Calice et corolle sont ici à préfloraison tordue.* Cette dernière est rotacée ; son tube est épaissi au sommet, et les divisions du limbe, plus longues que celles du calice, sont fortement réfléchies en arrière. *Les cinq anthères sont conniventes. Le fruit est une capsule charnue à cinq valves.*

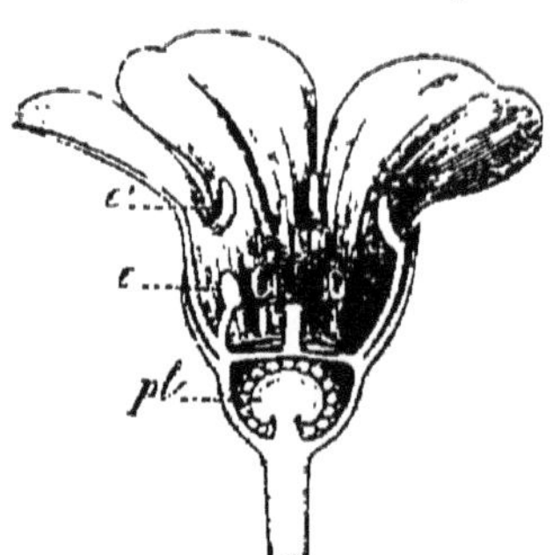

Fig. 510. — *Samolus Valerandi.*
Coupe longitudinale de la fleur.

LYSIMACHIA L. — SAMOLUS L. — Chez certains *Lysimachia* (*L. thyrsifolia*, *L. ciliata*, etc.), assez communs sur le bord des eaux et dans les endroits humides, on remarque, sur la gorge de la corolle et entre les étamines, par conséquent en alternance avec les pétales et à la place ordinaire des pièces

(1) Ce genre est représenté en France par quelques espèces, dont une, l'*A. crassifolia* Thore, a ses feuilles alternes. L'*A. arvensis* L. est vulgairement nommé *Mouron des champs*; on ne doit pas le confondre avec le *Mouron des Oiseaux*. Ce dernier n'est autre que le *Stellaria media* (Caryophyllacées) (V. p. 642 et 643).

de l'androcée chez les fleurs isostémonées, de petits appendices glandulaires.

Cette particularité est beaucoup mieux accentuée chez le *Samolus Valerandi* L. (*Samole* ou *Mouron d'eau*), plante assez commune dans les lieux humides de nos régions. On trouve ici (fig. 510), *au-dessus des étamines oppositipétales insérées vers la base de la corolle et en alternance avec elles, un second verticille d'appendices dentiformes, placé beaucoup plus haut.*

Les *Samolus* se font encore remarquer par *leur ovaire demi-infère.*

Coris T. — **Glaux** T. — Nous signalerons encore ces deux genres de la famille, dont le premier nous offre l'exemple d'une *Primulacée à fleur zygomorphe* (1), et le second celui d'une *Primulacée dont la fleur est apétale.*

Caractères généraux. — *Plantes* ordinairement herbacées, vivaces, à rhizome quelquefois tuberculeux ; rarement plantes complètement aquatiques (*Hottonia palustris* L., par exemple). *Feuilles* alternes, formant alors quelquefois rosette, ou bien opposées ou même verticillées, simples et sans *stipules.*

Fleurs solitaires, ou en grappes simples ou composées, ou en ombelles, ou bien enfin en tête. Elles offrent des cas assez fréquents d'hétéromorphisme (V. p. 1211).

Ces fleurs sont, d'ailleurs, actinomorphes ou rarement zygomorphes, hermaphrodites, 5-mères.

Calice herbacé, rarement pétaloïde (*Glaux*), à préfloraison imbriquée, tordue ou valvaire.

Corolle rarement nulle (*Glaux*), rotacée, campanulée, etc., rarement à divisions inégales. Préfloraison imbriquée, valvaire-induplicative ou tordue. Rarement de petits appendices oppositipétales, semblables à ceux de beaucoup de Borraginacées (*Androsace* T.).

Étamines en même nombre que les pétales, placées en face d'eux, insérées plus ou moins haut sur la corolle par des filets généralement courts. *Anthères* introrses, biloculaires, normalement déhiscentes, libres ou rarement conniventes. Parfois (*Samolus*, *Soldanella*, certains *Lysimachia*, etc.) des appendices staminoïdes entre les étamines, alternes avec les lobes de la corolle (2).

Ovaire supère ou, plus rarement, demi-infère, uniloculaire, pourvu d'un gros placenta central chargé d'ovules peltés, semi-anatropes,

---

(1) Chez les *Coris*, le *C. monspeliensis* L., par exemple, les trois lobes supérieurs de la corolle sont plus grands que les deux antérieurs.

(2) Cette organisation de l'androcée a donné lieu à des interprétations diverses. Pour R. Braun, l'androcée des Primulacées représenterait une corolle interne. Schimper voit dans cette disposition, une anomalie spéciale à ce groupe où elle est constante. Duchartre tend à considérer les pétales comme des appendices dorsaux des étamines, avec lesquelles ils ne formeraient qu'un seul verticille. Enfin, pour Eichler, l'androcée des Primulacées comprendrait deux verticilles, dont un, l'oppositipétale, se développerait toujours, tandis que le second, abortif dans la plupart des cas, serait représenté chez quelques types par les appendices alternipétales dont nous avons parlé.

rarement anatropes. Style terminal et simple. Stigmate indivis (1).

Fruit : capsule déhiscente par des valves opposées aux sépales, ou transversalement.

Graine renfermant un *embryon* droit placé, parallèlement au hile, dans un *albumen* charnu abondant.

Affinités. — Les Primulacées sont surtout étroitement unies aux Plombaginacées, qui ont, comme elles, leur androcée oppositipétale. Elles s'en éloignent surtout par *leur style simple, leurs ovules nombreux, ordinairement peltés et à hile ventral, leur albumen charnu et non farineux.*

Il y aurait à établir des rapprochements avec plusieurs autres familles, les Plantaginacées, par exemple.

Distribution géographique. — Plantes presque toutes propres aux régions tempérées de l'Europe et de l'Asie. Beaucoup d'espèces habitent les montagnes. — Très peu de Primulacées se trouvent dans l'Hémisphère Austral. Quelques genres vivent sur les montagnes ou sur le rivage de la mer, sous les tropiques. Les *Samolus* sont assez abondants en Australie.

Usages. — Un très petit nombre de Primulacées sont utilisées en médecine. Quelques espèces renferment, dans leurs parties souterraines, un principe âcre et volatil; il existe chez d'autres des substances résineuses ou des matières extractives amères; d'autres enfin sont astringentes.

Le rhizome et les racines adventives du *Primula officinalis* L. étaient jadis employés contre le rhumatisme articulaire et les maladies du rein et de la vessie; l'infusion de ses fleurs est encore proscrite comme diurétique. On utilise de la même manière les fleurs du *P. elatior* L.

Le rhizome tubéreux du *Cyclamen europæum* L. renferme un glucoside vénéneux, la *Cyclamine*, de l'amidon et un sucre, la *Cyclamose*. Ce rhizome broyé sert, dans quelques pays, à enivrer le poisson. Grâce à l'amidon qu'il contient en abondance, on l'utilise encore pour la nourriture des pourceaux. Autrefois il était employé en médecine.

Les *Anagallis* étaient jadis préconisés contre l'hydropisie.

Les *Lysimachia*, et surtout le *L. Nummularia* L., étaient employés comme astringents, ainsi que le *Samolus Valerandi*.

Enfin le *Coris monspeliensis* L. renferme un principe amer et nauséeux, qui, dit-on, ne serait pas sans efficacité contre la syphilis.

---

(1) Cet ovaire est, en réalité, formé par cinq carpelles ouverts et soudés par leurs bords, placés chacun en face d'un sépale. La nature du placenta central a été beaucoup plus discutée. Pour H. Baillon et Cramer, par exemple, il représenterait le sommet de l'axe floral, et les ovules auraient la valeur d'appendices foliaires; Eichler paraît adopter cette interprétation. Cependant, le développement centrifuge de ces ovules sur le placenta est contraire à cette hypothèse, mais il ne contrarie en rien l'opinion de Celakowski, pour lequel le placenta serait formé par la concrescence, au centre de l'ovaire, d'appendices internes, ou de talons dépendant des carpelles. Telle est à peu près la manière de voir de M. Van Tieghem pour qui le placenta serait formé par la concrescence d'appendices ligulaires des carpelles.

PRIMULACÉES.

Ovaire supère.

Semence à hile ventral.

Capsule à déhiscence valvaire ou denticide au sommet.

Actinomorphe.

Corolle longuement tubuleuse, à préfloraison imbriquée. — Capsule à déhiscence denticide . . . . **Primula** L.
(Régions tempérées et régions montagneuses des deux Continents).

Calice et corolle à préfloraison tordue ; pétales réfléchis. — Etamines connées par les anthères. — Capsule charnue, déhiscente par 5 valves . . . . **Cyclamen** T.
(Europe méridionale ; région méditerranéenne ; Orient).

Corolle brièvement tubuleuse, à préfloraison tordue. — Anthères non connées. — Capsule déhiscente par 5 valves . . . . **Lysimachia** T.
(Régions tempérées de l'Hémisphère Nord ; Océanie ; Afrique ; Amérique australe).

Zygomorphe et presque bilabiée. — Capsule déhiscente par 5 valves . . . . **Coris** T.
(Europe ; Afrique ; Asie méditerranéenne).

Capsule à déhiscence pyxidaire. — Corolle rotacée, tordue dans la préfloraison . . . . **Anagallis** T.
(Europe ; Asie occidentale ; Afrique boréale et australe ; Amérique du Sud tempérée).

Semence à hile basilaire. — Capsule s'ouvrant par des valves. — Plantes submergées . . . . **Hottonia** Boerh.
(Plantes immergées des régions tempérées).

Ovaire demi-infère. — Corolle à préfloraison imbriquée quinconciale. — Des appendices staminoïdes alternant avec les étamines fertiles. — Capsule déhiscente par 5 valves. — Graines à hile basilaire . . **Samolus** T.
(Plantes aquatiques. Genre à peu près cosmopolite).

FAMILLE II. — PLOMBAGINACÉES.

Caractères généraux. — *Herbes ordinairement vivaces ou sous-arbrisseaux, quelquefois volubiles.* — *Feuilles alternes, simples, sans stipules, formant parfois rosette.*

Fleurs en cymes contractées, en épis ou en capitules involucrés, actinomorphes, hermaphrodites, 5-mères (fig. 511). Insertion hypogyne.

Calice persistant, herbacé ou scarieux. Préfloraison libre ou valvaire.

Pétales alternes avec les sépales, rarement tout à fait libres, ordinairement plus ou moins concrescents et formant une corolle tubuleuse. Préfloraison tordue.

Étamines 5, hypogynes et sans connexion avec les pétales ou insérées sur leur base, mais toujours opposées à ces derniers (I et II) (1). Anthères introrses et biloculaires.

Ovaire souvent entouré par 5 glandes alternes avec les étamines, uniloculaire (2) avec un seul ovule anatrope suspendu au sommet d'un funicule basilaire. — Styles 5, plus ou moins concrescents.

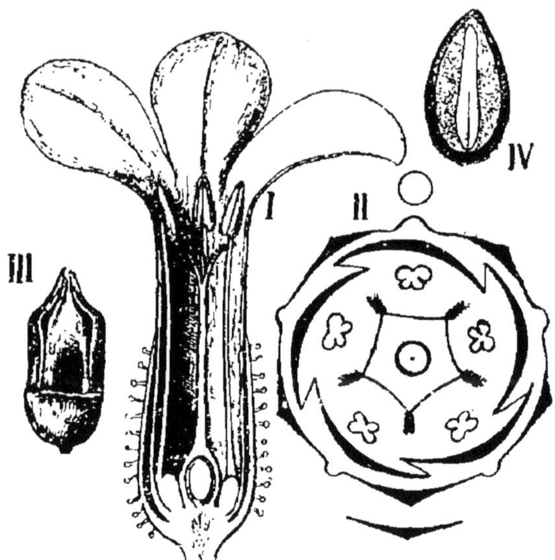

Fig. 511. — Organisation des *Plumbago*. — I et II. Fleur en coupe longitudinale et diagramme. — III. Capsule déhiscente. — IV. Graine en section longitudinale (Courchet. Diagramme d'après Eichler).

Fruit : achaine ou capsule plus ou moins déhiscente en cinq valves (III).

Graine (IV) montrant un embryon droit, presque toujours placé dans l'axe d'un albumen farineux.

(1) Comme pour les Primulacées, on explique la disposition staminale des Plumbaginacées en admettant, à l'androcée, l'existence théorique de deux verticilles, dont l'interne seul se développerait.

(2) Comme chez les Primulacées encore, on admet ici un pistil formé par la concrescence de 5 carpelles, mais l'un d'eux seulement est fertile, et porte un ovule placé sur un placenta qui dépend de ce carpelle. Certains observateurs ont cru pouvoir affirmer la nature axile de ce placenta, Payer entre autres.

<table>
<tr><td rowspan="6">PLOMBAGINACÉES.</td></tr>
</table>

Calice herbacé.	Corolle tubuleuse, à 5 lobes obtus. — Étamines incluses, hypogynes, indépendantes de la corolle. — Style simple, divisé, vers le sommet, en cinq branches stigmatiques. — Capsule déhiscente en 5 valves. Plantes rameuses, à rameaux feuillus. — Fleurs en épis ou en capitules, avec une fleur terminale....................	*Plumbago* T. (10 espèces. Contrées chaudes).
	Corolle rotacée, concrescente avec les étamines par la base. — 5 styles plus ou moins soudés dans le bas. Plantes gazonnantes, à feuilles radicales. Fleurs en capitules involucrés........	*Armeria* Wild. (50 espèces. Hémisphère Nord et région des Andes).
Calice scarieux.	Pétales indépendants ou plus ou moins cohérents par leur base. — Filets staminaux portés par la région inférieure des pétales. — 5 styles plus ou moins soudés à la base. Fruit : achaine ou capsule à 5 valves. Plantes annuelles ou vivaces. — Fleurs en épis composés.....................	*Statice* Wild. (120 espèces. Bords de la mer et steppes salées.)

Affinités. — Les rapports qui existent entre les Plombaginacées et les Primulacées ressortent nettement de l'examen du tableau des Primulinées.

Distribution géographique. — Les Plombaginacées sont des plantes cosmopolites. Les *Statice* habitent, dans les deux hémisphères, les rivages maritimes et les terrains salés. Les *Armeria* sont dispersés dans les deux Continents ; plusieurs espèces croissent sur les montagnes dans les contrées arctiques et antarctiques. Il n'y a, en Europe, qu'une seule espèce de *Plumbago* ou *Dentelaire ;* les autres habitent les régions tropicales et subtropicales.

Propriétés générales. Plantes importantes. — Les propriétés des deux tribus de la famille sont également distinctes : les *Statice* sont astringents ; les *Plumbago* sont presque caustiques.

La racine du *Statice latifolia* Smith, espèce voisine du *S. Limonium* L., récemment importée de Russie, contient une grande quantité d'acide gallique, qui la rend propre au tannage et à la teinture en noir.

La racine de *Dentelaire d'Europe* (*Plumbago europæa* L.) contient une substance grasse, qui donne une couleur plombée aux doigts et au papier, et que l'on employait autrefois contre les maux de dents, les maladies cutanées et les ulcères cancéreux. L'usage de cette plante est abandonné.

Plusieurs espèces américaines et asiatiques (*Pl. zeylanica, rosea, scandens*) passent pour alexipharmaques. Quelques autres sont employées comme plantes d'ornement (*Pl. Lapentæ, cærulea*, etc.).

FAMILLE III. — MYRSINACÉES.

Ces végétaux (Voy. au tableau général du Sous-Ordre) sont tous étrangers à nos régions.

Leur tige et leurs feuilles renferment des poches résinifères, et leurs organes végétatifs sont souvent revêtus de poils glanduleux.

On emploie comme anthelmintiques, carminatives et toniques, dans l'Inde, les semences de l'*Embelia Ribes* Burm., dont la saveur est extrêmement poivrée.

Sous le nom de *Semences de Saoria*, on se sert comme ténifuges, en Abyssinie, du fruit du *Mœsa picta* Hocht.

On fabrique enfin, à Saint-Domingue, une sorte de pain avec les graines broyées du *Theophrasta Jussiæi* Lindl.

SOUS-ORDRE II. — DIOSPYRINÉES.

Le caractère fondamental qui permet de séparer ce Sous-Ordre de celui des Primulinées réside, tout d'abord, *dans le cloisonnement de l'ovaire en autant de loges qu'il y a de carpelles entrant dans sa constitution.* — En second lieu, *les membres de l'androcée qui correspondent aux pétales sont ici représentés constamment, soit par des formations staminodiales, soit, le plus souvent, par des étamines fertiles.* Quelquefois même leur nombre est augmenté par suite d'un phénomène de dédoublement.

En outre, *la corolle est toujours plus ou moins gamopétale et staminifère, l'ovaire le plus souvent libre ou, rarement, plus ou moins concrescent avec le réceptacle.*

Les fleurs sont actinomorphes, et à peu près toujours construites suivant les types 5-mère, 4-mère ou 6-mère.

Plantes toujours ligneuses et à port dressé. — *Feuilles simples, presque toujours alternes et sans stipules.*

Ce Sous-Ordre comprend quatre familles : les **STYRACACÉES**, les **SYMPLOCACÉES**, les **ÉBÉNACÉES**, les **SAPOTACÉES**.

Végétaux dépourvus de laticifères. — Calice et corolle simples et pétales jamais appendiculés. — Anthères toujours introrses et étamines toutes fertiles. — 2 ovules au moins dans chaque loge de l'ovaire. — Albumen toujours présent, charnu. — Plantes à bois généralement dur.

Fleurs hermaphrodites. — Calice peu développé. — Corolle à préfloraison imbriquée, quinconciale ou valvaire. — Anthères à déhiscence toujours longitudinale. — Ovaire libre ou plus ou moins adhérent au réceptacle. — Ovules peu nombreux, ascendants ou descendants. — Fruit drupacé, rarement déhiscent.

Corolle franchement gamopétale, imbriquée ou valvaire. — Etamines en 2 séries, à peine concrescentes par leur base, jamais polyadelphes. — Loges de l'ovaire incomplètes par insuffisance des cloisons. — Plusieurs ovules dans chaque loge, les uns ascendants, les autres descendants.................................. **STYRACACÉES.**

Pétales presque indépendants, à préfloraison quinconciale. — Etamines en deux séries et monadelphes, ou en plusieurs séries et polyadelphes. — Loges de l'ovaire toujours complètes et ovules tous descendants.................... **SYMPLOCACÉES.**

Fleurs ordinairement diclines. — Calice bien développé et généralement accrescent autour du fruit. — Préfloraison de la corolle presque toujours tordue. — Anthères à déhiscence longitudinale, ou quelquefois poricide. — Ovaire libre, à loges complètes et pourvues chacune de deux ovules ascendants, subdivisées souvent chacune en deux logettes par une fausse cloison. — Fruit baccien... **ÉBÉNACÉES.**

Végétaux pourvus de laticifères articulés dans l'écorce et la moelle de leurs tiges. — Calice et corolle souvent dédoublés, le premier persistant, la seconde à préfloraison imbriquée ou tordue ; pétales souvent appendiculés. — Androcée en 2 ou 3 verticilles, les étamines extérieures parfois staminodiales. — Anthères généralement extrorses. — Ovaire pluriloculaire ; ovules solitaires, ascendants et apotropes. — Fruit baccien. — Graines à tégument dur ; embryon entouré ou non d'un albumen huileux. — Plantes à bois moins dur.. **SAPOTACÉES.**

FAMILLE I. — STYRACACÉES.

Cette famille n'est représentée, dans nos régions, que par une seule espèce, le *Styrax officinale* L. ou *Aliboufier*, propre à la région méditerranéenne.

Description du Styrax officinale L. — C'est un *arbuste ou un arbre* de faibles dimensions, à *feuilles alternes, simples et sans sti-*

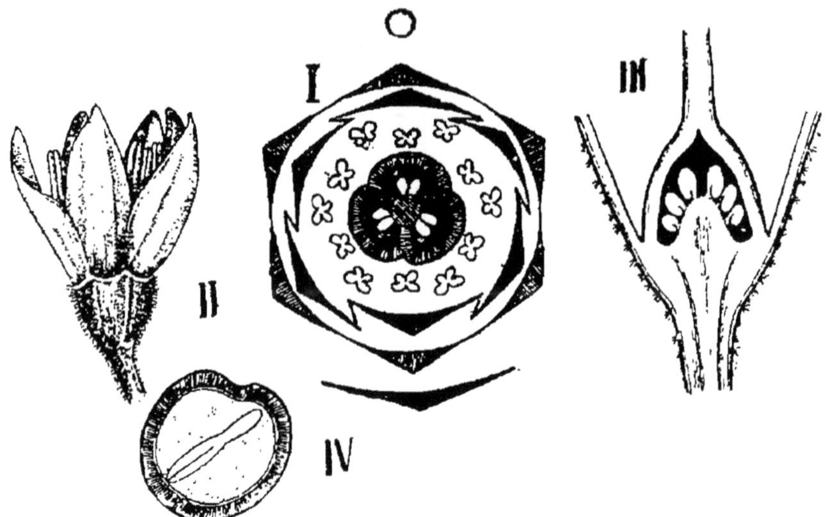

Fig. 512. — Organisation du *Styrax officinale* L. — I. Diagramme. — II. Fleur au moment de l'anthèse. — III. Coupe longitudinale de l'ovaire. — IV. Graine en section longitudinale (D'après Mlle Barthélemy) (1).

pules, tomenteuses en dessous, grâce à la présence de poils étoilés nombreux.

Fleurs en grappes simples, pendantes sur les jeunes rameaux, portées par des pédoncules tomenteux naissant à l'aisselle de petites bractées, *actinomorphes, hermaphrodites. Le réceptacle est concave* (fig. 512, I et II).

Calice tomenteux en dehors, à *bord découpé en 6-7 dents peu saillantes.* — *Corolle* formée par 6-7 *pétales* lancéolés, imbriqués dans le bouton, concrescents seulement à la base. *Préfloraison imbriquée-quinconciale.*

Étamines en nombre double de celui des pétales; *filets* élargis à la base, concrescents *légèrement entre eux et avec le tube de la corolle,*

(1) *Contribution à l'étude du Styrax officinale.* Montpellier, 1895.

longuement subulés, portant des *anthères presque basifixes*, introrses, à déhiscence longitudinale.

Ovaire (III) *concrescent par sa base avec la concavité du réceptacle*, globuleux, tricarpellé et *divisé, dans le bas, en trois loges correspondantes* (une postérieure, deux antérieures), *uniloculaire dans le haut*, par insuffisance des cloisons. *Le style est terminal, filiforme; le stigmate est à peu près entier. — Ovules* peu nombreux dans chaque loge, *anatropes, ascendants, à micropyle extérieur*.

Le *fruit est une drupe* sphérique, coriace, le plus souvent monosperme par avortement.

La *graine* (IV) renferme, sous ses téguments, un *embryon droit entouré d'un albumen charnu*.

Le genre *Styrax*, dont une espèce (*S. Benzoin* Dryand.) fournit la *Résine de Benjoin*, est formé par une soixantaine d'espèces, réparties dans les diverses régions où la famille est représentée.

Les autres genres n'ont, pour nous, aucun intérêt pratique.

Caractères généraux. — *Arbres* ou *arbrisseaux*, le plus souvent revêtus de poils étoilés ou écailleux. — *Feuilles* alternes, simples et sans *stipules*.

Fleurs petites ou de moyenne taille, rarement solitaires, le plus souvent en grappes simples ou composées, actinomorphes, hermaphrodites, le plus souvent 4-5-mères.

Calice tubuleux, à divisions peu marquées, ou à lobes imbriqués dans le bouton.

Pétales le plus souvent concrescents à la base, à préfloraison imbriquée, quinconciale ou valvaire.

Étamines le plus souvent en nombre double de celui des pétales, rarement en nombre égal ; *filets* fréquemment concrescents entre eux seulement par leur base élargie, plus rarement monadelphes, insérés à la base de la corolle. *Anthères* introrses et biloculaires, généralement oblongues et à déhiscence longitudinale, rarement arrondies et à déhiscence transversale.

Ovaire libre ou demi-infère (1), le plus souvent à 3-5 loges incomplètes dans le haut. — *Ovules* anatropes, dressés ou descendants, solitaires ou peu nombreux. — *Style* simple, terminal; *stigmate* capité ou plus ou moins lobé.

(1) Il est presque entièrement infère chez les *Halesia* L. (de l'Amérique et de l'extrême Asie).

Fruit ordinairement drupacé, charnu ou plus ou moins coriace, souvent déhiscent en 3 valves, quelquefois ailé.

Graines solitaires ou peu nombreuses, pourvues d'un large hile. Embryon le plus souvent droit, axile dans un albumen charnu.

Les Styracacées développent souvent des principes résineux balsamiques, dans des poches d'origine lysigène. Chez les *Styrax*, la production de ces matières résineuses paraît dépendre d'un phénomène anormal, pathologique. C'est ce que Tschirch a fait connaître pour le *Styrax Benzoin*, qui ne produit le Benjoin qu'à la suite de lésions mécaniques ; c'est également ce qui paraît démontré pour l'Aliboufier (1). En aucun cas, il n'existe de canaux sécréteurs ni d'organes glandulaires quelconques dans les tiges et les racines des Styracacées.

Affinités. — Les Styracacées sont voisines des Ébénacées ; mais elles en diffèrent essentiellement par *leur ovaire ordinairement adhérent au réceptacle par sa base, et à loges le plus souvent incomplètes ; par la pluralité ordinaire de leurs ovules ; par leurs styles concrescents ; par leurs fleurs hermaphrodites.*

La pluralité des ovules et l'absence de laticifères les distinguent des Sapotacées, auxquelles elles sont encore étroitement alliées.

Distribution géographique. — Les Styracacées offrent trois centres d'extension : 1° Le principal est situé dans l'Amérique du Sud, et surtout dans le Brésil, d'où il s'étend jusque vers le Mexique. — 2° Le second centre embrasse les contrées méridionales de l'Amérique du Nord, de la Virginie au Texas. — 3° La troisième région s'étend depuis le Japon et la Chine, jusqu'aux Indes et à l'Archipel Malais.

L'Aliboufier, isolé dans la région méditerranéenne, se montre comme un représentant attardé de la flore tertiaire.

Propriétés générales. Plantes importantes. — La matière médicale utilise quelques-uns des produits résineux balsamiques fournis par les Styracacées.

Le *Benjoin* est fourni par le *Styrax Benzoin* Dryander (Indo-Chine, Siam, Cochinchine, Sumatra). Il contient plusieurs résines différentes, de l'huile volatile et des *Acides benzoïque* et *cinnamique*.

L'Aliboufier (*Styrax officinale* L.) fournit le *Storax*, qui contient de l'huile essentielle, et de l'acide benzoïque ou cinnamique.

(1) V. M. Gürcke, in Engler et Prantl, fasc. 69, p. 115, et *Contribution à l'étude du Styrax officinale*, par Mlle E. Barthélemy. Montpellier, 1895.

Il existe, en Amérique, un grand nombre de *Styrax*, dont on peut extraire des produits analogues (*S. reticulata* Martius, *S. ferruginea* Pohl., etc.).

On mange, en Amérique, les semences de l'*Halesia tetraptera*.

FAMILLE II. — SYMPLOCACÉES.

Cette petite famille, très voisine des *Styracacées*, auxquelles elle était réunie, s'en distingue par les caractéres suivants :

1º *L'ovaire est toujours infère ou semi-infère ;*

3º *La division des loges de l'ovaire est complète, et les ovules sont toujours pendants ;*

3º *L'androcée est composé d'étamines plus nombreuses, souvent polyadelphes.*

Ce sont des plantes ligneuses, presque exclusivement propres aux régions tropicales et subtropicales. Leur centre de développement paraît être dans les Indes et l'Archipel Malais ; un petit nombre d'espèces se trouvent dans le Mexique et le Brésil.

En dehors de quelques bois employés dans l'industrie, les Symplocacées ne fournissent que très peu de produits utiles.

L'*Écorce d'Autour* ou *China nova*, employée dans l'Inde, est due au *Symplocos racemosa* Rxb. Elle contient trois alcaloïdes (*Loturine, Colloturine, Loturidine*).

Les feuilles de certaines espèces brésiliennes (*S. variabilis* Mart., etc.) sont employées, comme succédané du Mathé, en infusions théiformes.

On retire une matière colorante jaune de certains *Symplocos*.

FAMILLE III. — ÉBÉNACÉES.

Les caractères essentiels de la famille et ses affinités sont suffisamment indiquées dans le tableau de la page 1283.

Distribution géographique. — Les Ébénacées, qui ne comprennent guère que cinq genres bien distincts, renferment plus de 280 espèces, dont 180 environ pour le seul genre *Diospyros* L.

Elles sont presque toutes propres aux régions tropicales et subtropicales. Leur principal centre de développement est situé dans les Indes Orientales et l'Archipel Malais. Il en existe aussi en Afrique et en Amérique. Le *Diospyros Lotus* L. est le seul représentant de ce groupe dans la région méditerranéenne.

Propriétés générales. Plantes importantes. — Les *Diospyros* ou *Plaqueminiers* ont un bois très dur, et leur duramen (1), noir chez plusieurs espèces, est utilisé dans l'industrie sous le nom de *Bois d'Ébène*. Tels sont les *D. reticulata* Wild. (Ile Maurice), *D. Melanoxylon* Rxb. et *D. Ebenum* de Retz. (Ceylan, Inde et Moluques), etc.

On mange les baies de certains Plaqueminiers(*D. mespiliformis* Hochst., de l'Afrique tropicale ; *D. Lotus* L. ou Plaqueminier d'Orient, etc., et

(1) Voyez p. 62.

surtout *D. Kaki* L., du Japon et de la Chine). Ces fruits sont très astringents et ne peuvent être mangés que lorsqu'ils ont atteint une maturité très avancée.

On emploie comme astringent, fébrifuge et amer, l'écorce du *D. virginiana* L., des États-Unis d'Amérique.

FAMILLE IV. — SAPOTACÉES.

Les Sapotacées (environ 370 espèces), qui croissent dans les régions tropicales et subtropicales des deux Continents, se distinguent des familles précédentes par *les vaisseaux à latex de leur écorce et de leur moelle*. En outre, *leur calice et leur corolle sont souvent dédoublés, cette dernière étant parfois appendiculée; les étamines extérieures sont souvent stériles; les anthères sont ordinairement extrorses.* — Leur bois est moins dur que celui des Ébénacées. (Voy. le tableau p. 1283.)

Propriétés générales. Plantes importantes. — Le latex des Sapotacées possède, suivant les plantes, des propriétés fort diverses, et le nombre des produits utiles fournis par la famille est considérable.

Les sucs laiteux desséchés des *Isonandra* constituent les diverses sortes de *Gutta-Percha*. Tel est, en particulier, celui de l'*I. Gutta* Hook., de l'Archipel Malais, où cette plante est très abondante.

La substance connue sous le nom de *Balata*, et qui se rapproche beaucoup de la Gutta-Percha, est produite par le *Mimusops Balata* Gaertn., qui croît au Vénézuela, dans les Guyanes et aux Antilles.

Les semences des Sapotacées sont susceptibles de fournir également des beurres, dont plusieurs sont utilisés. — Le *Butyrospermum Parkii* Kotsch (1), de l'Afrique équatoriale, fournit le corps gras connu sous le nom de *Beurre de Galam*, *de Kharité* ou *de Shéa*, qui est utilisé comme aliment et dans l'industrie.

L'*Huile d'Illipé* est retirée du *Bassia longifolia* Wild., des Indes Orientales, et se fige dans nos climats.

L'*Huile de Mahwa* est retirée des graines du *B. latifolia* Rxb.

Enfin dans l'Inde, on retire du *Bassia butyracea* Rxb. un corps gras de qualité supérieure, le *Ghee* ou *Ghi*, dont l'emploi est réservé aux usages culinaires et médicaux.

L'*Huile d'Argan* est extraite de l'*Argania Sideroxylon* Schomb.

(1) *Bassia Parkii* Don.

L'écorce tonique et astringente de *Monésia* ou *Buranhem* est fournie par le *Lucuma Glycyphlœa* Mart. et Eichl. (*Chrysophyllum Glycyphlœum* Caser.), plante du Brésil. Cette écorce contient de la Saponine.

Certains fruits de Sapotacées sont comestibles ; tels sont ceux du Sapotillier (*Achras Sapota* L., *Sapota Achras* Mill.), arbre de l'Amérique tropicale, et qui sont connus sous le nom de *Nèfles d'Amérique*.

Plusieurs Sapotacées, enfin, fournissent leur bois à l'industrie.

ORDRE IX. — OBDIPLOSTÉMONES.

La fleur est ici pourvue de *deux verticilles d'étamines ; mais les plus extérieures de ces dernières correspondent aux pétales, les plus internes aux sépales.*

Nous avons exposé ailleurs la manière dont on explique cette disposition.

SOUS-ORDRE I. — BICORNES (ÉRICINÉES).

Le nom de Bicornes fait allusion à la forme ordinaire des étamines (v. aux Éricacées).

La fleur est actinomorphe, 4-5-mère. Les pétales sont assez souvent libres, et les étamines indépendantes elles-mêmes de la corolle. — L'ovaire est formé de carpelles en nombre généralement égal à celui des pièces de la corolle ; il est supère ou infère. Les stigmates sont commissuraux.

La famille des Éricacées est la plus importante du Sous-Ordre.

FAMILLE I. — ÉRICACÉES.

Caractères. — *Plantes ligneuses, le plus souvent sous-frutescentes, ou arbrisseaux.*

Feuilles alternes, opposées ou verticillées, le plus souvent persistantes, simples et sans stipules.

Fleurs solitaires ou, le plus souvent, associées en grappes, hermaphrodites, actinomorphes, 4-5-mères (fig. 514).

Calice persistant.

Corolle formée de pétales toujours plus ou moins concrescents, insérés en dehors d'un disque hypogyne. Préfloraison imbriquée ou tordue.

Androcée généralement obdiplostémoné, plus rarement formé par

4-5 étamines alternipétales. Filets insérés sur le disque, rarement un peu adhérents entre eux à leur base. Anthères basifixes ou dorsifixes,

Fig. 513. — Bruyère à quatre angles.

dont les deux loges divergent par la base ou par le sommet, souvent appendiculées (1), à déhiscence longitudinale ou, plus fréquemment, s'ouvrant par des pores obliques, latéraux ou terminaux. — Grains de pollen réunis par tétrades.

Carpelles en nombre variable, concrescents en un ovaire pluriloculaire, libre ou, plus rarement, plus ou moins infère.

Ovules anatropes ou amphitropes, rarement solitaires, ordinairement plus ou moins nombreux dans chaque loge.

Style simple, terminé par un stigmate en tête ou concave.

Fruit baccien, drupacé ou capsulaire.

Graines recouvertes d'un testa lâche, réticulé et simulant un arille, ou bien adhérent et pointillé. Embryon droit et cylindrique, pourvu de cotylédons courts, placé dans l'axe d'un albumen charnu abondant (voir le tableau p. 1292).

Distribution géographique. — Plantes répandues partout à la surface du globe. Les Bruyères (fig. 513) manquent dans le Nouveau Continent, en Asie et en Australie. Mais elles couvrent, en Europe, de grandes étendues de terrain, bien qu'elles n'y soient représentées que par un petit nombre d'espèces. On en trouve beaucoup au Cap de Bonne-Espérance (2). — Les **Arbutées** et les **Andromédées**, dont la corolle est caduque, habitent des régions plus froides. Dans le Nouveau Continent, elles franchissent pour-

(1) Ce sont souvent, chez les Bruyères (*Erica* L.), des faisceaux de poils descendants que supporte le dos des loges de l'anthère.

(2) Le port spécial des Bruyères, que l'on désigne souvent par l'épithète d'*éricoïde*, se retrouve, comme on l'a vu, chez des plantes appartenant à des familles diverses; telles sont en particulier les Diosmées de l'Afrique australe, le *Fabiana imbricata* (Solanacées) de l'Amérique du Sud, etc.

tant le Capricorne. — Les **Rhododendrées** habitent les régions tempérées de l'Hémisphère Nord, et se rencontrent surtout dans les montagnes.

Propriétés générales. Usages. — Les *Rhododendron* et les *Azalea*, Éricacées remarquables par la beauté et la grandeur de leurs fleurs, sont généralement des plantes âcres et narcotiques. Le miel que récoltent les abeilles sur ces plantes acquiert des propriétés délétères. Quelques-unes, cependant, ont été employées comme

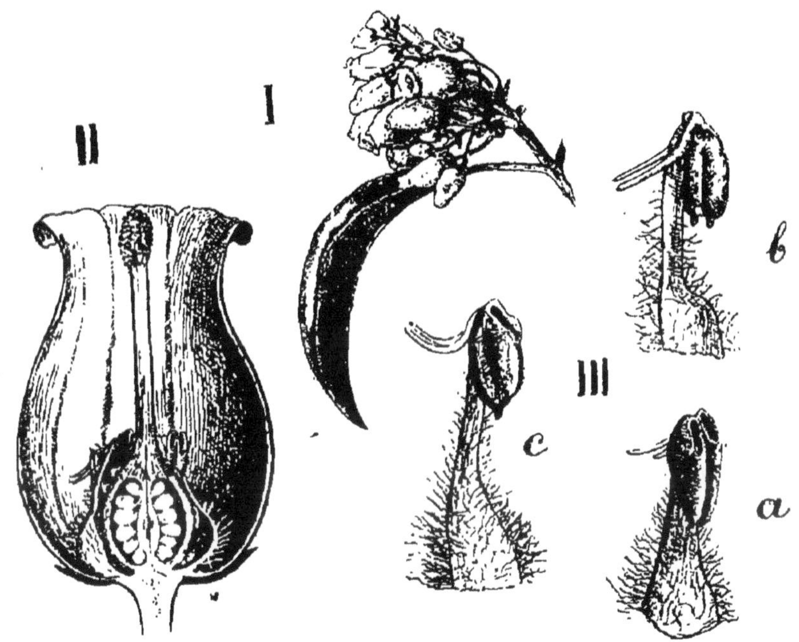

Fig. 514. — Organisation de l'*Arbutus Andrachne*. — 1. Fragment d'inflorescence. — II. Fleur en coupe longitudinale. — III. Etamine déhiscente, vue de face (*a*), de profil (*c*) et par la partie postérieure (*b*) (Courchet).

antirhumatismales (*R. Chrysanthum* Pall. ou Rose de Sibérie, *R. maximum* L., aux États-Unis, etc.).

L'*Epigæa repens* L. est employé comme diurétique, dans l'Amérique du Nord.

Les feuilles de *Kalmie* (*Kalmia latifolia* L.), des États-Unis, sont usitées comme astringentes.

ÉRICACÉES. — Fruit baccien, ou capsulaire et loculicide. — Semence trigone ou arrondie, non ailée. — Corolle gamopétale, caduque. — Anthères le plus souvent munies d'appendices sétacés, ou prolongés en tube, déhiscentes par le sommet.

SOUS-FAMILLE I. — RHODENDROIDÉES.

Fruit capsulaire et septicide. — Semence lâchement entourée par un tégument marqué de fortes saillies, souvent ailées.
Corolle dialypétale ou gamopétale, caduque.
Anthères basifixes et dressées, ou longuement adnées au connectif, dépourvues d'appendices sétacés.

Tribu I. — Lédées.

Corolle à pétales libres. — Amande très petite, renfermant un embryon minime. — Tégument séminal prolongé en une aile plusieurs fois plus longue que l'amande.
Anthères à déhiscence poricide . . . **Ledum L.** (Régions froides et tempérées de l'Hémisphère Nord).

Tribu II. — Rhododendrées.

Corolle gamopétale, en forme de cloche ou d'entonnoir, légèrement zygomorphe. — Semence petite, comprimée et aplatie, entourée d'une aile marginale.

- Calice herbacé. — Étamines 10, avec anthères poricides. — Capsule à 5 loges . . . . **Rhododendron T.** (Régions montagneuses du globe entier).
- Calice pétaloïde. — Étamines 5. — Anthères déhiscentes par des fentes. — Capsule à 3 ou 4 loges. **Azalea L.** (Même distribution géographique).

Tribu III. — Phyllodocées.

Corolle à pétales libres ou concrescents, actinomorphe. — Semences arrondies ou trigones, épaisses, lâchement entourées par l'enveloppe externe. — Embryon cylindrique . . . . **Kalmia L.** (Amérique boréale; Antilles, etc.).

Tribu IV. — Andromédées.

Capsule loculicide, entourée, à sa base, par le calice petit, non accrescent. **Andromeda L.** (Régions froides et tempérées de l'Hémisphère Nord).

SOUS-FAMILLE II. — ARBUTOIDÉES.

Ovaire libre.

Fruit indéhiscent ou charnu ou bien loculicide, entouré par le calice accrescent.

Tribu V. — Gaulthériées.

Calice devenant charnu autour de la capsule, plus rarement simplement accrescent ou foliacé, ou bien entourant une baie lisse. — Anthères obtuses au sommet, ou prolongées en deux courts appendices.
Capsule loculicide, entourée par le calice charnu . . . . **Gaultheria Kalm.** (Régions montagneuses de l'Amérique, de l'Asie et de l'Océanie).

Tribu VI. — Arbutées.

Calice toujours petit, disciforme, entourant une baie lisse ou charnue ou une drupe. — Anthères pourvues de deux longs appendices descendants, articulés.

- Baie lisse. — Loges de l'ovaire uniovulées . . . . **Arctostaphylos Adans.** (Régions froides et tempérées des deux Continents).
- Baie hérissée. — Loges de l'ovaire pluriovulées . . . . **Arbutus T.** (Europe austro-occidentale; Amérique boréale occidentale).

SOUS-FAMILLE III. — VACCINOIDÉES.

Ovaire infère.

Tribu VII. — Vacciniées.

Corolle en forme d'urne, de cloche ou de roue. — Étamines indépendantes entre elles. — Ovaire souvent articulé sur le pédoncule . . . . **Vaccinium L.** (Régions tempérées et froides du globe entier, et montagnes sous les tropiques).

SOUS-FAMILLE IV. — ÉRICOIDÉES.

Fruit capsulaire s'ouvrant sur le milieu des valves, rarement au niveau des cloisons. Loges pourvues d'un nombre variable de semences. —
Rarement fruit nucamenteux
Corolle gamopétale, marcescente.
Anthères à 2 loges distinctes s'ouvrant par deux pores terminaux, souvent accompagnées d'appendices caudiformes.

- Calice pétaloïde, plus long que la corolle. — Capsule septicide. . . . **Calluna Salisb.** (Europe; Asie boréale et occidentale).
- Calice herbacé, plus court que la corolle. — Capsule loculicide . . . **Erica L.** (Afrique australe; Europe tempérée. Région méditerranéenne).

Propriétés générales. Plantes importantes. — Les Éricacées sont
généralement des plantes astringentes et amères, mais qui contiennent aussi parfois des principes aromatiques et résineux. Il
n'existe pas, chez ces plantes, de glandes internes; les essences
que renferment plusieurs d'entre elles sont sécrétées par des poils
en tête.

Les fruits de *Myrtille* (*Vaccinium Myrtillus* L.), plante des montagnes
de l'Europe, sont de petites baies bleuâtres, que couronne le bourrelet
calicinal. Ils contiennent des acides malique et citrique, unis à du glucose et à une matière colorante rouge.

Ces baies sont rafraîchissantes et servent souvent, une fois dessé-
chées, à rehausser la coloration des vins.

Les feuilles de la même plante sont employées comme astringentes.

Les baies du *Vaccininum Vitis Idææ* L. (*Airelle ponctuée*), quoique
moins colorées que les premières, leur sont quelquefois substituées.
Celles du *V. uliginosum* L. peuvent servir à fabriquer une liqueur fer-
mentée, à laquelle on attribue des propriétés narcotiques.

Les feuilles de *Busserole* ou *Raisin d'Ours* (*Arbutus Uva-Ursi* L.;
Arctostaphylos Uva-Ursi Spreng.) sont très astringentes, et sont
surtout employées contre les maladies des voies urinaires. Elles
contiennent, indépendamment du tannin et de l'acide gallique,
une matière résinoïde, l'*Éricoline*, une substance cristallisable,
l'*Ursone*, et un glucoside cristallisable, l'*Arbutine* qui, au contact
des acides dilués et de certains ferments, donne du sucre et de
l'*Hydroquinone*.

Les baies de l'Arbousier (*Arbutus Unedo* L.), plante plus commune dans
le Midi, sont acidules et sucrées; elles peuvent servir à la fabrication de
conserves et de liqueurs fermentées. Les feuilles sont astringentes.

On emploie, en Amérique, comme astringentes, stimulantes et
antidiarrhéiques, les feuilles de Gaulthérie (*Gaultheria procumbens* L.), le *Winter-green* ou *Box berry* des Américains, qui croît
dans les bois sablonneux de l'Amérique du Nord.

Ces feuilles contiennent de la *résine*, du *tannin*, de l'*Éricoline* et
de l'*Arbutine*, et surtout un mélange de salicylate de méthyle et
d'un hydrocarbure, le *Gaulthérylène*, mélange qui a reçu le nom
d'*Essence de Winter-green*. Cette dernière est recommandée contre
les rhumatismes; on l'emploie aussi en parfumerie.

Le *Ledon palustre* L. (*Lédon des marais*, ou *Romarin sauvage*), est un
petit arbuste qui croît dans le nord de tout l'Ancien Continent. Les
feuilles contiennent, entre autres principes, une huile essentielle et du
tannin. L'essence de Lédon est d'une réaction acide et d'une saveur et
d'une odeur intenses.

Les feuilles de cette plante ont été dites narcotiques ; on les a employées contre la coqueluche, la dysenterie, etc., et même dans la fabrication de la bière, en guise de Houblon.

On utilise encore, sous le nom de *Thé du Labrador*, comme pectorales et toniques, les feuilles du *Ledon latifolium* L., de Terre-Neuve et du Labrador.

On emploie comme antiphlogistique, en Amérique, l'*Andromeda arborea* L. — L'*A. japonica* Thunb. passe pour narcotique.

Parmi les autres familles du Sous-Ordre, les plus importantes sont les PYROLACÉES, qui ne se distinguent guère des Éricacées que par *leurs graines à tégument vésiculeux et très lâche* (représentées dans nos régions) ; les MONOTROPACÉES, surtout remarquables par *leur port d'Orobanches et leur parasitisme ;* enfin les ÉPACRIDACÉES qui remplacent les Bruyères en Australie, et qui s'en distinguent essentiellement *par leurs anthères déhiscentes par une fente longitudinale unique.*

Les PYROLACÉES seules renferment quelques plantes utiles.

Les feuilles de la *Pyrole ombellée* jouissent de propriétés diurétiques incontestables. Elles sont fournies par le *Pyrola umbellata* L. (*Chimaphila umbellata* Nutt.), qui croît dans l'Europe centrale, et dans tout le Nord de l'Ancien et du Nouveau Continent. Les Américains l'emploient sous le nom de *Winter-green.*

Le *Chimophila maculata* Pursh. paraît jouir des mêmes propriétés.

Le *Pyrola rotundifolia* L., qui est indigène, est une plante astringente et vulnéraire. Elle entre dans la fabrication du *Thé suisse.*

ERRATA

Page   6, ligne 9. Au lieu de *descriptive*, lisez *appliquée*.

—   39, après la ligne 22 ajoutez : la ligne qui réunit la tigelle et la radicule porte le nom de *collet*.

—   53, ligne 11, au lieu de : *sans feuilles*, lisez : *sans tige*.

—   55, ligne 16, après « *ordinairement* » ajoutez : avec *les racines*.

— 107, ligne 11, au lieu de : *dessus*, lisez : *dessous*.

— 117, ligne 12 au lieu de *dont*, lisez *dans*.

— 117, ligne 30, au lieu de : *trois cellules*, lisez : *deux cellules*.

— 124, le titre I. **Morphologie** a été omis en tête du chapitre.

— 212, première ligne de la note : au lieu de *mucifère*, lisez *mucipare*.

— 218, supprimez ces mots : *et tous deux plus petits que l'individu primitif*.

— 228, ligne 19, après *lichen blanc* ajoutez : *souvent aussi* CARRAGAEN.

— 251, ligne 20, au lieu de *sensualité*, lisez *sexualité*.

— 258, ligne 8, au lieu de *tube*, lisez *pore*.

— 306, sixième ligne de la note, au lieu de *évérique*, lisez : *évernique*.

— 340, au lieu de *Ordre III*, lisez : **Sous-classe II, Filicinées hétérosporées,** ORDRE UNIQUE HYDROPTÉRIDÉES.

— 348, ligne 10, au lieu de *Ordre*, lisez **Sous-classe.**

— 353, au lieu de LYCOPODINÉES, lisez ÉQUISÉTINÉES.

— 357, ligne 15, au lieu de *Telle est à peu près*, etc., lisez : *La structure est normale, en général, dans la racine primaire qui,* etc.

— 359, titre courant et ligne 26, au lieu de : *Lycopodicées*, lisez : *Lycopodinées.*

— 366, ligne 14, au lieu de *circinatis*, lisez *circinalis.*

— 368, ligne 3, au lieu de *Callitrix*, lisez *Callitris.*

— 422, au lieu de *Coryphées*, lisez *Coryphinées.*

— 429, ligne 23, au lieu de *Anisarum*, lisez *Arisarum.*

— 441, ligne 12, au lieu de *Anthroxanthum*, lisez *Anthoxanthum.*

— 442, dernière ligne du texte, au lieu de *Myosurus*, lisez *Uniola.*

— 443, ligne 2, au lieu de *Luzula*, lisez *Luziola.*

— 520, ligne 2, et page 521, ligne 15, au lieu de *Epipogon*, lisez *Epipogum.*

— 521, ligne 15, au lieu de : *Saturnia, certains Epidendron*, lisez : *Satyrium, certains Epidendrum.*

— 522, ligne 31 et page 523, légende de la figure, au lieu de *Arundinacea*, lisez *Arundinaria.*

— 524, ligne 19, au lieu de *Phalenopsis*, lisez *Phalœnopsis.*

Page 546, dernier paragraphe, ligne 2, au lieu de *élat*, lisez *éclat*.
— 557, ligne 5 de la *Description du Juglans Regia*, après *touffue* ajoutez : *de feuilles imparipennées, sans stipules*.
— 570, ligne 5, au lieu de *au-dessus*, lisez *au-dessous*.
— 570, ligne 19, au lieu de *extrorse*, lisez *introrse*.
— 597, ligne 4, après *embryon*, ajoutez : *droit*.
— 603, ligne 25, supprimez : *dépourvue d'albumen*.
— 631, ligne 34, au lieu de *Theligonum*, lisez *Thelygonum*.
— 639, ligne antépénultième, au lieu de *Verzlia*, lisez *Vezelia*.
— 641, dans le tableau, au lieu de *Verelia*, lisez *Velezia*.
— 654, ligne 28, au lieu de *étamines*, lisez *staminodes*.
— 655, ligne 15, au lieu de *internes*, lisez *externes*.
— 655, dernier alinéa, au lieu de *Gynocarpus*, lisez *Gyrocarpus*.
— 674, avant-dernière ligne, au lieu de *frangans*, lisez *fragrans*.
— 677, ligne 3, au lieu de *Houtlyn*, lisez *Houttuyn*.
— 723, ligne 5, au lieu de *Gaucium*, lisez *Glaucium*.
— 777, ligne 25, au lieu de *Davillaea*, lisez *Davillea*.
— 782, dans le tableau, au lieu de *Callophyllum*, lisez *Calophyllum*.
— 897, en avant de la troisième accolade, ajoutez en tête du second alinéa : *Drupe avec*.
— 937, au bas de la page, le titre **Pterisanthes** devrait se trouver en tête de l'alinéa précédent, avant : *chez les Pterisanthes*, etc.
— 961, ligne 12, au lieu de *Fontanea*, lisez *Fontainea*.
— 961, note 1, au lieu de *Baloghea*, lisez *Baloghia*.
— 1003, ligne 10, au lieu de : *il en existe 6, 4*, etc., lisez : *il existe 6, 4 étamines, ou*, etc.
— 1042, ligne 2, au lieu de *ses étamines*, lisez *leurs étamines*.
— 1044, ligne 18, au lieu de *Hultenia*, lisez *Hulthemia*.
— 1051, la note 1 a trait, non au *Rosa centifolia*, mais au *R. canina*.
— 1127, au bas du tableau, au lieu de *B. Br*, lisez *R. Br*.
— 1141, au bas du tableau, au lieu de *Pedicularia*, lisez *Pedicularis*.

ADDITION A LA CLASSE DES CHAMPIGNONS.

D'après M. Dangeard (*Le Botaniste*, 3e série, fascic. 6, 1894 ; etc.), la formation des spores est précédée chez les Ustilaginées, les Urédinées, les Ascomycètes et les Basidiomycètes, soit dans l'asque ou la cellule-mère des spores, soit dans les basides dans le cas des Basidiomycètes, par le fusionnement de deux noyaux, que cet observateur n'hésite pas à considérer comme deux gamètes nés dans une seule et même cellule. Bien que la réalité de ces faits soit à l'abri de toute discussion, leur interprétation, en tant que phénomènes sexuels, n'est pas encore universellement admise.

TABLE DES MATIÈRES

DU TOME SECOND

DEUXIÈME PARTIE
BOTANIQUE SPÉCIALE (*Suite*).

EMBRANCHEMENT II. — PHANÉROGAMES.
Sous-embranchement II. — Angiospermes.

TABLE ALPHABÉTIQUE

TABLE

DES NOMS TECHNIQUES FRANÇAIS

LES PLUS EMPLOYÉS

3060-96. — Corbeil. Imprimerie Ed. Crété

www.ingramcontent.com/pod-product-compliance
Ingram Content Group UK Ltd.
Pitfield, Milton Keynes, MK11 3LW, UK
UKHW020717120726
13693UKWH00001B/29